EUROPA-FACHBUCHREIHE
für Kraftfahrzeugtechnik

Tabellenbuch Kraftfahrzeugtechnik

Tabellen | Formeln | Übersichten | Normen

- Mathematik • Betriebsführung • Grundkenntnisse • Werkstoffkunde
- Zeichnen • Fachkenntnisse Kraftfahrzeugtechnik • Elektrische Anlage
- Vorschriften

17. Auflage

Lektorat: Rolf Gscheidle, Studiendirektor

VERLAG EUROPA-LEHRMITTEL · Nourney, Vollmer GmbH & Co. KG
Düsselberger Straße 23 · 42781 Haan-Gruiten

Europa-Nr.: 20566 ohne Formelsammlung
Europa-Nr.: 2056X mit Formelsammlung

Autoren des Tabellenbuches Kraftfahrzeugtechnik:

Fischer, Richard	Studiendirektor	Polling – München
Gscheidle, Rolf	Studiendirektor	Winnenden
Gscheidle, Tobias	Studiendirektor	Sindelfingen – Stuttgart
Heider, Uwe	Kfz-Elektriker-Meister, Trainer Audi AG	Neckarsulm – Ellhofen
Hohmann, Berthold	Studiendirektor	Eversberg
van Huet, Achim	Oberstudienrat	Oberhausen – Essen
Keil, Wolfgang	Oberstudiendirektor	München
Lohuis, Rainer	Oberstudienrat	Hückelhoven – Aachen
Mann, Jochen	Studiendirektor	Schorndorf
Schlögl, Bernd	Studiendirektor	Rastatt – Gaggenau
Steidle, Bernhard	Studiendirektor	Stuttgart – Neckarsulm
Wimmer, Alois	Oberstudienrat	Berghülen

Lektorat und Leitung des Arbeitskreises:

Rolf Gscheidle, Studiendirektor, Winnenden

Bildbearbeitung:

Zeichenbüro des Verlages Europa-Lehrmittel, Leinfelden-Echterdingen

17. Auflage 2017

Druck 6 5 4 3 2 1

Alle Drucke dieser Auflage sind im Unterricht nebeneinander einsetzbar, da sie bis auf die korrigierten Druckfehler und kleine Normänderungen unverändert sind.

ISBN 978-3-8089-2127-4 ohne Formelsammlung

ISBN 978-3-8085-2137-3 mit Formelsammlung

Satz und Layout: rkt, 42799 Leichlingen, www.rktypo.com

Umschlag: braunwerbeagentur, 43477 Radevormwald

Umschlagfotos: Daimler AG, Stuttgart und © Anna Om – Fotolia.com

Druck: M.P. Media-Print Informationstechnologie GmbH, 33100 Paderborn

Vorwort

Die neu gestaltete und umfassend überarbeitete Auflage des Tabellenbuches Kraftfahrzeugtechnik dient als Nachschlagewerk von kraftfahrzeugtechnischen Problemstellungen in Service, Reparatur, Diagnose sowie Um- und Nachrüstung. Alle technisch aktuellen Themen wurden neu aufgenommen und die Bilder und Tabellen sind nach methodischen und didaktischen Gesichtspunkten gestaltet.

Zielgruppen

Auszubildende, Facharbeiter, Techniker, Meister und Studierende des Bereiches Kraftfahrzeugtechnik.

Hinweise für den Benutzer

Inhaltsverzeichnis. Zum schnellen Aufsuchen von Sachverhalten ein ausführliches Inhaltsverzeichnis vorangestellt.

Sachwortverzeichnis. Es ermöglicht ein rasches Auffinden von Inhalten und Begriffen.

Griffleiste. Um ein schnelles Auffinden der 8 Sachgebiete zu ermöglichen, ist jedem Abschnitt eine Griffmulde zugeordnet.

Inhalt

Mathematik. Das Kapitel ist gegliedert in allgemeine Grundlagen und fachspezifische Berechnungen am Kraftfahrzeug.

Bei den Formeln werden zwei Gleichungsarten unterschieden:

Größengleichungen nach DIN 1313 (**rot** umrahmt)

Zahlenwertgleichungen (**blau** umrahmt).

Hinweis: Bei Zahlenwertgleichungen müssen die Größen in den angegebenen Einheiten eingesetzt werden.

Betriebsführung. In diesem Kapitel werden Grundlagen, Auftragsabwicklung, Qualitätssicherung und Kostenrechnen behandelt.

Grundkenntnisse. In diesem Kapitel sind Grundkenntnisse der Physik, Chemie, Informationstechnik sowie des Steuerns und Regelns tabellarisch dargestellt. Ebenso sind metalltechnische Grundlagen, Fügetechniken, Normteile und die Grundlagen der Zerspantechnik übersichtlich zusammengestellt.

Werkstoffkunde. Aufbau, Herstellung und Arten von Kraftstoffen sowie weitere Betriebs- und Hilfsstoffe sind nach neuester Norm zusammengestellt. Aktuelle Kühlflüssigkeiten, Kältemittel und AdBlue wurden aufgenommen.

Zeichnen. Hier sind geometrische Grundkonstruktionen, grafische Darstellungen und alle notwendigen Normen, Grenzabmaße und Passungen zum Technischen Zeichnen aufgeführt.

Fachkenntnisse. Dieses Kapitel umfasst wichtige kraftfahrzeugtechnische Inhalte, dargestellt in tabellarischer Form. Vorangestellt sind Tabellen mit Fahrzeugdaten von Pkw, Krafträder, Nkw und Traktoren.

In den Unterkapiteln **Motor, Antriebsstrang, Fahrwerk** und **Fahrzeugbau** sind technische Neuerungen, wie z. B. Kühl-, Schmier- und Gemischbildungssysteme, Abgasnachbehandlung, Hybridantriebe, E-Maschine, IT-Netz, Freischalten von Elektrofahrzeugen, automatisierte Schaltgetriebe, Reifen, Ventile, Abschnittsreparatur, Lackieren sowie EBS-Druckluftbremsanlage, neu aufgenommen.

Elektrische Anlage. Hier sind alle wichtigen elektrischen Geräte und Systeme behandelt. Neu aufgenommen sind: Neue Bus- und Komfortsysteme, Hochvolt-Technik, Fehlersuchpläne, Fahrerassistenzsysteme.

Vorschriften. In diesem Kapitel sind wichtige kraftfahrzeugtechnische Vorschriften sowie Vorschriften zur Unfallverhütung nach den neuesten technischen und gesetzlichen Bestimmungen zusammengestellt, wie z. B. Gefährdungskennlinien, Vorschriften E-Mobilität, Nkw-Ladevorschriften, Ladungssicherung und Bremsenprüfung Nkw.

Sommer 2017 — Die Autoren des Arbeitskreises Kfz-Technik

Firmenverzeichnis

Die nachfolgend aufgeführten Firmen haben die Autoren durch fachliche Beratung, durch Infomations- und Bildmaterial unterstützt. Es wird ihnen hierfür herzlich gedankt.

Alcan Aluminiumwerke GmbH
Werk Nürnberg

ARAL AG, Bochum

Audatex Deutschland, Minden

Audi AG
Ingoldstadt, Neckarsulm

Behr GmbH & Co, Stuttgart

Beissbarth GmbH
Automobil Servicegeräte
München

Beru-BorgWarner
Federal-Mogul
Ludwigsburg

BMW
Bayrische Motoren-Werke AG
München

Continental Teves AG & Co, OHG
Frankfurt

ROBERT BOSCH GMBH, Stuttgart

Case-Steyr
Landmaschinentechnik GmbH
St.Valentin Österreich

Citroen Deutschland AG, Köln

Continental Aftermarket GmbH,
Eschborn

Daimler AG, Stuttgart

Dataliner Richtsysteme
Ahlerstedt

DEKRA AG, Stuttgart

Deutsche BP AG, Hamburg

Deutsche Gesetzliche
Unfallversicherung
München

Deutz Fahr Agrarsysteme GmbH
Lauingen

Dhollandia Deutschland GmbH,
Glinde

Ducati Motor Deutschland
Köln

DUNLOP GmbH, Hanau/Main

J. Eberspächer, Esslingen

ESSO AG, Essen

FAG Kugelfischer
Georg Schäfer AG
Schweinfurt

Fendt Agro, Marktoberdorf

Ferrari Deutschland GmbH
Wiesbaden

Ford-Werke AG, Köln

Getrag, Getriebe- und
Zahnradfabrik GmbH
Ludwigsburg

Gewerbeaufsichtsamt
München-Land

GKN Löbro GmbH
Offenbach/Main

Glasurit GmbH
Münster, Westfalen

Graubremse GmbH, Heidelberg

Hella KG, Hueck & Co, Lippstadt

HONDA DEUTSCHLAND GMBH
Offenbach/Main

Huf Hülsbeck & Fürst
GmbH & Co KG
Velbert

Michael Immler GmbH
Immenstadt

IVECO-Magirus AG, Ulm

John Deere, Bruchsal

Josam Richttechnik GmbH
Henstedt-Ulzburg

Koch Achsmessanlagen
Wennigsen

MSI Motorservice
International GmbH
Kolbenschmidt
Pierburg / Neckarsulm

Knorr-Bremse GmbH
München

KTM Sportmotorcycles AG,
Mattighofen/Österreich

LuK GmbH, Bühl / Baden

MAHLE GmbH, Stuttgart

MAN Maschinenfabrik
Augsburg-Nürnberg AG, München

Mann und Hummel, Filterwerke
Ludwigsburg

Mazda Motors Deutschland GmbH
Leverkusen

MCC – Micro Compact Car GmbH
Böblingen

Messer-Griesheim GmbH
Frankfurt/Main

Metzeler Reifen GmbH,
Techn. Kundendienst
München

Michelin Reifenwerke
AG & Co KGaA
Karlsruhe

NGK, Ratingen

OMV AG, Wien

Adam Opel AG, Rüsselsheim

OZ Deutschland GmbH
Biberach

Piaggio Gilera Deutschland GmbH
Dieburg

Pirelli Deutschland GmbH
Breuberg

Dr .Ing. h.c. F. Porsche AG
Stuttgart

Renault Nissan Deutschland AG
Brühl

Ringfeder VBG Group
Truck Equipment
Krefeld

SCANIA Deutschland GmbH
Koblenz

Siemes Deutschland, München

SKF Kugellagerfabriken GmbH
Schweinfurt

Spicer Gelenkwellenbau GmbH
Essen

Subaru Deutschland GmbH
Friedberg/Hessen

Sun Electric Deutschland GmbH
Mettmann

Technolit GmbH, Großlüder

Temic Elektronik, Nürnberg

Toyota Deutschland GmbH
Köln

TÜV, München

Volkswagen AG, Wolfsburg

Wabco Westinghouse GmbH
Hannover

ZF Friedrichshafen AG
Freidrichshafen

ZF Getriebe GmbH
Saarbrücken

ZF Sachs AG, Schweinfurt

Grundlagen

Mechanik · Hydraulik · Pneumatik · Wärmetechnik · Antriebe

Berechnungen Motor

Berechnungen Antriebsstrang (Kraftübertragung)

Berechnungen Fahrwerk

Berechnungen Elektrotechnik

M

SI-Basiseinheiten

Die Einheiten im Messwesen sind im internationalen Einheitensystem (SI = **S**ystèm **I**nternational d'Unités) festgelegt. Das SI-System baut auf 7 Basiseinheiten (Grundeinheiten) auf, von denen weitere Einheiten abgeleitet sind. Dezimale Vielfache und dezimale Teile von Einheiten können nach DIN 1301 bezeichnet werden, z. B. Kilometer mit km oder Millimeter mit mm.

Das SI-System fördert die internationale Vereinheitlichung im Messwesen; es wurde für die Bundesrepublik Deutschland durch das „Gesetz über Einheiten im Messwesen" rechtsverbindlich.

Basisgröße	**Länge**	**Masse**	**Zeit**	**Elektrische Stromstärke**	**Thermodynamische Temperatur**	**Stoffmenge**	**Lichtstärke**
Basiseinheit	Meter	Kilogramm	Sekunde	Ampere	Kelvin	Mol	Candela
Kurzzeichen	m	kg	s	A	K	mol	cd

Größen

Größe	**Formelzeichen**	**Einheit Name**	**Einheit Zeichen**	**Umrechnung, Erklärung**				
Länge	l	**Meter**	**m**		m	dm	cm	mm
Breite	b			1 km	1000	10000	100000	1000000
Höhe, Tiefe	h			1 m	1	10	100	1000
Radius, Halbmesser	r			1 dm	0,1	1	10	100
Durchmesser	d			1 cm	0,01	0,1	1	10
Strecke	s			1 mm	0,001	0,01	0,1	1
Dicke	δ, d			1 µm	0,000001	0,00001	0,0001	0,001
Fläche	A, S	Quadratmeter	m^2		m^2	dm^2	cm^2	mm^2
Querschnittsfläche	S, q			1 m^2	1	100	10000	1000000
				1 dm^2	0,01	1	100	10000
		Ar	a	1 cm^2	0,0001	0,01	1	100
		Hektar	ha	1 km^2	1000000			
				1 ha = 100 a = 10000 m^2 = 0,01 km^2				
Volumen	V	Kubikmeter	m^3		m^3	dm^3 (l)	cm^3 (ml)	mm^3
Rauminhalt				1 m^3	1	1000	1000000	
				1 dm^3 (l)	0,001	1	1000	1000000
		Liter	l, L	1 cm^3 (ml)	0,000001	0,001	1	1000
				1 mm^3		0,000001	0,001	1
				1 l = 1 dm^3 = 1000 cm^3				
Zeit	t	**Sekunde**	**s**		d	h	min	s
Zeitspanne				1 s		0,000278	0,01667	1
Dauer		Minute	min	1 min	0,00069	0,01667	1	60
		Stunde	h	1 h	0,04167	1	60	3600
		Tag	d	1 d	1	24	1440	86400
		Jahr	a	1 a	~365	~8760	~525600	~31536000
				Zeitspanne: 3 h = 3 Stunden **Zeitpunkt: 3^h = 3:00 Uhr**				
Winkel	α, β, γ	**Radiant**	**rad**	1 rad ist gleich dem Winkel, der als Zentriwinkel aus einem Kreis mit R = 1 m einen Kreisbogen von 1 m Länge ausschneidet				
z.B. Phasenwinkel	… φ			$1\ \text{rad} = \frac{1\ \text{m (Bogen)}}{1\ \text{m (Radius)}}$ 1 rad ≈ 57,3°				
		Vollwinkel		1 Vollwinkel = $2 \cdot \pi$ rad				
		Grad	°	$1° = \frac{\pi}{180}$ rad				
		Minute	′	$1' = \left(\frac{1}{60}\right)^\circ = \frac{\pi}{10800}$ rad				
		Sekunde	″	$1'' = \left(\frac{1}{60}\right)' = \left(\frac{1}{360}\right)^\circ = \frac{\pi}{648000}$ rad				
		Gon	gon	$1\ \text{gon} = \frac{\pi}{200}$ rad				

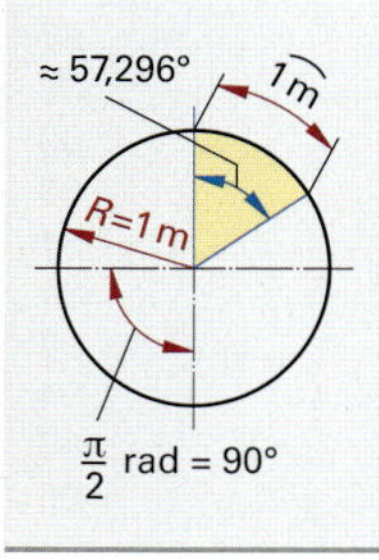

Größen

Größe	Formelzeichen	Einheit Name	Einheit Zeichen	Umrechnung, Erklärung				
Geschwindigkeit	v	Meter/Sekunde	m/s		m/s	m/min	km/h	
Umfangsgeschwindigkeit	v	Kilometer/Stunde	km/h	1 km/h	0,2778	16,667	1	
				1 m/min	0,016 67	1	0,06	
Lichtgeschwindigkeit	c			1 m/s	1	60	3,6	
Winkelgeschwindigkeit	ω	Radiant/ Sekunde	rad/s	1 cm/s	0,01	0,6	0,036	
Frequenz	f, ν	Hertz	Hz	Anzahl periodischer Vorgänge pro Sekunde				
		reziproke Sekunde	1/s	1 Hz = 1/s = s^{-1}				
Drehzahl	n	reziproke Minute	1/min	1/s = 60/min				
Kreisfrequenz	ω	reziproke Sekunde	1/s	$\omega = 2 \cdot \pi \cdot f$				
Periodendauer	T	Sekunde	s					
Beschleunigung	a	Meter/Sekunde hoch zwei	m/s^2	Wirkungsrichtung: Beliebig				
örtliche Fallbeschleunigung	g			Wirkungsrichtung: Zum Erdmittelpunkt $g = 9{,}80665\ m/s^2 \approx 9{,}81\ m/s^2$ wird meist als Normfallbeschleunigung angegeben.				
Winkelbeschleunigung	α	Radiant/ Sekunde hoch zwei	rad/s^2					
Masse	m	**Kilogramm**	**kg**		g	kg	Mg (t)	
Gewicht als Wägeergebnis		Gramm	g	1 kg	1 000	1	0,001	
		Tonne	t	1 g	1	0,001	0,000 001	
				1 Mg (t)	1 000 000	1 000	1	
längenbezogene Masse	m'	Kilogramm/Meter	kg/m	$m = l \cdot m'$ m' wird z.B. zur Berechnung der Masse von Profilen, Stäben und Rohren benutzt.				
flächenbezogene Masse	m''	Kilogramm/ Quadratmeter	kg/m^2	$m = A \cdot m''$ m'' wird z.B. zur Berechnung der Masse von Blechen und Platten verwendet.				
Dichte	ϱ	Kilogramm/ Kubikmeter	kg/m^3		g/cm^3	kg/dm^3	kg/m^3	
				1 kg/m^3	0,001	0,001	1	
		Kilogramm/ Kubikdezimeter	kg/dm^3	1 kg/dm^3	1	1	1 000	
				1 g/cm^3	1	1	1 000	
		Gramm/ Kubikzentimeter	g/cm^3	1 kg/l	1	1	1 000	
				1 g/l	0,001	0,001	1	
spezifisches Volumen	ν	Kubikmeter/ Kilogramm	m^3/kg	**1 m^3/kg = 1 000 dm^3/kg = 1 dm^3/g**				
Stoffmenge	n	**Mol**	**mol**	Teilchenmenge = $6{,}022 \cdot 10^{23}$ Teilchen				
Kraft	F	Newton	N		mN	N	daN	kN
Gewichtskraft	F_G, G			1 mN	1	0,001	0,000 1	0,000 001
				1 N	1 000	1	0,1	0,001
				1 kN	1 000 000	1 000	100	1
				1 MN	10^9	1 000 000	100 000	1 000
				1 N = 1 kg · 1 m/s^2 = 1 kg m/s^2				
Drehmoment	M	Newtonmeter	Nm		Ncm	Nm	kNm	
				1 Ncm	1	0,01	0,000 01	
				1 Nm	100	1	0,001	
				1 kNm	100 000	1 000	1	

M

Größen

Größe	Formelzeichen	Einheit Name	Einheit Zeichen	Umrechnung, Erklärung
Temperatur	T t	**Kelvin** Celsius	**K** °C	0 Kelvin = 0 K = – 273 °C 0 °Celsius = 0 °C = 273 K
Arbeit Energie Wärmemenge	W E, W Q	Joule	J	**1 J = 1 Nm = 1 Ws = 1 kg m^2/s^2**
Leistung	P	Watt	W	**1 W = 1 J/s = 1 Nm/s**
Druck	p	Pascal	Pa	**1 Pa = 1 N/m^2; 1 bar = 10 N/cm^2; 1 mbar = 1 hPa**
Mechanische Spannung	σ, τ	Newton/Quadratmeter	N/m^2	**1 N/m^2 = 1 Pa**
Elektrische Stromstärke	I	Ampere	A	
Elektrische Spannung	U	Volt	V	
Elektrischer Widerstand	R	Ohm	Ω	

Arbeit, Energie, Wärmemenge:

	kWh	J	kJ	MJ
1 kWh	1	3 600 000	3 600	3,6
1 J		1	0,001	0,000 001
1 kJ	0,000 277 8	1 000	1	0,001
1 MJ	0,277 8	1 000 000	1 000	1

Leistung:

	mW	W	kW	MW
1 mW	1	0,001	0,000 001	10^{-9}
1 W	1 000	1	0,001	0,000 001
1 kW	1 000 000	1 000	1	0,001
1 MW	10^9	1 000 000	1 000	1

Druck:

	Pa	mbar, hPa	bar	N/cm^2
1 Pa	1	0,01	0,000 01	0,000 1
1 mbar, hPa	100	1	0,001	0,01
1 bar	100 000	1 000	1	10
1 N/cm^2	10 000	100	0,1	1

Mechanische Spannung:

	N/m^2	N/cm^2	daN/cm^2	N/mm^2
1 N/m^2	1	0,000 1	0,000 01	0,000 001
1 N/cm^2	10 000	1	0,1	0,01
1 daN/cm^2	100 000	10	1	0,1
1 N/mm^2	1 000 000	100	10	1

Elektrische Stromstärke:

	mA	A	kA
1 mA	1	0,001	0,000 001
1 A	1 000	1	0,001
1 kA	1 000 000	1 000	1

Elektrische Spannung:

	mV	V	kV
1 mV	1	0,001	0,000 001
1 V	1 000	1	0,001
1 kV	1 000 000	1 000	1

Elektrischer Widerstand:

	mΩ	Ω	kΩ	MΩ
1 mΩ	1	0,001	0,000 001	10^{-9}
1 Ω	1000	1	0,001	0,000 001
1 kΩ	1 000 000	1 000	1	0,001
1 MΩ	10^9	1 000 000	1 000	1

Vorsätze für Zehnerpotenzen (Auswahl)

Vorsatz	Faktor	Beispiel
da (Deka)	10^1	130 Meter = 13 · 10^1 m = 13 dam
h (Hekto)	10^2	300 Liter = 3 · 10^2 l = 3 hl
k (Kilo)	10^3	1500 Gramm = 1,5 · 10^3 g = 1,5 kg
M (Mega)	10^6	1 200 000 Watt = 1,2 · 10^6 W = 1,2 MW
G (Giga)	10^9	20 500 000 000 Watt = 20,5 · 10^9 W = 20,5 GW
T (Tera)	10^{12}	
P (Peta)	10^{15}	
E (Exa)	10^{18}	

Vorsatz	Faktor	Beispiel
d (Dezi)	10^{-1}	0,1 Meter = 1 · 10^{-1} m = 1 dm
c (Centi)	10^{-2}	0,25 Meter = 25 · 10^{-2} m = 25 cm
m (Milli)	10^{-3}	0,004 Meter = 4 · 10^{-3} m = 4 mm
µ (Mikro)	10^{-6}	0,000 015 Meter = 15 · 10^{-6} m = 15 µm
n (Nano)	10^{-9}	0,000 000 105 Meter = 105 · 10^{-9} m = 105 nm
p (Pico)	10^{-12}	
f (Femto)	10^{-15}	
a (Atto)	10^{-18}	

Griechisches Alphabet (Auswahl)

A	α	a	Alpha	E	ε	e	Epsilon	Λ	λ	l	Lambda	P	ϱ	r	Rho	Φ	φ	f(ph)	Phi
B	β	b	Beta	H	η	e	Eta	M	μ	m	Mü	Σ	σ	s	Sigma	X	χ	ch	Chi
Γ	γ	g	Gamma	Θ	ϑ	th	Theta	N	ν	n	Nü	T	τ	t	Tau	Ψ	ψ	ps	Psi
Δ	δ	d	Delta	K	$\varkappa$	k	Kappa	Π	π	p	Pi	Y	υ	ü	Ypsilon	Ω	ω	o	Omega

M

Römische Ziffern

I = 1	II = 2	III = 3	IV = 4	V = 5	VI = 6	VII = 7	VIII = 8	IX = 9
X = 10	XX = 20	XXX = 30	XL = 40	L = 50	LX = 60	LXX = 70	LXXX = 80	XC = 90
C = 100	CC = 200	CCC = 300	CD = 400	D = 500	DC = 600	DCC = 700	DCCC = 800	CM = 900
M = 1000	MM = 2000							

Beispiele: 98 = XCVIII 439 = CDXXXIX 1994 = MCMXCIV 2004 = MMIV

Mathematische Zeichen (Auswahl)

Zeichen	Erklärung	Zeichen	Erklärung	Zeichen	Erklärung
...	bis, und so weiter bis	−	minus, weniger	Δ	Delta, Zeichen f. Differenz
=	gleich	$\sqrt{a}$	Quadratwurzel aus a	$\cong$	kongruent
≠	nicht gleich, ungleich	· ×	mal (der Punkt steht auf halber Zeilenhöhe)	~	ähnlich
~	proportional	: / —	durch, geteilt durch, dividiert durch	∢	Winkel
≈	annähernd, nahezu gleich, rund, etwa	%	Prozent, vom Hundert	$\overline{AB}$	Strecke AB
≙	entspricht	‰	Promille, vom Tausend	$\overset{\frown}{AB}$	Bogen AB
<	kleiner als	( ) [ ] { }	runde, eckige, geschweifte Klammer auf und zu	Σ	Summe
>	größer als	∥	parallel	e	Eulersche Zahl e = 2,718 281 828...
≥	größer oder gleich, mindestens gleich	∦	nicht parallel	π	Pi = 3,14159...
≤	kleiner oder gleich, höchstens gleich	⊥	rechtwinklig zu, normal auf, senkrecht auf	∞	unendlich
+	plus, mehr, und			log	Logarithmus (allgmein)
				lg	Zehnerlogarithmus
				ln	natürlicher Logarithmus

Anglo-amerikanische Einheiten

Länge		mm	m
inch (Zoll)	1 in	25,4	0,025
foot	1 ft	304,8	0,305
yard	1 yd	914,4	0,914
statute mile	1 mile	–	1609,34
nautical mile	1 n mile	–	1852

1 mile = 1760 yd; 1 yd = 3 ft; 1 ft = 12 in

Fläche		cm^2	m^2
square inch	1 in^2	6,452	–
square foot	1 ft^2	929	0,0931
square yard	1 yd^2	8361	0,836
acre	1 acre	–	4047
square mile	1 $mile^2$	–	2,59 km^2

Volumen		cm^3	dm^3 (l)
cubic inch	1 in^3	16,387	0,0164
cubic foot	1 ft^3	28 317	28,317
cubic yard	1 yd^3	–	764,555
US-gallon	1 gal	3785	3,785
engl. gallon	1 gal	4546	4,546
barrel	1 barrel	–	158,990

Masse		g	kg
grain	1 gr	0,0648	–
dram	1 dram	1,772	–
ounce	1 oz	28,35	0,028
pound (libre)	1 lb	453,59	0,454
hundredweight	1 cwt	50 802	50,802
amer. ton	1 tn	–	1016

1 tn = 20 hw; 1 cwt = 112 lb; 1 lb = 16 oz

Geschwindigkeit		m/s	km/h
foot per second	1 ftps	0,3048	1,096
statute mile per hour	1 mph	0,4470	1,609
nautic mile per hour	1 kn	0,5147	1,852

Druck		N/cm^2	bar
pound per square inch	1 psi = 1 lb/in^2	0,704	0,0704

Temperatur

Temperatur in Grad Fahrenheit = 1,8 · Temperatur in Grad Celsius + 32
Temperatur in Grad Celsius = $^1/_{1,8}$ · (Temperatur in Grad Fahrenheit – 32)

Umrechnung von früheren Einheiten und SI-Einheiten

Druck	Energie, Arbeit	Leistung
1 at = 1 kp/cm^2 = 981 mbar	1 kcal = 4186,8 J ≈ 4,2 kJ = = 1,16 · 10^{-3} kWh	1 PS = 735 W = 0,735 kW = = 735 Nm/s
1 mm WS = 1 kp/m^2 = 0,098 mbar	1 kpm = 9,81 J = 9,81 Nm	1 kW = 1,36 PS
1 mm Hg = 1 Torr = 1,333 mbar		

M

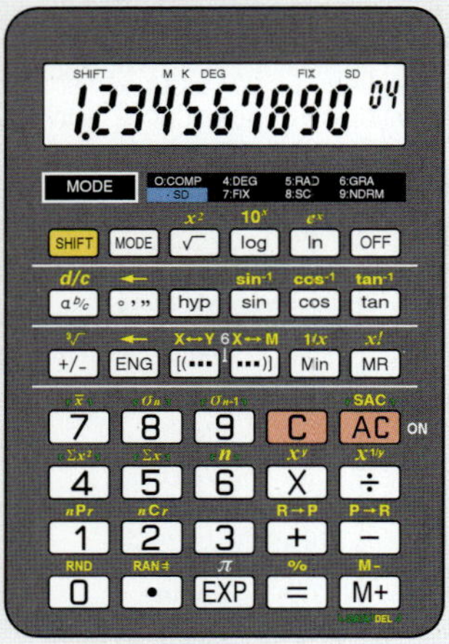

*)

Anzeigenfeld (Display)	Anmerkungen
Zahlenwertangabe Exponenten Sonderfunktionen	acht- oder zehnstellig – 99 bis + 99 M = Speicher E = Überlauffunktion z.B. x/0 = unendlich
Bedienfeld	**Abkürzungen**
Ein-, Ausschaltfunktion	ON – OFF
Zifferntasten	0 – 9
Punkttaste für das Dezimalzeichen	.
Löschtasten	C; CE; AC
Speichertasten	M; STO; M+; M–; Min
Speicherlöschtaste	MC
Speicherrückruftaste	MR; MRC; RCL
Rechentasten	+; –; ×; ÷
Ausführungstaste	=
Funktionstasten	%; +/–; x^2; 1/x; x^n; [(...)]; sin; cos; tan; x^3; $\sqrt{x}$; $\sqrt[3]{x}$; π; ...
Umschalttaste	SHIFT / INV / 2nd aktiviert die Zweitbelegung der Tasten oberhalb der Funktionstasten.

*) 1.234567890^{04} = 12345.67890
Exponent ^{04}: Kommastelle vier Stellen nach rechts verschieben
1.234567890^{-04} = 0.0001234567890
Exponent $^{-04}$: Kommastelle vier Stellen nach links verschieben

Werteingabe/ Rechnungsart	Aufgabe	Tastenfolge	Wert-ausgabe	Anmerkungen
Zifferneingabe	25,33	2 5 . 3 3	25.33	Mit der Punkttaste wird das Dezimalzeichen gesetzt.
Addition/ Subtraktion	32,2 + 27,9 – 15,7 = ?	32.2 + 27.9 – 15.7 =	44.4	Das Ergebnis wird durch Betätigen der „="-Taste ausgegeben.
Prozent-rechnung	15 % von 3000 = ?	3000 × 15 SHIFT %	450	Die Prozenttaste bewirkt die Rechenoperation 1/100.
Klammer-rechnung	$\frac{12 \times [2-(1-6)]}{20 \cdot 5} = ?$	12 × [2 – (1 – 6)] ÷ 20 ÷ 5 =	0,84	Am Ende jeder Klammerrechnung die Klammertaste)] so oft drücken, wie Klammern geöffnet wurden.
Quadrieren/ Potenzieren	$\frac{\pi \times 14^2}{4} = ?$	π × 14 SHIFT x^2 ÷ 4 =	153.93804	Wegen der Genauigkeit Sonderfunktionstaste π verwenden.
	$3{,}7^2 = ?$	3.7 SHIFT x^2	13.69	Das Ergebnis wird ohne Betätigen der „="-Taste ausgegeben.
	$2^5 = ?$	2 SHIFT x^y 5 =	32	Zur Ausführung der Rechenoperation muss die „="-Taste betätigt werden.
Wurzelziehen	$\sqrt{625} = ?$ $\sqrt[3]{125} = ?$	625 √ 125 SHIFT ∛ 5	25 5	Zuerst Radikant x eingeben und dann Wurzeltaste drücken.
Kehrwert	$20^{-1} = ?$ bzw. $\frac{1}{20} = ?$	20 SHIFT 1/x	0.05	Die Funktion 1/x errechnet, wie oft die betreffende Zahl in 1 enthalten ist.
Speicher-rechnung	254 + 157 – 23 + 88 = ?	254 Min 157 M+ 23 SHIFT M+ 28 M+ MR	476	**M+** bewirkt Addition im Speicher. **M–** bewirkt Subtraktion im Speicher. **MR** Speicherwert wird ausgegeben. **Min** Festwert wird in Speicher eingetragen. **Speicherwertlöschung**: Eingabe von 0 in Min oder drücken von MC.

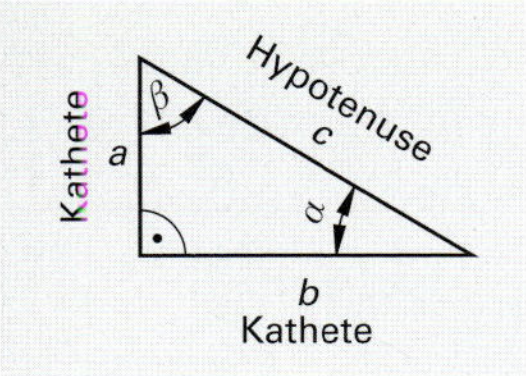

- Die den rechten Winkel bildenden Seiten *a* und *b* heißen Katheten.
- Die dem rechten Winkel gegenüberliegende Seite *c* heißt Hypotenuse.
- Die dem spitzen Winkel α bzw. β anliegende Seite *b* bzw. *a* heißt Ankathete.
- Die dem spitzen Winkel α bzw. β gegenüberliegende Seite *a* bzw. *b* heißt Gegenkathete.

Die Seitenverhältnisse im rechtwinkligen Dreieck werden Winkelfunktionen bzw. trigonometrische Funktionen genannt.

Sinus $= \dfrac{\text{Gegenkathete}}{\text{Hypotenuse}}$

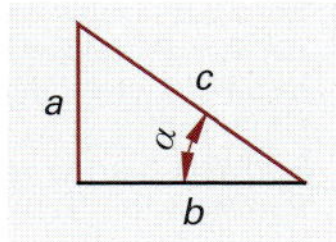

$\sin\alpha = \dfrac{a}{c}$

$a = c \cdot \sin\alpha$

$c = \dfrac{a}{\sin\alpha}$

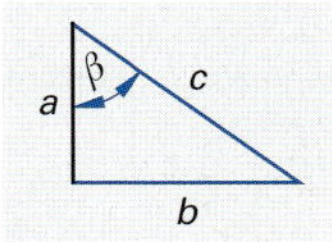

$\sin\beta = \dfrac{b}{c}$

$b = c \cdot \sin\beta$

$c = \dfrac{b}{\sin\beta}$

Cosinus $= \dfrac{\text{Ankathete}}{\text{Hypotenuse}}$

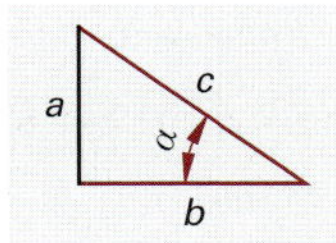

$\cos\alpha = \dfrac{b}{c}$

$b = c \cdot \cos\alpha$

$c = \dfrac{b}{\cos\alpha}$

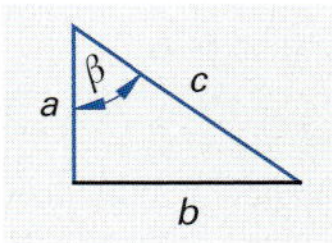

$\cos\beta = \dfrac{a}{c}$

$a = c \cdot \cos\beta$

$c = \dfrac{a}{\cos\beta}$

Tangens $= \dfrac{\text{Gegenkathete}}{\text{Ankathete}}$

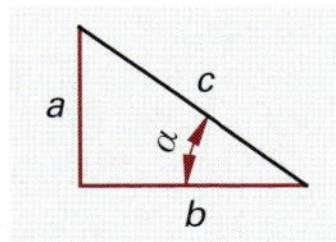

$\tan\alpha = \dfrac{a}{b}$

$a = b \cdot \tan\alpha$

$b = \dfrac{a}{\tan\alpha}$

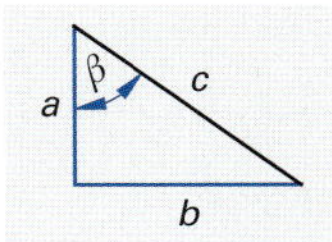

$\tan\beta = \dfrac{b}{a}$

$b = a \cdot \tan\beta$

$a = \dfrac{b}{\tan\beta}$

Cotangens $= \dfrac{\text{Ankathete}}{\text{Gegenkathete}}$

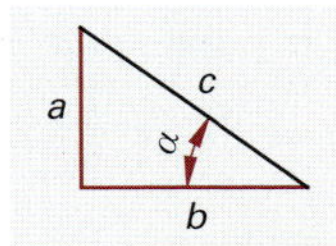

$\cot\alpha = \dfrac{b}{a}$

$b = a \cdot \cot\alpha$

$a = \dfrac{b}{\cot\alpha}$

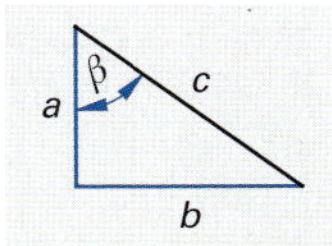

$\cot\beta = \dfrac{a}{b}$

$a = b \cdot \cot\beta$

$b = \dfrac{a}{\cot\beta}$

Berechnung von Winkelfunktionen mit dem Taschenrechner (Beispiel)

Beispiel: $a = 10$ cm; $c = 50$ cm; $\alpha = ?$ *Lösung:* $\sin\alpha = a : c = 10$ cm : 50 cm = **0,2**

10 ÷ 50 = 0,2 (SHIFT ; 2ND ; INV) SIN ⇒ 11,536 96° (SHIFT ; 2ND ; INV) ° ′ ″ ⇒ **11° 32′ 13″**

Winkelfunktionen am Einheitskreis

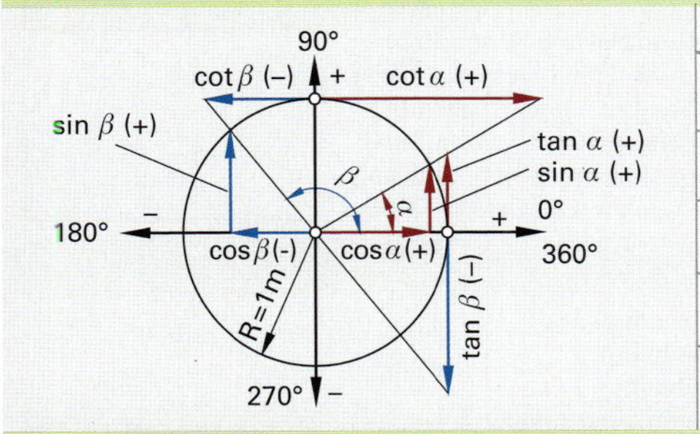

Besondere Winkelfunktionswerte

Winkel α / Funktion	0°	30°	45°	60°	90°
Sinus α	0	$\frac{1}{2}$	$\frac{1}{2}\sqrt{2}$	$\frac{1}{2}\sqrt{3}$	1
Cosinus α	1	$\frac{1}{2}\sqrt{3}$	$\frac{1}{2}\sqrt{2}$	$\frac{1}{2}$	0
Tangens α	0	$\frac{1}{3}\sqrt{3}$	1	$\sqrt{3}$	∞
Cotangens α	∞	$\sqrt{3}$	1	$\frac{1}{3}\sqrt{3}$	0

Winkelfunktionen im schiefwinkligen Dreieck

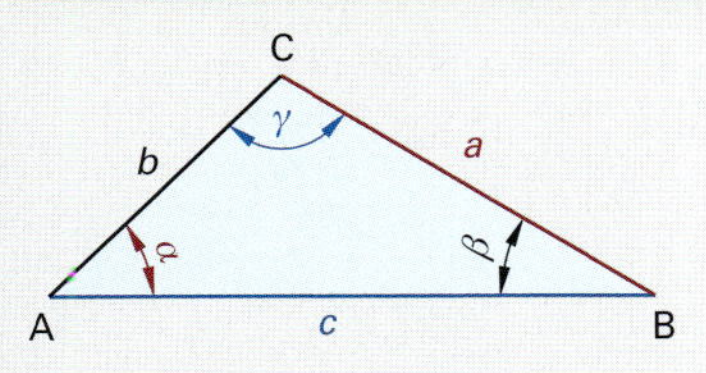

a, b, c Seitenlängen (mm)
α, β, γ Winkel, die jeweils den Seiten *a, b, c* gegenüber liegen (°)

Sinussatz

$$\frac{a}{\sin\alpha} = \frac{b}{\sin\beta} = \frac{c}{\sin\gamma}$$

Kosinussatz

$$a^2 = b^2 + c^2 - 2 \cdot b \cdot c \cdot \cos\alpha$$
$$b^2 = a^2 + c^2 - 2 \cdot a \cdot c \cdot \cos\beta$$
$$c^2 = a^2 + b^2 - 2 \cdot a \cdot b \cdot \cos\gamma$$

M

Prozentrechnen

Beispiel 1: Rohteil 3,36 kg; Fertigteil 2,8 kg; Verschnitt = ? %

Lösung: Spanabfall = 3,36 kg − 2,8 kg = = 0,56 kg

$$\boldsymbol{p} = \frac{100 \cdot P}{G} = \frac{100 \cdot 0{,}56}{2{,}8}\,\% = \mathbf{20\,\%}$$

Beispiel 2: Verkaufspreis (Endwert) 3600,00 €; Gewinn 20 %; Einkaufspreis (Grundwert) = ? €

Lösung:
$$\boldsymbol{G} = \frac{100 \cdot E_{max}}{100 + p} = \frac{100 \cdot 3600}{100 + 20}\,€ = \mathbf{3000{,}00\,€}$$

- p Prozentsatz in %
  Er gibt an, wie viel Hundertstel vom Grundwert zu nehmen sind.
- G Grundwert
  Er ist der Wert auf den man sich beim Prozentrechnen bezieht.
- P Prozentwert
  Er ist der Teil des Grundwertes, der dem Prozentsatz entspricht. Er hat dieselbe Einheit wie der Grundwert.
- E_{max} Endwert (vermehrter Wert) (Grundwert + Prozentwert)
- E_{min} Endwert (verminderter Wert) (Grundwert − Prozentwert)

$$p = \frac{100 \cdot P}{G}$$

$$G = \frac{100 \cdot P}{p}$$

$$P = \frac{G \cdot p}{100}$$

$$G = \frac{100 \cdot E_{max}}{100 + p}$$

$$G = \frac{100 \cdot E_{min}}{100 - p}$$

Zinsrechnen

Beispiel 1: Ein Kapital von 2000,00 € wird für ein halbes Jahr zu 3 % verzinst. Wie hoch sind die Zinsen?

Lösung:
$$\boldsymbol{z} = \frac{k \cdot p \cdot t}{100} = \frac{2000 \cdot 3 \cdot 0{,}5}{100}\,€ = \mathbf{30{,}00\,€}$$

Beispiel 2: p = 7,5 %; t = 90 Tage; z = 281,25 €; k = ? €

Lösung:
$$\boldsymbol{k} = \frac{100 \cdot 360 \cdot z}{p \cdot t} = \frac{100 \cdot 360 \cdot 281{,}25}{7{,}5 \cdot 90}\,€ = \mathbf{15\,000{,}00\,€}$$

- z Zinsen in €
- p Zinssatz in %
- k Kapital in €
- t Zeit in Jahren oder Zeit in Tagen

1 Zinsjahr	≙	360 Tage
1 Zinsmonat	≙	30 Tage

Jahreszins

$$z = \frac{k \cdot p \cdot t}{100}$$

$$k = \frac{100 \cdot z}{p \cdot t}$$

$$p = \frac{100 \cdot z}{k \cdot t}$$

$$t = \frac{100 \cdot z}{k \cdot p}$$

Tageszins

$$z = \frac{k \cdot p \cdot t}{100 \cdot 360}$$

Verhältnisrechnen

Beispiele:

Steigung, z. B. 1 : 50

Gefälle, z. B. 1 : 20

Übersetzungsverhältnis, z. B. 3,8 : 1 = 3,8

Verdichtung, z. B. 10,3 : 1 = 10,3

Der Quotient zweier Zahlen wird auch **Verhältnis** genannt.

Verhältnisgleichung (Proportion): Haben zwei Verhältnisse den gleichen Wert, so können sie durch Gleichheitszeichen verbunden werden. Man erhält eine Verhältnisgleichung mit 4 Gliedern.

$$a : b = \frac{a}{b}$$

$$a : b = c : d$$

$$\frac{a}{b} = \frac{c}{d}$$

Mischungsrechnen

Beispiel: 27,5 l Kühlflüssigkeit sollen im Verhältnis 4 : 7 (Gefrierschutzmittel zu Wasser) gemischt werden.

Gefrierschutzmittelmenge = ? l

Wassermenge = ? l

Lösung:
$$\boldsymbol{m_1} = \frac{m \cdot x_1}{x} = \frac{27{,}5\,\text{l} \cdot 4}{11} = \mathbf{10\,l}$$

$$\boldsymbol{m_2} = m - m_1 = 27{,}5\,\text{l} - 10\,\text{l} = \mathbf{17{,}5\,l}$$

oder
$$\boldsymbol{m_2} = \frac{m \cdot x_2}{x} = \frac{27{,}5\,\text{l} \cdot 7}{11} = \mathbf{17{,}5\,l}$$

- m Gesamtmenge
- m_1 Teilmenge 1
- m_2 Teilmenge 2
- x Summe der Anteile
- x_1 Anteil der Teilmenge 1
- x_2 Anteil der Teilmenge 2

$$m = m_1 + m_2 + \ldots$$

$$x = x_1 + x_2 + \ldots$$

$$\frac{m}{m_1} = \frac{x}{x_1}$$

$$m_1 = \frac{m \cdot x_1}{x}$$

$$x_1 = \frac{m_1 \cdot x}{m}$$

$$m = \frac{m_1 \cdot x}{x_1}$$

$$x = \frac{m \cdot x_1}{m_1}$$

Maßstäbe

Vergrößerung	2 : 1	5 : 1	10 : 1	20 : 1
Natürliche Größe	1 : 1 Zeichnungslänge = wirkliche Länge			
Verkleinerung	1 : 2	1 : 5	1 : 10	1 : 20

l_z Länge auf der Zeichnung; Bildgröße (vergrößerte, verkleinerte oder wirkliche Länge)
l_w wirkliche Länge
M Maßstab (Verhältniszahl)

$$l_z = l_w \cdot M$$

$$l_w = \frac{l_z}{M} \qquad M = \frac{l_z}{l_w}$$

Längenteilungen

	Teilung p Lochabstand	Teilungszahl n Lochzahl	Teilungslänge l
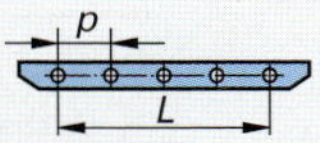	$p = \frac{L}{n-1}$	$n = \frac{L}{p} + 1$	$L = p \cdot (n-1)$
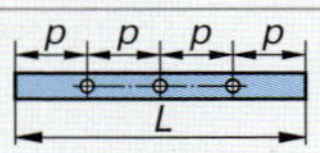	$p = \frac{L}{n+1}$	$n = \frac{L}{p} - 1$	$L = p \cdot (n+1)$
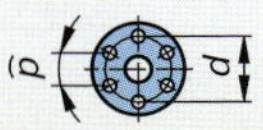	$p = \frac{\pi \cdot d}{n}$	$n = \frac{\pi \cdot d}{p}$	$L = U = n \cdot p$ $L = U = \pi \cdot d$

Kettenlänge

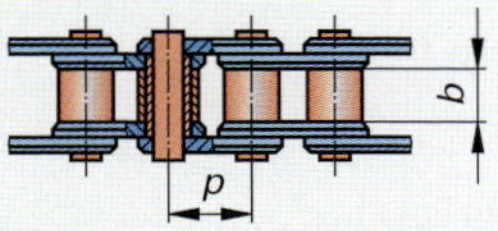

L Kettenlänge
p Teilung
b Gliederbreite (Innenglied)
X Gliederzahl

$$L = p \cdot X$$

$$p = \frac{L}{X} \qquad X = \frac{L}{p}$$

Gebogene Längen

Kreisumfang

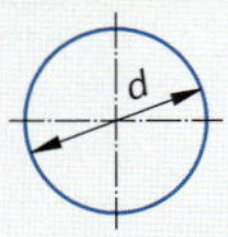

U Umfang
d Durchmesser

$$U = \pi \cdot d$$

$$d = \frac{U}{\pi}$$

Kreisbogenlänge

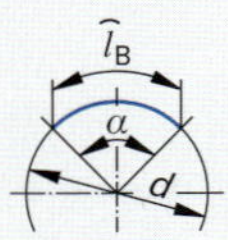

l_B Bogenlänge
d Durchmesser
α Mittelpunktswinkel in °

$$l_B = \frac{\pi \cdot d \cdot \alpha}{360°}$$

$$\alpha = \frac{360° \cdot l_B}{\pi \cdot d} \qquad d = \frac{360° \cdot l_B}{\pi \cdot \alpha}$$

Ellipsenumfang

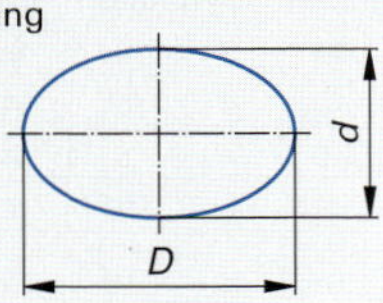

U Umfang
D Durchmesser
d Durchmesser
R Radius
r Radius

$$U \approx \pi \cdot \frac{D+d}{2}$$

$$D \approx \frac{2 \cdot U}{\pi} - d \qquad d \approx \frac{2 \cdot U}{\pi} - D$$

genauer:

$$U \approx \pi \cdot \sqrt{2 \cdot (R^2 + r^2)}$$

Gestreckte Länge

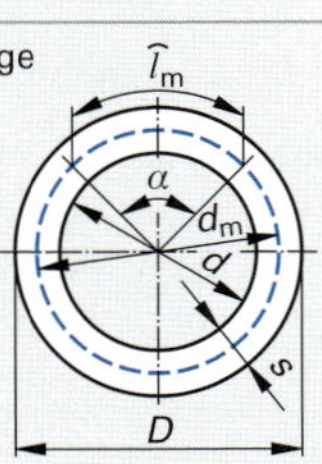

l_m gestreckte Länge, Länge der neutralen Faser
d_m mittlerer Durchmesser
D Außendurchmesser
d Innendurchmesser
α Mittelpunktswinkel in °
s Werkstoffdicke
U_m mittlerer Umfang

$$l_m = \frac{\pi \cdot d_m \cdot \alpha}{360°}$$

$$U_m = \pi \cdot d_m$$

$$d_m = \frac{D+d}{2}$$

$$d_m = D - s$$

$$d_m = d + s$$

M

Gestreckte Längen

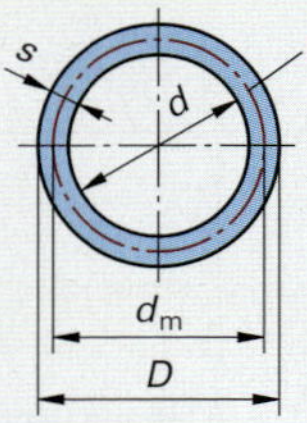

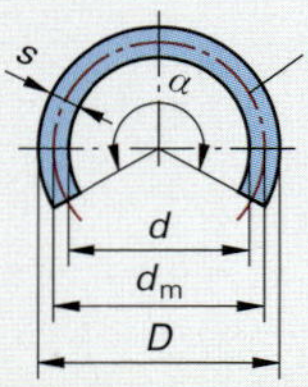

D Außendurchmesser
d Innendurchmesser
d_m mittlerer Durchmesser (Durchmesser der neutralen Faser)
s Dicke
l gestreckte Länge (Länge der neutralen Faser)
α Mittelpunktswinkel

Beispiel (Kreisring):
$D = 45$ mm; $s = 4$ mm; $l = ?$ mm

$d_m = D - s = 45\text{ mm} - 4\text{ mm} = 41\text{ mm}$
$l = \pi \cdot d_m = \pi \cdot 41\text{ mm} = \mathbf{128{,}8\text{ mm}}$

Beispiel (Kreisringausschnitt)
$D = 53$ mm; $s = 4$ mm; $d_m = ?$; $\alpha = 250°$; $l = ?$ mm

$d_m = D - s = 53\text{ mm} - 4\text{ mm} = 49\text{ mm}$

$$l = \frac{\pi \cdot d_m \cdot \alpha}{360°} = \frac{\pi \cdot 49\text{ mm} \cdot 250°}{360°} = \mathbf{106{,}9\text{ mm}}$$

Gestreckte Länge beim Kreisring

$$l = \pi \cdot d_m$$

Mittlerer Durchmesser

$$d_m = D - s$$
$$d_m = d + s$$

Gestreckte Länge beim Kreisringausschnitt

$$l = \frac{\pi \cdot d_m \cdot \alpha}{360°}$$

Zusammengesetzte Längen (z.B. Biegen von Flachstählen)

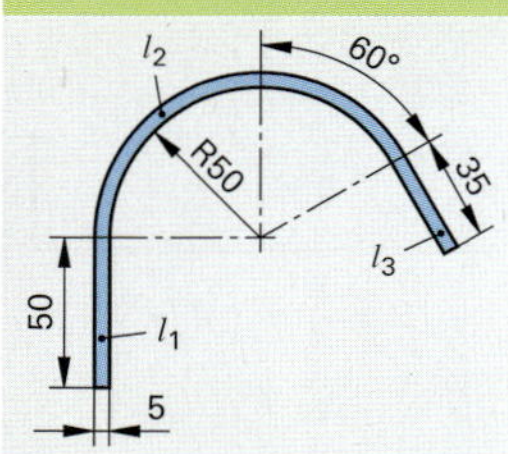

1. Einteilung in einzelne Längen
2. Berechnung der einzelnen Längen
3. Gesamtlänge ermitteln durch Addition der einzelnen Längen

R Biegeradius (Innenradius)
d_m mittlerer Durchmesser
s Dicke
L zusammengesetzte Länge (gestreckte Länge)
l_1, l_2 Teillängen
α Mittelpunktswinkel

Beispiel (Zusammengesetzte Längen, Bild links):
$R = 50$ mm; $l_1 = 50$ mm; $l_3 = 35$ mm; $s = 5$ mm;
$\alpha = 60°$; $d_m = ?$; $L = ?$ mm

$d_m = 2 \cdot R + s = 2 \cdot 50\text{ mm} + 5\text{ mm} = \mathbf{105\text{ mm}}$

$$L = l_1 + l_2 + l_3 = l_1 + \frac{\pi \cdot d_m \cdot \alpha}{360°} + l_3$$

$$L = 50\text{ mm} + \frac{\pi \cdot 105\text{ mm} \cdot (90° + 60°)}{360°} + 35\text{ mm} =$$

$= \mathbf{222{,}4\text{ mm}}$

Zusammengesetzte Längen

$$L = l_1 + l_2 + \ldots + l_n$$

Meist ist bei Biegeteilen der Biegeradius r (Innenradius) gegeben, so dass gilt

$$d_m = 2 \cdot R + s$$

Kleinster zulässiger Biegeradius für Biegeteile aus Aluminium

vgl. DIN 5520

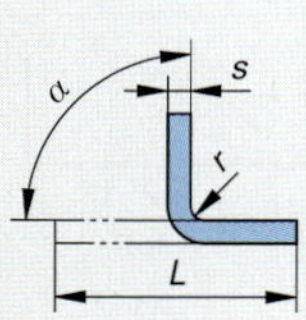

Werkstoff	Werkstoffzustand	Dicke s in mm							
		0,8	1	1,5	2	3	4	5	6
		Mindest-Biegeradius r[1)] in mm							
AlMg3-01	Weich geglüht	0,6	1	2	3	4	6	8	10
AlMg3-H14	Kalt verfestigt	1,6	2,5	4	6	10	14	18	–
AlMg4,5Mn-H112	Weich geglüht, gerichtet	1	1,5	2,5	4	6	8	10	14
AlMg4,5Mn-H111	Kalt verfestigt und geglüht	1,6	2,5	4	6	10	16	20	25
AlMgSi1-T6	Lösungsgeglüht und warm ausgelagert	4	5	8	12	16	23	28	38

[1)] für Biegeradius $\alpha = 90°$, unabhängig von der Walzrichtung

Kleinster zulässiger Biegeradius für das Kaltbiegen von Stahl

vgl. DIN 6935

Mindestzugfestigkeit R_m in N/mm² über ... bis	Kleinster Biegeradius[1)] R für Blechdicken s in mm														
	1	1,5	2,5	3	4	5	6	7	8	10	12	14	16	18	20
bis 390	1	1,6	2,5	3	5	6	8	10	12	16	20	25	28	36	40
390...490	1,2	2	3	4	5	8	10	12	16	20	25	28	32	40	45
490...640	1,6	2,5	4	5	6	8	10	12	16	20	25	32	36	45	50

[1)] Werte gelten für Biegewinkel $\alpha < 120°$, und Biegen quer zur Walzrichtung. Beim Biegen längs zur Walzrichtung und Biegewinkeln $\alpha > 120°$ ist der Wert der nächsthöheren Blechdicke zu wählen. Für s kann auch t verwendet werden.

Kanten von Blechen

vgl. DIN 6935

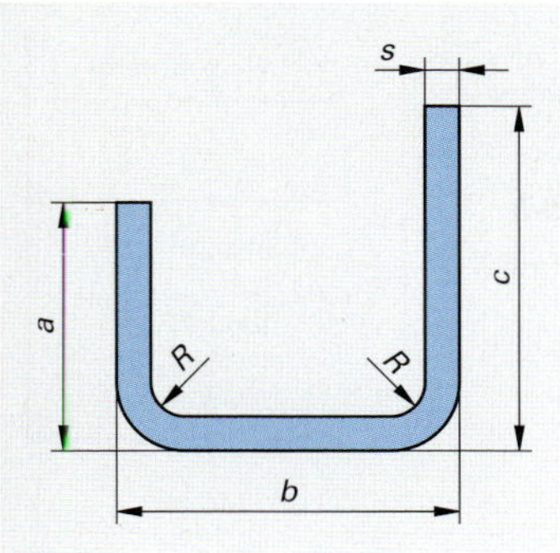

Beim scharfkantigen Biegen von Blechen (Kanten) geht man davon aus, dass sich die neutrale Faser in Richtung des Innenradius verschiebt. Man rechnet deshalb bei der Berechnung der Biegelänge mit der Verkürzung. Vereinfachend wird die Zuschnittlänge auch über die Addition der Innenmaße des Kantteils berechnet.

L	Zuschnittlänge = gestreckte Länge
a, b, c	Außenmaß der Schenkel
s	Blechdicke in mm
n	Anzahl der Biegestellen
v	Ausgleichswert (aus Tabelle) in mm

Zuschnittlänge
(mit Verkürzung)

$$L = a + b + c + \ldots - v \cdot n$$

Zuschnittlänge (Faustformel)
(Für Blechdicken $s < 2$ mm)

$$L = a + b + c + \ldots - 2 \cdot s \cdot n$$

Beispiel
(Ermittlung der Zuschnittlänge mit Verkürzung):
a = 25 mm, b = 30 mm; c = 35 mm; s = 1,5 mm; n = 2;
R = 1,6 mm; v = 2,9 mm (aus Tabelle)

$L = a + b + c - n \cdot v$
L = (25 + 30 + 35) mm – 2 · 2,9 = 84,2 mm

Beispiel
(Ermittlung der Zuschnittlänge mit Faustformel):
a = 25 mm, b = 30 mm; c = 35 mm; s = 1,5 mm; n = 2;
R = 1,6 mm

$L = a + b + c - 2 \cdot s \cdot n$
L = (25 + 30 + 35) mm – 2 · 1,5 mm · 2 = 84 mm

Ausgleichswerte *v* für Biegewinkel α = 90°

vgl. Beiblatt 2 zu DIN 6935 (1983-02)

Biege-radius *R* in mm	Ausgleichswert *v* je Biegestelle in mm für Blechdicke *s* in mm														
	0,4	**0,6**	**0,8**	**1**	**1,5**	**2**	**2,5**	**3**	**3,5**	**4**	**4,5**	**5**	**6**	**8**	**10**
1	1,0	1,3	1,7	1,9	–	–	–	–	–	–	–	–	–	–	–
1,6	1,3	1,6	1,8	2,1	2,9	–	–	–	–	–	–	–	–	–	–
2,5	1,6	2,0	2,2	2,4	3,2	4,0	4,8	–	–	–	–	–	–	–	–
4	–	2,5	2,8	3,0	3,7	4,5	5,2	6,0	6,9	–	–	–	–	–	–
6	–	–	3,4	3,8	4,5	5,2	5,9	6,7	7,5	8,3	9,0	9,9	–	–	–
10	–	–	–	5,5	6,1	6,7	7,4	8,1	8,9	9,6	10,4	11,2	12,7	–	–
16	–	–	–	8,1	8,7	9,3	9,9	10,5	11,2	11,9	12,6	13,3	14,8	17,8	21,0
20	–	–	–	9,8	10,4	11,0	11,6	12,2	12,8	13,4	14,1	14,9	16,3	19,3	22,3
25	–	–	–	11,9	12,6	13,2	13,8	14,4	15,0	15,6	16,2	16,8	18,2	21,1	24,1
32	–	–	–	15,0	15,6	16,2	16,8	17,4	18,0	18,6	19,2	19,8	21,0	23,8	26,7
40	–	–	–	18,4	19,0	19,6	20,2	20,8	21,4	22,0	22,6	23,2	24,5	26,9	29,7
50	–	–	–	22,7	23,3	23,9	24,5	25,1	25,7	26,3	26,9	27,5	28,8	31,2	33,6

Bördeln von Blechrändern (Verformungsgrad)

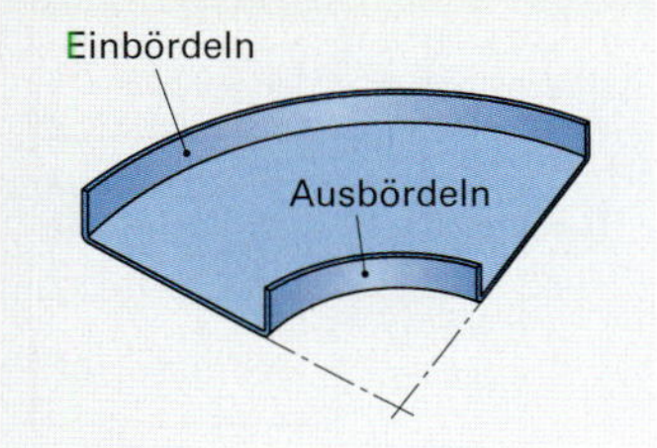

Bördeln ist das scharfkantige Biegen entlang einer Kurve. Bördelungen (Borde) haben folgende Aufgabe:
- Randversteifung
- Vorbereitung von Blechteilen für das Fügen z.B. Schweißflansche, Falzvorbereitung etc.

Man unterscheidet nach der Materialbeanspruchung
Ausbördeln: Werkstoff wird gestreckt
Einbördeln: Werkstoff wird gestaucht

Die Materialbeanspruchung beim Umformen (Verformungsgrad ε) muss kleiner als die Bruchdehnung A sein. Evtl. muss das Blech wärmebehandelt werden (Rekristallisationsglühen).

$$\varepsilon = \frac{b \cdot 100\,\%}{R}$$

$$\varepsilon < A$$

ε	Verformungsgrad in %
R	Krümmungsradius des Bördels in mm
b	Bördelbreite in mm
A	Bruchdehnung in %

Beispiel:
Verformungsgrad ermitteln
R = 120 mm; b = 10 mm;
aus Tabelle: A = 28% (DC01); ε = ? in %;

$$\varepsilon = \frac{b \cdot 100\,\%}{R} = \frac{10\text{ mm} \cdot 100\,\%}{120\text{ mm}} = 8{,}3\,\%$$

$\varepsilon < A$: Eine Umformung ist ohne Wärmebehandlung möglich.

M

Lehrsatz des Pythagoras

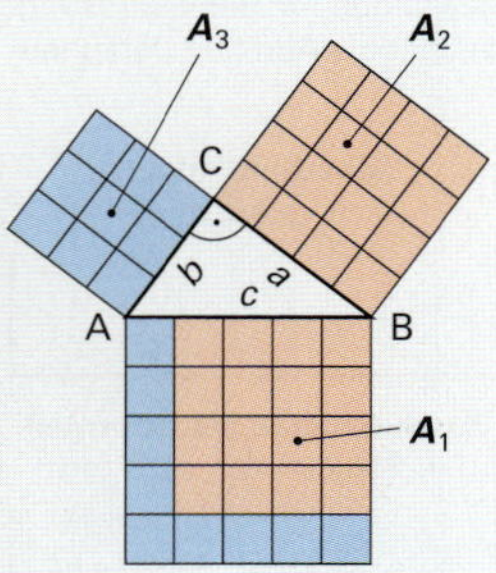

Beim rechtwinkigen Dreieck ist die Fläche des Hypotenusenquadrates gleich der Summe der Flächen der beiden Kathetenquadrate.

$$A_1 = A_2 + A_3$$

$$c^2 = a^2 + b^2$$

$$c = \sqrt{a^2 + b^2}$$

$$a = \sqrt{c^2 - b^2}$$

$$b = \sqrt{c^2 - a^2}$$

c	Hypotenuse – die dem rechten Winkel gegenüberliegende Seite
a, b	Katheten – die den rechten Winkel bildenden Seiten
A_1, A_2, A_3	Flächen

Beispiel: a = 4 m; b = 6 m; c = ? m

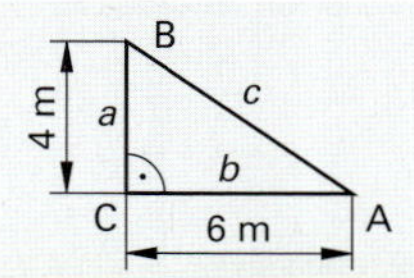

Lösung: $\mathbf{c} = \sqrt{a^2 + b^2} = \sqrt{(4\ \text{m})^2 + (6\ \text{m})^2} = \sqrt{16\ \text{m}^2 + 36\ \text{m}^2} = \sqrt{52\ \text{m}^2} = \mathbf{7{,}21\ m}$

Regelmäßige Vielecke

Für regelmäßige Vielecke gilt:

Innenwinkel $\alpha = \frac{360°}{n}$

Außenwinkel $\beta = \frac{(n-2) \cdot 180°}{n}$ $\beta = 180° - \alpha$

n **Anzahl der Ecken**

Regelmäßiges Vieleck *n* Anzahl der Ecken	**Umkreis-∅ *D* Eckenmaß *e***	**Innenkreis-∅ *d* Schlüsselweite *SW***	**Seitenlänge *l* Umfang *U***	**Gesamtfläche *A***
Dreieck *n* = 3 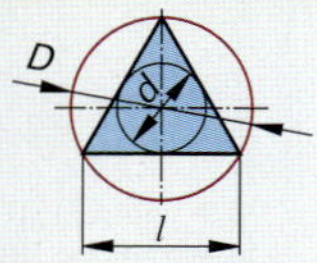	$D = 1{,}154 \cdot l$ $D = 2 \cdot d$	$d = 0{,}578 \cdot l$ $d = 0{,}5 \cdot D$	$l = 0{,}866 \cdot D$ $l = 1{,}730 \cdot d$ $\boldsymbol{U = l \cdot n}$	$A = 0{,}325 \cdot D^2$ $A = 1{,}299 \cdot d^2$ $A = 0{,}433 \cdot l^2$
Quadrat *n* = 4 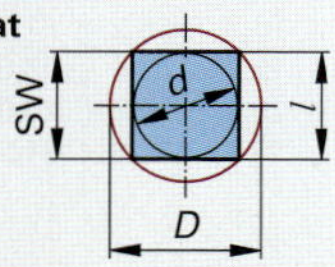	$D = 1{,}414 \cdot l$ $D = 1{,}414 \cdot d$ $\boldsymbol{D = e}$	$d = l$ $d = 0{,}707 \cdot D$ $\boldsymbol{d = SW}$	$l = 0{,}707 \cdot D$ $l = d$ $\boldsymbol{U = l \cdot n}$	$A = 0{,}5 \cdot D^2$ $A = d^2$ $A = l^2$
Sechseck *n* = 6 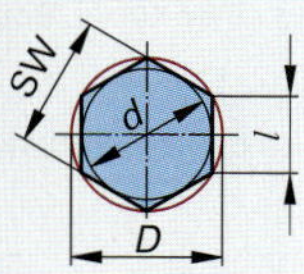	$D = 2 \cdot l$ $D = 1{,}155 \cdot d$ $\boldsymbol{D = e}$	$d = 1{,}732 \cdot l$ $d = 0{,}866 \cdot D$ $\boldsymbol{d = SW}$	$l = 0{,}5 \cdot D$ $l = 0{,}577 \cdot d$ $\boldsymbol{U = l \cdot n}$	$A = 0{,}649 \cdot D^2$ $A = 0{,}866 \cdot d^2$ $A = 2{,}598 \cdot l^2$
Achteck *n* = 8 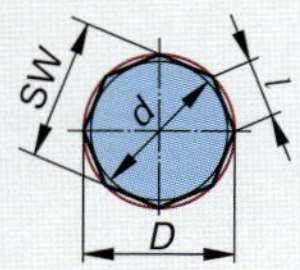	$D = 2{,}614 \cdot l$ $D = 1{,}082 \cdot d$ $\boldsymbol{D = e}$	$d = 2{,}414 \cdot l$ $d = 0{,}924 \cdot D$ $\boldsymbol{d = SW}$	$l = 0{,}383 \cdot D$ $l = 0{,}414 \cdot d$ $\boldsymbol{U = l \cdot n}$	$A = 0{,}707 \cdot D^2$ $A = 0{,}829 \cdot d^2$ $A = 4{,}828 \cdot l^2$
Zwölfeck *n* = 12 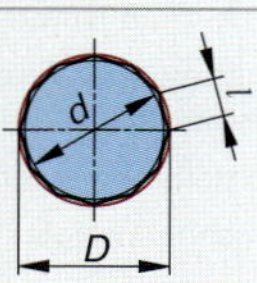	$D = 3{,}864 \cdot l$ $D = 1{,}035 \cdot d$ $\boldsymbol{D = e}$	$d = 3{,}732 \cdot l$ $d = 0{,}966 \cdot D$ $\boldsymbol{d = SW}$	$l = 0{,}259 \cdot D$ $l = 0{,}268 \cdot d$ $\boldsymbol{U = l \cdot n}$	$A = 0{,}750 \cdot D^2$ $A = 0{,}804 \cdot d^2$ $A = 11{,}196 \cdot l^2$

M

Quadrat
$b = l$

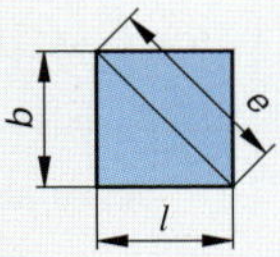

$l = \sqrt{A}$ $\qquad b = l$

$e = \sqrt{2 \cdot l^2} = 1{,}414 \cdot l$

$l = \frac{e}{1{,}414} = 0{,}707 \cdot e$ $\qquad U = 4 \cdot l$

$$A = l^2$$

Rhombus (Raute)

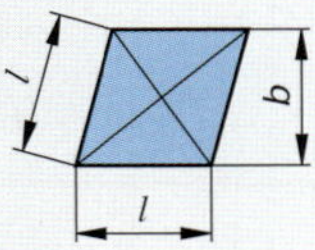

$l = \frac{A}{b}$

$b = \frac{A}{l}$

$U = 4 \cdot l$

$$A = l \cdot b$$

Rechteck

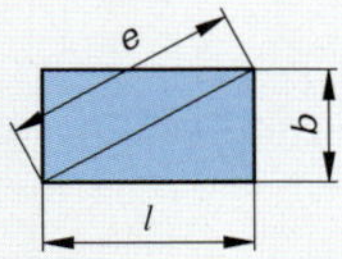

$b = \frac{A}{l}$ $\quad l = \frac{A}{b}$ $\qquad l = \frac{U - 2 \cdot b}{2}$

$e = \sqrt{l^2 + b^2}$ $\qquad b = \frac{U - 2 \cdot l}{2}$

$U = 2 \cdot l + 2 \cdot b$

$$A = l \cdot b$$

Rhomboid (Parallelogramm)

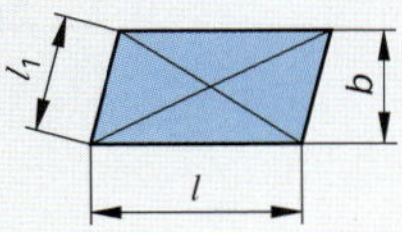

$l = \frac{A}{b}$ $\qquad l = \frac{U - 2 \cdot l_1}{2}$

$b = \frac{A}{l}$ $\qquad l_1 = \frac{U - 2 \cdot l}{2}$

$U = 2 \cdot l + 2 \cdot l_1$

$$A = l \cdot b$$

Dreieck

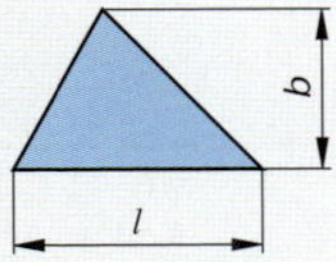

$l = \frac{2 \cdot A}{b}$

$b = \frac{2 \cdot A}{l}$

U = Summe aller Seiten

$$A = \frac{l \cdot b}{2}$$

Trapez

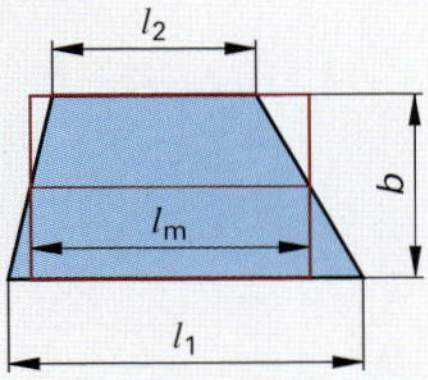

$l_1 = \frac{2 \cdot A}{b} - l_2$ $\qquad b = \frac{2 \cdot A}{l_1 + l_2}$

$l_2 = \frac{2 \cdot A}{b} - l_1$ $\qquad l_m = \frac{l_1 + l_2}{2}$

$l_1 = 2 \cdot l_m - l_2$ $\qquad l_2 = 2 \cdot l_m - l_1$

U = Summe aller Seiten

$$A = \frac{l_1 + l_2}{2} \cdot b$$

$$A = l_m \cdot b$$

Vieleck
(regelmäßig)

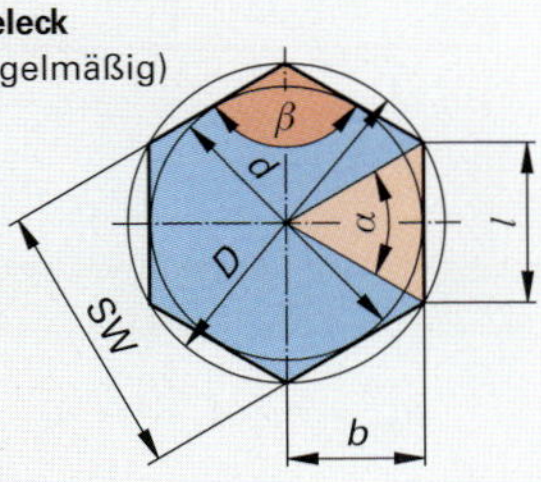

α Innenwinkel
β Außenwinkel
SW Schlüsselweite
D Umkreisdurchmesser
d Inkreisdurchmesser

$\alpha = \frac{360°}{n}$

$\beta = \frac{(n-2) \cdot 180°}{n}$

$\beta = 180° - \alpha$

$l = D \cdot \sin\left(\frac{180°}{n}\right)$

$l = D \cdot \sin\frac{\alpha}{2}$

$d = \sqrt{D^2 - l^2}$

$b = \frac{SW}{2} = \frac{d}{2}$ $\qquad U = l \cdot n$

$$A = \frac{l \cdot b}{2} \cdot n$$

$$A = \frac{n \cdot l \cdot d}{4}$$

A Gesamtfläche
d Inkreisdurchmesser
n Anzahl der Ecken
l Seitenlänge
b Breite

A Fläche $\quad l$ Länge $\quad l_m$ mittlere Länge $\quad b$ Breite $\quad U$ Umfang $\quad e$ Eckmaß

M

Kreis

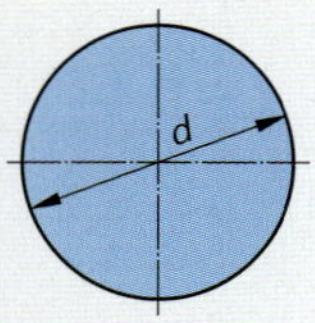

$d = \sqrt{\frac{4 \cdot A}{\pi}} = \sqrt{\frac{A}{0{,}785}}$

$r = \sqrt{\frac{A}{\pi}}$

$U = \pi \cdot d$

$$A = \frac{\pi \cdot d^2}{4}$$

$A = 0{,}785 \cdot d^2$

$A = \pi \cdot r^2$

Kreisring

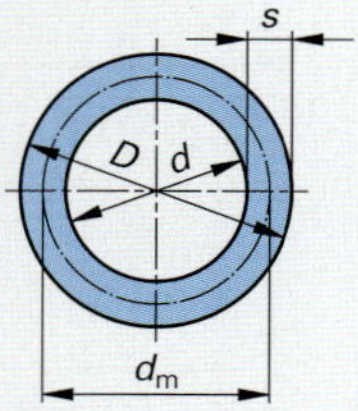

$D = \sqrt{d^2 + \frac{4 \cdot A}{\pi}}$

$d = \sqrt{D^2 - \frac{4 \cdot A}{\pi}}$

$A_1 = \frac{\pi \cdot d^2}{4}$

$A_2 = \frac{\pi \cdot D^2}{4}$

$$A = \frac{\pi}{4} \cdot (D^2 - d^2)$$

$A = \pi \cdot d_m \cdot s$

$A = A_2 - A_1$

Kreisausschnitt
(Sektor)

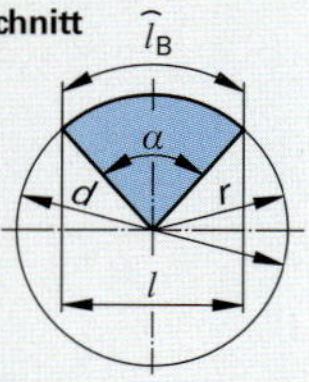

$l = 2 \cdot r \cdot \sin \frac{\alpha}{2}$

$l_B = \frac{\pi \cdot d \cdot \alpha}{360°}$

$U = l_B + 2 \cdot r$

l_B Bogenlänge

α Mittelpunktswinkel

$$A = \frac{l_B \cdot r}{2}$$

$A = \frac{\pi \cdot d^2}{4} \cdot \frac{\alpha}{360°}$

Kreisabschnitt
(Segment)

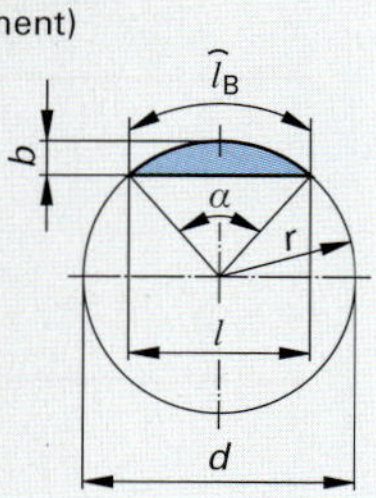

$l_B = \frac{\pi \cdot d \cdot \alpha}{360°}$

$b = r - \sqrt{r^2 - l^2/4}$

$b = \frac{l}{2} \cdot \tan \frac{\alpha}{4}$

$l = 2 \cdot \sqrt{2 \cdot b \cdot r - b^2}$

$l = 2 \cdot r \cdot \sin \frac{\alpha}{2}$

$r = \frac{b}{2} + \frac{l^2}{8 \cdot b}$

$r = \frac{2 \cdot A - b \cdot l}{l_B - l}$

l Länge (Sehne)

b Breite (Bogenhöhe)

$U = l + l_B$

$$A = \frac{l_B \cdot r - l \cdot (r - b)}{2}$$

$A = \frac{\pi \cdot d^2}{4} \cdot \frac{\alpha}{360°} - \frac{l \cdot (r - b)}{2}$

$A \approx \frac{2 \cdot l \cdot b}{3}$

Ellipse

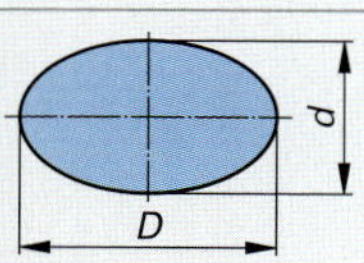

D große Achse
d kleine Achse

$D = \frac{4 \cdot A}{\pi \cdot d}$

$d = \frac{4 \cdot A}{\pi \cdot D}$

$U \approx \pi \cdot \frac{D + d}{2}$

genauer:
$U \approx \pi \cdot \sqrt{2 \cdot (R^2 + r^2)}$

$$A = \frac{\pi \cdot D \cdot d}{4}$$

Zusammengesetzte Flächen

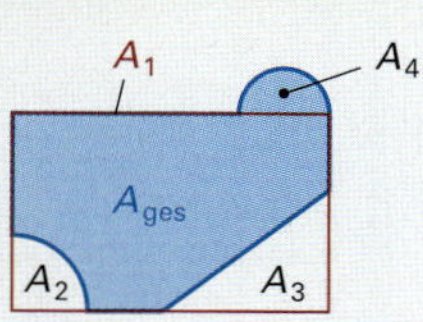

Zusammengesetzte Flächen werden zur Berechnung ihrer Gesamtfläche in Teilflächen zerlegt.

Durch Addition und Subtraktion der Teilflächen erhält man die Gesamtfläche.

$A_{ges} = A_1 - A_2 - A_3 + A_4$

Allgemein gilt:

$$A_{ges} = A_1 \pm A_2 \pm A_3 \pm \ldots$$

A	Fläche	D, d	Durchmesser	l_B	Bogenlänge	b	Breite (Bogenhöhe)	α	Mittelpunktswinkel
U	Umfang	R, r	Radius	l	Länge (Sehne)	b	Breite	d_m	mittlerer Durchmesser

M

Gleichdicke Körper — $V = A \cdot h$

Würfel

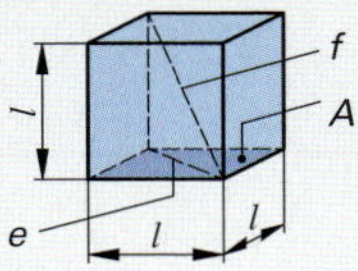

$$l = \sqrt[3]{V}$$

$$e = 1{,}414 \cdot l$$

$$f = 1{,}732 \cdot l$$

$$l_{ges} = 12 \cdot l$$

$$A_M = 4 \cdot A = 4 \cdot l^2$$

$$A_O = 6 \cdot A = 6 \cdot l^2$$

$$\boxed{V = l \cdot l \cdot l}$$

$$V = l^3$$

Prisma

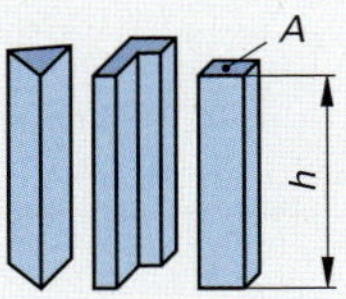

$$A = \frac{V}{h} \qquad h = \frac{V}{A}$$

$$\boxed{V = A \cdot h}$$

Zylinder

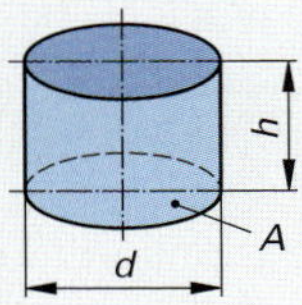

$$d = \sqrt{\frac{4 \cdot V}{\pi \cdot h}} \qquad h = \frac{4 \cdot V}{\pi \cdot d^2}$$

$$A = \frac{V}{h} \qquad h = \frac{V}{A}$$

$$A_M = \pi \cdot d \cdot h$$

$$A_O = \pi \cdot d \cdot h + 2 \cdot \frac{\pi \cdot d^2}{4}$$

$$\boxed{V = \frac{\pi \cdot d^2}{4} \cdot h}$$

$$V = A \cdot h$$

Hohlzylinder

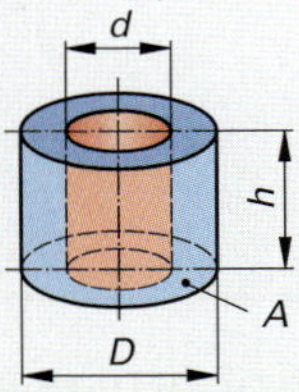

$$h = \frac{4 \cdot V}{\pi \cdot (D^2 - d^2)}$$

$$D = \sqrt{d^2 + \frac{4 \cdot V}{\pi \cdot h}} \qquad d = \sqrt{D^2 - \frac{4 \cdot V}{\pi \cdot h}}$$

$$A_2 = \frac{\pi \cdot D^2}{4} \qquad A_1 = \frac{\pi \cdot d^2}{4}$$

$$A_O = \pi \cdot h \cdot (D + d) + 2 \cdot \frac{\pi \cdot (D^2 - d^2)}{4}$$

$$\boxed{V = \frac{\pi}{4} \cdot (D^2 - d^2) \cdot h}$$

$$V = (A_2 - A_1) \cdot h$$

$$V = V_2 - V_1$$

Spitze Körper — $V = A \cdot h/3$

Pyramide

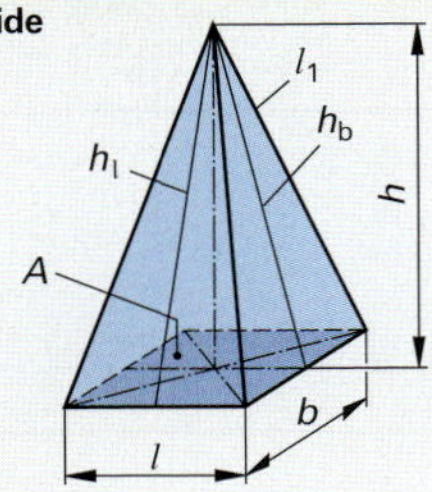

$$h = \frac{3 \cdot V}{l \cdot b} \qquad b = \frac{3 \cdot V}{l \cdot h} \qquad l = \frac{3 \cdot V}{b \cdot h}$$

$$A = \frac{3 \cdot V}{h} \qquad h = \frac{3 \cdot V}{A}$$

$$h_l = \sqrt{h^2 + b^2/4} \qquad h_b = \sqrt{h^2 + l^2/4}$$

$$l_1 = \sqrt{h_b^2 + b^2/4} \qquad l_1 = \sqrt{h_l^2 + l^2/4}$$

$$A_M = h_l \cdot l + h_b \cdot b$$

$$A_O = A_M + A$$

$$\boxed{V = \frac{l \cdot b \cdot h}{3}}$$

$$V = \frac{A \cdot h}{3}$$

Kegel

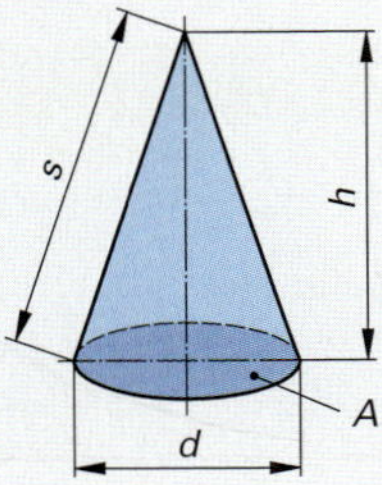

$$d = \sqrt{\frac{12 \cdot V}{\pi \cdot h}} \qquad h = \frac{12 \cdot V}{\pi \cdot d^2}$$

$$A = \frac{3 \cdot V}{h} \qquad h = \frac{3 \cdot V}{A}$$

$$A_M = \pi \cdot r \cdot \sqrt{h^2 + r^2} \qquad A_M = \frac{\pi \cdot d \cdot s}{2}$$

$$A_M = \pi \cdot r \cdot s \qquad s = \sqrt{h^2 + r^2}$$

$$A_O = A_M + A$$

$$\boxed{V = \frac{1}{3} \cdot \frac{\pi \cdot d^2}{4} \cdot h}$$

$$V = \frac{\pi \cdot d^2 \cdot h}{12}$$

$$V = \frac{A \cdot h}{3}$$

V	Volumen	l	Länge	h_l	Mantelhöhe über l	r	Radius	e	Eckenmaß (Flächendiagonale)
A	Fläche	b	Breite	h_b	Mantelhöhe über b	A_M	Mantelfläche		
h	Höhe	D, d	Durchmesser	s	Mantelhöhe	A_O	Oberfläche	f	Raumdiagonale

M

Abgestumpfte Körper

Pyramidenstumpf

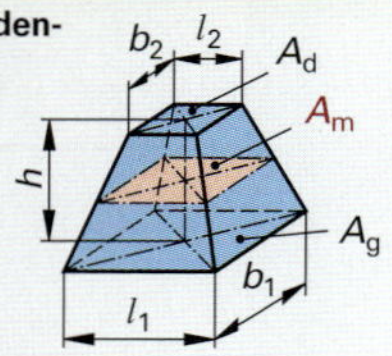

$$A_m = \frac{A_g + A_d}{2}$$

$$V = \frac{h \cdot (A_g + A_d + \sqrt{A_g \cdot A_d})}{3}$$

$$V \approx A_m \cdot h$$

Kegelstumpf

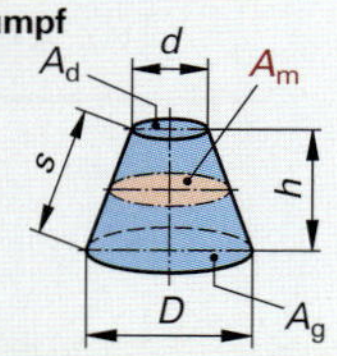

$$A_m = \frac{A_g + A_d}{2}$$

$$A_M = \frac{\pi \cdot (D + d) \cdot s}{2}$$

$$s = \sqrt{h^2 + \left(\frac{D - d}{2}\right)^2}$$

$$V = \frac{\pi \cdot h \cdot (D^2 + d^2 + D \cdot d)}{12}$$

$$V \approx A_m \cdot h$$

$$A_o = A_d + A_M + A_g$$

Kugel

Vollkugel

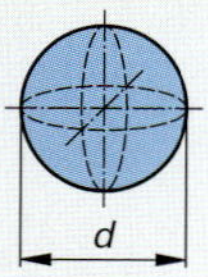

$$d = \sqrt[3]{\frac{6 \cdot V}{\pi}} = \sqrt[3]{\frac{V}{0{,}524}}$$

$$d \approx 1{,}24 \cdot \sqrt[3]{V}$$

$$A_O = \pi \cdot d^2 \qquad d = \sqrt{\frac{A_O}{\pi}}$$

$$V = \frac{\pi \cdot d^3}{6}$$

$$V = 0{,}524 \cdot d^3$$

Kugelabschnitt (Kugelsegment)

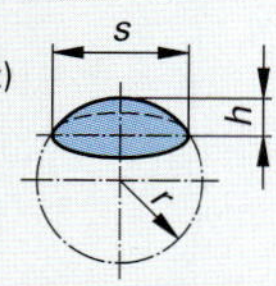

$$A_M = \pi \cdot d \cdot h$$

$$A_M = \frac{\pi \cdot (s^2 + 4 \cdot h^2)}{4}$$

$$A_O = \pi \cdot h \cdot (4 \cdot r - h)$$

$$V = \pi \cdot h^2 \cdot \left(r - \frac{h}{3}\right)$$

$$V = \pi \cdot h \cdot \left(\frac{s^2}{8} + \frac{h^2}{6}\right)$$

Kugelausschnitt (Kugelsektor)

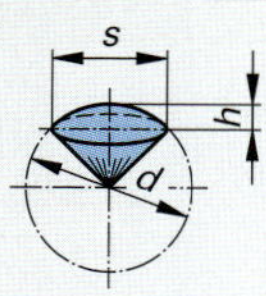

$$A_M = A_O$$

$$A_O = \frac{\pi \cdot d \cdot (4 \cdot h + s)}{4}$$

$$d = \sqrt{\frac{6 \cdot V}{\pi \cdot h}}; \qquad h = \frac{6 \cdot V}{\pi \cdot d^2}$$

$$V = \frac{\pi \cdot d^2 \cdot h}{6}$$

Kugelschicht (Kugelzone)

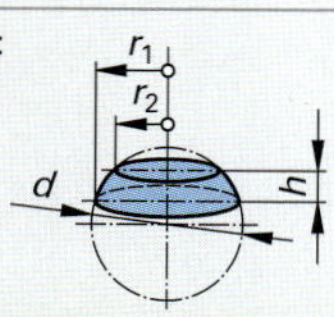

$$A_M = \pi \cdot d \cdot h$$

$$A_O = \pi \cdot (d \cdot h + r_1^2 + r_2^2)$$

$$V = \frac{\pi \cdot h \cdot (3 \cdot r_1^2 + 3 \cdot r_2^2 + h^2)}{6}$$

Zusammengesetzte Körper

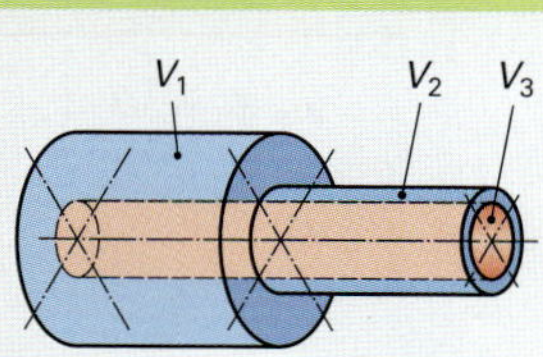

Zusammengesetzte Körper werden zur Berechnung ihres Gesamtvolumens in Teilkörper zerlegt.

Durch Addition und Subtraktion der Teilkörper erhält man das Gesamtvolumen.

$$V_{ges} = V_1 + V_2 - V_3$$

Allgemein gilt:

$$V_{ges} = V_1 \pm V_2 \pm V_3 \pm \ldots$$

V	Volumen	A_O	Oberfläche	A	Fläche	b	Breite	d_m	mittlerer Durchmesser
A_m	Mittelfläche	A_d	Deckfläche	h	Höhe	r	Halbmesser	d	Durchmesser
A_g	Grundfläche	A_M	Mantelfläche	l	Länge	D, d	Durchmesser	s	Mantelhöhe, Länge

M

Dichte, Masse

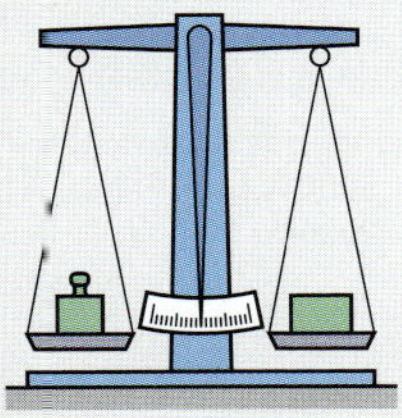

ϱ	Dichte	in	$\frac{g}{cm^3}$	bzw. $\frac{kg}{dm^3}$	bzw.	$\frac{t}{m^3}$
m	Masse	in	g	bzw. kg	bzw.	t
V	Volumen	in	cm^3	bzw. dm^3	bzw.	m^3

$$\varrho = \frac{m}{V}$$

$$m = V \cdot \varrho$$

$$V = \frac{m}{\varrho}$$

1 g/l = 1 g/dm^3 = 1 kg/m^3
1 g/cm^3 = 1 kg/dm^3 = 1 t/m^3

Die Dichte von Gasen ist abhängig von Druck und Temperatur. Sie wird deshalb für Normalbedingungen (1013 hPa, 1,013 bar, 0 °C) in kg/m^3 angegeben.

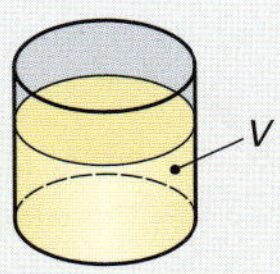

Masse von Flüssigkeiten

Beispiel: Behälter mit Benzin ϱ = 0,74 kg/dm^3;
V = 32,45 dm^3; m = ? kg

Lösung: $\boldsymbol{m} = V \cdot \varrho$ = 32,45 dm^3 · 0,74 kg/dm^3 = **24 kg**

Längenbezogene Masse

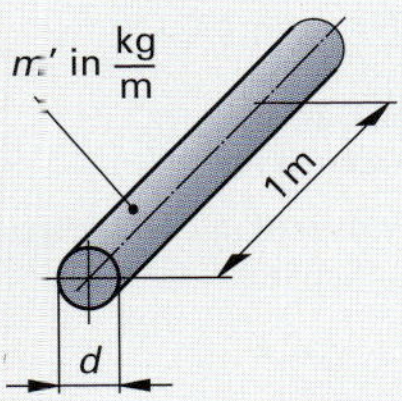

m Masse in kg
l Länge in m
m' längenbezogene Masse in kg/m

$$m = m' \cdot l$$

Beispiel: Rundstahl m' = 1,35 kg/m; l = 465 cm; m = ? kg

Lösung: $\boldsymbol{m} = m' \cdot l$ = 1,35 kg/m · 4,65 m = **6,28 kg**

Flächenbezogene Masse

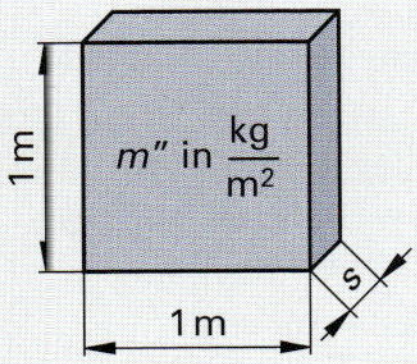

m Masse in kg
A Fläche in m^2
m'' flächenbezogene Masse in kg/m^2
s Dicke des Körpers, z. B. Blechdicke in m
ϱ Dichte in kg/dm^3

$$m = m'' \cdot A$$

$$m = m'' \cdot s \cdot \varrho$$

Beispiel: Karosserieblech m'' = 6,908 kg/m^2;
$l \times b$ = 45 cm × 68 cm; m = ? kg

Lösung: $\boldsymbol{m} = m'' \cdot A$ = 6,908 kg/m^2 · 0,45 m · 0,68 m =
= **2,11 kg**

Kraft

Kraftrichtung: beliebig

1 N = 1 kg · 1 m/s^2 =
= 1 $\frac{kg \cdot m}{s^2}$

F Kraft in N
m Masse in kg
a Beschleunigung in m/s^2
Verzögerung in m/s^2

$$F = m \cdot a$$

$$m = \frac{F}{a}$$

$$a = \frac{F}{m}$$

Beispiel: m = 750 kg; a = 2,2 m/s^2; F = ? N

Lösung: $\boldsymbol{F} = m \cdot a$ = 750 kg · 2,2 m/s^2 =
= 1650 kg · m/s^2 = **1650 N**

Gewichtskraft

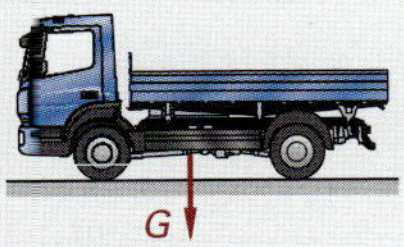

Kraftrichtung:
Richtung Erdmittelpunkt

G, F_G Gewichtskraft in N
m Masse in kg
g Fallbeschleunigung in m/s^2

$$G = m \cdot g$$

$$m = \frac{G}{g}$$

Beispiel: m = 5000 kg; G = ? kN

Lösung: $\boldsymbol{G} = m \cdot g$ = 5000 kg · 9,81 m/s^2 =
= 49 050 kg · m/s^2 = 49 050 N = **49,05 kN**

M

Darstellung einer Kraft

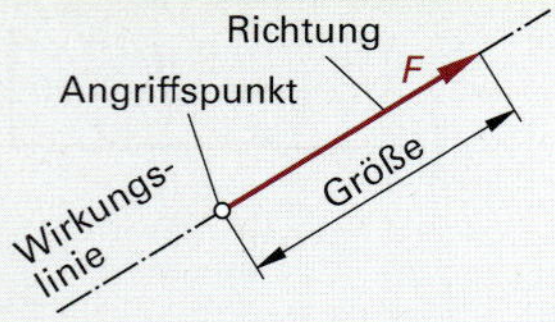

KM: 1 mm ≙ 100 N

Eine Kraft ist eindeutig bestimmt, wenn folgendes bekannt ist:

1. Angriffspunkt
2. Größe
3. Richtung
4. Wirkungslinie

Zeichnerisch kann man eine Kraft durch eine Pfeilstrecke mit Hilfe des Kräftemaßstabes **KM** darstellen und auf der Wirkungslinie verschieben.

Beispiel: KM: 1 mm ≙ 100 N
F = 2 kN; Länge des Kraftpfeiles = ? mm

Lösung: Länge des Kraftpfeiles =
= 2000 N : 100 N/mm =
= **20 mm**

Zusammensetzung von Kräften

Gleiche Richtung und gleiche Wirkungslinie

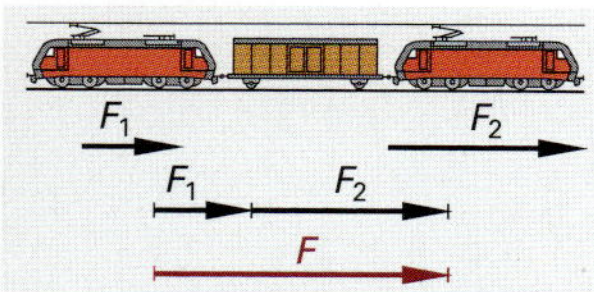

KM: 1 mm ≙ 1 kN

$F = F_1 + F_2 + ...$

Die Ersatzkraft (Resultierende) wird durch Addition mehrerer Teilkräfte ermittelt.

Beispiel:
F_1 = 6,5 kN; F_2 = 13 kN; F = ? kN

Lösung:
$F = F_1 + F_2$ = 6,5 kN + 13 kN =
= **19,5 kN**

Entgegengesetzte Richtung und gleiche Wirkungslinie

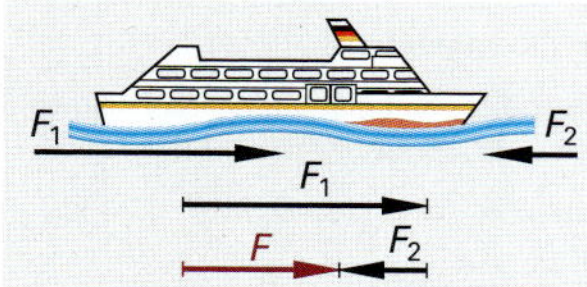

KM: 1 mm ≙ 1000 N

$F = F_1 - F_2 - ...$

Die Ersatzkraft wird durch Abziehen mehrerer Teilkräfte ermittelt.

Beispiel:
F_1 = 18 000 N; F_2 = 6500 N; F = ? N

Lösung:
$F = F_1 - F_2$ = 18 000 N – 6 500 N =
= **11 500 N**

Gleicher Angriffspunkt aber nicht gleiche Richtung und Wirkungslinie

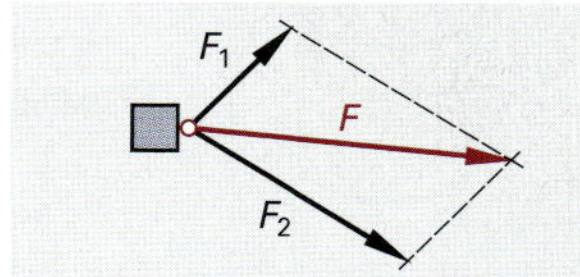

KM: 1 mm ≙ 50 N

F Ersatzkraft in N
F_1, F_2 Teilkräfte in N

Die Ersatzkraft wird zeichnerisch mit Hilfe des Kräfteparallelogramms ermittelt.

Beispiel:
F_1 = 475 N; F_2 = 850 N; F = ? N

Lösung:
Aus Zeichnung F = 21,5 mm
F = 21,5 mm · 50 N/mm = **1075 N**

Zerlegen von Kräften

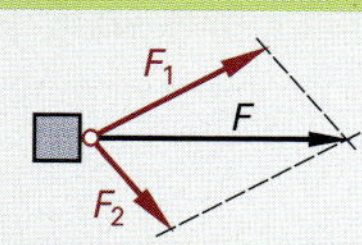

KM: 1 mm ≙ 100 N

Bei bekannten Wirkungslinien der Teilkräfte F_1 und F_2 werden diese mit Hilfe des Kräfteparallelogramms ermittelt.

Beispiel: F = 1700 N ist in F_1 und F_2 zu zerlegen.

Lösung: Aus Zeichnung
F_1 = 13 mm; F_2 = 8 mm
F_1 = 13 mm · 100 N/mm = **1300 N**
F_2 = 8 mm · 100 N/mm = **800 N**

Kräfte am Hang

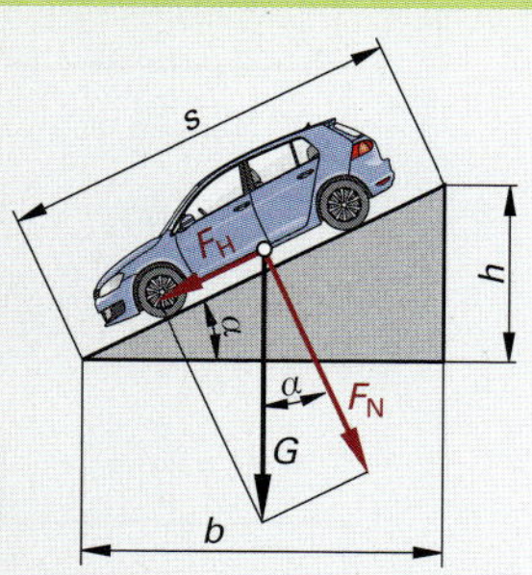

KM: 1 mm ≙ 500 N
Aus der Zeichnung: F_H = 8 mm
F_H = 8 mm · 500 N/mm = **4000 N**

G Gewichtskraft in N
F_N Normalkraft in N
m Masse (Gewicht) in kg
F_H Hangabtriebskraft in N
s Länge der schiefen Ebene in m
b horizontale Länge in m
h Höhenunterschied in m
α Steigungswinkel in °
g Fallbeschleunigung in m/s²

Beispiel: h = 72 m; s = 162 m;
G = 9000 N; F_H = ? N

Lösung:

$$F_H = \frac{G \cdot h}{s} = \frac{9000\,\text{N} \cdot 72\,\text{m}}{162\,\text{m}} =$$
= **4000 N**

$$F_N = \frac{G \cdot b}{s}$$

$$G = m \cdot g$$

$$F_N = \frac{m \cdot g \cdot b}{s}$$

$$F_N = G \cdot \cos\alpha$$

$$F_H = \frac{G \cdot h}{s}$$

$$F_H = G \cdot \sin\alpha$$

M

Fliehkraft (Zentrifugalkraft)

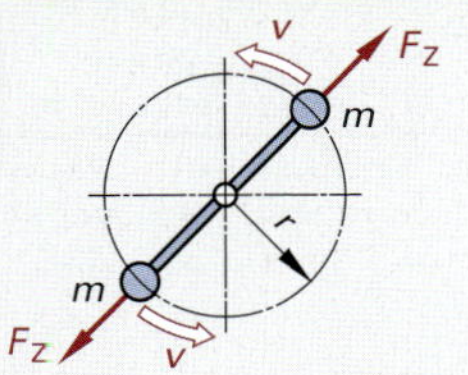

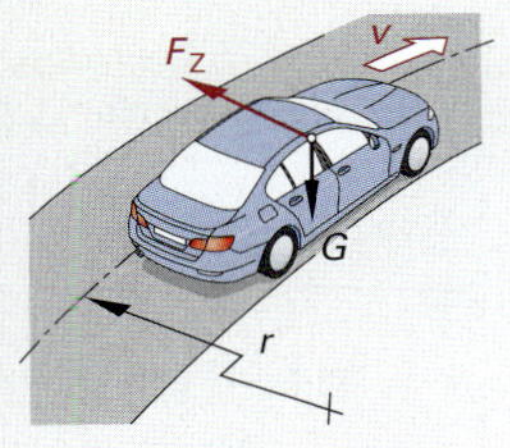

Schleuderbeginn bei Überschreiten der maximalen Kurvengeschwindigkeit v_{max}

$F_{Zmax} \leq F_R$

$F_{Zmax} \leq m \cdot g \cdot \mu_H$

$r_{min} \geq \frac{v^2}{12{,}96 \cdot g \cdot \mu_H}$

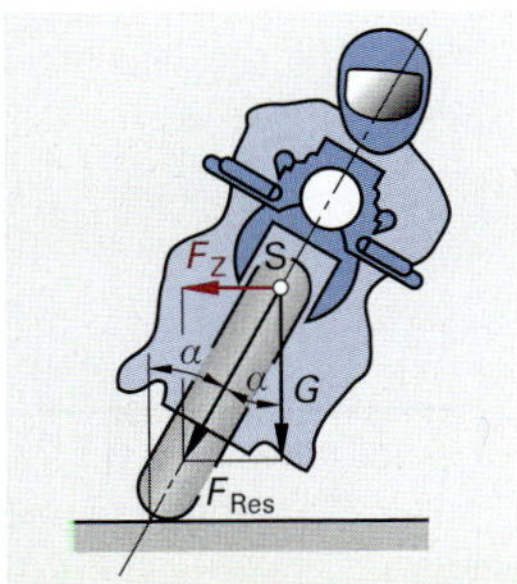

F_Z	Fliehkraft in N
m	Masse (Fahrzeuggewicht) in kg
v	Geschwindigkeit in m/s oder km/h
v_{max}	maximale Fahrgeschwindigkeit in m/s
r	Radius (Kurvenradius) in m
r_{min}	kleinster Kurvenradius in m
g	Fallbeschleunigung in m/s²
G	Gesamtgewichtskraft in N
μ_H	Haftreibungszahl
F_H	Haftreibungskraft in N
F_R	Reibungskraft in N
F_{Zmax}	größte wirksame Fliehkraft in N
α	Neigungswinkel in Grad zur Senkrechten

Beispiel: Fliehkraftregler m = 280 g; r = 30 mm; v = 12,5 m/s; F_Z = ? N

Lösung: $\mathbf{F_Z} = \frac{m \cdot v^2}{r} = \frac{0{,}280\ \text{kg} \cdot (12{,}5\ \text{m/s})^2}{0{,}03\ \text{m}} = 1458\ \frac{\text{kg} \cdot \text{m}}{\text{s}^2} = \mathbf{1458\ N}$

Beispiel: Kurvenfahrt Motorrad m = 295 kg; v = 90 km/h; r = 70 m; μ_H = 0,8; F_Z = ? N; F_H = ? N

Lösung: $G = m \cdot g = 295\ \text{kg} \cdot 9{,}81\ \frac{\text{m}}{\text{s}^2} = 2894\ \text{N}$

$\mathbf{F_Z} = \frac{m \cdot v^2}{12{,}96 \cdot r} = \frac{295 \cdot 90^2}{12{,}96 \cdot 70} = \mathbf{2634\ N}$

$\mathbf{F_H} = G \cdot \mu_H = 2894\ \text{N} \cdot 0{,}8 = \mathbf{2315\ N}$

$\mathbf{F_Z > F_H}$ Haftgrenze überschritten, Motorrad rutscht aus der Kurve.

Zustand	Kräfte	
Haften	$F_Z < F_H$	$F_Z < G \cdot \mu_H$
Grenzbereich	$F_Z = F_H$	$F_Z = G \cdot \mu_H$
Rutschen/Schleudern	$F_Z > F_H$	$F_Z > G \cdot \mu_H$

$$F_Z = \frac{m \cdot v^2}{r}$$

$$v = \sqrt{\frac{F_Z \cdot r}{m}}$$

$$r = m \cdot \frac{v^2}{F_Z}$$

$$v_{max} = \sqrt{g \cdot r \cdot \mu_H}$$

v in km/h:

$$F_Z = \frac{m \cdot v^2}{12{,}96 \cdot r}$$

$$v = 3{,}6 \cdot \sqrt{\frac{F_Z \cdot r}{m}}$$

$$G = m \cdot g$$

$$\tan \alpha = \frac{F_Z}{G}$$

$$F_Z = G \cdot \tan \alpha$$

$$\tan \alpha = \frac{v^2}{g \cdot r}$$

$$v = \sqrt{g \cdot r \cdot \tan \alpha}$$

v in km/h:

$$\tan \alpha = \frac{v^2}{12{,}96 \cdot g \cdot r}$$

$$v = 3{,}6 \cdot \sqrt{g \cdot r \cdot \tan \alpha}$$

Fliehkraft bei überhöhter Kurve

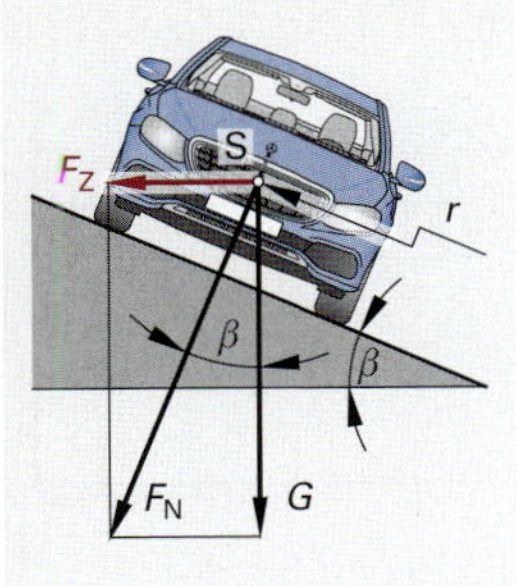

F_Z	Fliehkraft in N
G	Gewichtskraft in N
m	Fahrzeugmasse in kg
r	Kurvenradius in m
v	Geschwindigkeit in m/s
β	Kurvenüberhöhung in Grad (Neigungswinkel der Fahrbahn)

Beispiel: v = 30 m/s; r = 130 m; β = ? Grad

Lösung: $\tan \beta = \frac{v^2}{g \cdot r} = \frac{(30\ \text{m/s})^2}{9{,}81\ \frac{\text{m}}{\text{s}^2} \cdot 130\ \text{m}} = 0{,}7057$

$\boldsymbol{\beta = 35° 12' 40''}$

$$F_Z = G \cdot \tan \beta$$

$$\tan \beta = \frac{v^2}{g \cdot r}$$

$$\tan \beta = \frac{F_Z}{G}$$

Optimaler Neigungswinkel, wenn F_N senkrecht auf die Fahrbahn wirkt.

M

Gleichförmige Geschwindigkeit, Durchschnittsgeschwindigkeit

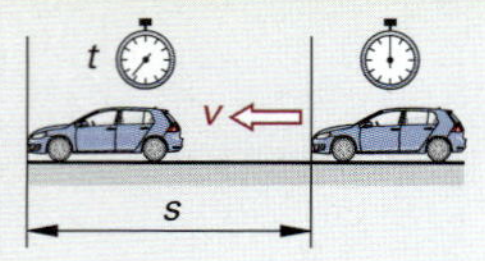

$1\,\frac{m}{s} = 3{,}6\,\frac{km}{h}$

1 h = 3600 s

v Geschwindigkeit in m/s, km/h
s Weg in m, km
t Zeit in s, h

Beispiel: $s = 2000$ m; $t = 307$ s;
$v = ?$ m/s und ? km/h

Lösung: $\mathbf{v} = \frac{s}{t} = \frac{2000\text{ m}}{307\text{ s}} = \mathbf{6{,}5\,\frac{m}{s}}$

$\mathbf{v} = 6{,}5\,\frac{m}{s} \cdot 3{,}6\,\frac{km/h}{m/s} = \mathbf{23{,}4\,\frac{km}{h}}$

$$v = \frac{s}{t}$$

$$t = \frac{s}{v}$$

$$s = v \cdot t$$

Durchschnittsgeschwindigkeit aus Einzelgeschwindigkeiten

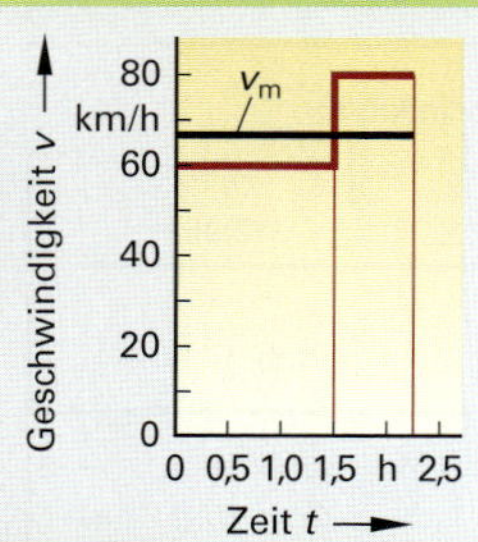

v_m Durchschnittsgeschwindigkeit in km/h
$v_1, v_2, \ldots$ Einzelgeschwindigkeiten in km/h
$t_1, t_2, \ldots$ Einzelfahrzeiten in h

Beispiel: $v_1 = 60$ km/h; $t_1 = 1{,}5$ h; $v_2 = 80$ km/h;
$t_2 = 0{,}75$ h; $v_m = ?$ km/h

Lösung: $\mathbf{v_m} = \frac{v_1 \cdot t_1 + v_2 \cdot t_2}{t_1 + t_2} =$

$= \frac{60\text{ km/h} \cdot 1{,}5\text{ h} + 80\text{ km/h} \cdot 0{,}75\text{ h}}{1{,}5\text{ h} + 0{,}75\text{ h}} =$

$= \mathbf{66{,}7\text{ km/h}}$

$$v_m = \frac{v_1 \cdot t_1 + v_2 \cdot t_2 + \ldots}{t_1 + t_2 + \ldots}$$

bei $t_1 = t_2$ gilt:

$$v_m = \frac{v_1 + v_2}{2}$$

Umfangsgeschwindigkeit

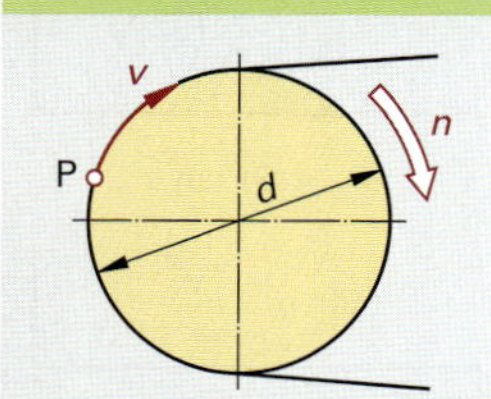

v Umfangsgeschwindigkeit in m/s
d Kreisdurchmesser in m
n Drehzahl in 1/min

Beispiel: $d = 0{,}3$ m; $n = 2880$ 1/min;
$v = ?$ m/s

Lösung: $\mathbf{v} = \frac{\pi \cdot d \cdot n}{60} = \frac{\pi \cdot 0{,}3 \cdot 2880}{60}\,\frac{m}{s} =$
$= \mathbf{45{,}2\text{ m/s}}$

$$v = \frac{\pi \cdot d \cdot n}{60}$$

$$d = \frac{60 \cdot v}{\pi \cdot n}$$

$$n = \frac{60 \cdot v}{\pi \cdot d}$$

Schnittgeschwindigkeit

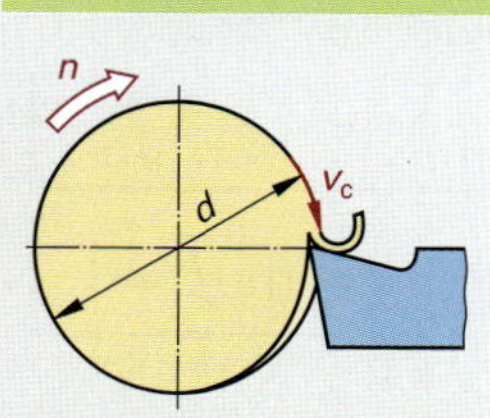

v_c Schnittgeschwindigkeit in m/min
d Werkstückdurchmesser bzw. Werkzeugdurchmesser in mm
n Drehzahl der Arbeitsspindel bzw. der Werkzeugspindel in 1/min

Beispiel: $d = 12$ mm; $n = 800$ 1/min; $v_c = ?$ m/min

Lösung: $\mathbf{v_c} = \frac{\pi \cdot d \cdot n}{1000} = \frac{\pi \cdot 12 \cdot 800}{1000}\,\frac{m}{min} = \mathbf{30{,}2\text{ m/min}}$

$$v_c = \frac{\pi \cdot d \cdot n}{1000}$$

$$d = \frac{1000 \cdot v_c}{\pi \cdot n}$$

$$n = \frac{1000 \cdot v_c}{\pi \cdot d}$$

Winkelgeschwindigkeit

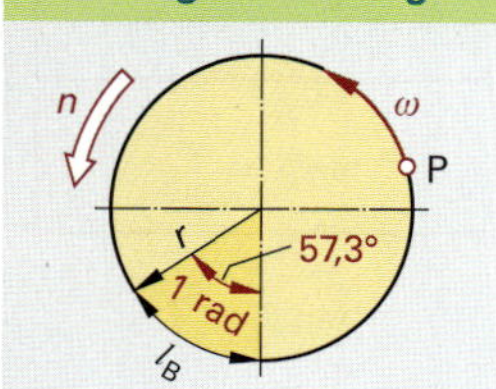

$1\text{ rad} = \frac{1\text{ m (Bogen)}}{1\text{ m (Radius)}} \approx 57{,}3°$

ω Winkelgeschwindigkeit in 1/s oder rad/s
$2 \cdot \pi$ Vollwinkel in rad
n Drehzahl in 1/s
r Radius, Halbmesser in m
v Umfangsgeschwindigkeit in m/s

Beispiel: $n = 50$ 1/s; $\omega = ?$ 1/s

Lösung: $\boldsymbol{\omega} = 2 \cdot \pi \cdot n = 2 \cdot \pi \cdot 50\,\frac{1}{s} = \mathbf{314\text{ 1/s}}$

$$\omega = 2 \cdot \pi \cdot n$$

$$n = \frac{\omega}{2 \cdot \pi}$$

$$v = \omega \cdot r$$

Beschleunigung aus dem Stand, Verzögerung (Bremsung) bis zum Stand

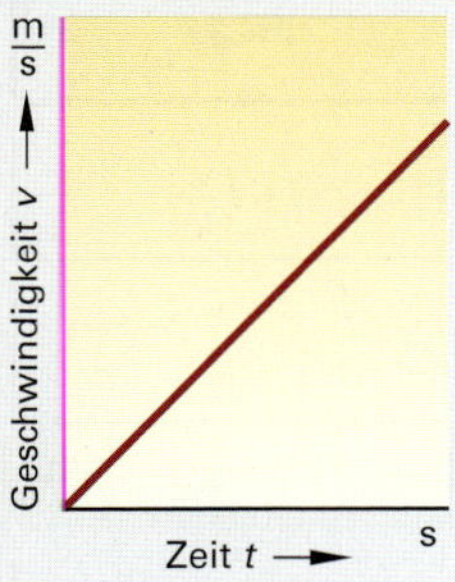

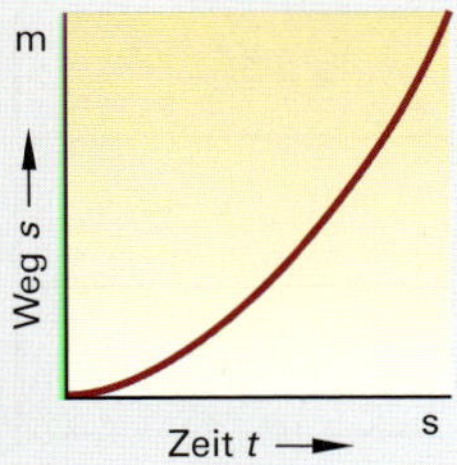

a Beschleunigung bzw. Verzögerung in m/s^2

s Beschleunigungsweg bzw. Verzögerungsweg (Bremsweg) in m

t Beschleunigungszeit bzw. Verzögerungszeit (Bremszeit) in s

v Endgeschwindigkeit bei der Beschleunigung bzw. Anfangsgeschwindigkeit bei der Verzögerung in m/s

g Fallbeschleunigung in m/s^2

μ_H Haftreibungszahl

Beispiel 1: $v = 80\ \text{km/h};\quad \frac{80}{3{,}6}\frac{\text{m}}{\text{s}} = 22{,}2\ \frac{\text{m}}{\text{s}}$

$t = 14{,}8\ \text{s};\quad a = ?\ \text{m/s}^2;\quad s = ?\ \text{m}$

Lösung: $\boldsymbol{a} = \frac{v}{t} = \frac{22{,}2\ \text{m/s}}{14{,}8\ \text{s}} = \mathbf{1{,}5\ m/s^2}$

$\boldsymbol{s} = \frac{v \cdot t}{2} = \frac{22{,}2\ \text{m/s} \cdot 14{,}8\ \text{s}}{2} = \mathbf{164\ m}$

Beispiel 2: $a = 3{,}5\ \text{m/s}^2;\quad s = 28\ \text{m};$

$t = ?\ \text{s};\quad v = ?\ \text{km/h}$

Lösung: $\boldsymbol{t} = \frac{2 \cdot s}{a} = \frac{2 \cdot 28\ \text{m}}{3{,}5\ \text{m/s}^2} = \mathbf{4\ s}$

$\boldsymbol{v} = \sqrt{2 \cdot s \cdot a} = \sqrt{2 \cdot 28\ \text{m} \cdot 3{,}5\ \text{m/s}^2} =$

$= 14\ \frac{\text{m}}{\text{s}} = 14\ \frac{\text{m}}{\text{s}} \cdot 3{,}6\ \frac{\text{km/h}}{\text{m/s}} = \mathbf{50{,}4\ \frac{km}{h}}$

$$a = \frac{v}{t}$$

$v = a \cdot t \qquad t = \frac{v}{a}$

$$s = \frac{a \cdot t^2}{2}$$

$a = \frac{2 \cdot s}{t^2} \qquad t = \sqrt{\frac{2 \cdot s}{a}}$

$$a = \frac{v^2}{2 \cdot s}$$

$s = \frac{v^2}{2 \cdot a} \qquad v = \sqrt{2 \cdot s \cdot a}$

$$s = \frac{v \cdot t}{2}$$

$v = \frac{2 \cdot s}{t} \qquad t = \frac{2 \cdot s}{v}$

$$a_{max} = g \cdot \mu_H$$

Anhalteweg, Reaktionsweg, Bremsweg

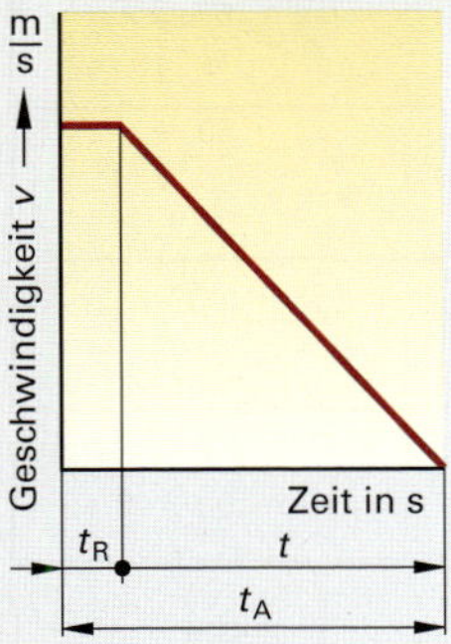

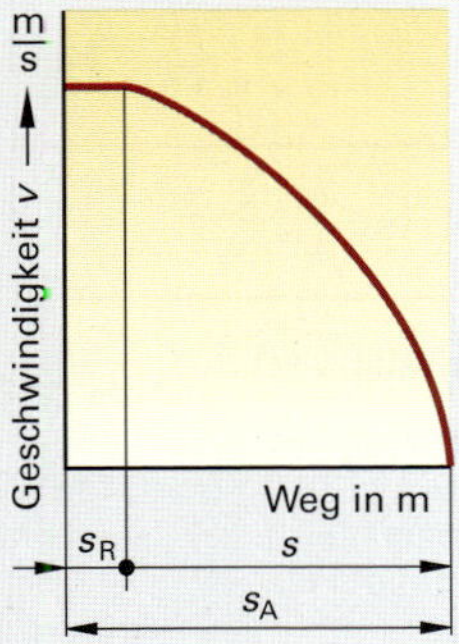

a Bremsverzögerung in m/s^2

s Bremsweg in m

s_A Anhalteweg in m

s_R Reaktionsweg in m

t Bremszeit in s

t_A Anhaltezeit in s

t_R Reaktionszeit in s

v Fahrgeschwindigkeit in m/s

Beispiel: $v = 72\ \text{km/h};\quad \frac{72}{3{,}6}\frac{\text{m}}{\text{s}} = 20\ \frac{\text{m}}{\text{s}}$

$t_R = 1{,}2\ \text{s};\quad a = 4{,}5\ \text{m/s}^2$

$s = ?\ \text{m};\quad s_A = ?\ \text{m};\quad t_A = ?\ \text{s}$

Lösung: $\boldsymbol{s} = \frac{v^2}{2 \cdot a} = \frac{(20\ \text{m/s})^2}{2 \cdot 4{,}5\ \text{m/s}^2} = \mathbf{44{,}4\ m}$

$\boldsymbol{s_A} = v \cdot t_R + \frac{v^2}{2 \cdot a} =$

$= 20\ \frac{\text{m}}{\text{s}} \cdot 1{,}2\ \text{s} + \frac{(20\ \text{m/s})^2}{2 \cdot 4{,}5\ \text{m/s}^2} =$

$= 24\ \text{m} + 44{,}4\ \text{m} = \mathbf{68{,}4\ m}$

$\boldsymbol{t_A} = t_R + \frac{2 \cdot s}{v} =$

$= 1{,}2\ \text{s} + \frac{2 \cdot 44{,}4\ \text{m}}{20\ \text{m/s}} =$

$= 1{,}2\ \text{s} + 4{,}4\ \text{s} = \mathbf{5{,}6\ s}$

$$s_A = s_R + s$$

$s = s_A - s_R \qquad s_R = s_A - s$

$$s = \frac{v^2}{2 \cdot a}$$

$$s = \frac{v \cdot t}{2}$$

$$s_R = v \cdot t_R$$

$$s_A = v \cdot t_R + \frac{v^2}{2 \cdot a}$$

$$s_A = v \cdot \left(t_R + \frac{t}{2}\right)$$

$$t_A = t_R + t$$

$$t_A = t_R + \frac{v}{a}$$

$$t_A = t_R + \frac{2 \cdot s}{v}$$

M

Näherungsformeln für Anhalteweg, Reaktionsweg, Bremsweg

Die Näherungsformeln eignen sich zur überschlägigen Berechnung von Reaktionsweg, Bremsweg und Anhalteweg. Genaue Werte ergeben sich wenn die mittlere Bremsverzögerung 3,85 m/s² und die Reaktionszeit 1,08 s betragen.

Beispiel: $v = 60$ km/h; $s_R = ?$ m; $s_A = ?$ m

Lösung: $\mathbf{s_R} = 3 \cdot \frac{v}{10} = 3 \cdot \frac{60\text{ m}}{10} = \mathbf{18\ m}$

$\mathbf{s_A} = 3 \cdot \frac{v}{10} + \left(\frac{v}{10}\right)^2 = 3 \cdot \frac{60}{10}\text{ m} + \left(\frac{60}{10}\right)^2\text{ m} =$

$= 18\text{ m} + 36\text{ m} = \mathbf{54\ m}$

s_A Anhalteweg in m
s_R Reaktionsweg in m
s Bremsweg in m
v Geschwindigkeit in km/h

$$s_R \approx 3 \cdot \frac{v}{10}$$

$$s \approx \left(\frac{v}{10}\right)^2$$

$$s_A \approx 3 \cdot \frac{v}{10} + \left(\frac{v}{10}\right)^2$$

Beschleunigung in der Bewegung, Verzögerung in der Bewegung

Beim gleichförmigen Beschleunigen von v_1 auf v_2 erhöht sich die Geschwindigkeit in gleichen Zeitabschnitten um den gleichen Betrag.

Im *v-t*-Diagramm ergibt sich für die Dauer der Beschleunigung eine ansteigende, und für die Dauer der Verzögerung eine abfallende Gerade.

a Beschleunigung bzw. Verzögerung in m/s²
s Beschleunigungsweg bzw. Verzögerungsweg (Bremsweg) in m
t Beschleunigungszeit bzw. Verzögerungszeit (Bremszeit) in s
v_1 Kleinere Geschwindigkeit in m/s
v_2 Größere Geschwindigkeit in m/s

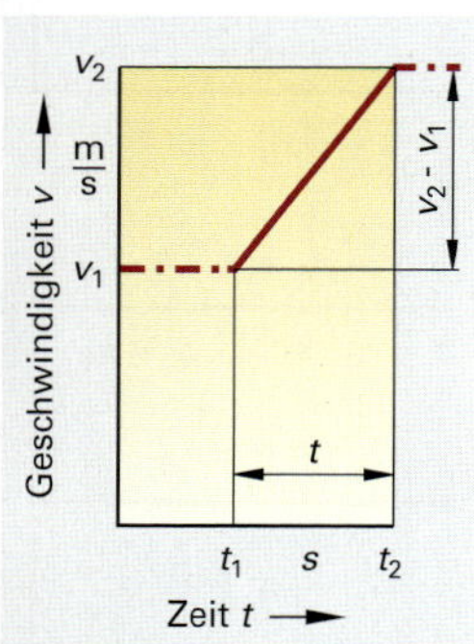

Beschleunigung

Beispiel 1: $v_1 = 60$ km/h (16,7 m/s); $t = 10$ s;
$a = 1{,}2$ m/s²; $v_2 = ?$ km/h; $s = ?$ m

Lösung: $\mathbf{v_2} = v_1 + a \cdot t =$

$= 16{,}7\,\frac{\text{m}}{\text{s}} + 1{,}2\,\frac{\text{m}}{\text{s}^2} \cdot 10\text{ s} = 28{,}7\,\frac{\text{m}}{\text{s}}$

$= 28{,}7\,\frac{\text{m}}{\text{s}} \cdot 3{,}6\,\frac{\text{km/h}}{\text{m/s}} = \mathbf{103\,\frac{km}{h}}$

$\mathbf{s} = v_1 \cdot t + \frac{a \cdot t^2}{2} =$

$= 16{,}7\,\frac{\text{m}}{\text{s}} \cdot 10\text{ s} + \frac{1{,}2\text{ m/s}^2 \cdot 10^2\text{ s}^2}{2} =$

$= \mathbf{227\ m}$

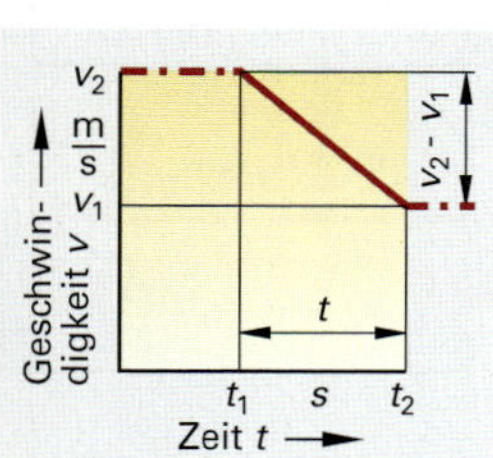

Verzögerung

Beispiel 2: $v_1 = 20$ km/h (5,6 m/s); $s = 75$ m;
$v_2 = 105$ km/h (29,2 m/s); $a = ?$ m/s²

Lösung: $\mathbf{a} = \frac{v_2^2 - v_1^2}{2 \cdot s} =$

$= \frac{(29{,}2\text{ m/s})^2 - (5{,}6\text{ m/s})^2}{2 \cdot 75\text{ m}} =$

$= \mathbf{5{,}5\ m/s^2}$

$$a = \frac{v_2 - v_1}{t}$$

$$a = \frac{v_2^2 - v_1^2}{2 \cdot s}$$

$$t = \frac{2 \cdot s}{v_1 + v_2}$$

$$t = \frac{v_2 - v_1}{a}$$

$$s = \frac{v_1 + v_2}{2} \cdot t$$

$$s = \frac{v_2^2 - v_1^2}{2 \cdot a}$$

$$s = v_1 \cdot t + \frac{a \cdot t^2}{2}$$

$$s = v_2 \cdot t - \frac{a \cdot t^2}{2}$$

$$v_1 = v_2 - a \cdot t$$

$$v_1 = \frac{2 \cdot s}{t} - v_2$$

$$v_2 = v_1 + a \cdot t$$

$$v_2 = \frac{2 \cdot s}{t} - v_1$$

Beschleunigungswerte (Beispiele)

Erdbeschleunigung (Fallbeschleunigung)	9,81 m/s²
Maximale Kolbenbeschleunigung bis	17 000 m/s²
Ventilbeschleunigung bis	3000 m/s²
Anfahrbeschleunigung VW Golf, 92 kW	3,1 m/s²
Anfahrbeschleunigung Porsche 911, 350 kW	7,9 m/s²

Verzögerungswerte (Beispiele)

Durchschnittliche Bremsverzögerung bei Serienfahrzeugen bis	10 m/s²
Maximale Bremsverzögerung beim Anbremsen in der Formel 1 bis	40 m/s²
Frontalzusammenstoß bis	1000 m/s²

M

Beschleunigung aus dem Stand oder Verzögerung (Bremsung) bis zum Stand

Beschleunigung *a* **Verzögerung *a*** in m/s²	$a = \frac{v}{t}$	$a = \frac{v^2}{2 \cdot s}$	$a = \frac{2 \cdot s}{t^2}$
Endgeschwindigkeit *v* **Anfangsgeschwindigkeit *v*** in m/s	$v = a \cdot t$	$v = \frac{2 \cdot s}{t}$	$v = \sqrt{2 \cdot a \cdot s}$
Beschleunigungszeit *t* **Verzögerungszeit *t*** **(Bremszeit)** in s	$t = \frac{v}{a}$	$t = \frac{2 \cdot s}{v}$	$t = \sqrt{\frac{2 \cdot s}{a}}$
Beschleunigungsweg *s* **Verzögerungsweg *s*** **(Bremsweg)** in m	$s = \frac{v \cdot t}{2}$	$s = \frac{v^2}{2 \cdot a}$	$s = \frac{a \cdot t^2}{2}$

Anhalteweg, Reaktionsweg, Bremsweg (Geschwindigkeit *v* in m/s einsetzen)

Anhalteweg s_A in m	$s_A = s_R + s$	$s_A = v \cdot t_R + \frac{v^2}{2 \cdot a}$	$s_A = v \cdot t_R + \frac{a \cdot t^2}{2}$	$s_A = v \cdot \left(t_R + \frac{t}{2}\right)$
Reaktionsweg s_R in m	$s_R = s_A - s$	$s_R = v \cdot t_R$	$s_R = v \cdot (t_A - t)$	$s_R = v \cdot t_A - 2 \cdot s$
Bremsweg *s* in m	$s = s_A - s_R$	$s = \frac{v^2}{2 \cdot a}$	$s = \frac{a \cdot t^2}{2}$	$s = \frac{v \cdot t}{2}$
Anhaltezeit t_A in s	$t_A = t_R + t$	$t_A = t_R + \frac{v}{a}$	$t_A = t_R + \sqrt{\frac{2 \cdot s}{a}}$	$t_A = t_R + \frac{2 \cdot s}{v}$
Reaktionszeit t_R in s	$t_R = t_A - t$	$t_R = \frac{s_R}{v}$	$t_R = t_A - \sqrt{\frac{2 \cdot s}{a}}$	$t_R = t_A - \frac{2 \cdot s}{v}$
Bremszeit *t* in s	$t = t_A - t_R$	$t = \frac{v}{a}$	$t = \sqrt{\frac{2 \cdot s}{a}}$	$t = \frac{2 \cdot s}{v}$

Beschleunigung in der Bewegung oder Verzögerung in der Bewegung

Beschleunigung *a* **Verzögerung *a*** in m/s²	$a = \frac{v_2 - v_1}{t}$	$a = \frac{v_2^2 - v_1^2}{2 \cdot s}$	$a = \frac{2 \cdot s - 2 \cdot v_1 \cdot t}{t^2}$	$a = \frac{2 \cdot v_2 \cdot t - 2 \cdot s}{t^2}$
Kleinere Geschwindigkeit v_1 in m/s	$v_1 = v_2 - a \cdot t$	$v_1 = \frac{2 \cdot s}{t} - v_2$	$v_1 = \frac{s}{t} - \frac{a \cdot t}{2}$	$v_1 = \sqrt{v_2^2 - 2 \cdot a \cdot s}$
Größere Geschwindigkeit v_2 in m/s	$v_2 = v_1 + a \cdot t$	$v_2 = \frac{2 \cdot s}{t} - v_1$	$v_2 = \frac{s}{t} + \frac{a \cdot t}{2}$	$v_2 = \sqrt{v_1^2 + 2 \cdot a \cdot s}$
Beschleunigungszeit *t* **Verzögerungszeit *t*** **(Bremszeit)** in s	$t = \frac{v_2 - v_1}{a}$	$t = \frac{2 \cdot s}{v_1 + v_2}$	$t = \frac{\sqrt{v_1^2 + 2 \cdot a \cdot s} - v_1}{a}$	$t = \frac{v_2 - \sqrt{v_2^2 - 2 \cdot a \cdot s}}{a}$
Beschleunigungsweg *s* **Verzögerungsweg *s*** **(Bremsweg)** in m	$s = \frac{(v_1 + v_2)}{2} \cdot t$	$s = \frac{v_2^2 - v_1^2}{2 \cdot a}$	$s = v_1 \cdot t + \frac{a \cdot t^2}{2}$	$s = v_2 \cdot t - \frac{a \cdot t^2}{2}$

M

Überholen mit gleichbleibender Geschwindigkeit

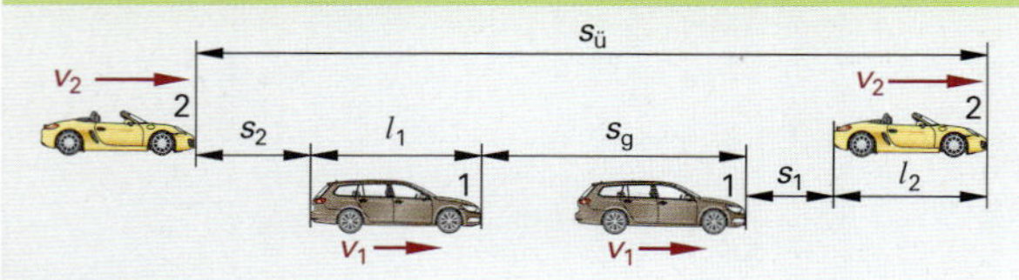

Das überholende Kfz 2 hat eine größere Geschwindigkeit als das zu überholende Kfz 1. Beide Fahrzeuge ändern ihre Geschwindigkeit während des Überholvorganges nicht.

l_1, l_2 Fahrzeuglängen in m

Sicherheitsabstände Kfz 1 und Kfz 2 s_1 in m; s_2 in m	$s_1 = \frac{\lvert v_1 \rvert}{2}$	$s_2 = \frac{\lvert v_2 \rvert}{2}$	Der Sicherheitsabstand in m entspricht dem halben Zahlenwert der Tachoanzeige.	
Grundweg Kfz 1 s_g in m	$s_g = v_1 \cdot t_ü$	$s_g = s_ü - s_a$	$s_g = v_2 \cdot t_ü - s_a$	$s_g = \frac{s_a \cdot v_1}{v_2 - v_1}$
Aufholweg Kfz 2 s_a in m	$s_a = l_1 + l_2 + s_1 + s_2$	$s_a = s_ü - s_g$	$s_a = (v_2 - v_1) \cdot t_ü$	$s_a = \frac{(v_2 - v_1)}{v_2} \cdot s_ü$
Überholweg Kfz 2 $s_ü$ in m	$s_ü = s_g + s_a$	$s_ü = v_2 \cdot t_ü$	$s_ü = s_g \cdot \frac{v_2}{v_1}$	$s_ü = \frac{s_a \cdot v_2}{v_2 - v_1}$
Überholzeit Kfz 2 $t_ü$ in s	$t_ü = \frac{s_ü}{v_2}$	$t_ü = \frac{s_g}{v_1}$	$t_ü = \frac{s_a}{v_2 - v_1}$	$t_ü = \frac{s_ü - s_a}{v_1}$
Geschwindigkeit Kfz 1 v_1 in m/s	$v_1 = \frac{s_g}{t_ü}$	$v_1 = v_2 - \frac{s_a}{t_ü}$	$v_1 = \frac{s_ü - s_a}{t_ü}$	$v_1 = v_2 - \frac{s_a \cdot v_2}{s_ü}$
Geschwindigkeit Kfz 2 v_2 in m/s	$v_2 = \frac{s_ü}{t_ü}$	$v_2 = v_1 + \frac{s_a}{t_ü}$	$v_2 = \frac{s_g + s_a}{t_ü}$	$v_2 = \frac{s_a \cdot v_1}{s_g} + v_1$

Überholen mit gleichbleibender Beschleunigung

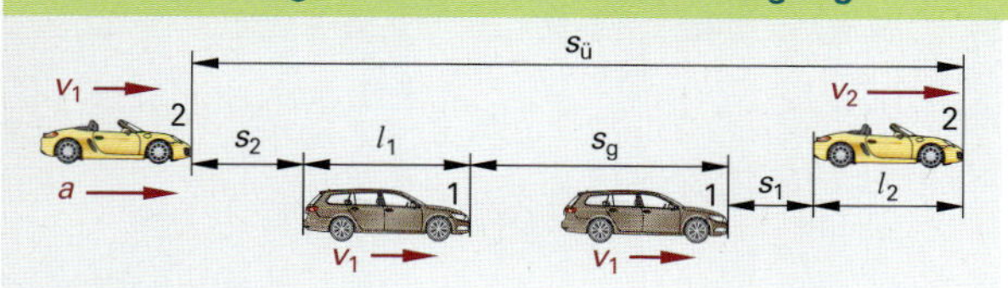

Die Geschwindigkeit des zu überholenden Kfz 1 beträgt gleichbleibend v_1; das überholende Kfz 2 beschleunigt während des Überholvorganges gleichmäßig von v_1 auf v_2.

l_1, l_2 Fahrzeuglängen in m

Sicherheitsabstände Kfz 1 und Kfz 2 s_1 in m; s_2 in m	$s_1 = \frac{\lvert v_1 \rvert}{2}$		Der Sicherheitsabstand in m entspricht dem halben Zahlenwert der Tachoanzeige.	
Grundweg Kfz 1 s_g in m	$s_g = v_1 \cdot t_ü$	$s_g = s_ü - s_a$	$s_g = s_ü - \frac{a \cdot t_ü^2}{2}$	$s_g = \frac{v_1}{a} \cdot (v_2 - v_1)$
Aufholweg Kfz 2 s_a in m	$s_a = l_1 + l_2 + s_1 + s_2$	$s_a = s_ü - s_g$	$s_a = \frac{a \cdot t_ü^2}{2}$	$s_a = \frac{v_2 - v_1}{2} \cdot t_ü$
Überholweg Kfz 2 $s_ü$ in m	$s_ü = s_g + s_a$	$s_ü = v_1 \cdot t_ü + s_a$	$s_ü = v_1 \cdot t_ü + \frac{a \cdot t_ü^2}{2}$	$s_ü = \frac{v_1 + v_2}{2} \cdot t_ü$
Überholzeit Kfz 2 $t_ü$ in s	$t_ü = \frac{s_g}{v_1}$	$t_ü = \sqrt{\frac{2 \cdot s_a}{a}}$	$t_ü = \frac{v_2 - v_1}{a}$	$t_ü = \frac{2 \cdot s_a}{v_2 - v_1}$
Geschwindigkeit Kfz 1 v_1 in m/s	$v_1 = \frac{s_g}{t_ü}$	$v_1 = v_2 - a \cdot t_ü$	$v_1 = \frac{2 \cdot s_ü}{t_ü} - v_2$	$v_1 = v_2 - \frac{2 \cdot s_a}{t_ü}$
Endgeschwindigkeit Kfz 2 v_2 in m/s	$v_2 = v_1 + a \cdot t_ü$	$v_2 = \frac{2 \cdot s_a}{t_ü} + v_1$	$v_2 = \frac{2 \cdot s_ü}{t_ü} - v_1$	$v_2 = \frac{s_ü}{t_ü} + \frac{a \cdot t_ü}{2}$

M

Arbeit

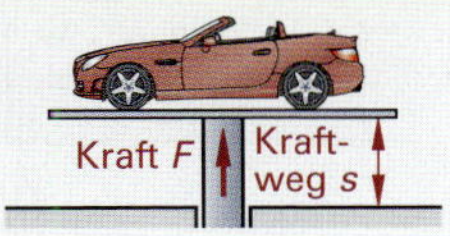

1 Nm = 1 J = 1 Ws =
= 1 kg · m²/s²

Arbeit wird verrichtet, wenn eine Kraft längs eines Weges wirkt.

W Arbeit in Nm, J, Ws
F Kraft in N
s Kraftweg in m

Beispiel: $F = 1000$ N; $s = 1000$ m; $W = ?$ Nm

Lösung: $\mathbf{W} = F \cdot s = 1000\ \text{N} \cdot 1000\ \text{m} =$
$= \mathbf{1\,000\,000\ Nm}$

$$W = F \cdot s$$

$$F = \frac{W}{s}$$

$$s = \frac{W}{F}$$

Energie

Lageenergie

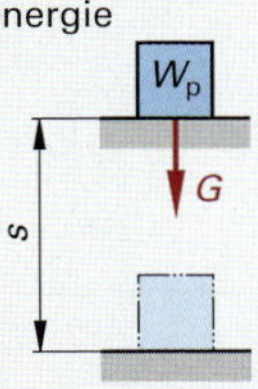

Spannenergie

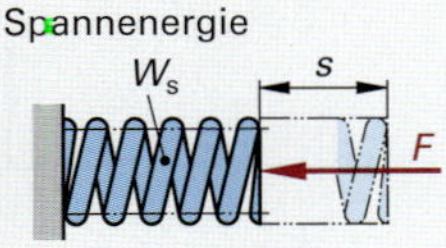

Potenzielle Energie, Energie der Ruhe

W_p Lageenergie in Nm, J, Ws
G, F_G Gewichtskraft in N
h Hubhöhe in m

Beispiel: $G = 5000$ N; $h = 2$ m; $W_p = ?$ Ws

Lösung: $\mathbf{W_p} = G \cdot h = 5000\ \text{N} \cdot 2\ \text{m} =$
$= 10\,000\ \text{Nm} = \mathbf{10\,000\ Ws}$

$$W_p = G \cdot h$$

$$G = \frac{W_p}{h} \qquad h = \frac{W_p}{G}$$

W_s Spannenergie in Nm, J, Ws
s Federweg in m
F Federspannkraft in N

Beispiel: $F = 1000$ N; $s = 0{,}2$ m; $W_p = ?$ Nm

Lösung: $\mathbf{W_s} = \frac{F \cdot s}{2} = \frac{1000\ \text{N} \cdot 0{,}2\ \text{m}}{2} = \mathbf{100\ Nm}$

$$W_s = \frac{F \cdot s}{2}$$

$$F = \frac{2 \cdot W_s}{s} \qquad s = \frac{2 \cdot W_s}{F}$$

Kinetische Energie, Bewegungsenergie

W_k kinetische Energie in Nm, J, Ws
m Masse in kg
v Geschwindigkeit in m/s

Beispiel: $m = 1340$ kg; $v = 20$ m/s; $W_k = ?$ Nm

Lösung: $\mathbf{W_k} = \frac{m \cdot v^2}{2} = \frac{1340 \cdot 20^2}{2} = \mathbf{268\,000\ Nm}$

$$W_k = \frac{m \cdot v^2}{2}$$

$$m = \frac{2 \cdot W_k}{v^2} \qquad v = \sqrt{\frac{2 \cdot W_k}{m}}$$

Goldene Regel der Mechanik: Aufgewendete Arbeit = gewonnene Arbeit $\quad W_1 = W_2$

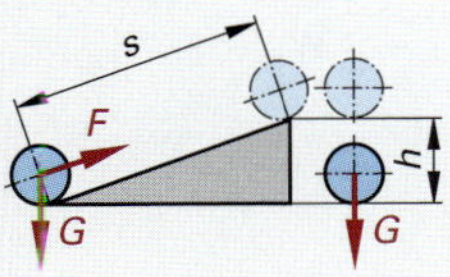

Schiefe Ebene

F Kraft in N
s Kraftweg in m
G, F_G Gewichtskraft in N
h Weg der Gewichtskraft in m
W_1 aufgewendete Arbeit in Nm
W_2 abgegebene Arbeit in Nm

$$F \cdot s = G \cdot h$$

$$G = \frac{F \cdot s}{h} \qquad s = \frac{G \cdot h}{F}$$

$$W_1 = W_2$$

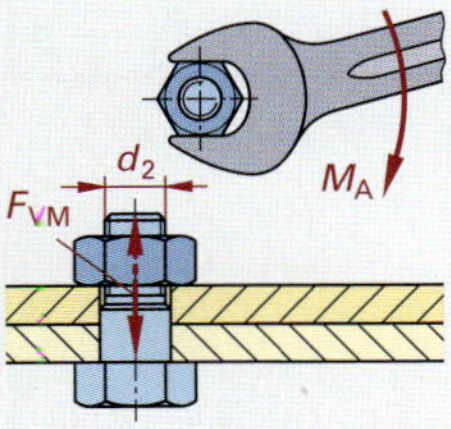

Montagevorspannkraft

M_A Anzugdrehmoment in Nm
F_{VM} Montagevorspannkraft in N
d_2 Flankendurchmesser in m

Beispiel: Radbolzen M12; $M_A = 110$ Nm;
$d_2 = 10{,}86\ \text{mm} = 0{,}01086$ m;
$F_{VM} = ?$ N

Lösung: $\mathbf{F_{VM}} \approx \frac{M_A}{0{,}2 \cdot d_2} = \frac{120\ \text{Nm}}{0{,}2 \cdot 0{,}01086\ \text{m}} =$
$= \mathbf{55\,248{,}6\ N}$

$$F_{VM} \approx \frac{M_A}{0{,}2 \cdot d_2}$$

$$M_A \approx 0{,}2 \cdot F_{VM} \cdot d_2$$

Näherungsformel gilt für metrische Regelgewinde (nicht geschmiert).

Durch unterschiedliche Reibverhältnisse können sich Abweichungen ergeben.

M

Leistung

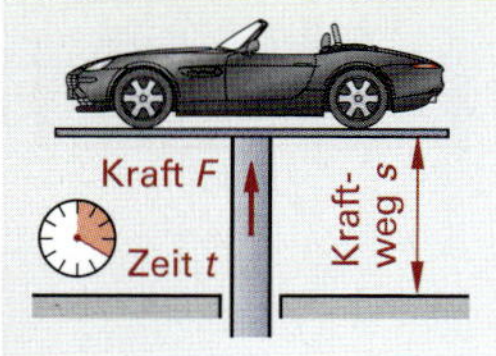

P Leistung in W, Nm/s, J/s
W Arbeit in Ws, Nm, J
t Zeit in s
F Kraft in N
s Kraftweg in m
v Geschwindigkeit in m/s

$$P = \frac{W}{t}$$

$$W = P \cdot t \qquad t = \frac{W}{P}$$

$$1\,\text{W} = 1\,\frac{\text{Nm}}{\text{s}} = 1\,\frac{\text{J}}{\text{s}}$$

1 kW = 1000 W

Beispiel 1: $W = 1600$ Nm; $t = 8$ s; $P = ?$ W

Lösung: $\mathbf{P} = \frac{W}{t} = \frac{1600\,\text{Nm}}{8\,\text{s}} = 200\,\frac{\text{Nm}}{\text{s}} = \mathbf{200\,W}$

$$P = \frac{F \cdot s}{t}$$

$$F = \frac{P \cdot t}{s} \qquad s = \frac{P \cdot t}{F} \qquad t = \frac{F \cdot s}{P}$$

Beispiel 2: $F = 900$ N; $s = 5$ m; $t = 30$ s; $P = ?$ W

Lösung: $\mathbf{P} = \frac{F \cdot s}{t} = \frac{900\,\text{N} \cdot 5\,\text{m}}{30\,\text{s}} = \mathbf{150\,W}$

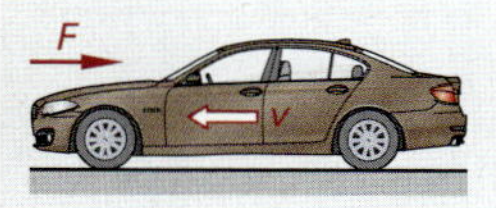

Beispiel 3: $v = 20$ m/s; $F = 400$ N; $P = ?$ W

Lösung: $\mathbf{P} = F \cdot v = 400\,\text{N} \cdot 20\,\text{m/s} = \mathbf{8000\,W}$

$$P = F \cdot v$$

$$F = \frac{P}{v} \qquad v = \frac{P}{F}$$

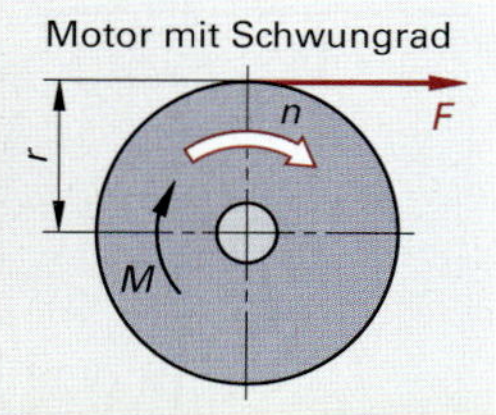

P Leistung in kW
M Drehmoment in Nm
n Drehzahl in 1/min
F Kraft in Nm
r Radius in m

Beispiel: $M = 75$ Nm; $n = 4000$ 1/min; $P = ?$ kW

Lösung: $\mathbf{P} = \frac{M \cdot n}{9550} = \frac{75 \cdot 4000}{9550}\,\text{kW} = \mathbf{31{,}4\,kW}$

$$P = \frac{M \cdot n}{9550}$$

$$M = \frac{9550 \cdot P}{n} \qquad n = \frac{9550 \cdot P}{M}$$

Wirkungsgrad, Gesamtwirkungsgrad

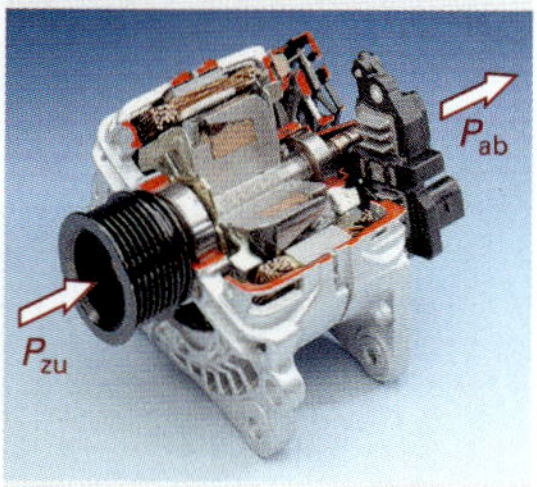

W_v Energieverlust in Nm, Ws
η Wirkungsgrad
η_{ges} Gesamtwirkungsgrad
η_1, η_2, η_3 Einzelwirkungsgrade
W_{ab} abgegebene Arbeit in Nm, Ws
W_{zu} zugeführte Arbeit in Nm, Ws
P_v Verlustleistung in W, kW
P_{ab} abgegebene Leistung in W, kW
P_{zu} zugeführte Leistung in W, kW

$$W_v = W_{zu} - W_{ab}$$

$$\eta = \frac{W_{ab}}{W_{zu}}$$

$$W_{ab} = \eta \cdot W_{zu} \qquad W_{zu} = \frac{W_{ab}}{\eta}$$

Nutzwirkungsgrade

Elektromotor	0,85
Otto-Motor	0,40
Diesel-Motor	0,48
Wechselgetriebe	0,95

Der Wirkungsgrad ist stets kleiner als 1 oder weniger als 100 %.

Beispiel 1: $P_{zu} = 80$ kW; $P_{ab} = 20$ kW; $P_v = ?$ kW; $\eta = ?$

Lösung: $\mathbf{P_v} = P_{zu} - P_{ab} = 80\,\text{kW} - 20\,\text{kW} = \mathbf{60\,kW}$

$\boldsymbol{\eta} = \frac{P_{ab}}{P_{zu}} = \frac{20\,\text{kW}}{80\,\text{kW}} = \mathbf{0{,}25 = 25\,\%}$

$$P_v = P_{zu} - P_{ab}$$

$$\eta = \frac{P_{ab}}{P_{zu}}$$

$$P_{ab} = \eta \cdot P_{zu} \qquad P_{zu} = \frac{P_{ab}}{\eta}$$

Beispiel 2: $\eta_1 = 95\,\%$; $\eta_2 = 97\,\%$; $\eta_{ges} = ?$

Lösung: $\boldsymbol{\eta_{ges}} = \eta_1 \cdot \eta_2 = \frac{95}{100} \cdot \frac{97}{100} \cdot 100\,\% = \mathbf{92{,}2\,\%}$

$$\eta_{ges} = \eta_1 \cdot \eta_2 \cdot \eta_3 \cdot \ldots$$

M

Drehmoment

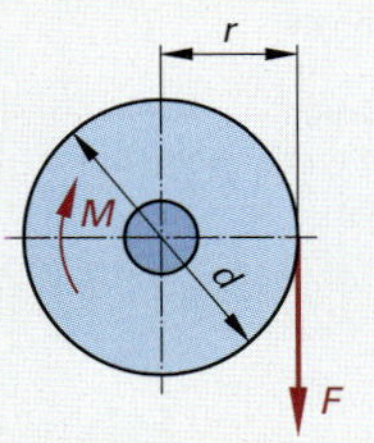

Greift eine Kraft an einem Hebelarm an, so wird ein Drehmoment erzeugt. Der Hebelarm ist der senkrechte Abstand der Wirkungslinie der Kraft vom Drehpunkt.

$$M = F \cdot r$$

M Drehmoment in Nm
d Durchmesser in m
F Kraft in N
r Hebelarm in m

$$F = \frac{M}{r} = \frac{z \cdot M}{d}$$

$$r = \frac{M}{F}$$

Beispiel: $F = 3000$ N; $r = 2$ m; $M = ?$ Nm
Lösung: $\boldsymbol{M} = F \cdot r = 3000\ \text{N} \cdot 2\ \text{m} = \mathbf{6000\ Nm}$

Hebelgesetz

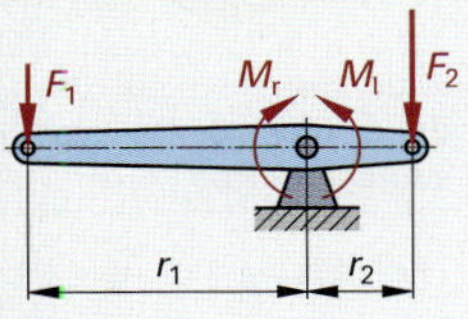

Zweiseitiger Hebel

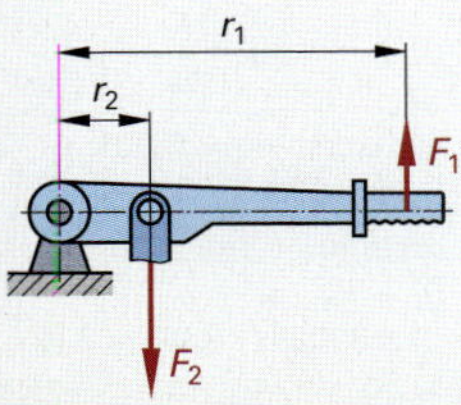

Einseitiger Hebel

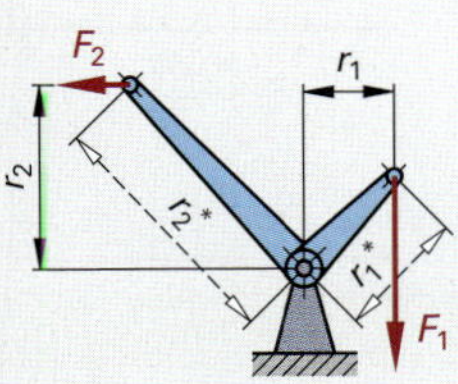

Winkelhebel

Hebelgesetz:
Summe aller linksdrehenden Momente = Summe aller rechtsdrehenden Momente (Momentengleichgewicht).

$$\Sigma \overset{\curvearrowleft}{M}_l = \Sigma \overset{\curvearrowright}{M}_r$$

$$F_1 \cdot r_1 = F_2 \cdot r_2$$

$\overset{\curvearrowleft}{M}_l$ linksdrehende Momente in Nm
$\overset{\curvearrowright}{M}_r$ rechtsdrehende Momente in Nm
F_1, F_2 Kraft in N
r_1, r_2 wirksamer Hebelarm in m
i_F Kraftübersetzung
i_R Hebelarmübersetzung
r_1^*, r_2^* Bauteillänge in m

$$\frac{F_1}{F_2} = \frac{r_2}{r_1}$$

$$F_1 = \frac{F_2 \cdot r_2}{r_1}$$

$$r_1 = \frac{F_2 \cdot r_2}{F_1}$$

$$F_2 = \frac{F_1 \cdot r_1}{r_2}$$

$$r_2 = \frac{F_1 \cdot r_1}{F_2}$$

$$i_F = \frac{F_1}{F_2}$$

$$i_r = \frac{r_2}{r_1}$$

Einseitiger Hebel

Beispiel: $F_1 = 30$ N; $r_1 = 250$ mm; $r_2 = 50$ mm; $F_2 = ?$ N

Lösung: $\boldsymbol{F_2} = \dfrac{F_1 \cdot r_1}{r_2} = \dfrac{30\ \text{N} \cdot 0{,}25\ \text{m}}{0{,}05\ \text{m}} = \mathbf{150\ N}$

Zweiseitiger Hebel

Beispiel: $F_1 = 16$ N; $F_2 = 8$ N; $r_1 = 0{,}1$ m; $r_2 = ?$ m

Lösung: $\boldsymbol{r_2} = \dfrac{F_1 \cdot r_1}{F_2} = \dfrac{16\ \text{N} \cdot 0{,}1\ \text{m}}{8\ \text{N}} = \mathbf{0{,}2\ m}$

Winkelhebel

Beispiel: $r_1 = 150$ mm; $r_2 = 300$ mm; $F_2 = 20$ N; $F_1 = ?$ N

Lösung: $\boldsymbol{F_1} = \dfrac{F_2 \cdot r_2}{r_1} = \dfrac{20\ \text{N} \cdot 300\ \text{mm}}{150\ \text{mm}} = \mathbf{40\ N}$

Flaschenzug

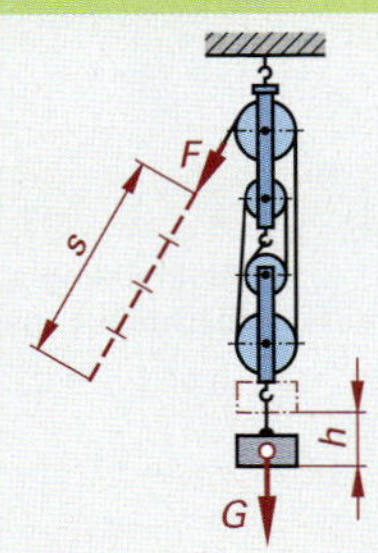

F Kraft in N
G Gewichtskraft in N
z Anzahl der Rollen
s Kraftweg in m
h Hubhöhe in m

$$F = \frac{G}{z}$$

$$G = z \cdot F \qquad z = \frac{G}{F}$$

$$s = z \cdot h$$

$$h = \frac{s}{z} \qquad z = \frac{s}{h}$$

Beispiel: $G = 2400$ N; $z = 4$; $h = 6$ m; $F = ?$ N; $s = ?$ m

Lösung: $\boldsymbol{F} = \dfrac{G}{z} = \dfrac{2400\ \text{N}}{4} = \mathbf{600\ N}$

$\boldsymbol{s} = z \cdot h = 4 \cdot 6\ \text{m} = \mathbf{24\ m}$

M

Reibung besteht zwischen zwei sich berührenden Körpern. Den Widerstand gegen das Verschieben eines Körpers auf einem anderen nennt man Reibungskraft. Die Reibung ist abhängig von:

1. Der Kraft, mit der ein Körper senkrecht auf eine Unterlage drückt (Normalkraft F_N)
2. den sich berührenden Werkstoffen (Werkstoffpaarung)
3. der Oberflächenbeschaffenheit
4. der Schmierung
5. der Temperatur der Reibflächen
6. der Reibungsart: Haft-, Gleit- oder Rollreibung.

Die Einflüsse 2...6 werden durch die aus Versuchen ermittelten Reibungszahlen μ erfasst.

	Haftreibung	**Gleitreibung**	**Rollreibung**
Reibungsart	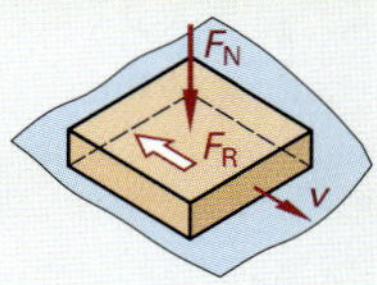	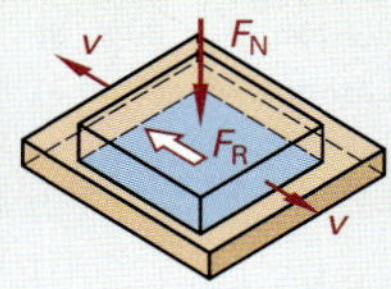	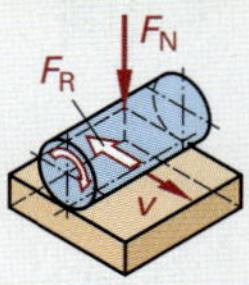
Definitionen	Widerstand, den ein Körper dem Verschieben auf seiner Unterlage entgegensetzt.	Widerstand, den ein gleitender Körper der Bewegung entgegensetzt.	Widerstand, den ein rollender Körper der Bewegung entgegensetzt.
Reibungszahl μ	Haftreibungszahl $\mu_H = \frac{F_R}{F_N}$	Gleitreibungszahl $\mu_G = \frac{F_R}{F_N}$	Rollreibungszahl $\mu_R = \frac{F_R}{F_N}$
Reibungskraft F_R in N	$F_R = F_N \cdot \mu_H$	$F_R = F_N \cdot \mu_G$	$F_R = F_N \cdot \mu_R$
Normalkraft F_N in N	$F_N = \frac{F_R}{\mu_H}$	$F_N = \frac{F_R}{\mu_G}$	$F_N = \frac{F_R}{\mu_R}$
Beispiele	Reifen auf trockener bzw. nasser Straße $\mu_H = 0{,}9$; $F_N = 3\,000$ N *Lösung:* $\mathbf{F_R} = F_N \cdot \mu_H$ $= 3000\text{ N} \cdot 0{,}9 = \mathbf{2\,700\text{ N}}$	$\mu_G = 0{,}6$; $F_N = 3\,000$ N *Lösung:* $\mathbf{F_R} = F_N \cdot \mu_G$ $= 3000\text{ N} \cdot 0{,}6 = \mathbf{1\,800\text{ N}}$	Radlager; $\mu_R = 0{,}001$; $F_N = 3\,000$ N; $F_R = ?$ *Lösung:* $\mathbf{F_R} = F_N \cdot \mu_R$ $= 3000\text{ N} \cdot 0{,}001 = \mathbf{3\text{ N}}$

Reibungsarbeit

1 J = 1 Nm = 1 Ws

3 600 000 Ws = 1 kWh

W_R Reibungsarbeit in Nm = Reibungswärme in J
Q_R Reibungswärme in J
F_R Reibungskraft in N
s Reibungsweg in m

Beispiel: Bremse; $F_R = 5000$ N; Weg $s = 20$ m; $Q_R = ?$ kJ

Lösung: $\mathbf{W_R} = Q_R = F_R \cdot s = 5000\text{ N} \cdot 20\text{ m} = 100\,000\text{ J} = \mathbf{100\text{ kJ}}$

$$W_R = F_R \cdot s$$

$$F_R = \frac{W_R}{s}$$

$$Q_R = W_R$$

Reibungsleistung

$$1\,\frac{\text{Nm}}{\text{s}} = 1\,\frac{\text{J}}{\text{s}} = 1\text{ W}$$

1000 W = 1 kW

P_R Reibungsleistung in J/s; t Zeit in s
W_R Reibungsarbeit in Nm

Beispiel: Bremsvorgang; $t = 8$ s; $W_R = 200\,000$ Nm; $P_R = ?$ kW

Lösung: $\mathbf{P_R} = \frac{W_R}{t} = \frac{200\,000\text{ Nm}}{8\text{ s}} = 25\,000\,\frac{\text{Nm}}{\text{s}} = \mathbf{25\text{ kW}}$

$$P_R = \frac{W_R}{t}$$

$$W_R = P_R \cdot t$$

Reibungszahlen (Erfahrungswerte)

Werkstoffpaarung	**Haftreibung μ_H**		**Gleitreibung μ_G**		**Rollreibung μ_R**
	trocken	**geschmiert / nass**	**trocken**	**geschmiert / nass**	**geschmiert / nass**
Stahl – Stahl	0,15	0,12	0,12	0,05 ... 0,01	0,003 ... 0,001
Stahl – LgPbSn	0,2	0,1	0,16	0,06 ... 0,03	–
Bremsbelag – Gusseisen	–	–	0,25 ... 0,45	–	–
Asphalt – Reifen	1,0 ... 1,2	0,8 ... 1,1	0,4 ... 0,6	0,08 ... 0,2	–

M

Zugbeanspruchung

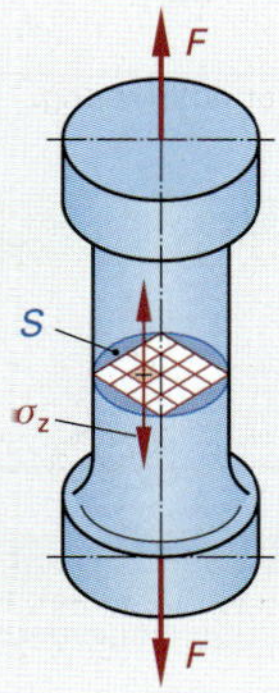

σ_z Zugspannung in N/mm²
σ_{zul} zulässige Zugspannung in N/mm²
R_m Zugfestigkeit (Bruchfestigkeit) in N/mm²
F Zugkraft in N
F_m größte Zugkraft (Bruchkraft) in N
F_{zul} zulässige Zugkraft in N
S Querschnitt in mm²
ν Sicherheitszahl (Sicherheit)

*) Abhängig vom Werkstoff wird eingesetzt:
- spröder Werkstoff (EN-GJL) Zugfestigkeit R_m
- zäher Werkstoff (St ≤ 600 N/mm²) Streckgrenze R_e
- zäher Werkstoff (St > 600 N/mm², Al, Cu) 0,2 % Dehngrenze $R_{p0,2}$

Beispiel: Zugstab aus St; $\sigma_{zul} = 125$ N/mm²; $F_{zul} = 8$ kN; $S = ?$ mm²

Lösung: $\mathbf{S} = \frac{F_{zul}}{\sigma_{zul}} = \frac{8000\ \text{N}}{125\ \text{N/mm}^2} = \mathbf{64\ mm^2}$

$$\sigma_z = \frac{F}{S}$$

$$R_m = \frac{F_m}{S}$$

$$\sigma_{zul} = \frac{R_m{}^{*)}}{\nu}$$

$$\nu = \frac{R_m}{\sigma_{zul}}$$

$$F_{zul} = \sigma_{zul} \cdot S$$

$$S = \frac{F_{zul}}{\sigma_{zul}} \qquad \sigma_{zul} = \frac{F_{zul}}{S}$$

Druckbeanspruchung

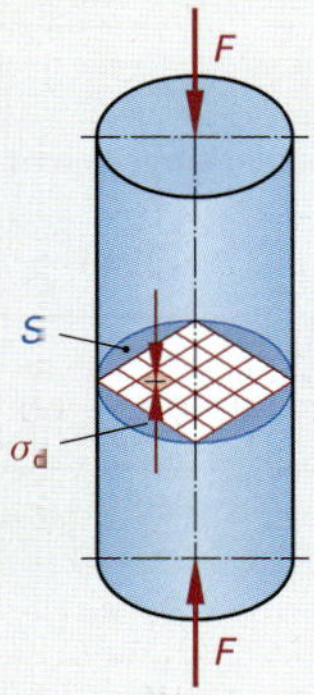

σ_d Druckspannung in N/mm²
σ_{dB} Bruchfestigkeit in N/mm² (Bruchgrenze)
σ_{dzul} zulässige Druckspannung in N/mm²
F Druckkraft in N
F_B Druckkraft bei Bruch (Bruchkraft) in N
F_{zul} zulässige Druckkraft in N
S Querschnitt in mm²
ν Sicherheitszahl (Sicherheit)

σ_{dB} für spröde Werkstoffe (Grauguss);
σ_{dF} (Quetschgrenze) für zähe Werkstoffe bzw. $\sigma_{d0,2}$

Beispiel: Druckstange einer Presse; $S = 150$ mm²; $\sigma_{dzul} = 200$ N/mm²; $F_{zul} = ?$ N

Lösung: $\mathbf{F_{zul}} = \sigma_{zul} \cdot S = 200\ \text{N/mm}^2 \cdot 150\ \text{mm}^2 = \mathbf{30\,000\ N}$

$$\sigma_d = \frac{F}{S}$$

$$\sigma_{dB} = \frac{F_B}{S}$$

$$\sigma_{dzul} = \frac{\sigma_{dB}}{\nu}$$

$$\nu = \frac{\sigma_{dB}}{\sigma_{dzul}}$$

$$F_{zul} = \sigma_{dzul} \cdot S$$

Flächenpressung (Lochleibung)

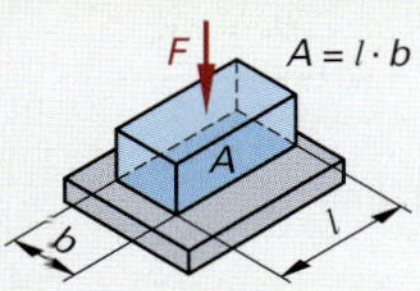

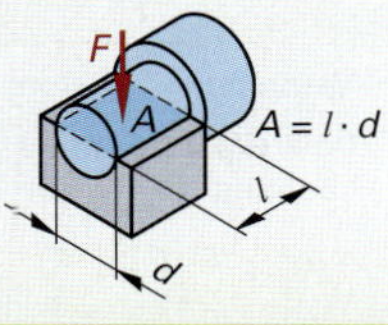

p Flächenpressung in N/mm²
Lochleibungsdruck bei Nieten und Bolzen
F Druckkraft in N
A rechnerische Berührungsfläche in cm²;
es wird eine Fläche senkrecht zur Kraftrichtung angenommen (Projektionsfläche), z. B. Gleitlager:
$A = l \cdot d$; l = Lagerlänge; d = Lagerdurchmesser

Beispiel: Lagerzapfen; $d = 5$ cm; $l = 4$ cm; $F = 25$ kN; $p = ?$ N/cm²

Lösung: $\mathbf{p} = \frac{F}{A} = \frac{F}{l \cdot d} = \frac{25\,000\ \text{N}}{4\ \text{cm} \cdot 5\ \text{cm}} = \mathbf{1250\ N/cm^2}$

$$p = \frac{F}{A}$$

$$F = p \cdot A$$

$$A = \frac{F}{p}$$

Zul. Flächenpressung p_{zul} in N/mm² für Gleitlager bei ausreichender Schmierung

Belastungsfall	SnSb12-Cu6Pb	PbSn14Sn9-CuAs	G-CuSn-12 Pb2	G-CuSn10P	EN-GJL-250	PA66	Hgw2082
statisch	19 … 30	15 … 25	30 … 50	30 … 50	10 … 20	14 … 19	19 … 30
dynamisch	15	12,5	25	25	5	7	15

M

Biegebeanspruchung

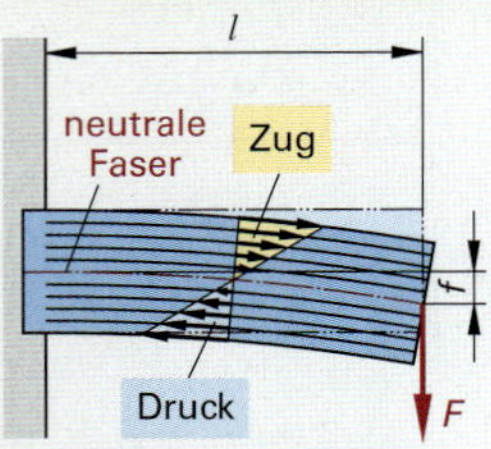

Bei Biegung treten Zug- und Druckbelastungen im beanspruchten Bauteil auf.

σ_b Biegespannung in N/mm²; f Durchbiegung in mm
M_b Biegemoment in Nm; F Biegekraft in N
W_b Widerstandsmoment in cm³ (abhängig von der Querschnittsform, aus Tabelle)
l Länge des Hebelarms in m

Beispiel: Rundstahl C45; d = 64 mm; l = 200 mm; F = 1000 N; W_b = 25,7 cm³; M_b = ? Nm; σ_b = ? N/mm²

Lösung: $\mathbf{M_b} = F \cdot l = 1000\ \text{N} \cdot 0{,}2\ \text{m} = \mathbf{200\ Nm}$

$$\boldsymbol{\sigma_b} = \frac{M_b}{W_b} = \frac{200\ \text{Nm}}{25{,}7\ \text{cm}^3} = \frac{20\,000\ \text{Ncm}}{25{,}7\ \text{cm}^3} = 778{,}2\ \text{N/cm}^2 = \mathbf{7{,}78\ N/mm^2}$$

$$\sigma_b = \frac{M_b}{W_b}$$

$$W_b = \frac{M_b}{\sigma_b}$$

$$M_b = \sigma_b \cdot W_b$$

$$M_b = F \cdot l$$

Belastung durch eine einzelne Kraft

Träger einseitig eingespannt

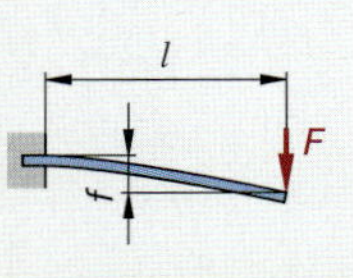

$$M_b = F \cdot l$$

$$f = \frac{F \cdot l^3}{3 \cdot E \cdot I}$$

Träger auf zwei Stützen

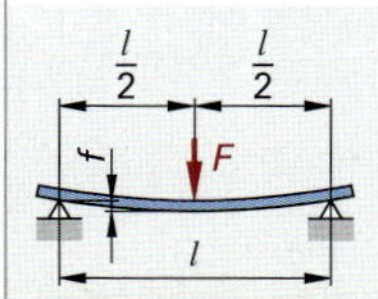

$$M_b = \frac{F \cdot l}{4}$$

$$f = \frac{F \cdot l^3}{48 \cdot E \cdot I}$$

Träger doppelseitig eingespannt

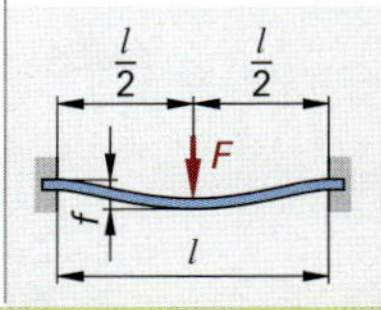

$$M_b = \frac{F \cdot l}{8}$$

$$f = \frac{F \cdot l^3}{192 \cdot E \cdot I}$$

Belastung durch gleichmäßig verteilte Kräfte

Träger einseitig eingespannt

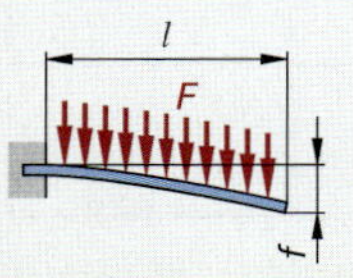

$$M_b = \frac{F \cdot l}{2}$$

$$f = \frac{F \cdot l^3}{8 \cdot E \cdot I}$$

Träger auf zwei Stützen

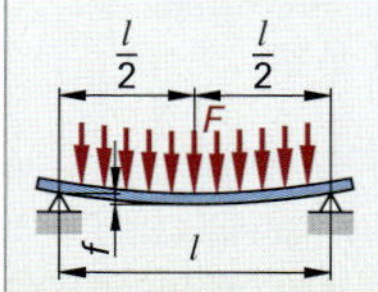

$$M_b = \frac{F \cdot l}{8}$$

$$f = \frac{5 \cdot F \cdot l^3}{384 \cdot E \cdot I}$$

Träger doppelseitig eingespannt

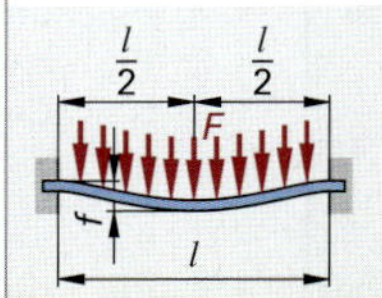

$$M_b = \frac{F \cdot l}{12}$$

$$f = \frac{F \cdot l^3}{384 \cdot E \cdot I}$$

Beanspruchung auf Verdrehen (Torsion)

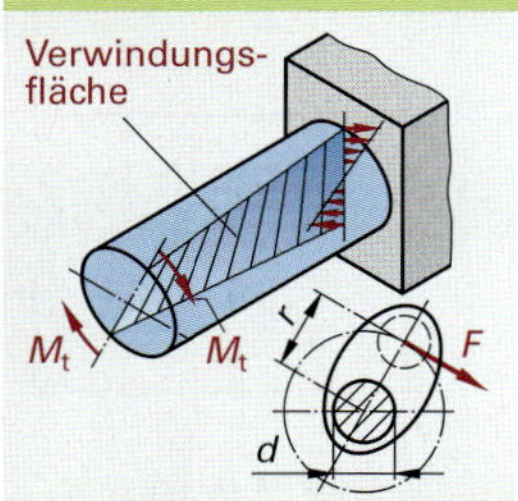

M_t Drehmoment in Nm
W_p polares Widerstandsmoment in mm³
τ_t Torsionsspannung in N/mm²

Beispiel: Kurbelwelle; F = 4000 N; r = 40 mm; d = 50 mm; τ_t = ? in N/mm²

Lösung: $\mathbf{M_t} = F \cdot r = 4000\ \text{N} \cdot 0{,}04\ \text{m} = 160\ \text{Nm}$; $\mathbf{W_p} = \frac{d^3}{5} = \frac{50^3\ \text{mm}^3}{5} = 25\,000\ \text{mm}^3$

$$\boldsymbol{\tau_t} = \frac{M_t}{W_p} = \frac{160\ \text{Nm}}{25\,000\ \text{mm}^3} = \frac{160\,000\ \text{Nmm}}{25\,000\ \text{mm}^3} = \mathbf{6{,}4\ N/mm^2}$$

$$\tau_t = \frac{M_t}{W_p}$$

$$M_t = F \cdot r \qquad W_p = \frac{M_t}{\tau_t}$$

Flächenmomente, Widerstandsmomente

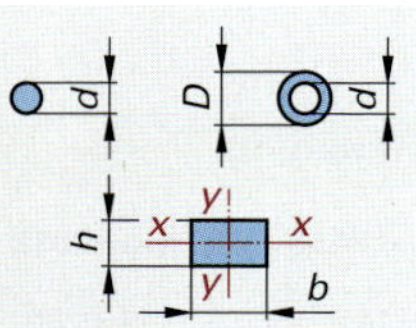

Form der Querschnitte	Biegung und Knickung		Verdrehung (Torsion)
	Flächenmoment 2. Grades I in cm⁴	Axiales Widerstandsmoment W in cm³	Polares Widerstandsmoment (W_p) in cm³
Kreis	$I = \frac{\pi \cdot d^4}{64}$	$W = \frac{\pi \cdot d^3}{32}$	$W_p = \frac{\pi \cdot d^3}{16} \approx \frac{d^3}{5}$
Kreisring	$I = \frac{\pi \cdot (D^4 - d^4)}{64}$	$W = \frac{\pi \cdot (D^4 - d^4)}{32 \cdot D}$	$W_p = \frac{\pi \cdot (D^4 - d^4)}{16 \cdot D}$
Rechteck	$I_x = \frac{b \cdot h^3}{12}$; $I_y = \frac{h \cdot b^3}{12}$	$W_x = \frac{b \cdot h^2}{6}$; $W_y = \frac{h \cdot b^2}{6}$	–

E Elastizitätsmodul: Werte Seite 35 Flächenmomente 2. Grades und Widerstandsmomente für Profile Seite 382

M

Scherbeanspruchung

einschnittig zweischnittig

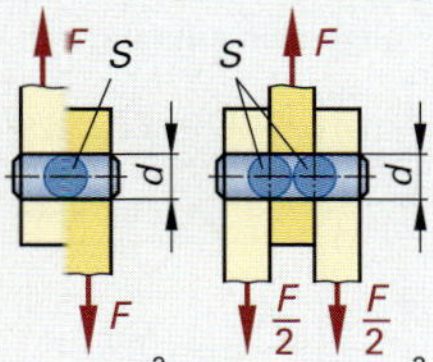

$S = \frac{\pi \cdot d^2}{4}$ $S = 2 \cdot \frac{\pi \cdot d^2}{4}$

Die Scherbeanspruchung kann einschnittig oder mehrschnittig sein. Bei zweischnittiger Beanspruchung ist der Querschnitt zu verdoppeln.

τ_a Scherspannung in N/mm²
$\tau_{a\,zul}$ zulässige Scherspannung in N/mm²
$F_{a\,zul}$ zulässige Scherkraft in N, bei der der Werkstoff nicht getrennt wird
S Querschnitt in mm²
R_e Streckgrenze in N/mm²
F_a Scherkraft in N
ν Sicherheitszahl

Beispiel: Zylinderschraube ISO 4762 – M 10×55 – 10.9 mit einschnittiger Beanspruchung; $\nu = 2$; $R_e = 900\ \text{N/mm}^2$; $d = ?\ \text{mm}$; $F_{a\,zul} = ?$ in N

Lösung: $\tau_{a\,zul} = \frac{R_e}{\nu} = \frac{900\ \text{N/mm}^2}{2} = 450\ \text{N/mm}^2$

$S = \frac{\pi \cdot d^2}{4} = \frac{\pi \cdot 8{,}16^2\ \text{mm}^2}{4} = 52{,}3\ \text{mm}^2$

$\mathbf{F_{a\,zul}} = \tau_{a\,zul} \cdot S = 450\ \text{N/mm}^2 \cdot 52{,}3\ \text{mm}^2 = \mathbf{23\,535\ N}$

$$\tau_a = \frac{F_a}{S}$$

$$F_a = \tau_a \cdot S \qquad S = \frac{F_a}{\tau_a}$$

$$\tau_{a\,zul} = \frac{R_e}{\nu}$$

$$F_{a\,zul} = \tau_{a\,zul} \cdot S$$

Schneiden von Werkstoffen

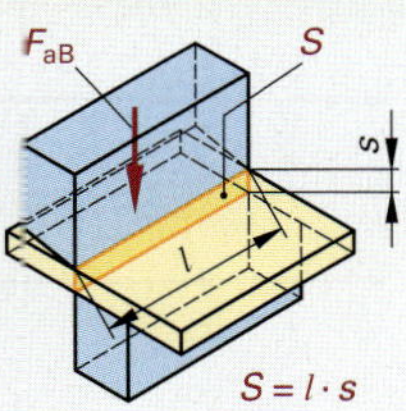

Ist die Abscherfestigkeit τ_{aB} nicht bekannt, so kann dafür 80 % der Zugfestigkeit R_m eingesetzt werden.

F_{aB} Abscherkraft in N, bei der der Werkstoff getrennt wird
τ_{aB} Abscherfestigkeit in N/mm²
R_m Zugfestigkeit in N/mm²
S Scherfläche in mm²

Beispiel: Blech DC04; $\delta = 0{,}7$ mm; $l = 1000$ mm; $R_m = 300\ \text{N/mm}^2$; Abscherkraft $F_{aB} = ?$ in N

Lösung: $S = l \cdot \delta = 0{,}7\ \text{mm} \cdot 1000\ \text{mm} = 700\ \text{mm}^2$

$\tau_{aB} = 0{,}8 \cdot R_m = 0{,}8 \cdot 300\ \text{N/mm}^2 = 240\ \text{N/mm}^2$

$\mathbf{F_{aB}} = \tau_{aB} \cdot S = 240\ \text{N/mm}^2 \cdot 700\ \text{mm}^2 = \mathbf{168\,000\ N}$

$$F_{aB} = \tau_{aB} \cdot S$$

$$\tau_{aB} = \frac{F_{aB}}{S}$$

$$\tau_{aB} = 0{,}8 \cdot R_m$$

Beanspruchung auf Knickung

Belastungsfälle I – IV und freie Knicklänge nach Euler

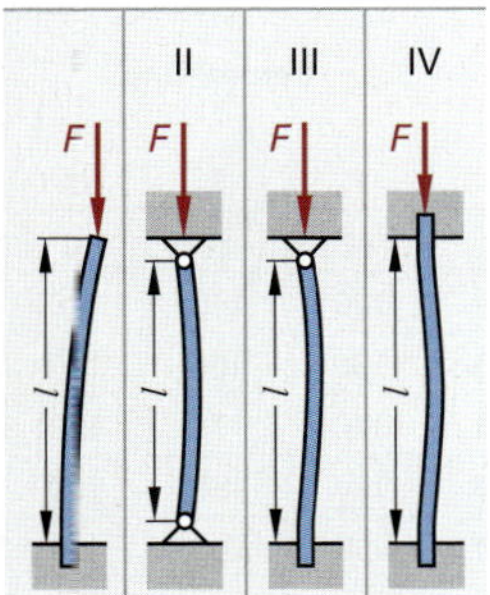

I	II	III	IV
$l_k = 2 \cdot l$	$l_k = l$	$l_k = 0{,}7 \cdot l$	$l_k = 0{,}5 \cdot l$

$F_{k\,zul}$ zulässige Knickkraft in N
E Elastizitätsmodul in kN/mm², N/cm², N/mm²
σ_{lim} Grenzspannung in N/mm²
ε_0 Dehnung im elastischen Bereich in %
l Länge in cm
I Flächenmoment 2. Grades in cm⁴
l_k freie Knicklänge in cm
ν Sicherheitszahl (Sicherheit)

$$F_{k\,zul} = \frac{\pi^2 \cdot E \cdot I}{l_k^2 \cdot \nu}$$

Beispiel: Doppel-T-Profil DIN 1025-I100; Belastungsfall II; E-Modul $= 20 \cdot 10^6\ \text{N/cm}^2$; $\nu = 5$; Flächenmoment I (aus Tabelle) $= 12{,}2\ \text{cm}^4$, $l = 120$ cm; $F_{k\,zul} = ?$ kN

Lösung: $\mathbf{F_{k\,zul}} = \frac{\pi^2 \cdot E \cdot I}{l_k^2 \cdot \nu} = \frac{\pi^2 \cdot 20 \cdot 10^6\ \text{N/cm}^2 \cdot 12{,}2\ \text{cm}^4}{120^2\ \text{cm}^2 \cdot 5} = 33\,446{,}9\ \text{N} \approx \mathbf{33{,}5\ kN}$

Hinweis: Die Formel gilt innerhalb des elastischen Bereiches des Werkstoffs für schlanke Bauteile.

Elastizitätsmodul E in kN/mm² bei 20 °C

Stahl	EN-GJL-150	EN-GJL-300	EN-GJS-400	GS-38	EN-GJMW-350-4	CuZn40	Al-Leg.	Ti-Leg.
196 … 216	80 … 90	110 … 140	170 … 185	210	170	80 … 100	60 … 80	112 … 130

M

Belastungsfälle

Statische Belastung

ruhend

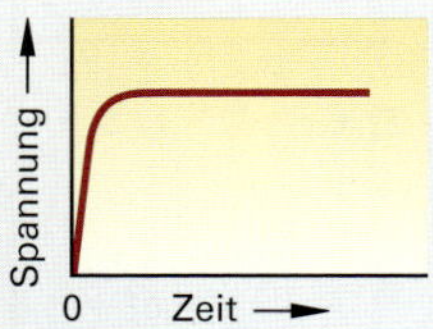

Belastungsfall I

Größe und Richtung der Kraft ändern sich nicht.

Dynamische Belastung

schwellend

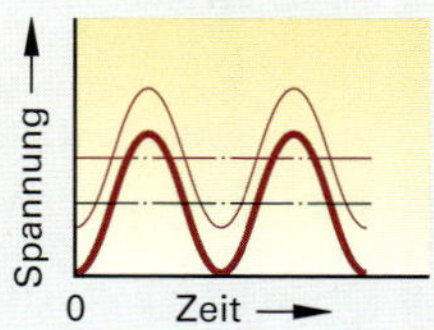

Belastungsfall II

Die Belastung pendelt zwischen einem Höchst- und Minimalwert ohne Wechsel der Spannungsart.

wechselnd

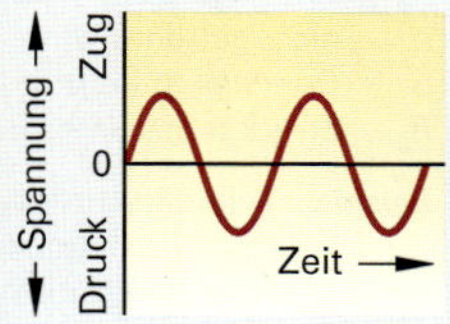

Belastungsfall III

Die Belastung wechselt zwischen größter Zug- und größter Druckspannung.

allgemein schwingend

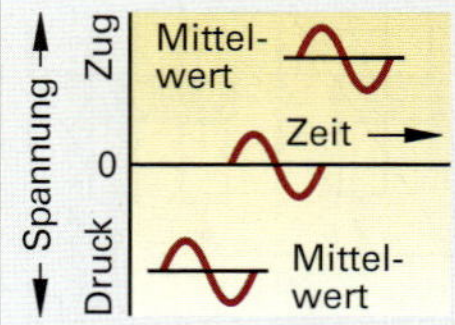

Belastungsfall IV

Die Belastung schwingt um einen beliebigen Mittelwert im Bereich der Zug- bzw. Druckspannung.

Zulässige Spannung

Bauteile dürfen aus Sicherheitsgründen nur mit einem Teil der zum Bruch oder zu bleibender Verformung führenden Grenzspannung σ_{lim} bzw. τ_{lim} belastet werden.

σ_{lim} Grenzspannung je nach Belastungsfall in N/mm²
σ_{zul} zulässige Spannung in N/mm²
ν Sicherheitszahl (Sicherheit)
τ_{lim} größte Scherspannung in N/mm²
τ_{zul} zulässige Scherspannung in N/mm²

Beispiel: Zylinderschraube mit Innensechskant DIN EN ISO 4762 M10 × 100 – 10.9; statische Belastung; $\sigma_{lim} = 900$ N/mm²; $\nu = 2$; $\sigma_{zul} = ?$ in N/mm²

Lösung: $\boldsymbol{\sigma_{zul}} = \frac{\sigma_{lim}}{\nu} = \frac{900\ \text{N/mm}^2}{2} = \mathbf{450\ N/mm^2}$

$$\sigma_{zul} = \frac{\sigma_{lim}}{\nu}$$

$$\tau_{zul} = \frac{\tau_{lim}}{\nu}$$

$$\nu = \frac{\sigma_{lim}}{\sigma_{zul}}$$

$$\tau_{lim} = \tau_{aB}$$

Sicherheitszahlen für den Fahrzeugbau

Kfz-Bereich	**Motor**			**Fahrwerk**			**Karosserie**		
Belastungsfall	I	II	III	I	II	III	I	II	III
Sicherheit	1,2...1,5	1,5...2,4	3...4	2...4	3...5	5...10	1,2...1,7	1,5...2	1,5...2,2

Grenzspannungswerte für Stahl σ_{lim} und τ_{lim} in N/mm²

Beanspruchungsart	**Zug, Druck**			**Abscherung**	**Biegung**			**Verdrehung**		
Belastungsfall	I	II	III	I	I	II	III	I	II	III
Grenzspannungsarten	σ_z[1], σ_{dB}	σ_z[1], σ_{dB}	σ_z[1], σ_{dB}	τ_{aB}	σ_b	σ_b	σ_b	τ_1	τ_1	τ_1
S235	235	235	150	235	330	290	170	140	140	120
S275	275	275	180	275	380	350	200	160	160	140
E295	295	295	210	295	410	410	240	170	170	150
E335	335	335	250	335	470	470	280	190	190	160
E360	365	365	300	360	510	510	330	210	210	190
C15	440	440	330	440	610	610	370	250	250	210
16MnCr15	635	635	430	635	890	740	440	360	360	270
17CrNiMo	835	835	550	835	1170	1040	610	470	470	350
C45E	490	490	280	490	700	520	310	350	350	210
41Cr4	800	710	410	720	1120	750	440	560	510	330
30CrNiMo8	1050	870	510	1000	1470	930	550	735	640	375

[1] σ_z entspricht R_m (Bruchfestigkeit in N/mm²) bei Zugbeanspruchung

M

Druck (allgemein, aus Kraft und Fläche)

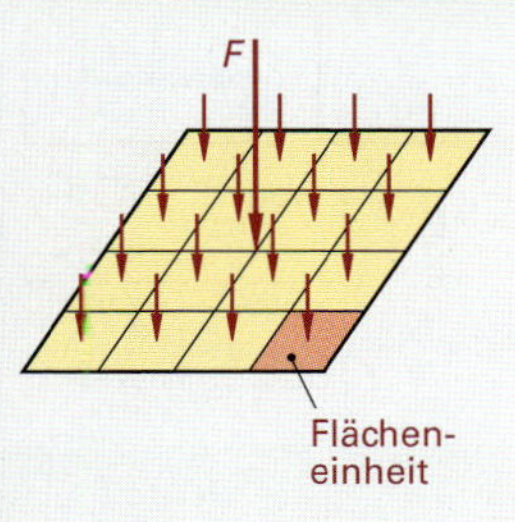

p Druck in N/cm^2
F Kraft in N
A Fläche in cm^2

Beispiel: p = 45 bar; F = 22,62 kN;
Kolbendurchmesser d = ? mm

Lösung: $A = \frac{F}{p} = \frac{22\,620\ \text{N}}{450\ \text{N/cm}^2} = 50{,}27\ \text{cm}^2$

$\boldsymbol{d} = \sqrt{\frac{4 \cdot A}{\pi}} = \sqrt{\frac{4 \cdot 50{,}27\ \text{cm}^2}{\pi}} =$
$= 8{,}0\ \text{cm} = \mathbf{80\ mm}$

$$p = \frac{F}{A}$$

$$F = p \cdot A$$

$$A = \frac{F}{p}$$

$$\mathbf{1\ bar = 10\ \frac{N}{cm^2}}$$

Absoluter Druck, Luftdruck, Überdruck

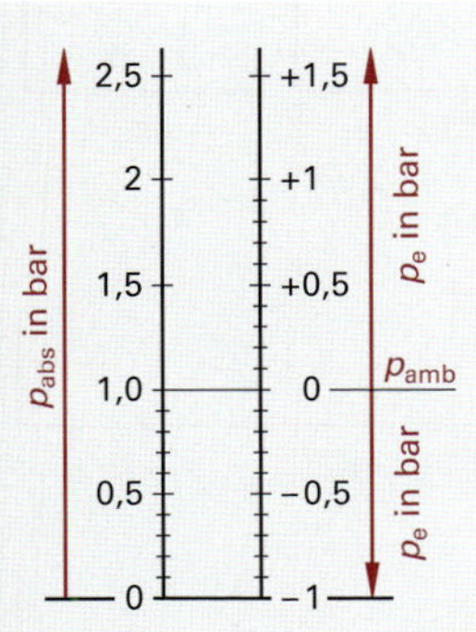

p_{amb} Umgebungsdruck in bar, mbar, hPa
p_{abs} Absoluter Druck in bar, mbar, hPa
p_e Überdruck in bar, mbar, hPa

Überdruck = Abweichung vom Umgebungsdruck
p_e ist positiv, wenn $p_{abs} > p_{amb}$
p_e ist negativ, wenn $p_{abs} < p_{amb}$
Negative Werte des Überdrucks kennzeichnen den früheren Unterdruckbereich.

Beispiel: Bremskraftverstärker p_{abs} = 0,7 bar;
Atmosphärendruck 1080 hPa,
Überdruck p_e = ? bar

Lösung: $\boldsymbol{p_e} = p_{abs} - p_{amb} = 0{,}7\ \text{bar} - 1{,}08\ \text{bar} =$
$= \mathbf{-0{,}38\ bar}$ (bedeutet Unterdruck)

$$p_e = p_{abs} - p_{amb}$$

$$p_{abs} = p_e + p_{amb}$$

1 bar = 1000 mbar
1 bar = 1000 hPa

Hydrostatischer Druck

Der hydrostatische Druck einer Wassersäule von 1 m beträgt ca. 0,1 bar, die von 10 m Höhe ca. 1 bar.

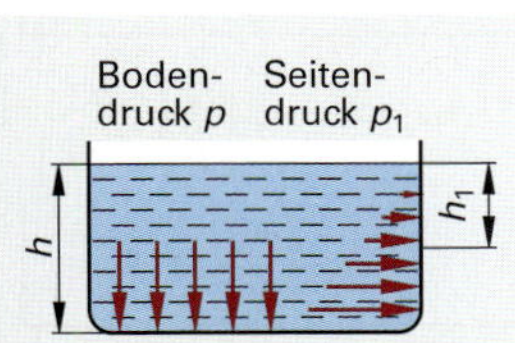

p, p_1 Hydrostatischer Druck in N/m^2
h, h_1 Höhe der Flüssigkeitssäule in m
g Fallbeschleunigung in m/s^2
ϱ Dichte der Flüssigkeit in kg/dm^3

Beispiel: Kraftstoffbehälter; Benzinhöhe h = 15 cm;
$\varrho = 0{,}74\ \text{kg/dm}^3$; $g = 9{,}81\ \text{m/s}^2$; p = ? N/m^2

Lösung: $\boldsymbol{p} = \varrho \cdot g \cdot h$
$= 740\ \text{kg/m}^3 \cdot 9{,}81\ \text{m/s}^2 \cdot 0{,}15\ \text{m} =$
$= 1089\ \frac{\text{kg} \cdot \text{m}}{\text{s}^2 \cdot \text{m}^2} = \mathbf{1089\ N/m^2 = 0{,}0109\ bar}$

$$p = \varrho \cdot g \cdot h$$

$$h = \frac{p}{\varrho \cdot g}$$

$$p_1 = \varrho \cdot g \cdot h_1$$

Auftrieb in Flüssigkeiten

Aräometer

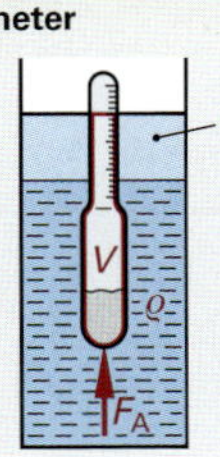

Satz von Archimedes: Die Auftriebskraft eines Körpers ist gleich der Gewichtskraft der verdrängten Flüssigkeit.

V Verdrängtes Flüssigkeitsvolumen in dm^3
F_A Auftriebskraft in N
g Fallbeschleunigung in m/s^2
ϱ Dichte der Flüssigkeit in kg/dm^3
A Querschnittfläche des Schwimmers in dm^2
h Eintauchtiefe des Schwimmers in dm

Beispiel: Schwimmer im Säureprüfer; Eintauchvolumen 8,3 cm^3; Gewichtskraft des Schwimmers 0,0981 N; Dichte der verdünnten Schwefelsäure = ? kg/dm^3

Lösung: $\boldsymbol{\varrho} = \frac{F_A}{V \cdot g} = \frac{0{,}0981\ \text{N}}{0{,}0083\ \text{dm}^3 \cdot 9{,}81\ \text{m/s}^2} =$

$= \frac{0{,}0981\ \text{kg} \cdot \text{m/s}^2}{0{,}0083\ \text{dm}^3 \cdot 9{,}81\ \text{m/s}^2} = \mathbf{1{,}20\ \frac{kg}{dm^3}}$

$$F_A = V \cdot \varrho \cdot g$$

$$\varrho = \frac{F_A}{V \cdot g}$$

$$V = \frac{F_A}{\varrho \cdot g}$$

Für gleichdicke Körper:

$$h = \frac{F_A}{A \cdot \varrho \cdot g}$$

M

Flüssigkeitsdruck

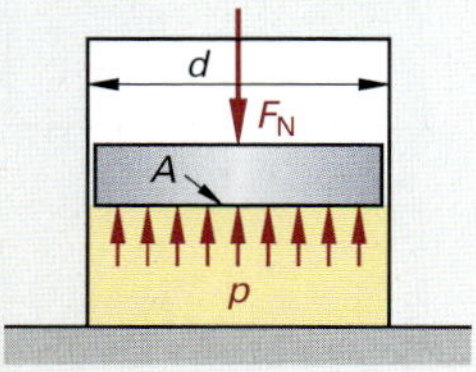

p Flüssigkeitsdruck in N/cm²
F_N Normalkraft, Kolbenkraft in N
A Kolbenfläche in cm²
d Kolbendurchmesser in cm

Im geschlossenen System ist der Druck an jeder Stelle gleich groß.

$$p = \frac{F_N}{A} \qquad p = \frac{4 \cdot F_N}{\pi \cdot d^2}$$

$$F_N = p \cdot A \qquad F_N = p \cdot \frac{\pi \cdot d^2}{4}$$

$$A = \frac{F_N}{p} \qquad d = \sqrt{\frac{4 \cdot F_N}{\pi \cdot p}}$$

Hydraulische Presse, hydraulische Übersetzung

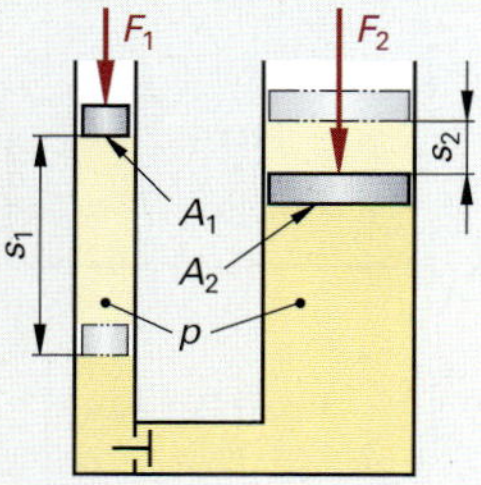

p Flüssigkeitsdruck in N/cm²
F_1 Kraft am Pumpenkolben in N
F_2 Kraft am Arbeitskolben in N
A_1 Fläche des Pumpenkolbens in cm²
A_2 Fläche des Arbeitskolbens in cm²
d_1 Durchmesser des Pumpenkolbens in cm
d_2 Durchmesser des Arbeitskolbens in cm
s_1 Weg des Pumpenkolbens in cm
s_2 Weg des Arbeitskolbens in cm
i_{hyd} hydraulische Übersetzung

In einem geschlossenen System breitet sich der Flüssigkeitsdruck nach allen Seiten gleichmäßig fort. Auf beide Kolben wirkt deshalb der gleich große Druck. Aufgrund der unterschiedlichen Kolbenfläche ergibt sich eine Übersetzung der Kolbenkräfte.

Für p = const. gilt:

$$\frac{F_1}{F_2} = \frac{A_1}{A_2}$$

für v = const. gilt:

$$A_1 \cdot s_1 = A_2 \cdot s_2$$

1 bar = 10 N/cm²

Beispiel: A_1 = 12 cm²; F_1 = 200 N; A_2 = 960 cm²; p = ? bar; F_2 = ? kN; i_{hyd} = ?

Lösung: $\mathbf{p} = \frac{F_1}{A_1} = \frac{200\ \text{N}}{12\ \text{cm}^2} =$

$= 16{,}7\ \text{N/cm}^2 = \mathbf{1{,}7\ bar}$

$\mathbf{F_2} = p \cdot A_2 =$
$= 16{,}7\ \text{N/cm}^2 \cdot 960\ \text{cm}^2 =$
$= 16\,032\ \text{N} = \mathbf{16\ kN}$

$\mathbf{i_{hyd}} = \frac{F_1}{F_2} = \frac{200\ \text{N}}{16\,032\ \text{N}} =$

$= \mathbf{0{,}0125}$

$$p = \frac{F_1}{A_1} \qquad p = \frac{F_2}{A_2}$$

$$F_1 = p \cdot A_1 \qquad F_2 = p \cdot A_2$$

$$A_1 = \frac{F_1}{p} \qquad A_2 = \frac{F_2}{p}$$

$$i_{hyd} = \frac{F_1}{F_2}$$

$$F_1 = i_{hyd} \cdot F_2 \qquad F_2 = \frac{F_1}{i_{hyd}}$$

$$i_{hyd} = \frac{A_1}{A_2}$$

$$A_1 = i_{hyd} \cdot A_2 \qquad A_2 = \frac{A_1}{i_{hyd}}$$

$$i_{hyd} = \frac{d_1^2}{d_2^2}$$

$$d_1 = \sqrt{i_{hyd} \cdot d_2^2} \qquad d_2 = \sqrt{\frac{d_1^2}{i_{hyd}}}$$

$$i_{hyd} = \frac{s_2}{s_1}$$

$$s_1 = \frac{s_2}{i_{hyd}} \qquad s_2 = i_{hyd} \cdot s_1$$

Druckübersetzer

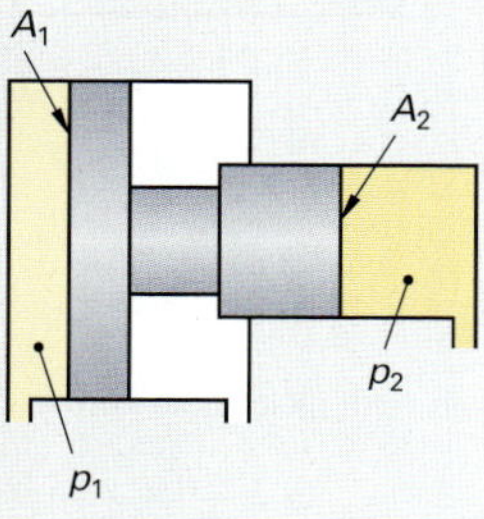

p_1, p_2 Drücke in bar
A_1, A_2 Kolbenflächen in cm²
i_{hyd} hydraulische Übersetzung

Beispiel: p_1 = 7 bar; A_1 = 153,9 cm²; A_2 = 9,6 cm²; p_2 = ?

Lösung: $\mathbf{p_2} = \frac{A_1 \cdot p_1}{A_2} =$

$= \frac{153{,}9\ \text{cm}^2 \cdot 7\ \text{bar}}{9{,}6\ \text{cm}^2} =$

$= \mathbf{112\ bar}$

$$p_1 \cdot A_1 = p_2 \cdot A_2$$

$$p_1 = \frac{p_2 \cdot A_2}{A_1} \qquad p_2 = \frac{p_1 \cdot A_1}{A_2}$$

$$A_1 = \frac{p_2 \cdot A_2}{p_1} \qquad A_2 = \frac{p_1 \cdot A_1}{p_2}$$

$$i_{hyd} = \frac{A_2}{A_1}$$

$$A_1 = \frac{A_2}{i_{hyd}} \qquad A_2 = A_1 \cdot i_{hyd}$$

M

Kolbenkräfte in Zylindern

Ausfahren

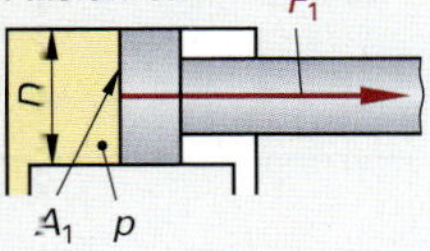

Einfahren

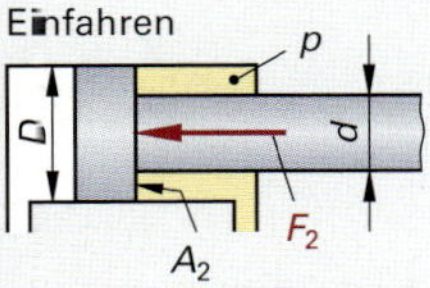

1 bar = 10 N/cm²

p	Flüssigkeitsdruck in N/cm²; bar
F_1, F_2	Kolbenkräfte in N
A_1, A_2	wirksame Kolbenflächen in cm²
D	Kolbendurchmesser in cm
d	Kolbenstangendurchmesser in cm

Beispiel: Hydraulikzylinder; $D = 105$ mm; $d = 75$ mm; $p = 50$ bar; $F_1 = ?$ N; $F_2 = ?$ N

Lösung:

Ausfahren $\mathbf{F_1} = A_1 \cdot p = \frac{\pi \cdot (10{,}5\ \text{cm})^2}{4} \cdot 500\ \text{N/cm}^2 = \mathbf{43\,295\ N}$

Einfahren $\mathbf{F_2} = A_2 \cdot p = \frac{\pi}{4} \cdot (10{,}5^2 - 7{,}5^2)\ \text{cm}^2 \cdot 500\ \text{N/cm}^2 = \mathbf{21\,205\ N}$

Ausfahren

$$F_1 = A_1 \cdot p$$

$$A_1 = \frac{\pi \cdot D^2}{4}$$

Einfahren

$$F_2 = A_2 \cdot p$$

$$A_2 = \frac{\pi}{4} \cdot (D^2 - d^2)$$

Leistung von Hydraulikpumpen

Hydraulikzylinder

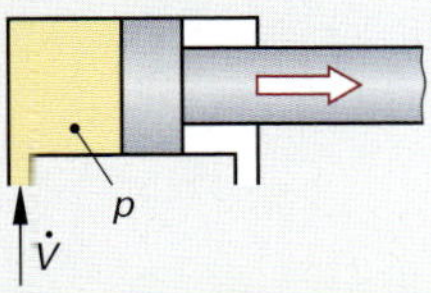

P	abgegebene Leistung in kW
p	Flüssigkeitsdruck in bar
$\dot{V}$	Volumenstrom in l/min

Beispiel: $p = 135$ bar; $\dot{V} = 40$ l/min; $P = ?$ kW

Lösung: $\mathbf{P} = \frac{\dot{V} \cdot p}{600} = \frac{40 \cdot 135}{600}\ \text{kW} = \mathbf{9\ kW}$

$$P = \frac{\dot{V} \cdot p}{600}$$

$$\dot{V} = \frac{600 \cdot P}{p}$$

$$p = \frac{600 \cdot P}{\dot{V}}$$

Saughöhe

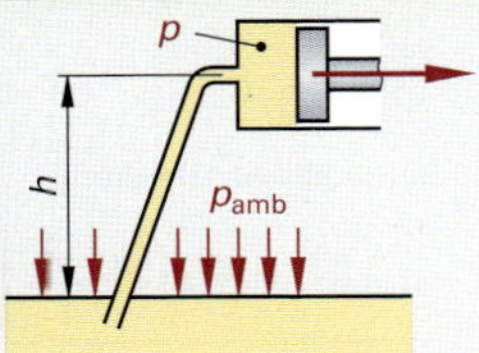

1 N/m² = 1 Pa
100 000 Pa = 1 bar

h	Saughöhe in m (negativer Zahlenwert)
p	Ausaugdruck in N/m² (negativer Zahlenwert)
ϱ	Dichte der Flüssigkeit in kg/m³
g	Fallbeschleunigung in m/s²

Beispiel: Kraftstoffpumpe; $\varrho = 0{,}74$ kg/dm³; $g = 9{,}81$ m/s²; $p = -0{,}058$ bar; $h = ?$ m

Lösung: $\mathbf{h} = \frac{p}{\varrho \cdot g} = \frac{-5800\ \text{N/m}^2}{740\ \text{kg/m}^3 \cdot 9{,}81\ \text{m/s}^2} = \mathbf{-0{,}8\ m}$

$$h = \frac{p}{\varrho \cdot g}$$

$$p = \varrho \cdot g \cdot h$$

Durchflussgeschwindigkeit

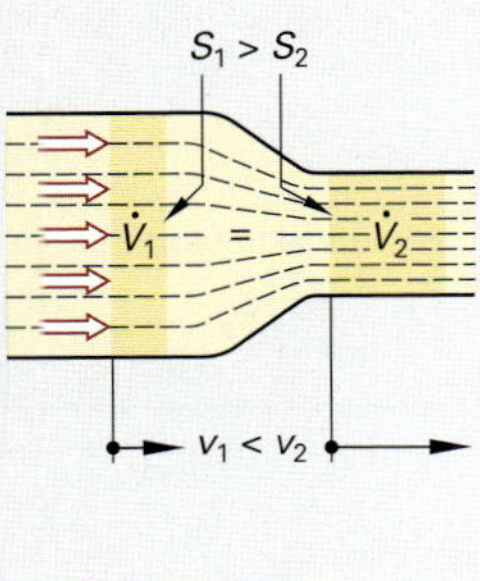

v_1, v_2	Durchflussgeschwindigkeit in cm/s
S_1, S_2	Rohrquerschnitte in cm²
$\dot{V}$	Volumenstrom in cm³/s

Beispiel: $\dot{V} = 45$ l/min; $S_1 = 15{,}9$ cm²; $S_2 = 9{,}6$ cm²; $v_1 = ?$ cm/s; $v_2 = ?$ cm/s

Lösung: $\mathbf{v_1} = \frac{\dot{V}}{S_1} = \frac{45\,000\ \text{cm}^3/\text{min}}{15{,}9\ \text{cm}^2} = 2830\ \text{cm/min} = \mathbf{47{,}2\ cm/s}$

$\mathbf{v_2} = \frac{\dot{V}}{S_2} = \frac{45\,000\ \text{cm}^3/\text{min}}{9{,}6\ \text{cm}^2} = 4688\ \text{cm/min} = \mathbf{78{,}1\ cm/s}$

$$v_1 = \frac{\dot{V}}{S_1}$$

$$\dot{V} = S_1 \cdot v_1$$

$$v_2 = \frac{\dot{V}}{S_2}$$

$$\dot{V} = S_2 \cdot v_2$$

M

Druck in bewegten Gasen

Venturirohr

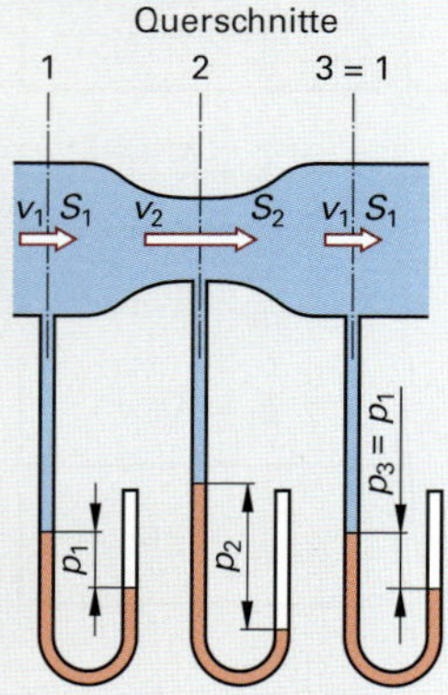

großer Querschnitt	kleiner Querschnitt	großer Querschnitt
kleine Geschw.	große Geschw.	kleine Geschw.
kleiner Unterdruck	großer Unterdruck	kleiner Unterdruck

1 Pa = 1 N/m²

1 bar = 100 000 Pa
= 1000 hPa

1 mbar = 1 hPa

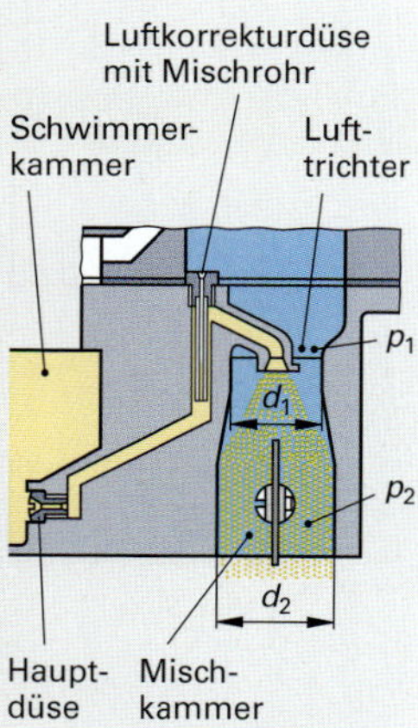

$\dot{V}$ Volumenstrom, Durchflussmenge in m³/s, cm³/s
v_1, v_2 Geschwindigkeiten in m/s, cm/s
S_1, S_2 Querschnittsfläche in m², cm²

Beispiel: Durchflussmenge $\dot{V} = 50\ \text{dm}^3/\text{s}$
Rohrdurchmesser $d_1 = 40$ mm
$d_2 = 28{,}2$ mm
Gasgeschwindigkeit $v_1 = ?$ m/s
Gasgeschwindigkeit $v_2 = ?$ m/s

Lösung:

$$S_1 = \frac{\pi \cdot d_1^2}{4} = \frac{\pi \cdot 4^2\ \text{cm}^2}{4} = 12{,}57\ \text{cm}^2$$

$$\mathbf{v_1} = \frac{\dot{V}}{S_1} = \frac{0{,}05\ \text{m}^3/\text{s}}{0{,}001257\ \text{m}^2} = \mathbf{40\ \frac{m}{s}}$$

$$S_2 = \frac{\pi \cdot d_2^2}{4} = \frac{\pi \cdot 2{,}82^2\ \text{cm}^2}{4} = 6{,}25\ \text{cm}^2$$

$$\mathbf{v_2} = \frac{\dot{V}}{S_2} = \frac{0{,}05\ \text{m}^3/\text{s}}{0{,}000625\ \text{m}^2} = \mathbf{80\ m/s}$$

p_1, p_2 Drücke in Pa
ϱ Dichte des Gases in kg/m³
V_H Gesamthubraum in dm³
n Motordrehzahl in 1/min
λ_L Liefergrad
$\dot{V}$ Luftmenge in l/s, dm³/s

Beispiel: Viertaktmotor, Vergaser
Gesamthubraum $V_H = 1{,}2$ l
Motordrehzahl $n = 3400$ 1/min
Liefergrad $\lambda_L = 0{,}75$
Luftdichte $\varrho = 1{,}3\ \text{kg/m}^3$
Lufttrichter $d_1 = 21{,}5$ mm
$S_1 = 3{,}6\ \text{cm}^2$
Mischkammer $d_2 = 27{,}5$ mm
$S_2 = 5{,}9\ \text{cm}^2$
Druckdifferenz $p_2 - p_1 = ?$ mbar

Lösung: I. Luftmenge $\dot{V}$ in l/s

$$\dot{\mathbf{V}} = \frac{V_H \cdot n \cdot \lambda_L}{120} = \frac{1{,}2 \cdot 3400 \cdot 0{,}75}{120}\ \text{dm}^3/\text{s} = \mathbf{25{,}5\ dm^3/s}$$

II. Luftgeschwindigkeit v_1 und v_2 in m/s

$$\mathbf{v_1} = \frac{\dot{V}}{S_1} = \frac{0{,}0255\ \text{m}^3/\text{s}}{0{,}00036\ \text{m}^2} = \mathbf{70{,}8\ m/s}$$

$$\mathbf{v_2} = \frac{\dot{V}}{S_2} = \frac{0{,}0255\ \text{m}^3/\text{s}}{0{,}00059\ \text{m}^2} = \mathbf{43{,}2\ m/s}$$

III. Druckdifferenz $p_2 - p_1$ in bar

$$\mathbf{p_2 - p_1} = \frac{\varrho}{2}(v_1^2 - v_2^2) =$$

$$= \frac{1{,}3\ \text{kg/m}^3}{2}(70{,}8^2 - 43{,}2^2)\ \frac{\text{m}^2}{\text{s}^2} =$$

$$= 2040\ \frac{\text{kgm/s}^2}{\text{m}^2} = 2040\ \text{N/m}^2 =$$

$$= 2040\ \text{Pa} = \mathbf{20{,}4\ mbar}$$

Volumenstrom

$$\dot{V} = S_1 \cdot v_1 = S_2 \cdot v_2$$

$$v_1 = \frac{\dot{V}}{S_1}$$

$$v_2 = \frac{\dot{V}}{S_2}$$

Kontinuitätsgleichung

$$\frac{v_1}{v_2} = \frac{S_2}{S_1}$$

$$v_1 = \frac{S_2 \cdot v_2}{S_1}$$

$$v_2 = \frac{S_1 \cdot v_1}{S_2}$$

$$S_1 = \frac{S_2 \cdot v_2}{v_1}$$

$$S_2 = \frac{S_1 \cdot v_1}{v_2}$$

Bernoullische Gleichung

$$p_1 + \frac{\varrho \cdot v_1^2}{2} = p_2 + \frac{\varrho \cdot v_2^2}{2}$$

$$p_2 - p_1 = \frac{\varrho}{2}(v_1^2 - v_2^2)$$

$$p_1 = p_2 - \frac{\varrho}{2}(v_1^2 - v_2^2)$$

$$p_2 = p_1 + \frac{\varrho}{2}(v_1^2 - v_2^2)$$

Für Viertaktmotor:

$$\dot{V} = \frac{V_H \cdot n \cdot \lambda_L}{120}$$

$$\lambda_L = \frac{120 \cdot \dot{V}}{V_H \cdot n}$$

Allgemeine Gasgleichung (Druck, Volumen und Temperatur von Gasen)

$p_1 < p_2$
$V_1 > V_2$
$T_1 < T_2$

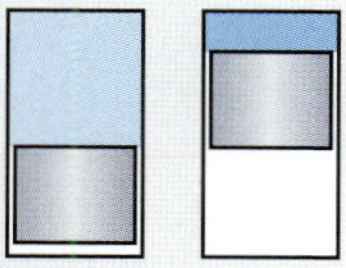

Ausgangszustand	Endzustand
p_1 absoluter Druck in bar	p_2 absoluter Druck in bar
V_1 Volumen in l	V_2 Volumen in l
T_1 Temperatur in K	T_2 Temperatur in K

Beispiel: Zyl.-Hubraum 245 cm³; Verd.-Raum 38 cm³; Ansaugtemp. 90 °C; Verd.-Endtemperatur 460 °C; abs. Druck bei Beginn des Verdichtens 1 bar; Verdichtungsenddruck p_e = ? bar

Lösung: $p_2 = \frac{p_1 \cdot V_1 \cdot T_2}{V_2 \cdot T_1} = \frac{1\ \text{bar} \cdot 0{,}283\ \text{l} \cdot 733\ \text{K}}{0{,}038\ \text{l} \cdot 363\ \text{K}} = 15\ \text{bar}$

$\boldsymbol{p_e} = p_2 - p_{amb} = 15\ \text{bar} - 1\ \text{bar} = \mathbf{14\ bar}$

$$\frac{p_1 \cdot V_1}{T_1} = \frac{p_2 \cdot V_2}{T_2}$$

$$p_2 = \frac{p_1 \cdot V_1 \cdot T_2}{V_2 \cdot T_1}$$

$$T_2 = \frac{p_2 \cdot V_2 \cdot T_1}{p_1 \cdot V_1}$$

$$V_2 = \frac{p_1 \cdot V_1 \cdot T_2}{p_2 \cdot T_1}$$

Druck und Volumen bei gleichbleibender Temperatur

$T_1 = T_2$
$p_1 < p_2$
$V_1 > V_2$

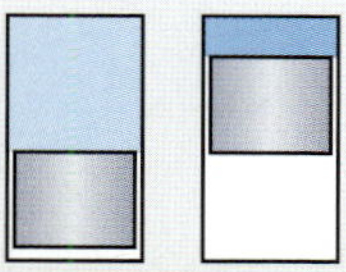

p_1, p_2 absolute Drücke in bar
V_1, V_2 Volumen in l

Beispiel: In einem Luftbehälter von 200 l Inhalt beträgt der Überdruck 15 bar. Wie viel l Luft bei atmosphärischem Druck von 1 bar sind das?

Lösung: $\boldsymbol{V_1} = \frac{p_2 \cdot V_2}{p_1} = \frac{16\ \text{bar} \cdot 200\ \text{l}}{1\ \text{bar}} = \mathbf{3200\ l}$

$$p_1 \cdot V_1 = p_2 \cdot V_2$$

$$p_2 = \frac{p_1 \cdot V_1}{V_2}$$

$$V_2 = \frac{p_1 \cdot V_1}{p_2}$$

Temperatur und Volumen bei gleichbleibendem Druck

$p_1 = p_2$
$V_1 < V_2$
$T_1 < T_2$

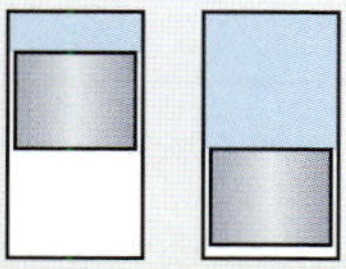

V_1, V_2 Volumen vor bzw. nach Erwärmung in l
T_1, T_2 Temperatur vor bzw. nach Erwärmung in K

Beispiel: 2 l Luft bei 20 °C nehmen nach Wärmezufuhr 6 l ein. Welche Temperatur hat die Luft angenommen?

Lösung: $\boldsymbol{T_2} = \frac{V_2 \cdot T_1}{V_1} = \frac{6\ \text{l} \cdot 293\ \text{K}}{2\ \text{l}} = 879\ \text{K} = \mathbf{606\ °C}$

$$\frac{V_1}{V_2} = \frac{T_1}{T_2}$$

$$T_2 = \frac{V_2 \cdot T_1}{V_1}$$

$$V_2 = \frac{V_1 \cdot T_2}{T_1}$$

Temperatur und Druck bei gleichbleibendem Volumen

$V_1 = V_2$
$T_1 < T_2$
$p_1 < p_2$

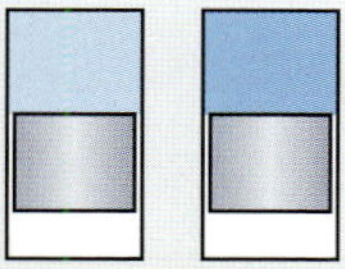

p_1, p_2 Gasdruck vor bzw. nach Erwärmung in bar
T_1, T_2 Temperatur vor bzw. nach Erwärmung in K

Beispiel: Luftbehälter: t_1 = 10 °C; t_2 = 200 °C; p_1 = 4 bar; p_2 = ? bar

Lösung: $\boldsymbol{p_2} = \frac{p_1 \cdot T_2}{T_1} = \frac{4\ \text{bar} \cdot 473\ \text{K}}{283\ \text{K}} = \mathbf{6{,}7\ bar}$

$$\frac{p_1}{p_2} = \frac{T_1}{T_2}$$

$$p_2 = \frac{p_1 \cdot T_2}{T_1}$$

$$T_2 = \frac{T_1 \cdot p_2}{p_1}$$

Gasentnahme aus Gasflaschen (Näherungsformel)

Voraussetzung: Die Temperatur der Gasflasche bleibt während der Gasentnahme gleich; der Atmosphärendruck beträgt ≈ 1000 hPa.

V Gasentnahme in l
V_{Beh} Behältervolumen in l
Δp Druckabfall in bar

Beispiel: In einer 40-Liter Gasflasche fällt der Flaschendruck von 120 bar auf 112 bar ab. Wie viel l Gas wurden entnommen?

Lösung: $\boldsymbol{V} = \Delta p \cdot V_{Beh} = 8 \cdot 40 = \mathbf{320\ l}$

$$V = \Delta p \cdot V_{Beh}$$

$$\Delta p = \frac{V}{V_{Beh}}$$

M

Temperatureinheiten

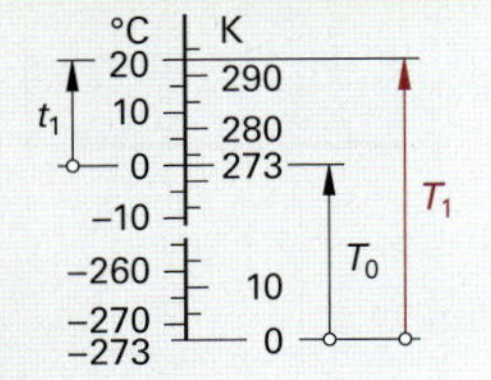

Temperaturdifferenz

$1\ K = 1\ °C$

t, t_1, t_2 Temperaturen in °C
T, T_1, T_2 Temperaturen in K
T_0 Schmelztemperatur des Eises = 273 K = 0 °C
Δt Temperaturdifferenz in °C
ΔT Temperaturdifferenz in K

Beispiel: $t_1 = 20\ °C$; $t_2 = 150\ °C$; $T_1 = ?\ K$; $\Delta T = ?\ K$

Lösung: $\boldsymbol{T_1} = T_0 + t_1 = 273\ K + 20\ °C = 273\ K + 20\ K = \mathbf{293\ K}$

$\boldsymbol{\Delta T} = \Delta t = t_2 - t_1 = 150\ °C - 20\ °C = 130\ °C = \mathbf{130\ K}$

$$T = t + T_0$$

$$\Delta t = t_2 - t_1$$

$$\Delta t = \Delta T$$

$$\Delta T = T_2 - T_1$$

Längenausdehnung

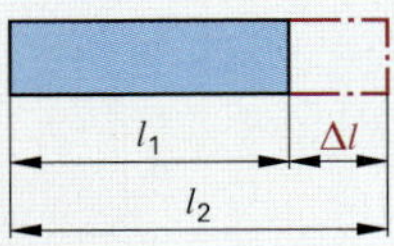

l_1 Länge vor Erwärmung in m
l_2 Länge nach Erwärmung in m
Δl Längendifferenz in m
ΔT Temperaturdifferenz in K
α Längenausdehnungszahl in 1/K

Beispiel: Stahlstab: $l_1 = 0{,}3\ m$; $t_1 = 20\ °C$; $t_2 = 400\ °C$; $\alpha = 0{,}000011\ 1/K$; $\Delta l = ?\ m$

Lösung: $\boldsymbol{\Delta l} = l_1 \cdot \alpha \cdot \Delta T = 0{,}3\ m \cdot 0{,}000011\ 1/K \cdot 380\ K = \mathbf{0{,}0013\ m}$

$$\Delta l = l_1 \cdot \alpha \cdot \Delta T$$

$$\Delta T = \frac{\Delta l}{l_1 \cdot \alpha}$$

$$l_2 = l_1 + \Delta l$$

$$l_2 = l_1 \cdot (1 + \alpha \cdot \Delta T)$$

$$l_1 = \frac{l_2}{1 + \alpha \cdot \Delta T}$$

Raumausdehnung fester und flüssiger Stoffe

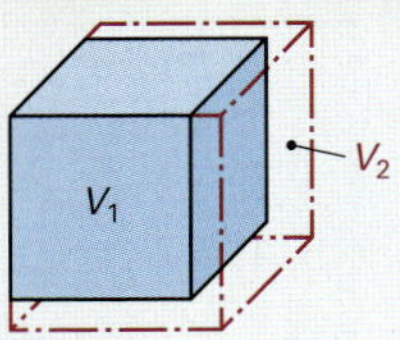

Raumausdehnungszahl für feste Stoffe

$\gamma \approx 3 \cdot \alpha$

V_1 Rauminhalt vor Erwärmung in dm^3
V_2 Rauminhalt nach Erwärmung in dm^3
ΔV Raumdifferenz in dm^3
ΔT Temperaturdifferenz in K
γ Raumausdehnungszahl in 1/K

Beispiel: 1,5 dm^3 Wasser werden von 10 °C auf 90 °C erwärmt; $\gamma = 0{,}00018\ 1/K$; $V_2 = ?\ dm^3$

Lösung: $\boldsymbol{V_2} = V_1 \cdot (1 + \gamma \cdot \Delta T) = 1{,}5\ dm^3 \cdot (1 + 0{,}00018\ 1/K \cdot 80\ K) = \mathbf{1{,}5216\ dm^3}$

$$\Delta V = V_1 \cdot \gamma \cdot \Delta T$$

$$\Delta T = \frac{\Delta V}{V_1 \cdot \gamma}$$

$$V_2 = V_1 + \Delta V$$

$$V_2 = V_1 \cdot (1 + \gamma \cdot \Delta T)$$

$$V_1 = \frac{V_2}{1 + \gamma \cdot \Delta T}$$

Raumausdehnung gasförmiger Stoffe

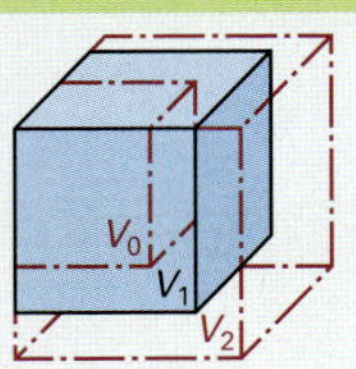

Raumausdehnungszahl für Gase

$\gamma = \frac{1}{273} \frac{1}{K}$

V_0 Rauminhalt bei 0 °C in dm^3
V_1 Rauminhalt vor Erwärmung in dm^3
V_2 Rauminhalt nach Erwärmung in dm^3
ΔT Temperaturdifferenz in K
γ Raumausdehnungszahl in 1/K

Beispiel: 2 dm^3 Luft werden von 20 °C auf 100 °C erwärmt; $V_2 = ?\ dm^3$

Lösung: $V_0 = \frac{V_1}{1 + \gamma \cdot \Delta T_1} = \frac{2\ dm^3}{1 + 1/273\ 1/K \cdot 20\ K} = 1{,}86\ dm^3$

$\boldsymbol{V_2} = V_0 \cdot (1 + \gamma \cdot \Delta T_2) = 1{,}86\ dm^3 \cdot (1 + 1/273\ 1/K \cdot 100\ K) = \mathbf{2{,}54\ dm^3}$

$$V_0 = \frac{V_1}{1 + \gamma \cdot \Delta T}$$

$$\Delta T_1 = T_1 - T_0$$

$$T_0 = 273\ K$$

$$V_2 = V_0 \cdot (1 + \gamma \cdot \Delta T_2)$$

$$\Delta T_2 = T_2 - T_0$$

$$T_0 = 273\ K$$

M

Verbrennungswärme, spezifischer Heizwert

Flüssige Brennstoffe	H_u MJ/kg
Spiritus	26,8
Benzol	40,5
Superbenzin	43,5
Diesel	42,5
Heizöl	42,5

Gasförmige Brennstoffe	H_u MJ/kg
Erdgas	47,7
Acetylen	48,1
Propan	46,3
Butan	45,6

Unter dem **spezifischen Heizwert H_u** eines Stoffes versteht man die bei der vollständigen Verbrennung von 1 kg des Stoffes frei werdende Wärmemenge.

Q Verbrennungswärme in kJ
H_u spezifischer Heizwert in kJ/kg
m Masse fester und flüssiger Brennstoffe in kg
V_B Volumen des Brennstoffs in dm^3
ϱ_B Dichte des Brennstoffs in kg/dm^3

Beispiel: $V = 2{,}7\ l$; $\varrho = 0{,}75\ kg/dm^3$; $H_u = 43\,500\ kJ/kg$; $Q = ?$

Lösung: $\mathbf{Q} = V \cdot \varrho \cdot H_u =$
$= 2{,}7\ dm^3 \cdot 0{,}75\ kg/dm^3 \cdot 43\,500\ kJ/kg =$
$= \mathbf{88\,088\ kJ = 88{,}1\ MJ}$

$$Q = m \cdot H_u$$

$$m = \frac{Q}{H_u} \qquad H_u = \frac{Q}{m}$$

$$Q = V_B \cdot \varrho_B \cdot H_u$$

$$V_B = \frac{Q}{\varrho_B \cdot H_u} \qquad H_u = \frac{Q}{V_B \cdot \varrho_B}$$

Wärmeaufnahme, Wärmeabgabe bei Temperaturänderung

Beispiel:
$m = 3\ kg$;
$c = 0{,}48\ kJ/kgK$;
$\Delta T = 800\ °C$; $Q = ?$

Lösung:
$\mathbf{Q} = c \cdot m \cdot \Delta T$
$= 0{,}48\ \frac{kJ}{kgK} \cdot 3\ kg \cdot 800\ °C$
$= \mathbf{1152\ kJ}$

Die **spezifische Wärmekapazität c** gibt an, wie viel Wärme nötig ist, um 1 kg eines Stoffes um 1 °C (1 K) zu erwärmen. Bei Abkühlung wird die gleiche Wärmemenge wieder frei.

c spezifische Wärmemenge in kJ/kgK
Q Wärmemenge in kJ
ΔT Temperaturänderung in K
m Masse in kg
V Volumen des erwärmten Stoffes in dm^3
ϱ Dichte des erwärmten Stoffes in kg/dm^3

$$Q = m \cdot c \cdot \Delta T$$

$$\Delta T = \frac{Q}{m \cdot c}; \quad m = \frac{Q}{c \cdot \Delta T}$$

$$Q = \varrho \cdot V \cdot c \cdot \Delta T$$

Wärmeaufnahme, Wärmeabgabe bei Zustandsänderung

Beispiel:
$m = 5$ kg Eis zu Wasser
$q_S = 333\ kJ/kg$
$Q_S = ?$

Lösung:
$\mathbf{Q_S} = m \cdot q_S$
$= 5\ kg \cdot 333\ kJ/kg$
$= \mathbf{1665\ kJ}$

Die spezifische Schmelzwärme q_s bzw. Verdampfungswärme q_V ist die Wämemenge in kJ, die einem Stoff von 1 kg zugeführt werden muss, um ihn vom festen in den flüssigen bzw. vom flüssigen in den dampfförmigen Zustand zu bringen. Bei umgekehrtem Vorgang wird die Wärme wieder frei.

Q_S Schmelzwärme in kJ
Q_V Verdampfungwärme in kJ
q_S spezifische Schmelzwärme in kJ/kg
q_V spezifische Verdampfungwärme in kJ/kg

$$Q_S = m \cdot q_S$$

$$Q_V = m \cdot q_V$$

Wärmeübertragung

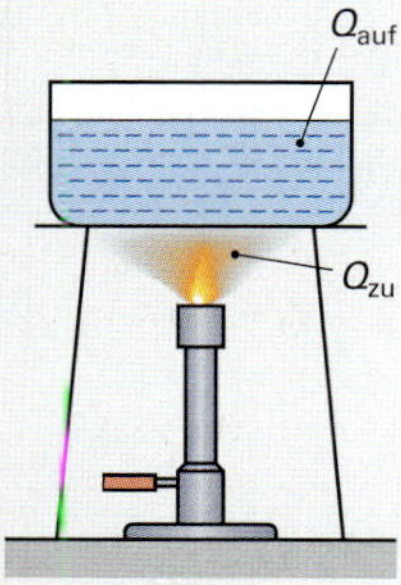

η_{th} thermischer Wirkungsgrad
Q_{auf} aufgenommene Wärmeenergie in kJ
Q_{zu} zugeführte Wärmeenergie in kJ
m_B Masse des Brennstoffs in kg
V_B Volumen des Brennstoffs in dm^3
ϱ_B Dichte des Brennstoffs in kg/dm^3

Beispiel: 100 g Superbenzin ($\varrho = 0{,}75\ kg/dm^3$; $H_u = 43\,500\ kJ/kg$) werden verbrannt und heizen 6,7 l Wasser auf ($\eta_{th} = 0{,}3$; $c_{Wasser} = 4{,}18\ kJ/kgK$; $\varrho_{Wasser} = 1\ kg/dm^3$); $\Delta T = ?$

Lösung: $\mathbf{\Delta T} = \frac{\eta_{th} \cdot m_B \cdot H_u}{c \cdot V \cdot \varrho_{Wasser}} =$

$$= \frac{0{,}3 \cdot 0{,}1\ kg \cdot 43\,500\ kJ/kg}{4{,}18\ kJ/kgK \cdot 6{,}7\ dm^3 \cdot 1\ kg/dm^3} = \mathbf{46{,}6\ K}$$

$$\eta_{th} = \frac{Q_{auf}}{Q_{zu}}$$

$$\eta_{th} = \frac{m \cdot c \cdot \Delta T}{m_B \cdot H_u}$$

$$\eta_{th} = \frac{V \cdot \varrho \cdot c \cdot \Delta T}{V_B \cdot \varrho_B \cdot H_u}$$

M

Einfache Übersetzung

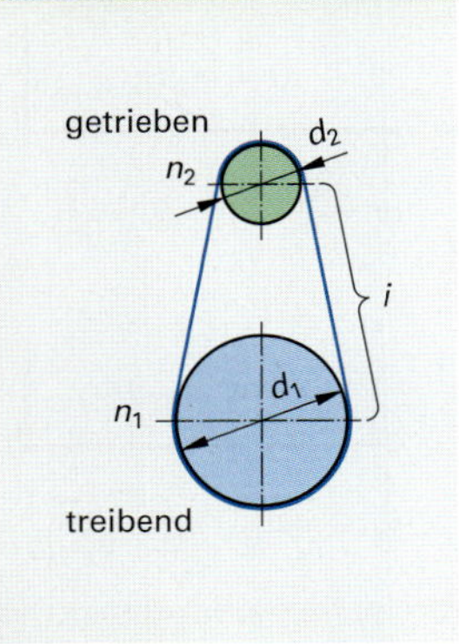

n_1 Drehzahl der treibenden Scheibe in 1/min
d_1 Durchmesser der treibenden Scheibe in mm
n_2 Drehzahl der getriebenen Scheibe in 1/min
d_2 Durchmesser der getriebenen Scheibe in mm
i Übersetzung
M_1 Drehmoment der treibenden Scheibe in Nm
M_2 Drehmoment der getriebenen Scheibe in Nm

$$n_1 \cdot d_1 = n_2 \cdot d_2$$

$n_1 = \frac{n_2 \cdot d_2}{d_1}$; $n_2 = \frac{n_1 \cdot d_1}{d_2}$

$d_1 = \frac{n_2 \cdot d_2}{n_1}$; $d_2 = \frac{n_1 \cdot d_1}{n_2}$

Beispiel 1: n_1 = 1400 1/min; n_2 = 2800 1/min
d_1 = 500 mm; i = ?; d_2 = ? mm

Lösung: $\boldsymbol{i} = \frac{n_1}{n_2} = \frac{1400\ 1/\text{min}}{2800\ 1/\text{min}} = \frac{1}{2} = \mathbf{0{,}5}$

$\boldsymbol{d_2} = i \cdot d_1 = \frac{1}{2} \cdot 500\ \text{mm} = \mathbf{250\ mm}$

$$i = \frac{n_1}{n_2}$$

$n_1 = i \cdot n_2$; $n_2 = \frac{n_1}{i}$

$$i = \frac{d_2}{d_1}$$

$d_1 = \frac{d_2}{i}$; $d_2 = i \cdot d_1$

$i > 1$ Übersetzung ins Langsame
$i = 1$ direkte Übersetzung
$i < 1$ Übersetzung ins Schnelle

Beispiel 2: M_1 = 400 Nm; i = 3; M_2 = ? Nm

Lösung: $\boldsymbol{M_2} = i \cdot M_1$
$= 3 \cdot 400$ Nm
$=$ **1200 Nm**

$$i = \frac{M_2}{M_1}$$

$M_2 = i \cdot M_1$; $M_1 = \frac{M_2}{i}$

Schlupf und Verluste sind nicht berücksichtigt.

Doppelte Übersetzung, mehrfache Übersetzung

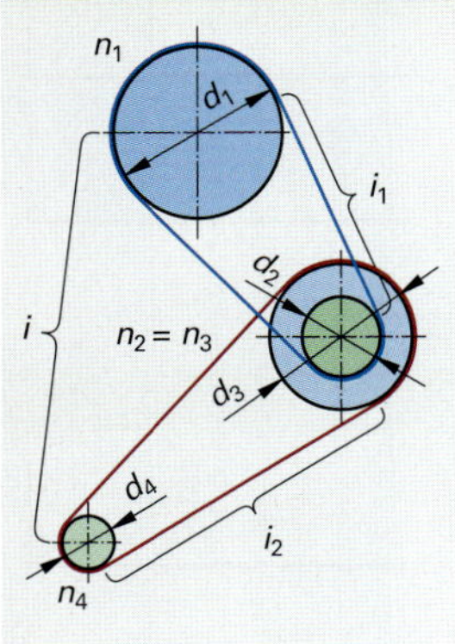

i_{ges} Gesamtübersetzung
i_1, i_2, i_3 ... Einzelübersetzungen
n_1 Drehzahl der ersten treibenden Scheibe in 1/min
n_4 Drehzahl der letzten getriebenen Scheibe in 1/min
d_1, d_3 Durchmesser der treibenden Scheiben in mm
d_2, d_4 Durchmesser der getriebenen Scheiben in mm

$$i_{ges} = \frac{n_1}{n_4}$$

$n_1 = i_{ges} \cdot n_4$; $n_4 = \frac{n_1}{i_{ges}}$

$$i_{ges} = i_1 \cdot i_2$$

$i_1 = \frac{i_{ges}}{i_2}$; $i_2 = \frac{i_{ges}}{i_1}$

$$i_{ges} = \frac{d_2}{d_1} \cdot \frac{d_4}{d_3}$$

$i_1 = \frac{d_2}{d_1}$; $i_2 = \frac{d_4}{d_3}$

$d_1 = \frac{d_2}{i_1}$; $d_2 = i_1 \cdot d_1$

$d_3 = \frac{d_4}{i_2}$; $d_4 = i_2 \cdot d_3$

Beispiel: n_1 = 1400 1/min; n_4 = 140 1/min
d_1 = 125 mm; d_3 = 150 mm;
i_2 = 2,5; i_{ges} = ?; i_1 = ?;
d_2 = ? mm; d_4 = ? mm

Lösung: $\boldsymbol{i_{ges}} = \frac{n_1}{n_4} = \frac{1400\ 1/\text{min}}{140\ 1/\text{min}} = \frac{10}{1} = \mathbf{10}$

$\boldsymbol{i_1} = \frac{i_{ges}}{i_2} = \frac{10}{2{,}5} = \mathbf{4}$

$\boldsymbol{d_2} = i_1 \cdot d_1 = 4 \cdot 125\ \text{mm} = \mathbf{500\ mm}$

$\boldsymbol{d_4} = i_2 \cdot d_3 = 2{,}5 \cdot 150\ \text{mm} =$
$=$ **375 mm**

Indizes
1, 3, 5, ... treibend
2, 4, 6, ... getrieben

Allgemein gilt für mehrfache Übersetzungen:

$$i_{ges} = i_1 \cdot i_2 \cdot i_3 \cdot \ldots$$

M

Einfache Übersetzung

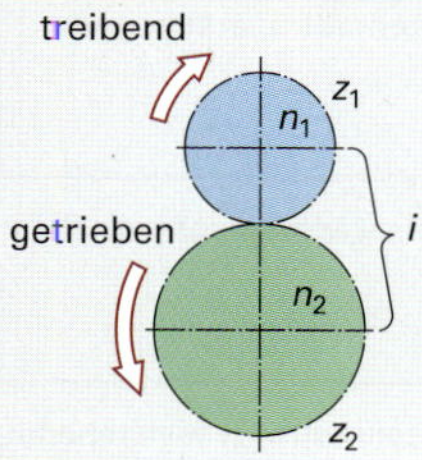

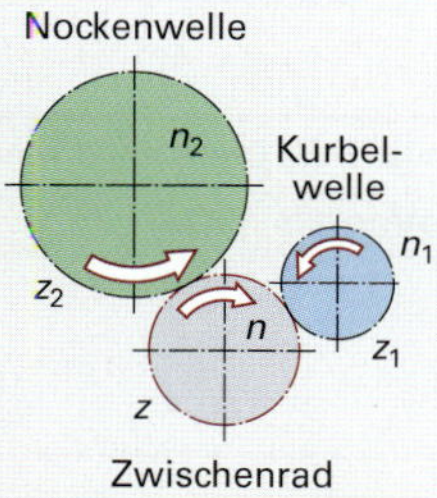

n_1 Drehzahl des treibenden Rades in 1/min
z_1 Zähnezahl des treibenden Rades
n_2 Drehzahl des getriebenen Rades in 1/min
z_2 Zähnezahl des getriebenen Rades
i Übersetzung
M_1 Drehmoment des treibenden Rades in Nm
M_2 Drehmoment des getriebenen Rades in Nm

Beispiel: $n_1 = 3000$ 1/min; $n_2 = 1500$ 1/min; $z_1 = 28$; $M_1 = 200$ Nm; $i = ?$; $z_2 = ?$; $M_2 = ?$ Nm

Lösung: $\boldsymbol{i} = \frac{n_1}{n_2} = \frac{3000\ 1/\text{min}}{1500\ 1/\text{min}} = \frac{2}{1} = \mathbf{2}$

$\boldsymbol{z_2} = i \cdot z_1 = 2 \cdot 28 = \mathbf{56}$

$\boldsymbol{M_2} = i \cdot M_1 = 2 \cdot 200\ \text{Nm} = \mathbf{400\ Nm}$

Zwischenrad. Es hat auf die Übersetzung keinen Einfluss, ändert jedoch den Drehsinn des getriebenen Rades. Es überbrückt Achsabstände.

Schlupf und Verluste sind nicht berücksichtigt.

$$n_1 \cdot z_1 = n_2 \cdot z_2$$

$$n_1 = \frac{n_2 \cdot z_2}{z_1}; \quad n_2 = \frac{n_1 \cdot z_1}{z_2}$$

$$z_1 = \frac{n_2 \cdot z_2}{n_1}; \quad z_2 = \frac{n_1 \cdot z_1}{n_2}$$

$$i = \frac{n_1}{n_2}$$

$$i = \frac{z_2}{z_1}$$

$$i = \frac{M_2}{M_1}$$

Doppelte Übersetzung, mehrfache Übersetzung

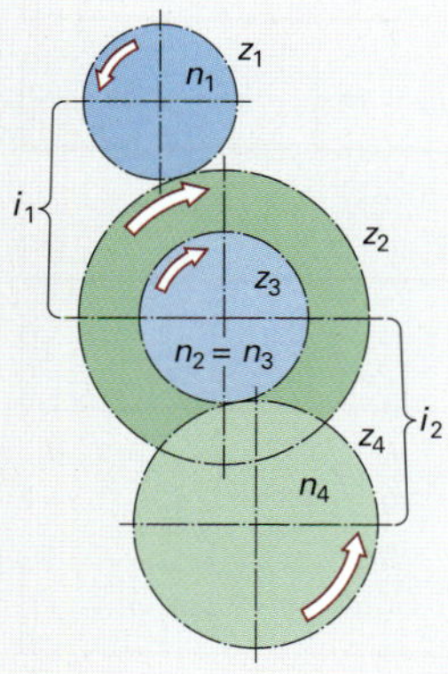

i_{ges} Gesamtübersetzung
i_1, i_2, i_3 ... Einzelübersetzungen
n_1 Drehzahl des ersten treibenden Rades in 1/min
n_4 Drehzahl des letzten getriebenen Rades in 1/min
z_1, z_3 Zähnezahlen der treibenden Räder
z_2, z_4 Zähnezahlen der getriebenen Räder

Beispiel: $n_1 = 1200$ 1/min; $z_1 = 25$; $i_2 = 3$; $z_3 = 20$; $n_4 = 200$ 1/min; $i_{ges} = ?$; $i_1 = ?$; $z_2 = ?$; $z_4 = ?$

Lösung: $\boldsymbol{i_{ges}} = \frac{n_1}{n_4} = \frac{1200\ 1/\text{min}}{200\ 1/\text{min}} = \frac{6}{1} = \mathbf{6}$

$\boldsymbol{i_1} = \frac{i_{ges}}{i_2} = \frac{6}{3} = \frac{2}{1} = \mathbf{2}$

$\boldsymbol{z_2} = i_1 \cdot z_1 = 2 \cdot 25 = \mathbf{50}$

$\boldsymbol{z_4} = i_2 \cdot z_3 = 3 \cdot 20 = \mathbf{60}$

$$i_{ges} = i_1 \cdot i_2$$

$$i_{ges} = \frac{n_1}{n_4}$$

$$i_{ges} = \frac{z_2}{z_1} \cdot \frac{z_4}{z_3}$$

$$i_1 = \frac{z_2}{z_1} \qquad i_2 = \frac{z_4}{z_3}$$

$$z_1 = \frac{z_2}{i_1} \qquad z_3 = \frac{z_4}{i_2}$$

$$z_2 = i_1 \cdot z_1 \qquad z_4 = i_2 \cdot z_3$$

$$i_{ges} = i_1 \cdot i_2 \cdot i_3 \ldots$$

Schneckentrieb

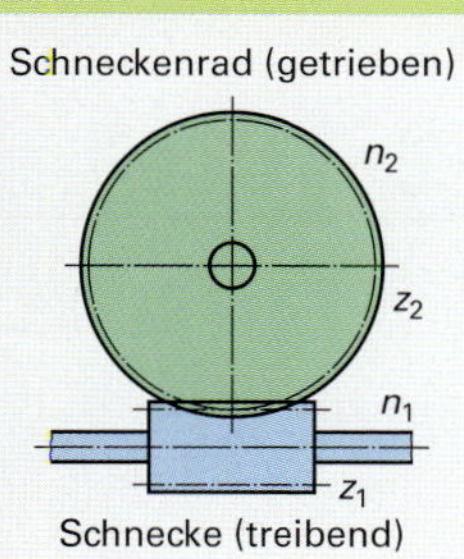

n_1 Drehzahl der Schnecke in 1/min
z_1 Zähnezahl der Schnecke (Gängigkeit)
n_2 Drehzahl des Schneckenrades in 1/min
z_2 Zähnezahl des Schneckenrades
i Übersetzungsverhältnis

Beispiel: $n_1 = 1400$ 1/min; $z_1 = 2$; $n_2 = 50$ 1/min; $i = ?$; $z_2 = ?$

Lösung: $\boldsymbol{i} = \frac{n_1}{n_2} = \frac{1400\ 1/\text{min}}{50\ 1/\text{min}} = \frac{28}{1} = \mathbf{28}$

$\boldsymbol{z_2} = i \cdot z_1 = 28 \cdot 2 = \mathbf{56}$

$$n_1 \cdot z_1 = n_2 \cdot z_2$$

$$i = \frac{n_1}{n_2}$$

$$i = \frac{z_2}{z_1}$$

M

Einfaches Planetengetriebe

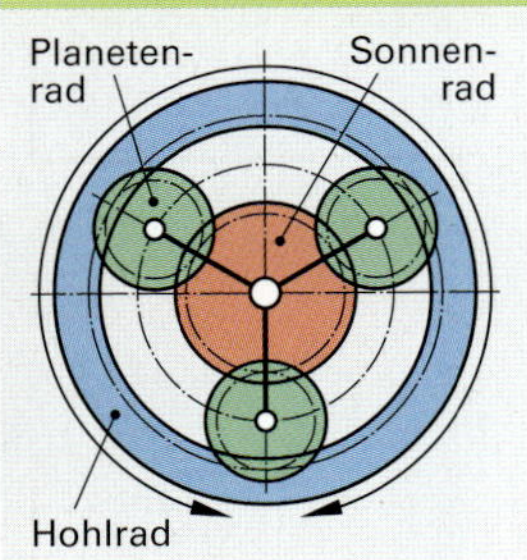

Sind zwei Getriebeteile verblockt, so ist $i = 1{,}0$

i Übersetzung
z_0 Zähnezahl des feststehenden Rades
z_1 Zähnezahl des treibenden Rades
z_2 Zähnezahl des getriebenen Rades

Beispiel:
Sonnenrad mit 50 Zähnen ist treibend, der Planetenradträger ist getrieben, das Hohlrad mit 100 Zähnen ist fest. Wie groß ist die Übersetzung?

Lösung: $\mathbf{i} = \frac{z_1 + z_0}{z_1} = \frac{50 + 100}{50} = \mathbf{3{,}0}$

Planetenradträger treibend:

$$i = \frac{z_2}{z_2 + z_0}$$

Planetenradträger angetrieben:

$$i = \frac{z_1 + z_0}{z_1}$$

Planetenradträger feststehend:

$$i = -\frac{z_2}{z_1}$$

Minus (–) für Drehsinnumkehr

Zahnradberechnungen für Geradzahn-Stirnräder mit Durchmesser-Teilung

Zahnradabmessungen, Achsabstand

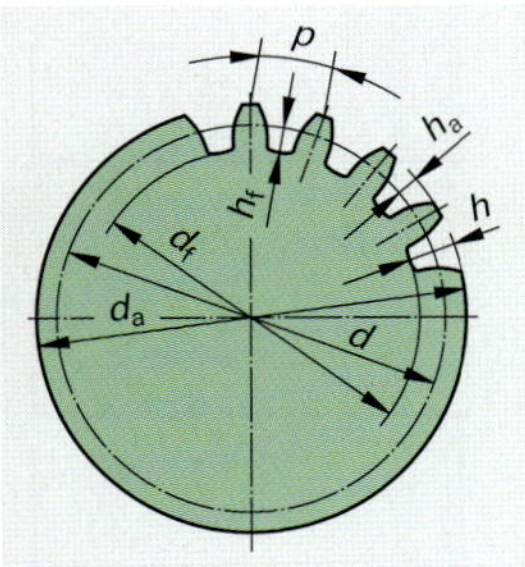

Als Modul bezeichnet man die Zahl, die mit π vervielfacht wird, um die Teilung zu erhalten. Um für die Durchmesser endliche Werte zu erhalten, nimmt man die Teilung als ein Vielfaches von π.

m Modul in mm
p Teilung in mm (gemessen auf dem Teilkreis)
d Teilkreisdurchmesser in mm
d_a Kopfkreisdurchmesser in mm
d_f Fußkreisdurchmesser in mm
h Zahnhöhe in mm
h_a Zahnkopfhöhe in mm
h_f Zahnfußhöhe in mm
b Zahnbreite in mm ($6 \cdot m \ldots 12 \cdot m$)
z Zähnezahl

$$p = \pi \cdot m$$

$$d = z \cdot m$$

$$h = h_a + h_f$$

$$h_a = m \qquad h_f = 1{,}167 \cdot m$$

$$h = 2{,}167 \cdot m$$

$$d_a = (z + 2) \cdot m$$

$$z = \frac{d_a}{m} - 2 \qquad m = \frac{d_a}{z + 2}$$

$$d_f = d - 2{,}334 \cdot m$$

$$a = \frac{d_1 + d_2}{2}$$

$$d_1 = 2 \cdot a - d_2$$

Modulreihe vgl. DIN 780
m in mm

0,2	
0,25	2,5
0,3	3
0,4	4
0,5	5
0,6	6
0,7	
0,8	8
0,9	
1	10
1,25	12
1,5	16
2	20

Beispiel:
Berechnungen der Zahnradabmessungen für $z = 25$; $m = 3$ mm

Lösung:
$\mathbf{p} = m \cdot \pi = 3 \cdot \pi \approx \mathbf{9{,}42\ mm}$
$\mathbf{d} = z \cdot m = 25 \cdot 3 = \mathbf{75\ mm}$
$\mathbf{d_a} = (z + 2) \cdot m = (25 + 2) \cdot 3 = 27 \cdot 3 = \mathbf{81\ mm}$
$\mathbf{d_f} = d - 2{,}334 \cdot m = 75 - 2{,}334 \cdot 3 = \mathbf{67{,}998\ mm}$
$\mathbf{h_a} = m = \mathbf{3\ mm}$
$\mathbf{h_f} = 1{,}167 \cdot m = 1{,}167 \cdot 3 = \mathbf{3{,}501\ mm}$
$\mathbf{h} = h_a + h_f = 3 + 3{,}501 = \mathbf{6{,}501\ mm}$

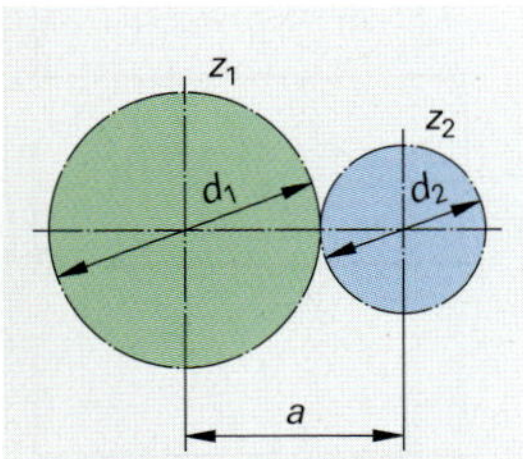

a Achsabstand in mm
d_1, d_2 Teilkreisdurchmesser in mm
z_1, z_2 Zähnezahlen
m Modul in mm
i Übersetzungsverhältnis

Beispiel:
$z_1 = 75$; $z_2 = 50$; $m = 3$ mm; $a = ?$ mm

Lösung:
$\mathbf{a} = \frac{z_1 + z_2}{2} \cdot m = \frac{75 + 50}{2} \cdot 3 = \mathbf{187{,}5\ mm}$

$$a = \frac{z_1 + z_2}{2} \cdot m$$

$$m = \frac{2 \cdot a}{z_1 + z_2}$$

$$z_1 = \frac{2 \cdot a}{m} - z_2$$

M

Hubraum

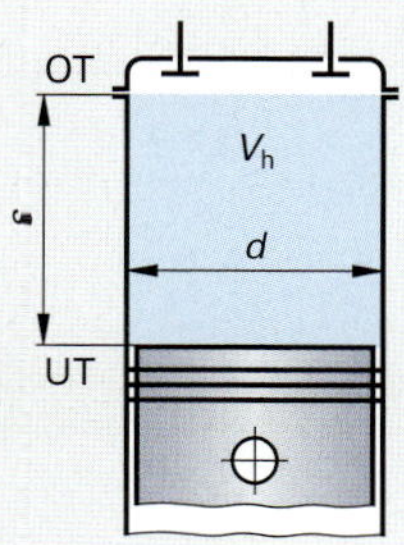

d	Zylinderdurchmesser in cm
s	Hub in cm
V_h	Zylinderhubraum in cm^3
z	Zylinderanzahl
V_H	Gesamthubraum in cm^3
A	Zylinderquerschnittsfläche in cm^2

Beispiel: d = 84 mm; s = 80 mm; V_h = ?

Lösung: $\mathbf{V_h} = \frac{\pi \cdot d^2}{4} \cdot s = \frac{\pi \cdot (8{,}4\ cm)^2}{4} \cdot 8\ cm =$

$= \mathbf{443{,}3\ cm^3}$

$$V_h = A \cdot s$$

$$V_h = \frac{\pi \cdot d^2}{4} \cdot s$$

$$d = \sqrt{\frac{4 \cdot V_h}{\pi \cdot s}} \qquad s = \frac{4 \cdot V_h}{\pi \cdot d^2}$$

$$V_H = V_h \cdot z$$

$$V_h = \frac{V_H}{z} \qquad z = \frac{V_H}{V_h}$$

Verdichtungsverhältnis

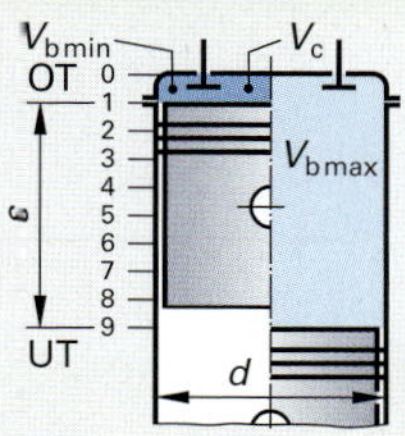

Motorart	ε
Ottomotoren	7 … 12
Dieselmotoren	14 … 25

ε	Verdichtungsverhältnis
V_c	Verdichtungsraum in cm^3
V_h	Zylinderhubraum in cm^3
V_b	Verbrennungsraum in cm^3
$V_{b\,max}$	Größtwert des Verbrennungsraumes in cm^3 (Kolben in UT)
$V_{b\,min}$	Kleinstwert des Verbrennungsraumes in cm^3 (Kolben in OT)

Beispiel: V_h = 320 cm^3; V_c = 40 cm^3; ε = ?

Lösung: $\boldsymbol{\varepsilon} = \frac{V_h + V_c}{V_c} = \frac{320\ cm^3 + 40\ cm^3}{40\ cm^3} = \mathbf{9}$

$$\varepsilon = \frac{V_{b\,max}}{V_{b\,min}}$$

$$V_{b\,max} = V_h + V_c \qquad V_{b\,min} = V_c$$

$$\varepsilon = \frac{V_h + V_c}{V_c}$$

$$V_h = V_c \cdot (\varepsilon - 1) \qquad V_c = \frac{V_h}{\varepsilon - 1}$$

Verdichtungsänderung

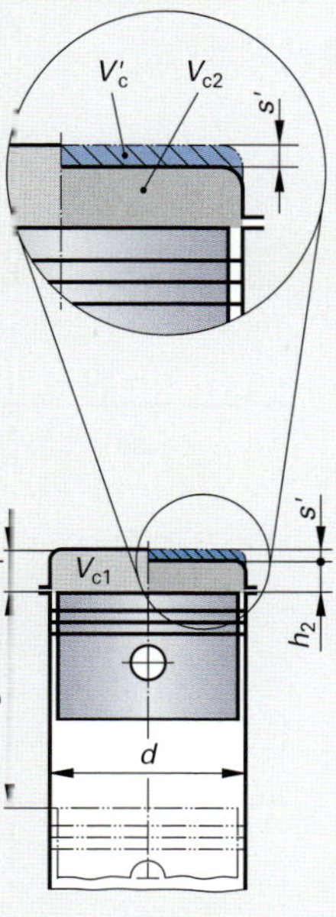

V_{c1}	Verdichtungsraum in cm^3 vor der Verdichtungsänderung
V_{c2}	Verdichtungsraum in cm^3 nach der Verdichtungsänderung
ε_1	Verdichtungsverhältnis vor der Änderung
ε_2	Verdichtungsverhältnis nach der Änderung
V'_c	Volumenänderung des Verdichtungsraumes in cm^3 (Zu- oder Abnahme)
s'	Änderung der Höhe des Verdichtungsraumes in cm
s	Hub in cm
A	Zylinderquerschnittsfläche in cm^2

Beispiel: ε_1 = 8,7; ε_2 = 9,3; s = 80 mm; s' = ?

Lösung: $\mathbf{s'} = \frac{s}{\varepsilon_1 - 1} - \frac{s}{\varepsilon_2 - 1} =$

$= \frac{8\ cm}{8{,}7 - 1} - \frac{8\ cm}{9{,}3 - 1} =$

$= 0{,}075\ cm = \mathbf{0{,}75\ mm}$

$$V'_c = A \cdot s'$$

$$\varepsilon_2 = \frac{V_h + V_{c2}}{V_{c2}}$$

Verdichtungserhöhung

$$V_{c2} = V_{c1} - V'_c$$

$$s' = \frac{V_{c1} - V_{c2}}{A}$$

$$s' = \frac{s}{\varepsilon_1 - 1} - \frac{s}{\varepsilon_2 - 1}$$

$$\varepsilon_2 = \frac{s \cdot (\varepsilon_1 - 1)}{s - s' \cdot (\varepsilon_1 - 1)} + 1$$

Verdichtungsverringerung

$$V_{c2} = V_{c1} + V'_c$$

$$s' = \frac{V_{c2} - V_{c1}}{A}$$

$$s' = \frac{s}{\varepsilon_2 - 1} - \frac{s}{\varepsilon_1 - 1}$$

$$\varepsilon_2 = \frac{s \cdot (\varepsilon_1 - 1)}{s + s' \cdot (\varepsilon_1 - 1)} + 1$$

M

Hubverhältnis

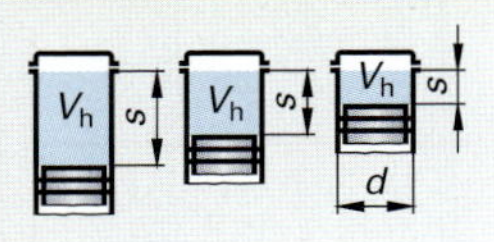

k Hubverhältnis
s Hub in mm
d Zylinderdurchmesser in mm

$$k = \frac{s}{d}$$

$$s = k \cdot d$$

$$d = \frac{s}{k}$$

Motorart	k
Ottomotoren	0,7...1,2
Dieselmotoren	0,8...1,3

$s > d$	Langhuber	$k > 1$
$s = d$	Quadrathuber	$k = 1$
$s < d$	Kurzhuber	$k < 1$

Pleuelstangenverhältnis

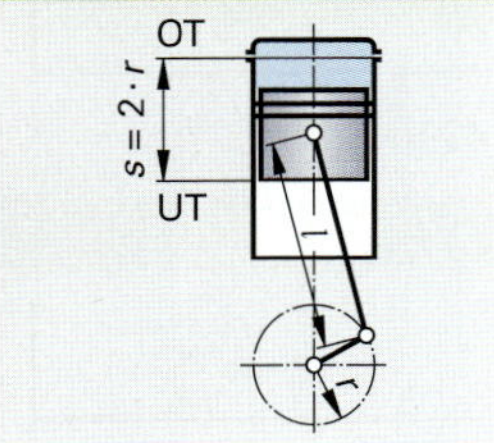

Motorart	λ_{Pl}
Ottomotoren	0,21...0,31
Dieselmotoren	0,22...0,33

λ_{Pl} Pleuelstangenverhältnis
s Hub in mm
l Pleuelstangenlänge in mm
r Kurbelradius in mm

Beispiel: $s = 80$ mm; $l = 125$ mm;
$\lambda_{Pl} = ?$

Lösung: $r = \frac{s}{2} = \frac{80 \text{ mm}}{2} = 40 \text{ mm}$

$$\boldsymbol{\lambda_{Pl}} = \frac{r}{l} = \frac{40 \text{ mm}}{125 \text{ mm}} = \mathbf{0{,}32}$$

$$\lambda_{Pl} = \frac{r}{l}$$

$$r = \lambda_{Pl} \cdot l$$

$$l = \frac{r}{\lambda_{Pl}}$$

$$s = 2 \cdot r$$

$$r = \frac{s}{2}$$

Kolbenweg

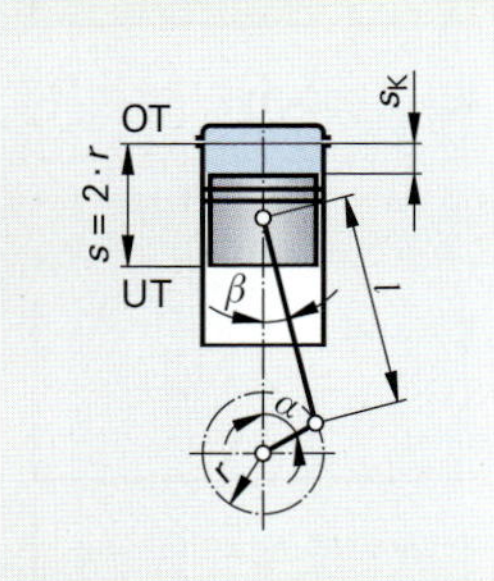

s_K Kolbenweg in mm
l Pleuelstangenlänge in mm
r Kurbelradius in mm
α Kurbelwinkel in °
β Pleuelstangenwinkel in °

$$s_K = r \cdot (1 - \cos \alpha) + l \cdot (1 - \cos \beta)$$

Beispiel: $\alpha = 30°$; $\beta = 7{,}5°$; $r = 39$ mm;
$l = 150$ mm; $s_K = ?$

Lösung: $\boldsymbol{s_K} = r \cdot (1 - \cos \alpha) + l \cdot (1 - \cos \beta) =$
$= 39 \text{ mm} \cdot (1 - \cos 30°) +$
$+ 150 \text{ mm } (1 - \cos 7{,}5°) = \mathbf{6{,}5 \text{ mm}}$

Kolbengeschwindigkeit

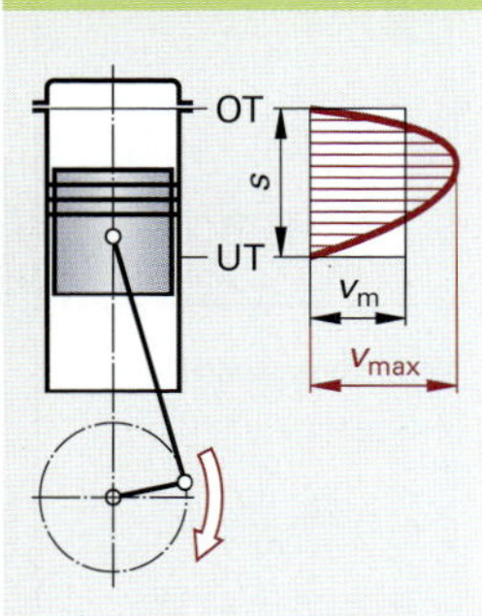

Motorart	v_m in m/s
Ottomotoren	8...16
Dieselmotoren	9...14

Die Geschwindigkeit des Kolbens in OT und UT ist Null. Dazwischen liegt der Höchstwert der Kolbengeschwindigkeit. Er wird erreicht, wenn Pleuelstange und Kurbelwange etwa einen rechten Winkel bilden.

v_m mittlere Kolbengeschwindigkeit in m/s
v_{max} maximale Kolbengeschwindigkeit in m/s
s Hub in m
n Motordrehzahl in 1/min

Beispiel: $s = 80$ mm; $n = 5000$ 1/min
$v_m = ?$; $v_{max} = ?$

Lösung: $\boldsymbol{v_m} = \frac{s \cdot n}{30} = \frac{0{,}080 \cdot 5000}{30} \frac{\text{m}}{\text{s}} = \mathbf{13{,}3 \text{ m/s}}$

$\boldsymbol{v_{max}} \approx 1{,}6 \cdot v_m = 1{,}6 \cdot 13{,}3 \text{ m/s} =$
$= \mathbf{21{,}28 \text{ m/s}}$

$$v_m = \frac{s \cdot n}{30}$$

$$s = \frac{30 \cdot v_m}{n}$$

$$n = \frac{30 \cdot v_m}{s}$$

$$v_{max} \approx 1{,}6 \cdot v_m$$

$$v_m \approx \frac{v_{max}}{1{,}6}$$

M

Gasdruck und Kolbenkraft

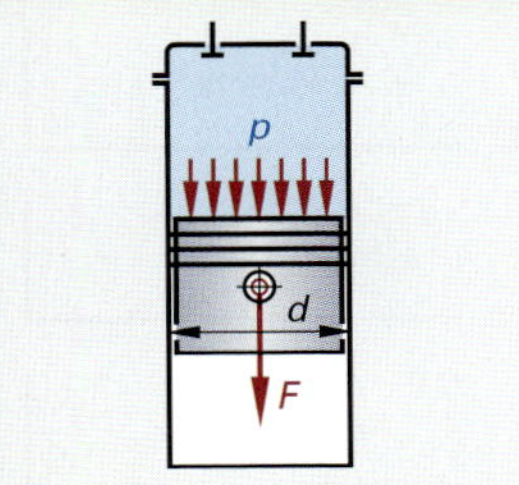

1 bar = 10 N/cm²
1 N/cm² = 0,1 bar

p Druck in N/cm²
A Kolbenfläche in cm²
d Kolbendurchmesser in cm
F Kolbenkraft in N

Beispiel: p_{max} = 42 bar = 420 N/cm²; d = 85 mm; F_{max} = ? N

Lösung: $\mathbf{A} = \frac{\pi \cdot d^2}{4} = \frac{\pi \cdot (8{,}5\ \text{cm})^2}{4} = \mathbf{56{,}75\ cm^2}$

$\mathbf{F_{max}} = A \cdot p_{max} = 56{,}75\ \text{cm}^2 \cdot 420\ \text{N/cm}^2 = \mathbf{23\,835\ N}$

$$p = \frac{F}{A}$$

$$F = p \cdot A \qquad A = \frac{F}{p}$$

$$p = \frac{F \cdot 4}{d^2 \cdot \pi}$$

$$d = \sqrt{\frac{F \cdot 4}{p \cdot \pi}}$$

$$F = \frac{p \cdot d^2 \cdot \pi}{4}$$

Kräfte am Kurbeltrieb

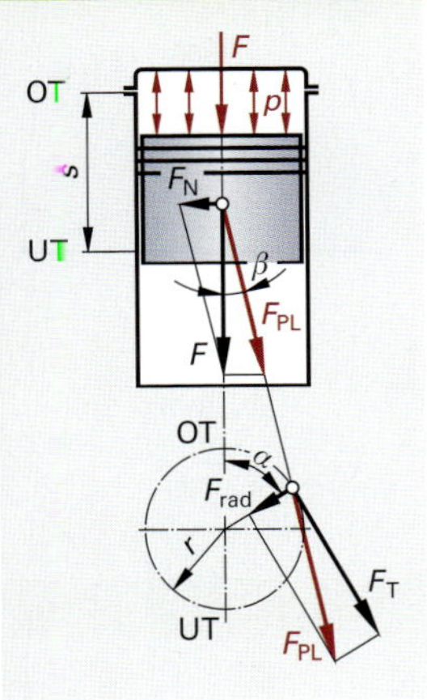

A Kolbenfläche in cm²
p Gasdruck in N/cm²
F Kolbenkraft in N
F_N Normalkraft (Seitenkraft) in N
F_{Pl} Pleuelstangenkraft in N
F_{rad} Radialkraft in N
F_T Tangentialkraft in N
l Pleuelstangenlänge in m
r Kurbelradius in m
λ_{Pl} Pleuelstangenverhältnis ($\lambda_{Pl} = r/l$)
M Drehmoment in Nm
α Kurbelwinkel in °
β Pleuelstangenwinkel in °

Beispiel:
A = 50 cm²
α = 30°
p = 45 bar = 450 N/cm²
r = 39 mm = 0,039 m
l = 150 mm = 0,15 m

a) F = ? N
b) β = ? °
c) F_N = ? N
d) F_{Pl} = ? N
e) F_T = ? N
f) F_{rad} = ? N
g) M = ? Nm

1 bar = 10 N/cm²
1 N/cm² = 0,1 bar

Lösung:

a) $\mathbf{F} = A \cdot p = 50\ \text{cm}^2 \cdot 450\ \text{N/cm}^2 = \mathbf{22\,500\ N}$

b) $\mathbf{\sin\beta} = \frac{r \cdot \sin\alpha}{l} = \frac{0{,}039\ \text{m} \cdot \sin 30°}{0{,}15\ \text{m}} = \frac{0{,}039\ \text{m} \cdot 0{,}5}{0{,}15\ \text{m}} = 0{,}13;\quad \beta = \mathbf{7{,}5°}$

c) $\mathbf{F_N} = F \cdot \tan\beta = 22\,500\ \text{N} \cdot \tan 7{,}5° = 22\,500\ \text{N} \cdot 0{,}1317 = \mathbf{2963\ N}$

d) $\mathbf{F_{Pl}} = \frac{F}{\cos\beta} = \frac{22\,500\ \text{N}}{\cos 7{,}5°} = \frac{22\,500\ \text{N}}{0{,}9914} = \mathbf{22\,695\ N}$

e) $\mathbf{F_T} = \frac{F \cdot \sin(\alpha + \beta)}{\cos\beta} = \frac{22\,500\ \text{N} \cdot \sin(30° + 7{,}5°)}{\cos 7{,}5°} = \frac{22\,500\ \text{N} \cdot 0{,}6088}{0{,}9914} = \mathbf{13\,817\ N}$

f) $\mathbf{F_{rad}} = \frac{F \cdot \cos(\alpha + \beta)}{\cos\beta} = \frac{22\,500\ \text{N} \cdot \cos(30° + 7{,}5°)}{\cos 7{,}5°} = \frac{22\,500\ \text{N} \cdot 0{,}7933}{0{,}9914} = \mathbf{18\,004\ N}$

g) $\mathbf{M} = F_T \cdot r = 13\,817\ \text{N} \cdot 0{,}039\ \text{m} = \mathbf{539\ Nm}$

$$F = A \cdot p$$

$$F_N = F \cdot \tan\beta$$

$$F_{Pl} = \frac{F}{\cos\beta}$$

$$F_T = \frac{F \cdot \sin(\alpha + \beta)}{\cos\beta}$$

$$F_{rad} = \frac{F \cdot \cos(\alpha + \beta)}{\cos\beta}$$

$$M = F_T \cdot r$$

$$\sin\beta = \frac{r \cdot \sin\alpha}{l}$$

$$\sin\beta = \lambda_{Pl} \cdot \sin\alpha$$

M

Steuerwinkel, Steuerzeiten, Ventilöffnungszeit (Viertaktmotor)

Einlassdiagramm

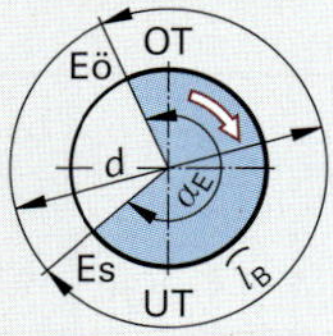

Auslassdiagramm

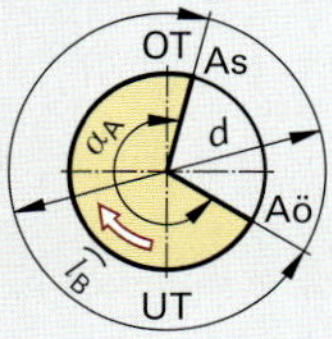

Steuerdiagramm
Überschneidung $\alpha_Ü$

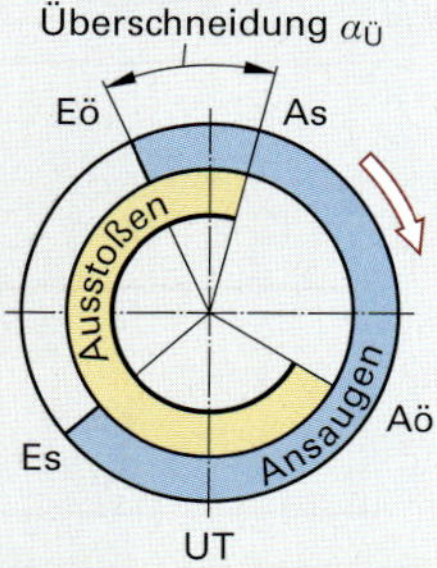

α	Winkel in °; z. B. Öffnungswinkel
α_E	Öffnungswinkel des Einlassventils in °
α_A	Öffnungswinkel des Auslassventils in °
$\alpha_Ü$	Ventilüberschneidung in °
l_B	Bogenlänge in mm, gemessen auf dem Einstellkreis bzw. auf dem Schwungrad
d	Durchmesser des Kreises in mm, auf dem sich die Einstellmarkierung befindet
t	Ventilöffnungszeit je Arbeitsspiel in s
t_1	Ventilöffnungszeit je Minute Motorlaufzeit in s/min
n	Motordrehzahl in 1/min
Eö	Einlassventil öffnet in ° vor OT
Es	Einlassventil schließt in ° nach UT
Aö	Auslassventil öffnet in ° vor UT
As	Auslassventil schließt in ° nach OT

Beispiel: Eö = 6° vor OT; Es = 35,5° nach UT; d = 260 mm; n = 3600 1/min; α_E = ?°; l_B = ? mm; t_E = ? s

Lösung:

$$\boldsymbol{\alpha_E} = \alpha_{Eö} + 180° + \alpha_{Es} = 6° + 180° + 35{,}5° = \mathbf{221{,}5\,°}$$

$$\mathbf{l_B} = \frac{\pi \cdot d \cdot \alpha_E}{360°} = \frac{\pi \cdot 260\text{ mm} \cdot 221{,}5°}{360°} = \mathbf{502{,}6\ mm}$$

$$\mathbf{t_E} = \frac{\alpha}{6 \cdot n} = \frac{221{,}5}{6 \cdot 3600} = \mathbf{0{,}0103\ s}$$

$$\alpha_E = \alpha_{Eö} + 180° + \alpha_{Es}$$

$$\alpha_A = \alpha_{Aö} + 180° + \alpha_{As}$$

$$\alpha_Ü = \alpha_{Eö} + \alpha_{As}$$

$$l_B = \frac{\pi \cdot d \cdot \alpha}{360°}$$

$$\alpha = \frac{360° \cdot l_B}{\pi \cdot d}$$

$$d = \frac{360° \cdot l_B}{\pi \cdot \alpha}$$

$$t = \frac{\alpha}{6 \cdot n}$$

$$n = \frac{\alpha}{6 \cdot t}$$

$$\alpha = 6 \cdot n \cdot t$$

Ventilöffnungsfläche, Gasgeschwindigkeit

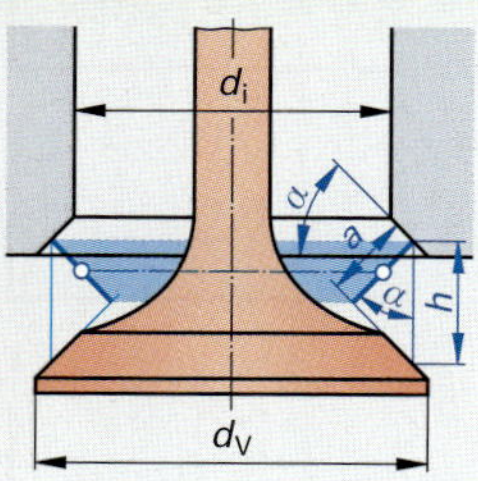

$\cos\alpha = \frac{a}{h}$

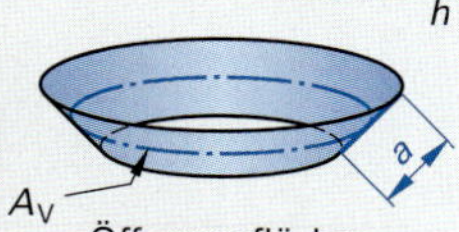

Öffnungsfläche des Ventils A_V

A_V	Öffnungsfläche des Ventils in cm^2
a	Öffnung in cm
d_V	Ventiltellerdurchmesser in cm
d_i	Kanaldurchmesser in cm
h	Ventilhub in cm ($h = 0{,}1 \cdot d_V \ldots 0{,}35 \cdot d_V$)
v_g	mittlere Gasgeschwindigkeit in m/s
v_m	mittlere Kolbengeschwindigkeit in m/s
α	Ventilsitzwinkel in °
A	Kolbenfläche in cm^2

Beispiel: d_V = 36 mm; h = 12 mm; α = 45°; v_m = 12,5 m/s; A = 50,27 cm^2; A_V = ? cm^2; v_g = ? m/s

Lösung:

$$\mathbf{A_V} = \pi \cdot d_V \cdot h \cdot \cos\alpha = \pi \cdot 3{,}6\text{ cm} \cdot 1{,}2\text{ cm} \cdot \cos 45° = \pi \cdot 3{,}6\text{ cm} \cdot 1{,}2\text{ cm} \cdot 0{,}707 = \mathbf{9{,}6\ cm^2}$$

$$\mathbf{v_g} = \frac{A \cdot v_m}{A_V} = \frac{50{,}27\text{ cm}^2 \cdot 12{,}5\text{ m/s}}{9{,}6\text{ cm}^2} = \mathbf{65{,}5\ m/s}$$

$$A_V = \pi \cdot d_V \cdot a$$

$$a = h \cdot \cos\alpha$$

$$A_V = \pi \cdot d_V \cdot h \cdot \cos\alpha$$

$$h = \frac{A_V}{\pi \cdot d_V \cdot \cos\alpha}$$

$$d_V = \frac{A_V}{\pi \cdot h \cdot \cos\alpha}$$

$$v_g = \frac{A \cdot v_m}{A_V}$$

$$A_V = \frac{A \cdot v_m}{v_g}$$

$$A = \frac{A_V \cdot v_g}{v_m}$$

$$v_m = \frac{A_V \cdot v_g}{A}$$

Mittlere Gasgeschwindigkeit v_g in m/s

Einlassventil	50 … 110
Auslassventil	70 … 120
Saugrohr	60 … 180

M

Luftverhältnis λ

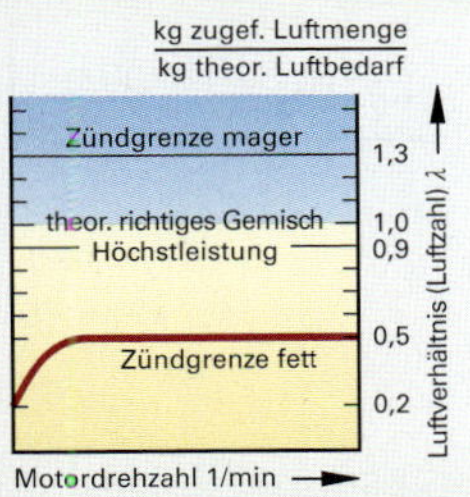

λ	Luftverhältnis (Luftzahl)
L_{zu}	zugeführte Luftmenge in kg/kg (kg Luft/kg Kraftstoff)
L_{th}	theoretischer Luftbedarf in kg/kg (Mindestluftmenge in kg Luft/kg Kraftstoff)
$\dot{m}_L$	Luftverbrauch in kg/h
$\dot{m}_K$	Kraftstoffverbrauch in kg/h

$$\lambda = \frac{L_{zu}}{L_{th}}$$

$$L_{th} = \frac{L_{zu}}{\lambda} \qquad L_{zu} = \lambda \cdot L_{th}$$

$$\lambda = \frac{\dot{m}_L}{L_{th} \cdot \dot{m}_K}$$

Liefergrad (Füllungsgrad)

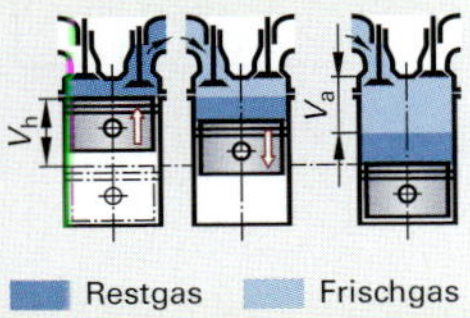

λ_L	Liefergrad (Füllungsgrad)
V_a	Frischladung des Zylinders vor der Zündung in m^3
V_h	Zylinderhubraum in m^3

$$\lambda_L = \frac{V_a}{V_h}$$

Motorart	λ_L
Saugmotor	< 1 (0,6...1,0)
Ladermotor	> 1

Luftverbrauch, Luftbedarf

Beispiel:

$\dot{m}_K$ = 10,8 kg/h;
λ = 1,1;
L_{th} = 14,7 kg L./kg Kr.

L_{zu} = ? kg L./kg Kr.
$\dot{m}_L$ = ? kg/h

Lösung:

$\mathbf{L_{zu}} = \lambda \cdot L_{th} =$

= 1,1 · 14,7 kg L./kg Kr. =

= **16,17 kg L./kg Kr.**

$\mathbf{\dot{m}_L} = \lambda \cdot L_{th} \cdot \dot{m}_K =$

= 1,1 · 14,7 kg L./kg Kr. · 10,8 kg/h =

= **174, 636 kg L./h**

L_{zu}	zugeführte Luftmenge in kg/kg (kg Luft/kg Kraftstoff)
L_{zuV}	zugeführte Luftmenge in m^3/kg (m^3 Luft/kg Kraftstoff)
m_L	Luftmasse in kg
m_K	Kraftstoffmasse in kg
$\dot{m}_L$	Luftverbrauch in kg/h
$\dot{m}_K$	Kraftstoffverbrauch in kg/h
λ	Luftverhältnis (Luftzahl)
L_{th}	theoretischer Luftbedarf in kg/kg (Mindestluftmenge in kg Luft/kg Kraftstoff)
V_L	erforderliche Luftmenge in m^3/100 km
k_s	Kraftstoffverbrauch in l/100 km
ϱ	Dichte des Kraftstoffs in kg/l
$\dot{V}_a$	angesaugte Luftmenge in l/h
V_h	Zylinderhubraum in l
z	Zylinderanzahl
n	Motordrehzahl in 1/min
ϱ_L	Dichte der Luft in kg/m^3
$x = 2$	Viertaktmotor
$x = 1$	Zweitaktmotor

$$L_{zu} = \frac{m_L}{m_K}$$

$$L_{zu} = \frac{\dot{m}_L}{\dot{m}_K}$$

$$L_{zuV} = \frac{L_{zu}}{\varrho_L}$$

$$L_{zuV} = \frac{m_L}{m_K \cdot \varrho_L}$$

$$\dot{m}_L = \lambda \cdot L_{th} \cdot \dot{m}_K$$

$$V_L = k_s \cdot L_{zuV} \cdot \varrho$$

$$\dot{V}_a = \frac{60 \cdot V_h \cdot z \cdot n \cdot \lambda_L}{x}$$

CO_2-Emission

6 **C** Kohlenstoff 12	7 **N** Stickstoff 14	8 **O** Sauerstoff 16
14	15	16

m_K	Kraftstoffmasse in kg
m_{CO_2}	erzeugte CO_2-Emission in kg
$m_{CO_2/km}$	spezifische CO_2-Emission in g/kg
G_C	Gewichtsanteil des Kohlenstoffs im Kraftstoff in %
s	Strecke in km

$$m_{CO_2} = 3{,}667 \cdot G_C \cdot m_K$$

$$m_{CO_2/km} = \frac{m_{CO_2}}{1000 \cdot s}$$

Molgewichte

Kraftstoff		Benzin	Superbenzin	Diesel	Kerosin
Dichte ϱ	kg/l	0,730	0,765	0,830	0,80
Luftbedarf λ	kg L./kg Kr.	14,8	14,7	14,5	14,5
Gewichtsanteile G_C	C/H %	86 / 14	86 / 14	87 / 13	87 / 13

M

Kraftstoff-Durchschnittsverbrauch (Streckenverbrauch)

Beispiel:

V_K = 6,32 l
s = 52 km
k_s = ? l/100 km

Lösung:

$$\mathbf{k_s} = \frac{100 \cdot V_K}{s} = \frac{100 \cdot 6{,}32}{52} = \frac{\text{l}}{100\ \text{km}} = \mathbf{12{,}2\ l/100\ km}$$

k_s Kraftstoff-Durchschnittsverbrauch in l/100 km
V_K Kraftstoffverbrauch in l
s Strecke in km (Fahrbereich)

$$k_s = \frac{100 \cdot V_K}{s}$$

$$s = \frac{100 \cdot V_K}{k_s}$$

$$V_K = \frac{k_s \cdot s}{100}$$

Kraftstoffverbrauch von Kfz nach DIN 70 030-2 (Lkw, Omnibusse, Krafträder)

Messbedingungen:
Trockene, ebene Fahrbahn, windstill,
s = 10 km hin und zurück,
¾ der Höchstgeschwindigkeit, jedoch nicht mehr als 110 km/h.

k Kraftstoffverbrauch in l/100 km
V_K Kraftstoffverbrauch in l
s Prüfstrecke in km (hin und zurück)

$$k = \frac{1{,}1 \cdot V_K \cdot 100}{s}$$

$$s = \frac{1{,}1 \cdot V_K \cdot 100}{k}$$

$$V_K = \frac{k \cdot s}{1{,}1 \cdot 100}$$

Verbrauchsangabe von Pkw nach Richtlinie 93/116/EG vom 1.1.1996

Stadtfahrt (EG-Testzyklus) mit Kaltstart ergibt Verbrauch C_S innerorts.
Gewichtungsfaktor
= 36,8 % · C_S
Überlandfahrt (EG-Testzyklus) ergibt Verbrauch C_L außerorts.
Gewichtungsfaktor
= 63,2 % · C_L

C_{EG} Kraftstoffverbrauch nach EG in l/100 km
C_L Kraftstoffverbrauch außerorts in l/100 km
C_S Kraftstoffverbrauch innerorts in l/100 km
C Kraftstoffverbrauch in l/100 km
V_K Kraftstoffverbrauch in l
s Weg in km
m_K Kraftstoffverbrauch in kg ($m_K = V_K \cdot \varrho$)
ϱ Dichte des Kraftstoffs

$$C_{EG} = 0{,}368 \cdot C_s + 0{,}632 \cdot C_L$$

$$C_{S/L} = \frac{100 \cdot V_K}{s}$$

$$C_{S/L} = \frac{100 \cdot m_K}{s \cdot \varrho}$$

Spezifischer Kraftstoffverbrauch

Motorart	Fahrzeug	b_{eff} in g/kWh
Otto	Krad	> 300
	Pkw	> 250
Diesel	Pkw	> 190
	Nkw	> 180

b_{eff} spezifischer Kraftstoffverbrauch in g/kWh
$\dot{m}_K$ Kraftstoffverbrauch in kg/h
V_K Kraftstoffvolumen (Messvolumen) in l
t Durchflusszeit des Kraftstoffs in s
ϱ Dichte des Kraftstoffs in g/cm³ (kg/l)
H_u spezifischer Heizwert in kJ/kg
P_{eff} Nutzleistung in kW
η_{eff} Nutzwirkungsgrad

$$b_{eff} = \frac{3\,600\,000 \cdot V_K \cdot \varrho}{t \cdot P_{eff}}$$

$$b_{eff} = \frac{1000 \cdot \dot{m}_K}{P_{eff}}$$

$$b_{eff} = \frac{3\,600\,000}{\eta_{eff} \cdot H_u}$$

Kraftstoffverbrauch

Beispiel:

b_{eff} = 300 g/kWh;
P_{eff} = 45 kW; $\dot{m}_K$ = ? kg/h

Lösung:

$$\dot{m}_K = \frac{b_{eff} \cdot P_{eff}}{1000} = \frac{300 \cdot 45}{1000}\frac{\text{kg}}{\text{h}} = \mathbf{13{,}5\ kg/h}$$

$\dot{m}_K$ Kraftstoffverbrauch in kg/h
$\dot{V}_K$ Kraftstoffverbrauch in l/h
b_{eff} spezifischer Kraftstoffverbrauch in g/kWh
V_K Kraftstoffverbrauch (Messvolumen) in l
t Durchflusszeit des Kraftstoffs in s
ϱ Dichte des Kraftstoffs in g/cm³ (kg/l)
H_u spezifischer Heizwert in kJ/kg
P_{eff} Nutzleistung in kW
η_{eff} Nutzwirkungsgrad

$$\dot{m}_K = \frac{3600 \cdot V_K \cdot \varrho}{t}$$

$$\dot{m}_K = \frac{b_{eff} \cdot P_{eff}}{1000}$$

$$\dot{m}_K = \frac{3600 \cdot P_{eff}}{H_u \cdot \eta_{eff}}$$

$$\dot{V}_K = \frac{\dot{m}_K}{\varrho}$$

M

Kraftstoff-Einspritzmenge pro Arbeitstakt

Beispiel:
Viertaktdieselmotor;
P_{eff} = 40 kW; n = 2600 1/min;
b_{eff} = 260 g/kWh; z = 4;
ϱ = 0,84 g/cm³; V_E = ? mm³

Lösung:

$$\boldsymbol{V_E} = \frac{1000 \cdot P_{eff} \cdot b_{eff} \cdot x}{60 \cdot n \cdot \varrho \cdot z} = \frac{1000 \cdot 40 \cdot 260 \cdot 2}{60 \cdot 2600 \cdot 0{,}84 \cdot 4}\,\text{mm}^3 = \mathbf{39{,}7\ mm^3}$$

V_E Einspritzmenge pro Arbeitstakt in mm³
b_{eff} spezifischer Kraftstoffverbrauch in g/kWh
P_{eff} Nutzleistung in kW
n Motordrehzahl in 1/min
ϱ Kraftstoffdichte in g/cm³ (kg/l)
z Zylinderanzahl
$\dot{m}_K$ Kraftstoffverbrauch in kg/h
$\dot{V}_K$ Kraftstoffverbrauch in l/h
x = 1 Zweitaktmotor
x = 2 Viertaktmotor

$$V_E = \frac{1000 \cdot P_{eff} \cdot b_{eff} \cdot x}{60 \cdot n \cdot \varrho \cdot z}$$

$$V_E = \frac{1\,000\,000 \cdot \dot{m}_K \cdot x}{60 \cdot n \cdot \varrho \cdot z}$$

$$V_E = \frac{1\,000\,000 \cdot \dot{V}_K \cdot x}{60 \cdot n \cdot z}$$

Schmierölverbrauch (Streckenverbrauch)

Ein Schmierölverbrauch von bis zu 1 l/1000 km wird bei einem Pkw als normal betrachtet und ist für die meisten Hersteller kein Grund für eine Reklamation.

$\dot{V}_S$ Schmierölverbrauch in l/100 km
m_S Schmierölmenge in kg
ϱ_S Dichte des Schmieröls in kg/l (g/cm³)
V Schmierölmenge in l ($V = m/\varrho$)
s Messstrecke in km

$$\dot{V}_S = \frac{100 \cdot m_S}{\varrho_S \cdot s}$$

$$\dot{V}_S = \frac{100 \cdot V}{s}$$

Spezifischer Schmierölverbrauch

Motorart	Takt	b_S in g/kWh
Otto	2	bis 5,0
	4	bis 1,5
Diesel	4	bis 2,0

b_S spezifischer Schmierölverbrauch in g/kWh
$\dot{m}_S$ Schmierölverbrauch in kg/h
ϱ_S Dichte des Schmieröls in g/cm³ (kg/l)
V Schmierölmenge in cm³
t Messzeit in s

$$b_S = \frac{1000 \cdot \dot{m}_S}{P_{eff}}$$

$$b_S = \frac{3600 \cdot V \cdot \varrho_S}{P_{eff} \cdot t}$$

Mischungsverhältnis für 2-Takt-Motoren

Beispiel:
Zweitaktmotor; V_M = 12,75 l;
z = 1 : 50;
V = ? l

Lösung:

$$\boldsymbol{V} = \frac{V_M}{1+x} = \frac{12{,}75\ \text{l}}{1+50} = \mathbf{0{,}25\ l}$$

V_M Zweitaktmischung in l
V Schmierölvolumen in l
K Kraftstoffvolumen in l
z Mischungsverhältnis (Schmieröl : Kraftstoff)
x Kraftstoffanteil in der Zweitaktmischung

$$V_M = V + K$$

$$V = \frac{V_M}{1+x}$$

$V = K \cdot z$ $\quad K = \frac{V}{z}$

$V = \frac{K}{x}$ $\quad \frac{1}{x} = \frac{V}{K}$

$z = \frac{1}{x}$ $\quad z = \frac{V}{K}$

Fördermenge der Ölpumpe (Schmieröldurchsatz)

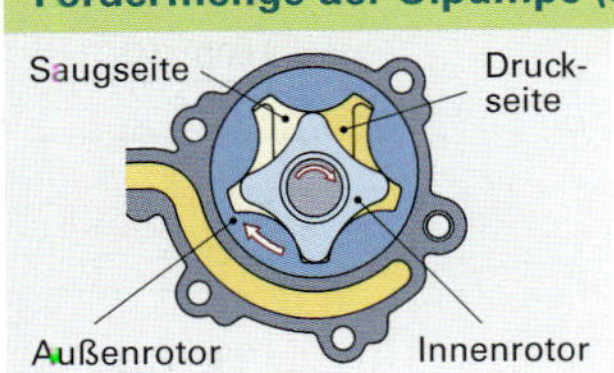

Motorart	$\dot{m}$ in kg/min	$\dot{z}$ in 1/min
Pkw	10 ... 50	3 ... 8
Nkw	30 ... 60	3 ... 4

$\dot{m}$ Fördermenge in kg/min (Schmieröldurchsatz)
V Schmierölfüllung des Motors in l
t Zeit für 1 Ölumlauf in s
ϱ Dichte des Schmieröls in kg/l
$\dot{z}$ Anzahl der Ölumläufe in 1/min

Beispiel: V = 4,5 l; ϱ = 0,9 kg/l; t = 16,8 s; $\dot{m}$ = ? 1/min

Lösung: $\boldsymbol{\dot{m}} = \frac{60 \cdot \varrho \cdot V}{t} = \frac{60 \cdot 0{,}9 \cdot 4{,}5}{16{,}8}\,\frac{\text{kg}}{\text{min}} = \mathbf{14{,}46\ kg/min}$

$$\dot{m} = \frac{60 \cdot \varrho \cdot V}{t}$$

$t = \frac{60 \cdot \varrho \cdot V}{\dot{m}}$

$V = \frac{\dot{m} \cdot t}{60 \cdot \varrho}$

$\dot{z} = \frac{60}{t}$

$\dot{z} = \frac{\dot{m}}{V \cdot \varrho}$

M

Zugeführte Wärmemenge

Beispiel:

H_u = 43 500 kJ/kg;
$\dot{m}_K$ = 9,5 kg/h;
$\dot{Q}_{zu\ Motor}$ = ? kJ/h

Lösung:

$\dot{Q}_{zu\ Motor} = \dot{m}_K \cdot H_u$
$= 9{,}5 \cdot 43\,500$ kJ/h
= 413 250 kJ/h

$\dot{Q}_{zu\ Motor}$ zugeführte Wärmemenge in kJ/h (Wärmeverbrauch des Motors)
H_u spezifischer Heizwert in kJ/kg
$\dot{m}_K$ Kraftstoffverbrauch in kg/h
b_{eff} spez. Kraftstoffverbrauch in g/kWh
P_{eff} Nutzleistung in kW

$$\dot{Q}_{zu\ Motor} = \dot{m}_K \cdot H_u$$

$$\dot{Q}_{zu\ Motor} = \frac{b_{eff} \cdot P_{eff} \cdot H_u}{1000}$$

$$P_{eff} = \frac{\dot{Q}_{zu\ Motor} \cdot 1000}{b_{eff} \cdot H_u}$$

Motorkühlung

Beispiel:

b_{eff} = 340 g/kWh;
P_{eff} = 55 kW;
f = 0,3;
H_u = 43 000 kJ/kg;
$\dot{Q}_{ab\ Motor}$ = ? kJ/h

Lösung:

$$\dot{Q}_{ab\ Motor} = \frac{b_{eff} \cdot P_{eff} \cdot H_u \cdot f}{1000} = \frac{340 \cdot 55 \cdot 43\,000 \cdot 0{,}3}{1000} \frac{\text{kJ}}{\text{h}} =$$

= 241 230 kJ/h

Beispiel:

Pumpenumlaufkühlung;
ΔT_{KF} = 6 °C = 6 K;
$\dot{Q}_{ab\ Motor}$ = 241 230 kJ/h;
c_{KF} = 4,2 kJ/kgK;
$\dot{m}_{KF}$ = ? kg/h

Lösung:

$$\dot{m}_{KF} = \frac{\dot{Q}_{ab\ Motor}}{\Delta T_{KF} \cdot c_{KF}} = \frac{241\,230\ \text{kJ/h}}{6\ \text{K} \cdot 4{,}2\ \text{kJ/kgK}} =$$

= 9572, 6 kg/h

Abzuführende Wärmemenge

$\dot{Q}_{ab\ Motor}$ abzuführende Wärmemenge in kJ/h
$\dot{Q}_{zu\ Motor}$ zugeführte Wärmemenge in kJ/h
P_{eff} Nutzleistung in kW
b_{eff} spezifischer Kraftstoffverbrauch in g/kWh
H_u spezifischer Heizwert in kJ/kg
$\dot{m}_K$ Kraftstoffverbrauch in kg/h
$\dot{V}_K$ Kraftstoffverbrauch in l/h
ϱ_K Dichte des Kraftstoffs in kg/dm³
f Verhältnis der abzuführenden Wärmemenge zur gesamtanfallenden Wärmemenge

Notwendige Kühlflüssigkeitsmenge

$\dot{Q}_{zu\ Kühlung}$ aufzunehmende Wärmemenge des Kühlmittels in kJ/h
m_{KF} Kühlflüssigkeitsmenge in kg
$\dot{m}_{KF}$ Durchflussmenge der Kühlflüssigkeit in kg/h
ΔT_{KF} Temperaturdifferenz in K
c_{KF} spezifische Wärmekapazität in kJ/kgK
T_2 Temperatur der Kühlflüssigkeit in °C bei Eintritt in den Kühler
T_1 Temperatur der Kühlflüssigkeit in °C bei Austritt aus dem Kühler
Q_{Umlauf} Wärmeaufnahme der Kühlflüssigkeit je Umlauf in kJ

Anzahl der Kühlflüssigkeitsumläufe

$\dot{z}$ Kühlflüssigkeitsumläufe in 1/h
t_U Zeit für 1 Kühlflüssigkeitsumlauf in min

$$\dot{Q}_{ab\ Motor} = \dot{Q}_{zu\ Motor} \cdot f$$

$$\dot{Q}_{ab\ Motor} = \dot{m}_K \cdot H_u \cdot f$$

$$\dot{Q}_{ab\ Motor} = \frac{b_{eff} \cdot P_{eff} \cdot H_u \cdot f}{1000}$$

$$\dot{Q}_{zu\ Kühlung} = \dot{Q}_{ab\ Motor}$$

$$\dot{m}_{KF} = \frac{\dot{Q}_{zu\ Kühlung}}{\Delta T_{KF} \cdot c_{KF}}$$

$$\Delta T_{KF} = T_2 - T_1$$

$$\dot{Q}_{Umlauf} = m_{KF} \cdot c_{KF} \cdot \Delta T_{KF}$$

$$\dot{z} = \frac{\dot{m}_{KF}}{m_{KF}}$$

$$\dot{z} = \frac{\dot{Q}_{zu\ Kühlung}}{\dot{Q}_{Umlauf}}$$

Gefrierschutzmischung

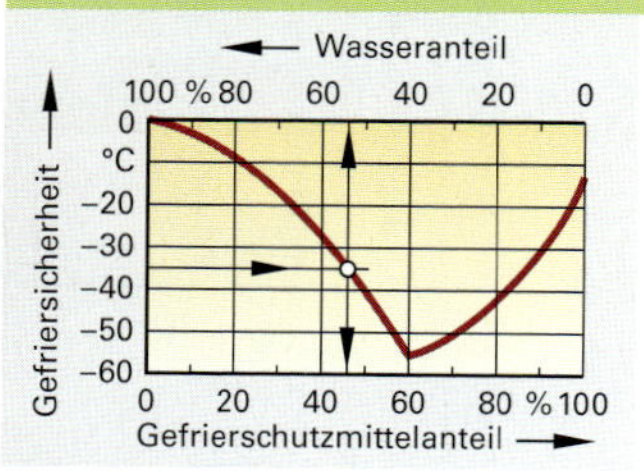

V_{KF} Kühlflüssigkeitsmenge in l
V_W Wassermenge in l
V_F Gefrierschutzmenge in l
p_W Anteile an Wasser
p_F Anteile an Gefrierschutzmittel
ϱ_{KF} Dichte Kühlflüssigkeit in kg/l
ϱ_F Dichte Gefrierschutzmittel in kg/l
ϱ_W Dichte Wasser in kg/l

$$V_{KF} = V_W + V_F$$

$$V_F = \frac{V_{KF} \cdot p_F}{p_W + p_F} \qquad V_W = \frac{V_{KF} \cdot p_W}{p_W + p_F}$$

$$p_F = \frac{p_W \cdot V_F}{V_W} \qquad p_W = \frac{p_F \cdot V_W}{V_F}$$

$$\varrho_{KF} = \frac{V_W \cdot \varrho_W + V_F \cdot \varrho_F}{V_{KF}}$$

$$\varrho_F = \frac{V_{KF} \cdot \varrho_{KF} + V_W \cdot \varrho_W}{V_F}$$

Beispiel:

Kühlsystem mit 10 l Inhalt;
Gefrierschutz bis – 35 °C;
Anteile Wasser?
Anteile Gefrierschutzmittel?

Lösung aus Diagramm:

Wasseranteil	54 %	≙ 5,4 l
Gefrierschutzmittelanteil	46 %	≙ 4,6 l

M

Zugeführte Leistung

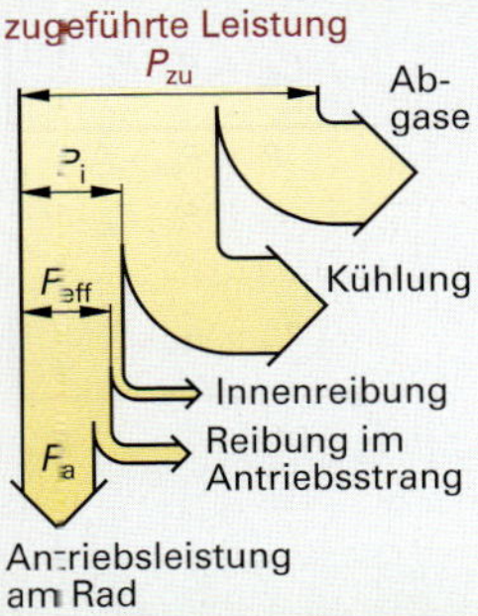

P_{zu} zugeführte Leistung in kW
H_u spezifischer Heizwert in kJ/kg
$\dot{m}_K$ Kraftstoffverbrauch in kg/h
b_{eff} spezifischer Kraftstoffverbrauch in g/kWh
P_{eff} Nutzleistung in kW

Beispiel: $b_{eff} = 300$ g/kWh; $P_{eff} = 45$ kW; $H_u = 43\,000$ kJ/kg; $P_{zu} = ?$ kW

Lösung: $\mathbf{P_{zu}} = \frac{b_{eff} \cdot P_{eff} \cdot H_u}{1000 \cdot 3600} =$

$= \frac{300 \cdot 45 \cdot 43\,000}{1000 \cdot 3600}$ kW $=$

$=$ **161,25 kW**

$$P_{zu} = \frac{\dot{m}_K \cdot H_u}{3600}$$

$$P_{zu} = \frac{b_{eff} \cdot P_{eff} \cdot H_u}{1000 \cdot 3600}$$

$$P_{eff} = \frac{P_{zu} \cdot 1000 \cdot 3600}{b_{eff} \cdot H_u}$$

Innenleistung des Motors

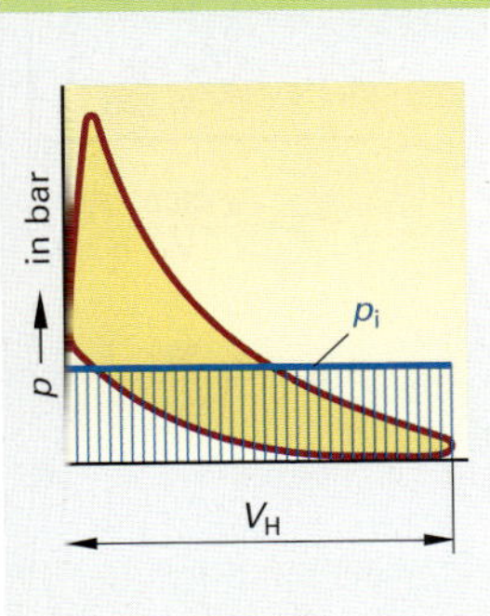

p-V-Diagramm

P_i Innenleistung in kW (indizierte Leistung)
d Kolbendurchmesser in cm
A Kolbenfläche in cm²
s Hub in m
z Zylinderanzahl
p_i mittlerer indizierter Kolbendruck in bar
n Motordrehzahl in 1/min
V_H Gesamthubraum in l
F_i innere Kolbenkraft in N
v_m mittlere Kolbengeschwindigkeit in m/s

x Kennzahl für Arbeitsverfahren
x = 4 für Viertaktverfahren
x = 2 für Zweitaktverfahren

Beispiel: Viertakt-Ottomotor:
$d = 80$ mm $= 8$ cm; $n = 5000$ 1/min;
$z = 6$; $p_i = 12$ bar;
$s = 80$ mm $= 0{,}08$ m; $P_i = ?$ kW

Lösung: $P_i = \frac{A \cdot s \cdot z \cdot p_i \cdot n}{x \cdot 3000}$

$A = \frac{\pi \cdot d^2}{4} = \frac{\pi \cdot (8\text{ cm})^2}{4} = 50{,}27\text{ cm}^2$

$\mathbf{P_i} = \frac{50{,}27 \cdot 0{,}08 \cdot 6 \cdot 12 \cdot 5000}{4 \cdot 3000}$ kW $=$

$=$ **120,6 kW**

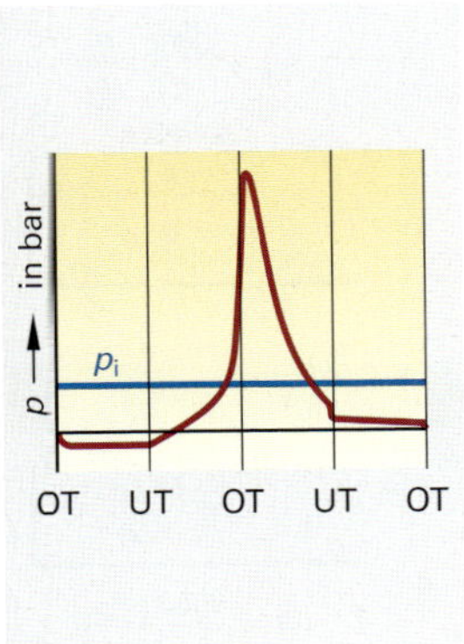

Druck-Weg-Diagramm

Beispiel: Viertakt-Motor: $p_i = 7{,}7$ bar
$n = 6000$ 1/min;
$V_H = 1093\text{ cm}^3 = 1{,}093$ l; $P_i = ?$ kW

Lösung: $\mathbf{P_i} = \frac{V_H \cdot p_i \cdot n}{x \cdot 300} =$

$= \frac{1{,}093 \cdot 7{,}7 \cdot 6000}{4 \cdot 300}$ kW $=$

$=$ **42 kW**

$$P_i = \frac{A \cdot s \cdot z \cdot p_i \cdot n}{x \cdot 3000}$$

$$A = \frac{x \cdot 3000 \cdot P_i}{s \cdot z \cdot p_i \cdot n}$$

$$p_i = \frac{x \cdot 3000 \cdot P_i}{A \cdot s \cdot z \cdot n}$$

$$s = \frac{x \cdot 3000 \cdot P_i}{A \cdot z \cdot p_i \cdot n}$$

$$n = \frac{x \cdot 3000 \cdot P_i}{A \cdot s \cdot z \cdot p_i}$$

$$z = \frac{x \cdot 3000 \cdot P_i}{A \cdot s \cdot p_i \cdot n}$$

$$P_i = \frac{V_H \cdot p_i \cdot n}{x \cdot 300}$$

$$V_H = \frac{x \cdot 300 \cdot P_i}{p_i \cdot n}$$

$$p_i = \frac{x \cdot 300 \cdot P_i}{V_H \cdot n}$$

$$n = \frac{x \cdot 300 \cdot P_i}{V_H \cdot p_i}$$

$$P_i = \frac{F_i \cdot v_m \cdot z}{x \cdot 1000}$$

$$F_i = \frac{x \cdot 1000 \cdot P_i}{v_m \cdot z}$$

M

Nutzleistung und Innenleistung

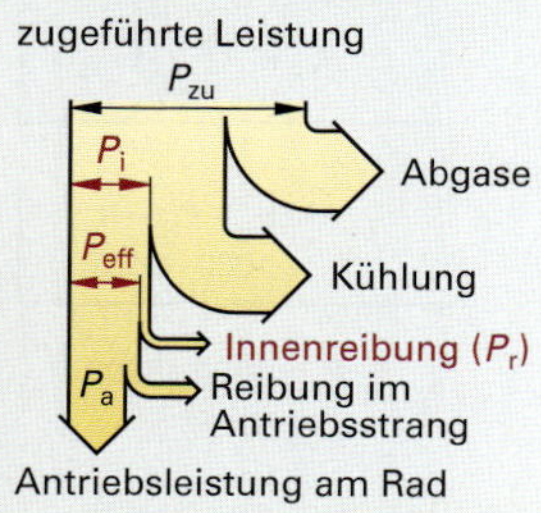

P_{eff} Nutzleistung in kW
P_i Innenleistung in kW (indizierte Leistung)
P_r Reibleistung in kW
η_m mechanischer Wirkungsgrad

Beispiel: $P_i = 42$ kW; $\eta_m = 0{,}88$;
$P_{eff} = ?$ kW

Lösung: $\mathbf{P_{eff}} = \eta_m \cdot P_i = 0{,}88 \cdot 42\ \text{kW} =$
$= \mathbf{37\ kW}$

$$P_{eff} = P_i - P_r$$

$$P_i = P_{eff} + P_r$$
$$P_r = P_i - P_{eff}$$

$$P_{eff} = \eta_m \cdot P_i$$

$$P_i = \frac{P_{eff}}{\eta_m} \qquad \eta_m = \frac{P_{eff}}{P_i}$$

Nutzleistung und nutzbarer Kolbendruck

Der mittlere nutzbare Kolbendruck kann nur aus der am Prüfstand ermittelten Nutzleistung berechnet werden.

Motorart	Fahrzeug	Taktart	p_{eff} bar
Otto	Krad	2	5 … 12
		4	7 … 11
	Pkw	4	9 … 25
Diesel	Pkw	4	7 … 12
	Nkw	4	7 … 18

P_{eff} Nutzleistung in kW
V_H Gesamthubraum in l
p_{eff} mittlerer nutzbarer Kolbendruck in bar
n Motordrehzahl in 1/min
x Kennzahl für Arbeitsverfahren
$x = 4$ Viertaktverfahren
$x = 2$ Zweitaktverfahren

Beispiel: $P_{eff} = 60$ kW; $V_H = 1800\ \text{cm}^3 = 1{,}8$ l;
Viertakt; $n = 4000$ 1/min; $p_{eff} = ?$ bar

Lösung: $\mathbf{p_{eff}} = \frac{x \cdot 300 \cdot P_{eff}}{V_H \cdot n} = \frac{4 \cdot 300 \cdot 60}{1{,}8 \cdot 4000}\ \text{bar} =$
$= \mathbf{10\ bar}$

$$P_{eff} = \frac{V_H \cdot p_{eff} \cdot n}{x \cdot 300}$$

$$p_{eff} = \frac{x \cdot 300 \cdot P_{eff}}{V_H \cdot n}$$

$$V_H = \frac{x \cdot 300 \cdot P_{eff}}{p_{eff} \cdot n}$$

Nutzleistung und Kraftstoffverbrauch

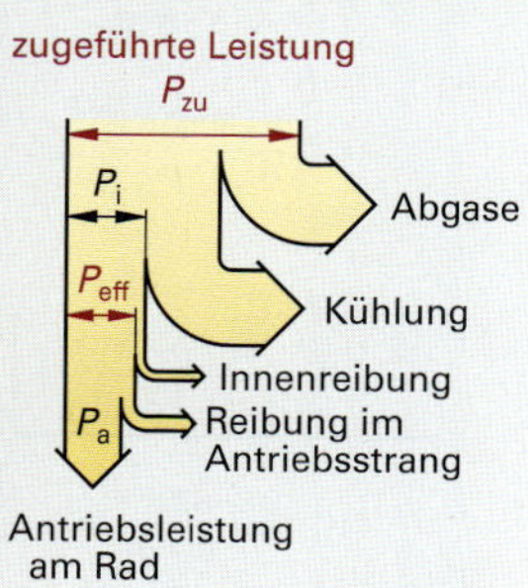

P_{eff} Nutzleistung in kW
$\dot{m}_K$ Kraftstoffverbrauch in kg/h
H_u spezifischer Heizwert in kJ/kg
η_{eff} Nutzwirkungsgrad
ϱ Dichte des Kraftstoffs in kg/l

Beispiel: $\dot{m}_K = 10{,}31$ kg/h; $H_u = 43\,300$ kJ/kg;
$\eta_{eff} = 0{,}27$; $P_{eff} = ?$ kW

Lösung: $\mathbf{P_{eff}} = \frac{\dot{m}_K \cdot H_u \cdot \eta_{eff}}{3600} =$
$= \frac{10{,}31 \cdot 43\,300 \cdot 0{,}27}{3600}\ \text{kW} =$
$= \mathbf{33{,}5\ kW}$

$$P_{eff} = \frac{\dot{m}_K \cdot H_u \cdot \eta_{eff}}{3600}$$

$$\dot{m}_K = \frac{3600 \cdot P_{eff}}{H_u \cdot \eta_{eff}}$$

$$\eta_{eff} = \frac{3600 \cdot P_{eff}}{\dot{m}_K \cdot H_u}$$

$$\dot{m}_K = \dot{V} \cdot \varrho$$

Nutzleistung und Drehmoment

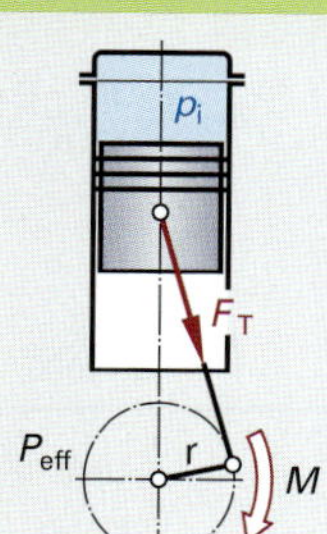

P_{eff} Nutzleistung in kW
M Motordrehmoment in Nm
n Motordrehzahl in 1/min
F_T Tangentialkraft in N
r Hebelarm (Kurbelradius) in m

Beispiel: $M = 89$ Nm; $n = 2000$ 1/min
$P_{eff} = ?$ kW

Lösung: $\mathbf{P_{eff}} = \frac{M \cdot n}{9550} = \frac{89 \cdot 2000}{9550}\ \text{kW} =$
$= \mathbf{18{,}64\ kW}$

$$P_{eff} = \frac{M \cdot n}{9550}$$

$$M = \frac{9550 \cdot P_{eff}}{n}$$

$$n = \frac{9550 \cdot P_{eff}}{M}$$

$$P_{eff} = \frac{F_T \cdot r \cdot n}{9550}$$

Leistung am Motorprüfstand

P_{eff} Nutzleistung in kW
M Motordrehmoment in Nm
n Motordrehzahl in 1/min
F Kraft in N
l Hebelarm in m

Beispiel: $M = 89$ Nm; $n = 2000$ 1/min
$P_{eff} = ?$ kW

Lösung: $\mathbf{P_{eff}} = \frac{M \cdot n}{9550} = \frac{89 \cdot 2000}{9550} =$ **18,64 kW**

$$P_{eff} = \frac{M \cdot n}{9550}$$

$$M = F \cdot l$$

$$P_{eff} = \frac{F \cdot l \cdot n}{9550}$$

Leistung am Rollenprüfstand

P_{eff} Nutzleistung in kW
P_A Antriebsleistung am Rad in kW
F_A Radantriebskraft in N
v Prüfgeschwindigkeit in km/h
η_A Wirkungsgrad der Kraftübertragung

Beispiel: $v = 120$ km/h; $\eta_A = 0{,}82$;
$F_A = 650$ N; $P_{eff} = ?$

Lösung: $\mathbf{P_{eff}} = \frac{F_A \cdot v}{3600 \cdot \eta_A} = \frac{650 \cdot 120}{3600 \cdot 0{,}82}$ kW $=$

$=$ **26,4 kW**

$$P_A = \frac{F_A \cdot v}{3600}$$

$$P_{eff} = \frac{F_A \cdot v}{3600 \cdot \eta_A}$$

$$\eta_A = \frac{F_A \cdot v}{3600 \cdot P_{eff}}$$

Vergleichsleistung

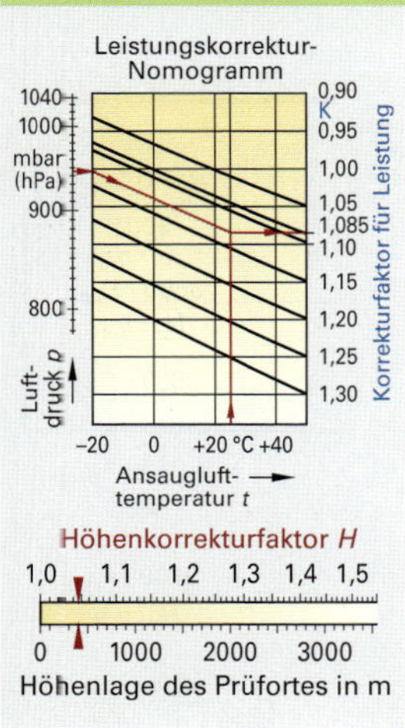

Erfahrungswerte:

Auf je 100 m Höhenzunahme sinkt die Motorleistung um rund 1 %.

Liegt die Temperatur über 20 °C, so sinkt die Motorleistung um etwa 1 % bei Erhöhung der Temperatur um 2 °C.

P_{red} Nutzleistung in kW bei Bezugszustand (1000 mbar, 25 °C)
P_{eff} Nutzleistung in kW (gemessene Leistung am Prüfstand)
p Luftdruck in mbar
t Temperatur in °C (gemessen 150 mm vor dem Luftfilter)
K_{OM} Korrekturfaktor für Ottomotoren ohne Aufladung
K_{DM} Korrekturfaktor für selbstansaugende Dieselmotoren
Für Motoren mit Turboaufladung ist $K_{DM} = 1$.
A Ausgleichswert für Druck und Temperatur

Beispiel: Ottomotor; $P_{eff} = 60$ kW; $t = 22$ °C;
$p = 980$ mbar; $P_{red} = ?$ kW

Lösung: $P_{red} = P_{eff} \cdot K_{OM}$

$$K_{OM} = \frac{1000}{p} \cdot \sqrt{\frac{273 + t}{298}} =$$

$$= \frac{1000}{980} \cdot \sqrt{\frac{273 + 22}{298}} =$$

$$= 1{,}015$$

$\mathbf{P_{red}} = 60$ kW $\cdot$ 1,015 $=$ **60,9 kW**

Ottomotor:

$$P_{red} = P_{eff} \cdot K_{OM}$$

$$K_{OM} = \frac{1000}{p} \cdot \sqrt{\frac{273 + t}{298}}$$

Dieselmotor:

$$P_{red} = P_{eff} \cdot K_{DM}$$

$$K_{DM} = 1 + \frac{A}{100}$$

$$A = 0{,}064 \cdot (1000 - p) + 0{,}17 \cdot (273 + t - 298)$$

Die Berechnung der Vergleichsleistung ist nur zulässig, solange der errechnete Korrekturfaktor zwischen 0,96 und 1,04 liegt.

M

Innenwirkungsgrad (indizierter Wirkungsgrad)

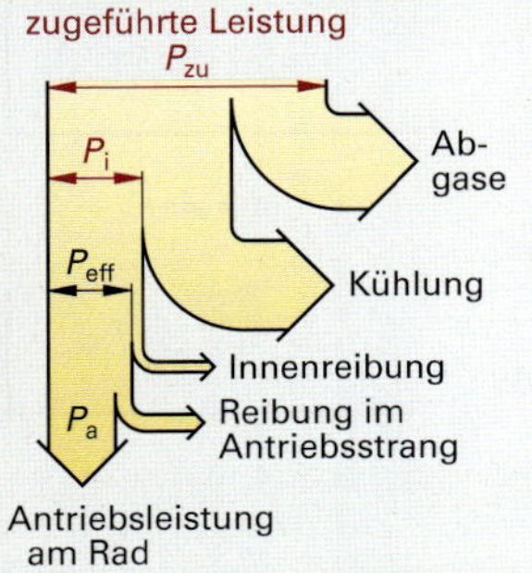

η_i Innenwirkungsgrad
P_i Innenleistung in kW (indizierte Leistung)
P_{zu} zugeführte Leistung in kW
H_u spezifischer Heizwert in kJ/kg
$\dot{m}_K$ Kraftstoffverbrauch in kg/h

Beispiel: $P_i = 45$ kW; $\dot{m}_K = 10{,}8$ kg/h; $H_u = 43\,000$ kJ/kg; $\eta_i = ?$

Lösung: $\boldsymbol{\eta_i} = \dfrac{3600 \cdot P_i}{\dot{m}_K \cdot H_u} = \dfrac{3600 \cdot 45}{10{,}8 \cdot 43\,000} =$

$= \mathbf{0{,}35}$

$$\eta_i = \frac{P_i}{P_{zu}}$$

$$\eta_i = \frac{3600 \cdot P_i}{\dot{m}_K \cdot H_u}$$

$$P_i = \frac{\eta_i \cdot \dot{m}_K \cdot H_u}{3600}$$

$$\dot{m}_K = \frac{3600 \cdot P_i}{\eta_i \cdot H_u}$$

$$H_u = \frac{3600 \cdot P_i}{\eta_i \cdot \dot{m}_K}$$

Mechanischer Wirkungsgrad

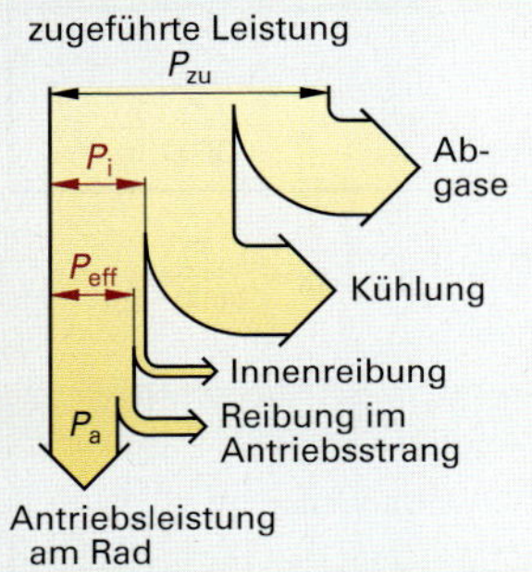

η_m mechanischer Wirkungsgrad
P_{eff} Nutzleistung in kW
P_i Innenleistung in kW (indizierte Leistung)
P_r Reibleistung in kW
P_l Laderleistung in kW
P_{sp} Spülgebläseleistung in kW

Für Saugmotoren ist P_l und P_{sp} gleich Null.

Beispiel: Saugmotor; $P_{eff} = 92$ kW; $P_i = 108$ kW; $\eta_m = ?$

Lösung: $\boldsymbol{\eta_m} = \dfrac{P_{eff}}{P_i} = \dfrac{92\text{ kW}}{108\text{ kW}} = \mathbf{0{,}85}$

$$\eta_m = \frac{P_{eff}}{P_i}$$

$$P_{eff} = \eta_m \cdot P_i$$

$$P_i = \frac{P_{eff}}{\eta_m}$$

$$P_i = P_{eff} + P_r + P_l + P_{sp}$$

Nutzwirkungsgrad (effektiver Wirkungsgrad)

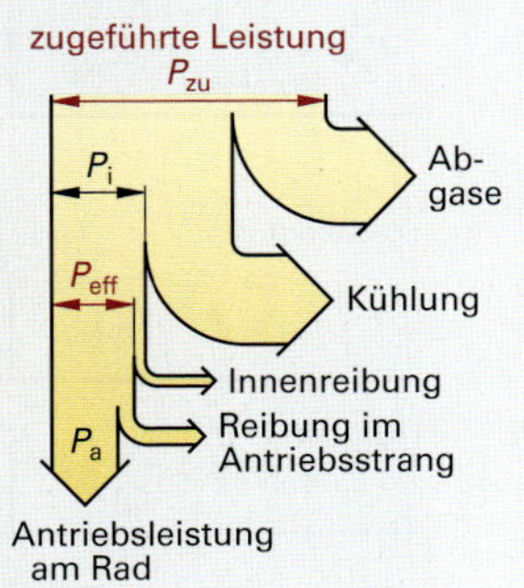

η_{eff} Nutzwirkungsgrad (effektiver Wirkungsgrad)
η_m mechanischer Wirkungsgrad
η_i Innenwirkungsgrad
$\dot{m}_K$ Kraftstoffverbrauch in kg/h
$\dot{V}$ Kraftstoffverbrauch in l/h
ϱ_K Dichte des Kraftstoffs in kg/l
H_u spezifischer Heizwert in kJ/kg
b_{eff} spezifischer Kraftstoffverbrauch in g/kWh

Beispiel: $P_{eff} = 40$ kW; $b_{eff} = 290$ g/kWh; $H_u = 43\,000$ kJ/kg; $\dot{m}_K = ?$ kg/h; $\eta_{eff} = ?$

Lösung: $\boldsymbol{\dot{m}_K} = \dfrac{b_{eff} \cdot P_{eff}}{1000}$

$= \dfrac{290\text{ g/kWh} \cdot 40\text{ kW}}{1000} =$

$= \mathbf{11{,}6\ kg/h}$

$\boldsymbol{\eta_{eff}} = \dfrac{3600 \cdot P_{eff}}{\dot{m}_K \cdot H_u} = \dfrac{3600 \cdot 40}{11{,}6 \cdot 43\,000} =$

$= \mathbf{0{,}289}$

Motorart	Fahrzeug	Takt	η_{eff}
Otto	Krad	2	0,14 ... 0,18
		4	0,25 ... 0,31
	Pkw	4	0,28 ... 0,40
	Nkw	4	... 0,40
Diesel	Pkw	4	0,32 ... 0,48
	Nkw	4	0,32 ... 0,48

$$\eta_{eff} = \eta_i \cdot \eta_m$$

$$\eta_{eff} = \frac{3600 \cdot P_{eff}}{\dot{m}_K \cdot H_u}$$

$$P_{eff} = \frac{\dot{m}_K \cdot H_u \cdot \eta_{eff}}{3600}$$

$$\dot{m}_K = \frac{3600 \cdot P_{eff}}{H_u \cdot \eta_{eff}}$$

$$H_u = \frac{3600 \cdot P_{eff}}{\dot{m}_K \cdot \eta_{eff}}$$

$$\dot{m}_K = \frac{b_{eff} \cdot P_{eff}}{1000}$$

$$\dot{m}_K = \dot{V} \cdot \varrho_K$$

$$\eta_{eff} = \frac{3\,600\,000}{b_{eff} \cdot H_u}$$

M

Innere Arbeit

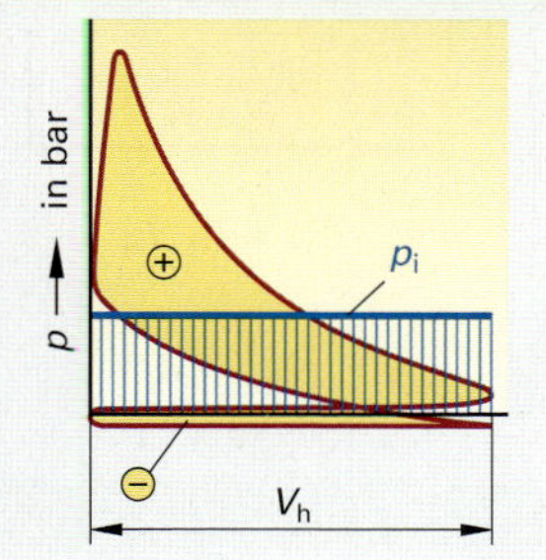

Arbeit = Fläche ⊕ – Fläche ⊖

Bei Umwandlung der Diagrammfläche in ein flächengleiches Rechteck entspricht der mittlere Kolbendruck der Höhe und der Hub der Länge dieses Rechtecks.

1 bar = 10 N/cm²

W_i innere Arbeit in Nm, J, Ws
F_i innere Kolbenkraft in N
P_i Innenleistung in kW (indizierte Leistung)
s Hub in m
p_i innerer Kolbendruck in N/cm² = mittlerer Kolbendruck in N/cm²
A Kolbenfläche in cm²
d Zylinderdurchmesser in cm
V_h Zylinderhubraum in cm³
t Zeit in s

Beispiel: $d = 75\text{ mm} = 7{,}5\text{ cm}$; $p_i = 110\text{ N/cm}^2$; $s = 73\text{ mm} = 0{,}073\text{ m}$; $W_i = ?\text{ Nm}$

Lösung:

$$\boldsymbol{W_i} = \frac{d^2 \cdot \pi \cdot p_i \cdot s}{4} = \frac{(7{,}5\text{ cm})^2 \cdot \pi \cdot 110\text{ N/cm}^2 \cdot 0{,}073\text{ m}}{4} = \mathbf{354{,}6\ Nm}$$

$$W_i = F_i \cdot s$$

$$W_i = A \cdot p_i \cdot s$$

$$W_i = \frac{d^2 \cdot \pi \cdot p_i \cdot s}{4}$$

$$W_i = \frac{V_h \cdot p_i}{100}$$

$$W_i = P_i \cdot t \cdot 1000$$

Nutzarbeit

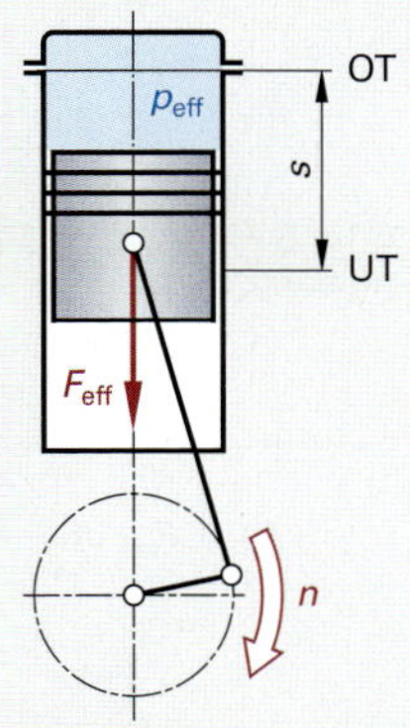

W_{eff} Nutzarbeit in Nm
F_{eff} nutzbare Kolbenkraft in N
P_{eff} Nutzleistung in kW
p_{eff} mittlerer effektiver Kolbendruck in N/cm²
t Zeit in s
V_h Hubraum in cm³
A Kolbenfläche in cm²
s Hub in m
t Zeit in s

Beispiel: $V_h = 498\text{ cm}^3$; $p_{eff} = 12{,}8\text{ bar} = 128\text{ N/cm}^2$; $W_{eff} = ?\text{ kW}$

Lösung: $$\boldsymbol{W_{eff}} = \frac{V_h \cdot p_{eff}}{100} = \frac{498 \cdot 128}{100}\text{ kW} = \mathbf{637{,}4\ Nm}$$

$$W_{eff} = F_{eff} \cdot s$$

$$W_{eff} = A \cdot p_{eff} \cdot s$$

$$W_{eff} = \frac{d^2 \cdot \pi \cdot p_{eff} \cdot s}{4}$$

$$W_{eff} = \frac{V_h \cdot p_{eff}}{100}$$

$$W_{eff} = P_{eff} \cdot t \cdot 1000$$

Spezifischer Arbeitspreis, spezifische Kraftstoffkosten

Beispiel:
$\dot{m}_K = 19{,}2\text{ kg/h}$; $K_K = 1{,}3$ €/l;
$\varrho = 0{,}75\text{ kg/l}$; $P_{eff} = 60\text{ kW}$;
$K_W = ?$ €/kWh

Lösung:

$$\boldsymbol{K_W} = \frac{\dot{m}_K \cdot K_K}{P_{eff} \cdot \varrho_K} = \frac{19{,}2\text{ kg/h} \cdot 1{,}3\text{ €/l}}{60\text{ kW} \cdot 0{,}75\text{ kg/l}} = \mathbf{0{,}555\ €/kWh}$$

K_W Arbeitspreis in €/kWh (Betriebskosten)
K_K Kraftstoffkosten in €/l
$\dot{m}_K$ Kraftstoffverbrauch in kg/h
ϱ_K Dichte des Kraftstoffs in kg/l (kg/dm³)
P_{eff} Motorleistung in kW (Nutzleistung)
b_{eff} spezifischer Kraftstoffverbrauch in g/kWh

Für die Kraftstoffkosten K_K ist der aktuelle Preis einzusetzen.

$$K_W = \frac{\dot{m}_K \cdot K_K}{P_{eff} \cdot \varrho_K}$$

$$K_W = \frac{b_{eff} \cdot K_K}{1000 \cdot \varrho_K}$$

M

Hubraumleistung

Motorart	Fahrzeug	Hubraumleistung P_H kW/l
Otto	Pkw	bis 130
Otto	Krad	bis 100
Diesel	Pkw	bis 80
Diesel	Lkw	bis 90

P_H Hubraumleistung in kW/l
P_{eff} größte Nutzleistung in kW
V_H Gesamthubraum in l

Beispiel: $P_{eff} = 73\text{ kW}$; $V_H = 1{,}79\text{ l}$
$P_H = ?\text{ kW/l}$

Lösung: $\mathbf{P_H} = \frac{P_{eff}}{V_H} = \frac{73\text{ kW}}{1{,}79\text{ l}} = \mathbf{40{,}78\text{ kW/l}}$

$$P_H = \frac{P_{eff}}{V_H}$$

$$P_{eff} = V_H \cdot P_H$$

$$V_H = \frac{P_{eff}}{P_H}$$

Leistungsgewicht des Motors, des Fahrzeugs

Motorart	Fahrzeug	Leistungsgewicht des Motors m_{PM} kg/kW
Otto	Krad	0,5 … 3
Otto	Pkw	1,3 … 5
Diesel	Pkw	1,8 … 5
Diesel	Lkw	2,5 … 8

Motorart	Fahrzeug	Leistungsgewicht des Fahrzeugs m_{PF} kg/kW
Otto	Krad	2 … 9
Otto	Pkw	4 … 22
Diesel	Pkw	12 … 25
Diesel	Lkw	60 … 230 (beladen)

m_{PM} Leistungsgewicht des Motors in kg/kW
m_{PF} Leistungsgewicht des Fahrzeugs in kg/kW
P_{eff} größte Nutzleistung in kW
m_M Gewicht des Motors (trocken) in kg
m_F Leergewicht des Fahrzeugs in kg (bei Pkw)
m_F zulässiges Gesamtgewicht in kg (bei Lkw und Anhänger)

Beispiel: $P_{eff} = 45\text{ kW}$; $m_M = 112\text{ kg}$
$m_{PM} = ?\text{ kg/kW}$

Lösung: $\mathbf{m_{PM}} = \frac{m_M}{P_{eff}} = \frac{112\text{ kg}}{45\text{ kW}} = \mathbf{2{,}5\text{ kg/kW}}$

$$m_{PM} = \frac{m_M}{P_{eff}}$$

$$P_{eff} = \frac{m_M}{m_{PM}}$$

$$m_M = P_{eff} \cdot m_{PM}$$

$$m_{PF} = \frac{m_F}{P_{eff}}$$

$$P_{eff} = \frac{m_F}{m_{PF}}$$

$$m_F = P_{eff} \cdot m_{PF}$$

Gewichtsleistung

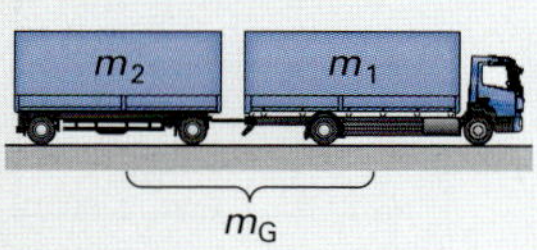

P_m Gewichtsleistung in kW/t
m_G zulässiges Gesamtgewicht in t
P_{eff} Nutzleistung in kW

Bei Nutzfahrzeugen und Omnibussen ist eine Motorleistung von mindestens 5,0 kW pro Tonne des zulässigen Gesamtgewichts des Kfz und der jeweiligen Anhängerlast vorgeschrieben.

Beispiel: $P_{eff} = 230\text{ kW}$;
$m_G = 16\text{ t} + 22\text{ t} = 38\text{ t}$; $P_m = ?\text{ kW/t}$

Lösung: $\mathbf{P_m} = \frac{P_{eff}}{m_G} = \frac{230\text{ kW}}{38\text{ t}} = \mathbf{6\text{ kW/t}}$

$$P_m = \frac{P_{eff}}{m_G}$$

$$P_{eff} = P_m \cdot m_G$$

$$m_G = \frac{P_{eff}}{P_m}$$

Hubraumgewicht

Motorart	Fahrzeug	Hubraumgewicht m_H kg/l
Otto	Krad	60 … 165
Otto	Pkw	40 … 100
Diesel	Pkw	70 … 120
Diesel	Lkw	100 … 180

m_H Hubraumgewicht in kg/l
m_M Gewicht des Motors (trocken) in kg
V_H Gesamthubraum in l

Beispiel: $m_M = 122\text{ kg}$; $V_H = 1{,}493\text{ l}$
$m_H = ?\text{ kg/l}$

Lösung: $\mathbf{m_H} = \frac{m_M}{V_H} = \frac{122\text{ kg}}{1{,}493\text{ l}} = \mathbf{82\text{ kg/l}}$

$$m_H = \frac{m_M}{V_H}$$

$$m_M = V_H \cdot m_H$$

$$V_H = \frac{m_M}{m_H}$$

Kupplung

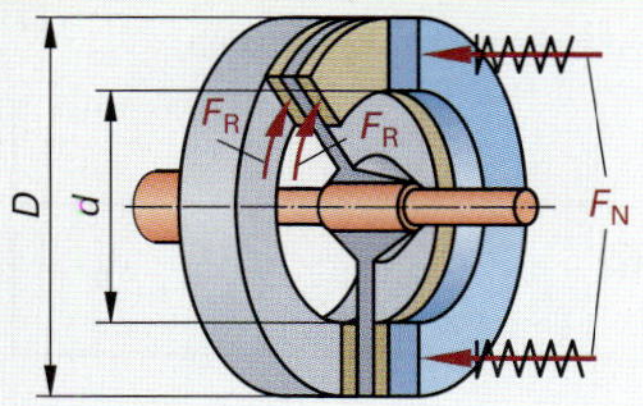

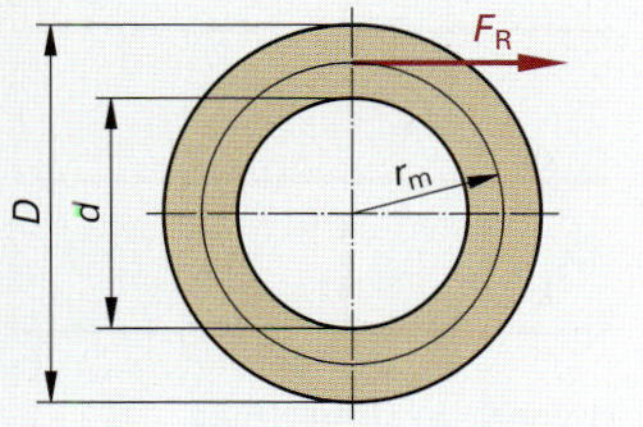

F_K	Drehkraft (Umfangskraft) in N
F_R	Reibungskraft einer Belagseite in N
F_N	Anpresskraft (gesamt) in N
μ_H	Haftreibungszahl
A	Fläche einer Belagseite in cm^2
p	Flächenpressung in N/cm^2
D	Außendurchmesser in cm, m
d	Innendurchmesser in cm, m
z	Anzahl der Kupplungsscheiben
M_K	übertragbares Drehmoment in Ncm, Nm
M_{max}	maximales Motormoment in Ncm, Nm
r_m	mittlerer Drehkrafthalbmesser (Radius) in cm, m
S	Sicherheitszahl ($S \approx 1{,}2 \ldots 1{,}5$)

$$F_K = 2 \cdot F_R \cdot z$$

$$F_R = \frac{F_K}{2 \cdot z}$$

$$F_R = F_N \cdot \mu_H$$

$$F_N = \frac{F_R}{\mu_H}$$

$$F_K = 2 \cdot F_N \cdot \mu_H \cdot z$$

$$F_N = \frac{F_K}{2 \cdot \mu_H \cdot z}$$

$$M_K = F_K \cdot r_m$$

$$F_K = \frac{M_K}{r_m}$$

$$r_m = \frac{D + d}{4}$$

$$M_K = 2 \cdot F_R \cdot r_m \cdot z$$

$$F_R = \frac{M_K}{2 \cdot r_m \cdot z}$$

$$M_K = 2 \cdot F_N \cdot \mu_H \cdot r_m \cdot z$$

$$M_K = S \cdot M_{max}$$

$$S = \frac{M_K}{M_{max}} \qquad M_{max} = \frac{M_K}{S}$$

$$F_N = A \cdot p$$

$$p = \frac{F_N}{A} \qquad A = \frac{F_N}{p}$$

$$A = \frac{\pi}{4} \cdot (D^2 - d^2)$$

$$F_N = \frac{\pi}{4} \cdot (D^2 - d^2) \cdot p$$

Beispiel 1: Einscheibenkupplung
$D = 180$ mm; $d = 125$ mm; $p = 20\ N/cm^2$; $\mu_H = 0{,}3$; $Z = 1$;
$A = ?$; $F_N = ?$; $F_R = ?$; $r_m = ?$; $M_K = ?$

Lösung:

$$\mathbf{A} = \frac{\pi}{4} \cdot (D^2 - d^2) = \frac{\pi}{4} \cdot (18^2\ cm^2 - 12{,}5^2\ cm^2) = \mathbf{131{,}75\ cm^2}$$

$$\mathbf{F_N} = A \cdot p = 131{,}75\ cm^2 \cdot 20\ N/cm^2 = \mathbf{2635\ N}$$

$$\mathbf{F_R} = F_N \cdot \mu_H = 2635\ N \cdot 0{,}3 = \mathbf{790{,}5\ N}$$

$$\mathbf{r_m} = \frac{D + d}{4} = \frac{18\ cm + 12{,}5\ cm}{4} = \mathbf{7{,}625\ cm}$$

$$\mathbf{M_K} = 2 \cdot F_R \cdot r_m \cdot z = 2 \cdot 790{,}5\ N \cdot 7{,}625\ cm \cdot 1 = 12\,055\ Ncm = \mathbf{120{,}55\ Nm}$$

Beispiel 2: Zweischeibenkupplung
$D = 160$ mm; $d = 110$ mm; $p = 20\ N/cm^2$; $\mu_H = 0{,}32$; $Z = 2$;
$F_R = ?$; $F_K = ?$; $M_K = ?$

Lösung:

$$\mathbf{F_R} = F_N \cdot \mu_H = 2120{,}6\ N \cdot 0{,}32 = \mathbf{678{,}6\ N}$$

$$\mathbf{F_N} = \frac{\pi}{4} \cdot (D^2 - d^2) \cdot p = \frac{\pi}{4} \cdot (16^2\ cm^2 - 11^2\ cm^2) \cdot 20\ \frac{N}{cm^2} = \mathbf{2120{,}6\ N}$$

$$\mathbf{F_K} = 2 \cdot F_R \cdot z = 2 \cdot 678{,}6\ N \cdot 2 = \mathbf{2714{,}4\ N}$$

$$\mathbf{r_m} = \frac{D + d}{4} = \frac{16\ cm + 11\ cm}{4} = \mathbf{6{,}75\ cm}$$

$$\mathbf{M_K} = F_K \cdot r_m = 2714{,}4\ N \cdot 6{,}75\ cm = 18\,322\ Ncm = \mathbf{183{,}2\ Nm}$$

Erfahrungswerte

Kupplungsart	Belag	Haftreibungszahl μ_H	Flächenpressung p
Trocken	organisch	0,25 … 0,5	bis 35 N/cm^2
	Sinterbelag mit Keramikanteil	0,30 … 0,6	bis 200 N/cm^2
Nass	Sinter-Metall	0,08 … 0,12	bis 300 N/cm^2
	Papier-Reibbelag	0,06 … 0,10	bis 300 N/cm^2
	Carbon-Reibbelag	0,08 … 0,10	bis 800 N/cm^2

Kupplungsbetätigung

M

Bei der Berechnung von rein mechanischen Kupplungsbetätigungen setzt man $i_{hyd} = 1$ und $F_{GZ} = F_{NZ}$.

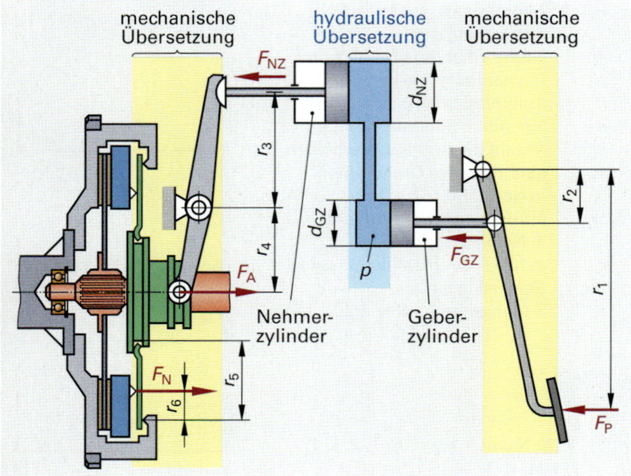

i_1, i_2	mechanische Einzelübersetzungen
i_a	äußere Übersetzung
i_i	innere Übersetzung
i_{mec}	mechanische Übersetzung
i_{hyd}	hydraulische Übersetzung
i	Gesamtübersetzung
r_1, r_2, ...	wirksame Hebellängen in mm
F_P	Fußkraft am Pedal in N
F_A	Ausrückkraft in N
F_N	Gesamtanpresskraft in N
F_{GZ}, F_{NZ}	Kraft am Geber-, Nehmerzylinder in N
A_{GZ}, A_{NZ}	Querschnittsfläche des Geber-, Nehmerzylinders in cm²
d_{GZ}, d_{NZ}	Durchmesser des Geber-, Nehmerzylinders in cm
p	Leitungsdruck in N/cm²
s_D	Druckplattenweg in mm
s_B	Belagfederweg in mm
l	Lüftungsspiel in mm
s_A	Ausrückweg in mm
s	Kupplungsspiel in mm (wenn spielfrei $s = 0$)
s_P	Pedalweg in mm

Beispiel: Einscheibenkupplung, spielfrei, hydraulische Betätigung
$i_i = 0{,}3$; $i_a = 0{,}06$; $A_{GZ} = 3{,}87\ \text{cm}^2$; $A_{NZ} = 5{,}06\ \text{cm}^2$;
$F_P = 300\ \text{N}$; $s_A = 7\ \text{mm}$
$i_{mec} = ?$; $i_{hyd} = ?$; $F_A = ?$; $s_P = ?$

Lösung:

$$\boldsymbol{i_{mec}} = i_a \cdot i_i = 0{,}06 \cdot 0{,}3 = \mathbf{0{,}018}$$

$$\boldsymbol{i_{hyd}} = \frac{A_{GZ}}{A_{NZ}} = \frac{3{,}87\ \text{cm}^2}{5{,}06\ \text{cm}^2} = \mathbf{0{,}76}$$

$$\boldsymbol{F_A} = \frac{F_P}{i_a \cdot i_{hyd}} = \frac{300\ \text{N}}{0{,}06 \cdot 0{,}76} = \mathbf{6579\ N}$$

$$\boldsymbol{s_P} = \frac{s_A + s}{i_a \cdot i_{hyd}} = \frac{7\ \text{mm} + 0}{0{,}06 \cdot 0{,}76} = \mathbf{153{,}5\ mm}$$

Mechanische Übersetzung

$$i_{mec} = i_a \cdot i_i$$

$$i_a = i_1 \cdot i_2 \qquad i_i = \frac{r_6}{r_5}$$

$$i_1 = \frac{r_2}{r_1} \qquad i_2 = \frac{r_4}{r_3}$$

$$i_{mec} = \frac{r_2 \cdot r_4 \cdot r_6}{r_1 \cdot r_3 \cdot r_5}$$

$$F_P = F_N \cdot i_{mec} \qquad F_A = F_N \cdot i_i$$

Hydraulische Übersetzung

$$i_{hyd} = \frac{d_{GZ}^2}{d_{NZ}^2} \qquad i_{hyd} = \frac{F_{GZ}}{F_{NZ}}$$

$$p = \frac{F_{GZ}}{A_{GZ}} \qquad p = \frac{F_{NZ}}{A_{NZ}}$$

$$F_{GZ} = p \cdot A_{GZ} \qquad F_{NZ} = p \cdot A_{NZ}$$

$$A_{GZ} = \frac{\pi \cdot d_{GZ}^2}{4} \qquad A_{NZ} = \frac{\pi \cdot d_{NZ}^2}{4}$$

Gesamtübersetzung

$$i = i_1 \cdot i_{hyd} \cdot i_2 \cdot i_i$$

$$F_{GZ} = \frac{F_P}{i_1} \qquad F_P = i \cdot F_N$$

$$F_A = \frac{F_{NZ}}{i_2} \qquad F_A = \frac{F_P}{i_a \cdot i_{hyd}}$$

$$F_N = \frac{F_A}{i_i} \qquad F_N = \frac{F_P}{i_{mec} \cdot i_{hyd}}$$

Lüftspiel

$$l = s_D - s_B$$

Ausrückweg

$$s_A = \frac{l}{i_i}$$

Pedalweg

$$s_P = \frac{s_A + s}{i_a \cdot i_{hyd}}$$

$$s_A = i_a \cdot i_{hyd} \cdot s_P - s$$

Ungleichachsiges Wechselgetriebe

Die Übersetzungen sämtlicher Gänge werden durch jeweils eine Zahnradpaarung bewirkt.

$z_1, z_3, z_5, \ldots$	Zähnezahlen, treibende Räder
$z_2, z_4, z_6, \ldots$	Zähnezahlen, getriebene Räder
F	Zahnflankenkraft in N
M_M	Motordrehmoment in Nm
M_G	Getriebeausgangsdrehmoment in Nm
η_K	Kupplungswirkungsgrad
η_G	Getriebewirkungsgrad
i_G	Getriebeübersetzung
$i_{G1}, i_{G2}, \ldots$	Getriebeübersetzungen in den einzelnen Gängen
r_1, r_2	Teilkreishalbmesser in mm
n_M	Motordrehzahl in 1/min
n_G	Getriebeausgangsdrehzahl in 1/min

Beispiel: Ungleichachsiges Wechselgetriebe;
3. Gang; $z_5 = 28$; $z_6 = 40$; $\eta_G = 0{,}97$
$n_M = 3500$ 1/min; $M_M = 140$ Nm;
$i_{G3} = ?$; $n_G = ?$; $M_{G3} = ?$

Lösung: $\mathbf{i_{G3}} = \frac{z_6}{z_5} = \frac{40}{28} = \mathbf{1{,}43}$

$$\mathbf{n_{G3}} = \frac{n_M}{i_{G3}} = \frac{3500\ 1/\text{min}}{1{,}43} = \mathbf{2448\ 1/min}$$

$$\mathbf{M_{G3}} = M_M \cdot i_{G3} \cdot \eta_G = 140\ \text{Nm} \cdot 1{,}43 \cdot 0{,}97 = \mathbf{194\ Nm}$$

5-Gang-Wechselgetriebe (3. Gang)

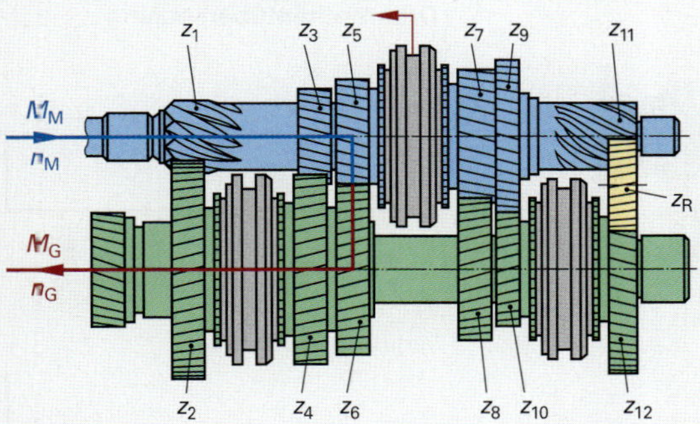

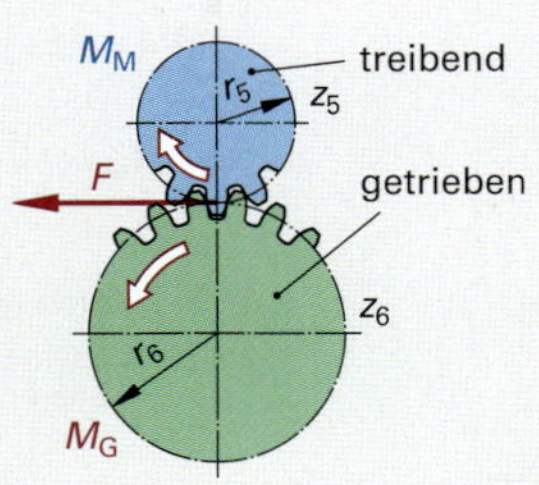

Drehzahlübersetzung

$$i_G = \frac{n_M}{n_G}$$

$$n_G = \frac{n_M}{i_G} \qquad n_M = n_G \cdot i_G$$

Übersetzung der Gänge (5 Gänge)

1. Gang $i_{G1} = \frac{z_2}{z_1}$

2. Gang $i_{G2} = \frac{z_4}{z_3}$

3. Gang $i_{G3} = \frac{z_6}{z_5}$

4. Gang $i_{G4} = \frac{z_8}{z_7}$

5. Gang $i_{G5} = \frac{z_{10}}{z_9}$

Rückwärtsgang $i_{GR} = \frac{z_{12}}{z_{11}}$

Übersetzung der Gänge (6 Gänge)

zusätzlich 6. Gang

$$i_{G6} = \frac{z_{12}}{z_{11}}$$

Drehmomentübersetzung

Verluste unberücksichtigt

$$i_G = \frac{M_G}{M_M}$$

$$M_G = M_M \cdot i_G \qquad M_M = \frac{M_G}{i_G}$$

Verluste berücksichtigt

$$i_G = \frac{M_G}{M_M \cdot \eta_K \cdot \eta_G}$$

$$M_G = M_M \cdot \eta_K \cdot i_G \cdot \eta_G$$

$$M_M = \frac{M_G}{\eta_K \cdot i_G \cdot \eta_G}$$

$\eta_K \approx 0{,}995$ Lüftungsverluste

$\eta_G \approx 0{,}955$ Plansch- und Reibungsverluste

M

Gleichachsiges Wechselgetriebe

Die Übersetzungen der Gänge werden jeweils durch zwei Zahnradpaarungen bewirkt (Ausnahme: 4. Gang).

$z_1, z_3, z_5, \ldots$	Zähnezahlen, treibende Räder
$z_2, z_4, z_6, \ldots$	Zähnezahlen, getriebene Räder
F_I, F_{II}	Zahnflankenkräfte in N
M_M	Motordrehmoment in Nm
M_G	Getriebeausgangsdrehmoment in Nm
η_K	Kupplungswirkungsgrad
η_G	Getriebewirkungsgrad
i_G	Getriebeübersetzung
$i_{G1}, i_{G2}, \ldots$	Getriebeübersetzungen in den einzelnen Gängen
$r_1, r_2, \ldots$	Teilkreishalbmesser in mm
n_M	Motordrehzahl in 1/min
n_G	Getriebeausgangsdrehzahl in 1/min

Beispiel: Wechselgetriebe, 1. Gang; $n_M = 3200$ 1/min; $z_1 = 25$; $z_2 = 40$; $z_3 = 19$; $z_4 = 46$; $M_M = 120$ Nm; $i_{G1} = ?$; $n_{G1} = ?$; $M_{G1} = ?$

Lösung: $\mathbf{i_{G1}} = \frac{z_2 \cdot z_4}{z_1 \cdot z_3} = \frac{40 \cdot 46}{25 \cdot 19} = \mathbf{3{,}87}$

$\mathbf{n_{G1}} = \frac{n_M}{i_{G1}} = \frac{3200\ \text{1/min}}{3{,}87} = \mathbf{827\ 1/min}$

$\mathbf{M_{G1}} = M_M \cdot i_{G1} = 120\ \text{Nm} \cdot 3{,}87 = \mathbf{464{,}4\ Nm}$

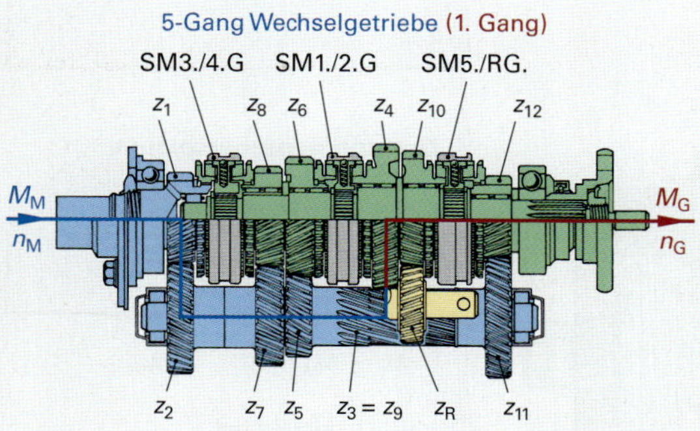

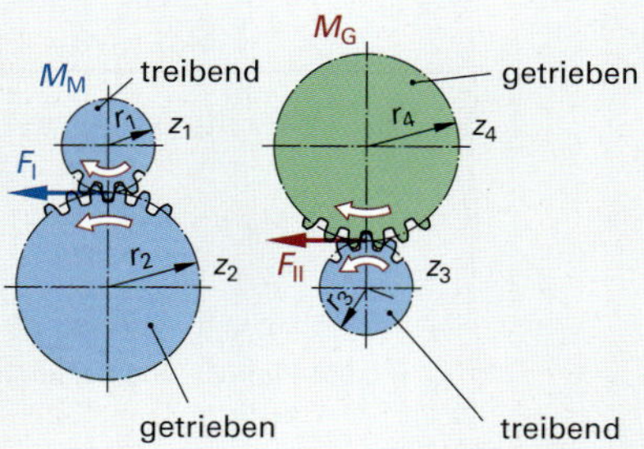

Drehzahlübersetzung

$$i_G = \frac{n_M}{n_G}$$

$$n_G = \frac{n_M}{i_G} \qquad n_M = n_G \cdot i_G$$

Übersetzung der Gänge

1. Gang

$$i_{G1} = \frac{z_2 \cdot z_4}{z_1 \cdot z_3}$$

2. Gang

$$i_{G2} = \frac{z_2 \cdot z_6}{z_1 \cdot z_5}$$

3. Gang

$$i_{G3} = \frac{z_2 \cdot z_8}{z_1 \cdot z_7}$$

4. Gang

$$i_{G4} = 1$$

5. Gang

$$i_{G5} = \frac{z_2 \cdot z_{12}}{z_1 \cdot z_{11}}$$

Rückwärtsgang

$$i_{GR} = \frac{z_2 \cdot z_{10}}{z_1 \cdot z_9}$$

Drehmomentübersetzung

Verluste unberücksichtigt

$$i_G = \frac{M_G}{M_M}$$

$$M_G = M_M \cdot i_G \qquad M_M = \frac{M_G}{i_G}$$

Verluste berücksichtigt

$$i_G = \frac{M_G}{M_M \cdot \eta_K \cdot \eta_G}$$

$$M_G = M_M \cdot \eta_K \cdot i_G \cdot \eta_G$$

$$M_M = \frac{M_G}{\eta_K \cdot i_G \cdot \eta_G}$$

$\eta_K \approx 0{,}995$ Lüftungsverluste

$\eta_G \approx 0{,}955$ Plansch- und Reibungsverluste

M

Achsgetriebe

Stirnrad-Achsgetriebe

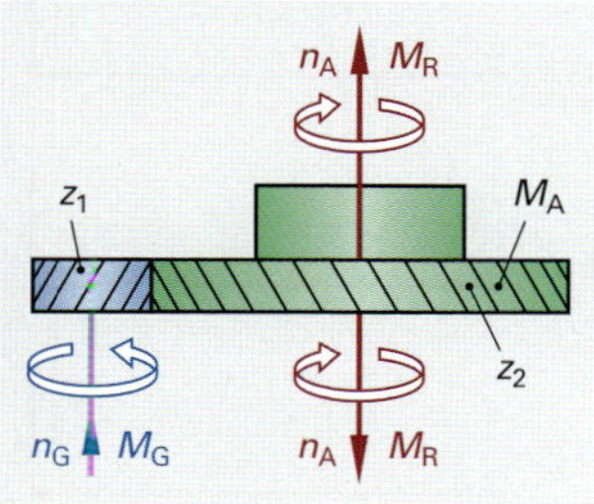

Kegelrad-Achsgetriebe

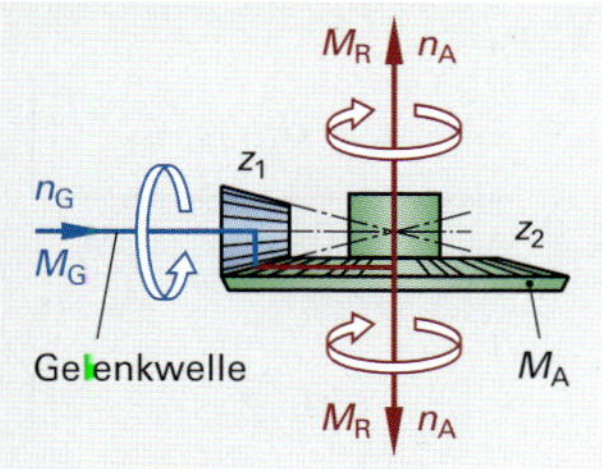

Mit Planeten-Vorgelege

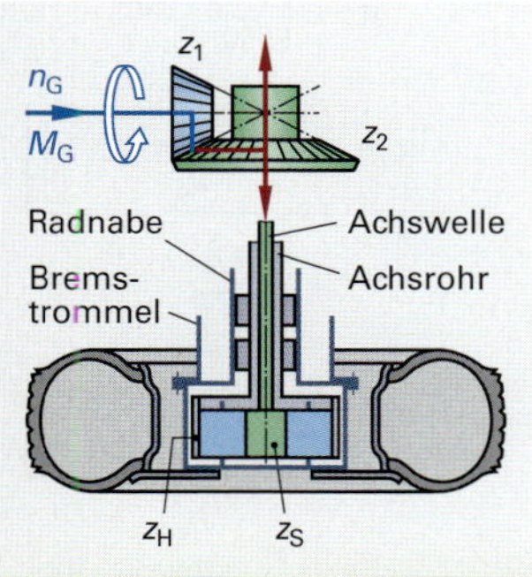

- i_A Übersetzung des Achsgetriebes
- i_G Übersetzung des Wechselgetriebes
- i_V Übersetzung des Vorgelege-Getriebes
- i_{AV} Übersetzung des Achsgetriebes mit Vorgelege-Getriebe
- z_1 Zähnezahl des treibenden Stirnrades bzw. Kegelrades
- z_2 Zähnezahl des getriebenen Stirnrades bzw. Tellerrades
- z_H Zähnezahl des Hohlrades
- z_S Zähnezahl des Sonnenrades
- n_M Motordrehzahl in 1/min
- n_G Getriebeausgangsdrehzahl in 1/min
- n_A Drehzahl der Antriebsräder in 1/min
- M_G Getriebeausgangsdrehmoment in Nm
- M_A Drehmoment an den Antriebsrädern bzw. am Tellerrad oder getriebenen Stirnrad in Nm
- η_A Wirkungsgrad des Achsgetriebes
- M_R Drehmoment an einem Antriebsrad in Nm
- M_{AV} Drehmoment an den Antriebsrädern beim Achsgetriebe mit Planetenvorgelege in Nm
- M_{RV} Drehmoment an einem Antriebsrad beim Achsgetriebe mit Planeten-Vorgelege in Nm
- η_{AV} Wirkungsgrad des Achsgetriebes mit Vorgelege

$$i_A = \frac{z_2}{z_1} \qquad i_A = \frac{n_G}{n_A}$$

$$n_G = i_A \cdot n_A$$

$$n_A = \frac{n_G}{i_A}$$

$$M_A = M_G \cdot i_A \cdot \eta_A$$

$$M_R = \frac{M_A}{2}$$

$$i_{AV} = i_A \cdot i_V$$

$$i_V = 1 + \frac{z_H}{z_S}$$

$$i_{AV} = \frac{z_T}{z_K} \cdot \left(1 + \frac{z_H}{z_S}\right)$$

$$M_{AV} = M_G \cdot i_{AV} \cdot \eta_{AV}$$

$$M_{RV} = \frac{M_{AV}}{2}$$

Gesamtübersetzung des Antriebsstrangs

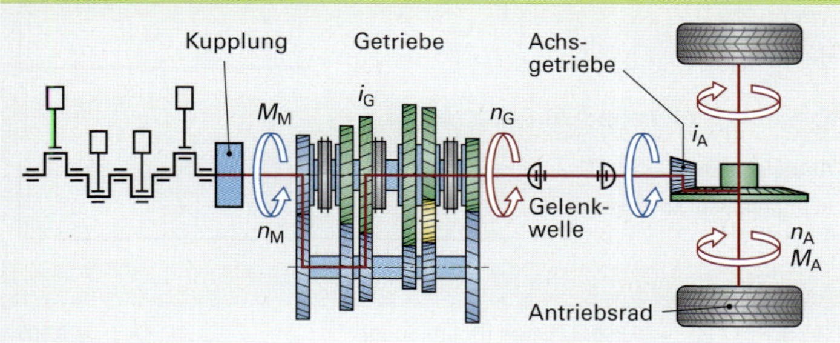

Achsübersetzungen

Pkw	i_A = 2,5 … 4,5
Nkw	i_A = 3,5 … 6,5

- i_{Tr} Übersetzung des Antriebsstrangs
- i_G Übersetzung des Wechselgetriebes
- i_A Übersetzung des Achsgetriebes
- η_{TR} Wirkungsgrad Antriebsstrang

$$i_{Tr} = i_G \cdot i_A$$

$$i_{Tr} = \frac{n_M}{n_A}$$

$$n_A = \frac{n_M}{i_{Tr}}$$

$$M_A = M_M \cdot i_{Tr} \cdot \eta_{Tr}$$

$$n_A = \frac{n_M}{i_G \cdot i_A}$$

$$n_M = n_A \cdot i_G \cdot i_A$$

M

Antriebskraft an den Antriebsrädern

Beispiel: M_M = 108,6 Nm
i_{Tr} = 6,12 (3. Gang)
r_{dyn} = 283 mm; η_{Tr} = 0,9
F_A = ? N

Lösung: $\mathbf{F_A} = \frac{M_M \cdot i_{Tr} \cdot \eta_{Tr}}{r_{dyn}} =$

$= \frac{108{,}6\ \text{Nm} \cdot 6{,}12 \cdot 0{,}9}{0{,}283\ \text{m}} =$

$=$ **2113,7 N**

F_A Antriebskraft an den Antriebsrädern in N
M_A Drehmoment an den Antriebsrädern in Nm
M_M Motordrehmoment in Nm
i_{Tr} Übersetzung des Antriebsstrangs
r_{dyn} dynamischer Reifenhalbmesser in m
U_{dyn} dynamischer Abrollumfang in m
η_{Tr} Wirkungsgrad des Antriebsstrangs

$$F_A = \frac{M_A}{r_{dyn}}$$

$$F_A = \frac{M_M \cdot i_{Tr} \cdot \eta_{Tr}}{r_{dyn}}$$

$$F_A = \frac{2 \cdot \pi \cdot M_A}{U_{dyn}}$$

Drehmoment und Leistung an den Antriebsrädern

Drehmomentschaubild

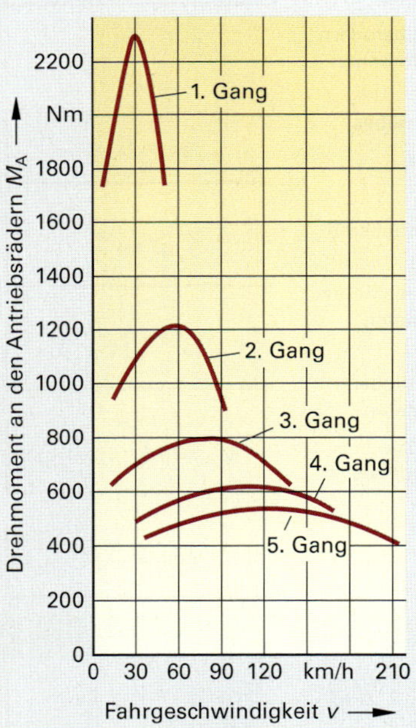

M_A Drehmoment an den Antriebsrädern in Nm
M_M Motordrehmoment in Nm
P_A Leistung an den Antriebsrädern in kW (Fahrleistung)
P_{eff} Motorleistung in kW
n_A Drehzahl der Antriebsräder in 1/min
n_M Motordrehzahl in 1/min
i_{Tr} Gesamtübersetzung des Antriebsstrangs
i_G Übersetzung des Wechselgetriebes
i_A Übersetzung des Achsgetriebes
η_{Tr} Wirkungsgrad des Antriebsstrangs

$$M_A = M_M \cdot i_{Tr} \cdot \eta_{Tr}$$

$$M_M = \frac{M_A}{i_{Tr} \cdot \eta_{Tr}} \qquad i_{Tr} = \frac{M_A}{M_M \cdot \eta_{Tr}}$$

$$M_A = \frac{9550 \cdot P_{eff} \cdot i_{Tr} \cdot \eta_{Tr}}{n_M}$$

$$P_{eff} = \frac{M_A \cdot n_M}{9550 \cdot i_{Tr} \cdot \eta_{Tr}}$$

$$M_A = \frac{9550 \cdot P_{eff} \cdot \eta_{Tr}}{n_A}$$

$$P_{eff} = \frac{M_A \cdot n_A}{9550 \cdot \eta_{Tr}}$$

$$P_A = P_{eff} \cdot \eta_{Tr}$$

$$P_{eff} = \frac{P_A}{\eta_{Tr}}$$

$$i_{Tr} = i_G \cdot i_A$$

Wirkungsgrad des Antriebsstrangs ohne Rad-/Reifenverluste

η_{Tr} Gesamtwirkungsgrad des Antriebsstrangs

Ist ein Einzelwirkungsgrad nicht angegeben, so wird er bei der Berechnung nicht berücksichtigt.

$$\eta_{Tr} = \eta_K \cdot \eta_G \cdot \eta_{GW} \cdot \eta_A \cdot \eta_{La}$$

Wirkungsgrade

Kupplung-Reibungskupplung (trocken)	η_K	≈ **0,995**	Lager (Rollreibung)	η_{La}	≈ **0,995**
Wechselgetriebe	η_G	≈ **0,955**	Räder (Ventilation, Luftverwirbelung)	η_{RV}	≈ **0,990**
Gelenkwelle	η_{GW}	≈ **0,995**	Räder (Walk- und Rollwirkung)	η_{RW}	≈ **0,860**
Achsgetriebe mit Ausgleichsgetriebe	η_A	≈ **0,990**	Reifen (Schlupfwirkung)	η_{RS}	≈ **0,950**

M

Fahrgeschwindigkeit

Das **Getriebediagramm eines Fahrzeugs** zeigt das Zusammenwirken von Motor, Wechselgetriebe und Achsgetriebe beim Fahren in den einzelnen Gängen. Über der Motordrehzahl wird die Fahrgeschwindigkeit aufgetragen.

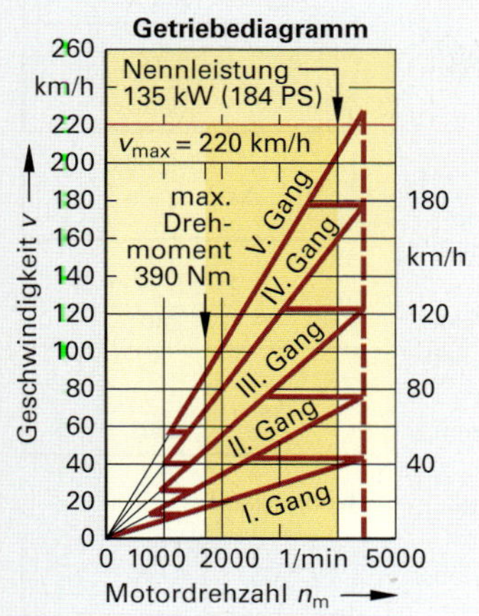

n_A	Drehzahl der Antriebsräder in 1/min
v	Fahrgeschwindigkeit in km/h
r_{dyn}	dynamischer Reifenhalbmesser in mm
U_{dyn}	dynamischer Abrollumfang in mm
n_M	Motordrehzahl in 1/min
i_G	Übersetzung des Wechselgetriebes
i_A	Übersetzung des Achsgetriebes
i_{Tr}	Gesamtübersetzung des Antriebsstrangs

$$v = \frac{3{,}6 \cdot U_{dyn} \cdot n_A}{60\,000}$$

$$n_A = \frac{60\,000 \cdot v}{3{,}6 \cdot U_{dyn}}$$

$$U_{dyn} = 2 \cdot \pi \cdot r_{dyn}$$

$$n_A = \frac{n_M}{i_{Tr}}$$

$$n_M = n_A \cdot i_{Tr}$$

$$i_{Tr} = i_G \cdot i_A$$

$$n_A = \frac{n_M}{i_G \cdot i_A}$$

$$n_M = n_A \cdot i_G \cdot i_A$$

Gegebene Werte				Errechnete Werte		
Motordrehzahl	Gang	i_G	i_A	i_{Tr}	n_A in 1/min	v in km/h
n_M = 4500 1/min	1.	5,24	2,35	12,31	366	44
Reifen 225/60 R 15	2.	2,91	2,35	6,84	658	78
U_{dyn} = 1985 mm	3.	1,81	2,35	4,25	1059	126
	4.	1,27	2,35	2,98	1510	180
	5.	1	2,35	2,35	1915	228

Beschleunigung

Beschleunigungsbereich	Zeit in s
0 km/h bis 80 km/h	6
0 km/h bis 100 km/h	8,5
0 km/h bis 120 km/h	11,9
0 km/h bis 130 km/h	14,1
0 km/h bis 160 km/h	21,8
0 km/h bis 200 km/h	43,5

Beschleunigungsdiagramm

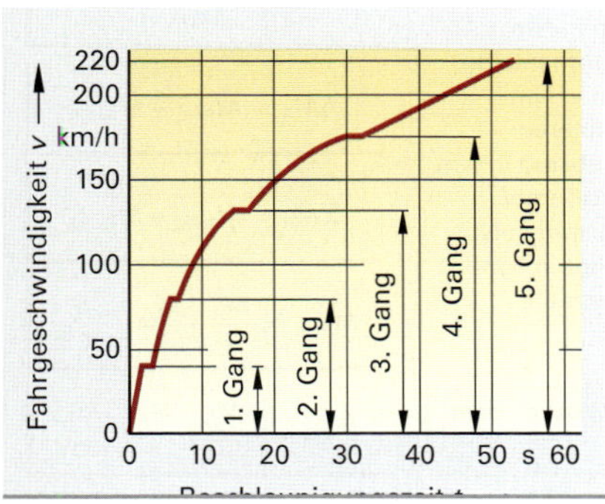

a	Beschleunigung in m/s^2
$v_2 - v_1$	Geschwindigkeitszunahme in m/s
t	Zeit in s

Mittlere Beschleunigung

$$a = \frac{v_2 - v_1}{t}$$

Beispiel 1: $i_G = 0{,}94$; $i_A = 4{,}11$; $U_{dyn} = 1935$ mm; $n_M = 5200$ 1/min; $n_A = ?$; $v = ?$

Lösung:

$$\mathbf{n_A} = \frac{n_M}{i_G \cdot i_A} = \frac{5200\ 1/\text{min}}{0{,}94 \cdot 4{,}11} = \mathbf{1346\ 1/min}$$

$$\mathbf{v} = \frac{3{,}6 \cdot U_{dyn} \cdot n_A}{60\,000} = \frac{3{,}6 \cdot 1935 \cdot 1346}{60\,000}\ \text{km/h} = \mathbf{156\ km/h}$$

Beispiel 2: $v = 180$ km/h; $U_{dyn} = 1935$ mm; $i_G = 0{,}79$; $i_A = 4{,}11$; $n_A = ?$; $n_M = ?$

Lösung:

$$\mathbf{n_A} = \frac{60\,000 \cdot v}{3{,}6 \cdot U_{dyn}} = \frac{60\,000 \cdot 180}{3{,}6 \cdot 1935}\ 1/\text{min} = \mathbf{1550\ 1/min}$$

$$\mathbf{n_M} = n_A \cdot i_G \cdot i_A = 1550\ 1/\text{min} \cdot 0{,}79 \cdot 4{,}11 = \mathbf{5033\ 1/min}$$

M

Ausgleichsgetriebe bei Kurvenfahrt

Kurvenfahrt

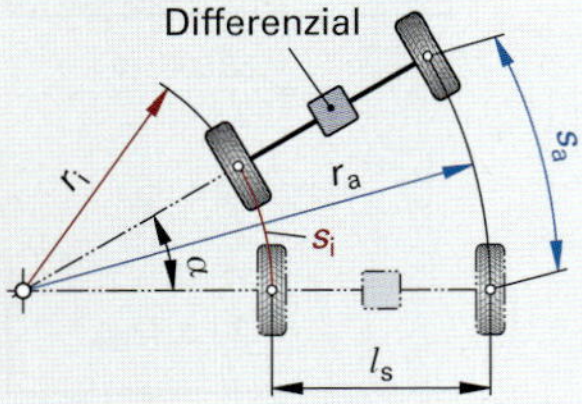

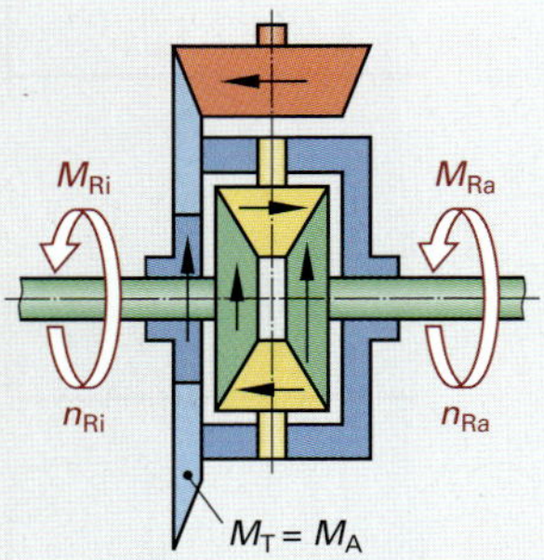

r_i	Spurkreishalbmesser innen in mm
r_a	Spurkreishalbmesser außen in mm
s_i	Radweg kurveninneres Rad in mm
s_a	Radweg kurvenäußeres Rad in mm
α	Kurvenwinkel in °
Δs	Wegdifferenz zwischen kurvenäußerem und kurveninnerem Rad in mm
n_{Ri}	Raddrehzahl kurveninneres Rad
n_{Ra}	Raddrehzahl kurvenäußeres Rad
Δn_R	Differenz der Raddrehzahlen
U_{dyn}	Abrollumfang der Reifen in mm
l_s	Spurweite in mm
M_T	Drehmoment am Tellerrad bzw. am treibenden Stirnrad in Nm
M_A	Drehmoment an beiden Antriebsrädern in Nm
M_R	Drehmoment an einem Antriebsrad in Nm
M_{Ri}	Drehmoment am kurveninneren Rad in Nm
M_{Ra}	Drehmoment am kurvenäußeren Rad in Nm

Radwege

$$s_i = \frac{2 \cdot \pi \cdot r_i \cdot \alpha}{360°}$$

$$s_a = \frac{2 \cdot \pi \cdot r_a \cdot \alpha}{360°}$$

$$\Delta s = s_a - s_i$$

$$\Delta s = \frac{2 \cdot \pi\,(r_a - r_i) \cdot \alpha}{360°}$$

$$\Delta s = \frac{2 \cdot \pi \cdot l_s \cdot \alpha}{360°}$$

Raddrehzahlen

$$n_{Ri} = \frac{s_i}{U_{dyn}} \qquad n_{Ra} = \frac{s_a}{U_{dyn}}$$

$$\Delta n_R = \frac{\Delta s}{U_{dyn}}$$

$$\Delta n_R = \frac{2 \cdot \pi\,(r_a - r_i) \cdot \alpha}{360° \cdot U_{dyn}}$$

$$\Delta n_R = \frac{2 \cdot \pi \cdot l_s \cdot \alpha}{360° \cdot U_{dyn}}$$

Drehmomente

$$M_{Ri} = M_{Ra} = \frac{M_T}{2}$$

$$M_T = 2 \cdot M_R = M_A$$

Beispiel: Pkw; Spurweite vorn 1525 mm; Kurvenwinkel 150°; U_{dyn} = 1940 mm; Wegdifferenz Δs = ? in mm; Differenz der Raddrehzahlen Δn_R = ?

Lösung:

$$\boldsymbol{\Delta s} = \frac{2 \cdot \pi \cdot l_s \cdot \alpha}{360°} = \frac{2 \cdot \pi \cdot 1525\text{ mm} \cdot 250°}{360°} =$$

$$= 3992\text{ mm} = \mathbf{3{,}992\ m}$$

$$\boldsymbol{\Delta n_R} = \frac{\Delta s}{U_{dyn}} = \frac{3992\text{ mm}}{1940\text{ mm}} = \mathbf{2\ Umdreh.}$$

Ausgleichsgetriebe mit Ausgleichssperre

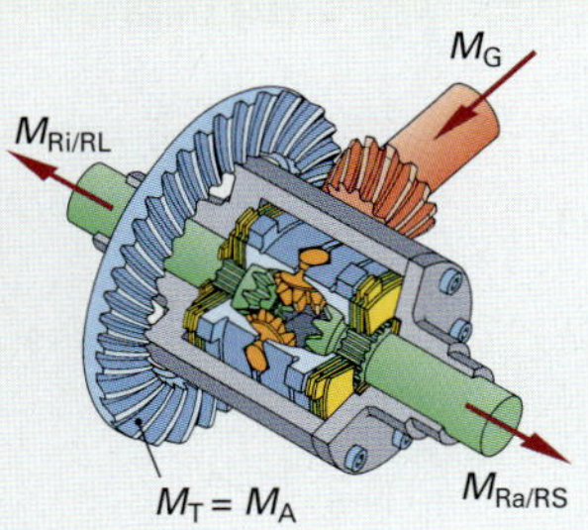

S	Sperrwert in %
ΔM_R	Differenz der Drehmomente an den Antriebsrädern in Nm
ΣM_R	Summe der Drehmomente an den Antriebsrädern in Nm
$M_{Ri/RL}$	Drehmoment am inneren/langsameren Antriebsrad in Nm
$M_{Ra/RS}$	Drehmoment am äußeren/schnelleren Antriebsrad in Nm
M_A	Antriebsdrehmoment in Nm
M_T	Antriebsdrehmoment am Tellerrad in Nm

$$S = \frac{\Delta M_R}{\Sigma M_R} \cdot 100\,\%$$

$$\Delta M_R = M_{Ri/RL} - M_{Ra/RS}$$

$$\Sigma M_R = M_{Ri/RL} + M_{Ra/RS}$$

$$M_{Ri/RL} = \frac{M_A}{2} + \frac{M_A}{2} \cdot \frac{S}{100\,\%}$$

$$M_{Ra/RS} = \frac{M_A}{2} - \frac{M_A}{2} \cdot \frac{S}{100\%}$$

Der Sperrwert *S* gibt an, wie viel Drehmomentunterschied in % zwischen dem linken und rechten Antriebsrad einer Antriebsachse möglich ist.

M

Kreuzgelenke

Wirkungsweise eines gebeugten Kreuzgelenkes

Ist zwischen Antriebswelle und Abtriebswelle ein Beugungswinkel β vorhanden, so führt die Abtriebswelle bei gleichförmiger Drehgeschwindigkeit ω_1 der Antriebswelle eine ungleichförmige Drehbewegung mit sinusförmig wechselnder Drehgeschwindigkeit ω_2 aus. Bei einer Umdrehung der Antriebswelle treten an der Abtriebswelle 2 Voreilungen und 2 Nacheilungen auf.

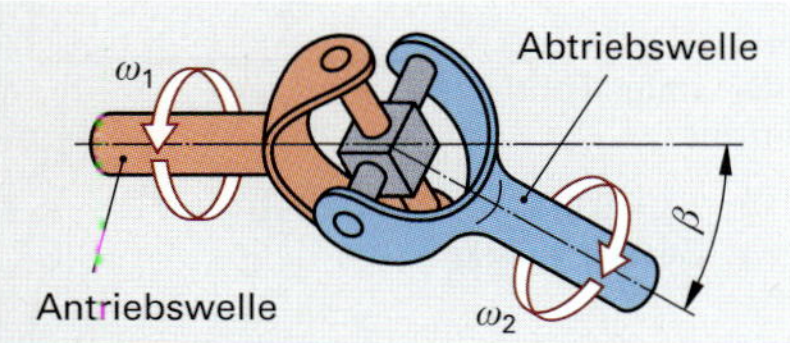

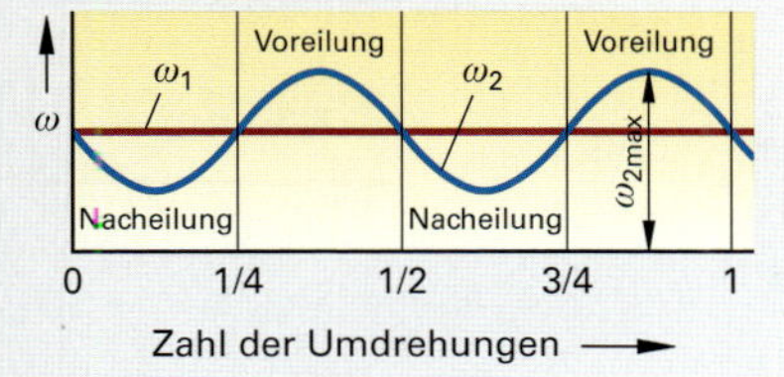

n_1 Drehzahl der Antriebswelle
β Beugungswinkel in °
ω_1 Drehgeschwindigkeit der Antriebswelle in °/s
ω_2 Drehgeschwindigkeit der Abtriebswelle in °/s
ω_{2min} kleinste Drehgeschwindigkeit der Abtriebswelle in rad/s
ω_{2max} größte Drehgeschwindigkeit der Abtriebswelle in rad/s
δ_u Ungleichförmigkeitsgrad
M_1 Antriebsdrehmoment in Nm
M_2 Abtriebsdrehmoment in Nm
M_{2min} kleinstes Abtriebsdrehmoment in Nm
M_{2max} größtes Abtriebsdrehmoment in Nm

$$\omega_1 = \frac{\pi \cdot n_1}{30}$$

$$\omega_{2min} = \omega_1 \cdot \cos\beta$$

$$\omega_{2max} = \frac{\omega_1}{\cos\beta}$$

$$\delta_u = \frac{\omega_{2max} - \omega_{2min}}{\omega_1}$$

$$M_{2min} = M_1 \cdot \cos\beta$$

$$M_{2max} = \frac{M_1}{\cos\beta}$$

Zusammenwirken von 2 gebeugten Kreuzgelenken

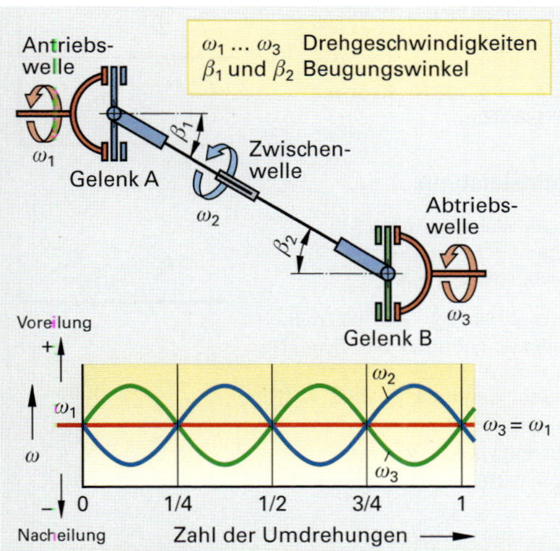

Verbindet man 2 Kreuzgelenke durch eine Zwischenwelle, so treten bei einer Umdrehung die 2 Vor- und Nacheilungen nur an der Zwischenwelle auf. Der Kardanfehler des Kreuzgelenks A wird durch einen gleichgroßen aber entgegengesetzt wirkenden Kardanfehler des Kreuzgelenks B ausgeglichen. Die Abtriebswelle dreht wie die Antriebswelle mit gleichbleibender Drehgeschwindigkeit.

Beispiel: n_1 = 3000 1/min; β = 8°
ω_1 = ?; ω_{2max} = ?; ω_{2min} = ?; δ_U = ?

Lösung: $\boldsymbol{\omega_1} = \frac{\pi \cdot n_1}{30} = \frac{\pi \cdot 3000}{30}\ \text{rad/s} = \mathbf{314\ rad/s}$

$\boldsymbol{\omega_{2max}} = \frac{\omega_1}{\cos\beta} = \frac{314\ \text{rad/s}}{\cos 8°} = \mathbf{317\ rad/s}$

$\boldsymbol{\omega_{2min}} = \omega_1 \cdot \cos\beta = 314\ \text{rad/s} \cdot \cos 8° = \mathbf{311\ rad/s}$

$\boldsymbol{\delta_U} = \frac{\omega_{2max} - \omega_{2min}}{\omega_1} = \frac{317 - 311}{314} = \mathbf{0{,}019}$

Gelenkwellendrehzahl (kritische, zulässige)

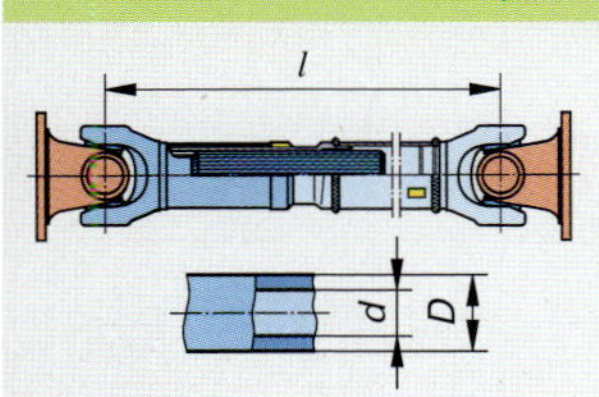

n_{krit} kritische Drehzahl in 1/min
n_{zul} zulässige Drehzahl in 1/min
l Länge der Gelenkwelle in cm
D Außendurchmesser in cm
d Innendurchmesser in cm

Die zulässige Betriebsdrehzahl muss unter der kritischen Drehzahl n_{krit} liegen.

$$n_{krit} = \frac{1{,}22 \cdot 10^7}{l^2} \cdot \sqrt{D^2 + d^2}$$

$$n_{zul} = 0{,}8 \cdot n_{krit}$$

M

Rollwiderstand

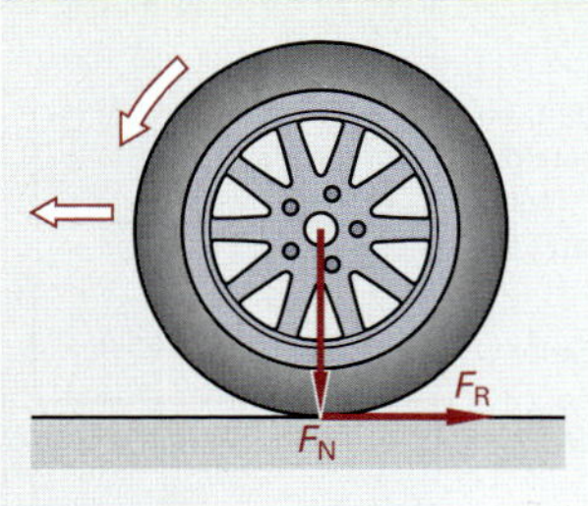

Rollwiderstandszahlen für Pkw-Reifen

Straßenbelag	μ_R
Asphalt, Beton	0,013
Pflaster	0,015
Schotter, gewalzt	0,020
Teermakadam	0,025
Erdweg	0,050

Rollwiderstandsbeiwert und Reifenluftdruck

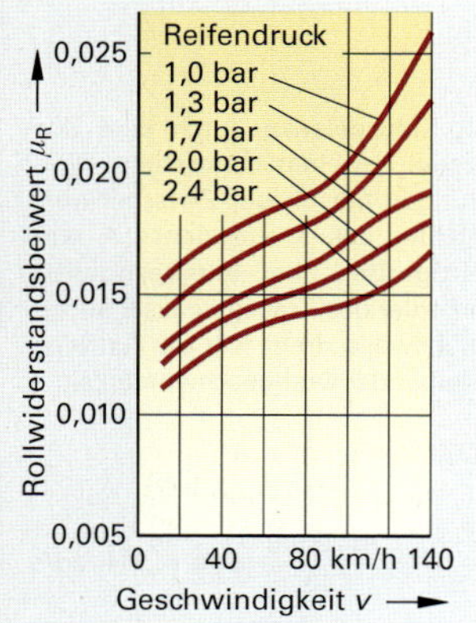

Rollwiderstandsbeiwert und Reifenbauart

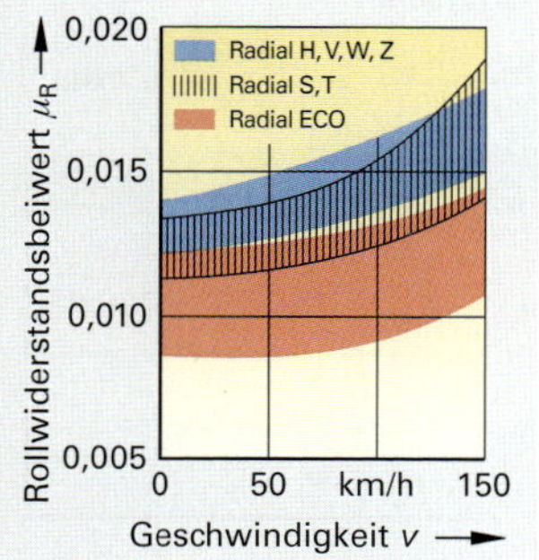

Rollwiderstand

Der Rollwiderstand entsteht durch elastische Verformung der Reifen beim Abrollen auf der Fahrbahn. Er ist abhängig von Reifenbauart, Reifeninnendruck, Fahrzeugbelastung und Fahrbahnbeschaffenheit.

F_R Rollwiderstand in N
F_N Normalkraft in N
μ_R Rollwiderstandsbeiwert
m Fahrzeugmasse in kg (Gesamtgewicht)
g Erdbeschleunigung in m/s²

$$F_R = F_N \cdot \mu_R$$

$$F_N = \frac{F_R}{\mu_R} \qquad \mu_R = \frac{F_R}{F_N}$$

$$F_N = m \cdot g$$

$$F_R = m \cdot g \cdot \mu_R$$

Beispiel: Pkw; $m = 1160$ kg; $\mu_R = 0{,}015$; 2 Personen je 75 kg; Gepäck = 70 kg; $g = 9{,}81$ m/s²; $F_R = ?$

Lösung: $m = 1160\text{ kg} + 150\text{ kg} + 70\text{ kg} = 1380\text{ kg}$

$\mathbf{F_R} = m \cdot g \cdot \mu_R = 1380\text{ kg} \cdot 9{,}81\,\frac{\text{m}}{\text{s}^2} \cdot 0{,}015 =$ **203 N**

Rollwiderstandsarbeit

W_R Rollwiderstandsarbeit in Nm
F_R Rollwiderstand in N
s Weg in m

$$W_R = F_R \cdot s$$

$$F_R = \frac{W_R}{s}$$

$$s = \frac{W_R}{F_R}$$

Beispiel: Pkw: $F_R = 138$ N; $s = 10$ m; $W_R = ?$ Nm

Lösung: $\mathbf{W_R} = F_R \cdot s = 138\text{ N} \cdot 10\text{ m} =$ **1380 Nm**

Rollwiderstandsleistung

P_R Rollwiderstandsleistung in kW
F_R Rollwiderstand in N
v Fahrgeschwindigkeit in m/s

$$P_R = \frac{F_R \cdot v}{1000}$$

$$F_R = \frac{P_R \cdot 1000}{v}$$

$$v = \frac{P_R \cdot 1000}{F_R}$$

Beispiel: Pkw: $m = 1600$ kg; $v = 100$ km/h
a) Reifeninnendruck 2 bar: $F_R = ?$ N; $P_R = ?$ kW
b) Reifeninnendruck 1 bar: $F_R = ?$ N; $P_R = ?$ kW

Lösung: a) $v = 100$ km/h $= 27{,}8$ m/s
$\mu_R = 0{,}016$ (aus Diagramm)
$\mathbf{F_R} = m \cdot g \cdot \mu_R = 1600\text{ kg} \cdot 9{,}81\text{ m/s}^2 \cdot 0{,}016 =$ **251 N**
$\mathbf{P_R} = F_R \cdot v = 251\text{ N} \cdot 27{,}8\text{ m/s} = 6982\text{ W} =$ **6,982 kW**

b) $v = 100$ km/h $= 27{,}8$ m/s
$\mu_R = 0{,}021$ (aus Diagramm)
$\mathbf{F_R} = m \cdot g \cdot \mu_R = 1600\text{ kg} \cdot 9{,}81\text{ m/s}^2 \cdot 0{,}021 =$ **330 N**
$\mathbf{P_R} = F_R \cdot v = 330\text{ N} \cdot 27{,}8\text{ m/s} = 9174\text{ W} =$ **9,174 kW**

M

Luftwiderstand

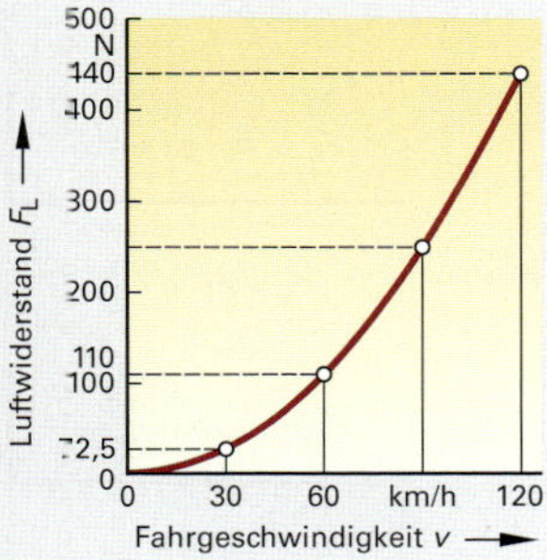

Luftwiderstand

F_L	Luftwiderstand in N
ϱ	Dichte der Luft in kg/m³
v	Fahrgeschwindigkeit in m/s
c_w	Luftwiderstandsbeiwert
A	Querschnittsfläche in m²
b	Fahrzeugbreite in m
h	Fahrzeughöhe in m
ϱ	bei 15°C und 1013 Pa = 1,23 kg/m³
$\varrho/2$	= 0,615 kg/m³

$$F_L = \frac{\varrho}{2} \cdot c_w \cdot A \cdot v^2$$

$$F_L = 0{,}615 \cdot c_w \cdot A \cdot v^2$$

$$v = \sqrt{\frac{F_L}{\varrho/2 \cdot c_w \cdot A}}$$

$$c_w = \frac{F_L}{\varrho/2 \cdot A \cdot v^2}$$

$$A \approx 0{,}8 \cdot b \cdot h$$

Beispiel:
Pkw; $c_w = 0{,}34$; $A = 1{,}8\ \text{m}^2$;
F_L = ? N bei 60 km/h, 120 km/h

Lösung:
$v = 60\ \text{km/h} = 16{,}67\ \text{m/s}$
$v = 120\ \text{km/h} = 33{,}33\ \text{m/s}$

$F_L = \frac{\varrho}{2} \cdot c_w \cdot A \cdot v^2$

$\boldsymbol{F_{L60}} = 0{,}615 \cdot 0{,}34 \cdot 1{,}8 \cdot 16{,}67^2\ \text{N} =$
$= \mathbf{104{,}6\ N}$

$\boldsymbol{F_{L120}} = 0{,}615 \cdot 0{,}34 \cdot 1{,}8 \cdot 33{,}33^2\ \text{N} =$
$= \mathbf{418{,}1\ N}$

Luftwerte

Dichte in kg/m³	Druck in hPa	Temperatur in °C	Höhe in m
1,230	1013	15	0
1,[illegible]67	1000	14	110
1,[illegible]12	950	11	550
1,058	900	8	990
0,957	800	2	2000

Luftwiderstandsarbeit

W_L	Luftwiderstandsarbeit in Nm
F_L	Luftwiderstand in N
s	Weg in m

$$W_L = F_L \cdot s$$

$$F_L = \frac{W_L}{s}$$

$$s = \frac{W_L}{F_L}$$

Beispiel: $F_L = 460\ \text{N}$; $s = 1000\ \text{m}$;
W_L = ? Nm

Lösung: $\boldsymbol{W_L} = F_L \cdot s = 460\ \text{N} \cdot 1000\ \text{m} =$
$= \mathbf{460\,000\ Nm}$

Luftwiderstandsbeiwerte

Fahrzeug		c_w
	günstiger Serien-Pkw	0,22…0,35
	Sportwagen	0,22…0,3
	Mehrzweck-Pkw	0,31…0,6
	Motorrad	0,5…0,65
	Kabriolett, offen	0,3…0,7
	Omnibus	0,5…0,7
	Lastkraftwagen	0,5…1,5

Luftwiderstandsleistung

P_L	Luftwiderstandsleistung in kW
F_L	Luftwiderstand in N
v	Geschwindigkeit in m/s

$$P_L = \frac{F_L \cdot v}{1000}$$

$$v = \frac{1000 \cdot P_L}{F_L}$$

$$F_L = \frac{1000 \cdot P_L}{v}$$

Beispiel 1: $F_L = 460\ \text{N}$; $v = 72\ \text{km/h}$;
P_L = ? kW

Lösung: $\boldsymbol{v} = 72\ \text{km/h} = \mathbf{20\ m/s}$

$\boldsymbol{P_L} = \frac{460 \cdot 20}{1000}\ \text{kW}$

$= \mathbf{9{,}2\ kW}$

Beispiel 2: $F_L = 360\ \text{N}$; $P_L = 3{,}4\ \text{kW}$;
v = ? km/h

Lösung: $\boldsymbol{v} = \frac{1000 \cdot P_L}{F_L} =$

$= \frac{1000 \cdot 3{,}4}{360}\ \text{m/s} =$

$= 9{,}44\ \text{m/s} = \mathbf{34\ km/h}$

M

Steigung, Steigungswiderstand

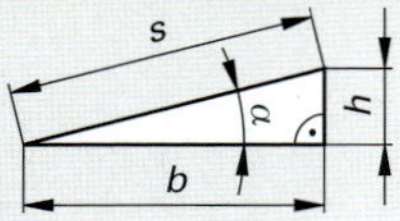

Verkehrszeichen bedeutet: Auf 100 m horizontale Länge beträgt der Höhenunterschied 11 m

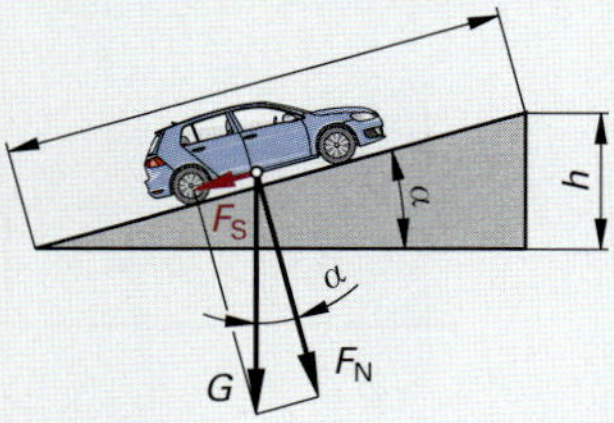

Beispiel:

Pkw; $F_S = 276\ \text{N}$; $v = 36\ \text{km/h}$; $P_S = ?\ \text{kW}$

Lösung:

$$\boldsymbol{P_S} = \frac{F_S \cdot v}{3600} = \frac{276 \cdot 36}{3600}\ \text{kW} = \mathbf{2{,}76\ kW}$$

Steigung

- α Steigungswinkel in °
- b horizontale Länge in m
- h Höhenunterschied in m
- s Steigungslänge in m
- p Steigung in %

$$\tan\alpha = \frac{h}{b} \qquad \sin\alpha = \frac{h}{s}$$

$$p = \frac{h}{b} \cdot 100\ \%$$

Steigungswiderstand

- F_S Steigungswiderstand in N
- G, F_G Gewichtskraft in N
- α Steigungswinkel in °
- m Fahrzeugmasse in kg
- g Erdbeschleunigung $g = 9{,}81\ \text{m/s}^2$
- p Steigung in %
- s Weglänge in m (Länge der Steigung)
- h Höhenunterschied in m

Für α kleiner 10° gilt: $h/b \approx h/s$

$$F_S = m \cdot g \cdot \sin\alpha$$

$$F_S = m \cdot g \cdot \frac{h}{s}$$

$$F_S \approx m \cdot g \cdot \frac{p}{100\ \%}$$

Steigungswiderstandsarbeit

- W_S Steigungswiderstandsarbeit in Nm
- F_S Steigungswiderstand in N
- s zurückgelegter Weg in m

$$W_S = F_S \cdot s$$

Steigungswiderstandsleistung

- P_S Steigungswiderstandsleistung in kW
- F_S Steigungswiderstand in N
- v Fahrgeschwindigkeit in km/h

$$P_S = \frac{F_S \cdot v}{3600}$$

$$v = \frac{3600 \cdot P_S}{F_S}$$

Gesamtfahrwiderstand

Beispiel: Pkw: $m = 1200\ \text{kg}$; $A = 1{,}8\ \text{m}^2$; $c_W = 0{,}34$; $\mu_R = 0{,}015$; $p = 2\ \%$; $v = 72\ \text{km/h}$; $\varrho_L = 1{,}23\ \text{kg/m}^3$; $F_W = ?\ \text{N}$

Lösung:

$$\boldsymbol{F_R} = m \cdot g \cdot \mu_R = 1200\ \text{kg} \cdot 9{,}81\ \text{m/s}^2 \cdot 0{,}015 = \mathbf{177\ N}$$

$$\boldsymbol{F_L} = \varrho/2 \cdot c_W \cdot A \cdot v^2 = 0{,}615 \cdot 0{,}34 \cdot 1{,}8 \cdot 20^2\ \text{N} = \mathbf{150{,}6\ N}$$

$$\boldsymbol{F_S} = m \cdot g \cdot \frac{p}{100\ \%} = 1200\ \text{kg} \cdot 9{,}81\ \text{m/s}^2 \cdot \frac{2\ \%}{100\ \%} = \mathbf{235\ N}$$

$$\boldsymbol{F_W} = F_R + F_L + F_S = 177\ \text{N} + 150{,}6\ \text{N} + 235\ \text{N} = \mathbf{562{,}6\ N}$$

- F_W Gesamtfahrwiderstand in N
- F_R Rollwiderstand in N
- F_L Luftwiderstand in N
- F_S Steigungswiderstand in N

Bei Steigung

$$F_W = F_R + F_L + F_S$$

Bei Gefälle

$$F_W = F_R + F_L - F_S$$

Gesamtfahrwiderstandsarbeit

- W_W Fahrwiderstandsarbeit in Nm
- F_W Gesamtfahrwiderstand in N
- s zurückgelegter Weg in m

$$W_W = F_W \cdot s$$

Gesamtfahrwiderstandsleistung

- P_W Fahrwiderstandsleistung in kW
- v Fahrgeschwindigkeit in km/h
- F_W Gesamtfahrwiderstand in N

$$P_W = \frac{F_W \cdot v}{3600}$$

$$v = \frac{3600 \cdot P_W}{F_W}$$

M

Antriebskraft und Antriebsleistung

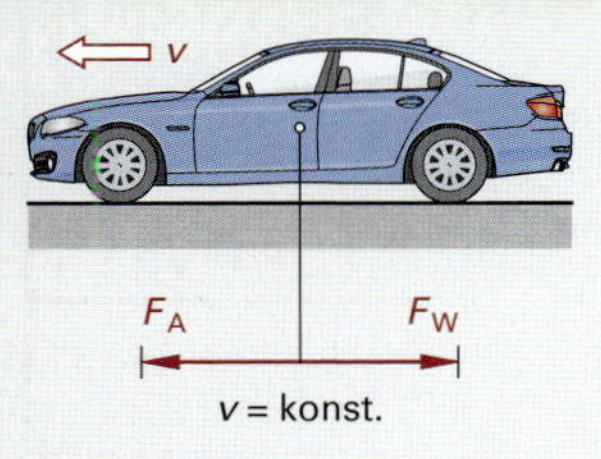

Bei konstanter Fahrgeschwindigkeit (v = konst)

F_A	Antriebskraft an den Antriebsrädern in N
F_W	Gesamtfahrwiderstand in N
$F_{A\,max}$	maximale Antriebskraft in N
P_A	Fahrleistung an den Antriebsrädern in kW
P_W	Fahrwiderstandsleistung in kW
v	Fahrgeschwindigkeit in m/s
m_A	Antriebsachslast in kg
g	Erdbeschleunigung 9,81 m/s²
μ_H	Haftreibungszahl (Reifen/Fahrbahn)

$$F_A = F_W \qquad P_A = P_W$$

$$P_A = P_W = \frac{F_W \cdot v}{1000}$$

$$F_{A\,max} = m_A \cdot g \cdot \mu_H$$

Haftreibungszahlen

Fahrbahn	μ_H
Beton, trocken	0,8 … 0,9
Beton, nass	0,1 … 0,6
Asphalt, trocken	0,8 … 0,9
Asphalt, nass	0,1 … 0,6
Makadam, trocken	0,5 … 0,6
Eis (0 °C … – 4 °C)	0,05 … 0,2

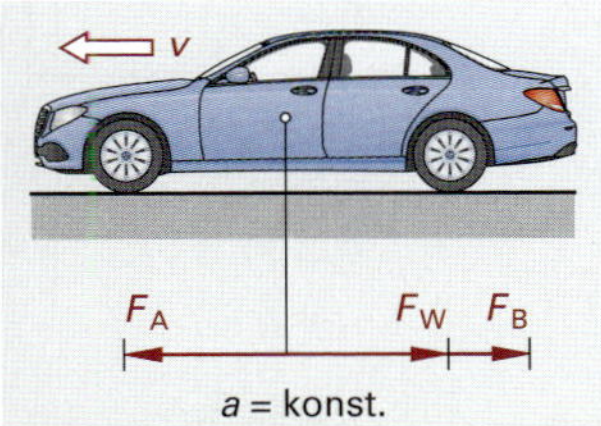

Bei konstanter Beschleunigung (a = konst)

F_A	Antriebskraft an den Antriebsrädern in N
F_W	Gesamtfahrwiderstand in N
F_B	Beschleunigungskraft in N
$F_{A\,max}$	maximale Antriebskraft in N
a	Beschleunigung in m/s²
m	Fahrzeuggewicht in kg
P_A	Fahrleistung an den Antriebsrädern in kW
P_W	Fahrwiderstandsleistung in kW
P_B	Beschleunigungsleistung an den Antriebsrädern in kW
m_A	Antriebsachslast in kg
g	Erdbeschleunigung 9,81 m/s²
μ_H	Haftreibungszahl (Reifen/Fahrbahn)

$$F_A = F_W + F_B$$

$$F_B = F_A - F_W$$

$$F_B = m \cdot a$$

$$P_A = P_W + P_B$$

$$F_{A\,max} = m_A \cdot g \cdot \mu_H$$

Fahrschaubild

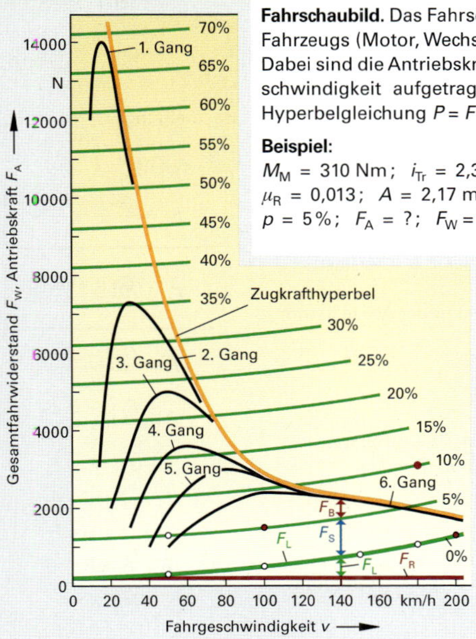

Fahrschaubild. Das Fahrschaubild zeigt die Anpassung der Antriebsaggregate eines Fahrzeugs (Motor, Wechselgetriebe, Achsgetriebe, Räder) an die Fahrwiderstände. Dabei sind die Antriebskräfte F_A und die Fahrwiderstandskräfte F_W über der Fahrgeschwindigkeit aufgetragen. Die eingezeichnete Zugkrafthyperbel wird aus der Hyperbelgleichung $P = F \cdot v$, hier für eine Leistung von P = 85 kW, ermittelt.

Beispiel:

M_M = 310 Nm; i_{Tr} = 2,33 (6. Gang); η_{Tr} = 0,9; m = 1510 kg; U_{dyn} = 1910 mm; μ_R = 0,013; A = 2,17 m²; c_W = 0,27; v = 140 km/h; F_R = 193 N; F_S = 741 N; p = 5 %; F_A = ?; F_W = ?; F_B = ?

Lösung:

$$M_A = M_M \cdot i_{Tr} \cdot \eta_{Tr} = 310\ \text{Nm} \cdot 2{,}33 \cdot 0{,}9 = 650\ \text{Nm}$$

$$\mathbf{F_A} = \frac{2 \cdot \pi \cdot M_A}{U_{dyn}} = \frac{2 \cdot \pi \cdot 650\ \text{Nm}}{1{,}91\ \text{m}} = \mathbf{2138\ N}$$

$$\begin{aligned}\mathbf{F_W} &= F_R + F_L + F_S\\ &= m \cdot g \cdot \mu_R + \varrho/2 \cdot c_W \cdot A \cdot v^2 + m \cdot g \cdot \frac{p}{100\,\%}\\ &= 1510\ \text{kg} \cdot 9{,}81\ \text{m/s}^2 \cdot 0{,}013\\ &\quad + 0{,}615\ \text{kg/m}^3 \cdot 0{,}27 \cdot 2{,}17\ \text{m}^2 \cdot 39^2\ \text{m}^2/\text{s}^2\\ &\quad + 1510\ \text{kg} \cdot 9{,}81\ \text{m/s} \cdot \frac{5\,\%}{100\,\%}\\ &= 193\ \text{N} + 548\ \text{N} + 741\ \text{N} = \mathbf{1482\ N}\end{aligned}$$

$$\mathbf{F_B} = F_A - F_W = 2138\ \text{N} - 1482\ \text{N} = \mathbf{656\ N}$$

F_A	Antriebskraft an den Antriebsrädern in N
F_W	Gesamtfahrwiderstand in N
F_B	Beschleunigungskraft in N

M

Achskräfte, Auflagerkräfte

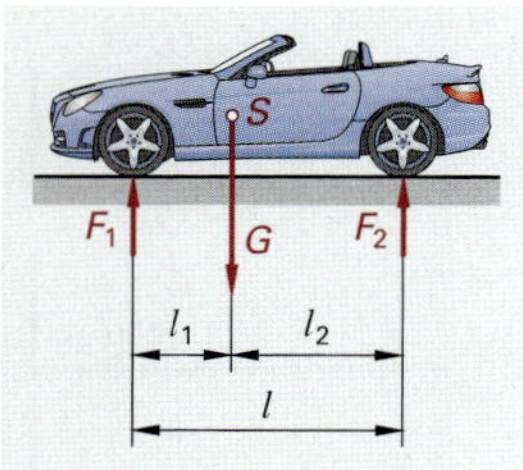

$g = 9{,}81\ \mathrm{m/s^2} \approx 10\ \mathrm{m/s^2}$

G	Gewichtskraft des Fahrzeuges in N
m	Fahrzeugmasse in kg
g	Fallbeschleunigung in m/s²
l	Radstand in mm
l_1, l_2	Schwerpunktabstand zu der Achse in mm
F_1	Vorderachskraft in N
F_2	Hinterachskraft in N

Beispiel 1:

$m = 1500$ kg; $l = 2500$ mm; $l_1 = 1000$ mm; $l_2 = 1500$ mm; $F_1 = ?$ N; $F_2 = ?$ N

Lösung:

$$\mathbf{F_1} = \frac{G \cdot l_2}{l} = \frac{15\,000\ \mathrm{N} \cdot 1500\ \mathrm{mm}}{2500\ \mathrm{mm}} = \mathbf{9000\ N}$$

$$\mathbf{F_2} = G - F_1 = 15\,000\ \mathrm{N} - 9000\ \mathrm{N} = \mathbf{6000\ N}$$

$$G = m \cdot g$$

$$F_1 = \frac{G \cdot l_2}{l}$$

$$F_2 = \frac{G \cdot l_1}{l}$$

$$G = F_1 + F_2$$

$$F_1 = G - F_2;\ F_2 = G - F_1$$

$$l_1 = \frac{F_2 \cdot l}{G} \qquad l_2 = \frac{F_1 \cdot l}{G}$$

$$l = l_1 + l_2$$

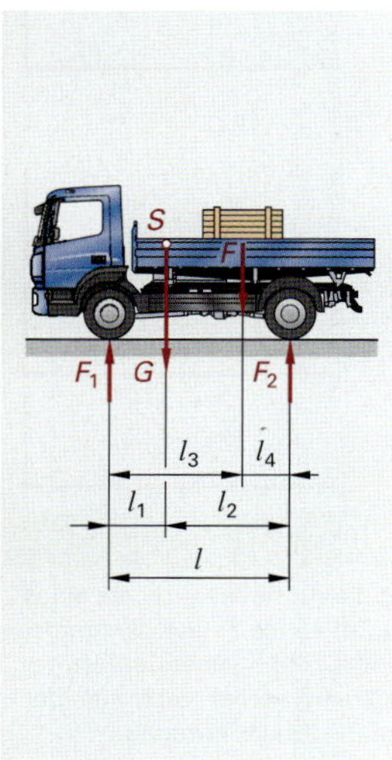

m	Fahrzeugmasse in kg
G	Gewichtskraft des Fahrzeuges in N
m_1	Last (Ladung, Belastung) in kg
F	Gewichtskraft der Last (Zuladung) in N
l	Radstand in mm
l_1, l_2	Schwerpunktabstand zu der Achse in mm
$l_{3,4}$	Abstand in mm
F_1	Vorderachskraft in N
F_2	Hinterachskraft in N

Beispiel 2:

$m = 2500$ kg; $m_1 = 5000$ kg; $l = 4000$ mm; $l_1 = 1800$ mm; $l_3 = 3000$ mm; $g = 10\ \mathrm{m/s^2}$

$F_1 = ?$ N; $F_2 = ?$ N

Lösung:

$$\mathbf{F_1} = \frac{F \cdot l_4 + G \cdot l_2}{l} =$$

$$= \frac{50\,000\ \mathrm{N} \cdot 1000\ \mathrm{mm} + 25\,000\ \mathrm{N} \cdot 2200\ \mathrm{mm}}{4000\ \mathrm{mm}}$$

$$= \mathbf{26\,250\ N}$$

$$\mathbf{F_2} = F + G - F_1 = 50\,000\ \mathrm{N} + 25\,000\ \mathrm{N} - 26\,250\ \mathrm{N}$$

$$= \mathbf{48\,750\ N}$$

$$F_1 = \frac{F \cdot l_4 + G \cdot l_2}{l}$$

$$F_2 = \frac{F \cdot l_3 + G \cdot l_1}{l}$$

$$F + G = F_1 + F_2$$

$$F_1 = F + G - F_2$$

$$F_2 = F + G - F_1$$

$$l = l_1 + l_2 = l_3 + l_4$$

$$G = m \cdot g$$

$$F = m_1 \cdot g$$

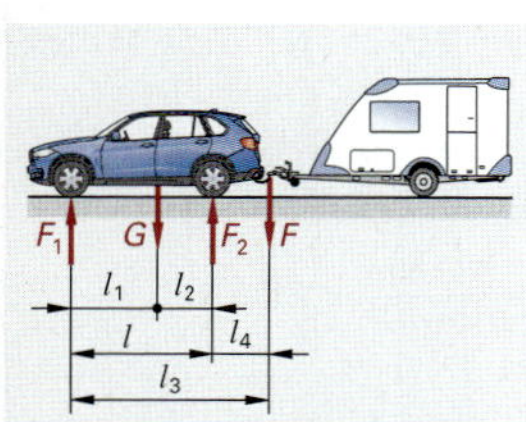

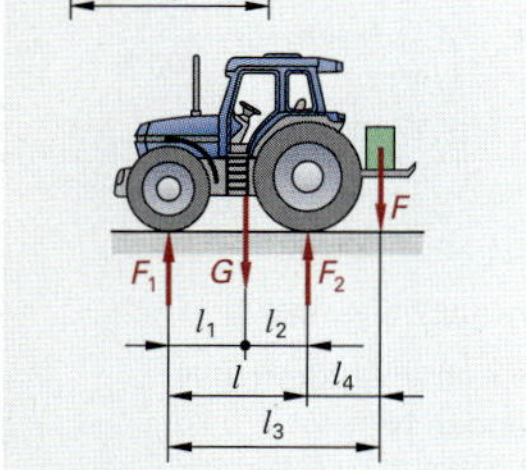

m	Fahrzeugmasse in kg
G	Gewichtskraft des Fahrzeuges in N
m_1	Last (Deichsellast, Beladung, Ladung) in kg
F	Gewichtskraft der Last in N (Stützlast)
l	Radstand in mm
l_1, l_2	Schwerpunktabstand zu der Achse in mm
$l_{3,4}$	Abstand in mm
F_1	Vorderachskraft in N
F_2	Hinterachskraft in N

Beispiel 3:

$m = 1800$ kg; $m_1 = 50$ kg; $l = 2700$ mm; $l_2 = 1200$ mm; $l_3 = 4100$ mm; $F_1 = ?$ N

Lösung:

$$\mathbf{F_1} = \frac{G \cdot l_2 - F \cdot l_4}{l} =$$

$$= \frac{18\,000\ \mathrm{N} \cdot 1200\ \mathrm{mm} - 500\ \mathrm{N} \cdot 1400\ \mathrm{mm}}{2700\ \mathrm{mm}} =$$

$$= \mathbf{7741\ N}$$

$$F_1 = \frac{G \cdot l_2 - F \cdot l_4}{l}$$

$$F_2 = \frac{G \cdot l_1 + F \cdot l_3}{l}$$

$$F = \frac{G \cdot l_2 - F_1 \cdot l}{l_4}$$

$$F = \frac{F_2 \cdot l - G \cdot l_1}{l_3}$$

$$F + G = F_1 + F_2$$

$$F_1 = F + G - F_2$$

$$F_2 = F + G - F_1$$

$$F = F_1 + F_2 - G$$

$$l = l_1 + l_2$$

$$l_3 = l + l_4$$

Horizontaler Schwerpunktabstand des Fahrzeugs

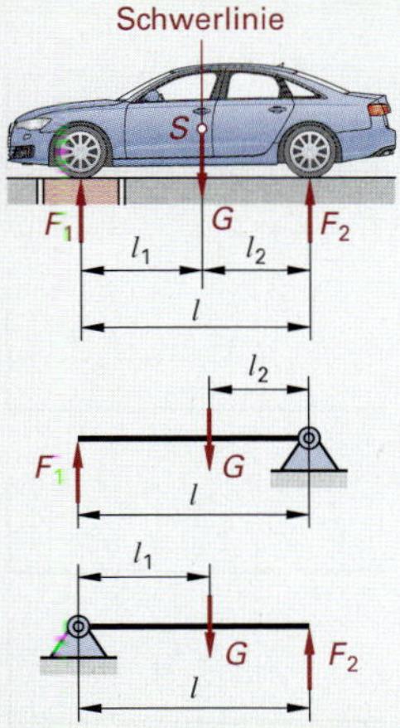

l Radstand in mm
l_1 Abstand in mm (Vorderachse bis Schwerlinie)
l_2 Abstand in mm (Hinterachse bis Schwerlinie)
m Fahrzeuggewicht (Fahrzeugmasse) in kg
G Gewichtskraft des Fahrzeuges in N
g Fallbeschleunigung in m/s^2
F_1 Vorderachskraft in N
F_2 Hinterachskraft in N
S Schwerpunkt

Beispiel:
l = 2400 mm; m = 1200 kg; F_1 = 4905 N;
F_2 = 6867 N; l_1 = ? mm; l_2 = ? mm

Lösung:

$$G = m \cdot g = 1200\ \text{kg} \cdot 9{,}81\ \text{m/s}^2 = 11\,772\ \text{kg m/s}^2 = 11\,772\ \text{N}$$

$$\boldsymbol{l_1} = \frac{F_2 \cdot l}{G} = \frac{6867\ \text{N} \cdot 2400\ \text{mm}}{11\,772\ \text{N}} = \mathbf{1400\ mm}$$

$$\boldsymbol{l_2} = \frac{F_1 \cdot l}{G} = \frac{4905\ \text{N} \cdot 2400\ \text{mm}}{11\,772\ \text{N}} = \mathbf{1000\ mm}$$

$$G = m \cdot g$$

g = 9,81 m/s^2
≈ 10 m/s^2

$$G = F_1 + F_2$$

$$l = l_1 + l_2$$

$$l_1 = \frac{F_2 \cdot l}{G}$$

$$l_2 = \frac{F_1 \cdot l}{G}$$

Horizontaler Schwerpunktabstand der Nutzlast

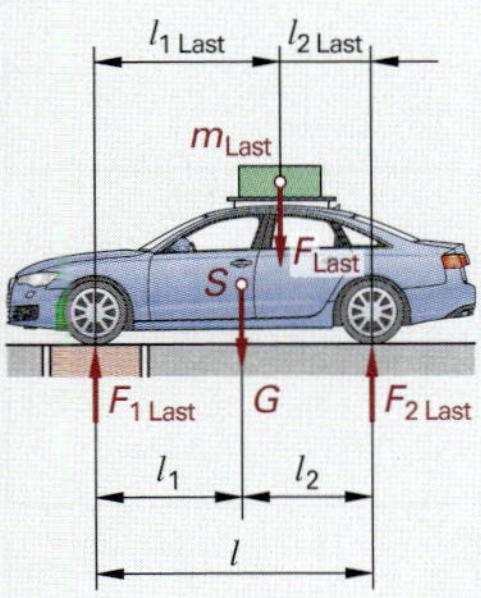

l Radstand in mm
$l_{1,\text{Last}}$, $l_{2,\text{Last}}$ Schwerpunktabstände der Nutzlast in mm
$F_{1,\text{Last}}$, $F_{2,\text{Last}}$ Achskräfte der Nutzlast in N
F_{Last} Kraft der Nutzlast in N

Beispiel:
m_{Last} = 45 kg; l = 2400 mm;
$F_{1,\text{Last}}$ = 200 kN; $F_{2,\text{Last}}$ = 250 kN

Lösung:

$$\boldsymbol{F_{\text{Last}}} = m_{\text{Last}} \cdot g = 45\ \text{kg} \cdot 10\ \text{m/s}^2 = \mathbf{450\ N}$$

$$\boldsymbol{l_{1,\text{Last}}} = \frac{F_{2,\text{Last}} \cdot l_{2,\text{Last}}}{F_{1,\text{Last}}} = \frac{250\ \text{N} \cdot 2400\ \text{mm}}{450\ \text{N}} = \mathbf{1333\ mm}$$

$$\boldsymbol{l_{2,\text{Last}}} = \frac{F_{1,\text{Last}} \cdot l_{1,\text{Last}}}{F_{2,\text{Last}}} = \frac{200\ \text{N} \cdot 2400\ \text{mm}}{450\ \text{N}} = \mathbf{1066\ mm}$$

An der Vorderachse

$$l_{1,\text{Last}} = \frac{F_{2,\text{Last}} \cdot l_{2,\text{Last}}}{F_{1,\text{Last}}}$$

An der Hinterachse

$$l_{2,\text{Last}} = \frac{F_{1,\text{Last}} \cdot l_{1,\text{Last}}}{F_{2,\text{Last}}}$$

$$F_{\text{Last}} = m_{\text{Last}} \cdot g$$

Achskräfte beim Bremsen

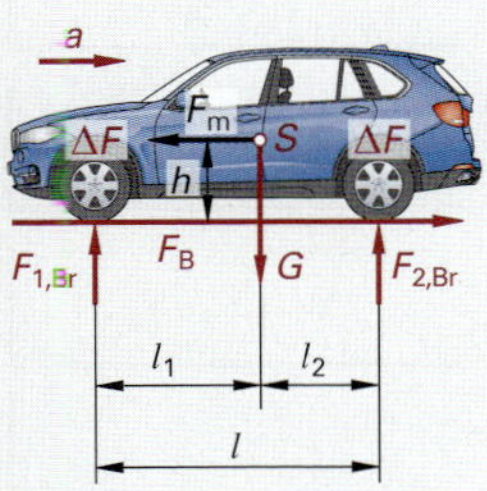

a mittlere Bremsverzögerung in m/s^2
F Bremskraft des Fahrzeuges in N
F_1, F_2 Achskräfte im Stand in N
$F_{1,\text{Br}}$, $F_{2,\text{Br}}$ Achskräfte beim Bremsen in N
G Gewichtskraft des Fahrzeuges in N
F Massenträgheitskraft in N
ΔF Achskraftverlagerung beim Bremsen in N
h Schwerpunkthöhe in mm
l Radstand in mm
l_1, l_2 Schwerpunktabtstände in mm

Beispiel:
h = 650 mm; l = 2600 mm; a = 8 m/s^2; m = 2,3 t;
F_1 = 14 000 N; F_2 = 9000 N

Lösung:

$$\boldsymbol{\Delta F} = \frac{m \cdot a \cdot h}{l} = \frac{2300\ \text{kg} \cdot 8\ \text{m/s}^2 \cdot 650\ \text{mm}}{2600\ \text{mm}} = \mathbf{4600\ N}$$

$$\boldsymbol{F_{1,\text{Br}}} = F_1 + \Delta F = 14\,000\ \text{N} + 4600\ \text{N} = \mathbf{18\,600\ N}$$

$$\boldsymbol{F_{2,\text{Br}}} = F_2 + \Delta F = 9000\ \text{N} + 4600\ \text{N} = \mathbf{13\,600\ N}$$

An der Vorderachse

$$F_{1,\text{Br}} = F_1 + \Delta F$$

An der Hinterachse

$$F_{2,\text{Br}} = F_2 - \Delta F$$

$$\Delta F = \frac{m \cdot a \cdot h}{l}$$

$$\Delta F = \frac{F_B \cdot h}{l}$$

M

Federberechnung

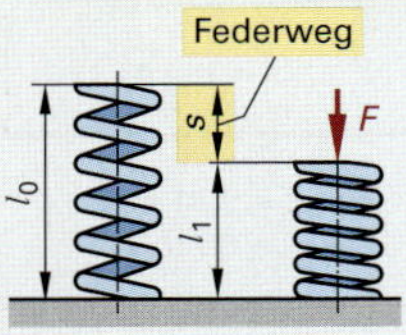

$$l_0 = l_1 + s$$
$$l_1 = l_0 - s$$

Federdiagramm

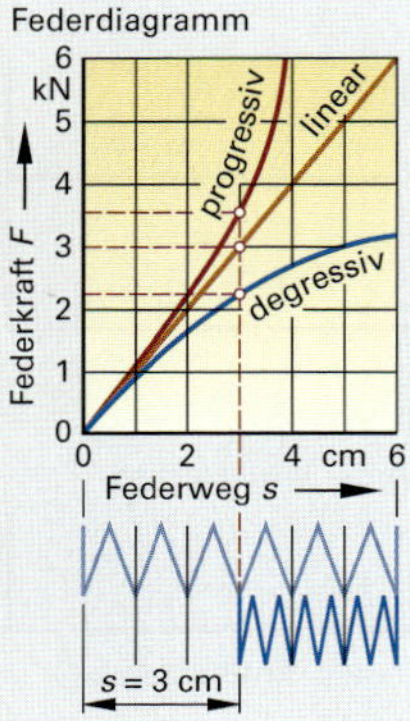

Schraubenfeder

F	Auf die Feder wirkende Kraft in N
c	Federrate (Federkonstante) in N/m
s	Federweg in m
l_0	Federlänge unbelastet in m
l_1	Einbaufederlänge in m
W_p	Potenzielle Energie der Feder in Nm (Spannungsenergie)
m	Fahrzeugmasse / Rad in kg
f	Eigenschwingungszahl (Frequenz) in 1/s
k	Karosserieschwingzahl in 1/min
T	Schwingungsdauer in s

Beispiel:
Federweg, Spannungsenergie, Federschwingung
F = 4000 N; c = 30 000 N/m; l_0 = 420 mm;
s = ? mm; l_1 = ? mm; W_p = ? Nm; f = ? 1/s

Lösung:

$$\mathbf{s} = \frac{F}{c} = \frac{4000\ \text{N}}{30\,000\ \text{N/m}} = 0{,}133\ \text{m} = \mathbf{133\ mm}$$

$$\mathbf{l_1} = l_0 - s = 420\ \text{mm} - 133\ \text{mm} = \mathbf{287\ mm}$$

$$\mathbf{W_p} = \frac{c \cdot s^2}{2} = \frac{30\,000\ \text{N/m} \cdot (0{,}133\ \text{m})^2}{2} = \mathbf{265\ Nm}$$

$$\mathbf{f} = \frac{1}{2\pi}\sqrt{\frac{c}{m}} = \frac{1}{2\pi}\sqrt{\frac{30\,000\ \text{kg} \cdot \text{m}}{400\ \text{kg} \cdot \text{s}^2 \cdot \text{m}}} = \mathbf{1{,}38\ 1/s}$$

$$c = \frac{F}{s}$$

$$F = c \cdot s \qquad s = \frac{F}{c}$$

$$W_p = \frac{c \cdot s^2}{2} = \frac{F \cdot s}{2}$$

$$f = \frac{1}{2\pi} \cdot \sqrt{\frac{c}{m}}$$

$$c = \left(\frac{\pi \cdot k}{30}\right)^2 \cdot m$$

$$k = 60 \cdot f$$

$$T = \frac{1}{f}$$

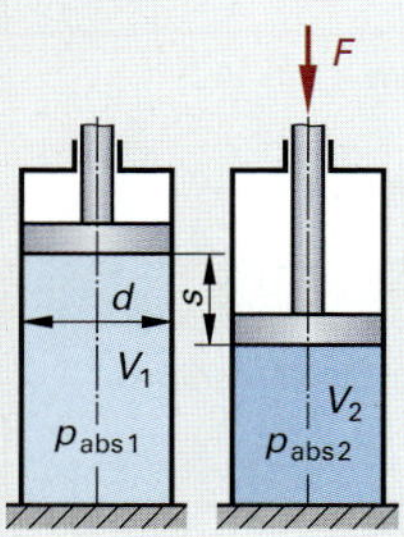

Gasfeder

F	Federkraft, Kolbenkraft in N
d	Kolben- oder Luftbalgdurchmesser in cm
A	Kolbenfläche oder Luftbalgfläche in cm²
s	Federweg, Kolbenweg in cm
h	Luftbalghöhe in cm
V_1	Gasfedervolumen ohne Zuladung in cm³
V_2	Gasfedervolumen mit Zuladung in cm³
p_{amb}	Atmosphärendruck in bar
p_e	Arbeitsdruck in der Gasfeder in bar
p_{abs}	absoluter Arbeitsdruck in bar
ΔV	Volumenänderung in cm³

Bei einer Gasfeder ist es möglich, die Eigenfrequenz f bei zunehmender Beladung in etwa konstant zu halten. Die Federrate c ist progressiv.

Beispiel: Lkw-Luftfeder (Luftbalg)
d = 29 cm; h = 34 cm; p_{amb} = 1020 hPa;
p_e = 7 bar; m = 4 t; f = ? 1/s

Lösung:

$$A = \frac{\pi \cdot d^2}{4} = \frac{\pi \cdot 29^2\ \text{cm}^2}{4} = 660{,}5\ \text{cm}^2$$

$$p_{abs} = p_e + p_{amb} = 7\ \text{bar} + 1{,}02\ \text{bar} = 8{,}02\ \text{bar}$$

$$\mathbf{f} = \frac{1}{2\pi}\sqrt{\frac{p_{abs} \cdot A \cdot 1000}{h \cdot m}} =$$

$$= \frac{1}{2\pi}\sqrt{\frac{8{,}02 \cdot 660{,}5 \cdot 1000}{34 \cdot 4000}} = \mathbf{0{,}99\ 1/s}$$

Luftbalg

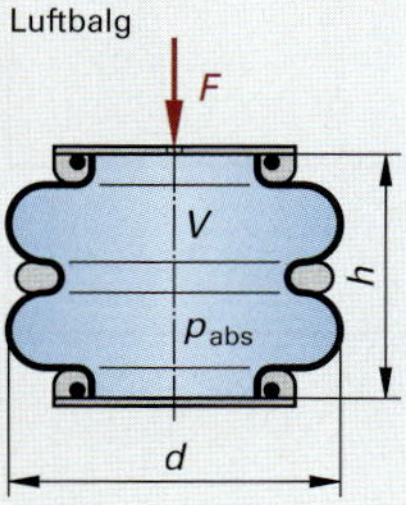

$$p_{abs} = p_e + p_{amb}$$

$$p_e = \frac{F}{A}$$

$$F = p_e \cdot A$$

$$s = \frac{\Delta V}{A}$$

$$s = \frac{4 \cdot (V_1 - V_2)}{\pi \cdot d^2}$$

$$\Delta V = V_1 - V_2$$

$$V_1 \cdot p_{abs1} = V_2 \cdot p_{abs2}$$

$$f = \frac{1}{2\pi} \cdot \sqrt{\frac{p_{abs} \cdot A \cdot 1000}{h \cdot m}}$$

M

Spur

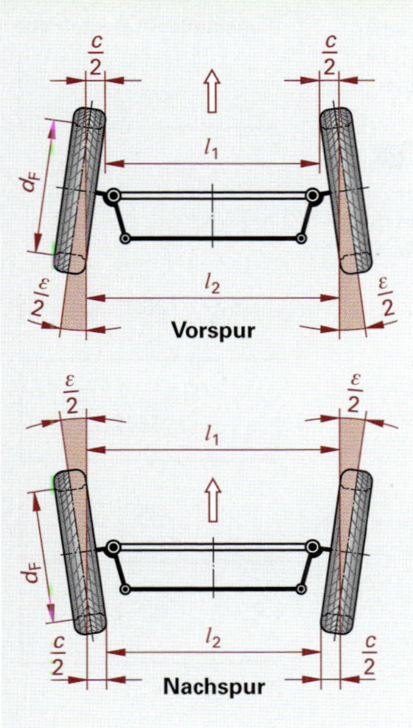

l_1, l_2	Gemessene Längen in mm
c	Spur beider Räder in mm (Gesamtspur)
$\frac{c}{2}$	Spur eines Rades in mm
ε	Spurwinkel beider Räder in °
$\frac{\varepsilon}{2}$	Spurwinkel eines Rades in °
d_F	Felgenhorndurchmesser in mm
d	Felgendurchmesser in Zoll
h_F	Felgenhornhöhe in mm

$$c = l_2 - l_1$$

$$\frac{c}{2} = \frac{2 \cdot \pi \cdot d_F \cdot \frac{\varepsilon}{2}}{360°}$$

$$d_F = d + 2 \cdot h_F$$

$$c = \frac{\pi \cdot d_F \cdot \varepsilon}{180°}$$

$$\varepsilon = \frac{180° \cdot c}{\pi \cdot d_F}$$

$$\frac{c}{2} = d_F \cdot \sin \frac{\varepsilon}{2}$$

$$c = d_F \cdot \sin \varepsilon$$

$$\sin \varepsilon = \frac{c}{d_F}$$

Beispiel 1:
$l_1 = 1261$ mm; $l_2 = 1258$ mm; $c = ?$ mm

Lösung:
$\mathbf{c} = l_2 - l_1 = 1258 \text{ mm} - 1261 \text{ mm}$
$= \mathbf{-3\ mm}$ (Nachspur)

Beispiel 2:
$\varepsilon = 20'$; $d = 13''$; $c = ?$ mm

Lösung:
$$\mathbf{c} = \frac{\pi \cdot d_F \cdot \varepsilon}{180°} = \frac{\pi \cdot 365 \text{ mm} \cdot 0{,}33°}{180°} =$$
$= \mathbf{2{,}1\ mm}$ (Vorspur)

Beispiel 3:
$c = 2$ mm; $d = 14''$; $\varepsilon = ?°$

Lösung:
$$\boldsymbol{\varepsilon} = \frac{180° \cdot c}{\pi \cdot d_F} = \frac{180° \cdot 2 \text{ mm}}{\pi \cdot 390 \text{ mm}} = \mathbf{0{,}294°}$$

Spurmöglichkeiten

Vorspur	$l_2 - l_1 > 0$
Spur Null	$l_2 - l_1 = 0$
Nachspur	$l_2 - l_1 < 0$

Die **Spur** wird an den Felgenhörnern in Höhe der Radmitte gemessen. Sie ist positiv, wenn der Abstand der Felgenhörner hinten größer ist als vorne **(Vorspur)**. Sie ist negativ, wenn der Abstand hinten kleiner ist als vorne **(Nachspur)**.

Der **Spurdifferenzwinkel** ist der Winkel um den das kurveninnere Rad stärker eingeschlagen wird, als das kurvenäußere Rad. Er wird bei 20° Einschlagwinkel des kurveninneren Rades gemessen.

Spurdifferenzwinkel

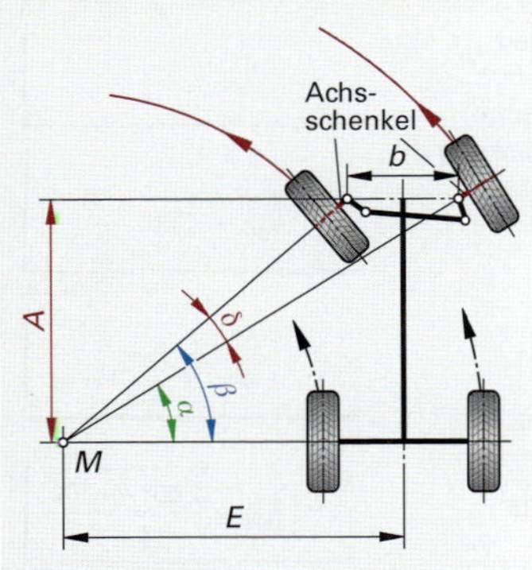

b	Abstand der Achsschenkelbolzen in mm
A	Radstand in mm
α	Einschlagwinkel des kurvenäußeren Rades in °
β	Einschlagwinkel des kurveninneren Rades in °
δ	Spurdifferenzwinkel in °
M	Kurvenmittelpunkt
E	Entfernung der Hinterachsmitte vom Kurvenmittelpunkt in mm

$$\delta = \beta - \alpha$$

$$\tan \alpha = \frac{A}{E + \frac{b}{2}}$$

$$\tan \beta = \frac{A}{E - \frac{b}{2}}$$

M

Übersetzungen der Lenkgetriebe

Kugelumlauf-Lenkgetriebe

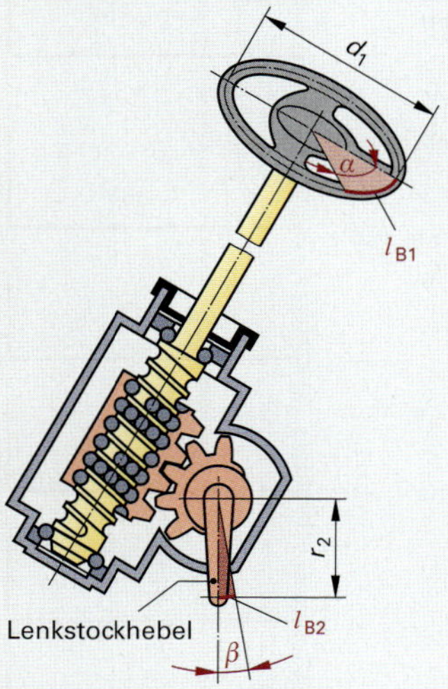

Zahnstangen-Lenkgetriebe

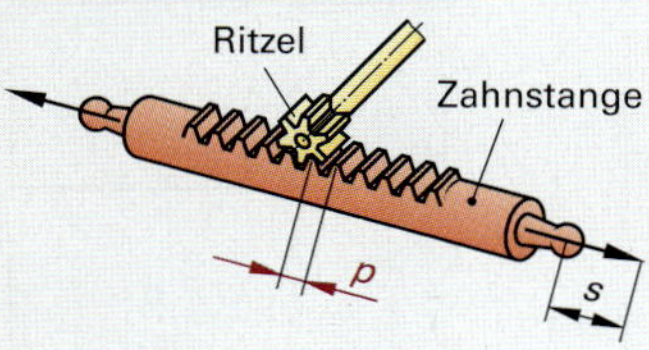

Gebräuchliche Übersetzungen

Pkw	$i = 10 \dots 20$
Lkw	$i = 16 \dots 32$

i_1 Übersetzung des Lenkgetriebes
α Winkeleinschlag am Lenkrad in °
β Winkeleinschlag am Lenkstockhebel in °
l_{B1} Lenkradeinschlag in mm
d_1 Durchmesser des Lenkrades in mm
n Umdrehungen am Lenkrad
l_{B2} Lenkstockhebeleinschlag in mm
r_2 Hebellänge des Lenkstockhebels in mm
s Zahnstangenweg in mm
z Zähnezahl des Ritzels
p Zahnteilung in mm ($p = m \cdot \pi$)
m Modul in mm

Beispiel 1:

n = 2 Lenkradumdrehungen; $i_1 = 27{,}4$; $\alpha = ?$; $\beta = ?$

Lösung:

$\boldsymbol{\alpha} = 360° \cdot n = 360° \cdot 2 = \mathbf{720°}$

$\boldsymbol{\beta} = \frac{\alpha}{i_1} = \frac{720°}{27{,}4} = \mathbf{26{,}3°}$

Beispiel 2:

Zahnstangenlenkung; Ritzel 15 Zähne; Modul 1,5 mm; $d_1 = 480$ mm; $l_{B1} = 100$ mm; $i_1 = ?$; $s = ?$

Lösung:

$\mathbf{i_1} = \frac{d_1}{z \cdot m} = \frac{480\ \text{mm}}{15 \cdot 1{,}5\ \text{mm}} = \mathbf{21{,}33}$

$\mathbf{s} = \frac{l_{B1}}{i_1} = \frac{100\ \text{mm}}{21{,}33} = \mathbf{4{,}7\ mm}$

Kugelumlauf-Lenkgetriebe

$$i_1 = \frac{\alpha}{\beta}$$

$$\alpha = i_1 \cdot \beta$$

$$\beta = \frac{\alpha}{i_1}$$

$$\alpha = \frac{360° \cdot l_{B1}}{\pi \cdot d_1}$$

$$\alpha = 360° \cdot n$$

$$\beta = \frac{360° \cdot l_{B2}}{\pi \cdot 2 \cdot r_2}$$

$$i_1 = \frac{l_{B1} \cdot 2 \cdot r_2}{l_{B2} \cdot d_1}$$

Zahnstangen-Lenkgetriebe

$$i_1 = \frac{l_{B1}}{s}$$

$$i_1 = \frac{\pi \cdot d_1}{z \cdot p}$$

$$i_1 = \frac{d_1}{z \cdot m}$$

Gesamtübersetzung der Lenkung

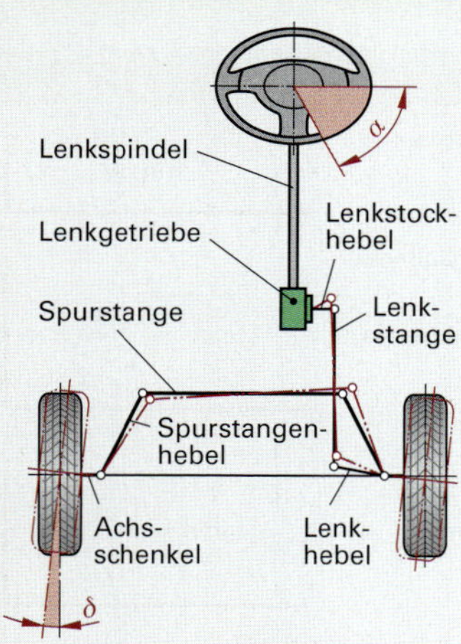

α Winkeleinschlag am Lenkrad in °
δ Schwenkwinkel eines Rades in °
i_1 Übersetzung im Lenkgetriebe
n Umdrehungen am Lenkrad
α_{ges} Winkeleinschlag am Lenkrad von Anschlag zu Anschlag in °
i_2 Übersetzung im Lenkgestänge
i_{ges} Gesamtübersetzung der Lenkung

Beispiel:

$i_1 = 18$; $i_2 = 1{,}17$; $\alpha = 90°$; $i_{ges} = ?$; $\delta = ?$

Lösung:

$\mathbf{i_{ges}} = i_1 \cdot i_2 = 18 \cdot 1{,}17 = \mathbf{21{,}06}$

$\boldsymbol{\delta} = \frac{\alpha}{i_{ges}} = \frac{90°}{21{,}06} = \mathbf{4{,}27° = 4°\ 16'}$

$$i_{ges} = \frac{\alpha}{\delta}$$

$$i_{ges} = i_1 \cdot i_2$$

$$\alpha_{ges} = 360° \cdot n$$

$$i_{ges} = \frac{\alpha_{ges}}{\delta_{ges}}$$

$$i_{ges} = \frac{360° \cdot n}{\delta_{ges}}$$

M

Mechanische Übersetzung am Bremspedal

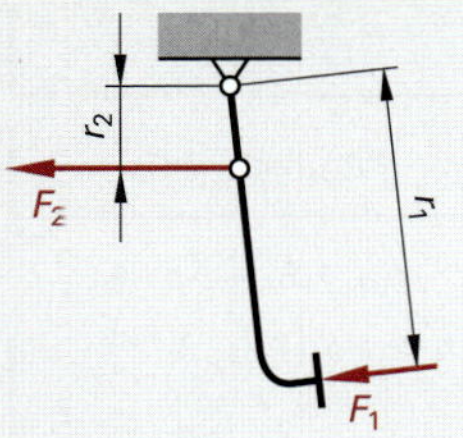

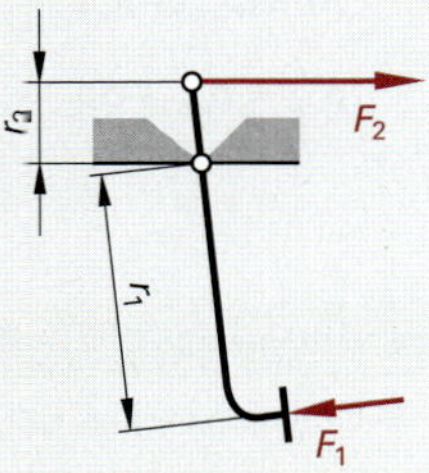

$F_1 = F_P$ Pedalkraft (Fußkraft) in N

$F_2 = F_{HZ}$ Kolbenstangenkraft (Hauptzylinder-Kolbenkraft) in N

r_1, r_2 Hebelarme am Bremspedal in mm

i_{mec} mechanische Übersetzung am Bremspedal

Beispiel: Bremspedal: Fußkraft 300 N; Hebelarm r_1 = 250 mm; Hebelarm r_2 = 50 mm

a) i_{mec} = ?; b) F_{HZ} = ? N

Lösung: a) $\boldsymbol{i_{mec}} = \frac{r_2}{r_1} = \frac{50\text{ mm}}{250\text{ mm}} = \frac{1}{5} = \mathbf{0{,}2}$

b) $\boldsymbol{F_{HZ}} = F_2 = \frac{F_1}{i_{mec}} = \frac{300\text{ N}}{0{,}2} = \mathbf{1500\ N}$

$$F_1 \cdot r_1 = F_2 \cdot r_2$$

$$F_1 = \frac{F_2 \cdot r_2}{r_1} \qquad F_2 = \frac{F_1 \cdot r_1}{r_2}$$

$$r_1 = \frac{F_2 \cdot r_2}{F_1} \qquad r_2 = \frac{F_1 \cdot r_1}{F_2}$$

$$i_{mec} = \frac{F_1}{F_2} = \frac{F_P}{F_{HZ}}$$

$$i_{mec} = \frac{r_2}{r_1}$$

$$F_2 = \frac{F_1}{i_{mec}} \qquad F_1 = F_2 \cdot i_{mec}$$

$$r_1 = \frac{r_2}{i_{mec}} \qquad r_2 = r_1 \cdot i_{mec}$$

Leitungsdruck und Spannkraft

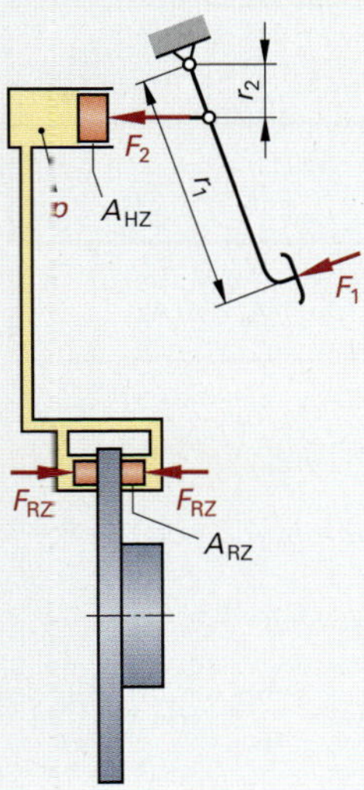

p Leitungsdruck in N/cm^2

$F_1 = F_P$ Pedalkraft (Fußkraft) in N

$F_2 = F_{HZ}$ Kolbenstangenkraft in N

F_{RZ} Spannkraft eines Radzylinderkolbens an einem Vorderrad $F_{RZ,V}$ in N an einem Hinterrad $F_{RZ,H}$ in N

A_{HZ} Kolbenfläche im Hauptzylinder in cm^2

A_{RZ} Kolbenfläche eines Radzylinderkolbens an der Vorderachse $A_{RZ,V}$ in cm^2 an der Hinterachse $A_{RZ,H}$ in cm^2

d_{HZ} Durchmesser des Hauptzylinders in cm

d_{RZ} Durchmesser eines Radzylinders an der Vorderachse $d_{RZ,V}$ in cm an der Hinterachse $d_{RZ,H}$ in cm

i_{mec} mechanische Übersetzung am Bremspedal

r_1, r_2 Hebelarme am Bremspedal in mm

Beispiel: Hauptzylinderdurchmesser d_{HZ} = 25,4 mm; Kolbenstangenkraft F_{HZ} = 2000 N; p = ? bar

Lösung: $A_{HZ} = \frac{\pi \cdot d_{HZ}^2}{4} = \frac{\pi \cdot (2{,}54\text{ cm})^2}{4} =$

$= 5{,}07\text{ cm}^2$

$\boldsymbol{p} = \frac{F_{HZ}}{A_{HZ}} = \frac{2000\text{ N}}{5{,}07\text{ cm}^2} =$

$= 394\text{ N/cm}^2 = \mathbf{39{,}4\ bar}$

$$1\text{ bar} = 10\,\frac{N}{cm^2}$$

$$1\,\frac{N}{cm^2} = 0{,}1\text{ bar}$$

$$\mathbf{10\,\frac{N}{cm^2} = 1\ bar}$$

$$p = \frac{F_{HZ}}{A_{HZ}}$$

$$F_{HZ} = p \cdot A_{HZ}$$

$$A_{HZ} = \frac{F_{HZ}}{p}$$

$$F_{HZ} = \frac{F_1}{i_{mec}}$$

$$p = \frac{F_1}{A_{HZ} \cdot i_{mec}}$$

$$p = \frac{F_1 \cdot r_1}{A_{HZ} \cdot r_2}$$

$$F_{RZ} = p \cdot A_{RZ}$$

$$p = \frac{F_{RZ}}{A_{RZ}}$$

$$F_{RZ} = \frac{F_{HZ} \cdot A_{RZ}}{A_{HZ}}$$

$$F_{RZ} = \frac{F_{HZ} \cdot d_{RZ}^2}{d_{HZ}^2}$$

$$F_{HZ} = \frac{F_{RZ} \cdot d_{HZ}^2}{d_{RZ}^2}$$

M

Pneumatische Verstärkung (Übersetzung)

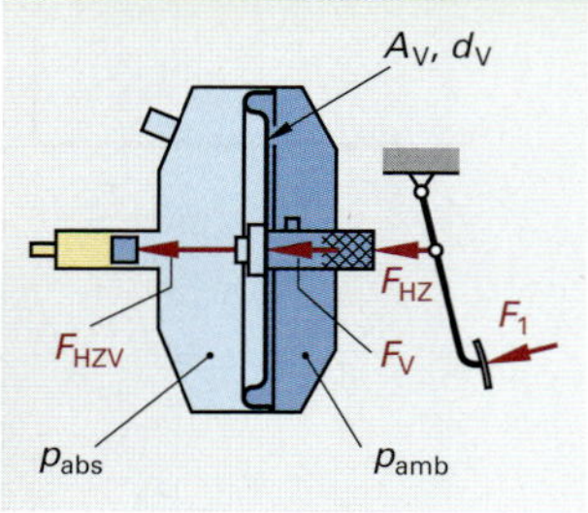

$p_{abs} < p_{amb}$

$100 \text{ hPa} = 1 \frac{\text{N}}{\text{cm}^2}$

- F_{HZ} Kolbenstangenkraft in N
- F_V Verstärkerkraft in N
- F_{HZV} verstärkte Kolbenstangenkraft in N
- A_V Fläche des Verstärkerkolbens (Membran) in cm^2
- d_V Durchmesser des Verstärkerkolbens in cm
- i_{pn} pneumatische Übersetzung des Bremskraftverstärkers
- p_{abs} absoluter Druck in der Vakuumkammer in N/cm^2
- p_{amb} atmosphärischer Druck in der atmosphärischen Kammer in N/cm^2
- Δp wirksame Druckdifferenz in N/cm^2
- ν Verstärkungsfaktor des Bremskraftverstärkers

$$F_V = \Delta p \cdot A_V$$

$$F_{HZV} = F_{HZ} + F_V$$

$$F_{HZV} = F_{HZ} + \Delta p \cdot A_V$$

$$i_{pn} = \frac{F_{HZ}}{F_{HZV}}$$

$$\Delta p = p_{amb} - p_{abs}$$

$$p_{abs} = p_{amb} - \Delta p$$

$$\nu = \frac{1}{i_{pn}}$$

Hydraulische Übersetzung

Formelzeichen vergl. DIN 74 250

Wegen der verschieden großen Radzylinder an Vorder- (V) und Hinterachse (H) sind die hydraulischen Übersetzungen getrennt zu berechnen.

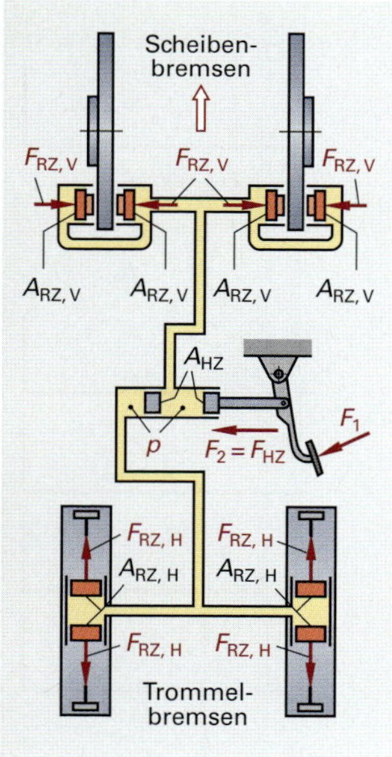

- K Anzahl der Spannkräfte einer Achse
- $K = 4$ Achse mit Simplex-, 2-Zylinder-Festsattel-, 1-Zylinder-Faustsattelbremse
- $K = 8$ Achse mit 4-Zylinder-Festsattel-, 2-Zylinder-Faustsattelbremse

- i_{hyd} hydraulische Übersetzung zur Vorderachse $i_{hyd,V}$, zur Hinterachse $i_{hyd,H}$
- $i_{hyd,E}$ hydraulische Einzelübersetzung zu einem Radzylinder der Vorderachse $i_{hyd,E,V}$, der Hinterachse $i_{hyd\,E,H}$
- F_{HZ} Hauptzylinder-Kolbenkraft (Kolbenstangenkraft) in N
- F_{RZ} Spannkraft eines Radzylinderkolbens der Vorderachse $F_{RZ,V}$ in N, der Hinterachse $F_{RZ,H}$ in N
- F_S Summe der Spannkräfte der Radzylinderkolben der Vorderachse $F_{S,V}$ in N, der Hinterachse $F_{S,H}$ in N
- A_{HZ} Kolbenfläche des Hauptzylinders in cm^2
- A_{RZ} Kolbenfläche eines Radzylinders der Vorderachse $A_{RZ,V}$ in cm^2, der Hinterachse $A_{RZ,H}$ in cm^2
- A_S Summe der Kolbenflächen der Radzylinder der Vorderachse $A_{S,V}$ in cm^2, der Hinterachse $A_{S,H}$ in cm^2

$$i_{hyd,E} = \frac{F_{HZ}}{F_{RZ}} \qquad i_{hyd} = \frac{F_{HZ}}{F_S}$$

$$i_{hyd,E} = \frac{A_{HZ}}{A_{RZ}} \qquad i_{hyd} = \frac{A_{HZ}}{A_S}$$

$$F_S = K \cdot F_{RZ}$$

$$A_S = K \cdot A_{RZ}$$

$$F_S = \frac{F_{HZ}}{i_{hyd}} \qquad F_{RZ} = \frac{F_{HZ}}{i_{hyd,E}}$$

$$F_{HZ} = i_{hyd} \cdot F_S = i_{hyd,E} \cdot F_{RZ}$$

$$A_{HZ} = i_{hyd} \cdot A_S = i_{hyd,E} \cdot A_{RZ}$$

$$A_{RZ} = \frac{A_{HZ}}{i_{hyd,E}} \qquad A_S = \frac{A_{HZ}}{i_{hyd}}$$

Beispiel: 1-Zylinder-Faustsattelbremse der Vorderachse; Hauptzylinder-Kolbenkraft $F_{HZ} = 2200$ N; Spannkraft eines Radzylinderkolbens $F_{RZ,V} = 4231$ N;
a) Hydraulische Einzelübersetzung $i_{hyd,E,V} = ?$
b) Hydraulische Übersetzung $i_{hyd,V} = ?$

Lösung: a) $\boldsymbol{i_{hyd,E,V}} = \frac{F_{HZ}}{F_{RZ,V}} = \frac{2200\text{ N}}{4231\text{ N}} = \mathbf{0{,}52}$

b) $\boldsymbol{i_{hyd,V}} = \frac{F_{HZ}}{F_{S,V}} = \frac{F_{HZ}}{K \cdot F_{RZ,V}} = \frac{2200\text{ N}}{4 \cdot 4231\text{ N}} = \mathbf{0{,}13}$

Gesamtübersetzung

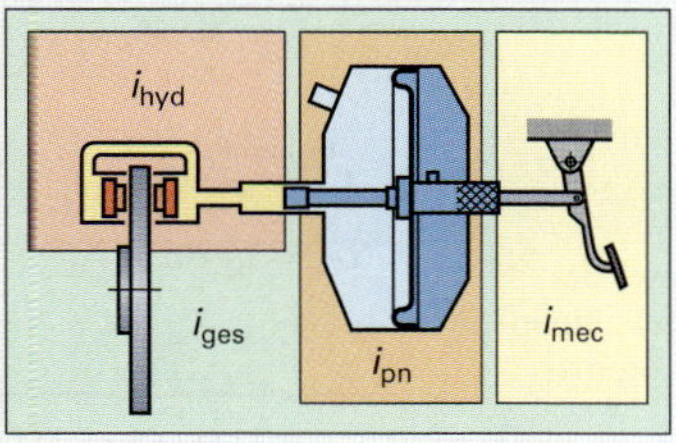

Beispiel: Spannkraft am Radzylinderkolben einer Faustsattelbremse an der Vorderachse $F_{RZ,V}$ = 3500 N; Fußkraft am Bremspedal F_1 = 35 N; i = ?

Lösung: $F_{S,V} = K \cdot F_{RZ,V} = 4 \cdot 3500\ \text{N} = \mathbf{14\,000\ N}$

$$i = \frac{F_1}{F_{S,V}} = \frac{35\ \text{N}}{14\,000\ \text{N}} = \mathbf{0{,}0025}$$

- i_{ges} Gesamtübersetzung zur Vorderachse i_V, zur Hinterachse i_H
- i_{mec} mechanische Übersetzung am Bremspedal
- i_{pn} pneumatische Übersetzung im Bremskraftverstärker
- i_{hyd} hydraulische Übersetzung der Bremse zur Vorderachse $i_{hyd,V}$, zur Hinterachse $i_{hyd,H}$
- F_1 Fußkraft am Bremspedal in N
- F_S Summe der Spannkräfte an der Vorderachse $F_{S,V}$ in N, der Hinterachse $F_{S,H}$ in N
- F_{RZ} Spannkraft an einem Radzylinderkolben der Vorderachse $F_{RZ,V}$ in N, der Hinterachse $F_{RZ,H}$ in N
- K Anzahl der Spannkräfte einer Achse (vgl. S. 80)

$$i_{ges} = i_{mec} \cdot i_{pn} \cdot i_{hyd}$$

$$i_{ges} = \frac{F_1}{F_S}$$

$$F_S = \frac{F_1}{i_{mec} \cdot i_{pn} \cdot i_{hyd}}$$

$$F_{RZ} = \frac{F_S}{K} = \frac{F_1}{K \cdot i_{ges}}$$

$$F_S = K \cdot F_{RZ}$$

$$F_1 = i_{ges} \cdot F_{RZ} \cdot K$$

$$F_1 = i_{ges} \cdot F_S$$

Umfangskraft, Spannkraft an der Scheibenbremse

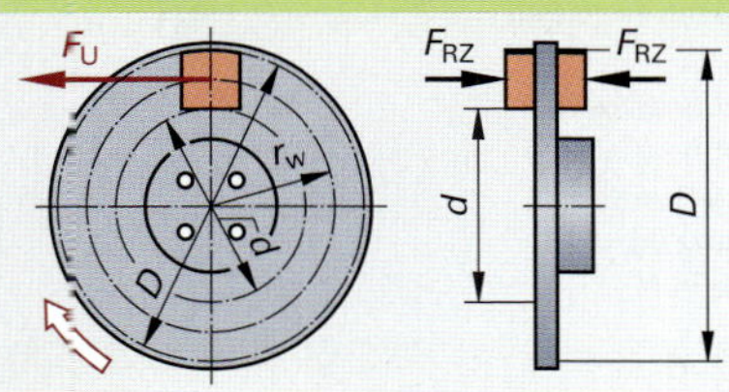

Beispiel: Scheibenbremse mit zwei Kolben; F_{RZ} = 4500 N; μ_G = 0,45; F_U = ? N

Lösung: $F_U = K_R \cdot \mu_G \cdot F_{RZ} = 2 \cdot 0{,}45 \cdot 4500\ \text{N} = \mathbf{4050\ N}$

- F_U Umfangskraft am wirksamen Umfang der Bremsscheibe in N
- F_{RZ} Spannkraft eines Bremszylinderkolbens in N
- K_R Anzahl der Spannkräfte einer Radbremse
- μ_G Gleitreibungszahl
- r_w wirksamer Halbmesser der Bremsscheibe in mm
- D Außendurchmesser Reibfläche der Bremsscheibe in mm
- d Innendurchmesser Reibfläche der Bremsscheibe in mm

$$F_U = K_R \cdot \mu_G \cdot F_{RZ}$$

$$F_{RZ} = \frac{F_U}{K_R \cdot \mu_G}$$

$$r_w = \frac{D + d}{4}$$

Umfangskraft an der Trommelbremse

Die Selbstverstärkung bzw. innere Übersetzung der Trommelbremse wird durch den Bremsenkennwert C berücksichtigt.

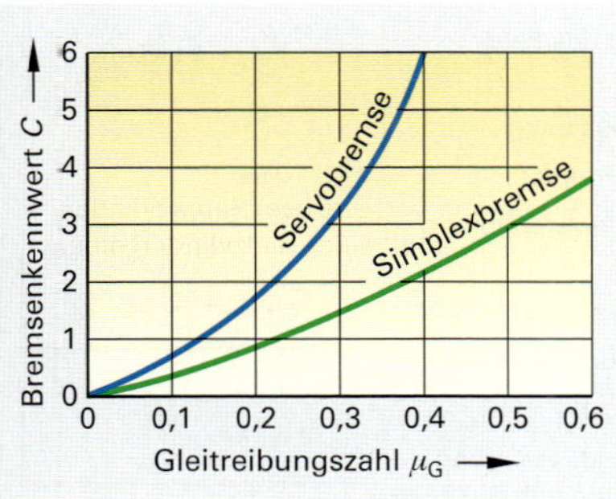

Bremsenkennwertdiagramm

- F_U Umfangskraft an der Bremstrommel in N
- F_{RZ} Spannkraft eines Radzylinderkolbens in N
- C Bremsenkennwert wird nach Bauart der Bremse und Gleitreibungszahl aus Diagramm bestimmt

Beispiel:
Umfangskraft Servobremse; $\mu_G = 0{,}3$; $F_{RZ} = 1300$ N

Lösung: Aus Diagramm $C = 3{,}3$;
$F_U = C \cdot F_{RZ} = 3{,}3 \cdot 1300\ \text{N} = \mathbf{4290\ N}$

$$F_U = C \cdot F_{RZ}$$

$$F_{RZ} = \frac{F_U}{C}$$

$$C = \frac{F_U}{F_{RZ}}$$

M

Bremsmoment, Bremskraft am Rad

Die größtmögliche übertragbare Bremskraft $F_{BR,\,max}$ eines Rades auf die Fahrbahn, ohne dass Blockieren eintritt, ist gleich der Haftreibungskraft F_{HR}.

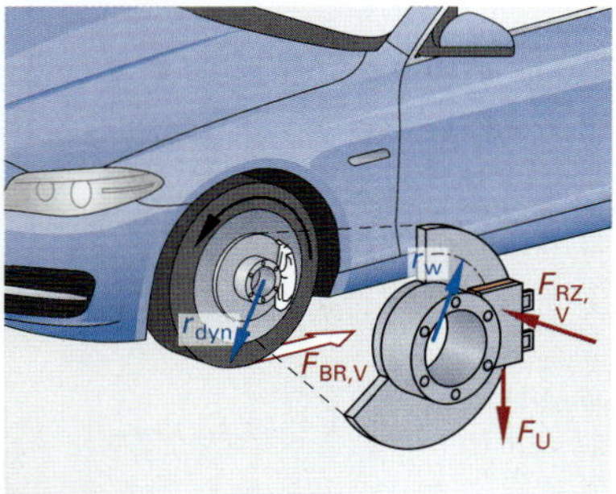

Beispiel: $F_U = 2400$ N; $r_w = 80$ mm; $U_{dyn} = 1{,}948$ m; $\mu_H = 0{,}6$; $G_R = 4500$ N

a) $F_{BR} = ?$ N; b) $F_{BR,\,max} = ?$ N

Lösung:

a) $r_{dyn} = \frac{U_{dyn}}{2\pi} = \frac{1{,}948\text{ m}}{2\cdot\pi} = 0{,}31\text{ m}$

$\mathbf{F_{BR}} = \frac{F_U\cdot r_w}{r_{dyn}} = \frac{2400\text{ N}\cdot 0{,}08\text{ m}}{0{,}31\text{ m}} = \mathbf{619{,}4\ N}$

b) $\mathbf{F_{BR,\,max}} = \mu_H \cdot G_R = 0{,}6\cdot 4500\text{ N} = \mathbf{2700\ N}$

M_{BR}	Bremsmoment am Rad in Nm
F_U	Umfangskraft am wirksamen Halbmesser der Bremsscheibe bzw. Innenhalbmesser der Bremstrommel in N
F_{BR}	Bremskraft am dynamischen Halbmesser des Reifens in N
r_w	wirksamer Halbmesser der Bremsscheibe bzw. Innenhalbmesser der Bremstrommel in m
U_{dyn}	Abrollumfang eines Rades in m
r_{dyn}	dynamischer Reifenhalbmesser in m
F_{HR}	Haftreibungskraft eines Rades in N
G_R	Radaufstandskraft (Radlast) in N
μ_H	Haftreibungszahl zwischen Reifen/Fahrbahn vgl. S. 73
$F_{BR,\,max}$	größtmögliche Bremskraft eines Rades kurz vor der Blockiergrenze in N

$$M_{BR} = F_U \cdot r_w$$

$$M_{BR} = F_{BR} \cdot r_{dyn}$$

$$F_U \cdot r_w = F_{BR} \cdot r_{dyn}$$

$$F_{BR} = \frac{F_U \cdot r_w}{r_{dyn}}$$

$$F_U = \frac{F_{BR}\cdot r_{dyn}}{r_w}$$

$$F_U = \frac{M_{BR}}{r_w}$$

$$F_{HR} = \mu_H \cdot G_R = F_{BR,\,max}$$

$$G_R = \frac{F_{HR}}{\mu_H}$$

$$G_R = \frac{F_{BR,\,max}}{\mu_H}$$

$$r_{dyn} = \frac{U_{dyn}}{2\cdot\pi}$$

Trägheitskraft, Bremskraft

Die Gesamtbremskraft F_B eines Fahrzeugs ergibt sich aus den einzelnen Bremskräften der Räder. Man denkt sie sich am Schwerpunkt angreifend. Sie wirkt der Trägheitskraft F des Fahrzeugs entgegen.

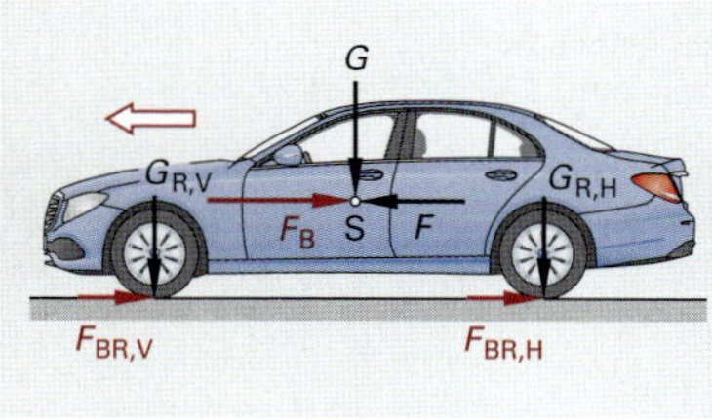

Beispiel: $m = 1600$ kg; $F_{BR,V} = 3600$ N; $F_{BR,H} = 1200$ N; $a = ?\ \text{m/s}^2$

Lösung: $F_B = 2\cdot(F_{BR,V} + F_{BR,H}) = 2\cdot(3600\text{ N} + 1200\text{ N}) = 9600\text{ N}$

$\mathbf{a} = \frac{F_B}{m} = \frac{9600\text{ N}}{1600\text{ kg}} = \frac{9600\text{ kg}\cdot\text{m/s}^2}{1600\text{ kg}} = \mathbf{6\ m/s^2}$

F_B	Gesamtbremskraft in N
F_{BR}	Radbremskraft an einem Vorderrad ($F_{BR,V}$) bzw. einem Hinterrad ($F_{BR,H}$) in N
$F_{B,\,max}$	größtmögliche erreichbare Bremskraft in N (Blockiergrenze)
F	Trägheitskraft des Fahrzeugs in N
m	Fahrzeugmasse in kg
a	Verzögerung in m/s²
a_{max}	größtmögliche Verzögerung in m/s²
a_m	mittlere Verzögerung in m/s²
g	Fallbeschleunigung in m/s²
η_T	Zeitwirkungsgrad
μ_H	Haftreibungszahl zwischen Reifen/Fahrbahn vgl. S. 73

$$F_B = \Sigma F_{BR}$$
$$F_B = 2\,F_{BR,V} + 2\,F_{BR,H}$$

$$F = m\cdot a = F_B$$

$$a = \frac{F_B}{m}$$

$$a_{max} = \frac{F_{B,\,max}}{m}$$

$$F_{B,\,max} = \mu_H \cdot m \cdot g$$

$$\eta_T = \frac{a_m}{a_{max}}$$

$$a_m = a_{max}\cdot\eta_T$$

M

Bremsarbeit, Bremsleistung

Beispiel 1:
Pkw; $m = 1200$ kg; $v = 27{,}77$ m/s (100 km/h); $W_B = ?$ Nm

Lösung:

$$\boldsymbol{W_B} = \frac{m \cdot v^2}{2} = \frac{1200\ \text{kg} \cdot 771{,}2\ \text{m}^2}{2\ \text{s}^2} =$$

$= \mathbf{462\,700\ Nm}$

Beispiel 2:
$W_B = 480\,000$ Nm; $t = 4$ s; $P_B = ?$ kW

Lösung:

$$\boldsymbol{P_B} = \frac{W_B}{t} = \frac{480\,000\ \text{Nm}}{4\ \text{s}} =$$

$= 120\,000$ W $=$ **120 kW**

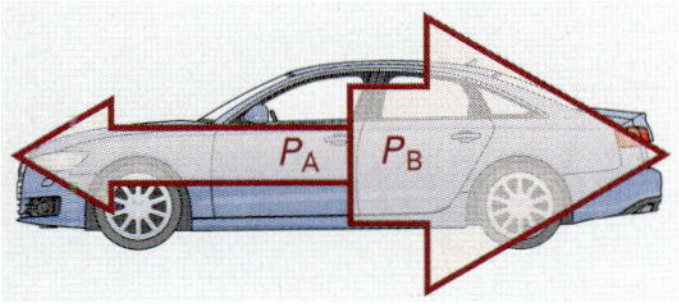

Bremsung bis zum Stillstand auf ebener Fahrbahn

Die Bremsarbeit für eine Bremsung bis zum Stillstand ist gleich der kinetischen Energie des rollenden Fahrzeugs.

W_B	Bremsarbeit in Nm oder in J
m	Fahrzeugmasse in kg
v	Geschwindigkeit in m/s
a	Verzögerung in m/s²
s	Bremsweg in m
F_B	Gesamtbremskraft in N
P_B	Bremsleistung in Nm/s oder in W
P_A	Antriebsleistung in Nm/s oder in W
t	Bremszeit in s

1000 W = 1 kW

$$W_B = F_B \cdot s$$

$$F_B = m \cdot a = \frac{W_B}{s}$$

$$s = \frac{v^2}{2 \cdot a}$$

$$W_B = \frac{m \cdot v^2}{2}$$

$$v = \sqrt{\frac{2 \cdot W_B}{m}}$$

$$P_B = \frac{W_B}{t}$$

$$P_B = \frac{m \cdot v^2}{2 \cdot t}$$

$$t = \frac{v}{a} = \frac{2 \cdot s}{v}$$

Bremsenprüfung, Abbremsung

Beim Rollenprüfstand werden die Bremskräfte am Radumfang der einzelnen Räder durch Abbremsung der einzelnen Räder gemessen.

Die Summe der Bremskräfte der gebremsten Räder wird nach den Richtlinien zur Anlage VIII der StVZO (Bremsenuntersuchungen) auf das zulässige Gesamtgewicht bezogen; das Verhältnis F_B/G ergibt mit 100 multipliziert die **Abbremsung z in %.** Werte für Mindestabbremsung nach StVZO siehe Seite 545.

Beispiel 1:

$F_B = 9000$ N; $m = 1500$ kg; $z = ?$ %

Lösung:

$$\boldsymbol{z} = \frac{F_B \cdot 100\ \%}{G} =$$

$$= \frac{9000 \cdot 100\ \%}{14\,715} = \mathbf{61{,}2\ \%}$$

Beispiel 2:

$F_B = 56\,000$ N; $m = 16\,000$ kg; $p_1 = 6{,}5$ bar; $p_2 = 4{,}3$ bar; $z = ?$ %

Lösung:

$$\boldsymbol{z} = \frac{p_1 - 0{,}4}{p_2 - 0{,}4} \cdot \frac{F_B \cdot 100\ \%}{G} =$$

$$= \frac{6{,}5 - 0{,}4}{4{,}3 - 0{,}4} \cdot \frac{56\,000 \cdot 100\ \%}{157\,000} \approx$$

$\approx$ **55,8 %**

z	Abbremsung in %
F_B	Gesamtbremskraft in N
$F_{BR,\,vl}$	Radbremskraft vorn links in N
$F_{BR,\,vr}$	Radbremskraft vorn rechts in N
$F_{BR,\,hl}$	Radbremskraft hinten links in N
$F_{BR,\,hr}$	Radbremskraft hinten rechts in N
G	Gewichtskraft des Fahrzeugs in N (zul. Gesamtgewicht)
g	Fallbeschleunigung in m/s²
a	Bremsverzögerung in m/s²
p_1	Berechnungsdruck in bar
p_2	Eingesteuerter Druck in bar (Blockiergrenze)
0,4	Ansprechdruck in bar

$$F_B = F_{BR,\,vl} + F_{BR,\,vr} + F_{BR,\,hl} + F_{BR,\,hr}$$

Fahrzeuge ohne Druckluftbremse

$$z = \frac{F_B \cdot 100\ \%}{G}$$

$$G = m \cdot g$$

$$z = \frac{a}{g} \cdot 100\ \%$$

$$a = \frac{g \cdot z}{100\ \%}$$

Hochrechnung für Fahrzeug mit Druckluftbremse

$$z = \frac{p_1 - 0{,}4}{p_2 - 0{,}4} \cdot \frac{F_B \cdot 100\ \%}{G}$$

M

Berechnung an hydraulischen Bremsen (Flussdiagramm)

Fußkraft am Bremspedal	$F_1 = F_P$	
		Durch Bremskraftverstärker verstärkte Hauptzylinder-Kolbenkraft
Hauptzylinder-Kolbenkraft	$F_{HZ} = F_2 = \frac{F_1 \cdot r_1}{r_2}$	$F_{HZ,V} = F_{HZ} + \Delta p \cdot A_V = \frac{F_{HZ}}{i_{pn}}$
Leitungsdruck	$p = \frac{F_{HZ}}{A_{HZ}} = \frac{F_1 \cdot r_1}{A_{HZ} \cdot r_2}$	$p = \frac{F_{HZ,V}}{A_{HZ}}$
Spannkraft eines Radzylinderkolbens	$F_{RZ} = p \cdot A_{RZ}$	

	Trommelbremse	Scheibenbremse
Umfangskraft an der Bremstrommel bzw. Bremsscheibe	$F_U = C \cdot F_{RZ}$	$F_U = K_R \cdot \mu_G \cdot F_{RZ}$

Bremsmoment an der Bremstrommel bzw. Bremsscheibe	$M_{BR} = F_U \cdot r_w$	**1 bar = 10** $\frac{\mathbf{N}}{\mathbf{cm^2}}$
Bremskraft am dynamischen Halbmesser des Reifens	$F_{BR} = \frac{F_U \cdot r_w}{r_{dyn}}$	
Gesamtbremskraft eines Fahrzeugs	$F_B = 2\,(F_{BR,V} + F_{BR,H})$	
Bremsarbeit	$W_B = F_B \cdot s$	
Bremsleistung	$P_B = \frac{W_B}{t}$	

A_{HZ}	Kolbenfläche des Hauptzylinderkolbens in cm^2
A_{RZ}	Radzylinderkolbenfläche an der Vorderachse $A_{RZ,V}$ in cm^2 an der Hinterachse $A_{RZ,H}$ in cm^2
A_V	Fläche des Verstärkerkolbens in cm^2
C	Bremsenkennwert aus Diagramm
$F_1 = F_P$	Fußkraft am Bremspedal in N
F_B	Gesamtbremskraft des Fahrzeugs in N
F_{BR}	Bremskraft am dynamischen Halbmesser des Reifens in N
$F_{BR,V}$	Bremskraft an einem Vorderrad in N
$F_{BR,H}$	Bremskraft an einem Hinterrad in N
$F_{HZ} = F_2$	Hauptzylinder-Kolbenkraft in N
$F_{HZ,V}$	verstärkte Hauptzylinder-Kolbenkraft in N
F_{RZ}	Spannkraft eines Radzylinderkolbens in N
F_U	Umfangskraft an der Bremstrommel bzw. Bremsscheibe in N
i_{pn}	pneumatische Übersetzung des Bremskraftverstärkers
K_R	Anzahl der wirksamen Spannkräfte einer Radbremse
μ_G	Gleitreibungszahl (Belag/Bremse)
M_{BR}	Bremsmoment an der Bremse bzw. am Rad i n Nm
P_B	Bremsleistung in Nm/s oder in W
p	Leitungsdruck in N/cm^2
Δp	wirksame Druckdifferenz $(p_{amb} - p_{abs})$ in N/cm^2
r_1, r_2	wirksame Hebelarme am Bremspedal in mm
r_{dyn}	wirksamer Reifenhalbmesser in m
r_w	wirksamer Halbmesser der Bremsscheibe bzw. Innenhalbmesser der Bremstrommel in m
s	Bremsweg in m
t	Bremszeit in s
W_B	Bremsarbeit in J, Nm oder Ws

Ohmsches Gesetz

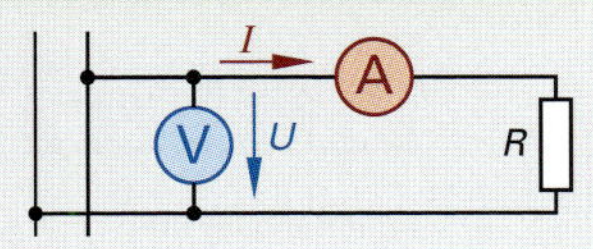

1 V = 1 A · 1 Ω

I Stromstärke in A
U Spannung in V
R Widerstand in Ω

Beispiel: $U = 12\,\text{V}$; $I = 1{,}2\,\text{A}$; $R = ?\,\Omega$

Lösung: $\boldsymbol{R} = \frac{U}{I} = \frac{12\,\text{V}}{1{,}2\,\text{A}} = \mathbf{10\,\Omega}$

$$R = \frac{U}{I}$$

$$U = I \cdot R$$

$$I = \frac{U}{R}$$

Spezifischer elektrischer Widerstand und elektrische Leitfähigkeit

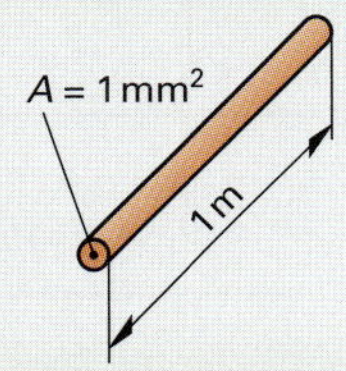

ϱ spezif. elektrischer Widerstand in $\Omega\,\text{mm}^2/\text{m}$
$\varkappa$ elektrische Leitfähigkeit in $\text{m}/\Omega\,\text{mm}^2$

Beispiel: Kupfer $\varkappa = 56\,\frac{\text{m}}{\Omega\,\text{mm}^2}$; $\varrho = ?\,\frac{\Omega\,\text{mm}^2}{\text{m}}$

Lösung: $\boldsymbol{\varrho} = \frac{1}{\varkappa} = \frac{1}{56\,\frac{\text{m}}{\Omega\,\text{mm}^2}} = \mathbf{0{,}0178\,\frac{\Omega\,mm^2}{m}}$

$$\varrho = \frac{1}{\varkappa}$$

$$\varkappa = \frac{1}{\varrho}$$

Leitwert und Widerstand

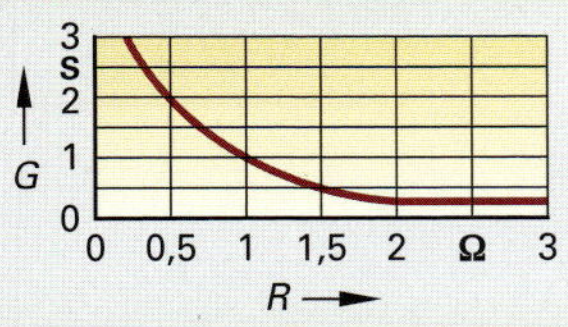

G Leitwert in S $\left(\text{S: Siemens in } \frac{1}{\Omega}\right)$
R Widerstand in Ω

Beispiel: $R = 5\,\Omega$; $G = ?\,\text{S}$

Lösung: $\boldsymbol{G} = \frac{1}{R} = \frac{1}{5\,\Omega} = \mathbf{0{,}2\,S}$

$$G = \frac{1}{R}$$

$$R = \frac{1}{G}$$

Leiterwiderstand

Werkstoff (bei 20 °C)	ϱ $\frac{\Omega\,\text{mm}^2}{\text{m}}$	$\varkappa$ $\frac{\text{m}}{\Omega\,\text{mm}^2}$
Aluminium	0,0278	36
Eisen	0,13	7,7
Gold	0,022	45,45
Konstantan	0,49	2,04
Kupfer	0,0178	56
Manganin	0,43	2,33
CuZn-Leg.	0,07	14,3
Nickel	0,095	10,5
Platin	0,098	10,2
Silber	0,0167	60
Wolfram	0,055	18,2

R Widerstand in Ω
l Leiterlänge in m
ϱ spezif. elektrischer Widerstand in $\Omega\,\text{mm}^2/\text{m}$
A Leiterquerschnittsfläche in mm^2
$\varkappa$ elektrische Leitfähigkeit in $\text{m}/\Omega\,\text{mm}^2$
d Leiterdurchmesser in mm

Beispiel: Cu-Leiter: $\varrho = 0{,}0178\,\frac{\Omega\,\text{mm}^2}{\text{m}}$;
$A = 4\,\text{mm}^2$; $l = 2\,\text{m}$; $R = ?\,\Omega$

Lösung:

$$\boldsymbol{R} = \frac{\varrho \cdot l}{A} = \frac{0{,}0178\,\frac{\Omega\,\text{mm}^2}{\text{m}} \cdot 2\,\text{m}}{4\,\text{mm}^2} = \mathbf{0{,}0089\,\Omega}$$

$$R = \frac{\varrho \cdot l}{A}$$

$$\varrho = \frac{A \cdot R}{l} \qquad l = \frac{A \cdot R}{\varrho}$$

$$A = \frac{\varrho \cdot l}{R} \qquad d = \sqrt{\frac{4 \cdot A}{\pi}}$$

$$R = \frac{l}{\varkappa \cdot A}$$

Widerstand und Temperatur

Werkstoff	α **1/K**
Aluminium (99,5 %)	0,0040
Eisen (rein)	0,0066
Gold	0,0037
Kupfer (99,5 %)	0,0039
Nickel (99,5 %)	0,0055
Platin	0,0038
Silber	0,0038
Wolfram	0,0044
Zink	0,0042
Zinn	0,0045

ΔR Widerstandsänderung in Ω
α Temperaturbeiwert in 1/K
ΔT Temperaturänderung in K
R_k Kaltwiderstand in Ω
R_w Warmwiderstand in Ω

Beispiel: $R_k = 300\,\Omega$; $R_w = 400\,\Omega$;
$\alpha = 0{,}004\,1/\text{K}$; $\Delta T = ?\,\text{K}$

Lösung:

$$\boldsymbol{\Delta T} = \frac{R_w - R_k}{R_k \cdot \alpha} = \frac{400\,\Omega - 300\,\Omega}{300\,\Omega \cdot 0{,}004\,\frac{1}{\text{K}}} = \mathbf{83{,}3\,K}$$

$$\Delta R = \alpha \cdot R_k \cdot \Delta T$$

$$R_w = R_k \cdot (1 + \alpha \cdot \Delta T)$$

$$\Delta T = \frac{R_w - R_k}{R_k \cdot \alpha}$$

M

Spannungsabfall in Leitungen

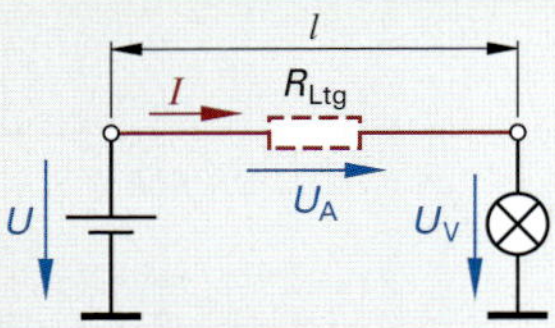

Einleitungssystem

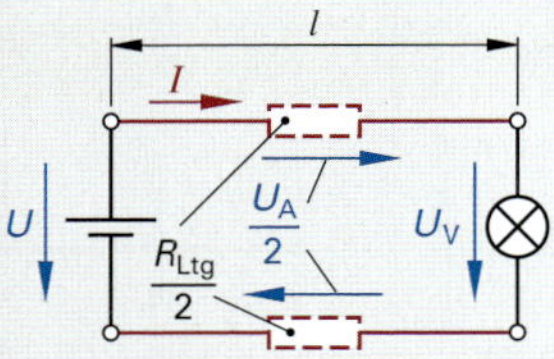

Zweileitungssystem

U_a Spannungsabfall in V
U Klemmenspannung in V
U_V Spannung am Verbraucher in V
I Stromstärke in A
R_{Ltg} Leitungswiderstand in Ω
ϱ spez. elektr. Widerstand in Ω mm²/m
l Leiterlänge in m
A Leiterquerschnittfläche in mm²

Beispiel: Einleitungssystem:
$\varrho = 0{,}0178\ \Omega\ \text{mm}^2/\text{m}$; $l = 1$ m;
$A = 50\ \text{mm}^2$; $I = 1400$ A;
$U_a = ?$ V

Lösung: $\mathbf{U_a} = \frac{I \cdot \varrho \cdot l}{A} = \frac{1400\ \text{A} \cdot 0{,}0178\ \frac{\Omega\ \text{mm}^2}{\text{m}} \cdot 1\ \text{m}}{50\ \text{mm}^2} = \mathbf{0{,}5\ V}$

$$U_a = I \cdot R_{Ltg}$$

Einleitungssystem

$$U_a = \frac{I \cdot \varrho \cdot l}{A}$$

Zweileitungssystem

$$U_a = \frac{I \cdot \varrho \cdot 2 \cdot l}{A}$$

$$U_V = U - U_a$$

Stromdichte

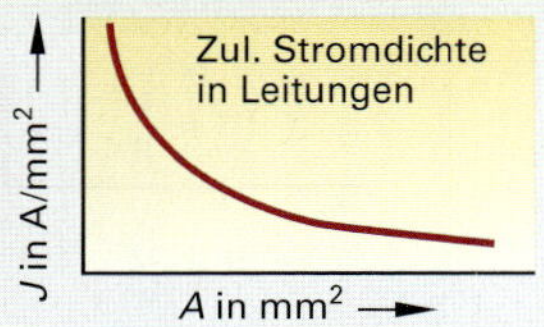

J Stromdichte in A/mm²
I Stromstärke in A
A Leiterquerschnittfläche in mm²

Beispiel: $I = 16$ A; $A = 4\ \text{mm}^2$; $J = ?\ \frac{\text{A}}{\text{mm}^2}$

Lösung: $\mathbf{J} = \frac{I}{A} = \frac{16\ \text{A}}{4\ \text{mm}^2} = \mathbf{4\ \frac{A}{mm^2}}$

$$J = \frac{I}{A}$$

$$A = \frac{I}{J}$$

$$I = J \cdot A$$

Zulässige Belastbarkeit von Kupferleitungen in Kraftfahrzeugen (einadrig) bei 30 °C

A (mm²)	0,5	0,75	1	1,5	2,5	4	6	10	16	25	35	50	70	95
I_{max} (A)	10	15	19	24	32	42	54	73	98	129	158	198	245	292
J (A/mm²)	20	20	19	16	12,8	10,5	9	7,3	6,1	5,2	4,5	4	3,5	3

Zulässige Stromdichte in Kupferleitungen im Kurzzeitbetrieb bei Haupt- und Steuerleitungen hinsichtlich der zulässigen Erwärmung $J \leqq 30\ \text{A/mm}^2$.

Leitungsberechnung

Art der Leitung (isolierte Plusleitung)	Zul. Spannungsabfall U_a
Lichtleitungen	
Lichtschalter Kl. 30 bis	
Leuchten < 15 W	0,1 V
Leuchten > 15 W	0,5 V
Scheinwerfer	0,3 V
Ladeleitung	
Drehstromgenerator Kl. B+	0,4 V bei 12 V
bis Batterie	0,8 V bei 24 V
Steuerleitungen	
Drehstromgenerator	
Kl. D+,	0,1 V bei 12 V
D–, DF bis Regler	0,2 V bei 24 V
Starterschalter bis	1,4 V bei 12 V
Starterklemme 50	2,8 V bei 24 V
Vom Schalter bis Relais,	0,5 V bei 12 V
Horn, Wischer u.a. Geräte	1,0 V bei 24 V
Starterhauptleitungen	0,5 V bei 12 V
	1,0 V bei 24 V

U_a Spannungsabfall in V
I Stromstärke in A
ϱ spez. elektr. Widerstand in Ω mm²/m
R_{Ltg} Leitungswiderstand in Ω
A Leiterquerschnittfläche in mm²
l Leitungslänge in m

Beispiel:
Starter $U = 12$ V; $I = 630$ A;
$U_a = 0{,}5$ V; $l = 2$ m;
$\varrho = 0{,}0178\ \Omega\ \text{mm}^2/\text{m}$; $A = ?\ \text{mm}^2$

Lösung:

$\mathbf{A} = \frac{I \cdot \varrho \cdot l}{U_a} = \frac{630\ \text{A} \cdot 0{,}0178\ \frac{\Omega\ \text{mm}^2}{\text{m}} \cdot 2\ \text{m}}{0{,}5\ \text{V}} = \mathbf{45\ mm^2}$

$$U_a = I \cdot R_{Ltg}$$

$$U_a = \frac{I \cdot \varrho \cdot l}{A}$$

$$A = \frac{I \cdot \varrho \cdot l}{U_a}$$

$$l = \frac{A \cdot U_a}{I \cdot \varrho}$$

Bei Fahrzeugen ohne Masse am Fahrgestell (Zweileitungssystem).

$$A = \frac{I \cdot \varrho \cdot 2 \cdot l}{U_a}$$

Schaltung von Widerständen

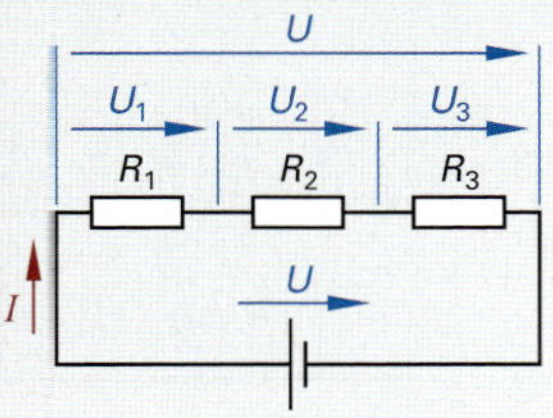

Reihenschaltung

I, I_1, I_2, I_3	Stromstärke in A
U, U_1, U_2, U_3	Spannung in V
R, R_1, R_2, R_3	Widerstand in Ω

Beispiel: $R_1 = 2\,\Omega$; $R_2 = 3\,\Omega$; $R_3 = 5\,\Omega$; $R = ?\,\Omega$

Lösung: $\mathbf{R} = R_1 + R_2 + R_3 = 2\,\Omega + 3\,\Omega + 5\,\Omega = \mathbf{10\,\Omega}$

$$I = I_1 = I_2 = I_3 = \ldots$$

$$U = U_1 + U_2 + U_3 + \ldots$$

$$R = R_1 + R_2 + R_3 + \ldots$$

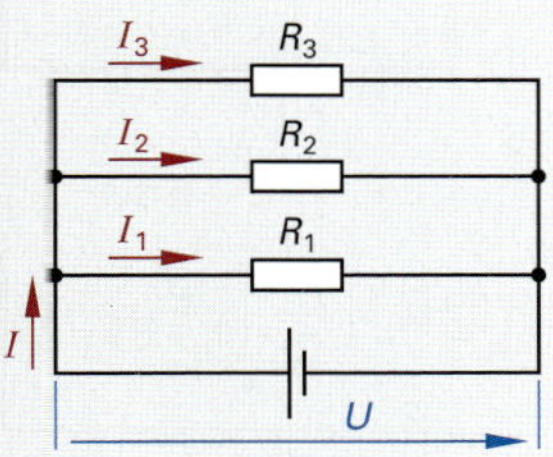

n gleiche Widerstände

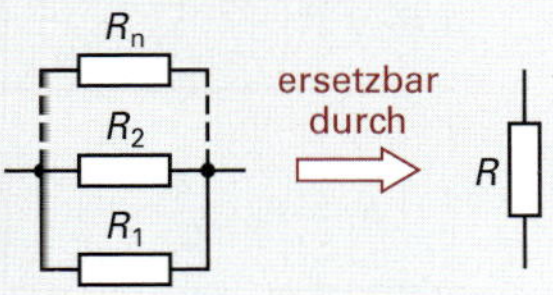

Parallelschaltung

I, I_1, I_2, I_3	Stromstärke in A
U, U_1, U_2, U_3	Spannung in V
R, R_1, R_2, R_3	Widerstand in Ω
n	Zahl der gleichen Widerstände

Beispiel 1: $R_1 = 3\,\Omega$; $R_2 = 6\,\Omega$; $R = ?\,\Omega$

Lösung: $\frac{\mathbf{1}}{\mathbf{R}} = \frac{1}{R_1} + \frac{1}{R_2} = \frac{1}{3\,\Omega} + \frac{1}{6\,\Omega} = \frac{2}{6\,\Omega} + \frac{1}{6\,\Omega} = \frac{3}{6\,\Omega}$

$\mathbf{R = 2\,\Omega}$

Beispiel 2: $R_1 = 10\,\Omega$; $n = 10$; $R = ?\,\Omega$

Lösung: $\mathbf{R} = \frac{R_1}{n} = \frac{10\,\Omega}{10} = \mathbf{1\,\Omega}$

$$U = U_1 = U_2 = U_3 = \ldots$$

$$I = I_1 + I_2 + I_3 + \ldots$$

$$\frac{1}{R} = \frac{1}{R_1} + \frac{1}{R_2} + \frac{1}{R_3} + \ldots$$

Für 2 parallele Widerstände

$$R = \frac{R_1 \cdot R_2}{R_1 + R_2}$$

Für *n* gleiche Widerstände

$$R = \frac{R_1}{n}$$

Gruppenschaltung von Widerständen

In einer Gruppenschaltung von Widerständen (gemischte Schaltung), unterscheidet man, je nach Anordnung der Widerstände, zwischen einer **erweiterten Reihenschaltung** und einer **erweiterten Parallelschaltung**.

Zur Berechnung des Gesamtwiderstandes werden schrittweise Ersatzschaltungen für die einzelnen Widerstandsgruppen gebildet. Sie sind entweder eine Reihenschaltung oder eine Parallelschaltung von Widerständen.

Dieses Verfahren wird so lange fortgesetzt, bis zuletzt nur eine einzige Widerstandsgruppe übrig bleibt. Der Ersatzwiderstand der letzten Gruppe ist der Gesamtwiderstand *R*.

Erweiterte Reihenschaltung

Beispiel: $R_1 = 10\,\Omega$; $R_2 = 40\,\Omega$; $R_3 = 5\,\Omega$; $R = ?\,\Omega$

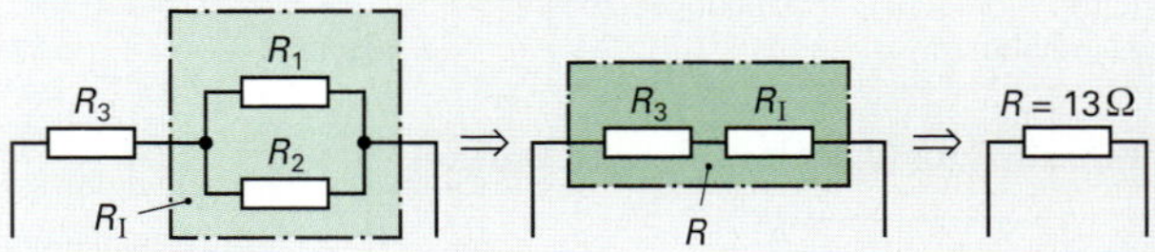

$$\mathbf{R}_\mathrm{I} = \frac{R_1 \cdot R_2}{R_1 + R_2} = \frac{10\,\Omega \cdot 40\,\Omega}{10\,\Omega + 40\,\Omega} = \mathbf{8}\,\Omega \Rightarrow \mathbf{R} = R_3 + R_\mathrm{I} = 5\,\Omega + 8\,\Omega = \mathbf{13}\,\Omega$$

Erweiterte Parallelschaltung

Beispiel: $R_1 = 10\,\Omega$; $R_2 = 40\,\Omega$; $R_3 = 5\,\Omega$; $R = ?\,\Omega$

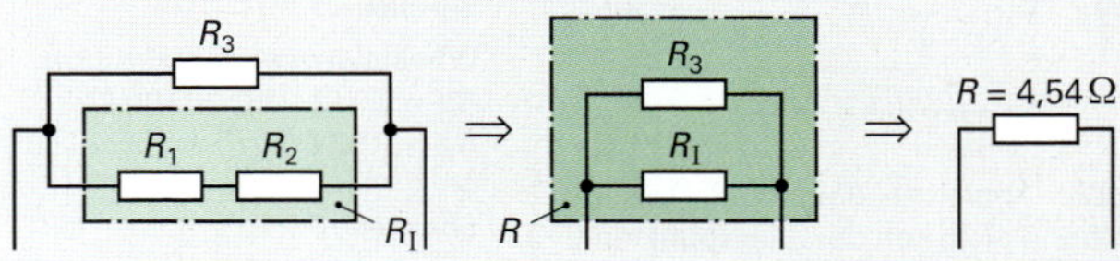

$\mathbf{R}_\mathrm{I} = R_1 + R_2 = 10\,\Omega + 40\,\Omega = \mathbf{50}\,\Omega$ $\quad \mathbf{R} = \frac{R_\mathrm{I} \cdot R_3}{R_\mathrm{I} + R_3} = \frac{50\,\Omega \cdot 5\,\Omega}{50\,\Omega + 5\,\Omega} = \mathbf{4{,}54}\,\Omega$

M

Spannungsteiler

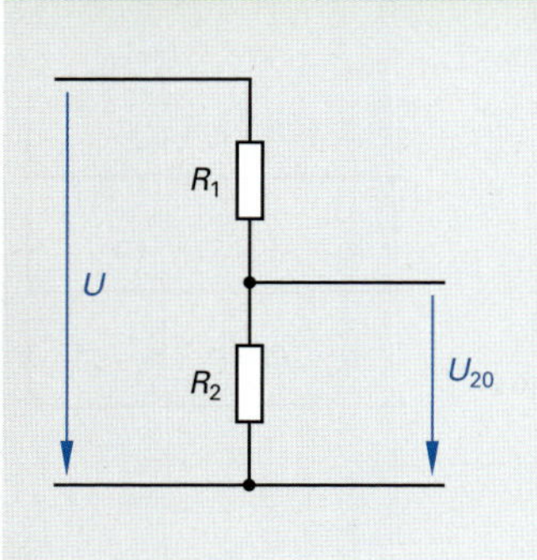

Unbelasteter Spannungsteiler

R_1 Teilwiderstand in Ω
R_2 Teilwiderstand in Ω
$R_1 + R_2$ Gesamtwiderstand in Ω
U Gesamtspannung in V
U_{20} Teilspannung in V

Beispiel:

$R_1 = 100\ \Omega$; $R_2 = 20\ \Omega$;
$U = 12\ \text{V}$; $U_{20} = ?\ \text{V}$

Lösung:

$$\mathbf{U_{20}} = \frac{R_2}{R_1 + R_2} \cdot U = \frac{20\ \Omega}{100\ \Omega + 20\ \Omega} \cdot 12\ \text{V} = \mathbf{2\ V}$$

$$U_{20} = \frac{R_2}{R_1 + R_2} \cdot U$$

$$R_1 = R_2 \cdot \left(\frac{U}{U_{20}} - 1\right)$$

$$R_2 = \frac{R_1}{\frac{U}{U_{20}} - 1}$$

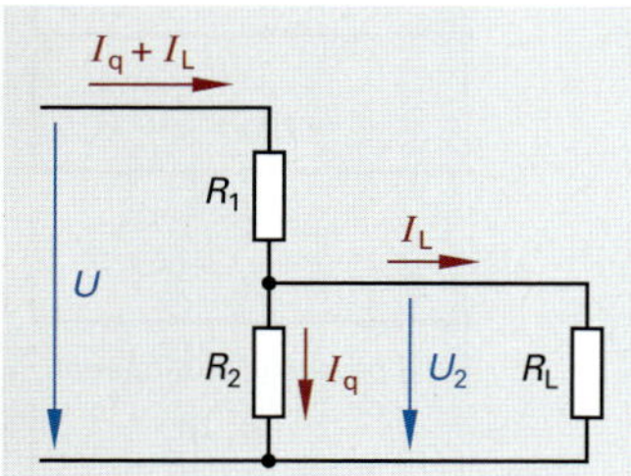

Beim belasteten Spannungsteiler sinkt die Leerlaufspannung U_{20} des unbelasteten Spannungsteilers auf die Teilspannung U_2 am Lastwiderstand ab.

$q > 10$ bewirkt, dass bei geringer Änderung des Lastwiderstandes ($R_L > 10 \cdot R_2$) sich die Spannung U_2 kaum ändert (Spannungskonstanthaltung).

Belasteter Spannungsteiler

U_2 Teilspannung bei Belastung in V
U_{20} Teilspannung im Leerlauf in V
U Gesamtspannung in V
R_1, R_2 Teilwiderstände in Ω
R_L Lastwiderstand in Ω
q Querstromverhältnis
I_L Laststrom in A
I_q Querstrom in A

Beispiel:

$U = 100\ \text{V}$; $U_{20} = 12\ \text{V}$; $U_2 = 10\ \text{V}$;
$R_L = 200\ \Omega$; $R_1 = ?\ \Omega$; $R_2 = ?\ \Omega$

Lösung:

$$\mathbf{R_2} = R_L \cdot \frac{U}{U_2} \cdot \left(\frac{U_{20} - U_2}{U - U_{20}}\right) = 200\ \Omega \cdot \frac{100\ \text{V}}{10\ \text{V}} \cdot \left(\frac{12\ \text{V} - 10\ \text{V}}{100\ \text{V} - 12\ \text{V}}\right) = \mathbf{45{,}5\ \Omega}$$

$$\mathbf{R_1} = R_2 \cdot \left(\frac{U}{U_{20}} - 1\right) = 45{,}5\ \Omega \cdot \left(\frac{100\ \text{V}}{12\ \text{V}} - 1\right) = \mathbf{334\ \Omega}$$

$$U_2 = \frac{U}{\frac{R_1 \cdot (R_L + R_2)}{R_L \cdot R_2} + 1}$$

$$R_2 = R_L \cdot \frac{U}{U_2} \cdot \frac{(U_{20} - U_2)}{(U - U_{20})}$$

$$R_1 = R_2 \cdot \left(\frac{U}{U_{20}} - 1\right)$$

$$q = \frac{I_q}{I_L} = \frac{R_L}{R_2}$$

$$q = \frac{I_q}{I_L} = \frac{U_2 \cdot (U - U_{20})}{U \cdot (U_{20} - U_2)}$$

Messbrücke (Wheatstonesche Brücke)

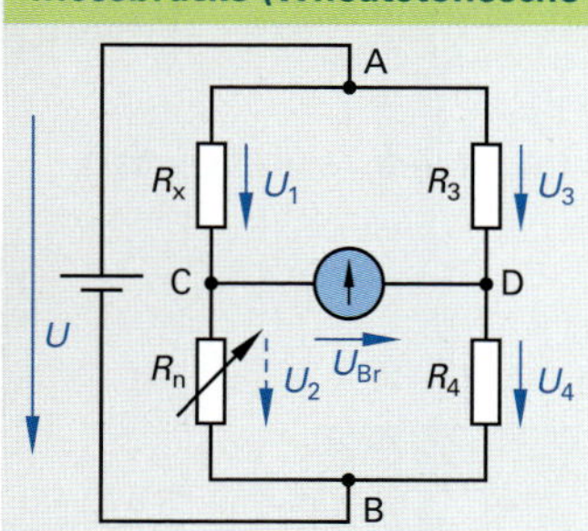

Die Abgleichbedingung ist erfüllt, wenn zwischen den Messpunkten C und D die Brückenspannung $U_{Br} = 0$ ist.

U_{Br} Brückenspannung in V
U_1, U_2, U_3, U_4 Teilspannungen in V
R_x unbekannter Widerstand in Ω
R_n Vergleichswiderstand in Ω
R_3, R_4 Brückenwiderstände in Ω

Beispiel:

Wheatstonsche Messbrücke;
$R_3 = 50\ \Omega$; $R_4 = 100\ \Omega$;
$R_n = 150\ \Omega$; $R_x = ?\ \Omega$

Lösung:

$$\mathbf{R_x} = R_n \cdot \frac{R_3}{R_4} = 150\ \Omega \cdot \frac{50\ \Omega}{100\ \Omega} = \mathbf{75\ \Omega}$$

$$U_{Br} = U_2 - U_4$$

Bei Abgleich:

$$U_{Br} = 0$$

$$\frac{U_1}{U_2} = \frac{U_3}{U_4}$$

$$\frac{R_x}{R_n} = \frac{R_3}{R_4}$$

$$R_x = R_n \cdot \frac{R_3}{R_4}$$

M

Kondensatoren

Reihenschaltung

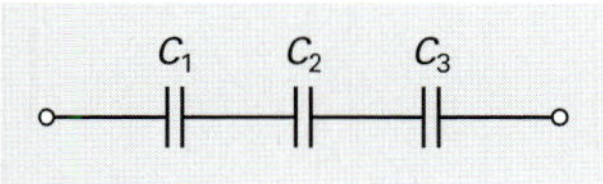

Parallelschaltung

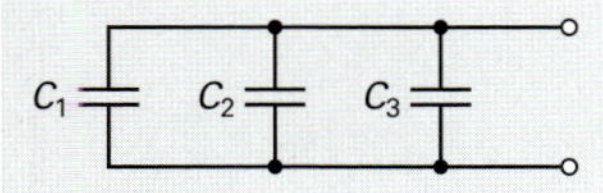

C Gesamtkapazität in µF, nF, pF
C_1; C_2 Einzelkapazitäten in µF, nF, pF

Beispiel:
$C_1 = 4\,\mu F$; $C_2 = 3\,\mu F$;
Reihenschaltung C = ? µF

Lösung:

$$\frac{1}{C} = \frac{1}{C_1} + \frac{1}{C_2} = \frac{1}{4\,\mu F} + \frac{1}{3\,\mu F} = \frac{7}{12\,\mu F}$$

$\boldsymbol{C} = 12/7\,\mu F = \mathbf{1{,}7\,\mu F}$

Reihenschaltung

$$\frac{1}{C} = \frac{1}{C_1} + \frac{1}{C_2} + \frac{1}{C_3} + \ldots$$

Parallelschaltung

$$C = C_1 + C_2 + C_3 + \ldots$$

Entladezeit

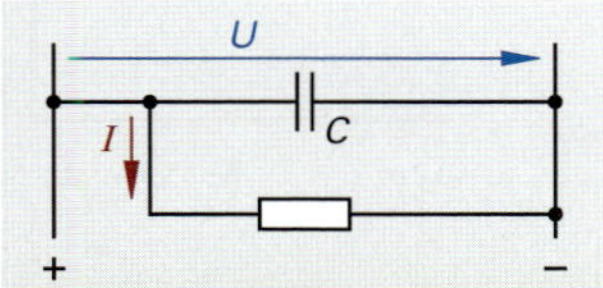

C (Gesamt)-Kapazität in µF, nF, pF
I Stromstärke in µA, nA, pA
t Entladezeit in s
U Spannungsdifferenz bis Entladung in V

Beispiel: $U = 12\,V$; $C = 20\,\mu F$; $I = 8\,\mu A$; $t = ?$

Lösung: $\boldsymbol{t} = \frac{C \cdot U}{I} = \frac{20\,\mu F \cdot 12\,V}{8\,\mu A} = \frac{20\,\mu As \cdot 12\,V}{V \cdot 8\,\mu A} = \mathbf{30\,s}$

$$t = \frac{C \cdot U}{I}$$

$$1\,F = 1\,\frac{As}{V}$$

Elektrische Leistung

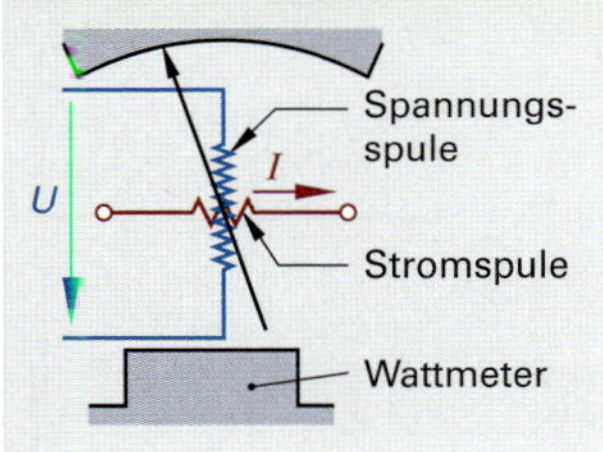

1 W = 1 V · 1 A = 1 J/s = 1 Nm/s

P Leistung in W
U Spannung in V
I Stromstärke in A
R Widerstand in Ω

Beispiel 1: $U = 22\,V$; $I = 5\,A$; $P = ?\,W$

Lösung: $\boldsymbol{P} = U \cdot I = 22\,V \cdot 5\,A = \mathbf{110\,W}$

Beispiel 2: $I = 5\,A$; $R = 4{,}4\,\Omega$;
$P = ?\,W$

Lösung: $\boldsymbol{P} = I^2 \cdot R = (5\,A)^2 \cdot 4{,}4\,\Omega =$
$= \mathbf{110\,W}$

$$P = U \cdot I$$

$$U = \frac{P}{I} \qquad I = \frac{P}{U}$$

$$P = I^2 \cdot R$$

$$P = \frac{U^2}{R}$$

Elektrische Arbeit

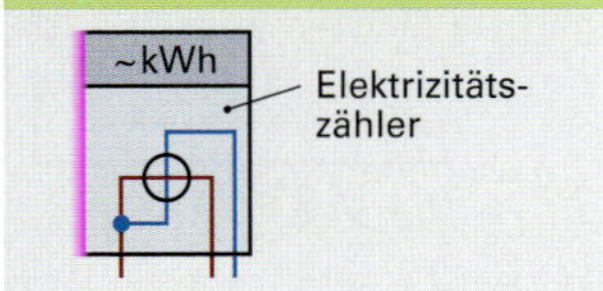

1 Ws = 1 V · 1 A · 1 s
1 Ws = 1 J = 1 Nm
3 600 000 Ws = 1 kWh

W Arbeit in Ws, Wh, kWh
P Leistung in W, kW
U Spannung in V
I Stromstärke in A
t Zeit in s, h

Beispiel: $P = 35\,W$; $t = 4\,h$;
$W = ?\,kWh$

Lösung: $\boldsymbol{W} = P \cdot t = 35\,W \cdot 4\,h =$
$= 140\,Wh = \mathbf{0{,}14\,kWh}$

$$W = P \cdot t$$

$$P = \frac{W}{t} \qquad t = \frac{W}{P}$$

$$W = U \cdot I \cdot t$$

Wirkungsgrad, Leistungsverlust

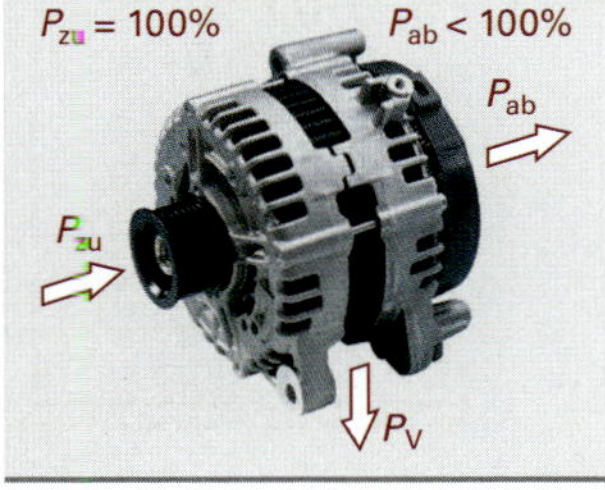

η Wirkungsgrad
η_1, η_2 Einzelwirkungsgrade
P_{zu} zugeführte Leistung in W, kW
P_{ab} abgegebene Leistung in W, kW
P_V Verlustleistung in W, kW

Beispiel: $P_{zu} = 1\,kW$; $P_{ab} = 0{,}5\,kW$
$\eta = ?$

Lösung: $\boldsymbol{\eta} = \frac{P_{ab}}{P_{zu}} = \frac{0{,}5\,kW}{1\,kW} = \mathbf{0{,}5}$

$$\eta = \frac{P_{ab}}{P_{zu}}$$

$$P_{zu} = \frac{P_{ab}}{\eta} \qquad P_{ab} = \eta \cdot P_{zu}$$

$$\eta = \eta_1 \cdot \eta_2 \ldots$$

$$P_V = P_{zu} - P_{ab}$$

M

Batterie (Akkumulator)

Kapazität

K	Kapazität in Ah
I	Stromstärke in A
t	Zeit in h

$$K = I \cdot t$$

$$I = \frac{K}{t} \qquad t = \frac{K}{I}$$

Beispiel:
$I = 8{,}4\,\text{A}$; $t = 8\,\text{h}$; $K = ?\,\text{Ah}$
Lösung:
$\boldsymbol{K} = I \cdot t = 8{,}4\,\text{A} \cdot 8\,\text{h} = \mathbf{67{,}2\,Ah}$

Ladung
Ladestrom I_1
Ladezeit t_1

Entladung
Entladestrom I_2
Entladezeit t_2

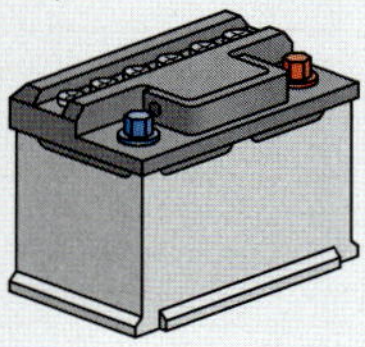

Amperestundenwirkungsgrad

η_{Ah}	Amperestundenwirkungsgrad
K_1, K_2	Lade- bzw. Entladekapazität in Ah
I_1, I_2	Lade- bzw. Entladestrom in A
t_1, t_2	Lade- bzw. Entladezeit in h

$$\eta_{Ah} = \frac{K_2}{K_1}$$

$$K_1 = I_1 \cdot t_1 \qquad K_2 = I_2 \cdot t_2$$

$$\eta_{Ah} = \frac{I_2 \cdot t_2}{I_1 \cdot t_1}$$

$$K_1 = \frac{K_2}{\eta_{Ah}} \qquad K_2 = K_1 \cdot \eta_{Ah}$$

Beispiel: $I_1 = 8{,}4\,\text{A}$; $t_1 = 10\,\text{h}$;
$I_2 = 10\,\text{A}$; $t_2 = 6\,\text{h}$; $\eta_{Ah} = ?$

Lösung: $\boldsymbol{\eta_{Ah}} = \frac{I_2 \cdot t_2}{I_1 \cdot t_1} = \frac{10\,\text{A} \cdot 6\,\text{h}}{8{,}4\,\text{A} \cdot 10\,\text{h}} = \mathbf{0{,}715}$

Wattstundenwirkungsgrad

η_{Wh}	Wattstundenwirkungsgrad
U_1, U_2	Lade- bzw. Entladespannung in V
I_1, I_2	Lade- bzw. Entladestrom in A
t_1, t_2	Lade- bzw. Entladezeit in h
W_1, W_2	Lade- bzw. Entladeenergie in Wh
K_1, K_2	Lade- bzw. Entladekapazität in Ah

$$\eta_{Wh} = \frac{W_2}{W_1} \qquad \eta_{Wh} = \frac{U_2 \cdot K_2}{U_1 \cdot K_1}$$

$$\eta_{Wh} = \frac{U_2 \cdot I_2 \cdot t_2}{U_1 \cdot I_1 \cdot t_1}$$

Beispiel:
$U_1 = 7{,}4\,\text{V}$; $U_2 = 6{,}0\,\text{V}$;
$K_1 = 45\,\text{Ah}$; $K_2 = 36\,\text{Ah}$; $\eta_{Wh} = ?$
Lösung:
$\boldsymbol{\eta_{Wh}} = \frac{U_2 \cdot K_2}{U_1 \cdot K_1} = \frac{6{,}0\,\text{V} \cdot 36\,\text{Ah}}{7{,}4\,\text{V} \cdot 45\,\text{Ah}} = \mathbf{0{,}65}$

Reihenschaltung von Batterien

U	Gesamtklemmenspannung in V
U_1, U_2, U_n	Teilklemmenspannungen in V
I	Gesamtstrom in A
I_1, I_2, I_n	Teilströme in A
R_i	Gesamtinnenwiderstand in Ω
R_{i1} … R_{in}	Teilinnenwiderstände in Ω

$$U = U_1 + U_2 + U_3 + \ldots$$

$$I = I_1 = I_2 = I_3 = \ldots$$

$$R_i = R_{i1} + R_{i2} + R_{i3} + \ldots$$

Beispiel:
$U_1 = 6{,}4\,\text{V}$; $U_2 = 12{,}8\,\text{V}$; $U = ?\,\text{V}$
Lösung:
$\boldsymbol{U} = U_1 + U_2 = 6{,}4\,\text{V} + 12{,}8\,\text{V} = \mathbf{19{,}2\,V}$

Parallelschaltung von Batterien

I	Gesamtstrom in A
I_1, I_2, I_n	Teilströme in A
U	Gesamtklemmenspannung in V
U_1, U_2, U_n	Teilklemmenspannungen in V
R_i	Gesamtinnenwiderstand in Ω
R_{i1} … R_{in}	Teilinnenwiderstände in Ω

$$I = I_1 + I_2 + I_3 + \ldots$$

$$U = U_1 = U_2 = U_3 = \ldots$$

$$\frac{1}{R_i} = \frac{1}{R_{i1}} + \frac{1}{R_{i2}} + \frac{1}{R_{i3}} + \ldots$$

Beispiel:
$I_1 = 2\,\text{A}$; $I_2 = 5\,\text{A}$; $I_3 = 3\,\text{A}$;
$I = ?\,\text{A}$
Lösung: $\boldsymbol{I} = I_1 + I_2 + I_3 = 2\,\text{A} + 5\,\text{A} + 3\,\text{A} = \mathbf{10\,A}$

Klemmenspannung und Innenwiderstand

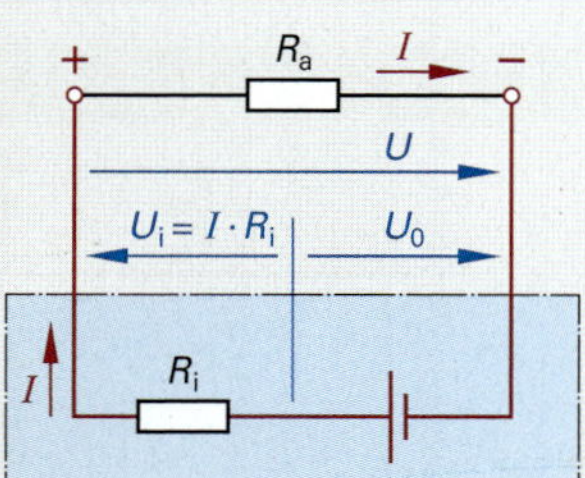

U	Klemmenspannung in V
U_0	Leerlaufspannung in V
U_i	innerer Spannungsabfall in V
I	Stromstärke in A
I_k	Kurzschlussstrom in A
R_i	Innenwiderstand in Ω
R_a	Belastungswiderstand in Ω

$$U = U_0 - I \cdot R_i$$

$$U = I \cdot R_a$$
$$U_0 = I \cdot (R_a + R_i)$$

$$I = \frac{U_0}{R_a + R_i}$$

$$I_k = \frac{U_0}{R_i}$$

Beispiel: $U_0 = 6{,}9\,\text{V}$; $R_i = 0{,}01\,\Omega$;
$R_a = 0{,}1\,\Omega$; $I = ?\,\text{A}$

Lösung: $\boldsymbol{I} = \frac{U_0}{R_a + R_i} = \frac{6{,}9\,\text{V}}{0{,}1\,\Omega + 0{,}01\,\Omega} = \mathbf{62{,}73\,A}$

M

Magnetisches Feld

Magnetische Induktion

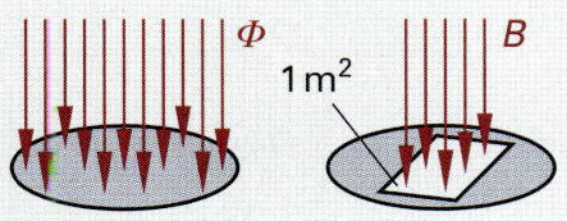

B Magnetische Flussdichte in T (Tesla)
Φ Magnetischer Fluss in Wb (Weber)
A Polfläche senkrecht zu den Feldlinien in m²

Beispiel: $\Phi = 1\,\text{Wb}$; $A = 20\,\text{cm}^2$; $B = ?\,\text{T}$

Lösung: $\mathbf{B} = \dfrac{\Phi}{A} = \dfrac{1\,\text{Wb}}{0{,}002\,\text{m}^2} = \mathbf{500\,T}$

$$B = \frac{\Phi}{A}$$

$$\Phi = B \cdot A \qquad A = \frac{\Phi}{B}$$

$$\mathbf{1\,T = \frac{Vs}{m^2} = 1\,Wb/m^2}$$

Durchflutung

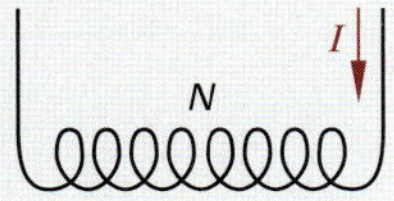

Θ Durchflutung in A
I Stromstärke in A
N Windungszahl

Beispiel: $I = 2\,\text{A}$; $N = 1000$; $\Theta = ?\,\text{A}$

Lösung: $\boldsymbol{\Theta} = I \cdot N = 2\,\text{A} \cdot 1000 = \mathbf{2000\,A}$

$$\Theta = I \cdot N$$

$$I = \frac{\Theta}{N} \qquad N = \frac{\Theta}{I}$$

Feldstärke

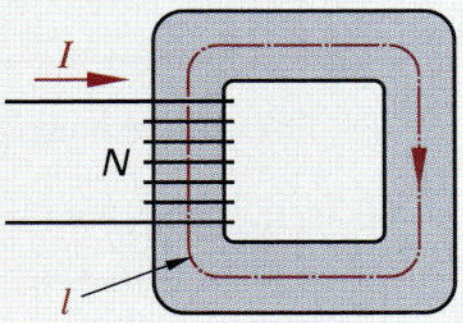

H Feldstärke in A/cm
I Stromstärke in A
N Windungszahl
l mittlere Feldlinienlänge in cm
Θ Durchflutung in A

Beispiel: $I = 3\,\text{A}$; $N = 100$; $l = 15\,\text{cm}$; $H = ?\,\text{A/cm}$

Lösung: $\mathbf{H} = \dfrac{I \cdot N}{l} = \dfrac{3\,\text{A} \cdot 100}{15\,\text{cm}} = \mathbf{20\,\dfrac{A}{cm}}$

$$H = \frac{I \cdot N}{l}$$

$$H = \frac{\Theta}{l}$$

Elektrisches Feld

Coulombsches Gesetz (Kraftwirkung)

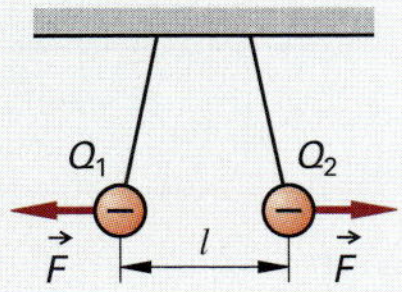

Elektrische Feldstärke

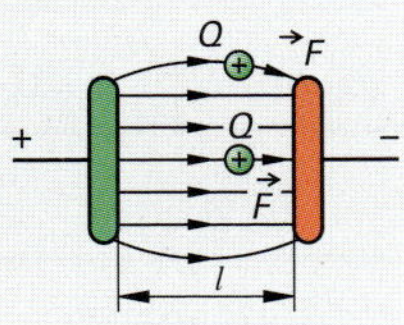

Elektrische Flussdichte

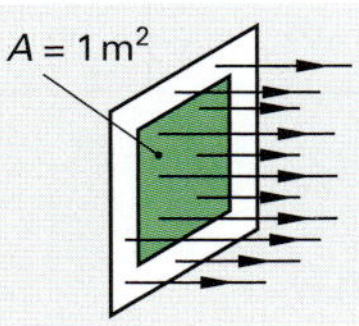

E	Elektrische Feldstärke in V/m oder N/As
F	Kraft in N
K	Koeffizient (berücksichtigt elektrische Feldkonstante ε_0 und Permittivitätszahl ε_r)
Q, Q_1, Q_2	Ladungen in C (Coulomb) oder As
l	Länge in m
U	Spannung in V
A	Fläche in m²
D	elektrische Flussdichte, Flächenladungsdichte in C/m²
ε_0	elektrische Feldkonstante in F/m oder As/Vm ($\varepsilon_0 = 8{,}854 \cdot 10^{-12}$ As/Vm)
ε_r	Permittivitätszahl in F/m oder As/Vm ($\varepsilon_{r\,(Vakuum)} = 1{,}0 \cdot 10^{-12}$ As/Vm; $\varepsilon_{r\,(Luft)} = 1{,}09 \cdot 10^{-12}$ As/Vm; $\varepsilon_{r\,(Gummi)} = 2{,}5 - 3 \cdot 10^{-12}$ As/Vm)

Beispiel: $E = 2{,}5\,\text{kV/m}$; $F = 50\,\mu\text{N}$; $Q = ?$ in C oder As

Lösung: $\mathbf{Q} = \dfrac{F}{E} = \dfrac{50\,\mu\text{N}}{2{,}5\,\text{kV/m}} = \dfrac{50 \cdot 10^{-6}\,\text{N}}{2{,}5 \cdot 10^{3}\,\text{V/m}} = 20 \cdot 10^{-9}\,\dfrac{\text{N} \cdot \text{As}}{\text{N}} = 20 \cdot 10^{-9}\,\text{As} = \mathbf{20\,nC}$

$$F = K \cdot \frac{Q_1 \cdot Q_2}{l^2}$$

$$E = \frac{F}{Q}$$

Bei homogenem Feld

$$E = \frac{U}{l}$$

$$D = \frac{Q}{A}$$

$$D = \varepsilon_0 \cdot \varepsilon_r \cdot E$$

M

Wechselstrom

Frequenz, Kreisfrequenz

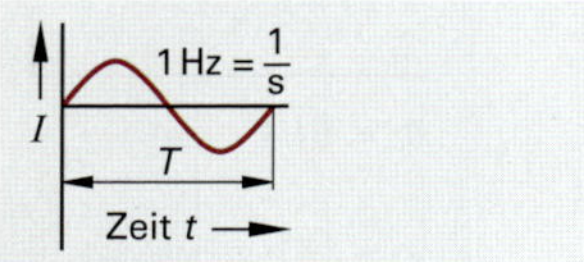

f	Frequenz in Hz (Hertz) bzw. 1/s
T	Periodendauer in s
ω	Kreisfrequenz in 1/s

Beispiel: $T = 1/500\ \text{s}$; $f = ?\ \text{Hz}$

Lösung: $\mathbf{f} = \frac{1}{T} = \frac{1}{1/500\ \text{s}} = \mathbf{500\ Hz}$

$$f = \frac{1}{T}$$

$$\omega = 2 \cdot \pi \cdot f$$

$$\mathbf{1\ Hz = \frac{1}{s}}$$

Scheitelwert, Effektivwert

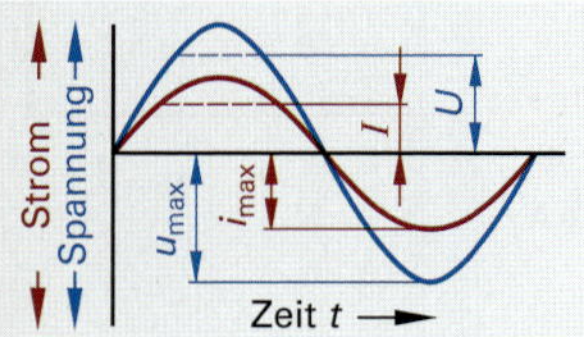

U	Effektivwert der Spannung in V
I	Effektivwert des Stromes in A
u_{max}	Scheitelwert der Spannung in V
i_{max}	Scheitelwert des Stromes in A

Beispiel: $i_{max} = 14{,}1\ \text{A}$; $I = ?\ \text{A}$

Lösung: $\mathbf{I} = \frac{i_{max}}{\sqrt{2}} = \frac{14{,}1\ \text{A}}{\sqrt{2}} = \mathbf{10\ A}$

$$I = \frac{i_{max}}{\sqrt{2}}$$

$$U = \frac{u_{max}}{\sqrt{2}}$$

Momentanwert und Phasenverschiebung

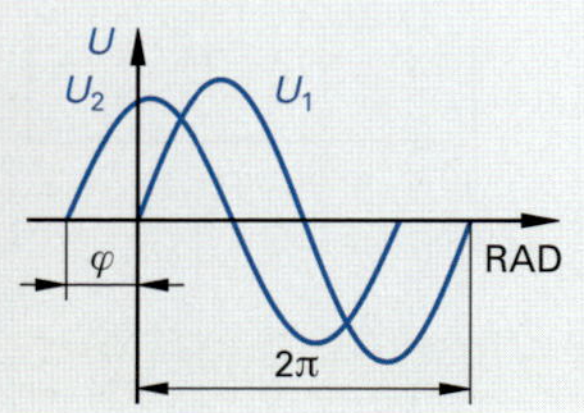

U_{max}	Maximalwert der Spannung in V
u	Momentanwert der Spannung in V
φ	Phasenverschiebungswinkel in RAD
f	Frequenz in kHz
ω	Kreisfrequenz/Winkelgeschwindigkeit in °/ms
t	Zeit in ms

Beispiel: $f = 1\ \text{kHz}$; $\varphi = \pi/2$; $t = 0{,}3\ \text{ms}$; $U_{max} = 4\ \text{V}$; $u = ?$

Lösung: $\mathbf{u} = U_{max} \cdot \sin(\omega \cdot t + \varphi)$
$= 4\ \text{V} \cdot \sin(2 \cdot \pi \cdot 1\ \text{kHz} \cdot 0{,}3\ \text{ms} + \pi/2) = \mathbf{1{,}236\ V}$

$$u_1 = U_{1\,max} \cdot \sin(\omega \cdot t)$$

Bei Phasenverschiebung

$$u_2 = U_{2\,max} \cdot \sin(\omega \cdot t + \varphi)$$

Phasenverschiebung und Zeitdifferenz

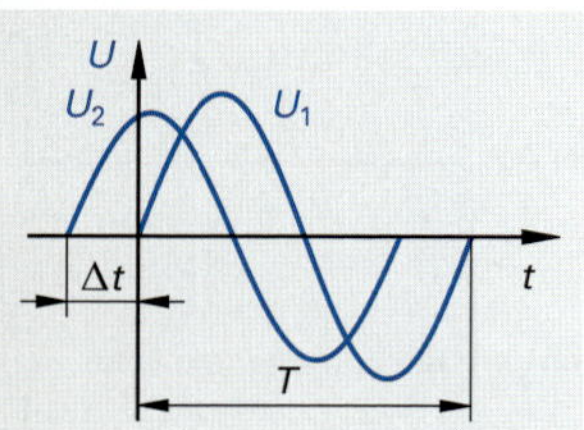

Δt	Zeitdifferenz in s
φ_{RAD}	Phasenverschiebungswinkel in RAD
φ_{DEG}	Phasenverschiebungswinkel in DEG
T	Periodendauer in s

Beispiel: $T = 2\ \text{ms}$; $\Delta t = 0{,}3\ \text{ms}$; $\varphi_{DEG} = ?$

Lösung: $\boldsymbol{\varphi_{DEG}} = \frac{\Delta t \cdot 360°}{T} = \frac{0{,}3\ \text{ms} \cdot 360°}{2\ \text{ms}} = \mathbf{54°}$

$$\varphi_{RAD} = \frac{\Delta t \cdot 2\pi}{T}$$

$$\varphi_{DEG} = \frac{\Delta t \cdot 360°}{T}$$

Scheinleistung, Wirkleistung und Blindleistung

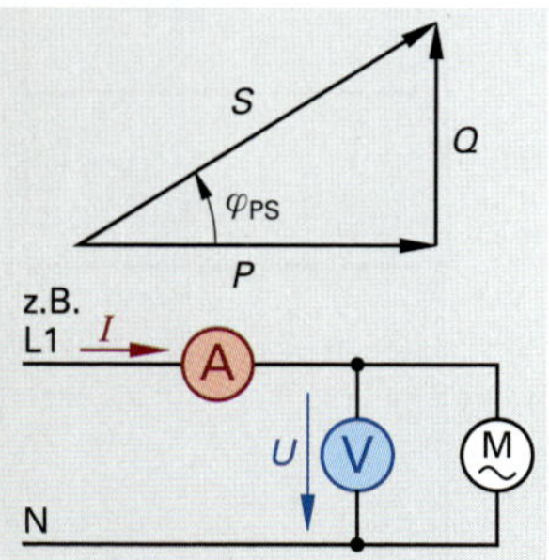

P	Wirkleistung in W (Watt)
Q_C, Q_L	Blindleistung in var, kapazitiv, induktiv (Volt-Ampere-reaktiv)
S	Scheinleistung in VA (Volt-Ampere)
U	Gesamtspannung in V
U_R	Wirkspannung in V
U_C	kapazitive Blindspannung in V
U_L	induktive Blindspannung in V
I	Gesamtstrom in A
I_R	Wirkstrom in A
I_C	kapazitiver Blindstrom in A
I_L	induktiver Blindstrom in A
φ	Pasenverschiebungswinkel in DEG
$\cos\varphi$	Wirkleistungsfaktor
$\sin\varphi$	Blindleistungsfaktor

$$P = U_R \cdot I_R$$

$$Q_C = U_C \cdot I_C \qquad Q_L = U_L \cdot I_L$$

$$S = U \cdot I$$

$$S = \sqrt{P^2 + Q^2}$$

$$\cos\varphi = \frac{P}{S} \qquad \sin\varphi = \frac{Q}{S}$$

Beispiel: $U = 230\ \text{V}$; $I = 9{,}77\ \text{A}$; $\cos\varphi = 0{,}89$; $S = ?$, $P = ?$

Lösung: $\mathbf{S} = U \cdot I = 230\ \text{V} \cdot 9{,}77\ \text{A} = \mathbf{2247{,}1\ VA}$
$\mathbf{P} = \cos\varphi \cdot S = 0{,}89 \cdot 2247{,}1\ \text{VA} = \mathbf{1999{,}91\ W}$

M

Reihenschaltung von Wechselstromwiderständen

Reihenschaltung von R und L

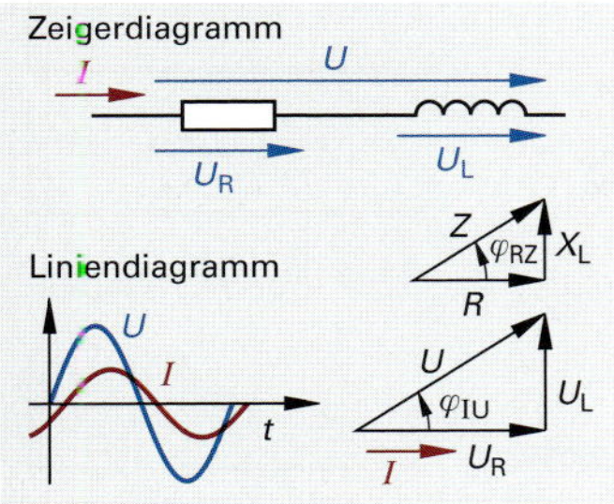

- R Wirkwiderstand in Ω
- X_L induktiver Blindwiderstand in Ω
- Z Scheinwiderstand in Ω
- U_R Spannung am Wirkwiderstand in V
- U_L Spannung am Blindwiderstand in V
- U Gesamtspannung in V
- I Strom in A
- φ Phasenverschiebungswinkel in °

$$Z = \frac{U}{I} = \sqrt{R^2 + X_L^2}$$

$$U = \sqrt{U_R^2 + U_L^2}$$

$$R = Z \cdot \cos\varphi \qquad X_L = Z \cdot \sin\varphi$$

$$U_R = U \cdot \cos\varphi \qquad U_L = U \cdot \sin\varphi$$

Beispiel: $R = 100\ \Omega;\ X_L = 60\ \Omega;\ Z = ?$

Lösung: $\mathbf{Z} = \sqrt{R^2 + X_L^2}$

$= \sqrt{(100\ \Omega)^2 + (60\ \Omega)^2} = \mathbf{116{,}61\ \Omega}$

Reihenschaltung von R und C

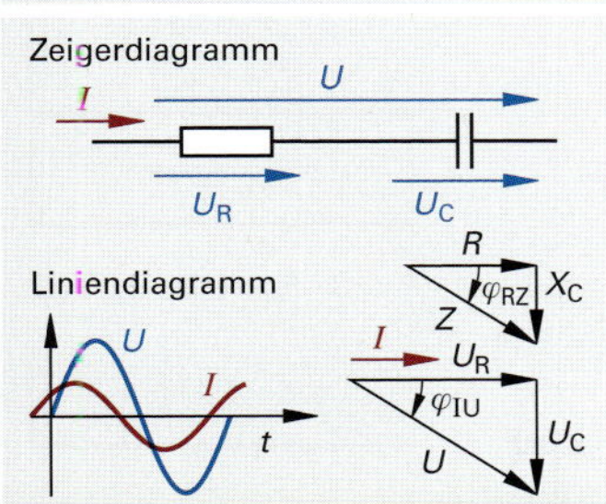

- R Wirkwiderstand in Ω
- X_C kapazitiver Blindwiderstand in Ω
- Z Scheinwiderstand in Ω
- U_R Spannung am Wirkwiderstand in V
- U_C Spannung am Blindwiderstand in V
- U Gesamtspannung in V
- I Strom in A
- φ Phasenverschiebungswinkel in °

$$Z = \frac{U}{I} = \sqrt{R^2 + X_C^2}$$

$$U = \sqrt{U_R^2 + U_C^2}$$

$$R = Z \cdot \cos\varphi \qquad X_C = Z \cdot \sin\varphi$$

$$U_R = U \cdot \cos\varphi \qquad U_C = U \cdot \sin\varphi$$

Beispiel: $Z = 15\ \Omega;\ \varphi = 45°;$
$\sin\varphi = ?;\ X_C = ?$

Lösung: **sin 45° = 0,7071**

$\mathbf{X_C} = Z \cdot \sin\varphi = 15\ \Omega \cdot 0{,}7071 = \mathbf{10{,}60\ \Omega}$

Parallelschaltung von Wechselstromwiderständen

Parallelschaltung von R und L

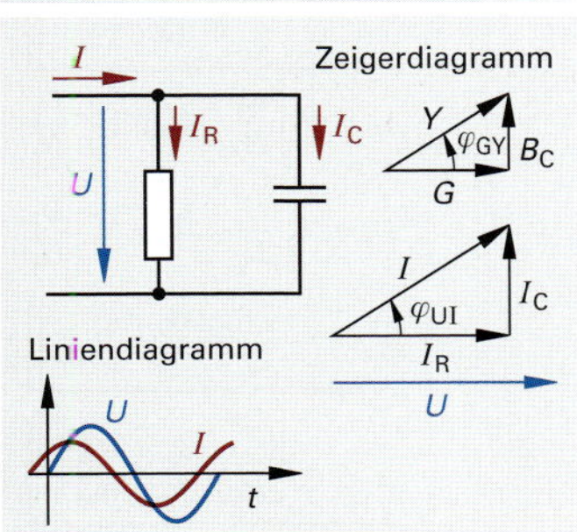

- G Wirkleitwert in S (Siemens in $\frac{1}{\Omega}$)
- B_C kapazitiver Blindleitwert in S
- Y Scheinleitwert in S
- I_R Strom durch den Wirkwiderstand in A
- I_L Strom durch den Blindwiderstand in A
- I Gesamtstrom in A
- U Spannung in V
- Z Scheinwiderstand in Ω
- φ Phasenverschiebungswinkel in °

$$Y = \frac{I}{Z} = \sqrt{G^2 + B_C^2}$$

$$I = \sqrt{I_R^2 + I_C^2}$$

$$G = Y \cdot \cos\varphi \qquad B_C = Y \cdot \sin\varphi$$

$$I_R = I \cdot \cos\varphi \qquad I_C = I \cdot \sin\varphi$$

Beispiel: $G = 0{,}01\ \text{S};\ B_C = 0{,}02\ \text{S};\ Y = ?$

Lösung: $\mathbf{Y} = \sqrt{G^2 + B_C^2} = \sqrt{(0{,}01\ \text{S})^2 + (0{,}02\ \text{S})^2} = \mathbf{0{,}02236\ S}$

Parallelschaltung von R und C

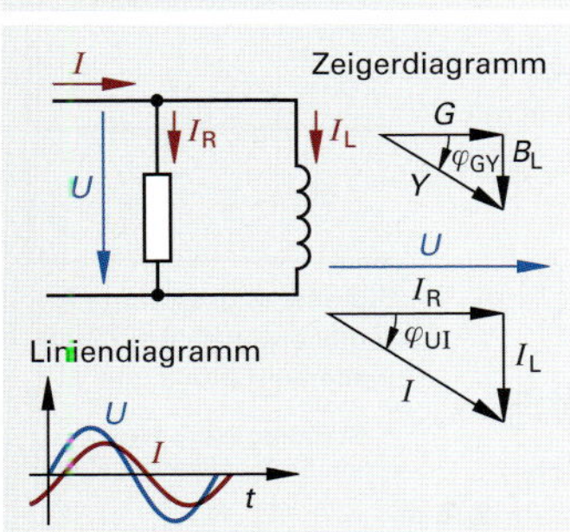

- G Wirkleitwert in S (Siemens in $\frac{1}{\Omega}$)
- B_L induktiver Blindleitwert in S
- Y Scheinleitwert in S
- I_R Strom durch den Wirkwiderstand in A
- I_L Strom durch den Blindwiderstand in A
- I Gesamtstrom in A
- U Spannung in V
- Z Scheinwiderstand in Ω
- φ Phasenverschiebungswinkel in °

$$Y = \frac{I}{Z} = \sqrt{G^2 + B_L^2}$$

$$I = \sqrt{I_R^2 + I_L^2}$$

$$G = Y \cdot \cos\varphi \qquad B_L = Y \cdot \sin\varphi$$

$$I_R = I \cdot \cos\varphi \qquad I_L = I \cdot \sin\varphi$$

Beispiel: $I = 10{,}2\ \text{A};\ \varphi = 30°;\ \cos\varphi = ?;\ I_R = ?$

Lösung: **cos 30° = 0,866**

$\mathbf{I_R} = I \cdot \cos\varphi = 0{,}2\ \text{A} \cdot 0{,}866 = \mathbf{0{,}1732\ A}$

M

Sternschaltung bei symmetrischer (gleichmäßiger) ohmscher Belastung

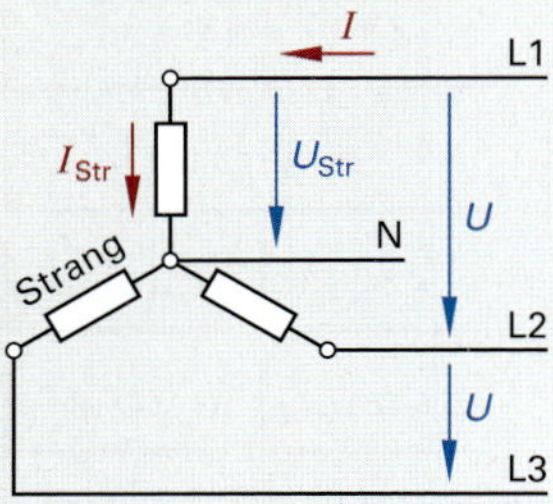

I Leiterstrom in A
I_{Str} Strangstrom in A
U Leiterspannung in V
U_{Str} Strangspannung in V
P Drehstromleistung in W
P_{Str} Strangleistung in W
$\sqrt{3}$ Verkettungsfaktor, $\sqrt{3} = 1{,}732$

Beispiel: $U = 13{,}1\,V$; $I = 22\,A$;
$P = ?\,W$

Lösung: $\mathbf{P} = \sqrt{3} \cdot U \cdot I =$
$= 1{,}732 \cdot 13{,}1\,V \cdot 22\,A = \mathbf{500\,W}$

$$I_{Str} = I$$

$$U_{Str} = \frac{U}{\sqrt{3}}$$

$$P = 3 \cdot P_{Str} = 3 \cdot U_{Str} \cdot I_{Str}$$

$$P = \sqrt{3} \cdot U \cdot I$$

Dreieckschaltung bei symmetrischer (gleichmäßiger) ohmscher Belastung

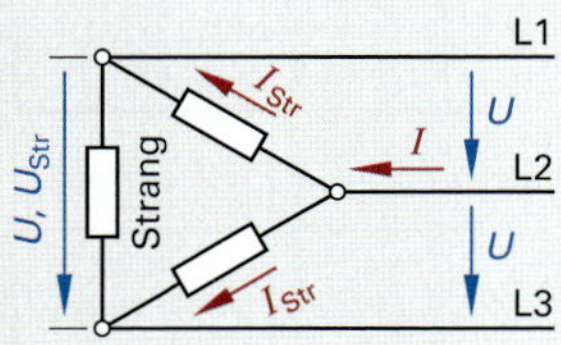

I Leiterstrom in A
I_{Str} Strangstrom in A
U Leiterspannung in V
U_{Str} Strangspannung in V
P Drehstromleistung in W
P_{Str} Strangleistung in W
$\sqrt{3}$ Verkettungsfaktor, $\sqrt{3} = 1{,}732$

Beispiel: $U = 13{,}1\,V$; $I = 22\,A$; $P = ?\,W$

Lösung: $\mathbf{P} = \sqrt{3} \cdot U \cdot I =$
$= 1{,}732 \cdot 13{,}1\,V \cdot 22\,A = \mathbf{500\,W}$

$$I_{Str} = \frac{I}{\sqrt{3}}$$

$$U_{Str} = U$$

$$P = 3 \cdot P_{Str} = 3 \cdot U_{Str} \cdot I_{Str}$$

$$P = \sqrt{3} \cdot U \cdot I$$

Transformator

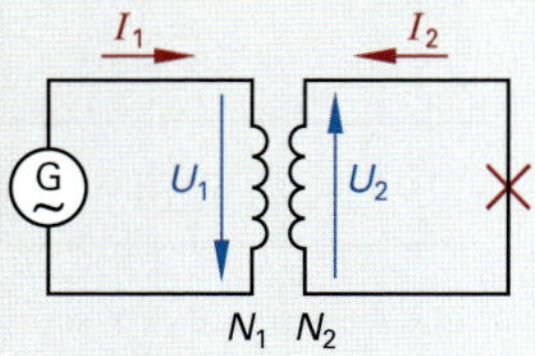

Bei Spulenzündanlagen muss für U_1 die in der Primärwicklung entstehende Selbstinduktionsspannung eingesetzt werden.

U_1 Primärspannung in V
I_1 Primärstrom in A
N_1 Primärwindungszahl
U_2 Sekundärspannung in V
I_2 Sekundärstrom in A
N_2 Sekundärwindungszahl
n Übersetzungsverhältnis

Beispiel: $U_1 = 220\,V$; $N_1 = 5000$;
$N_2 = 500$; $U_2 = ?\,V$

Lösung: $\mathbf{U_2} = U_1 \cdot \frac{N_2}{N_1} =$
$= 220\,V \cdot \frac{500}{5000} = \mathbf{22\,V}$

$$\frac{U_1}{U_2} = \frac{N_1}{N_2}$$

$$U_1 = U_2 \cdot \frac{N_1}{N_2} \qquad U_2 = U_1 \cdot \frac{N_2}{N_1}$$

$$N_1 = N_2 \cdot \frac{U_1}{U_2} \qquad N_2 = N_1 \cdot \frac{U_2}{U_1}$$

$$\frac{I_1}{I_2} = \frac{N_2}{N_1}$$

$$n = \frac{U_1}{U_2} = \frac{I_2}{I_1} = \frac{N_1}{N_2}$$

Berechnung von Antennen

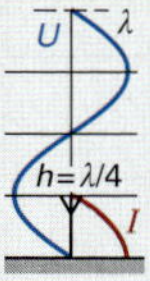

Beträgt die Länge der Antenne ein Viertel der Wellenlänge (λ), spricht man von einer abgestimmten Antenne.

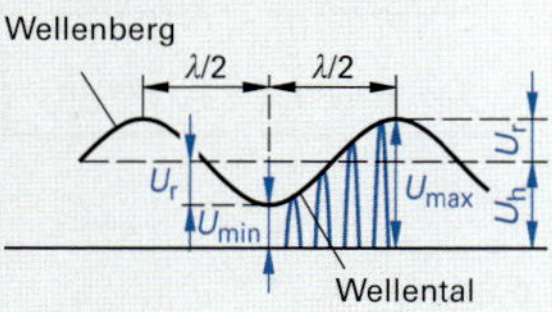

λ Wellenlänge in m
h optimale Antennenlänge in m
c Ausbreitungsgeschwindigkeit in m/s (Lichtgeschwindigkeit)
f (Sende-)Frequenz
SWR Stehwellenverhältnis
U_r mittlerer Spannungspegel in V
U_h höchster Spannungspegel in V
U_{max} Höchstspannung

Beispiel: $f = 100\,Mhz$; $c = 300 \cdot 10^6\,m/s$;

Lösung: $\lambda = \frac{c}{f} = \frac{300 \cdot 10^6\,m/s}{100 \cdot 10^6\,1/s} = \mathbf{3\,m}$;
d.h. $\mathbf{h} = \mathbf{0{,}75\,m}$

$$\lambda = \frac{c}{f}$$

$$SWR^* = \frac{U_h + U_r}{U_h - U_r}$$

Für eine abgestimmte Antenne ergibt sich ein Stehwellenverhältnis von 1.

* Standing Wave Radio (dt. Stehwellenverhältnis)

M

Elektronische Bauelemente

Diode

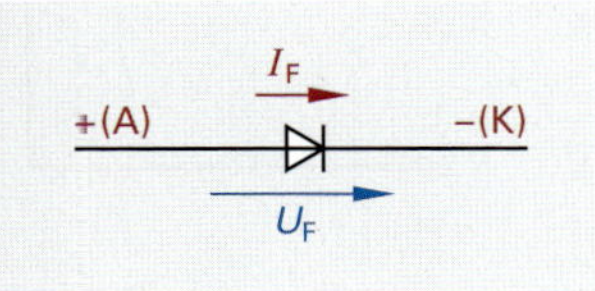

U_F Spannungsabfall in V
I Strom in A
P_V Verlustleistung in W

$$P_V = U \cdot I$$

Beispiel: $U_F = 0{,}8\,V$; $I = 20\,A$; $P_V = ?\,W$

Lösung: $\boldsymbol{P_V} = U \cdot I = 0{,}8\,V \cdot 20\,A = \mathbf{16\,W}$

NPN-Transistor

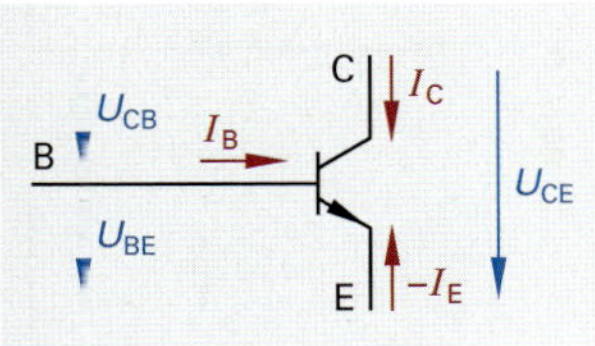

PNP-Transistor

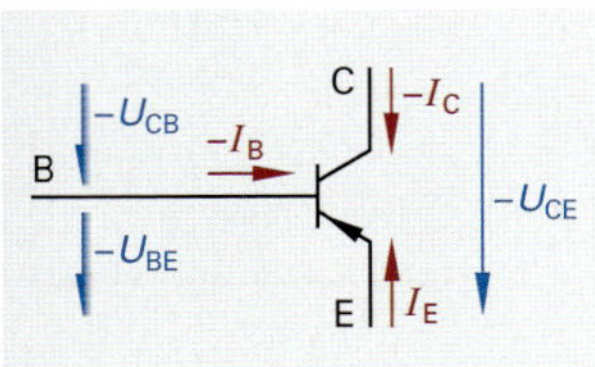

U_{CE} Kollektor-Emitter-Spannung in V
U_{BE} Basis-Emitter-Spannung in V
U_{CB} Kollektor-Basis-Spannung in V
I_B Basisstrom in mA
I_C Kollektorstrom in mA
I_E Emitterstrom in mA
P_V Verlustleistung in W
B Gleichstromverstärkung

$$U_{CE} = U_{BE} + U_{CB}$$

$$I_E = I_C + I_B$$

$$P_V \approx U_{CE} \cdot I_C$$

$$B = \frac{I_C}{I_B}$$

Beispiel: $I_E = 100\,mA$; $I_B = 2\,mA$; $I_C = ?\,mA$; $B = ?$

Lösung: $\boldsymbol{I_C} = I_E - I_B = 100\,mA - 2\,mA = \mathbf{98\,mA}$

$\boldsymbol{B} = I_C : I_B = 98\,mA : 2\,mA = \mathbf{49}$

Winkel und Zeiten beim Zündvorgang

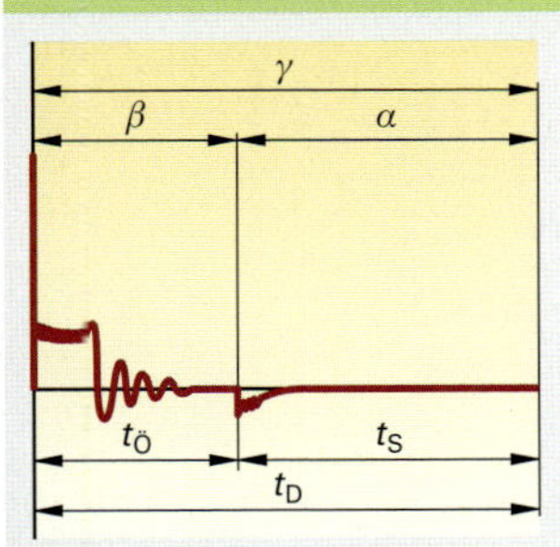

Für 4-Takt-Motoren gilt

Der Zündabstand γ ist der Drehwinkel der Kurbelwelle zwischen zwei Zündfunken.

Während des Durchlaufens des Schließwinkels ist der Primärstromkreis geschlossen.

Während des Durchlaufens des Öffnungswinkels ist der Primärstromkreis unterbrochen.

γ Zündabstand in ° an der Kurbelwelle
α Schließwinkel in ° an der Kurbelwelle
β Öffnungswinkel in ° an der Kurbelwelle
α_p Schließwinkel in %
n Motordrehzahl in 1/min
t_D Zeit zwischen 2 Zündfunken in s
t_S Schließzeit in s
$t_Ö$ Öffnungszeit in s
z Zylinderzahl
z_F Anzahl der Zündfunken je Minute in 1/min

$$\gamma = \frac{720°}{z}$$

$$\gamma = \alpha + \beta$$

$$z_F = \frac{n}{2} \cdot z$$

$$t_D = \frac{\gamma}{6 \cdot n}$$

$$t_S = \frac{\alpha}{6 \cdot n} \qquad t_Ö = \frac{\beta}{6 \cdot n}$$

$$t_D = t_S + t_Ö$$

$$\alpha_p = \frac{\alpha \cdot z}{7{,}2}$$

Beispiel: $z = 6$; $n = 6000\,1/min$; $\alpha = 72°$; 4-Takt-Motor; $t_S = ?\,s$

Lösung: $\boldsymbol{t_S} = \frac{\alpha}{6 \cdot n} = \frac{72°}{6 \cdot 6000} = \mathbf{0{,}002\,s}$

M

Pulsweitenmodulation (PWM)

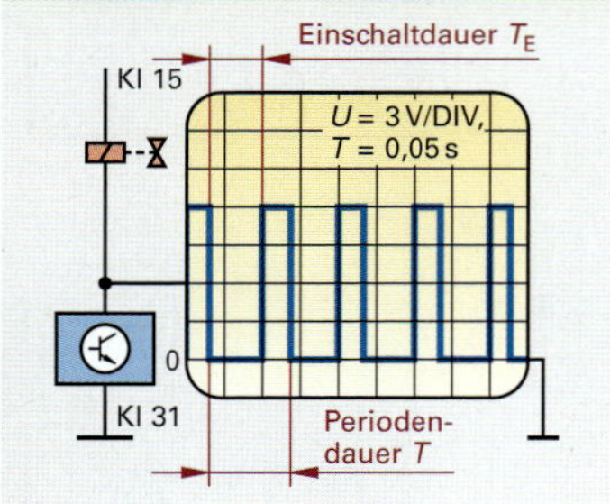

Pulsweitenmodulierte Spannungssignale werden zur variablen Ansteuerung von Aktoren, z.B. Magnetventile oder Elektromotoren verwendet. Die Signale werden mit konstanter Frequenz und gleicher Einschaltspannung getaktet.

Tastverhältnis

T Periodendauer in s
T_E Einschaltdauer in s
T_A Ausschaltdauer in s
V_T Tastverhältnis in %
f Frequenz in Hz (Hertz) bzw. 1/s

$$T = T_E + T_A$$

Beispiel: $T_E = 0{,}07\ s;\quad T = 0{,}1\ s;$
$V_T = ?\ \%;\quad f = ?\ Hz$

Lösung: $\mathbf{V_T} = \frac{T_E}{T} \cdot 100\ \%$

$= \frac{0{,}07\ s}{0{,}1\ s} \cdot 100\ \% = \mathbf{70\ \%}$

$\mathbf{f} = \frac{1}{T} = \frac{1}{0{,}1\ s} = \mathbf{10\ Hz}$

$$V_T = \frac{T_E}{T} \cdot 100\ \%$$

$$f = \frac{1}{T}$$

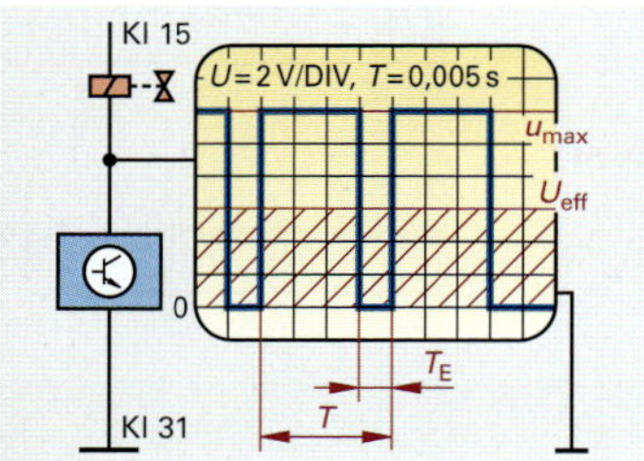

Der Effektivwert der Spannung hängt vom Verhältnis der Einschaltdauer zur Periodendauer und dem Höchstwert der Signalspannung ab. Durch die Veränderung des Tastverhältnisses beeinflusst das Steuergerät die Leistung der angesteuerten Aktoren, z.B. Elektromotoren.

Effektivwert

U_{eff} Effektivwert der Spannung in V
u_{max} Höchstwert der Spannung in V
T_E Einschaltdauer in s
T Periodendauer in s

$$U_{eff} = u_{max} \cdot \sqrt{\frac{T_E}{T}}$$

$$T_E = T \cdot \frac{U_{eff}^2}{u_{max}^2}$$

$$T = T_E \cdot \frac{u_{max}^2}{U_{eff}^2}$$

Beispiel: $T_E = 0{,}005\ s;\quad T = 0{,}02\ s;$
$u_{max} = 12\ V;\quad U_{eff} = ?\ V$

Lösung: $\mathbf{U_{eff}} = u_{max} \cdot \sqrt{\frac{T_E}{T}}$

$= 12\ V \cdot \sqrt{\frac{0{,}005\ s}{0{,}02\ s}} = \mathbf{6\ V}$

Datenübertragung

Die kleinste Informationseinheit mit dem Wert „0" oder „1" wird bei der Datenübertragung als Bit bezeichnet. Mit einem Bit können zwei Informationen übertragen werden.

1 Byte* = 8 Bit

Die Datenübertragungsrate bzw. -geschwindigkeit wird in Baud (Abkürzung: Bd) angegeben.
1 Baud** (Bd) = 1 Bit/s

n Anzahl der zur Verfügung stehenden Bits zur Datenübertragung
b_r Datenübertragungsrate bzw. -geschwindigkeit in Bd oder Bit/s
t_{bit} Zeit für die Übertragung eines Bit (Bitzeit) in s

Beispiel: $b_r = 100\ kBd = 100\,000\ Bit/s$
$t_{bit} = ?\ in\ s$

Lösung: $\mathbf{t_{bit}} = \frac{1}{100\,000}\ s = \mathbf{0{,}000\,01\ s}$

Anzahl der Informationen = 2^n (Bitwertigkeit

$$t_{bit} = \frac{1}{b_r}$$

$$b_r = \frac{1}{t_{bit}}$$

* Byte: Abkürzung für „binary term" (deutsch: Binäres Wort)
** Baud (Bd): Benannt nach Jean Baudot (Fermeldeingenieur; Frankreich 1845 – 1903)

Grundlagen

Qualitätssicherung

Buchführung

Kostenrechnen (Kalkulation)

B

Geschäftsbereiche eines Autohauses

Geschäftsbereiche	Funktionen	Aufgaben
Geschäftsleitung	Legt die Zielsetzung des Autohauses fest und bestimmt die Geschäftspolitik.	• Betriebsführung • Planung und Organisation • Kontrolle
Teiledienst	Verwaltung eines Ersatzteile- und Zubehörsortiments	• Bevorratung, Bestellung, Einlagerung und Bestandsüberwachung des Ersatzteile- und Zubehörsortiments • Ausgabe von Ersatzteilen und Zubehör an die Werkstatt • Verkauf von Ersatzeilen und Zubehör an Kunden
Kundendienst	Hauptschnittstelle zwischen Kunden und Werkstatt	• Reparaturannahme u. technische Beratung des Kunden • Fahrzeugübergabe an den Kunden • Abwicklung von Gewährleistungs- und Garantiefällen
Kfz-Werkstatt	Durchführung der Werkstattarbeiten	• Reparatur- und Karosseriearbeiten • Wartung • Fahrzeugveränderungen (Tuning, Einbau von Zubehör usw.)
Verkauf	Umsatz von Fahrzeugen	• Neuwagenverkauf (einschließlich Leasing und Finanzierung) • Verkauf von Jahres- und Gebrauchtwagen • Fahrzeugauslieferung und -übergabe • Bewertung von Gebrauchtwagen
Verwaltung/ Planung	Abwicklung der kaufmännischen Aufgaben	• Buchhaltung einschließlich Betriebsanalyse • Abwicklung von Geschäften mit Lieferanten und Herstellern • Lohn- und Gehaltsabrechnung • ggf. Zusammenarbeit mit dem Steuerberater

Geschäftsprozess Reparaturauftrag (Ablaufplan)

Tätigkeit	Information	Geschäftsbereich (Hinweise)
Kunden- und Fahrzeugdaten erfassen	← Kunde, Fahrzeugschein, Serviceheft	Kundendienst/ Kundendienstberater
Reparaturaufwand ermitteln	← Teile- und Arbeitswertedatenbank → Reparaturangebot	Auftragserteilung durch den Kunden (Unterschrift)
Auftragsannahme	→ Auftragsbestätigung	Auftragsbestätigung für den Kunden (Durchschrift)
Werkstattauftrag erstellen	→ Werkstattkarte/EDV	
Material ausgeben	← Teile- und Arbeitswertedatenbank → Werkstattkarte	Teiledienst
Reparatur ausführen	← Reparatur-Informations-System → Werkstattkarte/EDV	Kfz-Werkstatt
Altteile entsorgen	→ Entsorgungskarte/EDV	Altteile für den Kunden bereithalten
Probefahrt durchführen	→ Werkstattkarte/EDV	Kundendienst/ Kundendienstberater
Rechnung erstellen	→ Rechnung/EDV	
Rechnung dem Kunden erläutern	→ Rechnung/EDV	
Kundenzufriedenheit feststellen	→ Fragebogen/Telefonreport	Verwaltung

Zeitablauf ↓

Betriebsführung im Kfz-Betrieb

Ein Unternehmen ist auf die Optimierung des Gewinns ausgerichtet. Zu diesem Zweck müssen entsprechende Strukturen in der Betriebsführung vorhanden sein.
Die wesentlichen Aspekte der Betriebsführung sind Kommunikation, Kostenrechnung, Personalmanagement, Betriebsorganisation und Marketing.

Aspekte der Betriebsführung

Kommunikation

Kommunikation mit Kunden		Kommunikation mit Mitarbeitern	
Beratungsgespräch	Kundenreklamation	Motivation	Teamarbeit
Ziele			
• Einstellung auf die Persönlichkeit des Kunden • Ermittlung der Kundenwünsche • Kundenbindung und -gewinnung	• Entdeckung von Fehlern • Erhöhung der Kundenzufriedenheit durch die Bearbeitung von Kundenreklamationen	• Verbesserung der Einstellung des Verhaltens der Mitarbeiter • Verbesserung des Betriebsklimas	• Erhöhung des Problemlösungsvermögens • Fehlersenkung und kontinuierliche Verbesserung der Arbeitsabläufe

Kostenrechnung

Vollkostenrechnung	Kostenstellenrechnung	Teilkostenrechnung
Indirekte Kosten (indirekt verrechenbar) • Gemeinkosten • Kalkulatorische Kosten z. B. Unternehmerlohn, kalk. AfA Direkte Kosten (direkt verrechenbar) • Einzelkosten • Sondereinzelkosten	Erfassung aller Kosten aller Bereiche (Kostenstellen) eines Unternehmens z. B: • Lager • Werkstatt • Vertrieb Verursachergerechte Verteilung der Kosten auf die Kostenstellen.	• Fixe Kosten (K_{fix}). Sie entstehen immer, ohne dass eine Leistung ertellt wird, z.B. Miete, Energie. • Variable Kosten (K_{var}). Sie entstehen nur, wenn eine betriebliche Leistung erstellt wird, z.B. Fertigungslöhne. • Deckungsbeitrag (DB). Er ist der Restbetrag zur Dekung der fixen Kosten. DB = Erlös – K_{var}

Ziel: Verbesserung der betrieblichen Kenngrößen (Produktivität, Wirtschaftlichkeit, Umsatzrentabilität).

Personalmanagement

Personalplanung	Personalbeschaffung	Personalführung	Personalabbau	Personalförderung
Bedarfsermittlung (in Bezug auf Qualifikation und Anzahl)	Bereitstellung (Werbung, Auswahl und Anstellung)	Eingliederung, Betreuung, Führungsstil	Kündigung, Entlassung, Arbeitszeugnis	Qualifizierung, Aufstieg

Ziel: Richtiger Einsatz der Mitarbeiter in der richtigen Anzahl und mit der richtigen Qualifikation.

B

B

Aspekte der Betriebsführung im Kfz-Betrieb

Betriebsorganisation

Organisationsgrundsätze

Zielorientierung	Klarheit und Übersichtlichkeit	Einheitlichkeit der Aufgabenzuordnung	Verantwortungszuordnung	Koordination der Aufgaben	Kontinuität und Flexibilität	Kontrolle
Die Organisation orientiert sich an den Zielen des Unternehmens.	Organisatorische Regelungen müssen in Sprache und Darstellung klar und übersichtlich sein.	Teilaufgaben müssen nach Kompetenz und Verantwortung eindeutig festgelegt sein.	Jedem Mitarbeiter muss ein klar umrissener Verantwortungsbereich übertragen werden.	Geteilte Arbeitsvorgänge müssen koordiniert werden.	Organisatorische Regelungen müssen den jeweiligen Bedürfnissen angepasst werden.	Zur Minimierung von Fehlern müssen Arbeitsvorgänge kontrolliert werden.

Ziele

Integration von Menschen (Mensch-Mensch-System)	Integration von Menschen und Sachmitteln (Mensch-Maschine-System)	Integration von Sachmitteleinheiten (Maschine-Maschine-System)
Optimierung der Zusammenarbeit der Mitarbeiter für die Lösung einer gemeinsamen Aufgabe (Teamfähigkeit).	Sinnvolle Zuordnung von Menschen und Sachmitteln zur Erzielung eines optimalen Ergebnisses, ggf. auch durch Weiterbildung der Mitarbeiter.	Optimierung des betrieblichen Ablaufs durch Abstimmung der Maschinensysteme aufeinander.

Marketing

Marktforschung

- Marktbeobachtung (Regelmäßige Untersuchungen des Marktes auf Preise, Qualität und Quantität)
- Marktanalyse (Einmalige Auswertung wichtiger Marktdaten nach vorheriger Marktbeobachtung)
- Marktprognose (Aussage über voraussichtliche Marktentwicklung nach einer Marktanalyse).

Marketing-Instrumentarium (Marketing-Mix)

Produkt- und Sortimentspolitik	Kommunikationspolitik	Preis- und Konditionspolitik	Distributionspolitik
• Kundendienst • Sortimentsgestaltung • u.a.	• Werbung • Öffentlichkeitsarbeit • Verkaufsförderung • u.a.	• marktbezogene Preisgestaltung • Liefer- und Zahlungsbedingungen • u.a.	• Distributionswege • Messen • Filialen • Vertreter • u.a.

Ziele

Produkte	Service	Konditionen/Absatz	Distribution	Kommunikation
• Spitzenware • Massenware • Modeprodukte • u.a.	• Verbessern der Qualität • Senken der Kundendienstkosten • u.a.	• Erhöhen der Marktanteile • Verbessern der Umsatzrendite • u.a.	• Gewinnen neuer Kunden • Beschleunigen der Logistik • u.a.	• Verbessern des Images • Steigern der Bekanntheit • u.a.

Qualitätsmanagement

vergl. DIN ISO 9000 bis 9004 und 19011

Die DIN EN ISO 9000 definiert und vereinheitlicht die verschiedenen Begriffe des Qualitätsmanagements. Sie umfasst die Normen DIN EN ISO 9000, 9001, 9004 und 19011.

DIN EN ISO 9000	DIN EN ISO 9001	DIN EN ISO 9004	DIN EN ISO 19011
Grundlagen und Begriffe zum Qualitäts-mangement.	Festelegung der Anforderungen an ein Qualitätsmanagement-system. Dabei wird vor allem die Wirksamkeit des QM-Systems hinsichtlich der Erfüllung von Kundenanforderungen berücksichtigt.	Leitfaden mit Anregungen zum QM-System für Unternehmen welche über die Anforderungen der DIN EN ISO 9001 hinausgehen.	Anleitung für die Untersuchung (Audit) von Qualitäts-managementsystemen.

B

Grundsätze des Qualitätsmanagements

Die DIN EN ISO 9000 formuliert acht Grundsätze des Qualitätsmanagements. Diese dienen der Leitung eines Unternehmens oder einer Organisation als Leitsätze beim Aufbau und der Durchführung eines Qualitätsmanagementsystems.

Kundenorientierung
Kundenorientierung bedeutet für das Unternehmen die gegenwärtigen und zukünftigen Erfordernisse der Kunden zu ermitteln. Das Ziel des Unternehmens besteht darin, diese Kundenanforderungen zu erfüllen oder die Erwartungen des Kunden zu übertreffen.

Führung
Die Aufgabe der Leitung eines Unternehmens oder einer Organisation besteht darin, eine Übereinstimmung zwischen dem Zweck eines Unternehmens, z.B. der Durchführung von Reparaturarbeiten an Kraftfahrzeugen, und seiner Ausrichtung, z.B. Fortbildungskonzept für die Mitarbeiter, zu erzielen.

Einbeziehung der Personen
Der Aufbau und die Aufrechterhaltung eines Qualitätsmanagementsystems sollte die Mitarbeiter aller Ebenen des Unternehmens, z.B. Auszubildende, Facharbeiter/Gesellen, Meister, kaufmännische Mitarbeiter sowie Führungskräfte, mit einbeziehen.

Prozessorientierter Ansatz
Zusammengehörige Tätigkeiten, z.B. Reparaturaufträge und die Beschaffung von Ersatzteilen über den Teiledienst, sowie die benötigten Hilfsmittel, z.B. Werkzeuge, werden als Prozesse verstanden. Die Schnittstellen zwischen den Prozessen im Unternehmen sowie die Schnittstellen zu den Interessenpartnern, z.B. Lieferanten, müssen geklärt und ständig verbessert werden. Unter Prozessen werden auch verwaltende Tätigkeiten, z.B. die Buchhaltung, gezählt.

Systemorientierter Managementansatz
Das Unternehmen stellt sich als ein Netzwerk voneinander abhängiger Prozesse dar. Das systemorientierte Management unterstützt das Erkennen, Verstehen, Leiten und Lenken der miteinander in Wechselwirkung stehenden Prozesse.

Ständige Verbesserung
Ziel des Unternehmens ist die ständige Verbesserung von Arbeitsabläufen, Arbeitsergebnissen und der Kundenzufriedenheit. Damit wird die Wettbewerbsfähigkeit des Unternehmens gesteigert.

Sachlicher Ansatz zur Entscheidungsfindung
Entscheidungen im Unternehmen werden auf der Basis von erfassten und bewerteten Daten bzw. Informationen getroffen. Diese bilden eine messbare und nachvollziehbare Entscheidungsgrundlage. Gefühle und persönliche Meinungen bilden keine Grundlage zur Entscheidungsfindung.

Lieferantenbeziehungen zum gegenseitigen Nutzen
Unternehmen und Lieferanten sind voneinander abhängig. Die Pflege der Beziehung ist von gegenseitigem Nutzen und fördert den wirtschaftlichen Erfolg der Partner.

B

Elemente des Qualitätsmanagements

Begriff	Erläuterung
Qualitätsmanagement (QM)	Alle aufeinander abgestimmten Tätigkeiten zum Leiten und Lenken eines Unternehmens bezüglich der Qualität.
Qualitätsicherung (QS)	Qualitätssicherung ist ein Teil des Qualitätsmanagements. Mit Hilfe der QS soll beim Kunden das Vertrauen erzeugt werden, dass seine Qualitätsanforderungen erfüllt werden. Die Teilbereiche der QS sind die Qualitätsplanung, -lenkung, -prüfung und -förderung.
Kontinuierlicher Verbesserungsprozess (KVP)	Alle im Unternehmen ergriffenen Maßnahmen zur Verbesserung der Qualität und damit zur Erzielung von höherem Nutzen für das Unternehmen und für den Kunden. Funktioniert der Regelkreis des Qualitätsmanagements, ist mit einer ständigen Verbesserung der Unternehmensleistung zu rechnen.
Wertschöpfungprozesse	Unter Wertschöpfung versteht man die durch Tätigkeit (Arbeit) geschaffenen wirtschaftlichen Werte. Typische Prozesse in einem Kfz-Betrieb sind z. B. die Auftragsabwicklung für Reparatur- und Wartungsarbeiten.
Unterstützende Prozesse	Sie dienen der Unterstützung der Werstschöpfungsprozesse. Beispiel für unterstützende Prozesse im Rahmen des Qualitätsmanagements sind: – Wartung und Instandhaltung von Werkstatteinrichtungen – Personalauswahl, -einarbeitung und -qualifizierung.
Zertifizierung	Überprüfung der Qualitätsfähigkeit eines Betriebes durch unabhängige Sachverständige. Im Rahmen eines sogenannten Audits wird der Betrieb mit Hilfe eines Punktesystems bewertet. Nach der Auswertung werden zusammen mit dem Betrieb Maßnahmen zur Verbesserung der Qualität vereinbart.

Prozessmodell nach DIN EN ISO 9001

Im Prozessmodell sind die wesentlichen Elemente des Qualitätsmanagements miteinander verknüpft. Aufgrund der Messung, Analyse und Kontrolle der Kundenzufriedenheit ergeben sich die Maßnahmen zur Optimierung der Wertschöpfungsprozesse im Unternehmen.

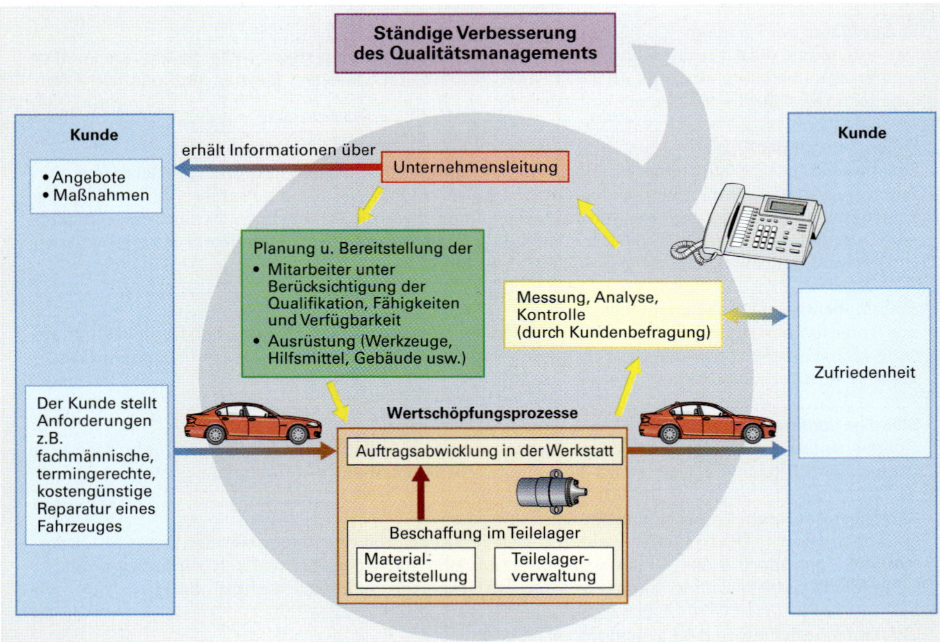

Prozessorientierter Ansatz des Qualitätsmanagementsystems am Beispiel der Auftragsabwicklung in einer Kfz-Werkstatt.

Grundlagen

<table>
<tr><th>Begriffe</th><th>Erklärung</th><th>Hinweise / Beispiele</th></tr>
<tr><td>Geschäftsfälle</td><td>Sie sind alle Aktivitäten einer Unternehmung. Sie führen zu ...
1. Einnahmen und Ausgaben
2. Veränderungen des Vermögens oder der Schulden
3. Aufwand oder Ertrag.</td><td>Zu 1. Einnahmen sind Zahlungsmittelzuflüsse z. B. durch Barverkäufe, Bareinlagen, Zahlungen von Kunden ... Ausgaben sind Zahlungsmittelabflüsse, z. B. Barkäufe, Barentnahmen, Zahlungen an Lieferanten.
Zu 2. Wird in einer Bilanz dargestellt.
Zu 3. Der Unternehmer kauft zur Erstellung betrieblicher Leistung Waren und Dienstleistungen oder er verkauft betriebliche Leistungen.</td></tr>
<tr><td>Belege</td><td>Alle Geschäftsfälle müssen durch Belege dokumentiert werden.</td><td>Mindestangaben auf einem Beleg sind: Bezeichnung des Vorgangs, Datum und Betrag</td></tr>
<tr><td>Buchführung</td><td>Sie ist die lückenlose Aufzeichnung aller Geschäftsfälle eines Unternehmens.</td><td rowspan="2">Die Buchführung ...
• hält alle Veränderungen des Vermögens und der Schulden in einem Jahr fest.
• erfasst alle Aufwendungen und Erträge.
• liefert die Zahlen für die Preiskalkulation.
• liefert Daten für unternehmerische Entscheidungen.
• gibt Gläubigern über das Unternehmen Auskunft.
• ist Grundlage für die Steuerveranlagung.</td></tr>
<tr><td>Buchführungspflicht (§ 238, Absatz 1 HGB)</td><td>„Jeder Kaufmann ist verpflichtet, Bücher zu führen und in diesen seine Handelsgeschäfte und die Lage seines Vermögens nach den Grundsätzen ordnungsmäßiger Buchführung ersichtlich zu machen. ...“</td></tr>
<tr><td>Grundsätze ordnungsmäßiger Buchführung § 238, § 239 HGB</td><td colspan="2">• Die Buchführung muss klar und übersichtlich sein.
• Eintragungen sind in einer lebenden Sprache und in Inlandswährung vorzunehmen.
• Alle Geschäftsfälle sind vollständig, richtig, zeitgerecht und geordnet aufzuzeichnen.
• Keine Buchung ohne Beleg. Bücher und Belege sind 10 Jahre, Handelsbriefe 6 Jahre aufzubewahren.
• Eine Buchung oder Aufzeichnung darf nicht so verändert werden, dass der ursprüngliche Inhalt nicht mehr feststellbar ist (nicht radieren).
• Die Beschaffenheit der Buchführung muss einem Sachverständigen innerhalb angemessener Zeit einen Überblick vermitteln über die Geschäftsfälle und die Lage des Unternehmens. Die Entstehung und Abwicklung der Geschäftsfälle müssen sich verfolgen lassen.</td></tr>
<tr><td>Inventur § 241 HGB</td><td>Sie ist die körperliche Bestandsaufnahme, um das Vermögen und die Schulden einer Unternehmung mengen- und wertmäßig zu erfassen.
Die Inventur erfolgt zu einem bestimmten Zeitpunkt (Zeitpunktbetrachtung).</td><td>Körperliche Inventur erfolgt z. B. in einem Autohaus zum Bilanzstichtag 31. Dezember durch Zählen (Ersatzteile), Wiegen (Schrauben), Messen (Bremsleitungen) und ggf. auch durch Schätzen (Motoröl im Fass).
Inventurarten: zeitnahe Inventur, verlegte Inventur, permanente Inventur, Stichprobeninventur.</td></tr>
<tr><td>Inventar § 240 HGB</td><td>Es ist ein Bestandsverzeichnis, in dem alle Gegenstände des Unternehmens, die bei der Inventur erfasst wurden, einzeln aufgelistet sind. Das Inventar besteht aus dem Geschäftsvermögen, den Geschäftsschulden und dem Eigenkapital.</td><td rowspan="5">Inventar zum 31. Dezember
Geschäftsvermögen
Werkstattgebäude 80.000,00 €
Garagengebäude 25.000,00 €
Hebebühne 5.000,00 €
Audi A4, 4 Jahre alt, 12.000,00 €
Mercedes Transporter, 5 Jahre alt 8.000,00 €
5 Luftfilter á 15,00 € 75,00 €
8 Bremsscheiben á 40,00 € 320,00 €
Forderungen aus Lieferung und Leistung
Kunde Müller 3.000,00 €
Kunde Keck 1.450,00 €
Kasse 350,00 €
Bank 2.500,00 €
Summe Geschäftsvermögen 137.695,00 €
Geschäftsschulden
Darlehen 60.000,00 €
Verbindlichkeiten aus Lieferung und Leistung
Lieferant Bosch AG 2.100,00 €
Lieferant Trost 1.850,00 €
Summe Geschäftsschulden 63.950,00 €
Eigenkapital
= 137.695,00 € – 63.950,00€ = 73.745,00 €</td></tr>
<tr><td>Geschäftsvermögen</td><td>Es setzt sich zusammen aus den Buchwerten der Investitionsgüter, Forderungen, Ersatzteile, ...</td></tr>
<tr><td>Buchwerte</td><td>Anschaffungskosten minus der jährlichen Abschreibungsbeträge z. B. Anschaffungskosten eines Fahrzeugs 36.000,00 €, Nutzungsdauer 6 Jahre.
Buchwert nach 4 Jahren = 12.000,00 €</td></tr>
<tr><td>Geschäftsschulden (Fremdkapital)</td><td>Sie sind ...
• langfristige Schulden (länger als 5 Jahre), z. B. Hypotheken und Darlehen
• mittelfristige Schulden (1 bis 5 Jahre), z. B. Fälligkeitsdarlehen
• kurzfristige Schulden (kürzer als 1 Jahr) z. B. Verbindlichkeiten aus Lieferung und Leistung, Lieferantenkredite.</td></tr>
<tr><td>Eigenkapital (Reinvermögen)</td><td>Das Eigenkapital ist die Differenz zwischen Geschäftsvermögen und den Geschäftsschulden. Eigenkapital = Vermögen – Schulden</td></tr>
<tr><td>Privateinlagen</td><td colspan="2">Sie sind Zuflüsse von Vermögen in Form von Geld oder Sachwerten aus privatem Besitz, z. B. Erbschaften, Lotteriegewinne. Diese Vermögenswerte müssen nicht erwirtschaftet werden.</td></tr>
<tr><td>Privatentnahmen</td><td colspan="2">Sie sind Abflüsse von Vermögen in Form von Geld oder Sachwerten für private Zwecke, z. B. Geld für die Lebenshaltung des Unternehmers. Diese Vermögenswerte müssen vorher erwirtschaftet werden.</td></tr>
</table>

B

Grundlagen

<table>
<tr><th>Begriffe</th><th>Erklärung</th><th>Hinweise / Beispiele</th></tr>
<tr><td>Bilanz
(§§ 242 … 247 HGB)</td><td>• Sie ist eine zweiseitige Darstellung (T-Konto) des Vermögens und der Schulden eines Unternehmens.
• Das Vermögen steht auf der linken Seite (Aktiva) der Bilanz.
• Das Eigenkapital und das Fremdkapital stehen auf der rechten Seite (Passiva) der Bilanz.
• Das Eigenkapital ist die Differenz zwischen Vermögen und Fremdkapital.
• Die Summen der beiden Bilanzseiten sind gleich groß.
• Grundlage für die Aufstellung einer Bilanz ist das Inventar.
• Die Bilanz ist eine verkürzte Darstellung des Inventars.</td><td>
<table>
<tr><th>Aktiva</th><th>Bilanz zum 31. Dez. ..</th><th></th><th>Passiva</th></tr>
<tr><td>I. Anlagevermögen</td><td></td><td>I. Eigenkapital</td><td>73.745,00</td></tr>
<tr><td>Gebäude</td><td>105.000,00</td><td></td><td></td></tr>
<tr><td>Einrichtung</td><td>5.000,00</td><td>II. Fremdkapital</td><td></td></tr>
<tr><td>Fahrzeuge</td><td>20.000,00</td><td>Darlehen</td><td>60.000,00</td></tr>
<tr><td>II. Umlaufvermögen</td><td></td><td>Verbindlichkeiten</td><td></td></tr>
<tr><td>Ersatzteile</td><td>395,00</td><td>aus Lieferung und</td><td></td></tr>
<tr><td>Forderungen aus Lieferung und Leistung</td><td>4.450,00</td><td>Leistung</td><td>3.950,00</td></tr>
<tr><td>Bank</td><td>2.500,00</td><td></td><td></td></tr>
<tr><td>Kasse</td><td>350.00</td><td></td><td></td></tr>
<tr><td></td><td>137.695,00</td><td></td><td>137.695.00</td></tr>
<tr><td>Datum:</td><td></td><td>Unterschrift:</td><td></td></tr>
</table>
Die Bilanz zeigt das Vermögen einer Unternehmung und wie dieses Vermögen zu einem bestimmten Zeitpunkt finanziert ist.</td></tr>
<tr><td>Gewinn- und Verlustrechnung (GuV)
(§ 242 Abs.2 und §§ 275 … 278 HGB)</td><td>Sie gibt Auskunft über den Aufwand und die Erträge einer Abrechnungsperiode.
Erträge. Sie sind das Ergebnis in Geld gemessen an der innerbetrieblichen Leistung. Dazu gehören …
Umsatzerlöse z. B. Erlöse aus dem Verkauf von Waren und Dienstleistungen, Vermietung und Verpachtung sowie sonstige betriebliche Erträge.
Aufwand. Sie sind alle Aufwendungen in Geld gemessen, die zur Erstellung der betrieblichen Leistung erforderlich sind. Dazu gehören …
Materialaufwand, Löhne und Gehälter, soziale Aufwendungen z. B. Arbeitgeberanteil zur Sozialversicherung, Urlaubsgeld, Abschreibungen für Abnutzung (AfA), Ausgaben für Gas, Strom, Wasser, Ausgaben für Werbung, Porto.</td><td>
<table>
<tr><th colspan="3">Gliederung einer Gewinn- und Verlustrechnung (€)</th></tr>
<tr><td>Umsatzerlöse</td><td></td><td>58.500</td></tr>
<tr><td>Materialaufwand</td><td></td><td></td></tr>
<tr><td>Verbrauch an Rohstoffen</td><td>27.900</td><td></td></tr>
<tr><td>Verbrauch an Hilfsstoffen</td><td>2.600</td><td></td></tr>
<tr><td>Personalaufwand</td><td></td><td></td></tr>
<tr><td>Löhne und Gehälter</td><td>13.600</td><td></td></tr>
<tr><td>Gesetzl. soz. Aufwendungen</td><td>2.800</td><td></td></tr>
<tr><td>Abschreibungen</td><td>1.300</td><td></td></tr>
<tr><td>Sonstige betriebl. Aufwendungen</td><td>2.400</td><td></td></tr>
<tr><td>Ergebnis d. gewöhnl. Geschäftstätigkeit</td><td></td><td>7.900</td></tr>
<tr><td>Außerordentliche Erträge</td><td></td><td>1.000</td></tr>
<tr><td>Außerordentliche Aufwendungen</td><td>500</td><td></td></tr>
<tr><td>Außerordentliches Ergebnis</td><td></td><td>500</td></tr>
<tr><td>Steuern v. Einkommen und Ertrag</td><td>1.500</td><td></td></tr>
<tr><td>Sonstige Steuern</td><td>500</td><td></td></tr>
<tr><td>Jahresüberschuss</td><td></td><td>6.400</td></tr>
</table></td></tr>
<tr><td>Konten</td><td>Sie erfassen die Umsätze der einzelnen Posten von Bilanz und Gewinn- und Verlustrechnung meist in T-Kontoform. Die linke Seite heißt Soll, die rechte Seite Haben. Konten der Bilanz sind Bestandskonten. Konten der GuV sind Erfolgskonten.</td><td>T-Konto z.B. Aktivkonto Kasse
<table>
<tr><th>Soll</th><th>Kasse</th><th></th><th>Haben</th></tr>
<tr><td>Anfangsbestand</td><td>350,00</td><td>Barentnahme</td><td>120,00</td></tr>
<tr><td>Bareinnahme</td><td>50,00</td><td>Saldo</td><td>280,00</td></tr>
<tr><td></td><td>400,00</td><td></td><td>400,00</td></tr>
</table></td></tr>
<tr><td>Aktivkonten</td><td>Sie sind Bestandskonten und werden durch Auflösung der Aktiv- oder Vermögensseite der Bilanz gebildet. Z. B. Gebäude, Ersatzteile.</td><td>Bei ihnen werden der Anfangsbestand (Wert aus der Eröffnungsbilanz) und die Zunahmen auf der Soll-Seite gebucht, z. B. Einkauf von Ersatzteilen. Abnahmen werden auf der Habenseite gebucht, z. B. Verkauf von Ersatzteilen.</td></tr>
<tr><td>Passivkonten</td><td>Sie sind Bestandskonten und werden durch Auflösung der Passiv- oder Kapitalseite der Bilanz gebildet. Z.B. Eigenkapital, Darlehen, Verbindlichkeiten aus Lieferung und Leistung.</td><td>Bei ihnen werden der Anfangsbestand und die Zunahmen auf der Haben-Seite gebucht, z. B. die Rechnung eines Lieferanten wurde noch nicht bezahlt. Abnahmen auf der Soll-Seite gebucht, z. B. die Rechnung des Lieferanten wurde bezahlt werden.</td></tr>
<tr><td>Aufwandskonten</td><td>Sie sind Erfolgskonten und werden durch Auflösung der Aufwandsposten der GuV gebildet. Z. B. Rohstoffverbrauch, Löhne und Gehälter, Abschreibungen, Fahrzeugkosten.</td><td>Bei den Aufwandskonten werden der Anfangsbestand (Wert aus der GuV) und die Zunahmen auf der Soll-Seite gebucht, z.B. Löhne. Abnahmen werden auf der Habenseite gebucht, z.B. Auszahlung der Löhne.</td></tr>
<tr><td>Ertragskonten</td><td>Sie sind Erfolgskonten und werden durch Auflösung der Erlösposten der GuV gebildet.
Z. B. Umsatzerlöse, Lohnerlöse.</td><td>Bei Ertragskonten werden der Anfangsbestand (Wert aus der GuV) und die Zunahmen auf der Habenseite gebucht. Abnahmen werden auf der Soll-Seite gebucht, z. B. kostenlose Nachbesserungen.</td></tr>
<tr><td>Doppelte Buchführung</td><td colspan="2">Jeder Betrag erscheint in den Konten zweimal:
Sowohl auf der Soll-Seite als auch auf der Haben-Seite.</td></tr>
</table>

Kosten der Werkstatt

Man unterscheidet zwischen ...
- Einzelkosten (direkte Kosten), Fertigungslöhne, Materialkosten.
- Gemeinkosten (indirekte Kosten).
  Sie sind die Basis für die Zuschlagskalkulation.
- Gewinn- und Wagniszuschlag.

Fertigungslöhne und Gemeinkosten ergeben zusammen die Selbstkosten. Selbstkosten und Gewinnzuschlag ergeben den Soll-Umsatz.

B

Fertigungslöhne

Fertigungslöhne sind produktive Lohnkosten, die unmittelbar erfasst und dem Auftrag direkt zugeordnet werden können.
Sie entstehen bei Reparaturarbeiten oder Fertigungsarbeiten an einem Fahrzeug oder einem Produkt und zwar bei:
- **Kundenaufträgen** (K-Aufträgen), z.B. Löhne für Leistungen an Kundenfahrzeugen
- **Innerbetrieblichen Aufträgen** (I-Aufträgen), z.B. Löhne für zugesagte kostenlose Kundendienste.

I-Aufträge werden von der Werkstatt ausgeführt, die entstandenen Kosten aber der veranlassenden Stelle, z.B. Fahrzeugverkauf, zugeordnet.

Fertigungslöhne
setzen sich zusammen aus:
- Lohn für Normalleistung
- Lohn für Mehrleistung
- Lohnzuschlägen
- Ausbildungsvergütung

Fertigungslohn im Zeitlohn

Der Zeitlohn errechnet sich aus dem Stundenlohnsatz und der Anzahl der geleisteten Arbeitsstunden.

Lohnzuschläge
Zuschläge für Überstunden, Nachtarbeit oder Feiertagsarbeit werden zum Stundenlohn addiert.

Zuschlagsätze:

Mehrarbeit	25% ... 50%
Nachtarbeit	25% ... 50%
Sonntagsarbeit	50%
Feiertagsarbeit	125% ... 150%

Treffen mehrere Zuschläge zusammen, so wird nur ein Zuschlag, und zwar der höhere, bezahlt.

Erfolgen Mehr-, Sonntags- oder Feiertagsarbeit bei Nacht, wird jedoch immer der Nachtzuschlag zusätzlich bezahlt. Z.B. Zuschlag für Mehrarbeit und Nachtzuschlag, Zuschlag für Feiertagsarbeit und Nachtzuschlag.

Tariflohn (Stundenlohnsatz)

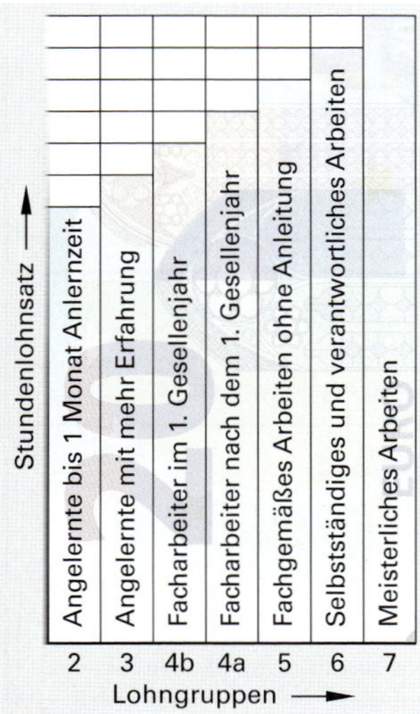

Die Stundenlohnsätze werden von den Tarifpartnern ausgehandelt und im Tarifvertrag festgehalten. Das Festlegen eines Ecklohnes hat für die Stundenlohnsätze keine Bedeutung mehr.

Die Eingruppierung der Arbeitnehmer in insgesamt 8 Lohngruppen erfolgt nach Vorbildung und nach dem Schwierigkeitsgrad der Arbeit.

Die Lohngruppe 1 für ungelernte Arbeiter findet heute kaum noch Anwendung.

Zeitlohn
= Stundenzahl × Std.-Lohnsatz

Stundenlohnsatz
$$= \frac{\text{Zeitlohn}}{\text{Stundenzahl}}$$

Zuschlag
$$= \frac{\text{Std.-Lohnsatz} \times \text{Zuschlagsatz}}{100\ \%}$$

Tariflohntabelle (Beispiel)
Stand Mai 2015

Lohngruppe	Stundenlohnsatz in Euro/h
2	16,13
3	17,01
4b	17,88
4a	18,76
5	20,73
6	22,69
7	24,41

Gehälter
In vielen Autohäusern und Werkstätten erfolgt die Entgeltbezahlung durch ein Gehalt. Dieses wird im Gehaltstarifvertrag festgelegt. Die Eingruppierung der Arbeitnehmer erfolgt in Beschäftigungsgruppen. Die Tätigkeitsmerkmale ähneln der Lohngruppeneinteilung. Die Beschäftigungsgruppen sind für Angestellte mit K und für Meister mit M gekennzeichnet.

Werkstattschnittlohn
Er ist der durchschnittliche Stundenlohn aller in der Werkstatt produktiv arbeitenden Mechaniker. Die Vergütungen für Auszubildende werden nicht mitgezählt.

B

Fertigungszeitlohn im Leistungslohn

Der Leistungslohn eines Mechanikers errechnet sich aus der Anzahl der erarbeiteten Arbeitswerte (IST-Leistung) und dem Betrag in Euro, der für einen Arbeitswert bezahlt wird (AW-Lohnsatz).

Arbeitswerte (AW) sind Richtzeiten, die für alle gängigen Wartungs- und Instandsetzungsarbeiten in Arbeitskatalogen festgelegt sind. Sie sind so bemessen, dass sie für jeden Mechaniker eine Mindestleistung darstellen. Aus den Arbeitswerten werden die betriebseigenen Arbeitspreise, die Leistungslöhne und die Vorgabezeiten ermittelt.

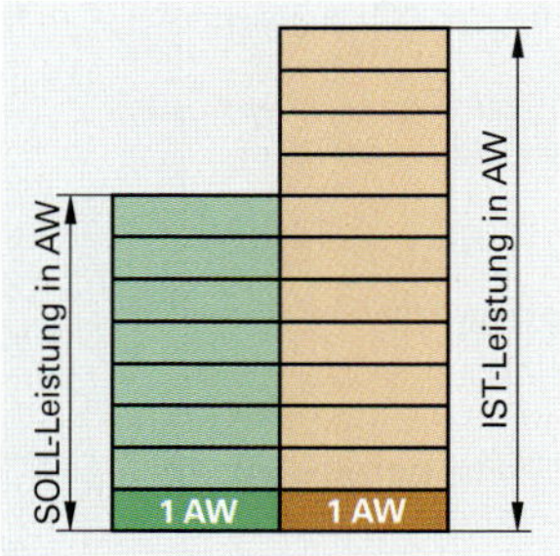

Zeitwerte (ZE) sind ebenfalls Richtzeiten. Dabei entsprechen meist 100 Zeiteinheiten einer Arbeitsstunde (SOLL-Leistung). Die Vorgabezeit für 1 ZE beträgt 36 Sekunden.

Werkstattfaktor. Er gibt die Anzahl der Arbeitswerte je Stunde an. Er kann je nach Ausstattung und räumlichen Verhältnissen der Werkstätten unterschiedlich sein, soll aber nicht unter 12 AW/h liegen.

Vorgabezeit. Sie errechnet sich aus den Arbeitswerten für eine bestimmte Arbeitsposition (AW-Vorgabe) und dem Werkstattfaktor.

AW-Lohnsatz. Er ist der Betrag in Euro, der einem Mechaniker für einen geleisteten Arbeitswert bezahlt wird.

SOLL-Leistung. Sie gibt die Mindestleistung der im Leistungslohn arbeitenden Mechaniker an **(Normalleistung),** und wird durch den Werkstattfaktor vorgegeben, d.h. je Stunde sollen 12 AW erreicht werden. Die SOLL-Leistung eines Mechanikers errechnet sich dann aus den Leistungslohnstunden und dem Werkstattfaktor.

IST-Leistung. Sie ist die tatsächlich erzielte Arbeitsleistung in AW. Wird die SOLL-Leistung überschritten, so erhöht sich der Arbeitslohn.

Leistungsfaktor. Er gibt die IST-Leistung je Stunde an und kann sowohl auf den einzelnen Mechaniker, als auch auf den ganzen Betrieb bezogen werden. Dadurch wird ein Vergleich der Mechaniker untereinander möglich. Auch Betriebe können so hinsichtlich ihrer Wirtschaftlichkeit verglichen werden.

Leistungsgrad. Er gibt das Verhältnis von IST-Leistung zur SOLL-Leistung an und lässt bedingt Vergleiche zwischen einzelnen Mechanikern zu.

Gehaltstabelle (Beispiel)
in Euro/Monat Stand 21.5.2015

Gruppe	Eingangsgehalt 1.6.2015	Eingangsgehalt 1.10.2016
K 1	2031,00	2088,00
K 2	2307,00	2372,00
K 3	2522,00	2593,00
K 4	2768,00	2844,00
K 5	4128,00	4244,00
M 1	3322,00	3415,00
M 2	3618,00	3719,00
M 3	4128,00	4244,00

Werkstattschnittlohn

$$= \frac{\text{Summe der Stundenlöhne}}{\text{Anzahl der Stunden}}$$

Leistungslohn

$$= \text{IST-Leistung in AW} \times \text{AW-Lohnsatz}$$

12 AW ≙ 60 min 1 AW ≙ 5 min

Zeitvorgabe für 1 AW

$$= \frac{\text{60 Minuten}}{\text{Werkstattfaktor}}$$

100 ZE ≙ 60 min 1 ZE ≙ 0,6 min

Werkstattfaktor

$$= \frac{\text{AW-Summe mehrerer Mechaniker}}{\text{Zeitaufwand der Mechaniker}}$$

Vorgabezeit in Minuten für eine Arbeitsposition

$$= \frac{60 \times \text{AW-Vorgabe}}{\text{Werkstattfaktor}}$$

AW-Lohnsatz $= \dfrac{\text{Stundenlohnsatz}}{\text{Werkstattfaktor}}$

SOLL-Leistung in AW

$$= \text{Leistungslohnstd.} \times \text{Werkstattfaktor}$$

Leistungsfaktor

$$= \frac{\text{IST-Leistung in AW}}{\text{Fertigungslohnstunden}}$$

Leistungsgrad

$$= \frac{\text{IST-Leistung in AW}}{\text{SOLL-Leistung in AW}}$$

Leistungslohn

$$= \text{Leistungslohnstd.} \times \text{Leist.lohnsatz}$$

Lohn für Normalleistung. Er ist ein Zeitlohn, der sich aus den Fertigungslohnstunden und dem Stundenlohnsatz errechnet, was der SOLL-Leistung entspricht. Durch zusätzlichen Lohn für Mehrleistung kann aus dem Zeitlohn ein Leistungslohn werden.

Lohn für Mehrleistung. Er errechnet sich aus dem Unterschied der Löhne aus erreichter IST-Leistung und verlangter SOLL-Leistung. Mehrleistung kann auch aus den unterschiedlichen Stundenlöhnen errechnet werden.

Fertigungslöhne der Werkstatt

Die Fertigungslöhne der gesamten Werkstatt errechnen sich aus den Arbeitsstunden, die sich den K- und I-Aufträgen direkt zuordnen lassen oder aus einem prozentualen Anteil aus den K- und I-Aufträgen.

Die Fertigungslohnstunden für K- und I-Aufträge können auch aus der Gesamtstundenzahl ermittelt werden, wenn man die Hilfslohnstunden für W-Aufträge kennt.

Grundlage für die Errechnung der Fertigungslöhne bilden die Löhne für Normalleistung, die auf der Basis von 12 Arbeitswerten je Stunde oder aus dem Werkstattschnittlohn (Durchschnittsstundenlohn der Werkstatt) errechnet wird.

Fertigungslöhne bei Mitarbeit von Auszubildenden

Wird einem im Leistungslohn arbeitenden Mechaniker ein Auszubildender zugeteilt, so wird von den erreichten Arbeitswerten (IST-Leistung in AW) je nach Lehrjahr des Auszubildenden ein bestimmter Prozentsatz abgezogen. Auch die Mehrleistungszulage wird bei Mitarbeit eines Auszubildenden um den AW-Anteil gekürzt.

Ausbildungsjahr	Anrechnungsfaktor (Richtwerte) in Prozent	in AW/h
1	0	0
2	10	1 ... 2
3	20	2 ... 4
4	30	3 ... 5

Materialkosten

Material-Einzelkosten
Einzelkostenmaterial oder Fertigungskostenmaterial, wie Rohstoffe, Werkstoffe, Ersatzteile, Einbauteile, können einem Kostenträger direkt zugeordnet werden (Direkte Kosten).

Anschaffungskosten beim Wareneinsatz sind Aufwendungen, die beim Einkauf von Teilen oder Fahrzeugen entstehen einschließlich Bezugskosten.

Anschaffungskosten verkaufter Waren
= Anfangsbestand der Ersatzteile
+ Warenzugang (Einkaufspreis + Bezugskosten)
– Endbestand der Ersatzteile

Handelswarenkalkulation
Um die Verkaufspreise von Ersatzteilen, Tauschteilen, Zubehör, Betriebsstoffen und Hilfsstoffen sowie Handelswaren zu ermitteln, ist es nötig, die Aufwendungen, die mit dem Kauf und dem Verkauf entstehen, im Preis zu berücksichtigen. Man unterscheidet

- Einkaufskalkulation
- Verkaufskalkulation.

Lohn für Normalleistung
= Fertigungslohnstd. × Stundenlohnsatz

Leistungslohn
= Lohn für Normalleistung
+ Lohn für Mehrleistung

Mehrleistung in AW
= IST-Leistung – SOLL-Leistung

Mehrleistungszulage
= Mehrleistung in AW × AW-Lohnsatz

Fertigungslöhne

$$= \frac{\text{Gesamtarbeitslöhne} \times \text{K/I-Anteil in \%}}{100\ \%}$$

Löhne für Normalleistung
= Fertigungslöhne Gesellen
× Werkstattschnittlohn

Anrechnung Azubi-Mitarbeit
= Mitarbeitsstunden
× Anrechnungsfaktor in AW/h

Anrechnung Azubi-Mitarbeit

$$= \frac{\text{IST-Leistung (AW)} \times \text{Anr.-Faktor in \%}}{100\ \%}$$

IST-Leistung der Gesellen
= IST-Leistung der Werkstatt in AW
– Anrechnung Azubi-Mitarbeit

Fertigungslohn der Werkstatt
= Fertigungslohn Gesellen
+ produktive Azubi-Vergütung

Handelswarenkalkulation

Einkaufs-Kalkulation		Listenpreis
		– Lieferrabatt
	=	Zieleinkaufspreis
		– Liefererskonto
	=	Bareinkaufspreis
		+ Bezugskosten
	=	Bezugspreis
Verkaufs-Kalkulation		+ Gemeinkostenzuschlag
	=	Selbstkosten
		+ Gewinnzuschlag
	=	Verkaufspreis
		+ Verkaufssonderkosten
	=	Barverkaufspreis
		+ Kundenskonto
	=	Zielverkaufspreis
		+ Kundenrabatt
	=	Listenverkaufspreis

B

Verkaufssonderkosten sind außerplanmäßige Kosten und werden dem Kunden gesondert in Rechnung gestellt.

Verkaufssonderkosten
= Kosten für Bereitstellen des Kfz
+ Ablieferung des Kfz
+ vertraglicher Kundendienst
+ eigene Gewährleistung
+ eigene Kulanz
+ Schätzungsgebühren
+ Verkäuferprovision
+ Vermittlerprovision

B

Gemeinkosten

Gemeinkosten (GK) sind Kosten des Betriebes, die nicht direkt in den Material- und Lohnkosten erfasst werden können. Die Ermittlung der Gemeinkosten ist nur aus der Buchführung für einen vergangenen Zeitraum möglich, z.B. Halbjahr, Jahr. Gemeinkosten sind in der Werkstatt zu etwa 80 % feste Kosten.

Gemeinkostenzuschlagssatz
Für die Kostenermittlung können die Gemeinkosten in einem bestimmten Prozentsatz den Lohnkosten oder Materialkosten zugeschlagen werden (Zuschlagskalkulation). Daraus ergeben sich die Selbstkosten.

Selbstkosten = Fertigungslöhne + Gemeinkosten
Selbstkosten = Materialkosten + Gemeinkosten

In der Kfz-Werkstatt werden die Gemeinkosten üblicherweise den Fertigungslöhnen zugeschlagen. Der Gemeinkostenzuschlagssatz beträgt etwa 300 % bis 350 %.

Hilfslöhne
Hilfslöhne hängen nicht unmittelbar mit der Reparatur oder Fertigung zusammen. Es sind Löhne für nicht produktive Stunden, die keinem K- oder I-Auftrag zugeordnet werden können, z.B. für Werkstatt-Nacharbeiten, die von der Werkstatt selbst getragen werden müssen. Da sich Hilfslöhne keinem bestimmten Werkstattauftrag zuordnen lassen, werden sie als Gemeinkosten verrechnet.

Durchschnittlicher Hilfslohnanteil an der Jahresarbeitszeit

W-Aufträge	Std./Jahr	Prozent
Allgemeine Werkstattarbeiten	ca. 21	1
Leerlauf und Wartezeit	ca. 21	1
Reparatur von Werkstatt-Kfz	ca. 21	1
Werkstatt-Nacharbeiten	ca. 21	1
Eigene Gewährleistung	ca. 31	1,5
Urlaub, Lohnfortzahlung	ca. 208	10
Feiertage, Schulung	ca. 83	4
Krankheit	ca. 114	5,5
Summe Hilfslohnanteil	ca. 494	25

Werkstattaufträge (W-Aufträge) beanspruchen etwa 25 % der jährlichen Gesamtarbeitszeit, die im Schnitt 1976 Stunden beträgt. 75 % der Gesamtarbeitszeit verbleibt für die produktive Tätigkeit der Mechaniker.

Fertigungslohnstunden
Die Fertigungslohnstunden lassen sich aus der Differenz von Gesamtarbeitsstunden und Hilfslohnstunden ermitteln.

Listenpreis
= Auszeichnungspreis ohne MWSt.

Listenpreise sind Nettopreise (nicht für Endverbraucher)

Kalkulationsfaktor

$$= \frac{\text{Listenverkaufspreis}}{\text{Bezugspreis}}$$

Gemeinkosten (GK)
= Buchhalterisch erfasste Gemeinkosten
+ Kalkulatorische Kosten

Buchhalterisch erfasste GK
= Hilfslöhne
+ Gehälter
+ Soziale Aufwendungen
+ Raumkosten
+ Einrichtungskosten
+ Hilfs- und Betriebsstoffe
+ Instandhaltung
+ Steuern, Gebühren und ggf. anteilige Verwaltungskosten
+ sonstige Kosten

Gemeinkostenzuschlagssatz

$$= \frac{\text{Gemeinkostensumme} \times 100\,\%}{\text{Fertigungslöhne}}$$

Hilfslöhne
= Hilfslohnstd. × Werkstattschnittlohn

Hilfslohnstunden

$$= \frac{\text{Gesamtarbeitsstd.} \times \text{Hilfslohnstd. in } \%}{100\,\%}$$

Hilfslöhne entstehen in W-Aufträgen:

- W1 Allgemeine Werkstattarbeiten, Reparatur an Einrichtungen, Werkzeug
- W2 Leerlauf, Wartezeiten
- W3 Werkstatt-Nacharbeiten, Kulanz
- W4 Reparatur an werkstatteigenen Fahrzeugen
- W5 Weihnachts- und Urlaubsvergütung, Feiertagslöhne

Fertigungslohnstunden
= Gesamtarbeitsstunden
− Hilfslohnstunden

Kalkulatorische Kosten
Es sind Kosten, die keine direkten Ausgaben hervorrufen. Sie müssen ermittelt werden, um die echten Kosten festzustellen und um einen entsprechenden Ertrag zu erwirtschaften.

> **Kalkulatorische Kosten**
> = Mietwert des eigenen Betriebes
> + kalkulatorischer Unternehmerlohn
> + Familienlohn
> + kalkulatorische Verzinsung des betriebsnotwendigen Kapitals
> + Wagnisprämie
> + kalkulatorische Abschreibung

Kalkulatorischer Unternehmerlohn

$\approx 20 \times \sqrt{\text{Umsatz}}$

Kalkulatorische Verzinsung

$$= \frac{\text{betriebsnotw. Kapital} \times \text{Zinssatz in \%}}{100\,\%}$$

Kalkulatorische Abschreibung

$$= \frac{\text{Abschreibungsgrundwert}}{\text{Nutzungsdauer}}$$

B

Gewinn

Mit Hilfe eines gewünschten Gewinnzuschlagsatzes lässt sich der geplante Gewinn in € aus den Selbstkosten errechnen.

In der Regel lässt sich ein Gewinn von 5 % bis 10 % aus den Selbstkosten realisieren.

Gewinn

$$= \frac{\text{Gewinnzuschlagssatz in \%} \times \text{Selbstkosten}}{100\,\%}$$

Kennwerte der Werkstatt

Aus den Konten der Buchhaltung werden Kennwerte und Kennzahlen ermittelt, die dazu beitragen die betriebswirtschaftliche Lage der Werkstatt zu beurteilen. Außerdem erleichtern sie die Erstellung von Rechnungen.

SOLL-Umsatz
Er deckt die Selbstkosten ab und enthält einen gewünschten Gewinn. Sollen anstehende Lohnerhöhungen berücksichtigt werden, so müssen Fertigungslöhne, Gemeinkosten und Gewinn angepasst werden.

Wirtschaftlichkeit
Sie ergibt sich aus dem Verhältnis der Lohnerlöse zu den Selbstkosten.

Wirtschaftlichkeit = 0,98 bedeutet einen Verlust von 2% bezogen auf Selbstkosten

> Lohnerlöse sind Erlöse aus Leistungen für
> K-Aufträge + I-Aufträge + G-Aufträge
> (G = Gewährleistung vom Werk)

Produktivität
Sie gibt an, wie hoch der prozentuale Zeitanteil der K- und I-Aufträge an der gesamten Arbeitszeit einschließlich der W-Aufträge ist.

Umsatzrentabilität
Die Umsatzrentabilität (Umsatzrendite) gibt an, wie viel Prozent Gewinn aus den Lohnerlösen entstanden sind.

Kostenindex, Werkstattindex
Der Kostenindex wird zur Ermittlung des Arbeitspreises und des Stundenverrechnungssatzes in der Angebotskalkulation und in der Rechnungsstellung verwendet.
Er errechnet sich aus dem Verhältnis von SOLL-Umsatz zu den Fertigungslöhnen.

Kostenindex = kalkulatorischer Werkstattindex

Erlöseindex = überprüfbarer, erzielter Werkstattindex.

SOLL-Umsatz
= Selbstkosten + Gewinn

SOLL-Umsatz
= Fertigungslöhne
+ Gemeinkosten
+ Gewinn

$$\textbf{Wirtschaftlichkeit} = \frac{\text{Lohnerlöse}}{\text{Selbstkosten}}$$

Auslastung

$$= \frac{\text{tatsächlich geleistete Stunden}}{\text{mögliche Stunden}}$$

Produktivität

$$= \frac{\text{Fertigungslohnstunden} \times 100\,\%}{\text{Arbeitszeit}}$$

Umsatzrentabilität in %

$$= \frac{\text{Gewinn} \times 100\,\%}{\text{Lohnerlöse}}$$

$$\textbf{Kostenindex} = \frac{\text{SOLL-Umsatz}}{\text{Fertigungslohn}}$$

$$\textbf{Kostenindex} = \frac{\text{FL} + \text{GK} + \text{GW}}{\text{FL}}$$

FL = Fertigungslöhne GW = Gewinn
GK = Gemeinkosten

B

Stundenverrechnungssatz

Der Stundenverrechnungssatz ist der Arbeitspreis, der dem Kunden für eine Reparaturstunde (Fertigungslohnstunde) berechnet wird.

Er errechnet sich aus dem Werkstattschnittlohn und dem Kostenindex.

Aus dem Kostenindex kann man entnehmen, wie viel mal soviel der Kunde für eine Reparatur bezahlen muss, als der Mechaniker für die Ausführung der Arbeit erhält. Z.B. ist bei einem Kostenindex von 4,8 der Stundenverrechnungssatz das 4,8-fache des Fertigungslohnes des Mechanikers.

Stundenverrechnungssatz
$$= \text{Werkstattschnittlohn} \times \text{Kostenindex}$$

Stundenverrechnungssatz
$$= \frac{\text{SOLL-Umsatz}}{\text{Fertigungslohnstunden}}$$

AW-Verrechnungssatz

Der AW-Verrechnungssatz (AW-Preis; AW-Vergütung) dient zur Ermittlung des Arbeitspreises für eine bestimmte Arbeitsposition. Der Stundenverrechnungssatz wird durch den AW-Verrechnungssatz (oder ZE-Verrechnungssatz) ersetzt.

AW-Verrechnungssatz
$$= \frac{\text{Werkstattschnittlohn} \times \text{Kostenindex}}{\text{Werkstattfaktor}}$$

AW-Verrechnungssatz
$$= \frac{\text{Stundenverrechnungssatz}}{\text{Werkstattfaktor}}$$

Bruttogewinn, Rohgewinn

Zieht man von den Lohnerlösen einer Werkstatt die Fertigungslöhne ab, so erhält man den Bruttogewinn (Bruttoertrag, Rohgewinn).

Bei Angabe des Bruttogewinnes in % wird immer Bezug auf die Lohnerlöse genommen (Bruttogewinnsatz).

Den Nettogewinn erhält man, wenn man vom Bruttogewinn die Gemeinkosten abzieht.

Bruttogewinn
$$= \text{Lohnerlöse} - \text{Fertigungslöhne}$$

Bruttogewinn in %
$$= \frac{\text{Bruttogewinn} \times 100\,\%}{\text{Lohnerlöse}}$$

Vereinfachte Kalkulation der Reparaturkosten

Reparaturkosten

Die Reparaturkosten errechnen sich aus den Ersatzteilkosten, dem Arbeitspreis, evtl. Fremdleistungen und evtl. Sonderleistungen. Da keine Umsatzsteuer enthalten ist, werden sie auch als Nettobetrag der Reparaturkosten bezeichnet.

Reparaturkosten
= Listenpreis der Ersatzteile
+ Arbeitspreis
+ ggf. Fremdleistungen
+ ggf. Sonderleistungen

Ersatzteilpreise

Sie ergeben sich aus den meist verbindlichen Listenpreisen und werden wie die einzelnen Arbeitspreise in den Reparaturkosten aufgelistet.

Arbeitspreis

Stundenverrechnungssatz oder AW-Verrechnungssatz und Kostenindex ermöglichen eine schnelle und hinreichend genaue Ermittlung des Arbeitspreises einer bestimmten Reparatur am Kraftfahrzeug, da im Kostenindex neben den Fertigungslöhnen alle Gemeinkosten und der Gewinn berücksichtigt sind.

Arbeitspreis
= Stundenverrechnungssatz
× Fertigungslohnstunden

Arbeitspreis
= Fertigungslohnstunden
× Werkstattschnittlohn
× Kostenindex

Fremdleistungen

Es sind Leistungen, die andere Betriebe erbringen, z.B. Elektriker-, Lackierer-, Sattler- oder Karosseriearbeiten.
Der jeweilige Betrag der Fremdleistung wird ohne Umsatzsteuer und ohne Rabatt in die Reparaturkosten übernommen.
Sollte der auftraggebenden Firma kein Rabatt gewährt worden sein, so kann die Fremdleistung mit einem Gewinnzuschlag von 10 % ... 20 % auf den Nettobetrag der Fremdwerkstatt zur Abdeckung eigener Aufwendungen in die Reparaturkosten eingesetzt werden.

Arbeitspreis
= verrechenbare AW
× AW-Verrechnungssatz

Sonderleistungen

Sonderleistungen sind Probefahrten, Überführungen, Zulassen von Kraftfahrzeugen, Bergen und Abschleppen von Fahrzeugen.

Aufschlag Fremdleistung
$$= \frac{\text{Nettopreis} \times \text{Gewinnzuschlag in \%}}{100\,\%}$$

Rechnungsstellung

Eine Kundenrechnung enthält folgende Angaben:

1. **Firmenstammdaten**
   Name und Anschrift der Firma,
   bei GmbH zusätzlich Name des Geschäftsführers, Sitz des Registergerichtes, Handelsregisternummer, Steuernummer.
2. **Kundenstammdaten**
   Name des Kunden, Anschrift des Kunden
3. **Rechnungsnummer, Rechnungsdatum**
4. **Fahrzeugstammdaten**
   Modell-Bezeichnung und Typ, Zulassungsdatum, Fahrgestellnummer, Kilometerstand, Kennzeichen
5. **Reparaturkosten** (siehe Rechnung)
6. **Umsatzsteuer**
   19 % aus den Reparaturkosten
7. **Altteilesteuer**
   Bei Einbau eines Austauschteiles und Rücknahme des defekten Teiles zur Wiederaufbereitung wird der Wert des Austauschteiles mit 10 % des Listenpreises angenommen. Darauf wird Umsatzsteuer als sogenannte Altteilesteuer erhoben.
8. **Agenturwaren**
   Sie werden auf Rechnung einer Fremdfirma (Mineralölfirma) verkauft. Der Preis der Ware enthält bereits die Umsatzsteuer, er wird gesondert auf der Rechnung ausgewiesen.
9. **Rechnungsbetrag**
   Er enthält die Reparaturkosten, Umsatzsteuer, Altteilesteuer und die Preise für Agenturwaren.
10. **Anmerkungen**
    Auszüge aus Geschäftsbedingungen, z.B. Zahlungsweise, Skonto.

B

Beispiel einer Rechnung:

Autohaus Hirschberger GmbH
BMW Vertragshändler

Sonnenstraße 140
82049 Pullach im Isartal

T 089-794231 Fax 794232
Geschäftsführer: R. Hohenleitner
Registergericht München HRB 2345
Steuernummer 473/53420

Frau
Ulrike Hundertfreund
Mondstraße 34
82049 Pullach

Rechnung Nr. 221040
Datum: 23. 05. 2016
Kd.-Nr. 1405

Modell	Fahrgestell-Nr.	Kilometerstand:	Zulassungsdatum	Kennzeichen
BMW 325i	WBAEX91010JW99067	60.000	16.6.2014	M-UH 1213

Position	Arbeitsnummer	Bezeichnung	Anzahl	Preis/Einh.	Betrag
1	110023	Ölwechsel	3 AW	5,60 Euro/AW	16,80 Euro
2	31020	Generator ein-/ausbauen	6 AW	5,60 Euro/AW	33,60 Euro
3	11000	Bremsklötze vorn ersetzen	7 AW	5,60 Euro/AW	39,20 Euro
		Arbeitspreis			**89,60 Euro**
5	3102	Generator im Austausch	1	357,90 Euro	357,90 Euro
6	1101	Bremsklötze	4	15,40 Euro	61,60 Euro
7	0037	Kleinteile	1	8,00 Euro	8,00 Euro
		Ersatzteile			**427,50 Euro**
8		**Fremdleistung**			
		Fahrertür ausbeulen, Teillackierung			**205,00 Euro**
		Reparaturkosten			**722,10 Euro**
		Umsatzsteuer 19 %			**137,20 Euro**
		Altteilesteuer 19 % aus 35,79 Euro			**6,80 Euro**
		Agenturware 5 Liter Öl à 11,25 Euro/l			**56,25 Euro**
		Rechnungsbetrag			**922,35 Euro**

Der Auftrag wurde unter Anerkennung der Bedingungen für die Ausführung von Arbeiten an Kraftfahrzeugen erteilt.
Die Lieferung von Agenturware erfolgt im Namen und für Rechnung der Mineralölgesellschaft.
Zahlungsbedingung: Sofort netto Kasse.

B

Arbeitswerte (Auszug aus AW-Kataglog eines Fahrzeugherstellers)

Arbeitsposition[1]	AW
Motor ohne Anbauteile erneuern	**107**
Nockenwelle erneuern	**47**
Spannrolle erneuern	**26**
– Zahnriemen/Steuerkette erneuern	
Keilriemen erneuern	**1**
Öldruckschalter erneuern	**4**
Ölfilter erneuern	**4**
Luftfiltereinsatz erneuern	**2**
Luftmassenmesser erneuern	**2**
Dieseleinspritzdüse erneuern	**5**
Zylinderkopfdichtung erneuern	**52**
– Zylinderkopf aus- und einbauen	
– Ventildeckel erneuern	
– Kühlsystem entlüften	
Kraftstoffgeber erneuern	**7**
Kraftstofffilter erneuern	**3**
Kühler aus- und einbauen	**13**
– Stoßfänger vorne aus- und einbauen	
– Motorschutzverkleidung aus- und einbauen	
– Kühlerschlauch oben erneuern	
– Kühlerschlauch unten erneuern	
– Kühlsystem entlüften	
Kühlerschlauch oben/unten erneuern	**3**
– Kühlsystem entlüften	
Thermostat erneuern	**11**
– Motorschutzverkleidung erneuern	
– Kühlsystem entlüften	
Wärmetauscher erneuern	**37**
– Armaturentafel aus- und einbauen	
– Scheibenwischerbock erneuern	
– Pollenfiltereinsatz erneuern	
– Kühlsystem entlüften	
Kompressor Klimaanlage erneuern	**11**
– Keilriemen erneuern	
– Kältemittel wechseln, entlüften	
Kondensator Klimaanlage erneuern	**21**
– Stoßfänger vorne aus- und einbauen	
– Kältemittel wechseln, entlüften	
Katalysator erneuern	**13**
– inkl. Schalldämpfer aus- und einbauen	
Nachschalldämpfer erneuern	**5**
– inkl.Schalldämpfer aus- und einbauen	
Schwungrad erneuern	**33**
– Kupplungsdruckplatte erneuern	
– Mitnehmerscheibe erneuern	
– Getriebe aus- und einbauen	
Kupplungsdrucklager erneuern	**30**
– Getriebe aus- und einbauen	
Geberzylinder erneuern	**11**
– Kupplungssystem entlüften	
Turbolader im Austausch erneuern	**29**
– Motorschutzverkleidung aus- und einbauen	
– Motoröl wechseln	
– Auspuffkrümmer aus- und einbauen	
Airbageinheit Fahrer erneuern	**3**
Airbageinheit Seiten li./re. erneuern	**16**
– Batterie für Zünden der Treibladung erneuern	
Sicherheitsgurt vorne erneuern	**7**

Arbeitsposition[1]	AW
Schaltgetriebe 5-Gang erneuern	**36**
– Gummilager erneuern	
– Kupplungsdrucklager erneuern	
– Getriebe aus- und einbauen	
Bremsentest auf Prüfstand	**4**
Bremsklötze vorn ersetzen	**7**
Bremsflüssigkeit erneuern	**5**
Schwingungsdämpfer erneuern	**9**
Vorderachse vermessen, einstellen	**15**
Anlasser Austausch erneuern	**9**
– Motorschutzverkleidung aus- und einbauen	
– Magnetschalter erneuern	
Außenspiegelgehäuse el. verst. erneuern	**4**
– Türverkleidung innen aus- und einbauen	
– Außenspiegelglas el. verstellbar erneuern	
Außenspiegelglas el. verstellbar erneuern	**2**
Batterie erneuern	**2**
Blinker vorn komplett erneuern	**2**
Blinkerglas seitlich erneuern	**2**
Heckleuchte komplett erneuern	**3**
– Heckleuchtendichtung erneuern	
– Heckleuchtengehäuse erneuern	
Heizungsgebläse erneuern	**5**
Innenspiegel erneuern	**2**
Leuchtweitenregulierung erneuern	**4**
– Scheinwerfer einstellen	
Generator erneuern	**11**
– Motorschutzverkleidung aus- und einbauen	
– Regler erneuern	
– Riemenscheibe/Keilriemen erneuern	
Scheibenwaschpumpe erneuern	**2**
Scheibenwischerarm erneuern	**2**
– Scheibenwischerblatt erneuern	
Scheinwerfer einstellen	**2**
Scheinwerfer beide erneuern	**5**
Steuergerät Airbag erneuern	**12**
Steuergerät Einspritzung erneuern	**4**
Frontscheibe Verbundglas erneuern	**25**
– Zierleisten, Scheibenwischer erneuern	
– Innenspiegel erneuern	
Frontspoiler erneuern	**3**
Kotflügel vorne li oder re erneuern	**18**
– Stoßfänger ausbauen	
– Blinker erneuern	
– Stütze Kotflügel, Kunststoffschutz erneuern	
– Schottblech erneuern	
– Rad aus- und einbauen	
Radhaus außen li oder re erneuern	**29**
Radhaus innen li oder re erneuern	**47**
Seitenwand rechts erneuern	**112**
Stoßfänger vorne aus- und einbauen	**9**
Tür vorne oder hinten erneuern	**19**
Tür aus-und einbauen	**3**
A-Säule mit Schweller re oder li erneuern	**200**
B-Säule außen li oder re erneuern	**74**
B-Säule innen li oder re erneuern	**31**
Motorhaube (Deckel) vorn erneuern	**10**
Motorhaube vorn aus- und einbauen	**7**

[1] Die Haupttätigkeit, für die der AW ausgewiesen ist, ist fett gedruckt. Die zugeordneten Arbeiten sind mit Spiegelstrichen versehen; sie sind im AW enthalten.

Lagerabrechnung

Kosten des Lagers

Ersatzteile, Kfz-Zubehör, Hilfsstoffe, stellen einen beträchtlichen Kapitaleinsatz dar. Die Höhe der damit verbundenen Kosten hängt ab von den Anschaffungskosten der Waren, von den Gemeinkosten des Lagers, dem Gewinnzuschlag, vom durchschnittlichen Lagerbestand und von der Lagerdauer.

Gemeinkosten des Lagers. Sie werden aus der Buchhaltung ermittelt und können über den Gemeinkostenzuschlagsatz, bezogen auf die Anschaffungskosten der verkauften Waren, errechnet werden.

Selbstkosten des Lagers. Sie ergeben sich aus der Summe der Anschaffungskosten und der Gemeinkosten.

Gewinnzuschlag. Er wird vom Unternehmer kalkuliert und auf die Selbstkosten des Lagers bezogen.

SOLL-Umsatz. Er bezeichnet die kalkulierten Gesamtkosten des Lagers. Zu den Selbstkosten wird der kalkulierte Gewinn addiert.

Kennwerte des Lagers

Verkaufserlöse. Sie sind Erträge aus Warenverkäufen an die eigene oder fremde Werkstatt oder an Endverbraucher.

Nettoverkaufserlöse ohne Umsatzsteuer
= Ersatzteile eigene/fremde Werkstatt
+ Ersatzteile Endverbraucher
+ Kfz-Zubehör
+ Betriebsmittel
+ Sonstige Waren und Kleinteile
+ Reifen
– Nachlässe

Lagergewinn und Umsatzrentabilität. Der Lagergewinn ergibt sich aus dem Unterschied von Verkaufserlösen und Selbstkosten. Bezieht man den Lagergewinn auf die Verkaufserlöse, so erhält man die Umsatzrentabilität in %.

Kalkulationsfaktor. Um den Verkaufspreis eines Ersatzteiles schnell zu ermitteln, werden die Anschaffungskosten mit einem Faktor multipliziert. Dieser errechnet sich aus SOLL-Umsatz und Anschaffungskosten.

Wirtschaftlichkeit des Lagers. Sie ist eine betriebswirtschaftliche Kennzahl, die aus dem Verhältnis von Verkaufserlösen zu den Selbstkosten errechnet wird. Sie sollte größer als 1 sein, sonst liegt kein Gewinn vor.

Umschlaghäufigkeit. Sie gibt an, wie oft ein Ersatzteil innerhalb einer Abrechnungsperiode verkauft oder wieder eingelagert wird.

Durchschnittlicher Lagerbestand. Er gibt an, wie hoch das im Lager gebundene Kapital, das verzinst werden muss, ist.

Durchschnittliche Lagerdauer. Sie gibt an, wie viele Tage ein Ersatzteil auf Lager liegt.

Durchschnittlicher Lagerzinssatz. Grundlage zur Berechnung ist der Zinssatz in %, den die Banken für ausgeliehenes Kapital verlangen.

Anschaffungskosten der verkauften Ware
= Anfangsbestand des Lagers
+ Warenzugang zum Bezugspreis
– Endbestand des Lagers

Gemeinkostenzuschlagsatz in %

$$= \frac{\text{Gemeinkosten} \times 100\,\%}{\text{Anschaffungskosten der verkauften Ware}}$$

Selbstkosten des Lagers
= Anschaffungskosten der verkauften Ware
+ Gemeinkosten des Lagers

Gewinnzuschlagsatz in %

$$= \frac{\text{Gewinn} \times 100\,\%}{\text{Selbstkosten des Lagers}}$$

SOLL-Umsatz
= Selbstkosten des Lagers
+ Gewinn

Lagergewinn
= Verkaufserlöse – Selbstkosten

Umsatzrentabilität (Lagergewinn in %)

$$= \frac{\text{Lagergewinn} \times 100\,\%}{\text{Verkaufserlöse}}$$

Kalkulationsfaktor

$$= \frac{\text{SOLL-Umsatz}}{\text{Anschaffungskosten der verkauften Ware}}$$

Wirtschaftlichkeit $= \frac{\text{Verkaufserlöse}}{\text{Selbstkosten}}$

Durchschnittlicher Lagerbestand

$$= \frac{\text{Anfangsbestand} + \text{Endbestand}}{2}$$

Umschlaghäufigkeit

$$= \frac{\text{Anschaffungskosten der verkauften Ware}}{\text{Durchschnittlicher Lagerbestand}}$$

Durchschnittliche Lagerdauer

$$= \frac{360\ \text{Tage}}{\text{Umschlaghäufigkeit}}$$

Durchschnittlicher Lagerzinssatz in %

$$= \frac{\text{Lagerdauer in Tagen} \times \text{Zinssatz in }\%}{360\ \text{Tage}}$$

B

B

Kostenstellenrechnen

Die Kosten, die im Betrieb entstehen, werden in der Buchhaltung nach Kostenarten gesammelt und nach dem Ort ihrer Entstehung auf die verschiedenen Kostenstellen verteilt.

Einzelkosten. Sie sind in ihrer Höhe bekannt und können einer betrieblichen Leistung direkt zugeordnet werden (z.B. Fertigungslöhne).

Gemeinkosten. Sie sind zwar in ihrer Höhe bekannt, können aber einer betrieblichen Leistung nicht direkt zugeordnet werden (z.B. Mieten). Sie fallen für alle Kostenstellen gemeinsam an.

Kostenstellen. Es sind z.B. Reparaturwerkstatt, Ersatzteillager (Hauptkostenstellen) oder auch einzelne Bereiche (z.B. Bremsenprüfstand). Hilfskostenstellen sind z.B. Verwaltung, Buchhaltung.

Betriebsabrechnungsbogen. Auf diesem Formblatt werden die Gemeinkosten mit Hilfe eines Verteilungsschlüssels auf die einzelnen Kostenstellen verteilt.

Verteilungsschlüssel. Durch ihn werden die Gemeinkosten auf die einzelnen Kostenstellen verteilt.

Gemeinkostenzuschlagsatz. Sind die Gemeinkosten mit Hilfe der Verwaltungskostenumlage emittelt, so lässt sich der Gemeinkostenzuschlagsatz für jede Kostenstelle, bezogen auf die Einzelkosten, errechnen.

Kosten einer Kostenstelle

$$= \frac{\text{Kosten des Betriebs} \times \text{Anteile d. Kostenst.}}{\text{Summe d. Anteile i. Verteilungsschlüssel}}$$

Umlage einer Kostenart (KA)

$$= \frac{\text{Gesamtbetrag d. KA} \times \text{Anteile d. Kostenst.}}{\text{Gesamtanteile in der Kostenart}}$$

Verwaltungskostenfaktor

$$= \frac{\text{Verwaltungkosten des Betriebes}}{\text{Gemeinkosten ohne Verwaltungskosten}}$$

Verwaltungskostenumlage
= Gemeinkosten einer Hilfskostenstelle
× Verwaltungskostenfaktor

Gemeinkosten nach Umlage
= Gemeinkosten
+ Verwaltungkostenumlage

Gemeinkostenzuschlagsatz in %

$$= \frac{\text{Gemeinkosten nach Umlage} \times 100\,\%}{\text{Einzelkosten der Kostenstellen}}$$

Abschreibung

Nach § 7 EStG (Einkommensteuer-Gesetz) sind **A**bsetzungen **f**ür **A**bnutzung **(AfA)** Kosten, die durch Wertminderung betriebsnotwendiger Anlagegüter entstehen.

Anschaffungsgegenstände	Nutzungsdauer in Jahren	Abschreibungssätze (linear) in %
Geschäftsausstattung	5 … 10	20 … 10
Computer	3	33
Pkw und Lieferwagen	6	16,6
Omnibusse	9	11
Lkw ab 2 t	9	11

Bilanzielle Abschreibung

Die fiskalischen Abschreibungen wirken wie Betriebsausgaben, die den zu versteuernden Gewinn reduzieren und die Eigenkapitalbildung fördern. In der Bilanz erscheinen die Vermögensteile um den Abschreibungsbetrag vermindert, in der GuV, der Gewinn- und Verlustrechnung, stellt der Abschreibungsbetrag einen Aufwand dar. Grundlage für die Abschreibung sind die Anschaffungskosten von z. B. Fahrzeugen und Gegenständen, deren Nutzungsdauer von der Finanzverwaltung festgelegt wird.

Lineare Abschreibung

Die Kosten der Wertminderung, die aus dem Anschaffungswert errechnet werden, sind in jedem Jahr über die gesamte Nutzungsdauer gleich groß.

Anschaffungswert. Er enthält alle Kosten, die nötig sind um ein Anlagegut zu beschaffen und betriebsbereit zu machen.

Abschreibungssatz. Setzt man den Anschaffungswert gleich 100 % und teilt ihn durch die Nutzungsdauer, so erhält man den Satz in %, den man jährlich abschreiben kann. Er ist für alle Jahre gleich groß.

Abschreibungsbetrag. Er entspricht den Kosten, die für 1 Jahr als Wertminderung eines Anlagegutes eingesetzt werden können.

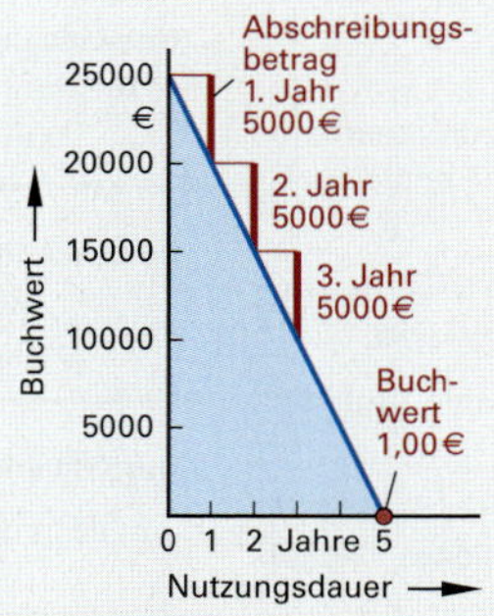

Anschaffungswert = Bareinkaufspreis
+ Bezugskosten
+ Aufstellkosten
+ Anschlusskosten

Jährlicher Abschreibungssatz in %

$$= \frac{100\,\%}{\text{Nutzungsdauer}}$$

Jährlicher Abschreibungsbetrag

$$= \frac{\text{Anschaffungswert}}{\text{Nutzungsdauer}}$$

Jährlicher Abschreibungsbetrag

$$= \frac{\text{Anschaffungswert} \times \text{Abschreibungssatz in \%}}{100\,\%}$$

Buchwert
= Anschaffungswert
– Summe aller Abschreibungsbeträge

Abschreibung

Degressive Abschreibung

Bei der degressiven Abschreibung wird der Abschreibungssatz nicht auf den Anschaffungswert bezogen, sondern auf den jeweiligen Buchwert des abzuschreibenden Anlagegutes. Da der Buchwert jährlich kleiner wird, werden auch die jährlichen Abschreibungsbeträge kleiner, sie werden aber nie Null. Der Abschreibungssatz ist bei gleicher Nutzungsdauer immer größer als bei linearer Abschreibung.

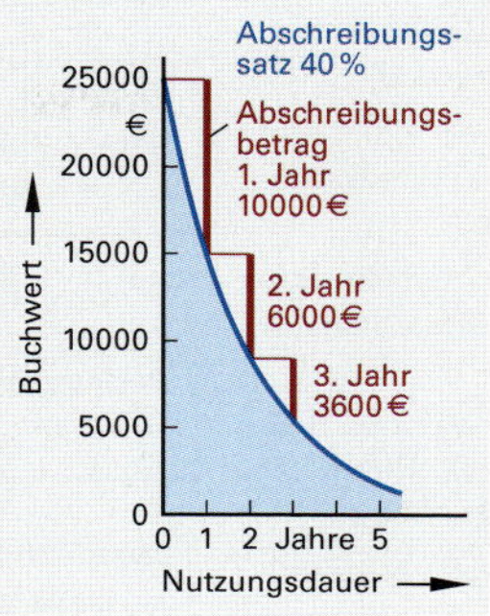

Ein Wechsel von der degressiven zur linearen Abschreibung ist möglich. Nur so kann das Anlagegut bis auf den Erinnerungswert von 1 Euro abgeschrieben werden. Ab dem 1.1.2008 ist die degressive Abschreibung für steuerliche Zwecke nicht mehr erlaubt.

Jährlicher Abschreibungsbetrag

$$= \frac{\text{Buchwert} \times \text{Abschreibungssatz in \%}}{100\,\%}$$

Buchwert nach einem Jahr
= Anschaffungswert
– Abschreibungsbetrag im 1. Jahr

Buchwert nach zwei Jahren
= Buchwert nach einem Jahr
– Abschreibungsbetrag im 2. Jahr

Kalkulatorische Abschreibung

Im Gegensatz zur bilanziellen Abschreibung gibt es für die kalkulatorische Abschreibung keine gesetzliche Regelung. Sie wird zur Errechnung der Wertminderung von Anlagegütern verwendet, um in der Kostenrechnung den betrieblichen Erfordernissen gerecht zu werden. Dabei geht es in erster Linie um Rücklagenbildung für die Erneuerung von Anlagegütern. Als Berechnungsgrundlage dienen nicht mehr die Anschaffungskosten, sondern die Wiederbeschaffungskosten. Die kalkulatorische Abschreibung wird so lange fortgesetzt, wie das Anlagegut im Betrieb genutzt wird.

Wiederbeschaffungswert
= Anschaffungswert
+ Teuerungszuschlag
+ Umbaukosten
+ Entsorgung

Wiederbeschaffungskosten
= Wiederbeschaffungswert
– Restwert

Restwert = Erlös aus dem Verkauf der gebrauchten Anlage

Abschreibung bei Restwertberücksichtigung

Jährlicher Abschreibungsbetrag

$$= \frac{\text{Wiederbeschaffungskosten}}{\text{Nutzungsdauer}}$$

Leistungsbezogene Abschreibung

Der Anschaffungswert wird durch die maximal erzielbaren Leistungseinheiten dividiert. Den jährlichen Abschreibungsbetrag erhält man aus dem Abschreibungsbetrag je Leistungseinheit und den in diesem Zeitraum angefallenen Leistungseinheiten, z.B. km, Stück, Betriebsstunden.

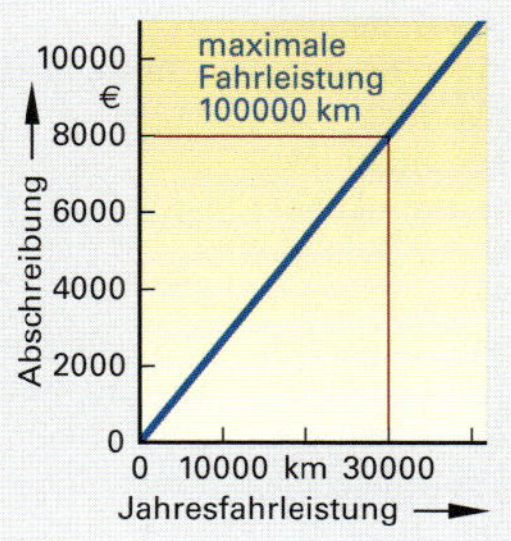

Jährlicher Abschreibungsbetrag

$$= \frac{\text{Wiederbeschaffungskosten} \times \text{Jahresleistung}}{\text{Gesamtleistung}}$$

Abschreibung je km

$$= \frac{\text{Wiederbeschaffungskosten}}{\text{maximale Fahrleistung}}$$

Kombinierte Abschreibung

Sie wird zur Ermittlung der Unterhaltskosten von Fahrzeugen und Maschinen verwendet und setzt sich aus Abschreibung I und Abschreibung II zusammen. Abschreibung I berücksichtigt die Wertminderung durch Veralten. Abschreibung II berücksichtigt die Wertminderung durch Abnutzung. Der Rest der Wiederbeschaffungskosten wird nach Leistungseinheiten abgeschrieben. Üblicherweise werden 50 % der Wiederbeschaffungskosten nach Abschreibung I bzw. nach Abschreibung II abgeschrieben.

Abschreibung I in Euro/Jahr

$$= \frac{\text{Wiederbeschaffungskosten}}{2 \times \text{Nutzungsdauer}}$$

Abschreibung II

$$= \frac{\text{Wiederbeschaffungskosten}}{2 \times \text{Gesamtleistung}}$$

B

B

Deckungsbeitragsrechnung

Da die Kosten, die in einem Betrieb entstehen, abhängig sind von der Auslastung eines Betriebes, ist es vorteilhaft, mit Hilfe der Deckungsbeitragsrechnung den Selbstkostenpreis zu ermitteln, bei dem alle Kosten gedeckt sind.

Fixe Kosten. Sie entstehen unabhängig von der Produktivität des Betriebes, sind aber zur Aufrechterhaltung des Betriebes nötig, z.B. Miete, Steuern, Versicherungen.

Fixe Kosten je Leistungseinheit. Je höher der Auslastungsgrad, desto kleiner der Kostenanteil der fixen Kosten an der erstellten Leistungseinheit.

Variable Kosten. Es sind leistungsabhängige Kosten, z. B. Fertigungslöhne. Sie nehmen mit steigender Produktivität oder steigendem Beschäftigungsgrad des Betriebes zu.

Variable Kosten je Leistungseinheit. Es sind z. B. Materialkosten, die je Leistungseinheit konstant sind.

Selbstkosten. Sie setzen sich zusammen aus fixen und variablen Kosten in einem Betrachtungszeitraum.

Selbstkosten = fixe Kosten + variable Kosten

Kostendeckungssatz. Er entspricht den Selbstkosten je Leistungseinheit. Kann am Markt ein Verkaufspreis, der 12 % über dem Kostendeckungssatz liegt, durchgesetzt werden, so entsteht ein Gewinn von 12 %.

Erlöse. Es sind Nettoeinnahmen für die in einem bestimmten Zeitraum verkauften Leistungseinheiten, wie z. B. Arbeitswerte, Fertigungslohnstunden, Ersatzteile, Handelswaren, Zubehörteile oder gefahrene Kilometer.

Deckungsbeitrag.

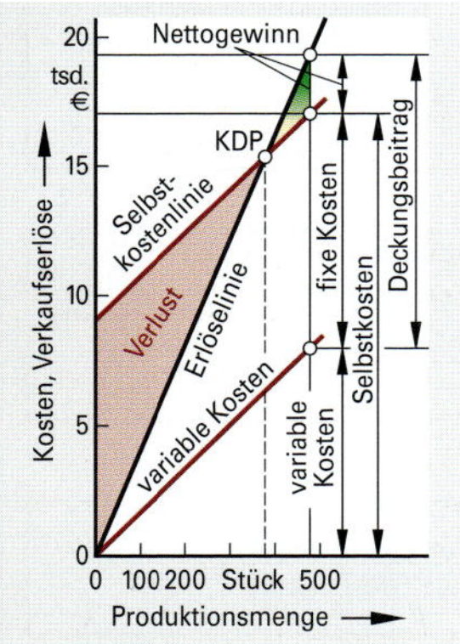

Zieht man von den Erlösen die variablen Kosten ab, so erhält man den Beitrag, der die fixen Kosten abdecken soll, den Deckungsbeitrag. Ist der Deckungsbeitrag kleiner als die fixen Kosten, so entsteht ein Verlust.

Der Kostendeckungspunkt KDP ist der Schnittpunkt der Erlöselinie mit der Selbstkostenlinie. Bezieht man den Deckungsbeitrag auf die geleistete Einheit (z. B. je Std, je AW, je Stück), so erhält man den spezifischen Deckungsbeitrag.

$$\textbf{Kostendeckungssatz} = \frac{\text{Selbstkosten}}{\text{Leistungseinheiten}}$$

Kostendeckungssatz je LE
= fixe Kosten je LE + variable Kosten je LE

LE = Leistungseinheiten

Deckungsbeitrag
= Erlöse – variable Kosten

Spezifischer Deckungsbeitrag

$$= \frac{\text{Deckungsbeitrag}}{\text{Leistungseinheiten}}$$

Deckungsbeitragssatz in %

$$= \frac{\text{Deckungsbeitrag} \times 100\,\%}{\text{Erlöse}}$$

Kostendeckende Leistungseinheiten

$$= \frac{\text{fixe Kosten}}{\text{Spezifischer Deckungsbeitrag}}$$

Kostendeckende Erlöse

$$= \frac{\text{fixe Kosten} \times 100\,\%}{\text{Deckungsbeitragssatz in }\%}$$

Gewinn
= Deckungsbeitrag – fixe Kosten

Kostendeckende Erlöse mit Gewinn

$$= \frac{\text{fixe Kosten} \times 100\,\%}{\text{Deckungsbeitragssatz in }\% - \text{Gewinn in }\%}$$

Der prozentuale Gewinn wird auch als Umsatzrendite bezeichnet. Er steigt mit zunehmender Anzahl von verkauften Leistungseinheiten.

Kraftfahrzeugkostenberechnung

Unterhaltskosten von Kraftfahrzeugen, die während der betrieblichen Nutzung entstehen, werden verursachergerecht in festen Kosten und in beweglichen Kosten erfasst.

Feste Kosten je Jahr =
Abschreibung I + Kapitalverzinsung
+ Kraftfahrzeugsteuer + Haftpflichtversicherung
+ Fahrzeugversicherung + Miete für Garage

Abschreibung I

$$= \frac{\text{Abschreibungsgrundwert}}{2 \times \text{Nutzungsdauer in Jahren}}$$

Abschreibungsgrundwert
= Wiederbeschaffungskosten
– Reifenkosten

Kraftfahrzeugkostenberechnung

Kapitalverzinsung
Sie errechnet sich aus den Anschaffungskosten und eventuell einem Restwert (durchschnittlich gebundenes Kapital) und einem kalkulatorischen Zinssatz (effektiver Jahreszinssatz).

Kraftfahrzeugsteuer
Grundlage für Pkw und Motorräder: Hubraum, Abgasausstoß
Lkw: zuläss. Gesamtgewicht.

Haftpflichtversicherung
Jahresprämie einschließlich Versicherungssteuer und gegebenenfalls Zuschlägen für viertel- bzw. halbjährliche Zahlung.
Grundlage für Pkw und Motorräder: Motorleistung in kW, Typklasse
Lkw: Nutzlast in t.

Fahrzeugversicherung
Jahresprämie einschließlich Versicherungssteuer.
Teilkasko: Versicherungsschutz z.B. bei Brand und Diebstahl
Vollkasko: mit oder ohne Selbstbeteiligung.

Miete für Garage
Je nach Kraftfahrzeug zwischen 40 Euro/Monat ... 80 Euro/Monat.

Bewegliche Kosten je 100 km = Abschreibung II
+ Kraftstoffkosten
+ Schmierstoffkosten
+ Reifenkosten
+ Wartungskosten
+ Reparaturrücklage

Abschreibung II
Sie berücksichtigt die Wertminderung, die durch Abnutzung im Betrieb (Kilometerleistung des Fahrzeuges) entsteht.

Kraftstoffkosten

Richtwerte f. Kraftstoffverbrauch:	Normverbrauch zuzüglich
20 % für Pkw	50 % für Linienbusse
25 % für Lkw und Omnibusse	80 % für Lastzüge, Sattelkfz.

Schmierstoffkosten
Richtwerte für Ölverbrauch einschließlich Ölwechsel in l/100 km:

Pkw	0,1 ... 0,3	Lkw bis 7 t	0,5 ... 0,7
Lkw bis 1,7 t	0,3 ... 0,5	Lkw über 7 t	0,7 ... 1,0

Reifenkosten
Sie errechnen sich aus dem Preis für eine neue Bereifung und den geschätzten Laufleistungen in km.

Unterhaltskosten je Jahr = Feste Kosten in €/Jahr
+ Bewegliche Kosten in €/Jahr

Gesamtkosten je Jahr = (Arbeitsplatzkosten)
Feste Kosten in €/Jahr
+ Bewegliche Kosten in €/Jahr
+ Fahrerlohnkosten in €/Jahr
+ Restgemeinkosten in €/Jahr

Restgemeinkosten
Es sind Gemeinkosten des Betriebes, die anteilig auf den Arbeitsplatz Kraftfahrzeug umgelegt werden, z.B. der Anteil des Betriebes an den Sozialabgaben des Fahrers, Hilfslöhne.

Anschaffungskosten
= Kaufpreis
+ Überführungskosten
+ Zulassungskosten
+ Kennzeichenkosten

Wiederbeschaffungskosten
= Anschaffungskosten
+ Teuerung
+ eventuelle Entsorgung
– Restwert
(Erlös des Gebrauchtwagens)

Kapitalverzinsung

$$= \frac{(\text{Anschaffungskosten} + \text{Restwert}) \times \text{Zinssatz}}{2 \times 100\,\%}$$

Abschreibung II

$$= \frac{\text{Abschreibungsgrundwert} \times 100\text{ km}}{2 \times \text{Gesamtfahrleistung in km}}$$

Kraftstoffkosten bzw. Schmierstoffkosten in Euro/100 km
= Verbrauch je 100 km × Literpreis

Reifenkosten in Euro/100 km

$$= \frac{\text{Bereifungskosten in Euro} \times 100\text{ km}}{\text{Reifenlaufleistung in km}}$$

Wartungskosten, Reparaturrücklagen
Sie werden ermittelt aus Erfahrungswerten vom Hersteller der einzelnen Fahrzeugtypen, z.B. für
- Verschleißreparaturen
- Inspektionen
- Pflegearbeiten
- Aufbaureparaturen
- kleinere Unfallreparaturen.

Bewegliche Kosten in Euro/Jahr

$$= \frac{\text{Bewegliche Kosten} \times \text{Jahresfahrstrecke}}{100\text{ km}}$$

Unterhaltskosten in Euro/Kilometer

$$= \frac{\text{Unterhaltskosten je Jahr}}{\text{Jahresfahrstrecke in km}}$$

Gesamtkosten für 1 km

$$= \frac{\text{Gesamtkosten je Jahr}}{\text{Jahresfahrstrecke in km}}$$

B

Maschinenkostenberechnung

Die Kosten, die Maschinen oder Anlagen im Betrieb verursachen, werden über jeweils eine Kostenstelle ermittelt und den einzelnen Maschinen direkt zugeordnet. Man unterscheidet feste und bewegliche Kosten.

Feste Kosten
Zeitabhängige Kosten, die auch anfallen, wenn mit der Maschine nicht gearbeitet wird. Sie entstehen u.a. auch um die Betriebsbereitschaft der Maschinen zu gewährleisten und werden für den Zeitraum eines Jahres erfasst.

B

Feste Kosten = Abschreibungsbetrag
+ Kapitalverzinsung
+ Mietwert der Fläche
+ Instandhaltung I

Bewegliche Kosten
Es sind leistungsabhängige Kosten, die vom Einsatz der Maschine abhängen. Sie werden für eine bestimmte Maschinenlaufzeit, z. B. eine Stunde oder für Leistungseinheiten, z. B. Stück, festgelegt.

Bewegliche Kosten = Instandhaltung II
+ Energiekosten
+ Werkzeugkosten
+ Betriebsmittelkosten

Instandhaltung: Um die Betriebsbereitschaft von Maschinen und Anlagen zu erhalten, sind Wartung und Reparaturen nötig. Diese Instandhaltungskosten werden als Erfahrungswert in Form eines Prozentsatzes von etwa 5 % der Anschaffungskosten eingesetzt.

Instandhaltung I. Sie berücksichtigt nur Wartungskosten, die auch entstehen, wenn die Maschine nicht genutzt wird. Häufig wird deshalb nur 1/3 der Instandhaltungskosten für die Ermittlung der festen Kosten eingesetzt.

Instandhaltung II. Da beim Einsatz von Maschinen Verschleiß entsteht, der zu Reparaturen führt, wird den beweglichen Kosten der größere Anteil (2/3) der Instandhaltungskosten zugeteilt.

Betriebsmittelkosten: Es sind Kosten für Schmierstoffe, Kühlmittel, Reinigungsmittel, Kraftstoffe, Wasser.

Gesamtkosten
Die Maschinenkosten im Jahr setzen sich zusammen aus den festen Kosten im Jahr und den beweglichen Kosten im Jahr.

Maschinenkosten im Jahr = feste Kosten im Jahr
+ bewegliche Kosten im Jahr

Arbeitsplatzkosten im Jahr = Maschinenkosten im Jahr
+ Fertigungslohn im Jahr
+ Gemeinkosten im Jahr

Stundensätze
Maschinenstundensatz bzw. Arbeitsplatzkosten je Stunde. Teilt man die jeweiligen Gesamtkosten, die die Maschine bzw. der Arbeitsplatz verursacht, durch die jährliche Gesamtlaufzeit der Maschine, so erhält man die Kosten, welche die Maschine oder ein Arbeitsplatz in 1 Stunde verursacht.

Abschreibung

$$= \frac{\text{Wiederbeschaffungskosten}}{\text{Nutzungsdauer in Jahren}}$$

Anschaffungskosten
= Einkaufspreis
+ Sonderzubehörkosten
+ Transportkosten
+ Aufstellkosten
+ Anschlusskosten
+ Schulungskosten

Wiederbeschaffungskosten
= Anschaffungskosten
+ Umbaukosten
+ Teuerung
+ Entsorgung
– Restwert

Kapitelverzinsung

$$= \frac{(\text{Anschaffungskost.} + \text{Restwert}) \times \text{Zinssatz}}{2 \times 100}$$

Bei der Kapitalverzinsung wird nur die Hälfte des durchschnittlich gebundenen Kapitals (Anschaffungskosten + Restwert) verzinst.

Mietwert der Fläche im Jahr
= Flächenbedarf in m^2 × Preis je m^2 × 12

Energiekosten je Stunde
= Energiebedarf/h × Preis/Energieeinheit

Bewegliche Kosten im Jahr
= Bewegliche Kosten/h
× Laufzeit im Jahr

Maschinenstundensatz

$$= \frac{\text{Maschinenkosten im Jahr}}{\text{Laufzeit der Maschine im Jahr}}$$

Gemeinkosten

$$= \frac{\text{Fertigungslöhne} \times \text{Zuschlagssatz in \%}}{100\ \%}$$

Zuschlagssätze 120 % ... 180 %

Arbeitsplatzkosten je Stunde

$$= \frac{\text{Arbeitsplatzkosten im Jahr}}{\text{Laufzeit der Maschine im Jahr}}$$

Physik

Chemie

Informationstechnik

G

Steuern, Regeln

Fügen, Normteile

Zerspanung

Spanen

G

Begriff	Erklärung	Beispiele/Hinweise
Adhäsion	Anhangskraft, die bei enger Berührung verschiedener Stoffe (z.B. feste Stoffe – Flüssigkeiten) eine Oberflächenhaftung bewirkt (adhaerere, lat. = anhaften).	Ölfilm an der Zylinderwand; Kreide an der Tafel; Kleben
Aggregatzustand	**Feste Stoffe**: Feste Stoffe haben ein bestimmtes Volumen und eine bestimmte Form. Die Moleküle sind an ihrem Ort gebunden und schwingen um ihre Ruhelage. Durch entsprechende Wärmezufuhr wird die Bewegungsenergie so groß, dass die gegenseitige Bindungskraft der Moleküle überwunden wird. Der Stoff geht in flüssigen Zustand über. **Flüssige Stoffe**: Flüssige Stoffe haben ein bestimmtes Volumen, aber keine bestimmte Form. Sie nehmen die Form des Gefäßes an. Die Moleküle sind nicht an ihren Ort gebunden und leicht verschiebbar. Die Bindekraft der Moleküle ist klein. Durch Wärmezufuhr wird die Bewegungsenergie so groß, dass die Bindekraft der Moleküle überwunden wird. Der Stoff geht in einen gasförmigen Zustand über. **Gasförmige Stoffe**: Gasförmige Stoffe haben kein bestimmtes Volumen und keine bestimmte Form. Die Moleküle streben auseinander (Expansion) und nehmen jeden zur Verfügung stehenden Raum ein. Sie stoßen sich gegenseitig ab und beschreiben unregelmäßige Bahnen.	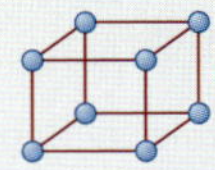 Eisen, Holz, Kupfer 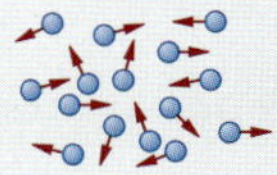 Benzin, Öl, Wasser 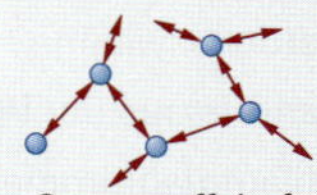 Sauerstoff, Luft
Anode	Positive (+) Elektrode eines galvanischen Elementes.	Batterie
Archimedes-Prinzip	Beim Eintauchen in eine Flüssigkeit oder in ein Gas erfährt jeder Körper eine nach oben gerichtete Auftriebskraft.	Siehe *Auftrieb*
Atmosphärendruck	Der Atmosphärendruck (Umgebungsdruck) p_{amb} ist der jeweils herrschende Luftdruck gegenüber dem Vakuum. Er entsteht durch die Gewichtskraft der Lufthülle, die auf der Erdoberfläche lastet. Der Luftdruck wird mit dem Barometer gemessen und beträgt in der Normalatmosphäre 1013 hPa = 1,013 bar. **1000 hPa = 1000 mbar = 1 bar = 10 N/cm²**	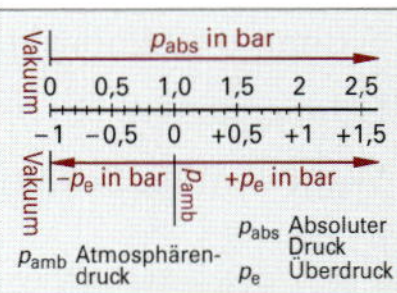
Auftrieb	Der Auftrieb, den ein Körper in einer Flüssigkeit oder in einem Gas erfährt, ist gleich der Gewichtskraft der vom Körper verdrängten Flüssigkeits- bzw. Gasmenge (Archimedisches Prinzip).	Aräometer, Schiff, Luftballon, Schwimmer im Tank.
Barometer	Messgerät zur Luftdruckmessung.	
Druck in Flüssigkeiten	Druck in Flüssigkeiten breitet sich nach allen Seiten gleichmäßig aus. Da die Moleküle eng beieinander liegen, kann bei Flüssigkeiten die Kompressibilität in der Regel vernachlässigt werden.	Hydraulische Presse Hydraulische Bremse **1 bar = 10 N/cm²**
Druck in Gasen	Ein eingeschlossenes Gas übt auf die Gefäßwände allseitig einen Druck aus. Da die Moleküle relativ weit auseinander liegen, sind Gase kompressibel. Eine Temperaturänderung bewirkt … • eine Raumänderung bei gleich bleibendem Druck oder • eine Druckänderung bei gleich bleibendem Raum oder • eine Raumänderung und eine Druckänderung. **Verdichten** bedeutet Raumverkleinerung und bewirkt Erwärmung. **Ausdehnen** bedeutet Raumvergrößerung und bewirkt Abkühlung.	Vier Takte des Verbrennungsmotors
Energie	Energie ist die Fähigkeit, Arbeit zu verrichten. Energie kann weder erzeugt noch vernichtet werden. Die Energie ist innerhalb der verschiedenen Energieformen umformbar. Man unterscheidet potenzielle Energie (Lageenergie), kinetische Energie (Bewegungsenergie), Spannenergie, elektrische Energie, chemisch gebundene Energie und Wärme.	Bewegungsenergie in Wärme (Bremsen)
Explosion	Explosion ist eine mit Unterschallgeschwindigkeit ablaufende plötzliche chemische Reaktion von Gasgemischen, Staub-Luft-Gemischen oder Sprengstoffen, sowie das Zerplatzen von geschlossenen Gefäßen bei rascher Druckerhöhung. Läuft der Vorgang mit Überschallgeschwindigkeit ab, so spricht man von einer **Detonation**.	Airbag, Knallgas

Begriff	Erklärung	Beispiele/Hinweise
Fallbeschleunigung	Die auf der Oberfläche eines Himmelskörpers wirkende Fallbeschleunigung ist abhängig von der Masse und Form des Himmelskörpers. Da die Erde an den Polen abgeplattet ist, wirkt an den Polen aufgrund des geringeren Abstands zum Erdmittelpunkt eine höhere Fallbeschleunigung als am Äquator. Für Mitteleuropa (45° Breite) wird mit einer Fallbeschleunigung von $g = 9{,}81\ \text{m/s}^2$ gerechnet. Andere Fallbeschl.: $g_{\text{Mond}} = 1{,}62\ \text{m/s}^2$, $g_{\text{Jupiter}} = 25{,}1\ \text{m/s}^2$, $g_{\text{Sonne}} = 274\ \text{m/s}^2$	**Mitteleuropa:** $\boldsymbol{g = 9{,}81\ \text{m/s}^2}$ Äquator: $g = 9{,}78\ \text{m/s}^2$ Pole der Erde: $g = 9{,}83\ \text{m/s}^2$
Fliehkraft	Bei Abweichung von der geradlinigen Bewegung tritt infolge der Trägheit eine Fliehkraft (Zentrifugalkraft) auf. Sie ist vom Drehpunkt nach außen gerichtet. Die entgegengerichtete Kraft heißt Zentripetalkraft. Die Fliehkraft ist abhängig • von der Masse des Körpers • vom Kurvenradius • von der Kurvengeschwindigkeit	Kurvenfahrt, Unwucht, Fliehkraftkupplung
Gleichgewicht	Alle an einem Körper angreifenden Kräfte heben sich gegenseitig auf.	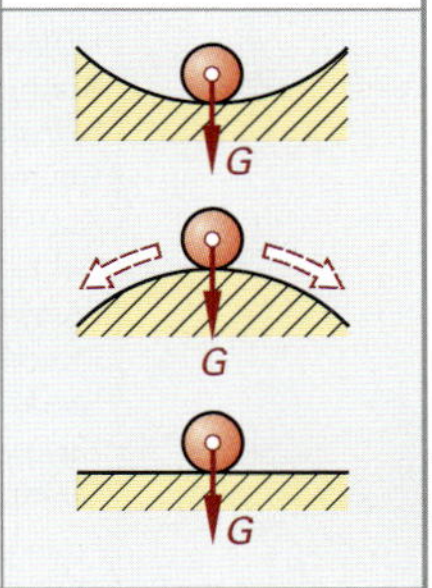
Gleichgewichtsarten	**Stabiles Gleichgewicht:** Bei Bewegung des Körpers strebt dieser in die Ausgangslage zurück. Der Schwerpunkt sucht stets die tiefstmögliche Lage einzunehmen. **Labiles Gleichgewicht:** Der Schwerpunkt hat die höchstmögliche Lage. Bei Bewegung des Körpers hat dieser nicht mehr das Bestreben in die Ausgangslage zurückzukehren. **Indifferentes Gleichgewicht:** Der Schwerpunkt bleibt immer in gleicher Höhe. Der Körper befindet sich in jeder Lage im Gleichgewicht.	
Kapillare	Röhren mit sehr kleinem Innendurchmesser werden als Kapillarröhren (capillus, lat. = Haar) bezeichnet.	Flüssigkeitsthermometer
Kapillarität	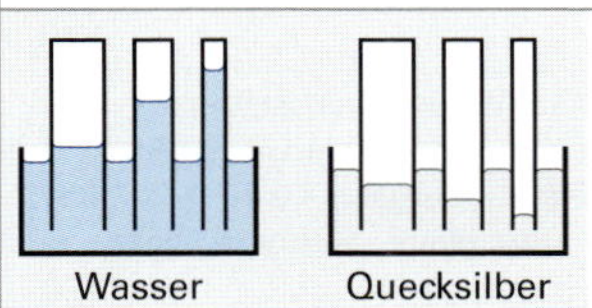 Zusammenfassende Bezeichnung für physikalische Erscheinungen an Kapillaren (Haarrissen, feinsten Spalten). Je enger die Kapillare, umso größer das Ansteigen bzw. Absinken des Flüssigkeitsspiegels.	Löten Materialprüfung Farbeindringverfahren Schwamm Löschblatt Kerzendocht
Katode	Negative (–) Elektrode eines galvanischen Elementes.	Batterie
Kohäsion	Zusammenhangskraft zwischen den Atomen oder Molekülen eines Stoffes. Sie bestimmt die Festigkeit von festen Körpern und den Zusammenhang sowie die Volumenbeständigkeit von Flüssigkeiten (cohaerere, lat. = zusammenhängen).	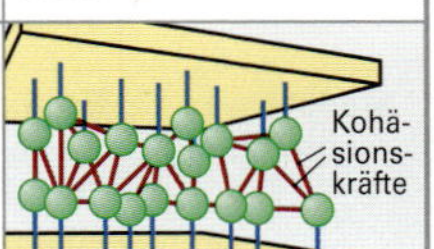
Kondensation	Kondensation ist der Übergang vom gasförmigen in den flüssigen Zustand. Dabei wird die Kondensationswärme frei. Die Kondensationstemperatur entspricht der Siedetemperatur.	Klimaanlage Beschlagen von Scheiben
Kritischer Druck	Jedes Gas besitzt einen kritischen Druck und eine kritische Temperatur (Kritischer Punkt). Eine Verflüssigung ist nur unterhalb der kritischen Werte möglich.	CO_2 = 75 bar (Weitere Werte siehe **Zustandsänderung**.)
Kritische Temperatur	Die kritische Temperatur ist die Temperatur, bei deren Überschreitung ein Gas auch durch Druckerhöhung nicht mehr verflüssigt werden kann.	CO_2 = 30,8 °C
Lichtgeschwindigkeit	Sie ist die Ausbreitungsgeschwindigkeit *c* von Licht im Vakuum.	$\boldsymbol{c = 299\,792\,458\ \text{m/s}}$ $\boldsymbol{c \approx 300\,000\ \text{km/s}}$
Luftzusammensetzung (trockene Luft)	Stickstoff N_2 = 78 % · Sauerstoff O_2 = 21 % Kohlendioxid CO_2 = 0,03 % · Neon Ne = 0,0018 % Krypton Kr = 0,0001 % · Wasserstoff H_2 = 0,00005%	Argon Ar = 0,933 % Helium He = 0,0005 % Xenon Xe = 0,000008 %

G

Begriff	Erklärung	Beispiele/Hinweise
Normzustand	Um Messergebnisse vergleichbar zu machen, werden Versuche unter Normbedingungen durchgeführt bzw. auf diese umgerechnet. Normtemperatur T_0 = 273 K (also 0 °C), Normdruck p_0 = 1013 hPa	Alle Tabellenwerte werden auf Normzustand bezogen
Schall	Schall entsteht durch mechanische Schwingungen. Frequenzbereich des menschlichen Hörens: 16 Hz ... 20000 Hz. Der Schall breitet sich durch Längswellen nach allen Seiten gleichmäßig aus. Schallgeschwindigkeit *c*: Luft 340 m/s, Wasser 1440 m/s, Eisen 5100 m/s	Lautsprecher Signalhorn
Schallpegel	Der Schallpegel (Schalldruckpegel) ist ein Maß für die Stärke des Geräusches, gemessen in Dezibel dB (A).	Motorgeräusch bei Volllast: 80 dB (A)

Schallpegel (Geräuschstärke)	
Schallart	dB(A)
Sehr leises Blätterrauschen	10
Flüstersprache (1 m)	20
Ruhige Straße	30
Normale Unterhaltung	50
Staubsauger (1 m)	60
Starker Verkehrslärm (Pkw)	70
Sehr starker Verkehrslärm	80–90
Presslufthammer	90
Motor ohne Schalldämpfer	100
Starker Fabriklärm	110
Schmerzschwelle	130
Düsentriebwerk	140

Kraftfahrzeug-Fahrgeräusche (Grenzwerte)		
Fahrzeugart		dB(A)
Mofa		70
Moped, Mokick		72
Leichtkraftrad		75
Kraftrad	bis 80 cm^3	75
	bis 175 cm^3	77
	über 175 cm^3	80
Pkw		74
Omnibus, Lkw, Zugmaschinen bis 3,5 t		76
Omnibus	bis 150 kW	78
	über 150 kW	80
Lkw, Zugmaschinen	bis 75 kW	77
	bis 150 kW	78
	über 150 kW	80

Begriff	Erklärung	Beispiele/Hinweise
Schmelztemperatur	Bei Schmelztemperatur geht ein Stoff vom festen in den flüssigen Zustand über. Die Schmelztemperatur bleibt während der Umwandlung konstant.	Wasser: 0 °C Aluminium: 660 °C Stahl: 1460 °C Wolfram: 3380 °C
Schmelzwärme (spezifisch)	Die Schmelzwärme ist die Wärmemenge in kJ, die notwendig ist, um die Stoffmenge 1 kg bei der Schmelztemperatur vom festen in den flüssigen Zustand umzuwandeln. Beim umgekehrten Vorgang wird die Schmelzwärme wieder frei. Die Temperatur bleibt während der Umwandlung konstant.	Eis: 334 kJ/kg Stahl: 205 kJ/kg Blei: 24,3 kJ/kg
Schwerpunkt	Der Schwerpunkt ist der Massenmittelpunkt eines starren Körpers. Ein im Schwerpunkt unterstützter Körper ist in jeder Lage im Gleichgewicht.	
Siedetemperatur	Bei Siedetemperatur geht eine Flüssigkeit nicht nur an der freien Oberfläche, sondern insgesamt unter Blasenbildung in den gasförmigen Zustand über. Die Siedetemperatur ist von der Art des Stoffes und vom äußeren Druck abhängig und bleibt solange unverändert, bis die gesamte Flüssigkeit verdampft ist.	Wasser: 100 °C Methanol: 65 °C Erdgas: – 162 °C
Spezifischer Heizwert	Der spezifische Heizwert ist die Wärmemenge in kJ, die bei der vollkommenen Verbrennung von 1 kg festen oder flüssigen bzw. 1 m^3 gasförmigen Stoffes im Normzustand bei 0 °C und 1013 hPa (mbar) frei wird.	Super: ≈ 43 500 kJ/kg Diesel: ≈ 42 500 kJ/kg Erdgas: ≈ 42 000 kJ/m^3
Spezifische Wärmekapazität	Die spezifische Wärmekapazität ist die Wärmemenge in kJ, die notwendig ist, um 1 kg Masse eines Stoffes um 1 K (entspricht einer Änderung um 1°C) zu erwärmen.	Wasser: 4,18 kJ/kg K Luft: 1,0 kJ/kg K

Temperaturwerte

Siedepunkt des flüssigen Stickstoffs	– 196 °C	Selbstentzündungstemperatur Motoröl	≈ 500 °C
Siedepunkt der flüssigen Luft	– 191 °C	Verbrennungshöchsttemperatur Motor	2500 °C
Mittlere Körpertemperatur des Menschen	37 °C	Glühwendel in Halogenlampen	≈ 2700 °C
Selbstentzündungstemperatur Diesel	≈ 350 °C	Acetylen-Sauerstoff-Flamme	3200 °C
Selbstentzündungstemperatur Benzin	≈ 450 °C	Höchste Temperatur im Lichtbogen	≈ 4000 °C

Begriff	Erklärung	Messbereich in °C	Beispiele/Hinweise
Temperaturskalen	Celsius (°C)-Skale 0 °C = Gefrierpunkt von chemisch reinem Wasser bei 1,013 bar. 100 °C = Siedepunkt von chemisch reinem Wasser bei 1,013 bar Kelvin (K)-Skale 0 K = absoluter Nullpunkt, der bei – 273 °C (genau – 273,15 °C) liegt. 273 K = 0 °C		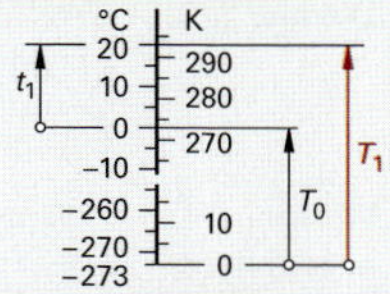Temperaturdifferenz 1 K = 1 °C
Temperaturmessgeräte	**Flüssigkeitsthermometer:** Die Volumenänderung der Flüssigkeit ist die Messgrundlage. Die Volumenänderung wird in einer Kapillare sichtbar gemacht und in Temperaturgraden geeicht.	Quecksilber – 38 ... + 600 Alkohol – 100 ... + 210	Fieberthermometer Lufttemperatur Flüssigkeitstemperatur
	Bimetallthermometer: Beim Bimetallthermometer sind zwei Metalle mit unterschiedlicher Wärmeausdehnung aufeinander gewalzt. Bei Erwärmung kommt es zu einer Krümmung nach der Seite des Metalls mit der kleineren Wärmeausdehnung.	– 50 ... + 400	Lufttemperatur Temperaturregler Kontaktgeber Startautomatik bei Vergasern
	Widerstandsthermometer: Die Wirkung beruht darauf, dass elektrische Leiter ihren Widerstand mit der Temperatur ändern.	– 220 ... + 850	Fernthermometer Temperaturfühler NTC, PTC
	Temperaturmessfarben: Beim Erreichen einer bestimmten Temperatur ändert sich eine aufgebrachte Farbe. Die Farbänderung bleibt beim Abkühlen erhalten und kann verglichen werden.	+ 40 ... + 1350	Oberflächentemperaturen
	Thermoelement: Zwei Drähte aus verschiedenen Materialien sind an einem Ende verlötet oder verschweißt. Wird die Verbindungsstelle erwärmt, so entsteht eine elektrische Spannung (Thermospannung). Die Höhe der Spannung ist abhängig von der Temperaturdifferenz zwischen Verbindungsstelle und den freien Enden sowie den Werkstoffen der Drähte. Mögliche Werkstoffpaarung: Kupfer, Konstantan.	– 200...+ 3000	Temperaturmessung an Motoren Fernthermometer
	Segerkegel: Keramische Kegel (Pyramiden) erweichen bei einer von ihrer Zusammensetzung abhängigen Temperatur.	+ 600...+ 2000	Temperaturmessung in Glüh- oder Brennöfen.
Überdruck	Der Überdruck p_e ist die Differenz aus dem absoluten Druck im Behälter und dem außerhalb herrschenden Atmosphärendruck. Der Überdruck ist positiv, wenn der absolute Druck größer ist als der Atmosphärendruck. Er ist negativ, wenn der absolute Druck kleiner ist als der Atmosphärendruck. Überdrücke werden mit dem Manometer gemessen.		Reifendrücke: p_e = 1,2 bar bis 6 bar Druck im Ansaugrohr p_e = – 0,1 bar bis – 0,4 bar
Ultraschall	Unter Ultraschall versteht man die mechanischen Schwingungen oberhalb des Frequenzbereichs des menschlichen Hörens (> 20000 Hz).		Abstandswarn- und Einparksysteme Werkstoffprüfung
Verdampfungswärme (spezifisch)	Die Verdampfungswärme ist die Wärmemenge in kJ, die notwendig ist, um 1 kg Flüssigkeit bei Siedetemperatur und 1,013 bar vom flüssigen in den gasförmigen Zustand umzuwandeln. Beim umgekehrten Vorgang wird die Verdampfungswärme wieder frei. Die Temperatur bleibt während der Umwandlung konstant.		Wasser: 2258 kJ/kg Benzin: 420 kJ/kg
Viskosität	Viskosität ist die Zähigkeit von Flüssigkeiten infolge innerer Reibung. Bei einigen Flüssigkeiten, z. B. bei Ölen, ändert sich die Viskosität stark mit der Temperatur.		Motoröl SAE 15W: kinemat. Viskosität 5,6 mm^2/s bei 100 °C

G

Begriff	Erklärung	Beispiele/Hinweise
Wärme	Wärme ist Bewegungsenergie der Moleküle, also eine Energieform. Erwärmung bedeutet Zunahme der molekularen Bewegungsenergie. Abkühlung bedeutet Abnahme der molekularen Bewegungsenergie. Am absoluten Nullpunkt (0 K = – 273,15 °C) sind die Moleküle in Ruhe.	Flimmern der Gase bei Erwärmung
Wärme-ausdehnung	Wärmeausdehnung entsteht durch Veränderung der Molekülabstände bei Erwärmung oder Abkühlung. Sie hängt ab vom Werkstoff, von der Temperaturdifferenz und von den Abmessungen.	
	Feste Stoffe: Die Längenausdehnungszahl α gibt die Längenausdehnung bei einer Temperatursteigerung oder die Schrumpfung bei einer Temperaturabnahme von 1 K an. Raumausdehnungszahl $\gamma = 3\,\alpha$.	Al: 0,000 023 8 1/K Stahl: 0,000 011 5 1/K Cu: 0,000 016 8 1/K
	Flüssige Stoffe: Es wird die Raumveränderung gemessen. Die Raumausdehnungszahl γ gibt die Raumzunahme bzw. Raumabnahme bei einer Temperaturdifferenz von 1 K an.	Wasser: 0,000 20 1/K Benzin: 0,001 06 1/K
	Gasförmige Stoffe: Alle Gase haben annähernd die gleiche Raumausdehnungszahl. Sie beträgt je 1 K Temperaturänderung 1/273 des Rauminhaltes bei 273 K = 0 °C.	
Wärmeleitung	In einem Körper findet der Wärmeausgleich durch Wärmeleitung immer von der Stelle mit höherer Temperatur zur Stelle mit niedriger Temperatur statt.	Erwärmung von Bauteilen in Auspuffnähe.
Wärmeleitzahl	Die Wärmeleitzahl gibt die Wärmemenge in J an, die in 1 Sekunde durch eine Wand von 1 m^2 Fläche und 1 m Dicke fließt, wenn die Temperaturdifferenz zwischen beiden Wänden 1 K beträgt.	Aluminium: 220 W/mK Luft: 0,026 W/mK
Wärmemenge	Die Wärmemenge wird in Joule (J) oder in Kilojoule (kJ) gemessen. Sie hängt ab von der Masse, der spezifischen Wärmekapazität und der Temperatur.	
Wärme-strahlung	Bei der Wärmestrahlung wird Wärme in Form von elektromagnetischen Wellen abgestrahlt. Mit zunehmender Erwärmung nimmt die Abstrahlung zu. Beim Auftreffen auf einen anderen Körper wird die Strahlung zum Teil absorbiert (aufgenommen). Bei manchen Körpern wird die Strahlung auch teilweise durchgelassen.	Sonnenstrahlung, glühender Stahl, heißer Motor, Glas, Wärmeschutzverglasung
Wärme-strömung (Konvektion)	Bei der Wärmeströmung wird durch eine vorbeiströmende Flüssigkeit oder ein vorbeiströmendes Gas an der Wärmequelle Wärme aufgenommen und an einer kühleren Stelle wieder abgegeben.	Wärmeumlaufkühlung Luftheizung
Wärme-übergang	Beim Wärmeübergang von einem Stoff auf einen anderen unterscheidet man 3 Formen: Wärmeleitung, Wärmeströmung (Konvektion), und Wärmestrahlung. Sie treten meist zusammen auf.	Zyl. → Kühlflüssigkeit Zyl. → Luft
Zustands-änderung	**Schmelzen:** Feste Stoffe werden durch Wärmezufuhr flüssig.	Eis → Wasser
	Verdampfen: Flüssige Stoffe werden durch Wärmezufuhr gasförmig.	Wasser → Dampf
	Kondensieren: Gasförmige Stoffe werden durch Wärmeentzug flüssig.	Dampf → Wasser
	Erstarren (Gefrieren): Flüssige Stoffe werden durch Wärmeentzug fest.	Wasser → Eis
	Gasverflüssigung: Gasförmige Stoffe werden flüssig, wenn man sie unter die kritische Temperatur abkühlt. Der kritischer Druck muss dabei unterschritten werden (siehe Tabelle).	Luft → flüssige Luft

Gas	Kritische Temperatur °C	Kritischer Druck bar	Gas	Kritische Temperatur °C	Kritischer Druck bar
Stickstoff	– 147	34	Methan	– 82	46
Luft	– 141	38	Kohlendioxid	+ 31	74
Kohlenmonoxid	– 140	35	Acethylen	+ 36	63
Sauerstoff	– 119	59	Wasserdampf	+ 374	221

Begriff	Erklärung	Beispiele/Hinweise
Analyse	Zerlegen einer chemischen Verbindung, auch Feststellen der Zusammensetzung der Verbindung.	$2\,H_2O \rightarrow 2\,H_2 + O_2$
Atom	Kleinstes, chemisch einheitliches Teilchen eines Grundstoffes, das chemisch nicht weiter zerlegbar ist. Das Atom besteht aus Kern (K) mit positiver Ladung und Elektronenhülle (E) mit gleich großer negativen Ladung.	Wasserstoffatom 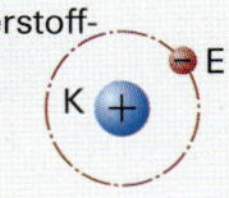
Atombausteine	Der Kern eines Atoms besteht aus **Protonen** und **Neutronen** (Ausnahme Wasserstoff). Protonen sind positiv, **Elektronen** sind negativ geladen. Neutronen haben keine Ladung. Atome sind nach außen elektrisch neutral, da die Anzahl der Elektronen und der Protonen gleich ist und sie jeweils eine Elementarladung tragen. Durch die Anzahl der Protonen ist ein Element bestimmt.	Elementarladung: $e = 1{,}6 \cdot 10^{-19}$ C (Coulomb) (1 C = 1 As)
Atommasse (relative)	Die relative Atommasse gibt die Anzahl der Protonen und Neutronen im Atomkern an. Die Differenz aus relativer Atommasse und Ordnungszahl (Protonenzahl) ergibt die Anzahl der Neutronen .	Z.B. Na^{11}_{23} rel. Atommasse 23 – Ordnungszahl 11 = Neutronenzahl 12
Base	Verbindung, die OH^--Ionen enthält (Metallhydroxid). Ihre Lösung in Wasser (Lauge) fühlt sich seifig an und färbt Indikatorpapier blau.	Natriumhydroxid NaOH (Ätznatron)
Bohrsches Atommodell	Die Elektronen bewegen sich auf verschiedenen Schalen um den Atomkern. Auf den einzelnen Schalen findet nur eine bestimmte Anzahl von Elektronen Platz. Die K-Schale ist mit maximal 2 Elektronen belegbar. L- und M-Schale sind mit maximal 8 Elektronen belegbar. Alle anderen Schalen können bis zu 32 Elektronen aufnehmen. Besitzen Atome eine gesättigte Außenschale (Edelgase), so reagieren sie nicht mehr mit anderen Stoffen (Inertgas beim Schweißen).	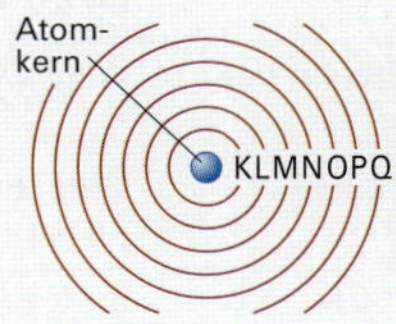
Chemische Verbindung	Ein Stoff, der aus verschiedenen Grundstoffen aufgebaut ist. Eine chemische Verbindung hat andere Eigenschaften als ihre Grundstoffe. Beispiel: Wasser ist eine Verbindung aus Wasserstoff und Sauerstoff.	$2\,H_2 + O_2 \rightarrow 2\,H_2O$
Dispersion	Gemenge, bei denen ein Stoff in einem Dispersionsmittel (Verteilungsmittel) mehr oder weniger fein verteilt wird.	
Element	a) Stoff, der sich chemisch nicht weiter zerlegen lässt. b) Stoff, dessen Atomkerne gleich viel Protonen haben	Wasserstoff H Sauerstoff O Schwefel S
Elektrochemische Spannungsreihe	Taucht man zwei verschiedene Metalle in einen Elektrolyten, so erhält man ein **galvanisches Element.** Zwischen den beiden Metallen kann eine Spannung gemessen werden. Die Höhe der Spannung ergibt sich aus der Differenz der Spannungspotenziale. Das Spannungspotenzial von Wasserstoff wird null gesetzt. In einem galvanischen Element löst sich das unedlere Metall auf.	Starterbatterie 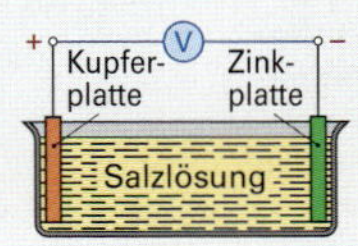

Elektrochemische Spannungsreihe in Volt

edel → unedel

Au	Ag	Cu	H	Pb	Ni	Cd	Fe	Zn	Al	Mg	Li
+ 1,4	+ 0,8	+ 0,34	0	– 0,13	– 0,24	– 0,4	– 0,44	– 0,76	– 1,67	– 2,38	– 3,02

Begriff	Erklärung	Beispiele/Hinweise
Elektrolyt	Es ist eine elektrisch leitende Flüssigkeit, in der Ionen enthalten sind. Elektrolyten können z.B. aus verdünnten Säuren, Laugen oder Salzlösungen bestehen.	Starterbatterie: verdünnte Schwefelsäure H_2SO_4
Emulsion	Feine Verteilung einer Flüssigkeit in einer anderen nicht mit ihr mischbaren Flüssigkeit.	Öl in Wasser
Gemenge	Mischung verschiedener Stoffe. Gemenge lassen sich physikalisch (z. B. Abkühlen) trennen.	Luft

Begriff	Erklärung	Beispiele/Hinweise
Ionen	Atome oder Gruppen von Atomen, die bedingt durch Elektronenmangel (+) oder Elektronenüberschuss (–) nach außen nicht neutral sind. Metalle bilden +Ionen (Kationen), Nichtmetalle bilden –Ionen (Anionen)	Kationen: Na^+, Fe^+, Ca^{++} Anionen: Cl^-, OH^-
Isotop	Es sind Atome desselben Elements, jedoch mit unterschiedlicher Neutronenzahl. Isotope eines Elements haben die gleichen chemischen Eigenschaften.	**Wasserstoff**: 1 Proton + 1 Elektron
Legierung	Mischung verschiedener Metalle oder Mischung von Metallen und Metallverbindungen.	Lötzinn, legierter Stahl
Lösung	Flüssigkeit, die einen oder mehrere Stoffe in feinster Verteilung (als Molekül oder Ionen) enthält.	Zuckerlösung Elektrolyte
Mol	Stoffmengeneinheit. 1 Mol enthält $6{,}022 \cdot 10^{23}$ Moleküle bzw. Atome.	Loschmidtsche Zahl
Molekül	Kleinste Einheit einer chemischen Verbindung aus mindestens 2 verschiedenen Atomen oder Atomgruppe aus mehreren gleichen Atomen.	Verbindung: H_2O H_2, O_2
Oxidation	Verbinden eines Stoffes mit Sauerstoff oder Abgabe von Elektronen eines Atoms.	$2\,CO + O_2 \rightarrow 2\,CO_2$ $Cu \rightarrow Cu^{++} + 2\,e^-$
pH-Wert	Ist ein Maß (1 bis 14) für den sauren oder basischen Zustand einer wässrigen Lösung. pH < 7 saure Lösung, pH = 7 neutrale Lösung, pH > 7 basische Lösung	Z. B.: Batteriesäure pH = 1 Destil. Wasser pH = 7 Seife pH = 10
Reduktion	Wegnahme von Sauerstoff oder Elektronenaufnahme eines Atoms.	$2\,NO + 2\,CO \rightarrow N_2 + 2\,CO_2$ $Cu^{++} + 2\,e^- \rightarrow Cu$
Säure	Verbindung von Wasserstoff mit einem Nichtmetalloxid oder Nichtmetall. Ihre Lösung färbt Indikatorpapier rot.	Schwefelsäure H_2SO_4 Salzsäure HCl
Salz	Stoff, der in festem Zustand aus Ionen besteht.	Natriumchlorid NaCl Kupfersulfat $CuSO_4$
Synthese	Herstellen einer chemischen Verbindung aus verschiedenen Atomen oder Molekülen. Bei der Synthese entsteht ein neuer Stoff.	$Fe + S \rightarrow FeS$
Wertigkeit	Zahl der Wasserstoffatome, die ein Atom chemisch binden oder ersetzen kann, oder Zahl der Elektronen, die ein Atom beim Verbinden aufnehmen oder abgeben kann.	In H_2O ist: H 1-wertig O 2-wertig

G

Verbindungen

Gewerbliche Benennung	Chemische Benennung	Formel	Verwendung, Eigenschaft
Aceton	Aceton (Propanon)	$(CH_3)_2 \cdot CO$	Lösungsmittel
Acetylen	Acetylen (Ethin)	C_2H_2	Schweißgas, Kunststoffgewinnung
Alkohol	Ethylalkohol (Ethanol)	C_2H_5OH	Lösungs-, Verdünnungsmittel
Benzol	Benzol	C_6H_6	Kraftstoffanteil, klopffest
Bleiglätte	Blei(II)-oxid	PbO	Ausgangsstoff für Akkuplatten
Borax	Natriumtetraborat	$Na_2B_4O_7 \cdot 10\,H_2O$	Flussmittel beim Hartlöten
Kalilauge (Ätzkali)	Kaliumhydroxid	KOH	In H_2O gelöst, Lauge: Verseifung
Kieselsäure (Quarz)	Siliciumdioxid	SiO_2	Quarzsand für Glasgewinnung
Kochsalz	Natriumchlorid	NaCl	Rohstoff für Natriumverbindungen
Kohlenoxid	Kohlenmonoxid	CO	Anteil der Abgase, giftig
Kohlensäure	Kohlendioxid	CO_2	Feuerlöscher, Trockeneis
Korund	Aluminiumoxid	Al_2O_3	Schleifmittel
Methylalkohol	Methanol	CH_3OH	Lösungsmittel, Kraftstoffgewinnung, giftig
Natronlauge (Ätznatron)	Natriumhydroxid	NaOH	Seifenherstellung
Salmiak	Ammoniumchlorid	NH_4Cl	Salmiakstein beim Löten
Salmiakgeist	Ammoniaklösung	NH_4OH	Reinigungsmittel (Lauge)
Salzsäure	Salzsäure	HCl	Zum Metallbeizen; zum Reinigen
Schwefelsäure	Schwefelsäure	H_2SO_4	Verdünnt ($\varrho = 1{,}285\ kg/dm^3$), Akkusäure
Siliciumkarbid	Siliciumkarbid	SiC	Schleifmittel
Soda	Natriumcarbonat	$Na_2CO_3 \cdot 10\,H_2O$	Glas, Seife
Talkum	Magnesiumsilikat	$Mg_3H_2(SiO_3)_4$	Gleitmittel
Zyankali	Kaliumcyanid	KCN	Galvanische Bäder, sehr giftig

Im Periodensystem sind alle Elemente mit einer Ordnungszahl versehen und in Perioden und Gruppen unterteilt.
Die Ordnungszahl entspricht der Protonenzahl. Die Periode gibt die Anzahl der Schalen eines Elements an. Die Hauptgruppe gibt die Anzahl der Elektronen auf der äußeren Schale an (gilt nur für die Perioden 1 bis 3).

Zustandsform bei 273 K (0 °C), 1013 hPa (1013 mbar):

Blaue Schrift = gasförmig

Grüne Schrift = flüssig

Schwarze Schrift = fest

Beispiel: 26 Fe Eisen 56 — Metall; schwarze Schrift = fest; 26 = Ordnungszahl (Protonenzahl); Fe = Kurzzeichen; Eisen = Elementname; 56 = Relative Atommasse (gerundet)

Radioaktive Elemente sind rot 238
künstliche Elemente stehen in Klammern (247)

Periode	I A	II A	III B	IV B	V B	VI B	VII B	VIII B	VIII B	VIII B	I B	II B	III A	IV A	V A	VI A	VII A	VIII A
	Hauptgruppen			Nebengruppen									Hauptgruppen					
1	1 **H** Wasserstoff 1																	2 **He** Helium 4
2	3 **Li** Lithium 7	4 **Be** Beryilium 9											5 **B** Bor 11	6 **C** Kohlenstoff 12	7 **N** Stickstoff 14	8 **O** Sauerstoff 16	9 **F** Fluor 17	10 **Ne** Neon 20
3	11 **Na** Natrium 23	12 **Mg** Magnesium 24											13 **Al** Aluminium 27	14 **Si** Silicium 28	15 **P** Phosphor 31	16 **S** Schwefel 32	17 **Cl** Chlor 35	18 **Ar** Argon 40
4	19 **K** Kalium 39	20 **Ca** Calcium 40	21 **Sc** Scandium 45	22 **Ti** Titan 48	23 **V** Vanadium 51	24 **Cr** Chrom 52	25 **Mn** Mangan 55	26 **Fe** Eisen 56	27 **Co** Kobalt 59	28 **Ni** Nickel 58	29 **Cu** Kupfer 63	30 **Zn** Zink 64	31 **Ga** Galium 69	32 **Ge** Germanium 74	33 **As** Arsen 75	34 **Se** Selen 79	35 **Br** Brom 80	36 **Kr** Krypton 84
5	37 **Rb** Rubidium 85	38 **Sr** Strontium 86	39 **Y** Yttrium 87	40 **Zr** Zirkonium 90	41 **Nb** Niob 93	42 **Mo** Molybdän 98	43 **Tc** Technetium (99)	44 **Ru** Ruthenium 102	45 **Rh** Rhodium 103	46 **Pd** Paladium 106	47 **Ag** Silber 107	48 **Cd** Cadmium 114	49 **In** Indium 115	50 **Sn** Zinn 120	51 **Sb** Antimon 121	52 **Te** Tellur 130	53 **I** Jod 127	54 **Xe** Xenon 132
6	55 **Cs** Cäsium 133	56 **Ba** Barium 138	57 **La** Lanthan 139	72 **Hf** Hafnium 180	73 **Ta** Tantal 181	74 **W** Wolfram 184	75 **Re** Rhenium 187	76 **Os** Osmium 192	77 **Ir** Iridium 193	78 **Pt** Platin 195	79 **Au** Gold 197	80 **Hg** Quecksilber 202	81 **Tl** Thalium 205	82 **Pb** Blei 208	83 **Bi** Bismut 209	84 **Po** Polonium 210	85 **At** Astat 210	86 **Rn** Radon 222
7	87 **Fr** Francium 223	88 **Ra** Radium 226	89 **Ac** Actinium 227	104 **Rf** Rutherfordium (261)	105 **Db** Dubnium (262)	106 **Sg** Seaborgium (266)	107 **Bh** Bohrium (264)	108 **Hs** Hassium (277)	109 **Mt** Meitnerium (268)	110 **Ds** Darmstadtium (281)	111 **Rg** Roentgenium (272)	112 **Cn** Copernicum (285)	113 **Uut*** Ununtrium (284)	114 **Fl** Flerovium (289)	115 **Uup*** Ununquinium (288)	116 **Lv** Livermorium (288)		

* Für die Elemente 113, 115 und > 117 gelten nur Namensvorschläge.

Lanthanidenelemente	58 **Ce** Cer 140	59 **Pr** Praseodym 142	60 **Nd** Neodym 144	61 **Pm** Promethium 145	62 **Sm** Samarium 150	63 **Eu** Europium 152	64 **Gd** Gadolinium 157	65 **Tb** Terbium 159	66 **Dy** Dysprosium 163	67 **Ho** Holmium 165	68 **Er** Erbium 167	69 **Tm** Thulium 169	70 **Yb** Ytterbium 173	71 **Lu** Lutetium 175
Actinidenelemente	90 **Th** Thorium 232	91 **Pa** Protactinium 231	92 **U** Uran 238	93 **Np** Neptunium (237)	94 **Pu** Plutonium 244	95 **Am** Americanium (243)	96 **Cm** Curium (247)	97 **Bk** Berkelium (247)	98 **Cf** Californium (251)	99 **Es** Einsteinium (252)	100 **Fm** Fermium (257)	101 **Md** Mendelevium (258)	102 **No** Nobelium (259)	103 **Lr** Lawrencium (260)

Nichtmetalle | Halbmetalle | Leichtmetalle $\varrho < 5$ kg/dm³ | Schwermetalle $\varrho > 5$ kg/dm³ | Edelmetalle | Halogene | Edelgase

Datenvernetzung in einem Kfz-Betrieb

Bei diesen Systemen werden die Daten und Signale nach dem EVA-Prinzip (Eingabe – Verarbeitung – Ausgabe) verarbeitet. Um an mehreren Stellen in einem Kfz-Betrieb gleichzeitig Zugang zu den gleichen Datensätzen zu haben, sind die Computer untereinander mit Datenleitungen vernetzt. Dazu ist ein zentraler Rechner (Server) erforderlich. Auf diesem sind alle relevanten Daten gespeichert. Über das Internet kann eine Verbindung mit dem Fahrzeughersteller bei Bedarf aufgebaut werden um Softwareupdates oder neue Wartungspläne zu erhalten.

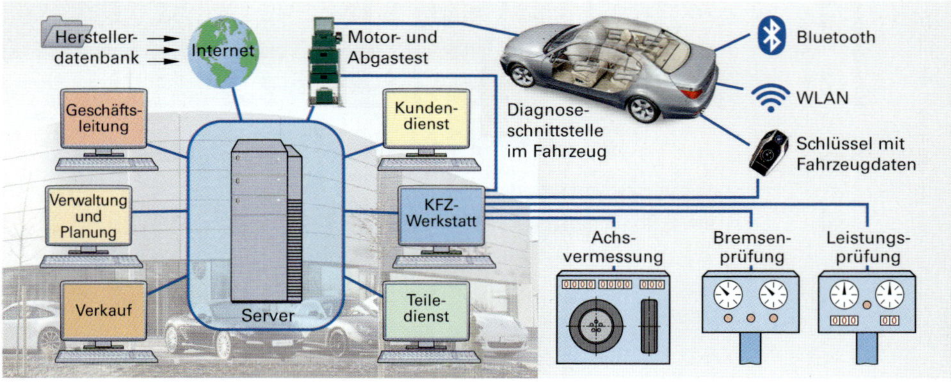

Begriff	Erklärung
Verkauf	In diesem Bereich eines Kfz Unternehmens werden Neu- und Gebrauchtfahrzeuge verkauft.
Verwaltung u. Planung	Alle Verwaltungs- und planerische Tätigkeiten werden in diesem Bereich bearbeitet.
Geschäftsleitung	Sie leitet den Betrieb und übernimmt alle Führungsaufgaben und - entscheidungen.
Internet	Das Internet ist ein Verbund von Rechnernetzwerken in der ganzen Welt.
Kundendienst	Hier werden alle Leistungen und Aufgaben, welche die Kunden betreffen, bearbeitet.
Kfz-Werkstatt	In der Kfz-Werkstatt werden die Fahrzeuge instand gesetzt oder für den Verkauf vorbereitet.
Teiledienst	In diesem Bereich können Ersatzteile bestellt und abgeholt werden.
Server	Auf dem Server liegen alle Daten eines Unternehmens.
Motor- u. Abgastester	Der Motor- und Abgastester ermöglicht eine Verbindung zum Kfz-Steuergerät.
Fahrzeug	In ihm sind die Steuergeräte verbaut, die diagnostiziert/mit neuer Software versehen werden.
Diagnoseschnittstelle	Hiermit erfolgt die Kommunikation vom Tester zu den Fahrzeugsteuergeräten.
Bluetooth	Dient zur Datenübertragung über kurze Distanz mit Hilfe von Funktechnik.
WLAN	Drahtloses lokales Netz mit hoher Sendeleistung.
Fahrzeugschlüssel	Auf ihm sind fahrzeugspezifische Daten (km-Stand, Fg-nummer, Zulassung, Fehler) gespeichert.
Achsvermessung	Hier werden die Daten der Achsvermessung ermittelt, gespeichert und an den Server gesendet.
Bremsenprüfung	Die Daten des Bremsenprüfstandes werden ermittelt, gespeichert und an den Server gesendet.
Leistungsprüfung	Hier werden die Daten der Leistungsprüfung ermittelt, gespeichert und an den Server gesendet.

Wechseldatenträger im Kraftfahrzeug

	Universal Serial Bus (USB)-Speicher-Stick	**Secure Digital Memory (SD)-Card**	**Compact Disk (CD)-ROM DVD, BlueRay)**	**Multimedia-Card (MMC)**	**micro sd im Mobiltelefon**

Merkmale	bis 1000 GByte Speicherkapazität bis 240 Mb/s Lesegeschwindigkeit	bis 2 TByte Speicherkapazität bis 300 Mb/s Lesegeschwindigkeit	Speicherkapazität CD-ROM (0,9 GB) DVD (8,5 GB) BlueRay (128 GB) bis 45 Mb/s Lesegeschwindigkeit	2 Mb bis 64 Gb Speicherkapazität bis 2,5 Mb/s Lesegeschwindigkeit	bis 2 Tb interner Speicher bis 10 Mb/s Lese- und Schreibgeschwindigkeit
Anwendungen	• Audiodateien (z.B. MP3, WAV) • Softwareupdates von Steuergeräten		• Navigationsdaten • Adressdaten, Telefonnummern		

Betriebssysteme / Anwenderprogramme

Ein Betriebssystem verwaltet die Systemressourcen eines Computers wie Arbeitsspeicher, Festplatten, Ein- und Ausgabegeräte und stellt diese den Anwendungsprogrammen zur Verfügung. Das Betriebssystem bildet die Schnittstelle zwischen den Hardware-Komponenten und der Anwendungssoftware des Benutzers.
Beispiele von Betriebssystemen: Microsoft Windows, OS X, Linux, Android, ...

Allgemeine Anwenderprogramme

Anwenderprogramme sind auf ein Betriebssystem abgestimmt. Mit ihnen können die verschiedensten Aufgaben erledigt werden.

Textverarbeitung Tabellenkalkulation Datenbanken Präsentationsprogramme	Zumeist werden hier Programmpakete verschiedener Hersteller verwendet (z.B.: Microsoft Office, Works Suite, Lotus Suite), die einzelne Programme beinhalten, wie z.B. bei Microsoft: Word, Excel, Access und Power Point.
Grafikprogramme	Corel Draw, Adobe Illustrator
Internetbrowser	Microsoft Edge, Mozilla Firefox, Opera, Internet Explorer, Safari, Google Chrome

Spezielle Branchensoftware

Branchensoftware ist speziell auf den Kraftfahrzeugsektor abgestimmt und muss ständig aktualisiert werden.

Schadenkalkulationsprogramme	DAT, audatex, easyexpert
Werkstattinformationssysteme Diagnoseprogramme	ELSA (VW), TIS (BMW), WIS (Mercedes Benz) ESI Tronic (Bosch), ErWin (VW), DIS (BMW), StarDiagnose (Mercedes Benz), Tech 2 (Opel), PPS (Peugeot)
Lagerprogramme	HDS, ROTA, Coparts (Online)
Programme Kfz Betrieb	WPS (Werkstatt-Planungs System); TKP (Technische Kalender Planung)
Verwaltung von Kundendaten	VAA (BMW), Nafi Online
Buchführungsprogramme	Datev, Lexware
Verkaufsprogramme	EVA (Elektronischer Verkausassistent), CarContract
Programme zur statistischen und finanziellen Betriebsplanung	Automanager, BES, Sonderprogramme mit speziellen Funktionen auf einzelne Betriebe abgestimmt.
Komplettpakete zur Abwicklung aller Aufgaben im Kfz-Betrieb	ROTA (Programm speziell für den Kundendienst und Handel mit Fahrzeugen und dem dazugehörigen Fahrzeugwerkstattbereich)

Dateierweiterungen (extensions) und Dateiformen (Auszug)

Extensionen sind Anhänge an den Dateinamen, die Auskunft über das Format der Datei geben. Aus ihnen lässt sich erkennen, um welche Art von Datei es sich handelt. Mit geeigneten Konvertierungsprogrammen können die Formate der Dateien geändert und von anderen Programmen gelesen werden.

avi	Videodatei	exe	Anwendungsdatei	mp3	Musikdatei
jpg/jpeg	Bildformat	bmp	Bildformat	gif	Bildformat
dll	Programmbibliotheksdatei	html	Internetprogrammiersprache	wav	Sounddatei
doc	Textdatei von MS Word	zip	Datei mit komprimierten Daten	pdf	transportables Datenformat

Leasing-/Finanzierungssoftware

Leasing- oder Finanzierungssoftware wird von Autohäusern oder großen Markenverbunden verwendet. Leasing dient als eine Finanzierungshilfe bei der das Leasingobjekt vom Leasinggeber beschafft und finanziert wird und dem Leasingnehmer gegen Zahlung eines vereinbarten Leasingentgelts zur Nutzung überlassen wird.

Eine Leasing-/Finanzierungssoftware deckt alle Kernfunktionen des Leasing-Geschäftes ab. Es bietet ein durchgängiges System vom Portal über moderne Vertragsverwaltung und komplett integrierte Finanzbuchhaltung und Analyse.

Folgende Unterprogramme sind in dieser Software vorhanden:
Kalkulation & Angebotsauslegung; Bonitätsprüfung & Genehmigung; Finanzierungsabwicklung & Vertragserstellung; Vertragswesen & Forderungsmanagement; Finanzbuchhaltung & Anlagenbuchhaltung; Zahlungsverkehr; Risikomanagement, Controlling; Marketing & Vertrieb; Refinanzierung; Kredit

G

Begriffe aus der Informationstechnik

Begriffe	Erklärungen
Arbeitsspeicher	Speicher, der auszuführende Programme und die dabei benötigten Daten enthält.
Baud	Datenübertragungsgeschwindigkeit, 1 Baud = 1 Bd = 1 Bit pro Sekunde.
binär	Eigenschaft, jeweils einen von zwei Werten oder Zuständen annehmen zu können (an/aus, 0/1).
BIOS	Basic-Input-Output-System; Firmware eines PCs. Selbsttest; Initialisierung der Hardware.
Bit	Kurzform von binary-digit; kleinste binäre Informationseinheit der Datentechnik (2 Möglichkeiten):0/1; (high/low; aus/an).
Bluetooth	Datenübertragung über kurze Reichweiten mit Funktechnik.
bps	Bits per second, Datenübertragungsgeschwindigkeit.
Browser	Programm zum Einstieg ins Internet bzw. zur Kommunikation bei Datenfernübertragung.
BUS	Sammelleitung zur Datenübermittlung; Datenbreite 8, 16 oder 32 bit; z.B. CAN, LIN, MOST.
Byte	1 Byte entspricht 8 Bit, Informationseinheit für Buchstaben, Ziffern oder Zeichen (256 Möglichkeiten).
Cache-Speicher	Schneller Speicher (Puffer-Speicher) für Daten, die regelmäßig von der CPU benötigt werden.
CAD	Computer Aided Design; computerunterstützte Produktentwicklung.
CAM	Computer Aided Manufacturing; computerunterstützte Produktherstellung.
CAN	Controller Area Network; ein speziell für den Kfz-Einsatz konzipiertes Bussystem.
CD-ROM	Compact-Disc-Read-Only-Memory; Nur-Lese-Speicher mit optischem Lesekopf.
Controller	Baustein, der zur Überwachung und Synchronisierung von Datenübertragungen im Rechner sowie zwischen Rechnern verwendet wird.
CPU	Central Processing Unit; Zentraleinheit mit dem Rechenwerk, Steuerwerk und Hauptspeicher.
Desktop	Grafische Benutzeroberfläche.
DfÜ	Daten-Fern-Übertragung (über WLAN, DSL, Bluetooth, ...).
dpi	dots per Inch; Maßeinheit für die Auflösungsgenauigkeit eines Hardwarebauteils (Drucker, Scanner, Monitor usw.); Anzahl der Punkte je Zoll.
E-Mail	electronic mail; Nachricht, die als elektronische Post im Internet von Computer zu Computer verschickt werden kann.
Festwertspeicher (ROM)	Read-Only-Memory; Nur-Lese-Speicher, dessen Inhalt nach Ausschalten des Rechners nicht verloren geht.
Gateway	Baustein, der die Verbindung verschiedener Computernetze ermöglicht, z.B. CAN, MOST, LIN.
Hardware	Gesamtheit oder Einzelteile eines PCs.
Hauptspeicher (RAM)	Random-Access-Memory. Speicher mit wahlfreiem Zugriff. Arbeitsspeicher für die Speicherung und unmittelbare Verarbeitung der Daten.
ID	Identifier; Name einer bestimmten Botschaft bei der digitalen Datenübertragung.
Icon	Bildhaftes Symbol zum Anklicken, z.B. um ein Programm zu starten.
Interface	Schnittstelle zwischen Systemeinheit und Peripheriegeräten.
Internet	Weltweites Netz zum Daten- und Informationsaustausch.
Intranet	Datennetz innerhalb eines Unternehmens zum Daten- und Informationsaustausch.
Mailbox	Elektronischer Briefkasten, der über das Telefonnetz Daten erhält oder liefert.
Multi-Master-Prinzip	Mehrere gleichberechtigte Steuereinheiten werden durch ein Bussystem miteinander verbunden.
Schnittstelle	Bei parallelen Schnittstellen werden mehrere Daten gleichzeitig über parallele Leitungen übertragen.Serielle Schnittstellenm übertragen die Daten nacheinander über eine Leitung.
Server	Zentralrechner, der Daten bereitstellt, damit andere PC darauf zugreifen können.
Setup	Programmteil zum Einrichten einer Hard- oder Software.
Software	Programme für den Betrieb der Rechenanlage (Systemsoftware) oder zur Lösung von Anwenderaufgaben (Anwendersoftware = allg. Software + Branchenspezifische Software).
Trojaner	PC-Programm, das als nützliches Programm getarnt ist, aber Schadsoftware enthält.
USB	Universal Serial Bus; serielles Bussystem zur Verbindung von Geräten mit einem Computer.
Virus	Programm, das selbstständig arbeitet und oft Daten zerstört und Rechner zum Absturz bringt.
WLAN	Wireless Local Area Network (drahtloses lokales Netzwerk); bezeichnet ein lokales Funknetz.

Sinnbilder für Informationsverarbeitung (Auswahl)

Arbeitsanweisungen, Prüfablaufpläne, Fehlersuchpläne oder Programme werden häufig in Form von Ablaufdiagrammen bzw. Flussdiagrammen erstellt. Dabei werden die einzelnen Aufgaben in geeigneter Reihenfolge geordnet und in genormten grafischen Symbolen dargestellt. Die Sinnbilder werden durch Linien verbunden, wodurch die Reihenfolge des Ablaufs bestimmt wird.

Sinnbild	Benennung	Sinnbild	Benennung
	Grenzstelle zur Umwelt, z. B. Anfang, Ende		Eingabe oder Ausgabe, z. B. Prüfergebnisse
	Verarbeitung, z. B. Prüfschritte, Arbeitsschritte		Bemerkung, z. B. erläuternder Text
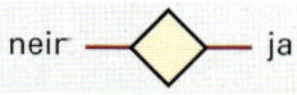	Verzweigung, z. B. bei Entscheidungen		Zusammenführung, z. B. von Prüfergebnissen

Prüfablaufplan (Beispiel: Kompressionsdruckprüfung bei einem 4-Zylinder-Ottomotor)

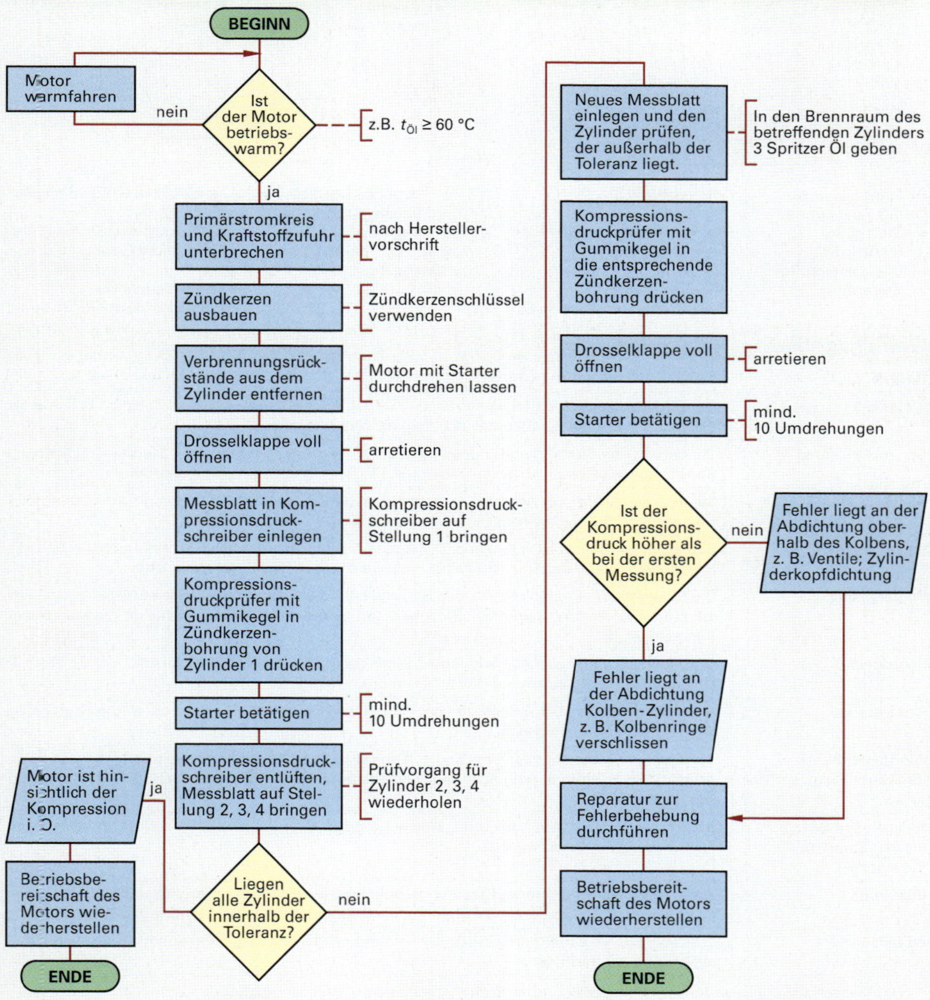

G

G

Steuern

Das Steuern ist ein Vorgang in einem System, bei dem eine oder mehrere Eingangsgrößen systembedingt die Ausgangsgrößen beeinflussen.
Die Ausgangsgrößen werden dabei nicht mit den Eingangsgrößen verglichen.

Der Wirkungsablauf ist offen.

Beispiel: Fahrgeschwindigkeitssteuerung

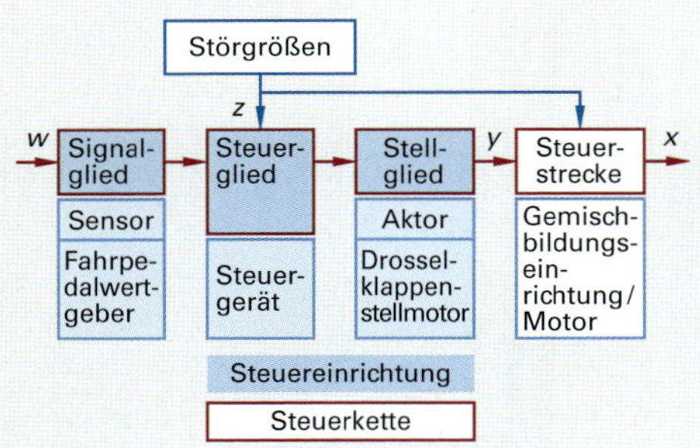

- *w* Führungsgröße (Eingangsgröße) → Fahrpedalstellung
- *y* Stellgröße → Öffnungswinkel Drosselklappe
- *x* Steuergröße (Ausgangsgröße) → Geschwindigkeit
- *z* Störgrößen → Fahrwiderstände z.B. Luftwiderstand, Steigung

Regeln

Das Regeln ist ein Vorgang in einem System, bei dem die Ausgangsgröße fortlaufend erfasst und mit der Eingangsgröße verglichen wird.
Bei Abweichungen (Regeldifferenz) wird die Ausgangsgröße selbsttätig*) der Eingangsgröße angeglichen.

Der Wirkungsablauf ist geschlossen.

Beispiel: Fahrgeschwindigkeitsregelung

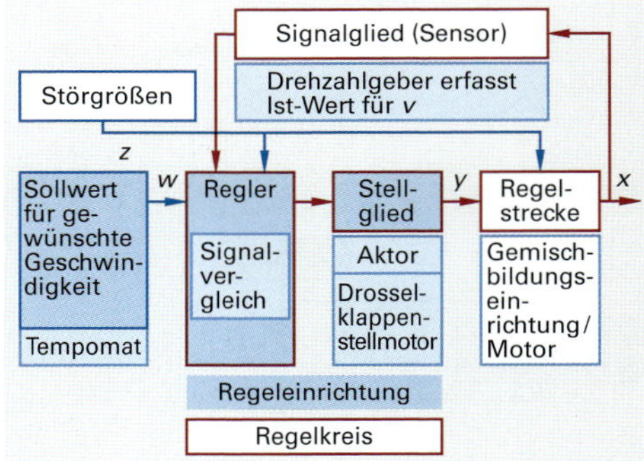

- *w* Führungsgröße/Sollwert (Eingangsgröße) → gewünschte Geschwindigkeit
- *y* Stellgröße → Öffnungswinkel Drosselklappe
- *x* Regelgröße/Istwert (Ausgangsgröße) → tatsächliche Geschwindigkeit
- *z* Störgrößen → Fahrwiderstände z. B. Luftwiderstand, Steigung

Grundbegriffe

Begriff	Definition/Aufgabe
Steuerkette	Sie wird gebildet von den Baugliedern der Steuerung, die von Bauglied zu Bauglied aufeinander einwirken. Unterteilung: Steuereinrichtung und Steuerstrecke.
Steuereinrichtung	Sie besteht aus Signalglied, Steuerglied (z. B. Steuergerät) und Stellglied. Die Steuereinrichtung bewirkt über das Stellglied die aufgabengemäße Beeinflussung der Steuerstrecke.
Steuerstrecke	Sie umfasst den Teil der Anlage, der beeinflusst werden muss, um die erforderliche Steuergröße (Ausgangsgröße) zu bewirken.
Signalglieder	Signalglieder (Sensoren) nehmen physikalische Größen verschiedener Art auf und geben sie z. B. in Form von Spannungssignalen an die Steuerglieder (z. B. Steuergeräte) weiter.
Steuerglieder	Die Steuerglieder formen die von den Signalgliedern (Sensoren) empfangenen Signale um, verstärken sie und/oder verknüpfen sie logisch und geben sie als Schaltbefehle an die Stellglieder (Aktoren) weiter.
Regelkreis	Er besteht aus den Baugliedern innerhalb eines geschlossenen Wirkungsablaufs. Unterteilung: Regeleinrichtung und Regelstrecke.
Regelstrecke	Sie umfasst den Teil der Anlage, der beeinflusst werden muss, um die erforderliche Regelgröße (Ausgangsgröße) zu bewirken.
Führungsgröße *w* (Sollwert/Eingangsgröße)	Sie wird der Steuerung oder Regelung von außen in Form eines Sollwertes vorgegeben. Die Ausgangsgröße einer Steuerung oder Regelung soll der Führungsgröße in vorgegebener Abhängigkeit folgen.
Ausgangsgröße *x* (Istwert/Steuergröße/Regelgröße)	Sie ist das Ergebnis des Steuerungs- bzw. Regelungsvorgangs. Dieses soll entsprechend der Führungsgröße erreicht werden.
Stellgröße *y*	Sie ist die Ausgangsgröße der Steuerungs- oder Regeleinrichtung und zugleich die Eingangsgröße der Steuer- bzw. Regelstrecke. Sie überträgt die steuernde Wirkung der Einrichtung auf die Strecke.
Störgrößen *z*	Dies sind alle von außen wirkende Größen in Steuerungen und Regelungen, soweit sie diese unbeabsichtigt beeinträchtigen.

*) Der Mensch als möglicher Regler ist bei der Betrachtung dieser Systeme nicht mit einbezogen.

Signal- und Energieübertragung, Signalarten

Übertragungsarten	Erklärung	Beispiele
Mechanisch	Zur Übertragung der Energie und Steuersignale werden mechanische Übertragungsglieder verwendet.	Übertragung erfolgt über Hebel, Gestänge, Seilzüge, Kurvenscheiben, Kupplungen, z. B. bei handgeschalteten Wechselgetrieben, Fahrzeuglenkungen, Ventilsteuerung durch Nockenwelle, mechanisch wirkende Feststellbremse.
Hydraulisch	Zur Übertragung von Energie- und Steuersignalen werden Flüssigkeiten verwendet.	Bremsflüssigkeit, Hydraulikflüssigkeit, z.B Bremsanlagen bei Pkw, Hydrolenkungen, Hydrostößel bei der Ventilsteuerung, Ansteuerung von Schaltventilen in Automatikgetrieben.
Pneumatisch	Zur Übertragung von Energie und Steuersignalen wird Gas, meist Luft, verwendet.	Druckluftbremsanlage Nkw, Luftfederung, Bremskraftverstärker, Türbetätigung bei Omnibussen.
Elektrisch	Hierbei dienen Strom und Spannung zur Energie- und Signalübertragung.	Schalter, Taster, Relais, Steuergeräte mit Leistungsendstufen bewirken z. B. das Zu- und Abschalten von Motoren, Lichtanlagen, heizbare Spiegel und Scheiben, Diebstahlwarnanlagen.
Elektrohydraulisch, elektropneumatisch, elektromechanisch	Bei diesen Steuerungen werden mit Hilfe geringer elektrischer Energien größere pneumatische, hydraulische oder mechanische Energieflüsse zur Betätigung von Baugruppen verwendet.	Elektropneumatisch oder elektrohydraulisch gesteuerte Ventile, z. B. bei Automatikgetrieben, Antiblockiersystemen, Antriebsschlupfregelsystemen, Fahrdynamikregelsystemen, aktiven Fahrwerkssystemen, Nockenwellenverstellsystemen, Bremsanlagen, elektrisch unterstützte Servolenkung.
Elektromagnetisch (Optik, Radar, Funk)	**Optik:** Hier wird Licht bzw. die Lichtstärke zur Signalübertragung genützt, z.B. Infrarotlicht (Wellenlänge > 780 nm bis 1 mm) **Radar:** Arbeitsfrequenz Gigaherz (GHz); Wellenlänge im mm Bereich. **Funk:** Frequenz Megaherz (MHz) bis Gigaherz; Wellenlänge m bis km.	**Optik:** Fotodioden bzw. Fotoelemente dienen z. B. zur Steuerung von Zentralverriegelung oder Fahrzeuginnenraumüberwachung mittels Infrarotlicht; Lichtleiter bei Multimediabussystemen. **Radar.** Abstandswarnsysteme bis 150 m (**A**daptive **C**ruise **C**ontrol (ACC)) **Funk:** Zentralverriegelung, Telematik (Funkübertragung von erfassten Daten, z. B. Navigationssysteme).
Akustisch (mechanische Schwingungen und Wellen eines elastischen Mediums, z. B. Luft)	Hierbei wird Schall bzw. Schalldruck zur Signalübertragung genutzt, z. B. Ultraschall (Frequenz > 20 000 Hz).	Ultraschall wird z.B. bei Abstandswarnsystemen von 0,3 m bis 1,5 m als Hilfe beim Einparken oder zur Fahrzeuginnenraumüberwachung verwendet. Hierbei wird ein Ultraschallfeld erzeugt, bei dessen Störung Alarm ausgelöst wird.

Signalart	Erklärung	Beispiele
Analog 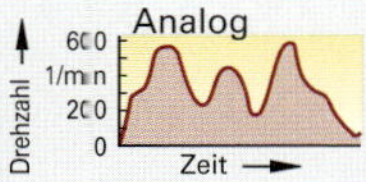	Bei dieser Signalform werden die Werte einer sich stetig veränderlichen (kontinuierlichen) Größe stufenlos erfasst und übertragen.	Ventilsteuerungen, Potenziometer, Induktivgeber, Ultraschall-, Radarsensoren, Beschleunigungssensoren, Temperatursensoren, Drucksensoren.
Binär 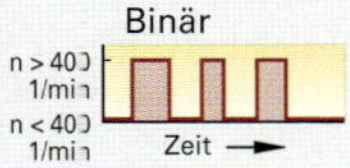	Bei dieser Signalform gibt es nur zwei Werte, NULL oder EINS bzw. EIN oder AUS, LEITEND oder NICHTLEITEND. Einheit: bit.	Schalter, Relais, Dioden, Codierungen bei Bussystemen.
Digital 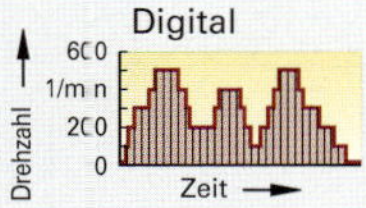	Dabei handelt es sich um Signale, die innerhalb eines Messbereiches in festgelegten Schritten unterschiedliche Werte mit eindeutigem Informationsgehalt annehmen.	Digitale Messwertanzeige bei einem Multimeter, Analog-Digital-Wandler: Ein kontinuierlich veränderliches Signal, z. B. Spannung oder Temperatur, wird in vorher festgelegten Zeitabständen erfasst und als konkreter Zahlenwert wiedergegeben.
Pulsweitenmoduliert 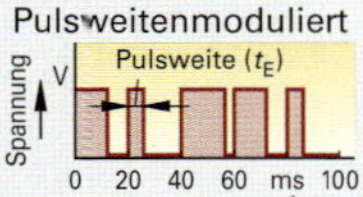 t_E = Einschaltdauer Signal Frequenz = konst.	Hierbei handelt es sich um getaktete Ausgangssignale mit konstanter Frequenz und Einschaltspannung. Die einzelnen Impulse haben jedoch unterschiedlich lange Einschaltdauer.	Sie werden z. B. zur nahezu stufenlosen Verstellung von Magnetventilen und Schrittmotoren verwendet.

G

Schaltzeichen (Auswahl)

Funktionselemente

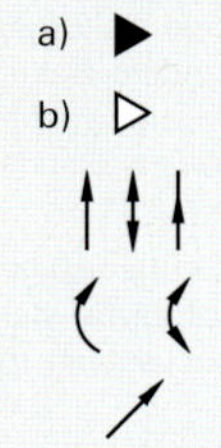

Druckstrom
a) hydraulisch
b) pneumatisch

Strömungsrichtung

Drehrichtung

Verstellbarkeit

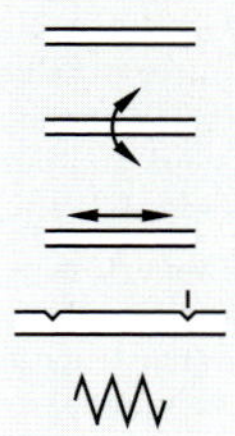

mechanische Verbindung

Welle

Stange

Raste

Feder

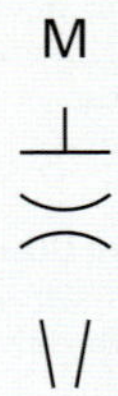

Antriebseinheit

Anschluss oder Weg verschlossen

Drosselung

gegensinnig wirkende elektrische Stellglieder, z.B. Wicklungen

Energieübertragung

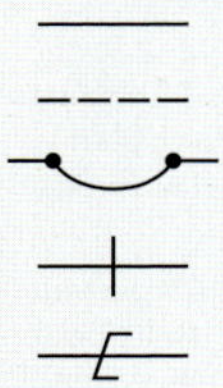

Arbeitsleitung

Steuerleitung

Flexible Leitung

Leitungskreuzung ohne Verbindung

Elektrische Leitung

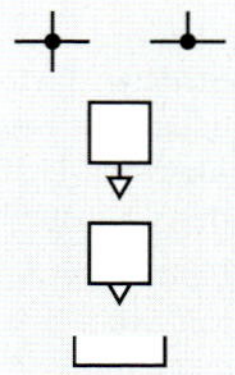

Leitungsverbindung

Entlüftung mit Anschlussmöglichkeit

Entlüftung ohne Anschlussmöglichkeit

Behälter

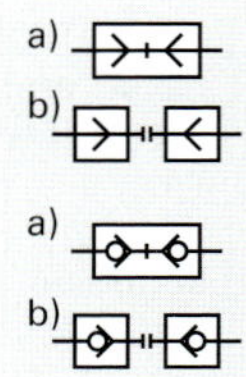

Schnellkupplung ohne Sperrventile
a) gekuppelt
b) entkuppelt

Schnellkupplung mit Sperrventilen
a) gekuppelt
b) entkuppelt

Energiequelle

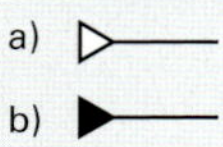

Druckquelle
a) pneumatisch
b) hydraulisch

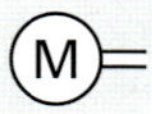

Elektromotor

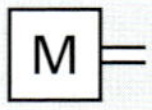

nichtelektrische Antriebseinheit, z.B. Wärmekraftmaschine

Energiespeicherung

Hydrospeicher ohne Darstellung der Vorspannung

Hydro-Speicher mit Gasvorspannung (Flüssigkeit ist durch Gas vorgespannt.)

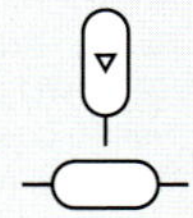

Gasspeicher (nur senkrecht darstellen)

Luftbehälter

Energieumformung (Pumpen, Kompressoren, Motoren)

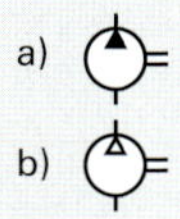

a) Hydraulikpumpe
b) Kompressor
(1 Richtung; Fördervolumen konstant)

Hydraulikpumpe (1 Richtung; Fördervolumen variabel)

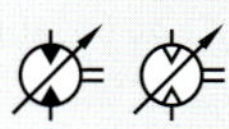

Verstellmotoren mit 2 Stromrichtungen, variables Verdrängervolumen

Aufbereitung

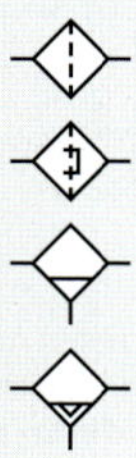

Filter, Sieb

Filter mit zusätzlichem Magnet

Wasserabscheider

Wasserabscheider automatisch entwässernd

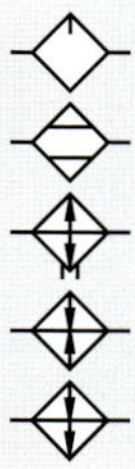

Öler

Lufttrockner

Kühler

Heizer

Temperaturregler

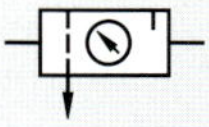

Aufbereitungseinheit vereinfacht

ausführliche Darstellung (Filter mit Abscheider, Druckreduzierventil, Überdruckmessgerät, Öler)

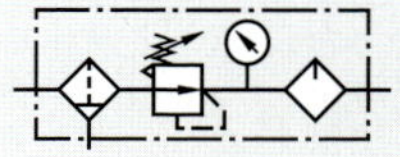

Zylinder

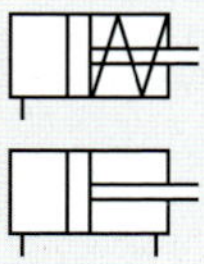

einfach wirkend mit Rückhub durch Feder

doppelt wirkend mit einseitiger Kolbenstange

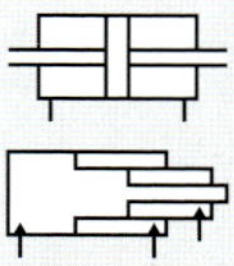

doppelt wirkend mit zweiseitiger Kolbenstange

Teleskopzylinder hydraulisch doppelt wirkend

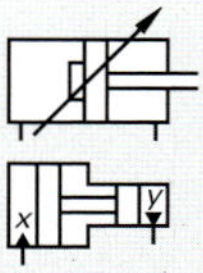

doppelt wirkend mit kolbenseitig einstellbarer Dämpfung

Druckübersetzer (Druckwandler)

Schaltzeichen (Auswahl)

Betätigungssymbole

Betätigung durch Muskelkraft

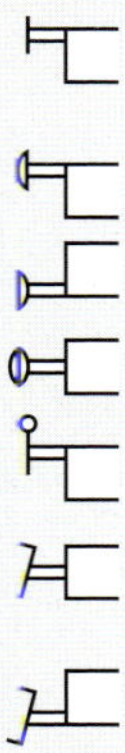

- Allgemeines Symbol, ziehend, drückend
- Druckknopf
- Zugknopf
- Druck-/Zugknopf
- Hebel
- Pedal, eine Betätigungsrichtung
- Pedal, zwei Betätigungsrichtungen

Mechanische Betätigung

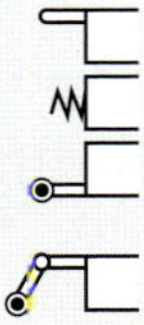

- Stößel
- Feder
- Rollenstößel
- Rollenhebel, eine Betätigungsrichtung

Druckbetätigung

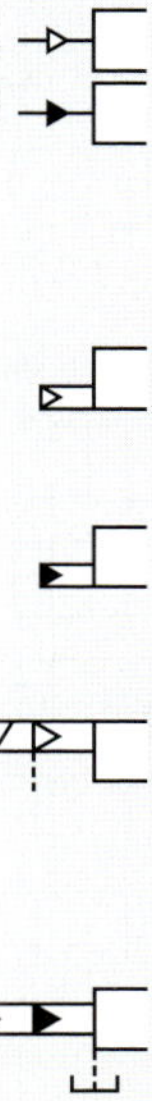

direkt betätigt
a) pneumatisch
b) hydraulisch

indirekt betätigt durch Vorsteuerstufe
a) pneumatisch mit interner Steuerluftversorgung
b) hydraulisch mit interner Steuerölversorgung
c) elektropneumatisch mit externer Steuerluftversorgung
d) pneumatisch-hydraulisch mit interner Steuerölversorgung und externer Steuerölrückführung

Elektrische Betätigung

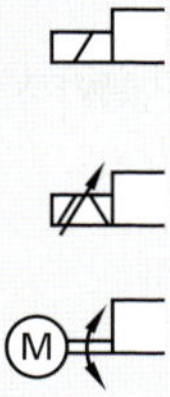

- Elektromagnet, eine Betätigungsrichtung
- Elektromagnet, zwei Betätigungsrichtungen, stufenlos verstellbar
- Elektromotor, zwei Drehrichtungen

Kombinierte Betätigung

„ODER"-Betätigung: Betätigungselemente werden nebeneinander gezeichnet.

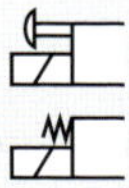

- Elektromagnet oder Druckknopf
- Elektromagnet oder Feder

„UND"-Betätigung: Die Symbole für die aufeinander folgenden Betätigungsstufen werden hintereinander gezeichnet.

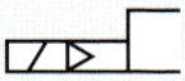

2-stufige Betätigung durch elektropneumatische Vorsteuerstufe

Ventile

Druckventile

Sie dienen zur Druckbegrenzung oder zum Steuern von Drücken.
In Ausgangsstellung
a) geschlossen: Druckbegrenzungsventile, Folgeventile
b) offen: Druckreduzierventile (Druckregelventile)

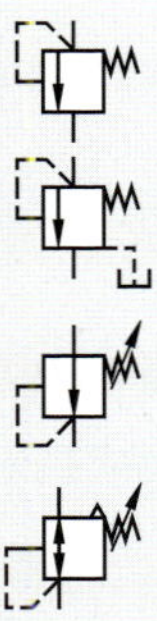

a) Druckbegrenzungsventil
Folgeventil mit externen Leckstromanschluss
b) 2-Wege-Druckreduzierventil, direktwirkend
3-Wege-Druckreduzierventil, mit Atmosphärenanschluss

Sperrventile

Sie sperren den Durchfluss in einer Richtung.

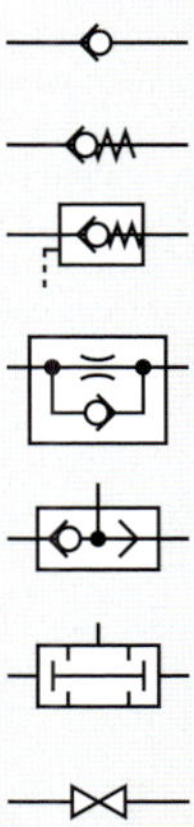

- Rückschlagventil unbelastet
- Rückschlagventil federbelastet
- entsperrbares Rückschlagventil
- gedrosselt in einer Richtung
- Wechselventil (ODER-Funktion)
- Zweidruckventil (UND-Funktion)
- Absperrventil (Ventil)

Stromventile

Sie beeinflussen den Volumenstrom und können je nach Bauart, Druck- und/oder Temperaturschwankungen kompensieren.

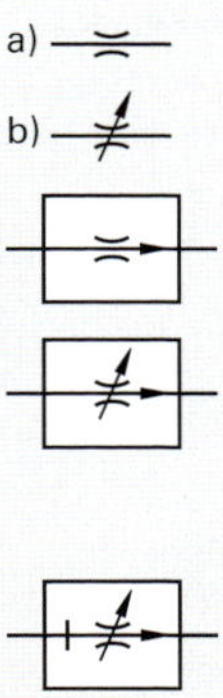

Drosselventil
a) konstanter Querschnitt
b) einstellbarer Querschnitt

Stromregelventil mit konstantem Ausgangsstrom

Stromregelventil mit veränderlichem Ausgangsstrom

Stromregelventil mit veränderlichem Ausgangsstrom, temperaturkompensiert

Anschlussbezeichnungen

Es werden Ziffern (neu) oder Buchstaben (alt) verwendet.

1	P	Zufluss, Druckanschluss	3, 5	R, S, T	Entlüftung, Abfluss
2, 4	A, B	Arbeitsanschlüsse	12, 14	X, Y	Steueranschlüsse

G

G

Wegeventile

Grundsinnbilder

a) 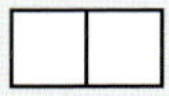

b) 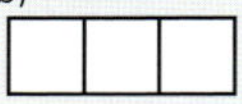

Anzahl der Rechtecke = Anzahl der Schaltstellungen

a) 2 Schaltstellungen
b) 3 Schaltstellungen

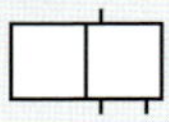

Anschlüsse werden an das Feld Ausgangsstellung gezeichnet.

Kurzbezeichnungen

Die erste Zahl gibt die Anzahl der gesteuerten Anschlüsse an. Die zweite Zahl gibt die Anzahl der Schaltstellungen an.

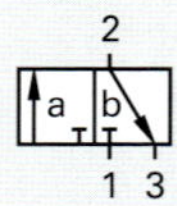

Beispiel:

3/2 Wegeventil
- zwei Schaltstellungen
- drei Anschlüsse

Durchflusswege

ein Durchflussweg

zwei Durchflusswege

zwei gesperrte Anschlüsse

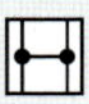

zwei Durchflusswege mit einer Verbindung zueinander

Durchflussweg in Nebenschlussschaltung mit zwei gesperrten Anschlüssen

Bauarten (Auswahl)

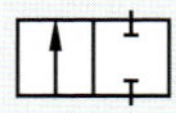

2/2 Wegeventil in Sperrruhestellung

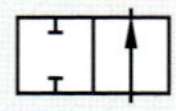

2/2 Wegeventil in Durchflussruhestellung

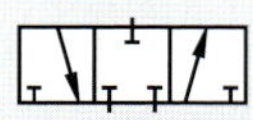

3/3 Wegeventil in Sperrmittelstellung

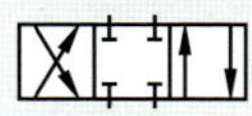

4/3 Wegeventil in Sperrmittelstellung

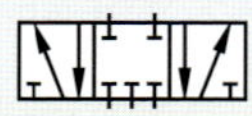

5/3 Wegeventil in Sperrmittelstellung

Schaltpläne

Anordnung der Bauglieder

- Bauglieder werden von unten nach oben in Richtung des Energieflusses gezeichnet.
- Die Bauglieder werden dabei in ihrer Ruhestellung gezeichnet.
- Gleichartige Bauglieder einer Steuerkette werden in gleicher Höhe gezeichnet.
- Die Leitungen werden direkt an die Schaltzeichen der Bauglieder herangeführt.

Bezeichnung der Schaltstellungen

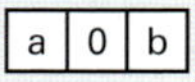

Je nach Anzahl der Schaltstellungen werden diese mit a, b und 0 bezeichnet.

Kennzeichnung der Bauglieder

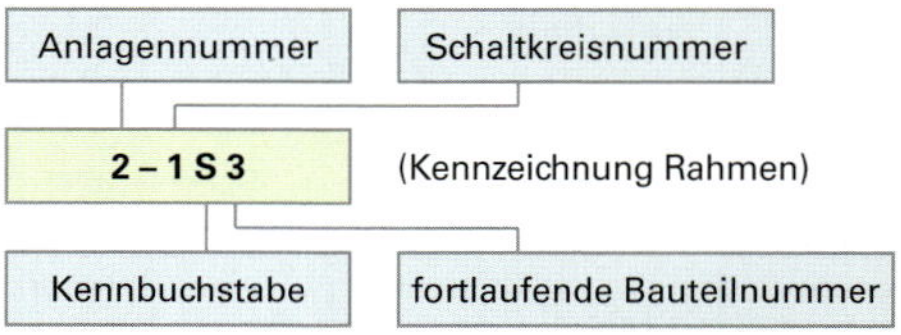

- Versorgungsglieder, z. B. Aufbereitungseinheit, beginnen vorzugsweise mit der Kennziffer 0
- Bei nur einer Anlage entfällt die Anlagennummer
- Verwendete Kennbuchstaben

P	Pumpen, Kompressoren	**S**	Signalaufnehmer
A	Antriebe, z. B. Zylinder	**V**	Ventile
M	Antriebsmotore	**Z**	jedes weitere Bauteil

Beispiel: Pneumatische Türöffnungs- und -schließanlage

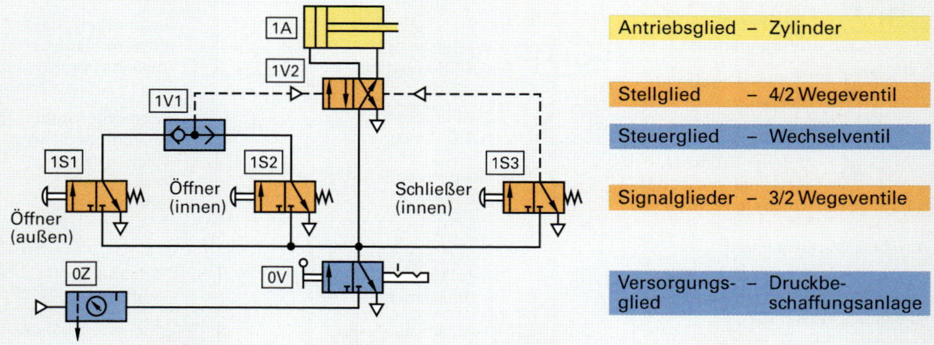

Fügearten

Fügen ist das Verbinden von zwei oder mehreren Werkstücken miteinander. Dadurch wird ein Zusammenhalt an der Verbindungsstelle hergestellt oder insgesamt vergrößert. Man unterscheidet die Fügeverfahren nach der Art des Zusammenhalts an der Fügestelle in kraftschlüssige, formschlüssige, vorgespannt formschlüssige und stoffschlüssige Verbindungen. Zusätzlich werden Fügeverbindungen in lösbare und unlösbare Verbindungen eingeteilt. Als unlösbar wird eine Verbindung bezeichnet, wenn das Verbindungselement beim Lösen zerstört wird.

	Kraftschlüssige Verbindungen	**Formschlüssige Verbindungen**	**Vorgespannt formschlüssige Verbindungen**	**Stoffschlüssige Verbindungen**
Lösbare Verbindungen	Schraubverbindungen Klemmverbindungen Reibungskupplungen Pressverbindungen	Passfederverbindung Keilwellenverbindung Stiftverbindungen Passschrauben-verbindungen Schnappverbindungen	Keilverbindungen Kegelverbindungen mit Scheibenfedern Stirnzahn-verbindungen	
Unlösbare Verbindungen	Nietverbindungen	Schnappverbindungen Durchsetzfügen		Schweißverbindungen Lötverbindungen Klebeverbindungen

G

Verbindungselemente

Stiftverbindungen

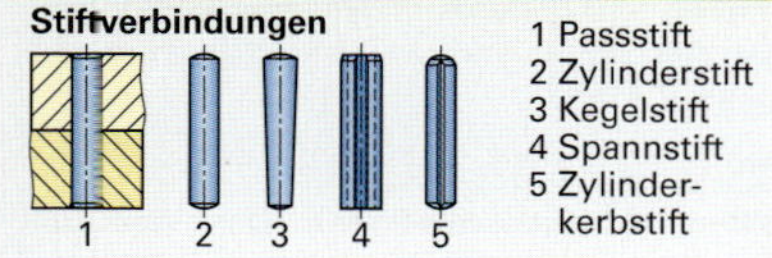

Sie sind formschlüssige lösbare Verbindungen. Man unterscheidet Sie nach Ihrem Verwendungszweck.
Passstifte legen die genaue Lage zweier Werkstücke fest ohne Kräfte zu übertragen.
Befestigungsstifte verbinden Werkstücke.
Abscherstifte sichern Bauteile vor Überbeanspruchung.

Welle-Nabe-Verbindungen

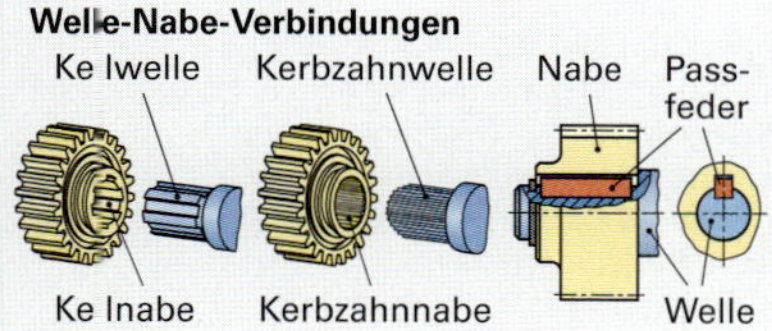

Sie sind lösbare Verbindungen. **Keilverbindungen** haben eine Steigung von 1 : 100. **Passfedern** übertragen an ihren Seitenflächen die Umfangskraft von der Welle zur Nabe. Die Nabe muss gegen seitliches Verschieben gesichert werden. **Formwellenverbindungen** sind besonders für die Übertragung großer Drehmomente bei wechselnden Drehrichtungen (Getriebe) geeignet. Man unterscheidet nach der Form Keilwellen, Kerbzahnprofile und Zahnradprofile.

Pressverbindungen

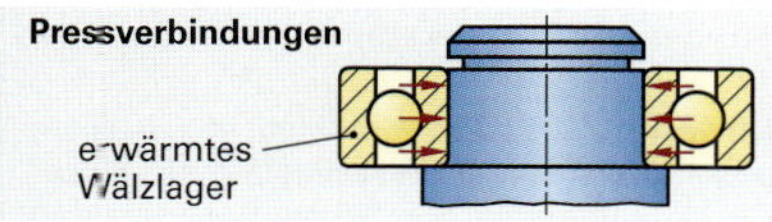

Zum Fügen kann das Außenteil erwärmt und das Innenteil abgekühlt werden. Die Verbindung kann ohne Presskräfte gefügt werden.
Anwendung: Wälzlagermontage, Einsetzen von Ventilführungen, Ventilsitzringe, Kolbenbolzen.

Schraubverbindungen

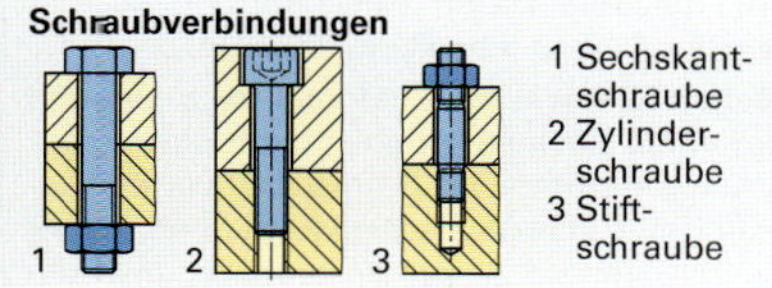

Es sind lösbare Verbindungen. Man unterscheidet **kraftschlüssige Schraubverbindungen,** z. B. durch Sechskant-, Zylinder- und Stiftschraube, **formschlüssige Schraubverbindungen,** z. B. Passschrauben. Sind die Schraubverbindungen wechselnden Beanspruchungen ausgesetzt, so müssen sie durch Schraubensicherungen gegen Lösen gesichert werden.

Klebeverbindungen

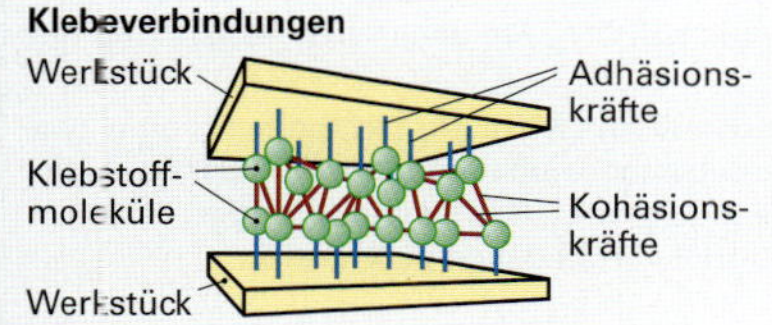

Es ist eine unlösbare stoffschlüssige Verbindung von gleichen oder verschiedenartigen Werkstoffen mit Hilfe eines Klebstoffes. Die Festigkeit hängt ab von den **Kohäsionskräften** im Klebstoff und den **Adhäsionskräften** an der Werkstückoberfläche. Klebstoffe werden nach der Zusammensetzung in Ein- und Zweikomponentenklebstoffe unterschieden. Je nach Verarbeitungstemperatur spricht man von Kalt- oder Warmklebern.

Durchsetzfügeverbindungen (Clinchen)

Es ist eine unlösbare formschlüssige Verbindung. Zwei Bleche werden durch Verstemmen miteinander verbunden. Das Durchsetzfügen ist ein kostengünstiges, schnell und sauber durchzuführendes Fügeverfahren mit geringer statischer Festigkeit. Einsatz: Z. B. Verstärkungen an Karosserieblechen aus Leichtmetall.

G

Verbindungselemente

Schnappverbindungen

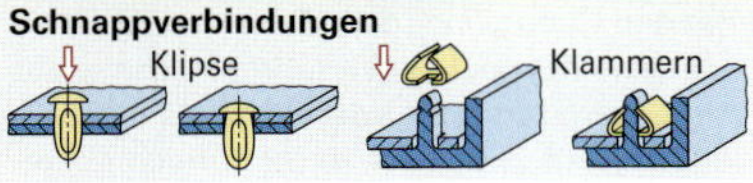

Sie entstehen durch elastisches Verformen mindestens eines der Fügeteile mit anschließendem lösbaren oder unlösbaren Verhaken. Bei Schnappverbindungen wird die Elastizität der Werkstoffe ausgenutzt.

Nietverbindungen

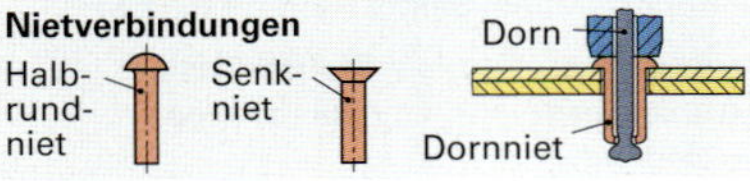

Man unterscheidet: **Nieten mit vollem Schaft** (Halbrund-, Senkniet), **Hohlniet** und **Blindniet** (Dorn-, Spreizniet).

Lötverbindungen

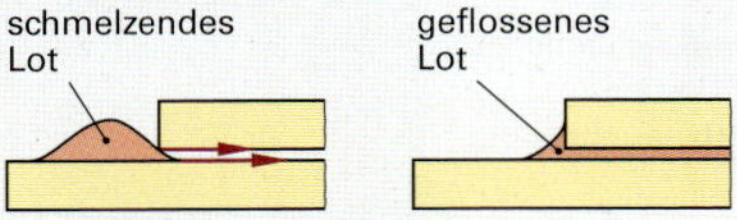

Lötspalt 0,05 mm ... 0,2 mm

Es ist unlösbares, stoffschlüssiges Fügen von Werkstücken durch ein geschmolzenes Zusatzmetall (Lot), bei dem die Löttemperatur unterhalb der Schmelztemperatur der zu fügenden Grundwerkstoffe liegt. Man unterscheidet **Weichlöten** (bis 450 °C) und **Hartlöten** (über 450 °C). Der Lötvorgang vollzieht sich in 3 Stufen: – Benetzen, – Fließen, – Binden. Beim Binden bildet das Lot an den Korngrenzen des Werkstoffs eine Legierung. Hinweis: geeignete Flussmittel verwenden, Lötspalt beachten.

Schweißverbindungen

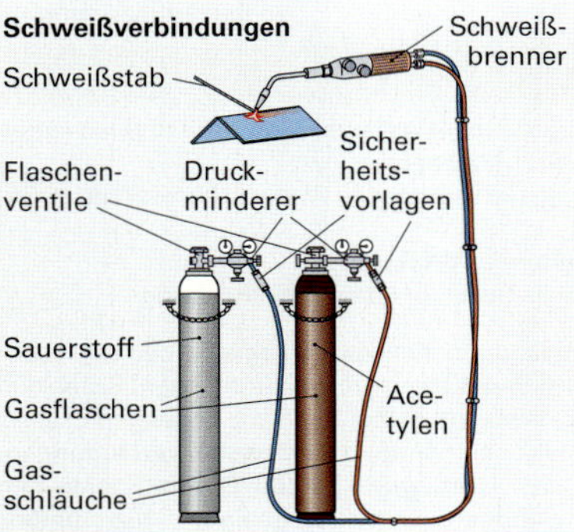

Es sind unlösbare stoffschlüssige Verbindungen von meist gleichartigen Werkstoffen. Man unterscheidet **Schmelzschweißen:** Die Werkstoffe werden an der Verbindungsstelle durch Erwärmen flüssig und dadurch miteinander verbunden. **Pressschweißen:** Die Werkstoffe verschweißen durch Druck und Erwärmung in teigigen Zustand.

Schmelzschweißen

Gasschmelzschweißen (Autogenschweißen). Der Werkstoff wird durch eine Brenngas-Sauerstoff-Flamme zum Schmelzen gebracht. Brenngasgemisch: Sauerstoff-Acetylen (Verbrennungstemperatur 3200 °C).
Sauerstoff: Flaschendruck 200 bar, Arbeitsdruck ca. 2,5 bar, Farbe grau-weiß, Anschlussgewinde $^3/_4$" Rechtsgewinde,
Hinweis: Gewinde nicht fetten! Explosionsgefahr!
Acetylen: Flaschendruck 18 bar, Arbeitsdruck ca. 0,25 ... 0,5 bar, Farbe kastanienbraun, Bügelanschluss,
Hinweis: Flasche nicht legen! Explosionsgefahr!
Flammeneinstellung: Mischungsverhältnis 1 : 1 (neutrale Flamme) zum Schweißen von Stahl. Gasüberschuss (weiche Flamme) zum Löten.

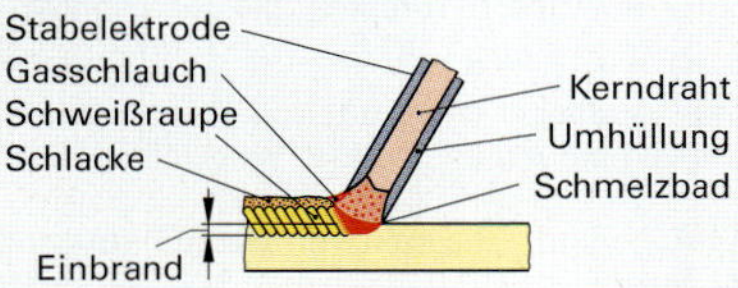

Metalllichtbogenschweißen. Die Wärme entsteht durch einen elektrischen Lichtbogen und führt zum Abschmelzen der Stabelektrode. Die aus der Umhüllung frei werdenden Gase schützen das Schmelzbad vor Einflüssen aus der Umgebungsluft. Die entstehende Schlacke schützt vor zu schnellem Abkühlen.

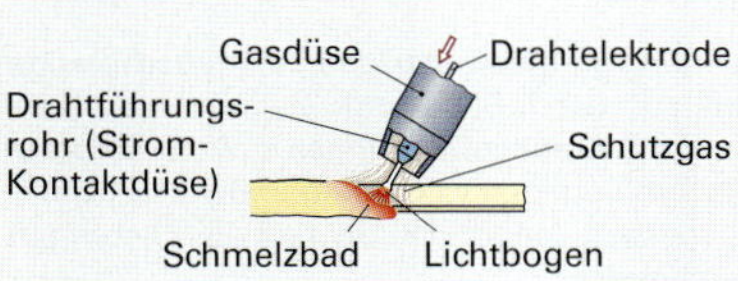

Schutzgasschweißen (MIG/MAG). Eine automatisch zugeführte Drahtelektrode wird durch einen elektrischen Lichtbogen abgeschmolzen. Das Schutzgas schützt das Schmelzbad vor Einflüssen aus der Umgebungsluft. Man unterscheidet zwischen: Metallinertgasschweißen (MIG) mit z.B. Argon, Helium. Sie gehen keine chemische Verbindung mit der Schmelze ein. Metallaktivgasschweißen (MAG) mit z.B. CO_2. Sie gehen eine Verbindung mit der Schmelze ein.

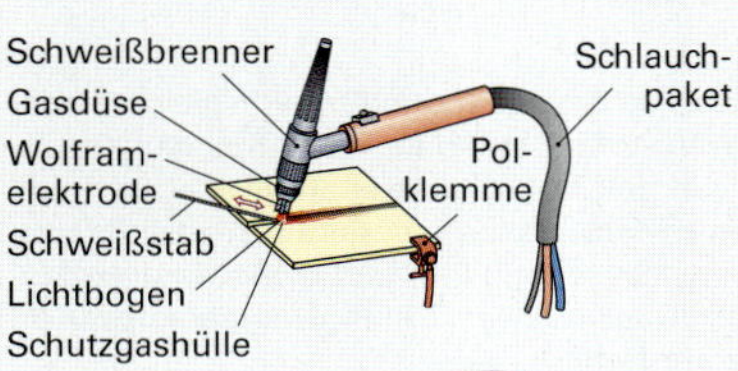

Wolfram-Inertgasschweißen (WIG). Ein Lichtbogen brennt zwischen einer Wolframelektrode und dem Werkstück. Der Schweißzusatz wird von Hand zugeführt. Das Schmelzbad wird durch ein inertes Gas (z. B. Argon) vor Oxidation geschützt.

Pressschweißen

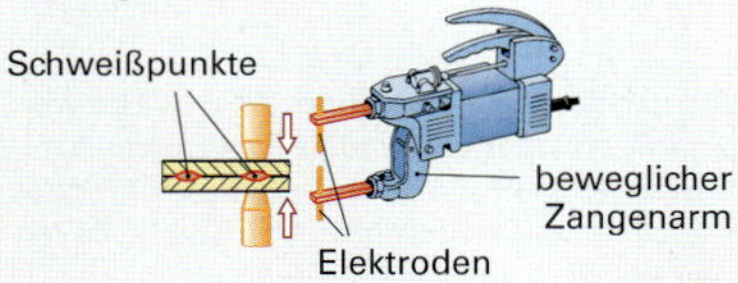

Widerstandsschweißen (Punktschweißen). Zwei aufeinander liegende Bleche werden durch Druck und Wärme in teigigem Zustand miteinander verbunden. An der Verbindungsstelle fließt kurzzeitig ein großer Strom der durch einen hohen elektrischen Widerstand an der Verbindungsstelle Wärme erzeugt.

Schweißen, Schneiden, Löten (Auszug)

vgl. DIN EN ISO 4063 (2011-03)

Kennzahl	Verfahren	Kennzahl	Verfahren	Kennzahl	Verfahren
1	**Lichtbogenschweißen**	14	Wolfram-Schutzgas-schweißen	**7**	**Andere Schweißverfahren**
101	Metall-Lichtbogenschweißen	141	Wolfram-Inertgasschweißen	73	Elektrogasschweißen
111	Lichtbogenhandschweißen	151	Plasma-MIG-Schweißen	74	Induktionsschweißen
114	Metall-Lichtbogenschweißen mit Fülldrahtelektrode	**2**	**Widerstandsschweißen**	75	Lichtstrahlschweißen
13	Metall-Schutzgasschweißen	21	Widerstands-Punktschweißen	751	Laserstrahlschweißen
131	Metall-Inertgasschweißen	22	Rollennahtschweißen	**9**	**Lötverfahren**
135	Metall-Aktivgasschweißen	**3**	**Gasschmelzschweißen**	91	Hartlöten
136	Metall-Aktivgasschweißen mit Fülldrahtelektrode	311	Gasschweißen mit Acetylen-Sauerstoffflamme	94	Weichlöten
				952	Kolbenweichlöten

Schweißpositionen (Auszug)

vgl. DIN EN ISO 6947 (2011-08)

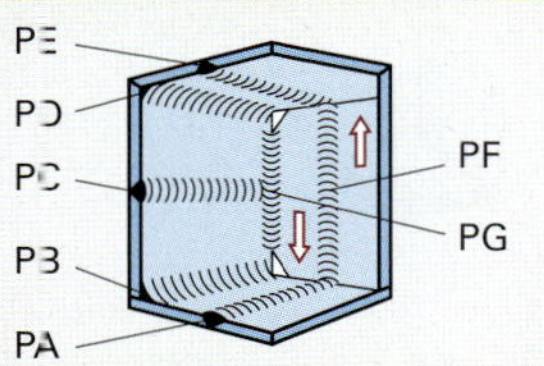

Kurzzeichen	Benennung	Kurzzeichen	Benennung
PA	Wannenposition	PE	Überkopfposition
PB	Horizontalposition	PF	Steigposition
PC	Querposition	PG	Fallposition
PD	Horizontalüberkopfposition		

Allgemeintoleranzen für Schweißkonstruktionen

vgl. DIN EN ISO 13920 (1996-11)

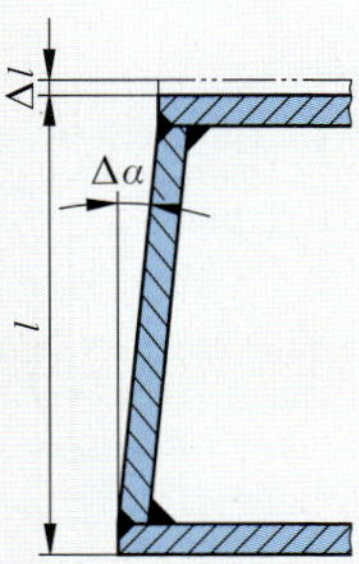

	Zulässige Längenabweichung Δl in mm						Zul. Winkelabweichung $\Delta\alpha$ in ° und ′		
Nennmaßbereich	bis 30	bis 120	30 bis 400	120 bis 1000	400 bis 2000	1000 bis 4000	2000 bis 400	bis 1000	400 über 1000
Genauigkeitsgrad **A**	± 1	± 1	± 1	± 2	± 3	± 4	± 20′	± 15′	± 10′
Genauigkeitsgrad **B**	± 1	± 2	± 2	± 3	± 4	± 6	± 45′	± 30′	± 20′
Genauigkeitsgrad **C**	± 1	± 3	± 4	± 6	± 8	± 11	± 1°	± 45′	± 30′

Druckgasflaschen

vgl. DIN EN 1089-3 (2011-10)

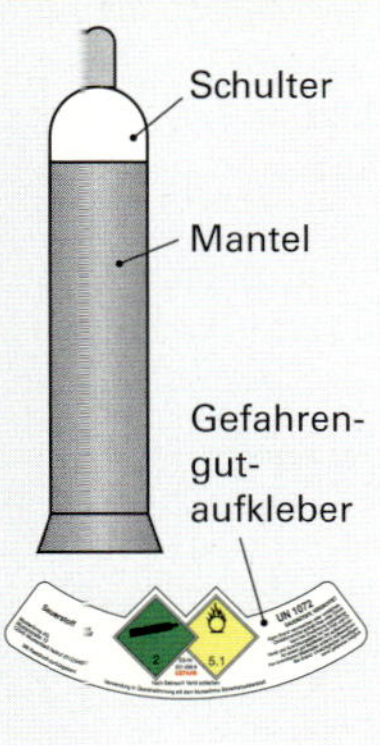

Gasart	Farbkennzeichnung nach DIN EN 1089-3 Mantel	Schulter	Anschlussgewinde	Volumen in l	Fülldruck in bar	Füllmenge
Sauerstoff	grau	weiß	R 3/4	40 50	150 200	6 m³ 10 m³
Acetylen	kastanienbraun	kastanienbraun	Spannbügel	40 50	19 19	8 kg 10 kg
Argon	grau	dunkelgrün	W21, 80 × 1/14	10 50	200 200	2 m³ 10 m³
Argon/Kohlendioxidgemisch	grau	leuchtendgrün	W21, 80 × 1/14	20 50	200 200	4 m³ 10 m³
Kohlendioxid	grau	grau	W21, 80 × 1/14	10 50	58 58	7,5 kg 20 kg
Stickstoff	grau	schwarz	W24, 32 × 1/14	40 50	150 200	6 m³ 10 m³

1) Die verbindliche Kennzeichnung des Flascheninhaltes erfolgt auf dem Gefahrgutaufkleber.

G

G

Nahtarten, Nahtkennzeichnung

vgl. DIN EN 29692, DIN EN 22553

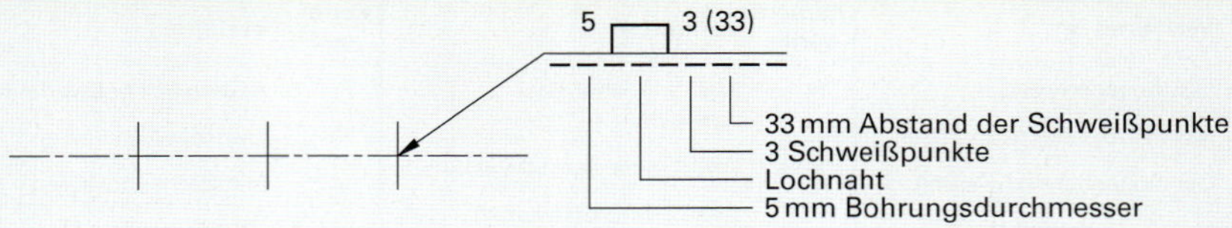

Darstellung symbolisch	Darstellung bildlich	Bemerkungen	Darstellung symbolisch	Darstellung bildlich	Bemerkungen
Bördelnaht 	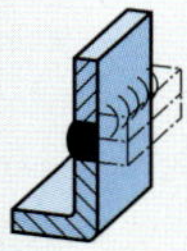	Dünnblechschweißung meist ohne Zusatzwerkstoff	Kehlnaht 	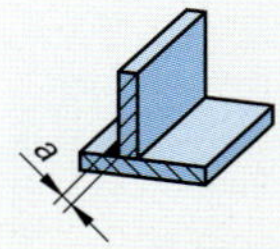	T-Stoß
I-Naht 	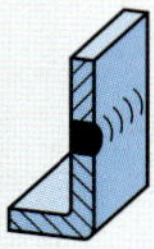	wenig Zusatzwerkstoff, keine Nahtvorbereitung		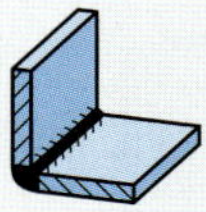	Doppelkehlnaht Eckstoß
V-Naht 	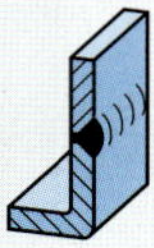	einseitig oder zweiseitig	D-V-Naht 		symmetrische Fugen
Punktnaht 	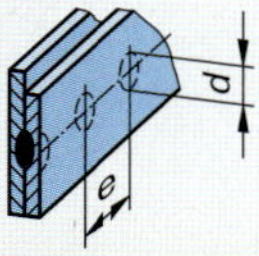	flächige Überlappung der Teile	Lochnaht 	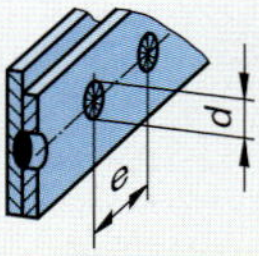	flächige Überlappung der Teile. Ein Teil mit Löchern

Richtwerte zum Schutzgasschweißen

Nahtform	Nahtdicke *a* in mm	Drahtdurchmesser in mm	Lagenzahl	Strom in A	Drahtvorschub in m/min	Schutzgas in l/min
MAG-Schweißen von Blechen						
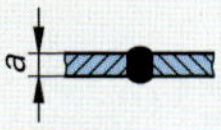	1	0,8	1	60	7	8
	2	0,8	1	100	7	8
	3	1	1	140	11	10
	4	1	1	160	11	10
	5	1	1	170	10	10
	6	1	1	180	10	10
MIG-Schweißen von Aluminium und Aluminiumlegierungen						
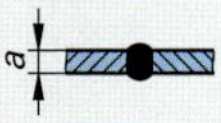	4	1,2	1	180	3	12 – 18
	5	1,2	1	200	4	12 – 18
	6	1,2	1	230	7	12 – 18
WIG-Schweißen von Aluminium und Aluminiumlegierungen						
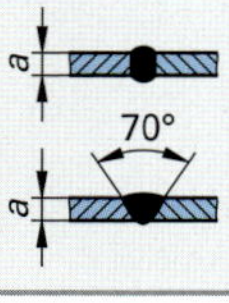	1	3	1	75	Drahtvorschub erfolgt von Hand	10 – 12
	1,5	3	1	90		10 – 12
	2	3	1	110		10 – 12
	3	3	1	125		10 – 12
	4	3	1	160		10 – 12
	5	3	1	185		10 – 12

Einteilung der Schutzgase (Auswahl)

vgl. nach DIN EN ISO 14175

Bezeichnungsbeispiel: Schutzgas **DIN EN ISO 14175 – M1 2**

* AR ist bis zu 95% durch He ersetzbar.

Norm-Nummern

Hauptgruppe	Untergruppe	Zusammensetzung in Vol.-% Ar	He	CO_2	O_2	H_2	Anwendung	Reaktionsverhalten
R	1	Rest*				$0{,}5 \le H_2 \le 15$	WIG, Plasmaschweißen	reduzierend
	2	Rest*				$15 \le H_2 \le 50$		
I	1	100					MIG, WIG, Plasmaschweißen, Wurzelschutz	inert
	2		100					
	3	Rest	$0{,}5 \le He \le 95$					
M1	1	Rest*		$0{,}5 \le CO_2 \le 5$		$0{,}5 \le H_2 \le 5$	MAG	schwach oxidierend
	2	Rest*		$0{,}5 \le CO_2 \le 5$				
	3	Rest*			$0{,}5 \le O_2 \le 3$			
M2	1	Rest*		$15 \le CO_2 \le 25$				
	2	Rest*			$3 \le O_2 \le 10$			
	3	Rest*		$0{,}5 \le CO_2 \le 5$	$3 \le O_2 \le 10$			
M3	1	Rest*		$25 \le CO_2 \le 50$				
	2	Rest*			$10 \le O_2 \le 15$			
	3	Rest*		$25 \le CO_2 \le 50$	$2 \le O_2 \le 10$			
C	1			100				
	2			Rest	$0{,}5 \le O_2 \le 30$			stark oxidierend

MAG-Schweißen von unlegierten und niedriglegierten Stählen

vgl. DIN EN ISO 14341 (2011-04)

Die Festigkeit und Zähigkeit des Schweißgutes werden durch den Elektrodenwerkstoff und das Schutzgas beeinflusst.

Einteilung in 2 Gruppen:
- Schweißgut mit garantierter **Streckgrenze R_e** und **Kerbschlagarbeit 47 J** → Kennbuchstabe A
- Schweißgut mit garantierter **Zugfestigkeit R_m** und **Kerbschlagarbeit 27 J** → Kennbuchstabe B

Bezeichnungsbeispiel **ISO 14341 – A – G 46 5 M21 3Si1**

Normnummer

Kennbuchstabe für Schweißgut mit garantierter Streckgrenze und Kerbschlagarbeit 47 J

Kennbuchstabe für
- Schweißgut **G** oder
- Drahtelektrode **SG**

Kennziffern für Mindeststreckgrenze R_e
46 → $R_e = 10 \cdot 46 = 460$ N/mm²
42 → $R_e = 10 \cdot 42 = 420$ N/mm²

Kennziffern für Temperaturgrenze der Kerbschlagarbeit
5 → Kerbschlagarbeit 47 J ist bis – 50 °C garantiert

Kennbuchstabe für das Schutzgas
M21 → Schutzgas M21 (S. 142)

Drahtelektrodenwerkstoff G3Si1
Si → mit Silizium

Drahtelektroden für unlegierte Stähle und Feinkornbaustähle (Auswahl)

vgl. DIN EN ISO 14341 (2008-08)

Schweißgut/ Drahtelektrode	Mindeststreckgrenze R_e in N/mm²	Schutzgas	geeignet für Stähle	Eigenschaften, Verwendung
G 42 3 C G3Si1	420	C1	S235 ... S355	Reparatur und Fahrzeugbau
G 42 4 M G3Si1		M21		
G 46 3 C G4Si1	460	C1	S235 ... S460	Reparaturarbeiten an Karosserieblechen
G 46 4 M G4Si1		M21		

Drahtelektroden für das MIG-Schweißen von Aluminium und Al-Legierungen (Auswahl)

Kurzbezeichnung	Mindeststreckgrenze R_e in N/mm²	Schutzgas	Verwendung für Grundwerkstoffe, zum Beispiel
S Al 4043 (Al Si5)	40	I1	Al MgSiO,5; Al MgSi0,7; Al MgSi1
S Al 4047 (Al Si12)	60	I1	G-Al Si11; G-Al Si10Mg(Cu); G-Al Si12(Cu)
S Al 5754 (Al Mg3)	80	I1	G-Al Mg3,5Si; Al Mg2,5; Al Mg3; Al Mg2Mn0,3
S Al 5356 (Al Mg5Cr(A))	110	I1	Al Mg3; Al Mg5; Al Zn4,5Mg1; Al Mg1SiCu

G

Flussmittel zum Weichlöten

vgl. DIN EN 29454-1 (1994-02)

Flussmittel nach ISO 29 454 Kennzeichnung: 1. 2. 3. C

Flussmitteltyp	Flussmittelbasis	Flussmittelaktivator	Flussmittelart
1 Harz	1 Kolophonium 2 ohne Kolophonium	1 ohne Aktivator 2 mit Halogenen aktiviert 3 ohne Halogene aktiviert	A flüssig
2 organisch	1 wasserlöslich 2 nicht wasserlöslich		
3 anorganisch	1 Salze	1 mit Ammoniumchlorid 2 ohne Ammoniumchlorid	B fest
	2 Säuren	1 Phosphorsäure 2 andere Säure	
	3 alkalisch	1 Amine und/oder Ammoniak	C Paste

Flussmittel:

Bezeichnung nach ISO	DIN	Wirkung der Rückstände
3.2.2... 3.1.1...	F-SW11 F-SW12	stark korrodierend
3.2.1... 3.1.1... 2.1.3... 2.1.2... 1.2.2...	F-SW13 F-SW21 F-SW23 F-SW25 F-SW28	bedingt korrodierend
1.1.1. 1.2.3.	F-SW31 F-SW33	nicht korrodieren

Bezeichnungsbeispiel: Flussmittel ISO 9454 – 1.2.2.C – Flussmittel vom Typ Harz (1), Basis ohne Kolophonium (2), mit Halogenen aktiviert (2), geliefert in Pastenform (C)

G

Weichlote

vgl. DIN EN ISO 9453 (2006-12)

Legierungsgruppe	Legierungskurzzeichen nach ISO 3677	Legierungs-Nr.	Arbeitstemperatur °C	Hinweis	Anwendungsbeispiele
Zinn-Blei	S-Sn60Pd40	103	183°	Bleihaltige Lote sind hochgiftig.	Elektronik
Zinn-Silber-Kupfer	Sn95Ag4Cu1	713	217°	Bleifrei, Lot 1.2.2	
Zinn-Blei-Legierung m. Antimon	S-Pb58Sn40Sb2	134	185° ... 231°	Bleihaltige Lote sind hoch-giftig. Sie sind im Karosseriebau nicht erlaubt.	Schmierlot
Zinn-Kupfer	S-Sn99Cu1	401	227°	Bleifrei	
	S-Sn97Cu3		227° ... 310°		

Lichtbogenhartlöten MIG-Löten, Lötwerkstoffe und Schutzgase, Einfluss auf Lötverhalten

Für das MIG-Löten werden meist Drahtelektroden wie Silizium- oder Aluminiumbronze verwendet. Die Schutzgase haben einen wesentlichen Einfluss auf das Lichtbodenverhalten und die Spritzer, die Porosität, den Wärmeeintrag, das Nahtaussehen und das Fließverhalten der Lötverbindung.

Lötwerkstoffe				Schutzgase						
Sorte	DIN-Kurzzeichen	Legierungsbasis	Schmelzbereich °C	Einteilung	Zusammensetzung	Lichtbogen u. Spritzer	Porosität	Wärmeeintrag	Nahtaussehen	Fließverhalten
Siliziumbronze	SG-CuSi3	Cu + 3 % Silizium	910-1025	I 1	Argon	+	o	++	+	o
				M 13	99 % Ar, 1 % O_2	++	++	o	++	++
Verwendung im Außenhautbereich.				M 11	97,5 % Ar, 2,5 % CO_2	++	+	o	+	++
				I 3	70 % Ar, 30 % He	+	+	+	+	o
Aluminium-Bronze	SG-CuAl8	Cu + 8 % Aluminium	1030-1040	I 1	Argon	+	++	++	+	+
				M 13	99 % Ar, 1 % O_2	+	++	o	+	+
Verwendung bei Struckturteilen.				M 11	97,5 % Ar, 2,5 % CO_2	+	++	o	+	+
				I 3	70 % Ar, 30 % He	++	++	++	++	++

Metallschutzgas-Löten, MIG-Löten

Nahtarten	Skizze	Nahtarten	Skizze	Nahtarten	Skizze
I-Naht am Stumpfstoß	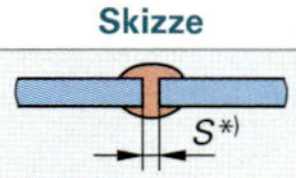	Kehlnaht am Überlappstoß	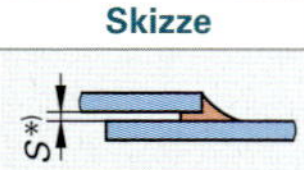	Lochpunktnaht am Langloch	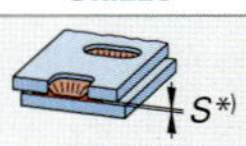
Kehlnaht am T-Stoß	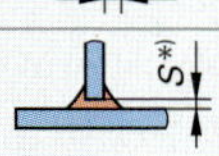	Kehlnaht am abgesetzten Überlappstoß	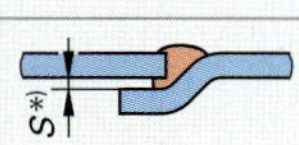	Stirnflächennaht Bördelnaht	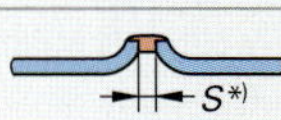

*) **Hinweis:** Spaltmaß S: 0 mm < S < 2mm

Metrisches ISO-Gewinde

vgl. DIN 13

Gewindeform und Gewindegrößen

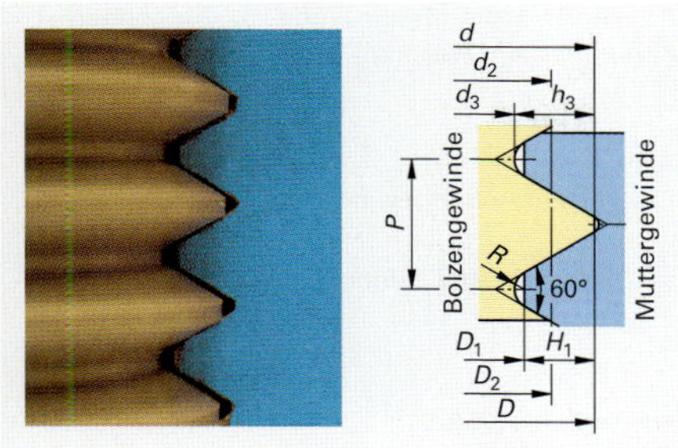

Nenndurchmesser	$d = D$
Steigung	P
Gewindetiefe des Bolzengewindes	$h_3 = 0{,}6134 \cdot P$
Gewindetiefe des Muttergewindes	$H_1 = 0{,}5413 \cdot P$
Rundung	$R = 0{,}1443 \cdot P$
Flanken-∅	$d_2 = D_2 = d - 0{,}6495 \cdot P$
Kern-∅ des Bolzengewindes	$d_3 = d - 1{,}2269 \cdot P$
Kern-∅ des Muttergewindes	$D_1 = d - 1{,}0825 \cdot P$
Kernlochbohrer-∅	$D_1 = d - P$
Flankenwinkel	60°
Spannungsquerschnitt	$A_s = \frac{\pi}{4} \cdot \left(\frac{d_2 + d_3}{2}\right)^2$

Regelgewinde

z. B. DIN 13 – M10

Gewindebezeichnung	Steigung	Flanken-∅	Kern-∅		Gewindetiefe		Rundung	Spannungsquerschnitt A_s	Kernlochbohrer-∅	Durchgangsloch-∅ für Schrauben		Sechskantschlüsselweite
			Bolzen	Mutter	Bolzen	Mutter						
$d = D$	P	$d_2 = D_2$	d_3	D_1	h_3	H_1	R	mm^2		fein	mittel	
M 4	0,7	3,55	3,14	3,24	0,43	0,38	0,10	8,78	3,3	4,3	4,5	7
M 5	0,8	4,48	4,02	4,13	0,49	0,43	0,12	14,2	4,2	5,3	5,5	8
M 6	1	5,35	4,77	4,92	0,61	0,54	0,14	20,1	5,0	6,4	6,6	10
M 8	1,25	7,19	6,47	6,65	0,77	0,68	0,18	36,6	6,8	8,4	9	13
M 10	1,5	9,03	8,16	8,38	0,92	0,81	0,22	58,0	8,5	10,5	11	16
M 12	1,75	10,86	9,85	10,11	1,07	0,95	0,25	84,3	10,2	13	13,5	18
M 16	2	14,70	13,55	13,84	1,23	1,08	0,29	157	14	17	17,5	24
M 20	2,5	18,38	16,93	17,29	1,53	1,35	0,36	245	17,5	21	22	30
M 24	3	22,05	20,32	20,75	1,84	1,62	0,43	353	21	25	26	36

Feingewinde

z. B. DIN 13 – M12 × 1,25

Gewindebezeichnung	Flanken-∅	Kern-∅		Gewindebezeichnung	Flanken-∅	Kern-∅		Gewindebezeichnung	Flanken-∅	Kern-∅	
		Bolzen	Mutter			Bolzen	Mutter			Bolzen	Mutter
$d \times P$	$d_2 = D_2$	d_3	D_1	$d \times P$	$d_2 = D_2$	d_3	D_1	$d \times P$	$d_2 = D_2$	d_3	D_1
M 4 × 0,5	3,68	3,39	3,46	M 10 × 1	9,35	8,77	8,92	M 20 × 1,5	19,03	18,16	18,38
M 5 × 0,5	4,68	4,39	4,46	M 12 × 1	11,35	10,77	10,92	M 24 × 1,5	23,03	22,16	22,38
M 6 × 0,75	5,51	5,08	5,19	M 12 × 1,25	11,19	10,47	10,65	M 24 × 2	22,70	21,55	21,84
M 8 × 0,75	7,51	7,08	7,19	M 16 × 1	15,35	14,77	14,92	M 30 × 1,5	29,03	28,16	28,38
M 8 × 1	7,35	6,77	6,92	M 16 × 1,5	15,03	14,16	14,38	M 30 × 2	28,71	27,55	27,84
M 10 × 0,75	9,51	9,08	9,19	M 20 × 1	19,35	18,77	18,92	M 36 × 1,5	35,03	34,16	34,38

Ergänzungen

Linksgewinde	Das Kurzzeichen „LH" ist hinter die vollständige Gewindebezeichnung zu setzen (LH = Left Hand)	M8 LH
Mehrgängiges Rechtsgewinde	Hinter der Gewindebezeichnung folgt die Steigung P_h und die Teilung P.	M16 PH3 P1,5
Mehrgängiges Linksgewinde	Hinter die vollständige Gewindebezeichnung des mehrgängigen Gewindes wird „LH" gesetzt.	M16 PH3 P1,5 LH
Kegeliges Außengewinde (nach DIN 158)	Wird ein zylindrisches Innengewinde mit einem kegeligen Außengewinde (Kegelverhältnis 1 : 16) verschraubt, ergibt dies eine dichtende Schraubverbindung. Verwendung z.B. Schmiernippel, Verschlussschrauben am Achsgetriebe. Die Verschraubung eines zylindrischen Innengewindes mit einem zylindrischen Außengewinde ist im Gewinde nicht dichtend. Eine Abdichtung muss außerhalb des Gewindes hergestellt werden. Z. B.: Für die Ölablassschraube am Motor wird ein Dichtring zur Abdichtung benötigt.	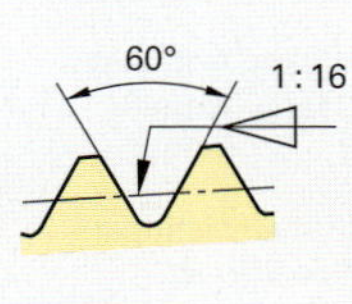

G

Whitworth-Rohrgewinde

Ausführungen

nach DIN ISO 228-1	• Kennbuchstabe G für zylindrisches Innen- und zylindrisches Außengewinde • Verschraubung von zylindrischem Innen- und zylindrischem Außengewinde ist metallisch nicht dichtend.	G1/2 (innen) G1/2 A (außen)
nach DIN EN 10226-1	• kegeliges Außengewinde, Kennbuchstabe R, • zylindrisches Innengewinde, Kennbuchstabe Rp • Verschraubung von zylindrischem Innen- und kegeligem Außengewinde ist metallisch dichtend.	R 3/8 Rp 3/8

Für beide Gewindeausführungen gelten die gleichen Nennmaße. Deswegen sind G-Innengewinde mit R-Außengewinde dichtend verschraubbar.

Gewindeformen

Rohrgewinde DIN ISO 228-1
für nicht im Gewinde dichtende Verbindungen: Innen- und Außengewinde zylindrisch

Rohrgewinde DIN EN 10226-1
im Gewinde dichtend: Innengewinde zylindrisch, Außengewinde kegelig

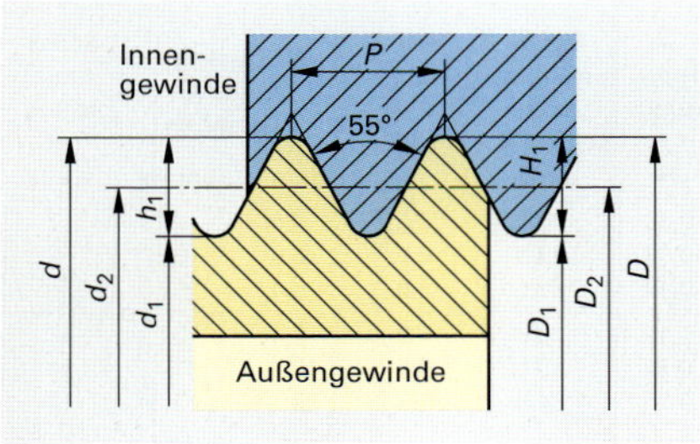

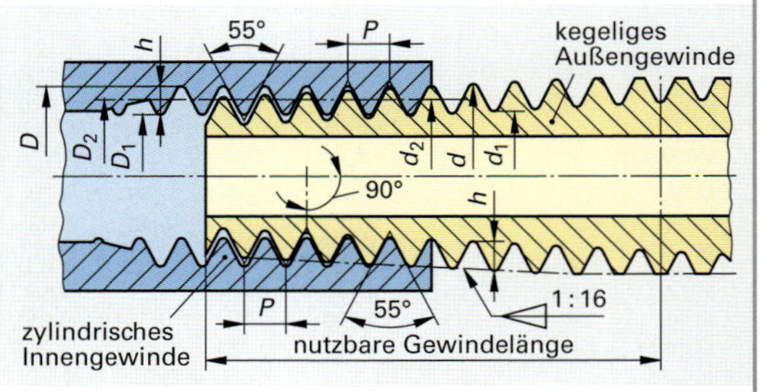

Gewindeformen

Gewindebezeichnung DIN ISO 228-1 Außen- und Innengewinde	DIN EN 10226-1 Außengewinde	Innengewinde	Außendurchmesser $d = D$	Flankendurchmesser $d_2 = D_2$	Kerndurchmesser $d_1 = D_1$	Steigung P	Anzahl der Teilungen auf 25,4 mm Z	Profilhöhe $h = h_1 = H_1$	Nutzbare Länge des Außengewindes a
$G^1/_8$	$R^1/_8$	$Rp^1/_8$	9,728	9,147	8,566	0,907	28	0,581	6,6
$G^1/_4$	$R^1/_4$	$Rp^1/_4$	13,157	12,301	11,445	1,337	19	0,856	9,7
$G^3/_8$	$R^3/_8$	$Rp^3/_8$	16,662	15,806	14,950	1,337	19	0,856	10,1
$G^1/_2$	$R^1/_2$	$Rp^1/_2$	20,955	19,793	18,631	1,814	14	1,162	13,2
$G^3/_4$	$R^3/_4$	$Rp^3/_4$	26,442	25,279	24,117	1,814	14	1,162	14,5
G1	R1	Rp1	33,249	31,770	30,291	2,309	11	1,479	16,8

Sonstige Gewinde

Unterscheidung nach der Zahnflankenform

Flachgewinde

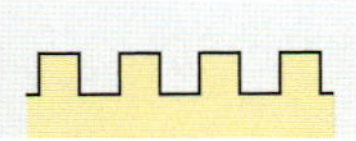

z. B. Sq 30x6

Rundgewinde

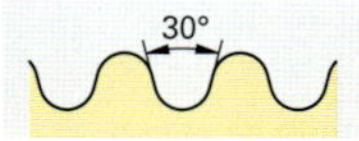

z. B. Rd 20x1/8″

Sägegewinde

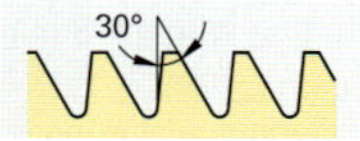

z. B. S 18x4

Spitzgewinde

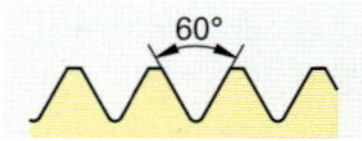

z. B. M12

Trapezgewinde

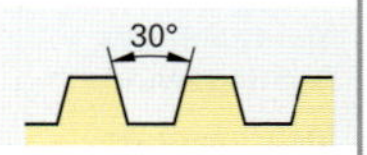

z. B. Tr14x3

Ausländische Gewinde

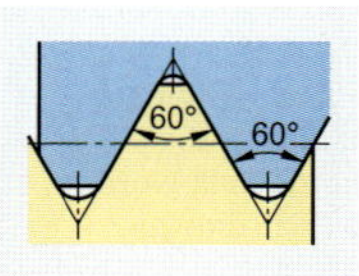

Unified **N**ational **C**oarse **T**hread	Einheitsgewinde, grob, ISO-UNC-Gewinde mit 1/2 inch Nenndurchmesser, 13 Gewindegänge/inch, Passungsklasse 2A	1/2 - 13 UNC - 2A
Unified **N**ational **F**ine **T**hread	Einheitsgewinde, fein, ISO-UNF-Gewinde mit 3/8 inch Nenndurchmesser, 24 Gewindegänge/inch, Passungsklasse 3A	3/8 - 24 UNF - 3A

System HeliCoil®

nicht genormt

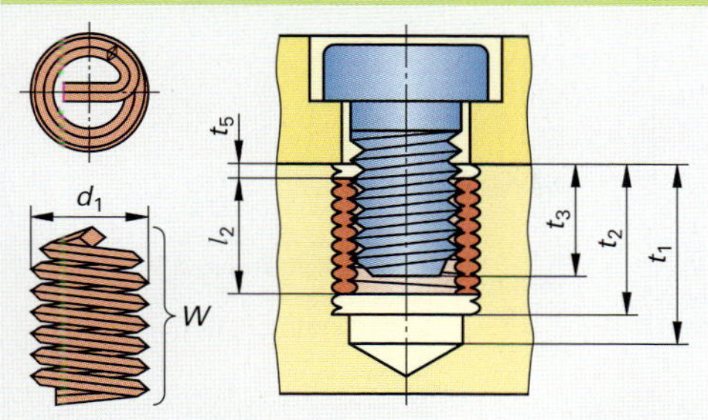

Die Gewindeeinsätze werden als federnde Spirale aus einem hochfesten Draht gefertigt. Dieser hat einen rhombischen Querschnitt, der dem Innen- und Außengewindeprofil entspricht.

Die Gewindeeinsatzlänge ist von der Festigkeit des Grundwerkstoffes abhängig. Bei Al-Legierungen sollte t_2 = 2 *d* sein, bei höheren Festigkeiten darf t_2 etwa 1 *d* bis 1,5 *d* sein.

Bezeichnungen am Gewindeeinsatz

d_1 Außendurchmesser vor dem Einbau
W Windungsanzahl vor dem Einbau
t_5 Rücksetzungder Oberfläche. t_5 = 0,25 *P*.

Gewinde-nenn-Ø *d*	Außendurchmesser des Gewindeeinsatzes d_1	Steigung *P*	Kernlochbohrer Ø	Kernlochtiefe (für Gewindebohrer mit 4-Gang-Anschnitt) t_1 min			nutzbare Gewindetiefe im Grundloch = Nennlänge des Gewindeeinsatzes t_2 min			Länge des eingebauten Einsatzes = nutzbare Gewindelänge im Einsatz l_2 min			Bolzeneinschraubtiefe (Mitnehmerzapfen nicht entfernt) t_3 max		
				1 *d*	1,5 *d*	2 *d*	1 *d*	1,5 *d*	2 *d*	1 *d*	1,5 *d*	2 *d*	1 *d*	1,5 *d*	2 *d*
M5	6,0	0,8	5,2	8,2	10,7	13,2	5,0	7,5	10,0	4,2	6,7	9,2	3,8	6,3	8,8
M6	7,3	1,0	6,3	10,0	13,0	16,0	6,0	9,0	12,0	5,0	8,0	11,0	4,5	7,5	10,5
M8	9,6	1,25	8,4	13,0	17,0	21,0	8,0	12,0	16,0	6,8	10,8	14,8	6,2	10,2	14,2
M10	12,0	1,5	10,5	16,0	21,0	26,0	10,0	15,0	20,0	8,5	13,5	18,5	7,8	12,8	17,8
M10 × 1	11,3	1,0	10,25	14,0	19,0	24,0	10,0	15,0	20,0	9,0	14,0	19,0	8,5	13,5	18,5
M10 × 1,25	11,6	1,25	10,4	15,0	20,0	25,0	10,0	15,0	20,0	8,8	13,8	18,8	8,2	13,2	18,2
M12	14,2	1,75	12,5	19,0	25,0	31,0	12,0	18,0	24,0	10,3	16,3	22,3	9,4	15,4	21,4
M12 × 1,25	13,6	1,25	12,25	17,0	23,0	29,0	12,0	18,0	24,0	10,8	16,8	22,8	10,2	16,2	22,2
M12 × 1,5	14,0	1,5	12,5	18,0	24,0	30,0	12,0	18,0	24,0	10,5	16,5	22,5	9,8	15,8	21,8
M14	16,6	2,0	14,5	22,0	29,0	36,0	14,0	21,0	28,0	12,0	19,0	26,0	11,1	18,1	25,1
M14 × 1,25[1)]	15,6	1,25	14,25	–	–	–	8,4	12,4	14,4	–	–	–	7,8	11,8	13,8
M16	18,6	2,0	16,5	24,0	32,0	40,0	16,0	24,0	32,0	14,0	22,0	30,0	13,1	21,1	29,1

[1)] Zündkerzengewinde (Spezialeinsatz)

System WÜRTH TIME – SERT®

nicht genormt

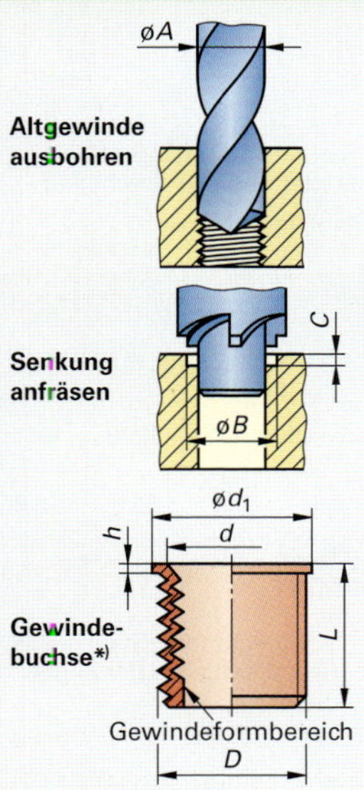

*) Mit Eindrehwerkzeug eindrehen

Nennmaß Buchse Innengewinde *d*	Länge der Buchse mm *L*	Nennmaß Buchse Außengewinde *D*	Ø Bund mm d_1	Höhe Bund mm *h*	Ø Bohrung mm *A*	Ø Einfräsung mm *B*	Tiefe Einfräsung mm *C*
M4	6,0; 8,0	M4,8 × 0,7	5,5	0,75	4,2	5,8	1,7
M5	7,6; 10,0	M5,9 × 0,8	7,0	0,75	5,5	7,1	1,8
M6	9,4; 12,0	M7,2 × 1	8,0	0,75	6,25	8,1	1,8
M7 × 1	10,0; 14,0	M8,25 × 1	8,8	0,75	7,35	8,9	1,9
M8 × 1	11,7	M9,2 × 1	10,0	0,75	8,2	10,7	2,1
M8	11,7; 16,2	M9,5 × 1,25	10,6	0,75	8,2	10,7	2,1
M10 × 1	6,2; 9,0; 15,0	M11,2 × 1	11,6	0,75	10,3	12,9	2,0
M10 × 1,25	9,0; 15,0; 20,0	M11,5 × 1,25	12,6	0,75	10,3	12,9	2,2
M10	14,0; 20,0	M11,8 × 1,5	12,6	0,75	10,3	12,9	2,2
M11 × 1,5	16,1; 22,2	M12,9 × 1,5	13,5	0,75	11,5	14,1	2,1
M12 × 1,25	9,0; 15,0	M13,6 × 1,25	14,0	0,75	12,1	14,1	2,1
M12 × 1,5	6,7; 9,2; 16,3	M13,9 × 1,5	15,0	0,75	12,3	15,1	2,1
M12	16,2; 24,0	M14,2 × 1,75	15,0	0,75	12,7	15,4	2,8
M14 × 1,25	8,0; 9,4; 11,0;	M15,6 × 1,25	16,0	0,75	14,0	16,2	2,8
M14 × 1,5	9,3; 12,8; 16,0;	M15,9 × 1,5	17,0	0,75	14,7	17,1	2,8
M16 × 1,5	7,0; 12,7; 24,0	M17,8 × 1,5	18,5	0,75	16,7	19,0	2,9
M16	24,0; 32,0	M18,8 × 2	19,8	0,75	16,7	20,0	2,9
M18 × 1,5	10,0; 18,3; 27,0	M19,9 × 1,5	20,5	0,75	18,3	21,3	3,5

G

G

Bezeichnung von Schrauben

vgl. DIN 962 E

Beispiele:

Sechskantschraube	ISO 4017 - M 12 × 80 - 8.8
Gewindestift	ISO 7435 - M 10 × 40 - 14H
Zylinderschraube	DIN 912 - M 16 × 70 - 10.9

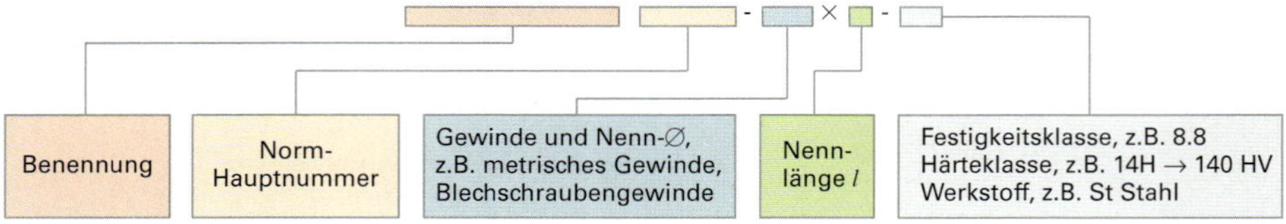

Festigkeitsklassen von Schrauben aus vergütetem Stahl

vgl. DIN EN 20898-1

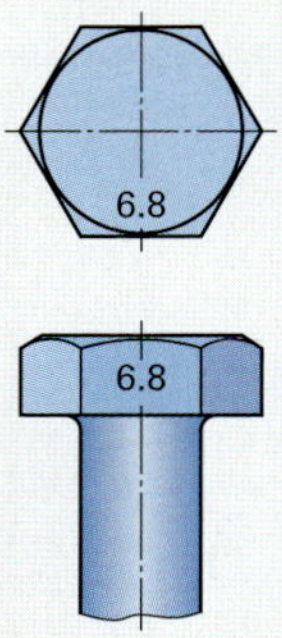

Festigkeitsklasse	3.6	4.6	4.8	5.6	5.8	6.8	8.8	9.8	10.9	12.9
Zugfestigkeit R_m in N/mm²	300	400		500		600	800	900	1000	1200
Mindeststreckgrenze R_{eL} bzw. 0,2 % Dehngrenze $R_{p0,2}$	180	240	320	300	400	480	640	720	900	1080
Bruchdehnung A in %	25	22	14	20	10	8	12	10	9	8

Schrauben aus Stahl haben eine Festigkeitskennzeichnung. Sie besteht aus zwei Zahlen, die durch einen Punkt voneinander getrennt sind, **z. B. 6.8.**

Die erste Zahl gibt 1/100 der Mindestzugfestigkeit R_m in N/mm² an, d.h. $\boldsymbol{R_m}$ **= 600 N/mm²**. Die zweite Zahl gibt 1/10 des Streckgrenzenverhältnisses an. Das Produkt aus den beiden Zahlen, 6 × 8 = 48, entspricht 1/10 der Mindeststreckgrenze R_{eL}, d.h. $\boldsymbol{R_{eL}}$ **= 480 N/mm²**.

Aufgrund des Werkstoffverhaltens wird ab der Festigkeitsklasse 8.8 anstelle der Mindeststreckgrenze R_{ef} die 0,2% Dehngrenze $\boldsymbol{R_{p0,2}}$ angegeben.

Bezeichnung von Muttern

vgl. DIN 962

Beispiele:

Sechskantmutter	ISO 4032 - M 12 - 8
Nutmutter	ISO 1804 - M 40 × 1,5 - w
Sechskantmutter	DIN 1661 - M 12 - 8

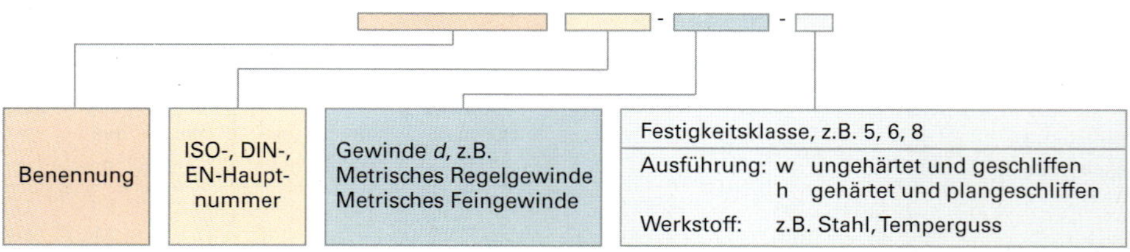

Festigkeitsklassen von Muttern

vgl. DIN EN 20898

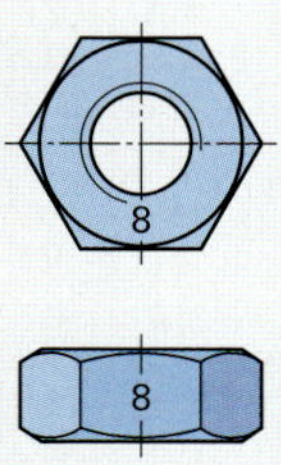

		5		6	8	9		10	12
Festigkeitsklasse (Mutterhöhe ≧ 0,8 · *d*)		5		6	8	9		10	12
Nennprüfspannung in N/mm²		500		600	800	900		1000	1200
Zugehörige Schraube	**Festigkeitsklasse**	3.6/4.6 4.8	5.6/5.8	6.8	8.8	8.8	9.8	10.9	12.9
	Größe	≦ M16	alle	alle	alle	> M16 ≦ M39	≦ M16	alle	≦ M39

Die Festigkeitsklassen von Muttern aus unlegiertem oder niedriglegiertem Stahl – bis *d* = 39 mm Gewindedurchmesser und Mutterhöhen *m* ≧ 0,8 *d* – richtet sich nach der Zugfestigkeit der Schraube, mit der die Mutter gepaart werden soll.

Muttern aus Stahl sind mit einem Zahlenwert gekennzeichnet, der 1/100 der Prüfspannung angibt.

Beispiel: Schraube 8.8, zugehörige Mutter der Festigkeitsklasse 8 (siehe Tabelle).

Bild	Ausführung Norm	Bild	Ausführung Norm	Bild	Ausführung Norm
Sechskantschrauben					
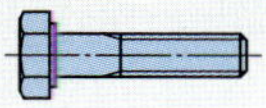	mit Schaft und Regelgewinde DIN EN 24014 Feingewinde DIN EN 28765	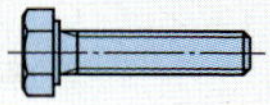	Gewinde bis Kopf Regelgewinde DIN EN 24017 Feingewinde DIN EN 28676	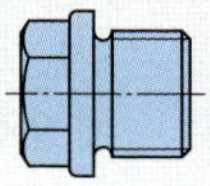	Verschlussschraube, Feingewinde DIN 908, DIN 910 Rohrgewinde DIN 906
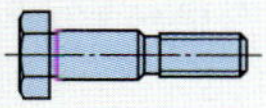	Passschraube mit langem Gewindezapfen DIN 609	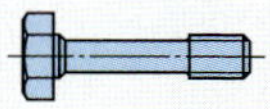	mit Dünnschaft DIN EN 24015	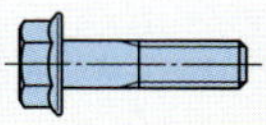	mit Flansch DIN EN 1665
Zylinderschrauben					
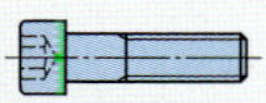	mit Innensechskant DIN 7984 DIN EN ISO 4762	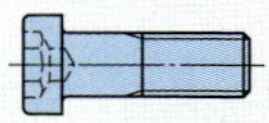	mit Innensechskant und Schlüsselführung DIN 6912	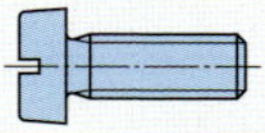	mit Schlitz DIN EN ISO 1207
Flachkopfschrauben					
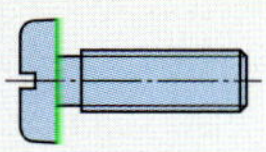	mit Schlitz DIN EN ISO 1580	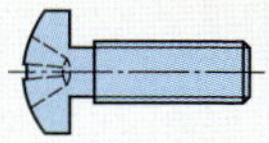	Linsenschraube mit Kreuzschlitz DIN EN ISO 7045	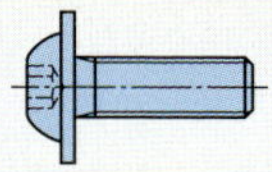	Linsenschraube mit Flansch und Innensechskant DIN ISO 7380
Senkschrauben					
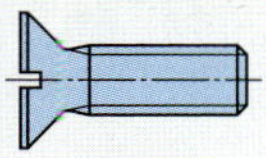	mit Schlitz DIN EN ISO 2009	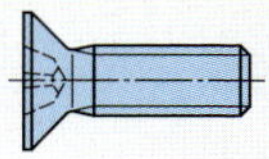	mit Kreuzschlitz DIN EN ISO 7046	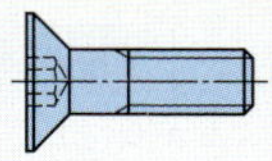	mit Innensechskant DIN EN ISO 10642
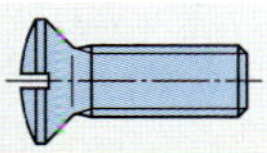	Linsenkopf mit Schlitz DIN EN ISO 2010	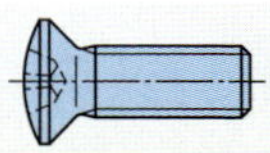	Linsenkopf mit Kreuzschlitz DIN EN ISO 7047	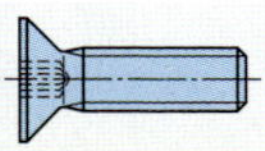	mit Innentorx®
Blechschrauben					
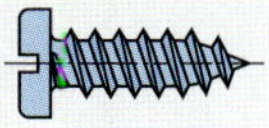	Flachschraube mit Schlitz DIN ISO 1481		Flachschraube mit Kreuzschlitz DIN ISO 7050	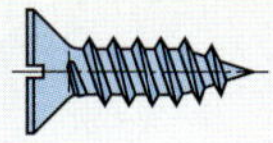	Senkschraube mit Schlitz DIN ISO 1482
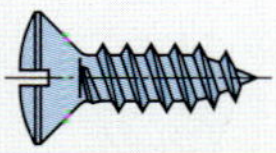	Linsenkopfsenkschraube mit Schlitz DIN 1483	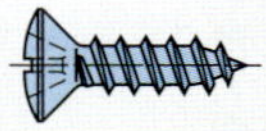	Linsensenkkopfschraube mit Kreuzschlitz DIN ISO 7051	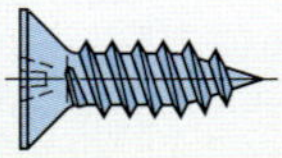	Senkschraube mit Kreuzschlitz DIN ISO 7051
Bohrschrauben mit Blechschraubengewinde					
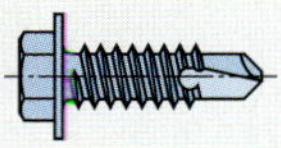	Flachkopfschraube mit Sechskant DIN 7504	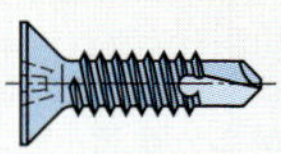	Senkkopfschraube mit Kreuzschlitz DIN 7504		Linsensenkkopfschraube mit Kreuzschlitz DIN 7504
Stiftschrauben, Gewindestifte					
	Stiftschraube DIN 835, DIN 838 DIN 839	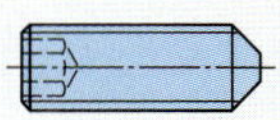	Gewindestift mit Innensechskant und Spitze DIN EN 7434	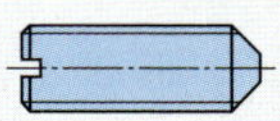	Gewindestift mit Schlitz und Spitze DIN EN 7434
Sonstige Schraubenformen					
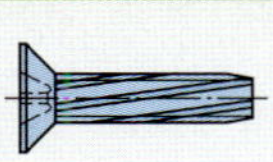	Gewinde-Schneidschraube mit Kreuzschlitz DIN 7516	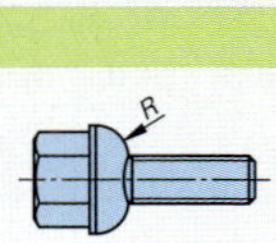	Radschraube[1] mit kugelförmigem Sitz (nicht genormt)	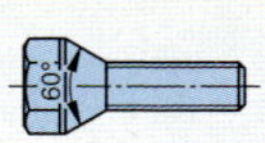	Radschraube[1] mit kegelförmigem Sitz (nicht genormt)

[1] Radschrauben sind vom Fahrzeughersteller auf den jeweiligen Felgentyp abgestimmt.

G

Schraubendreher und Schraubendrehereinsätze

Symbol	Schraubenkopf	Werkzeug	Symbol	Schraubenkopf	Werkzeug
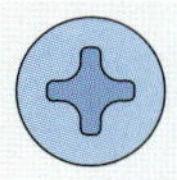	Kreuzschlitzschrauben Form H PHILLIPS-RECESS®-Schrauben (PH)	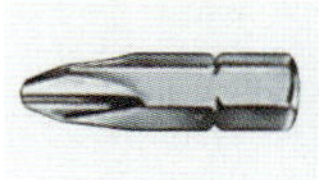		Innenvielzahn-schrauben XZN	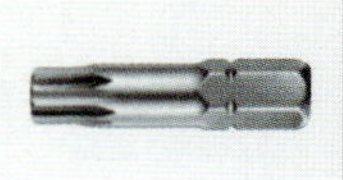
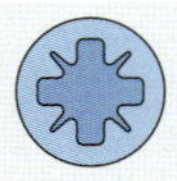	Kreuzschlitzschrauben Form Z POZDRIV®-Schrauben (PZ)			TORQ-SET®-Schrauben	
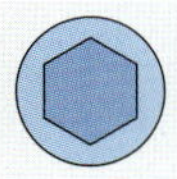	Innensechskant-schrauben	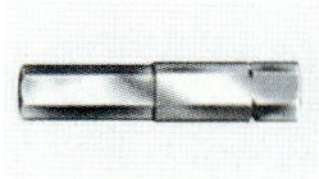		Innen-TORX®-Schrauben	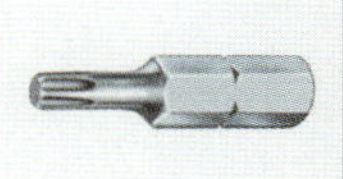
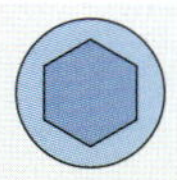	Innensechskant-schrauben	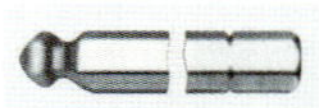 mit Kugelkopf	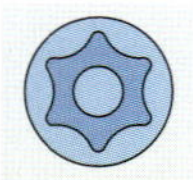	Innen-TORX®-Schrauben mit Zapfenführung	

G

Muttern

Sechskantmutter hohe Form DIN EN ISO 4033

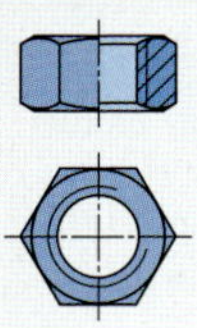

Sechskantmutter niedrige Form DIN EN ISO 4035

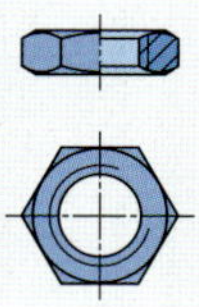

Sechskantmutter mit Klemmteil DIN EN ISO 7040

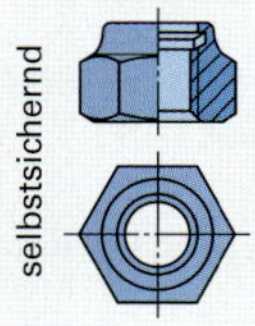

Sechskantmutter mit Flansch DIN EN 1661

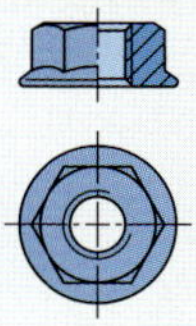

Sechskant-Schweißmutter DIN 929

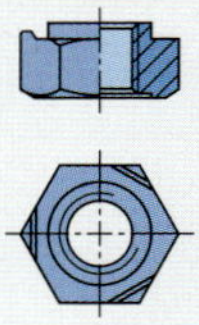

Kronenmutter niedrige Form DIN 979

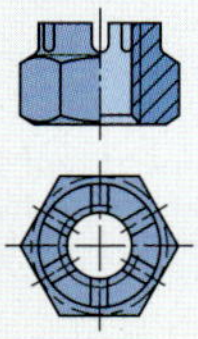

Sechskant-Hutmutter DIN 1587

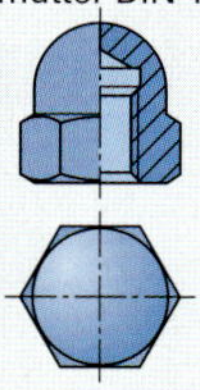

Flachbundmutter B mit Kugelbund-Federring C DIN 74361

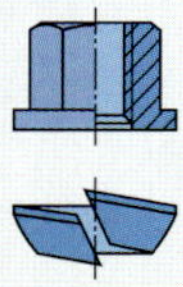

Radmutter[1] kegeliger Sitz DIN 74 361

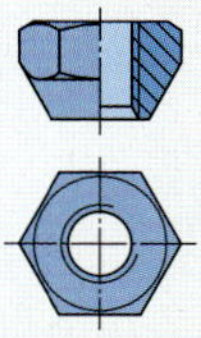

Radmutter[1] kugelförmiger Sitz DIN 74 361

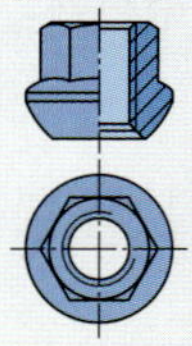

[1] Radmuttern sind vom jeweiligen Fahrzeughersteller auf den jeweiligen Felgentyp abgestimmt.

Sechskantmuttern – Typ 1

vgl. DIN EN ISO 4032

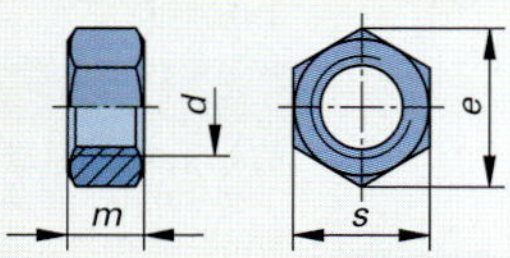

Gewinde		M 6	M 8	M 10	M 12	M 16	M 20	M 24	M 30	M 36
d		6	8	10	12	16	20	24	30	36
m	max	5,2	6,8	8,4	10,8	14,8	18,0	21,5	25,6	31,0
s	max	10	13	16	18	24	30	36	46	55
e	min	11,1	14,4	17,8	20,0	26,8	33,0	39,6	50,9	60,8

Sechskantmuttern – Niedrige Form (Kontermutter)

vgl. DIN EN ISO 8675

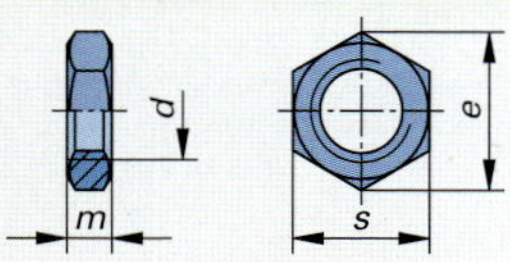

Gewinde		M 6	M 8	M 10	M 12	M 16	M 20	M 22	M 24	M 30
d		6	8	10	12	16	20	22	24	30
m	max	3,2	4,0	5,0	6,0	8,0	10,0	11,0	12,0	15
s	max	10	13	17	19	24	30	32	36	46
e	min	11,1	14,4	18,9	21,1	26,8	33,0	35,0	39,6	50,9

Anzugsdrehmomente bei Schaftschrauben mit Regelgewinde

Gewinde	Anziehdrehmoment M_A in Nm				
	4.6	5.6	8.8	10.9	12.9
M 4	1,0	1,37	3,0	4,4	5,1
M 5	2,0	2,7	5,9	8,7	10,0
M 6	3,5	4	10	15	18
M 8	8,4	11	25	36	43
M 10	17	22	49	72	84
M 12	29	39	85	125	145
M 16	71	95	210	310	365
M 20	138	184	425	610	710
M 24	235	315	730	1050	1220
M 30	475	635	1450	2100	2450

Anmerkungen zur Tabelle Anzugsdrehmomente
Die Anzugsdrehmomente M_A sind Richtwerte für Schaftschrauben mit vorgegebenen Kopfauflagemaßen, z. B. nach DIN EN 24014. Sie ergeben eine Ausnutzung der Mindeststreckgrenze R_e von 90 % bei einer Reibungszahl von μ_R = 0,14 (neue Schraube, ohne Nachbehandlung, ungeschmiert).

Anmerkungen zu Radschrauben, Radmuttern
Es gibt **keine** generellen Werte für Anzugsdrehmomente. Die vom Automobilhersteller vorgegebenen Arbeitsfolgen und Anzugsdrehmomente **müssen unbedingt** eingehalten werden. Drehmomentschlüssel sind mindestens einmal jährlich zu kalibrieren (auf Maß einstellen).
Die Einschraubtiefe muss mindestens 0,8 × *d* (Schraubendurchmesser) betragen.

Schraubensicherungen

Federnde Zahnscheiben*)

außengezahnt: A

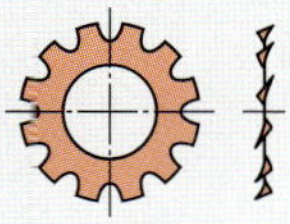

innengezahnt: J

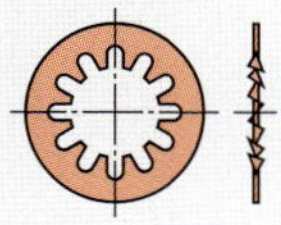

Fächerscheiben*)

außengezahnt: A

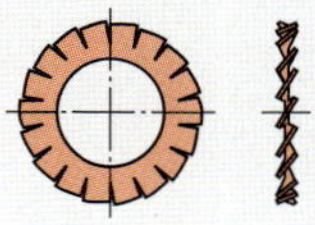

innengezahnt: J

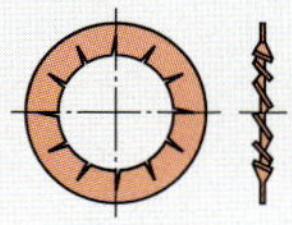

Sicherungsblech für Nutmuttern

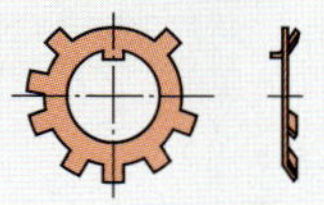

Federring, aufgebogen*) mit Beißkante)

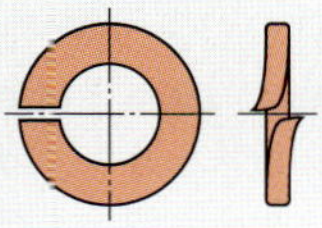

Federring, glatt*) (ohne Beißkante)

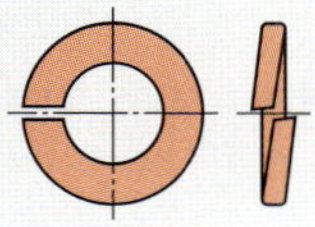

Federscheibe, gewölbt*)

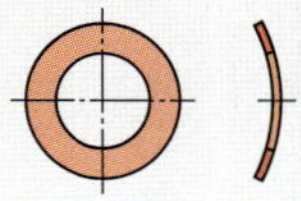

Spannscheibe

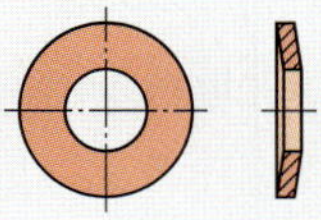

DIN 6796

Keilsicherungs-federscheiben als Losdrehsicherung

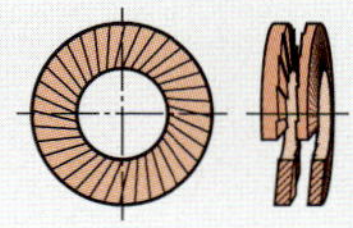

Sicherungsblech*) (Scheibe mit Lappen)

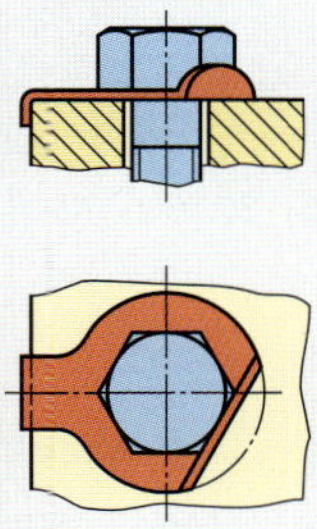

Kronenmutter mit Splint*)

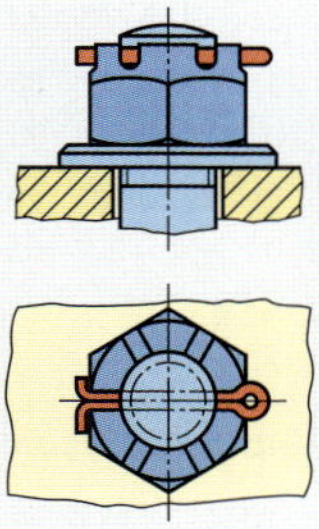

Sechskantmutter mit Polyamid-klemmteil

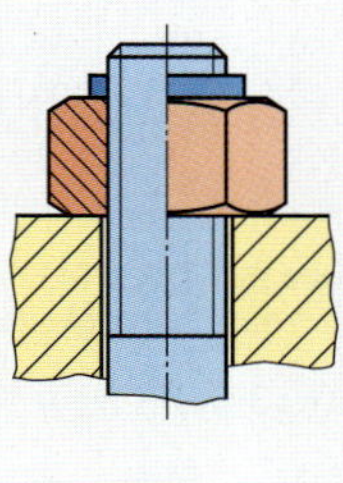

Sechskantmutter DIN 982-M16-8

Außensechsrund-schraube (Torxschraube® Außenprofil)

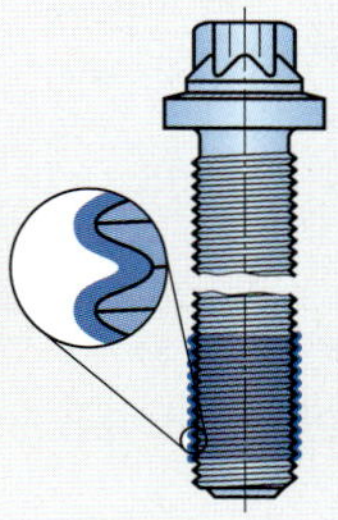

Kunststoffsicherung DIN 267

Sechskantmutter mit Sperrzähnen

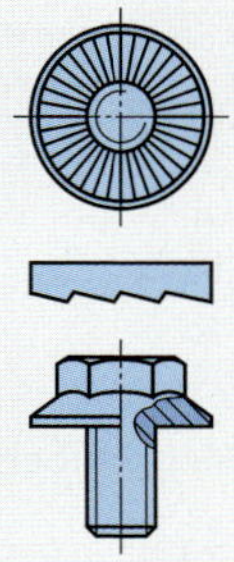

Sperrzahnschraube DIN 6921

Sicherungen für Wellen und Bohrungen

Sicherungsring für Wellen

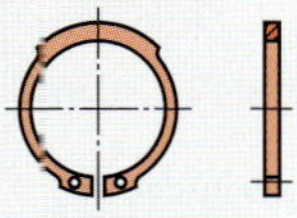

Sicherungsring 40 x 1,75 DIN 471

Sicherungsring für Wellen

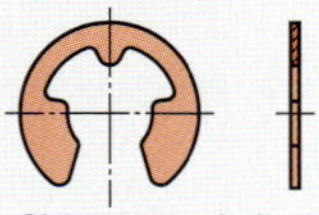

Sicherungsscheibe 4 DIN 6799

Sicherungsring für Bohrungen

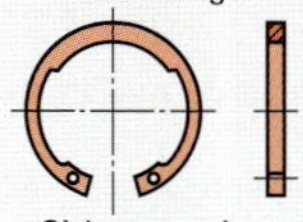

Sicherungsring 50 x 2,5 DIN 472

Runddraht-Sprengring für Welle und Bohrung

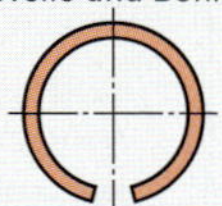

Sprengring DIN 7993-A30

Drahtsprengring für Kolbenbolzen

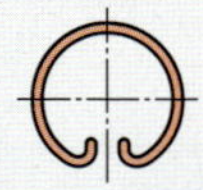

Drahtsprengring A 20 DIN 73123

*) Für diese Schraubensicherungen wurde die Norm zurückgezogen, da sie sich bei Wechselbelastungen und Setzungen lockern oder losdrehen könnte.

G

Sechskantschrauben mit Schaft

vgl. DIN EN ISO 4014

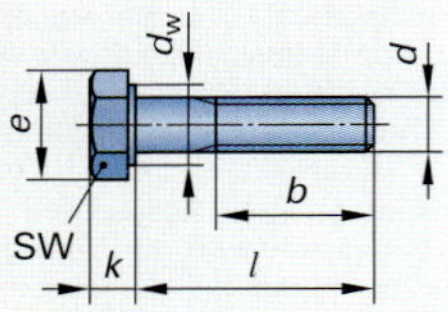

d		M6	M8	M10	M12	M16	M20	M24	M30	M36
SW		10	13	16	18	24	30	36	46	55
k_{max}		4	5,3	6,4	7,5	10	12,5	15	18,7	22,5
d_w		8,9	11,6	14,6	16,6	22	27,7	33,3	42,8	51,1
e		11,1	14,4	17,8	20	26,2	33	39,6	50,9	60,8
b		18	22	26	30	38	46	54	66	84
l	von	30	40	45	50	65	80	90	110	140
	bis	60	80	100	120	160	200	240	300	360

Sechskantschraube ISO 4014 – M10 × 60 – 8.8
d = M10, l = 60 mm, Festigkeitsklasse 8.8

Sechskantschrauben mit Gewinde bis zum Kopf und Feingewinde

vgl. DIN EN ISO 8766

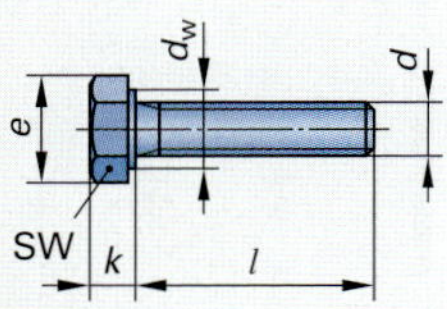

d		M8 × 1	M10 × 1	M12 × 1,5	M16 × 1,5	M20 × 1,5	M24 × 2	M30 × 2	M36 × 3	M42 × 3
SW		13	16	18	24	30	36	46	55	65
k		5,3	6,4	7,5	10	12,5	15	18,7	22,5	26
d_w		11,6	14,6	16,6	22,5	27,7	33,3	42,8	51,1	60
e		14,4	17,8	20	26,2	33	39,6	50,9	60,8	71,3
l	von	16	20	25	35	40	40	40	40	90
	bis	80	100	120	160	200	200	200	200	420

Sechskantschraube ISO 8676 – M8 × 1 × 55 – 8.8
d = M8 × 1, l = 55 mm, Festigkeitsklasse 8.8

Zylinderschrauben mit Innensechskant

DIN EN ISO 4762 (1998-02)

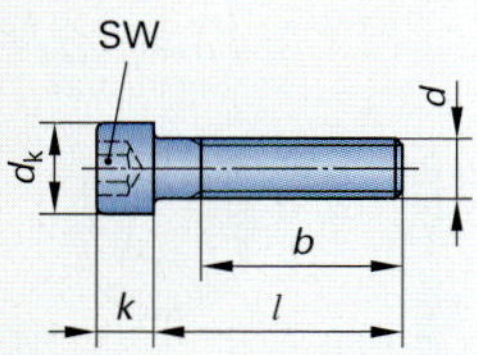

d		M6	M8	M10	M12	M16	M20	M24	M30	M36
SW		5	6	8	10	14	17	19	22	27
d_k		10	13	16	18	24	30	36	45	54
k		6	8	10	12	16	20	24	30	36
b		24	28	32	36	44	52	60	72	84
für l		≥ 35	≥ 40	≥ 45	≥ 45	≥ 65	≥ 80	≥ 90	≥ 110	≥ 120
l	von	10	12	16	20	25	30	35	40	45
	bis	60	80	100	120	160	200	200	200	200
NL		2,5; 3; 4; 5; 6; 8; 10; 12; 16; 20; 25; 30…65; 70; 80…150; 160; 180; 200…280; 300 mm								

Zylinderschraube ISO 4762 – M10 × 55 – 10.9
d = M10, l = 55 mm, Festigkeitsklasse 10.9

Radschrauben für Pkw und Nkw mit Kegelbund bzw. Kugelbund (Auswahl)

vgl. DIN 74 361

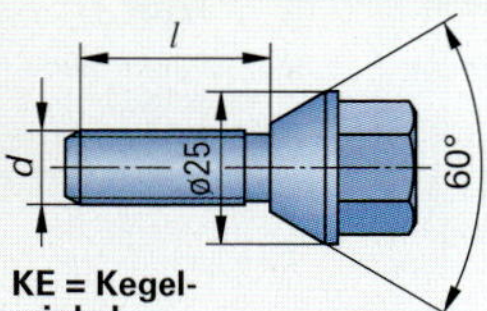

KE = Kegelwinkel

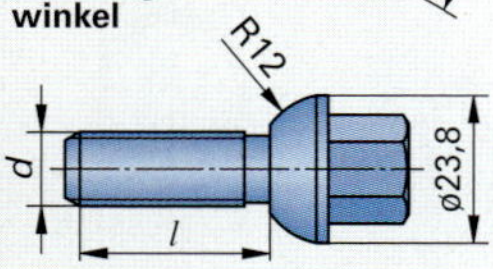

KU = Kugelradius

d	M12 × 1,5 KE	M12 × 1,5 KE	M12 × 1,25 KE	M14 × 1,5 KE	M12 × 1,5 KU	M14 × 1,5 KU	M14 × 1,5 KU	M18 × 1,5 KU
SW	17, 19	17, 19	17, 19	17, 19	17, 19	17, 19	17, 19	24
Form	60°	90°	60°	60°	R12	R12	R13, R14	R16

Schaftlänge. Sie ist so zu wählen, dass die Mindesteinschraubtiefe 6 … 8 Umdrehungen beträgt.

Anzugsdrehmoment. Die Herstellervorschriftten sind unbedingt einzuhalten.

Normungsbeispiel: Radschraube DIN 74 361 – G14 x 24 – 8.8

G Kugelbundschraube; **14** Gewinde M14 x 1,5, **24** Schaftlänge 24 mm, **8.8** Festigkeitsklasse 8.8

Stiftschrauben

vgl. DIN 835, 938, 939

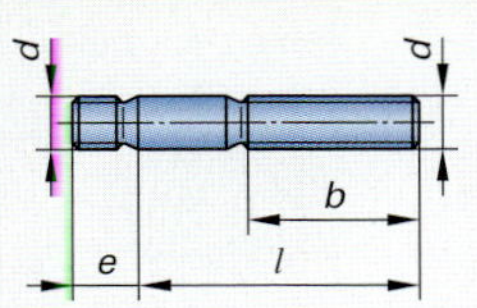

Stehbolzen

DIN	Verwendung zum Einschrauben in
835	Aluminiumlegierungen
938	Stahl
939	Gusseisen

	d	M3	M4	M5	M6	M8 M8 ×1	M10 M10 ×1,25	M12 M12 ×1,25	M16 M16 ×1,5	M20 M20 ×1,5	M24 M24 ×2
b für	*l* < 125	12	14	16	18	22	26	30	38	46	54
	l > 125	18	20	22	24	28	32	36	44	52	60
e	DIN 835	–	8	10	12	16	20	24	32	40	48
	DIN 938	3	4	5	6	8	10	12	16	20	24
	DIN 939	–	5	6,5	7,5	10	12	15	20	25	30
l	von	20	20	25	25	30	35	40	50	60	70
	bis	30	40	50	60	80	100	120	170	200	200

Stiftschraube DIN 939 – M 10×65 – 8.8
d = M10, *l* = 65 mm, Festigkeitsklasse 8.8

Gewindestifte mit Innensechskant

vgl. DIN 913, 914, 915, 916

mit Kegelkuppe (DIN 913)

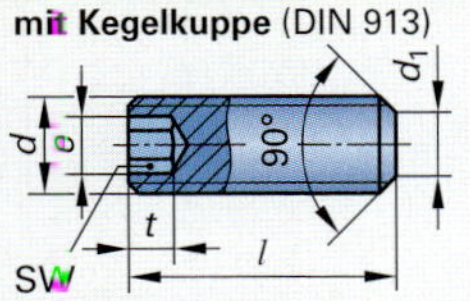

mit Spitze (DIN 914)

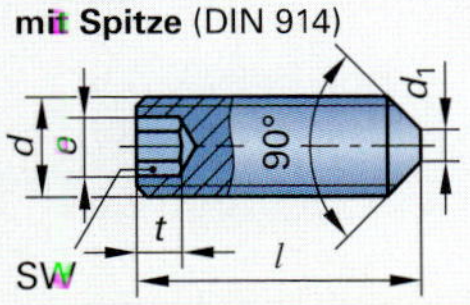

		M2	M2,5	M3	M4	M5	M6	M8	M10	M12	M16	M20
	d	M2	M2,5	M3	M4	M5	M6	M8	M10	M12	M16	M20
	SW	0,9	1,3	1,5	2	2,5	3	4	5	6	8	10
	e ≈	1	1,4	1,7	2,3	2,9	3,4	4,6	5,7	6,9	9,2	11,4
	t_{min}	0,8	1,2	1,2	1,5	2	2	3	4	4,8	6,4	8
DIN 913	d_{1max}	1	1,5	2	2,5	3,5	4	5,5	7	8,5	12	15
	l von	3	3	3	4	5	6	8	10	16	20	20
	l bis	10	10	20	20	25	35	40	40	40	40	50
DIN 914	d_{1max}	–	–	–	–	–	1,5	2	2,5	3	4	5
	l von	3	4	4	5	6	8	10	12	16	20	20
	l bis	10	10	20	20	25	35	40	40	40	40	50

Senkschrauben mit Innensechskant

vgl. DIN EN ISO 10642

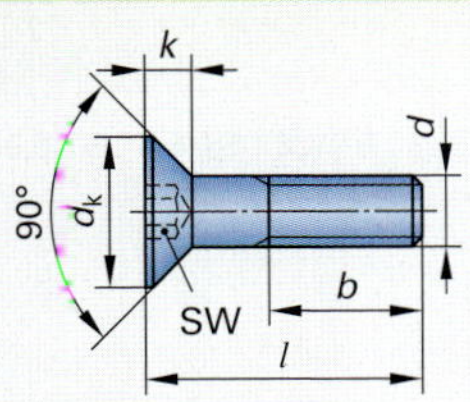

1) für *l* ≤ *b*: Gewinde annähernd bis zum Kopf (DIN 914)

	d	M3	M4	M5	M6	M8	M10	M12	M16	M20
	SW	2	2,5	3	4	5	6	8	10	12
	d_k	5,5	7,5	9,4	11,3	15,2	19,2	23,1	29	36
	k	1,9	12,5	3,1	3,7	5	6,2	7,4	8,8	10,2
	b 1)	18	20	22	24	28	32	36	44	52
l	von	8	8	8	8	10	12	20	30	35
	bis	30	40	50	60	80	100	100	100	100

Senkschraube ISO 10642 – M5×30 – 8.8
d = M5, *l* = 30 mm, Festigkeitsklasse 8.8

Senkschrauben mit Schlitz bzw. Kreuzschlitz
Linsensenkschrauben mit Schlitz bzw. Kreuzschlitz

vgl. DIN EN ISO 2009 bzw. DIN EN ISO 7046
vgl. DIN EN ISO 2010 bzw. DIN EN ISO 7047

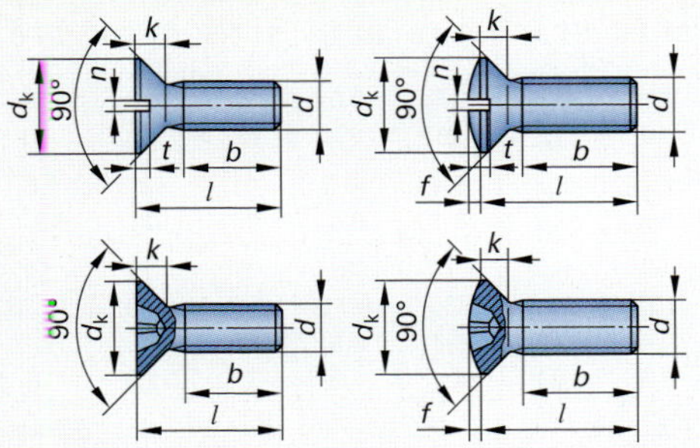

	d	M3	M4	M5	M6	M8	M10
	d_k	5,5	8,4	9,3	11,3	15,8	18,3
	k	1,7	2,7	2,7	3,3	4,7	5
	n	0,8	1,2	1,2	1,6	2	2,5
	f	0,7	1	1,2	1,4	2	2,3
	t	1,2	1,6	2	2,4	3,2	3,8
l	von	5	6	8	8	10	12
	bis	30	40	50	60	80	80

Senkschraube ISO 7047 – M3×20 – 5.8 – H
b = Gewindelänge

G

Gewinde und Schraubenenden für Blechschrauben

vgl. DIN EN ISO 1478

Gewinde ST

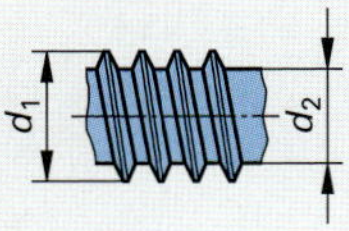

Gewindeprofil

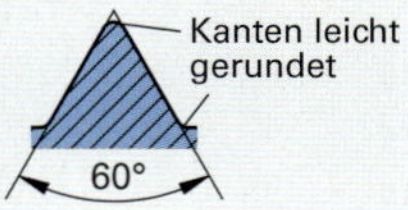

Form C mit Spitze

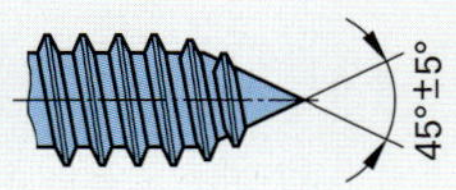

Form F mit Zapfen

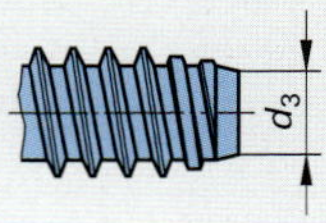

Nenndurchmesser	ST 2,2	ST 2,9	ST 3,5	ST 3,9	ST 4,2	ST 4,8	ST 5,5	ST 6,3	ST 8
d_1 mm	2,24	2,9	3,53	3,91	4,22	4,8	5,46	6,25	8
d_2 mm	1,63	2,18	2,64	2,92	3,1	3,58	4,17	4,88	6,2
d_3 mm	1,5	2	2,4	2,7	2,9	3,3	3,9	4,5	5,8

Kernlochdurchmesser für Blechschrauben

vgl. DIN 7975

G

Gewindegröße	Blechdicke über mm	Blechdicke bis mm	Kernlochdurchmesser mm	Gewindegröße	Blechdicke über mm	Blechdicke bis mm	Kernlochdurchmesser mm
	–	0,56	2,6		0,5	1,13	3,7
ST 3,5	0,56	0,88	2,7	ST 4,8	1,13	1,75	3,9
	1,0	1,38	2,8		1,75	2,5	4,0
	1,38	1,75	2,9		2,5	3,0	4,1
	0,5	1,13	2,95		1,13	1,5	4,0
ST 3,9	1,13	1,38	3,0	ST 5,5	1,5	1,75	4,5
	1,38	2,0	3,2		1,75	2,25	4,6
	2,0	2,5	3,5		2,25	3,0	4,7
	0,5	1,13	3,2		1,38	1,75	5,0
ST 4,2	1,13	1,38	3,3	ST 6,3	1,75	2,0	5,2
	1,38	2,5	3,5		2,0	3,0	5,3
	2,5	3,0	3,8		3,0	4,0	5,8

Linsen-Blechschrauben

vgl. DIN ISO 7049

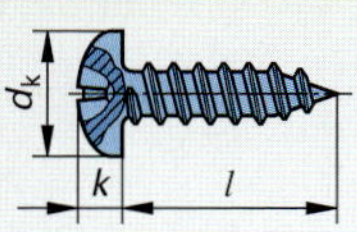

Form C

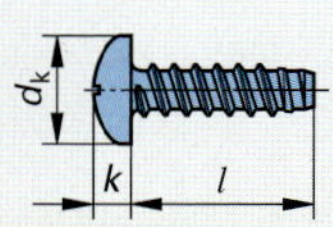

Form F

Gewindegröße		ST 2,2	ST 2,9	ST 3,5	ST 4,2	ST 4,8	ST 5,5	ST 6,3
l	von	4,5	6,5	9,5	9,5	9,5	13	13
	bis	16	19	25	32	38	38	38
d_k		4,2	5,6	6,9	8,2	9,5	10,8	12,5
k		1,8	2,2	2,6	3,1	3,6	4	4,6
Kreuzschlitz		1		2			3	

Nennlängen 4,5; 6,5; 9,5; 13; 16; 19; 22; 25; 32; 38 mm

Sechskant-Blechschrauben mit Bund

vgl. DIN 6928

Form C

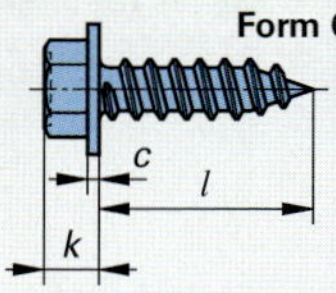

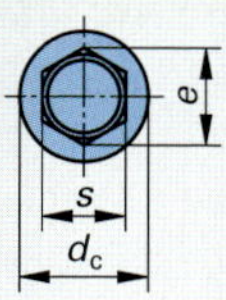

Form F

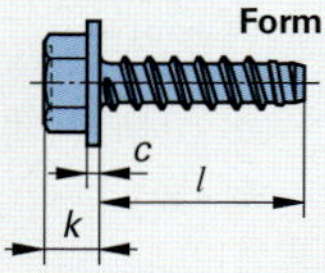

Gewindegröße		ST 2,9	ST 3,5	ST 4,2	ST 4,8	ST 5,5	ST 6,3	ST 8
l	von	6,5	6,5	9,5	9,5	13	13	16
	bis	19	22	25	25	38	50	50
d_c	max.	6,3	8,3	8,8	10,5	11	13,5	18
	min.	5,8	7,6	8,1	9,8	10	12,2	16,7
s		4	5,5	7	8	8	10	13
e	min.	4,28	5,96	7,59	8,71	8,71	10,95	14,26
c	min.	0,4	0,6	0,8	0,9	1,0	1,0	1,2
k	Nenn.	2,8	3,4	4,1	4,3	5,4	5,9	7

Nennlängen 6,5; 9,5; 13; 16; 19; 22; 25; 32; 38; 45; 50 mm

Blindniete mit Sollbruchdorn

vgl. DIN 7337

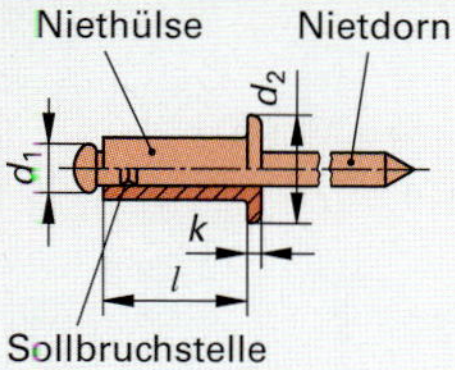

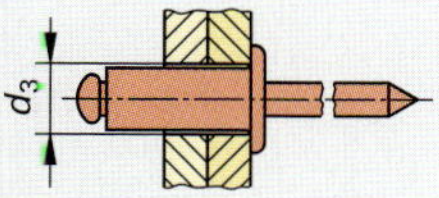

Form A: Flachkopf

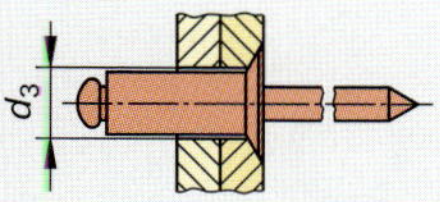

Form B: Senkkopf

d_1 (Nenn-∅)		**2,4**	**3,0**	**3,2**	**4,0**	**4,8**	**5,0**	**6,0**	**6,4**
d_2	Form A	5,0	6,5	6,5	8,0	9,5	9,5	12,0	13,0
	Form B	–	6	6	7,5	9	9	11	12
k	Form A	0,6	0,8	0,8	1,0	1,1	1,1	1,5	1,8
	Form B	–	0,9	0,9	1,0	1,2	1,2	1,5	1,6
d_3 (Nietloch-∅)		2,5	3,1	3,3	4,1	4,9	5,1	6,1	6,5

Klemmlänge in Abhängigkeit von Nennlänge und Nenndurchmesser

Nenn-länge	Nenndurchmesser d_1							
	2,4	3,0	3,2	4,0	4,8	5,0	6,0	6,4
l	Klemmlängenbereiche von … bis							
4	0,5…2	0,5…1,5	0,5…1,5	–	–	–	–	–
6	2…4	1,5…3,5	1,5…3,5	1,5…13	2…3	2…3	–	–
8	4…6	3,5…5,5	3,5…5,5	3…5	3…4,5	3…4,5	2…4	–
10	–	5,5…7	5,5…7	5…6,5	4,5…6	4,5…6	4…6	–
12	–	7…9	7…9	6,5…8,5	6…8	6…8	6…8	2…6
16	–	9…13	9…13	8,5…12,5	8…12	8…12	8…11	6…10
20	–	13…17	13…17	12,5…16,5	12…16	12…16	11…15	10…14
25	–	17…22	17…22	16,5…21,5	16…21	16…21	15…20	14…18
30	–	–	–	–	21…25	21…25	20…24	18…23

G

Splinte

vgl. DIN EN ISO 1234

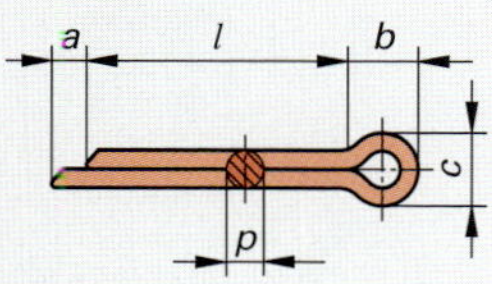

d		**1,6**	**2,0**	**2,5**	**3,2**	**4,0**	**5,0**	**6,3**	**8,0**	**10,0**
l[1)] Nenn-länge	von	8	10	12	14	18	22	32	40	45
	bis	32	40	50	63	80	100	125	160	200
a		2,5	2,5	2,5	3,2	4,0	4,0	4,0	4,0	6,3
b		3,2	4,0	5,0	6,4	8,0	10,0	12,6	16,0	20,0
c		2,8	3,6	4,6	5,8	7,4	9,2	11,8	15,0	19,0

[1)] Nennlängen: 8, 10, 12…32, 36, 40, 45, 50, 56, 63, 71, 80, 90, 100, 112, 125, 140, 160…200, 224, 250 mm

Bezeichnungsbeispiel: Splint ISO 1234 – 6,3 × 40 – St

Scheiben für Sechskantschrauben

vgl. DIN 125-1 und -2

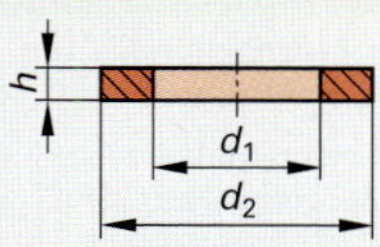

Form A: ohne Fase

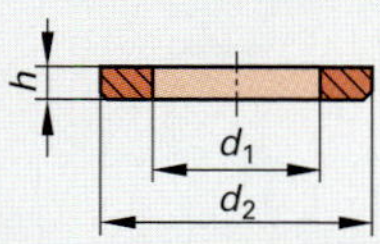

Form B: mit Außenfase

Schraube	**M 4**	**M 5**	**M 6**	**M 8**	**M 10**	**M 12**	**M 16**	**M 20**	**M 22**	**M 24**	**M 27**	**M 30**	**M 36**
d_1 (Nenn-∅)	4,3	5,3	6,4	8,4	10,5	13,0	17,0	21,0	23,0	25,0	28,0	31,0	37,0
d_2 max	9	10	12	16	20	24	30	37	39	44	50	56	66
h	0,8	1,0	1,6	1,6	2,0	2,5	3,0	3,0	3,0	4,0	4,0	4,0	5,0

Festigkeitsklassen: Stahl 8.8; Nichtrostender Stahl: A2-50, A4-50

Hinweis: Scheiben der Härteklasse 140 HV (140 HV…200 HV) oder der Härteklasse 200 HV (200 HV…250 HV) für Schrauben bis Festigkeitsklasse 8.8. Scheiben der Härteklasse 300 HV (300 HV…400 HV) für Schrauben der Festigkeitsklasse 8.8. Scheiben dieser Festigkeitsklasse haben eine Außen-und Innenfase oder nur eine Innenfase.

Bezeichnungsbeispiel: Scheibe DIN 125-A 8. 4-140 HV

Große Scheiben (Karosseriescheiben)

vgl. DIN 9021

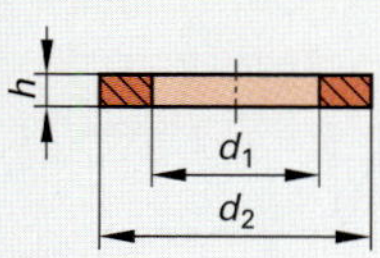

Schraube	**M 4**	**M 5**	**M 6**	**M 7**	**M 8**	**M 10**	**M 12**	**M 14**	**M 16**	**M 18**	**M 20**	**M 24**	**M 30**	**M 36**
d_1 (Nenn-∅)	4,3	5,3	6,4	7,4	8,4	10,5	13,0	15,0	17,0	20,0	22,0	26,0	33,0	39,0
d_2 max	12	15	18	22	24	30	37	44	50	56	60	72	92	110
h	1,0	1,2	1,6	2,0	2,0	2,5	3,0	3,0	3,0	4,0	4,0	5,0	6,0	8,0

Bezeichnungsbeispiel: Scheibe DIN 9021-10, 5-100 HV-A2

Stahlprofile: Bezeichnung, Abmessungen, Norm

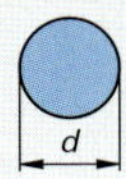

Rundstahl
$D = 8 \dots 200$
DIN EN 10060

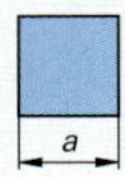

Vierkantstahl
$a = 8 \dots 120$
DIN EN 10059

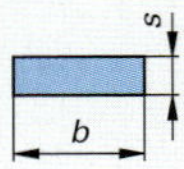

Flachstahl
$b \times s = 10 \times 5$
$\dots 150 \times 60$
DIN EN 10058

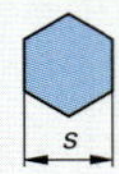

Sechskantstahl
$s = 13 \dots 103$
DIN EN 10061

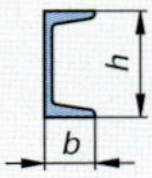

U-Stahl
$h = 30 \dots 400$,
$b = 15 \dots 110$
DIN 1026-1

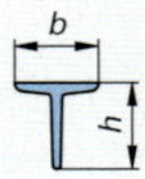

Gleichschenkliger T-Stahl
$b = h =$
$30 \dots 140$
DIN EN 10055

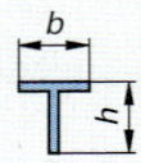

Gleichschenkliger scharfkantiger T-Stahl
$b = h = 20 \dots 40$
DIN 59051

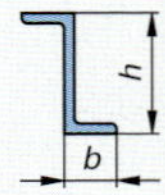

Z-Stahl
$h = 30 \dots 200$,
$b = 15 \dots 110$
DIN 1027

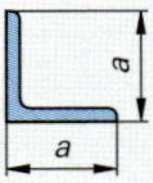

Gleichschenkliger Winkelstahl
$a = 20 \dots 250$
DIN EN 10056-1

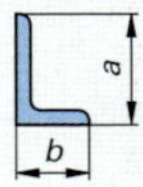

Ungleichsch. Winkelstahl
$a \times b = 30 \times 20$
$\dots 200 \times 150$
DIN EN 10056-1

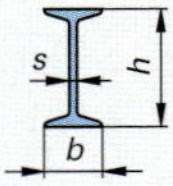

Schmale I-Tr.
$h = 80 \dots 600$
$b = 42 \dots 215$
$s = 3{,}9 \dots 20$
DIN EN 10024

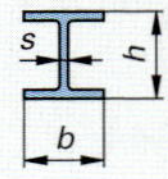

Breite I-Träger
$h = 100 \dots 1000$
$b = 100 \dots 1000$
$s = 6 \dots 38$
DIN 1025-2

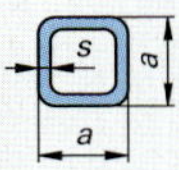

Hohlprofil-quadratisch
$a = 20 \dots 400$
$s = 2 \dots 20$
DIN EN 10210-2

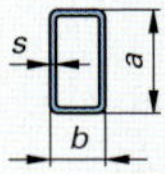

Hohlprofil-rechteckig
$a \times b = 50 \times 25$
$\dots 500 \times 300$
$s = 2 \dots 20$
DIN EN 10210-2

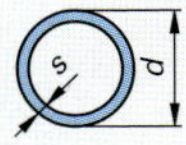

Nahtlose Stahlrohre
$d = 10{,}2 \dots 610$,
$s = 1{,}6 \dots 12{,}5$
DIN EN 10220

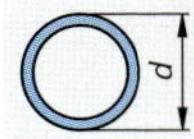

Nahtlose Präzisionsstahlrohre
$d = 4 \dots 260$,
$s = 0{,}5 \dots 25$
DIN EN 10305-1

Al-Profile: Bezeichnung, Abmessungen, Norm

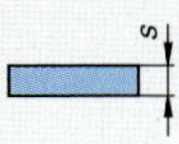

Bleche, Bänder
$s = 0{,}4 \dots 15$
DIN EN 485-2

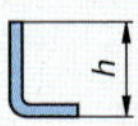

L-Profil
rundkantig o. scharfkantig
$h = 10 \dots 80$
DIN 1771

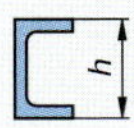

U-Profil
rundkantig o. scharfkantig
$h = 10 \dots 160$
DIN 9713

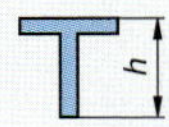

T-Profil
rundkantig o. scharfkantig
$h = 15 \dots 100$
DIN 9714

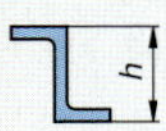

Z-Profil
$h = 20 \dots 60$
DIN EN 755/1-2

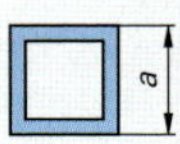

Quadratrohre
$a = 15 \dots 100$
DIN EN 754-4

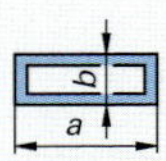

Rechteckrohre
$a = 15 \dots 250$
$b = 10 \dots 100$
DIN EN 754-7

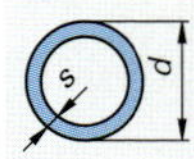

Rundrohre
$d = 3 \dots 273$
DIN EN 754-7

Karosseriesonderprofile, Stahl

Um das Eigengewicht der Karosserie möglichst klein zu halten, werden im Fahrzeugbau u.a. Leichtbauprofile verwendet. Bei schwereren Nkw werden dickwandigere Spezialprofile als Konstruktionselemente eingesetzt.

Stirnprofil

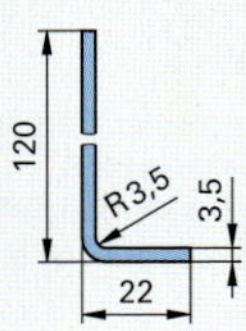

Eckrungenprofil

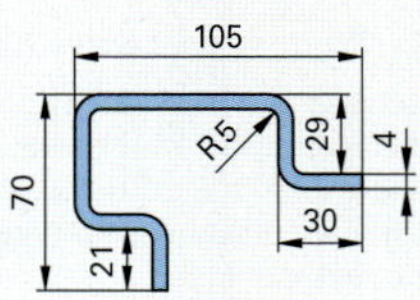

Dachrahmen, Längsträger

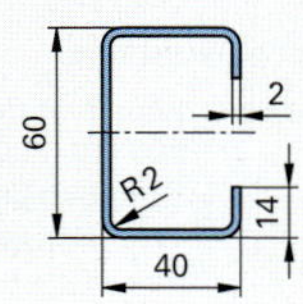

Dachspriegel, Streben, Traversen (Hutprofil)

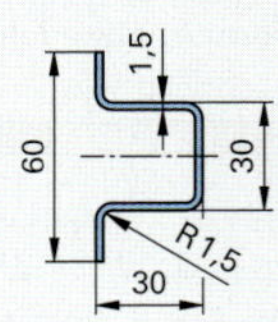

Türpfosten, Türrahmen

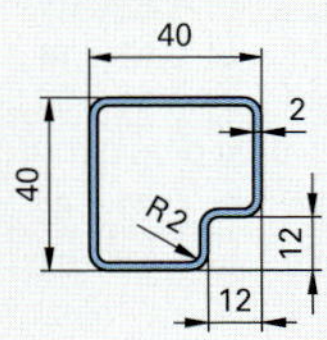

Türsäulen, Türgurte

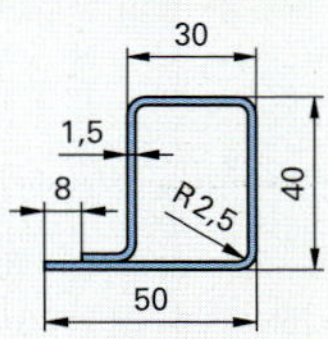

Heckportalprofil

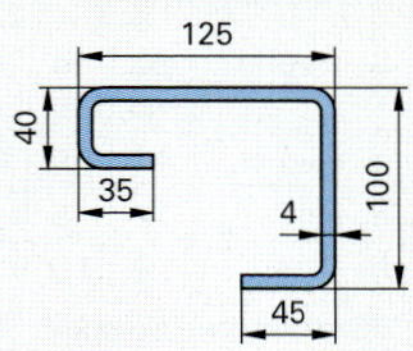

Beleuchtungsträgerprofil

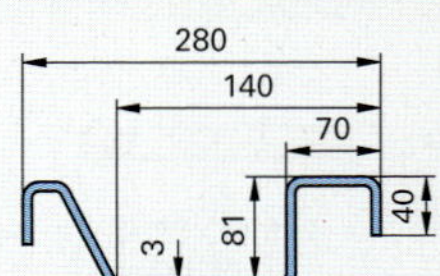

I Flächenmoment 2. Grades *W* Widerstandsmoment	Abmessungen mm	Querschnittsfläche S cm²	Längenbez. Masse m kg/m	Abstände der Achsen e_x cm	 e_y cm	Flächen-, Widerstandsmomente[1)] für Biegeachsen x – x I_x cm⁴	 W_x cm³	y – y I_y cm⁴	 W_y cm³	für Torsion I_p cm⁴	 W_p cm³
Stahlprofile, kalt-* und warmgefertigt											
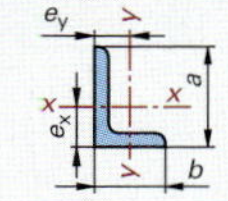	*a* × *b* × *s*										
	30 × 20 × 3	1,72	1,36	1,43	0,33	1,25	0,62	0,44	0,29	–	–
	40 × 20 × 4	2,26	1,77	1,47	0,48	3,59	1,42	0,60	0,39	–	–
	50 × 30 × 5	3,78	2,96	1,73	0,741	9,36	2,86	2,51	1,11	–	–
	60 × 40 × 5	4,79	3,76	1,96	0,972	17,20	4,25	6,11	2,02	–	–
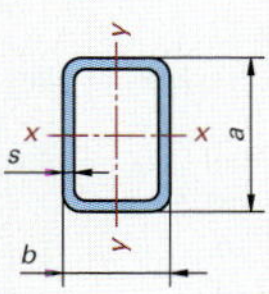	*a* × *a* × *s*										
	40 × 40 × 2*	2,14	1,68	1,38	0,79	4,05	2,02	1,34	1,34	3,45	2,36
	40 × 20 × 3*	3,01	2,36	1,32	0,75	5,21	2,60	1,68	1,68	4,57	3,00
	40 × 30 × 3*	3,91	3,07	1,46	1,31	8,29	4,15	6,72	3,84	12,70	6,05
	50 × 30 × 3	4,34	3,41	2,50	1,50	13,60	5,43	5,94	3,96	13,50	6,51
	50 × 30 × 4	5,59	4,39	2,50	1,50	16,50	6,60	7,08	4,72	16,60	7,77
	50 × 30 × 5	6,73	5,28	2,50	1,50	18,70	7,49	7,89	5,26	19,00	8,67
	60 × 20 × 3*	4,21	3,30	3,0	1,00	15,60	5,21	2,56	2,56	7,87	4,75
	60 × 40 × 3*	5,54	4,36	3,0	2,00	26,50	8,82	13,90	6,95	29,20	11,20
	80 × 40 × 4	8,79	6,90	4,0	2,00	68,2	17,10	22,20	11,10	55,20	18,90
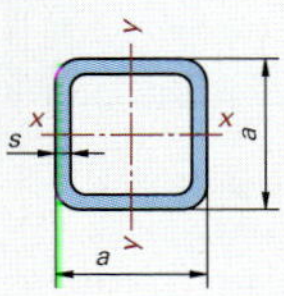	*a* × *a* × *s*										
	20 × 20 × 2*	1,34	1,05	1,00	1,00	0,69	0,69	0,69	0,69	1,21	1,06
	25 × 25 × 2*	1,74	1,36	1,25	1,25	1,48	1,19	1,48	1,19	2,53	1,80
	25 × 25 × 3*	2,41	1,89	1,25	1,25	1,84	1,47	1,84	1,47	3,33	2,27
	30 × 30 × 2	2,20	1,72	1,50	1,50	2,84	1,89	2,84	1,89	4,53	2,75
	30 × 30 × 2,5	2,68	2,11	1,50	1,50	3,33	2,22	3,33	2,22	5,40	3,22
	30 × 30 × 3	3,14	2,47	1,50	1,50	3,74	2,50	3,74	2,50	6,16	3,60
	40 × 40 × 3	4,34	3,41	2,00	2,00	9,78	4,89	9,78	4,89	15,70	7,10
	50 × 50 × 3	5,54	4,35	2,50	2,50	20,20	8,08	20,20	8,08	32,10	11,80
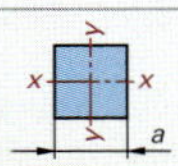	*a* × *a*										
	40 × 40	16,00	12,56	2,00	2,00	21,33	10,70	21,33	10,70	–	–
	50 × 50	25,00	19,63	2,50	2,50	52,08	20,83	52,08	20,83	–	–
	60 × 60	36,00	28,26	3,00	3,00	108,00	36,00	108,00	36,00	–	–
Fahrzeugbauprofile, kaltprofiliert											
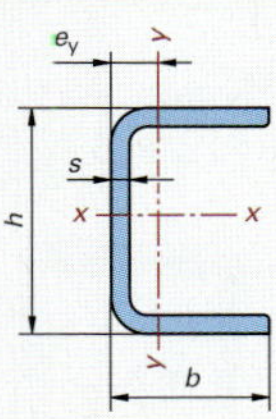	*h* × *b* × *s*										
	40 × 35 × 4	3,87	3,04	1,33	–	9,43	4,71	4,68	2,16	–	–
	50 × 40 × 4	4,67	3,67	1,44	–	18,20	7,28	7,50	2,93	–	–
	70 × 50 × 4	6,28	4,93	1,67	–	49,10	14,00	16,00	4,79	–	–
	100 × 50 × 4	7,48	5,87	1,43	–	113,00	22,60	18,10	5,07	–	–
	65 × 40 × 5	6,43	5,05	1,35	–	39,30	12,10	9,93	3,75	–	–
	80 × 50 × 5	8,18	6,42	1,63	–	79,70	19,90	20,20	5,99	–	–
	100 × 50 × 5	9,18	7,20	1,48	–	135,00	27,10	21,90	6,22	–	–
	80 × 50 × 6	9,62	7,55	1,68	–	90,90	22,70	23,30	7,01	–	–
	100 × 50 × 6	10,80	8,48	1,53	–	156,00	31,20	25,40	7,31	–	–
	120 × 60 × 6	13,20	10,40	1,78	–	281,00	46,80	45,40	10,80	–	–
Al-Profile aus Knetlegierungen											
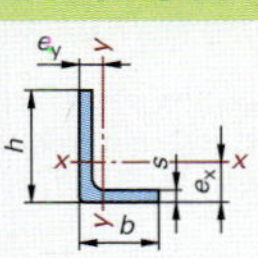	*h* × *b* × *s*										
	30 × 20 × 3	1,42	0,38	1,01	0,51	1,27	1,26	0,46	0,89	–	–
	40 × 20 × 4	2,25	0,61	1,49	0,49	3,62	2,44	0,62	1,27	–	–
	50 × 30 × 5	3,78	1,02	1,75	0,75	9,45	5,40	2,58	3,44	–	–
	60 × 30 × 4	3,45	0,95	2,15	0,65	12,90	6,00	2,25	3,44	–	–
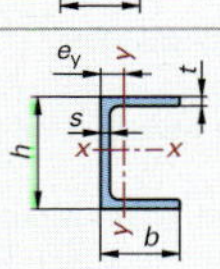	*h* × *b* × *s* × *t*										
	40 × 20 × 4 × 4	4,51	1,22	2,00	1,49	11,60	5,80	7,12	4,80	–	–
	50 × 30 × 3 × 3	3,15	0,85	2,50	0,93	12,20	4,88	2,70	2,91	–	–
	60 × 30 × 4 × 4	4,51	1,22	3,00	0,89	23,70	7,90	3,69	4,12	–	–
	60 × 40 × 5 × 5	6,57	1,77	3,00	1,33	36,00	12,00	9,94	7,47	–	–

1) Flächenmoment 2. Grades. Mit diesen Werten wird die Steifigkeit eines Profils bei gleichem Werkstoff bestimmt.
Widerstandsmoment (*W*): Diese Werte dienen der Festigkeitsberechnung beim Durchbiegen.
Widerstandsmoment für Torsion: Diese Werte werden für die Beanspruchung der Werkstücke auf Verdrehung benötigt.

G

G

Kugellager, Rollenlager, Nadellager

Rillenkugellager

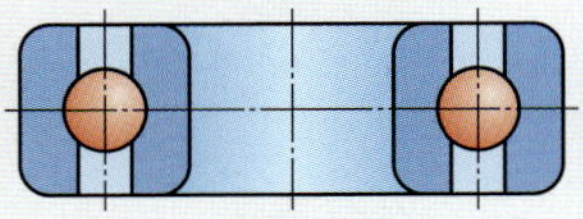

Verhalten, Einsatzmöglichkeiten

- Geeignet bei radialen und kleinen axialen Kräften, geringe Tragfähigkeit.
- Einfacher Aufbau, kostengünstig.
- Einstellung des Lagers nicht erforderlich; große Toleranz gegenüber Schiefstellung.
- Universallager für alle Baugruppen.

Schrägkugellager

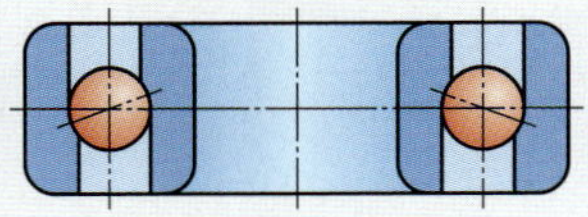

Verhalten, Einsatzmöglichkeiten

- Geeignet bei überwiegend radialen und mittleren axialen Kräften. Einreihige Lager können nur in einer Richtung axial belastet werden.
- Enges Lagerspiel in axialer und radialer Richtung. Empfindlich gegenüber Schiefstellung.
- Vorderradlager, Ausgleichsgetriebe.

Vierpunktlager

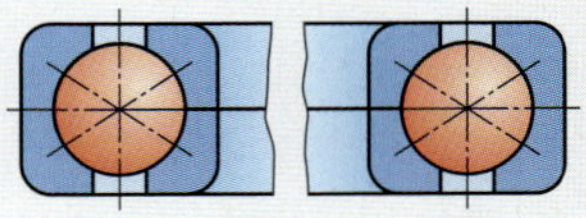

Verhalten, Einsatzmöglichkeiten

- Geeignet bei großen radialen und axialen Kräften.
- Vergleichbar mit zweireihigen Schrägkugellagern.
- Geringes Axialspiel, enge Einbautoleranzen.
- Einsatz überwiegend bei axialer Belastung, z. B. Getriebewellen.

Kegelrollenlager

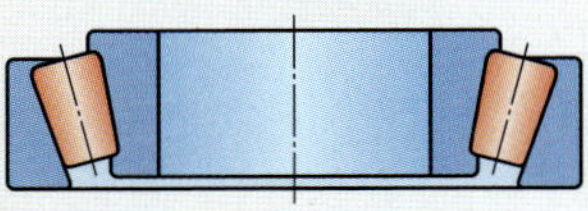

Verhalten, Einsatzmöglichkeiten

- Geeignet bei großen radialen und in einer Richtung axialen Kräften, bei paarweisem Einbau große Axialkräfte in beiden Richtungen.
- Zerlegbar. Außen- und Innenring sind getrennt montierbar.
- Achsgetriebe, Kegelradwelle im Ausgleichsgetriebe, Vorderradnaben.

Pendelrollenlager

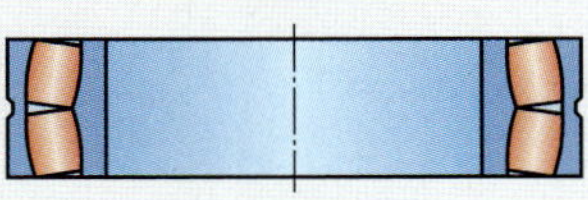

Verhalten, Einsatzmöglichkeiten

- Geeignet bei großen radialen und axialen Kräften.
- Geringe Fluchtungsfehler und geringfügiger Wellenversatz werden ausgeglichen. Die Rollen sind tonnenförmig.
- Verteilergetriebe, Achslagerung.

Nadellager

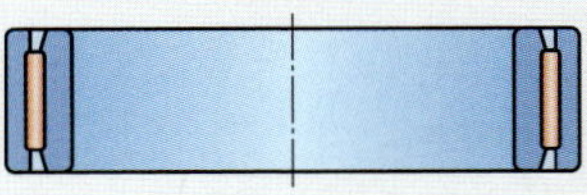

Verhalten, Einsatzmöglichkeiten

- Geeignet nur für radiale Kräfte.
- Lager auch ohne Innenring lieferbar; die Nadeln laufen direkt auf der Welle. Die Einbauhöhe wird dadurch verkleinert.
- Pleuel- und Kolbenbolzenlagerung bei Zweitaktmotoren, Motoradgetriebe, Ventilhebel.

Bauformen von Radialwellendichtringen

Bauform A, AS

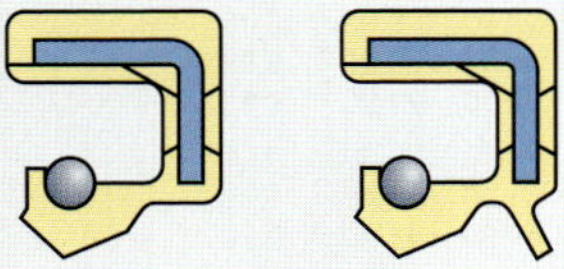

Aufbau

Außenmantel mit einer Elastomerschicht überzogen, die glatt oder rilliert sein kann und gute Gleiteigenschaften besitzt. AS mit Schutzlippe.

Verhalten, Einsatzmöglichkeiten

- Gute statische Abdichtung gegen Gehäuse, auch bei geteilten Gehäusen.
- Bei Gehäusen mit großer Wärmeausdehnung gleichen sie die Wärmedehnung aus.
- Bei dünnflüssigen und gasförmigen Medien.

Bauform B, BS

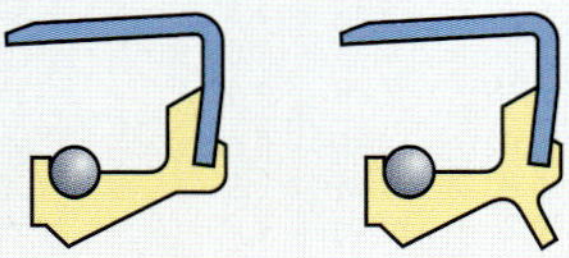

Aufbau

Außenmantel mit metallisch glatter Oberfläche, die durch Tiefziehen, Drehen oder Schleifen erreicht wird. BS mit Schutzlippe.

Verhalten, Einsatzmöglichkeiten

- Guter und exakter Sitz in der Bohrung.
- Bei Gehäusen mit erhöhter Wärmeausdehnung nur bedingt einsetzbar.
- Beim Einpressen in Gehäusen aus Leichtmetall besteht Gefahr der Riefenbildung.

Bauform C, CS

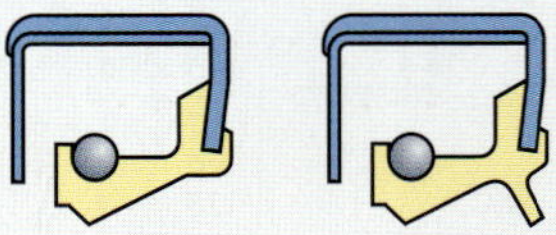

Aufbau

Zum metallischen Außenmantel ist noch zusätzlich eine fest eingelegte Blechkappe vorhanden.
CS mit Schutzlippe.

Verhalten, Einsatzmöglichkeiten

- Bei großen Abmessungen, bei denen eine höhere radiale Steifigkeit erforderlich ist.
- Bei erschwerten und rauen Montagebedingungen, bei denen ein Radialwellendichtring der Bauform B wegen seiner geringen Steifigkeit deformiert werden könnte.

Bohren

Bezeichnungen am Spiralbohrer

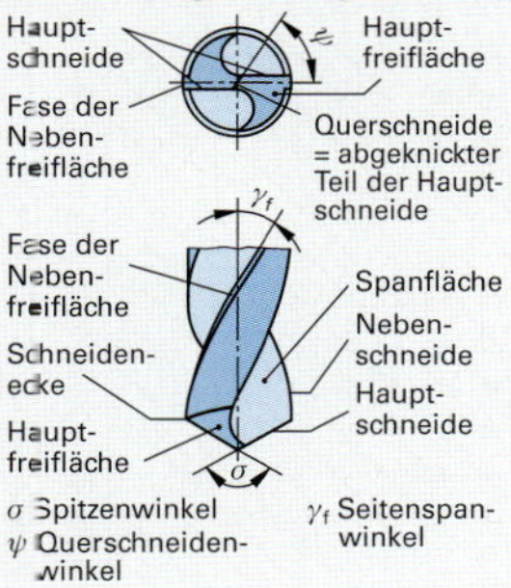

(HSS) (HSS-G) (HM) (Titan)

Steigende Qualität →

Bohrertyp	zu bearbeitender Werkstoff	Spitzenwinkel σ
N für normale Werkstoffe  γ_f = 19° ... 40°	unleg. und leg. Stahl mit normaler Festigkeit und Härte, Cu-Leg. mit hoher Festigkeit, Al-Gusslegierung	118°
H für harte Werkstoffe 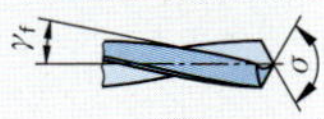 γ_f = 10° ... 19°	Kurzspanende Werkstoffe, hart und zähhart hochlegierter Werkzeugstahl, Gusseisen	118°
W für weiche Werkstoffe 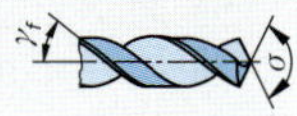 γ_f = 27° ... 45°	Langspanende Werkstoffe, weich und zäh Cu, Cu-Legierungen mit geringer Festigkeit, Al-Legierungen	130°

G

Richtwerte für zu bearbeitende Werkstoffe	v_c m/min	Bohrerdurchmesser *d* in mm 2	4	6	10	16	25	Kühlschmierstoff
		Vorschub *f* je Umdrehung in mm						
Unlegierte Stähle bis 700 N/mm²	25 ... 30	0,05	0,10	0,12	0,20	0,25	0,40	Emulsion
Legierte Stähle bis 900 N/mm²	15 ... 20	0,02	0,04	0,05	0,08	0,10	0,16	
Gusseisen	15 ... 22	0,05	0,10	0,12	0,20	0,25	0,40	trocken
Cu, Cu-Leg. (z.B. CuZn 40)	40 ... 60	0,05	0,10	0,12	0,20	0,25	0,40	trocken
Aluminium	40 ... 100	0,05	0,10	0,12	0,20	0,25	0,40	Emulsion
Thermoplaste	20 ... 40	0,05	0,10	0,15	0,18	0,25	0,30	trocken, Druckluft
Duroplaste	10 ... 20	0,05	0,10	0,15	0,18	0,25	0,30	

Drehen

Winkel am Drehmeißel

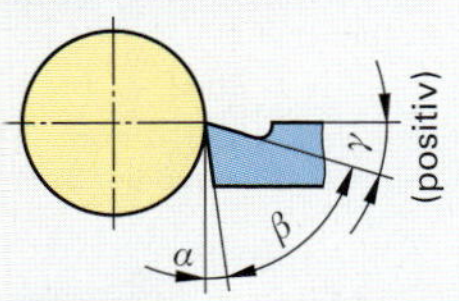

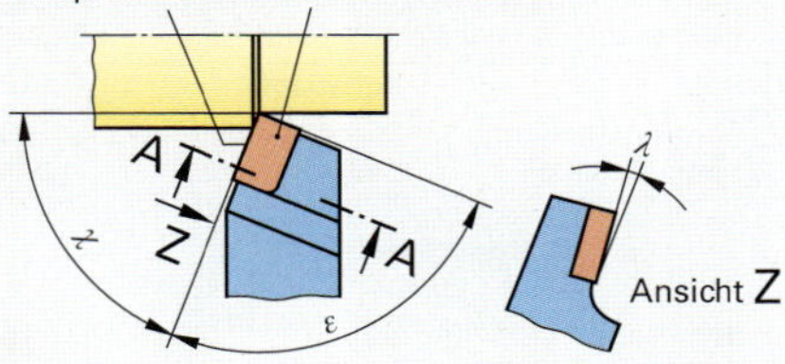

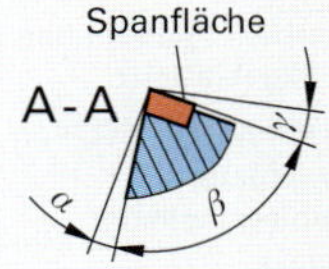

α Freiwinkel
β Keilwinkel
γ Spanwinkel
ε Spitzenwinkel
χ Einstellwinkel
λ Neigungswinkel

Richtwerte für das Drehen mit HSS (HighSpeedSteel; Schnellarbeitsstahl)	R_m N/mm²	Schnitttiefe *a* in mm	Vorschub *f* mm	Schnittgeschwindigkeit v_c in m/min	Standzeit min	Freiwinkel α	Spanwinkel γ	Neigungswinkel λ
Allgem. Baustahl Einsatz- und Vergütungsstahl Stahlguss	< 500	0,5	0,1	75 ... 60	60	8°	18°	0° ... 4°
		3	0,5	65 ... 50				
	500 ... 700	0,5	0,1	70 ... 50	60	8°	14°	0° ... 4°
		3	0,5	50 ... 30				
Gusseisen	200 ... 400	0,5	0,1	40 ... 32	60	8°	0° ... 6°	0°
		3	0,3	32 ... 23				– 4°
Al-Legierungen	< 900	6	0,6	180 ... 120	240	10°	25° ... 35°	+ 4°

Drehzahldiagramm

Beim Arbeiten mit Bohrmaschinen oder Drehmaschinen muss dem Durchmesser des Bohrers oder dem Werkstück entsprechend die richtige Drehzahl eingestellt werden, um die zulässige Schnittgeschwindigkeit nicht zu überschreiten. Die Schnittgeschwindigkeit hat Einfluss auf die Oberflächengüte und die Standzeit des Werkzeugs. Die Ermittlung der Drehzahl kann entweder rechnerisch mit Hilfe der Formel

$$v_c = \pi \cdot d \cdot n$$

oder grafisch über ein Drehzahldiagramm erfolgen. Liegt der Schnittpunkt aus Schnittgeschwindigkeit und Durchmesser nicht auf einer Drehzahlgeraden, so wählt man die nächst höhere oder niedrigere Drehzahl.

Ablesebeispiel (rot dargestellt):
d = 12 mm; v_c = 34 m/min; n = ? 1/min

Einzustellende Drehzahl: ***n* = 900 1/min**

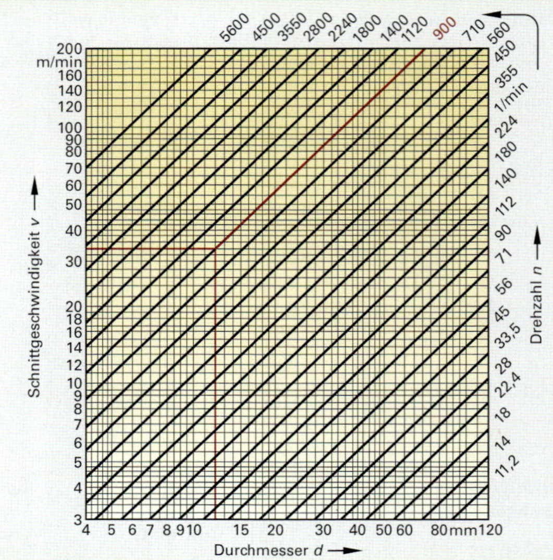

G

Trennen / Sägen

In der Fertigungstechnik wird beim Trennen die Form eines Werkstückes verändert. Das Trennen wird in weitere Untergruppen, wie z. B. Zerteilen und Zerspanen (mit geometrisch bestimmter/unbestimmter Schneide) aufgeteilt.

Sägen. Sägen ist ein spanendes Arbeitsverfahren mit geradliniger oder kreisförmiger Schnittbewegung. Es dient bei Karosseriearbeiten hauptsächlich zum Heraustrennen von Blechteilen. Als Karosseriesägen verwendet man vorwiegend Kurzhubsägen sowie oszillierende Sägen.

Zahnteilung	Die Zahnteilung ist die Anzahl der Zähne pro Zoll (inch). 1 Zoll entspricht 25,4 mm.			
Sägenauswahl	Die Auswahl der Säge hängt vom zu bearbeitenden Material und von der Werkstückform ab.			
Sägeblätter	Sägeblätter für Hand- und Maschinensägen besitzen eine Vielzahl hintereinander liegender Zähne mit geringer Schnittbreite.			
Material / Eigenschaften von Sägeblättern	Die Festigkeit oder die Biegsamkeit des Stahles legt fest, für welche Werkstoffe es verwendet werden kann und welche Schnitte damit durchgeführt werden können.			
Zu sägendes Material	**Holz**	**Kunststoff**	**Buntmetall**	**Stahl**
Verwendeter Sägeblattwerkstoff	Chrom-Vanadium-Stahl; Bimetall	Chrom-Vanadium-Stahl	HSS (Hochleistungs-Schnellarbeits-Stahl)	HSS; Chrom Vanadium Stahl
Handsägen **Bauart**	Bügelsäge 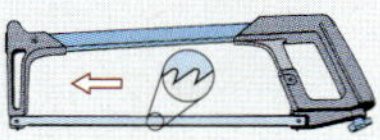		Handsäge 	
Zu bearbeitende Werkstücke/Werkstoffe	Rohre, Bleche, Profile, Stahl, Buntmetall, Aluminium			
Längen	Kurz: 150 mm, Lang: 300 mm			
Zahnteilungen (Anzahl Zähne pro Zoll)	grob mittel grob	bis 16 (Al, Cu, S235) bis 22 (S235, EN GJS, CuZn-Legierungen) bis 32 (Dünnwandige Rohre, Bleche, Stahl, Hartguss)		
Maschinensägen **Bauart**	Kurzhubsäge 		Oszillierende Säge (Spatel- o. kreisförmig) 	
Einsatzzweck	Rohre, Bleche, Karosserie		Rohre, Bleche, geklebte Scheiben	
Länge/Breite Durchmesser	Von 50 mm bis 96 mm		Von 10 mm bis 34 mm Breite Von 60 mm bis 80 mm Durchmesser	
Zahnteilungen (Anzahl Zähne pro Zoll)	sehr grob 14 grob 25 fein 32		sehr grob 12 (Holz, Kunststoff, Gipskarton) grob 14 (Holz, Kunststoff, Metall) fein 18 (Holz, Kunststoff, Metall)	

Begriffe

Schleifen ist ein spanendes Fertigungsverfahren mit geometrisch unbestimmten Schneiden. In der Fertigungstechnik werden durch Schleifen große Maß- und Formgenauigkeit bei hoher Oberflächengüte erreicht. Im Rahmen der Reparaturlackierung wird das Schleifen bei der Vorbehandlung von Oberflächen eingesetzt. Trenn- und Schruppschleifscheiben werden u.a. bei der Karosseriereparatur verwendet.

Schleifmittel

Zeichen	Schleifmittel	Härte nach Mohs	Härte nach Knoop	Verwendung
A	Normalkorund Halbedelkorund	ca. 9	1635 … 2080	Mittelharte bis harte Werkstoffe (ungehärteter Stahl), Temperguss
	Edelkorund	9,0 … 9,2	2080	Zähharte Stähle (Werkzeugstahl); Schleifen u. Polieren von Glas
C	Siliciumkarbid	9,5 … 9,7	2480	Planschleifen (z.B. Hartmetall, GJL), Abrichten, Abziehen
B	Bornitrid	9,8	4700	Schnellarbeitsstähle, Einsatzstähle, Kugellagerstähle
D	Diamant	10	7000	Glas, Duroplaste, glasfaserverstärkte Kunststoffe, Stein

Nach Knoop wird die Eindringtiefe mit einer Diamantpyramide mit dem Spitzenwinkel 172,5° und 130° gemessen. Nach Mohs wird die Ritzhärte der Oberfläche auf einer Härteskala von 1 (Talk) bis 10 (Diamant) bestimmt.

G

Körnung

Die Körnung des Schleifmittels ist die Bezeichnung für die Größe eines Schleifkornes. Die Körnung wird durch eine Zahl gekennzeichnet, die der Anzahl der Siebmaschen auf 1 Zoll Länge (25,4 mm) entspricht („mesh/inch" n. US-Norm). Die Körnung kann auch nach dem FEPA-Standard (FEPA = Fédération Européenne des Fabricants de Produits Abrasifs) angegeben werden. Die Partikelgröße wird mit einem P und einer nachgestellten Zahl gekennzeichnet.

Nach US-Norm in mesh/inch

Körnungsnummer	Bezeichnung	Art der Bearbeitung
10 bis 24	grob	Schruppschleifen
30 bis 60	mittel	Schruppschleifen
70 bis 120	fein	Feinschleifen
150 bis 240	sehr fein	Feinschleifen
300 bis 1200	staubfein	Feinstschleifen

Nach FEPA

		Vergleich:	
P12	Grobe Körnung	FEPA	US-Norm
P16	↓	P240	ca. 220 – 240
⋮		P500	ca. 320 – 360
P1000		P1000	ca. 500 – 600
P1200	Feine Körnung	P1200	ca. 600 – 700

Härtegrad der Bindung und Gefüge

Bezeichnung	Härtegrad	Verwendung
äußerst weich	A B C D	Tiefschleifen und Seitenschleifen harter Werkstoffe
sehr weich	E F G	
weich	H I Jot K	Schleifen metallischer Werkstoffe
mittel	L M N O	
hart	P Q R S	Außen-Rundschleifen, weiche Werkstoffe
sehr hart	T U V W	
äußerst hart	X Y Z	

0 1 2 3 4 5 6 7 8 9 10 11 12 13 14 usw.

Gefüge

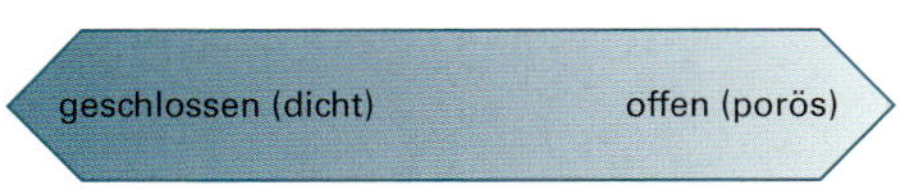

Bindung

Zeichen	Bindungsart	Zeichen	Bindungsart	Zeichen	Bindungsart
V	Keramische Bindung	M	Metallbindung	R RF	Gummibindung, faserstoffverstärkt
B BF	Kunstharzbindung, faserstoffverstärkt	G	Galvanische Bindung		
		E	Schelllackbindung	Mg	Magnesitbindung

Arbeitshöchstgeschwindigkeit (zulässige Umfangsgeschwindigkeit)

Die Arbeitshöchstgeschwindigkeit darf nicht überschritten werden! Angaben über die zulässige Drehzahl beziehen sich auf den Nenndurchmesser der Scheiben!

Farbstreifen auf der Scheibe	blau	gelb	rot	grün	grün-gelb	blau-rot
Arbeitshöchstgeschwindigkeit	50 m/s	63 m/s	80 m/s	100 m/s	125 m/s	140 m/s

Schleifscheiben

Bezeichnungen

Beispiel:

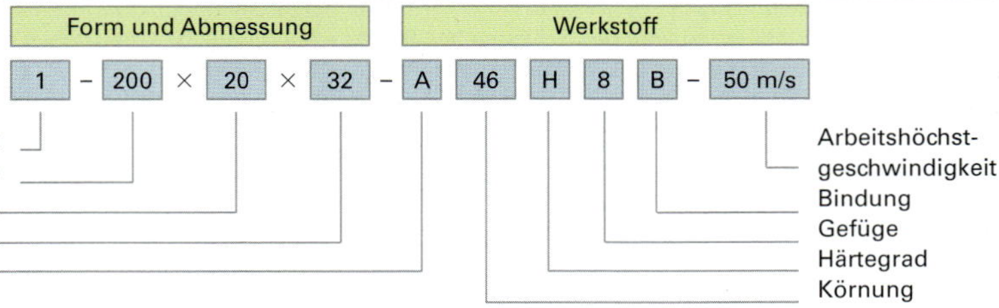

Schleifscheiben für Schleifböcke

Sie werden auf Werkstatt-Schleifmaschinen für einfache Schleifarbeiten bei geringen Anforderungen an die Genauigkeit eingesetzt, z.B. zum Schärfen von Werkzeugen und Entgraten von Werkstücken.

Form 1:
Gerade
Schleifscheibe

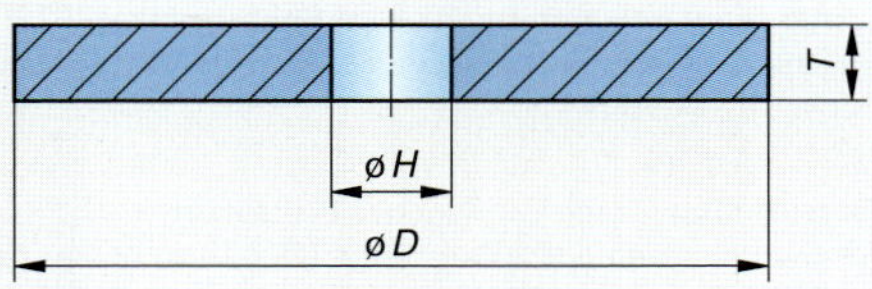

Maße (Auszug) in mm:

∅ *D*	*T*	∅ *H*
100	13, 20	16, 20
125	13, 20	20, 32
150	20, 25	20, 32

Trenn- und Schruppschleifscheiben

Trennschleifscheiben werden im Karosserie- und Fahrzeugbau zum Trennen von Blechen und Profilen verwendet. Schruppschleifscheiben werden zur Oberflächen- und Schweißnahtbearbeitung sowie zum Entgraten und Anfasen an Werkstückkanten verwendet.
Für das Entrosten bzw. die Lackentfernung bei Karosseriearbeiten werden in vielen Fällen Nylon-Gewebescheiben mit Zusatzwerkstoff verwendet, da sie die Oberfläche der Bleche nicht beschädigen.

Form 42: Gekröpfte Trennschleifscheibe/Schruppschleifscheibe

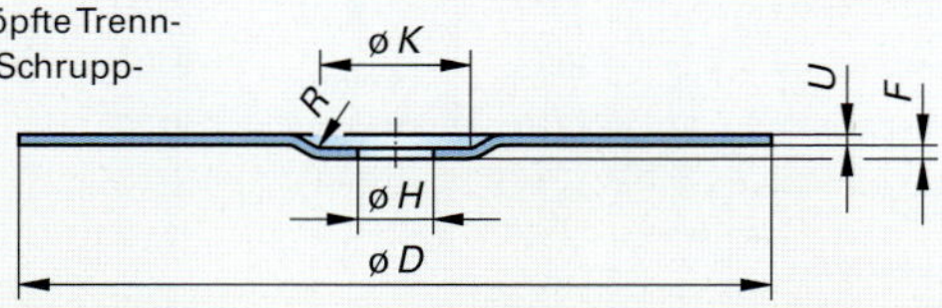

Maße (Auszug) in mm:

D	*U*	*H*	K_{min}	F_{min}	*R*
80	2 2,5 3,2	10	23	4	6
100		16	35,5		
115		22, 23	45	4,6	8

Schleifblätter

Schleifblätter werden für die Bearbeitung von Oberflächen (z.B. Vorbereitung einer Lackierung) benutzt.
Als Schleifkornträger wird Papier, Leinen oder Fiber verwendet.
Beim Exzenterschliff ist neben der Körnung der Hub der Maschine ausschlaggebend für die Oberflächenrauheit.

Verwendung	Körnung (FEPA)	Anwendung
Entrosten, grober Schliff	P16 – P160	Winkelschleifer
Schleifen von Polyesterspachtel	P40 – P80 P40 – P120 P80 – P120	Schleiffeile Schwingschleifer Exzenterschleifer
Schleifen von Feinspachtel	P24 – P360 P80 – P120 P80 – P180	Handschliff Exzenterschleifer Schwingschleifer
Schleifen von Grundfüller	P400 – P800 P120 – P180 P120 – P320	Handschliff Exzenterschleifer Schwingschleifer
Schleifen von Füller	P400 – P800 P180 – P220	Handschliff Exzenterschleifer
Schleifen von Decklack	P400 – P800	Handschliff
Anschleifen der Altlackierung	P180 – P220	Exzenterschleifer
Ausbesserungen bei Zweischichtlackierungen	P600 – P1200	Handschliff

Kraftstoffe, Betriebs- und Hilfsstoffe

Stoffwerte

Eisenmetalle

Nichteisenmetalle

Nichtmetalle

Werkstoffprüfung

Kraftstoffe: Chemischer Aufbau

Kraftstoffe sind Gemische aus Kohlen-Wasserstoff-Atomen, die sich durch den Aufbau ihrer Moleküle unterscheiden. Ein C-Atom kann maximal 4 H-Atome binden. Bei fast allen Kraftstoffen sind aber mehrere C-Atome zu ketten- oder ringförmigen Molekülen aneinandergereiht, wodurch weniger H-Atome gebunden werden können. Dieser unterschiedliche Aufbau und die damit verbundene Größe der Moleküle bestimmen wesentlich das Verhalten der Kraftstoffe bei der motorischen Verbrennung, z.B. zündwillig oder klopffest.

Arten	Name	Strukturformel	Chemische Formel	Merkmale
Paraffine (Alkane)	**Normal-Paraffine** (n-Paraffine, C_nH_{2n+2}) Die kettenförmig aneinandergereihten C-Atome sind einfach gebunden (C–C) und gesättigt, d.h. alle weiteren Bindungen (Valenzen) sind mit H-Atomen besetzt. Normal-Paraffine sind bis zu 4 C-Atomen gasförmig, bis zu 16 C-Atomen flüssig und darüber fest.			
	Methan		CH_4	Gasförmig, Hauptbestandteil des Erdgases, sehr klopffest.
	Ethan	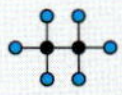	C_2H_6	Gasförmig, farb- und geruchlos, sehr klopffest.
	Propan	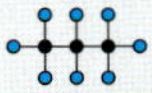	C_3H_8	Gasförmig, Bestandteil des Treibgases (Flüssiggas in Stahlflaschen).
	Butan	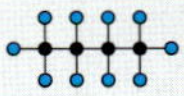	C_4H_{10}	Gasförmig, Bestandteil des Treibgases (Flüssiggas in Stahlflaschen).
	Heptan	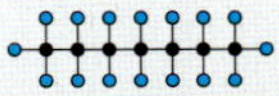	C_7H_{16}	Flüssig, Bezugskraftstoff zur Bestimmung der Oktanzahl, wenig klopffest (ROZ = 0).
	Oktan	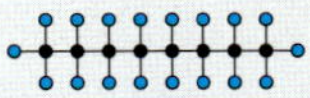	C_8H_{18}	Flüssig, wenig klopffest.
	Iso-Paraffine (i-Paraffine, C_nH_{2n+2}) Die kettenförmig aneinandergereihten C-Atome sind ebenfalls einfach gebunden (C–C) und gesättigt. Von den Normal-Paraffinen unterscheiden sie sich durch eine oder mehrere Seitenverzweigungen der C-Kette, wodurch sich die physikalischen und chemischen Eigenschaften ändern.			
	Iso-Oktan	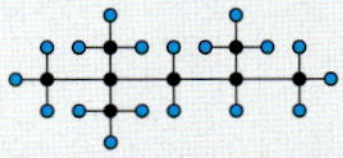	C_8H_{18}	Flüssig, Bezugskraftstoff zur Bestimmung der Oktanzahl, sehr klopffest (ROZ = 100).
Olefine (Alkene)	Ungesättigte Verbindungen von kettenförmig aneinandergereihten C-Atomen, mit Doppelbindung (C=C) ohne oder mit Seitenverzweigungen (C_nH_{2n}).			
	Buten	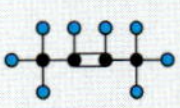	C_4H_8	Alkene lassen sich leicht zu klopffesteren Alkanen umwandeln.
Cyclo-Paraffine (Naphtene)	Gesättigte Verbindungen mit ringförmig angeordneten C-Atomen, Seitenverzweigungen möglich.			
	Cyclo-Hexan	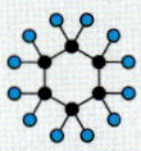	C_6H_{12}	Weiterverarbeitung durch Reformieren zu klopffesteren Aromaten.
Aromate	Ungesättigte Verbindungen mit ringförmig angeordneten C-Atomen, Seitenverzweigungen möglich.			
	Benzol	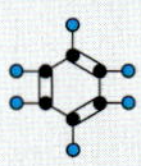	C_6H_6	Sehr klopffest aber giftig und im Kraftstoff ersetzt durch Toluol ($C_6H_5CH_3$), Xylol (C_8H_{10}) und C_{10}-Aromate.
Alkohole	Bei diesen Kohlenwasserstoffen ist ein H-Atom durch eine Hydroxylgruppe (OH-Gruppe) ersetzt. Für Kraftstoffe ist nur Methanol (Methylalkohol) von Bedeutung, da er sich aus Kohle oder Erdgas herstellen lässt. Einsatz auch in Fahrzeugen mit Brennstoffzellen.			
	Methanol	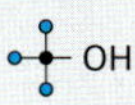	CH_3OH	Sehr klopffest, hohe Verdampfungswärme, aber niedriger Heizwert.

Kraftstoffe: Herstellung

Schema einer Raffinerie

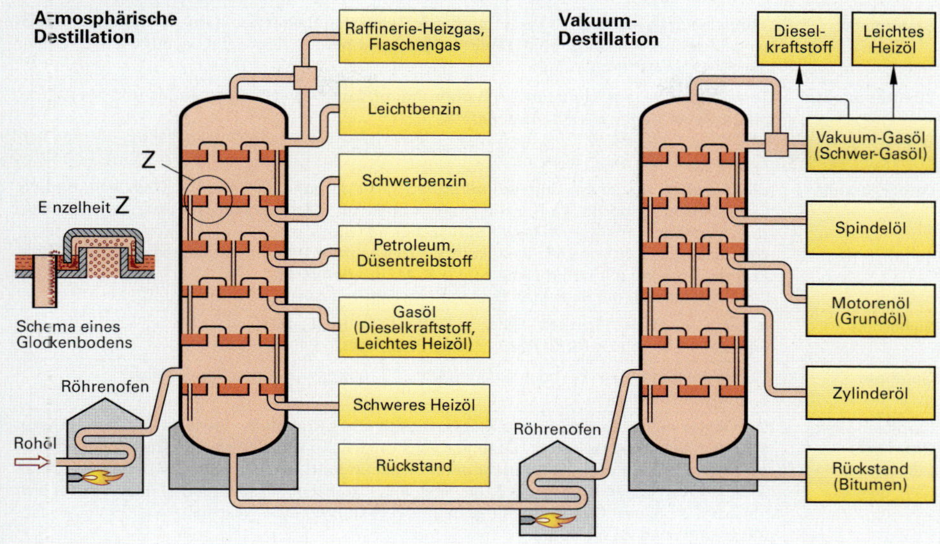

W

Herstellungsverfahren

Destillieren (Trennen)	**Atmosphärische Destillation** Trennung der im Rohöl enthaltenen Stoffgruppen nach Siedebereichen (fraktionierende Destillation) durch Erwärmung bis auf etwa 360 °C und anschließende Kondensation in den einzelnen Glockenböden. **Vakuum-Destillation** Bei höherer Erwärmung als 380 °C treten unerwünschte Spaltvorgänge der Molekülgruppen auf. Schwersiedende Bestandteile, die sich am Boden des Fraktionierturmes gesammelt haben, werden der Vakuum-Destillation unterzogen. Durch den Unterdruck erfolgt die Destillation um etwa 100 °C ... 150 °C tiefer.
Cracken (Zerbrechen)	Die bei der Destillation entstandenen Großmoleküle der höhersiedenden Schwerkraftstoffe werden durch Zerlegung in leichtere und klopffestere Isoparaffine und Olefine umgewandelt. Dadurch erhöht sich auch die Ausbeute an Benzin. Thermisches Cracken bei Wärme und Druck (20 bar). Katalytisches Cracken erhöht den Anteil an Leichtkraftstoffen, Hydrocracken ergibt hochwertige, schwefelarme Kraftstoffe durch Anlagern von Wasserstoff an die zerbrochenen Moleküle.
Reformieren	Kettenförmige Paraffine niedriger Oktanzahl werden mit Katalysatoren (Platin: Platforming-Verfahren) in klopffeste Iso-Paraffine und Aromate umgewandelt. Auch Cyclo-Paraffine werden zu Aromaten umgewandelt. Das Einsatzprodukt ist Schwerbenzin aus der Destillation.
Polymerisieren **Isomerisieren**	Die beim Cracken und Reformieren entstandenen gasförmigen Kohlenwasserstoffe werden über Katalysatoren zu größeren Molekülen zusammengeballt, hauptsächlich zu Iso-Paraffinen. Werden geradkettige Paraffine in Iso-Paraffine umgewandelt, so nennt man diesen Vorgang Isomerisieren.
Hydrieren	Anlagerung von Wasserstoffatomen an ungesättigte Olefine zu stabilen und klopffesten Iso-Paraffinen.
Alkylieren	Olefine und Paraffine werden miteinander zur Reaktion gebracht, sodass Iso-Paraffine mit hoher Klopffestigkeit entstehen.
Raffinieren	Am Ende der Rohölverarbeitung stehen Reinigungsprozesse. Durch Druckraffination wird mit Hilfe von Wasserstoff der in den Kraftstoffen noch enthaltene Schwefel zu Schwefelwasserstoff umgewandelt. Auch Stickstoff und Sauerstoff können so entfernt werden.

Begriffe zur Verbrennung

Flammpunkt	Temperatur, bei der verdampfende Kraftstoffteile in Mischung mit Luft bei Annäherung einer Zündflamme zum ersten Mal aufflammen, ohne dass der Kraftstoff weiterbrennt.
Brennpunkt	Temperatur, bei der sich so viel brennbares Gemisch gebildet hat, dass die Flamme mindestens 5 Sekunden weiterbrennt. Die Brennpunkttemperatur liegt etwa bei 30 °C ... 40 °C über der Flammpunkttemperatur.
Zündtemperatur	Temperatur, bei der Kraftstoffe in Berührung mit Luft sich selbst entzünden und bei Atmosphärendruck dauernd weiterbrennen.

Ottokraftstoffe

Ottokraftstoffe	Sie bestehen aus einem Gemisch verschiedener Komponenten, wie z.B. Destillate, Butane, Crack-Benzine, Hydrocrack-Benzine, Reformat-Benzine, Isomerisate, Alkylate, Polymer-Benzine, Methanol und Methyl-Tertiär-Butyl-Ether (MTBE). Um die vorgeschriebene Mindestoktanzahl zu erreichen, werden Anteile mit niedriger Oktanzahl mit Anteilen mit hoher Oktanzahl (z.B. MTBE) gemischt. Der Siedebereich der einzelnen Bestandteile liegt zwischen 25 °C und 210 °C.
Sicherheit	H-Sätze: H224; H315; H340; H350; H361d; H304; H336; H411 P-Sätze: P201; P210; P273; P280; P301 + P310; P331; P403 + P233; P501
Gefahren	Gefahrenklasse AI; F+ hoch entzündlich; T giftig; N umweltgefährlich; C krebserzeugend
Klopffestigkeit, Oktanzahl OZ	Die Oktanzahl ist ein Maß für die Klopffestigkeit eines Kraftstoffs. Sie wird in einem Prüfmotor durch Versuche bestimmt. Dazu vergleicht man den zu prüfenden Kraftstoff hinsichtlich seiner Klopfneigung mit einer definierten Mischung aus n-Heptan (ROZ = 0) und Iso-Oktan (ROZ = 100). Hat ein Kraftstoff z.B. die Research-Oktanzahl 95, so bedeutet dies, dass er sich hinsichtlich seiner Klopffestigkeit genauso verhält, wie eine Mischung aus 95 Vol.-% Iso-Oktan und 5 Vol.-% n-Heptan.
Research-OZ ROZ	Sie berücksichtigt besonders das Motorklopfen, das bei niedrigen und mittleren Drehzahlen und Volllast entstehen kann.
Motor-OZ MOZ	Sie berücksichtigt besonders das Motorklopfen, das bei hoher Last und hoher Drehzahl entstehen kann.
Siedeverlauf	Er gibt an, wie viel Prozent des jeweiligen Kraftstoffs bei welcher Temperatur verdampft sind.
niedrigsiedende Anteile	• Werden beschrieben durch den **E70-Punkt** (evaporated = verdampfter Anteil bei 70 °C) oder **T10-Punkt** (Temperatur, bei der 10 Vol.-% des Kraftstoff verdampft sind). • Sorgen für ein gutes Kaltstartverhalten mit niedriger Abgasemission in der Warmlaufphase. • Können im Sommer zur Dampfblasenbildung und zu erhöhten Verdampfungsverlusten führen.

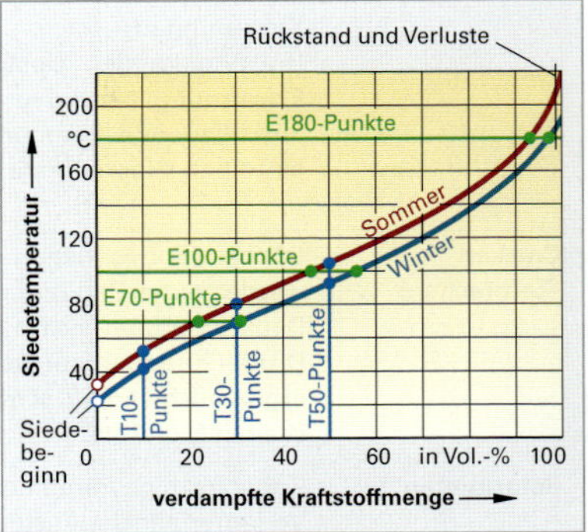

hochsiedende Anteile	• Werden beschrieben durch den **E180-Punkt** (evaporated = verdampfter Anteil bei 180 °C) oder **T50-Punkt** (Temperatur, bei der 50 Vol.-% des Kraftstoffs verdampft sind). • Enthalten mehr Energie als leichtsiedende Anteile. • Können insbesondere bei Kaltstart an den Zylinderwänden kondensieren. Sie verdünnen das Motoröl mit der Folge eines erhöhten Zylinderverschleißes und steigender Abgasemission.
mittelsiedende Anteile	• Werden beschrieben durch den **E100-Punkt** (evaporated = verdampfter Anteil bei 100 °C) oder **T30-Punkt** (Temperatur bei der 30 Vol.-% des Kraftstoffs verdampft sind). • Kraftstoffe mit zu wenig Komponenten im mittleren Siedebereich führen zu schlechterem Fahrverhalten wie z.B. „Ruckeln beim Beschleunigen".
Sauerstoffgehalt	Zur Erzeugung von hochoktanigen Ottokraftstoffen werden MTBE mit hohem Sauerstoffgehalt (18 Vol.-%) eingesetzt. Sie sollen die meist giftigen und krebserregenden Aromaten ersetzen. Der vorgeschriebene Gesamtsauerstoffgehalt (2,8 Vol.-%) darf nicht überschritten werden.

Premium-Benzine

- Kraftstoffe mit einer ROZ von 100. Handelsame z.B. „V-Power", „Ultimate", „Super 100".
- Meist verringertes Siedeende bei ca. 190 °C durch veränderte Rezeptur des Grundbenzins.
- Dadurch weniger Rückstände bei Kurzstrecken- und Kaltstartbetrieb.
- Verändertes Additivpaket zur Verbesserung der Verbrennung und der Emissionswerte.

Rennbenzine

- Einsatz von Kohlenwasserstoffen mit Oktanzahlen bis zu ROZ = 120. Z.B. Alkylat (Iso-Octan und andere Iso-Paraffine), katalytisches Reformat (Toluol, Xylol und andere ringförmige Kohlenwasserstoffe).
- Verwendung hochoktanigerAlkohole, z.B. Methanol und Ether, z. B. MTBE.
- Komponenten mit hohem Energieinhalt und/oder niedrigem stöchiometrischem Luft-Kraftstoff-Verhältnis z. B. Nitromethan.
- Verwendung von Kohlenwasserstoffen, wie Quadrizyklan (C_7H_8) oder Diolefinen wie Di-Iso-Butylen (C_8H_{16}), die die Verbrennung beschleunigen.

Ottokraftstoffe: Additive

Additive

- Zusätze die Eigenschaften und das Verhalten des Kraftstoffs im Motor deutlich verbessern.
- Werden dem Kraftstoff meist erst beim Befüllen des Tanklastzuges zugegeben.
- Konzentrationen meist deutlich unter 1 %.

Detergentien

- Sie sollen Ablagerungen in Einlasssystemen, besonders an Einlassventilen, Einspritzdüsen, die zur Verschlechterung des Fahrverhaltens und der Abgasemission führen, verhindern.
- Besonders gute Wirkung mit modernen synthetischen Motorölen.
- Wirkstoffe: Polyisobutenamine, Polyisobutenpolyamide und Polyetheramine.

Antioxidantien

- Sie werden bereits während der Produktion instabiler Crackkomponenten zugesetzt.
- Sie sind nötig, um deren Zerfall zu verhindern.

Korrosionsschutzadditive

- Sie bedecken die zu schützenden Metalloberflächen, bilden eine Schutzschicht aus und halten damit korrosive Kraftstoffbestandteile vom Metall fern.
- Besondere Bedeutung bei Neufahrzeugen (fast leerer Tank, lange Stillstandszeiten) oder wenn Kraftstoffe mit korrosionsfördernden Alkoholkomponenten hergestellt werden.
- Wirkstoffe: Carboxylat, Ester- oder Aminogruppen.

Reibungsminderer

- Friction modifiers können als Additiv im Kraftstoff zur Reibungsminderung (besonders Reibung zwischen oberstem Kolbenring und Zylinderwand) und damit zur Senkung des Kraftstoffverbrauchs beitragen.

Ottokraftstoffe: Kennwerte

vgl. DIN EN 228

		Super E10	Superbenzin	Super plus	Einfluss auf
Norm		DIN EN 228			
Bioethanolgehalt	5 % ... 10 %	< 5 %			
Klopffestigkeit (Oktanzahl)	mindestens ROZ mindestens MOZ		95,0 85,0	98,0 88,0	Klopfen bei niedrigen Drehzahlen Klopfen bei hohen Drehzahlen
Bleigehalt	höchstens	5 mg/l			Ablagerungen, Katalysator
Dichte von bis	bei 15 °C	0,720 kg/l 0,775 kg/l			Kraftstoffverbrauch
Siedeverlauf (verdampfte Menge)	E70 Sommer E70 Winter E100 Sommer E100 Winter	20,0 % ... 48,0 % 22,0 % ... 50,0 % 46,0 % ... 71,0 % 46,0 % ... 71,0 %			Kaltstart, Heißstart. Fahrverhalten bei heißem und kalten Motor, Verdampfungsemissionen
Siedeende	höchstens	210 °C			Rückstandsbildung, Verschleiß
Abdampfrückstand	höchstens	5 mg/100 ml			Rückstandsbildung
Schwefelgehalt	höchstens	10 mg/kg			Korrosion, Katalysator
Aromatengehalt	seit 2005 höchstens	35 Vol.-%			Emissionen (Abgase, verdunsteter Kraftstoff)
Benzolgehalt	höchstens	1,0 Vol.-%			Emissionen
Gesamtsauerstoffgehalt	höchstens	2,7 Vol.-%			Fahrverhalten, Emissionen, Kraftstoffverbrauch

W

Dieselkraftstoffe

Dieselkraftstoffe	Sie bestehen aus einem Gemisch aus Olefinen (ungesättigte, kettenförmige oder verzweigte Kohlenwasserstoffe), Aromaten (ringförmige Kohlenwasserstoffverbindungen) und Paraffinen (kettenförmige, gesättigte Kohlenwasserstoffe). Der Siedebereich der einzelnen Bestandteile liegt zwischen 170 °C und 380 °C.
Sicherheit	H-Sätze: H226; H304; H332; H315; H351; H373; H411 P-Sätze: P210; P260; P280; P301 + P310; P331; P501
Gefahren	Gefahrenklasse A III; Xn gesundheitsschädlich; N umweltschädlich.
Zündwilligkeit Cetanzahl CZ	Die Cetanzahl ist ein Maß für die Zündwilligkeit von Dieselkraftstoffen. Sie wird in genormten Prüfmotoren durch Versuch bestimmt. Dazu vergleicht man den zu prüfenden Kraftstoff hinsichtlich seines Zündverzugs. Als Vergleichskraftstoffe werden Cetan ($C_{16}H_{34}$) mit der CZ = 100 und α-Methyl-Naphthalin mit der CZ = 0 verwendet. Ein Kraftstoff, der im Prüfmotor den gleichen Zündverzug wie beispielsweise eine Mischung aus 52 % Cetan und 48 % α-Methyl-Naphtalin ergibt, hat definitionsgemäß eine CZ von 52.
Zündverzug	Zeit, die vom Einspritzbeginn bis zum Beginn der Entzündung des Kraftstoffes vergeht. Um geringen Zündverzug zu erreichen, ist Kraftstoff mit hoher Cetanzahl (CZ > 51) notwendig. **Folge hohen Zündverzugs:** Nagelndes Verbrennungsgeräusch, hohe Beanspruchung des Motors. **Mögliche Ursachen für hohen Zündverzug:** Kraftstoff mit geringer CZ, schlechte Kompression, tropfende Einspritzdüse, kalter Motor.
Filtrierbarkeit (Wintertauglichkeit)	Die Wintertauglichkeit von Dieselkraftstoffen wird bestimmt durch die Filtrierbarkeit CFPP (Cold Filter Plugging Point). Es ist die Temperatur, bei welcher der Fließwiderstand in den Kraftstofffiltern aufgrund von Paraffinausscheidungen gerade noch eine Kraftstoffversorgung der Einspritzpumpe ermöglicht. Dieselkraftstoff wird je nach Jahreszeit mit vier verschiedenen CFPPs ausgeliefert. Bei sehr tiefen Temperaturen sind Filterheizsysteme nötig.
Schmierfähigkeit (Lubrielty)	Durch die Entschwefelung des Kraftstoffs (maximal 10 mg/kg Kraftstoff) wird die Schmierfähigkeit des Dieselkraftstoffs stark eingeschränkt. Durch Additive kann die Schmierfähigkeit erhöht werden. Messgröße ist der Abrieb eines Prüfkörpers auf einer mit Diesel geschmierten Oberfläche.
Schwefelgehalt	Die Bezeichnung „schwefelfrei" bezieht sich auf einen maximalen Schwefelgehalt von 10 mg/kg. Extrem niedrige Schwefelgehalte sind für die Verwendung von Katalysatoren und Rußpartikelfilter Voraussetzung.
Premium-Dieselkraftstoffe	Kraftstoffe mit einer CZ von bis zu 60. Handelsname z.B. „Ultimate", „V-Power". Verringertes Siedeende auf ca. 350 °C durch Reduzierung der langkettigen Paraffine. Veränderte Rezeptur des Grundkraftstoffs. Dadurch weniger Ablagerungen, geringerer Schadstoffausstoß und geringerer Verbrauch.

Dieselkraftstoffe: Additive

Additive	• Verbessern die Eigenschaften des Kraftstoffs deutlich. • Werden im Dieselkraftstoff in Konzentrationen im ppm-Bereich zugegeben.
Zündbeschleuniger	• Ermöglichen eine wirtschaftliche Anhebung der Cetanzahl mit entsprechend positivem Einfluss auf die Verbrennung und die Abgasemission. • Wirkstoffe: organische Nitrate, z. B. Ethyl-Hexyl-Nitrat
Lubrici-Additive	Schmierfähigkeitsverbesserer sorgen für den erforderlichen Verschleißschutz, z.B. in Einspritzpumpen, Injektoren und Pumpe/Düse-Systemen, bei Verwendung von entschwefelten Kraftstoffen.
Detergentien	• Verhindern Rückstände in den Einspritzdüsen durch Verkokung von Kraftstoff. • Wirkstoffe: Amine, Imidazoline, Amide, Succinimide, Polyalkyl-Succinimide oder -Amine sowie Polyetheramine.
Fließverbesserer	Erlauben zusammen mit Wax Antisettling-Additiven im Winter den Einsatz paraffinischer Komponenten mit hoher Cetanzahl, aber einem begrenzten Kälteverhalten. Sie können die Bildung der Paraffinkristalle zwar nicht verhindern, die Größe aber reduzieren und ein Zusammenwachsen verhindern.

Korrosionsschutzadditive	• Sie schützen das Kraftstoffsystem bei Kondenswasserbildung. • Ester oder alkenische Succinimid-Säuren bilden eine dünne Schutzschicht auf den Metalloberflächen und verhindern somit den Zutritt von Wasser und Säuren.
Schaumdämpfer	• Sie mindern die Schaumbildung beim Tanken. • Wirkstoff: Silikonöl
Weitere Additive	• Antioxidantien zur Stabilisierung von Crackkomponenten. • Biozide verbessern die Lagerhaltung, bekämpfen Mikroorganismen in Lagertanks. • Antistatik-Additive verbessern die elektrische Leitfähigkeit.

Dieselkraftstoffe: Kennwerte

vgl. DIN EN 590

Kennwert		Anforderung	Einfluss auf Fahrzeugbetrieb
Dichte	bei 15 °C	0,820 kg/l ... 0,845 kg/l	Abgas. Verbrauch, Leistung
Zündwilligkeit	Cetanzahl mindestens Cetanindex mindestens	CZ 51 46	Verbrennungsverhalten, Start, Abgas, Geräuschemission
Siedeverlauf (verdampfte Menge)	Vol-% bei 250 °C Vol-% bei 350 °C 95%-Punkt	max. 65 % min. 85 % max. 360 °C	Abgas, Ablagerungsbildung
Viskosität	bei 40 °C	2,0 mm²/s ... 4,5 mm²/s	Verdampfbarkeit, Schmierung
Flammpunkt		min. 55 °C	Sicherheit
Filtrierbarkeit (CFPP)	vom 15.04. bis 30.09. vom 01.10. bis 15.11. vom 16.11. bis 28.02. vom 01.03. bis 14.04.	min. 0 °C min. – 10 °C min. – 20 °C min. – 10 °C	Betrieb bei niedrigen Temperaturen
Schwefelgehalt	seit 2009	max. 10 mg/kg	Korrosion, Partikel-Emissionen
Koksrückstand		max. 0,30 %	Rückstände im Brennraum
Aschegehalt		max. 0,01 %	Rückstände im Brennraum
Wassergehalt		max. 200 mg/kg	Korrosion
Polycyclische Aromaten		max 8 %	Emissionen
Lubricity	Schmierfähigkeit bei 60 °C	max. 460 μm	Verschleiß

Kraftstoffe: Stoffwerte, Eigenschaften

Flüssige Kraftstoffe	**Dichte** **kg/l**	**Hauptbestandteile Gewichtsanteile** **%**	**Siedetemperatur** **°C**	**spezifischer Heizwert** **kJ/kg**	**Zündtemperatur** **°C**	**Luftbedarf theor.** **kg/kg**	**Zündgrenze Volumenanteil Gas in Luft %** unterer	**oberer**
Superbenzin	0,73 ... 0,78	86 C, 14 H	25 ... 215	43500	400	14,7	0,6	8
Dieselkraftstoff	0,82 ... 0,86	86 C, 13 H	180 ... 360	42500	250	14,5	0,6	7,5
Flugbenzin	0,72	85 C, 15 H	40 ... 180	43500	500	14,8	0,7	8
Kerosin	0,77 ... 0,83	87 C, 13 H	170 ... 260	43000	250	14,5	0,6	7,5
Methanol	0,79	38 C, 12 H, 50 O	65	19700	450	6,4	5,5	26
Ethanol	0,79	52 C, 13 H, 35 O	78	26800	420	9	3,5	15
Ether	0,72	64 C, 14 H, 22 O	35	34300	170	7,7	1,7	36
Xylol	0,88	91 C, 9 H	144	40600	460	13,7	1,0	7,6

Gasförmige Kraftstoffe	**Dichte bei 0 °C und 1013 mbar** **kg/m³**	**Hauptbestandteile Gewichtsanteile** **%**	**Siedetemperatur bei 1013 mbar** **°C**	**spezifischer Heizwert** **kJ/kg**	**Zündtemperatur** **°C**	**Luftbedarf theor.** **kg/kg**	**Zündgrnze Volumenanteil Gas in Luft %** unterer	**oberer**
Ethan	1,36	80 C, 20 H	– 88	47500	515	17,3	3,0	14
Erdgas	0,83	76 C, 24 H	– 162	47700	–	–	–	–
Flüssiggas	2,25	82 C, 18 H	– 30	46100	400	15,5	1,5	15
n-Butan C_4H_{10}	2,7	83 C, 17 H	+ 1	45600	365	15,4	1,5	8,5
Propan C_3H_8	2,0	82 C, 18 H	– 43	46300	470	15,6	1,9	9,5
Wasserstoff	0,09	100 H	– 253	120000	560	34,0	4,0	77,0

W

W

Alternative, nicht fossile Kraftstoffe	
Biomasse	Dazu zählen alle Stoffe organischen Ursprungs. Momentan werden ca. 1 % der weltweit erzeugten Biomasse zu energetischen Zwecken genutzt. Dadurch können ca. 10 % des Primärenergieverbrauchs gedeckt werden. Folgende Biomassen sind zur Kraftstoffherstellung geeignet (Wirkungsgrad 3% ... 6%): • Ölhaltige, wie z.B. Raps. • Zuckerhaltige, wie z.B. Zuckerrohr, Melasse, Zuckerrüben, Zuckerhirse. • Zellulosehaltige, wie z.B. organische Abfälle, Holz, Stroh. • Stärkehaltige, wie z.B. Kartoffeln, Getreide, Maniok. Aus ihnen lassen sich für den motorischen Betrieb sowohl synthetisches Benzin und Dieselkraftstoff als auch Methanol und Ethanol , Methan und Wasserstoff erzeugen.
Biokraftstoffe	Sind Kraftstoffe, die aus nachwachsenden Rohstoffen (Biomasse) gewonnen werden. Theoretisch entsteht bei deren Verbrennung nur so viel Kohlenstoffdioxid (CO_2), wie die Pflanzen, aus denen die Kraftstoffe gewonnen werden, beim Wachstum aus der Luft entnehmen. Für die Produktion der Pflanzen, deren Ernte, Transport und Aufbereitung muss allerdings Energie zugeführt werden. Seit 2005 ist ein Mindestanteil von 2 %, ab 2010 ein Mindestanteil von 5,75 % Biokraftstoffen am Gesamtkraftstoffverbrauch vorgesehen.
Methanol-Ethanol-Kraftstoff	Methanol und Ethanol können als alternative Kraftstoffe sowohl in Ottomotoren als auch in Dieselmotoren verwendet werden. In handelsüblichen Ottokraftstoffen ist die Zugabe von Methanol auf max. 5 Vol.-% begrenzt. In solch niedrigen Konzentrationen ist die oktanzahlsteigernde Wirkung von Methanol in Mischkraftstoffen kaum bemerkbar. Bei hohen Konzentrationen von z. B. mehr als 15 % wird die Oktanzahl deutlich erhöht. **Nachteile bei Verwendung in Dieselmotoren:** geringe Zündwilligkeit, hohe Verdampfungswärme, geringe Schmierwirkung, höhere Flüchtigkeit, höhere Neigung zur Korrosionsbildung. Die Einspritzanlage muss an den Kraftstoff angepasst werden. **Nachteile bei Verwendung in Ottomotoren:** Motorelektronik, Sauganlage und Brennraum müssen an den veränderten Kraftstoff angepasst werden. Kraftstoffe, die überwiegend Methanol oder Ethanol enthalten, werden momentan aus wirtschaftlichen Gründen in Europa nicht angeboten.
Pflanzenöle	Pflanzenöle sind grundsätzlich als Kraftstoff in Dieselmotoren verwendbar. Technische Probleme: • Hohe Viskosität erschwert Betrieb bei niedrigen Temperaturen. • Schlechte Zerstäubung des eingespritzten Kraftstoffs führt zu erhöhten Abgaswerten. • Mangelnde Stabilität, natürliche Verunreinigungen, Pilz- und Bakterienbefall erschweren die Lagerhaltung. • Geruchsbelästigung durch die Abgase, die jedoch durch Katalysatoren gemildert werden kann.
Fettsäure-methylester	• Fatty Acid Methyl Ester (FAME), Rapsölmethylester (RME) • Werden aus Pflanzenölen (z.B. Raps) und Methanol (CH_3OH) hergestellt. • Eignen sich deutlich besser als Kraftstoff für Dieselmotoren als reine Pflanzenöle. • Nur maximal 30% der enthaltenen Energie als Antriebsenergie nutzbar. • Maximale Zumischung im Dieselkraftstoff: 7% • Hoher Anteil an hoch siedenden Kohlenwasserstoffen bewirkt Rückstände in Motoren bei Kaltstart- und Kurzstreckenbetrieb; kürzere Ölwechsel-Intervalle nötig. • Verwendung von RME ergibt niedrigere Partikel-, HC- und CO- Emissionen, aber tendenziell höhere NO_x- und Aldehyd-Emissionen bei höherem Verbrauch und geringerer Motorleistung.
Synthetische Kraftstoffe	• Synthetisch (Biomass-to-Liquid = BtL) aus Biomasse hergestellte Kraftstoffe. Z.B. SunFuel • Reduzierung des Schadstoffausstoßes (CO um bis zu 75 %, HC um bis zu 65 %, NOx um bis zu 30 %, Partikel um bis zu 12 %). Völlig schwefelfrei.
Wasserstoff	Wasserstoff ist langfristig als Alternativkraftstoff denkbar, da er in unbegrenzter Menge in Form von Wasser zur Verfügung steht und bei der Verbrennung wieder Wasser erzeugt wird. Hauptproblem beim Einsatz von Wasserstoff: Transport, Lagerung und Fahrzeugbetankungen. Theoretisch möglich: Hochdruckspeicher, Metallhydridspeicher, Flüssigspeicher.

Schmierstoffe: Motorenöle

Viskositätsklassen SAE-Klassen

Von der amerikanischen „**S**ociety of **A**utomotive **E**ngeneers", **SAE,** wurden die Motorenöle in SAE-Klassen eingeteilt. Die Einteilung der Viskositätsklassen erfolgt nach DIN 51511 bzw. SAE J 300. **Kälteviskosität.** Damit der Motor bei tiefen Temperaturen seine Mindestdrehzahl erreicht und anspringt, darf z.B. bei einem Motoröl mit der Kennzeichnung SAE 10***W*** die Viskosität nicht mehr als 7000 mPa · s bei – 25 °C betragen. ***W*** steht dabei für ***Winterklasse***. **Grenzpumptemperatur.** Damit nach dem Starten genügend Öl zur Ölpumpe und in den Schmierölkreislauf fließt, ist die Viskosität für die SAE Winterklassenöle auf 60 000 mPa · s begrenzt. Sie darf z.B. bei einem 10W Öl bei – 30 °C nicht überschritten werden. **Kinematische Viskosität (Hochtemperaturviskosität).** Damit der Schmierfilm bei höheren Temperaturen nicht abreißt, darf die Kinematische Viskosität bei 100 °C bei W-Ölen bestimmte Grenzwerte nicht unterschreiten. Für SAE Sommerklassen sind Viskositätsbereiche vorgeschrieben.

SAE-Viskositäts-klasse	Kälteviskosität in mPa · s	Maximale Grenzpump-temperatur	Kinematische Viskosität bei 100 °C min.	Kinematische Viskosität bei 100 °C in mm²/s bei max.
0 W	6 200 bei – 35 °C	– 40 °C	3,8	
5 W	6 600 bei – 30 °C	– 35 °C	3,8	
10 W	7 000 bei – 25 °C	– 30 °C	4,1	
15 W	7 000 bei – 20 °C	– 25 °C	5,6	
20 W	9 500 bei – 15 °C	– 20 °C	5,6	
30			9,3	unter 12,5
40			12,5	unter 16,3
50			16,3	unter 21,9

Mehrbereichsöle decken mehrere SAE-Viskositätsklassen ab, z.B. 10W-40. Sie können unabhängig von der Jahreszeit ganzjährig eingesetzt werden.

Einsatztemperaturen Mehrbereichs-Motoröle

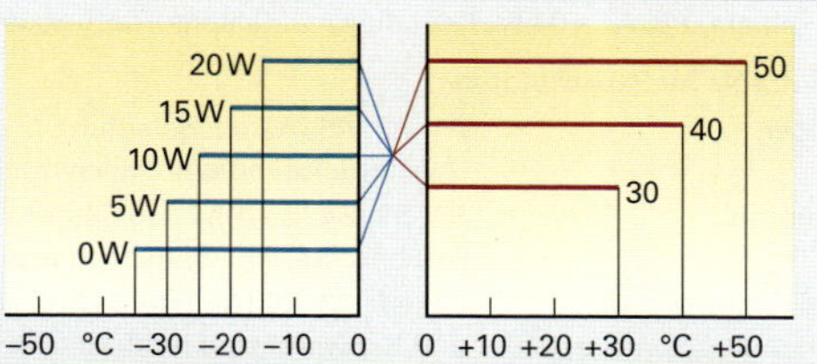

Lesebeispiele:
Mehrbereichsöl: SAE 0W-30
Einsatz bei Außentemperaturen – 35 °C ... + 30 °C
Mehrbereichsöl: SAE 10W-40
Einsatz bei Außentemperaturen – 25 °C ... + 40 °C
Hinweis: Herstellervorschriften sind einzuhalten.

W

Klassifikationen und Spezifikationen

API-Klassifikation

Einteilung der Motorenöle durch das American Petroleum Institute in S-Klassen (**s**park ignition für Ottomotoren bzw. Service-Klasse) und in C-Klassen (compression ignition für Dieselmotoren bzw. commercial Klasse). Bei der API Norm schließt die jeweils neuere Norm die vorhergehenden mit ein, z.B. API SL übertrifft die Anforderungen von API SJ.

API-Klasse	Anforderungen, Einsatz – Ottomotoren
SJ	Diese Norm berücksichtigt neuere Erkenntnisse der Kraftstoffeinsparung und verschärfte Anforderung hinsichtlich Verdampfungsverluste. Phosphor ist wegen besserer Katalysatorverträglichkeit auf 0,1% begrenzt. Gültig ab 10/96.
SL	Seit 07/2001. Nochmals verschärfte Anforderung bezüglich Ölverbrauch, Motorsauberkeit und Alterungsverhaltern. Je nach Vorgabe der Fahrzeughersteller sind verlängerte Ölwechselintervalle möglich.
SM	Gültig seit 2004. Hochleistungsöl, übertrifft die Qualitätsanforderungen von API-SL Motoröl, verlängerte Ölwechselintervalle möglich, HTHS > 3,5 mPa · s, mit reduzierten Anteilen an Sulfatasche , Phosphor und Schwefel. Für Fahrzeuge mit NOx-Katalysator geeignet.
SN	Seit 2011. Hochleistungsöl, verbesserter Hochtemperaturschutz am Kolben, bessere Dichtungsverträglichkeit, erhöhter Turboladerschutz, geeignet für moderne Abgasreinigungsanlagen. Besonderer Schutz von Motoren, die mit ethanolhaltigen Kraftstoff bis E 85 betrieben werden. Auch bei älteren Motoren einsetzbar.

Schmierstoffe: Motoröl Spezifikation – Pkw

API-Klasse	Anforderungen, Einsatz – Dieselmotoren
CH-4	Für schnell laufende 4-Takt-Dieselmotoren mit verschärften Abgasvorschriften und Dieselkraftstoffen mit einem Schwefelgehalt < 0,5 % geeignet. Extrem lange Ölwechselintervalle. Erhöhter Verschleißschutz gegen den Einfluss von Ruß. Seit 1998 gültig. Kann auch anstatt von API-CD, CE, CF-4 und CG-4 verwendet werden.
CI- 4	Für schnell laufende Dieselmotoren mit Abgasrückführung geeignet. Verlängerte Ölwechselintervalle möglich. Geeignet für Dieselkraftstoffe mit einem Schwefelgehalt < 0,5 %. Ersetzt ab 2002 API-CD, CE, CF-4, CG-4 und CH-4.
CJ-4	Geeignet für schnell laufende Dieselmotoren mit Partikelfiltersystemen und schwefelfreiem Kraftstoff mit den ab 2007 geforderten Abgasgrenzwerten.
ILSAC-/JAMA-Spezifikation	ILSAC (International Lubricant Standardization and Approval Committee), JAMA (Japan Automobile Manufacturers Association). Diese Motoröl-Spezifikationen sind in Asien üblich. ILSAC GF 2 entspricht in etwa API – SJ; ILSAC GF 4 entspricht in etwa API – SM ILSAC GF 3 entspricht in etwa API – SL; ILSAC GF 5 entspricht in etwa API – SN
ACEA-Spezifikationen	Die **A**ssociation des **C**onstructeurs **E**uropeens de l'**A**utomobile ACEA (Vereinigung der europäischen Automobilkonstrukteure) schreibt Mindestanforderungen vor für Motorenöle, die in Pkw-Otto- und Dieselmotoren sowie in Nfz-Dieselmotoren verwendet werden. Diese werden in den weltweit umfangreichsten, strengsten und modernsten Testverfahren ermittelt und in 3 verschiedenen Leistungsgruppen für Pkw-Motoren und einer Leistungsgruppe für Nkw-Motoren beschrieben.

Kennzeichnung der Ölqualität z.B. A1 - 07

A Zuordnung zur Motorart, hier Pkw-Ottomotor; **1** kennzeichnet bestimmte Eigenschaften des Öls, z.B. Hochtemperaturviskosität, hier 2,6/2,9 mPa · s … 3,5 mPa · s; **07** gibt das Jahr der Prüfnorm an. Die jeweils aktuellere Norm schließt dabei die Qualitätsanforderungen aus der Vorgängernorm mit ein, z.B. A1 – 07 schließt die Qualitätsanforderungen von A1 – 98 mit ein.

Einteilung der Motoröle für Pkw-Motoren

- Pkw-Ottomotoren: A1, A3, A5 (A2 ausgelaufen). (Ascherückstand einheitlich max. 1,6 %.)
- Pkw-Dieselmotoren: B1, B3, B4, B5 (B2 ausgelaufen). (Ascherückstand einheitlich max. 1,6 %.)
- Pkw-Otto-/Dieselmotoren mit Abgasnachbehandlungssystem: C1, C2, C3, C4 (Anteile an **S**ulfat – **A**sche; **P**hosphor und **S**chwefel sind limitiert – low/mid **SAPS)**.

Die Anforderungen an Schaumverhalten und Dichtungsverträglichkeit sind gleich.

Achtung: Herstellerspezifische Vorgaben bzw. Herstellerfreigaben, z.B. VW 503 00, VW 507 00, MB 229.5, … sind genauestens zu beachten!

W

Klassifizierung	Anforderungen	Verwendung
A1 B1	Wenig strenge Anforderung hinsichtlich Scherstabilität und Verdampfungsneigung. HTHS-Viskosität 2,6/2,9 mPa · s … 3,5 mPa · s; Leichtlauföle; Kraftstoffeinsparung ≥ 2,5 %	Öle mit einem hohen Potenzial zur Kraftstoffeinsparung. Wegen der niedrigen HTHS-Viskosität dürfen diese Öle nur in den dafür frei gegebenen Motoren verwendet werden.
A3 B3 B4	Besonders scherstabile Öle mit geringer Verdampfungsneigung; Verbesserungen hinsichtlich Kolbensauberkeit, Nockenverschleiß, Oxidationsstabilität. HTHS-Viskosität > 3,5 mPa · s.	Öle mit sehr hohem Verschleißschutz bei hohen Temperaturen und Drehzahlen; ggf. verlängerte Wechselintervalle. A3/B4 wie A3/B3 sind für direkteinspritzende Diesel- und Ottomotoren besonders geeignet.

Schmierstoffe: Motoröl Spezifikation – Pkw

Klassifizierung	Anforderungen	Verwendung
A5 B5	Besonders scherstabile Öle, auch bei hohen Temperaturen, trotz HTHS-Viskosität 2,9 – 3,5 mPa · s. Verminderte Verdampfungsverluste im Vergleich A1/B1 Ölen (< 2 %).	Leichtlauföl mit nachgewiesener Kraftstoffersparnis (bis 2,5 % im Prüfmotor im Vergleich zu einem 15W-40 Referenzöl). Verlängerte Ölwechselintervalle.
C1 C2 C3 C4	C1 low SAPS, HTHS-Viskosität 2,9 mPa · s ... 3,5 mPa · s. C2 mid SAPS; HTHS-Viskosität 2,9 mPa · s ... 3,5 mPa · s. C3 mid SAPS HTHS-Viskosität > 3,5 mPa · s C4 low SAPS, HTHS-Viskosität > 3,5 mPa · s	Für Pkw-Motoren (Euro IV Motoren), z.B. mit Partikelfilter, NOx-Katalysator, 3-Wege-Katalysator. C1/C2 Qualität wie A5/B5, Sulfataschegehalt max. 0,5 %/0,8 %. C3/C4 Qualität wie A3/B4 Sulfataschegehalt max. 0,8 %/0,5 %.

Schmierstoffe: Motoröl Spezifikation – Nkw

ACEA-Spezifikationen: Die Motoröle für Nfz-Dieselmotore werden in der ACEA-Spezifikation mit **„E"** gekennzeichnet. **Einteilung:** E2, E4, E6, E7, E9 (E1/E3/E5 ausgelaufen).

Klassifizierung	Anforderungen	Verwendung
E2 E4 E6 E7 E9	Alle E-Öle erfüllen die gleichen Anforderungen an Scherstabilität, HTHS-Viskosität und Verdampfungsneigung. Die Öle unterliegen in Testläufen besonderen Prüfungen hinsichtlich Spiegelflächenbildung, Kolbensauberkeit, Schlammbildung, Ölverbrauch und Viskositätseindickung. E6 und E9 sind sog. SAPS-Öle mit begrenzten Anteilen an Sulfat-Asche, Phosphor und Schwefel.	E2 – hochwertiges Öl für mittlere Ölwechselintervalle. E4 – für längste Ölwechselintervalle in Motoren ohne Abgasnachbehandlungssysteme geeignet. E6/E9 – für AGR Motoren mit/ohne Dieselpartikelfilter und SCR-Motoren empfohlen (Sulfataschegehalt < 1%). E7 – wie E6 jedoch Sulfataschgehalt max. 2 %. Für Fahrzeuge ohne Dieselpartikelfilter geeignet.

W

Schmierstoffe: Motoröl Spezifikation – Motorrad

JASO-Spezifikation: JASO (Japanese Automotive Standards Organization). Die durch JASO festgelegten Anforderungen für Otto-Viertakt-Motorradmotoren und 2-Taktmotoren sind international anerkannt. Alle nach JASO T 903 geprüften Otto-Viertakt-Motorradmotorenöle müssen spezielle Schmierstoffeigenschaften erfüllen, die für Motorradmotoren mit integriertem Getriebe mit Ölbadkupplungen wichtig sind. Dabei werden unter anderem die speziellen Reibwertanforderungen geprüft, um festzustellen, welches Öl für die Ölbadkupplungen geeignet ist.

Klassifizierung	Anforderungen	Verwendung
MA/MA-2	Schmieren von Motor und Getriebe auch bei sehr hohen Drehzahlen (bis ca. 15 000 1/min). Kraftübertragung bei Ölbadkupplungen durch spezifische Reibwertverbesserer sicherstellen.	4-Takt-Motorradmotoren mit integriertem Getriebe mit Ölbadkupplungen.
MB	Wie MA-Öle jedoch ohne Reibwertverbesserer.	4-Takt-Motorradmotoren mit Trockenkupplung.
FB / FC / FD	Mischbar mit Ottokraftstoff, verhindern von Kolbenringstecken, Kolbenverlackung, zusetzen der Auslassschlitze, Korrosionsschutz insbesondere der Wälzlager, raucharm.	Öle für 2-Taktmotoren. FB/FC für Motoren mit mittlerem Leistungsvermögen geeignet. FD für Motoren mit hohem Leistungsvermögen geeignet. FC-/FD: Diese Öle sind raucharm.

Schmierstoffe: Motoröl Spezifikation – Traktoren

STOU
UTTO

Öle mit der Bezeichnung STOU „SuperTractor OIL Universal" und UTTO „UniversalTractor Transmission Oil" wurden fürTraktoren und Baumaschinen entwickelt. Diese Öle umfassen einen großen Leistungsbereich und ersetzen deshalb bei diesen Fahrzeugen eine Vielzahl von Ölen mit spezifischen Eigenschaften.

STOU – Leistungsbereich: Dieselmotoren, Getriebe, Nassbremsen und Hydrauliken

UTTO – Leistungsbereich: Getriebe, Nassbremsen und Hydrauliken

STOU Öle werden meist als SAE 10W – 30 oder 10 W – 40 angeboten.

Beispiel: Leistungsbereich[1)] eines Traktoröls der Spezifikation STOU 10W – 40

[1)] Die abgedeckten Leistungsbereiche können je nach Ölhersteller unterschiedlich sein. Deshalb sind die jeweiligen Datenblätter der Ölhersteller bei Verwendung nicht bekannter Öle zu beachten.

Typ	SAE-Motor	SAE-Getriebe	ACEA (Motor)	API –GL (Getriebe)
STOU	10W – 40	75W – 90	E7	GL 4/GL 5

Schmierstoffe: Schalt- und Achsgetriebeöle

Getriebeöle

Getriebeöle werden häufig während der gesamten Lebensdauer eines Pkws/eines Nkws nicht mehr gewechselt. Trotz gestiegener Anforderungen durch höhere Drehmomente und höherer thermischer Belastung altern diese Öle deutlich weniger.

Leichtlauf-Getriebeöle

Spezielle, dünnflüssige Mehrbereichsöle, meist SAE 75W-90, haben Verbrauchsvorteile bei tiefen Temperaturen, da der Reibwert durch friction modifier (Reibwertveränderer) herabgesetzt wird (leichteres Schalten). Ein hoher Viskositätsindex sorgt für Schmiersicherheit bei hohen Temperaturen.

W

Öle für Achsgetriebe

Hochadditivierte Öle mit hohem Lasttrageverhalten besonders für Hypoidgetriebe. Bei selbstsperrenden Achsgetrieben werden LS-Öle (limited slip) verwendet, welche die automatische Sperrwirkung zwischen den druckbeaufschlagten Reiblamellen unterstützen.

Kombi-Öle für Schalt- und Achsgetriebe

Wegen mangelnder EP/AW-Eigenschaften (Aufbau von dünnen Gleitschichten bei hohen Drücken) sind Schaltgetriebeöle für Achsgetriebe nicht geeignet. Wegen Buntmetallkorrosion an Synchronringen sind Achsgetriebeöle nicht für Schaltgetriebe geeignet. Kombiöle werden beiden Ansprüchen gerecht. Es gibt sie in den gängigsten Viskositäten auch als synthetisches Leichtlauföl, z.B. SAE 75W-90 API GL 4 - GL 5.

Leistungsklassen und Spezifikationen für Getriebeöle

Einsatzbedingungen	API-Klasse	MIL-Spezifikation	SAE-Klassen
Schaltgetriebe , Achsgetriebe mit Hypoidverzahnung und wenig Achsversatz	GL-4	MIL-L-2105	SAE 75, 80, 90 SAE 75W-80 SAE 75W-90 SAE 80W-90 SAE 85W-90 SAE 80W-140
Achsgetriebe mit Hypoidverzahnung und großem Achsversatz sowie hinsichtlich ihres Synchronisationsverhaltens unkritische Schaltgetriebe	GL-5 MT-1	MIL-L-2105 B MIL-L-2105 C MIL-L-2105 D MIL-PRF-2105 E	

Vergleich SAE-Klassen

Motor	5W	10W	15W, 20W, 25W, 20	30	40, 50
Getriebe	70W	75W	80W	85	90

Schmierstoffe: Automatikgetriebeöle, Lenkgetriebeöle

ATF- Öle (**A**utomatic **T**ransmission **F**luid)

Öle mit niedriger Viskosität, die Schaltfunktionen und Drehmomentübertragung ermöglichen. Für die Einstellung einer bestimmten Reibwertcharakteristik bei Kupplungen oder Bremsbändern sind friction modifier nötig, damit die ATF-Flüssigkeit ein definiertes Reibverhalten aufweist.

Leistungsklassen. Je nach Hersteller oder Aggregatgruppe werden Leistungsklassen spezifiziert. Die Viskosität wird nicht angegeben. Sie ist Teil der Spezifikation.

Beispiele: GM: Dexron II …VI; **Ford:** Mercron V, SP, LV; **ZF:** TE-ML xx; **MB:** 236.x; **MAN:** Typ 339 xx; **VW:** G 052 162, G 052 182; **Voith:** H 55.6335.xx, H 55.6336.xx; **Allison:** C4

Hinweis: Die Herstellerangaben sind genauestens einzuhalten!

Schmierstoffe: Schmierfette

Verwendung, Herstellung

Fette verwendet man, wenn es keine andere Art der Schmierung gibt, d.h. Öl würde aus der Schmierstelle heraustropfen oder die Ölzufuhr ist nicht möglich. Bei tiefen Temperaturen müssen Fette weich bleiben, bei Strahlungswärme (Motor, Bremse) dürfen sie nicht abtropfen. Bei Einsatz im Kühlmittelbereich müssen sie gegen heißes Wasser beständig sein.
Fett ist ein durch Öl gequollener Verdicker, wobei die Eigenschaften des Fettes durch das Basisöl, die Additive im Öl sowie die Art und Menge des Verdickers bestimmt werden.

Basisöle	Additive	Verdicker
Mineralöle Hydrocracköle PAOs, Ester	Festschmierstoffe wie Graphit, MoS_2, Kupfer	Metallseifen wie Lithiumseifen, Ca-, Na-Seifen

Fette auf Lithiumseifenbasis werden heute am häufigsten verwendet, sie sind wasserbeständig und von – 20 °C bis + 130 °C einsetzbar.

Konsistenz, Kennzeichnung

Die Konsistenz eines Fettes ist sein Widerstand gegen Verformung. Die Eindringtiefe eines genormten Kegels in das Fett führt zur Einteilung in bestimmte NLGI-Klassen (**N**ational **L**ubricating **G**rease **I**nstitute).

NLGI 000-, 00- und 1-Fette sind weich, Einsatz in Zentralschmieranlagen;
NLGI 2 bis 4 sind Abschmierfette für Wälzlager; NLGI 3, 4, 5 sind Fette für Wasserpumpen.

K P 2 K – 40

- NLGI-Klasse 2 = Abschmierfett (Wälzlager)
- max. Einsatztemperatur K = 120 °C
- Temperatureinsatzgrenze – 40 °C
- G geschlossene Getriebe
- K Wälz-, Gleitlager, Gleitflächen
- M Gleitlager, Dichtungen
- Grundöle: E = Ester, SI = Silikonöle, PG = Polyglykole
- Zusätze: P = EP/AW, F = Festschmierstoffe

Maximale Einsatztemperaturen:

C/D ... 60 °C	G/H ... 100 °C	N ... 140 °C	R ... 180 °C	T ... 220 °C
E/F ... 80 °C	K/M ... 120 °C	P ... 160 °C	S ... 200 °C	U ... > 200 °C

Kühlflüssigkeit

Kühlflüssigkeit besteht aus Wasser, verschiedenen Zusätzen (Kühlerschutzmittel) und Kühlerfrostschutzmittel.

Kühlwasser
- Verwendung von sauberem, möglichst kalkarmen Wasser,
- Regenwasser und völlig kalkfreies Wasser sind nicht geeignet,
- Kühlwasser ohne Zusätze fördert die Korrosion und evtl. die Kavitation im Kühlsystem.

Zusätze in Kühlerschutzmitteln
- Korrosionsschutzmittel (Korrosionsinhibitoren).
- Schutzmittel gegen Kesselsteinbildung und sonstige Ablagerungen im Kühlmittelkreislauf.
- Neutralisationsmittel, um entstehende Säuren zu neutralisieren.
- Kavitationsschutzmittel, um Zerstörungen von Werkstoffen zu verhindern, z.B. Zylinderblock, Kühlmittelpumpe.
- Antischaumbildner zur Verhinderung von Luftblasenbildung.

Anforderungen an Kühlerfrostschutzmittel
- Hoher Siedepunkt zur Verhinderung von Dampfblasen,
- gut wasserlöslich,
- schwerflüchtig,
- verträglich mit allen Werkstoffen der Kühlanlage.

Steht zum Nachfüllen des Kühlsystems das geeignete Kühlerfrostschutzmittel nicht zur Verfügung, ist Wasser nachzufüllen. Das nachgefüllte Wasser ist schnellstmöglich wieder durch das passende Kühlerfrostschutzmittel zu ersetzen. Der Betrieb mit reinem Kühlerfrostschutzmittel ist nicht zu empfehlen, da der Gefrierpunkt des Kühlerfrostschutzmittel zu früh erreicht wird und die Siedetemperatur und die Wärmeableitung reduziert werden.

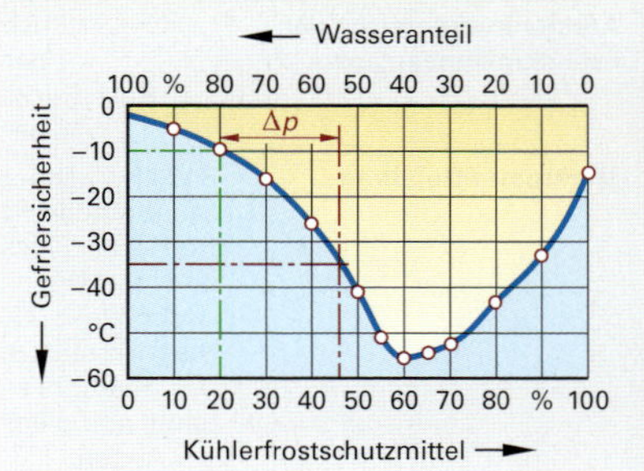

Kühlsysteminhalt 10 l. Gefriersicherheit bis – 35 °C. Laut Diagramm: Wasseranteil = 54 % ≙ 5,4 l; Kühlerfrostschutzmittel = 46 % ≙ 4,6 l

Beispiel: Gefriersicherheit von – 10 °C auf – 35 °C erhöhen. Nach Diagramm ist $\Delta p_{K.\text{-Frostsch.}}$ = 26 %, d.h. bei Kühlsysteminhalt von 10 l sind 2,6 l Gefrierschutzmittel nachzufüllen.

Hinweise
- Kühlerfrostschutzmittel bestehen vornehmlich aus Ethylenglykol.
- Kühlerfrostschutzmittel sind hoch giftig. Nach versehentlichem Trinken ist sofort erste Hilfe zu leisten und ein Arzt hinzuzuziehen.
- Glykolhaltige Dämpfe sind sehr gefährlich. Glykol kann auch über die Haut aufgenommen werden. Schutzhandschuhe tragen.

Kühlerfrostschutzmittel – Unterscheidung

Grundsätzlich unterscheidet man drei Arten von Kühlerfrostschutzmitteln.

- Silikathaltige Kühlerfrostschutzmittel. Hier bewirken anorganische und organische Inhibitoren den Korrosionsschutz im Kühlsystem.
- OAT-Kühlerfrostschutzmittel (Organic-Acid-Technologie = organische Säuren) sind silikatfrei. Bei diesen Kühlerschutzmitteln sorgen organische Salze für den Korrosionsschutz.
- Si-OAT-Kühlerfrostschutzmittel. Diese Kühlerfrostschutzmittel verbinden die Eigenschaften von silikathaltigen und silikatfreien Kühlerschutzmitteln.

Hinweise: Um Verwechslungen nach Möglichkeit zu vermeiden, werden Kühlerfrostschutzmittel unterschiedlich farblich gekennzeichnet und je nach Hersteller typspezifisch benannt. Es gibt keine allgemeinverbindliche Norm. Mischen von silikathaltigen und silikatfreien Kühlerfrostschutzmitteln kann zu Motor- und Kühlerschäden führen. Die Vorschriften der Fahrzeughersteller sind zu beachten.

Beispiele (Auswahl)	**Silikathaltige Kühlerfrostschutzmittel**	**OAT Kühlerfrostschutzmittel**	**Si-OAT-Kühlerfrostschutzmittel**
BASF-Norm (Glysantin) VW-Norm	G 48 G11	G30 G12+	G40 G12++
Farbliche Kennzeichnung	grün / blaugrün	rotviolett	klar violett / rotviolett

Kältemittel

GWP-Faktor (Definition) Der **GWP**-Faktor (**G**lobal **W**arming **P**otential) kennzeichnet das Treibhauspotential eines Gases. Als Vergleichsgas dient CO_2. CO_2 hat einen GWP-Faktor von 1. Seit 2011 gilt in der EU ein GWP-Grenzwert von 150 für Kältemittel in Fahrzeugklimaanlagen von Pkw.

Kältemittel (Definition) Als Kältemittel bezeichnet man Gase oder Flüssigkeiten, die in Klimaanlagen Wärmeenergie transportieren.
Vorgang: Während der Verdampfungsphase entzieht das Kältemittel seiner Umgebung Wärme, die es beim Kondensationsvorgang an anderer Stelle wieder an die Umgebung abgibt.

W

Kältemittel Kurzbezeichnungen	**R1234yf**	**R134a**	**R744 (CO_2)**
GWP-Faktor	4	1480	1
Siedepunkt/Schmelzpunkt	–30 °C / –152,2 °C	–26,1 °C / –101 °C	–78,5 °C / –56,6 °C
Arbeitsdruckbereiche der Fahrzeugklimaanlagen	Niederdruckseite: > 1 bar Hochdruckseite: >16 bar	Niederdruckseite: > 1 bar Hochdruckseite: > 16 bar	Niederdruckseite: 35 ... 50 bar Hochdruckseite: bis 140 bar
Merkmale / Gefahren	R1234yf kann bei Fahrzeugbränden Flusssäure freisetzen. Flusssäure ist eine farblose, stechend riechende Flüssigkeit. Sie wirkt stark ätzend auf der Haut, die Schleimhäute und die Bindehaut der Augen.	Hohes Treibhauspotential. Verwendung in Fahrzeugklimaanlagen verboten. Die Dämpfe sind schwerer als Luft und können durch Verdrängung des Luftsauerstoffes zum Ersticken führen.	Aufgrund der hohen Anlagendrücke ist eine aufwändigere Leitungs- und Dichtungstechnik notwendig. Weitgehend ungefährliches Gas. Ist schwerer als Luft. Hohe Konzentrationen können Ersticken verursachen.

Dampfdruckkurven

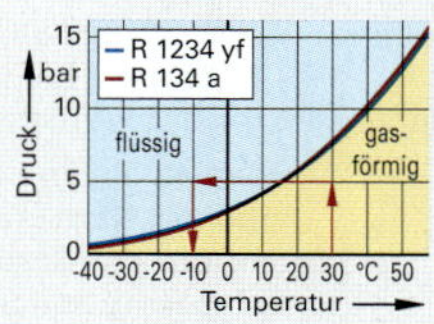

Anhand der Dampfdruckkurven ist erkennbar, dass das thermodynamische Verhalten von R 1234yf und R 134a weitgehend gleich ist.

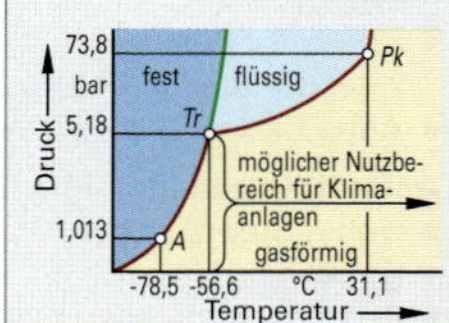

Lesebeispiel: Bei 30 °C und einem Druck von 5 bar sind beide Kältemittel gasförmig. Bei Absenken der Temperatur auf 10 °C und gleichbleibendem Druck geht das Kältemittel in den flüssigen Zustand über (im Kondensator). Durch Druckminderung um 2 bar wird es im Verdampfer wieder gasförmig.

CO_2 hat erst ab T > – 56,6 °C und p > 5,18 bar die für Klimaanlagen zulässigen Aggregatphasen flüssig und gasförmig (siehe Trippelpunkt T_r). Klimaanlagen mit R744 erfordern deshalb hohe Systemdrücke.

Kompressor-Öle für Fahrzeugklimaanlagen

Aufgaben | Kompressor-Öle schmieren und kühlen die beweglichen Teile des Kompressors der Klimaanlage. Zusätzlich bewirkt der Ölfilm in den Kältemittelleitungen und an den Dichtungen, dass diese nicht verspröden und eine Diffusion des Kältemittels nach außen möglichst gering ist.

Klassifizierung	Viskositätsklassen	Eigenschaften	Bemerkungen / Hinweise
PAG-Öl	ISO 46 ISO 100 ISO 150	Vollsynthetisches Öl auf Basis von Polyalkylenglykol. PAG-Öle sind stark hygroskopisch (wasserbindend). Sie sind für Rl34 a geeignet.	Vermischen sich mit dem Kältemittel. Angebrochene Gebinde sind sofort wieder zu verschließen. Lagerfähigkeit geschlossener Gebinde: 24 Monate.
PAG-Öl YF	ISO 46 ISO 100	Diese Öle sind sowohl für das Kältemittel R1234yf als auch für R134a geeignet.	PAG-Öl ohne die Kennz. YF darf in Klimaanlagen mit dem Kältemittel R1234yf nicht verwendet werden.
PAO-Öl PAO-Öl UV	ISO 68 (AA1) ISO 32[1] (AA2) ISO 100 (AA3) [1] Verwendung bei Kühltransportern.	Vollsynthetisches Öl auf Basis von Polyalphaolefinen. PAO-Öle sind nicht hygroskopisch. Für Fahrzeugklimaanlagen mit R134a werden sie häufig als Universalöl in den Viskositätsklassen ISO 68 und ISO 100 verwendet. AA1/AA2/AA3: Zuordnung zu Fahrzeugkompressortypen. Plus UV. Additiv, welches zur vereinfachten Lecksuche mittels UV dient.	PAO-Öle vermischen sich nicht mit PAG-Ölen. Sie bilden nur eine Ölemulsion. Ist PAG-Öl vorgeschrieben, sollte beim Klimaservice kein PAO-Öl zum Nachfüllen verwendet werden. **Grund:** Ca. 50% der Gesamtölmenge bleiben im Klimakreislauf. Schmierung des Kompressors ist auf Dauer nicht gewährleistet. **Ausnahme:** Es besteht spezielle Herstellerfreigabe.
POE-Öl	ISO 100	Klimakompressoröl auf Basis von POE (Polyolester) für Fahrzeugklimaanlagen mit elektrischen Klimakompressoren (Hybrid-, Elektrofahrzeuge). Nicht leitfähig. Hydrophob (mischt sich nicht mit Wasser). Kältemittel für R1234yf / R134a.	Nicht mit anderen Klimakompressorölen vermischen. Vor Feuchtigkeit geschützt aufbewahren. Geöffnete Dose kurzfristig aufbrauchen und nicht längere Zeit lagern.

W

AdBlue

Eigenschaften | AdBlue ist eine wässrige Harnstofflösung, aus 32,5 % hochreinem Harnstoff und 67,5 % demineralisiertem Wasser. Mit dieser Lösung kann der Ausstoß von Stickoxiden (NO_x) bei Dieselmotoren mit SCR-Katalysator um bis zu 90 Prozent reduziert werden. Gefrierpunkt: – 11,5 °C.

Bremsflüssigkeit

Bremsflüssigkeiten bestehen in der Regel aus Glykolethern, die mit weiteren Alkoholen gemischt sind. Zusätzlich sind Alterungs- und Korrosionsschutzstoffe sowie Schmierstoffe enthalten.

Hinweis: DOT 5 ist auf Silikonbasis aufgebaut. Sie darf nicht mit den anderen Bremsflüssigkeiten, z.B. DOT 5.1 (Glykolbasis), gemischt werden.

Anforderungen an die Bremsflüssigkeit
- geringe Neigung zur Dampfblasenbildung
- ausgewogenes Viskositäts-Temperaturverhalten
- Verträglichkeit mit Gummi und Metallteilen
- gute Korrosioneigenschaften, Alterungsbeständigkeit
- gute Schmierwirkung unter extremen Beanspruchungen
- mischbar mit Vergleichs-Bremsflüssigkeiten.

Hinweise:
- Bremsflüssigkeit ist hochgradig giftig. Nach versehentlichem Trinken Erste Hilfe leisten und Notarzt holen.
- Bremsflüssigkeit ist hygroskopisch, d.h. sie nimmt Feuchtigkeit aus der Luft auf, wodurch der Siedepunkt herabgesetzt wird. Nach Herstellervorschrift regelmäßig wechseln.
- Vorsicht. Bremsflüssigkeiten können Lacke auflösen.

Nass-Siedepunkt (Wet Reflux Boiling Point): Er gibt an, bei welcher Temperatur Bremsflüssigkeit zu sieden beginnt, wenn sie ca. 3,5 % Wasser aufgenommen hat.

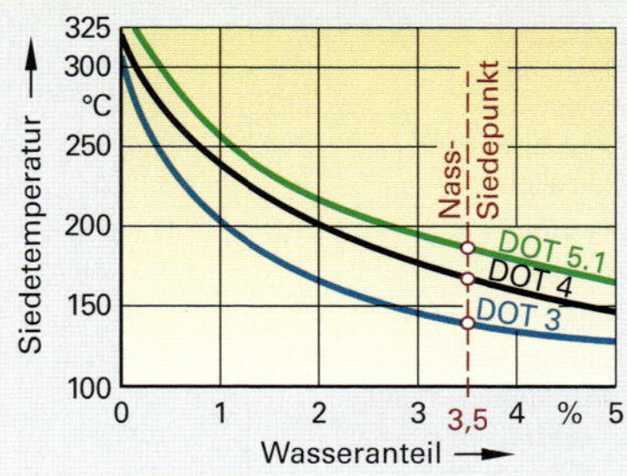

Eigenschaft	Einheit	DOT 3	DOT 4	DOT 5.1
Farbe		farblos gelb	farblos gelb	purpur
Viskosität bei 100 °C bei – 40 °C	 mm^2/s mm^2/s	 1,5 1500	 1,5 1800	 1,5 900
Siedepunkt min.	°C	205	230	260
Nass-Siedepunkt min.	°C	140	155	180

Stoff	Kurzzeichen	Dichte $\frac{kg}{dm^3}$	Schmelztemperatur bei 1,013 bar[1] °C	Schmelzwärme bei 1,013 bar $\frac{kJ}{kg}$	Siedetemperatur bei 1,013 bar °C	Spezifische Wärmekapazität bei 20 °C $\frac{kJ}{kg \cdot K}$	Wärmeleitzahl bei 20 °C $\frac{W}{m \cdot K}$ [2]	Längenausdehnungszahl bei 0 … 100 °C $\frac{1}{K}$
Aluminium	Al	2,70	660	356	2467	0,94	204	0,000 023 8
Blei	Pb	11,30	327,4	24	1751	0,13	34,7	0,000 029 2
Cadmium	Cd	8,64	321	54	765	0,23	91	0,000 03
Calcium	Ca	1,54	850	329	1487	0,66	–	–
Chrom	Cr	7,2	1903	134	2642	0,46	69	0,000 008 4
CuAl-Legierung	–	7,4…7,7	1040	–	≈ 2300	0,44	61	0,000 021
CuSn-Legierung	–	7,4…8,9	900	–	≈ 2300	0,38	46	0,000 017 5
CuZn-Legierung	–	8,4…8,7	900…1000	167	≈ 2300	0,39	105	0,000 018 5
Diamant	C	3,5	≈ 3540	–	4200	0,52	–	0,000 001 18
Eis (bei 0 °C)	–	0,92	0	333	100	2,09[3]	2,33	0,000 051
Eisen, rein	Fe	7,87	1536	276	3070	0,47	81	0,000 012
Glas	–	2,4…2,7	≈ 700	–	–	0,83	0,81	0,000 000 5
Gold	Au	19,29	1064	67	2707	0,13	310	0,000 014 2
Graphit	C	2,24	≈ 3800	–	4200	0,71	168	0,000 007 8
Gusseisen	–	7,25	≈ 1200	≈ 125	2500	0,50	58	0,000 010 5
Hartmetall (K 20)	–	14,8	> 2000	–	≈ 4000	0,80	81,4	0,000 005
Holz	–	0,2…0,7	–	–	–	2,50	0,06…0,17	≈ 0,000 040 0
Indium	In	7,3	156	28	2000	0,23	24,4	0,000 033
Konstantan	–	8,89	1260	–	≈ 2400	0,41	23	0,000 015 2
Korund (Al_2O_3)	–	3,9…4,0	2050	–	2700	0,96	12…23	0,000 006 5
Kupfer	Cu	8,93	1083	213	≈ 2590	0,39	384	0,000 017
Lithium	Li	0,534	180	670	1317	3,60	65	0,000 056
Magnesium	Mg	1,74	650	368	1110	1,04	172	0,000 026
Magnesium-Leg.	–	1,8…1,83	≈ 630	–	≈ 1500	1,00	46 … 139	0,000 024 5
Molybdän	Mo	10,2	2620	287	≈ 4800	0,26	145	0,000 005 2
Natrium	Na	0,97	97,8	113	883	1,30	126	0,000 071
Nickel	Ni	8,91	1455	306	2730	0,45	59	0,000 013
Palladium	Pd	12,0	1555	162	2930	0,23	71	0,000 011
Platin	Pt	21,5	1769	113	4300	0,13	70	0,000 009
Polyamid	PA	1,1	–	–	–	–	0,31	0,000 11
Polyethylen	PE	0,94	–	–	–	2,1	0,41	0,000 20
Polystyrol	PS	1,05	–	–	–	1,3	0,17	0,000 07
Polyvinylchlorid	PVC	1,4	–	–	–	–	0,16	0,000 11
Porzellan	–	2,3…2,5	≈ 1600	–	–	1,2[4]	1,6	0,000 004 5
Rhodium	Rh	12,38	1964	21,7	3727	0,243	150	0,000 085
Ruß	–	1,7…1,8	–	–	subl.[5] 3540	0,84	0,07	–
Silber	Ag	10,5	961,5	105	2180	0,23	407	0,000 019 3
Silicium	Si	2,33	1423	1658	2355	0,75	83	0,000 004 2
Stahl unlegiert und niedrig legiert	–	7,85	1460	205	2500	0,49	48…58	0,000 011 5
nicht rostend	–	7,9	1450	–	–	0,51	14	0,000 016
wolframlegiert	–	8,7	1450	–	–	0,42	26	0,000 011 2
Titan	Ti	4,5	1670	88	3280	0,47	15,5	0,000 008 2
Vanadium	V	6,1	1890	343	≈ 3380	0,50	31,4	0,000 009
Wolfram	W	19,23	3410	54	5900	0,13	130	0,000 004 5
Zink	Zn	7,14	419,5	101	907	0,40	113	0,000 029
Zinn	Sn	7,29	231,9	59	2687	0,24	65,7	0,000 023

[1] 1,013 bar = 1013 hPa [2] $\frac{W}{m \cdot K} = \frac{3{,}6\,kJ}{m \cdot h \cdot K}$ [3] bei – 20 °C … 0 °C [4] bei 1000 °C

[5] sublimiert = unmittelbarer Übergang vom festen in den gasförmigen Zustand

Flüssige Stoffe	**Kurzzeichen**	**Dichte** bei 20 °C $\frac{kg}{dm^3}$	**Schmelztemperatur** bei 1,013 bar °C	**Siedetemperatur** bei 1,013 bar °C	**Verdampfungswärme**[1] $\frac{kJ}{kg}$	**Spezifische Wärmekapazität** bei 20 °C $\frac{kJ}{kg \cdot K}$	**Wärmeleitzahl** bei 20 °C $\frac{W}{m \cdot K}$ [4]	**Volumenausdehnungszahl** $\frac{1}{K}$
Aceton	$(CH_3)_2CO$	0,79	– 95	56	523	2,21	0,16	–
Benzin	–	0,72…0,77	– 30…– 50	25…215	380…500	2,02	0,13	0,001
Benzol, rein	C_6H_6	0,88	6	80	394	1,70	0,15	0,001 25
Dieselkraftstoff	–	0,82…0,86	– 10…– 30	180…360	≈ 250	2,05	0,15	0,00095
Ethanol/ Spiritus 95 %	C_2H_5OH	0,81	– 114	78	–	2,43	0,17	0,001 2
Ethylenglykol	$C_2H_6O_2$	1,11	– 13	198	–	2,60	0,25	0,001
Gefrier- 23 Vol.%	–	1,03	– 12	101	–	3,94	0,53	–
schutz- 38 Vol.%	–	1,04	– 25	103	–	3,68	0,45	–
mittel 54 Vol.%	–	1,06	– 46	105	–	3,43	0,40	–
Glycerin (H_2O-frei)	$C_3H_5(OH)_3$	1,26	19	290	–	2,37	0,29	0,000 5
Heizöl, EL	–	≈ 0,83	– 10	> 175	–	2,07	0,14	0,000 95
Kältemittelöl PAG	–	0,99…1,01	– 45	–	–	–	–	–
Methanol	CH_3OH	0,79	– 98	65	1110	2,51	0,20	–
Mineral-Schmieröl	–	0,91	– 20	> 300	–	2,09	0,13	–
Petroleum	–	0,76…0,86	– 70	> 150	≈ 314	2,16	0,13	0,001
Quecksilber	Hg	13,6[2]	– 39	357	285	0,14	10,0	0,000 18
R1234yf (flüssig)	$C_3H_2F_4$	1,1	–	–	217	–	–	–
R134a (flüssig)	$C_2H_2F_4$	1,21	–	–	216,98	1,425	–	–
Salpetersäure	HNO_3	1,5	– 41	84	–	1,72	0,26	–
Salzsäure, 10 %	HCl	1,05	– 14	102	–	3,14	0,50	–
Schwefelsäure	H_2SO_4	1,83	10,5	338	–	1,42	0,47	0,000 55
Silikonöl	–	0,76…0,98	–	–	–	1,09	0,13	–
Superbenzin	–	0,73…0,78	– 30…– 50	25 … 215	–	–	–	0,001
Wasser, destilliert	H_2O	1,00[3]	0	100	2258	4,18	0,60	0,000 18

[1] bei 1,013 bar = 1013 hPa [2] bei 0 °C [3] bei 4 °C [4] 1 W/(m · K) = 3,6 kJ/(m · h · K)

Gasförmige Stoffe	**Chem. Kurzzeichen**	**Dichte** bei 0 °C und 1,013 bar[5] $\frac{kg}{m^3}$	**Schmelztemperatur** bei 1,013 bar °C	**Siedetemperatur** bei 1,013 bar °C	**Wärmeleitzahl** bei 20 °C und 1,013 bar $\frac{W}{m \cdot K}$ [6]	**Spezifische Wärmekapazität** bei 20 °C und 1,013 bar c_p[1] $\frac{kJ}{kg \cdot K}$	c_v[2]
Acetylen	C_2H_2	1,17	– 84	– 81	0,021	1,64	1,33
Ammoniak	NH_3	0,77	– 78	– 33	0,024	2,06	1,56
Argon	Ar	1,78	– 189	– 186	0,018	0,52	0,31
n-Butan	C_4H_{10}	2,70	– 138	– 0,5	0,016	–	–
Erdgas	–	≈ 0,83	–	– 162	–	–	–
Ethan	C_2H_6	1,36	– 183	– 88	0,021	1,66	1,36
R 1234yf[3]	$C_3H_2F_4$	1,1	152,2	– 30	–	–	–
R 134a[3]	$C_2H_2F_4$	4,25	– 97	– 26	0,0138	0,857	–
Helium	He	0,18	– 272	– 269	0,150	5,23	3,15
Kohlendioxid R744	CO_2	1,98	– 57[4]	– 78	0,016	0,82	0,63
Kohlenmonoxid	CO	1,25	– 205	– 191	0,025	1,05	0,75
Luft	–	1,293	– 220	– 191	0,026	1,005	0,72
Methan	CH_4	0,72	– 183	– 162	0,033	2,19	1,68
Neon	Ne	0,90	– 249	– 246	0,049	1,03	0,62
Propan	C_3H_8	2,00	– 190	– 43	0,018	–	–
Sauerstoff	O_2	1,43	– 219	– 183	0,026	0,91	0,65
Schwefeldioxid	SO_2	2,93	– 75	– 10	0,010	0,64	0,46
Stickstoff	N_2	1,25	– 210	– 196	0,026	1,04	0,74
Wasserstoff	H_2	0,09	– 259	– 253	0,180	14,24	10,10
Xenon	Xe	5,89	– 112	– 108	0,006	0,16	0,10

[1] bei konstantem Druck [2] bei konstantem Volumen [3] 1.1.1.2-Tetrafluorethan [4] bei 5,3 bar
[5] 1,013 bar = 1013 hPa [6] 1 W/(m · K) = 3,6 kJ/(m · h · K) [7] 2.3.3.3-Tetrafluorpropen

W

Einteilung der Stähle nach Werkstoffnummern (Auszug) — vgl. DIN EN 10 027-2

Werkstoffnumern werden vorwiegend für die Werkstoffbezeichnung in technischen Zeichnungen verwendet. Sie bestehen aus der Werkstoffhauptnummer 1 für Stahl, einer zweistelligen Stahlgruppennummer und einer auf vier Stellen erweiterbaren Zählnummer.

Beispiel: 1 . 01 44 (xx)

Werkstoff-Hauptgruppe	**Stahlgruppennummer**	**Zählnummer**
1: Stahl 2: Schwermetall 3: Leichtmetall	01: Allgemeiner Baustahl	44: Verweis auf den Werkstoff S275J2G3 mit einer Zugfestigkeit R_m zwischen 410 N/mm² und 560 N/mm²

Stahl-gruppen-Nummer	Bedeutung
	Unlegierte Qualitätsstähle
00, 90	Grundstähle
01	Allgemeine Baustähle, $R_m < 500$ N/mm²
02	Sonstige Baustähle, $R_m < 500$ N/mm²
03	Stähle mit C < 0,12 % oder $R_m < 400$ N/mm²
04	Stähle mit C ≥ 0,12 % bis < 0,25 % oder $R_m \geq 400$ N/mm² bis $R_m < 500$ N/mm²
05	Stähle mit C ≥ 0,25 % bis < 0,55 % oder $R_m \geq 500$ N/mm² bis $R_m < 700$ N/mm²
06	Stähle mit C ≥ 0,55 % oder $R_m \geq 700$ N/mm²
07	Stähle mit höherem P- oder S-Gehalt
	Legierte Qualitätsstähle
08	Stähle mit besonderen physikalischen Eigenschaften
09	Stähle für verschiedene Anwendungsbereiche
	Unlegierte Edelstähle
10	Stähle mit besonderen physikalischen Eigenschaften
11	Bau-, Maschinenbau- und Behälterstähle mit C < 0,5 %
12	Maschinenbaustähle mit C ≥ 0,5 %
13	Bau-, Maschinenbau- und Behälterstähle mit besonderen Anforderungen
15…18	Werkzeugstähle

Stahl-gruppen-Nummer	Bedeutung
	Legierte Qualitätsstähle
20…27	Aufteilung nach kennzeichnenden Legierungsbestandteilen
	Sonstige legierte Stähle
32, 33	Schnellarbeitsstähle
35	Wälzlagerstähle
36…39	Werkstoffe mit besonderen magnetischen oder physikalischen Eigenschaften
40…45	Nichtrostende Stähle
46	Chemisch beständige und hochwarmfeste Nickellegierungen
47, 48	Hitzebeständige Stähle
49	Hochwarmfeste Werkstoffe
	Legierte Bau-, Maschinenbau- und Behälterstähle
51…55	Stähle mit dem kennzeichnenden Legierungselement Mn, weitere Legierungselemente: Si, Cu, V, W, Nb, Ti, B
56	Ni-legierte Stähle
57…84	Stähle mit dem kennzeichnenden Legierungselement Cr, weitere Legierungselemente: Si, Cu, Ni, Mo, B, Mn, V, W, Ti
85	Nitrierstähle
88…89	Hochfeste, schweißgeeignete Stähle

Zählnummer. Sie ermöglicht die Unterscheidung von gleichen Stahlsorten, die von verschiedenen Herstellern angeboten werden. So können z.B. gleiche Stahlsorten verschiedene Zählnummern oder verschiedene Stähle gleiche Zählnummern haben. Die eingeklammerten Stellen (xx) sind für einen möglichen zukünftigen Bedarf vorgesehen, sodass die Zählnummer vierstellig werden kann, wenn z.B. die Anzahl der Stahlsorten größer wird.

Einteilung der Stähle nach Hauptgüteklassen — vgl. DIN EN 10 020

Qualitätsstähle

Unlegiert

- Kohlenstoffgehalt > 0,1%.
- P-Gehalt und S-Gehalt > 0,045%.
- Keine Legierungselemente außer Si und Mn.
- Mindestzugfestigkeit $R_m \leq 690$ N/mm².
- Streckgrenze $R_e \leq 360$ N/mm².
- Bruchdehnung $\varepsilon \leq 26\%$
- Keine besonderen Anforderungen an den Reinheitsgrad.
- Eignet sich für die Wärmebehandlung wie Vergüten, Härten. Es wird jedoch keine gleichmäßige Durchhärtung, Oberflächenhärtung, Vergütung gewährleistet.
- Für höhere Beanspruchungen geeignet bezüglich Sprödigkeit, Verformbarkeit, Schweißbarkeit.

Legiert

- Nicht für eine Vergütung oder Oberflächenhärtung bestimmt.
- Die Legierungselemente dienen vorwiegend zur Verbesserung der technologischen Eigenschaften wie Schweißbarkeit, Umformbarkeit, Magnetisierbarkeit, Kaltumformbarkeit.

Qualitätstähle – Verwendung

Unlegiert

- Stahl für den Stahlbau, Automatenstahl, für Feinbleche, Stahl zum Ziehen und Tiefziehen, z.B. S275, Stahl DC04, C15, C60.

Legiert

- Er wird zu ähnlichen Zwecken wie der unlegierte Qualitätsstahl verwendet, Stahl für den Stahlbau, Stahl für Flacherzeugnisse für schwierige Kaltumformarbeiten, z.B. 20Cr4, 38CrMo5.

Edelstähle

Unlegiert

- Höherer Reinheitsgrad als Qualitätsstahl.
- Gleichmäßige Durchhärtung, Oberflächenhärtung, Vergütung gewährleistet.
- Genaue Einstellung der chemischen Zusammensetzung.
- Höchstgehalt an P und S ≤ 0,035 %.

Legiert

- Chemische Zusammensetzung ist genau vorgeschrieben.
- Die Herstellungs- und Prüfbedingungen sind genau festgelegt.
- Legierungsbestandteile legen die Eigenschaften bezüglich Gebrauch, Verarbeitung genau fest.

Edelstähle – Verwendung

Unlegiert

- Verwendung: Einsatzstahl, Vergütungsstahl, Federstahl, Werkzeugstahl, Stahl für den Stahlbau, z.B. C10E, C60E.

Legiert

- Verwendung u.a.: Nichtrostender Stahl, hitzebeständiger Stahl, Werkzeugstahl, Schnellarbeitsstahl, warmfester Stahl, Wälzlagerstahl, Stahl für den Stahlbau mit besonderen Anforderungen, z.B. X5CrNi18-7, X55CrSi8-8

Einteilung der Stähle nach ihrer chemischen Zusammensetzung

vgl. DIN EN 10 020

Stahl	Er ist ein Werkstoff, an dessen Masse das Eisen (Fe) den größten Anteil hat. Alle anderen Elemente, die noch im Werkstoff vorhanden sind, haben einen geringeren Anteil. Der Kohlenstoffgehalt von Stahl liegt unter 2 %.
Unlegierter Stahl	Stahl gilt als unlegiert, wenn die maßgebenden Gehalte der einzelnen Elemente unter den in der Tabelle angegebenen Grenzgehalten bleiben. Seine Bezeichnung erfolgt entweder nach dem Verwendungszweck oder nach der chemischen Zusammensetzung.
Legierter Stahl	Stahl gilt als legiert, wenn die in der Tabelle angegebenen Grenzgehalte mindestens für ein Element erreicht oder überschritten werden. Seine Bezeichnung erfolgt nach der chemischen Zusammensetzung.

Tabelle mit den Grenzgehalten der Legierungselemente zur Abgrenzung von unlegiertem und legiertem Stahl nach DIN EN 10 020

Legierungselemente	Grenzgehalte in %	Legierungselemente	Grenzgehalte in %	Legierungselemente	Grenzgehalte in %
Aluminium Al	0,10	Lanthanide	0,05	Tellur Te	0,10
Bismut Bi	0,10	Mangan Mn	1,60	Titan Ti	0,05
Blei Pb	0,40	Molybdän Mo	0,08	Vanadium V	0,10
Bor B	0,0008	Nickel Ni	0,30	Wolfram W	0,10
Chrom Cr	0,30	Niob Nb	0,05	Zirkon Zi	0,05
Kobalt Ko	0,10	Selen Se	0,10	Sonstige (Ausnahme: C, P, S, N, O)	0,05
Kupfer Cu	0,40	Silicium Si	0,50		

Einteilung der Stähle nach dem Kohlenstoffgehalt

Bezeichnung	C-Gehalt
Unlegierter Baustahl	0,17 … 0,50 %
Einsatzstahl	0,10 … 0,15 %
Vergütungsstahl	0,20 … 0,60 %
Federstahl	0,12 … 0,75 %
Werkzeugstahl, unlegiert	0,50 … 1,50 %
Werkzeugstahl, legiert	0,60 … 1,15 %
Werkzeugstahl, hochlegiert	0,20 … 2,20 %

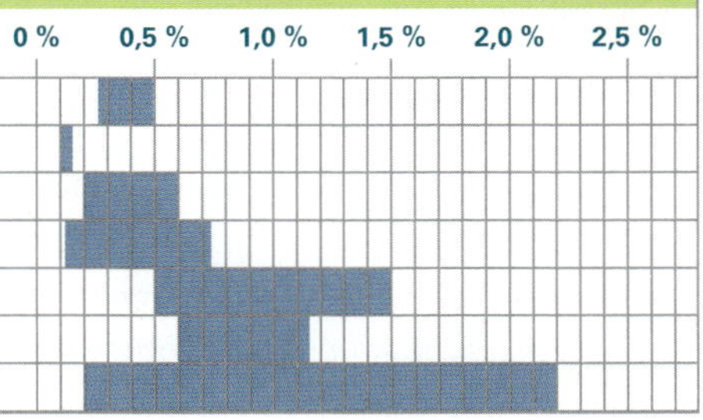

Bezeichnung für Stähle (Auszug)

vgl. DIN EN 10 027, DIN V 17 006 T 100

Nach Verwendungszweck und Eigenschaften bezeichnete Stähle

S | 235 | JR + N

Hauptsymbole			Zusatzsymbole für Stahl					
Kennbuchstabe		**Eigenschaften**	Kerbschlagarbeit in Joule			Prüf-temp.	+M	thermomechanisch gewalzt
S	Stähle für den Stahlbau	Mindeststreckgrenze R_e in N/mm^2 für die geringste Erzeugnisdicke	27 J	40 J	60 J	°C	+ML	wie M, Werte für Kerbschlagarbeit bei – 50 °C
E	Maschinenbaustähle		JR	KR	LR	+ 20	+N	normalgeglüht
G	Für Stahlguss davorgestellt		J0	K0	L0	0	+NL	wie N, Werte für Kerbschlagarbeit bei – 50 °C
			J2	K2	L2	– 20	+Q	vergütet
							+QL	wie Q, Werte für Kerbschlagarbeit bei – 50 °C
			M, N, Q Feinkornbaustähle				+C	kaltgezogen

Unlegierte Stähle mit einem Mn-Gehalt ≤ 1 %, außer Automatenstähle

C | 35 | E

Kennbuchstabe		Kohlenstoffkennzahl	Zusatzsymbole für Stähle			
C	Kohlenstoff	Gibt den Kohlenstoffgehalt in 1/100 % an	E	Vorgeschriebener max. S-Gehalt	S	Für Federn
G	Für Stahlguss davorgestellt		R	Vorgeschriebener Bereich des S-Gehalt	U	Für Werkzeuge
			C	Besondere Kaltumformbarkeit	W	Für Schweißdraht
			G	Andere Güten, evtl. mit 1 oder 2 Ziffern		

Unlegierte Stähle mit einem Mn-Gehalt ≥ 1 %, unlegierte Automatenstähle sowie legierte Stähle (außer legierte Automatenstähle) sofern der mittlere Gehalt der einzelnen Legierungselemente unter 5 % liegt.

25 | CrMo | 4

Kohlenstoffkennzahl = Kohlenstoffgehalt in hundertstel Prozent	**Symbole der Legierungselemente**	**Legierungszahl.** Sie ergibt geteilt durch den Faktor des Prozentgehalt des Legierungselements, z.B. Cr = 4/4 % = 1 %, Mo nur geringer Gehalt

Faktor	**4**	**10**	**100**	**1000**
Element	Cr, Co, Mn, Ni, Si, W	Al, Be, Cu, Mo, Nb, Pb, Ta, Ti, V, Zr	C, N, P, S, O	B

Legierte Stähle, wenn der Gehalt eines Legierungselementes ≥ 5 % ist

X | 5 | CrNi | 18-10

Kennbuchstabe	**Kohlenstoffkennzahl** = Kohlenstoffgehalt in 1/100 %	**Symbole der Legierungselemente**	**Mittlere Prozentgehalte der Legierungselemente,** getrennt durch Bindestrich z.B. 18 % Cr, 10 % Ni

Schnellarbeitsstähle

HS | 10-4-3-10

Kennbuchstabe		Prozentgehalte der Legierungselemente		
HS	Schnellarbeitsstahl	Reihenfolge: (W-Mo-V-Co)	1. Stelle Wolfram (W) 10 % 3. Stelle Vanadium (V) 3 %	2. Stelle Molybdän (Mo) 4 % 4. Stelle Cobalt (Co) 10 %

Unlegierter Baustahl
vgl. DIN EN 10 025

Kurzname	Werkstoffnummer	Bisheriger Kurzname DIN 17 006	Zugfestigkeit R_m [1] in N/mm²	Streckgrenze R_e [2] in N/mm²	Bruchdehnung A in %	Eigenschaften und Verwendung
S185	1.0035	St 33	290...510	185	18	Für untergeordnete Teile, z.B. Geländer
S235JR	1.0037	St 37-2	340...470	235	26	Für den Maschinen- und Stahlbau üblicher Stahl, Form- und Stabstahl; gut bearbeitbar, gut schweißbar
S235J2G3	1.0116	St 37-3	340...470	235	26	
S275JR	1.0044	St 44-2	410...560	275	22	
E295	1.0050	St 50-2	470...610	295	20	Teile mit mittlerer Beanspruchung
E335	1.0060	St 60-2	570...710	335	16	Für höher beanspruchte Teile; schwer bearbeitbar, verschleißfest
E360	1.0070	St 70-2	670...830	360	11	

[1] Die Werte gelten für Erzeugnisdicken von 3 mm bis 100 mm. [2] Die Werte gelten für Erzeugnisdicken bis 16 mm.

Stahlblech (Feinblech und Band), kaltgewalzt, aus weichen unlegierten Stählen
vgl. DIN EN 10 130

Kurzname	Werkstoffnummer	Bisheriger Kurzname DIN 17 006	Zugfestigkeit R_m [1] in N/mm²	Streckgrenze R_e [2] in N/mm²	Bruchdehnung A in %	Eigenschaften und Verwendung
DC01	1.0330	St 12	270...410	280	28	Für untergeordnete Blechteile
DC03	1.0347	RRSt 13	270...370	240	34	Stahlbleche von 0,35 mm bis 3 mm Dicke, schweißbar, zum Auftragen metallischer Überzüge geeignet; für schwierige Tiefziehteile, z.B. Dachhaut bis sehr schwierige Tiefziehteile, z.B. Kotflügel, Türen
DC04	1.0338	St 14	270...350	210	38	
DC05	1.0312	–	270...330	180	40	
DC06	1.0873	–	270...350	180	38	

Kennzeichnung der Blechoberflächen
vgl. DIN EN 10 130

Oberflächenart	Kennzeichen DIN EN 10 130	Kennzeichen DIN 1623	Oberflächenausführung	Kennzeichen DIN EN 10 130 (DIN 1623)
Übliche kaltgewalzte Oberfläche	A	03	besonders glatt	b
Beste Oberfläche	B	05	glatt	g
			matt / rau	m / r

Beispiel: DC04B m: Blech aus DC04, beste Oberfläche, matte Ausführung.

Einsatzstahl
vgl. DIN EN 10 084

Kurzname	Werkstoffnummer	Zugfestigkeit R_m [1] in N/mm²	Streckgrenze R_e [1] in N/mm²	Bruchdehnung A [1] in %	Eigenschaften und Verwendung
C10E	1.1121	450... 640	295	16	Stifte, Hebel, Zapfen, Gelenke, Bolzen Mitnehmer, Kolbenbolzen
C15E	1.1141	590... 780	355	14	
17Cr3	1.7016	800...1050	450	11	Nockenwellen, Kolbenbolzen, Messzeuge, Zahnräder und Wellen für Getriebe
16MnCr5	1.7131	880...1180	590	11	
20MnCr5	1.7147	1080...1370	685	8	
20NiCrMo2-2	1.6523	980...1270	590	10	Hochbeanspruchte Teile, Zahnräder, Kegelräder, Kurbelwellen
18CrNiMo13-4	1.6587	1180...1420	785	8	

[1] Die Werte gelten für Proben mit 30 mm Durchmesser nach der Einsatzhärtung.

Stähle für Flamm- und Induktionshärtung
vgl. DIN 17 212

Kurzname	Werkstoffnummer	Zugfestigkeit R_m [1] in N/mm²	Streckgrenze R_e [2] in N/mm²	Bruchdehnung A in %	Eigenschaften und Verwendung
C35G (Cf35)	1.1183	580... 730	360	19	Randschichthärtung ohne Aufkohlung; für weniger beanspruchte Teile mit verschleißfester Oberfläche; z. B. Bolzen, Zapfen.
C45G (Cf45)	1.1193	660... 800	410	16	
C70G (Cf70)	1.1249	740... 880	480	13	
45Cr2	1.7005	780... 930	540	14	Für Bauteile mit hoher Kernfestigkeit, hoher Zähigkeit und Oberflächenhärte; Kurbelwellen, Nockenwellen, Getriebewellen, Zahnräder.
38Cr4	1.7043	830... 980	630	13	
41CrMo4	1.7223	980...1180	760	11	

[1] Die Werte gelten für Erzeugnisdicken für 16 mm ≤ d ≤ 40 mm nach der Vergütung.

Vergütungsstähle

vgl. DIN EN 10083

Kurzname	Werkstoffnummer	Zugfestigkeit R_m[1] in N/mm^2	Streckgrenze R_e[1] in %	Bruchdehnung A[1] in %	Eigenschaften und Verwendung
Unlegierte Stähle					
C35	1.0501	520	270	19	Für Teile mit geringerer Beanspruchung mit kleinen Querschnitten, wie Achsen, Wellen, Triebwerksteile
C45	1.0503	580	305	16	
C45E	1.1191	650... 800	430	16	
C60E	1.1221	800... 950	520	13	
Legierte Stähle					
38Cr2	1.7023	700... 850	450	15	Normal beanspruchte Teile im Motoren-, Fahrzeug- und allgemeinen Maschinenbau; Antriebs-, Achs-, Lenkungsteile, Zahnräder
46Cr2	1.7006	800... 950	550	14	
34Cr4	1.7033	800... 950	590	14	
41Cr4	1.7035	900...1100	660	12	
25CrMo4	1.7218	800... 950	600	14	Kfz-Teile mit höherer Beanspruchung; Kurbelwellen, Pleuelstangen, Zahnräder, Getriebewellen
34CrMo4	1.7220	900...1100	650	12	
42CrMo4	1.7225	1000...1200	750	11	
50CrMo4	1.7228	1000...1200	780	10	
36CrNiMo4	1.6511	1000...1200	800	11	Hochbeanspruchte Teile mit großen Querschnitten; Pleuelstangen, Getriebeteile, Kurbel-, Gelenkwellen in Nkw's
34CrNiMo6	1.6582	1100...1300	900	10	
30CrNiMo8	1.6580	1250...1540	1050	9	

[1] Die Werte gelten für Erzeugnisdicken für 16 mm ≤ d ≤ 40 mm nach der Vergütung.

Nitrierstahl

vgl. DIN EN 10085

31CrMo12	1.8515	1000...1200	800	11	Messzeuge, Kolbenbolzen
31CrMoV9	1.8519	1000...1200	800	11	Warmfeste Verschleißteile
34CrAlMo5	1.8507	800...1000	600	14	Zylinderlaufbuchsen, Kurbelwellen
34CrAlNi7	1.8550	800...1050	650	12	Größere verschleißfeste Teile

[1] Die Werte gelten für Erzeugnisdicken für 16 mm ≤ d ≤ 40 mm nach der Vergütung.

Federstahl

vgl. DIN EN 10089

38Si7	1.5023	1180...1370	1030	6	Normal beanspruchte Teile; Blatt-, Teller- u. Schraubenfedern, Federringe
60SiCr7	1.7108	1320...1570	1130	6	
55Cr3	1.7176	1400...1700	1250	3	Hochbeanspruchte Teile; Blatt-, Schrauben- und Drehstabfedern
51CrMoV4	1.7701	1370...1670	1175	6	
61SiCr7	1.7108	1550...1850	1400	5,5	Ventilfedern für Verbrennungsmotoren
46SiCrMo6	1.8062	1550...1850	1400	6	

[1] Die Werte gelten für Proben mit 10 mm Durchmesser nach der Vergütung.

Ventilstahl, Ventilwerkstoff

vgl. DIN EN 10090

X45CrSi9-3	1.4718	250[1]	500[2]	–	14[3]	Niedrige bis hohe Beanspruchung; Einlassventile
X40CrSiMo10-2	1.4731	300[1]	550[2]	–	14[3]	
X85CrMoV18-2	1.4748	300[1]	550[2]	–	7[3]	
X55CrMNiN20-8	1.4875	540[1]	640[2]	–	8[3]	Hohe bis höchste Beanspruchung; Auslassventile, Auslassventilsitzringe
NiFe25Cr20NbTi	2.3955	790[1]	800[2]	–	25[3]	
NiCr20TiAl	2.4952	1000[1]	1050[2]	–	15[3]	

[1] Werte bei 600 °C [2] Werte bei 500 °C [3] Werte bei Raumtemperatur nach der Vergütung

Nichtrostender Stahl

vgl. DIN EN 10088

X2CrNi12	1.4003	450...600	260	20	Einsatzgebiete: Fahrzeugbau: Radkappen, Zierleisten, Stoßstangen, Auspuffanlagen, Achsen, Wellen. Nahrungsmittelindustrie, chemische Industrie, Medizin.
X12Cr13	1.4006	650...850	450	15	
X50CrMoV15	1.4116	≤ 900	–	–	
X2CrNi19-11	1.4306	460...680	175	45	
X6CrNiTi18-10	1.4541	500...700	190	40	

Kurznamen für Gusseisenwerkstoffe (Auszug)

vgl. DIN EN 1560

Beispiel: EN – GJ S T – 700 – 8

- **EN**: Europäische Norm
- **GJ**: G: Guss, J: Eisen (Iron)
- **S**: Graphitstruktur S: Kugelgraphit
- **T**: Gefügestruktur T: Vergütet
- **700**: Mechanische und chemische Eigenschaften 700: Mindestzugfestigkeit 700 N/mm²
- **8**: Zusätzliche Anforderungen 8: Mindestbruchdehnung 8 %

Kennbuchstabe der Graphitstruktur		Kennbuchstabe der Gefügestruktur	
L	Lamellengraphit	A	Austenit
S	Kugelgraphit	F	Ferrit
M	Temperkohle	P	Perlit
V	Vermikulargraphit	M	Martensit
N	Graphitfrei	Q	abgeschreckt
Y	Sonderstruktur	T	vergütet
		B	nicht entkohlend geglüht
		W	entkohlend geglüht

Mechanische Eigenschaften oder chemische Eigenschaften
Mechanische Eigenschaften – Mindestzugfestigkeit in N/mm² – Mindestbruchdehnung in % – maximale Brinellhärte, z.B. HB 155 – maximale Vickershärte, z.B. HV 230 – maximale Rockwellhärte, z.B. HR350
Chemische Eigenschaften. Die Angaben entsprechen den Stahlbezeichnungen.

Zusätzliche Anforderungen	
D	Rohgussstück
H	Wärmebehandeltes Gussstück
W	Schweißeignung
Z	Zusätzliche Anforderungen

Gusseisenwerkstoffe (Beispiele)

Kurzname	Werkstoffnummer	Bisheriger Kurzname	Zugfestigkeit R_m in N/mm²	Bruchdehnung A in %	Härte HB	Eigenschaften und Verwendung
Gusseisen mit Lamellengraphit						vgl. DIN EN 1561
EN-GJL-100	EN-JL1010	GG-10	100	–	100…150	Gute Korrosionsbeständigkeit, kerbempfindlich, dämpfungsfähig, gute Laufeigenschaften, gute Verschleißfestigkeit; Zylinderköpfe, Zylinderblöcke, Kurbelgehäuse, Zylinder, Kolbenringe
EN-GJL-200	EN-JL1030	GG-20	200	–	235…285	
EN-GJL-250	EN-JL1040	GG-25	250	–	250…285	
EN-GJL-300	EN-JL1050	GG-30	300	–	265…285	
EN-GJL-350	EN-JL1060	GG-35	350	–	275…385	
Gusseisen mit Kugelgraphit						vgl. DIN EN 1563
EN-GJS-400-15	EN-JS1030	GGG-40	400	15	120…180	Gut bearbeitbar, geringe Verschleißfestigkeit; Gehäuse, Fittings, Rohre
EN-GJS-500-7	EN-JS1050	GGG-50	500	7	170…180	
EN-GJS-600-3	EN-JS1060	GGG-60	600	3	210…300	Verschleißfest, harte Oberfläche; komplizierte u. hochbeanspruchte Gussstücke, Kurbelwellen, Zahnräder, Lenk- und Kupplungsteile, Kolbenringe
EN-GJS-700-2	EN-JS1070	GGG-70	700	2	230…320	
EN-GJS-800-2	EN-JS1080	GGG-80	800	2	230…360	
Entkohlend geglühter Temperguss						vgl. DIN EN 1562
EN-GJMW-400-5	EN-JM1030	GTW-40-05	400	5	220	Härtbar, vergütbar, schweißbar; Teile m. kleiner Wanddicke, Fittings, Hebel, Bremstrommeln, Bremsscheiben, Schaltgabeln, Kipphebel
EN-GJMW-450-7	EN-JM1040	GTW-45-07	450	7	250	
EN-GJMW-360-12	EN-JM1020	GTW-S36-12	360	12	200	
Nicht entkohlend geglühter Temperguss						
EN-GJMB-450-6	EN-JM1140	GTS-45-06	450	6	160…200	Leicht bearbeitbar, gut weichlötbar, vergütbar. Für z.B. schwere dickwandige Teile, Kardangelenkstücke, Schlüssel, Gehäuse.
EN-GJMB-550-4	EN-JM1160	GTS-55-04	550	4	180…230	
EN-GJMB-650-2	EN-JM1180	GTS-65-02	650	2	210…260	

Stahlguss für allgemeine Verwendung

vgl. DIN 1681

Kurzname	Werkstoffnummer	Zugfestigkeit R_m in N/mm²	Dehngrenze $R_{p0,2}$ in N/mm²	Bruchdehnung A in %	Kohlenstoffgehalt in %	Eigenschaften und Verwendung
GS-38	1.0420	380	200	25	0,15	Hohe Zugfestigkeit, gut schweißbar, muss nach dem Gießen spannungsarm geglüht werden; Werkstücke für mittlere bis hohe Beanspruchung, Radsterne, Bremstrommeln, Bremsscheiben, Bremssättel
GS-45	1.0446	450	230	22	0,25	
GS-52	1.0552	520	260	18	0,35	
GS-60	1.0558	600	300	15	0,45	

Gefüge der Metalle

Alle Metalle sind in festem Zustand kristallin.

Kristallgitter	Kubisch-raumzentriert (krz)	Kubisch-flächenzentriert (kfz)	Hexagonal
Gittermodell	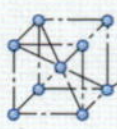	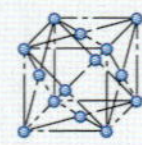	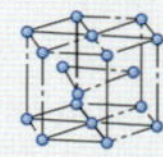
Beschreibung	Würfel, an dessen Endpunkten Metallionen angeordnet sind. Ein weiteres Metallion ist in der Raummitte angeordnet.	Würfel, an dessen Eckpunkten Metallion angeordnet sind. Zusätzlich befindet sich ein Metallion in jeder Mitte der sechs Seitenflächen.	Sechseckiges Prisma, an dessen Eckpunkten Metallionen angeordnet sind. In der Mitte der Grundflächen und im Inneren des Prisma befinden sich weitere Metallionen.
Beispiele	Chrom, Molybdän, Vanadium, Wolfram, Stahl bei Temperaturen unterhalb etwa 723 °C	Aluminium, Blei, Kupfer, Nickel, Platin, Silber, Stahl bei Temperaturen oberhalb etwa 723 °C	Cadmium, Magnesium, Titan, Zink

W

Stahlgefüge und seine Eigenschaften

Eisen-Kohlenstoff-Schaubild (Ausschnitt)

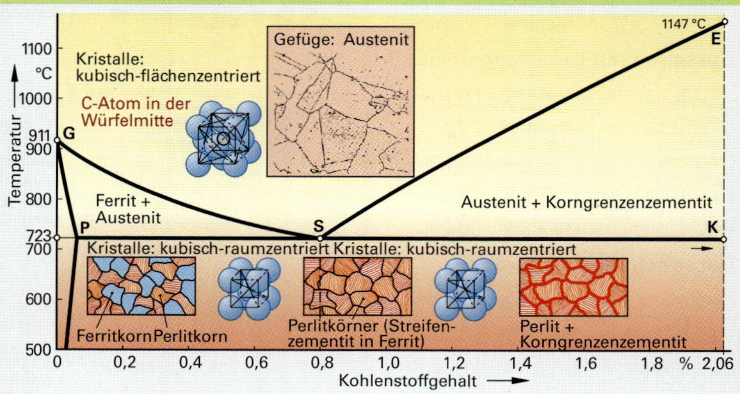

Bezeichnung	Eigenschaften
Ferrit (Alphaeisen)	Kubisch-raumzentriertes (krz) Kristallgitter, weich, gut verformbar, schlecht zerspanbar.
Austenit (Gammaeisen)	Kubisch-flächenzentriertes (kfz) Kristallgitter, weich, zäh, gut warmumformbar, nicht magnetisch, entsteht oberhalb der G-S-K-Linie.
Zementit	Eisenkarbid, Fe_3C, härtester Bestandteil im Gefüge, verändert sich unterhalb der G-S-E-Linie nicht.
Perlit	Gemenge aus Ferrit und Zementit, entsteht durch langsames Abkühlen von Austenit.
Martensit	Entsteht durch schnelles Abkühlen (Abschrecken) des Austenit; hart, spröde, magnetisch.
Gefügeveränderungen beim Erwärmen und Abkühlen von Stählen	**Erwärmen:** Erwärmt man Stahl über die G-S-K-Linie, klappt das krz-Kristallgitter des Ferrit in das kfz-Kristallgitter des Austenit um. Den freien Platz in der Kristallmitte besetzt ein Kohlenstoffatom. Dieses Kohlenstoffatom liefert der Zementitanteil im Gefüge. **Abkühlen:** Alle Atome nehmen die Position wieder ein, die sie vor der Erwärmung hatten.

Möglichkeiten der Wärmbehandlung von Eisenwerkstoffen

Verfahren	Beschreibung der Verfahren	Anwendung/Hinweise
Härten	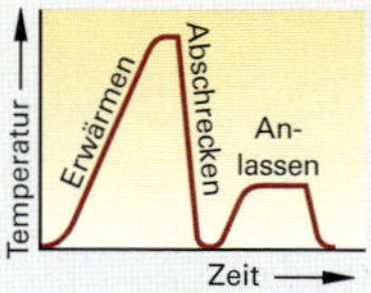 • **Erwärmen:** Werkstück langsam auf Härtetemperatur bringen (Austenitisieren). • **Halten** der Härtetemperatur: Durchwärmen des Werkstücks. • **Abschrecken:** Abkühlen des Werkstückes mit hoher Geschwindigkeit (Martensitbildung). • **Anlassen:** Erwärmen des gehärteten Werkstückes auf eine Temperatur zwischen Raumtemperatur und Umwandlungspunkt (723 °C) mit nachfolgendem Abkühlen. Abhängig von der Anlasstemperatur erhöht sich die Zähigkeit und die Härte verringert sich.	**Härtbar sind alle Stähle, deren Kohlenstoffgehalt höher als 0,2% ist.** Herstellung harter und verschleißfester Werkstücke und Teile z.B. Drehmeißel, Fräser, Bohrer, Passstifte **Achtung: Wärmebehandelte Bauteile nicht wieder erwärmen!**
Vergüten	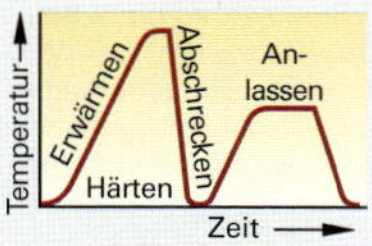 • **Härten:** Wärmebehandlung durch Härten mit nachfolgendem • **Anlassen bei hohen Temperaturen** (nicht über 723°C) zur Erzielung hoher Zähigkeit und einer bestimmter Zugfestigkeit.	Kurbelwellen, Kipphebel, Achswellen, Fahrwerksteile
Einsatzhärten	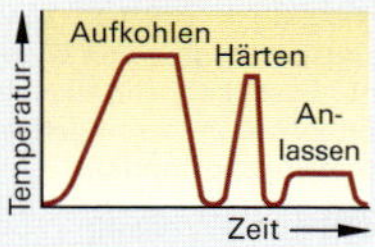 • **Aufkohlen:** Der Randzone des Werk- wird Kohlenstoff zugeführt durch feste, flüssige oder gasförmige Aufkohlungsmittel. • **Härten:** Die zur Härtung erforderliche Wärmebehandlung durchgeführen.	Stifte, Keile, Getrieberäder, Schaltmuffen, Synchronkörper, Kolbenbolzen, Nockenwellen, Achsschenkelbolzen, Kupplungsscheibe
Nitrieren	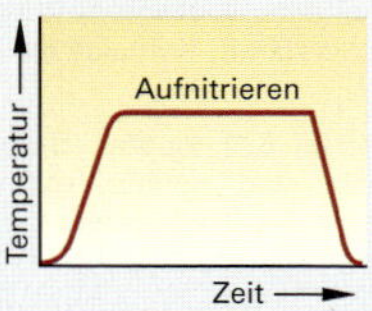 • **Aufnitieren:** Der Randzone des glühenden Werkstücks wird Stickstoff zugeführt. Dieser bildet mit den Legierungsbestandteilen Al, Cr, Mo, Ti, V an der Werkstückoberfläche sehr harte Nitiride. Verfahren zur Stickstoffanreicherung: Gasnitrieren, Salzbadnitrieren, Carbonnitrieren • **Härten:** Nicht erforderlich.	Kolbenstangen, Schneckenräder, Kurbelwellen, Kolbenbolzen, Nockenwellen
Induktionshärten	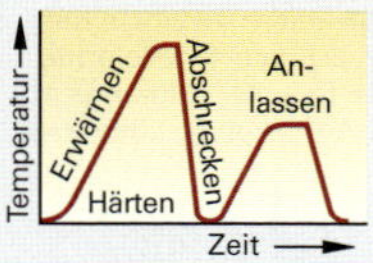 • **Härten:** Erwärmung durch indizierte Wirbelströme im Bereich der Werkstückrandzone. • **Abschrecken:** Durch nachgeführte Wasserbrause. • **Anlassen:** Es erfolgt durch die Restwärme im Werkstück.	Zahnräder, Spindeln, Kurbelwellen, Nockenwellen, Achswellen

Glühen

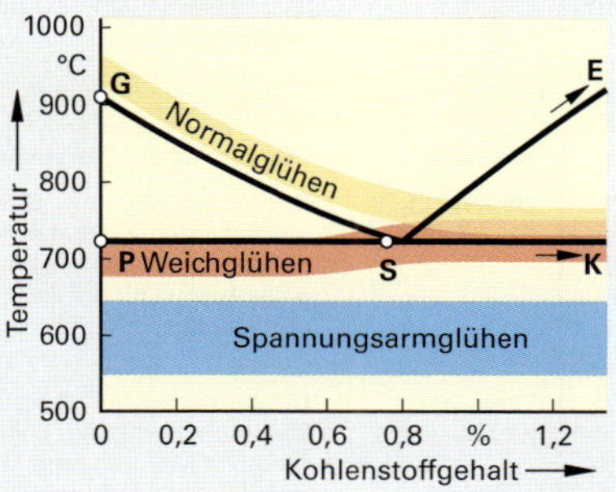

Arten

Normalglühen
Erwärmen auf Temperaturen oberhalb der Härtetemperatur und Halten dieser Temperatur; anschließend langsames Abkühlen in ruhender Atmosphäre. Werkstücke erhalten ein feines gleichmäßiges Gefüge.

Weichglühen
Mehrere Stunden Glühen bei Temperaturen um die Umwandlungstemperatur; dann langsames Abkühlen. Verfestigtes Gefüge wird weich.

Spannungsarmglühen
Glühen bei einer Temperatur unterhalb der Umwandlungstemperatur (meist unter 650 °C) mit anschließendem langsamen Abkühlen. Innere Spannungen werden im Werkstück verringert.

W

NE-Schwermetalle (ϱ > 5 kg/dm³)

Werkstoff	Eigenschaften / Verwendung	Werkstoff	Eigenschaften / Verwendung
Antimion, Sb (lat. Stibium)	Dichte: 6,70 kg/dm³, Smp.[1]: 630,63 °C, spröde, hart, erhöht die Härte und Festigkeit von Zinn- und Bleilegierungen, Legierungsmetall, z.B. für Hartblei, Weichlot, Weißmetall.	**Bismut, Bi** (lat. Bismutum)	Dichte: 9,78 kg/dm³, Smp.[1]: 271,3°C, s spröde, geringe Härte, Hauptbestandteil niedrig schmelzender und nicht schwindender Bismutlegierungen, Woodsches Metall (Smp.[1]: 70°C).
Blei, Pb (lat. Plumbum)	Dichte: 11,34 kg/dm³, Smp.[1]: 327,4 °C, weich, schützt vor radioaktiven Strahlen, wird mit Antimon und Arsen hart, sehr giftig, Akkumulatorenplatten, Dichtungen, Legierungsmetall für Gleitlager.	**Cadmium, Cd** (lat. Cadmea)	Dichte: 8,65 kg/dm³, Smp.[1]: 321,07°C, schmiedbar, korrosionsbeständig, Oberflächenschutz auf Stahl, Legierungsmetall für Gleitlager, Lote, Akkumulatorenplatten (Ni-Cd-Akkumulatoren)
Chrom, Cr (lat. Chromium)	Dichte: 7,14 kg/dm³, Smp.[1]: 1907°C, hart, wärme- und elektrisch leitend, korrosionsbeständig, Legierungsmetall für Stähle, Verschleißschutz z.B. Verchromen der Zylinderlauffläche.	**Kobalt, Co** (lat. Cobaltum)	Dichte: 8,90 kg/dm³, Smp.[1]: 1495°C, hart, schmiedbar, magnetisch, sehr zäh, Legierungsbestandteil bei Stahl, erhöht Härte und Schneidhaltigkeit, Dauermagnete, Bestandteil von Hartmetallen.
Kupfer, Cu (lat. Cuprum)	Dichte: 8,92 kg/dm³, Smp.[1]: 1084,6°C, weich, gut weich- und hartlötbar, mit Schutzgas schweißbar, gut wärme- und elektrisch leitend, korrosionsbeständig, elektrische Leitungen, Benzin-, Ölleitungen, Kühler, Legierungsmetall, Dichtungen.	**Mangan, Mn** (lat. Manganum)	Dichte: 7,47 kg/dm³, Smp.[1]: 1246°C, mittlere Härte, sehr spröde, Legierungsmetall, erhöht Durchhärtbarkeit, Festigkeit, Verschleißfestigkeit, verringert beim Gusseisen Graphitausscheidung.
Molybdän, Mo (lat. Molybdaenum)	Dichte: 10,28 kg/dm³, Smp.[1]: 2623°C, hart und dehnbar, Legierungsmetall erhöht Härte, Warmfestigkeit, Dauerfestigkeit, verringert Dehnung und Schmiedbarkeit, Legierungsmetall, Trockenschmiermittel Molybdändisulfid.	**Nickel, Ni** (lat. Niccolum)	Dichte: 8,91 kg/dm³, Smp.[1]: 1455°C, zäh, schmiedbar, walzbar, schweißbar, Legierungsbestandteil von Stahl: Erhöht Zähigkeit, Festigkeit, Hitzebeständigkeit, Durchhärtbarkeit. – Verringert Wärmedehnung, korrosionsbeständig.
Palladium, Pd (lat. Palladium)	Dichte: 12,02 kg/dm³, Smp.[1]: 1554,9°C, hart, Härtesteigerung durch Kaltverfestigung, Abgaskatalysatoren, Elektrodenwerkstoff für Brennstoffzellen und Zündkerzen, Leiterplattenbeschichtung.	**Platin, Pt** (lat. Platinum)	Dichte: 21,45 kg/dm³, Smp.[1]: 1768,3°C, schmiedbar, korrosionsbeständig, Thermoelemente, Widerstandsthermometer, Heizwiderstände, Kontakte für Zündkerzen.
Rhodium, Rh (lat. Rhodium)	Dichte: 12,45 kg/dm³, Smp.[1]: 1964°C, hart, zäh, dehnbar. Dient im 3-Wege-Katalysator der Stickoxidreduzierung. Beschichtung von Spiegeln.	**Vanadium, V** (lat. Vanadium)	Dichte: 6,11 kg/dm³, Smp.[1]: 1910°C, kalt walz- und ziehbar, korrosionsbeständig, Legierungsbestandteil für Stahl: Erhöht Zugfestigkeit, Zähigkeit, Warmfestigkeit.
Wolfram, W (lat. Wolframum)	Dichte: 19,25 kg/dm³, Smp.[1]: 3422°C, warmverformbar, Legierungsbestandteil v. Stahl: – erhöht Härte, Festigkeit, Korrosionsbeständigkeit, Warmfestigkeit, Schneidhaltigkeit, Kontaktwerkstoff, nicht schmelzende Elektroden, Hartmetalle, Schmierölzusätze.	**Zink, Zn** (lat. Zincum)	Dichte: 7,14 kg/dm³, Smp.[1]: 419,5°C, verformbar, aktiver Korrosionsschutz z.B. galvanisch verzinkte Karosseriebleche, feuerverzinkte Stahlbleche, Legierungsmetall für Cu-, Al-, Mg-Legierungen, Kupferlote; Zinkdruckguss, Lötwasser (Zinkchlorid).
Zinn, Sn (lat. Stannum)	Dichte: 7,31 kg/dm³, Smp.[1]: 231,9 °C, weich, gut verformbar, korrosionsbeständig, Legierungsmetall für Cu- und Pb-Legierungen, Weichlote, Verzinnen der Laufflächen von Leichtmetallkolben, verbessert deren Gleiteigenschaften	**Zirkonium, Zr** (lat. Zirconium)	Dichte: 6,51 kg/dm³, Smp.[1]: 1857°C, zäh, spanlos umformbar, wärmeleitend, korrosionsbeständig, Ventile, Pumpen, Rohre, Wärmeaustauscher für chemische Anlagen, Legierungsmetall für supraleitende Magnete.

W

NE-Leichtmetalle (ϱ < 5 kg/dm³)

Werkstoff	Eigenschaften / Verwendung	Werkstoff	Eigenschaften / Verwendung
Aluminium, Al (lat. Aluminium)	Dichte: 2,7 kg/dm³, Smp.[1]: 660,3 °C, korrosionsbeständig, gut elektrisch leitend, gut wärmeleitend, schweiß- und lötbar, als Legierung verwendet für Felgen, Zylinderköpfe, Fahrzeugaufbauten, in reiner Form Reflektorbeschichtungen.	**Lithium, Li** (lat. Lithium)	Dichte: 0,53 kg/dm³, Smp.[1]: 180,54 °C, weich, Legierungsmetall, Anode in Batterien für hohe Spannungen, in nicht wieder aufladbaren Lithium-Batterien und in wieder aufladbaren Lithium-Ionen-Akkus.
Magnesium, Mg (lat. Magnesium)	Dichte: 1,74 kg/dm³, Smp.[1]: 650°C, beständig gegen Wasser und Säuren, in Pulverform leicht brennbar; Legierungsmetall, Felgen, Grundgestelle für Fahrzeugsitze, Feuerwerkskörper.	**Titan, Ti** (lat. Titanium)	Dichte: 4,5 kg/dm³, Smp.[1]: 1668 °C, sehr korrosionsbeständig, Legierungsmetall v. Stahl; für Motoren- und Fahrwerksteile im Rennfahrzeug-, Flugzeug- und Raketenbau, Titankarbide für Hartmetalle.

[1] Schmelzpunkt

Werkstoffbezeichnung mit Werkstoffnummern (Auszug)

vgl. DIN 17007

Werkstoffnummern werden vorwiegend für die Bezeichnung von NE-Metallen in technischen Zeichnungen verwendet.

Beispiel: 2 . 0241 . 01

Hauptgruppe		Sortennummer	Sortennummer Werkstoffgruppe	Behandlungszustand/Eigenschaften 1. Ziffer		2. Ziffer	
2	Schwermetall	2.0000 ... 2.1799	Kupfer-, Kupfergusslegierungen	0	unbehandelt	1	Sandguss
3	Leichtmetall	2.2000 ... 2.2490	Zink-, Zinklegierungen	1	weich	2	Kokillenguss
		2.3000 ... 2.3499	Blei-, Bleilegierungen	2	kaltverfestigt	3	Druckguss
		2.3500 ... 2.3999	Zinn-, Zinnlegierungen	3	hart	4	Strangguss
		3.5000 ... 3.5999	Magnesium-, Magnesiumlegierungen	4	geglüht		
		3.7000 ... 3.7999	Titan-, Titanlegierungen				

Werkstoffbezeichnung mit Kurzzeichen

vgl. DIN 1700, 1750, DIN EN 1173

Durch Kurzzeichen können alle Nichteisenmetalle und deren Legierungen bezeichnet werden.

Beispiel: G – CuAl 11 Ni – F 68

Herstellungsteil		Zusammensetzungsteil	Behandlungsteil/besondere Eigenschaften			
G	Guss	An erster Stelle steht allgemein das chemische Zeichen des Grundstoffes (Grundmetall) ohne Prozentangabe.	g	geglüht	w	weich
GD	Druckguss		a	ausgehärtet	h	hart
GK	Kokillenguss	Es folgen die chemischen Zeichen der Legierungsgrundstoffe mit Prozentangabe.	wa	warmausgehärtet	zh	ziehhart
GZ	Schleuderguss		ka	kaltausgehärtet	F	Mindestzugfestigkeit in 1/10 N/mm²
GL	Gleitmetall	Beim zweiten und dritten Legierungsgrundstoff können die Prozentangaben entfallen.	p	presshart		
L	Lot	(Chemische Zeichen der Grundstoffe s. S. 127)	wh	gewalzt		
Lg	Lagermetall					

W

Kupfer-Gusslegierungen

Kurzzeichen/ Werkstoff-Nummer	Zusammensetzung in %	Zugfestigkeit R_m N/mm²	Dehngrenze $R_{p0,2}$ N/mm²	Bruchdehnung A %	Brinellhärte HB 10/1000	Verwendung Eigenschaften
Kupfer-Zink-Gusslegierungen (Guss-Messing und Guss-Sondermessing) vgl. DIN 1709						
G-CuZn 33Pb 2.0290.01	Cu 63 ... 67; Pb 1 ... 3; Zn Rest	180	70	12	45	Konstruktionsteile für Maschinenbau und Elektrotechnik
GD-CuZn 37Pb 2.0340.03	Cu 59 ... 63; Al 0,2 ... 0,8; Pb 0,5 ... 2,5; Zn Rest	280	120	4	75	Druckgussteile für Maschinenbau, Elektrotechnik, Feinmechanik
GK-CuZn 38Al 2.0561.02	Cu 59 ... 63; Al 0,1 ... 0,8; Zn Rest	380	130	20	75	Komplizierte Konstruktionsteile jeglicher Art
Kupfer-Zinn-Gusslegierungen (Guss-Zinnbronze) vgl. DIN EN 1982						
GD-CuSn 12Pb 2.1312.03	Cu 84 ... 87; Sn 11 ... 13; Pb 1 ... 2	260	140	10	80	Verschleißfest, gute Notlaufeigenschaften; Kolbenbolzenbuchsen
GD-CuSn 12Ni 2.1319.03	Cu 84 ... 87; Sn 11 ... 13; Ni 1,5 ... 2,5	300	180	8	100	Schneckenradkränze; Stell- und Gleitleisten
Kupfer-Zinn-Zink-Gusslegierungen (Rotguss) vgl. DIN EN 1982						
G-CuSn 10Zn 2.1086.01	Cu 86 ... 89; Sn 9 ... 11; Zn 1 ... 3	260	130	15	75	Gleitlagerschalen, harter Werkstoff, seewasserbeständig
G-CuSn7 ZnPb 2.1090.01	Cu 81 ... 85; Sn 6 ... 8; Zn 3 ... 5; Pb 5 ... 7	270	130	13	75	Gleitlagerschalen und -buchsen, Kolbenbolzenbuchsen
Kupfer-Aluminium-Gusslegierungen (Guss-Aluminiumbronze) vgl. DIN EN 1982						
G-CuAl 10Fe 2.0940.01	Cu mind, 83; Al 8 ... 11; Fe 2 ... 4	500	180	15	115	Synchronringe, Schaltsegmente, Schalthebel, Buchsen, Ritzel
G-CuAl 11Ni 2.0975.01	Cu mind. 73; Al 9 ... 12,5; Ni 5 ... 7; Fe 4 ... 7	680	320	5	170	Schraubenräder, Gleitlager mit hohen Stoßbelastungen

Kurzzeichen/ Werkstoff-Nummer	Zusammensetzung in %	Zug-festig-keit R_m N/mm²	Dehn-grenze $R_{p0,2}$ N/mm²	Bruch-deh-nung A %	Brinell-härte HB 10/1000	Verwendung Eigenschaften
Kupfer-Blei-Zinn-Gusslegierungen (Guss-Zinn-Blei-Bronze)						vgl. DIN 1716
G-CuPb 17 Sn 5 2.1822.01	Cu 69 … 76; Pb 16 … 23; Sn 3 … 6; Rest Ni, Sb, Zn	160	90	6	50	Verbundgusswerkstoff, Lager für Verbrennungsmotoren
G-CuPb 24 Sn 2.1825.01	Cu 65 … 72; Sn 9 … 11; Pb 20 … 25; Rest Ni, Zn, Sb	180	80	8	65	Gleitlager für hohe Drücke, Kurbelwellenlager, sehr gleitfähig

Kupferlegierungen für Gleitlager — vgl. DIN ISO 4382

Kurzzeichen/ Werkstoff-Nummer	Zusammensetzung in %	Schmelzbereich °C	Brinellhärte HB 20 °C	Brinellhärte HB 120 °C	Verwendung Eigenschaften
CuSn 8 Pb 2 2.1810	Sn 6 … 9; Pb 0,5 … 4; Zn 3; Rest Cu	–	85	–	Für geringe Belastungen, ausreichende Notlaufeigenschaften
CuPb 9 Sn 5 2.1815	Sn 4 … 6; Pb 8 … 10; Zn 2; Rest Cu	–	60	–	Weich, für mittlere Gleitgeschwindigkeit, Notlaufeigenschaften
Blei-Zinn-Gusslegierungen für Verbundgleitlager					vgl. DIN ISO 4381 bzw. 4383
PbSb 15 SnAs 2.3390	Pb 80 … 84; Sb 13,5 … 15,5; Sn 0,9 … 1,7; Cu 0,7; As 1,0; Bi 0,1	240 … 350	18	14	Für geringe Belastung und niedrige Gleitgeschwindigkeiten, z.B. Nockenwellen, Getriebebuchsen
SnSb 8 Cu 4 Cd 2.3792	Sn 88 … 90; Sb 7 … 8; Cu 3 … 4; Cd 1,0; Pb 0,35; As 0,5; V 0,3	233 … 360	28	19	Für hohe Belastung und Schlagbeanspruchung, z.B. Haupt- und Pleuellager

W

Werkstoffnummern für Kupfer und Kupferknetlegierungen — vgl. DIN EN 1412

Kupfer und Kupferknetlegierungen werden in einer gesonderten Norm erfasst.

Beispiel:

Kupfer — Knetlegierung — Zählnummer

CW **020** **A** — Kennbuchstabe für Werkstoffgruppe

Kennbuchstaben für Werkstoffgruppen

Buchstabe	Werkstoffgruppe	Buchstabe	Werkstoffgruppe
A oder B	Kupfer	H	Kupfer-Nickel-Legierungen
C oder D	Kupferlegierungen, Anteil der Legierungselemente ≤ 5 %	J	Kupfer-Zink-Legierungen
		K	Kupfer-Zinn-Legierungen
E oder F	Kupferlegierungen, Anteil der Legierungselemente ≥ 5 %	L oder M	Kupfer-Zink-Zweistoff-Legierungen
		N oder P	Kupfer-Zink-Blei-Legierungen
G	Kupfer-Aluminium-Legierungen	R oder S	Kupfer-Zink-Mehrstoff-Legierungen

Kurzzeichen/ Werkstoff-Nummer	Zusammensetzung in %	Zug-festig-keit R_m N/mm²	Dehn-grenze $R_{p0,2}$ N/mm²	Bruch-deh-nung A %	Brinell-härte HB 10/1000	Verwendung Eigenschaften
Kupfer-Zink-Legierungen (Messing)						vgl. DIN EN 12 163 bzw. 12 164
CuZn 36 Pb 3 CW603N	Cu 57 … 59; Pb 2,5 … 3,5; Rest Zn	500 … 530	380 … 470	11 … 8	145 … 150	Hauptlegierung für spanende Formgebung, Drehteile
CuZn 40 CW509L	Cu 59,5 … 61,5; Rest Zn	340	210 … 280	48 … 28	80 … 100	Schmiedemessing, geeignet zum Biegen, Stauchen, Bördeln
CuZn 31 Si CW708R	Cu 66 … 70; Si 0,7 … 1,3; Rest Zn	380 … 450	150 … 300	35 … 20	90 … 110	Gleitlager für hohe Belastung, gerollte Lagerbuchsen
Kupfer-Nickel-Legierungen						vgl. DIN 17 664
CuNi 30 Fe CW408H	Ni 30 … 32; Fe 0,4 … 1; Mn 0,5 … 1,5; Rest Cu	500	350	12	70	Sehr korrosionsbeständig, Wärmetauscher, Ölkühler, gut schweißbar
CuNi44 CW409H	Ni 43 … 45; Mn 0,5 … 2; Rest Cu	650 … 750	350	5	–	Gut kalt- und warmverformbar, elektrische Widerstände (Konstantan)

Aluminium-Legierungen

Legierungsgruppe	Legierungsbezeichnung		Eigenschaften bezüglich						Beständigkeit gegen	
	Nummer	Kurzzeichen	Gießen	Biegen	Tiefziehen	Spanen	Schweißbarkeit	Anodisieren	Witterungseinflüsse	Salzwasser
Aluminium-Knetlegierung, nicht aushärtbar	EN AW-3103	EN AW-AlMn1	–	ahh	ahh	d	b	f	a	b
	EN AW-5251	EN AW-AlMg2	–	ahh	ahh	d	b	a	a	b
	EN AW-5754	EN AW-AlMg3	–	aw	aw	d	a	a	a	a
Aluminium-Knetlegierung, aushärtbar	EN AW-6060	EN AW-AlMgSi	–	b	b	b	b	a	a	a
	EN AW-6061	EN AW-AlMg1SiPb	c	b	b	a	a	b	a	a
	EN AW-2014	EN AW-AlCu4SiMg	c	b	b	c	a	b	a	a
Aluminium-Gusslegierung	EN AC-44000	EN AC-AlSi11	a	cWb	f	b	a	e	a	b
	EN-AC 43000	EN AC-AlSi10Mg(a)	a	b	f	b	a	e	a	b
	EN AC-46500	EN-AC-AlSi9Cu3(Fe)	b	bWb	f	b	f	e	b	b

A Aluminium; W Halbzeug; C Gussstück; a ausgezeichnet; b gut; c annehmbar; d unzureichend; e nicht empfehlenswert; f ungeeignet; Wb nach Wärmebehandlung; h hart; hh halbhart; w weich.

Aluminium-Knetlegierungen, nicht aushärtbar

vgl. DIN EN 754, 755, DIN 1745

Kurzzeichen	Hauptlegierungsbestandteile (%)	Zugfestigkeit R_m (N/mm²)			Dehngrenze $R_{p0,2}$ (N/mm²)			Dehnung A (%)			Verwendung
		w	hh	h	w	hh	h	w	hh	h	
EN AW-AlMn1	Mn 0,9…1,5	90	140	165	35	120	145	24	5	4	Kühler
EN AW-AlMg1	Mg 0,7…1,1	105	145	190	35	120	190	24	5	3	Bleche für Kfz
EN AW-AlMg4,5Mn0,7	Mg 4,0…4,9 Mn 0,4…1,0 Cr 0,05…0,25	270	340	–	120	270	–	17	6	–	Strangpressprofile für Karosseriebau

Aluminium-Knetlegierungen, aushärtbar

vgl. DIN EN 754, 755

Kurzzeichen	Hauptlegierungsbestandteile (%)	Zugfestigkeit R_m (N/mm²)		Dehngrenze $R_{p0,2}$ (N/mm²)		Dehnung A (%)		Verwendung
		ka[1]	wa[2]	ka	wa	ka	wa	
EN AW-AlMgSi	Si 0,75…1,3 Mg 0,60…1,2 Mn…1,0; Cr…0,3	205	310	110	260	14	10	Profile für Karosseriebau, Felgen
EN AW-AlCu4Mg1	Cu 4,0…4,8 Mg 1,2…1,8 Mn 0,3…0,9	–	420	–	290	–	5	Längs-, Quer-, Schräglenker, Bremsnaben
EN-AW-AlMgCu1,5	Zn 5,1…6,1 Mg 2,1…2,9 Cu 1,2…2,0	–	510	–	450	–	7	Strangpressprofile für Gitterrahmen
		Diese Legierungen dürfen nicht erwärmt werden.						

Aluminium-Gusslegierung

vgl. DIN EN 1706

EN AC-AlSi12	Si 11,0…13,5 Mn 0…0,4	160…210	70…100	5…10	Kurbel, Getriebegehäuse
EN AC-AlSi10Mg	Si 9,0…11,0 Mg…0,5; Mn…0,4	180…240	90…120	2…6	Zylinderköpfe, Motorblöcke
EN AC-AlSi6Cu4	Si 5…7,5; Cu 3…5, Mg …0,3 Mn 0,3…0,6	160…200	100…150	1…3	Ansaugleitungen, Gehäusedeckel
EN AC-AlCu4Ti	Cu 4,5…5,2 Ti 0,15…0,3	320…400	180…230	8…18	Höchstbeanspruchte Teile
EN AC-AlSi6Cu4	Si 5…7,5 Cu 3…5, Mg Mn 0,3…0,6	220…300	150…220	0,5…3	Rippenzylinder, Zylinderköpfe, Ölwannen

[1] ka kaltausgehärtet; [2] wa warmausgehärtet

Magnesium-Knetlegierung

vgl. DIN 1729 (1982-08)

Kurzzeichen	Werkstoffnummer	Gießverfahren	Hauptlegierungsbestandteile (%)	Zugfestigkeit R_m (N/mm²)	Dehngrenze $R_{p0,2}$ (N/mm²)	Dehnung A (%)	Eigenschaften, Verwendung
MgMn2	3.5200	–	Mn 1,2…2,0 Rest Mg	200…230	100…170	10…1,5	Gut schweiß-, verformbar, Kraftstoffbehälter
MgAl6Zn	3.5612	–	Al 5,5…7,0 Zn 0,5…1,5 Mn 0,15…0,4	260…280	180…200	20…6	eingeschränkt schweißbar, Teile mit mittlerer bis hoher Beanspr.
Mg Al8Zn	3.5812	–	Al 7,8…9,2 Zn 0,2…0,8 Mn 0,12…0,3	280…300	200…210	10…6	Teile mit hoher mechanischer Beanspruchung Gesenkschmiedeteile

Magnesium-Gusslegierung

vgl. DIN EN 1753

Kurzzeichen	Werkstoffnummer	Gießverfahren	Hauptlegierungsbestandteile (%)	Zugfestigkeit R_m (N/mm²)	Dehngrenze $R_{p0,2}$ (N/mm²)	Dehnung A (%)	Eigenschaften, Verwendung
EN-MC MgAl6Mn	EN-MC 21230	D	Al 5,5…6,5 Mn 0,1; Zn 0,2	190…250	120…150	14…4	Hohe Schlagzähigkeit, Motorradfelgen
EN-MC MgAl8Zn1	EN-MC 21110	D	Al 7,0…8,7 Zn 0,35…1,0 Mn 0,1	200…250	140…160	7…1	Gute Gleiteigenschaft, schweißbar, für stoßbeanspruchte Teile
EN-MC MgAl9Zn1	EN-MC 21121	D, S, K, L	Al 8,0…10,0 Zn 0,3…1,0 Si…0,9	200…260 (D)	140…170 (D)	6…1 (D)	Schwierig gestaltete Gussstücke mit z.T. geringen Wanddicken
EN-MC MgAl4Si	EN-MC 21320	D	Al 3,5…5,0 Zn…0,2 Mn 0,1	200…250	120…150	12…3	Für langzeitig wärmelastete Gussstücke in Otto-, Dieselmotoren

EN Europäische Norm; M Magnesium-Legierung; C Gussstück; D Druckguss; S Sandguss; K Kokillenguss; L Feinguss

W

Kolbenwerkstoffe

Kurzzeichen	Legierungsbestandteile %						Zugfestigkeit in N/mm² Kokillenguss wärmebehandelt		gepresst wärmebehandelt		Dichte	Längenausdehnungszahl α
	Al	Si	Cu	Ni	Mg	Rest	bei 20 °C	bei 250 °C	bei 20 °C	bei 250 °C	ϱ kg/dm³	$\frac{1}{K}$
AlSi12CuMgNi	84,6	11	0,8		0,8		195	100	295	110	2,7	0,000021
AlSi12CuNi1	bis	bis	bis	1,3	bis		bis	bis	bis	bis	2,7	0,000021
AlSi12CuNiMg	81,5	13	1,5		1,3		245	145	360	165	2,7	0,000021
AlSi18CuMg	78,7	17	0,8		0,8		175	100	225	100	2,68	0,000019
AlSi17CuNi3	bis	bis	bis	1,3	bis	Mn	bis	bis	bis	bis	2,78	0,0000185
AlSi18CuNiMg	75,5	19	1,5		1,3	Cr	215	135	295	155	2,68	0,000019
AlSi25CuNiMgNi	72,2	23	0,8		0,8	Ti	165	100			2,65	0,0000175
AlSi25CuNi	bis	bis	bis	1,3	bis	Fe	bis	bis	–	–	2,65	0,0000175
AlSi25CuNiMg	68	26	1,5		1,3	Zn	205	135			2,65	0,0000175
AlCu4NiMg	93		3,5	1,75	1,25		225	155	345	145	2,8	0,0000235
AlCu4Ni	bis	0,5	bis	bis	bis		bis	bis	bis	bis	2,8	0,0000235
AlCu4Ni2Mg	90		4,5	2,25	1,75		275	195	410	255	2,8	0,0000235

Gleitlagerwerkstoffe

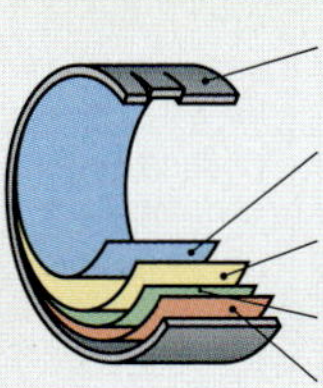

Dreistofflager	Vierstofflager	Sputterlager	Wartungsfreie Gleitlager
PbSnCu-Legierung	PbSnCu-Legierung	AlSn20	Polytetrafluorethylen (PTFE) und Blei (Pb)
–	CuSn-Legierung	NiSn-Legierung	–
Nickel	Nickel	NiCr-Legierung	–
Bleibronze	Bleibronze	Bleibronze	Bronze

Sintervorgang Einfachpressen (Niedrige Dichte und Festigkeit)

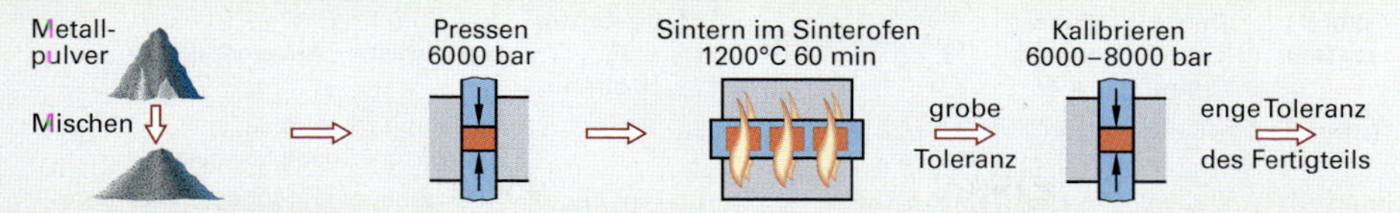

Sintervorgang Doppelpressen (Hohe bis sehr hohe Dichte und Festigkeit)

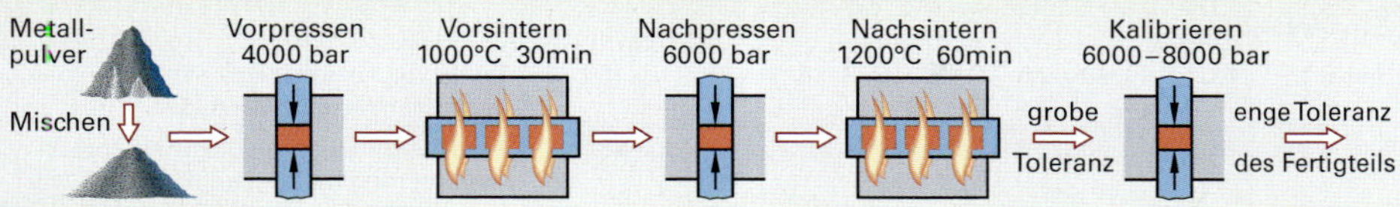

Werkstoffkennzeichnung

Beispiel: Sint-C 51

Sint- | **C** | **5** | **1**

- **Sint-**: **Sinterwerkstoff (Sinterbronze, Lager)**
- **C**: **Dichte ϱ ca. 7 kg/dm³ großes Porenvolumen > 18 %**
- **5**: **Sinterlegierung mit mehr als 60 % Cu**
- **1**: **Fortlaufende Nummerierung**

Bedeutung der Buchstaben	
AF	Sehr niedrige Dichte; sehr großer Porenraum (Filter).
A	Sehr niedrige Dichte; sehr großer Porenraum (Gleitlager).
B	Niedrige Dichte; großer Porenraum (ölgetränkte Gleitlager).
C	Mittlere Dichte; mittlerer Porenraum (gute Haftfähigkeit des Schmierfilms).
D	Hohe Dichte; kleiner Porenraum (Teile mit sehr hoher Festigkeit).
E	Sehr hohe Dichte; ohne oder fast ohne Porenraum; mit Metall getränkt (sehr hohe Festigkeit).
F	Ohne oder fast ohne Porenraum beliebiger Dichte mit einem härtenden organischen Kunststoff getränkt; gute Korrosionsbeständigkeit.

Bedeutung der 1. Zahl	
0	Sintereisen und Sinterstahl unlegiert; Cu < 1 %, mit oder ohne C.
1	Sinterstahl mit 1 %...5 % Cu; mit oder ohne C.
2	Sinterstahl mit mehr als 5 % Cu; mit oder ohne C.
3	Sinterstahl mit oder ohne Cu und/oder C mit weniger als 5,5 % anderer Legierungsmetalle.
4	Sinterstahl mit oder ohne Cu und/oder C mit mehr als 5,5 % anderer Legierungsmetalle.
5	Sinterlegierungen mit mehr als 60 % Cu.
6	Alle Sinterbuntmetalle, die nicht als CuZn- oder CuSn-Legierung zu bezeichnen sind.

Bedeutung der 2. Zahl

Fortlaufende Nummerierung bei veränderten physikalischen Eigenschaften.

Sinter-CuSn-Legierungen

Kurzzeichen	Dichte ϱ kg/dm³	Porenvolumen %	Zusammensetzung %	Zugfestigkeit R_m N/mm²	Eigenschaften, Anwendung
Sint-AF 50	< 6,4	> 27	C ≤ 0,2; Sn 9...11; Rest Cu	10...80	Sehr niedrige Dichte, sehr großer Porenraum; Kraftstofffilter, Geräuschdämpfer bei Druckluftbremsanlagen.
Sint-B 51	6,6...7,0	> 18	Cgraph 0,2...2,0; Sn 9...11; Rest Cu	> 80	Grafithaltige Sinter-CuSn-Legierung für Öltränkung; gute Gleit- und Notlaufeigenschaften; selbstschmierende Lager.
Sint-D 50	7,7...8,1	10 ± 2,5	Cgraph 0...0,2; Sn 9...11; Rest Cu	> 220	Durch Doppelpressen hergestellte Formteile aller Art.

Sinter-CuZn-Legierungen

Kurzzeichen	Dichte ϱ kg/dm³	Porenvolumen %	Zusammensetzung %	Zugfestigkeit R_m N/mm²	Eigenschaften, Anwendung
Sint-C 52	7,0...7,4	15 ± 2,5	Cu 77...81; Fe...0,25; Pb...2,0; Rest Zn	> 90	Gute Haftfähigkeit des Schmierfilms; gut Zähigkeit, einbaufertige Teile.
Sint-D 52	7,4...7,8	10 ± 2,5	Cu 77...81, Fe...0,25; Pb...2,0; Rest Zn	> 100	Durch Doppelpressen hergestellte Teile mit hoher Dichte und hoher Zähigkeit.

W

Sintereisen

Kurzzeichen	Dichte ϱ kg/dm³	Porenvolumen ≈ %	Zusammensetzung %	Zugfestigkeit R_m N/mm²	Eigenschaften, Anwendung
Sint-B 00	6,0…6,4	20 ± 2,5	C bis 0,3; Cu < 1,0; Rest Fe	> 80	Porös, mit Öl getränkt; selbstschmierende Gleitlager.
Sint-C 02	6,0…6,8	15 ± 2,5	C bis 0,1; Rest Fe	> 120	Nach spanender oder spanloser Bearbeitung Weichglühen erforderlich. Weichmagnetischer Werkstoff; Relaisteile.
Sinterstahl					
Sint-B 10	6,0…6,4	20 ± 2,5	C bis 2; Cu 1…5; Rest Fe	> 150	Porös, mit Öl getränkt; selbstschmierende Gleitlager.
Sint-B 21	6,0…6,4	20 ± 2,5	C bis 1,5; Cu 5…25; Rest Fe	> 280	Festigkeitssteigerung durch Abschreckhärtung möglich; ölgetränkt; gute Gleit- und Notlaufeigenschaften. Hochbelastbar; verschleißfest.
Sint-C 21	6,4…6,8	15 ± 2,5	C bis 1,5; Cu 5…25; Rest Fe	> 350	Verschleißfest; begrenzte Ölaufnahme. Bauteile hoher Festigkeit.
Sinterreibstoffe					
J 703	5,4…5,8	≈ 10,5	Cu 68; Sn 5; Pb 8; C 10; MoS_2 5; mineralische Zusätze 2…6	≈ 18	Lamellenkupplungen mit Sinterpads.
J 730	4…4,8	≈ 20	Fe 81; Pb 4; C 12 mineralische Zusätze	≈ 7,5	Scheiben- und Trommelbremsen in Nutzkraftfahrzeugen.

W

Weitere Sinterwerkstoffe

Oxidkeramische Schneidstoffe	Als Keramik werden Erzeugnisse aus Ton oder tonähnlichen Stoffen bezeichnet, deren Bestandteile Oxide (Al_2O_3; SiO_2; MgO und andere) sind. Härteträger der oxidkeramischen Schneidstoffe ist Al_2O_3. Als Bindemittel dienen andere Oxide und Metalle.
Kohlebürsten	Ausgangsstoffe sind verschiedene Kohlenstoffsorten (Retortenkohle, Ruß, aschearme Kokse, Grafit, Metallpulver, Metalllegierungen und geeignete Bindemittel).

Hartmetalle für die Zerspanung

vgl. DIN ISO 513

Ausgangsstoffe:	Pulverisiertes Wolframkarbid (WC)	29 %…92 %
	Titankarbid (TiC) + Tantalkarbid (TaC)	2 %…65 %
	Cobalt (Co) als Bindemittel	4 %…18 %

Kennfarbe	Zerspanungshauptgruppe	Kurzzeichen	Werkstoffe	Arbeitsverfahren	Spanungswerte
Blau	**P** Langspanende Werkstoffe	P01	Stahl, Stahlguss	Feindrehen, Feinbohren	Zunehmende Schnittgeschwindigkeit ↑
		P10 P20	Stahl, Stahlguss, langspanender Temperguss	Drehen, Fräsen, Gewindeherstellung	
		P30 P40	Stahl, Stahlguss mit Lunkern	Drehen mit niedrigen Schnittgeschwindigkeiten	
Gelb	**M** Lang- und kurzspanende Werkstoffe	M10	Stahl, Stahlguss, Gusseisen, Manganstahl	Drehen mit mittleren bis hohen Schnittgeschwindigkeiten	Zunehmende Schnittgeschwindigkeit ↑
		M20	Zusätzl. austenitischer Stahl	Drehen und Fräsen	
		M30	Hochwarmfeste Legierungen	Drehen und Fräsen	
		M40	Automatenstahl, Nichteisenmetalle, Leichtmetalle	Drehen	
Rot	**K** Kurzspanende Werkstoffe	K01	Hartes Gusseisen, AlSi-Leg. Duroplaste	Drehen, Fräsen, Schaben	Zunehmende Schnittgeschwindigkeit ↑
		K10	Harter Stahl, Gestein, Keramik	Drehen, Fräsen, Bohren, Schaben, Innendrehen	
		K20	Ne-Metalle, Gusseisen	Drehen, Fräsen, Innendrehen	
		K40	Ne-Metalle, Holz	Bearb. mit großen Spanwinkeln	

Einteilung der Kunststoffe

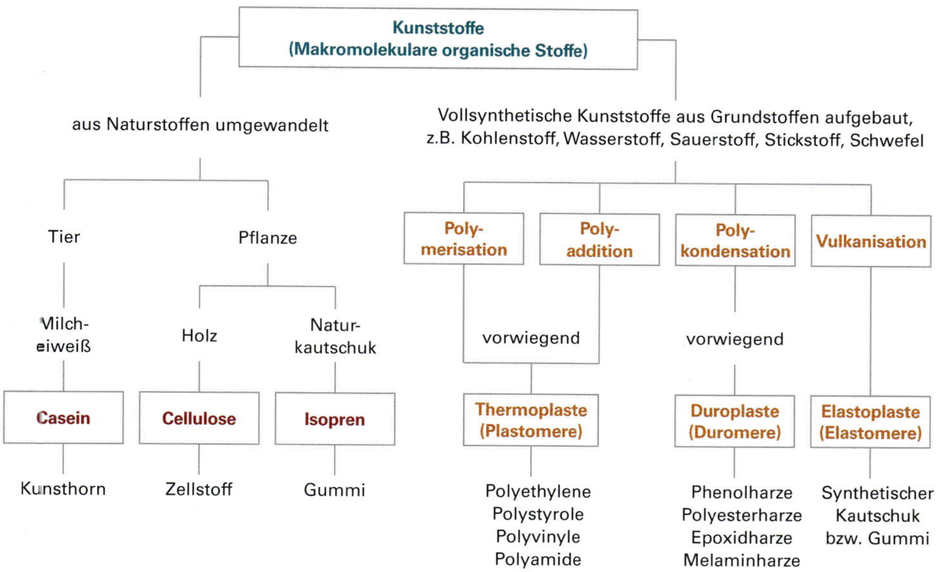

Monomere	Ausgangsstoff für Kunststoffe; monos (griech.) = einzig; meros (griech.) = Teil
Polymerisation	Vereinigung vieler Moleküle der gleichen Art (meist ungesättigte Kohlenwasserstoffe) zu einem kettenartigen Großmolekül. Das Endprodukt der Polymerisation wird als Polymer bzw. Polymerisat bezeichnet.
Polykondensation	Durch Wärme, Druck, Licht und Katalysatoren werden die Monomere meist verschiedener Art aktiviert und schließen sich zu einem Großmolekül zusammen. Dabei wird ein Nebenprodukt abgespalten, z. B. Wasser. Das Endprodukt der Polykondensation wird als Polykondensat bezeichnet.
Polyaddition	Ähnlicher Vorgang wie die Polykondensation, aber ohne Abspaltung anderer Stoffe. Das Endprodukt der Polyaddition wird als Polyaddukt bezeichnet.

W

Struktur und Eigenschaften der Kunststoffe

Thermoplaste

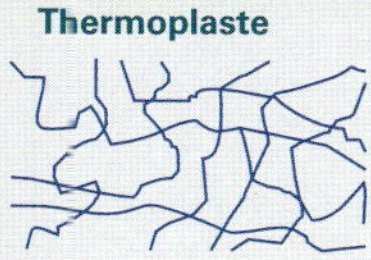

Kunststoffe aus Fadenmolekülen ohne Vernetzung (keine Zwischenverbindungen). In der Kälte glasartig hart und spröde, bei höhererTemperatur plastisch (die Ketten gleiten aneinander vorbei). Bei sehr hohen Temperaturen Zerstörung durch chemische Zersetzung.

Thermoplaste sind in der Regel umformbar (über 100 °C), schweißbar und klebbar.

Elastomere

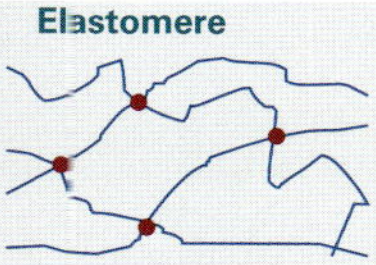

Fadenmoleküle in ungeordnetem Zustand, mit Zwischenverbindungen und einer sehr großen Elastizität. Beim Erwärmen erweichen sie nicht, sondern ihre Elastizität bleibt bis zu einer Grenztemperatur nahezu erhalten. Nach Überschreiten der Grenztemperatur werden sie zerstört.

Elastomere sind nicht schmelzbar, nicht schweißbar und in der Regel nicht spanend zu bearbeiten.

Duroplaste

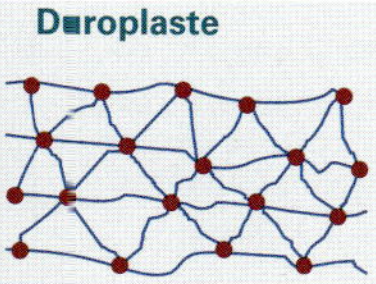

Kunststoffe mit starker Vernetzung. Die Zwischenverbindungen entstehen durch Erwärmung und Druck oder durch Zusatz von Härter (Gießharze, Klebharze). Die Erhärtung kann nicht mehr rückgängig gemacht werden.

Duroplaste sind zerspanbar und klebbar. Sie sind in der Regel nicht schweißbar.

Thermoplaste

Art	Grundstoffe	Eigenschaften	Handelsnamen	Verwendung im Kfz
Polyvinylchlorid	Aus Acetylen und Salzsäure entsteht Vinylchlorid	Großer Verwendungsbereich	Vinidur, Vinoflex, Mipolam	Schläuche, Schutzleisten, Fußmatten, Kunstleder, Kabelisolierung, Folien.
Polystyrol Polystyrolschaum	Aus Benzol und Ethylen entsteht Vinylbenzol (Styrol)	Schlagzäh Sehr leicht	Styrocell, Styroflex, Styropor	Abdeckungen, Folien, Isolation von Aufbauten.
Polyethylen Weich-Polyethylen Hart-Polyethylen Polyethylenschaum	Ethylen (Ethen)	Weich-PE: elastisch Hart-PE: für Spritzguss geeignet.	Lupolen, Hostalen, Nipolon	Unterlagen, Gehäuse, Schutzkappen, Behälter, Faltenbälge, Haltegriffe, Verkleidungen.
Polycarbonat	Polykondensat aus Bisphenol A und Phosgen	transparent, wärmeformbeständig, schlagzäh	Makrolon, Lexan	Abdeckscheiben für Scheinwerfer.
Polypropylen	Aus Erdöl entsteht Propylen	Zäh, korrosionsfest	Metocene	siehe Polyethylen
Polymethylmethacrylat (Acrylglas)	Metycrylsäure	Großer Verwendungsbereich	Plexigum, Plexiglas	Lackgrundlage, Abdeckungen für Leuchten, Linsen, Isolierstoff.
Polyamid Polyamidfasern	Polykondensat aus Diamin und Dicarbonsäuren	Hornartig, zähelastisch, große chem. Beständigkeit, zerreißfest.	Nylon, Perlon	Benzinleitungen, Zahnriemen, Zahnräder, Buchsen, Lackgrundlage, Abschleppseile, Lüfter.
Polytetrafluorethylen	Einbau von Fluoratomen in Ethylen >Tetrafluorethylen	In organischen Lösungsmitteln unlöslich, bis 375 °C temp.-best.	Fluon, Heydeflon, Hiflon	Dichtungen, Faltenbälge, wartungsfreie Lager, Zahnräder, hitzebeständige Kabelisolierungen.

W

Duroplaste

Art	Grundstoffe	Eigenschaften	Handelsnamen	Verwendung im Kfz
Phenolharz	Phenol, Formaldehyd	Durchscheindend, nicht lichtecht	Dynofen, Dynosol	Lackgrundlage, Gießharz, faserverstärkte Kunststoffe.
Melaminharz	Aus Calziumkarbid und Stickstoff entsteht Melamin, Formaldehyd	Kratzfest, temperatur- und chemikalienbeständig	Cymel, Kauramin, Luwipal	Karosserie- und Nutzfahrzeugbau.
Polyesterharz	Dicarbonsäuren und Alkohole, z.B. Terephthalsäure und Ethylenglykol, ungesättigter Polyester.	Stoß- und schlagfest, besonders mit Glasgewebeeinlagen.	Aropol, Durapol, Keripol	Karosserie- und Nutzfahrzeugbau, druckfeste Behälter.
Epoxidharz	Produkt aus Polyphenolen und Epichlorhydrin	Hohe Haftfestigkeit	Araldit, Eponac, Ravepox	Klebharz; Metallkleben, Aufkleben von Bremsbelägen.
Formmassen Phenolharze Melaminharze Epoxidharze Methacrylatharze	Kunstharze mit Füllstoffen: Holzmehl, Papierschnitzel, Zellstoff, Gesteinsmehl; Glimmer	Bei Phenolharzen gedeckte Farben; hohe Festigkeit; dämpfend; schwundfrei.	Bakelite, Palatal	Formstücke, Armaturenbrett, Isolierteile, Verteilerkappen, Stecker, Gehäuse für elektronische Bauelemente, Leiterplatten.
Schichtpressstoffe Hartpapier Hartgewebe Schichtholz	Papierbahnen Gewebebahnen Furnierbahnen		Resitex, Repelit, Pertinax, Novotex, Lignofol	Rohre, Schalttafeln, Zahnräder, Verkleidungen.
Styrol-Butadien-Kautschuk	Aus Acetylen > Butadien (Polymerisat)	Abriebfest, wärmebeständig	Buna EM, Cariflex S	Reifen

Elastomere

Art	Grundstoffe	Eigenschaften	Handelsnamen	Verwendung im Kfz
Chloropren-Kautschuk	Hoher Chlorgehalt	Nicht entflammbar, ölbeständig.	Baypren, Sowopren	Reifenzusatz, Federelemente, Dichtungen.
Nitril-Kautschuk	Mit Stickstoffverbindung	Abriebfest	Perbunan-N	Heizungsschläuche
Butyl-Kautschuk	Aus Polyisobutylen	Gasundurchlässig	Enjay-Butyl	Luftschläuche
Polyurethan-Kautschuk	Polyaddukt aus Diisozyanaten und 2- oder 3-wertigen Alkoholen	Große Festigkeit u. Abriebbeständigkeit, ölbeständig.	Adipren, Elastothane, Urepan	Lackgrundlage, Klebstoff, PUR-Schäume (Polsterwerkstoff), Zahnräder.
Silicon-Kautschuk	Si- und O-Atome	Hoher elektrischer Widerstand.	Silastene, Silopren	Kabelumhüllung

Begriffe

Blends	Polymermischungen aus Kunststoffen verschiedener Zusammensetzung (z.B. PP/EPDM, PC/PBT).
Copolymerisate (Misch-polymerisate)	Kunststofftypen, für deren Herstellung mindestens zwei verschiedene Ausgangsstoffe (Monomere) verwendet werden. Die Ausgangsstoffe verbinden sich auf molekularer Ebene. Copolymerisate sind in Bezug auf ihre Eigenschaften hochwertiger als Blends.
Dispersion	Feine Verteilung eines Stoffes in einem anderen, ohne dass sich der eine im anderen löst.
Handlaminieren	Verfahren zur Herstellung von Teilen aus glasfaser- und kohlenstofffaserverstärktem Polyester- oder Epoxidharz (GFK bzw. CFK). Die Glasfasern werden als Matten oder Gewebestränge in die Form gelegt und mit flüssigem Harz getränkt. Auf diese Weise lassen sich mehrere Schichten auftragen. Das Verfahren ist auch zur Reparatur geeignet.
Integralschaum	Dabei handelt es sich um geschäumte Kunststoffe, die eine zellige Struktur erhalten. Sie besitzen eine glatte und geschlossene Oberfläche. Lange Formteile enthalten zur Stabilisierung z.B. Einlagen aus Metall.
Lunkerstellen	Lufteinschlüsse in Kunststoffteilen. Meist bilden sie sich um die zur Verstärkung eingelegten Zusatzteile. Unmittelbar nach der Herstellung sollten Kunststoffteile getempert werden (1 Stunde bei ca. 60 °C), damit die Lufteinschlüsse an die Oberfläche treten und ausgasen können.
Trennmittel	Sie werden benötigt, damit das Kunststoffteil nicht an der Werkzeugform anhaftet. Im Allgemeinen bestehen sie aus einer Lösung von Wachsen und Silikonen, die sehr hartnäckig am Kunststoffteil verbleiben. Vor dem Lackieren des Teils müssen sie gründlich entfernt werden, da sie sonst die Haftung des Lacks verhindern.
Trennlacke	Sie haben die gleiche Aufgabe wie Trennmittel, bestehen aber aus einer Lösung aus Polyvinyl und Alkohol. Das Entfernen der Trennlacke vom Fertigteil erfolgt mit Wasser.
Weichmacher-zusatz	Ein Zusatz, um die Elastizität des Lacks auf dem Kunststoff zu gewährleisten (auch Plastifizierer, Soft-Zusatz).

Kurzzeichen für Kunststoffe

Homopolymere und polymere Naturstoffe

CA	Celluloseacetat	PDAP	Poly(diallylephthalat)	PPS	Poly(phenylensulfid)
CAB	Celluloseacetobutyrat	PE	Polyethylen	PPSU	Poly(phenylensulfon)
CAP	Celluloseacetopropionat	PE-C	Chloriertes Polyethylen	PS	Polystyrol
CF	Kresol-Formaldehyd	PEOX	Poly(ethylenoxid)	PSU	Polysulfon
CMC	Carboxymethylcellulose	PEI	Poly(etherimis)	PTFE	Poly(tetrafluorethylen)
CN	Cellulosenitrat	PEEK	Poly(etheretherketon)	PUR	Polyurethan
CP	Cellulosepropionat	PES	Poly(ethersulfon)	PVAC	Poly(vinylacetat)
CSF	Casein-Formaldehyd	PET	Poly(ethylenterephthalat)	PVAL	Poly(vinylalkohol)
CTA	Cellulosetriacetat	PF	Phenol-Formaldehyd	PVB	Poly(vinylbutyral)
EC	Ethylcellulose	PI	Polyimid	PVC	Poly(vinylchlorid)
EP	Epoxid	PIB	Polyisobutylen	PVC-C	Chloriertes PVC
MC	Methylcellulose	PIR	Polyisocyanurat	PVDC	Poly(vinylidenchlorid)
MF	Melamin-Formaldehyd	PMI	Poly(methacrylimid)	PVDF	Poly(vinylidenfluorid)
PA	Polyamid	PMMA	Poly(methylmethacrylat)	PVF	Poly(vinylfluorid)
PAI	Polyamidimid	PMP	Poly(-4-methylpenten-1)	PVFM	Poly(vinylformaldehyd)
PAN	Poly(acrylnitril)	PMS	Poly(-(α-Methylstyrol)	PVK	Poly(vinylcarbazol)
PB	Polybuten-1	POM	Polyoxymethylen; Polyformaldehyd, Polyacetal	PVP	Poly(vinylpyrrolidon)
PBA	Poly(butylacrylat)	PP	Polypropylen	SI	Silicon
PBT	Poly(butylenterephthalat)	PPE	Poly(phenylenether)	SP	Gesättigter Polyester
PC	Polycarbonat	PROX	Poly(propylenoxid)	UF	Harnstoff-Formaldehyd
PCTFE	Poly(chlortrifluorethylen)			UP	Ungesättigter Polyester

Copolymere und Blends

A/B/A	Acrylnitril/Butadien/Acrylat	MPF	Melamin/Phenol-Formaldehyd	S/MS	Styrol/α-Methylstyrol
ABS	Acrylnitril/Butadien/Styrol	PC/PBT	Polycarbonat/Polybutylenenterephthalat	VC/E	Vinylchlorid/Ethylen
E/EA	Ethylen/Ethylacrylat	PEBA	Polyether-Blockamid	VC/E/MA	Vinylchlorid/Ethylen/Methacrylat
E/MA	Ethylen/Methacryalsäureester	PFA	Perfluoro-Alkoxyalkan	VC/E/VAC	Vinylchlorid/Ethylen/Vinylacetat
E/P	Ethylen/Propylen	PP/EPDM	Polypropylen/Ethylen-Propylen-Dien	VC/MA	Vinylchlorid/Methylacrylat
EPDM	Ethylen/Propylen-Dien	SAN	Styrol/Butadien	VC/MMA	Vinylchlorid/Methylmethacrylat
E/VA	Ethylen/Vinylacetat	SB	Styrol/Butadien	VC/VAC	Vinylchlorid/Vinylacetat
E/VAL	Ethylen/Vinylalkohol				
E/TFE	Ethylen/Tetrafluorethylen				

Anmerkung: Die Kurzzeichen sind aus den Angaben der monomeren Komponenten von links nach rechts in der Reihenfolge abnehmender Massenanteile aufgebaut.
Blends sind durch einen Schrägstrich im Kurzzeichen zwischen den Komponenten gekennzeichnet.
Blau gekennzeichnete Kunststoffe werden häufig in Kraftfahrzeugen verwendet.

Naturkautschuk

Latexgewinnung
Naturkautschuk ist der eingedickte Milchsaft (Latex) des Kautschukbaumes (Heves brasiliensis). Latex besteht aus 65 % bis 75 % Wasser, 35 % bis 25 % Kautschukteilchen und Spuren von Eiweiß und Harz. In die Rinde des Stammes werden Rillen geschnitten. Der Milchsaft wird gesammelt.

Verarbeitung und Verwendung
Plantagenkautschuk: Latex wird mit verdünnter Essig- oder Ameisensäure angesäuert. Ausflocken der Kautschukteilchen (Koagulieren), die an der Oberfläche schwimmen. Latex wird abgeschöpft und zu Platten (Fellen) gewalzt. Die Felle werden zu Blöcken geschichtet und gepresst.

Vorkommen
Afrika, Südamerika, Südostasien, Südindien.

Synthetischer Kautschuk

Herstellung und Verwendung
Synthetischer Kautschuk wird auf künstlichem Wege aus Erdöl gewonnen und ähnelt in seinen Eigenschaften dem Naturkautschuk. Styrol-Butadien-Kautschuk ist ein häufig verwendeter Synthesekautschuk (z.B. als Bestandteil von Reifen). Er wird durch Kaltpolymerisation aus den Monomeren Styrol und Butadien hergestellt und verfügt über hohe Abriebfestigkeit.

Gummi

Vulkanisieren
Gummi ist vulkanisierter Kautschuk. Zum Vulkanisieren wird Schwefel in den Kautschuk in feinster Form eingewalzt. Bei der anschließenden Vulkanisation vernetzt der Schwefel die Fadenmoleküle des Kautschuks, die Elastizität entsteht. Wird Schwefel und Kautschuk allein zur Vulkanisaton verwendet, so dauert der Prozess mehrere Stunden. Durch den Zusatz von weiteren Chemikalien lässt sich die Reaktionszeit deutlich reduzieren.
Die Vulkanisation erfolgt durch Pressen bei gleichzeitiger Wärmezufuhr. Die für die chemische Reaktion erforderliche Temperatur von 140 °C bis 150 °C und der Druck von ca. 5 bar werden gleichzeitig zur Formgebung für das herzustellende Teil verwendet.

Kennzeichnung von Kunststoffen

W

Kennzeichnung
Die eindeutige Identifizierung von Kunststoffen ist in der Praxis eine Voraussetzung für die Durchführung von Reparaturen. Oftmals reicht eine Zuordnung zu den Gruppen Thermoplaste, Duroplaste oder Elastomere. In der Regel sind alle im Kraftfahrzeug eingesetzten Kunststoffteile gekennzeichnet. Die Kennzeichnung kann neben der Angabe zu dem Basispolymer weitere Angaben enthalten.

Angaben in der Kennzeichnung von Kunststoffen:

- Basispolymer
- Werkstoffvariante
- Füllstoff
- Füllstoffform
- Füllstoffanteil

PP-GM 20

Basispolymer	Polypropylen	PP
Füllstoff	Glas	G
Füllstoffform	Matte	M
Füllstoffanteil	20%	20

Beispiele für die Kennzeichnung von KFZ-Teilen

Scheinwerfergehäuse:
Polypropylen (PP) mit 40% Talkumanteil

Abdeckklappe mit Teppichauflage für Staukasten Kofferraum:
Polyethersulfon (PES) und Polypropylen (PP) in Kombination mit Baumwoll-Textilfaser (CO)

Funktionsbauteil Innenausstattung:
Acrylnitril/Butadien/Styrol (ABS)
(Copolymer bzw. Blend)

Zugversuch

vgl. DIN EN 10 002-1

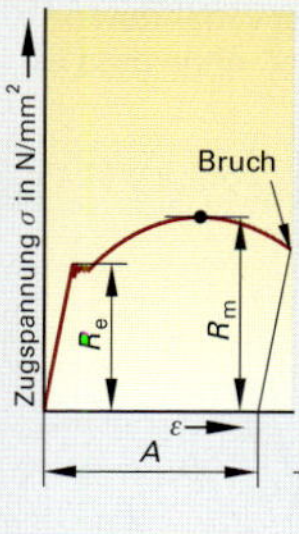

Streckgrenze ausgeprägt unstetiger Verlauf z.B. weicher Stahl

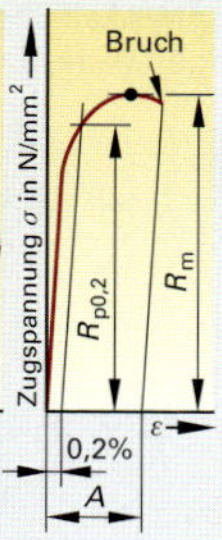

0,2%-Grenze stetiger Verlauf z.B. harter Stahl Harte Stähle werden bis zur 0,2%-Grenze gemessen

Zweck: Ermittlung folgener Werkstoffeigenschaften

- Zugfestigkeit
- Bruchdehnung
- Streckgrenze
- Elastizität

Durchführung: Ein genormter Probestab wird zunehmend bis zum Bruch belastet. Zugkraft und Verlängerung werden gemessen und daraus Spannung und Dehnung berechnet.

σ	Zugspannung in N/mm²
F	Zugkraft in N
F_m	größte Zugkraft (Bruchkraft) in N
R_m	Zugfestigkeit in N/mm²
d_0	ursprünglicher Durchmesser in mm
l_0	ursprüngliche Messlänge in mm
l_B	Messlänge beim Bruch in mm
S_0	Anfangsquerschnitt in mm²
A	Bruchdehnung in % (Messstrecke $l_0 = 10\ d_0$)
R_e	Streckgrenze in N/mm²
$R_{p0,2}$	0,2 %-Dehngrenze in N/mm²

$$\sigma = \frac{F}{S_0}$$

$$R_m = \frac{F_m}{S_0}$$

$$A = \frac{(l_B - l_0) \cdot 100}{l_0}$$

Scherversuch

vgl. DIN 50 141

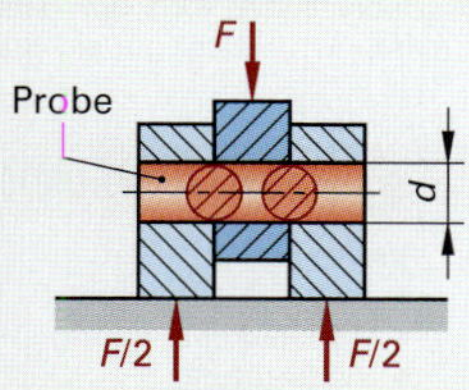

Zweck: Ermittlung der Scherfestigkeit eines Werkstoffs.

Durchführung: Das Probestück wird in ein Schergerät eingespannt und zweischnittig bis zur Trennung belastet. Aus Scherkraft und Probendurchmesser lässt sich die Scherfestigkeit berechnen.

F	Scherkraft in N,	ε Dehnung
τ_B	Scherfestigkeit in N/mm²	
S	Querschnitt in mm²	

$$\tau_B = \frac{F}{2 \cdot S} = \frac{2 \cdot F}{\pi \cdot d^2}$$

$$S = \frac{d^2 \cdot \pi}{4}$$

Härteprüfung

vgl. DIN EN 10 003

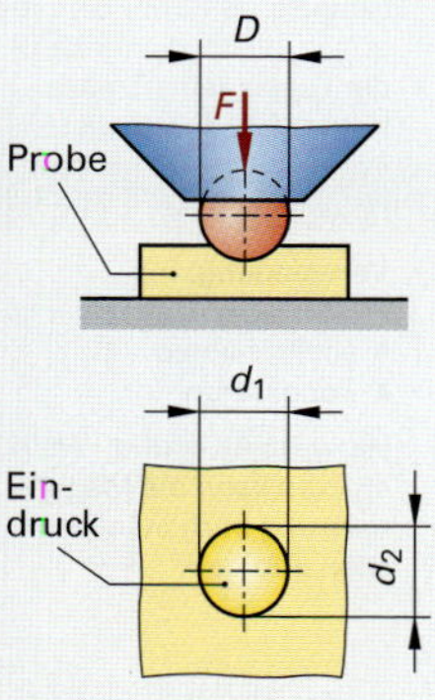

Zweck: Ermittlung der Härte eines Werkstoffs nach

Brinell

Durchführung: Eine gehärtete Stahlkugel wird mit einer genormten Prüfkraft in die Probe gedrückt. Auf der Probe wird der Eindruckdurchmesser d gemessen. Mit ihm und der Prüfkraft wird die Brinellhärte einer Vergleichstabelle entnommen.

HB	Kurzzeichen für Brinellhärte
F	Prüfkraft in N
D	Kugeldurchmesser in mm
A	Eindruckoberfläche in mm² (Kugelhaube)
d	Eindruckdurchmesser in mm

$$\text{HB} = \frac{0{,}102 \cdot F}{A}$$

$$A = \frac{\pi \cdot D}{2} \cdot \left(D - \sqrt{D^2 - d^2}\right)$$

$$d = \frac{d_1 + d_2}{2}$$

Rockwell

Durchführung: Ein Diamantkegel (Kegelwinkel 120°) oder eine Stahlkugel (Kugel-∅ 1/16") wird in zwei Stufen in die Oberfläche des zu prüfenden Werkstückes gedrückt. Die bleibende Zunahme der Eindringtiefe t_b in mm wird gemessen und aus ihr die Rockwellhärte abgeleitet.

Shore-Härteprüfung

vgl. DIN ENISO 868 (2003-10)

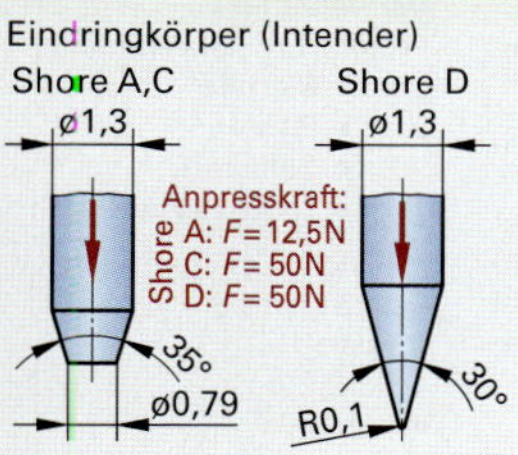

Zweck: Die Härte von Kunststoffen und Elastomeren prüfen.

Durchführung: Die Anpresskraft F wird von einem Prüfgerät (Durometer) auf den zu vermessenden Prüfkörper stoßfrei aufgebracht.

Prüfverfahren	Shore A	Shore C	Shore D
Anpresskraft F	12,5 N	50 N	50 N
Messbereich	10 … 90	10 … 90	30 … 90
Anwendung	Weichgummi, Elastomere, Naturkautschuk	Mittelharte Elastomere z.B. PMMA, PVC-U, PA, POM	Hartgummi, Steife Thermoplaste

W

Zerstörungsfreie Werkstoffprüfung

Bei ihr wird die geforderte Qualität eines Bauteils überprüft. Mit Hilfe unterschiedlicher physikalischer Verfahren können Fehler, wie Risse oder Einschlüsse, erkannt werden. Die Prüfung erfolgt am fertigen Werkstück, ohne dass es dabei zerstört oder beschädigt wird. Materialproben sind nicht nötig.

Farbeindringverfahren

vgl. DIN 54152

Zweck: Auffinden von Haarrissen oder Mikroporen in Werkstücken.

Durchführung:

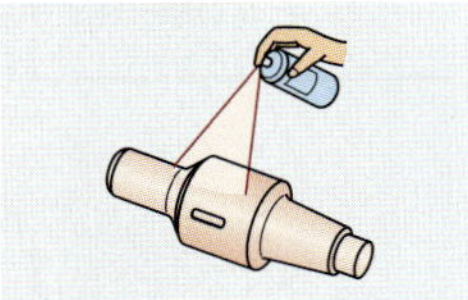

1. Aufbringen des Farbstoffs

Reinigen des zu prüfenden Werkstücks und Besprühen des Werkstücks mit dünnflüssigem, rotem Farbstoff.

Der Farbstoff dringt aufgrund der Kapillarwirkung in vorhandene Haarrisse ein.

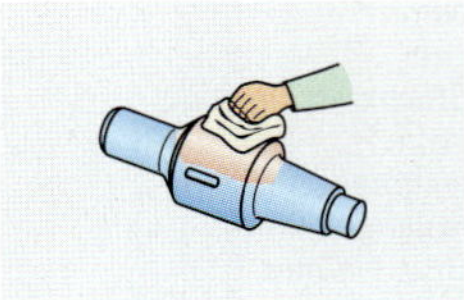

2. Abwaschen des überschüssigen Farbstoffs

Überflüssiger Farbstoff wird mit Hilfe eines Entfärbers von der Werkstückoberfläche abgewaschen.

Anschließend wird die Werkstückoberfläche getrocknet.

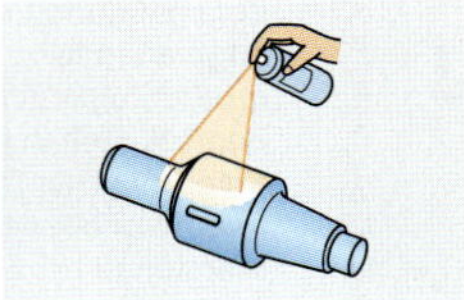

3. Aufbringen des Entwicklers

Durch das Aufsprühen von weißer Entwicklerflüssigkeit bilden sich die Haarrisse gut sichtbar ab.

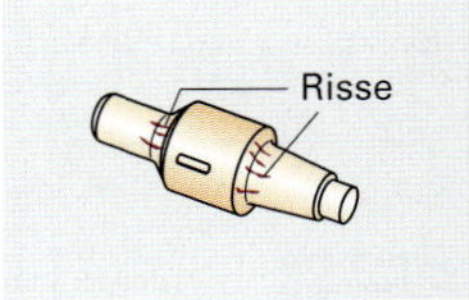

4. Absuchen des Werkstücks nach Rissen

Anstelle von rotem Farbstoff wird auch fluoreszierendes dünnflüssiges Öl verwendet. Dabei bilden sich die Haarrisse in UV-Licht gut sichtbar ab.

Ultraschallprüfverfahren

vgl. DIN EN ISO 16810

W

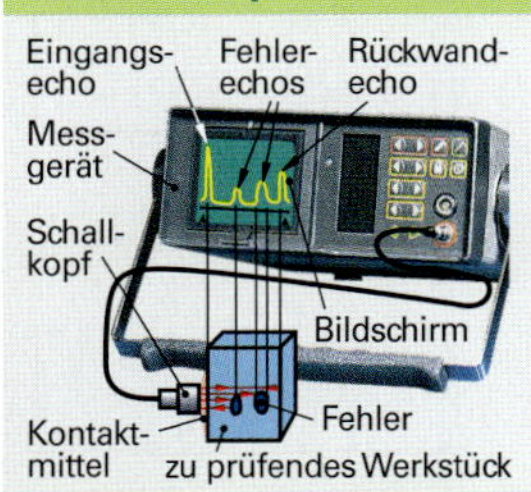

Zweck: Zerstörungsfreie Werkstoffprüfung zur Fehlersuche wie z.B. Risse, Lunker, Gasblasen, Einschlüsse, Bindefehler, Gefügeunterschiede im Inneren von Bauteilen mit Hilfe von Schallwellen.

Durchführung: Der Schallkopf sendet Schallwellen im Ultraschallbereich durch das Werkstück. Die Vorderwand, Rückwand und die Fehler im Werkstück reflektieren die Wellen. Der Bildschirm des Prüfgerätes zeigt die Echos an. Abhängig von der Prüffrequenz ist die Größe der Fehler erkennbar.

Verwendung:
- Schweißnahtprüfung
- Wanddickenmessung
- Blechprüfung
- Lackschichtdicken
- Bindungsprüfung von Weissmetall-Lagern

Hinweis: Je höher die Frequenz, desto kleiner kann der Fehler sein (Grenze: Korngröße des Werkstoffs).

Magnetpulververfahren

vgl. DIN EN ISO 9934-1:2002-03

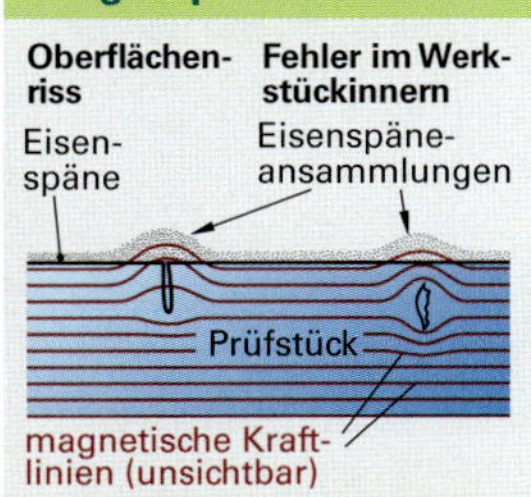

Zweck: Aufspüren von oberflächennahen Fehlern in Werkstücken aus ferromagnetischen Werkstoffen.

Durchführung: Wird ein Werkstück aus ferromagnetischem Werkstoff magnetisiert, verlaufen die magnetischen Feldlinien parallel zu Oberfläche. Risse und oberflächennahe Fehlstellen im Werkstück stören das Magnetfeld. An der Störstelle entsteht ein Magnetpol. Auf die Oberfläche aufgebrachte Eisenspäne, sammeln sich an diesen Magnetpolen. Parallel zu den Feldlinien verlaufende Risse können nicht aufgespürt werden.

Verwendung:
Prüfen von
- Gleitschienen
- Zahnrädern

Hinweis: An großen Werkstücken kann die Magnetisierung auch in Teilbereichen erfolgen.

Röntgenprüfverfahren

vgl. DIN EN ISO 5579: 2014-04

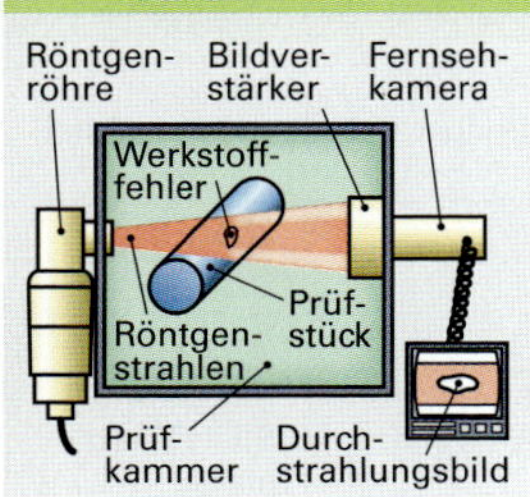

Zweck: Zerstörungsfreie Werkstoffprüfung zur Fehleraufdeckung im Inneren von Bauteilen mit Hilfe von Röntgen- und Gammadurchstrahlung.

Durchführung: Kurzwellige elektromagnetische Strahlen durchstrahlen das Werkstück. Werkstückdicke und Dichteänderungen durch Fehlstellen im Werkstoff des Werkstücks schwächen die Strahlen ab. Auf einem Bildschirm oder einem Röntgenfilm ist ein Schattenbild sichtbar. An Stellen geringere Dichte ist das Bild heller, an Stellen höherer Dichte dunkler.

Verwendung:
Prüfen von Schweißnähten an:
- Blechen
- Rohren
- Behältern
- Lackschichtdicken

Fehlstellen mit geringerer Dichte sind z.B.
- Risse,
- Poren,
- Lunker.

Technisches Zeichnen

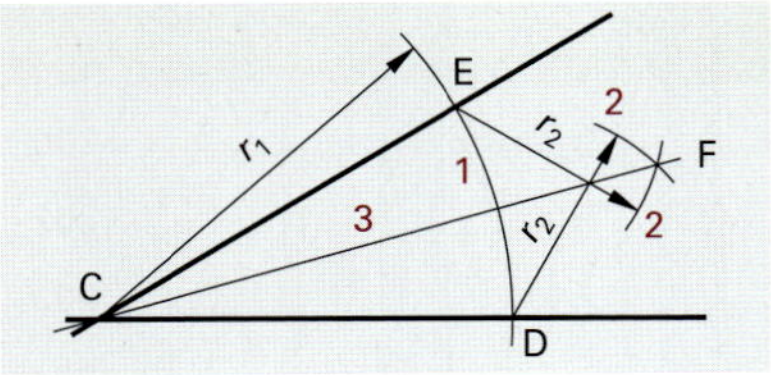

Halbieren eines Winkels

1. Kreisbogen um C mit beliebigem Halbmesser r_1.
2. Kreisbogen um D und E mit beliebigem, aber gleichem Halbmesser r_2.
3. Verbindungslinie $\overline{CF}$ ist Winkelhalbierende.

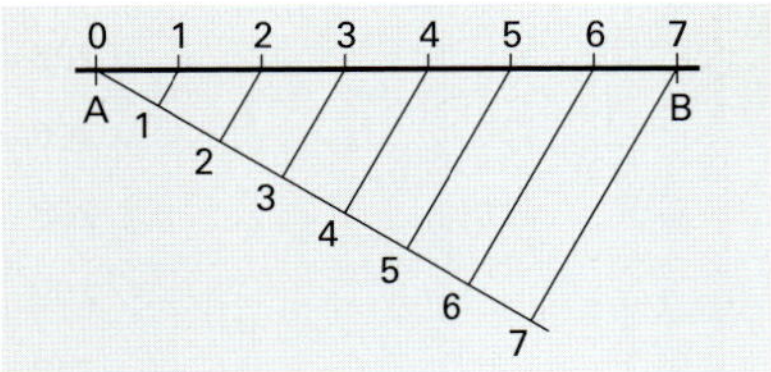

Teilen einer Strecke (Verhältnisteilen)

z.B. in 7 Teile

1. Strahl von A unter beliebigem Winkel.
2. Auf Strahl von A 7 beliebige, aber gleich große Teile abtragen.
3. Endpunkt 7 mit B verbinden.
4. Parallelen durch die anderen Teilpunkte ziehen.

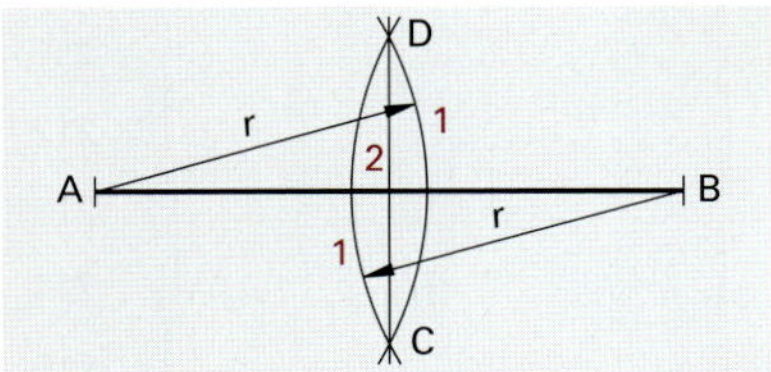

Errichten einer Mittelsenkrechten

1. Kreisbogen um A und B mit gleichem Halbmesser r.
2. Verbindungslinie $\overline{CD}$ ist Mittelsenkrechte.

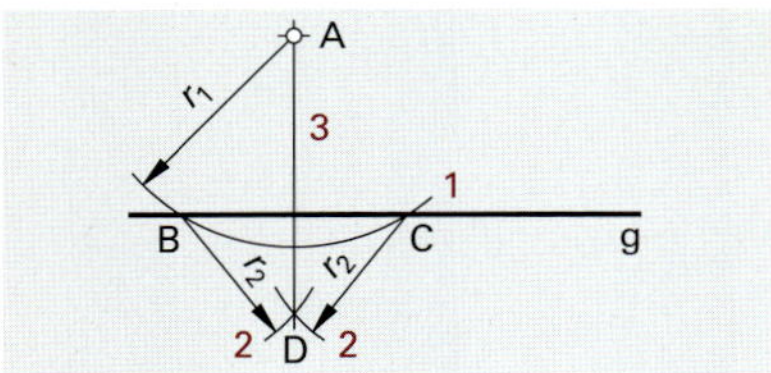

Fällen eines Lotes

1. Kreisbogen um A mit beliebigem Halbmesser r_1.
2. Kreisbogen um B und C mit beliebigem, aber gleichem Halbmesser r_2.
3. Verbindungslinie $\overline{AD}$ ist Lot.

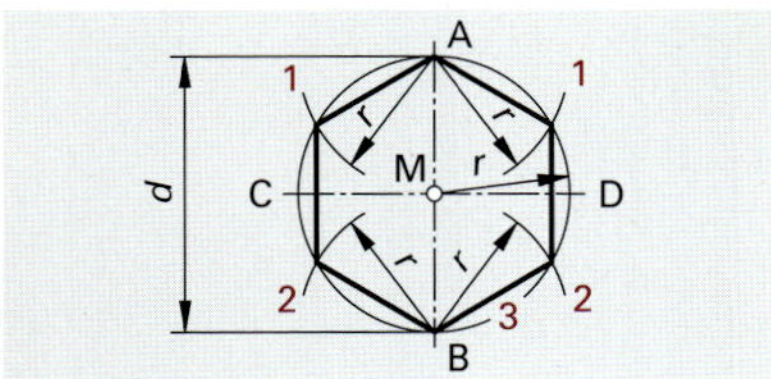

Sechseck

1. Kreisbogen mit Halbmesser $r = d/2$ um A.
2. Kreisbogen mit Halbmesser $r = d/2$ um B.
3. Verbindungslinien ergeben Sechseck.

Für ein Zwölfeck sind die Zwischenpunkte festzulegen: Einstich in C und D.

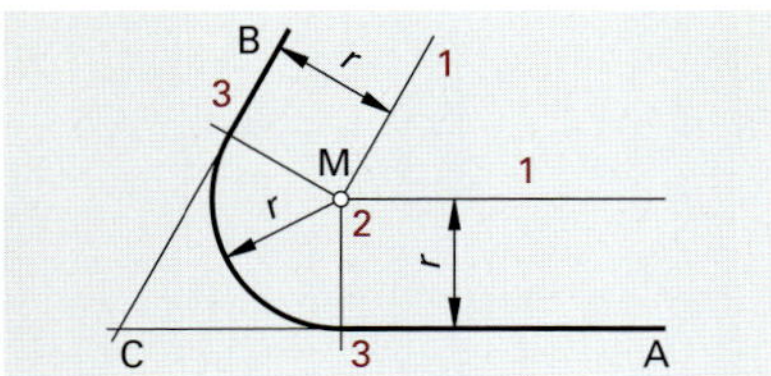

Runden einer Ecke

1. Parallelen zu den Schenkeln im Abstand r.
2. Parallelenschnittpunkt ist Rundungsmittelpunkt M.
3. Schnittpunkte der Lote von M auf die Schenkel sind Übergangspunkte.
4. Kreisbogen mit Rundungshalbmesser r zeichnen.

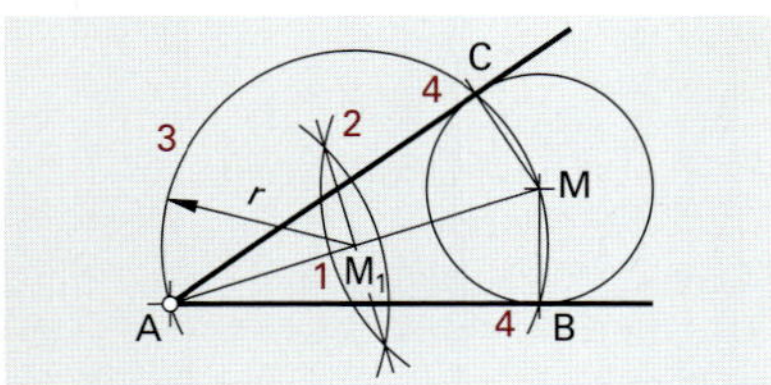

Tangente an den Kreis

1. Verbindungslinie $\overline{AM}$ ziehen.
2. Strecke $\overline{AM}$ halbieren.
3. Kreisbogen um M_1 mit Halbmesser $r = \overline{AM}/2$.
4. Schnittpunkte B und C sind Berührungspunkte der Tangenten; Verbindungslinien $\overline{AB}$ und $\overline{AC}$ sind Tangenten.

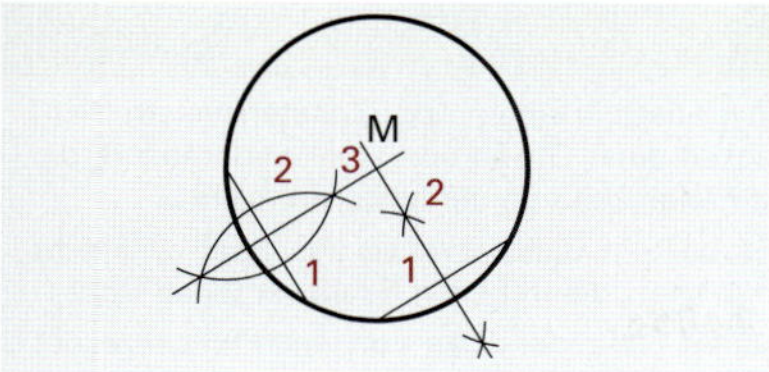

Bestimmung des Kreismittelpunktes

1. Zwei beliebige Sehnen (möglichst unter einem rechten Winkel).
2. Mittellote auf Sehnen errichten.
3. Schnittpunkt der Mittellote ist Kreismittelpunkt.

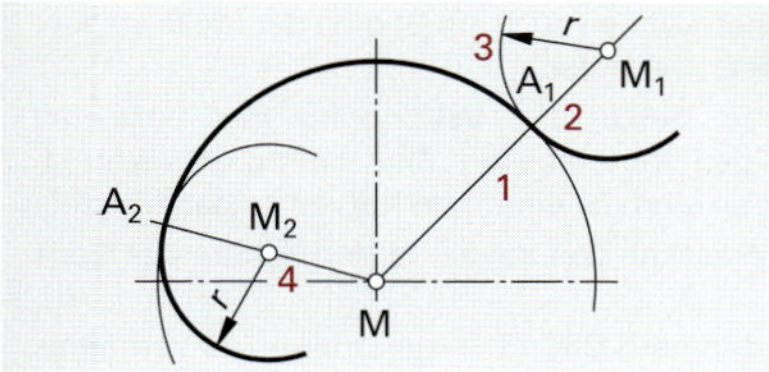

Kreisübergänge

1. Strahl von M durch Berührungspunkt A_1.
2. Strahl von A_1 um *r* nach außen verlängern; Endpunkt ist Rundungsmittelpunkt M_1.
3. Kreisbogen um M_1 mit Halbmesser *r*.
4. Rundungsmittelpunkt M_2 entsprechend bestimmen.

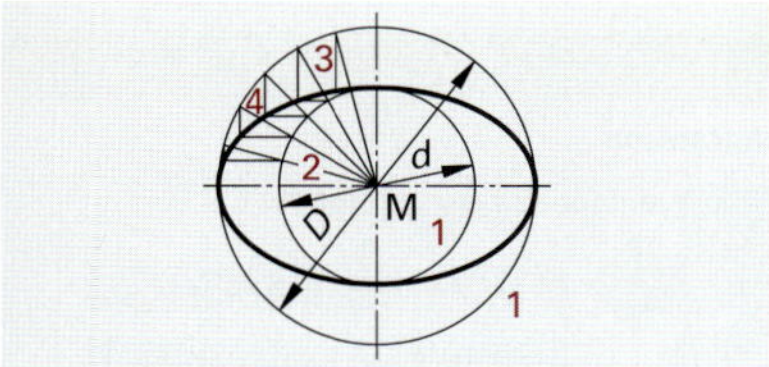

Ellipsenkonstruktion aus den Hauptachsen

1. Kreise um M mit Halbmesser *R* und *r*.
2. Beliebig viele Geraden mit verschiedenen Winkeln durch M ziehen.
3. Durch Schnittpunkt mit Kreisen Parallelen zu den Hauptachsen ziehen.
4. Schnittpunkte dieser Parallelen sind Ellipsenpunkte.

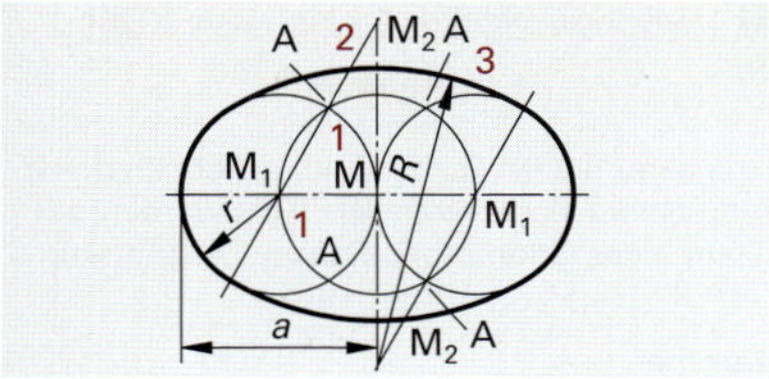

Ovalkonstruktion mit Zirkel (angenäherte Ellipse)

1. Drei Kreise auf großer Achse mit Halbmesser $r = a/2$ um M und M_1.
2. Schnittpunkte der Verbindungslinien $\overline{M_1A}$ mit Verlängerungen der kleinen Achse ergeben M_2.
3. Kreisbogen um M_2 mit Halbmesser *R*.

Z

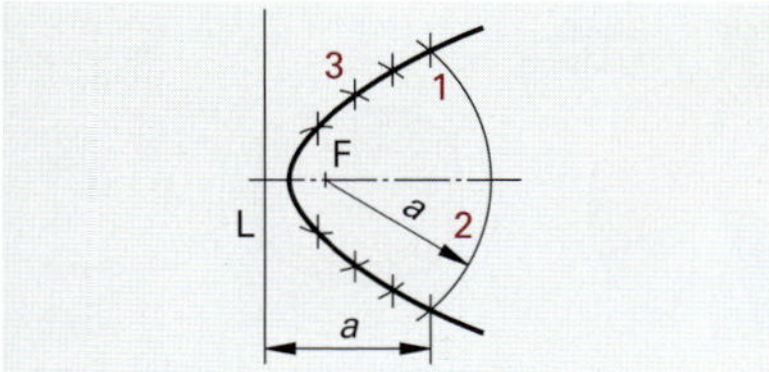

Parabelkonstruktion aus Leitlinie und Brennpunkt

Für alle Parabelpunkte ist der Abstand von der Leitlinie L und der Abstand vom Brennpunkt F gleich groß.

1. Parallelen zur Leitlinie im beliebigen Abstand, z.B. *a*.
2. Kreisbogen um F mit Halbmesser $r = a$.
3. Schnittpunkte sind Parabelpunkte.

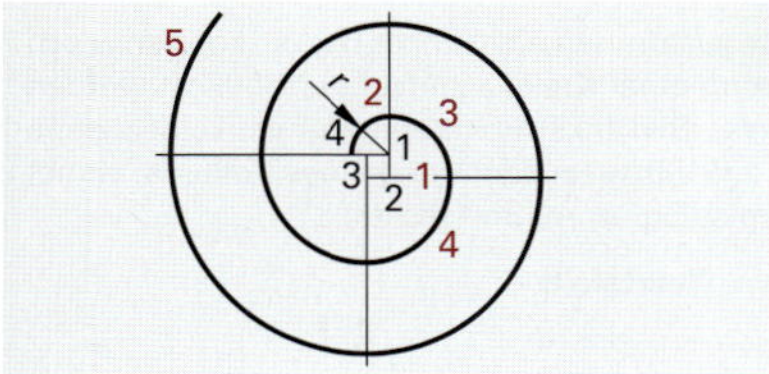

Spirale (Zirkelkonstruktion)

1. Ecken eines Quadrates im Drehsinn der gewünschten Spirale nummerieren.
2. Viertelkreis um Mittelpunkt 1 mit Halbmesser *r*.
3. Anschließend Viertelkreis um Mittelpunkt 2.
4. Anschließend Viertelkreis um Mittelpunkt 3.
5. usw.

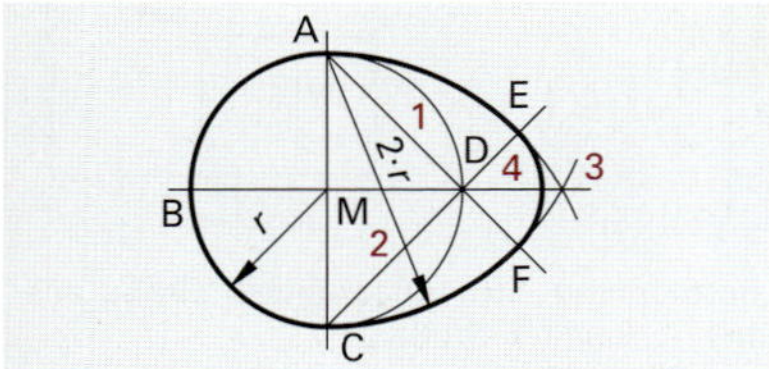

Nocken

1. Kreis um M mit Halbmesser *r*.
2. Verbindungslinien $\overline{AD}$ und $\overline{CD}$ ziehen.
3. Kreisbogen um A und C mit Halbmesser $2 \cdot r$.
4. Kreisbogen D mit Halbmesser $\overline{DE}$; A, C, E, F sind Übergangspunkte.

Diagramme

vgl. DIN 461

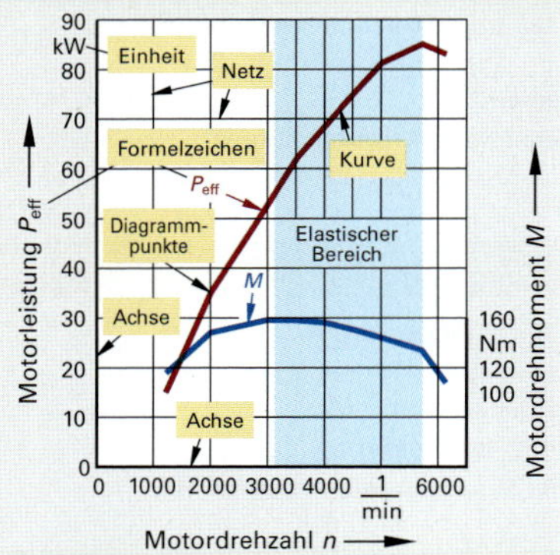

Diagramme. Sie zeigen grafisch in einem Koordianatensystem (Achsenkreuz) die Abhängigkeit einer Größe von einer anderen z.B. die Motorleistung P_{eff} in Abhängigkeit von der Motordrehzahl n.

Koordinatensystem. Es besteht üblicherweise aus zwei senkrecht aufeinanderstehenden Achsen, die mit einer Skala versehen sind.

Formelzeichen. Sie stehen entweder links von der Pfeilspitze der senkrechten Achse (Ordinate) und unter der waagrechten Achse (Abszisse). Formelzeichen können auch am Beginn der Pfeile stehen, die parallel zu den Achsen verlaufen.

Kurven. Sie entstehen durch die Verbindung der einzelnen Diagrammpunkte aus den Wertetabellen. Sind mehrere Kurven im Diagramm dargestellt, so sind die einzelnen Kurven zu benennen.

Einheiten. Sie stehen zwischen den beiden letzten Zahlen der Skala einer Achse.

Linienbreiten. Sie werden nach DIN 15 vorgenommen im Verhältnis Netz : Achse : Kurve = 1 : 2 : 4.

Diagrammarten

Liniendiagramme

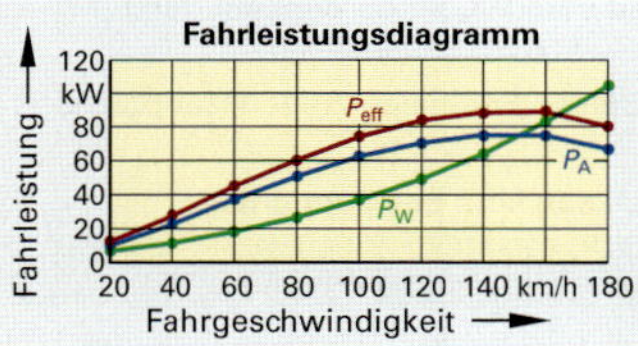

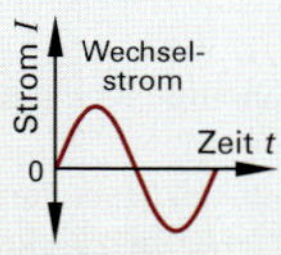

zeitlicher Verlauf von Wechselstrom

Zur übersichtlichen Darstellung von Vorgängen physikalisch-technischer Art werden häufig Liniendiagramme benützt, deren Koordinaten metrische Teilung besitzen, z.B. Motorkennlinien, Fahrwiderstände, Stromverläufe.

Flächendiagramme

Größen, die zusammen ein Ganzes bilden, können durch Aufgliederung einer Fläche veranschaulicht werden, z.B. Leistungsbilanz eines Ottomotors (Sankey-Diagramm).

Säulen- und Balkendiagramme

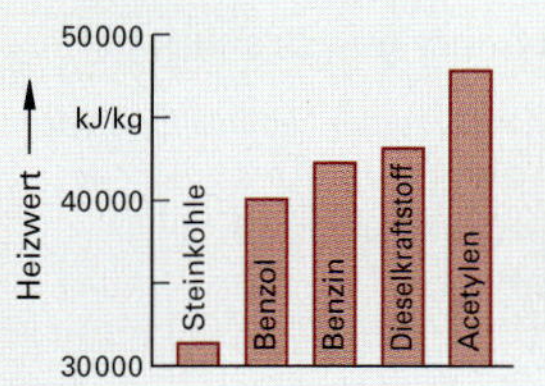

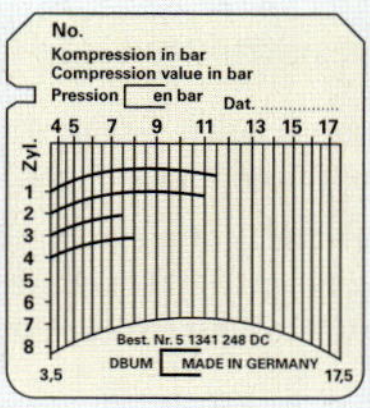

Anschauliche, vergleichende Nebeneinanderstellung von Zuständen oder Größen, z.B. verschiedene Heizwerte von Kohlenwasserstoffverbindungen, Kompressionsdrücke in den einzelnen Zylindern. Die Längen der Säulen, Balken, Linien werden maßstäblich aufgetragen.

Kreisdiagramme

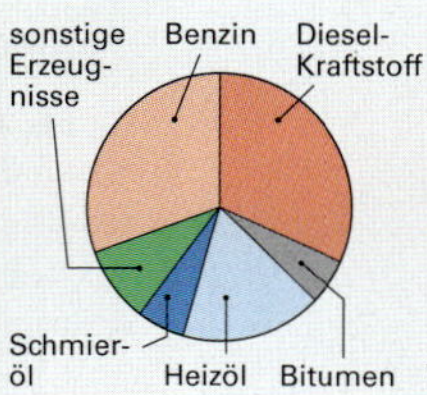

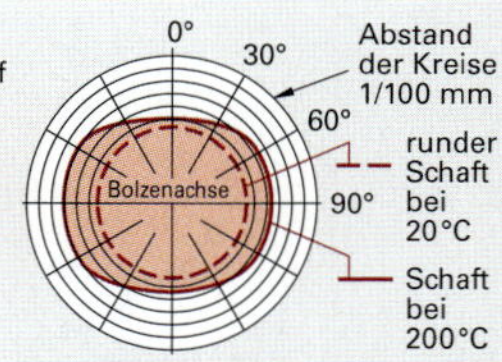

Wärmedehnung eines Kfz-Kolbens

Größen, die zusammen ein Ganzes bilden, können durch Aufgliederung einer Kreisfläche veranschaulicht werden (Prozentkreis – Bild links). Für kreis- oder winkelbezogene Vorgänge, z.B. Wärmeausdehnung eines Kolbens, eignet sich das Kreisdiagramm (Bild rechts).

Zahlenleitern

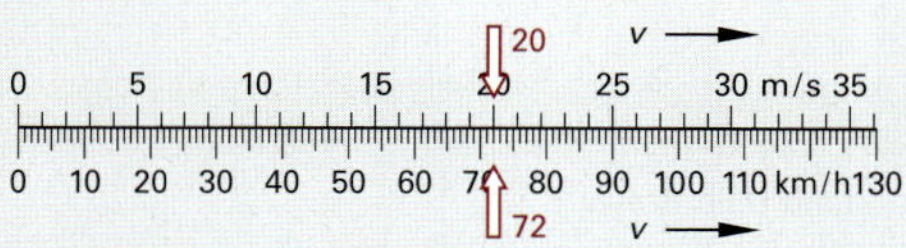

Ablesebeispiel: 72 km/h = 20 m/s

Zwei voneinander abhängige Größen können als Skalen einer Zahlenleiter gegenübergestellt werden, z.B. km/h und m/s.

Leitertafeln, Netztafeln

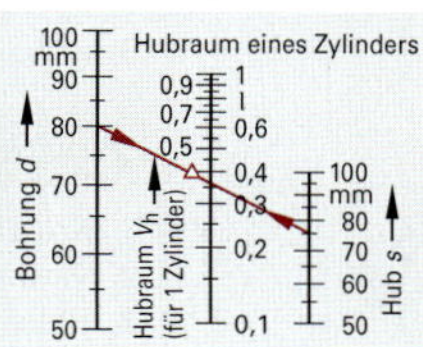

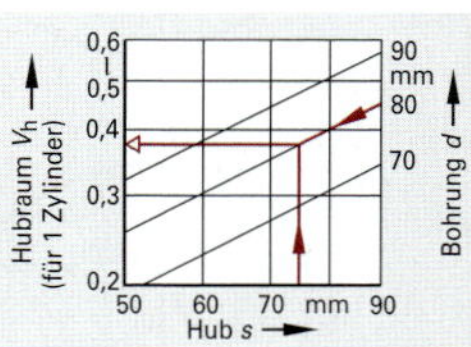

Grafische Bestimmung einer unbekannten Größe aus zwei oder mehr bekannten Größen.

d = 80 mm; s = 75 mm; Lsg.: Roter Pfeil $V_h \approx$ 0,38 l

Z

Blattgrößen, Blatteinteilung

vgl. DIN EN ISO 5457 und DIN EN ISO 216

Reihe A	Fertigblatt *a* × *b* in mm
A0	841 × 1189
A1	594 × 841
A2	420 × 594
A3	297 × 420
A4	210 × 297
A5	148 × 210
A6	105 × 148

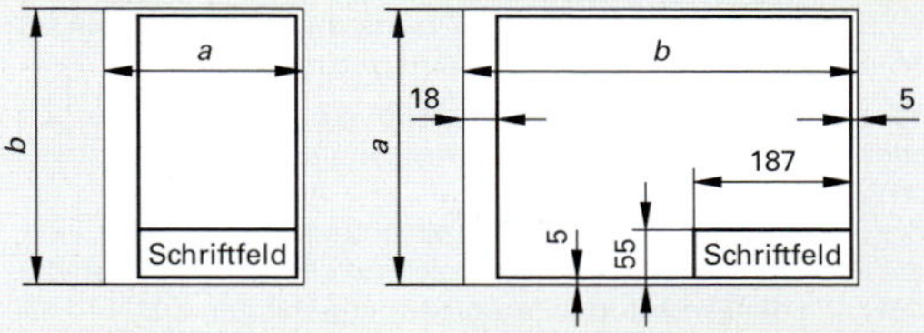

Maßstäbe

vgl. DIN ISO 5455

Natürlicher Maßstab	Verkleinerungsmaßstäbe				Vergrößerungsmaßstäbe		
1 : 1	1 : 2	1 : 20	1 : 200	1 : 2000	2 : 1	5 : 1	10 : 1
	1 : 5	1 : 50	1 : 500	1 : 5000	20 : 1	50 : 1	
	1 : 10	1 : 100	1 : 1000	1 : 10000			

Linienarten

vgl. DIN ISO 128-24

Linienarten	Liniengruppen 1,0	0,7	0,5	Anwendung (Beispiele)
	Linienbreiten			
Breite Volllinie	1,0	0,7	0,5	Sichtbare Kanten und Umrisse; Gewindebegrenzungen
Schmale Volllinie	0,5	0,35	0,25	Maß- und Maßhilfslinien; Schraffur von Schnittflächen
Freihandlinie	0,5	0,35	0,25	Bruchlinien
Strichlinie	0,5	0,35	0,25	Verdeckte Kanten und Umrisse; Fußkreise bei Zahnrädern
Breite Strichpunktlinie	1,0	0,7	0,5	Kennzeichnung der Schnittebenen
Schmale Strichpunktlinie	0,5	0,35	0,25	Mittellinien; Lochkreise; Teilkreise bei Zahnrädern
Nenngröße der Schrift	7	5	3,5	Maß- und Textangaben

Schriftform B, vertikal (Senkrechte Schrift)

vgl. DIN EN ISO 3098-0 und DIN EN ISO 3098-2

ABCDEFGHIJKLMNOPQRSTUVWXYZ ÄÖÜ

abcdefghijklmnopqrsßtuvwxyz äöü

[(?!:".,;-=+×√ %&)]□⌀0123456789 IVX

Nenngröße der Schrift = Höhe der Großbuchstaben = *h* = (10/10) *h*;
Höhe der Kleinbuchstaben (ohne Ober- oder Unterlängen) = (7/10) *h*;
Mindestabstand zwischen Grundlinien (14/10) *h*; Linienbreiten (1/10) *h*

Axonometrische Projektionen

vgl. DIN ISO 5456-3

Isometrische Projektion

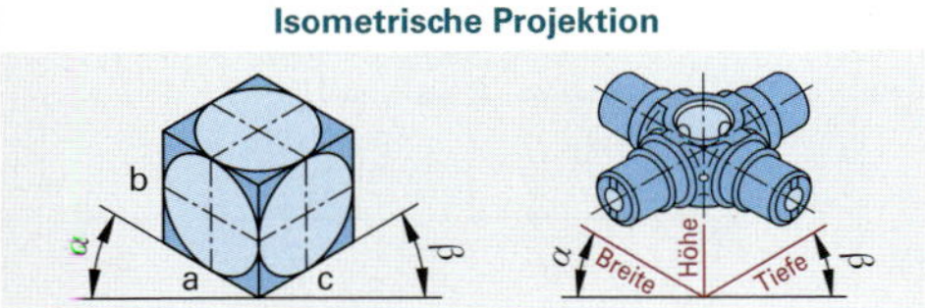

Breite : Höhe : Tiefe = 1 : 1 : 1

Winkel α = Winkel β = 30°

wichtige Darstellungen in allen Ansichten

Dimetrische Projektion

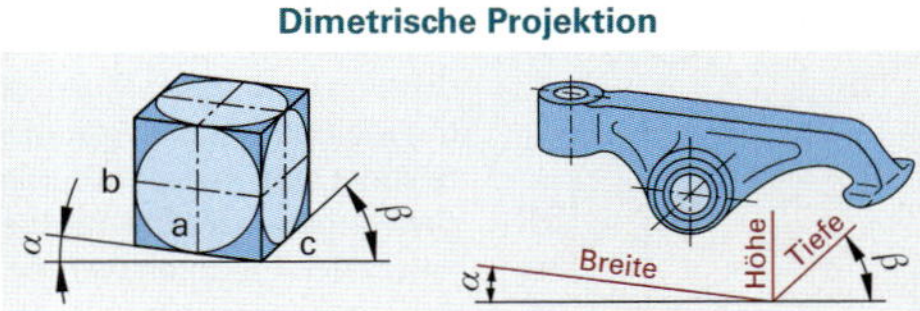

Breite : Höhe : Tiefe = 1 : 1 : 0,5

Winkel α = 7°; Winkel β = 42°

wichtige Darstellung in einer Ansicht

Z

Projektionsmethoden

vgl. DIN ISO 128-30 und DIN ISO 5456-2

Die Projektionsmethode gibt die Anordnung der Ansichten bezogen auf die Vorderansicht an. Sie kann in der Zeichnung durch das Sinnbild gekennzeichnet werden.

Vorderansicht. Sie ist bei der Herstellung einer technischen Zeichnung so zu wählen, dass sie die meisten Informationen bezüglich Form und Abmessungen eines Werkstücks liefert. Für die Vorderansicht eignet sich, abhängig vom Werkstück ...

- die Fertigungslage, z.B. bei Teilzeichnungen von Drehteilen.
- die Funktionslage, z.B. bei Teilzeichnungen von unsymmetrischen Werkstücken.
- die Lage des Werkstücks im zusammengebauten Zustand (Gesamtzeichnung).

Wichtige Hinweise zum technischen Zeichnen
Es werden nur so viele Ansichten und Schnitte gezeichnet, wie zur vollständigen und eindeutigen Darstellung des Werkstücks notwendig sind. Unnötige Wiederholungen von Einzelheiten sind zu vermeiden.

Projektionsmethode 1

Isometrische Darstellung

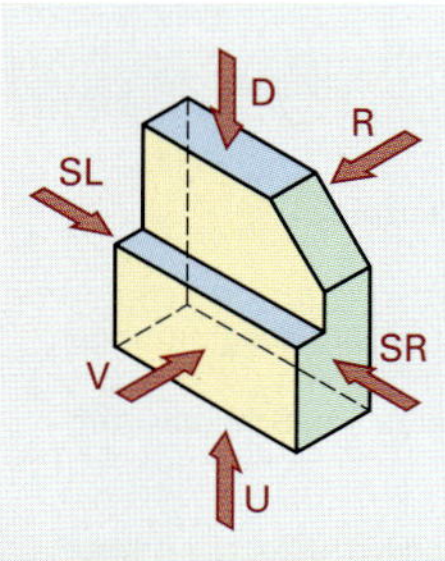

Anordnung der Ansichten bezogen auf die Vorderansicht V

D	Draufsicht	Unterhalb von V
SL	Seitenansicht von links	Rechts von V
SR	Seitenansicht von rechts	Links von V
U	Untersicht	Genau über V
R	Rückansicht	Rechts neben SL

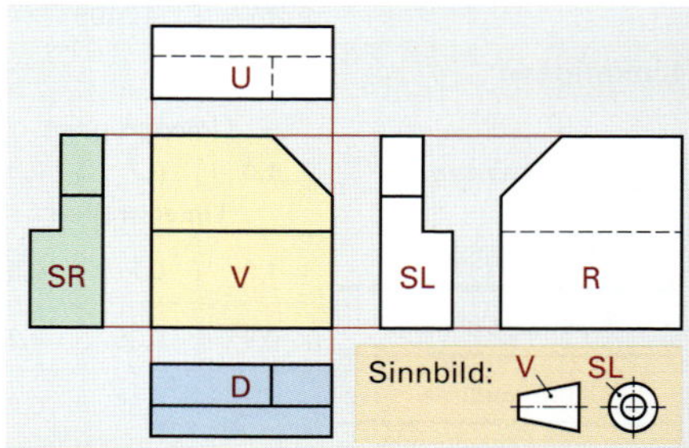

Projektionsmethode 3

Isometrische Darstellung

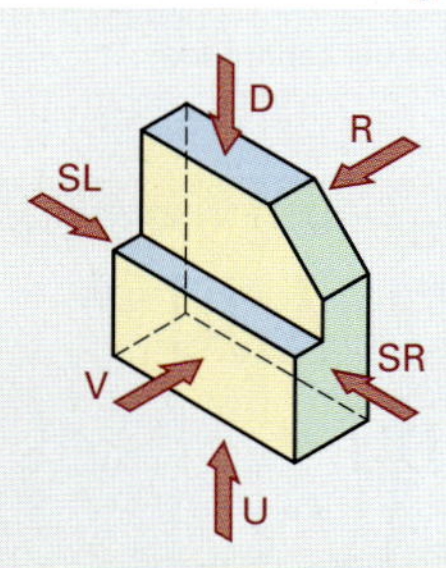

Anordnung der Ansichten bezogen auf die Vorderansicht V

D	Draufsicht	Über V
SL	Seitenansicht von links	Genau links von V
SR	Seitenansicht von rechts	Genau rechts von V
U	Untersicht	Unter V
R	Rückansicht	Rechts neben SR

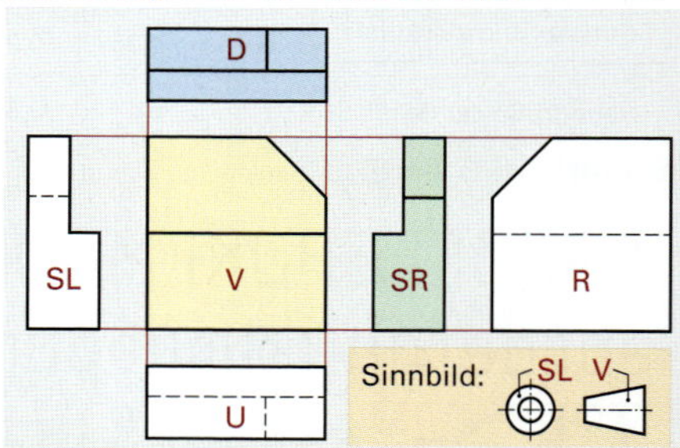

Pfeilmethode

Isometrische Darstellung

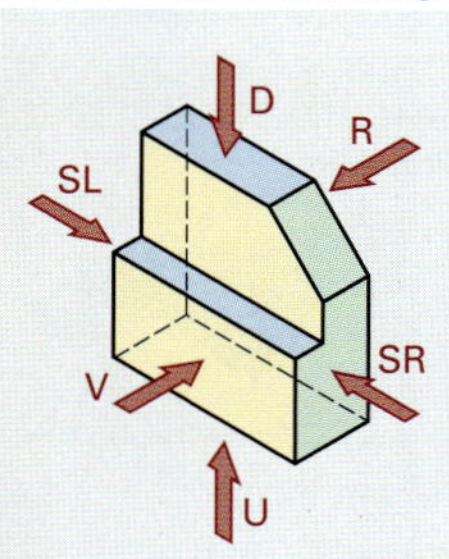

Anordnung der Ansichten

Bei der Pfeilmethode dürfen die Ansichten unabhängig von der Vorderansicht beliebig angeordnet werden. Die Betrachtungsrichtung wird durch Pfeile, die mit Kleinbuchstaben gekennzeichnet sind in der Vorderansicht angegeben. Die dazugehörenden Ansichten werden mit dem entsprechenden Großbuchstaben – oben links von der Ansicht – gekennzeichnet.

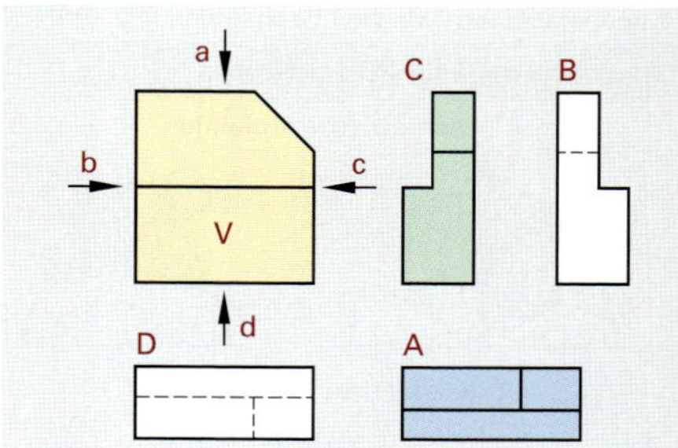

Hinweis: Die Projektionsmethode 2 ist unbedeutend.

Schnitte

vgl. DIN ISO 128-40, -44 und -50

a Schnittflächen werden mit dünnen Volllinien unter 45° zur Achse oder zu einer Hauptumrisskante schraffiert.

b Schnittfläche und Ausbrüche des gleichen Teils werden in gleicher Richtung schraffiert.

c Aneinanderstoßende Schnittflächen verschiedener Werkstücke erhalten entgegengesetzt gerichtete oder verschiedenweite Schraffuren.

d Der Schraffurlinienabstand ist umso größer, je größer die Schnittfläche ist.

e Umlaufkanten, die durch den Schnitt sichtbar geworden sind, werden eingezeichnet.

f Trennfugen sind als Kanten zu zeichnen.

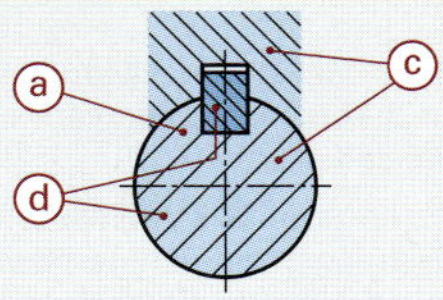

Mitnehmerverbindung

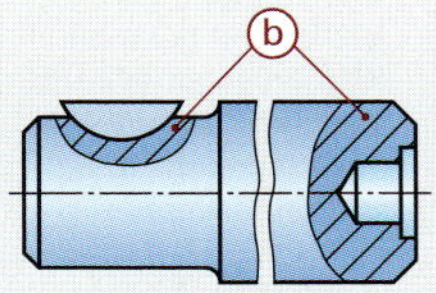

Wellenende mit Scheibenfeder

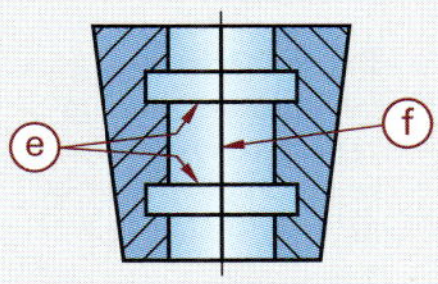

Ventilkegelstück (zweiteilig)

g Vollkörper, z.B. Vollniete, Stifte, Schrauben, Rippen, werden in der Längsrichtung nicht geschnitten.

h Ist der Schnittverlauf nicht ohne weiteres ersichtlich, so ist er durch dicke Strichpunktlinien zu kennzeichnen.

i Die Blickrichtung auf den Schnitt wird durch Pfeile angedeutet.

k Wenn die Übersicht dadurch verbessert wird, können am Anfang und am Ende des Schnittverlaufes sowie an den Ecken Buchstaben angebracht werden.

l Die Buchstaben sind einen Schriftgrad größer als die übrige Schrift zu schreiben.

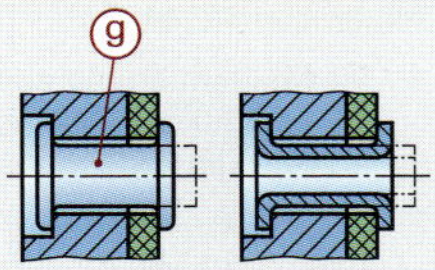

Vollniet Rohrniet

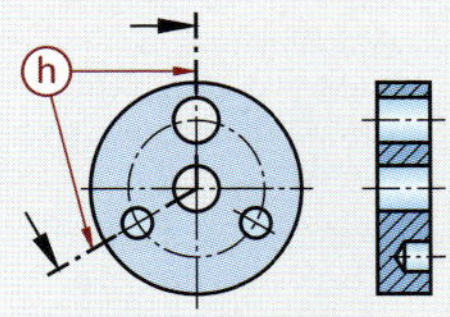

Mitnehmerscheibe

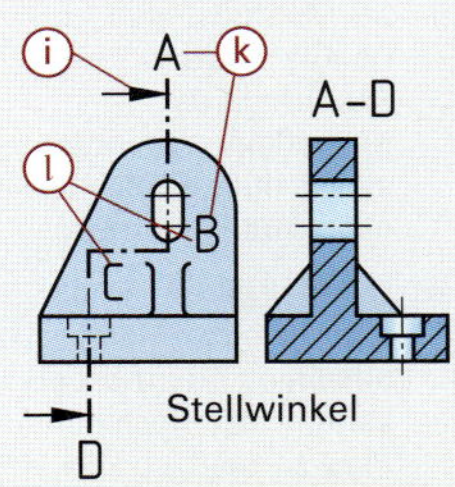

Stellwinkel

Bruchlinien, Einzelheiten

vgl. DIN ISO 128-40, -44 und -50

m Ausbrüche werden durch dünne Freihandlinien begrenzt.

n Bei der Darstellung „halb Ansicht – halb Schnitt" wird der Halbschnitt bei waagrechter Mittellinie unterhalb, bei senkrechter Mittellinie rechts von dieser angeordnet.

o Lange gleichmäßige Werkstücke können durch dünne Freihandlinien unterbrochen und verkürzt gezeichnet werden, wenn sie eindeutig bestimmt bleiben.

p Auch runde Vollkörper oder Hohlkörper können verkürzt dargestellt werden, um Platz zu sparen. Die Bruchlinie wird als Freihandlinie gezeichnet.

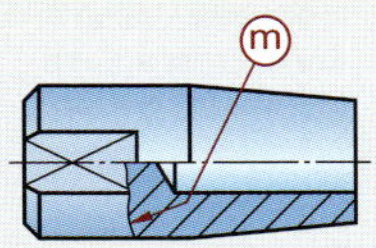

Punktschweißelektrode

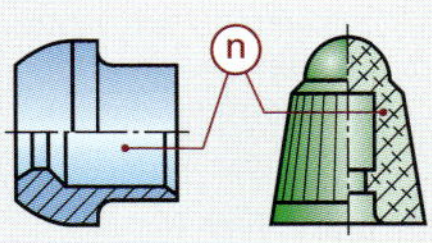

Dichtkegel Ventilkappe

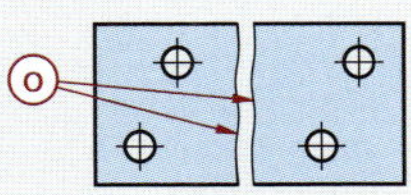

Flachstück

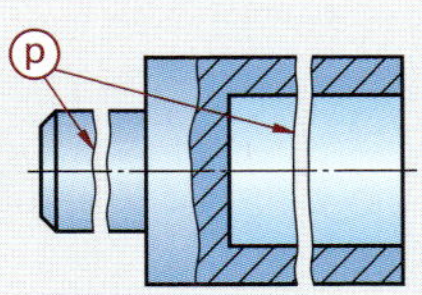

Hohlwelle

q Die Umrisslinien von kegeligen Werkstücken werden bei verkürzter Darstellung versetzt gezeichnet.

r Gerundete Übergänge und Kanten können durch dünne Volllinien (Lichtkanten), die vor den Umrisslinien enden, angedeutet werden.

s Schmale Schnittflächen werden voll geschwärzt.

t Stoßen geschwärzte Flächen aneinander, so sind sie mit schmalen Fugen darzustellen.

u Sollen Einzelheiten vergrößert herausgetragen werden, so sind sie mit einem Strich-Punkt-Kreis und den Buchstaben Z bzw. Y bzw. X zu kennzeichnen.

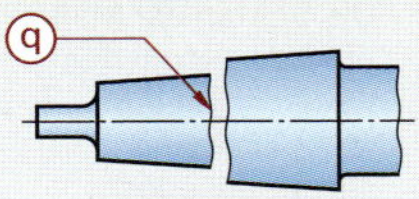

Werkzeugkegel

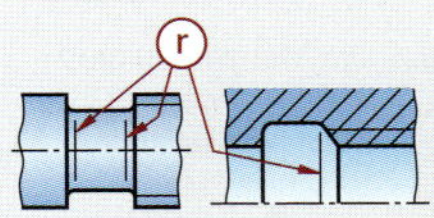

Gewinderillen

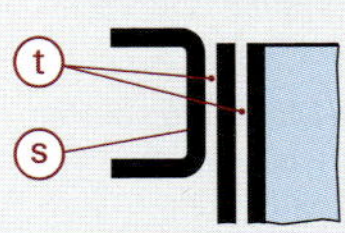

Rahmenverbindung mit Knotenblech

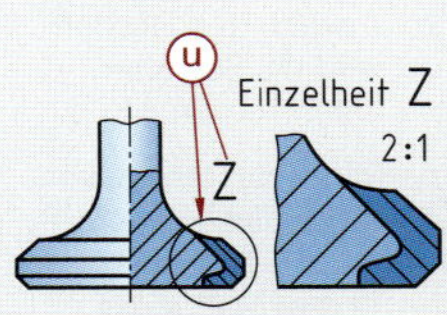

Auslassventil mit Panzerung

Z

Maßeintragung

vgl. DIN 406-10 und -11

Allgemeine Regeln:

1. Die Maßeintragung erfolgt entweder unter Berücksichtigung der Fertigung (Fertigungsmaße), der Funktion (Funktionsmaße) oder der Kontrolle (Prüfmaße). In technischen Zeichnungen bedeutet die Maßzahl das Maß in mm; bei Abweichungen ist hinter die Maßzahl die zugehörige Maßeinheit zu setzen.
2. Zur Maßeintragung verwendet man Maßzahlen, Maßlinien (schmale Volllinien), Maßhilfslinien (schmale Volllinien) und Maßlinienbegrenzungen. Als Maßlinienbegrenzungen können geschwärzte Maßpfeile, offene Maßpfeile und bei Platzmangel Punkte verwendet werden. In einer Zeichnung darf nur eine Art von Pfeilen, falls notwendig in Kombination mit Punkten vorkommen.

a_1 Mittellinien und Kanten dürfen nicht als Maßlinien benützt werden.

a_2 Maßhilfslinien ragen 1 bis 2 mm über die Maßlinie hinaus.

a_3 Mittellinien können als Maßhilfslinien benützt werden. Außerhalb der Körperkanten können sie als dünne Volllinien ausgezogen werden.

b_1 Die Maßpfeile stehen innerhalb der Maßhilfslinien oder Körperkanten; ist jedoch der Platz zu klein, so können Außenpfeile gesetzt werden.

b_2 Die Spitzen der Maßpfeile liegen an den Kantenlinien oder Maßhilfslinien; sie dürfen jedoch nicht an Eckpunkte der Darstellung anstoßen.

c_1 Die Maßzahlen sind in Längsrichtung über die Maßlinien zu schreiben.

c_2 Die Maßzahlen sollen von unten oder rechts lesbar sein.

c_3 Die Maßzahlen dürfen nicht durch Linien getrennt oder gekreuzt werden.

c_4 Bei Maßzahlen in schraffierten Flächen wird die Schraffur unterbrochen.

c_5 Mindestabstände von Maßlinien: Körperkante 1. Maßlinie 10 mm Maßlinien untereinander 7 mm.

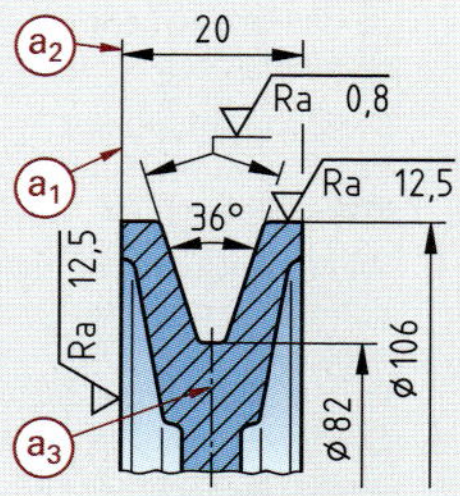

Rille für Schmalkeilriemen

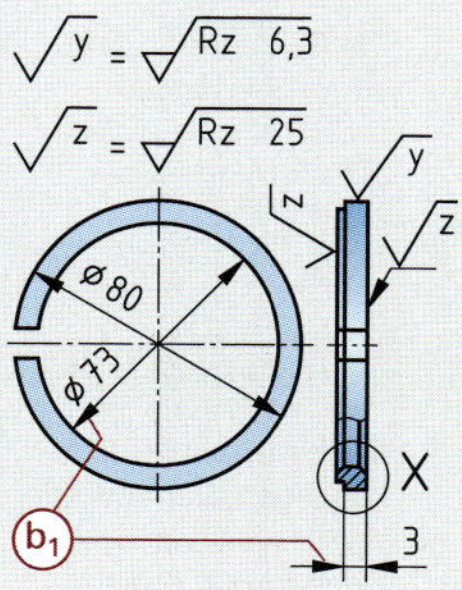

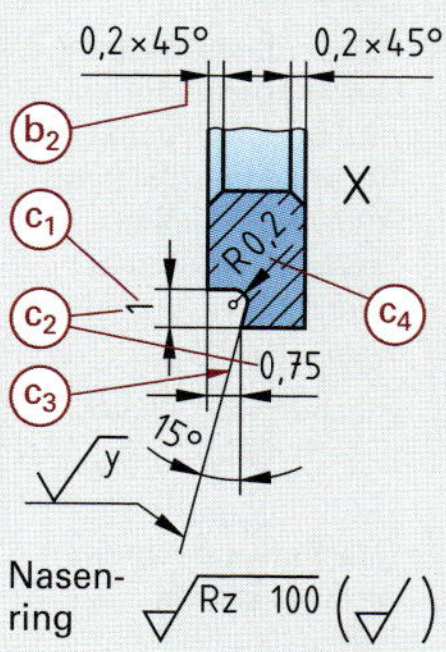

Nasenring

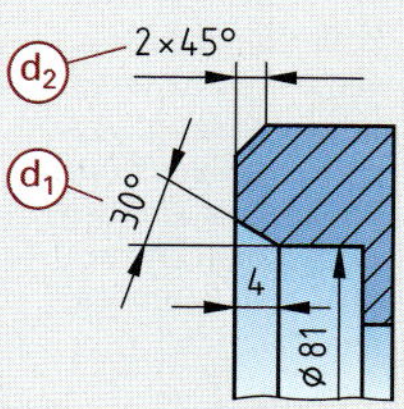

d_1 Winkelmaße bis 30° dürfen mit geraden Maßlinien annähernd senkrecht zur Winkelhalbierenden eingetragen werden.

d_2 Maße von Fasern mit einem Winkel von 45° werden angegeben durch Fasenbreite x 45°.

e Bei Halbschnitten oder bei abgebrochen gezeichneten Ansichten erhalten die betroffenen Maßlinien nur 1 Maßpfeil.

f_1 Das Durchmesserzeichen ist ein mit einem geraden Strich unter 75° durchstrichener kleiner Kreis. Es ist vor die Maßzahl zu setzen.

f_2 Durchmessermaße erhalten in jedem Fall vor der Maßzahl das Druchmesserzeichen ∅, auch wenn aus der Ansicht die Kreisform ersichtlich ist.

g_1 Maßzahlen für unmaßstäblich Gezeichnetes sind zu unterstreichen.

g_2 Maßzahlen an abgebrochen bzw. an unterbrochen dargestellten Werkstücken werden nicht unterstrichen.

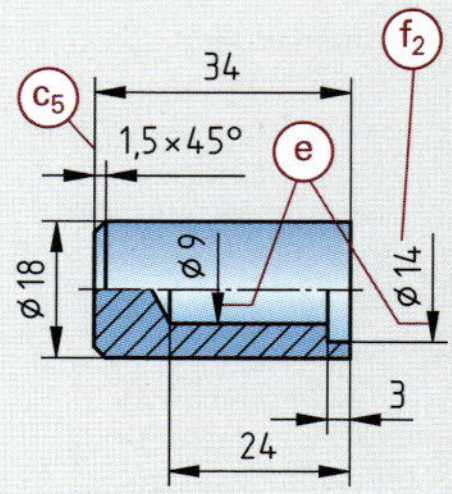

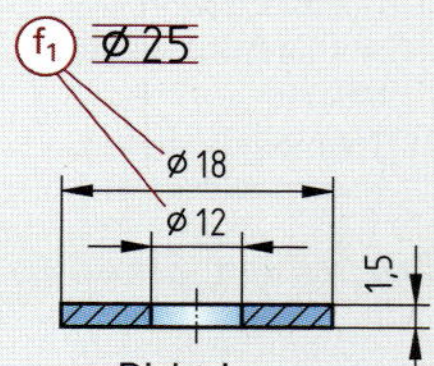

Dichtring

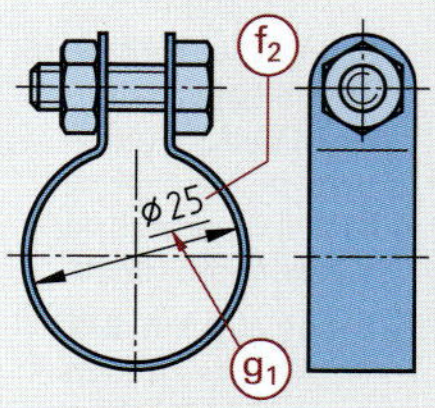

Schlauchklemme

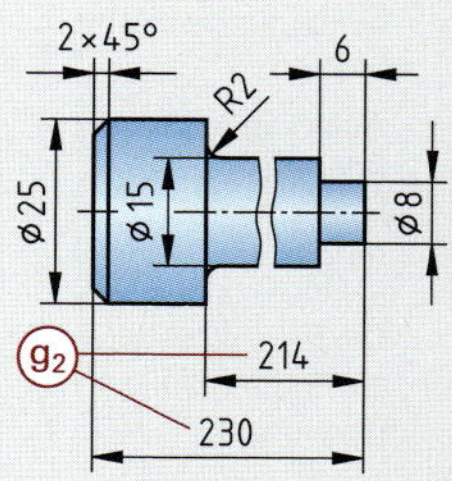

Z

Maßeintragung

vgl. DIN 406-10 und -11

h_1 Halbmesser erhalten nur einen Maßpfeil am Kreisbogen.

h_2 Der Mittelpunkt für Halbmesser wird durch ein Mittellinienkreuz gekennzeichnet, wenn die Lage für Fertigung, Prüfung oder Funktion benötigt wird.

h_3 Vor der Maßzahl für einen Halbmesser wird stets ein „R" eingetragen.

i Reicht der Platz über der Maßlinie für die Maßzahl nicht aus, wird die Maßzahl über der Verlängerung der Maßlinie oder an einer Hinweislinie eingetragen.

k_1 Schlüsselweiten erhalten ein SW vor der Maßzahl, wenn der Abstand der Schlüsselflächen in der Darstellung nicht bemaßt werden kann.

k_2 Quadratmaße erhalten in jedem Fall vor der Maßzahl das Quadratzeichen □; es wird nur eine Seitenlänge des Quadrates bemaßt.

l Mit Diagonalkreuzen können ebene vierseitige Flächen gekennzeichnet werden.

m Kugelmaße erhalten in jedem Fall vor der Durchmesser- bzw. Radiusangabe ein S.

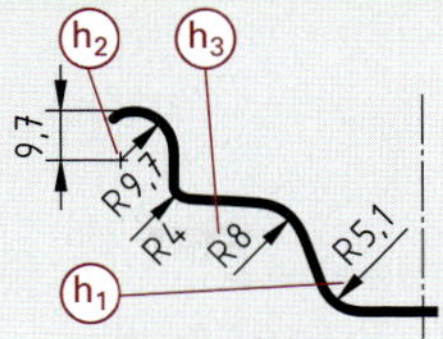

Tiefbettfelge

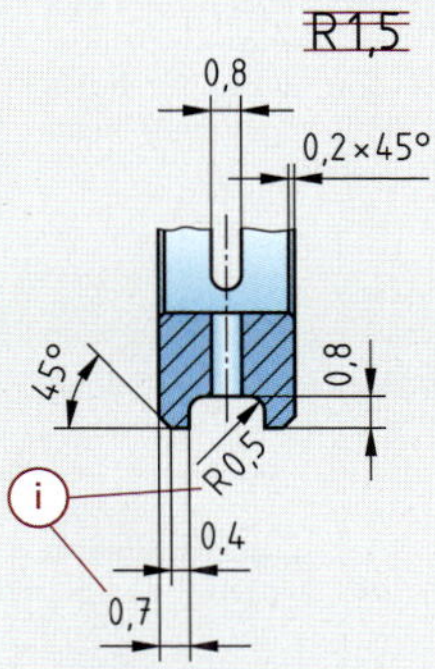

Ölabstreifring

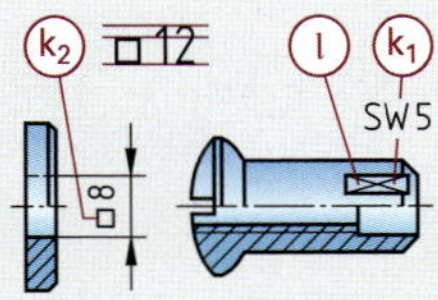

Scheibe Speichennippel

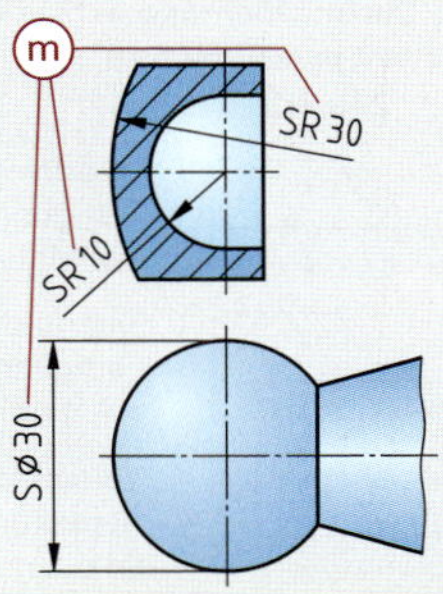

n_1 Maße sind möglichst entsprechend ihrer Zusammengehörigkeit zu gruppieren.

n_2 Innenmaße sind möglichst am Schnitt, Außenmaße an der Ansicht anzutragen.

o_1 Bei Kegeln sollen nicht mehr Maße angegeben werden, als erforderlich sind, z.B. *D*, *d* und *L*.

o_2 Bei Kegeln können zusätzliche Hilfsmaße angegeben werden, die in Klammem zu setzen sind, z.B. der Einstellwinkel oder der kleinere Kegeldurchmesser.

p Jedes Maß wird nur einmal eingetragen, und zwar in der Ansicht, in der es am klarsten verstanden wird.

q Abmaße oder Kurzzeichen der Toleranzklasse werden hinter der Maßzahl möglichst in gleicher Schriftgröße mit Vorzeichen angegeben. Bei gleichem oberen und unteren Abmaß wird das Abmaß nur einmal mit ± eingetragen. Das Abmaß 0 wird meist nicht geschrieben.

r Hinweislinien werden schräg herausgezogen; sie enden an einer Körperkante mit einem Maßpfeil (r_1), in einer Fläche mit einem Punkt (r_2), an Maß- und Mittellinien ohne Begrenzungszeichen (r_3).

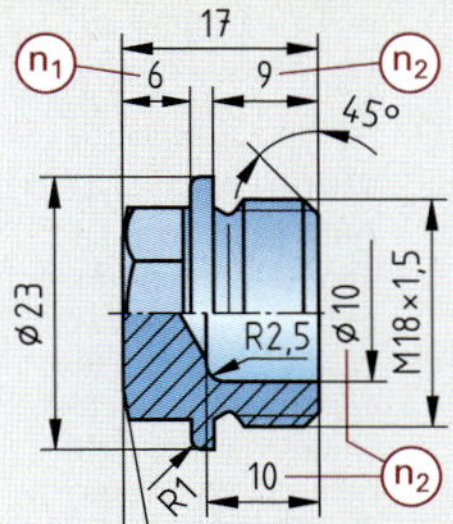

Verschlussschraube mit Bund

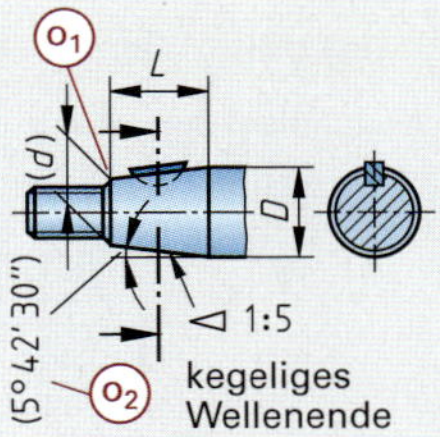

kegeliges Wellenende

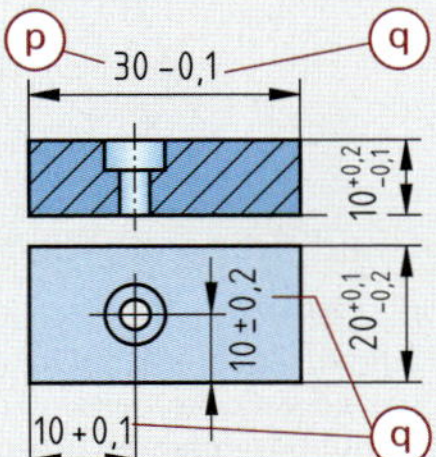

Passstück

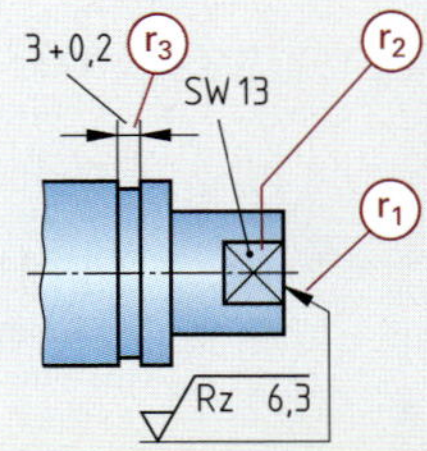

Eintrag von Längenmaßen

vgl. DIN 406

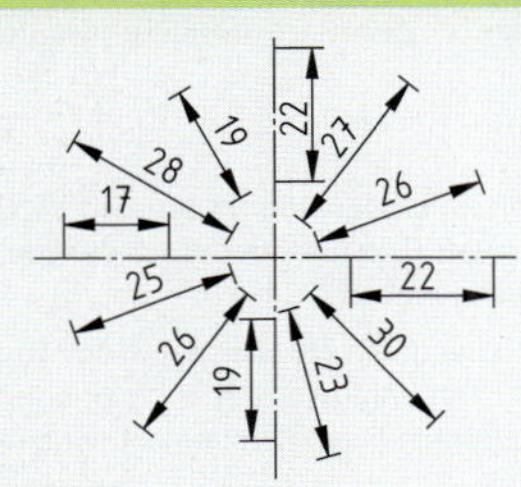

Eintrag von Winkelmaßen

vgl. DIN 406

Gewindedarstellung

vgl. DIN ISO 6410

a In Achsrichtung auf das Gewindeende des Bolzens oder auf das Gewindeloch gesehen, wird die Fase zwischen Außendurchmesser und Kerndurchmesser nicht gezeichnet.

b Fasen für Außengewinde und Innengewinde werden nicht bemaßt, wenn sie dem Gewindeaußen- bzw. Gewindekerndurchmesser entsprechen.

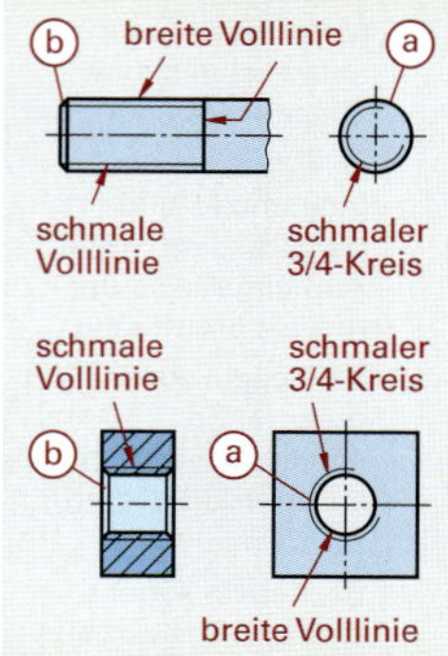

c Der Gewindeauslauf wird nur dann gezeichnet, wenn er aus Funktionsgründen notwendig ist, z.B. Einschraubende von Stiftschrauben.

d Bei Schnittdarstellung zusammengeschraubter Teile erscheint das Muttergewinde nur dort, wo es durch das Bolzengewinde nicht verdeckt ist.

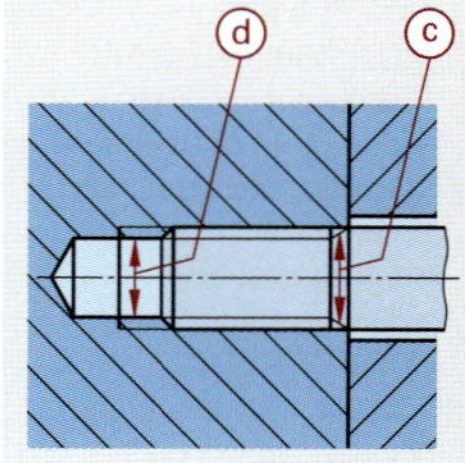

Darstellung eines Sechskants

Ausführliche Darstellung

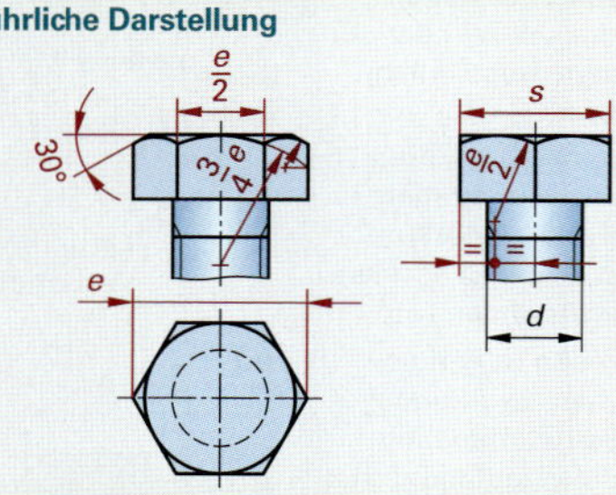

Vereinfachte Darstellung

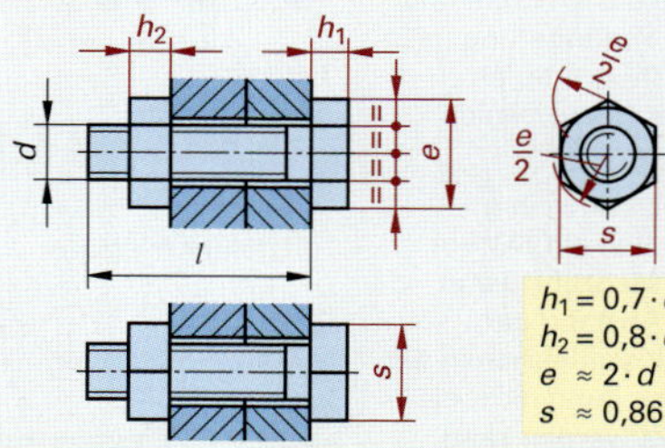

$h_1 = 0{,}7 \cdot d$
$h_2 = 0{,}8 \cdot d$
$e \approx 2 \cdot d$
$s \approx 0{,}86 \cdot e$

Oberflächenangaben in Zeichnungen

vgl. DIN ISO 1302

Die Oberflächenbeschaffenheit wird durch Symbole gekennzeichnet, denen Angaben über Rauheit, Fertigungsverfahren, Oberflächenbehandlung, Rillenrichtung und Bearbeitungszugaben hinzugefügt werden können. Die Angaben über die Rauheit sind die am häufigsten vorkommenden. Die Angaben sind nicht erforderlich, wenn die üblichen Fertigungsverfahren bereits die erforderliche Oberflächenqualität gewährleisten.

Zeichen	Bedeutung	Zeichen	Bedeutung
	Ohne Oberflächenangaben bleiben Flächen, an die keine bestimmte Anforderung gestellt werden.	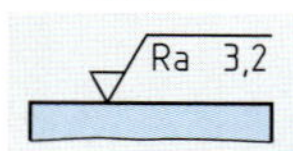	Oberflächen spanend bearbeitet; Fertigungsverfahren freigestellt; zul. Mittenrauwert R_a = 3,2 µm
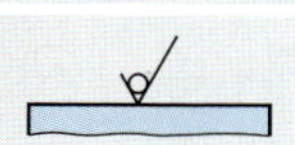	Oberflächen, die nicht spanend bearbeitet oder deren Zustand nicht verändert werden darf.	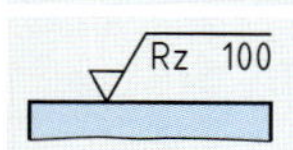	Oberflächen spanend bearbeitet; Fertigungsverfahren freigestellt; zul. gemittelte Rautiefe R_z = 3,2 µm.
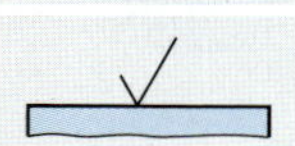	Grundsymbol; allein nur verwendet, wenn die Bedeutung durch zusätzliche Wortangaben erklärt wird.	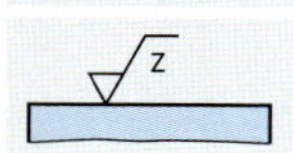	Vereinfachte, platzsparende Angabe; Bedeutung muss näher erläutert werden, z.B. √z = √Rz 25
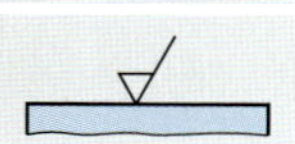	Oberflächen, die spanend bearbeitet werden.	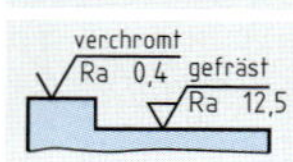	Oberfläche mit bestimmtem Fertigungsverfahren und bestimmter Oberflächenbehandlung hergestellt.

Verfahren	Mittenrauwert R_a in µm	gemittelte Rautiefe R_z in µm
Schruppen	√Ra 12,5	√Rz 100
Schlichten	√Ra 3,2	√Rz 25
Feinschlichten	√Ra 0,8	√Rz 6,3
Feinstbearbeiten	√Ra 0,1	√Rz 1

Die zulässige Rauheit der Oberfläche wird entweder durch den **Mittenrauwert R_a** in µm oder durch die **gemittelte Rautiefe R_z** in µm angegeben.

Einen Vergleich der durch übliche spandende Fertigungsverfahren erzielten Mittenrauwerte R_a mit den entsprechenden gemittelten Rautiefen R_z zeigt nebenstehende Tabelle.

Z

Prisma, abgeschrägt

Abwicklung:

1. Auf dem gestreckten Umfang der Grundfläche $a \cdot b$ die Seitenlängen a, b, a, b antragen.
2. Senkrechte errichten in den Teilpunkten mit den Längen h_1 und h.
3. Endpunkte der Senkrechten verbinden.
4. Linienzug umschließt die abgewickelte Mantelfläche.

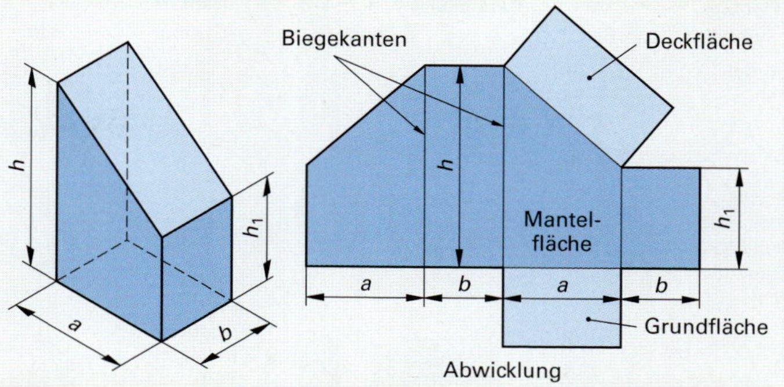

Zylinder, abgeschrägt

Abwicklung:

1. Grundkreis und dessen gestreckten Umfang in beliebig viele, z.B. 12, gleiche Teile teilen.
2. In den Teilpunkten die Mantellinien 1 bis 12 ziehen.
3. Denkt man sich den Mantel bei 1 aufgeschnitten, so kann man die wirklichen Längen der Mantellinien in der Abwicklung 1 bis 12 auftragen.

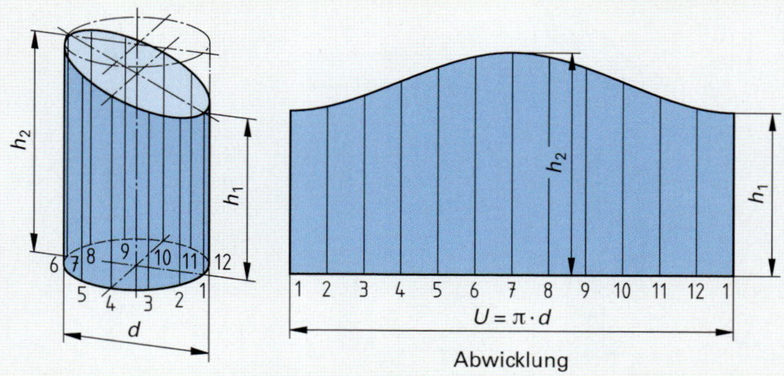

Zylinder mit Abzweigungen

vgl. DIN ISO 1302

Konstruktion von Durchdringungskurven

1. Deckungsflächen der Abzweigungen in die Zeichenebene drehen.
2. Die Umfänge der Deckflächen in beliebig viele, z.B. 12 gleiche Teile teilen.
3. In den Teilpunkten die Mantellinien 1 bis 12 ziehen.
4. Die Schnittpunkte der Mantellinien 1 bis 12 mit den zugehörigen Mantellinien des Grundzylinders bestimmen.
5. Die Verbindungslinie der Schnittpunkte ist die Durchdringungskurve.

Hinweis: Durchdringen sich Zylinder mit gleich großem Durchmesser, ist die Durchdringungskurve eine Gerade.

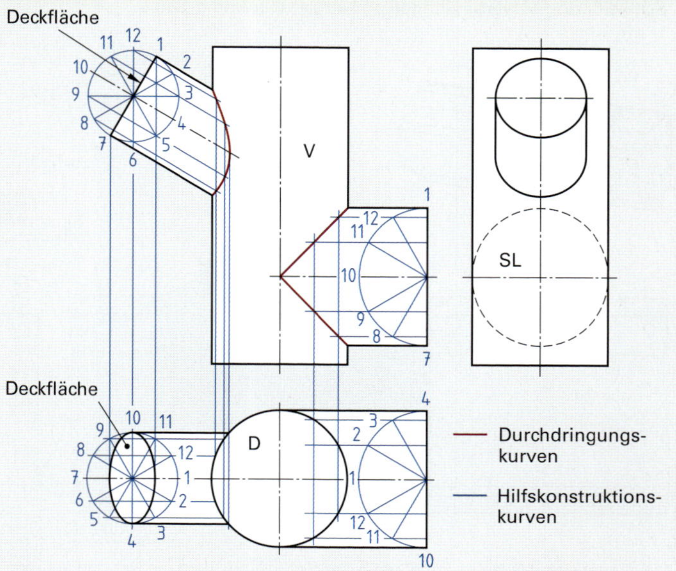

Zeichnerische Darstellung von Schweißnähten

vgl. DIN EN ISO 2553

Nahtart Symbol	Darstellung Bild / Symbol	Nahtart Symbol	Darstellung Bild / Symbol
Bördelnaht	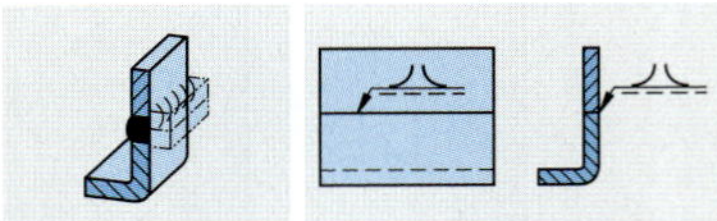	Kehlnaht	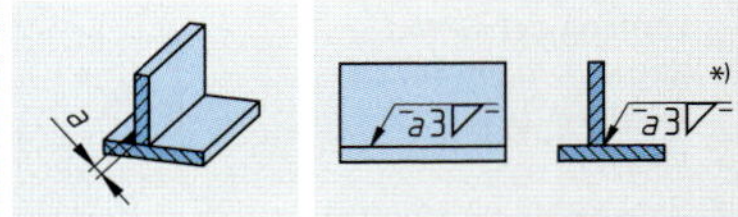
Bördelnaht nicht durchgehend geschweißt	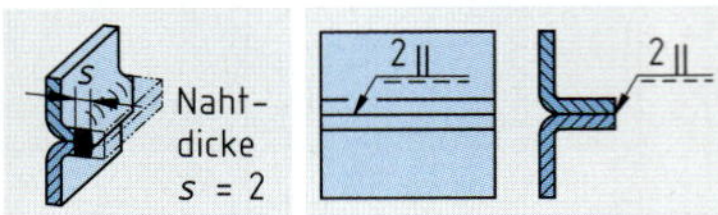		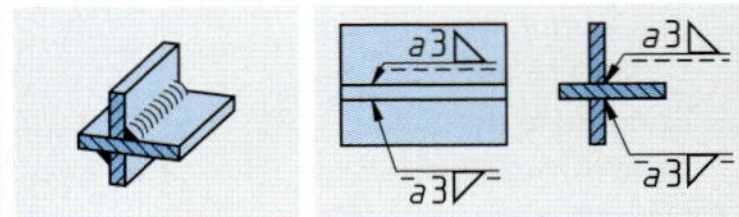
I-Naht	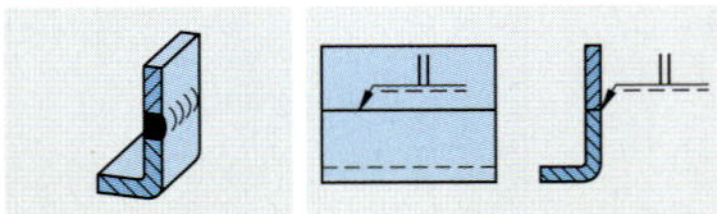	Doppel-Kehlnaht	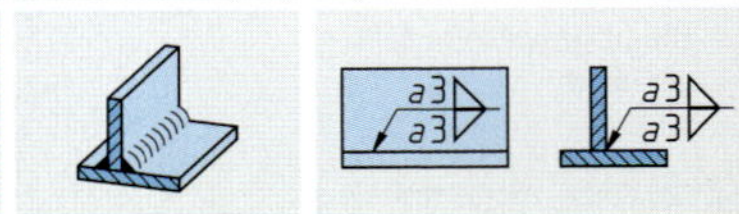
||	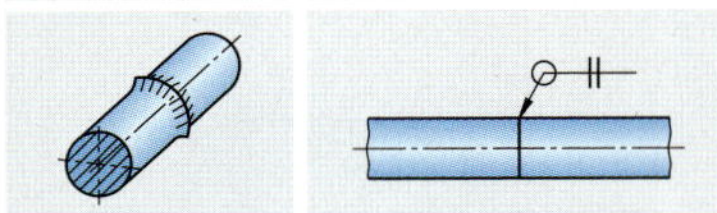	Punktnaht ○	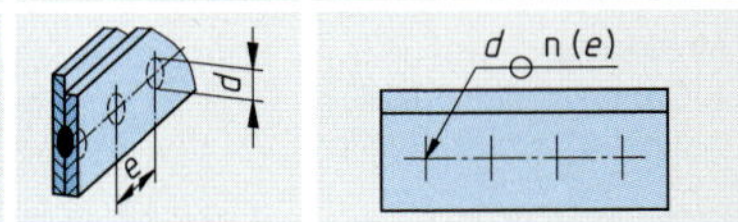
V-Naht V	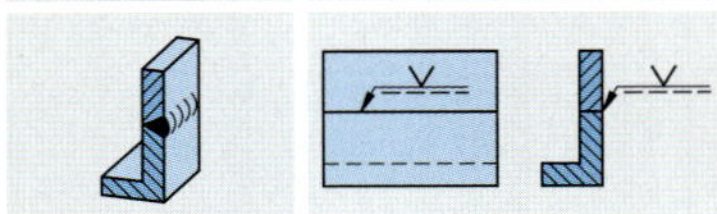	Zweireihig versetzte Punktnaht	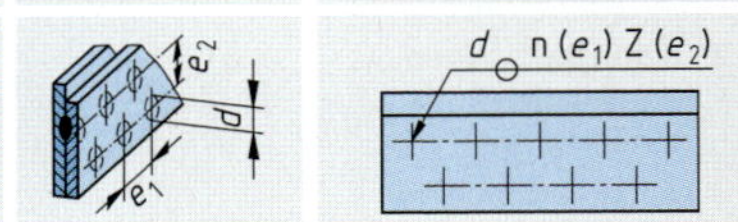
Y-Naht Y	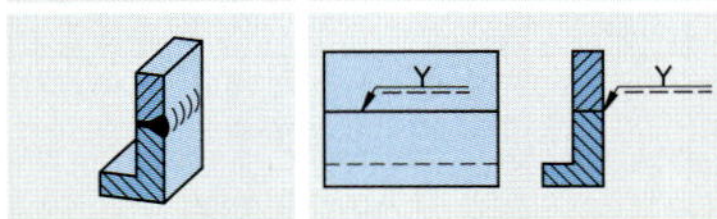	Lochnaht	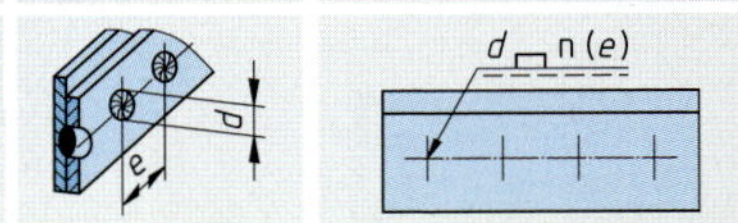

Z

Zeichnungsbeispiel

Schweiß- und Lötverbindungen an Längsträger und B-Säule

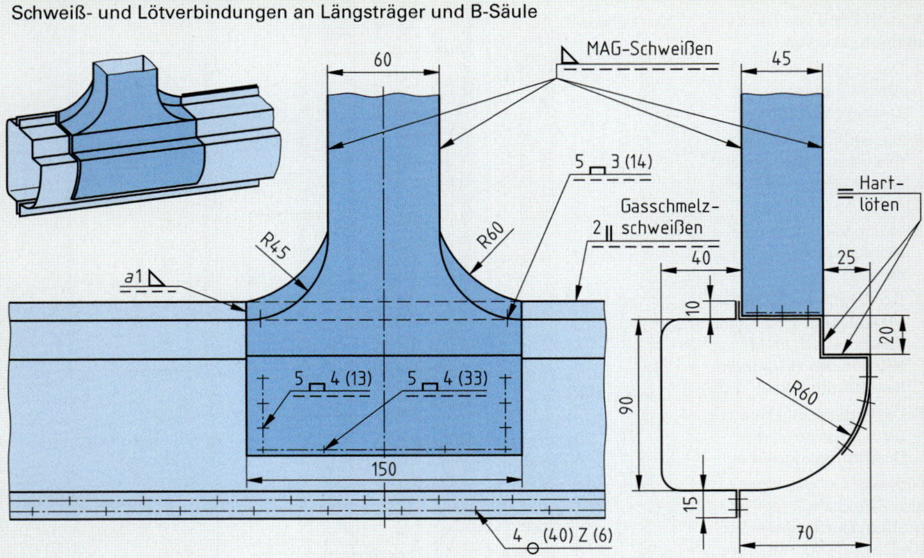

*) Befindet sich das Nahtsymbol unter der Bezugslinie, liegt die Naht gegenüber.

Darstellung und Sinnbilder für Zahnräder

vgl. DIN ISO 2203

Sinnbilder für Verzahnungen

Außenverzahnung | Innenverzahnung

Sinnbilder für Zahnradlagerung auf der Welle

verschiebbar und drehbar | fest | drehbar, nicht verschiebbar | verschiebbar, nicht drehbar

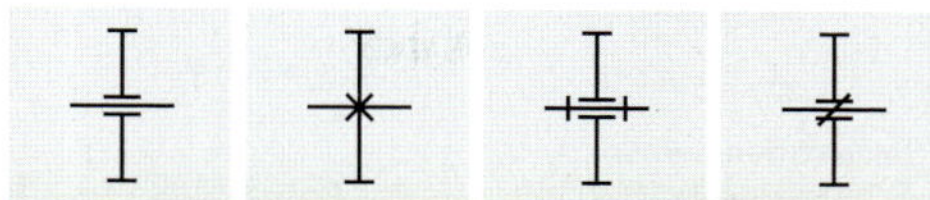

Stirnräder

Ausführliche Darstellung | Vereinfachte Darstellung | Sinnbild

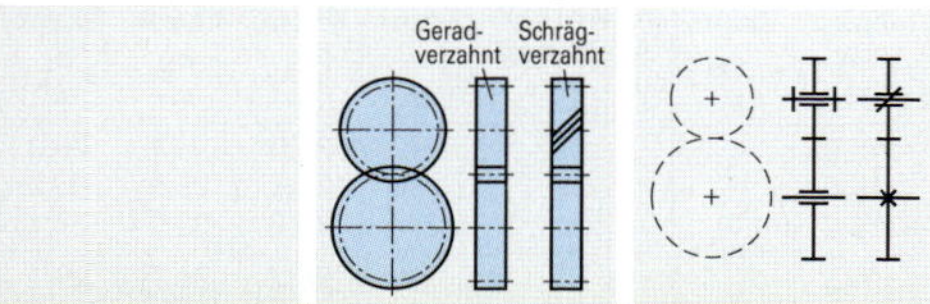

Kettenräder

Ausführliche Darstellung | Vereinfachte Darstellung | Sinnbild

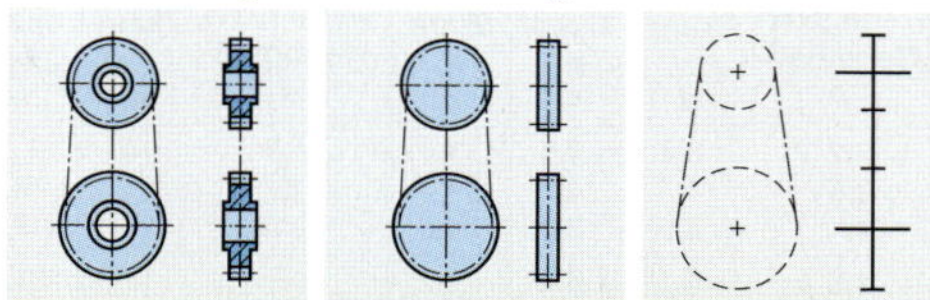

Schnecke und Schneckenrad

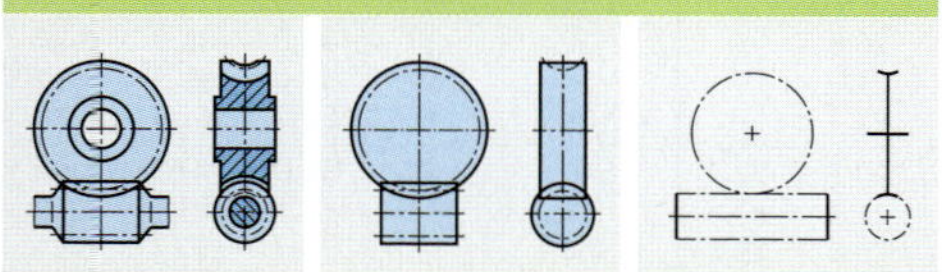

Stirnrad mit Hohlrad

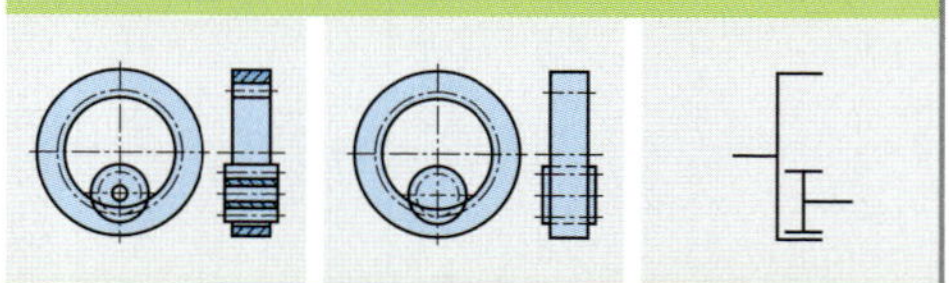

Kegelräder

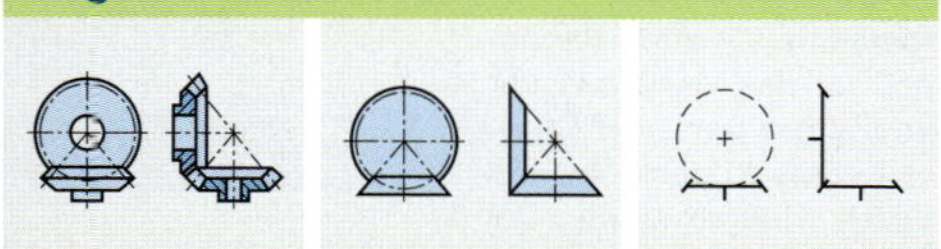

Stirnrad mit Zahnstange

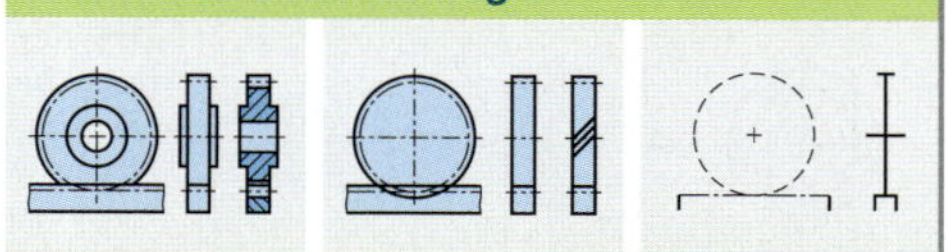

Darstellungen und Sinnbilder für Federn

vgl. DIN ISO 2162-1

Druckfeder, zylindrisch

Ansicht | Schnittdarstellung | Sinnbild

Druckfeder, kegelig

Ansicht | Schnittdarstellung | Sinnbild

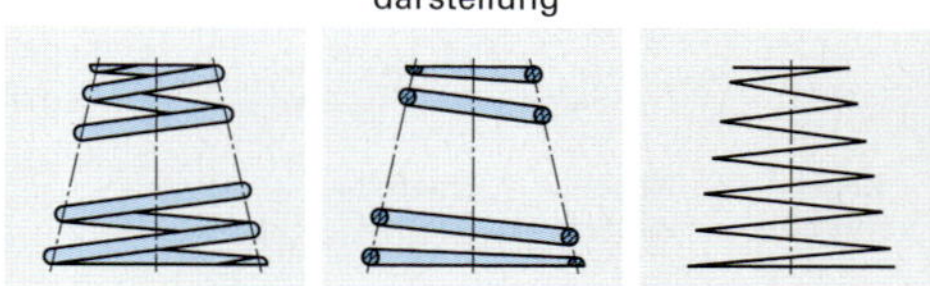

Tellerfeder

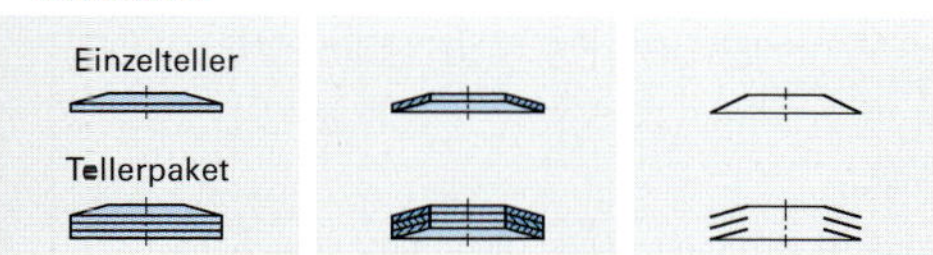

Zugfeder

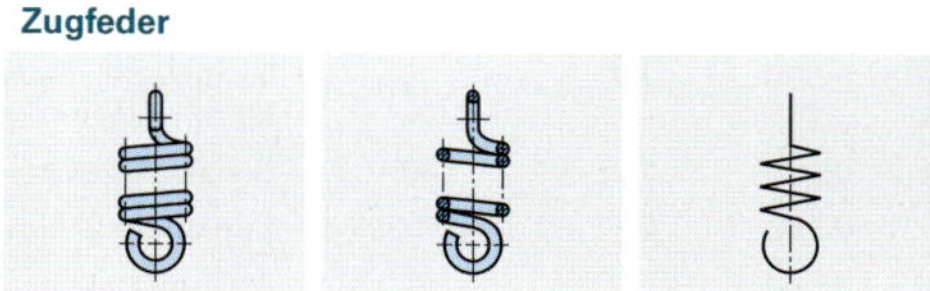

Spiralfeder

Ansicht | Sinnbild

Blattfeder, halbelliptisch, mit Augen

Ansicht | Sinnbild

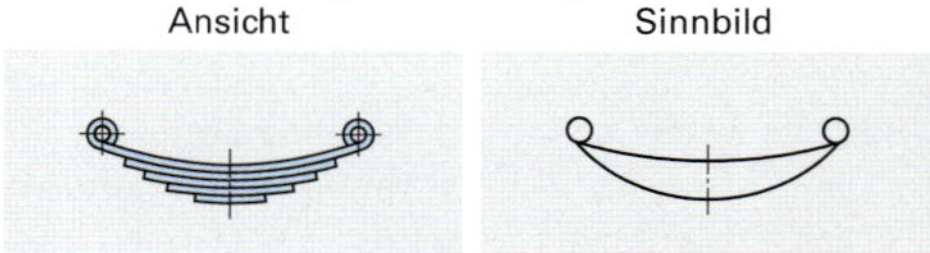

Schlüsselweiten

vgl. DIN 475

Bezeichnung einer Schlüsselweite (SW) mit Nennmaß s = 16 mm:
DIN 475-SW 16

$e_1 = 1{,}4142 \cdot s$
$s = 0{,}7071 \cdot e_1$

$e_2 = 1{,}1547 \cdot s$
$s = 0{,}8660 \cdot e_2$

$e_3 = 1{,}0824 \cdot s$
$s = 0{,}9239 \cdot e_3$

Schlüsselweite (SW) Nennmaß s	Eckenmaß 2kant d	4kant e_1 ≈	6kant e_2 ≈
3,2	3,7	4,5	3,7
3,5	4	4,9	4,0
4	4,5	5,7	4,6
4,5	5	6,4	5,2
5	6	7,1	5,8
5,5	7	7,8	6,4
6	7	8,5	6,9
7	8	9,9	8,1
8	9	11,3	9,2
9	10	12,7	10,4
10	12	14,1	11,5
11	13	15,6	12,7

Schlüsselweite (SW) Nennmaß s	Eckenmaß 2kant d	4kant e_1 ≈	6kant e_2 ≈	8kant e_3 ≈
12	14	17,0	13,9	–
13	15	18,4	15,0	–
14	16	19,8	16,2	–
15	17	21,2	17,3	–
16	18	22,6	18,5	–
17	19	24,0	19,6	–
18	21	25,4	20,8	–
19	22	26,9	21,9	–
20	23	28,3	23,1	–
21	24	29,7	24,2	22,7
22	25	31,1	25,4	23,8
23	26	32,5	26,6	24,9

Schlüsselweite (SW) Nennmaß s	Eckenmaß 2kant d	4kant e_1 ≈	6kant e_2 ≈	8kant e_3 ≈
24	28	33,9	27,7	26,0
25	29	35,5	28,9	27,0
26	31	36,8	30,0	28,1
27	32	38,2	31,2	29,1
28	33	39,6	32,3	30,2
30	35	42,4	34,6	32,5
32	38	45,3	36,9	34,6
34	40	48,0	39,3	36,7
36	42	50,9	41,6	39,0
41	48	58,0	47,3	44,4
46	52	65,1	53,1	49,8
50	58	70,7	57,7	54,1

Kegel

vgl. DIN 228-1

Z

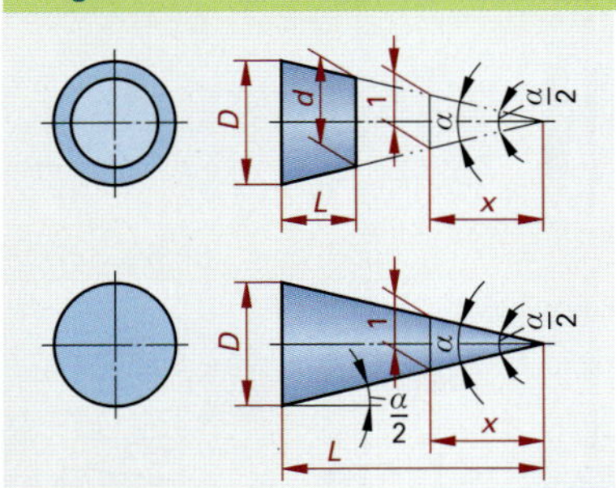

Das Kegelverhältnis C, auch Verjüngung genannt, ist das Verhältnis der Durchmesserdifferenz von zwei Querschnitten des Kegels zu dem Abstand zwischen diesen Querschnitten. Die Kegelneigung entspricht dem halben Kegelverhältnis.

C Kegelverhältnis $\frac{C}{2}$ Kegelneigung
d kleiner / D großer } Durchmesser des Kegels
L Kegellänge
x Kegellänge bei $D = 1$, $d = 0$
α Kegelwinkel $\frac{\alpha}{2}$ Einstellwinkel

$$C = \frac{D-d}{L} = 2\tan\frac{\alpha}{2}$$

$$\frac{C}{2} = \frac{D-d}{2 \cdot L} = \tan\frac{\alpha}{2}$$

$$C = 1 : x$$

Kegelverhältnis $C = 1 : x$	Kegelwinkel α	Einstellwinkel $\frac{\alpha}{2}$	Anwendungsbeispiele
1 : 0,289	120°	60°	Schutzsenkungen für Zentrierbohrungen
1 : 0,500	90°	45°	Ventilkegel, Bunde an Kolbenstangen, blanke Senkschrauben bis 20 mm; blanke Linsensenkschrauben
1 : 0,596	80°	40°	Blechschrauben
1 : 0,652	75°	37° 30′	Senkniete ∅ 10…16 mm
1 : 0,866	60°	30°	Zentrierspitzen, Zentrierbohrungen, kleine Dichtungskegel, Senkschrauben über 20 mm
1 : 5	11° 25′	5° 42′	Leicht abnehmbare Maschinenteile, Reibungskupplungen, Spurzapfen
1 : 10	5° 43′	2° 52′	Nachstellbare Lagerbüchsen, Maschinenteile bei Beanspruchung längs und quer zur Achse, Kupplungsbolzen
1 : 12	4° 46′	2° 23′	Wälzlager
1 : 20	2° 52′	1° 26′	Schäfte an Werkzeugen, Aufnahmekegel an Werkzeugmaschinen
1 : 50	1° 8′ 45″	34′ 23″	Kegelstifte, Kegelreibahlen nach DIN 9

Begriffe

vgl. DIN ISO 286

Flachpassung

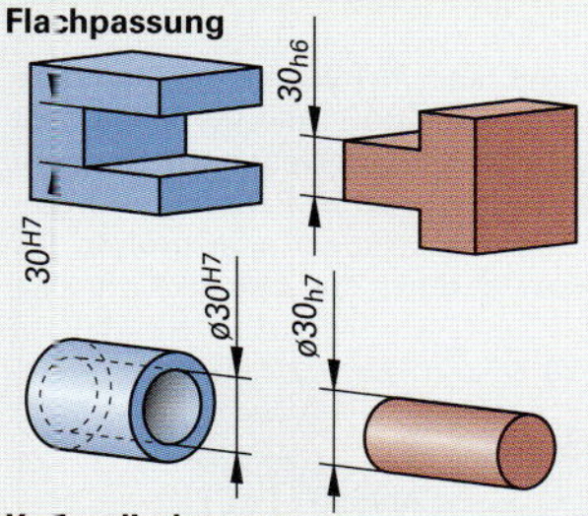

Kreiszylinderpassung

Das ISO-System für Grenzmaße und Passungen gilt für folgende Passungsformen an Werkstücken:

- **Flächenpassungen** an ebenen Werkstücken mit parallelen Passflächen z.B. zwischen Nut und Feder
- **Kreiszylinderpassungen** an zylindrischen Werkstücken mit kreisförmigem Querschnitt, z.B. zwischen Welle und Bohrung.

Die Normen über Grenzmaße und Passungen sind Regeln für die

- **Maßbestimmung** (z.B. Nennmaß, Istmaß, Grenzabmaße)
- **Abmaße** (z.B. oberes Abmaß, unteres Abmaß)
- **Maßtoleranz** (z.B. Grundtoleranzgrad, Toleranzfeld, Toleranzfeldklasse)
- **Passung** (Spielpassung, Übermaßpassung, Übergangspassung)
- **Passungssystem** (Einheitswelle, Einheitsbohrung)

Grenzmaße, Abmaße und Toleranzen

vgl. DIN ISO 286

Welle

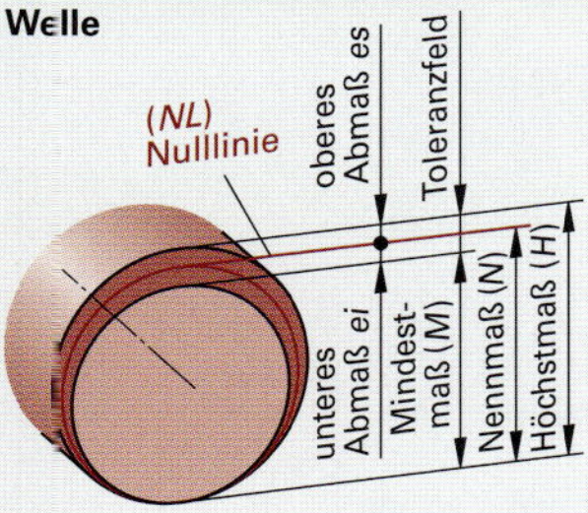

Bohrung

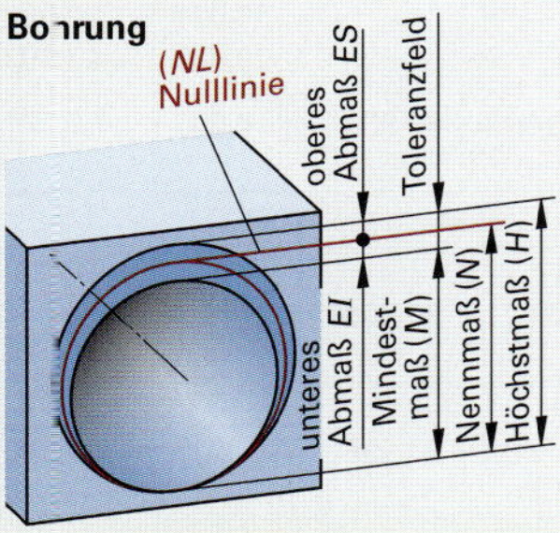

Nennmaß *N*. Es ist das in der Konstruktionszeichnung angegebene Maß, auf das die Abmaße bezogen werden.

Istmaß *I*. Es ist das am Werkstück festgestellte Maß.

Grenzmaße. Das Höchstmaß *H* und das Mindestmaß *M* sind die noch zugelassenen Maße, zwischen denen das Istmaß liegen muss.

H_B	Höchstmaß Bohrung	M_B	Mindestmaß Bohrung
H_W	Höchstmaß Welle	M_W	Mindestmaß Welle

Bei der Ermittlung des Höchstmaßes *H* und des Mindestmaßes *M* sind die Abmaße mit ihren jeweiligen Vorzeichen einzusetzen.

Grenzabmaße. Man versteht darunter die Differenz zwischen den jeweiligen Grenzmaßen und dem Nennmaß.

Oberes Abmaß (Bohrung *ES*, Welle *es*). Es ist die Differenz zwischen dem Höchstmaß *H* und dem Nennmaß *N*.

Unteres Abmaß (Bohrung *EI*, Welle *ei*). Es ist die Differenz zwischen dem Mindestmaß *M* und dem Nennmaß *N*.

Maßtolerenz *T*. Sie ist die zulässige Abweichung vom Nennmaß. Sie kann ermittelt werden als Differenz von

- Höchstmaß *H* und Mindestmaß *M*
- Oberem Abmaß *ES* bzw. *es* und dem unteren Abmaß *EI* bzw. *ei*

T_B	Toleranz Bohrung	T_W	Toleranz Welle

Formeln

$H_B = N + ES$

$H_W = N + es$

$M_B = N + EI$

$M_W = N + ei$

$ES = H_B - N$

$es = H_W - N$

$EI = M_B - N$

$ei = M_W - N$

$T_B = H_B - M_B$

$T_B = ES - EI$

$T_W = H_W - M_W$

$T_W = es - ei$

Passungen

vgl. DIN ISO 286

Spielpassung

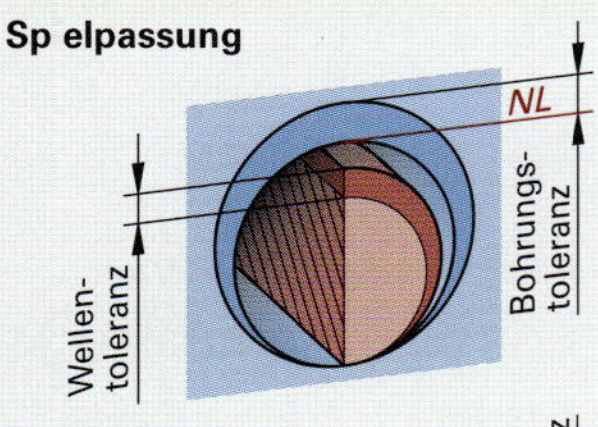

Übermaßpassung

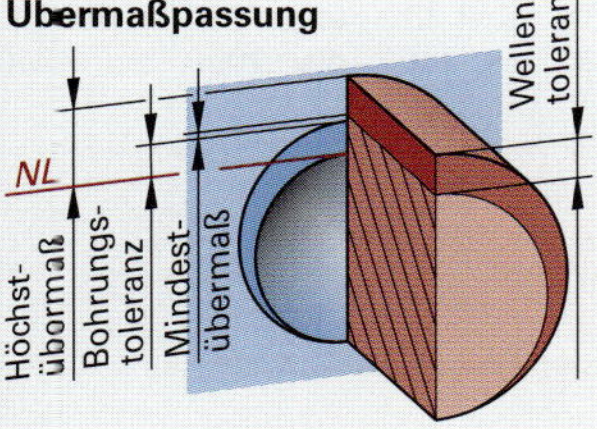

Spiel *S*. Es ist die positive Differenz zwischen Bohrungsdurchmesser und Wellendurchmesser. Dabei ist der Durchmesser der Bohrung immer größer als der der Welle.

Mindestspiel S_M. Es ist die positive Differenz zwischen dem Mindestmaß der Bohrung M_B und dem Höchstmaß der Welle H_W.

Höchstspiel S_H. Es ist die positive Differenz zwischen dem Höchstmaß der Bohrung H_B und dem Mindestmaß der Welle M_W.

Übermaß *U*. Es ist die negative Differenz zwischen Bohrungsdurchmesser und Wellendurchmesser vor dem Fügen. Dabei ist das Istmaß der Welle größer als das der Bohrung.

Mindestübermaß U_M. Es ist die negative Differenz zwischen dem Höchstmaß der Bohrung H_B und dem Mindestmaß der Welle M_W vor dem Fügen.

Höchstübermaß U_H. Es ist die negative Differenz zwischen dem Mindestmaß der Bohrung M_B und dem Höchstmaß der Welle H_W vor dem Fügen.

Formeln

$S_M = M_B - H_W$

$S_H = H_B - M_W$

$U_M = H_B - M_W$

$U_H = M_B - H_W$

Z

Passungssysteme

vgl. DIN ISO 286

Einheitsbohrung

Alle Bohrungen werden mit einer H-Toleranz gefertigt. Das untere Abmaß ist 0, d.h. das Kleinstmaß der Bohrung geht bis zur Nulllinie. Es entspricht dem Nennmaß. Die Wellen sind um die für die verlangte Passung erforderlichen Spiele oder Übermaße kleiner oder größer. Die Art der Passung ergibt sich durch die Lage der Wellentoleranz (a...z).

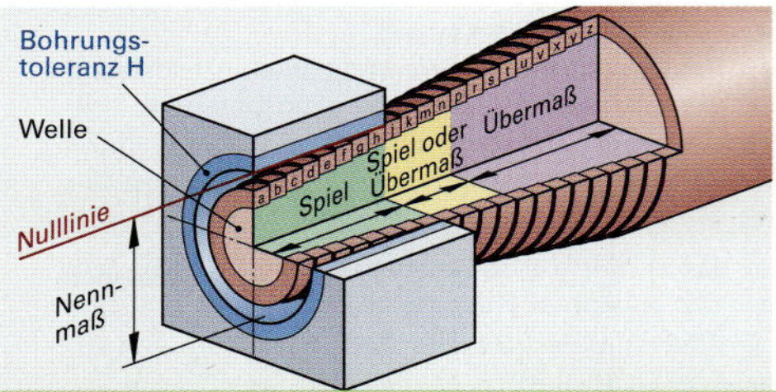

Einheitswelle

Alle Wellen werden mit einer h-Toleranz gefertigt. Das obere Abmaß ist 0, d.h. das Größtmaß der Welle geht bis zur Nulllinie. Es entspricht dem Nennmaß. Die Bohrungen sind um die für die verlangte Passung erforderlichen Spiele oder Übermaße kleiner oder größer. Die Art der Passung ergibt sich durch die Lage der Bohrungstoleranz (A...Z).

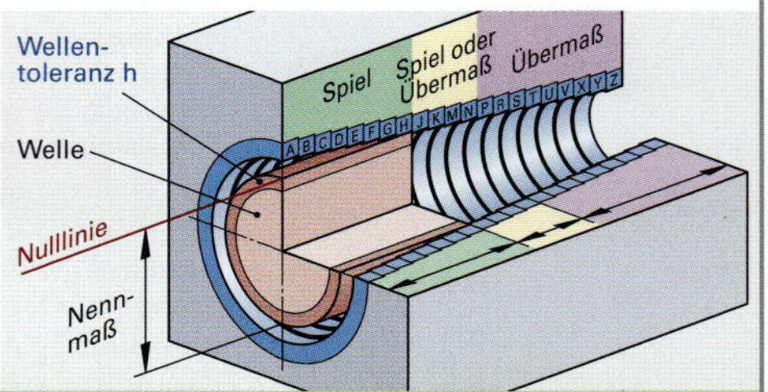

Passungsarten (Beispiele)

Passungsart	Bildliche Darstellung	Teil	Maßangaben nach ISO	Maßangaben mit Abmaß (mm)	*T* mm	*H* mm	*M* mm	S_H oder U_M mm	S_M oder U_H mm
Spiel-passung	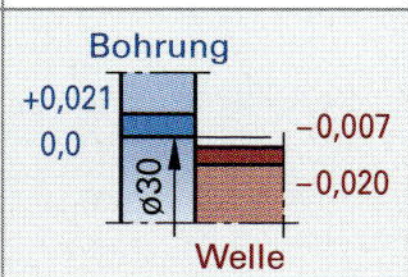	Boh-rung	30 H 7	+ 0,021 30 + 0,000	0,021	30,021	30,000	30,021 − 29,980 + 0,041	30,000 − 29,993 + 0,007
		Welle	g 6	− 0,007 30 − 0,020	0,013	29,993	29,980		
	Die Teile haben nach dem Zusammenbau stets ein Spiel. Grenzfall: Mindestspiel 0 µm.								
Übergangs-passung	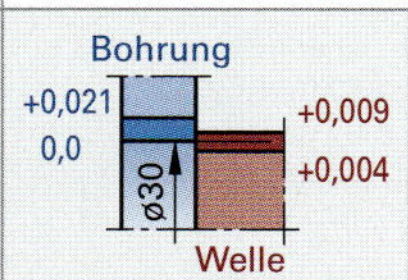	Boh-rung	30 H 7	+ 0,021 30 + 0,000	0,021	30,021	30,000	30,021 − 29,996 + 0,025	30,000 − 30,009 − 0,009
		Welle	j 6	+ 0,009 30 − 0,004	0,013	30,009	29,996		
	Die Teile haben nach dem Zusammenbau entweder eine Spielpassung oder eine Übermaßpassung.								
Übermaß-passung	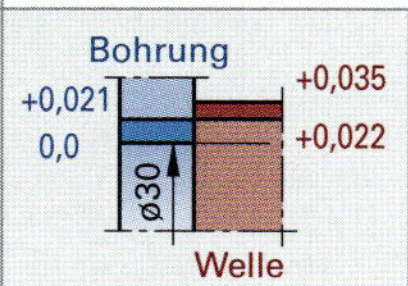	Boh-rung	30 H 7	+ 0,021 30 + 0,000	0,021	30,021	30,000	30,021 − 30,022 − 0,001	30,000 − 30,035 − 0,035
		Welle	p 6	− 0,035 30 + 0,022	0,013	30,035	30,022		
	Die Teile haben nach dem Zusammenbau stets eine Pressung. Grenzfall: Mindestübermaß 0 µm.								

Z

Allgemeintoleranzen für Längenmaße

vgl. DIN ISO 2768

Toleranzklasse Kurzzeichen	Toleranzklasse Benennung	Grenzabmaße für Nennmaßbereiche 0,5 bis 3	über 3 bis 6	über 6 bis 30	über 30 bis 120	über 120 bis 400	über 400 bis 1000	über 1000 bis 2000	über 2000 bis 4000
f	fein	± 0,05	± 0,05	± 0,1	± 0,15	± 0,2	± 0,3	± 0,5	–
m	mittel	± 0,1	± 0,1	± 0,2	± 0,3	± 0,5	± 0,8	± 1,2	± 2
c	grob	± 0,2	± 0,3	± 0,5	± 0,8	± 1,2	± 2	± 3	± 4
v	sehr grob	–	± 0,5	± 1	± 1,5	± 2,5	± 4	± 6	± 8

Allgemeintoleranzen für Längenmaße sind zulässige Abweichungen vom angegebenen Maß, wenn keine Toleranzangaben (Abmaße oder Kennzeichen) vorgegeben sind.

Passungsempfehlungen (Auswahl)

vgl. DIN 7157

Aus Reihe 1	C11/h9, D10/h9, E9/h9, **F8/h9**, **H8/f7**, F8/h6, H7/f7, H8/h9, **H7/h6**, **H7/n6**, **H7/r6**, H8/x8 bzw. u8
Aus Reihe 2	C11/h11, D10/h11, H8/d9, H8/e8, H7/g6, G7/h6, H11/h9, **H7/j6**, H7/k6, H7/s6

DIN 7157 empfiehlt im Hinblick auf eine wirtschaftliche Fertigung die Beschränkung auf wenige bewährte Toleranzklassenkombinationen. Von diesen soll nur in Ausnahmefällen, z.B. beim Einbau von Wälzlagern, abgewichen werden. Passungen, die aus Toleranzklassenkombinationen der Reihe 1 entstehen, sollen bevorzugt werden.

Art	Passungs-System: Einheitsbohrung		Passungs-System: Einheitswelle		Passungsmerkmale: Eigenschaften	Passungsmerkmale: Anwendungsbeispiele
Spielpassungen	H8/f7	0, H8, f7	F8/h9	0, F8, h9	Die Passungen haben ein kleines Spiel. Die Teile sind leicht ineinander beweglich.	Wellen-Gleitlagerungen
Spielpassungen	H7/h6	0, H7, h6	H7/h6	0, H7, h6	Die Passungen haben ein ganz geringes Spiel. Ein Verschieben der Teile mit Handkraft ist möglich.	Säulenführungen, Führungen an Werkzeugmaschinen, Schneidstempel in Führungsplatten
Übergangspassungen	H7/j6	0, H7, j6	nicht festgelegt		Die Passung hat eher Spiel als Übermaß, die Passmaße haben kleine Toleranzen. Ein Verschieben von Hand ist noch möglich.	Zahnräder auf Wellen
Übergangspassungen	H7/n6	0, H7, n6			Die Passung hat eher Übermaß als Spiel. Zum Fügen ist ein geringer Kraftaufwand erforderlich.	Lagerbuchsen in Gehäusen, Bohrbuchsen und Auflagebolzen in Vorrichtungen
Übermaßpassungen	H7/r6	0, H7, r6	nicht festgelegt		Die Passung hat ein kleines Übermaß. Die Teile lassen sich mit Kraftaufwand fügen.	Buchsen in Gehäusen
Übermaßpassungen	H7/x8	0, H7, x8			Die Passung hat ein sehr großes Übermaß. Das Fügen ist nur durch Dehnen oder Schrumpfen möglich.	Schrumpfringe, Räder auf Achsen, Kupplungen auf Wellen

Grenzabmaße – System Einheitsbohrung (Grenzabmaße in µm)

vgl. DIN ISO 286

Nennmaßbereich mm	Bohrung H6	Wellen h5	j6	k6	n5	p5	Bohrung H7	Wellen f7	g6	h6	j6	k6	m6	n6	r6	s6
3… 6	+8 0	0 −5	+6 −2	+9 +1	+13 +8	+17 +12	+12 0	−10 −22	−4 −12	0 −8	+6 −2	+9 +1	+12 +4	+16 +8	+23 +15	+27 +19
6… 10	+9 0	0 −6	+7 −2	+10 +1	+16 +10	+21 +15	+15 0	−13 −28	−5 −14	0 −9	+7 −2	+10 +1	+15 +6	+19 +10	+28 +19	+32 +23
10… 14 14… 18	+11 0	0 −8	+8 −3	+12 +1	+20 +12	+26 +18	+18 0	−16 −34	−6 −17	0 −11	+8 −3	+12 +1	+18 +7	+23 +12	+34 +23	+39 +28
18… 24 24… 30	+13 0	0 −9	+9 −4	+15 +2	+24 +15	+31 +22	+21 0	−20 −41	−7 −20	0 −13	+9 −4	+15 +2	+21 +8	+28 +15	+41 +28	+48 +35
30… 40 40… 50	+16 0	0 −11	+11 −5	+18 +2	+28 +17	+37 +26	+25 0	−25 −50	−9 −25	0 −16	+11 −5	+18 +2	+25 +9	+33 +17	+50 +34	+59 +43
50… 65	+19 0	0 −13	+12 −7	+21 +2	+33 +20	+45 +32	+30 0	−30 −60	−10 −29	0 −19	+12 −7	+21 +2	+30 +11	+39 +20	+60 +41	+72 +53
65… 80															+62 +43	+78 +59
80…100	+22 0	0 −15	+13 −9	+25 +3	+38 +23	+52 +37	+35 0	−36 −71	−12 −34	0 −22	+13 −9	+25 +3	+35 +13	+45 +23	+73 +51	+93 +71
100…120															+76 +54	+101 +79

Spielpassungen (grau) Übergangspassungen (gelb) Übermaßpassungen (rosa)

Z

Grenzabmaße – System Einheitsbohrung (Grenzabmaße in µm) vgl. DIN ISO 286

Nennmaß-bereich mm	Bohrung H8	Wellen d9	Wellen e8	Wellen f7	Wellen h9	Wellen u8	Wellen x8	Bohrung H11	Wellen a11	Wellen c11	Wellen d9	Wellen d11	Wellen h9	Wellen h11
3… 6	+18 0	−30 −60	−20 −38	−10 −22	0 −30	+41 +23	+46 +28	+75 0	−270 −345	−70 −145	−30 −60	−30 −105	0 −30	0 −75
6… 10	+22 0	−40 −76	−25 −47	−13 −28	0 −36	+50 +28	+56 +34	+90 0	−280 −370	−80 −170	−40 −76	−40 −130	0 −36	0 −90
10… 14	+27 0	−50 −93	−32 −59	−16 −34	0 −43	+60 +33	+67 +40	+110 0	−290 −400	−95 −205	−50 −93	−50 −160	0 −43	0 −110
14… 18							+72 +45							
18… 24	+33 0	−65 −117	−40 −73	−20 −41	0 −52	+74 +41	+87 +54	+130 0	−300 −430	−110 −240	−65 −117	−65 −195	0 −52	0 −130
24… 30						+81 +48	+97 +64							
30… 40	+39 0	−80 −142	−50 −89	−25 −50	0 −62	+99 +60	+119 +80	+160 0	−310 −470	−120 −280	−80 −142	−80 −240	0 −62	0 −160
40… 50						+109 +70	+136 +97		−320 −480	−130 −290				
50… 65	+46 0	−100 −174	−60 −106	−30 −60	0 −74	+133 +87	+168 +122	+190 0	−340 −530	−140 −330	−100 −174	−100 −290	0 −74	0 −190
65… 80						+148 +102	+192 +146		−360 −550	−150 −340				
80…100	+54 0	−120 −207	−72 −126	−36 −71	0 −87	+178 +124	+232 +178	+220 0	−380 −600	−170 −390	−120 −207	−120 −340	0 −87	0 −220
100…120						+198 +144	+264 +210		−410 −630	−180 −400				

Spielpassungen Übergangspassungen Übermaßpassungen

Grenzabmaße – System Einheitswelle (Grenzabmaße in µm) vgl. DIN ISO 286

Nennmaß-bereich mm	Welle h9	Bohrungen C11	Bohrungen D10	Bohrungen E9	Bohrungen F8	Bohrungen H8	Bohrungen H11	Bohrungen J9/JS9	Bohrungen P9	Welle h11	Bohrungen A11	Bohrungen C11	Bohrungen D10	Bohrungen H11
3… 6	0 −30	+145 +70	+78 +30	+50 +20	+28 +10	+18 0	+75 0	+15 −15	−12 −42	0 −75	+345 +270	+145 +70	+78 +30	+75 0
6…10	0 −36	+170 +80	+98 +40	+61 +25	+35 +13	+22 0	+90 0	+18 −18	−15 −51	0 −90	+370 +280	+170 +80	+98 +40	+90 0
10…18	0 −43	+205 +95	+120 +50	+75 +32	+43 +16	+27 0	+110 0	+21,5 −21,5	−18 −61	0 −110	+400 +290	+205 +95	+120 +50	+110 0
18…30	0 −52	+240 +110	+149 +65	+92 +40	+53 +20	+33 0	+130 0	+26 −26	−22 −74	0 −130	+430 +300	+240 +110	+149 +65	+130 0
30…40	0 −62	+280 +120	+180 +80	+122 +50	+64 +25	+39 0	+160 0	+31 −31	−26 −88	0 −160	+470 +310	+280 +120	+180 +80	+160 0
40…50		+290 +130									+480 +320	+290 +130		
50…65	0 −74	+330 +140	+220 +100	+134 +60	+76 +30	+46 0	+190 0	+37 −37	−32 −106	0 −190	+530 +340	+330 +140	+220 +100	+190 0
65…80		+340 +150									+550 +360	+340 +150		
80…100	0 −87	+390 +170	+260 +120	+159 +72	+90 +36	+54 0	+220 0	+43,5 −43,5	−37 −124	0 −220	+600 +380	+390 +170	+260 +120	+220 0
100…120		+400 +180									+630 +410	+400 +180		

Spielpassungen Übergangspassungen

Kraftfahrzeuge

Motor

Antriebsstrang

Fahrwerk

Fahrzeugbau

F

Fahrzeugmarke	**MCC**	**Fiat**	**Vokswagen**	**Opel**	**Ford**
Fahrzeugtyp	**Smart Fortwo 0,9 Start-Stop-System**	**500X 1.4 T Start-Stop-System**	**Golf VII 1,6 TDI, Blue-Motion, Start-Stop-System**	**Astra 1.6 CDTI ecoFlex Start-Stop-System**	**Mondeo 1.5 EcoBoost, Start-Stop System**
Motor, Anzahl der Nockenwellen (NW), Besonderheiten	Otto-4T 2 NW, Turbo, Typ 453,	Otto-4T 1 NW Multiair,	Diesel-4T 2 NW, ATL, Common Rail	Diesel-4T 2 NW, ATL, Common Rail	Otto-4T 2 NW, Turbo
Zylinderzahl / Anordnung / Ventile pro Zyl.	3 / Reihe /4	4 / Reihe / 4	4 / Reihe / 4	4 / Reihe / 4	4 / Reihe / 4
Bohrung / Hub mm	72,2 / 73,1	72 / 84	79,5 / 80,5	79,7 / 80,1	79 / 81,4
Gesamthubraum cm^3	898	1368	1598	1598	1499
Verdichtung	9,5	10,0	16,2	16	10
Nutzleistung / Nenndrehzahl kW / 1 / min	66 / 5500	103 / 5000	81 / 3200-4000	81 / 4000	118 / 6000
Max. Drehmoment / Drehzahl Nm / 1 / min	135 / 2500	230 / 1750	250 / 1500 – 3000	300 / 2000	240 / 1600 – 4000
Leerlaufdrehzahl 1 / min		750 ± 50	795 ± 75	780 ± 80	750 ± 50
Zündfolge	1–3–2	1–3–4–2	1–3–4–2	1–3–4–2	1–3–4–2
Kühlsystemfüllung Liter		5,2		5,8	10,5
Ölfüllmenge im Motor Liter	3,7	3,8	4,6	5,0	4,1
Batteriekapazität Ah	60	63	59		
Generatorleistung W			1680		
Gemischbildung	Saugrohr-einspritzung	Direktein-spritzung	Common Rail Direkteinspr.	Common Rail Direkteinspr.	Saugrohr-einspritzung
Getriebebauart	5-Gang-Getr.	6-Gang-Getr.	5-Gang-Getr.	6-Gang-Getr.	6-Gang-Getr.
Übersetzung 1. Gang / 2. Gang	3,73 / 2,05	4,15 / 2,12	3,78 / 1,94	3,82 / 2,05	3,73 / 2,05
Übersetzung 3. Gang / 4. Gang	1,39 / 1,03	1,36 / 0,98	1,19 / 0,82	1,3 / 0,96	1,36 / 1,03
Übersetzung 5. Gang / 6. Gang	0,89 / –	0,76 / 0,62	0,63 / –	0,74 / 0,61	0,82 / 0,69
Übersetzung R. Gang	3,55	4,00	3,27	3,55	3,82
Übersetzung im Achsantrieb	3,56	4,44	3,65	3,35	4,07
Antrieb auf	Hinterachse	Vorderachse	Vorderachse	Vorderachse	Vorderachse
Fahrwerk vorne	Einzelrad-aufhängung	Mc Pherson	Mc Pherson	Mc Pherson	Dreieck-querlenker
Fahrwerk hinten	De-Dion mit Wattgestänge	Verbund-lenker	Verbund-lenker	Verbund-lenker	Mehrlenker-achse
Reifen in Standardausrüstung vorne	185 / 50 R 16	215 / 55 R17	195 / 65 R15	205 / 55 R16	215 / 60 R16
Reifen in Standardausrüstung hinten	205 / 45 R 16	215 / 55 R17	195 / 65 R15	205 / 55 R16	215 / 60 R16
Felgen in Standardausrüstung vorne	6,0 J x 15	7 J x 17	6 J x 15	6,5 J x 16	6,5 J x 16
Felgen in Standardausrüstung hinten	6,5 J x 15	7 J x 17	6 J x 15	6,5 J x 16	6,5 J x 16
Sturz bei Leergewicht vorn °	0° 18′ ± 1°	0° 30′ ± 30′	0° 41′ ± 30′	0° 18′ ± 45′	0° 48′ ± 45′
Vorspur bei Leergewicht vorn °	0° 9′ ± 15′	0° 4′ ± 8′	0° 10′ ± 10′	0° 18′ ± 12′	0° 12′ ± 8′
Nachlauf bei Leergewicht vorn °	0° 9′ ± 15′	5° 7′ ± 30′	7° 38′ ± 30′	4° 27′ ± 45′	3° 21′ ± 45′
Kleinster Wendekreis – Ø m	6,95	11,10	10,9	11.1	11,9
Länge über alles mm	2695	4250	4255	4370	4870
Breite über alles mm	1663	1800	1790	1870	1850
Höhe über alles mm	1555	1610	1452	1490	1480
Radstand mm	1873	2570	2640	2660	2850
Spurweite vorn / hinten mm	1469 / 1430	1545 / 1545	1550 / 1520	1550 / 1560	1600 / 1600
C_W-Wert / Stirnfläche in m^2	0,38 / 2,25	0,34	0,27 / 2,19	0,285	
Leergewicht kg	915	1425	1299	1430	1485
Zulässiges Gesamtgewicht kg	1170	1905	1800	2030	2160
Kraftstoffbehälterinhalt Liter	28	48	50	55	63
Höchstgeschwindigkeit km / h	155	190	195	195	222
Beschleunigung von 0 – 100 km / h s	10,4	9,8	10,5	11,4	9,3
Kraftstoffart	Super	Super	Diesel	Diesel	Super
Kraftstoffverbrauch nach EU-Richtlinie Innerorts / Außerorts / Gesamt L / 100 km	4,9 / 3,7 / 4,2	7,8 / 5,0 / 6,0	4,6 / 3,6 / 3,9	4,0 / 3,3 / 3,5	7,8 / 4,6 / 5,8
Oktanzahl (Cetanzahlbedarf) ROZ (CZ)	95 ROZ	95 ROZ	51 CZ	51 CZ	95 ROZ
CO_2-Emission g / km	97	139	99	90	134
Abgasnorm / Effizienzklasse ECE	Euro 6 / C	Euro 6 / C	Euro 6 / A	Euro 6 / A +	Euro 6 / B
Sterne im Euro NCAP-Crashtest	★★★★☆	★★★★☆	★★★★★	★★★★★	★★★★★

Vorstehende Daten sind ohne jegliche Gewähr. Verbindliche Angaben der Hersteller sind zu befolgen.

F

Fahrzeugmarke		**BMW**	**Audi**		**Mercedes**	**Porsche**
Fahrzeugtyp		**X 4 20i**	**A6 3,0 V6 TDI Quattro Avant**	**Q 7 3.0**	**E 220 d cdi**	**911 GT3 RS**
Motor, Anzahl der Nockenwellen (NW), Besonderheiten		Otto-4T 2 NW, Turbo	Diesel-4T 2 x 2 NW, Biturbo Common Rail	Otto-4T 2 x 2 NW, Kompressor, 2 Intercooler	Diesel-4T 2 NW, ATL, Common Rail	Otto-4T 2 x 2 NW, ATL
Zylinderzahl / Anordnung / Ventile pro Zyl.		4 / Reihe / 4	6 / V-Motor / 4	6 / V-Motor / 4	4 / Reihe / 4	6 / Boxer / 4
Bohrung / Hub	mm	90,1 / 84,0	83 / 91,4	89 / 84,5	82 / 92,3	102 / 81,5
Gesamthubraum	cm^3	1997	2967	2995	1950	3996
Verdichtung		10,0	16,8	10,8	15,5	12,9
Nutzleistung / Nenndrehzah	kW / 1 / min	135 / 5000 – 6250	160 / 3250 – 5000	245 / 5500 – 6500	143 / 3800	368 / 8250
Max. Drehmoment / Drehzahl	Nm / 1 / min	270 / 1250 – 4500	500 / 1250 – 3000	440 / 2900 – 5300	400 / 1600 – 2800	460 / 6250
Leerlaufdrehzahl	1 / min	780 ± 100		830 ± 50	750	
Zündfolge		1–3–4–2	1–4–3–6–2–5	1–4–3–6–2–5	1–3–4–2	1–6–2–4–3–5
Kühlsystemfüllung	Liter	7,5			12,5	
Ölfüllmenge im Motor	Liter	4,8	6,5	6,8	7	
Batteriekapazität	Ah	90	92	75	60	95
Generatorleistung	W	2380	2160	2160	2520	2100
Gemischbildung		Direkteinspritzung	Common Rail Direkteinspr.	Direkteinspritzung	Common Rail Direkteinspr.	Direkteinspritzung
Getriebebauart		8-Stufen-automatik	7-Gang-Getr. S tronic	8-Stufen-tiptronic	9-Stufen-automatik	7-Gang-DK Getriebe
Übersetzung	1. Gang / 2. Gang	4,71 / 3,14	3,19 / 2,19	4,71 / 3,14	5,35 / 3,24	3,75 / 2,38
Übersetzung	3. Gang / 4. Gang	2,11 / 1,67	1,52 / 1,06	2,11 / 1,67	2,25 / 1,64	1,72 / 1,34
Übersetzung	5. Gang / 6. Gang	1,29 / 1,00	0,74 / 0,51	1,29 / 1	1,21 / 1,00	1,11 / 0.96
Übersetzung	7. Gang / 8. Gang	0,84 / 0,67	0,39 / –	0,84 / 0,67	0,86 / 0,72	0,84 / –
Übersetzung	9. Gang / R. Gang	– / 3,33	– / 2,94	– / 3,32	0,60 / 3,42	– / 3,42
Übersetzung im Achsantrieb		3,39	4,08	3,2	3,07	4,19
Antrieb		Allradantrieb	Allradantrieb	Allradantrieb	Hinterrachse	Heckantrieb
Fahrwerk vorne		Federbeine, Querlenker	Dreieck-querlenker	Dreieck-querlenker	Mehrlenker-achse	Mc Pherson
Fahrwerk hinten		Mehrlenker-achse	Mehrlenker-achse	Mehrlenker-achse	Mehrlenker-achse	Mehrlenker-achse
Reifen in Standardausrüstung	vorne	245 / 50 R 18	255 / 55 R17	255 / 60 R18	205 / 65 R16	255 / 35 ZR20
Reifen in Standardausrüstung	hinten	205 / 45 R 18	255 / 55 R17	255 / 60 R18	205 / 65 R16	325 / 30 ZR21
Felgen in Standardausrüstung	vorne	8,0 J x 18	8 J x 17	8 J x 18	7 J x 16	9,5 J x 20
Felgen in Standardausrüstung	hinten	8,0 J x 18	8 J x 17	8 J x 18	7 J x 16	12,5 J x 21
Sturz bei Leergewicht vorn	°	0° 20′ ± 25′	0° 53′ ± 23′	0° 43′ ± 23′		
Vorspur bei Leergewicht vorn	°	0° 6′ ± 4′	0° 20′ ± 10′	0° 20′ ± 10′		
Nachlauf bei Leergewicht vorn	°					
Kleinster Wendekreis – Ø	m	11,90	11,90	12,40	11,60	11.10
Länge über alles	mm	4671	4943	5025	4923	4545
Breite über alles	mm	2089	2086	2212	2065	1880
Höhe über alles	mm	1624	1461	1741	1468	1291
Radstand	mm	2810	2912	2994	2939	2456
Spurweite vorn / hinten	mm	1615 / 1630	1627 / 1618	1679 / 1691	– / 1619	1590 / 1560
Cw-Wert / Stirnfläche in m^2		0,28	0,32	0,26	0,26 / 2,33	0,34 / 2,04
Leergewicht	kg	1810	1905	2045	1680	1420
Zulässiges Gesamtgewicht	kg	2325	2460	2740	2320	1720
Kraftstoffbehälterinhalt	Liter	67	73	85	50	64
Höchstgeschwindigkeit	km / h	212	2378	250	240	310
Beschleunigung von 0 – 100 km / h	s	8,1	6,8	6,1	7,3	3,3
Kraftstoffart		Super	Diesel	Super	Diesel	Super
Kraftstoffverbrauch nach EU-Richtlinie Innerorts / Außerorts / Gesamt	L / 100 km	9,0 / 6,1 / 7,2	5,7 / 4,8 / 5,1	9,4 / 6,8 / 7,7	4,3 / 3,6 / 3,9	19,2 / 8,9 / 12,7
Oktanzahl (Cetanzahlbedarf)	ROZ (CZ)	95 ROZ	51 CZ	95 ROZ	51 CZ	98 ROZ
CO^2-Emission	g / km	168	134	179	102	296
Sterne im Euro NCAP-Crashtest		–	★★★★★	★★★★★	★★★★★	–
Vorstehende Daten sind ohne jegliche Gewähr. Verbindliche Angaben der Hersteller sind zu befolgen.						

F

Fahrzeugmarke	**BMW**		**Toyota**	**Volkswagen**	**Tesla**
Fahrzeugtyp	**i 3, Range extender**	**535i Aktiv Hybrid 5**	**Prius, 1,8VVT-i**	**e – up!**	**Tesla S 90D**
Verbrennungmotor, Besonderheiten	Otto-4T 2 NW	Otto-4T 2 NW, Turbo,	Otto-4T 2 NW	kein Verbrennungs-motor	kein Verbrennungs-motor
Zylinderzahl / Anordnung / Ventile pro Zyl.	2 / Reihe / 4	6 / Reihe / 4	4 / Reihe / 4		
Bohrung / Hub mm	79 / 66	84 / 89,6			
Gesamthubraum cm^3	647	2979	1798		
Verdichtung	10,5	10,2	13,04		
Nutzleistung / Nenndrehzahl kW / 1 / min	28 / 4300	250 / 5800	72 / 5200		
Max. Drehmoment / Drehzahl Nm / 1 / min	55 / 4300	400 / 1200–5000	142 / bis 3600		
Gemischbildung	Saugrohr-einspritzung	Direktein-spritzung	Saugrohr-einspritzung		
Elektromotor Besonderheiten	AC Synchron-motor mit 94 Ah Batterie	AC Synchron-motor	AC Synchron-motor	Permament-erregte Syn-chronm. PSM	Drehstrom Asynchron-motor
Nutzleistung / Nenndrehzahl kW / 1 / min	125 / 4800	40 /	53 /	60 / 2800 – 12000	310 / 5000
Max. Drehmoment / Drehzahl Nm / 1 / min	250 /	210 /	163 /	210 / 0 – 2800	660 / 0 – 5100
Batterie / Art	Lithium-Ionen-Batterie	Lithium-Ionen-Batterie	Lithium-Ionen-Batterie	Lithium-Ionen-Batterie 204 Zellen	Lithium-Ionen-Batterie
Spannung V	360	317	201,6	374	375
Kapazität kWh	18,8	1,35	1,31	18,7	85
Ladezeiten / Schnellladung 80 % h	6 – 8 h bei 230 V, 3 – 6 h Typ 2 380 V bei AC Ladung, 0,5 h bei DC Schnellladung	Wird beim Be-trieb des Ver-brennungs-motors und durch Rekupe-ration aufgel.	Wird beim Be-trieb des Ver-brennungs-motors und durch Rekupe-ration aufgel.	7 – 9 h bei 230 V, 4 – 6 h Typ 2 380 V bei AC Ladung, 0,5 h bei DC Schnellladung	20 h bei 230 V, 4 h Typ 2 380 V bei AC Ladung, 40 min bei DC Supercharger
Reichweite km	312 (NEFZ) 330 (mit Range-extender)	–	–	160 (NEFZ)	557 (NEFZ)
Getriebebauart	1-Gang-Getriebe	8-Stufen-automatik	Stufenloses Automatikgetr.	1-Gang-Getriebe	1-Gang-Getriebe
Antrieb auf	Hinterachse	Hinterachse	Vorderachse	Vorderachse	Allradantrieb
Fahrwerk vorne	Federbeine, Dreiecks-querlenker	Federbeine, Dreiecks-querlenker	Mc Pherson	Mc Pherson	Federbeine, Dreiecks-querlenker
Fahrwerk hinten	Mehrlenker-achse	Mehrlenker-achse	Torsions-lenker	Verbund-lenker	Mehrlenker-achse
Reifen in Standardausrüstung vorne	155 / 70 R19	225 / 55 R17	195 / 65 R15	165 / 65 R15	245 / 35 R21
Reifen in Standardausrüstung hinten	175 / 70 R19	225 / 55 R17	195 / 65 R15	165 / 65 R15	245 / 35 R21
Felgen in Standardausrüstung vorne	5 J x 19	8 J x 17	6 J x 15	5 J x 15	8,5 J x 21
Felgen in Standardausrüstung hinten	5,5 J x 19	8 J x 17	6 J x 15	5 J x 15	8,5 J x 21
Kleinster Wendekrei-Ø m	9,90	12,00	10,8	9,80	
Länge über alles mm	4000	4907	4540	3540	4970
Breite über alles mm	1780	2102	1760	1645	1964
Höhe über alles mm	1580	1464	1470	1492	1445
Radstand mm	2570	2968	2700	2410	2960
Spurweite vorn / hinten mm	1570 / 1580	1600 / 1627	1510 / 1525	1430 / 1420	1662 / 1700
C_W-Wert / Stirnfläche in m^2	0,29		0,24		0,24 / 2,34
Leergewicht kg	1315	1925	1450	1214	2100
Zulässiges Gesamtgewicht kg	1730	2400	1790	1500	2590
Kraftstoffbehälterinhalt Liter	9	69	43	–	–
Höchstgeschwindigkeit km / h	150	250	180	130	250
Beschleunigung von 0 – 100 km / h s	7,2	5,9	10,6	12,4	4,4
Kraftstoffart	Super / Strom	Super / Strom	Super / Strom	Strom	Strom
Kombinierter Stromverbrauch bzw. Kraftstoffverbrauch nach EU-Richtlinie Innerorts / Außerorts / Gesamt l / 100 km	12,0 kWh / 100 km und 0,6 l / 100 km	6,1 / 6,6 / 6,4	2,9 / 3,1 / 3,0	11,7 kWh / 100 km	24,2 kWh / 100 km
Oktanzahl (Cetanzahlbedarf) ROZ (CZ)	95 ROZ	95 ROZ	95 ROZ	–	–
CO_2-Emission g / km	12	149	70	0	0
Abgasnorm / Effizienzklasse ECE	Euro 6 / A +	Euro 5 / A	Euro 6 / A +	– / A +	– / A +
Sterne im Euro NCAP-Crashtest	★★★★☆	★★★★★	★★★★★	★★★★★	★★★★★

Vorstehende Daten sind ohne jegliche Gewähr. Verbindliche Angaben der Hersteller sind zu befolgen.

F

Fahrzeugmarke		**Piaggo Gil.**	**Honda**	**Yamaha**	**Honda**	**KTM**
Fahrzeugtyp		**NRG Power 50 DD**	**SH 125 i**	**YZF-R 125**	**CBR 125 R**	**RC 125 ABS**
Motor		2-TOM	4-TOM	4-TOM	4-TOM	4-TOM
Gemischbildung		Vergaser	Einspritzung	Einspritzung	Einspritzung	Einspritzung
Kühlung		Flüssigkeit	Flüssigkeit	Flüssigkeit	Flüssigkeit	Flüssigkeit
Zylinderzahl / Anordnung / Ventile pro Zyl.		1 / – / –	1 / – / 2	1 / – / 4	1 / – / 2	1 / – / 4
Ventilsteuerung		Membrane	ohc	ohc	ohc	dohc
Bohrung / Hub	mm	40 / 39,3	52,4 / 57,9	52 / 58,6	58,0/ 47,2	58,0 / 47,0
Gesamthubraum	cm^3	49	125	125	125	124
Verdichtung		–	11,0	11,2	11,0	12,6
Nutzleistung / Nenndrehzahl	kW / 1/min	3,3 / 6500	8,7 / 8500	11 / 9000	10 / 10000	11 / 9500
Max. Drehmoment / Drehzahl	Nm / 1/min	4,9 / 6250	11 / 6500	12,2 / 8000	10,4 / 8000	12 / 8000
Anzahl der Gänge		Variomatik	Variomatik	6	6	6
Hinterradantrieb		Riemen	Riemen	Kette	Kette	Kette
Reifen in Standardausrüstung	vorne	120 / 70-13	100 / 80-16	100 / 80-17	100 / 80-17	110 / 70ZR17
Reifen in Standardausrüstung	hinten	140 / 60-13	120 / 80-16	130 / 70-17	130 / 70-17	150 / 60ZR17
Nachlauf	mm	–	85	89	88	88
Lenkkopfwinkel	°	–	26	65	65	66,5
Sitzhöhe	mm	820	799	825	793	820
Radstand	mm	1280	1340	1355	1295	1340
Leergewicht / zul. Gesamtgewicht	kg	103 / 295	135 / 315	140 /	137 / 317	154 / 335
Kraftstoffbehälterinhalt	Liter	6,7	7,5	11,5	13	10
Höchstgeschwindigkeit	km/h	45	97	120	110	114
Federweg vorne / hinten	mm	– / 60	89 / 83	130 / 114	120 / 126	125 / 150
Kraftstoffverbrauch	l/100 km		2,18	3,0	2,6	2,7
Abgasreinigung Abgasnorm		U-Kat SLS Euro 2	G-Kat, SLS Euro 3	G-Kat, SLS Euro 3	G-Kat Euro 3	G-Kat Euro 3

Fahrzeugmarke		**KTM**	**Kawasaki**	**BMW**	**Ducati**	**Suzuki**
Fahrzeugtyp		**690 Duke/R**	**Ninja ZX-10R/KRT**	**R 1200 R**	**Monster 1200 R**	**Hayabusa 1300**
Motor		4-TOM	4-TOM	4-TOM	4-TOM	4-TOM
Gemischbildung		Einspritzung	Einspritzung	Einspritzung	Einspritzung	Einspritzung
Kühlung		Flüssigkeit	Flüssigkeit	Flüssigkeit	Flüssigkeit	Flüssigkeit
Zylinderzahl/ Anordnung/ Ventile pro Zyl.		1 / – / 4	4 / R / 4	2 / Boxer / 4	2 / V / 4	4 / R / 4
Ventilsteuerung		ohc	dohc	ohc	dohc	dohc
Bohrung / Hub	mm	102 / 84,5	76 / 55	101 / 73	106 / 67,9	81 / 65
Gesamthubraum	cm^3	690	998	1170	1198	1340
Verdichtung		12,7	13	12,5	13	12,5
Nutzleistung/ Nenndrehzahl	kW / 1/min	55 / 8000	147 / 13000	92 / 7750	118 / 9250	145 / 9500
Max. Drehmoment/ Drehzahl	Nm / 1/min	74 / 6500	114 / 11500	125 / 6500	131 / 7750	155 / 7200
Anzahl der Gänge		6	6	6	6	6
Hinterradantrieb		Kette	Kette	Kardan	Kette	Kette
Reifen in Standardausrüstung	vorne	120/7ZR17	120/70ZR17	120/70ZR17	120/70ZR17	120/70ZR17
Reifen in Standardausrüstung	hinten	160/60ZR17	180/55ZR17	180/55ZR17	200/55ZR17	190/50ZR17
Nachlauf	mm	115	107	125,6	89	93
Lenkkopfwinkel	°	63,5	65	62,3	24,3	66,6
Länge über alles	mm	2152	2075	2165	2120	2190
Breite über alles	mm	844	715	880	845	735
Höhe über alles	mm	1193	1115	1300	1150	1165
Radstand	mm	1466	1440	1515	1509	1480
Federweg vorne / hinten	mm	150 / 150	120 / 114	140 / 140	130 / 159	120 / 140
Sitzhöhe	mm	865	835	760-820	825-845	805
Leergewicht / zul. Gesamtgewicht	kg	162 / 350	206 / 381	232 / 450	207 / 390	266 / 449
Kraftstoffbehälterinhalt	Liter	14	17	18,0	17,5	21
Höchstgeschwindigkeit	km/h	189	295	Über 200	255	295
Beschleunigung von 0 – 100 km/h	s	3,8	3,0	3,4	3,2	3,0
Kraftstoffverbrauch	L/100 km	4,0	-	3,9	5,4	5,7
Abgasreinigung Abgasnorm		G-Kat Euro 4	G-Kat Euro 4	G-Kat Euro 4	G-Kat Euro 4	G-Kat Euro 3

Vorstehende Daten sind ohne jegliche Gewähr. Verbindliche Angaben der Hersteller sind zu befolgen.

Fahrzeugmarke		**MAN**	**Mercedes-Benz**		**DAF**	**Scania**
Fahrzeugtyp		**TGL 8.810 BL**	**Atego 1324 AK 4x4**	**Actros1863**	**XF 510 FT 4x2**	**R 730 V8**
Fahrzeugart		Vielzweck Lkw 7,5 t	Pritsche 13,5 t	Sattelzug 40 t	Sattelzug 40t	Sattelzug 40 t
Motor Typbezeichnung		4-T-Diesel Turbo, LLK, SCR, DPF D0834LFL67	4-T-Diesel, Turbo, LLK, SCR, DPF, OM936LA	4-T-Diesel, Turbo, LLK, SCR, DPF, OM473LA	4-T-Diesel, Turbo, LLK, SCR, DPF, PaccarMX13	4-T-Diesel, Turbo, LLK, SCR, DPF, DC16103730
Nutzleistung	kW	132	175	460	510	331
bei Motordrehzahl	1/min	2400	2200	1600	1425 – 1750	1550
Max. Drehmoment	Nm	700	1000	3000	2500	2100
bei Motordrehzahl	1/min	1400	1200 – 1600	1100	1000 – 1425	1100
Verdichtung		17,2	17,6	17,0	17,5	17,4
Zylinderzahl / Anordnung / Ventile pro Zyl.		4 / Reihe / 4	6 / Reihe / 4	6 / R / 4	6 / R / 4	8 / V / 4
Bohrung / Hub	mm	108 / 125	115 / 135	139 / 171	130 / 162	130 / 154
Gesamthubraum	cm^3	4580	7700	15569	12900	16400
Einspritzung	cdi	cdi	cdi	cdi	cdi	
Bremse		2 Kreis EBS, EBV-Motorb.	EBS Brems-anlage	2 Kreis EBS, Motorb.,Retr.	2 Kreis EBS, Motorbremse	2 Kreis EBS, Motorb.,Retr.
Anzahl der Gänge		6	6 x 2 = 12	12	12	12
Größte / kleinste Getriebeübersetzung		6,75 / 0,78	10,79 / 0,72	11,64 / 0,78	15,86 / 1	13,28 / 0,8
Achsgetriebeübersetzung		3,70	5,875	3,154	2,53	2,92
Reifengröße		235/75R17,5	10 R 22,5	315/70R22,5	385/65R22,5	315/80R22,5 V 315/70R22,5 H
Länge / Breite über alles	mm	8200 / 2550	600 / 2480	5860 / 2500	5720 / 2500	5940 / 2550
Höhe über alles / Radstand	mm	3450 / 4200	2800 / 3260	3940 / 3700	3840 / 3600	3860 / 3700
Leergewicht / zul. Gesamtgewicht	kg	5660 / 7490	– / 13500	8300 /18000	7500 / 18000	8200 / 18000
Zul. Achslast vorne / hinten	kg	4000 / 5600	6000 / 11000	7500 / 11500	7100 / 11500	7500 / 11500
Kraftstoffbehälterinhalt / AdblueTank	Liter	100 / 20	120 / 25	390 / 60	430 / 45	540 / 47
Kraftstoffverbrauch (Test)	l/100 km	17,9	27,0	32,2	32,9	34,1
Abgasnorm		Euro 6	Euro 6	Euro 6	Euro 6	Euro 6
Fahrzeugmarke		**John Deere**		**Fendt**	**Deutz-Fahr**	**Steyr**
Fahrzeugtyp		**6155M**	**8245R**	**313**	**Agroplus V430**	**4130 Profi cvt**
Motor		4-T-Diesel, 2Turbo, cdi	4-T- Diesel, Turbo, cdi	4-T-Diesel Turbo, cdi	4-T-Diesel Turbo	4-T-Diesel Turbo
Nutzleistung	kW	155	245	92	78	105
bei Motordrehzahl	1/min	2100		2100	2000	2200
Max. Drehmoment	Nm	700	1147	559	390	676
bei Motordrehzahl	1/min	1500	1600	1550	1500 – 1700	1500
Drehmomentanstieg	%	35	40	42		41
Zylinderzahl/ Anordnung/ Ventile pro Zyl.		6 / Reihe / 4	6 / Reihe / 4	4 / Reihe / 4	4 / Reihe	4 / Reihe / 4
Bohrung / Hub	mm	106,5 / 127	118,4 / 136	108 / 120	105 / 115,5	
Gesamthubraum	cm^3	6788	8984	4400	4000	4485
Kraftstoffbehälterinhalt / AdblueTank	Liter	270 / –	645 / 23	210 / 23	55 / –	175 / 37
Opt. spezif. Kraftstoffverbrauch	g/kWh			199		
Anzahl der Gänge		20	stufenlos	stufenlos	5	stufenlos
Größte / kleinste Geschwindigkeit	km/h	2,5 / 40	0,05 / 42	0,02 / 40	0,24 / 39,6	0 / 40
Zapfwellendrehzahlen vorne	1/min	540 / 1000	1000	1000	1000	1000
Zapfwellendrehzahlen hinten	1/min	540 / 540e / 1000	540 / 1000	540 / 540e / 1000	540 / 540eco / 1000	540 / 540e / 1000
Hydraulikpumpenleistung	L/min	114	227	84	54	125
Max. Arbeitsdruck	bar		204	200	190	
Max. Hubkraft Heck	kN	70,6	107,5	59,6	29,43	77,14
Reifen in Standardausrüstung	vorne	540/65 R 28	650/60 R 34	480/65 R 24	240/70 R 16	480/65 R 28
Reifen in Standardausrüstung	hinten	650/65 R 38	710/75 R 42	540/65 R 38	340/85 R 28	600/65 R 38
Länge / Breite über alles	mm	4730 / 2490	6224 / 2602	4336 / 2320	4377 / -	4307 / 2205
Höhe über alles / Radstand	mm	2930 / 2765	3353 / 3050	2860 / 2420	2200 / 2155	2906 / 2402
Spurweite vorn / hinten	mm			1820 / 1800	920 / 856	1407 / 1430
Kleinster Wendekreis	m			4,50	3,30	4,04
Bodenfreiheit	mm	530	590	510	240	480
Leergewicht / zul. Gesamtgewicht	kg	6700 / 11000	11841 / 18000	4970 / 8500	2520 / 4600	4990 / 9500

Vorstehende Daten sind ohne jegliche Gewähr. Verbindliche Angaben der Hersteller sind zu befolgen.

F

Gemischbildung und Zündung

Begriff	Erklärung	Verfahren
Ottomotor 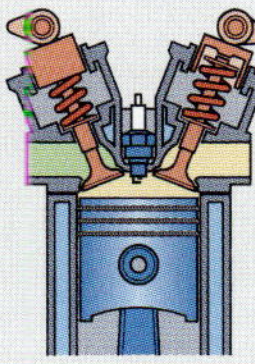 **Fremdzündung**	**Äußere oder innere Gemischbildung** Das Kraftstoff-Luft-Gemisch kann außerhalb oder innerhalb des Zylinders gebildet werden. Die Verbrennung des Kraftstoff-Luft-Gemisches erfolgt als Gleichraumverbrennung. **Fremdzündung** Die Verbrennung des verdichteten Kraftstoff-Luft-Gemisches wird durch eine zeitlich gesteuerte Zündung ausgelöst.	**Einspritz-Ottomotoren** • **Saugrohreinspritzung.** Flüssiger Kraftstoff wird in das Saugrohr eingespritzt. • **Direkteinspritzung.** Flüssiger Kraftstoff wird in den Zylinder eingespritzt. **Gas-Ottomotor** Gasförmiger Kraftstoff wird im Saugrohr mit Luft gemischt. **Vergaser-Ottomotoren** Außerhalb des Zylinders wird flüssiger Kraftstoff im Vergaser der Luft beigemischt.
Dieselmotor 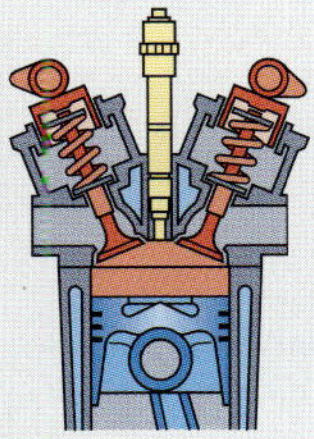 **Selbstzündung**	**Innere Gemischbildung** Das Kraftstoff-Luft-Gemisch wird innerhalb des Zylinders gebildet. Die Verbrennung des Kraftstoff-Luft-Gemisches erfolgt als Gleichdruckverbrennung. **Selbstzündung** Der am Ende des Verdichtungstraktes eingespritzte Kraftstoff entzündet sich an der heißen Luft, nachdem diese im Wesentlichen durch die Verdichtung genügend hoch erwärmt worden ist.	**Direkte Einspritzung** Kraftstoff wird direkt in den ungeteilten Verbrennungsraum eingespritzt. **Indirekte Einspritzung** Kraftstoff wird in den geteilten Brennraum (Nebenbrennraum) eingespritzt. • **Vorkammerverfahren.** Kraftstoff wird in eine Vorkammer (Teil des Brennraumes eingespritzt, die durch eine oder mehrere enge Öffnungen mit dem Zylinder verbunden ist. • **Wirbelkammerverfahren.** Kraftstoff wird in eine Wirbelkammer (Teil des Brennraums) eingespritzt, die durch eine weite Öffnung mit dem Zylinder verbunden ist.

Arbeitsverfahren

Viertaktverfahren	Ein Arbeitsspiel umfasst 2 Umdrehungen der Kurbelwelle, ≙ vier Hübe des Kolbens.	Otto-Viertaktverfahren Diesel-Viertaktverfahren
Zweitaktverfahren	Ein Arbeitsspiel umfasst 1 Umdrehung der Kurbelwelle, ≙ zwei Hübe des Kolbens.	Otto-Zweitaktverfahren Diesel-Zweitaktverfahren

Ladung

Saugmotor	Kraftstoff-Luft-Gemisch oder Luft wird durch den Kolben angesaugt.	Vergasermotoren Einspritzmotoren
Lademotoren	Die Luft wird außerhalb des Zylinders ganz oder teilweise vorverdichtet.	Dynamische Aufladung, z.B. Schwingsaugrohre Fremdaufladung, z.B. Abgasturbolader

Steuerung

Obengesteuerte Motoren

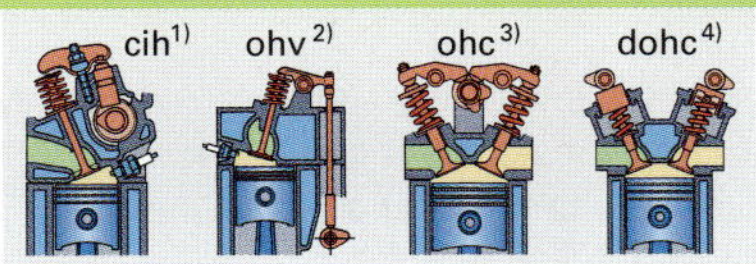

Die Schließbewegung der Ventile erfolgt in Richtung UT nach OT. Die Lage der Nockenwelle bleibt unberücksichtigt. Obengesteuerte Motoren haben hängende Ventile.

Untengesteuerte Motoren

Die Schließbewegung der Ventile erolgt in Richtung OT nach UT. Die Lage der Nockenwelle bleibt unberücksichtigt. Untengesteuerte Motoren haben stehende Ventile.

Kolbenbewegung

Hubkolbenmotor	Kolben führt eine geradlinige Bewegung zwischen zwei Umkehrpunkten aus.	Ottomotor, Dieselmotor
Kreiskolbenmotor	Kolben macht eine rotierende Bewegung.	Wankelmotor (Rotationskolbenmotor)

Drehrichtung

Rechtslaufender Motor	Motor dreht im Uhrzeigersinn, gesehen von der gegenüberliegenden Seite der Kraftabgabe.
Linkslaufender Motor	Motor dreht entgegen Uhrzeigersinn, gesehen von der gegenüberliegenden Seite der Kraftabgabe.

[1] camshaft in head [2] overhead valves [3] overhead camshaft [4] double overhead camshaft

F

Kühlung

Begriff	Erklärung	Verfahren
Flüssigkeitskühlung (indirekte Kühlung)	Die abzuführende Wärme wird von einer Kühlflüssigkeit aufgenommen, nach außen transportiert und an die Umgebungsluft abgegeben .	Pumpenumlaufkühlung
Luftkühlung (direkte Kühlung)	Die abzuführende Wärme wird direkt an die umströmende Umgebungsluft abgegeben.	Gebläse- oder Fahrtwindkühlung

Zylinderanordnung

Bauform	Bezeichnung	Zyl.-Zahl	Zündfolgen (Beispiele)		Besonderheiten
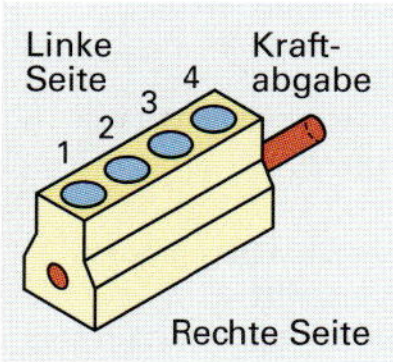	Reihenmotor – Viertakt R	3	1 3 2		Alle Zylinder sind hintereinander angeordnet.
		4	1 3 4 2	1 2 4 3	
		5	1 2 4 5 3		
		6	1 5 3 6 2 4 1 2 4 6 5 3	1 4 2 6 3 5 1 4 5 6 3 3	
		8	1 6 2 5 8 3 7 4		
			1 3 6 8 4 2 7 5		
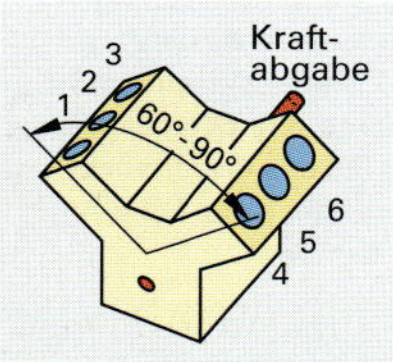	V-Motor – Viertakt V	4	1 3 4 2		Die Zylinder sind V-förmig unter einem Winkel zwischen 60° und 90° angeordnet.
		6	1 4 2 5 3 6		
			1 8 2 7 4 5 3 6		
		8	1 6 3 5 4 7 2 8		
			1 5 4 8 6 3 7 2		
		12	1 7 5 11 3 9 6 12 2 8 4 10		
			1 12 6 8 3 10 6 7 2 11 4 9		
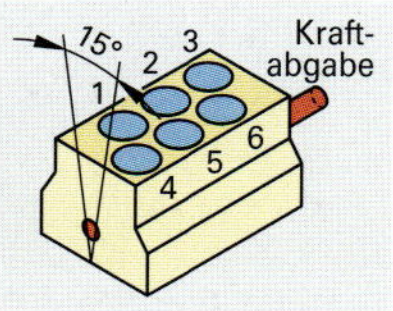	VR-Motor – Viertakt VR	5	1 2 4 5 3		Die Zylinder sind V-förmig unter einem Winkel von ca. 15° und versetzt zueinander angeordnet. **Merkmale:** • Geringe Motorbreite • Kurze Motoren • Geschränkte Pleuelstange
		6	1 5 3 6 2 4		
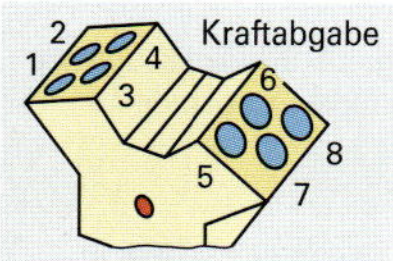	V-VR-Motor – Viertakt (unechter W-Motor) V-VR (W)	8	1 5 2 6 4 8 3 7		Kombination aus V-Motor und VR-Motor
		12	1 12 5 8 3 10 6 7 2 11 4 9		
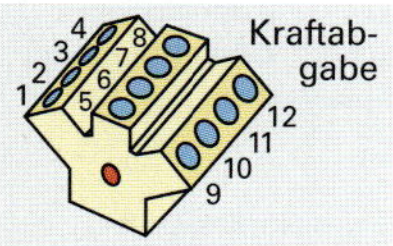	W-Motor – Viertakt W	9	1 6 7 3 4 9 2 5 8		Drei Zylinderbänke sind W-förmig angeordnet. Derzeit nicht in Serie.
		12	1 8 9 3 6 11 4 5 12 2 7 10		
		18	1 12 13 5 8 17 3 10 15 6 7 18 2 11 14 4 9 16		
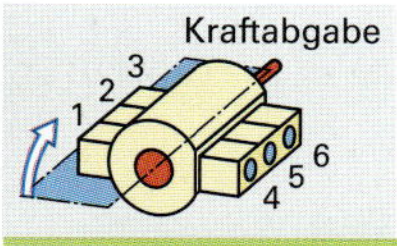	Boxermotor-Viertakt B	4	1 4 3 2		Die Zylinder sind entgegengesetzt angeordnet. Die Kraftabgabe erfolgt über eine Kurbelwelle.
		6	1 6 2 4 3 5		
		8	1 7 2 8 5 3 6 4		
		12	1 9 5 12 3 8 6 10 2 7 4 11		

Einbaulage des Motors

Frontmotor	Mittelmotor	Heckmotor	Unterflurmotor
	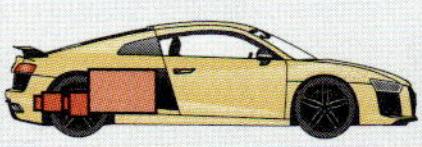		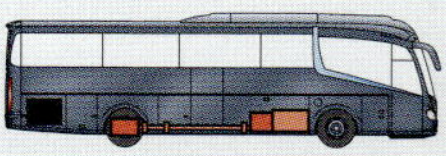

F

1 Arbeitsspiel = 2 Umdrehungen der Kurbelwelle = 4 Kolbenhübe (720° Kurbelwinkel)

OT → UT	OT ← UT	OT → UT	OT ← UT
1. Takt: Ansaugen	**2. Takt: Verdichten**	**3. Takt: Arbeiten**	**4. Takt: Ausstoßen**
Unterdruck p_e = – 0,1 bar ... – 0,3 bar	Überdruck p_e = 12 bar ... 18 bar	Überdruck p_e = 30 bar ... 60 bar	Überdruck p_e ≈ 0,2 bar (Staudruck)
≈ 100 °C	≈ 400 °C ... 500 °C	≈ 2000 °C ... 2500 °C	≈ 700 °C ≈ 1000 °C bei Volllast

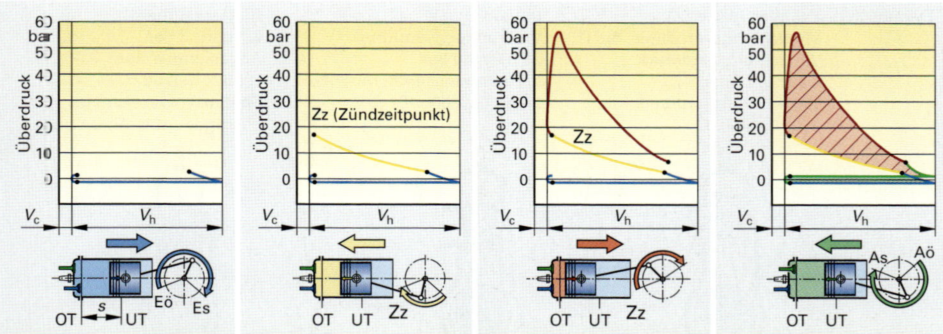

Vorgänge im Verbrennungsraum

Raumvergrößerung ergibt Unterdruck (Saugwirkung)	**Raumverkleinerung ergibt Überdruck**	**Raumvergrößerung durch Gasdruck** (Verbrennung)	**Raumverkleinerung ergibt Staudruck**

Ansaugen. Kraftstoff-Luft-Gemisch wird angesaugt. Innenkühlung durch Frischgas. Bessere Füllung durch Nachströmen. Trotz Ventilüberschneidung kaum Vermischung von Frisch- und Abgasen. Ventilüberschneidung fördert gute Entleerung und Zylinderinnenkühlung. Hohe Leistung durch großen Liefergrad.

Liefergrad abhängig von:
- Ventilöffnungszeit und Motordrehzahl
- Zylinderinnentemperatur
- Strömungswiderstände

Verdichten. Frischgasvolumen wird verdichtet. Verdichtungsverhältnis: $\varepsilon = 7 \ldots 12$. Höhere Verdichtung verbessert die Leistung und den thermischen Wirkungsgrad. Die Verdichtungstemperatur darf die Selbstentzündungstemperatur des Frischgases nicht überschreiten. Während des Verdichtungstaktes sind EV und AV geschlossen.

Motoren mit hoher Verdichtung benötigen Super Plus.

Arbeiten. Kraftstoff-Luft-Gemisch wird etwa 0° bis 40° vor OT entzündet. Die chemische Energie des Kraftstoffs wird in Wärmeenergie und diese in mechanische Arbeit umgewandelt. Nur beim Arbeitstakt wird Arbeit abgegeben, für die anderen Takte muss Arbeit aufgewendet werden.

Ausbreitungsgeschwindigkeit der Flammenfront:
20 m/s ... 40 m/s
300 m/s ... 500 m/s bei klopfender Verbrennung.

Ausstoßen. Kolben schiebt die verbrannten Gase (Abgase) aus. Auslassventil öffnet schon vor UT, um den Gegendruck zu vermindern, wenn der Kolben sich in Richtung OT bewegt (Verminderung der Verlustarbeit). Abgasdruck beim Öffnen des Auslassventils sinkt auf etwa 0,2 bar ab.

Abgase strömen mit Schallgeschwindigkeit aus. Auslassventil bleibt bis nach OT geöffnet, Abgase strömen infolge ihrer Trägheit weiter und erzeugen einen Unterdruck im Ansaugtakt.

F

Steuerdiagramm für Ventile

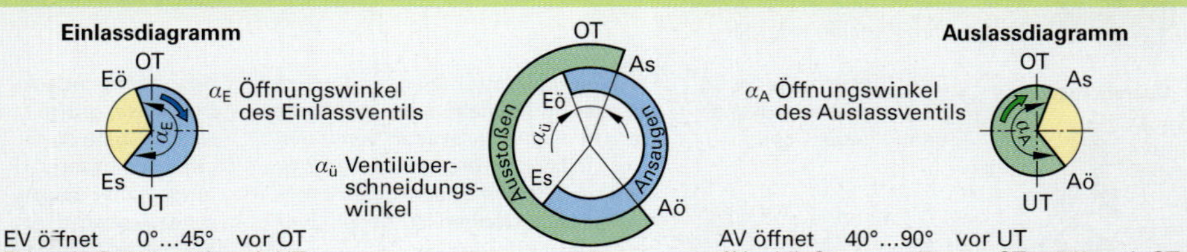

EV öffnet 0°...45° vor OT
EV schließt 35°...90° nach UT

AV öffnet 40°...90° vor UT
AV schließt 4° vor OT ...54° nach OT

1 Arbeitsspiel = 1 Umdrehung der Kurbelwelle = 2 Kolbenhübe = 360° Kurbelwinkel

Vorgänge	Kolben bewegt sich von UT nach OT 1. Takt	Kolben bewegt sich von OT nach UT 2. Takt	Übergang vom 2. Takt zum 1. Takt
Über dem Kolben (im Zylinder)	**Verdichten.** Kolbenoberkante schließt zuerst Überström-, dann Auslassschlitz (Nachauslass). Gemisch wird im Zylinder verdichtet. Verdichtungsverhältnis: 6...11 Verdichtungsenddruck: 8 bar ... 12 bar Verdichtungsendtemperatur: 300 °C...450 °C	**Arbeiten.** Kurz vor OT leitet der Zündfunke die Verbrennung ein. Chemische Energie wird in mechanische Energie umgewandelt. Verbrennungsenddruck: 25 bar...40 bar Verbrennungsendtemperatur: 2000 °C...2500 °C	**Ausströmen.** Nach Öffnen der Auslassschlitze strömen die verbrannten Gase aus (Vorauslass). Abgasrestdruck: 0,1 bar...3 bar Abgastemperatur: 1000 °C...1200 °C **Spülen.** Vorverdichtetes Frischgas spült Abgas aus.
	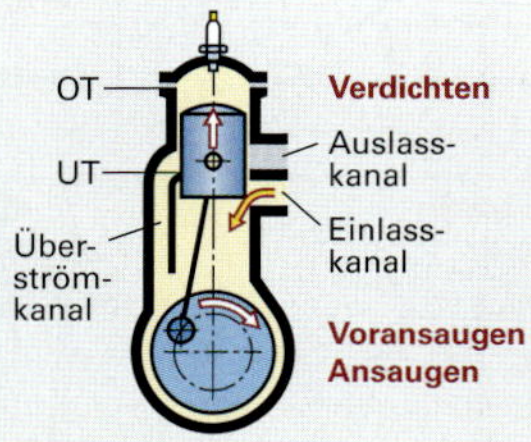	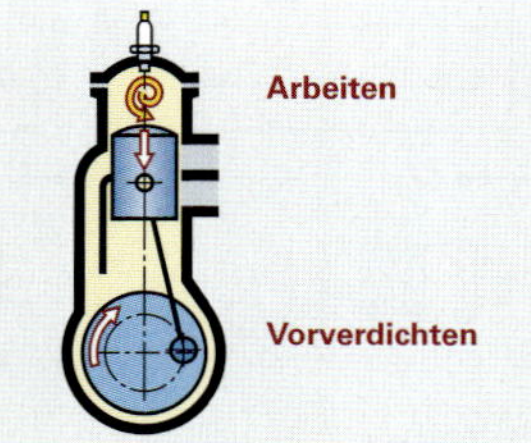	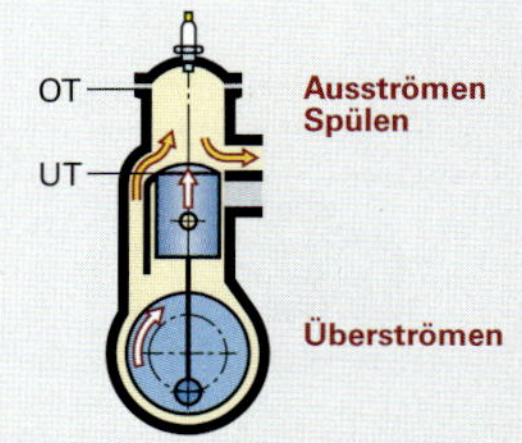
Unter dem Kolben (im Kurbelgehäuse)	**Voransaugen.** Raumvergrößerung in Kurbelkammer erzeugt Unterdruck. **Ansaugen.** Kolbenunterkante gibt Einlassschlitz frei, Gemisch strömt ein. Druck: – 0,2 bar...– 0,6 bar	**Vorverdichten.** Kolbenunterkante schließt Einlassschlitz. Kolben bewegt sich Richtung UT und erzeugt eine Raumverkleinerung. Gemisch wird vorverdichtet. Druck: 0,3 bar...0,8 bar	**Überströmen.** Überströmschlitze öffnen. Das vorverdichtete Frischgas strömt über den Überströmkanal in den Verbrennungsraum. Staudruck: 0,2 bar...0,4 bar. Überströmdruck: 1,3 bar...1,6 bar

Spülsysteme

Spülverfahren	Merkmale	Wirkungsweise	Eigenschaften
Umkehrspülung 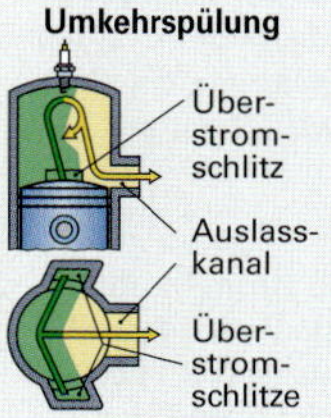	Je ein Überströmkanal liegt links und rechts vom Auslasskanal (nach Adolf Schnürle). Die Öffnungen der Überströmkanäle liegen unter dem Auslassschlitz (System MAN).	Frischgase strömen vom Kurbelgehäuse durch zwei Überströmkanäle tangential in den Zylinderraum. Beide Gasströme richten sich gegenseitig an der dem Auslasskanal gegenüberliegenden Zylinderwand auf und werden am Zylinderkopf umgelenkt. Ihre Strömungsrichtung kehrt sich um. Sie schieben die restlichen Abgase in den Auslasskanal.	Durch bessere Innenkühlung höhere Verdichtung möglich, geringerer spez. Kraftstoffverbrauch, geringere Spülverluste, weniger Ölkohleansatz.
Gleichstromspülung 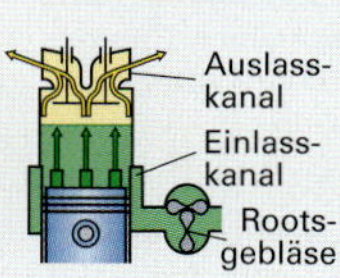	Einlass- und Auslasskanal liegen je an den entgegengesetzten Enden des Verbrennungsraums. Meist sind Ventile an einem oder beiden Kanälen erforder-	Die Frischgase strömen durch den Einlasskanal in den Zylinder ein und schieben dabei die verbrannten Gase durch den Auslasskanal nach außen.	Einfache Bauweise, gute Innenkühlung, geringe Neigung zum Ölkohleansatz auf dem Kolbenboden.
Querstromspülung 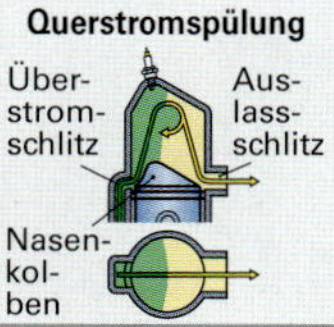	Der Überströmkanal liegt dem Auslasskanal genau gegenüber.	Die Frischgase strömen quer durch den Zylinder und schieben die verbrannten Gase in den Auslasskanal. Damit der obere Teil des Verbrennungsraums gespült wird, ist ein Nasenkolben oder ein schräg nach oben laufender Überströmkanal erforderlich.	Besonders einfache Bauweise, große Spülverluste durch „Kurzschlussspülung", hoher spezifischer Kraftstoffverbrauch.

F

Steuerung des Gaswechsels

Steuerdiagramme

Symmetrisches Steuerdiagramm

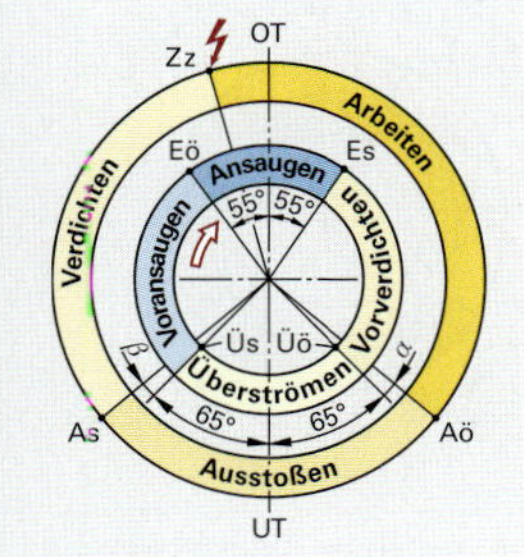

Eö	Einlasskanal öffnet
Es	Einlasskanal schließt
Aö	Auslasskanal öffnet
As	Auslasskanal schließt
Üö	Überströmkanal öffnet
Üs	Überströmkanal schließt
Zz	Zündzeitpunkt
α	Vorauslasswinkel
β	Nachauslasswinkel

Steuerzeiten (Beispiel)

Eö	55...60° vor OT	Es	55...60° nach OT
Aö	60...70° vor UT	As	60...70° nach UT
Üö	≈ 55° vor UT	Üs	≈ 55° nach UT

Ein Zweitaktmotor mit symmetrischem Steuerdiagramm hat gleiche Steuerzeiten für die Öffnungs- und Schließpunkte.

Vorauslass. Kolben gibt Auslassschlitz vor Überströmschlitz frei. Der Druckabfall im Zylinder ermöglicht leichteres Überströmen.

Nachauslass. Der nach OT gehende Kolben schließt den Überströmschlitz vor dem Auslassschlitz. Dabei können Frischgase zum Auslass hinausgeschoben werden.

Unsymmetrisches Steuerdiagramm

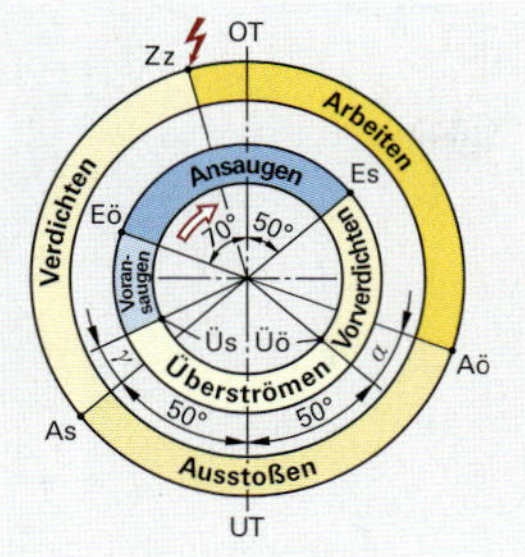

Eö	Einlasskanal öffnet
Es	Einlasskanal schließt
Aö	Auslasskanal öffnet
As	Auslasskanal schließt
Üö	Überströmkanal öffnet
Üs	Überströmkanal schließt
Zz	Zündzeitpunkt
α	Vorauslasswinkel
β	Nachladewinkel

Steuerzeiten (Beispiel)

Eö	70° vor OT	Es	50° nach OT
Aö	70° vor UT	As	50° nach UT
Üö	50° vor UT	Üs	65° nach UT

Ein Zweitaktmotor mit unsymmetrischem Steuerdiagramm hat ungleiche Steuerzeiten für die Öffnungs- und Schließpunkte.

Einlasssteuerung. Sie wird genau abgestimmt, um die Zylinderfüllung und damit die Leistung zu erhöhen.

Auslasssteuerung. Mit Ventilen kann durch früheres Schließen der Frischgasverlust verringert und ein Nachladeeffekt genutzt werden. Die Zylinderfüllung wird verbessert, der spez. Kraftstoffverbrauch sinkt.

Arten der Steuerung

Einlass- und Auslasssteuerung

Kolbensteuerung

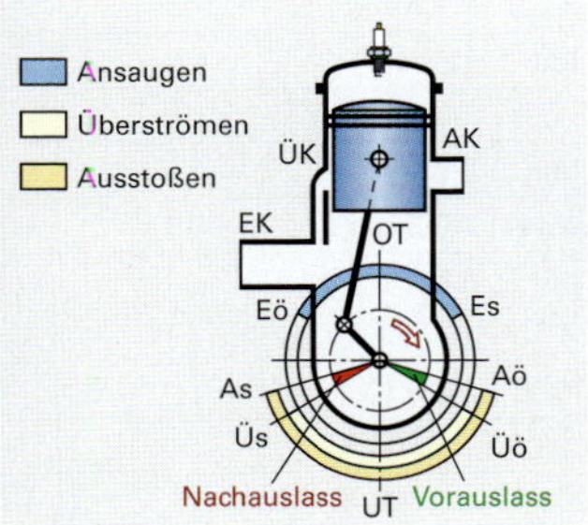

Wirkungsweise. Die in der Zylinderwand angeordneten Schlitze von Einlass-, Auslass- und Überströmkanal werden durch den Kolben verschlossen bzw. geöffnet.

Merkmale

- Symmetrisches Steuerdiagramm
- Große Spülverluste und hoher spezifischer Kraftstoffverbrauch durch Nachauslass.
- Schlechte Zylinderfüllung durch kürzeren Gaswechsel und kurze Gaswechselzeit und kurzen nutzbaren Hub.

Einlasssteuerung

Membransteuerung

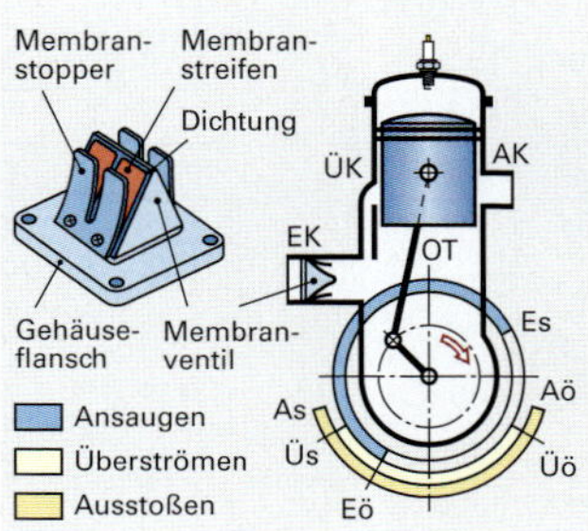

Wirkungsweise. Das Membranventil steuert den Einlass der Frischgase (Einlasssteuerung) in den Kurbelraum selbsttätig.

Merkmale

- Unsymmetrisches Steuerdiagramm.
- Verbesserte Füllung und Motorleistung über einen breiten Drehzahlbereich.

Schiebersteuerung

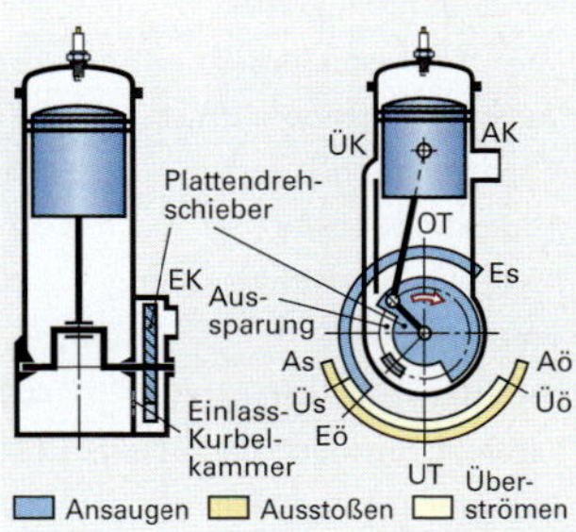

Wirkungsweise. Die Steuerung des Gaswechsels erfolgt durch einen Walzen- oder Plattendrehschieber, der sich mit der Kurbelwelle dreht.

Merkmale

- Unsymmetrisches Steuerdiagramm.
- Bessere Füllung im unteren Drehzahlbereich.
- Weniger Spülverluste, dadurch geringerer spezifischer Kraftstoffverbrauch.

F

Motorarten (Saugmotor)	Viertakt-Motor	Zweitakt-Motor
1 Arbeitsspiel	**2 Umdrehungen = 4 Kolbenhübe**	**1 Umdrehung = 2 Kolbenhübe**
Steuerdiagramm	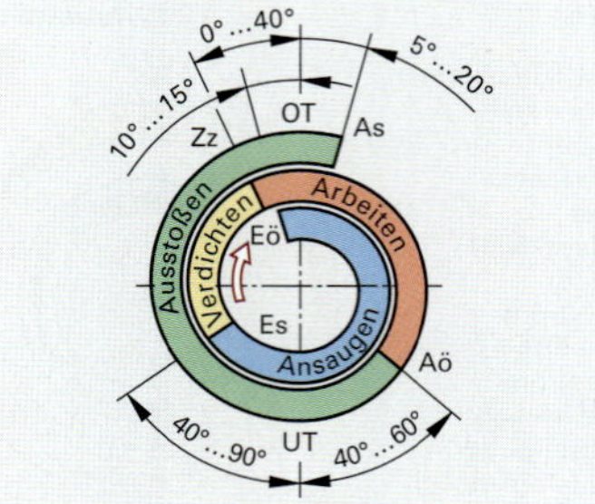	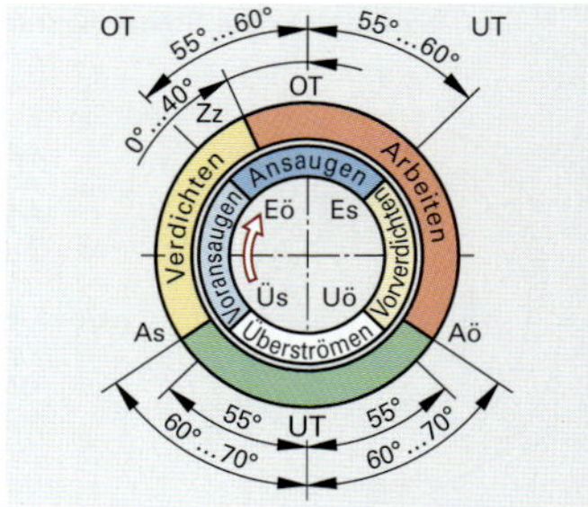
Aufbau	• Ventile im Zylinderkopf • Steuerung durch Nockenwelle und Ventile • Kurbelgehäuse mit Ölwanne • Druckumlaufschmierung • Mehr Bauteile zur Gaswechselsteuerung • Einteilige Kurbelwelle	• Schlitze (Kanäle) in Zylinderwand • Einlasssteuerung durch Kolben, Membrane oder Drehschieber • Kurbelgehäuse gasdicht, einteilig • Mischungs- und Frischölschmierung • Weniger Bauteile zur Gaswechselsteuerung • Kurbelwelle gebaut (mehrteilig)
Gaswechsel (Ladungswechsel)	• Geschlossener Gaswechsel • Geringe Spülverluste durch Ventilüberschneidung • Liefergrad = 70 % ... 90 %	• Offener Gaswechsel • Größere Spülverluste durch Nachauslass • Liefergrad = 50 % ... 70 %
Öffnungswinkel	Einlassventil 230 °KW ... 280 °KW Auslassventil 220 °KW ... 250 °KW	Einlassventil 110 °KW ... 120 °KW Auslassventil 120 °KW ... 140 °KW Überströmwinkel 100 °KW ... 110 °KW
Drücke		
Ansaugdruck	– 0,1 bar ... – 0,3 bar	– 0,4 bar ... – 0,8 bar
Vorverdichtungsdruck	Nicht erforderlich	0,3 bar ... 0,8 bar
Verdichtungsenddruck	12 bar ... 18 bar	8 bar ... 12 bar
Verbrennungshöchstdruck	30 bar ... 60 bar	25 bar ... 40 bar
Abgasdruck bei Aö	3 bar ... 5 bar	2 bar ... 3 bar
Abgasdruck bei As	0,2 bar ... 0,5 bar	0,1 bar ... 0,3 bar
Mittl. Nutzbarer Kolbendruck	7 bar ... 12 bar	3 bar ... 6 bar
Temperaturen		
Verdichtungsendtemperatur	400 °C ... 500 °C	300 °C ... 450 °C
Verbrennungshöchsttempratur	2000 °C ... 2500 °C	2000 °C ... 2500 °C
Abgastemperatur (Volllast)	700 °C ... 1000 °C	1000 °C ... 1200 °C
Kenngrößen		
Leistungsgewicht	1,3 kg/kW ... 5,0 kg/kW	0,5 kg/kW ... 3,0 kg/kW
Hubraumleistung	155 kW/l	160 kW/l
Nutzwirkungsgrad	28 % ... 33 %	17 % ... 29 %
Verdichtungsverhältnis	7 ... 12	6 ... 11
Spezifischer Kraftstoffverbrauch	240 g/kWh ... 380 g/kWh	310 g/kWh ... 600 g/kWh
Schmierölverbrauch	< 0,1 l/100 km	... 0,3 l/100 km
Merkmale	• Geringere Wärmebelastung, da je Arbeitshub drei Leerhübe erfolgen • Geringere mechanische Belastung • Ungleichförmiges Drehmoment • Größere Bremswirkung des Motors	• Höhere Wärmebelastung, da keine Leerhübe • Größere mechanische Belastung • Gleichförmiges Drehmoment • Geringere Bremswirkung des Motors

F

Verbrennung in Viertakt-Ottomotoren

Normale Verbrennung

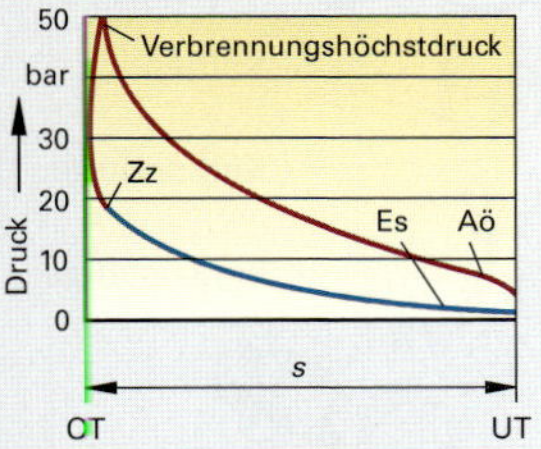

Klopfende Verbrennung

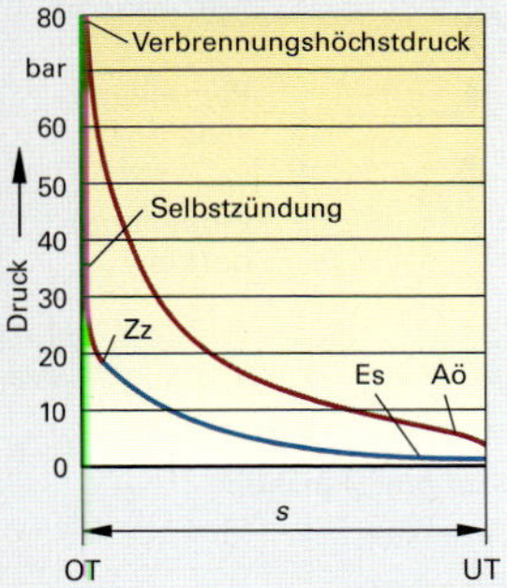

Normale Verbrennung. Entzündung des Kraftstoff-Luft-Gemisches (KLG) durch den Zündfunken, Flamme breitet sich kugelförmig aus.

Gleichraumverbrennung. Der Gasdruck steigt bei nahezu gleichbleibendem Volumen des Verbrennungsraumes stark an.

Kennwerte	
Verdichtungsenddruck	12 bar ... 18 bar
Verdichtungsendtempratur	400 °C ... 500 °C
Entflammungsphase	bis 0,001 s
Flammenausbreitung	20 m/s ... 40 m/s
Druckanstieg	2 bar/°KW ... 4 bar/°KW
Brenndauer des KLG	bis 0,003 s
Verbrennungshöchstdruck	30 bar ... 60 bar
Verbrennungshöchsttemperatur	2000 °C ... 2500 °C

Klopfende Verbrennung. Entzündung des KLG durch den Zündfunken, Druck und Temperatur der noch unverbrannten Frischgase steigen an. Ist die Selbstentzündungstemperatur erreicht, entzünden sie sich von selbst unkontrolliert. Temperatur und Druck steigen im Verbrennungsraum schlagartig an. Beim Zusammenprall der beiden Flammenfronten und Auftreffen auf Wandungen kommt es zu hochfrequenten Schwingungen und klopfenden Geräuschen. Motor und Kurbeltrieb werden thermisch und mechanisch sehr hoch belastet. Das Klopfen tritt gegen Ende der Verbrennung auf.

Kennwerte	
Flammenausbreitung	300 m/s ... 500 m/s
Druckanstieg	bis 8 bar/°KW
Druckschwingungen	6000 Hz ... 7000 Hz

Glühzündungen. Auslösung durch glühende Teile im Verbrennungsraum, bevor die normale Entzündung des KLG durch den Zündfunken erfolgt.

Verbrennung in Viertakt-Dieselmotoren

Normale Verbrennung

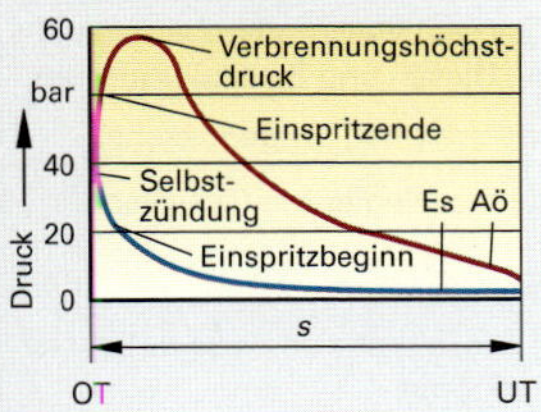

Klopfende Verbrennung

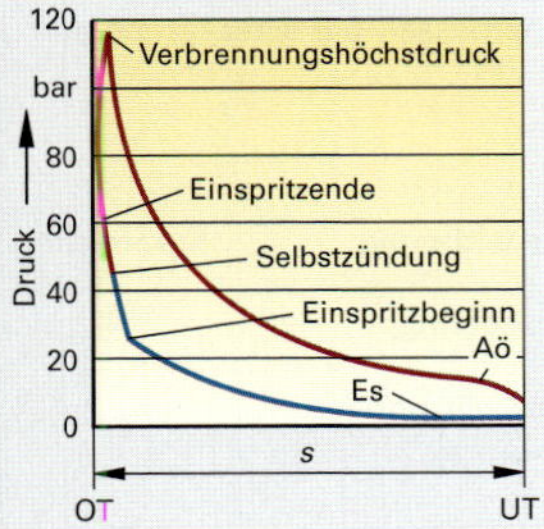

Normale Verbrennung. Kraftstoff wird in die durch Verdichtung über die Zündtemperatur des Kraftstoffs erhitzte Luft fein zerstäubt eingespritzt. Beim Erreichen der Zündtemperatur entflammen die Kraftstoffdämpfe von selbst.

Gleichdruckverbrennung. KLG verbrennt bei nahezu konstantem Druck.

Kennwerte	
Verdichtungsenddruck	30 bar ... 55 bar
Verdichtungsendtempratur	600 °C ... 900 °C
Einspritzbeginn frühestens	15° vor OT ... 30° vor OT
Einspritzende spätestens	5° nach OT ... 10° nach OT
Einspritzdrücke	2500 bar ... 3000 bar
Zündverzug	bis 0,001 s
Flammenausbreitung	20 m/s ... 40 m/s
Verbrennungsdauer	75 °KW ... 85 °KW
Verbrennungshöchstdruck	60 bar ... 140 bar
Verbrennungshöchsttemperatur	2000 °C ... 2500 °C

Klopfende Verbrennung (Nageln). Eingespritzter Kraftstoff sammelt sich an und verbrennt nach geraumer Zeit (zu großer Zündverzug) schlagartig (Dieselschlag). Motor und Kurbeltrieb werden thermisch und mechanisch hoch belastet. Das Klopfen tritt zu Beginn der Verbrennung auf.

Kennwerte	
Zündverzug	0,002 s ... 0,020 s
Flammenausbreitung	300 m/s ... 500 m/s
Verbrennungshöchstdruck	bis 160 bar

Zündverzug. Zeitspanne zwischen Einspritzbeginn und Auslösen der Zündung.

F

Motorbauteile

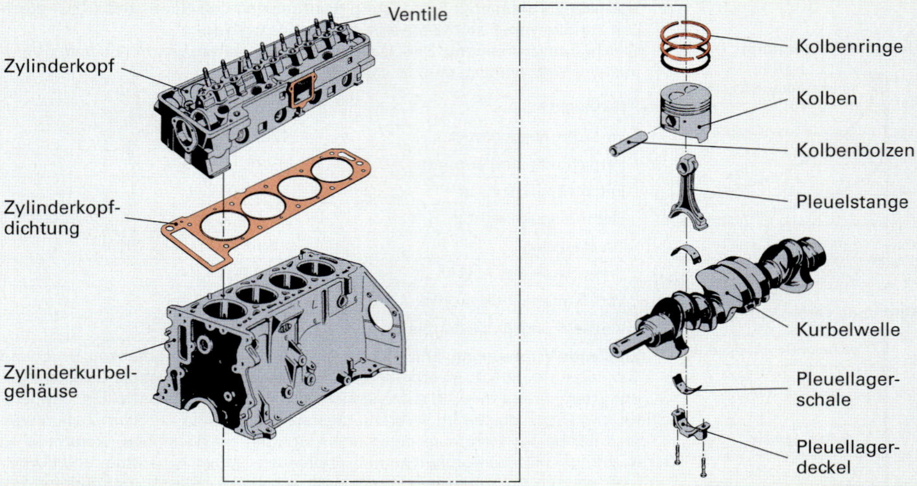

Bauteile am Kurbeltrieb

Bauteile | **Bezeichnungen**

Kolben

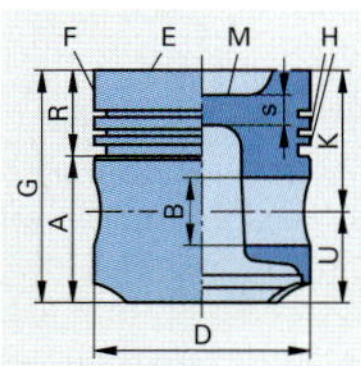

G	Gesamtlänge	K	Kompressionshöhe
A	Schaftlänge	F	Feuersteg
R	Kolbenringzone	H	Ringstege
D	Kolbendurchmesser	E	Kolbenboden
B	Kolbenbolzendurchmesser	M	Brennraummulde
U	Untere Länge	s	Bodendicke

Kolbenbauarten, Merkmale

Einmetallkolben: Sie sind gegossene oder gepresste (geschmiedete) Vollschaftkolben aus einem Werkstoff, z.B. AlSi-Legierungen für Otto-, Diesel- und Zweitaktmotoren.

Gepresste Kolben sind für hohe Drücke besser geeignet, als gegossene.

Ringträgerkolben mit Kühlkanal:

Merkmale:
- erste Kolbenringnut besteht aus hochlegiertem Gusseisen
- höhere Standzeit des Kolbens
- bessere Kühlung durch Kühlkanal.

Verwendung: Vorwiegend bei aufgeladenen Dieselmotoren, wegen besonders hoher Beanspruchung der ersten Kolbenringnut.

Werkstatthinweise

Kolbendurchmesser: Er wird am Schaftende, senkrecht zur Kolbenbolzenachse gemessen.

Einbauspiel: Es ist die Differenz zwischen Zylinder und Kolbendurchmesser in mm, gemessen bei einer Temperatur von 20 °C.

Kolbenringe

Verdichtungsringe			**Ölabstreifringe**		
Querschnitt	**Bezeichnung**	**Kurzzeichen**	**Querschnitt**	**Bezeichnung**	**Kurzzeichen**
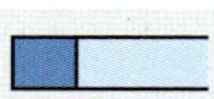	Rechteckring	R	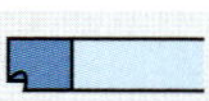	Nasenring	N
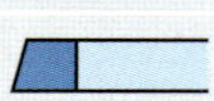	Minutenring	M	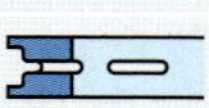	Ölschlitzring (normal)	O
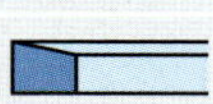	Trapezring (einseitig)	Tr	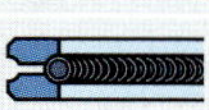	Schlauchfederring	SF

F

Bauteile	**Bauarten, Merkmale**				
Kolbenbolzen vgl. DIN 73 126	Bauformen	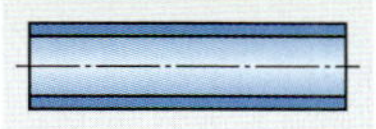	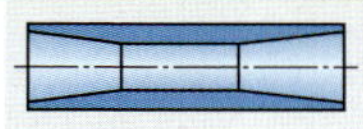		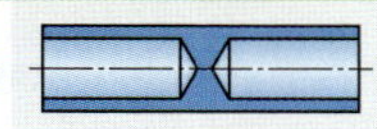
	Kennzeichen	Durchgehende zylindrische Bohrung	Kegelig aufgeweitete Bohrungsenden	Einseitig geschlossene Bohrung	Bohrung in der Mitte geschlossen
	Verwendung	Otto-, Dieselmotoren	Sportmotoren	Zweitaktmotoren	Sportzweitaktmotoren

Pleuelstange

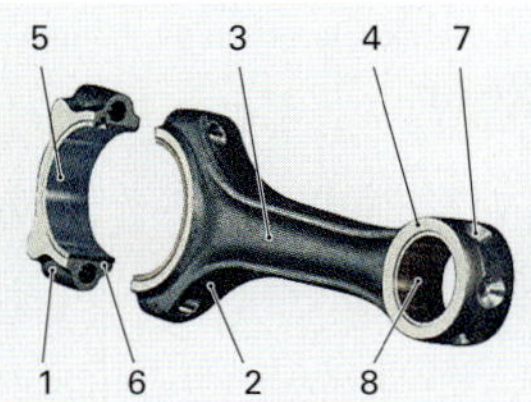

1 Pleueldeckel
2 Pleuelfuß
3 Pleuelschaft
4 Pleuelauge
5 Pleuellagerschale
6 Bruchfläche
7 Ölbohrungen
8 Lagerbuchse

Aufgaben

- Verbindet Kolben und Kurbelwelle
- Überträgt Kolbenkraft auf Kurbelwelle
- Wandelt geradlinige Bewegung des Kolbens in eine Drehbewegung der Kurbelwelle um

Kurbelwelle

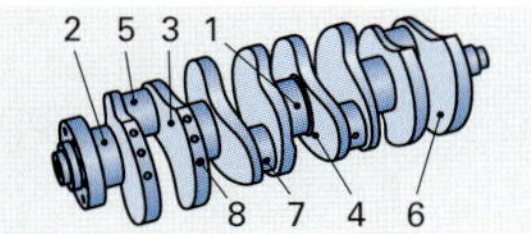

1 Wellenzapfen für Passlager
2 Wellenzapfen
3 Gegengewicht
4 Anlauffläche für Passlager
5 Kurbelzapfen
6 Kurbelwange
7 Ölbohrung
8 Wuchtbohrungen

Gleitlager (Kurbelwellen- und Pleuellager)

Bezeichnung	**Zweistofflager**	**Dreistofflager**	**Aluminium-Zink-Bonderlager**	**Sputterlager**
Aufbau	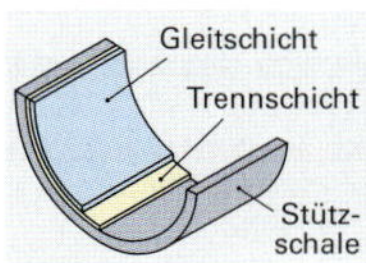	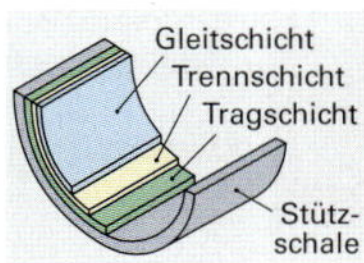	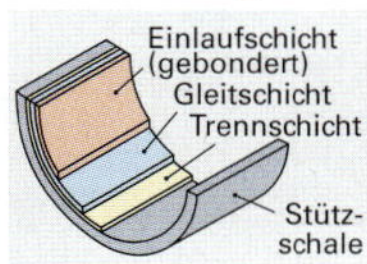	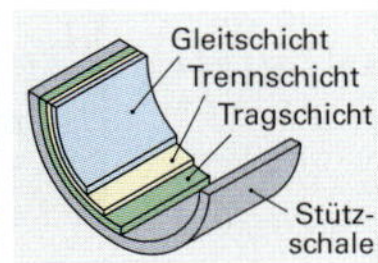
Schichtwerkstoffe	**Gleitschicht:** AlSn20Cu **Trennschicht:** Reinaluminium **Stützschale:** Stahl	**Gleitschicht:** PbSn10Cu3 **Trennschicht:** Nickel **Tragschicht:** CuPb23Sn4 **Stützschale:** Stahl	**Einlaufschicht:** Zinkphosphat **Gleitschicht:** AlZn45SiCu **Trennschicht:** Reinaluminium **Stützschale:** Stahl	**Gleitschicht:** AlSn20Cu **Trennschicht:** NiCr-Legierung **Tragschicht:** CuPb22Sn **Stützschale:** Stahl
Verwendung	Gering belastete Ottomotoren	Ottomotoren	Aufgeladene Dieselmotoren	Aufgeladene Dieselmotoren

Zylinder

Flüssigkeitskühlung

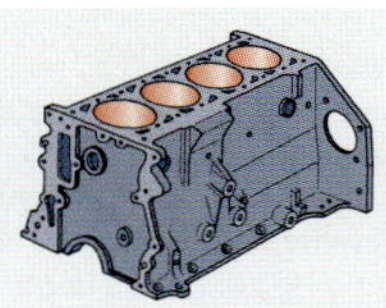
Flüssigkeitsgekühltes Zylinderkurbelgehäuse

Zylinderlaufbuchsen

Trocken

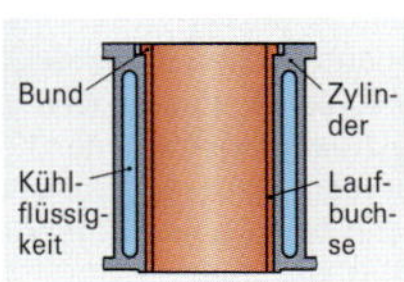

Nass

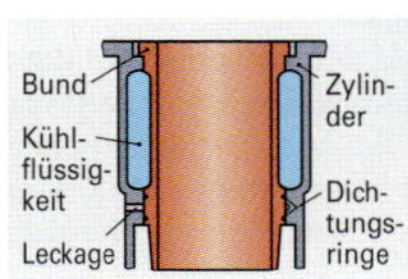

Luftkühlung

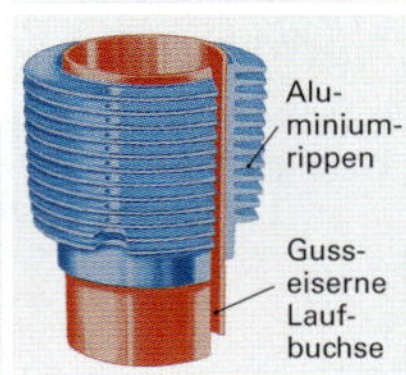

Zylinderlaufbahnen bei Aluminiumzylindern

Zur Verbesserung der Verschleißfestigkeit von Al-Zylindern werden folgende Verfahren eingesetzt:

- **ALUSIL** für Al-Legierungen mit hohem Si-Anteil. An der Lauffläche wird nach dem Feinbearbeiten weiches Al weggeätzt und harte, verschleißfeste Si-Kristalle werden freigelegt.
- **NIKASIL.** Laufbahn wird galvanisch mit einer verschleißfesten Ni-Schicht versehen.
- **LOKASIL.** In den Al-Zylinderblock wird ein hochporöser Formkörper (Preform) mit hohem Si-Anteil eingegossen, Oberflächenberarbeitung wie ALUSIL.

F

Kühlung

Bei Ottomotoren werden ca. 30 % und bei Dieselmotoren ca. 20 % der entstehenden Verbrennungswärme durch das Kühlsystem an die Umgebungsluft abgegeben.

Kühlungsarten

Luftkühlung:
- Einfacher Aufbau
- weitgehende Wartungsfreiheit
- geringes Leistungsgewicht
- geringe Störanfälligkeit

Flüssigkeitskühlung:
- Geichmäßige Kühlwirkung
- ermöglicht gutes Beheizen des Innenraums
- gute Dämpfung der Verbrennungsgeräusche
- geringere Einbautoleranzen der Bauteile möglich

Elektronisches Kühlsystem (Wärmemanagement-System)

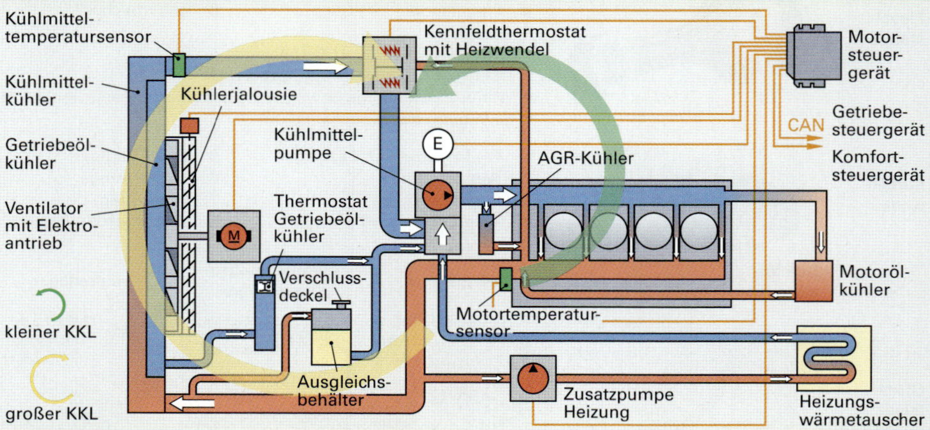

Wirkungsweise

Gesamtsystem	Durch das Motorsteuergerät werden die Wärmeströme beim Warmlauf gezielt auf Teilsysteme verteilt. Um den thermischen Wirkungsgrad zu optimieren und den Motor vor Überhitzung zu schützen, wird die Temperatur des Kühlmittels mit einem Kennfeldthermostat auf etwa 90 °C bis 120 °C gehalten. Der Überdruck im Kühlsystem beträgt 1,3 bar bis 2 bar. Dadurch wird die Siedetemperatur der Kühlflüssigkeit erhöht.
Steuergeräte	**Motorsteuergerät.** Es regelt je nach Betriebszustand die Kühlmitteltemperatur, steuert den Ventilator, die Stellung der Kühlerjalousie sowie die Kühlung der zurückgeführten Abgase (AGR) und ggf. die Getriebe- und Motoröltemperatur. Bei Dieselmotoren kann noch ein elektrischer Zuheizer (PTC) angesteuert werden. **Komfortsteuergerät.** Es regelt den Wärmebedarf der Klima-/Heizungsanlage.

F

Arbeitsweise der Kennfeldkühlung

Kaltstart und Warmlaufphase	**Aufgabe.** Der Motor soll schnell seine Betriebstemperatur erreichen. In der Warmlaufphase muss der Wärmebedarf der Innenraumheizung gedeckt werden. **Arbeitsweise.** Der Zulauf vom Kühler zur Pumpe ist durch den Thermostat verschlossen. Durch das Zu- und Abschalten der elektrisch angetriebenen Kühlmittelpumpe wird der Kühlmittelumlauf innerhalb des Motors gesteuert. Über die Zusatzpumpe Heizung wird in der Warmlauf phase die Innenraumheizung mit der sich erwärmenden Kühlflüssigkeit versorgt.
Betriebswarme Motor	**Aufgabe.** Der Kennfeldthermostat regelt die Motortemperatur. Es werden 2 Modi unterschieden.
Eco-Modus	**Aufgabe.** Erhöhung des Wirkungsgrades des betriebswarmen Motors im Teillastbereich (mittlere Drehzahl, mittlere Last). **Arbeitsweise.** Der Dehnstoffthermostat öffnet den großen Kühlkreislauf erst bei höheren Temperaturen, z. B. > 106 °C.
Volllast-Modus	**Aufgabe.** Bauteilschutz und Erhöhung des Füllungsgrades bei Volllast. **Arbeitsweise.** Der kennfeldgesteuerte Thermostat wird über die Heizwendel erwärmt. Der große Kühlkreislauf öffnet bei niedrigerer Temperatur (z. B. > 90 °C).

Blockschaltbild

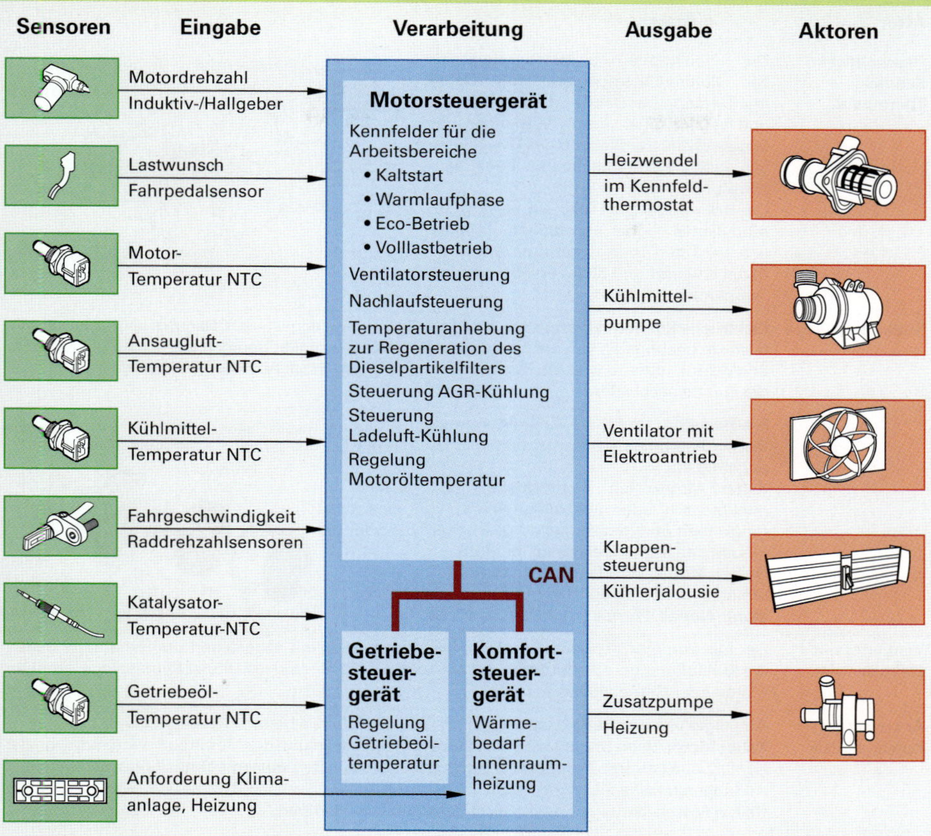

Sensoren

Sensor	Aufgaben
Motordrehzahlsensor und Fahrpedalsensor	Diese Sensoren erfassen die Motordrehzahl und den Motorlastwunsch. Das Steuergerät bestimmt in Abhängigkeit der Last und der Drehzahl den Motorkühlbedarf und den geeigneten Arbeitsbereich (Eco oder Volllast).
Motortemperatursensor	Er erfasst die Kühlmitteltemperatur im Zylinderkopf. Die Motortemperatur ist die Hauptregelgröße der Kennfeldkühlung.
Ansauglufttemperatursemsor	Die Temperatur der Ansaugluft wird für die Steuerung der Kühlerjalousie und der AGR-Kühlung benötigt.
Raddrehzahlsensoren	Sie dienen zur Bestimmung der Fahrgeschwindigkeit und somit zur Abschätzung des Fahrtwindes für die Kühlmittelkühlung.
Kühlmitteltemperatursensor	Der Sensor erfasst die Kühlmitteltemperatur am Kühleraustritt. Sie ist die Regelgröße für den Ventilator.
Katalysatortemperatursensor	Dieser wird bei Fahrzeugen mit Dieselpartikelfilter oder NO_x-Speicherkatalysator benötigt. Er erfasst die Abgastemperatur am Katalysatoreingang. Er dient zur Steuerung der Motorkühlung beim Regenerationsprozess.
Getriebeöltemperatursensor	Er erfasst die Getriebeöltemperatur. Während der Warmlaufphase wird das Getriebeöl von der Kühlflüssigkeit mit erwärmt. Bei Betriebstemperatur wird über einen Wärmetauscher die Getriebeöltemperatur konstant gehalten.

F

Aktoren

Aktor	Aufgaben
Heizwendel im Kennfeld-Thermostat	Die Heizwendel erwärmt zusätzlich zur Kühlmitteltemperatur das Dehnstoffelement. Der Dehnstoff dehnt sich aus und betätigt über den Arbeitskolben das Doppelventil. Die Stellung des Doppelventils regelt die Kühlmittelmenge bedarfsorientiert. Die Heizwendel wird über ein pulsweitenmoduliertes Signal angesteuert. Fällt sie aus, wird der Thermostat nur vom Kühlmittel erwärmt und öffnet erst bei höherer Temperatur, z. B 106 °C. 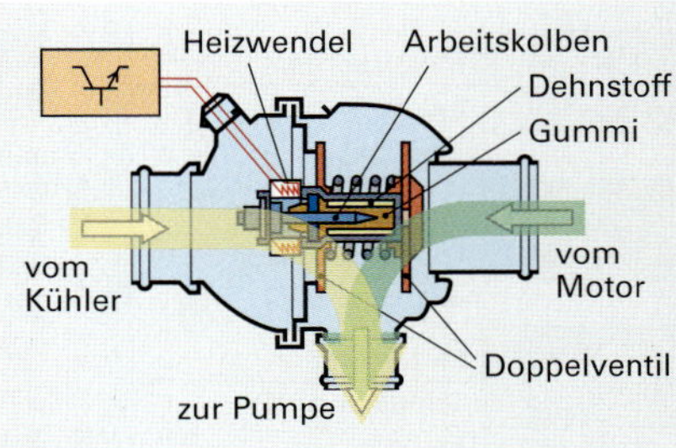
Kühlmittelpumpe	**Elektrische Kühlmittelpumpe.** Sie wird vom Steuergerät angesteuert. Dadurch kann der Kühlmittelstrom unabhängig von der Motordrehzahl bedarfsorientiert geregelt werden. In der Kaltstart- und Warmlaufphase wird die Pumpe nicht angesteuert. Nach Abstellen des heißen Motors kann die Pumpe nachlaufen.
	Mechanische, schaltbare Kühlmittelpumpe. Sie wird permanent z.B. über den Keilrippenriemen angetrieben. **Kalter Motor.** Ein Regelschieber wird elektropneumatisch oder elektrohydraulisch von einem Ringkolben über das Flügelrad geschoben und verhindert den Kühlmittelumlauf im Motor. **Heißer Motor.** Eine Druckfeder bewegt den Regelschieber in die Grundstellung ⇒ volle Förderleistung. **Notfall.** Pumpe hat volle Förderleistung. 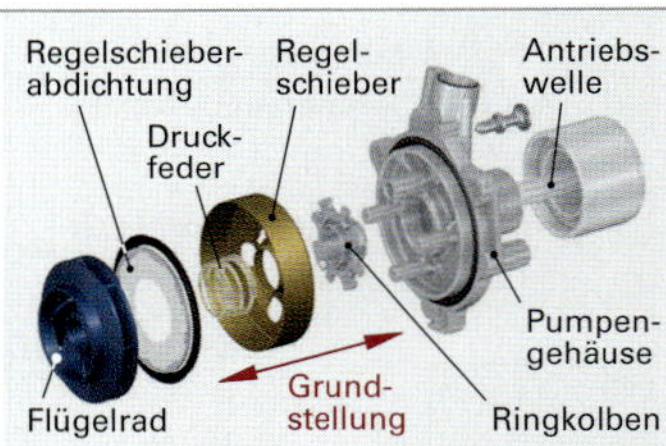
Ventilator mit Elektroantrieb	Der Elektromotor des Ventilators wird pulsweitenmoduliert angesteuert und erhöht bei Bedarf die Kühlluftmenge, z. B. bei geringer Fahrgeschwindigkeit, zugeschalteter Klimaanlage, erhöhter Motor- oder Getriebeöltemperatur.
Ansteuerung Kühlerjalousie	Abhängig von den Betriebsbedingungen wird die Jalousie bedarfsgerecht betätigt. **Kalter Motor.** Beim Starten wird die Jalousie geschlossen und der Motorraum wird nicht von der Kühlluft durchströmt. Der Motor erreicht schneller seine Betriebstemperatur, Luftwiderstand und Außengeräuschpegel sinken. **Heißer Motor.** Die Jalousie wird elektropneumatisch geöffnet.
Zusatzpumpe Heizung	Sie versorgt in der Warmlaufphase bei abgeschalteter Kühlmittelpumpe den Heizungswärmetauscher mit warmer Kühlflüssigkeit.

Fehlersuche am Kühlsystem

F

Motor wird zu heiß	Prüfung		Hinweis
Kühlmittel (KM) fehlt	KM-Stand prüfen, Undichtigkeit ermitteln	Druckprüfung	p_e = 1,5 bar, 5 Min., Verlust max. 0,5 bar
		CO_2-Test	Indikator wechselt auf Gelb → undicht
Frostschutzkonzentration zu hoch	Frostschutz prüfen		Frostschutzkonzentration korrigieren
Kühlerlamellen verschmutzt	Sichtprüfung auf Verschmutzung		Lamellen säubern, Kühler erneuern
Kühlmittel zirkuliert nicht	Thermostat prüfen		Dehnstoff, Heizwiderstand
	Kühlmittelpumpe prüfen		Ansteuerung, Antrieb, Flügelrad
	Kühlerdurchfluss prüfen		Kühler ggf. erneuern
Ventilator läuft nicht oder zu langsam	Ventilatormotor prüfen: mechanisch, elektrisch		Diagnosegerät: Fehlerspeicher, Istwerte, Stellglieddiagnose
Kühlmitteldruck zu gering	Überdruckventil am Verschlussdeckel prüfen		Öffnungsdruck z.B. p_e = 1,4 bar
Motor wird nicht / zu spät warm			
Thermostat schließt nicht	Thermostat prüfen		Öffnungstemperatur und -hub prüfen
	Ansteuerung Heizwiderstand prüfen		Fehlerspeicher auslesen.

Motorschmierung

Aufgaben	• Schmieren • Kühlen • Vor Korrosion schützen	• Abdichten • Reinigen • Geräusche dämpfen
Bauarten	• Konventienelle Druckumlaufschmierung mit Ölwanne • Trockensumpfschmierung: Druckumlaufschmierung mit separatem Vorratsbehälter	

Konventionelle Druckumlaufschmierung

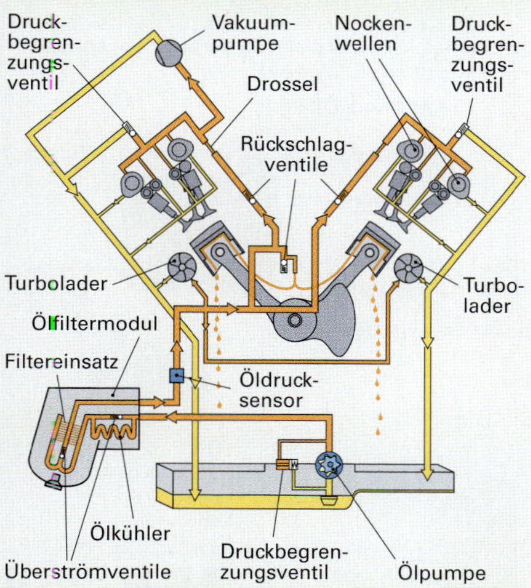

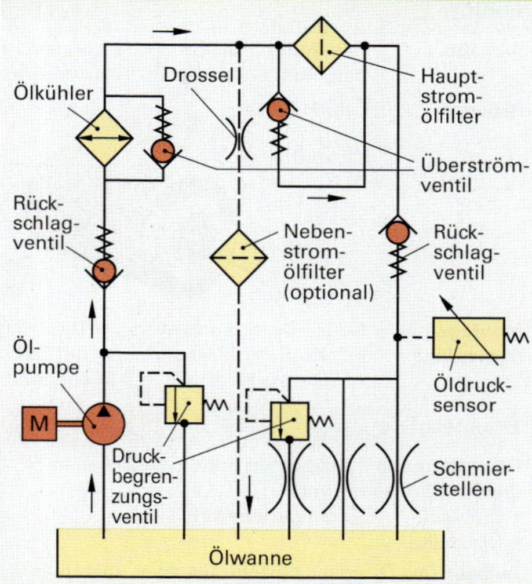

Komponenten

Ölpumpe	Sie saugt Öl aus der Ölwanne an und fördert es mit einem Druck von 4 bar bis 6 bar zu den Schmierstellen. Sie kann mechanisch oder elektrisch angetrieben sein. Förderleistung: bei Motorleerlauf ca. 10 l/min ...15 l/min, bei Nenndrehzahl ca. 50 l/min...70 l/min.
Druckbegrenzungsventil	Es begrenzt den Systemdruck auf ca. 4 bar ... 6 bar.
Rückschlagventil	Es verhindert ein Leerlaufen der Ölkanäle und der Hydrostößel bei Motorstillstand. Dadurch ist bei Motorstart ein schneller Druckaufbau möglich.
Ölkühler	Durch ihn wird die Öltemperartur um 5 °C – 10 °C gesenkt. Die Kühlung erfolgt über Luft oder Kühlmittel.
Nebenstromölfilter	Er reinigt bei jedem Umlauf ca. 10 % der Ölmenge. Dadurch kann die Porengröße verringert und eine bessere Reinigungswirkung erzielt werden. Nebenstromölfilter werden vorwiegend in Nutzfahrzeugmotoren eingesetzt.
Hauptstromölfilter	Er reinigt das gesamte Öl bei jedem Umlauf.
Überströmventil	Es öffnet bei verstopftem Hauptstromölfilter. Das Öl gelangt ungefiltert zu den Schmierstellen.
Öldrucksensor	Durch ihn erkennt das Steuergerät, ob ein ausreichender Öldruck vorhanden ist. Ist der Öldruck zu gering, so wird dies dem Fahrer im Display angezeigt.
Drossel mit Druckbegrenzungsventil	Durch sie wird der Systemdruck reduziert und zur Versorgung der Hydrostößel und der Nockenwellenverstellung genutzt.

Pflege und Wartung

Füllstandskontrolle. Die Füllhöhe ist durch ein Minimum und ein Maximum festgelegt. Der Unterschied zwischen diesen beiden Markierungen beträgt bei Pkw-Motoren ca. 1 Liter. Die Ölstandskontrolle kann mit Ölpeilstab mit MIN.- und MAX.-Markierung oder mit einem Ölsensor durchgeführt werden.

Laufstreckenbezogene Öl- und Ölfilterwechselintervalle. Sie sind nach Herstellervorgabe durchzuführen.

F

Pflege und Wartung (Fortsetzung)

Flexible Öl- und Ölfilterwechselintervalle. Ein Ölsensor in der Ölwanne erfasst Ölqualität, Öltemperatur und Ölstand. Zusammen mit weiteren relevanten Betriebsdaten wie z. B. Anzahl der Motorstarts und Laufleistung-kann der Wechselzeitpunkt vom Motormanagement nach Bedarf flexibel festgelegt werden. Die Aufforderung zum Öl- und Ölfilterwechsel erfolgt über eine Anzeige bzw. das Multimedia-Display.

Entsorgung. Ölfilter und Altöl gehören zu den besonders überwachungsbedürftigen Abfällen. Sie sind sortenrein zu sammeln und entsprechend ihrer Abfallschlüsselnummer der Wiederverwertung zuzuführen oder zu entsorgen.

Ölfilter

Aufgabe Reinigung des Schmieröls von festen Fremdstoffen, z.B. Metallabrieb, Verbrennungsrückständen, Ruß, Staubpartikel. Abscheidegrad: Partikel größer als 10 µm.

Bauarten

Ölfilter-Einsatz

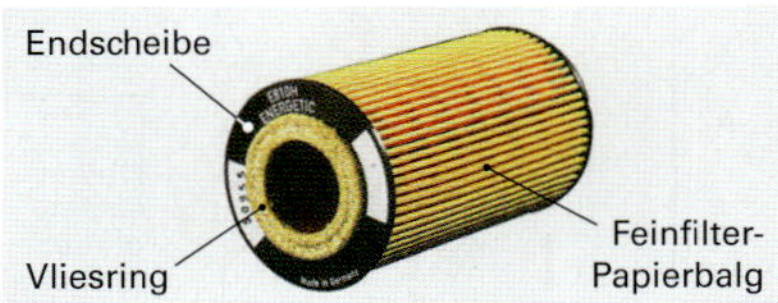

Anschraub-Ölfilter

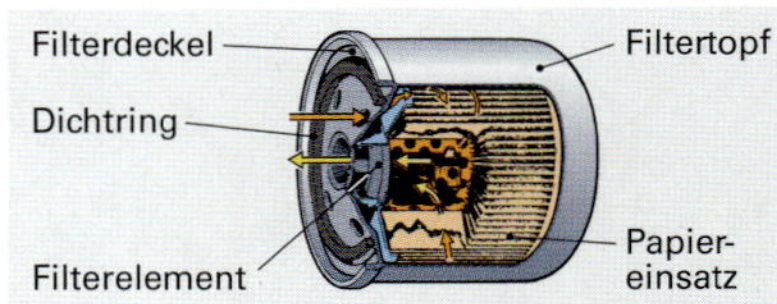

Montage/ Demontage Neuen Dichtring verwenden, Dichtring einölen, Gehäusedeckel bzw. Filtertopf handfest anziehen, auf Dichtheit prüfen.
Anschraub-Filter: ggf. mit Spannband lösen.

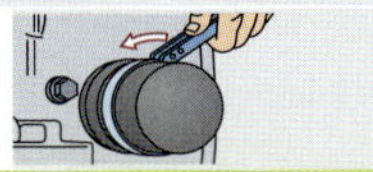

Ölsensor

Ölsensor. Er befindet sich am Boden der Ölwanne. Er dient zur Erfassung von

- Ölniveau
- Öltemperatur (NTC)
- Ölzustand

Aufbau. Der Ölsensor besteht aus zwei übereinander angeordneten Zylinderkondensatoren. Im unteren Teil wird der Ölzustand bestimmt, im oberen Teil der Füllstand der Ölwanne.

Messprinzip. Die elektrische Leitfähigkeit des Motoröls verändert sich in Abhängigkeit von

- Ölalterung
- Ölverdünnung
- Partikeleintrag
- Abbau von Additiven

Somit ändert sich auch die Kapazität des Kondensators. Der Kapazitätswert wird in der Auswerteelektronik verarbeitet und an das Motorsteuergerät übermittelt.

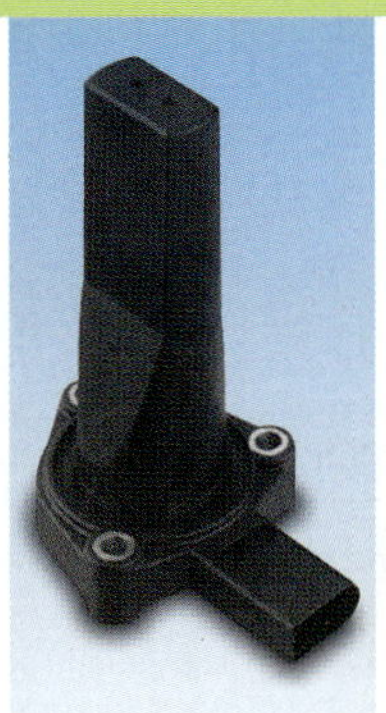

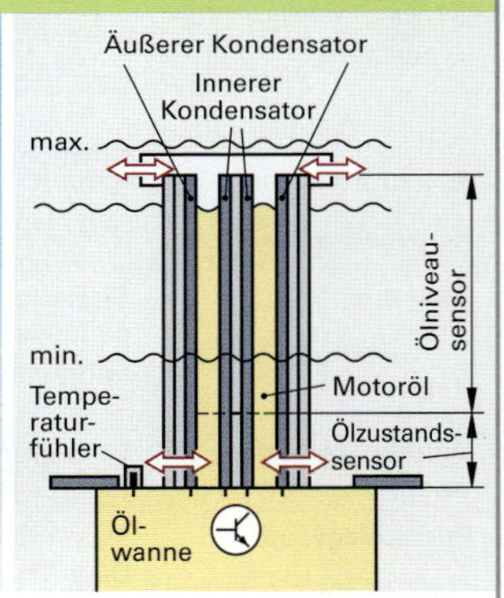

Das Steuergerät berechnet daraus und aus weiteren Daten, wie z. B. Motorstarts, Laufleistung (Kurz-/Langstrecke) die verbleibende Stecke bis zum nächsten Ölservice. Diese wird bei Motorstart im Display angezeigt.

Füllstandsbestimmung. Sinkt der Ölstand innerhalb des Kondensators ab, so bewirkt dies eine Änderung der Kapazität, aus der das Steuergerät die aktuelle Ölmenge errechnen kann.

Öltemperatur. Zur Bestimmung der Öltemperatur befindet sich ein Temperaturfühler (NTC) im Ölsensor.

F

Ölpumpen

Zahnradpumpe. Das Öl wird entlang der Pumpeninnenwandung in den Zahnlücken mitgenommen. Die Förderleistung ist stark drehzahlabhängig.

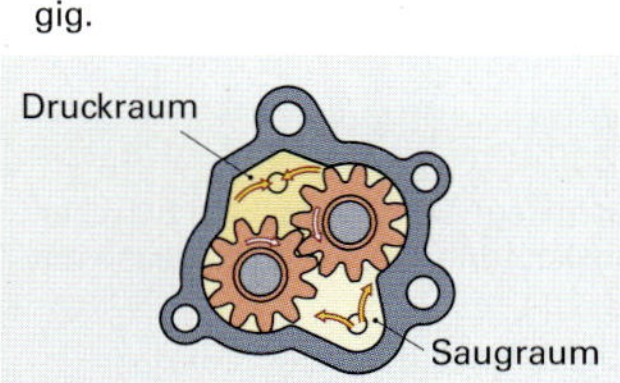

Sichelpumpe. Das Öl wird in den Zahnlücken oberhalb und unterhalb der Sichel gefördert. Die Förderleistung ist schon bei Motorleerlauf hoch.

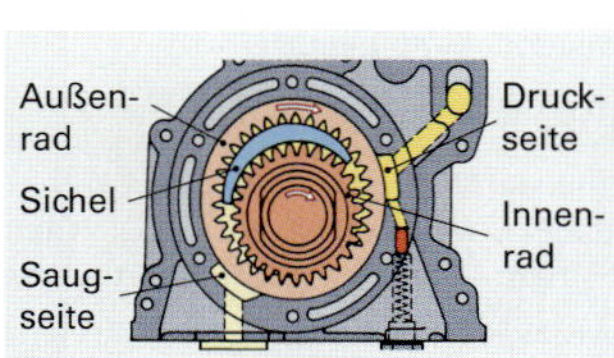

Rotorpumpe (geregelt). Das Öl wird zwischen Innen- und Außenrotor gefördert. Der Öldruck wird unabhängig von den Motorbetriebsbedingungen konstant gehalten.

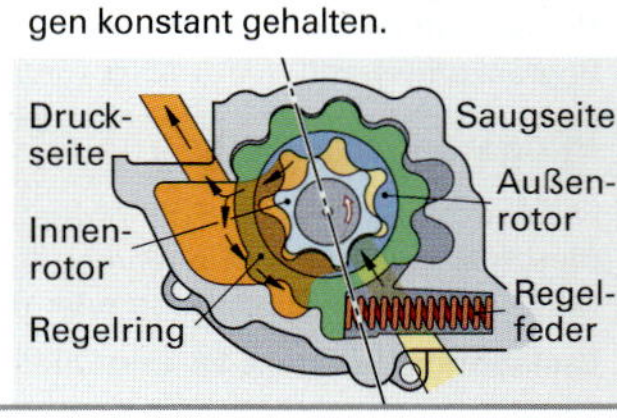

Ölpumpen (Fortsetzung)

Pendelschieberpumpe. Es handelt sich um eine kennfeldgeregelte Ölpumpe. Die Exzentrizität zwischen Pumpenwelle und Außenrotor kann vom Motorsteuergerät über den Regelkolben eingestellt werden.

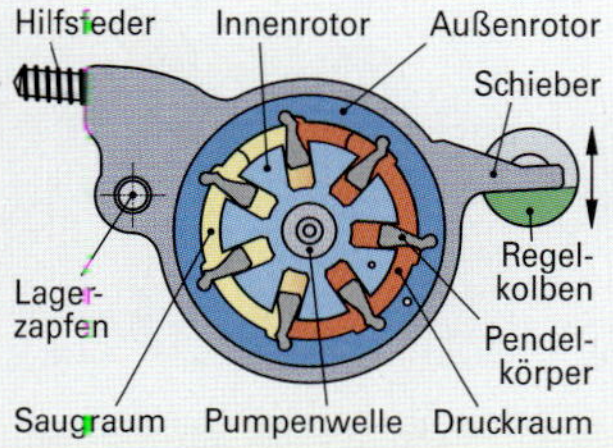

Elektrische Ölpumpe. Bei ihr erfolgt der Antrieb durch einen Elektromotor. So lassen sich Druck und Volumenstrom unabhängig von der Motordrehzahl und auch bei Motorstillstand über ein Kennfeld regeln.

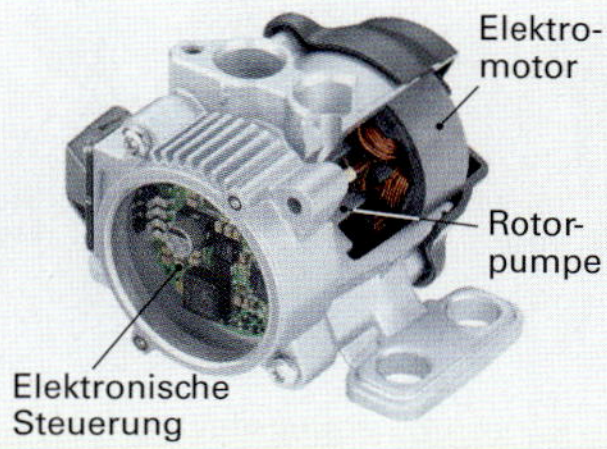

Druck-/Drehzahldiagramm. Es stellt den Vergleich einer mechanischen Ölpumpe zu einer kennfeldgeregelten Ölpumpe dar. Das Einsparpotential im Bezug auf die Antriebsenergie ist farbig dargestellt.

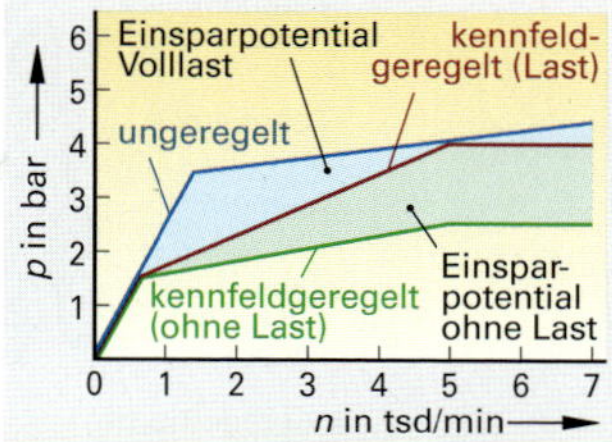

Trockensumpfschmierung

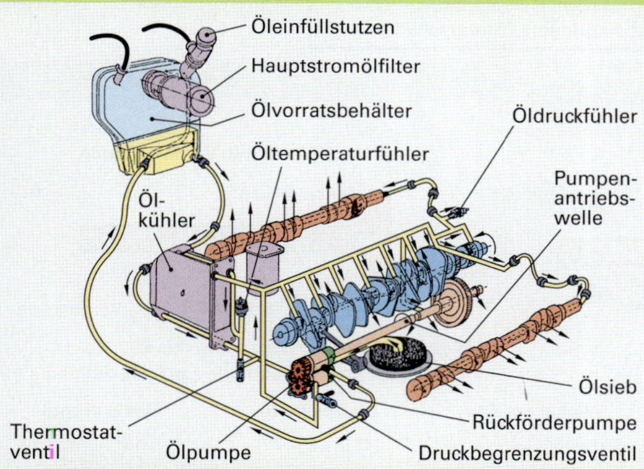

Sie ist eine Sonderbauform der Druckumlaufschmierung und verfügt über eine sehr flache Ölwanne. Von dort wird das zurückfließende Öl von einer Rückförderpumpe in einen höherliegenden Vorratsbehälter gepumpt. Von hier gelangt das Öl mit Hilfe der Ölpumpe zu den Schmierstellen.

Merkmale:

- Geringere Motorbauhöhe, tieferer Schwerpunkt des Fahrzeugs
- Sichere Ölversorgung aller Schmierstellen auch bei großer Schräglage (Motorrad), Neigung (Geländewagen), oder hohen Fliehkräften (schnelle Kurvenfahrt, Sportwagen)
- aufwändigere Bauweise

Fehlersuche am Schmiersystem

Störung	Ursache	Abhilfe
Kontrollleuchte leuchtet nicht nach Einschalten der Zündung	Kontrollleuchte defekt	Kontrollleuchte ersetzen
	Öldrucksensor defekt	Zündung ein, Leitung vom Öldrucksensor abziehen und auf Masse legen: Wenn die Kontrollleuchte leuchtet, Sensor defekt, Sensor erneuern
	Leitungsunterbrechung	Leitungen und Kontakte prüfen (Spannung, Widerstand)
Kontrollleuchte leuchtet (gesamter Drehzahlbereich)	Ölstand zu gering	Öl nachfüllen
	Ansaugsieb verschmutzt	Ansaugsieb reinigen
	Öldrucksensor-Leitung: Masseschluss	Leitung prüfen, ggf. ersetzen
	Ölpumpe defekt	Ölpumpe ersetzen
	Druckbegrenzungsventil defekt	Öldruck mit Adapter und Manometer prüfen, wenn Öldruck i. O.: Druckbegrenzungsventil ersetzen
Kontrollleuchte leuchtet (nur unterer Drehzahlbereich)	Druckbegrenzungsventil klemmt im offenen Zustand (Verschmutzung)	Druckbegrenzungsventil ersetzen

F

Aufgabe

Die Motorsteuerung steuert den Zeitpunkt, die Dauer und den Querschnitt des Ansaugens der Frischgase und den Zeitpunkt, die Dauer und den Querschnitt des Ausstoßens der Abgase.

Nockenwellenantriebe

Bauformen

Zahnriemenantrieb

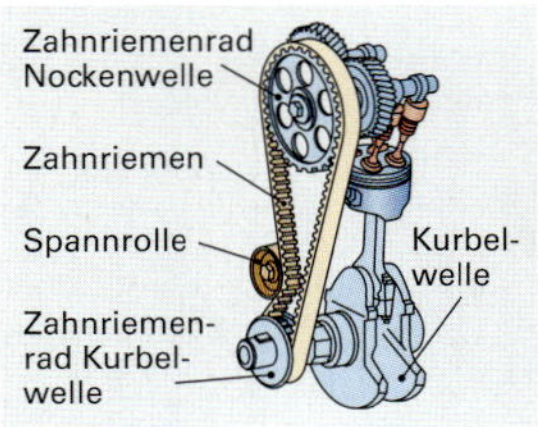

Kettenantrieb

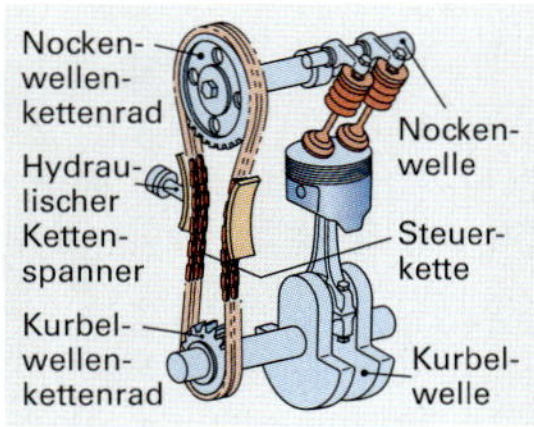

Stirnradantrieb

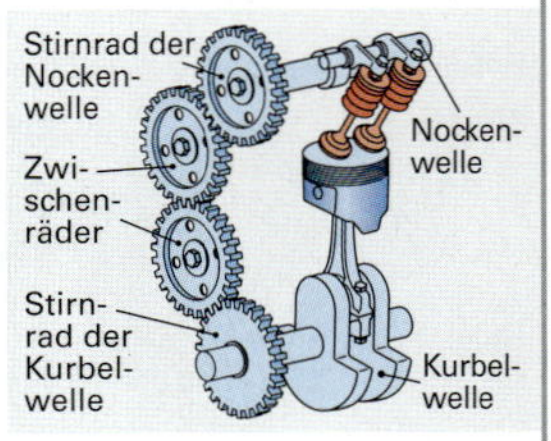

Merkmale

Zahnriemenantrieb:
- geräuscharm
- Spannrolle erforderlich

Kettenantrieb:
- wartungsfrei
- Kettenspanner erforderlich

Stirnradantrieb:
- genaue Steuerzeiten
- für großvolumige Dieselmotoren

Hinweis: Wartungsintervalle beachten. Gefahr, dass Zahnriemen oder Kette überspringen – Motorschaden.

Bauteile der Ventilsteuerung

Ventile

Bauformen

Einmetallventil

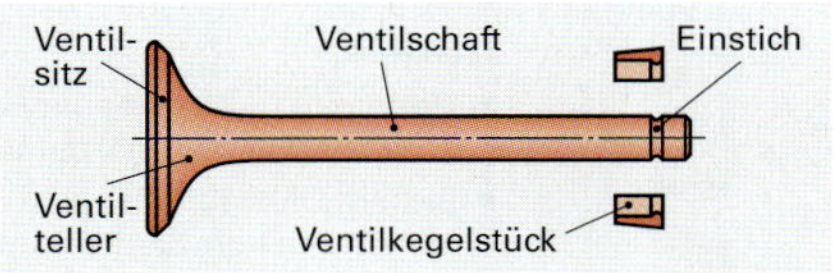

Bimetallventil mit Natriumfüllung

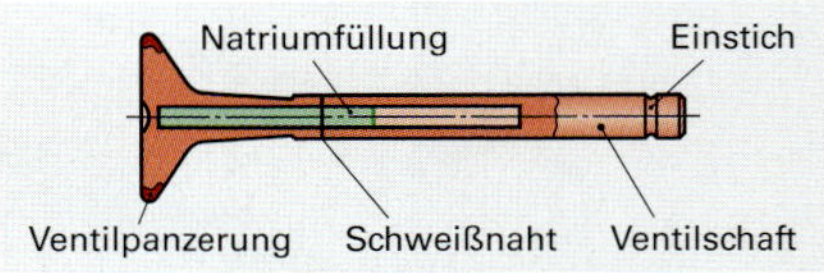

Merkmale

Einmetallventil:
- thermische Belastung (bis 550 °C)

Bimetallventil mit Natriumfüllung:
- hohe thermische Belastung (bis 800 °C)
- verbesserte Wärmeabfuhr durch Na-Füllung

Ventilsitz

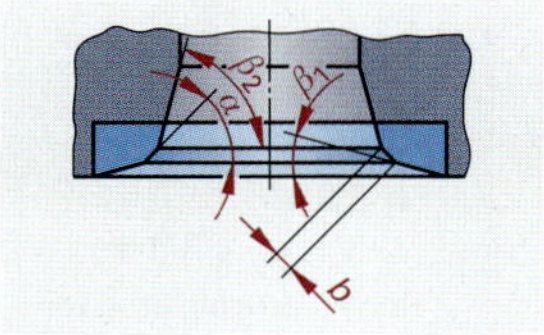

Winkel am Sitz	Einlassventil	Auslassventil
Sitzwinkel α	44° bis 45°	44° bis 45°
Korrekturwinkel β_1	15°	15°
Korrekturwinkel β_2	75°	75°
Ventilsitzbreite	ca. 1,5 mm	ca. 2,5 mm

F

Nockenwelle

Merkmale

- bewirkt die Hubbewegung der Ventile zum richtigen Zeitpunkt und in der richtigen Reihenfolge
- ermöglicht das Schließen der Ventile durch Ventilfedern
- gegossen, gebaut (Nocken auf Rohr geschrumpft)

Ventilbetätigung

Sie erfolgt durch die Nocken der Nockenwelle über Rollenschlepphebel oder Tassenstößel.

Bauformen

Rollenschlepphebel

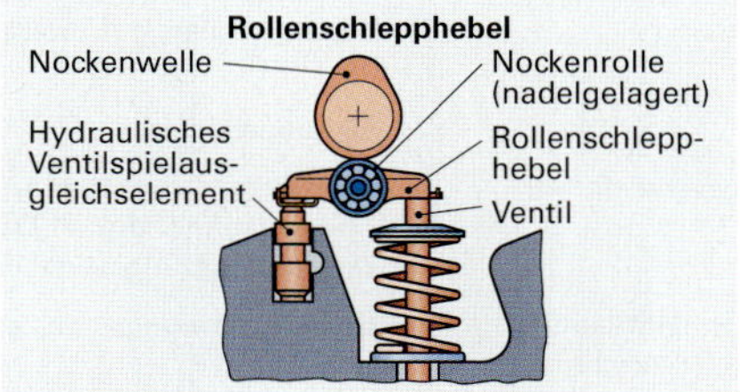

Tassenstößel

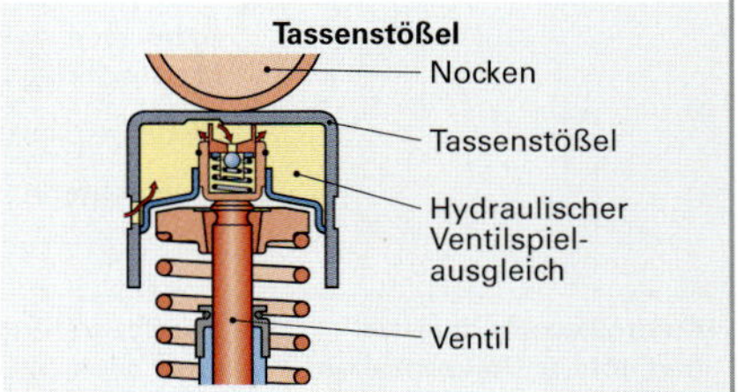

Möglichkeiten der Füllungsoptimierung

Eine Verbesserung der Zylinderfüllung ist möglich durch
- Variable Ventilöffnungs- und Schließzeiten der Ventile durch Nockenwellenverstellung
- Variable Ventilöffnungsdauer durch die Nockenform
- Variable Ventilhubhöhe durch die Nockenhöhe

Variable Ventilöffnungszeiten – Nockenwellensteuerung

Lastzustände	Leerlauf	Teillast	Volllast
Einlassventil öffnet	spät	früh	früh
Einlassventil schließt	spät	früh	spät
Auslassventil öffnet	früh	spät	früh
Auslassventil schließt	früh	spät	spät
Ventilüberschneidung	nein	groß	verkürzt
Innere Abgasrückführung	nein	groß	gering
Drehmoment	erhöht	erhöht	hoch

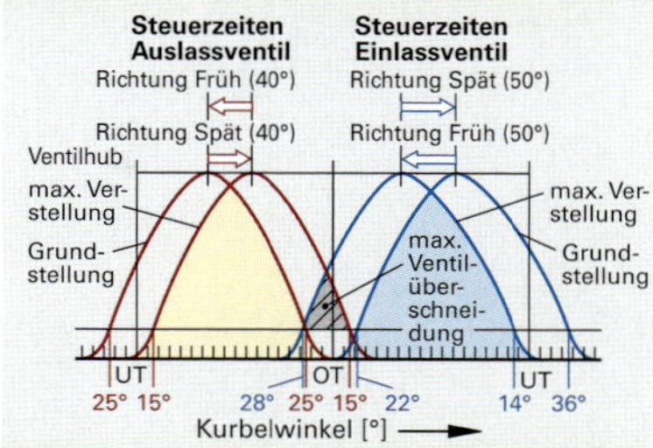

Variable Ventilöffnungsdauer durch die Nockenform

Nockenform

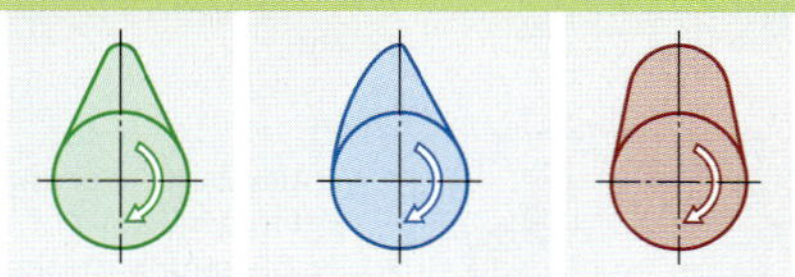

Ventil	Spitz	Unsymmetrich	Scharf
öffnet	langsam	schnell	schnell
schließt	langsam	langsam	schnell

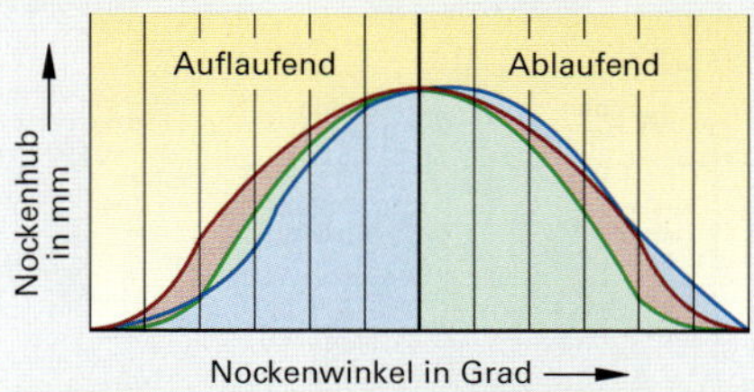

Variable Ventilhubhöhe durch die Nockenhöhe

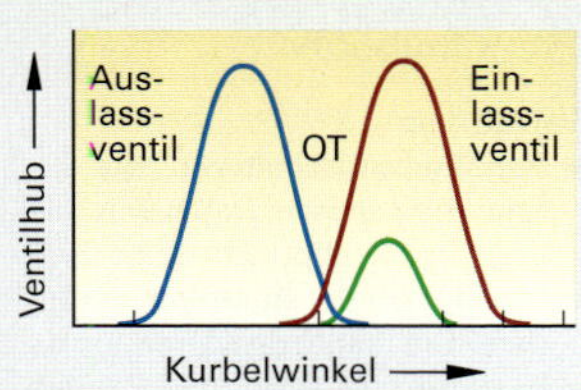

Sie ermöglicht eine **Entdrosselung** des Ansaugkanals. Dadurch werden Strömungwiderstände im Ansaugkanal verringert.
Kleiner Ventilhub. Er ist für den Teillastbetrieb und beim Kaltstart günstig, da er eine hohe Einströmgeschwindigkeit der Luft ermöglicht. Dadurch werden die relativ großen Kraftstofftropfen fein zerstäubt und führen zu einer besseren Gemischbildung.
Großer Ventilhub. Er bewirkt im Volllastbetrieb durch großen Öffnungsquerschnitt eine bessere Zylinderfüllung. Dies erhöht die Leistung und das Drehmoment des Motors.

Systeme zur variablen Verstellung der Ventilöffnungs- und Ventilschließzeiten

Sie verdrehen die Einlassnockenwelle oder die Einlass- und die Auslassnockenwelle.

System	Flügelzellenversteller – VarioCam	Vanos / Doppelvanos
Aufbau	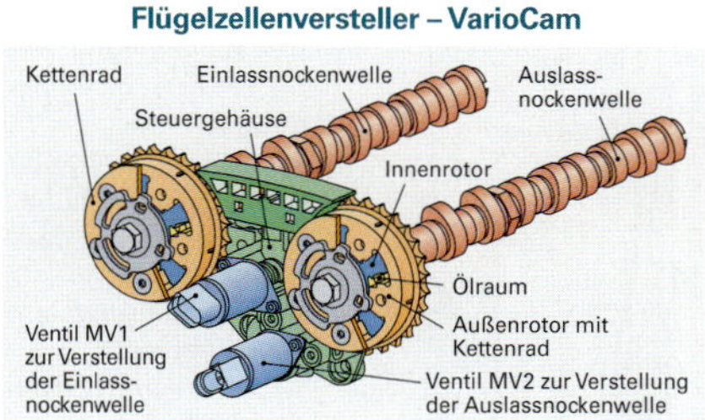	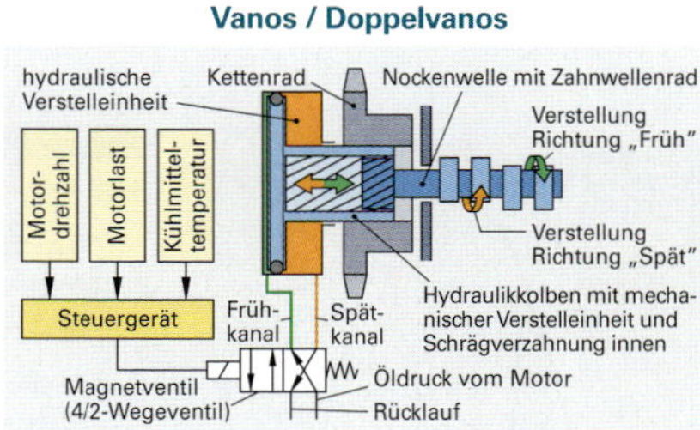
Merkmale	• Hydraulisches Verdrehen von Einlass- und Auslassnockenwelle gegenüber den Antriebskettenrädern • Magnetventile werden pulsweitenmoduliert und kennfeldabhängig angesteuert	• Hydraulische Verstelleinheit verdreht mechanisch über die Schrägverzahnung die Nockenwelle

F

Systeme zur gestuften Verstellung von Ventilöffnungsdauer und Ventilhubhöhe

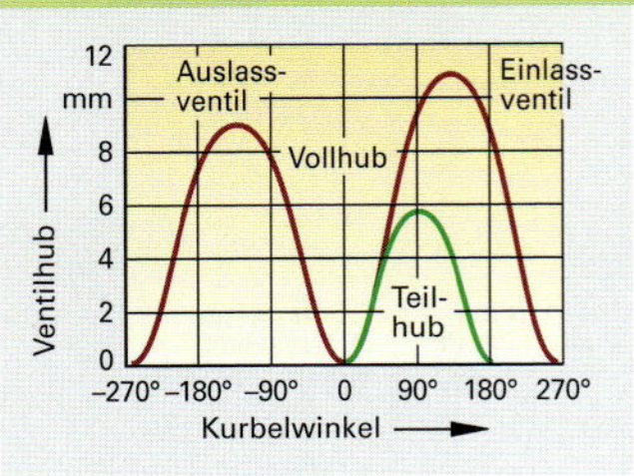

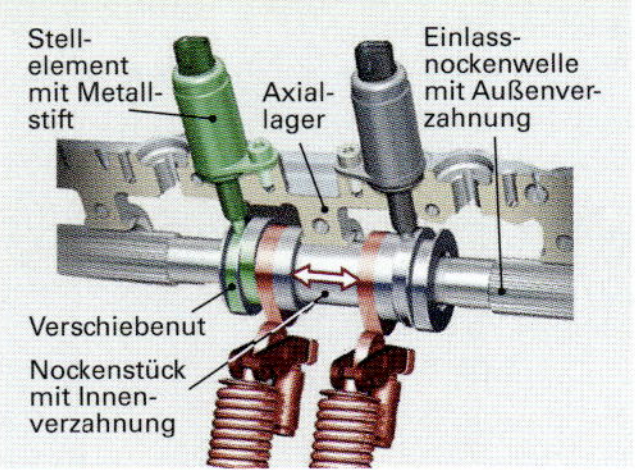

Valvelift

- **Ventilhubumschaltung.** Nockenstücke mit zwei unterschiedlichen nebeneinander liegenden Nockenprofilen werden axial verschoben.
- Die Steuerung erfolgt mit elektromagnetisch betätigten Stellelementen abhängig vom Lastzustand.

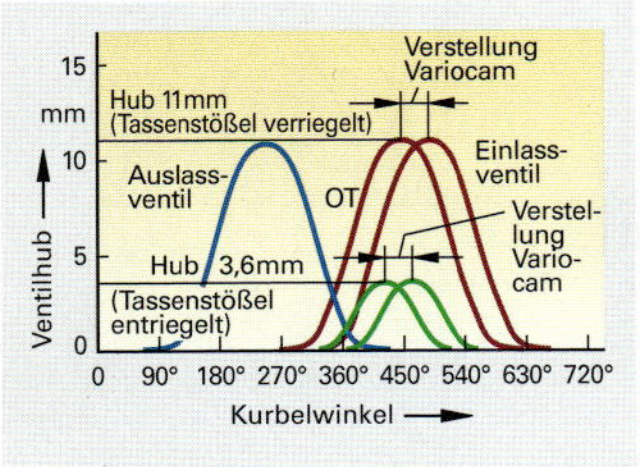

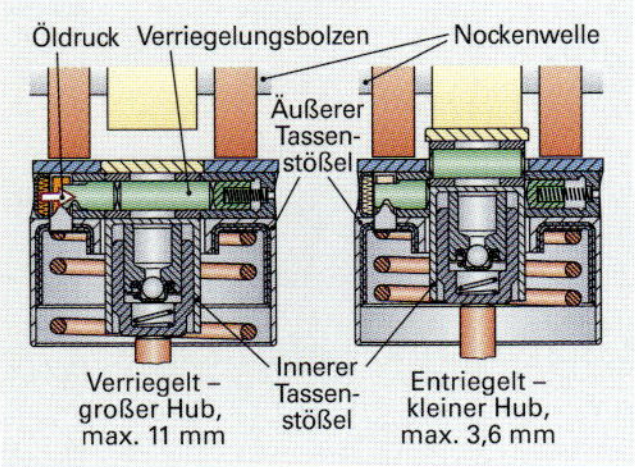

VarioCam Plus

- **Ventilhubumschaltung.** Sie erfolgt kennfeldabhängig mit hydraulisch schaltbaren Tassenstößeln.
- Die Verstellung des Ventilöffnungswinkels erfolgt durch Variocam.
- Häufig in Verbindung mit Variocam.

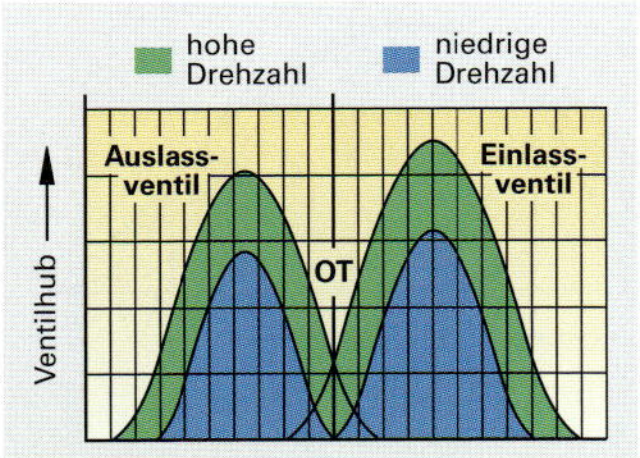

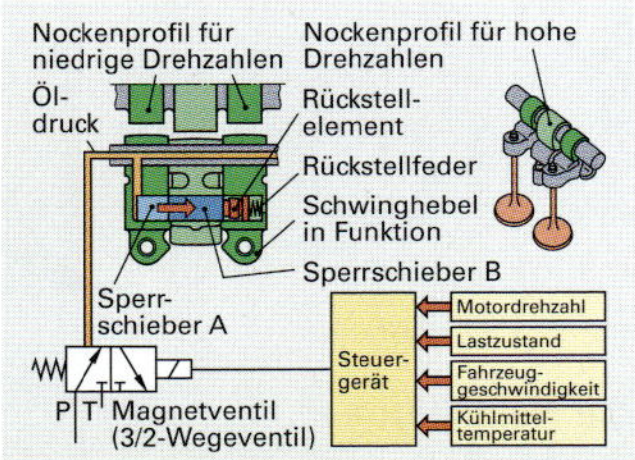

VTEC

- **Ventilhubumschaltung.** Sie erfolgt hydraulisch.
- Die Steuerung erfolgt mit elektrisch betätigten Magnetventilen.

Systeme zur stufenlosen Verstellung von Ventilöffnungsdauer und Ventilhubhöhe

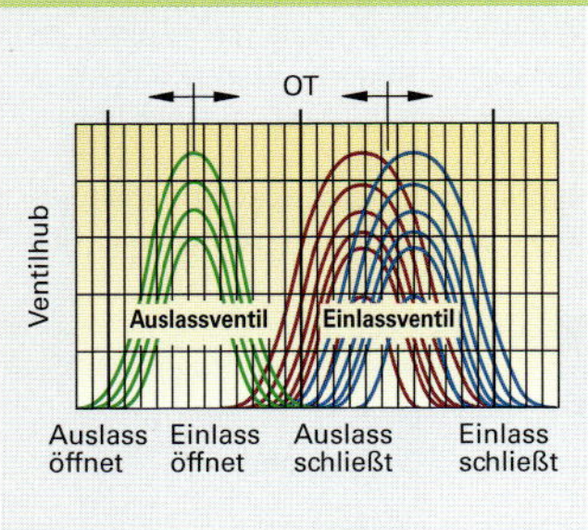

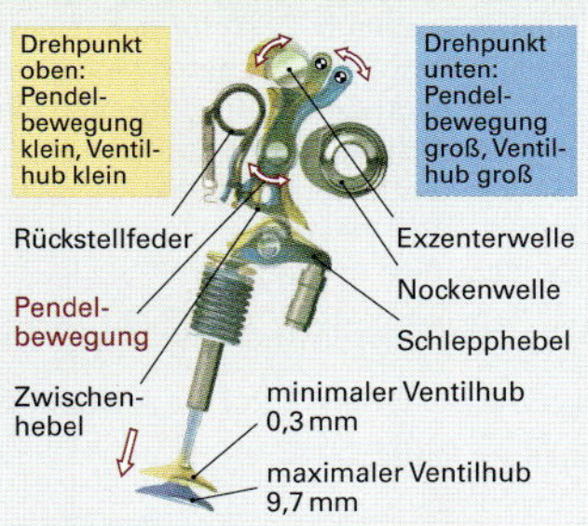

Valvetronic

- **Ventilhubumschaltung.** Sie erfolgt mechanisch. Dabei wird die Lage des Drehpunkts eines Zwischen Hebels stufenlos verändert. Die Lage des Drehpunkts bestimmt die Größe der Pendelbewegung und somit die Höhe des Ventilhubs.
- Die Veränderung von Öffnungs- und Schließzeiten der Ventile erfolgen durch Vanos/Doppelvanos.

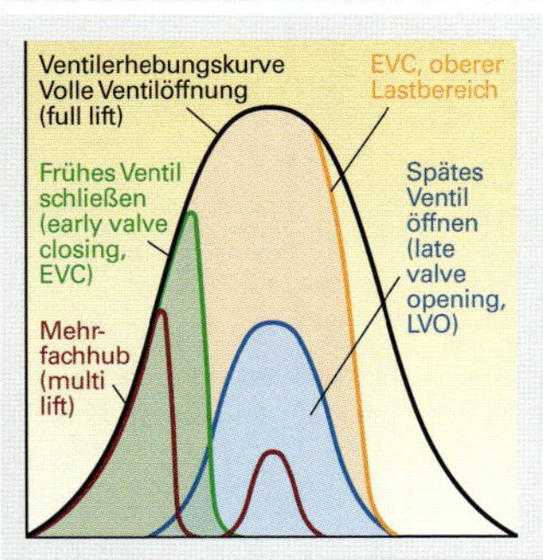

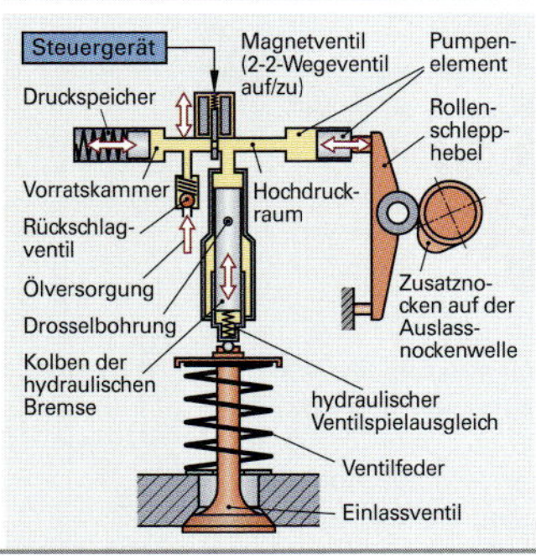

Multiair

- Zusätzliche Veränderung der Anzahl der Ventilhübe.
- Die Betätigung der Ventile erfolgt hydraulisch.
- Die Steuerung erfolgt über ein Magnetventil, das vom Steuergerät kennfeldabhängig angesteuert wird.
- Öffnungs- und Schließzeitpunkt der Ventile, Höhe des Ventilhubs und die Ventilöffnungsdauer sind von der Nockenform unabhängig.

F

Zylinderabschaltung

Bei ihr werden die Kraftstoffeinspritzung und die Zündung abgeschaltet. Die Ventile bleiben geschlossen.

Zylinderabschaltung

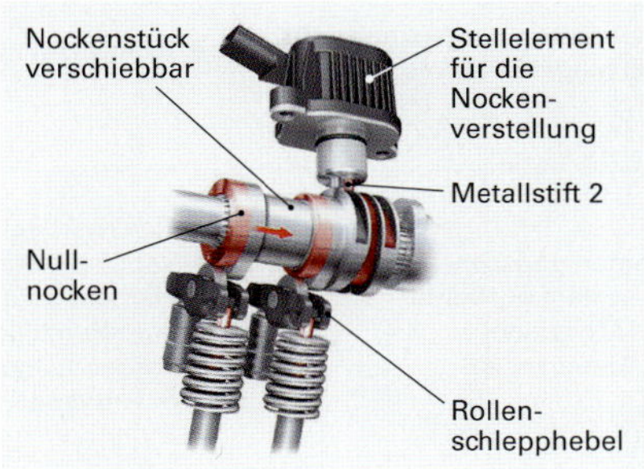

aktiviert

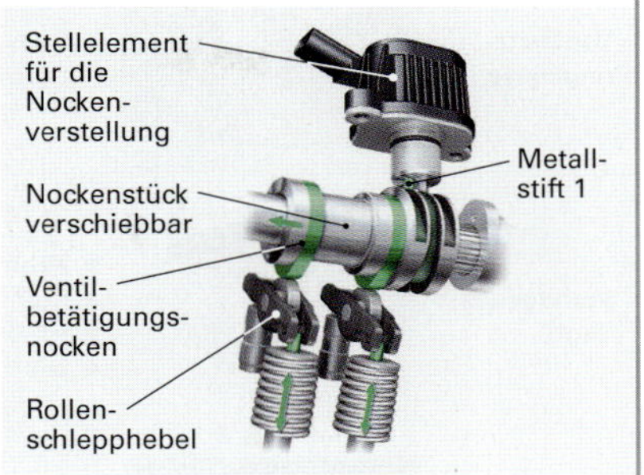

deaktiviert

	aktiviert	deaktiviert
Wirkungsweise	Das Nockenstück wird zum Null-Nocken verschoben. Dadurch werden die Zylinder 2 und 3 abgeschaltet (2-Zylinder-Modus).	Das Nockenstück wird zum Arbeitsnocken verschoben. Alle Ventile werden betätigt (4-Zylinder-Modus).

Merkmale

- Verringerung des Kraftstoffverbrauchs durch Reduzierung der Motorleistung in Fahrsituationen mit niedrigem Leistungsbedarf.
- Minderung der Abgasemissionen.
- Die Ventile bleiben geschlossen, dadurch …
  - keine Gaswechselverluste.
  - keine Beeinflussung der Lambdaregelung durch die Pumpwirkung der abgeschalteten Zylinder.

Schäden an Ventilen und am Ventiltrieb und ihre Ursachen

Schäden an Ventilen und Ventiltrieb, können u.a. zur Verschlechterung der Motorleistung, zu erhöhtem Ölverbrauch oder zum Totalausfall des Motors führen.

Schäden/Symptome		Mögliche Ursachen	Abhilfe
Durchgebrannte Ventile	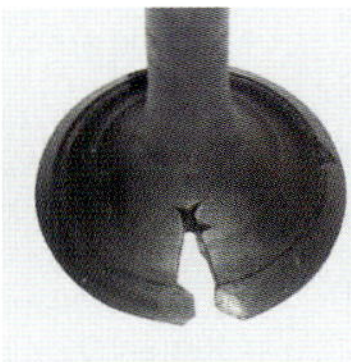	• Ventile schließen nicht, undicht • zu hohe Verbrennungstemperaturen durch zu mageres Gemisch • Ventil dreht sich nicht • Ventilführung ausgeschlagen (schlechte Wärmeabfuhr) • zu hoher Öldruck	• Ventile erneuern • Ventilsitz nacharbeiten • Ventilführungen erneuern
Einlassventil verkokt		• Einspritzventil spritzt auf Einlassventil • AGR-Rate zu hoch • Ventilschaftabdichtung ist undicht	• Einlassventile reinigen • auf korrekten Sitz der Ventilschaftabdichtung achten
Ventilspielausgleichselemente undicht	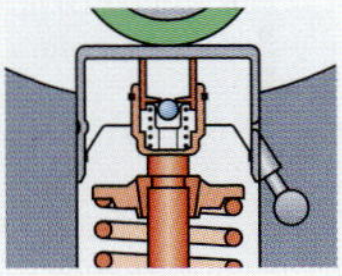	• Falsches Motorenöl • Ventilspielausgleichselement defekt • Ventilspielausgleichselement läuft leer	• Ausgleichselement erneuern • vom Hersteller vorgeschlagenes Motorenöl verwenden
Ventile schließen nicht	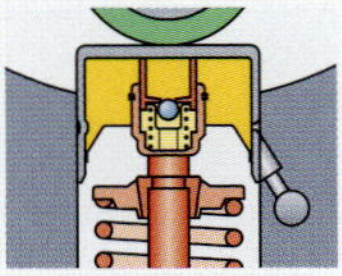	• Ventilspielausgleichselement pumpen sich auf • Druckbegrenzungsventil (DBV) in der Ölpumpe defekt	• Ölpumpe erneuern • Druckbegrenzungsventil erneuern

F

Schäden/Symptome		Mögliche Ursachen	Abhilfe
Ventilsitz-ringe lose		• Zu hohe Verbrennungstemperatur durch zu mageres Gemisch	• Ventilsitzringe erneuern
Verbogenes Ventil	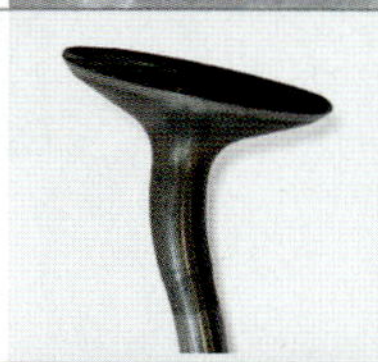	• Zahnriemen gerissen • Kolben schlagt auf Ventil • falsches Motorenöl • falsche Steuerzeiten	• Tassenstößel erneuern • Ventilspielausgleichs-element erneuern • vom Hersteller vorgeschlagenes Motoren-öl verwenden
Falsche Steuerzeiten		• Nockenwellensensor oder Kurbelwellensensor defekt • Zahnriemen, Kette falsch montiert • Ventilschaft in Ventilschaftführung verklemmt	• Zahnriemen bzw Steuerkette nach Hersteller-angaben montieren • Nockenwellensensor und Kurbelwellensensor prüfen
Klappernde Ventile	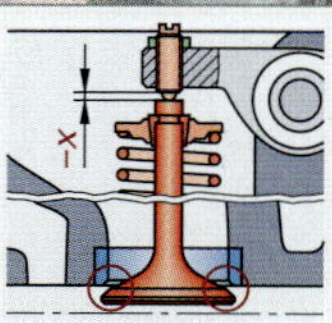	• Ventilspiel zu groß • Ventilspiel falsch eingestellt	• Ventilspiel nach Hersteller-angaben einstellen
Erhöhter Ölverbrauch		• Ventilschaftabdichtungen defekt • Ventilschaftführung verschlissen • Ventilschaft verkokt • Ventilführungsspiel zu groß	• Ventilschaftabdichtungen nach Herstellerangaben erneuern • Ventile erneuern
Zahnriemen, Steuerkette über-gesprungen		• Defekte Zahnriemenräder und Kettenräder • Kettenspanner bzw. Riemenspanner defekt • Falsche Steuerzeiten • Steuerkette gelängt • Zähne der Kettenräder zu spitz	• Wechselintervalle einhalten • Zahnriemenräder, Kettenräder, Ketten- bzw. Riemenspanner erneuern
Schlechte Motor-leistung	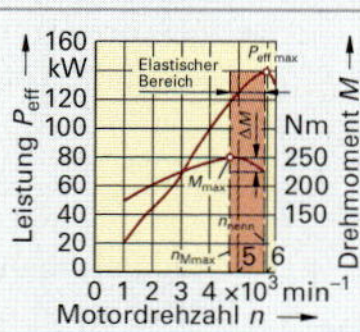	• Falsche Steuerzeiten • Ventile undicht • Zylinderkopf im Bereich der Ventile undicht	• Steuerzeiten einstellen • Ventile und Ventilsitze nacharbeiten • Zylinderkopf auf Risse überprüfen
„Tulpen-bildung" am Ventil-teller		• Zu hohe Druck- und Temperatur-belastung im Brennraum durch Störungen im Verbrennungsablauf z.B. klopfende Verbrennung. • Mechanische Beanspruchung am Ventilteller zu groß	• Gemischbildungssystem prüfen und korrigieren

Hinweis: Bei der Wiederverwendung von gebrauchten Teilen nach Schäden an Ventilen oder am Ventiltrieb ist zu prüfen, ob die gebrauchten Teile wieder verwendet werden können oder erneuert werden müssen.

F

Aufgabe

Die Kraftstoffversorgungsanlage soll das Gemischaufbereitungssystem des Motors in allen Betriebszuständen ausreichend mit Kraftstoff versorgen. Dazu muss ...

- Kraftstoff im Kraftstoffbehälter gespeichert werden.
- ein konstanter Kraftstoffdruck aufgebaut werden.
- der Austritt von Kraftstoffdämpfen verhindert werden.
- Kraftstoff blasenfrei gefördert werden.
- der Kraftstoff frei von Verunreinigungen sein.
- überschüssiger Kraftstoff zurückgefördert werden.

Beispiele für Kraftstoffversorgungsanlagen (Systemübersicht)

Merkmale | **System** | **Bauteilbezeichnungen**

Zwei-Leitungs-System

Systemdruck	3 bar ... 6 bar
Kraftstoff-pumpen	In-Tank-Pumpe oder/und In-Line-Pumpe
Druck-regelung	Druckregler mit Anschluss an das Saugrohr
Verwendung	ältere Saugrohr-Einspritzsysteme (L-, LH-Motronic), ME-Motronic

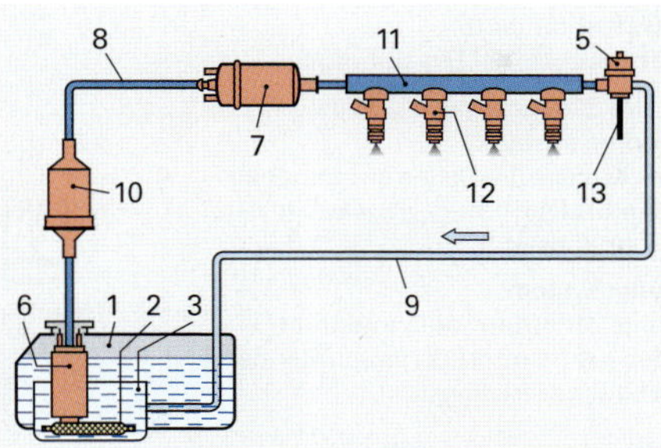

Ein-Leitungs-System

Systemdruck	3,5 bar ... 4,5 bar
Kraftstoff-pumpen	Kraftstoff-fördermodul
Druck-regelung	Kraftstoffdruck konstant, Einspritzung erfolgt saugrohrdruck-abhängig
Verwendung	ME-Motronic

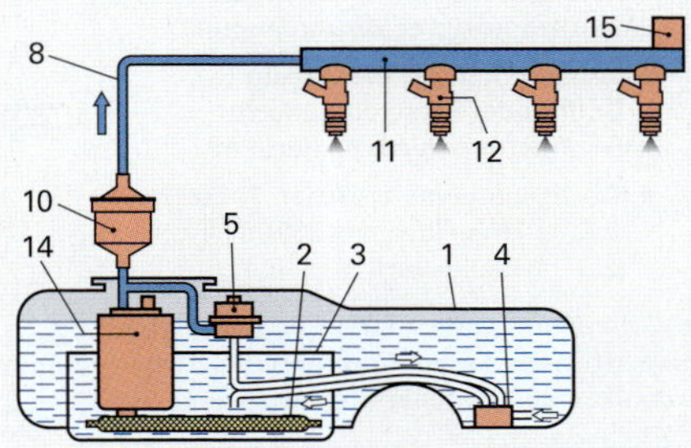

Hochdruck-System

Systemdruck	2 bar... 6,5 bar Niederdruck, 30 bar... 240 bar Hochdruck
Kraftstoff-pumpen	Kraftstoffförder-modul und Hoch-druckpumpe (bedarfsgeregelt)
Verwendung	Benzin-Direkt-Einspritzsysteme (MED-Motronic)

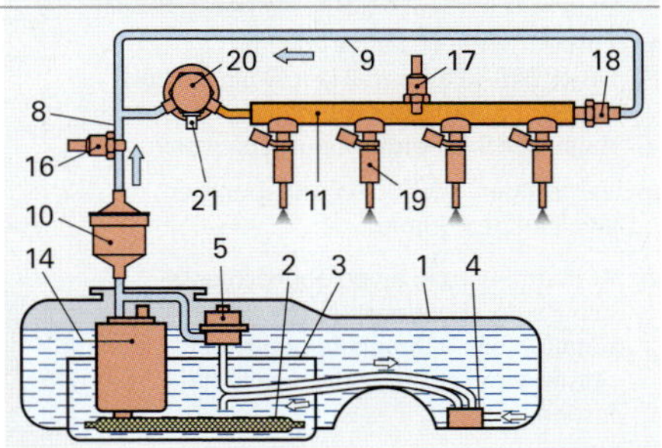

Kombiniertes Einspritzsystem

Systemdruck	2 bar... 6,5 bar Niederdruck 30 bar ... 240 bar Hochdruck
Kraftstoff-pumpen	Kraftstoffförder-modul und Hoch-druckpumpe (bedarfsgeregelt)
Verwendung	Kombinierte Saugrohr-Direkt-Einspritzsysteme

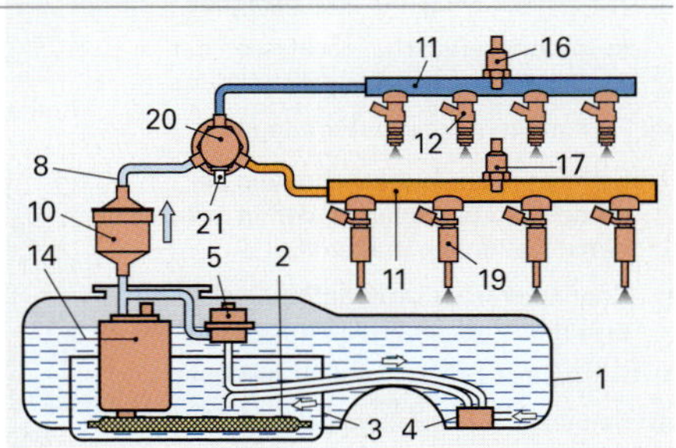

Bauteilbezeichnungen

1 Kraftstoffbehälter
2 Vorfilter
3 Catch-Tank
4 Saugstrahlpumpe
5 Druckregler
6 In-Tank-Pumpe
7 In-Line-Pumpe
8 Kraftstoffleitung
9 Rücklaufleitung
10 Kraftstofffilter
11 Verteilerrohr (Rail)
12 Einspritzventil (Niederdruck)
13 Unterdruckleitung zum Saugrohr
14 Kraftstoffförder-modul
15 Entlüftungsventil
16 Kraftstoffdruck-geber Niederdruck
17 Kraftstoffdruck-geber Hochdruck
18 Druckbegren-zungsventil
19 Hochdruck-Einspritzventil (Injektor)
20 Hochdruckpumpe
21 Regelventil für Kraftstoffdruck

Hochdrucksystem

Niederdrucksystem

Förderdruck

> **Hinweis:**
> Bei der Prüfung von Kraftstoff-pumpen sind die Fördermenge und der Kraftstoffdruck zu prüfen.

F

Bauteile von Kraftstoffförderanlagen

Kraftstoff-Fördermodul

Das Kraftstofffördermodul enthält in der Regel:
- Einen Vorfilter (1)
- einen Tankfüllstandssensor (2)
- elektrische und hydraulische Anschlüsse
- einen Topf als Kraftstoffreservoir für die Kurvenfahrt (Catch-Tank) (3)
- eine Saugstrahlpumpe zur Füllung des Catch-Tanks (4)
- die Kraftstoffförderpumpe (5)
- den Kraftstofffilter (6)
- den Druckregler bei Ein-Leitungs-systemen (7)

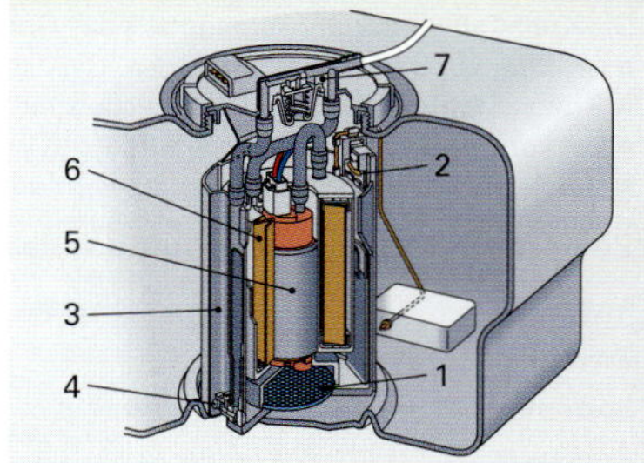

Kraftstoffdruckregler

Zwei-Leitungssystem:
- An das Kraftstoffverteilerrohr angebaut
- hält den Kraftstoffdruck gegenüber dem Saugrohr konstant.

Ein-Leitungssystem:
- Im Kraftstofffördermodul integriert
- hält den Kraftstoffdruck gegenüber dem Umgebungsdruck konstant.

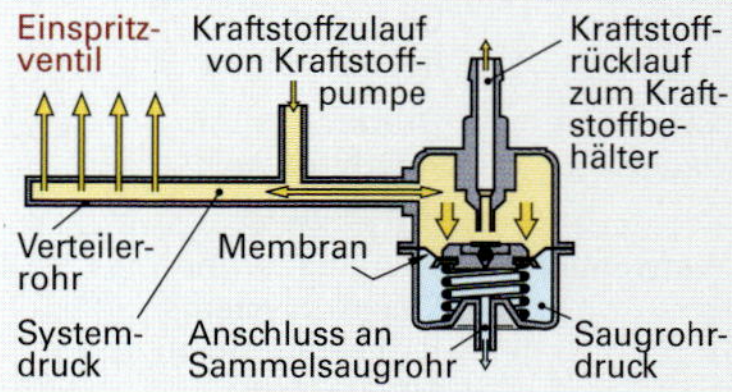

Kraftstofffilter

Aufgabe: Schützt die Kraftstoffanlage (z.B. Einspritzdüsen) vor Verunreinigung

Aufbau:
- Vorfilter aus engmaschigem Draht- oder Polyamidgeflecht
- Feinfilterung durch Papierfilter

Wartung:
- Wechselintervall zwischen 30 000 km (z.B. In-Line-Filter) bis 260 000 km (z.B. In-Tank-Filter).

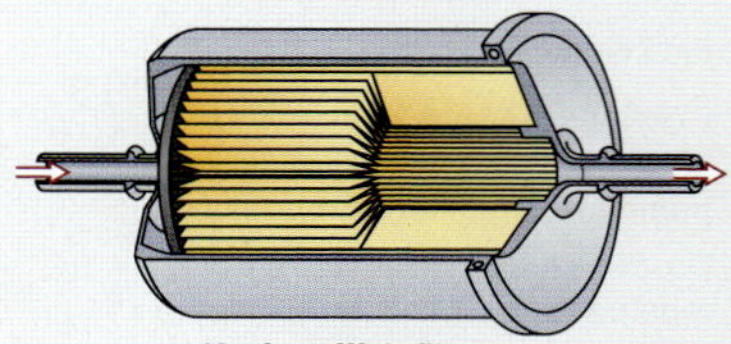
Kraftstofffeinfilter

Aktivkohlefilter

Aufgabe: Vorhandene Kraftstoffdämpfe zwischenzuspeichern, so dass sie der Verbrennung zugeführt werden können (Regeneriersystem).

Kraftstoffpumpen

Elektrisch angetriebene Pumpen

Anforderungen: Fördermenge 60 l/h bis 200 l/h
Druck 300 kPa bis 450 kPa (3 bis 4,5 bar)
bei 50 % ... 60 % der Nennspannung muss der Systemdruck aufgebaut sein

Bauarten: Verdränger- oder Strömungspumpen, zweistufige Pumpen

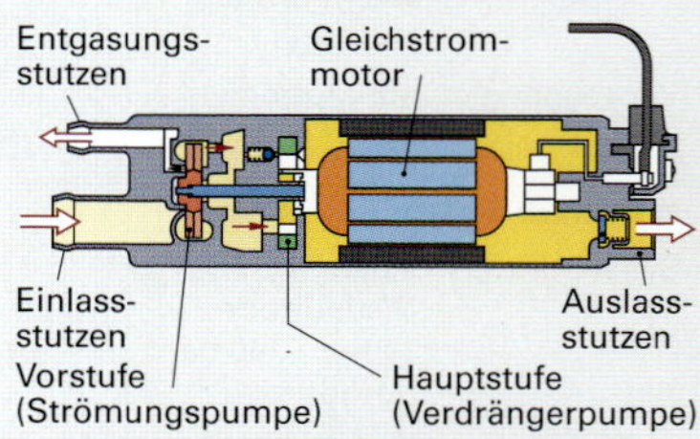

zweistufige In-Line-Kraftstoffpumpe

Verdrängerpumpen

Funktion: Kraftstoff wird in einen abgeschlossenen Raum angesaugt, durch die Rotation des Pumpenelements komprimiert und zur Hochdruckseite gefördert.

Vorteil: Für höhere Systemdrücke geeignet

Nachteile: Pulsationsgeräusche, nachlassen der Förderleistung bei Gasblasenbildung.

Bauarten: Rollenzellen-, Innenzahnradpumpe

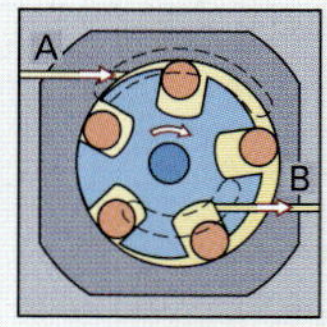

Rollenzellenpumpe

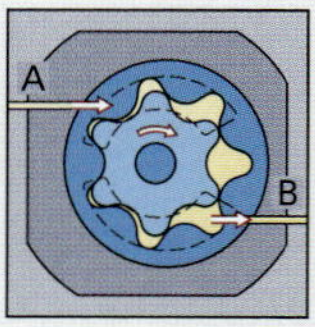

Innenzahnradpumpe

Strömungspumpen

Funktion: Ein mit vielen Laufradschaufeln besetztes Rad beschleunigt den in einem Kanal fließenden Kraftstoff.

Vorteile: Kontinuierlicher Druckaufbau, nahezu pulsationsfrei, geräuscharm.

Nachteil: Für höhere Drücke weniger geeignet.

Bauarten: Seitenkanal-, Peripheralpumpe

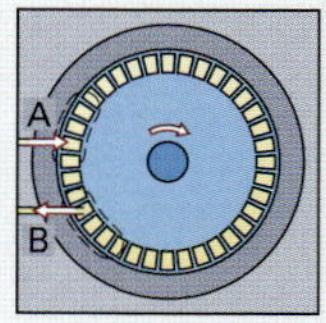

Peripheralpumpe

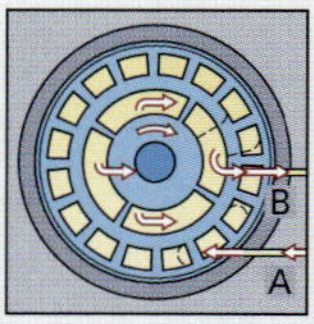

Seitenkanalpumpe

F

Fehlersuche an Kraftstoffversorgungsanlagen (Ottomotor)*

Ist genügend Kraftstoff im Kraftstoffbehälter? Wurde der richtige Kraftstoff getankt?

nein →
- tanken
- eventuell Kraftstoff ablassen, neu tanken

ja ↓

- Versorgungsspannung des Fahrzeugs sicherstellen
- Y-Kabel an der Kraftstoffpumpe anbringen (PIN 3, PIN 4)
- Starter betätigen, wenn möglich Motor laufen lassen

↓

Läuft die Kraftstoffpumpe?

nein →
- Spannungsversorgung prüfen
- (PIN 4 von Y3 gegen Kl. 31)
- (Pin 3 von Y3 gegen PIN 4)

Hinweis → Wird die Kraftstoffpumpe durch ein Kraftstoffpumpenrelais angesteuert (siehe Schaltplan), müssen ca. 12 V anliegen.

Bedarfsgesteuerte Kraftstoffpumpen werden durch ein Steuergerät mittels eines PWM-Signals angesteuert. Die effektive Spannung kann kleiner als 12 V sein. Zur Überprüfung der Ansteuerung wird bei diesen Pumpen ein Oszilloskop benötigt.

↓

Spannungsversorgung i. O.?

nein →
- Sicherung F2.24 prüfen und ggf. ersetzen
- Kraftstoffpumpenrelais überbrücken (Kl. 88 gegen Kl. 88a) ggf. ersetzen
- Ansteuerung des Kraftstoffpumpen-Relais prüfen (Kl. 86)
- Leitungsunterbrechnung suchen ggf. reparieren

ja ↓

Kraftstoffpumpe defekt

ja ↓ (Läuft die Kraftstoffpumpe?)

- Spannungsabfall in den Leitungen prüfen (PIN 4 von Y3 gegen Kl. 30) (PIN 3 von Y3 gegen Kl. 31)

↓

Spannungsabfall in Ordnung?

nein →
- Widerstände in den Leitungen suchen und beseitigen,
- evtl. neue Leitungen verlegen

ja ↓

- Widerstand der Pumpe prüfen (PIN 3 - PIN 4)

↓

Widerstand der Pumpe i. O.?

nein → **Kraftstoffpumpe defekt**

ja ↓

- Kraftstoffdruck am Verteilerrohr nach Herstellervorgabe prüfen

↓

Kraftstoffdruck i. O.?

nein →
- Kraftstoffleitungen überprüfen
- Kraftstofffilter ersetzen
- Pumpe verschlissen, ersetzen

ja ↓

- Kraftstofffördermenge nach Herstellervorgabe prüfen

↓

Kraftstofffördermenge i. O.?

nein →
- Kraftstoffleitungen überprüfen
- Kraftstofffilter ersetzen
- Pumpe verschlissen, ersetzen

ja ↓

Fehler liegt nicht im Bereich der Kraftstoffversorgung

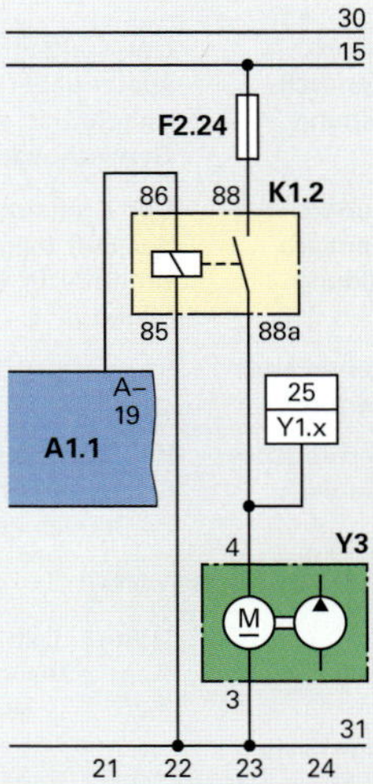

F2.24 Sicherung
K1.2 Kraftstoffpumpenrelais
Y3 Kraftstoffpumpe
A1.1 Motorsteuergerät

* Der Motor springt nicht an, der Motor springt an und stirbt ab, der Motor hat zu wenig Leistung, ...

F

Gemischbildung

Vollständige Verbrennung

Um den im Kraftstoff vorhandenen Kohlenstoff vollständig zu Kohlendioxid (CO_2) verbrennen zu können, wird eine kraftstoffspezifische Luftmasse benötigt.

Zündgrenzen

Mit zunehmendem Luftmangel bzw. Luftüberschuss wird die Verbrennung schlechter. Der Kraftstoff verbrennt nur noch unvollständig.
Werden bestimmte Grenzwerte für das **Mischungsverhältnis** unter- bzw. überschritten, findet keine Verbrennung mehr statt.

Mischungsverhältnis

Es gibt an, wie viel kg Luft zur Verbrennung von 1 kg Kraftstoff zur Verfügung stehen. Zur vollständigen Verbrennung von 1 kg Superbenzin, werden z.B. 14,7 kg Luft benötigt. Oder als Volumen ausgedrückt: 1 l Superbenzin verbrennt vollständig mit 11 300 l Luft.
Dieses Mischungsverhältnis wird als **stöchiometrisches Verhältnis** bezeichnet.

Luftverhältnis

Es ist das Verhältnis von tatsächlich vorhandenener Luftmasse zu theoretisch benötigter Luftmasse.

$$\text{Luftverhältnis } \lambda = \frac{\text{zugeführte Luftmasse}}{\text{theoretisch benötigte Luftmasse}}$$

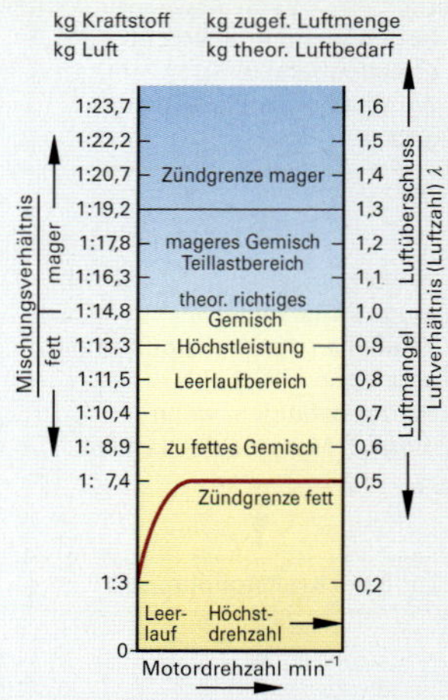

Mischungsverhältnis, Luftverhältnis

stöchiometrisches Verhältnis

$\lambda = 1$: Ideales Luftverhältnis; die tatsächlich vorhandene Luftmasse entspricht der theoretisch benötigten Luftmasse. Bei Betrieb mit 3-Wege-Katalysator erhält man günstigste Abgaswerte.

Fettes Gemisch

$\lambda < 1$: Luftmangel; die tatsächlich vorhandene Luftmasse ist kleiner als die theoretisch benötigte. Bei Betrieb mit $\lambda = 0{,}95 \ldots 0{,}85$ gibt der Motor seine maximale Leistung ab.

Mageres Gemisch

$\lambda > 1$: Luftüberschuss; die tatsächlich vorhandene Luftmasse ist größer als die theoretisch benötigte. Bei Betrieb in diesem Bereich wird Kraftstoffverbrauch und Motorleistung reduziert.

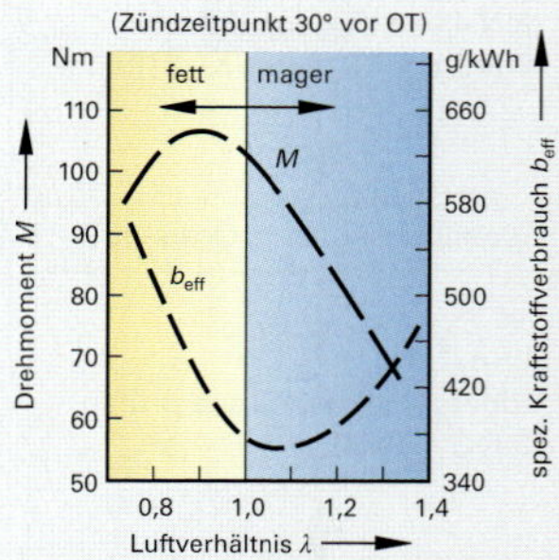

Auswirkung von λ auf Drehmoment und spez. Kraftstoffverbrauch

Innere Gemischbildung

Der Kraftstoff wird direkt in den Zylinder eingespritzt. Je später dabei der Kraftstoff eingespritzt wird, desto heterohgener ist die Gemischzusammensetzung **(Heterogene Gemischbildung)**.

Äußere Gemischbildung

Der Kraftstoff wird bereits außerhalb des Brennraumes der Luft beigemischt. In diesem Fall ist das Gemisch im Brennraum weitgehend homogen **(Homogene Gemischbildung)**.

Homogenes Gemisch

Im ganzen Brennraum ist das Kraftstoff-Luft-Verhältnis gleich.

Heterogenes Gemisch

Im Brennraum gibt es Bereiche mit unterschiedlichen Kraftstoff-Luft-Verhältnissen (Schichtladung). Dabei muss im Bereich der Entflammung λ annähernd 1 sein.

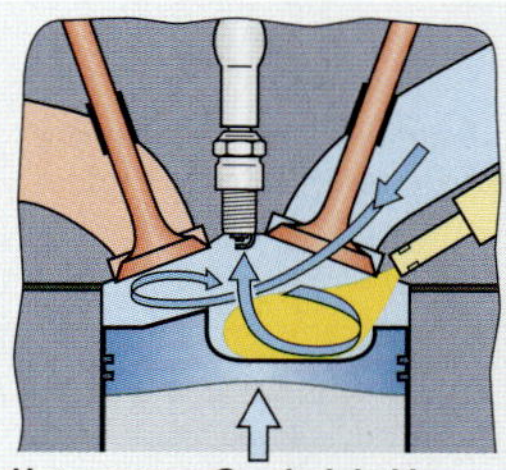

Heterogenes Gemisch bei innerer Gemischbildung

F

Kraftstoffkennwerte

Stoff	Dichte kg/l	Luftbedarf theoretisch kg/kg	Zündgrenze untere Vol.-% Gas in Luft	Zündgrenze obere Vol.-% Gas in Luft	Stoff	Dichte kg/m³	Luftbedarf theoretisch kg/kg	Zündgrenze untere Vol.-% Gas in Luft	Zündgrenze obere Vol.-% Gas in Luft
Ottokraftstoff					Autogas	2,25	15,5	1,5	15
Super Plus	0,75	14,7	1	8	Erdgas	0,83	–	–	–
Super	0,75	14,7	1	8	Wasserstoff	0,09	34	4	77
Kerosin	0,80	14,5	≈ 0,6	≈ 7,5	Methan	0,72	17,2	5	15
Dieselkraftstoff	0,84	14,5	≈ 0,6	≈ 7,5	Propan	2,0	15,6	1,9	9,5
Methanol	0,79	6,4	5,5	26	Butan	2,7	15,4	1,5	8,5

Baugruppen eines Vergasers

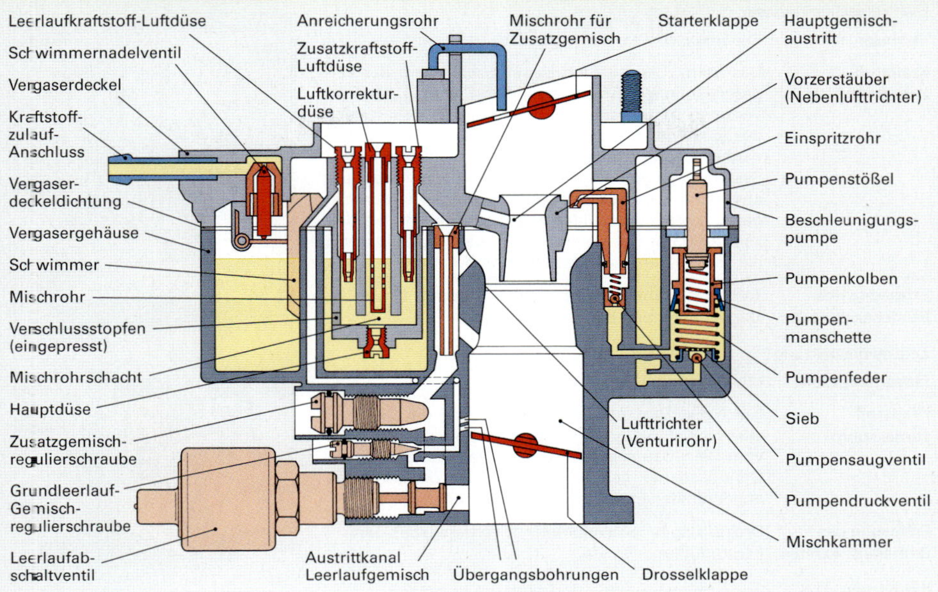

Vergasergehäuse mit Lufttrichter	Je nach Anzahl der Lufttrichter werden Einfachvergaser, Registervergaser, Doppelvergaser und Doppelregistervergaser unterschieden. Im Lufttrichter wird die Luftströmung beschleunigt und dadurch erhöhter Unterdruck erzeugt.
Schwimmerkammer mit Schwimmereinrichtung	Die Schwimmerkammer dient der Bereitstellung des beizumischenden Kraftstoffs. Sie wird von einer Membranpumpe gefüllt. Bei Erreichen des Kraftstoffsollstandes wird der Zulauf vom Schwimmernadelventil geschlossen.
Hauptdüsensystem	Im Hauptdüsensystem wird der Kraftstoff für den Teillastbereich angesaugt, mit Luft vorverschäumt, um in der Mischkammer im zerstäubten Zustand der angesaugten Luft beigemischt zu werden
Leerlaufeinrichtung	Die Leerlaufeinrichtung soll das Leerlaufgemisch aufbereiten, sodass eine stabile Leerlaufdrehzahl und bestmögliche Abgaswerte erreicht werden. Die Einstellung der Gemischzusammensetzung ist nur im Leerlauf möglich.
Übergangseinrichtung	Beim Übergang vom Leerlauf in den Teillastbereich magert das Leerlaufgemisch durch Öffnen der Drosselklappe ab. Deshalb wird der angesaugten Luft zusätzlicher Kraftstoff aus den Übergangsbohrungen beigemischt.
Beschleunigungssystem	Um beim Beschleunigen die volle Motorleistung nutzen zu können, wird aus dem Beschleunigungssystem zusätzlicher Kraftstoff in die Mischkammer eingespritzt und das Gemisch angefettet.
Kaltstarteinrichtung	Bei Kaltstart schlägt sich ein großer Teil des Kraftstoffs an den Wänden des Ansaugrohres nieder. Außerdem verdampft der Kraftstoff im Brennraum nur zum geringen Teil. Dazu wird im kalten Zustand die Starterklappe geschlossen. Durch erhöhten Unterdruck wird mehr Kraftstoff angesaugt.

Vergaser bei Krafträdern

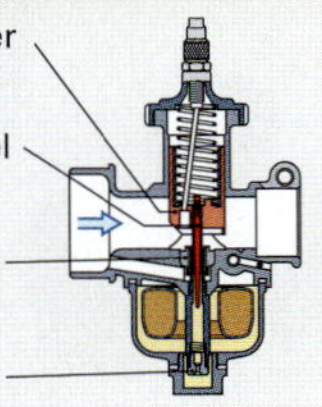

Kraftradvergaser sind meist Flachstromvergaser, die statt einer Drosselklappe einen kolbenartigen Gasschieber besitzen. Man nennt diese Vergaser deshalb auch Kolben- oder Schiebervergaser.
Beim Gasgeben wird dieser Gasschieber mittels eines Bowdenzuges nach oben gezogen, wodurch sich der Luftdurchlass im Vergaser vergrößert. Gleichzeitig wird eine am Kolben befestigte konische Düsennadel aus einer Nadeldüse gezogen. Über Hauptdüse und sich vergrößerndem Ringspalt der Nadeldüse kann somit bei vermehrtem Luftdurchlass eine erhöhte Kraftstoffmenge angesaugt werden. Zur Starthilfe werden häufig Tupfer oder Luftschieber verwendet.

F

Systeme zur elektronischen Gemischaufbereitung (historisch)

Elektronischer Vergaser

Vergaser	Pneumatisch – elektromechanisch
Kraftstoff-zumessung	Das Start-, Leerlauf und Hauptdüsensystem des Vergasers kann elektronisch beeinflusst werden. Wird die Vordrosselklappe durch den Vordrosselsteller seitens des Steuergerätes geschlossen, fettet das Gemisch an, wird sie geöffnet, magert das Gemisch ab. Erkennt das System Leerlauf, kann durch den Drosselklappenansteller die Drosselklappe betätigt werden, so dass die gewünschte Leerlaufdrehzahl eingeregelt werden kann. Die Grundeinstellung des Vergasers erfolgt durch die Leerlaufgemisch-Regulierschraube.
Erfassung des Betriebszustandes	Temperaturfühler, Drehzahlgeber λ-Sonde Drosselklappenpotentiometer, Leerlaufschalter

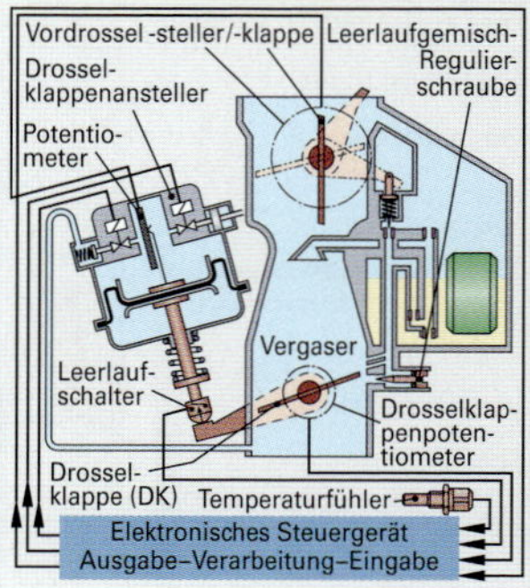

Zentraleinspritzung

Einspritzsystem	Elektrohydraulisch
Kraftstoff-zumessung	Durch die Drosselklappenstellung und die Drehzahl wird die Luftmenge berechnet (α/n-System). Abhängig vom Betriebszustand wird durch das Steuergerät die Öffnungsdauer des zentral über der Drosselklappe angeordneten Einspritzventils bestimmt.
Erfassung des Betriebszustandes	Drosselklappenpotentiometer, Drehzahlgeber, Temperaturfühler, λ-Sonde.

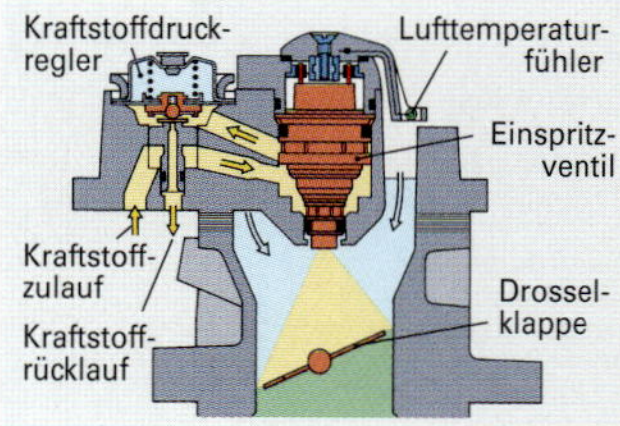

KE-Jetronic

Einspritzsystem	Mechanisch – elektro-hydraulisch
Kraftstoff-zumessung	Luftmengenmesser, Kraftstoffmengenteiler und Steuerkolben bestimmen die zugeteilte Grundeinspritzmenge. Abhängig vom Betriebszustand wird der elektrohydraulische Drucksteller vom Steuergerät angesteuert. Er verändert den Unterkammerdruck in den Differenzdruckventilen, wodurch die Einspritzmenge dem Betriebszustand angepasst wird.
Erfassung des Betriebszustandes	Stauscheibenauslenkung, Temperaturfühler, Drehzahlgeber, Drosselklappenschalter, λ-Sonde.

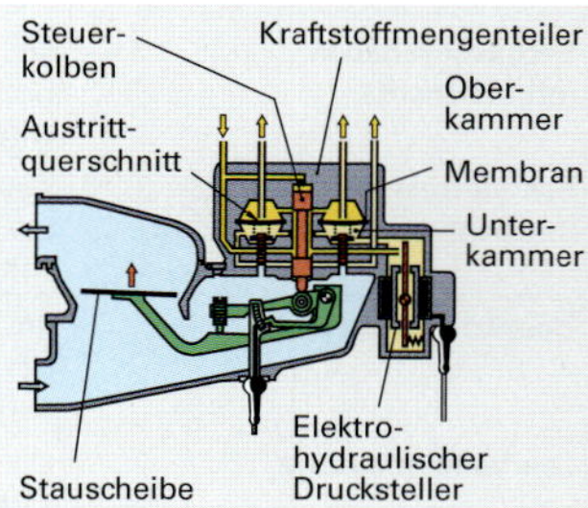

L-Jetronic

Einspritzsystem	Elektrohydraulisch
Kraftstoff-zumessung	Die Stauklappenstellung im Luftmengenmesser ist das Maß für die angesaugte Luftmenge. Zusammen mit der Motordrehzahl bestimmt sie die Grundeinspritzmenge (Hauptsteuergrößen). Abhängig vom Betriebszustand wird durch das Steuergerät die Öffnungsdauer der Einspritzventile angepasst.
Erfassung des Betriebszustandes	Stauklappenauslenkung, Drehzahlgeber, Temperaturfühler, Drosselklappenschalter, λ-Sonde.

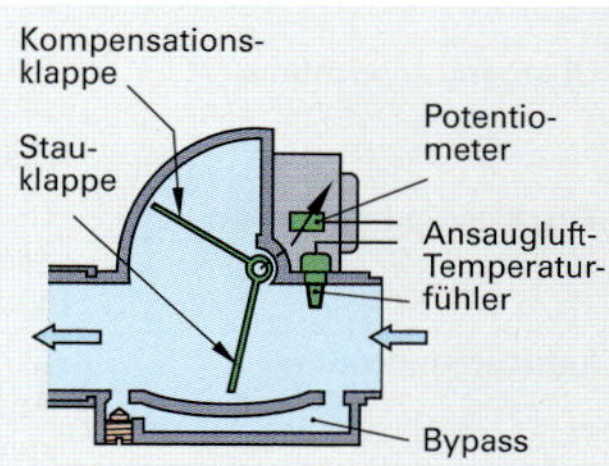

LH-Jetronic

Einspritzsystem	Elektrohydraulisch
Kraftstoff-zumessung	Durch einen Luftmassenmesser mit Heißfilmelement erfasst das Steuergerät die angesaugte Luftmasse. Zusammen mit der Motordrehzahl bestimmt sie die Grundeinspritzmenge (Hauptsteuergrößen). Abhängig vom Betriebszustand wird durch das Steuergerät die Öffnungsdauer der Einspritzventile angepasst.
Erfassung des Betriebszustandes	Heißfilmelement, Drehzahlgeber, Temperaturfühler, Drosselklappenpotentiometer/-schalter, λ-Sonde.

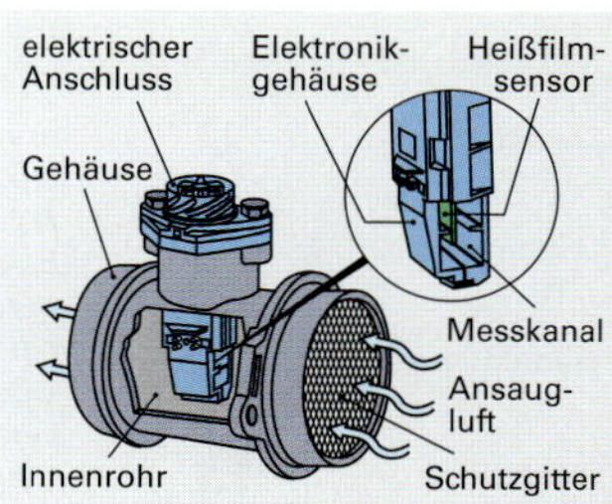

Aufgaben der Einspritzanlagen

Sie haben die Aufgabe, Kraftstoff fein zerstäubt in die angesaugte Luft einzuspritzen. Dabei sind die erforderliche Gemischmenge (Quantität) und das Mischungsverhältnis (Qualität) genau dem jeweiligen Betriebszustand anzupassen.

Dadurch sollen ein hohes Motordrehmoment, hohe Motorleistung, ein günstiger Verlauf der Motorkennlinien, niedriger Kraftstoffverbrauch und günstige Abgaswerte erreicht werden.

Aktuelle Einspritzanlagen

Anlage	ME-Motronic	MED-Motronic	kombinierte Einspritzung
	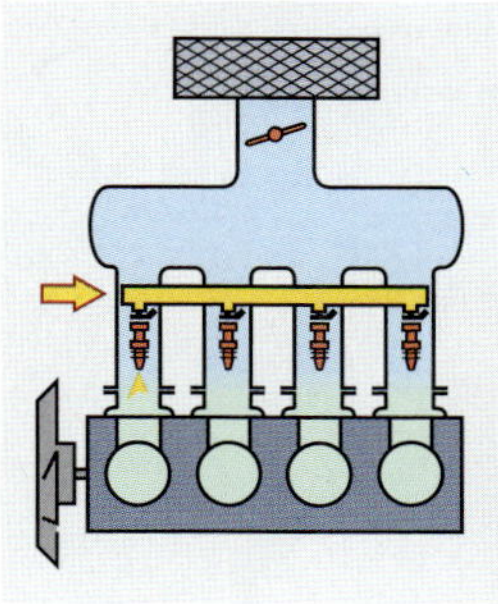	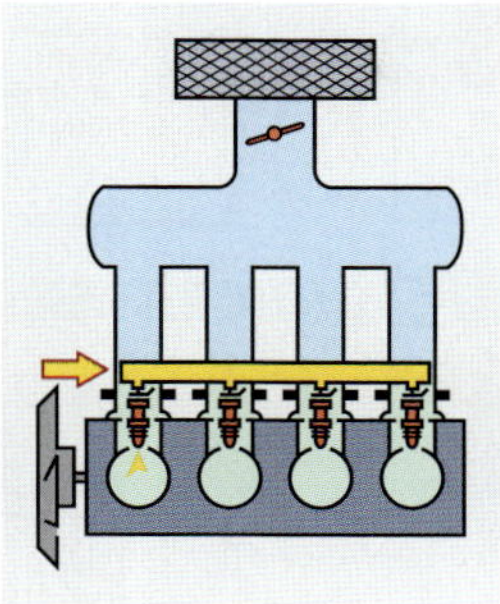	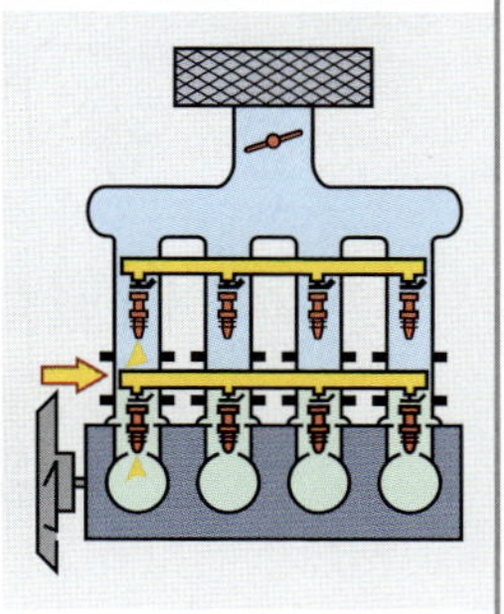
Äußere Kennzeichen	Einspritzventile im Saugrohr, keine Hochdruckpumpe	Einspritzventile im Zylinderkopf, Kraftstoff-Hochdruckpumpe	Einspritzventile im Saugrohr und im Zylinderkopf
Art und Anzahl der Einspritzventile	ein Niederdruck-Ventil pro Zylinder	ein Hochdruck-Ventil pro Zylinder	ein Niederdruck-Ventil und ein Hochdruck-Ventil pro Zylinder
Art der Einspritzung	indirekt	direkt	direkt / indirekt
Gemischbildung	äußere	innere	äußere / innere
Erzeugtes Gemisch	homogen	überwiegend homogen	überwiegend homogen
Anzahl der Einspritzungen	eine	bis zu vier	0 ...1 in das Saugrohr 0 ... 3 in den Zylinder
Einspritzdruck	3,5 bar... 4,5 bar	30 bar... 240 bar	2 bar... 6,5 bar (ND) 30 bar ... 240 bar (HD)

Intermittierende Einspritzung*

Simultane Einspritzung
Alle Einspritzventile werden vom Steuergerät gleichzeitig und gleich lang geöffnet.
(Wird meist nur im Notlauf verwendet:)

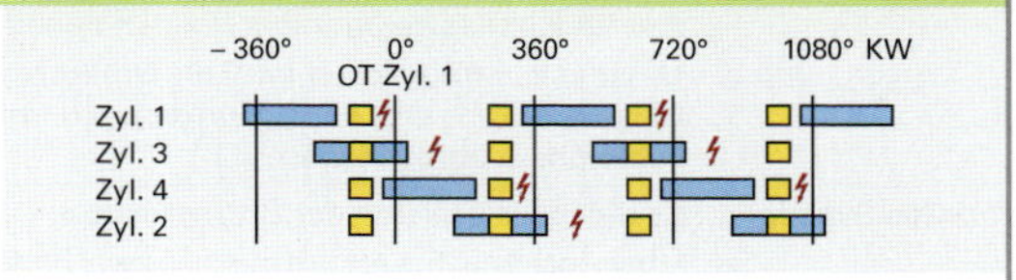

Sequentielle Einspritzung
Jedes Ventil wird vom Steuergerät gesondert angesteuert, aber alle Ventile haben die gleich« Öffnungsdauer.

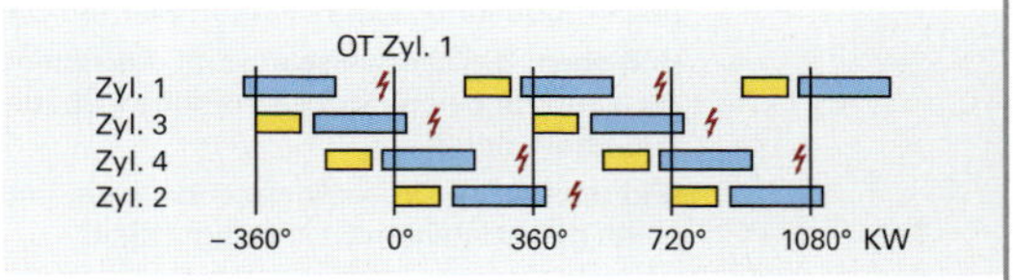

Zylinderselektive Einspritzung
Jedes Einspritzventil wird vom Steuergerät gesondert angesteuert, wobei Einspritzzeit und Einspritzdauer variiert werden können.

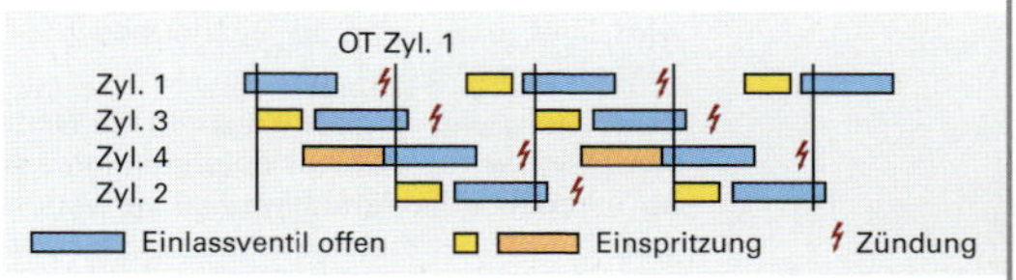

* intermittierend: intermittere (lat.) = aussetzend; Ventile sind nur zeitweilig geöffnet

Systembild ME-Motronic

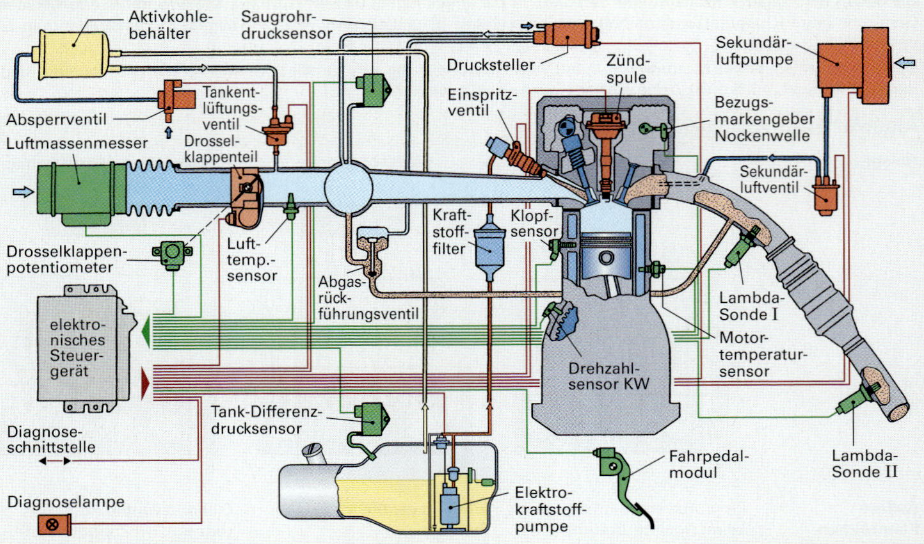

Funktionen der ME-Motronic

Gesamtsystem

Bei der ME-Motronic (M = Momentengeführt, E = E-Gas-Funktion) handelt es sich um ein elektronisch geregeltes Einspritzsystem mit einer durch das gleiche Steuergerät geregelten Vollelektronischen Zündanlage.

Einspritzung

Sie erfolgt sequenziell intermittierend durch die elektromagnetisch betätigten Einspritzventile in das Saugrohr kurz vor die geschlossenen Einlassventile (multi point).

Drehmomentführung

Alle Systeme und Komponenten, die das Antriebsdrehmoment beeinflussen, z. B. Automatikgetriebe, Klimakompressor, ASR, ESP, ... werden zur Berechnung des zu erzeugenden Motordrehmomentes herangezogen. Die Motronic bildet eine Ersatzgröße, in die die Anforderungen der einzelnen Systeme mit unterschiedlicher Priorität eingehen. Schaltet z. B. der Klimakompressor ein, so würde das Antriebsdrehmoment verringert. Um dies zu vermeiden, erhält das Steuergerät vor dem Zuschalten des Klimakompressors ein Signal. Dieses bewirkt, dass durch öffnen der Drosselklappe, vermehrte Kraftstoffeinspritzung und eventuell verändertem Zündwinkel das zu erzeugende Drehmoment um den benötigten Betrag erhöht wird.

Um dies zu ermöglichen, wird die Drosselklappenstellung von der Fahrpedalstellung entkoppelt. Dies wird durch eine E-Gas-Funktion erreicht. Das heißt, dass die Fahrpedalstellung nur noch als Fahrwunsch anzusehen ist.

F

E-Gas-System

Es regelt die Stellung der Drosselklappe.

Überwachung: Sie erfolgt durch je zwei Potentiometer am Fahrpedalmodul und zwei Potentiometer am Drosselklappenteil.

Bild oben: Üblicherweise erzeugt das Potentiometer 1 am Fahrpedalmodul einen doppelt so hohen Spannungsabfall wie das Potentiometer 2.

Bild unten: Am Drosselklappenteil erzeugen die Potentiometer einen gegenläufigen Spannungsabfall.

Während der Spannungsabfall am Potentiometer 1 z. B. größer wird, sinkt gleichzeitig der Spannungsabfall am Potentiometer 2 im gleichen Maße.

Das Steuergerät vergleicht ständig die Werte aller vier Potentiometer. Bei Ausfall eines Potentiometers werden die Werte der verbleibenden Potentiometer verwendet. Stellt das Steuergerät einen oder mehrere unplausible Werte fest, wird in die Notlauffunktion geschaltet. Die Drosselklappe wird dann minimal geöffnet, so dass das Fahrzeug fahrbereit bleibt.

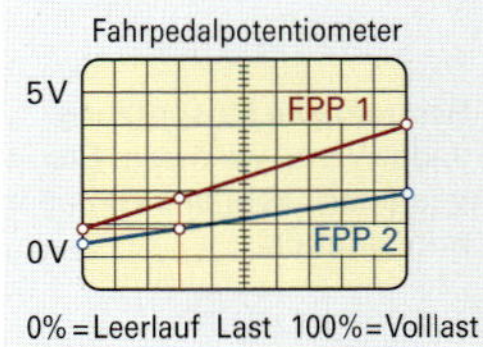

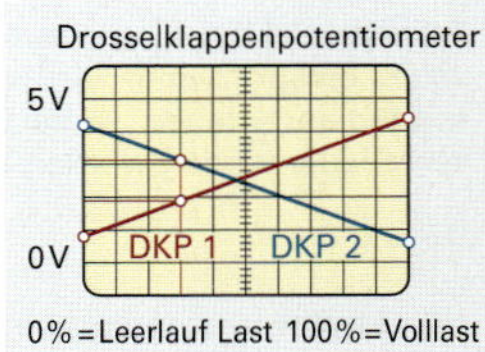

Funktionen der ME-Motronic (Fortsetzung)

Steuergerät	Es weist bezüglich der Einspritzung folgende Funktionen auf: Grundabstimmung über Kennfelder, Startsteuerung, Nachstart-, Volllast-, Beschleunigungsanreicherung, Schubabschaltung, Drehzahlbegrenzung, adaptive Leerlaufdrehzahlregelung, Lambda-Regelung, Tankentlüftungssystem, Abgasrückführung, Drehmomentenführung, E-Gas, Fahrgeschwindigkeitsregelung, Sekundärlufteinblasung, EOBD, Datenaustausch über CAN-BUS mit anderen Systemen, erweiterte Eigendiagnose und Notlaufprogramme.
Kraftstoff-Versorgung	In der Regel werden Ein-Leitungs-Systeme und in den Tank integrierte Fördermodule verbaut. Sie bestehen aus Catchtank, zweistufigen Elektrokraftstoffpumpen mit Saugstrahlpumpen, Kraftstofffiltern und Druckregler. Bei Ein-Leitungs-Systemen wird der Kraftstoffversorgungsdruck üblicherweise auf 3 bar gegenüber der Umgebung konstant gehalten. Mit wechselndem Saugrohrdruck ändert sich damit der Differenzdruck am Einspritzventil, was zu unterschiedlichen Einspritzmengen führt. Durch eine Kompensationsfunktion wird dieser Fehler korrigiert.
Systeme zur Schadstoff-reduzierung	**Tankentlüftungssystem.** Es verhindert ein Entweichen von Kraftstoff oder Kraftstoffdämpfen in die Umwelt. **Abgasrückführung.** Sie reduziert die maximale Verbrennungstemperatur. Dadurch wird der Anteil an NO_x im Abgas verringert. **Sekundärluftsystem.** Durch die bei Kaltstart kurz nach dem Auslassventil eingeblasene Luft werden Abgase oxidiert und somit verringert. Zusätzlich wird durch die frei werdende Oxidationswärme der Abgasstrang schneller aufgeheizt. **On-Board-Diagnose (OBD).** Alle Abgasrelevanten Bauteile werden vom System überwacht.

Blockschaltbild ME-Motronic

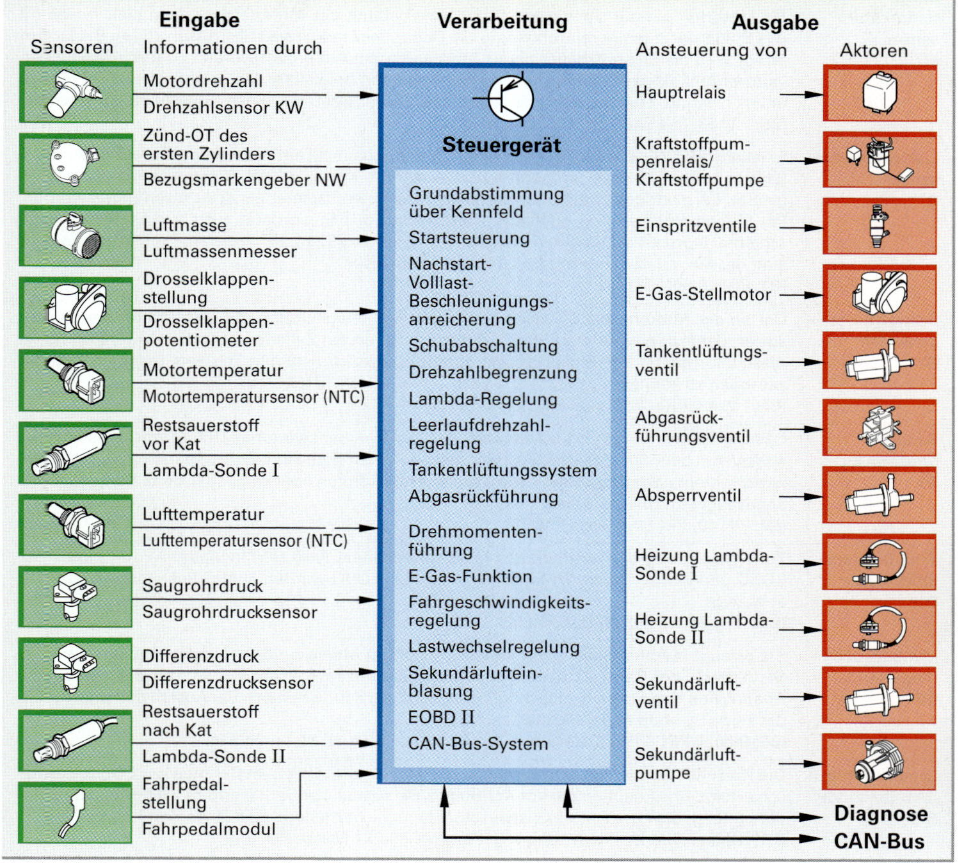

F

Sensoren der ME-Motronic (siehe Schaltplan der ME-Motronic)	
Luftmassen-messer B3	Ein Heißfilm-Luftmassenmesser ermittelt die angesaugte Luftmasse. Sie wird benötigt, um zusammen mit der Drehzahl (Hauptsteuergrößen) die Einspritzmenge (Quantität) zu berechnen. **Notlauffunktion:** Bei einem Ausfall des Sensors können manche Systeme die angesaugte Luftmenge über die Stellung der Drosselklappe und die Drehzahl mit Hilfe eingespeicherter Kennfelder annähernd genau bestimmen. (**B3:** mögliche PIN-Belegung z. B : 16 = Ansaugluft-Temperatur, Versorgungsspannung 12 V (von K1), 15 = Masse, 14 = Referenzspannung 5 V, 13 = Signal LMM).
Motordrehzahl-sensor KW B1	Durch einen Sensor an der Kurbelwelle (Induktivgeber oder Hallgeber) wird die Drehzahl erfasst. Zusätzlich wird durch eine Bezugsmarke am Geberrad die OT-Position des 1. Zylinders ermittelt. Die Motordrehzahl wird benötigt, um zusammen mit der angesaugten Luftmasse (Hauptsteuergrößen) die Einspritzmenge und den Zündzeitpunkt zu berechnen. Ohne Signal ist kein Motorbetrieb möglich. (**B1:** PIN 45, PIN 46).
Fahrpedal-modul B12	Der Fahrerwunsch wird über die Stellung des Fahrpedals dem Steuergerät übermittelt. Im Fahrpedalmodul sind aus Sicherheitsgründen zwei gegenläufige Potentiometer integriert. (**B12.1:** PIN 37, PIN 38 (Signal), PIN 39, B12.2: PIN 40, PIN 41 (Signal), PIN 42).
Drosselklappen-potentiometer B4	Der aus zwei Potentiometern bestehende Drosselklappensensor ist im Drosselklappenteil integriert. Er informiert das Steuergerät über die momentane Stellung der Drosselklappe. Im Notlauf wird die Drosselklappe so weit geöffnet, dass nur noch eine erhöhte Leerlaufdrehzahl möglich ist. (**B4.1:** PIN 31, PIN 32 (Signal), PIN 33, B4.2: PIN 33, PIN 34 (Signal), PIN 35).
Motor-temperatur-sensor B5	Er ist ein NTC-Widerstand, der durch den Spannungsabfall am Widerstand dem Steuergerät die Motortemperatur signalisiert. Durch Verarbeitung des Motortemperatursignals bestimmt das Steuergerät temperaturabhängig die Dauer der Einspritzzeit (Korrekturgröße). Bei kaltem Motor wird die Einspritzdauer bis zu 70% verlängert. Außerdem werden Zündzeitpunkt, Leerlaufdrehzahl, Abgasrückführung und Klopfregelung bei kaltem Motor angepasst. Bei Signalunterbrechung oder Kurzschluss kann das Steuergerät auf einen Ersatzwert umschalten. (**B5:** PIN 53, PIN 54).
Lufttemperatur-sensor B7	Er ist ein NTC-Widerstand, der durch den Spannungsabfall am Widerstand die Ansauglufttemperatur erfasst. Dieser Temperaturwert dient zur Korrektur der Einspritzdauer (Korrekturgröße). Bei niedrigen Lufttemperaturen kann die Einspritzdauer bis zu 20 % verlängert werden. Bei Signalunterbrechung oder Kurzschluss kann das Steuergerät auf einen Ersatzwert umschalten. In manchen Systemen wird auf die Messung der Lufttemperatur verzichtet. Es wird statt dessen nur die angesaugte Luftmasse gemessen. (**B7:** PIN 15, PIN 16).
Bezugsmarken-geber NW B2	Der an der Nockenwelle platzierte Hall-Geber liefert zusammen mit dem Motordrehzahlsensor an der Kurbelwelle die Zünd-OT-Stellung des ersten Zylinders. Das Steuergerät benötigt diese Information, um Einspritz- und Zündzeitpunkt zur richtigen Zeit dem richtigen Zylinder zuordnen zu können. (**B2:** PIN 43, PIN 44, Masse PIN 53).
Saugrohr-drucksensor B9	Das Signal des Saugrohrdrucksensors wird zur Kompensation des Differenzdruckes am Einspritzventil benötigt. Zusätzlich verwendet man es zur Berechnung des Spülstromes des Regeneriersystems. Systeme ohne Luftmassenmesser können über eingespeicherte Kennfelder die angesaugte Luftmenge berechnen. (**B9:** PIN 49, PIN 50, Masse PIN 53).
Tank-Differenz-drucksensor B10	Zur Überprüfung der Dichtheit des Kraftstoffbehälters wird sein Innendruck im Rahmen der EOBD überwacht. Durch die Eigendiagnose der EOBD werden Undichtigkeiten erkannt und angezeigt. (**B10:** PIN 51, PIN 52, Masse PIN 53).
Lambdasonde I (Regelsonde) B6	Sie erzeugt in Abhängigkeit vom Restsauerstoff im Abgas ein Spannungssignal aus dem das Steuergerät die Gemischzusammensetzung erkennt (möglichst $\lambda = 1$). Um ein schnelleres Ansprechen des Sensors zu ermöglichen, wird die Sonde beheizt. Bei Ausfall des Signals findet keine Lambda-Regelung statt. (**B6: Signal:** PIN 7, PIN 8, **Heizung:** Plus PIN 88a/K1 (Plus), Masse PIN 6).
Lambdasonde II (Monitorsonde) B11	Die Nach-Kat-Sonde dient zur Prüfung der Katalysatorfunktion im Rahmen der EOBD. Zusätzlich erfolgt eine Adaption der Vor-Kat-Sonde. Bei Ausfall der Sonde erfolgt weiterhin die Lambdaregelung, die Funktion des Katalysators kann nicht mehr überprüft werden. (**B11: Signal:** PIN 10, PIN 11, **Heizung:** Plus PIN 88a/K1 Masse PIN 9.

F

Aktoren der ME-Motronic (siehe Schaltplan der ME-Motronic)

Kraftstoffpumpenrelais K1
Wird die Zündung eingeschaltet, schaltet das Steuergerät über PIN 5 das Kraftstoffpumpenrelais K1. Dieses versorgt über die Sicherungen F2 die Kraftstoffpumpe, über F3 die Einspritzventile, über F4 die Lambdasondenheizungen, Regenerierventil, Abgasrückführungsventil, Absperrventil, Sekundärluftventil und das Relais für die Sekundärluftpumpe. Über F5 wird die Sekundärluftpumpe mit Spannung versorgt.

Einspritzventile Y1 bis Y4
Sie erhalten Spannung vom Kraftstoffpumpenrelais K1. Sollen die Einspritzventile öffnen, muss das Steuergerät PIN 1 bzw. PIN 2, PIN 3, PIN 4 auf Masse schalten. Durch die getrennte Ansteuerung der Ventile durch das Steuergerät ist eine sequenzielle Einspritzung möglich. Die Dauer der Bestromung bestimmt die eingespritzte Kraftstoffmenge.

Vorgänge im Einspritzventil:

Der Stromkreis wird durch das Steuergerät geschlossen. Dies bewirkt, dass in der Magnetwicklung des Ventils ein Magnetfeld erzeugt wird. Dadurch wird der Magnetanker angezogen. Die Düsennadel kann sich vom Sitz abheben. Das Ventil öffnet, es wird eingespritzt. Unterbricht das Steuergerät den geschlossenen Stromkreis, wird das Magnetfeld abgebaut. Die Schließfeder drückt die Düsennadel durch den Magnetanker auf ihren Sitz. Die Einspritzung ist beendet.

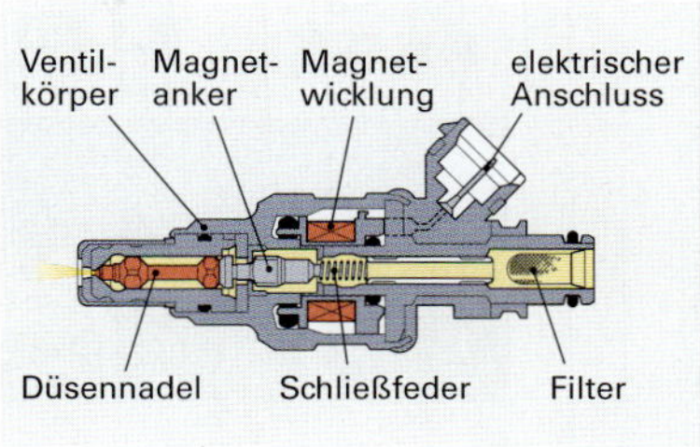

Darstellung des Einspritzsignals:

Durch das Schließen des Stromkreises innerhalb des Steuergerätes erhält der Punkt X in der Masseleitung des Ventils das elektrische Potential 0. Dadurch sinkt die dargestellte elektrische Spannung im Öffnungszeitpunkt auf die Nulllinie. Am Ende der Einspritzung wird der bis dahin geschlossene Stromkreis geöffnet. Das Magnetfeld wird abgebaut, wodurch eine hohe Ausschalt-Induktionsspanung entsteht. Danach besitzt der Punkt X das elektrische Potential 12 V.

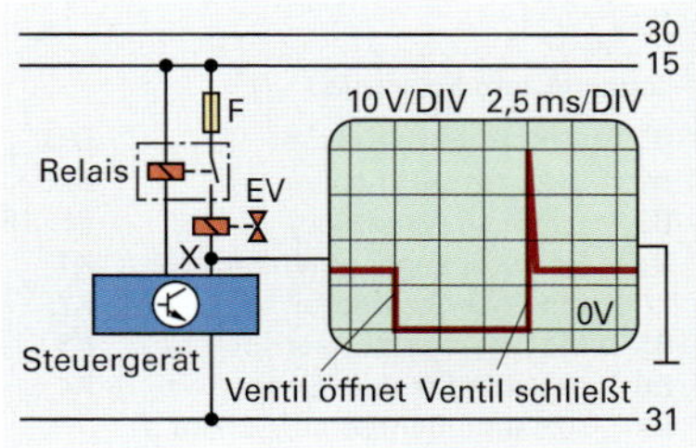

Tankentlüftungsventil Y6
Das Magnetventil öffnet und schließt die Verbindungsleitung zwischen Saugrohr und Aktivkohlebehälter. Es wird durch ein pulsweitenmoduliertes Signal angesteuert, wobei die Versorgung mit Plus von Klemme 86/K1 und die Minusversorgung vom Steuergerät PIN 12 erfolgt. Bei Ausfall des Signals bleibt das Ventil geschlossen.

Abgasrückführungsventil Y7
Das Magnetventil für die Abgasrückführung öffnet und schließt die Verbindungsleitung zwischen Auspuffkrümmer und Ansaugrohr. Es wird durch ein pulsweitenmoduliertes Signal angesteuert, wobei es Plus von Klemme 86/K1 und Minus vom Steuergerät PIN 17 erhält. Bei Ausfall des Signals bleibt das Ventil geschlossen.

E-Gas-Stellmotor B4
Der Stellmotor in **B4** wird über PIN 35 und Pin 36 angesteuert. Er stellt die vom Steuergerät berechnete Stellung der Drosselklappe ein. Dadurch wird die Füllung bestimmt. Eine mechanische Verbindung zwischen Fahrpedal und Drosselklappe ist nicht mehr vorhanden (drive by wire). Bei Ausfall des Stellmotors oder der Sensoren wird die Drosselklappe in eine Notlaufpostion gestellt.

Sekundärluftpumpe M1
Es ist ein Gebläse, das kurz nach dem Motorstart in Abhängigkeit von der Motortemperatur zeitlich begrenzt Frischluft in den Abgaskrümmer bläst. Durch die Oxidation von CO und HC werden die Katalysatoren schneller aufgeheizt und die Abgaswerte verringert. Das Gebläse wird über das Relais **K3** mit Strom versorgt. **(M1:** Plus von K1, Masse von Klemme 31). Die Funktion wird über die Eigendiagnose überwacht.

Sekundärluftventil Y9
Es schützt die Sekundärluftpumpe indem es verhindert, dass bei abgeschaltetem Gebläse heiße Abgase einströmen. Das Ventil **Y9** wird über Plus von K1 und Masse vom Steuergerät, PIN 19, geöffnet.

Absperrventil Y8
Es hat die Aufgabe, bei abgeschalteter Regenerierung die Luftzufuhr zum Aktivkohlebehälter zu verschließen. Das Absperrventil **Y8** wird über Plus von K1 und Masse vom Steuergerät, PIN 18 zeitgleich mit dem Regenerierventil **Y6** geöffnet.

F

Schaltplan der ME-Motronic

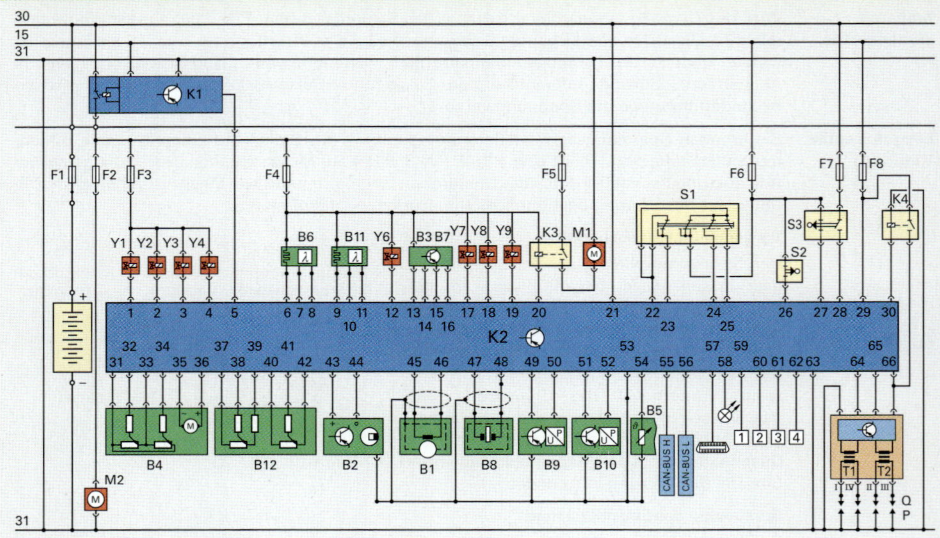

Legende zum Schaltplan

B1 Motordrehzahlsensor
B2 Bezugsmarkengeber
B3 Luftmassenmesser
B4 Drosselklappenpotentiometer mit Egas-Stellmotor
B5 Motortemperatursensor
B6 beheizte Lambda-Sonde I
B7 Ansaugluftemperatursensor
B8 Klopfsensor
B9 Saugrohrdrucksensor
B10 Tankdifferenzdrucksensor
B11 beheizte Lambda-Sonde II
B12 Fahrpedalmodul
F1 ... F8 Sicherungen
K1 Kraftstoffpumpenrelais
K2 Steuergerät ME-Motronic
K3 Relais Sekundärluftpumpe
K4 Relais Endstufe Zündanlage
M1 Sekundärluftpumpe
M2 Elektrokraftstoffpumpe
S1 Schalter für GRA
S2 Kupplungspedalschalter
S3 Bremspedalschalter GRA
T1, T2 Doppelfunkenzündspulen
Y1 ... Y4 Einspritzventile
Y6 Regenerierventil
Y7 Abgasrückführungsventil
Y8 Absperrventil
Y9 Sekundärluftventil
1 ... 4 Ein- und Ausgänge anderer Systeme

Fehlersuche bei der ME-Motronic

Fehler, die vom System erkannt werden (OBD = On-Board-Diagnose)
Die ME-Motronic ist mit einer umfassenden Eigendiagnose ausgestattet. Alle abgasrelevanten Bauteile und Teilsysteme müssen auf Grund gesetzlicher Vorgaben vom System überwacht werden. Zu den Aufgaben des Überwachungssystems gehören:

- Überwachung der Sensorenstromkreise und der Sensorsignale (Kurzschluss nach Plus oder Masse, kein Signal)
- Plausibilitätsprüfung einzelner Sensorsignale (passen Sensorsignalwerte oder deren Kombinationen nicht zu hinterlegten Werten, so können Ersatzwerte gesetzt werden oder das System schaltet in den Notlauf.)
- Überwachung der Aktorenstromkreise (Kurzschluss nach Plus oder Masse, Unterbrechung)
- Überwachung der Aktoren
- Überwachung der Lambda-Regelung (Regelgrenze wird unter- oder überschritten) und des Schadstoffausstoßes (Wirksamkeit des Katalysators)
- Aktivierung von gespeicherten Ersatzfunktionen (z. B. bei Ausfall des Luftmassenmessers)
- Speichern von aufgetretenen Fehlern im Fehlerspeicher des Steuergerätes.

F

Gespeicherte abgasrelevante Fehler können mit Hilfe beliebiger Fehlerauslesegeräte (Motortester) über den Diagnoseanschluss abgefragt werden, da die Fehlereinträge gesetzlich genormt sind.

Fehler, die nicht vom System erkannt werden
Undichte Unterdruckleitungen, über die Falschluft angesaugt wird, tropfende Einspritzventile, Undichtigkeiten im Abgasstrang, verstopfte Filter, ... können von der Eigendiagnose meist nicht erkannt werden. (Aus der Fehler-Code-Tabelle ist ersichtlich, welche Fehler das System tatsächlich erkennen kann.)
Durch eine **Stellglieddiagnose** können die elektrischen Stellglieder vom Motortester über das Steuergerät mit elektrischen Testimpulsen angesteuert und somit in ihrer Funktion überprüft werden. Durch das Auslesen einzelner Messwerte (Temperaturen, Drehzahl, Magnetventilstellungen) mit Hilfe des Testers und anschließendem **Ist-Sollwert-Vergleich** ist ebenfalls eine Fehlerdiagnose möglich.

Systembild MED-Motronic

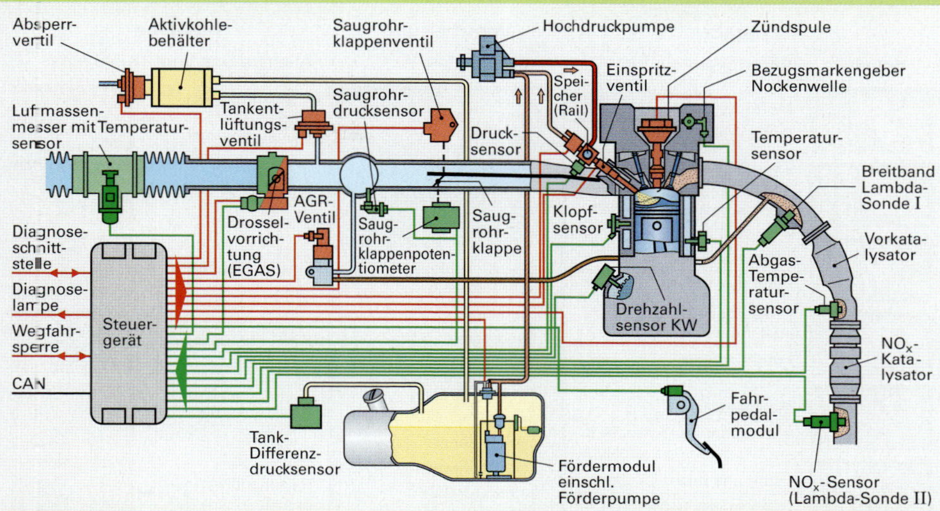

Funktionen der MED-Motronic

Gesamtsystem

Die MED-Motronic ist eine ME-Motronic, die an die besonderen Gegebenheiten und Anforderungen der Direkteinspritzung angepasst wurde.

Heterogene Gemischbildung (Schichtladebetrieb)

Im Teillastbetrieb wird der Kraftstoff während des Verdichtungstaktes so in den Brennraum eingespritzt, dass nur im Bereich der Zündkerze auf Grund der erzeugten Luftströmung eine Gemischwolke mit annähernd $\lambda = 1$ erzeugt wird. Dazu sind nötig:

- Eine genau abgestimmte Brennraumgeometrie
- eine genau definierte Luftströmung
- eine geschlossene Saugrohrklappe
- eine Einspritzung während des Verdichtungstaktes.

Vom Zentrum dieser Gemischwolke dehnt sich die Verbrennung in die mageren Bereiche des Brennraumes aus. Da die Leistung in diesem Betriebsbereich von der eingespritzten Kraftstoffmasse abhängt, öffnet die Drosselklappe, wodurch Leistungsverluste durch die Drossellung der Ansaugluft reduziert werden.

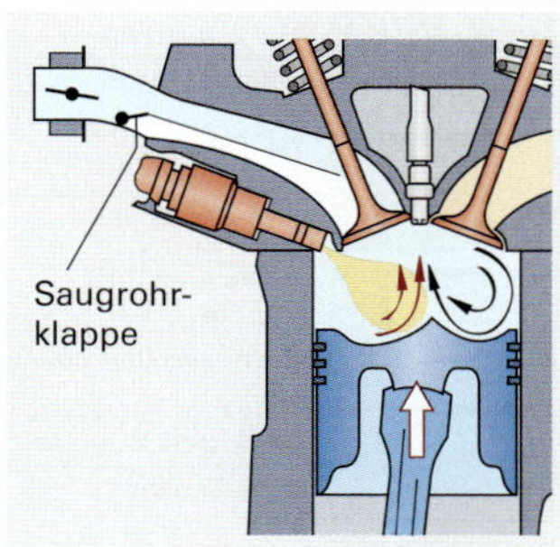

Homogene Gemischbildung

Bei Lambdawerten über 1,4 und erhöhter Drehzahl wird die Verbrennung schlechter. Deshalb wird bei Volllast in den Homogenbetrieb geschaltet, um dadurch ein fetteres Gemisch und damit mehr Leistung zu erreichen. Dazu wird …

- die Saugrohrklappe geöffnet (mehr Luft zugeführt).
- der Kraftstoff während des Ansaugtaktes so in den Bennraum eingespritzt, dass ein homogenes Gemisch mit $\lambda = 1$ erreicht wird.
- die Leistung über die Drosselklappe geregelt.

F

Steuergerät

Die MED-Motronic beinhaltet bezüglich der Einspritzung die gleichen Funktionen wie die ME-Motronic. Durch die beiden verschiedenen Betriebsarten Schichtladungsbetrieb und Homogenbetrieb werden allerdings an die Regelung und Anpassung erhöhte Anforderungen gestellt. Weil bei der Verbrennung des mit Schwefel verunreinigten Kraftstoffs Schwefeldioxid entsteht und dieses den NO_x-Speicherkatalysator unwirksam macht, muss dieser immer wieder durch Umschalten in den Homogenbetrieb regeneriert werden. Eine weitere Aufgabe des Steuergeräts ist die Regelung des Kraftstoffhochdrucks.

Kraftstoffversorgung

- Elektro-Kraftstoffpumpe übernimmt die Vorförderung des Kraftstoffs (Druck bis zu 6,8 bar).
- Hochdruckpumpe (3-Zylinder-Radial-Kolbenpumpe) erhöht den Druck je nach Anlage auf ca.120 bar … 240 bar und pumpt den Kraftstoff in das Verteilerrohr.
- Über den dort eingebauten Kraftstoffdrucksensor und ein Kraftstoffdruck-Regelventil wird der Kraftstoffdruck vom Steuergerät über ein Kennfeld auf 50 bar – 120 bar geregelt.
- Im Zylinderkopf eingebaute Kraftstoffventile spritzen Kraftstoff direkt in den Brennraum ein.

Blockschaltbild MED-Motronic

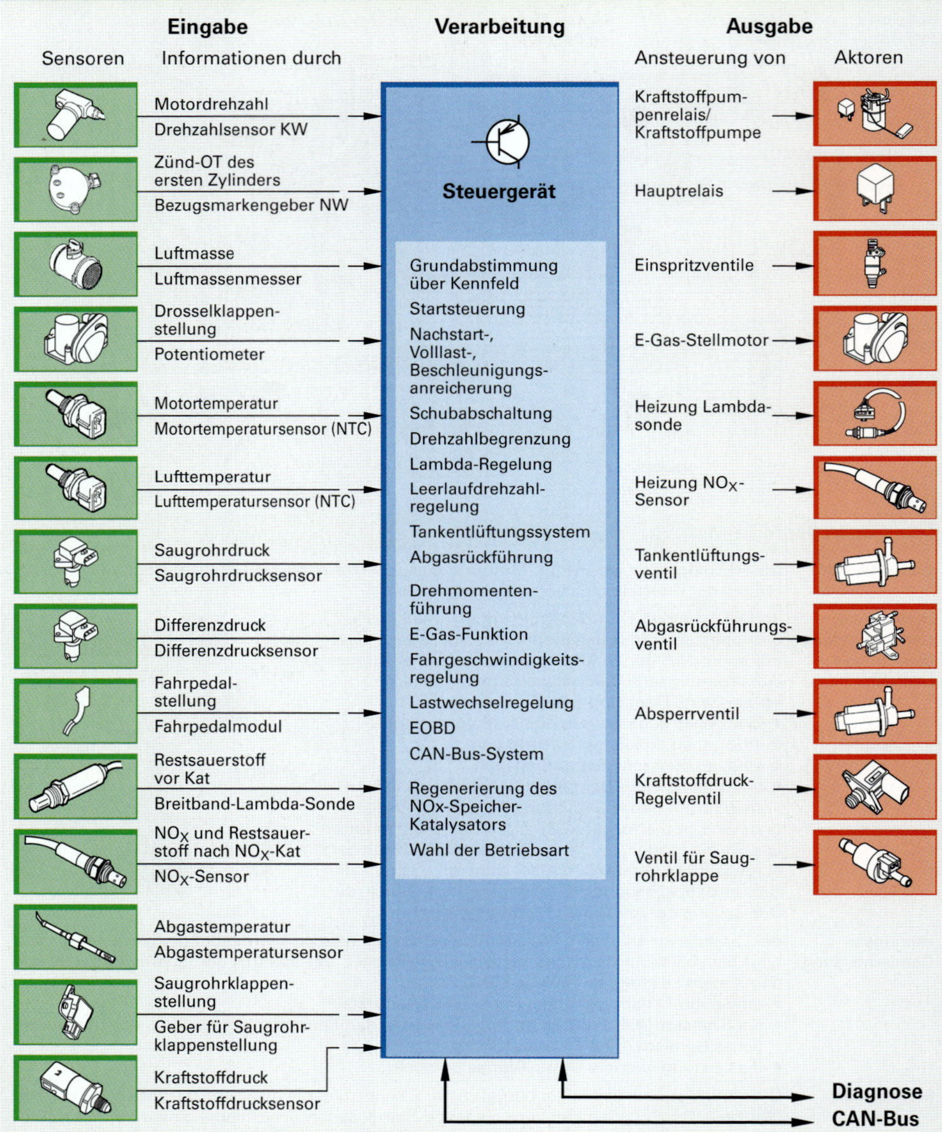

F

Zusätzliche Sensoren der MED-Motronic (siehe Schaltplan MED-Motronic)

NO_x-Sensor B14	Der Sensor hat die Aufgabe, die Funktion des NOx-Speicherkatalysators zu überwachen und den NOx- und Sauerstoffanteil im Abgas zu erfassen. Das Signal wird vom Steuergerät des NOx-Sensors **(K6)** ausgewertet, das bei Bedarf die Regenerierung des Speicherkatalysators durch Umschalten auf Homogenbetrieb ($\lambda = 1$) einleitet.
Abgastempe-ratursensor B15	Durch den Sensor wird die Abgastemperatur erfasst. Da der wirksame Arbeitsbereich des NOx-Speicherkatalysators zwischen 250 °C und 500 °C liegt, darf nur in den Schichtladebetrieb geschaltet werden, wenn sich die Abgastemperatur innerhalb dieser Grenzen befindet (**B15:** PIN 57, PIN 49).

Zusätzliche Sensoren der MED-Motronic (siehe Schaltplan MED-Motronic)

Breitband-λ-Sonde B13	Sie wird zur Bestimmung des Sauerstoffanteils im Abgas über einen weiten λ-Bereich verwendet. Weicht der von der Sonde erzeugte Ist-Wert vom gespeicherten Sollwert ab, wird die Einspritzdauer korrigiert (**B13:** PIN 24, PIN 25, PIN 26, PIN 27, **Heizung:** PIN 28, K5).
Geber für Saugrohrklappenstellung B16	Er erfasst durch ein Potentiometer die Stellung der Saugrohrklappe. Die Position wirkt sich außerdem auf Zündung und Abgasrückführung aus. Deswegen muss die Stellung der Klappe durch die Eigendiagnose überwacht werden (**B16:** PIN 49, PIN 52, PIN 54).
Kraftstoffdrucksensor B17	Er erfasst den im Kraftstoffverteilerrohr herrschenden Kraftstoffdruck. Er sendet die Information in Form eines Spannungssignals an das Steuergerät. Dieses stellt daraufhin über das Kraftstoffdruck-Regelventil den geforderten Kraftstoffdruck ein (**B17:** PIN 12, PIN 13, PIN 22).

Zusätzliche Aktoren der MED-Motronic (siehe Schaltplan MED-Motronic)

Kraftstoffdruck-Regelventil Y11	Es regelt den Kraftstoffdruck im Verteilerrohr je nach Betriebszustand auf 50…240 bar. Dazu wird es vom Steuergerät mit Masse angetaktet (**Y11:** Plus K5, Minus PIN 33).
Ventil für Saugrohrklappe Y10	Die Saugrohrklappe gibt im Homogenbetrieb den vollen Querschnitt des Saugrohres frei. Im Schichtladebetrieb schließt sie einen Kanal des Saugrohres, wodurch die Strömungsgeschwindigkeit erhöht und eine definierte Luftströmung im Brennraum erreicht wird. Die Klappe wird vom Steuergerät über das Ventil **Y10** geschaltet (Plus K5, Minus PIN 32).

Schaltplan der MED-Motronic

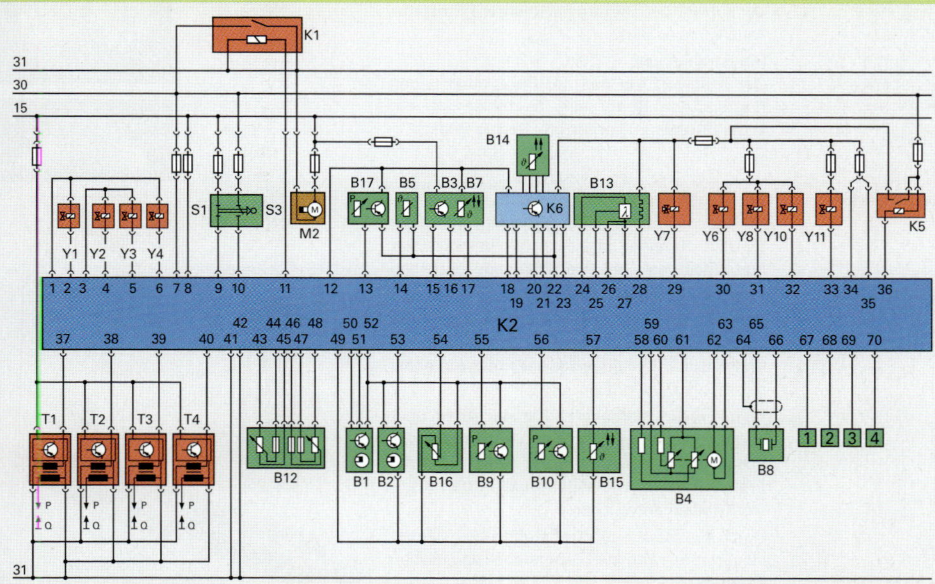

Legende zum Schaltplan

B1	Motordrehzahlsensor	**B14**	NOx-Sensor	**M2**	Elektrokraftstoffpumpe
B2	Bezugsmarkengeber	**B15**	Abgastemperaturfühler	**S1**	Schalter GRA
B3	Luftmassenmesser	**B16**	Geber für Saugklappenstellung	**S3**	Bremspedalschalter GRA
B4	Geber für Drosselklappenstellung mit Egas-Stellmotor	**B17**	Kraftstoffdrucksensor	**T1 … T4**	Einzelfunkenzündspulen
B5	Motortemperatursensor	**F1 … F12**	Sicherungen	**Y1 … Y4**	Einspritzventile
B7	Ansauglufttemperatursensor	**K1**	Kraftstoffpumpenrelais	**Y6**	Tankentlüftungsventil
B8	Klopfsensor	**K2**	Steuergerät MED-Motronic	**Y7**	Abgasrückführungsventil
B9	Saugrohrdrucksensor	**K5**	Relais Stromversorgung Motronic	**Y8**	Absperrventil
B10	Tankdifferenzdrucksensor	**K6**	Steuergerät NOx-Sensor	**Y10**	Ventil für Saugrohrklappe
B12	Fahrpedalsensor			**Y11**	Kraftstoffdruckregelventil
B13	Breitband-λ-Sonde			**1 … 4**	Ein- und Ausgänge anderer Systeme

F

Benzin-Direkteinspritzung

Wandgeführte Verfahren

Bei wandgeführten Verfahren wird die Luft im Teillastbereich so in den Zylinder geleitet, dass die Luftstömung an Zylinderwand und Kolbenboden umgelenkt wird und in Richtung Zündkerze strömt. In diese Luftströmung wird eingespritzt. Damit wird der Kraftstoff durch die strömende Luft zur Zündkerze gefördert.

Gemischbildung mit Schichtladung ($\lambda > 1$)

Im Teillastbereich bis ca. 3500 1/min wird durch Einspritzung gegen Ende des Verdichtungstaktes an der Zündkerze eine Gemischwolke mit $\lambda \approx 1$ gebildet. Diese Gemischwolke ist von sehr magerem Gemisch, Luft und Abgas (Abgasrückführung) umgeben.

Gemischbildung homogen ($\lambda = 1$)

Bei sehr hohen Drehzahlen und hoher Last kann keine stabil abbrennende Gemischwolke gebildet werden. Deshalb wird zu Beginn des Ansaugtaktes eingespritzt, so dass sich während des Ansaug- und Verdichtungstaktes eine homogene Gemischverteilung im Brennraum mit $\lambda \approx 1$ ausbilden kann.

Strahlgeführte Verfahren

Der Kraftstoff wird durch die Einspritzdüse (Injektor) in den Brennraum in die Nähe der Zündkerze eingespritzt. Dort bildet die eingespritze Kraftstoffmenge mit der vorhandenen Luft ein brennbares Gemisch. Die Zündkerze selbst darf nicht von Kraftstofftröpfchen benetzt werden.

Injektoren

Mehrstrahl-Lochdüsen

Der Kraftstoff tritt aus dem Injektor durch 5 ... 8 feinste Bohrungen aus und bildet entsprechend der Anzahl der Bohrungen mehrere Einspritzkanäle (linkes Bild).

Ringstrahldüsen

Der Kraftstoff tritt aus der Düse durch einen ringförmigen Strahl aus. Es bildet sich ein kegelförmiger Einspritzstrahl (rechte Bilder).

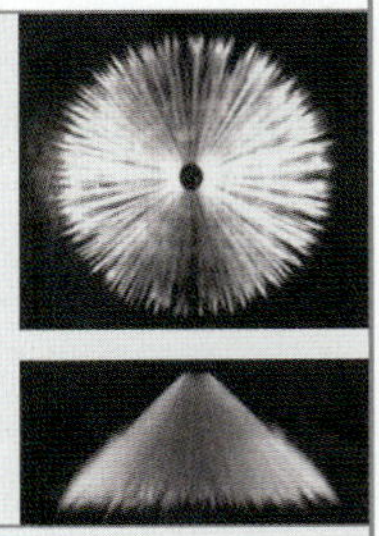

Piezo-Injektor

Zur Steuerung des Einspritzventils wird ein Piezo-Aktor verwendet. Dieser besteht aus einer Vielzahl einzelner übereinander geschichteter Piezo-Elemente, die wiederum aus einzelnen Kristallen bestehen.

Wird an ein solches Element eine Spannung von 100 V ... 150 V angelegt, dehnen sich die Kristalle aus. Die Länge des gesamten Elements nimmt um 0,03 mm zu.

Beim Einspritzvorgang drückt der Aktor über den Kopplerkolben und den Ventilkolben das Schaltventil auf. Wenn dieses öffnet, kann der Kraftstoff vom Drucksteuerraum in den Kraftstoffrücklauf entweichen.

Durch den reduzierten Kraftstoffdruck im Drucksteuerraum kann die Düsennadel angehoben werden.

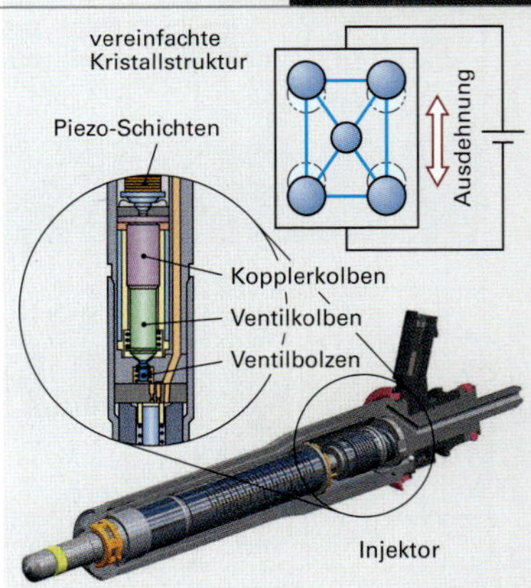

F

Mehrfacheinspritzung

Je nach Betriebszustand können Anzahl (bis zu 5), Dauer und Zeitpunkt der Einspritzvorgänge verändert werden.

1. Doppeleinspritzung bei Homogenbetrieb zur Reduzierung der Kondensationsverluste.
2. Dreifacheinspritzung bei Schichtbetrieb zur Stabilisierung der Verbrennung.
3. Zweifacheinspritzung mit anschließendem zusätzlichen Kat-Heizen.

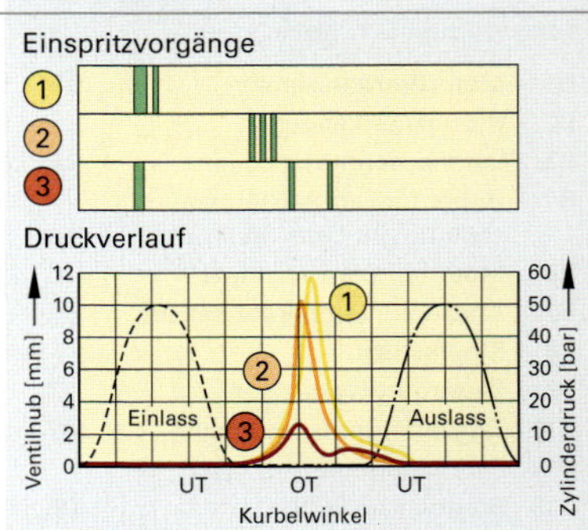

Vergleich verschiedener Direkt-Einspritzsysteme

Systeme	1. Generation wandgeführt	2. Generation strahlgeführt mit Schichtladung	2. und 3. Generation strahlgeführt homogen
Gemischbildung homogen ($\lambda = 1$)	bei hoher Last und hoher Drehzahl	bei hoher Last und hoher Drehzahl	über den gesamten Last- und Drehzahlbereich
Gemischbildung mit Schichtladung ($\lambda > 1$)	bis ca. 3500 1/min und bis ca. 50 % Last	bis ca. 4000 1/min und bis ca. 60 % Last	nicht vorgesehen
	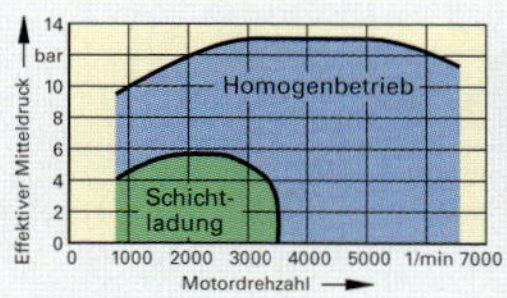	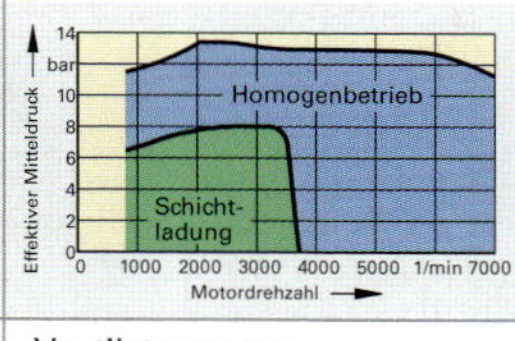	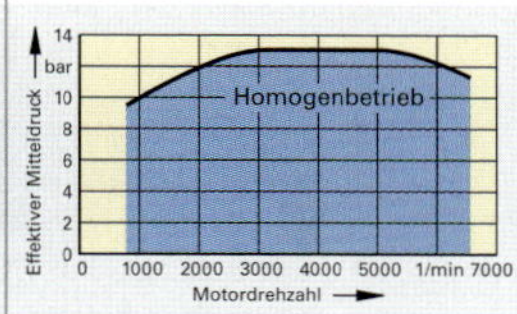
Drallbildung durch	Kolbenform, Saugrohrklappe und Drallkanäle	Ventilsteuerung und Drallkanäle	Saugrohrklappe, Ventilsteuerung und Drallkanäle
Einspritzung	eine Einspritzung – im Ansaugtakt bei Homogenbetrieb – im Verdichtungstakt bei Schichtbetrieb und zusätzliches Kat-Heizen	mehrere Einspritzungen je nach Betriebszustand	Doppeleinspritzung im Ansaug- und Verdichtungstakt bei mittlerer und hoher Last bis ca. 3000 1/min.
Einspritzdruck	bis ca. 120 bar	bis ca. 100 bar	bis ca. 150 bar
Injektoren	Magnetventil-Injektoren, nach innen öffnend mit Lochdüsen	Piezo-Injektoren, nach außen öffnend mit kegelförmigem Einspritzstrahl	Magnetventil-Injektoren, nach innen öffnend mit Lochdüsen
Kraftstoffverteilung	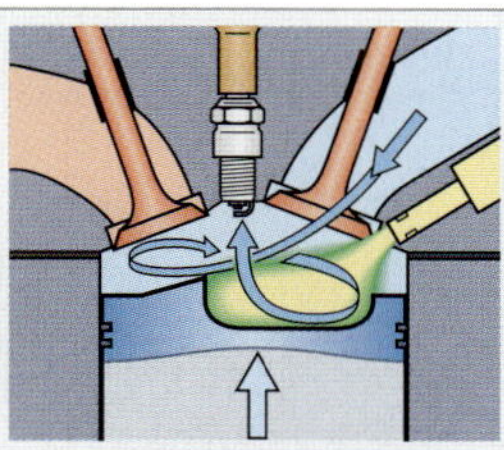	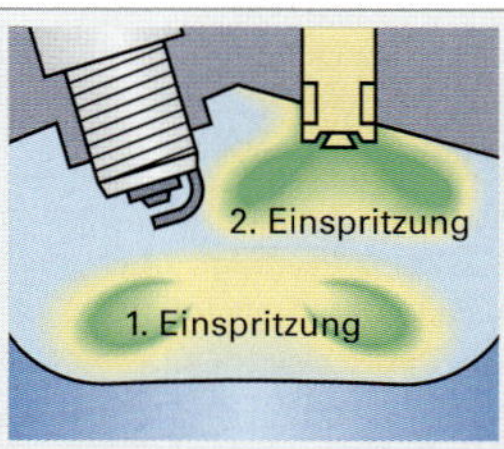	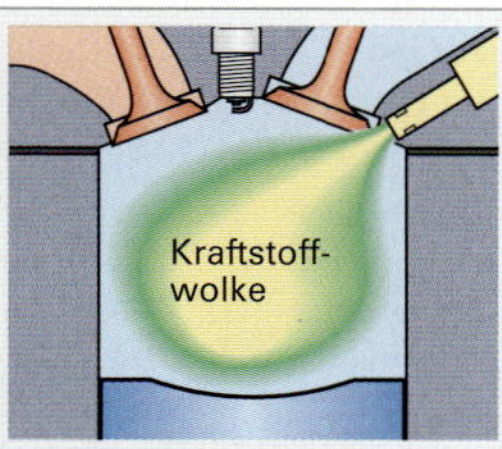
Zylinderkopf-Brennraumgestaltung	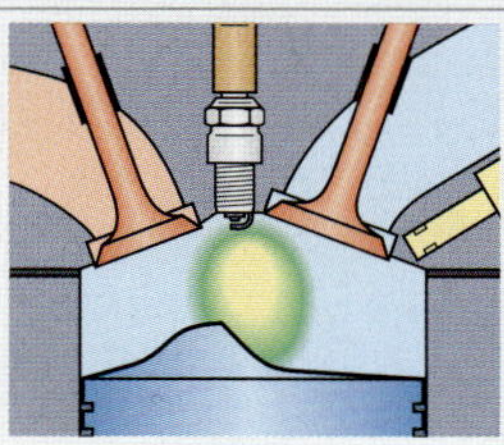	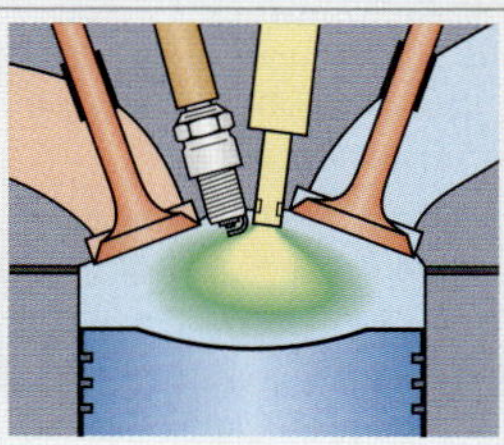	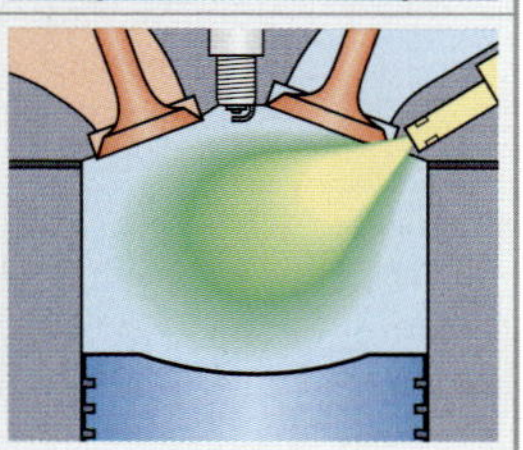
	Zündkerze mittig, Injektor zur Seite versetzt	Zündkerze und Injektor mittig, im spitzen Winkel zueinander	Zündkerze mittig, Injektor zur Seite versetzt
Kolben	mit Mulde und ausgeprägter Nase	mit Mulde	mit Mulde
Vor- und Nachteile des Systems	hoher Aufwand bei der Abgasreinigung ($\lambda > 1$), Kraftstoffeinsparungspotential gering; Entwicklung eingestellt	hoher Aufwand bei der Abgasreinigung ($\lambda > 1$), Kraftstoffeinsparungspotential hoch	geringer Aufwand bei der Abgasreinigung ($\lambda = 1$), Kraftstoffeinsparungspotential gering

F

Systembild Duale Einspritzung

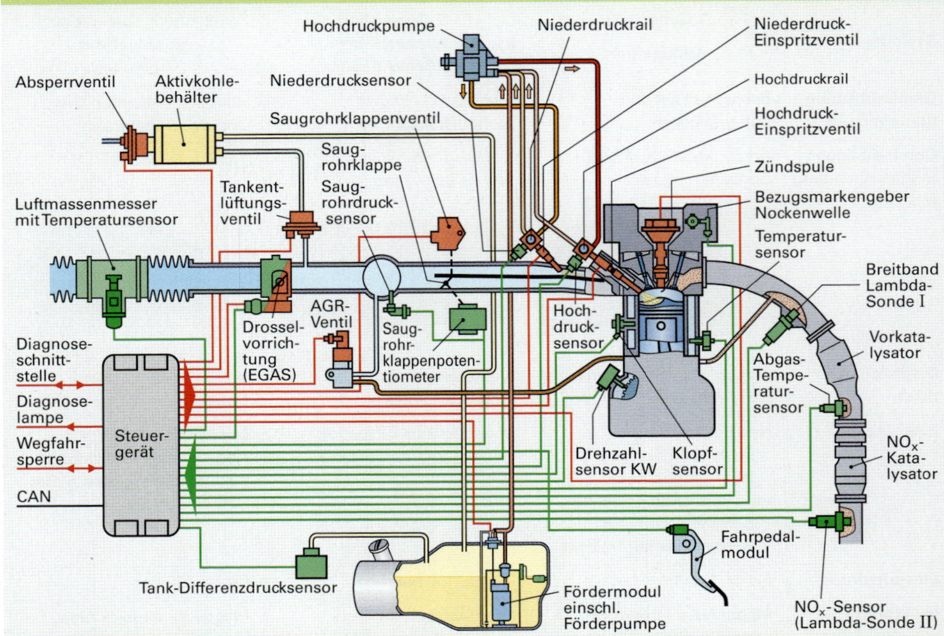

Funktionen der Dualen Einspritzung

Aufbau
Die Duale Einspritzung besteht aus einer MED-Motronic, in die eine zusätzliche Saugrohreinspritzung integriert ist.

Kraftstoffversorgung im Niederdrucksystem
Die Versorgung der Niederdruck-Einspitzdüsen mit Kraftstoff erfolgt über das Niederdruck-Rail. Der Kraftstoffdruck im Niederdruck-Rail wird über den Drucksensor Niederdruck erfasst. Die elektrische Vorförder-Kraftstoffpumpe im Kraftstoffbehälter wird vom Motorsteuergerät so angesteuert, dass sie den Druck im Niederdruck-Rail bedarfsgerecht aufbaut.

Gemischbildung
In einem möglichst großen Betriebsbereich wird ein homogenes Gemisch mit $\lambda = 1$ angestrebt.

Kennfeldregelung
Ein hinterlegtes Kennfeld (Beispiel siehe Bild rechts) bestimmt, ob die Gemischbildung durch die Saugrohreinspritzung oder die Direkteinspritzung erfolgt. Auch ein Mischbetrieb ist je nach Motorabstimmung möglich.

Ziele:
- Senkung der Abgasemissionen.
- Verringerung des Kraftstoffverbrauchs.
- Verringerung der Ölverdünnung bei Kaltstart.
- Verbesserung der Akustik bei Leerlauf.

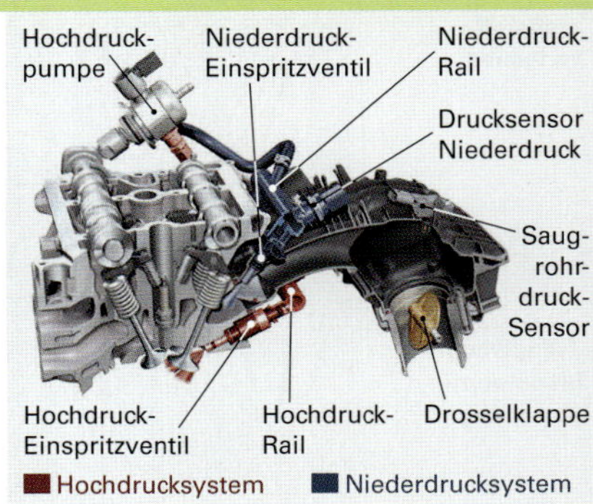

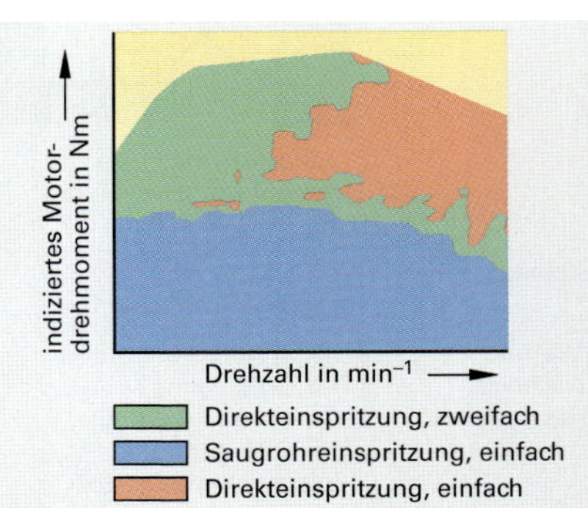

F

Betriebsarten der Dualen Einspritzung

Motorstart	Hierbei erfolgt eine mehrfache Direkteinspritzung in den Verdichtungstakt. Durch die Mehrfacheinspritzung wird in der Umgebung der Zündkerze ein gut entflammbares Gemisch erzeugt. Die kurze Vorlagerungszeit verhindert eine Benetzung der Zylinderwände mit Kraftstoff. Dies reduziert Ölverdünnung und Emissionen.
Warmlauf und Katalysatorheizen	**(Kühlmitteltemperatur unter 45 °C).** Um Abgasemissionen und Ölverdünnung zu reduzieren und den Katalysator schnell aufheizen zu können, wird in den Ansaugtakt und in den Verdichtungstakt direkt eingespritzt. Eine gute Verwirbelung des Kraftstoff-Luft-Gemisches wird durch die geschlossenen Saugrohrklappen erreicht. Der Zündzeitpunkt ist in Richtung spät verstellt, um eine höhere Abgastemperatur zu erzeugen.
Leerlauf	**(Kühlmitteltemperatur über 45 °C).** Um die Verbrennungsgeräusche zu reduzieren, wird in diesem Betriebszustand hauptsächlich in das Saugrohr eingespritzt.
Teillast bei warmem Motor	**(Kühlmitteltemperatur über 45 °C).** In diesem Betriebszustand erfolgt die Einspritzung in das Saugrohr bei geschlossenen Saugrohrklappen. Durch eine längere Gemischvorlagerung und bessere Verwirbelung wird die Homogenisierung des Kraftstoff-Luft-Gemisches verbessert. Dies führt zu einer schnellen Verbrennung mit hohem Wirkungsgrad. Außerdem muss die Hochdruckpumpe nicht angetrieben werden. Um eine Verkokung der Hochdruck-Einspritzventile zu verhindern, wird bei längerer Saugrohreinspritzung immer wieder kurzzeitig auf Direkteinspritzung umgeschaltet.
Höhere Last, Volllast	Bei diesem Betriebszustand wird sowohl im Ansaugtakt als auch im Verdichtungstakt direkt in den Brennraum eingespritzt.
Notlauffunktion	Fällt ein System aus, übernimmt das andere die Notlauffunktion.

Zusätzliche Sensoren und Aktoren der Dualen Einspritzung

Drucksensor-Niederdruck	Durch den Sensor wird der Kraftstoffdruck (4 bar... 5 bar) im Niederdruck-Rail erfasst. Die Größe dient dem Steuergerät zur Ansteuerung der elektrischen Vorförderpumpe im Kraftstoffbehälter.
Niederdruck-Einspritzventil	Die Ventile entsprechen denen der ME-Motronic. Sie werden mit 12 V angesteuert und sind in der Lage pro Arbeitsspiel einmal zu öffnen.

Wassereinspritzung

Aufbau

Bei der Wassereinspritzung wird zusätzlich zum Kraftstoff Wasser bei Bedarf fein vernebelt in das Saugrohr eingespritzt.

Für die Anlage sind folgende Bauteile nötig:

- Wassereinspritzventil
- Wasserrail
- Wasserpumpe
- Wassertank (ca. 2 l/1000 km).

Merkmale

- Das eingespritzte Wasser verbessert die Innenkühlung des Motors.
  Eine Anfettung des Gemisches zur Innenkühlung ist deswegen meist nicht mehr nötig.
- Durch die Reduzierung der Brennraum-Temperatur kann das Verdichtungsverhältnis bzw. der Ladedruck erhöht werden.
  Ebenso ist eine Verschiebung des Zündzeitpunktes Richtung früh möglich.
- Der durch das eingespritzte Wasser erzeugte Dampf erhöht den Druck im Zylinder.

Durch diese Effekte kann entweder der Kraftstoffverbrauch um bis zu 13 % gesenkt und/oder die Leistung erhöht werden.

F

Abgasbestandteile (Rohemissionen vor Katalysator)

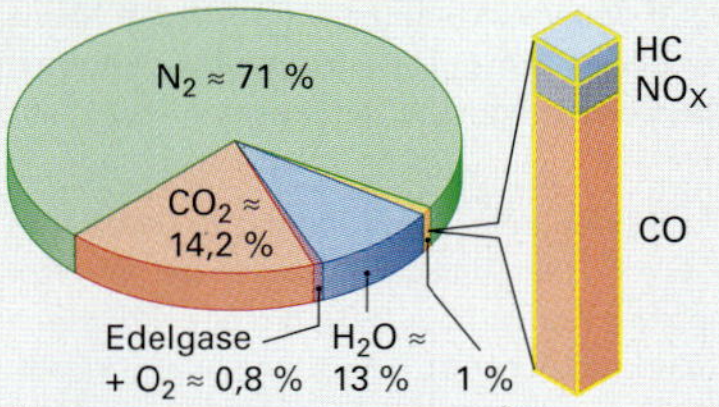

Abgaszusammensetzung von Ottomotoren bei unvollständiger Verbrennung

Vollständige Verbrennung
Abgaszusammensetzung:
Kohlendioxid, Wasserdampf, Stickstoff, Edelgase.

Unvollständige Verbrennung
Bei Motoren verbrennt das Kraftstoff-Luftgemisch unvollständig.
Abgaszusammensetzung:
Unschädliche Bestandteile:
Wasserdampf (H_2O), Stickstoff (N_2), Sauerstoff (O_2), Edelgase.
Schädliche Bestandteile:
Kohlendioxid (CO_2), Kohlenmonoxid (CO), Kohlenwasserstoffe (HC), Stickoxide (NO_x), Partikel.

Eigenschaften der schädlichen Abgasbestandteile

Kohlendioxid (CO_2)	Kohlendioxid ist schwerer als Luft. Es trägt zum Treibhauseffekt bei. **Ziel:** Der CO_2-Ausstoß von Fahrzeugen eines Herstellers (Flottenverbrauch) ist ab 2020 in der EU auf 95 g/km begrenzt (≈ 4,1 l Benzin bzw. 3,6 l Diesel pro 100 km). 10 % ... 15 % des vom Menschen erzeugten CO_2-Gehalts in der Luft entstehen durch den Straßenverkehr.
Kohlenmonoxid (CO)	Kohlenmonoxid ist ein farb-, geruch- und geschmackloses Gas. Innerhalb von 30 Minuten können 0,3 Vol.-% tödlich wirken. 50 % ... 60 % des CO-Gehalts in der Luft werden vom Straßenverkehr verursacht.
Unverbrannte Kohlenwasserstoffe (HC)	Sie reizen die Schleimhäute, sind geruchsbelästigend und gelten zum Teil als krebserregend. In Verbindung mit Stickoxiden, Sauerstoff und Sonneneinstrahlung führen fotochemische Reaktionen zur zur Ozonbildung (Sommersmog). Dieses belastet u.a. die Atemwege. 20 % ... 30 % des HC-Gehalts in der Luft werden vom Straßenverkehr verursacht.
Stickoxide NO_x	Stickoxide verwendet man als Sammelbegriff für Stickstoffmonoxid (NO) und Stickstoffdioxid (NO_2). NO_2 ist ein stechend riechendes, giftiges Gas, das in höherer Konzentration zur Reizung der Atemwege und zur Zerstörung des Lungengewebes führen kann. Die Stickoxide sind mitverantwortlich für die Waldschäden. 40 % ... 50 % des durch den Menschen verursachten NO_x-Gehalts in der Luft entfällt auf den Straßenverkehr.
Partikel	Partikel entstehen vor allem bei der dieselmotorischen Verbrennung. Die an die Partikel angelagerten Kohlenwasserstoffe werden als krebserregend eingestuft.

Abgasgrenzwerte / Testzyklus Ottomotor

vgl. Richtlinie 98/69 EG

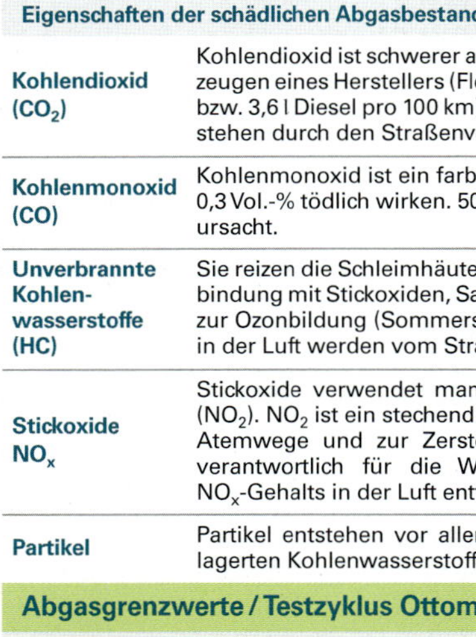

	NEFZ	WLTP
Testdauer	20 min	30 min
Zykluslänge	11000 m	23250 m
mittl. Geschw.	32,5 km/h	46,6 km/h
max. Geschw.	120 km/h	131 km/h

NEFZ (Neuer europäischer Fahrzyklus). In den Ländern der europäischen Gemeinschaft werden derzeit die Abgasgrenzwerte und der Verbrauch je 100 km bei der Typprüfung für Fahrzeuge der Klasse M1 (Pkw/Kombi) und N1 (Lkw ≤ 3,5 t Gesamtgewicht) auf Grundlage des NEFZ ermittelt.

Die Abgasgrenzwerte gelten hubraumunabhängig. Der erste Teil der Prüfung besteht aus vier Grundstadtfahrzyklen, wobei der Motorstart ab Euro III bei Umgebungslufttemperatur (20 °C) erfolgt. Der zweite Teil der Prüfung entspricht einer Fahrt von 7 Minuten im außerstädtischen Verkehr. Ab 2002 wird die Abgasprüfung nach Euro III, bei Fahrzeugen mit Ottomotor, Typklasse M1 durch eine Niedrigtemperaturprüfung ergänzt (Motorstart bei –7 °C).
Dabei muss HC ≤ 1,8 g/km und CO ≤ 15 g/km sein.

WLTP (World Harmonized Light Duty Test Procedere). Dieser Testzyklus soll ab 2017 den NEFZ ablösen.
Merkmale: Sonderausstattungen des Fahrzeugs für Gewicht, Aerodynamik und Bordnetzbedarf werden werden berücksichtigt. Verbrauchswerte sind dadruch realitätsnäher.

M1, $m \leq 2500$ kg, Sitze ≤ 6 mit Ottomotor (OM)	CO mg/km	HC mg/km	NMHC[2] mg/km	NO_x mg/km	Partikelmasse mg/km[3]	Partikelzahl 1/km[4]
Euro III: 01.01.2000[1]	2300	200		150		
Euro IV: 01.01.2005[1]	1000	100		80		
Euro V: 01.09.2009[1]	1000	100	68	80	4,5	
Euro VI: 01.09.2014[1]	1000	100	68	60	4,5	$6{,}0 \times 10^{11}$

[1] Datum der Typzulassung [2] Masse der Nichtkohlenwasserstoffe [3] mit Direkteinspitzung
[4] bis 3 Jahre nach der Einführung gilt ein Grenzwert von 6×10^{12}

F

Maßnahmen am Motor

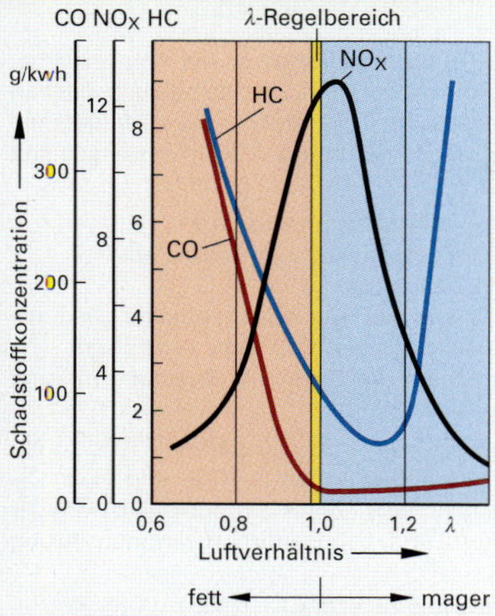

Schadstoffe im Abgas bei verschiedenem Luftverhältnis

Verminderung der Rohemissionen wird erreicht durch:

- **Geeignete Motorkonstruktion.** Z.B. optimale Brennraumgestaltung, optimales Verdichtungsverhältnis; variable Saugrohre (in Länge und Querschnitt); geeignete Steuerungskonzepte, z.B. variable Ventiltriebe (bzgl. Öffnungszeit und Hub); Entdrosselung des Ansaugvorgangs.
- **Art und Qualität der Gemischbildung.** Innere, äußere Gemischbildung, homogenes Gemisch, Schichtladung: im Bereich der Zündkerze zündfähiges, im übrigen Brennraum mageres Gemisch.
- **Abgasrückführung.** Innere durch Ventilüberschneidung; äußere durch Abgasrückführungssystem.
- **Motormanagementsystem.** Z.B. kennfeldgesteuerte Zündung, echtzeitmäßige Erfassung und Auswertung aller für den optimalen Motorbetrieb notwendigen Daten und geeignete Ansteuerung der jeweiligen Stellglieder; Schubabschaltung; Ladedruckregelung. Kontrolle der abgasrelevanten Bauteile auf Funktion, z. B. Lambdasonden, Katalysator, Abgasrückführungsventil, Sekundärluftsystem, Regenerierventil, Kraftstoffbehälter.
- **Lader mit Ladeluftkühlung.** Steigerung der Hubraumleistung bei gleichzeitiger Verminderung der Brennraumspitzentemperatur, dadurch kann die Bildung von NO_x vermindert werden.

Tabelle: Schadstoffkonzentration vor Katalysator in Abhängigkeit von λ bei Saugrohreinspritzung

Maximalwerte	Luftverhältnis	Gemisch	Ursache / Auswirkungen
Kohlenmonoxid CO	$\lambda < 1$	fett	Luftmangel / Kraftstoffverbrauch steigt
Unverbrannte Kohlenwasserstoffe HC	$\lambda < 0{,}8$ $\lambda > 1{,}2$	fett mager	Luftmangel / Kraftstoffverbrauch steigt Verbrennungsaussetzer / Kraftstoffverbrauch steigt
Stickoxide NO_x	$\lambda \approx 1{,}1$	mager	max. Verbrennungstemperatur / Kraftstoffverbrauch sinkt

Abgasrückführungssystem

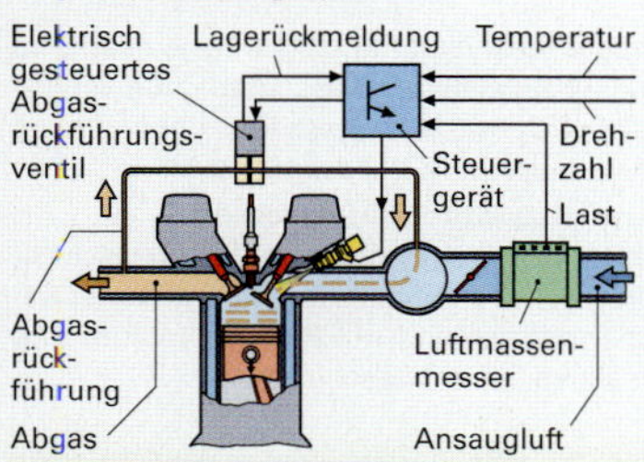

Aufgabe: Bei der Abgasrückführung wird der Anteil an bereits verbrannten Gasen im Zylinder erhöht. Dadurch wird die Verbrennungshöchsttemperatur abgesenkt.

Vorteil: NO_x-Bildung wird bis zu 40 % verringert.
Spezifischer Kraftstoffverbrauch verringert sich geringfügig.

Nachteile: HC- und CO-Emissionen nehmen geringfügig zu;

Steuerung der Abgasrückführungsrate (bis 20 %):
Sie erfolgt kennfeldgesteuert und ist im Wesentlichen abhängig von Motortemperatur, Last und Drehzahl.

Ausblendung: Kaltstart, Warmlauf, Beschleunigung, Volllast, Leerlauf.

F

Nachbehandlung der Abgase

Sekundärluftsystem

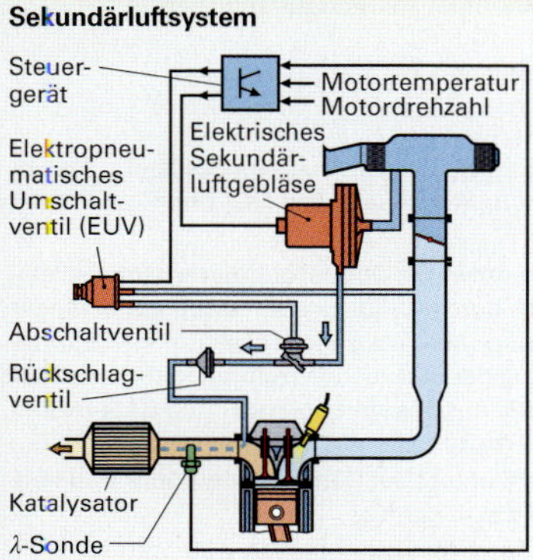

Aufgabe: Durch die Sekundärlufteinblasung werden HC- und CO-Schadstoffanteile im Abgas durch thermische Nachverbrennung (Oxidation) in der Kalt- und Warmlaufphase ($\lambda < 1$) des Motors vermindert. Dieses Zusatzsystem ist erforderlich, da der Katalysator erst ab > 300 °C seinen „light off"-Punkt (Konvertierungsrate ≥ 50 %) hat. Ansonsten könnten die Abgasgrenzwerte bei der Typzulassung von Fahrzeugen mit Ottomotor nicht eingehalten werden.
Die Sekundärlufteinblasung erfolgt kurz hinter dem Auslassventil. Hier hat das Abgas ausreichend hohe Temperaturen für die Reaktion (> 600 °C). Luftspaltisolierte Abgaskrümmer reduzieren zusätzlich Wärmeverluste. Für den Dieselmotor ist die Sekundärlufteinblasung zur Schadstoffreduzierung weniger geeignet, da Dieselabgase zu niedrige Temperaturen haben.

Weitere Vorteile: Verkürzung der Anspringzeit des Katalysators; Vorkatalysator/Katalysator kann in größerem Abstand zum Auslasskanal eingebaut werden. Dadurch erhöht sich deren Standzeit.

Nachbehandlung der Abgase

Katalytische Nachverbrennung

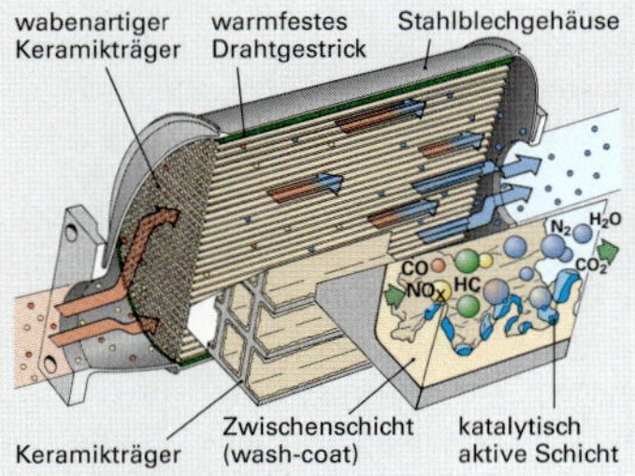

Dreiwegekatalysator

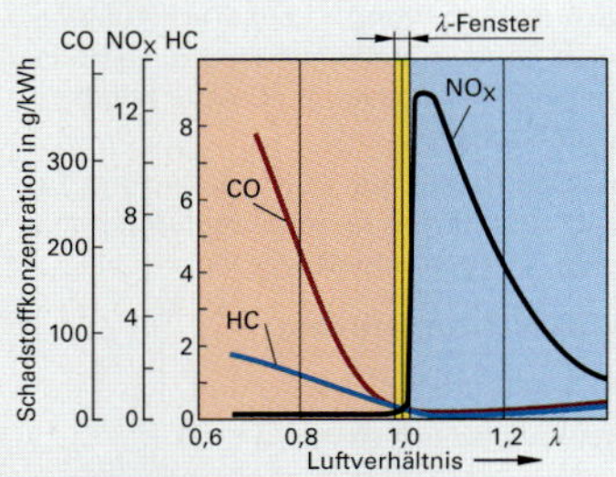

Abgasemissionen nach Katalysator in Abhängigkeit vom Luftverhältnis

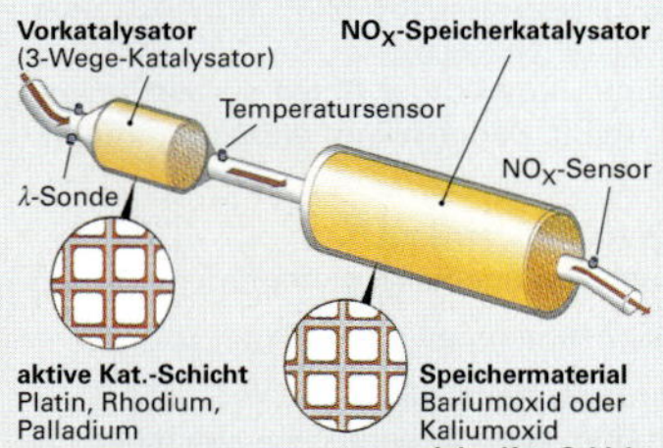

Abgasreinigungsanlage für direkteinspritzende Ottomotoren (λ>>1)

NO_X-Speicherung	Sie erfolgt während des Magerbetriebs.
NO_X-Regeneration	Sie erfolgt während des Fettbetriebs.

Katalysatoren sind derzeit das wirksamste Verfahren der Abgasnachbehandlung. Abhängig vom Motorenkonzept und der damit verbundenen möglichen Gemischzusammensetzung ($\lambda \approx 1$ bzw. $\lambda \gg 1$) verwendet man Katalysatoren mit unterschiedlichen Anordnungen, Beschichtungen und Eigenschaften.

1. **Saugrohreinspritzung / Direkteinspritzung und $\lambda \approx 1$**
   Katalysatortyp: Einbett-Dreiwegekatalysator. Er besteht aus
   - einem Träger aus Keramik oder Metall
   - einer Zwischenschicht (wash-coat) aus Aluminiumoxid. Dadurch wird die Reaktionsfläche um das rund 7000-fache vergrößert.
   - einer katalytisch aktiven Schicht aus Platin (Pt), Rhodium (Rh) und Palladium (Pd).

   Wirkungsweise: Die katalytisch aktive Schicht reduziert NO_x zu N_2, oxidiert CO zu CO_2 und HC-Verbindungen zu CO_2 und H_2O. Die Umwandlungsrate der Schadstoffe (= Konvertierungsrate) ist von der Temperatur des Katalysators und der Gemischzusammensetzung abhängig.

   Optimale Konvertierungsrate (bis 98 %) bei: $\lambda = 0{,}995 \ldots 1{,}005$ (Katalysator- bzw. λ-Fenster); Katalysatortemperatur $t \approx 350\,°C \ldots 800\,°C$.

   Deaktivierungsmechanismen: Dreiwegekatatysatoren werden u.a. durch Überhitzung geschädigt, z.B. bei Zündaussetzern.

2. **Direkteinspritzung mit Ladungsschichtung und $\lambda \gg 1$**
   Motoren mit Direkteinspritzung können in bestimmten Betriebsbereichen im Magerbetrieb (λ bis ca. 1,7) arbeiten. Dadurch wird der Kraftstoffverbrauch gesenkt, infolge auch die CO_2-Emissionen. Aufgrund des herrschenden Sauerstoffüberschusses können jedoch die NO_x-Emissionen in einem herkömmlichen Dreiwegekatalysator nicht reduziert werden. Deshalb werden Abgasreinigungsanlagen mit zwei unterschiedlich wirkenden Katalysatoren benötigt.
   - **Vorkatalysator**
     Dieser motornah eingebaute Katalysator entspricht in Aufbau und Wirkungsweise dem Dreiwegekatalysator. Hauptaufgabe ist die Oxidation von HC und CO zu CO_2 und H_2O. Diese Reaktionen finden in einem gewissen Umfang auch im NO_x-Adsorber statt.
   - **NO_x-Speicher/-Reduktionskatalysator (NO_x-Adsorber)**
     Aufbau: Auf einem Träger aus Keramik wird eine Zwischenschicht (wash coat) aufgebracht. Diese wird mit Bariumoxid (BaO) oder Kaliumoxid (KO) als Speichermaterial und mit Platin, Rhodium und Palladium als katalytisch aktive Schicht beschichtet.

   NO_x-Regeneration:
   Durch periodische Anfettung (1 … 5 Sekunden) werden die Stickoxide wieder frei und werden mit Hilfe der unverbrannten Abgaskomponenten durch das Edelmetall Rhodium zu Stickstoff reduziert.
   Arbeitsbereich: $t \approx 250\,°C \ldots 500\,°C$;
   Maximale Konvertierungsrate von NO_x: 80 % … 90 %.

F

Stickoxidsensor (NO_x-Sensor)

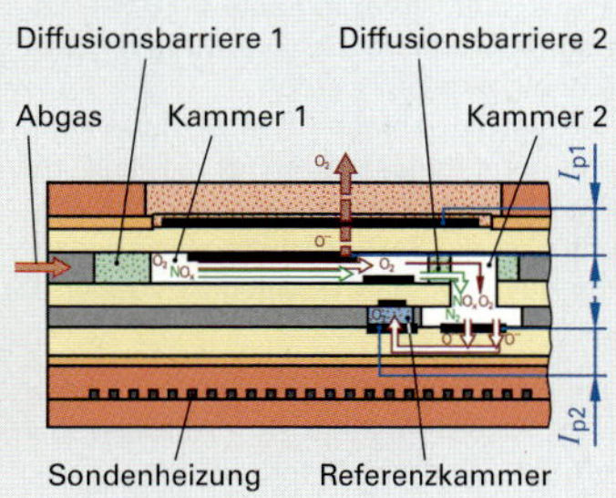

Der NO_x-Sensor überwacht im Abgasnachbehandlungssystem die Reduktion von NO_x. Er misst mit hoher Genauigkeit NO_x und O_2 zwischen $1 < \lambda < \infty$ im Abgas.

Aufbau: Dabei handelt es sich um einen Doppelkammersensor: Die beiden Kammern (1 + 2) sind durch Diffusionsbarrieren voneinander getrennt. **Kammer 1:** Messung der Sauerstoffkonzentration (Pumpstrom I_{P1}). **Kammer 2:** Messung der Stickoxidkonzentration (Pumpstrom I_{P2}). I_{P2} wird im NO_x-Steuergerät ausgewertet und über den CAN-Bus an das Motorsteuergerät zur Verarbeitung des Signals weitergeleitet.

Sondenheizung: Heizt Sensorelement auf Betriebstemperatur und hält es auf konstanter Temperatur (ca. ≈ 700 °C).

NO_x-Messbereich: 0 … 1500 ppm; Messgenauigkeit ± 10 ppm

λ-Regelung, λ-Sonden, λ-Kennlinien

λ-Regelung – Funktionsschema

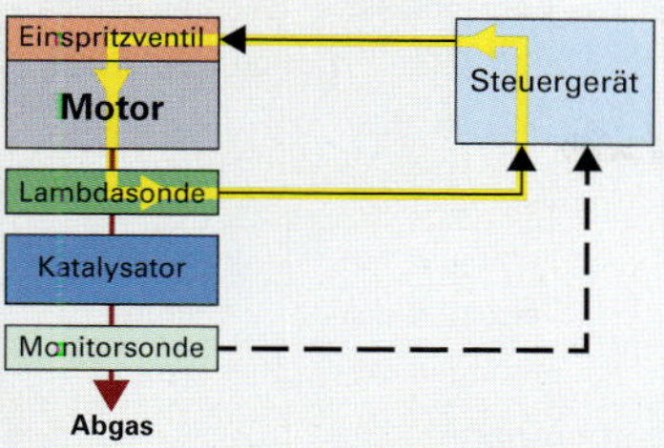

Die größtmögliche Umwandlungsrate (Konvertierungsrate) von Schadstoffen im Abgas ist bei einem Dreiwegekatalysator nur bei stöchiometrischer Gemischzusammensetzung möglich. Deshalb muss λ in einem sehr engem Bereich von $\lambda = 1 \pm 0{,}005$ geregelt werden (λ-Fenster).

Dazu ist eine λ-Sonde vor dem Katalysator eingebaut. Sie misst den Restsauerstoffgehalt im Abgas und beeinflusst über einen Regler im elektronischen Steuergerät die Kraftstoffzumessung. Eine Monitorsonde (zweite λ-Sonde) ist hinter dem Katalysator eingebaut. Die Monitorsonde überwacht die Funktion des Katalysators und erhöht die Regelgenauigkeit des Systems.

λ-Sonden, Kennlinien, Arbeitsweisen

Spannungssprungsonde

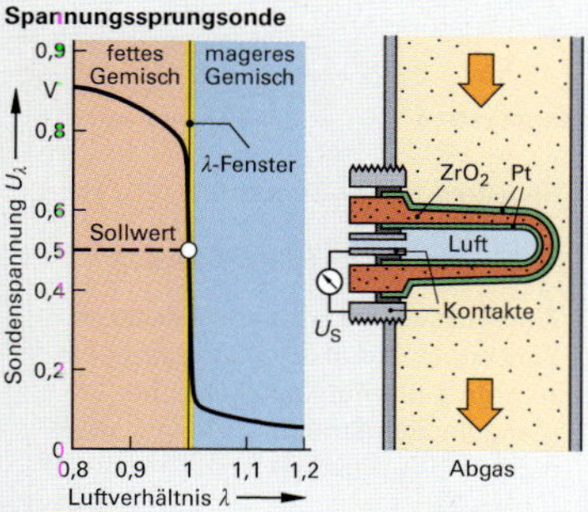

Kennlinie **Arbeitsprinzip**

Dabei handelt es sich um eine Zirkon-Dioxid-Sonde, die platinbeschichtet ist.

Arbeitsprinzip. Der Sauerstoffgehalt des Abgases wird mit dem der Umgebungsluft (Referenzgas) verglichen. Ab einer bestimmten Temperatur (> 300 °C) wird das Zirkondioxid für die Sauerstoffionen leitend. Bei unterschiedlichem Sauerstoffgehalt an beiden Seiten der Zirkondioxid-Sonde entsteht eine Spannung, welche als Messsignal dient. Bei geringen Abweichungen von $\lambda = 1$ ändert sich die Sondenspannung sprunghaft zwischen 800 mV und 100 mV.

Sondensignal: $U \approx$ 1000 mV ... 800 mV – $\lambda < 1$ (fettes Gemisch)
$U \approx$ 100 mV ... 200 mV – $\lambda > 1$ (mageres Gemisch)

Arbeitsbereich: $t \approx$ 350 °C ... 850 °C.
Regelfrequenz: mager-fett bzw. fett-mager 0,5 Hz ... 1,2 Hz.
Damit die Sonde möglichst schnell (20 s ... 30 s) ihre Betriebstemperatur erreicht, ist sie beheizt.

Widerstandssprungsonde

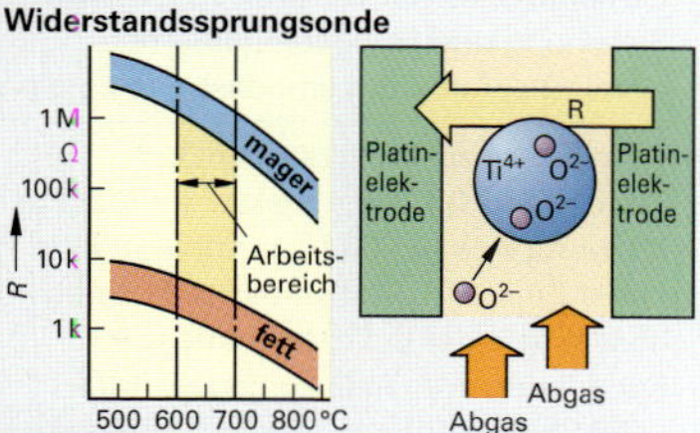

Kennlinie **Arbeitsprinzip**

Bei dieser Sonde wird eine mit porösen Platinelektroden beschichtete Titandioxid-Keramik verwendet.

Arbeitsprinzip. Abhängig von der Sauerstoffkonzentration im Abgas ändert sich bei $\lambda \approx 1$ der Widerstand zwischen 1 kΩ und 1 MΩ.

Sondensignal: U = 3,9 V ... 5 V bei $R \approx$ 1 kΩ ... 10 kΩ, wenn $\lambda < 1$
U < 0,4 V bei R > 1 MΩ, wenn $\lambda > 1$

Optimaler Arbeitsbereich: $t \approx$ 600 °C ... 700 °C.
Um die Temperaturgrenzen des Arbeitsbereiches einhalten zu können ist eine regelbare Sondenheizung erforderlich.
Aufgrund der temperaturabhängigen Widerstandsänderung kann die Sonde auch zur Abgastemperaturbestimmung eingesetzt werden.

Breitbandsonde

Kennlinie

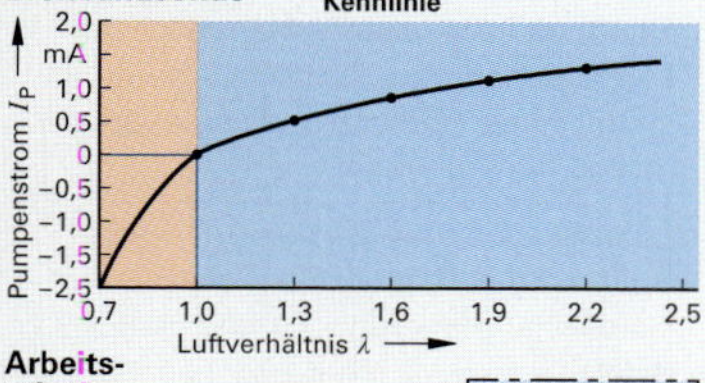

Arbeitsprinzip

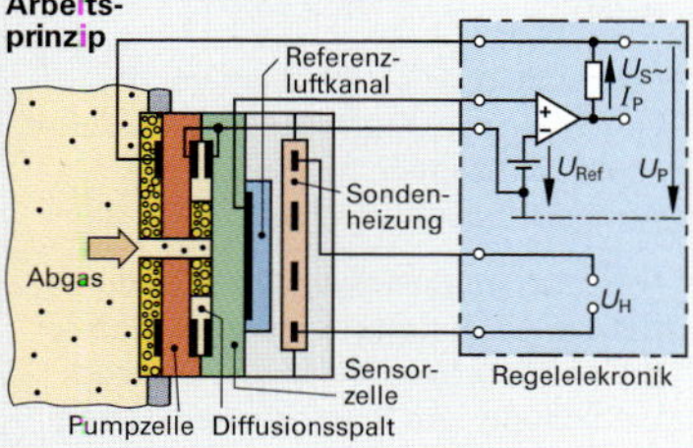

Diese Sonde ist eine Kombination aus einer Sensorzelle und einer Pumpzelle, die jeweils aus Zirkondioxid bestehen. Beide Zellen sind so angeordnet, dass zwischen ihnen ein minimaler Diffusionsspalt (10 µm ... 50 µm) entsteht. Der Diffusionsspalt dient als Messraum und steht über eine Einlassöffnung mit dem Abgas in Verbindung.

Arbeitsprinzip. Die Sensorzelle, die nach dem Prinzip der Spannungssprungsonde arbeitet, misst den Restsauerstoffgehalt im Abgas. Ist das Gemisch z.B. mager ($\lambda > 1$), so legt eine Regelelektronik die Spannung so an die Pumpzelle an, dass Sauerstoffionen aus dem Diffusionsspalt über den porösen Festelektrolyten herausgepumpt werden. Dies geschieht solange, bis im Diffusionsspalt eine Sauerstoffkonzentration entsteht, die $\lambda = 1$ entspricht. Der erforderliche Pumpstrom ist dabei proportional der Sauerstoffkonzentration und dient somit als Messsignal für λ.

Einsatzmöglichkeiten:

- Stetige λ-Regelung ($\lambda = 1$), oder Regelung bei $\lambda > 1$ bzw. $\lambda < 1$.
- Bei Dieselmotoren, Gasmotoren, Ottomotoren und Ottomotoren mit Magerkonzept.

Optimale Betriebstemperatur: 700 °C ... 800 °C.

F

Veränderung der Abgasbestandteile bei Funktionsstörungen

Messbedingungen für Abgaswerte: Motor betriebswarm, Leerlauf

	Kohlenmonoxid (CO Vol. %)	**Kohlenwasserstoff (HC ppm)**	**Kohlendioxid (CO_2 Vol. %)**	**Sauerstoff (O_2 Vol. %)**
Abgaswerte bei $\lambda \approx 1$, Katalysatorwirkung gut	0 bis 0,10	0 bis 30	14,8 bis 15,3	0 bis 0,20
Katalysatorwirkung schlecht	nimmt zu	nimmt zu	verringert sich	nimmt zu
zu fettes Gemisch	nimmt zu	nimmt zu	verringert sich	verringert sich
zu mageres Gemisch	verringert sich	niedrig	verringert sich	nimmt zu
Zündaussetzer	verringert sich	nimmt zu	verringert sich	nimmt zu

Mögliche Fehlerursachen bei veränderten Abgaszusammensetzungen

Nachfolgend angegebene Abgaszusammensetzungen, Lambdawerte und Lambdasondenspannungen gelten für einen betriebswarmen Motor im Leerlauf.

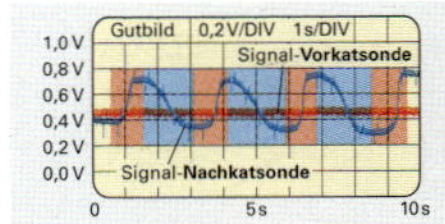

Anhaltswerte bei fehlerfreien Ottomotoren mit geregeltem Gemischbildungssystem

CO Vol. %	**HC ppm**	**CO_2 Vol. %**	**O_2 Vol. %**	**λ-Wert**	**λ-Sondenspannung (V)**	
< 0,10	< 30	14,8 ... 15,3	< 0,20	0,97 ... 1,03	0,10 ... 0,80	Regelfrequenz λ-Sonde: 0,5 ... 1,2 Hz

Anhaltswerte bei Funktionsstörungen

CO Vol. %	**HC ppm**	**CO_2 Vol. %**	**O_2 Vol. %**	**λ-Wert**	**λ-Sondenspannung (V)**	**Mögliche Fehlerursachen**
< 0,10	> 30	< 14,8	> 0,20	> 1,03	0,10 ... 0,80	Zündaussetzer, z.B. durch Defekte an Zündspule, Zündkerze; Zündzeitpunkt zu früh; schlechte Kompression; mangelhaftes Strahlbild Einspritzdüse, defekte Einspritzdüse.
> 0,10	> 30	< 14,8	< 0,20	< 0,97	0,10 ... 0,50	Lambdasonde hat konstant zu niedrige Spannung und bewirkt andauernde Gemischanfettung, Lambdasonde defekt.
> 0,10	> 30	< 14,8	< 0,20	< 0,97	0,50 ... 0,80	Gemisch ist zu fett. Ursachen: Verschmutzter Luftfilter, defekter Temperaturfühler für Ansaugluft bzw. Kühlmittel, zu hoher Einspritzdruck, undichte Einspritzdüsen, defekter Luftmassenmesser, Regenerierventil Aktivkohlebehälter defekt (immer offen), falsche Steuerzeiten, z.B. Nockenwelle eingelaufen, Zylinderkopfdichtung defekt.
< 0,10	< 30	< 14,8	> 0,20	> 1,03	0,10 ... 0,80	Falschluft im Auspuffsystem nach der Lambdasonde, z.B. Flanschverbindungen an der Auspuffanlage undicht, Auspuffanlage durchgerostet.
< 0,10	< 30	< 14,8	> 0,20	> 1,03	0,60 ... 0,80	Lambdasonde hat konstant zu hohe Spannung und bewirkt andauernde Gemischabmagerung, Lambdasonde defekt.
> 0,10	> 30	< 14,8	< 0,20	> 1,03	0,10 ... 0,50	Falschluft im Auspuffsystem vor der Lambdasonde, Krümmerdichtung defekt, Fehler im Sekundärluftsystem, z.B. Abschalt- oder Rückschlagventile offen.
< 0,10	< 30	< 14,8	> 0,20	> 1,03	0,10 ... 0,50	Falschluft im Ansaugsystem, z.B. durch defekte Ansaugrohrdichtungen, Unterdruckschlauchverbindungen, Schlauchverbindung zum Bremskraftverstärker.

F

	Otto-Motor mit Saugrohreinspritzung	Otto-Motor mit Direkteinspritzung	Diesel-Motor
Ansaugen			
Füllung (Frischladung)	Kraftstoff-Luft-Gemisch	Luft	
Gemischbildung	äußere (außerhalb des Verbrennungsraumes)	innere (innerhalb des Verbrennungsraumes)	
Ansaugdruck (Saugmotor)	– 0,1 bar … – 0,3 bar	– 0,1 bar … – 0,3 bar	
Ansaugtemperatur	50 °C … 100 °C	70 °C … 100 °C	
Liefergrad (Saug-/Laderm.)	0,7 … 0,8 / 0,9 … 1,4	0,8 … 0,9 / 0,9 … 1,6	
Luftverhältnis (Luftzahl)	Leerlauf 1,0 Teillast 1,0 Volllast 0,85 … 1,0	Homogenbetrieb 0,8 … 1 Homogen mager 1,4 … 1,5 Schichtladung 3	Leerlauf 7 … 10 Teillast 2,5 … 3 Volllast 1,3 … 1,6
Luftbedarf	Benzin ≈ 14,8 kg/kg Super ≈ 14,7 kg/kg	Super ≈ 14,7 kg/kg	Diesel ≈ 14,5 kg/kg
Verdichten			
Vorgang	Gemisch wird verdichtet	Homogenbetrieb: Gemisch wird verdichtet Schichtladungsbetrieb: Luft wird verdichtet	Luft wird verdichtet
Verdichtungsverhältnis	7 … 12	12	14 … 24
Verdichtungsendtemperatur	400 ° C … 500 °C		600 °C … 900 °C
Verdichtungsenddruck	12 bar … 30 bar		30 bar … 55 bar
Selbstentzündungs-temperatur	Benzin 500 °C … 600 °C Super 550 °C … 650 °C		Diesel 320 °C … 380 °C
Arbeiten (Verbrennen)			
Zündung	Fremdzündung durch Zündfunken		Selbstentzündung an der heißen Luft
Zündzeitpunkt	Leerlauf 0 °KW … 10 °KW vor OT Teil-, Volllast max. 23 °KW … 43 °KW vor OT		
Zündverzug	–		0,001 s
Einspritzzeitpunkt	im Ausstoßtakt vor das geschlossene EV	Homogenbetrieb: im Ansaugtakt Schichtladebetrieb: kurz vor der Zündung	Einspritzbeginn: 12 °KW … 30 °kW vor OT Einspritzende: veränderlich
Einspritzdruck	bis 6,5 bar	bis 110 bar	bis 2050 bar
Laststeuerung	Quantitätsregelung	Homogenbetrieb: Quantitätsregelung Schichtladebetrieb: Qualitätsregelung	Qualitätsregelung
Verbrennungs-geschwindigkeit	Normale Verbrennung 20 m/s … 40 m/s klopfende Verbrennung 300 m/s … 1100 m/s		Normale Verbrennung 20 m/s … 40 m/s klopfende Verbrennung 300 m/s … 500 m/s
Verbrennungshöchst-temperatur	2000 °C … 2500 °C		2000 °C … 2500 °C
Verbrennungshöchstdruck	60 bar … 80 bar		120 bar … 160 bar
Ausstoßen			
Abgastemperatur (nach Auslassventil)	Leerlauf 300 ° C … 500 °C Volllast 700 °C … 1000 °C	zur NO_x-Kat-Regenerierung mind. 650 °C im Kat (therm. Regenerierung) im Schichtladungsbetrieb max. 550 °C im Kat	Leerlauf 100 °C … 200 °C Volllast 550 °C … 750 °C
Abgasdruck (rel.)	Restdruck bei Aö 3 bar … 5 bar bei As 0,2 bar … 0,5 bar	Restdruck bei Aö 3 bar … 5 bar bei As 0,2 bar … 0,5 bar	Restdruck bei Aö 4 bar … 6 bar bei As 0,2 bar … 0,4 bar

F

	Otto-Motor	Diesel-Motor
Kraftstoffe	**Leichtöle, Alkohol, Autogas, Erdgas**	**Schweröle**
Kraftstoffarten	Leichtsiedende Kraftstoffe Ottokraftstoff Alkohol, gasförmige Kraftstoffe	Schwersiedende Kraftstoffe Dieselkraftstoff Rohöl, Teeröl, Gasöl
Selbstzündungstemperatur (bei Verdichtungsdruck)	Super E10 500 °C … 650 °C Superkraftstoff 550 °C … 650 °C	Dieselkraftstoff 320 °C … 380 °C
Siedeverlauf	Benzine 25 °C … 215 °C	Dieselkraftstoff 180 °C … 360 °C
Flammpunkt	Benzine unter – 25 °C	Dieselkraftstoff 55 °C … 100 °C
Bezugskraftstoffe	Isooktan Oktanzahl = 100 Normalheptan Oktanzahl = 0	Cetan Cetanzahl = 100 α-Methylnaphthalin Cetanzahl = 0
Besondere Anforderungen	Selbstzündungsfest, hohe Oktanzahl Super E10 55 ROZ Superkraftstoff 95 ROZ … 100 ROZ	Selbstzündungswillig, hohe Cetanzahl Dieselkraftstoff 45 CZ … 62 CZ

Energiebilanz (Mittelwerte)

Anmerkung:
Der Wirkungsgrad des Ottomotors ist auf Grund seiner Drosselverluste stark lastabhängig. Der maximale Wirkungsgrad beträgt ca. 33 %.

Für Dieselmotoren in Pkw's und Nkw's beträgt der maximale Wirkungsgrad ca. 46 %.

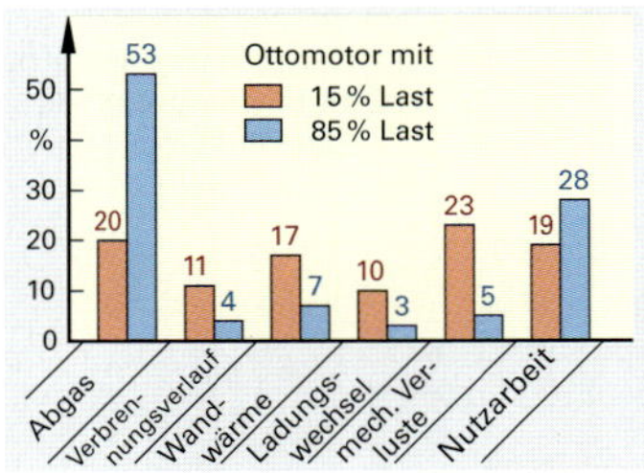

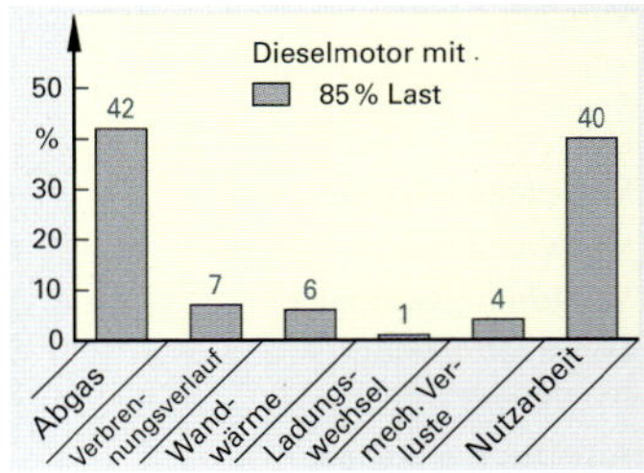

Volllastkennlinien

Anmerkung:
Benziner: Twinturbo,
M_{max} = 400 Nm / ab 1750 1/min
P_{max} = 225 kW / 5800 1/min

Diesel: Twinturbo,
M_{max} = 580 Nm / ab 1750 1/min
P_{max} = 210 kW / 4400 1/min

V_H = 3,0 l; z = 6

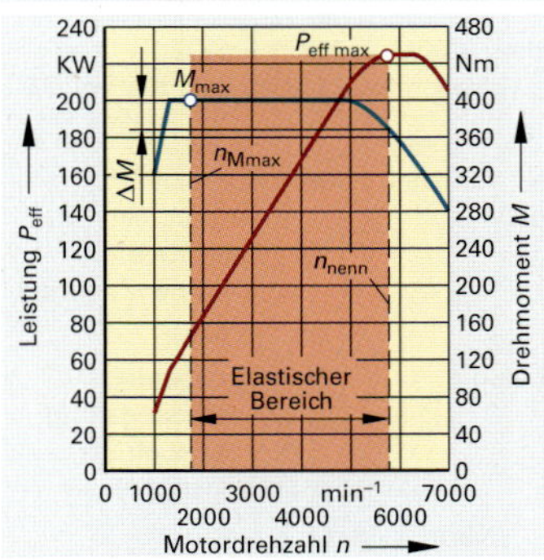

V_H = 3,0 l; z = 6

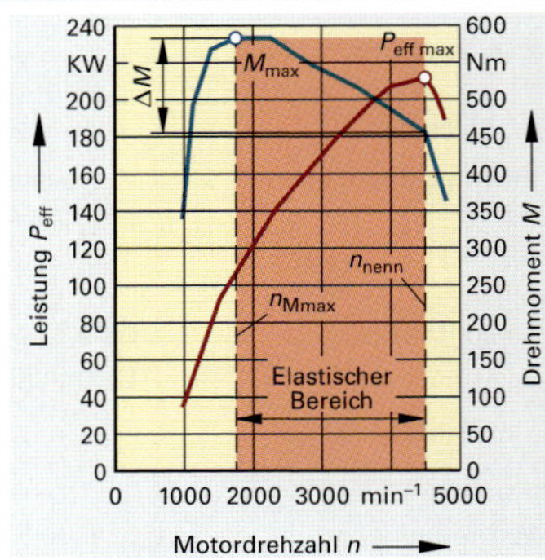

Kenngrößen		Pkw	Krad	Pkw	Nkw
Max. Motordrehzahl	1/min	5000 … 8000	5000 … 16000	3500 … 5300	1700 … 4000
Mittl. nutzbarer Kolbendruck	bar	9 … 17 (SM)* … 25 (LM)*	9 … 17 (SM) – (LM)	7 … 9 (SM) … 12 (LM)	7 … 10 (SM) … 18 (LM)
Hubraum-drehmoment*	Nm/l	70 … 120 (SM)	… 100 (SM)	50 … 170 (LM)	90 … 170 (LM)
Hubraumleistung	kW/l	25 … 100 (LM)	… 150 (SM)	20 … 50 (LM)	10 … 45 (LM)
Leistungsgewicht des Motors	$\frac{kg}{kW}$	1,3 … 5	0,2 … 3	1,8 … 5	2,5 … 8
Spezifischer Kraft-stoffverbrauch	$\frac{g}{kWh}$	240 … 380	300 … 500	185 … 280	185 … 240
Nutzwirkungsgrad	%	28 … 33		32 … 46	

* Spezifisches Motordrehmoment (SM) Saugmotor (LM) Ladermotor

F

Verbrennungsverfahren, Gemischbildung

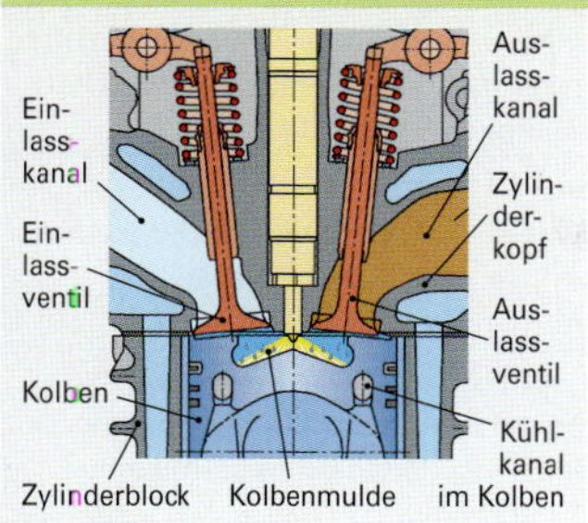

Bei Dieselmotoren unterscheidet man grundsätzlich zwei verschiedene Einspritzverfahren:

Indirekte Einspritzung in die Nebenkammer (Vorkammer oder Wirbelkammer) eines geteilten Brennraums.

Vorkammer- und Wirbelkammerverfahren werden heute nicht mehr eingesetzt.

Direkte Einspritzung in den ungeteilten Brennraum in die Kolbenmulde.

Kolbenmulde. Sie bildet den Brennraum V_c. Die Omega-Mulde erzeugt einen Drall (Tumble) um die Gemischbildung zu unterstützen.

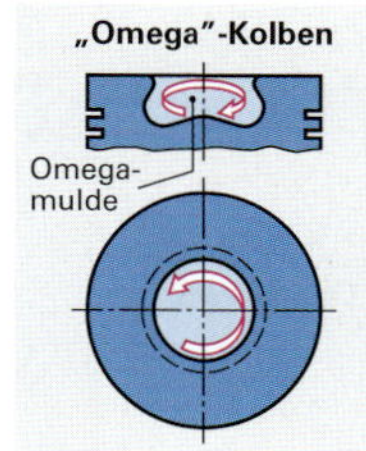

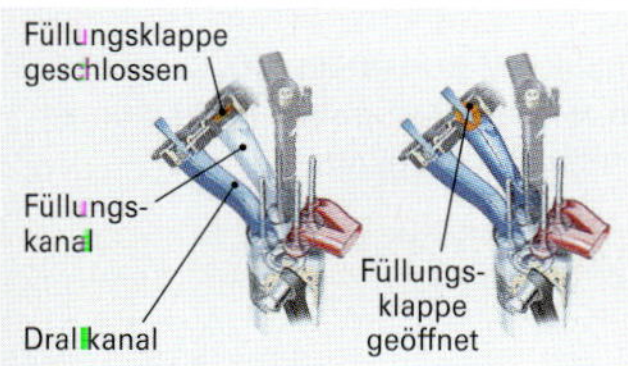

Einlasskanalsteuerung. Die Einlasskanäle sind unterschiedlich als **Drallkanäle** (gewunden) und **Füllungskanäle** (gerade) ausgeführt. Kennfeldabhängig können die Füllungskanäle mittels Füllungsklappen geschlossen werden, um einen Luftwirbel (Swirl) zur Unterstützung der Gemischbildung zu erzeugen. Im oberen Last- und Drehzahlbereich werden die Füllungsklappen kontinuierlich geöffnet, um eine Drosselung und damit für jeden Motorbetriebspunkt das bestmögliche Verhältnis zwischen Luftverwirbelung und Luftmenge zu erreichen.

Verbrennungsablauf

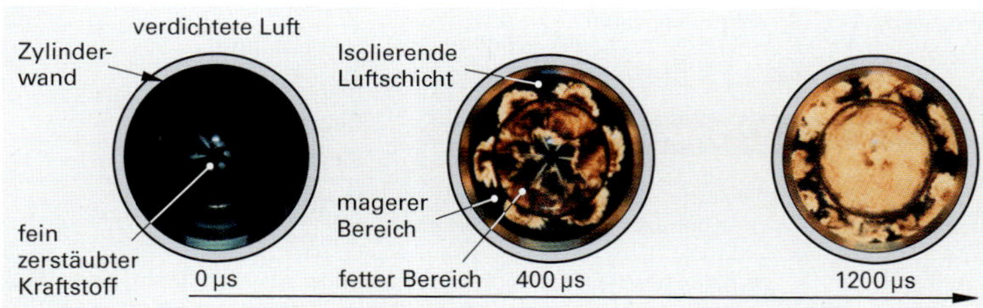

Selbstzündung
Durch Einspritzung von zündwilligem Dieselkraftstoff unter hohem Druck, kann auf eine Fremdzündung verzichtet werden.

Gemischbildung
Durch den hohen Einspritzdruck und die sehr kleinen Düsenöffnungen (0,15 mm) wird der Dieselkraftstoff feinst vernebelt. Die feinen Kraftstofftröpfchen werden durch die heiße Luft verdichtet und beginnen an der Oberfläche zu verdampfen. In der Randzone des Kraftstoffstrahls entstehen hinsichtlich Temperatur, Vermischung und Luftzahl λ, optimale Bedingungen für eine Selbstzündung. Durch die Verbrennung in der Gemischzone steigt die Temperatur weiter an und der restliche Kraftstoff kann verbrennen, was zu einem großen Druckanstieg führt.

Lambdawerte

Volllast	λ = 1,15 2
Leerlauf	λ = 10 ...18

Zündverzug
Ist der Zeitraum zwischen Einspritzbeginn und Verbrennungsbeginn. Er ist abhängig von Zylindertemperatur, Zylinderdruck, Zündfähigkeit des Kraftstoffs (Cetanzahl).

Bei Nennleistung	ca. 100 µs
Kaltstart	bis zu 1000 µs

Voreinspritzung
Die Voreinspritzung bewirkt einen flachen Druck- und Temperaturanstieg. Damit senkt man den Zündverzug, die Verbrennungsgeräusche und die NO_x-Emission.

Nacheinspritzung
Sie dient zur Anhebung der Abgastemperatur bei der Regeneration des Partikelfilters.

Kennwerte

Kompressionsdruck	18 bar ... 28 bar
Einspritzdruck	350 bar ... ca. 2500 bar
Verdichtungsverhältnis	14 ... 27
Abgastemperatur	550 °C ... 750 °C
Verdichtungsendtemperatur	700 C° ... 900 °C
Düsenart	Mehrlochdüse

F

Glühsysteme (Starthilfsanlagen)

Aufgaben

Vorglühen. Es soll das Anspringen des Dieselmotors bei niederen Temperaturen erleichtern und für einen runden stabilen Leerlauf sorgen. Das Nachglühen verringert die Geräusch- und Schadstoffemission des kalten Dieselmotors während der Warmlaufphase.

Arten

Pkw-Starthilfsanlagen
- selbstregelnde bzw. elektronisch geregelte Glühkerzen

Nfz-Starthilfsanlagen
- selbstregelnde bzw. elektronisch geregelte Glühkerzen
- Flammstartanlagen
- elektrischer Heizflansch
- Glühwendelkerzen

Glühphasen

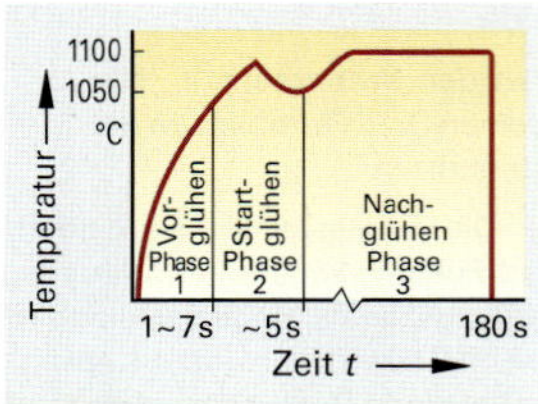

Vorglühen: Vor dem Start (Zündschloss in Stellung 1). Die Vorglühzeit ist von der Motortemperatur abhängig.
Startglühen: Nach Erlöschen der Vorglühkontrolllampe. Es wird für weitere 5 s vorgeglüht, in dieser Zeit sollte gestartet werden.
Nachglühen: Während des Motorbetriebs. Im Leerlauf und im Schubbetrieb wird bei Motortemperaturen unterhalb ca. 60 °C bis zu 180 s nachgeglüht.

Glühkerzen

Selbstregelnde Glühkerzen aus Stahl

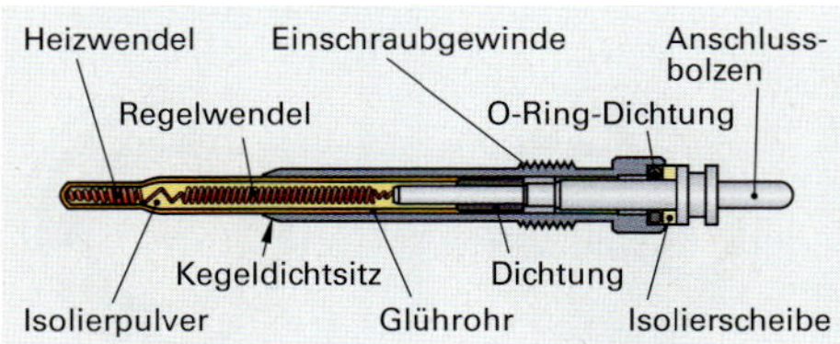

Nennspannung	11,5 V
Heizleistung	je 100 W ...120 W
Max. Temperatur	1070 °C
Stromaufnahme	7 A ...15 A
Einschaltstrom	bis 25 A
Vorglühzeit bei 20°C	1 s ... 7 s
Widerstand	< 0,5 Ω

Aufbau

In Reihe geschaltete Regel- und Heizwendel aus Nickeldraht. Beide Wendel haben positive, aber verschieden hohe Temperaturkoeffizienten (PTC-Verhalten).

Regelung der Stromaufnahme

Das PTC-Verhalten der Regelwendel begrenzt die Stromaufnahme auf ca. 10 A bei erreichen der Endtemperatur.

Diagnosefähigkeit
- Überwachung der Gesamtstromaufnahme.
- Eine direkte Zylinderzuordnung ist nicht möglich.

Elektronisch geregelte Glühkerzen aus Stahl

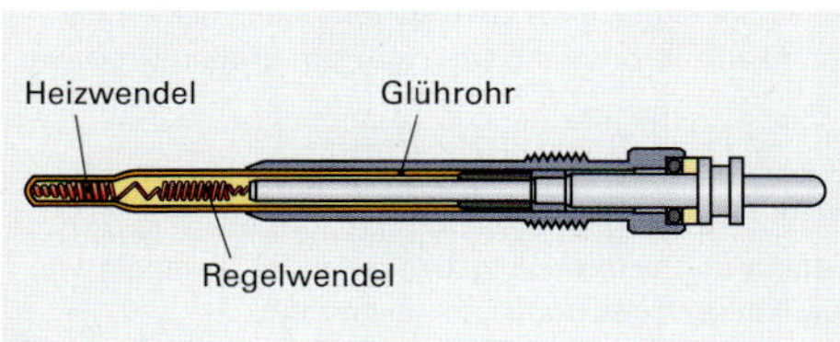

Nennspannung	4 V ... 8 V
Heizlesitung	je 50 W ...60 W
Max. Temperatur	1350 °C
Stromaufnahme	5 A ...10 A
Einschaltstrom	bis 25 A
Vorglühzeit bei 20°C	1 s ... 2 s
Widerstand	< 0,5 Ω

Aufbau

Der Aufbau ist ähnlich der selbstregelnden Glühkerzen. Die Regelwendel ist hier verkürzt, um eine kurze Aufheizzeit zu erreichen.

Regelung der Stromaufnahme
- PWM-Regelung
- In der Aufheizzeit $U_{eff} = U_{Batt}$
- Bei Endtemperatur $U_{eff} = 4\,V \ldots 8\,V$
- Phasenversetzt um das Bordnetz zu entlasten

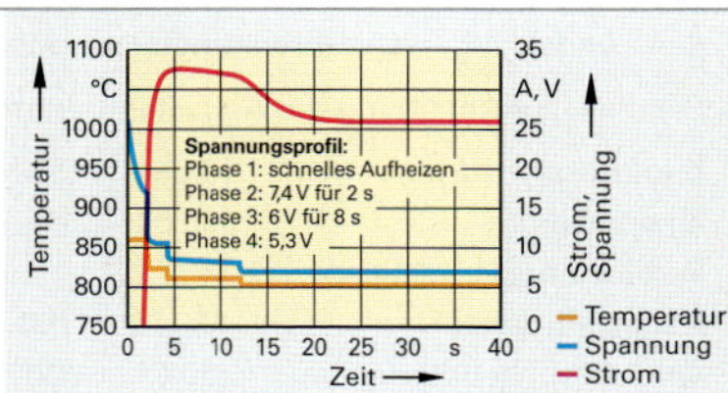

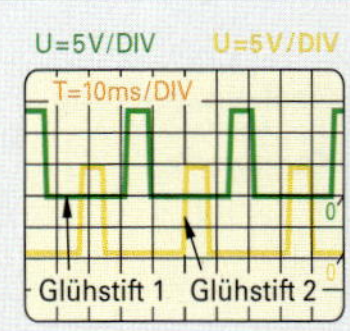

Diagnosefähigkeit
- Überwachung der Gesamtstromaufnahme.
- Eine direkte Zylinderzuordnung ist möglich.

F

Glühkerzen (Fortsetzung)

Elektronisch geregelte Glühkerze aus Keramik

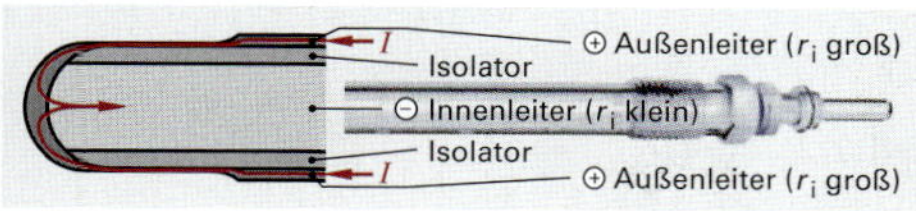

Nennspannung: ca. 4 V ... 8 V	Stromaufnahme: bis 7 A
Widerstand: < 0,4 Ω	Heizleistung: 35 ... 45 W
Max. Temperatur 1250 °C	
Vorglühzeit bei 20 °C < 2 sec	

Aufbau
Gehäuse und Anschluss ist ähnlich der elektronisch geregelten Glühkerze aus Stahl. Das Heizelement besteht aus einer elektrisch leitfähigen Vollkeramik.

Funktion
Die Keramik besitzt an der Oberfläche einen höheren spezifischen Widerstand, als das innenliegende Rückleitermaterial was zu einem sehr schnellen Temperaturanstieg im Außenbereich der Kappe führt. Beide Keramiken sind durch sind durch einen Isolator getrennt.

Werkstatthinweis
Der Glühkörper ist sehr empfindlich. Ein Herabfallen oder Verkanten beim Einbau kann zu Haarrissen und Fehlfunktionen bis hin zu Motorschäden führen.

Elektronisch geregelte Drucksensorglühkerze (PSG Pressure Sensor Glow Plug)

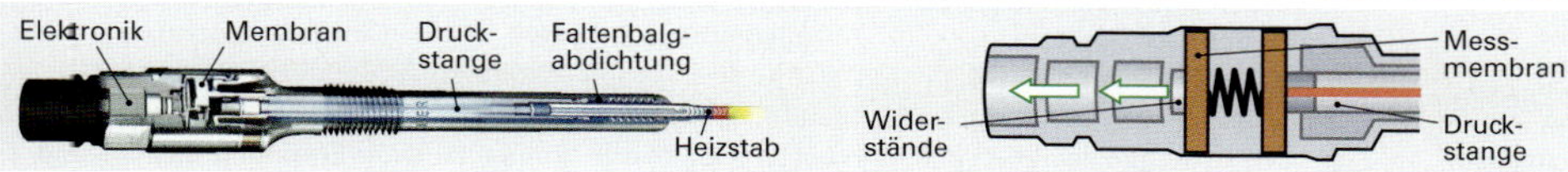

Aufbau
Die Drucksensorglühkerzen erweitern die Funktion der bisherigen Glühkerzen um die Funktion des Brennraumdruckgebers. Der Heizstab ist axial beweglich und überträgt den Brennraumdruck auf eine Messmembran.

Funktion Druckerfassung

- Die Ansteuerung zum Glühen erfolgt wie bei den elektronisch gesteuerten Glühkerzen.

1. Der Zylinderdruck wird über den Heizstab auf die Druckstange und somit auf die Messmembran übertragen.
2. Die Messmembran wird verformt.
3. Die aufgeklebten Widerstände (Dehnmessstreifen) auf der Membran verformen sich.
4. Die interne Elektronik sendet ein Spannungssignal an das Steuergerät

Signalverlauf

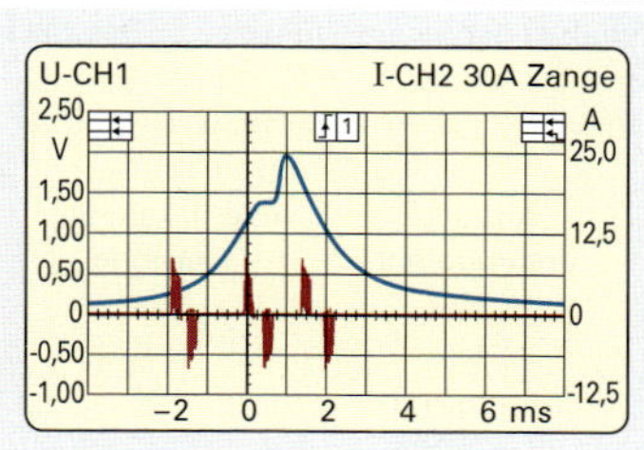

Der ermittelte Druckverlauf, wird in eine Signalspannung umgewandelt. Im Bild blau dargestellt. Die rote Kurve zeigt den Ansteuerstrom des Piezo-Injektors mit zwei Vor- und einer Haupt-Einspritzung.

Werkstatthinweise
Zum Ein- und Ausbau der PSG ist ein Spezialsteckschlüsselsatz zu verwenden. Der Anschlussstecker darf nur von Hand und nicht mit der Spezialzange (wie bei den herkömmlichen Glühkerzen) abgezogen werden!

Schaltplan elektronisch geregelte Glühkerzen

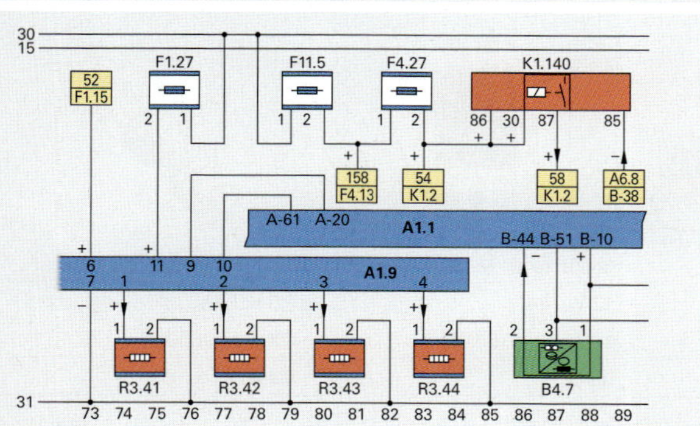

A1.1	Motor-Steuergerät
A1.9	Glühzeitsteuergerät
A6.8	Zentralelektronik
B4.7	NW-Positionsgeber
K1.140	Vorlauf-Elektrokraftstoffpumpen-Relais
K1.2	Elektrokraftstoffpumpen-Relais
R3.41	Keramik-Glühkerze Zylinder 1
R3.42	Keramik-Glühkerze Zylinder 2
R3.43	Keramik-Glühkerze Zylinder 3
R3.44	Keramik-Glühkerze Zylinder 4

F

Glühkerzendefekte

Fehlerbilder

Heizstab an- oder abgeschmolzen

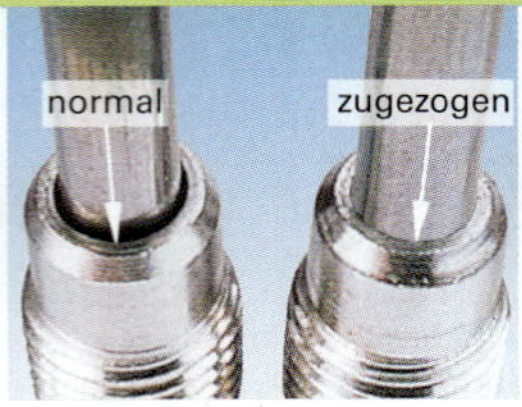

Zugezogener Ringspalt

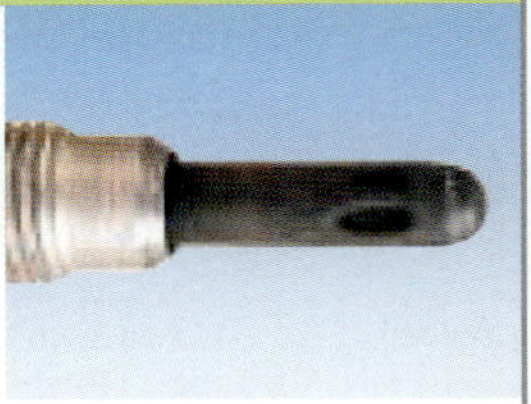

Heizstab mit Falten und Dellen

	Heizstab an- oder abgeschmolzen	Zugezogener Ringspalt	Heizstab mit Falten und Dellen
Ursache	• Verkokte tropfende oder verschlissene Einspritzdüsen	• Zu starkes Anzugsdrehmoment	• Verwendung einer falschen Glühkerze • hängendes Relais
Reparaturmaßnahme	Vor dem Austausch ist die eigentliche Fehlerursache zu beseitigen, z.B. Austausch des defekten Injektors.	Glühkerze ist auszutauschen. Bei der Montage unbedingt vorgeschriebenes Anzugsmoment einhalten.	• Vorglühanlage prüfen • Glühzeitrelais auswechseln • Ggf. nachglühfähige Glühkerze einbauen

Glühkerzentausch

Ausbau

Verkokungen zwischen Zylinderkopf und Glühkerze können zu einer Erhöhung des Lösemoments führen.

Lösen der Glühkerzen: Es ist das vorgeschriebene Lösemoment zu beachten, um ein Abreißen zu vermeiden. Ist das Bruchmoment erreicht, kann folgendermaßen vorgegangen werden:

1. Anheizen: Motor warmfahren bzw. intakte Glühkerzen mit einem sepraratem Kabel 4 bis 5 Minuten bestromen.

2. Anlösen: Rostlösemittel an den Gewindeansatz der Glühkerze auftragen und ca. 4 Minuten wirken lassen.

3. Ausdrehen: Weiteren Ausschraubversuch mit max. Drehmoment versuchen.

Einbau

Nach dem Ausbau sind das Gewinde, der Dichtsitz und der Glühkerzenkanal im Zylinderkopf mit entsprechendem Werkzeug zu reinigen. Vor dem Einbau der neuen Glühkerzen ist die Verkokung im Zylinderkopf mit einer Reibahle (Spezialwerkzeug) zu entfernen. Wird die Verkokung nicht entfernt, kann es beim Einschrauben der neuen Glühkerze zu Beschädigungen des Ringspaltes kommen.

Anzugsdrehmomente beachten. Herstellerangaben beachten, da sie ggf. von den Tabellenwerten abweichen.

Anzugs- und Bruchmomente

Glühkerzen Gewinde	Max. Lösemoment	Anzugs-drehmoment	Anschlussmutter-Gewinde	Anzugs-moment
8 mm	20 Nm	10 Nm	M 4	2 Nm
9 mm	22 Nm	12 Nm	M 5	3 Nm
10 mm	35 Nm	12 – 18 Nm		
12 mm	45 Nm	22 – 25 Nm		

F

Weitere Starthilfsanlagen

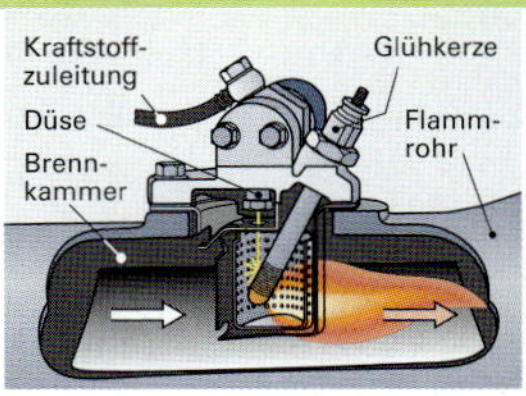

Bezeichnung	Flammstartanlage	Elektrischer Heizflansch	Glühwendelkerze
Nennspannung	12 V; 24 V	12 V; 24 V	5,5 V; 24 V
Heizleistung	2 kW … 10 kW	1,1 kW … 2,5 kW	400 W … 600 W
Vorglühzeit	15 s … 35 s	bis 30 s	bis 30 s
Temperatur	950 °C … 1050 °C	… 1150 °C	… 1150 °C

Dieseleinspritzung – Common-Rail

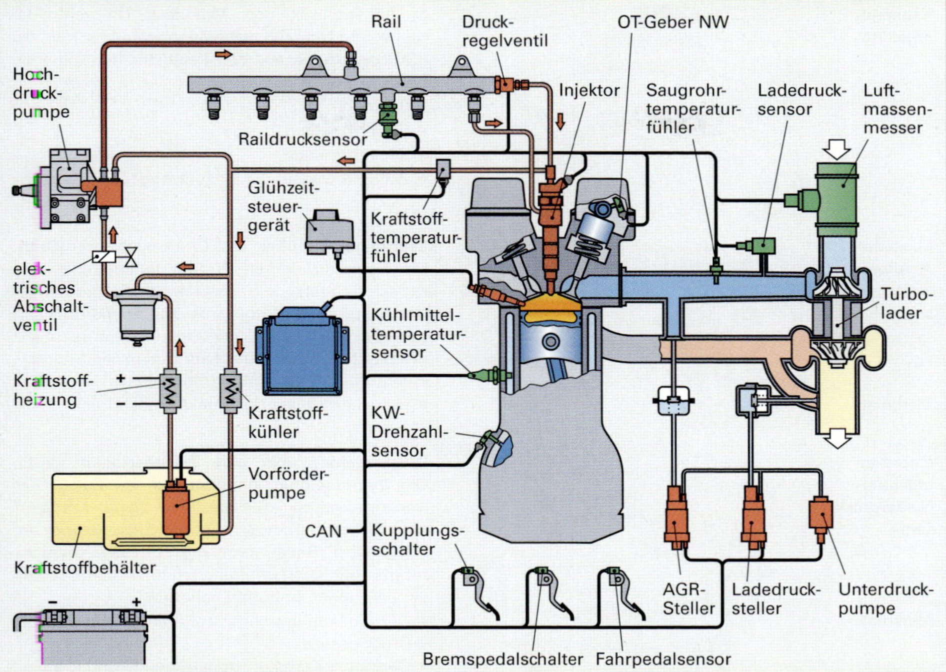

Common Rail – Systembeschreibung

Einspritzung	• Erzeugung des Hochdrucks ist von der Einspritzung entkoppelt. • Druckaufbau durch eine Kolbenpumpe. • Druckspeicherung und Versorgung der Injektoren mit Kraftstoff durch das Rail. • Einspritzzeitpunkt und Einspritzmenge vom Steuergerät über Kennfelder geregelt. • Einspritzung in den Brennraum durch im Zylinderkopf angeordnete Injektoren (Magnetventile mit Hochdruckdüsen).
Hauptfunktionen des Steuergeräts	• Regelung des Einspritzverlaufs (Vor-, Haupt- und Nacheinspritzung) • Regelung der Einspritzmenge • Raildruckregelung • Leerlaufregelung • Laufruheregelung • aktive Ruckeldämpfung • Fahrgeschwindigkeitsregelung • Wegfahrsperre • Eigendiagnose • Zylinderabschaltung • Datenaustausch mit externen Systemen über CAN.
Kraftstoffkreislauf	• Kraftstoff wird einer elektrisch angetriebenen Vorförderpumpe zur Hochdruckpumpe gefördert. • Für hubraumstarke Motoren ist der zusätzliche Einsatz einer Elektrokraftstoffpumpe möglich. • Einsatz von großvolumigen und kleinporigen Kraftstofffiltern. • Vorwärmung des Kraftstoffs durch elektrische Heizelemente zur feineren Zerstäubung. • Elektrisches Abschaltventil ermöglicht die Unterbrechung des Kraftstoffzuflusses. • Erzeugung des Hochdrucks über eine Hochdruckpumpe. • Rückführung von zu viel gefördertem Kraftstoff aus dem Rail durch ein Druckregelventil sowie der Leck- und Steuermengen zum Kraftstoffbehälter. • Kühlung der Rückflussmengen, um Kraftstofftemperaturen von mehr als 120 °C zu vermeiden.
Schadstoffminderung	• Eine exakte Luftströmung und die Verwirbelung im Brennraum sollen die Vermischung von Luft und Kraftstoff verbessern und Rußbildung verringern. • Abgasrückführung verringert den NO_x-Ausstoß. • Oxidationskatalysatoren wandeln unverbrannte Kohlenwasserstoffe und Kohlenmonoxid zu Kohlendioxid und Wasser um. • Einsatz von Abgasturboladern mit variabler Turbinengeometrie (VTG-Lader) erhöhen die Leistungsdichte und wirken abgasreduzierend.

F

Common Rail – Druckregelung

Kennfeld-regelung

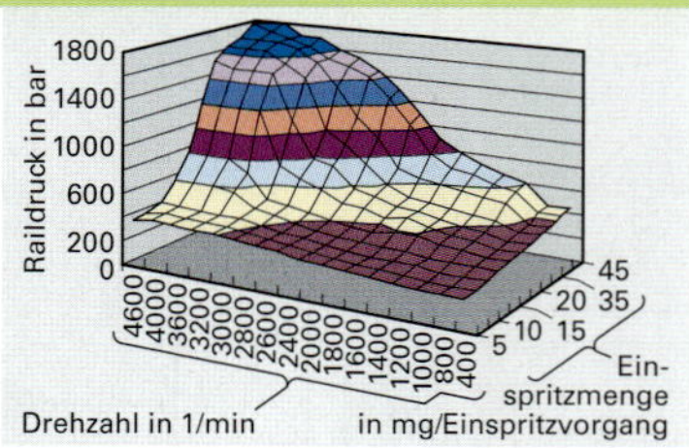

In Abhängigkeit von Motorlast, Drehzahl, Betriebs- und Umgebungsbedingungen errechnet das EDC-Steuergerät aus den Kennfelddaten folgende Einspritzgrößen:

- Raildruck
- Einspritzbeginn
- Einspritzmenge
- Zeitlicher Verlauf der Einspritzung.

Einsteller-regelung Hochdruck-seitig

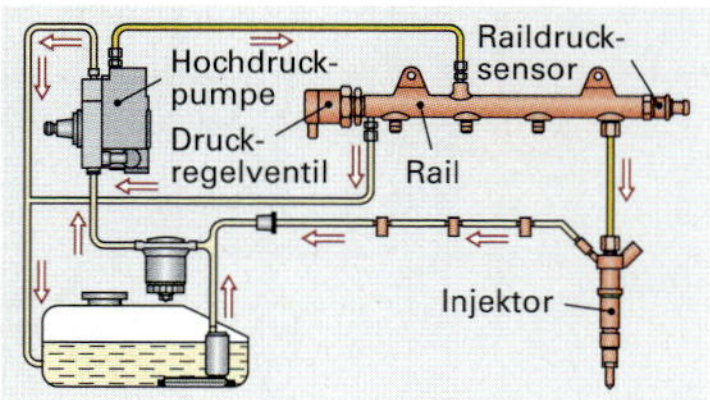

Druckregelung über ein Druckregelventil (DRV). Die Hochdruckpumpe fördert, unabhängig vom Kraftstoffbedarf, die maximale Fördermenge. Der Raildruck wird über das DRV hochdruckseitig geregelt. Der nicht für die Einspritzung benötigte Kraftstoff fließt über das DRV in den Niederdruckkreis zurück in den Kraftstoffbehälter.

Merkmal:

- Hohe Leistungsaufnahme der Hochdruckpumpe.

Einsteller-regelung Niederdruck-seitig

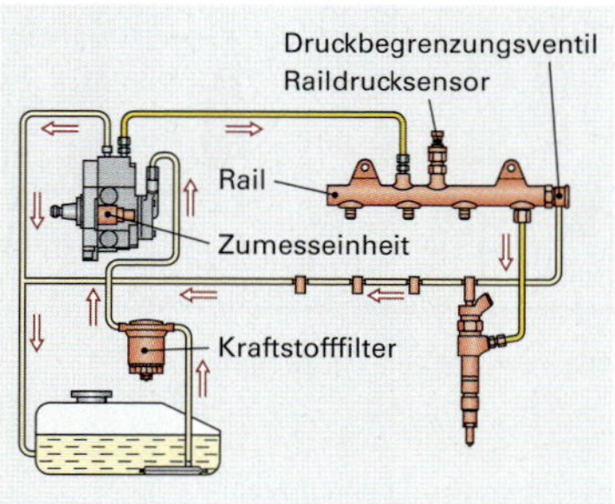

Druckregelung über eine Zumesseinheit (ZME). Die Zumesseinheit befindet sich im Zulauf der Hochdruckpumpe. Sie lässt nur soviel Kraftstoff zur Hochdruckpumpe, wie zur Einspritzung benötigt wird (Bedarfsregelung). Ein Druckbegrenzungsventil (DBV) am Rail verhindert beim Ausfall der ZME einen zu hohen Raildruck.

Merkmale:

- Nur die benötigte Kraftstoffmenge wird unter Druck gesetzt.
- Geringere Kraftstoffrücklaufmenge und Kraftstoffrücklaufemperatur.
- Geringere Leistungsaufnahme der Hochdruckpumpe.

Zweisteller-regelung Hoch- und Niederdruck-seitig

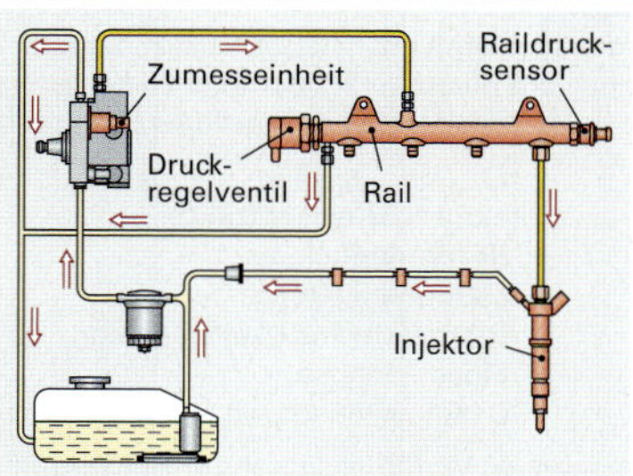

Druckregelung über eine Zumesseinheit (ZME) und ein Druckregelventil (DRV).
Je nach Betriebsbedingungen des Motors werden DRV und ZME einzeln oder gemeinsam angesteuert.

Start-Warmlauf-Phase: Das System arbeitet nur mit dem DRV. Dies führt zu einem schnellen Druckaufbau.

Merkmale:

- Die Pumpe verdichtet mehr Kraftstoff als eingespritzt wird.
- Dadurch erwärmt sich der Kraftstoff schneller.
- Es kann auf eine Kraftstoffheizung verzichtet werden.

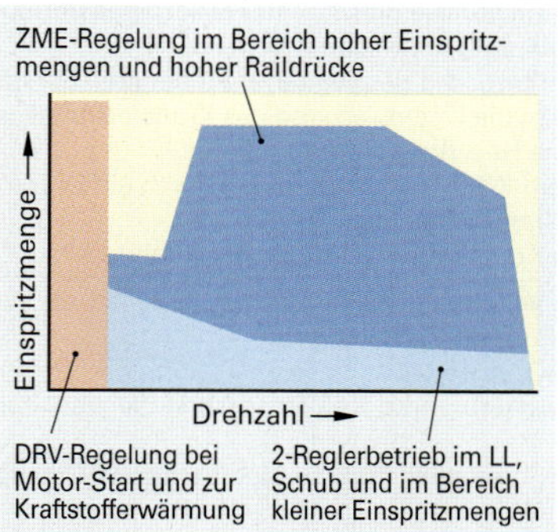

Leerlauf-, Teilllast-Schubbetrieb-Phase: Bei kleinen Einspritzmengen wird der Einspritzdruck über ZME und DRV geregelt.

Merkmale:

- Dadurch wird die genauste Regelung erreicht.
- Die Übergangsphasen von Schub- zu Lastbetrieb wird verbessert.
- Pumpenleistung wird geringfügig reduziert.

Mittlerer- und hoher Lastbereich: Bei hohen Einspritzmengen und hohen Einspritzdrücken wird der Druck nur über die ZME geregelt.

Merkmale:

Durch die Bedarfsregelung werden ...

- die Leistungsaufnahme der Pumpe und
- die Kraftstofferwärmung reduziert.

F

Common Rail – Bauteile

Hochdruckpumpe

Aufgabe: Erzeugung des Hochdrucks
Pkw max. ca. 2500 bar.
Nfz max. ca. 2700 bar

- Antrieb über Zahnriemen, Zahnrad, Kette oder Klauenkupplung.
- Max. Drehmomentaufnahme Pkw 15 Nm ... 18 Nm.

Varianten

- Max. Leistungsaufnahme Pkw 3,5 kW ... 5 kW.
- Exzenter-Radialkolbenpumpen mit drei, zwei oder einem Hochdruckkolben.
- Pumpen mit oder ohne Zumesseinheit (Bedarfsregelung).
- Einspritzmengen von max. 100 mm^3... 400 mm^3/Hub.

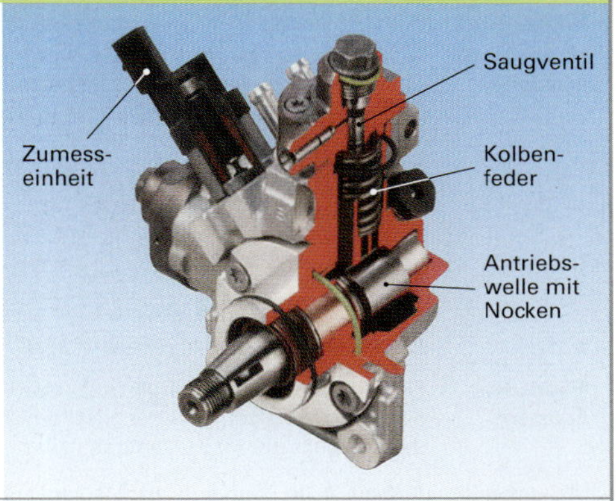

Rail (Verteilerrohr)

Aufgabe:

- Kraftstoff bei hohem Druck (bis 2500 bar) zu speichern und Druckschwankungen durch Pumpenförderung oder Einspritzvorgänge auszugleichen.

Raildrucksensor

- Erfassung des aktuellen Raildrucks.

Druckregelventil

- Anpassung des Ist-Raildrucks an den Soll-Raildruck (variabel 250 bar bis 1800 bar).

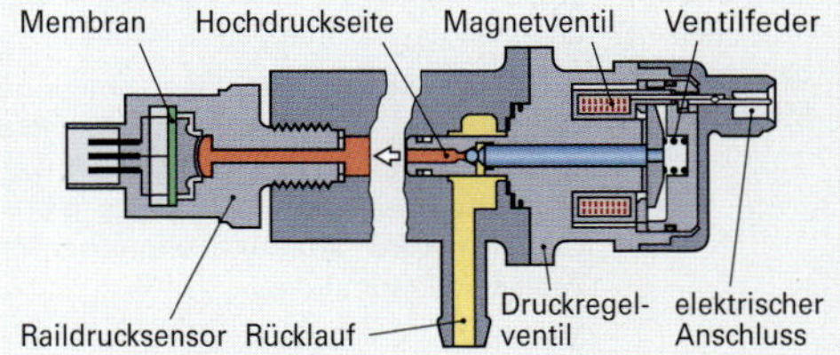

Regelvorgang:

- Kraftstoffdruck wird vom Raildrucksensor erfasst und dem Steuergerät an Hand eines Spannungssignals übermittelt.
- Steuergerät vergleicht Ist-Wert mit dem entsprechenden Sollwert eines Kennfeldes.
- Sind Ist- und Soll-Wert verschieden, wird das Druckregelventil mit einem **P**uls-**W**eiten-**M**odulierten Signal angesteuert.
- Druckregelventil bewirkt Druckänderung im Rail.

Magnetventil-Injektor

Aufgabe:
- Zumessen der richtigen Einspritzmenge
- Einhaltung des richtigen Spritzbeginns.

Injektor geschlossen

- Die Abflussdrossel ist durch die Ventilkugel geschlossen.
- Kraftstoff fließt über Zulaufdrossel mit Raildruck in den Ventilsteuerraum.
- Der Druck auf den Ventilsteuerkolben presst die Düsennadel in ihren Sitz.

Öffnen des Injektors

- Durch Bestromung des Magnetventils wird der Anker angezogen, wodurch die Ventilkugel die Abflussdrossel frei gibt.
- Durch die Abflussdrossel entweicht mehr Kraftstoff, als durch die Zulaufdrossel zufließt.
- Dadurch kommt es zum Druckabfall im Ventilsteuerraum.
- Im Zulaufkanal wirkender Kraftstoffdruck kann die Düsennadel entgegen der Kraft der Düsenfeder anheben.
- Injektor öffnet, Einspritzbeginn.

Schließen des Injektors

- Das Steuergerät beendet Bestromung des Magnetventils.
- Die Ventilfeder drückt die Ventilkugel auf ihren Sitz, dadurch wird die Abflussdrossel geschlossen.
- Druckaufbau im Ventilsteuerraum.
- Ventilsteuerkolben drückt die Düsennadel entgegen dem Kraftstoffdruck in ihren Sitz (Einspritzende).

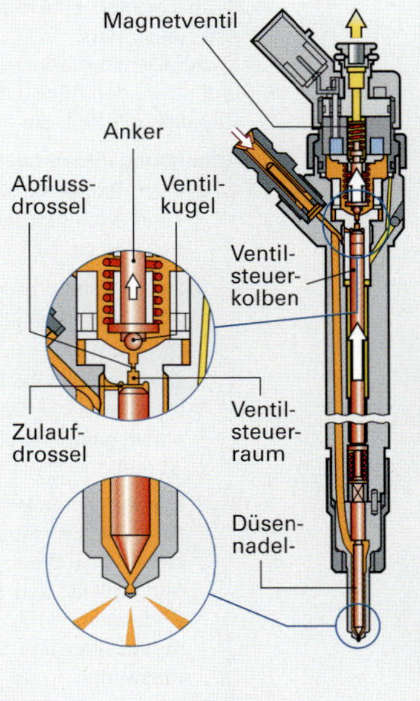

F

Common Rail – Bauteile (Fortsetzung)

Ansteuerung Magnetventil-Injektoren

Zum Öffnen des Magnetventils muss der Strom in einer steilen, genau definierten Flanke auf ca. 20 A ansteigen, um eine geringe Toleranz der Einspritzmenge zu erzielen. Dies erreicht man mit einer Injektorspannung von bis zu 100 V.

Einschaltspannung	80 V ... 100 V
Einschaltstrom	ca. 20 A
Haltespannung	14 V
Haltestrom	ca. 13 A

Ausschalten: Die Ausschaltinduktion wird zum Laden des Boosterkondensators im Steuergerät genutzt.

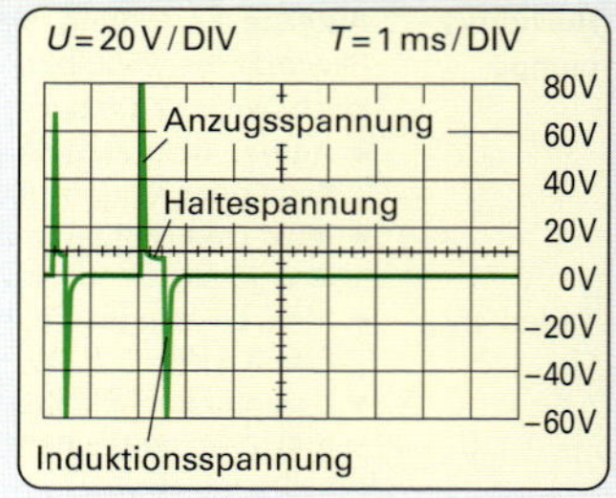

Nachladen/ Boostern

Fällt die Kondensatorenergie unter einen Grenzwert, wird ein Injektor kurzzeitig mit Batteriespannung so angetaktet, dass der Injektor nicht öffnet. Die beim Ausschalten induzierte Spannung lädt den Kondensator im Steuergerät nach.

Magnetventil-Injektor mit druckausgleichendem Magnetventil

Aufbau. • Im Vergleich zu Magnetventilen mit Kugelschließung hat es einen größeren und vom Raildruck unabhängigen Öffnungsquerschnitt.

Funktion. Die Grundfunktion entspricht dem Magnetventil-Injektor. Hier besteht der Magnetanker jedoch aus einem einzigen Bauteil. Wenn die Ankerhülse durch das Magnetfeld vom Ventilsitz abhebt, gibt sie einen großen Querschnitt frei, was zu einem schnellen Druckabfall im Ventilsteuerraum führt.

Merkmale.
- Durch den deutlich reduziertem Ankerhülsenhub erreicht man schnellere Öffnungs- und Schließzeiten.
- Bis zu 7 Einspritzsequenzen sind möglich.

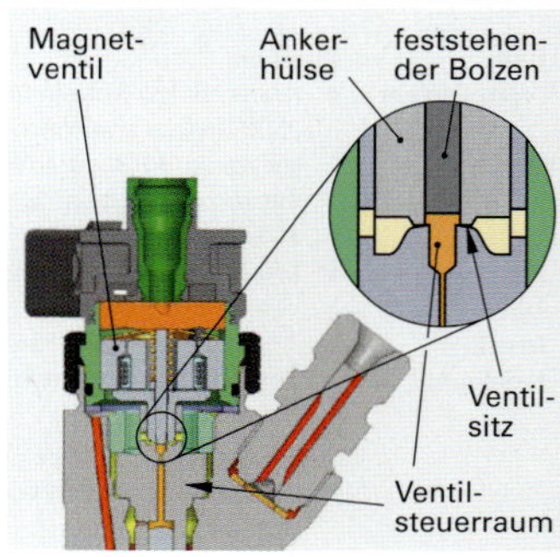

Piezo-Injektor

Aufbau. Er besteht aus:
- Piezo-Aktormodul
- hydraulischem Koppler
- Servoventil

Funktion: Bei Ansteuerung des Aktormoduls wird an die Piezoschichten eine Spannung angelegt. Somit dehnen sich diese aus. Die Längenänderung wird über den hydraulischen Koppler auf das Servoventil übertragen und öffnet den Rücklauf. Durch den Druckabfall im Ventilsteuerraum öffnet der Injektor.

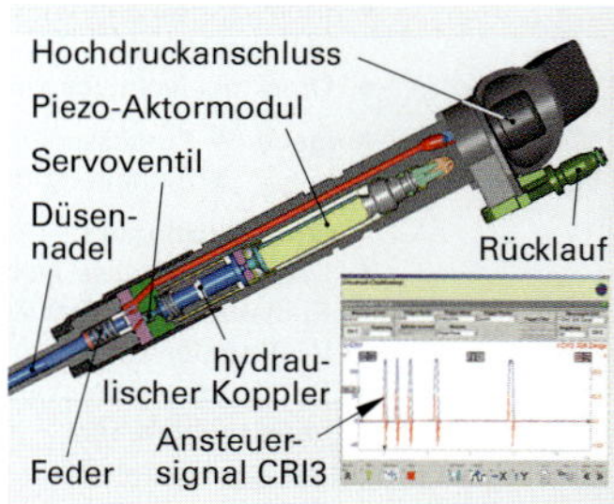

Anteuerung Piezzo-Injektoren

1 – 2 Das Piezoaktormodul wird vom Steuergerät mit einer Spannung zwischen 110 V ... 150 V (blaues Signal) und ca. 13 A (rotes Signal) angesteuert.

2 – 3 Das Piezoaktormodul dehnt sich aus und verhält sich dabei wie ein Kondensator, der mit ca. 4 µF geladen wird.

3 Die Piezokristalle haben sich ausgedehnt, der Injektor ist geöffnet. Das Piezoaktormodul entspricht jetzt einem geladenen Kondensator. Die Stromaufnahme ist null.

2 – 3 Um ein schnelles Schließen des Piezoaktormoduls zu erreichen, muss es sich möglichst schnell entladen. Das Steuergerat schaltet die Spannung ab und schließt den Stromkreis über einen definierten Widerstand kurz. Somit entlädt sich das Piezoaktormodul über das Steuergerat und zieht sich wieder zusammen.

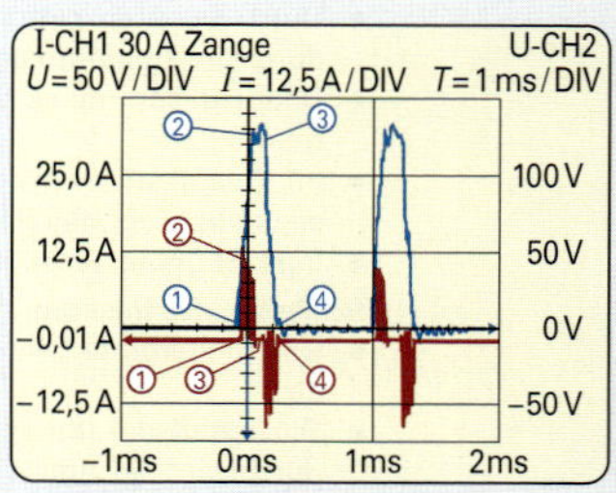

Spannungs- und Stromverlauf eines Piezo-Injektors

F

Common Rail – Werkstatt- und Diagnosehinweise

Hochdrucktest

Damit können Förderleistung, Druckauf- und -abbau der Hochdruckpumpe, sowie die interne und externe Dichtheit des Kraftstoffhochdrucksystems überprüft werden.

Mit dieser Funktion wird durch gezieltes Ansteuern von Zumesseinheit und Druckregelventil bei einer vorgegebenen Motordrehzahl von ca. 3500 1/min der maximale Systemdruck aufgebaut.

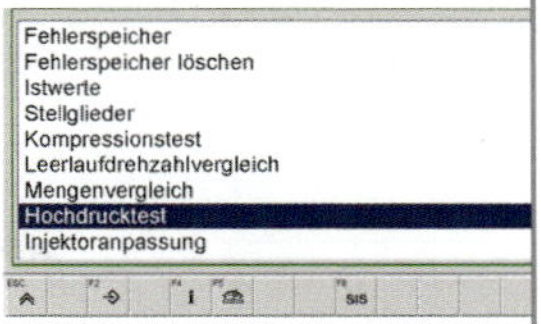

Injektor-Mengen-Abgleich

Wird ein Injektor ersetzt, muss das EDC-Steuergerät angepasst werden. Dies geschieht durch die Eingabe des mehrstelligen IMA-Codes im Menüpunkt „Injektoranpassung".

IMA-Code

Der Code ist auf den Injektor aufgedruckt (hier z. B. 88566NB).

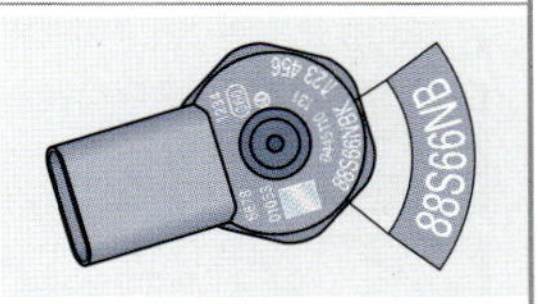

Leerlaufdrehzahlvergleich

Es werden bei deaktivierter Laufruheregelung die spezifischen Leerlaufdrehzahlen der einzelnen Zylinder angegeben.

Die Laufruheregelung gleicht nun die Leerlaufdrehzahlen zwischen den einzelnen Zylindern nicht mehr aus. Diese werden hervorgerufen durch Unterschiede bei Kompression und Injektor-Durchsatz.

Leerlaufdrehzahlvergleich	
Zylinder 1:	820 U/min
Zylinder 2:	790 U/min
Zylinder 3:	810 U/min
Zylinder 4:	780 U/min

Dynamischer Kompressionstest

Mit diesem Test kann über das Diagnosegerät die Kompression der Zylinder verglichen werden.

Funktion: Durch Abschalten der Einspritzung wird ein Anspringen des Motors beim Starten mit dem Anlasser verhindert. Die Software erfasst die spezifischen Drehzahlen der einzelnen Zylinder bei Starterdrehzahl. Sie sollten sich nicht mehr als 7 Umdrehungen/min unterscheiden. Bei größerer Abweichung kann ein mechanischer Schaden am Motor vorliegen, der mit einem klassischen Kompressions- und Druckverlusttest lokalisiert werden muss z. B. hohe Starterdrehzahl = Kompressionsverlust.

Drehzahl - Zylinder 1	259	1/min
Drehzahl - Zylinder 2	258	1/min
Drehzahl - Zylinder 3	257	1/min
Drehzahl - Zylinder 4	260	1/min

Mengenvergleich

Erzeugt ein Zylinder mehr oder weniger Drehmoment, so wird bei diesem Zylinder entsprechend mehr oder weniger eingespritzt. Die Abweichung vom Mittelwert wird angezeigt.

Positive Mengenkorrektur: Erzeugt ein Zylinder weniger Drehmoment, so wird bei diesem Zylinder mehr eingespritzt (Zylinder 3).

Negative Mengenkorrektur: Erzeugt ein Zylinder mehr Drehmoment, so wird bei diesem Zylinder weniger eingespritzt (Zylinder 1, 2 und 4).

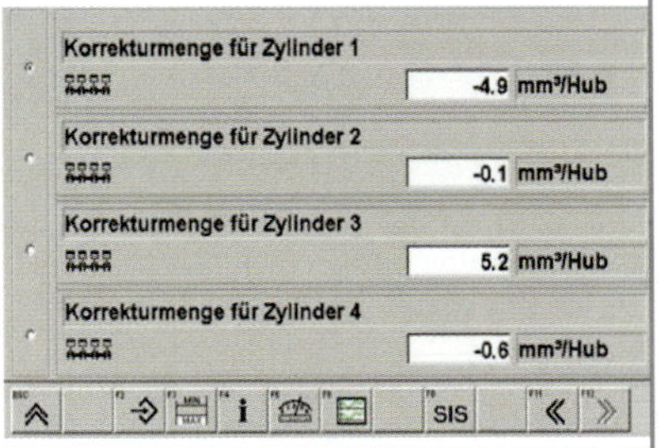

Rücklaufmengenmessung

Mit Hilfe der Rücklaufmengenmessung kann die interne Dichtheit der Injektoren im Kraftstoffhochdrucksystem überprüft werden.

Hydraulische Prüfung Injektoren

Die größte Rücklaufmenge darf das 3-fache der kleinsten Rücklaufmenge nicht überschreiten. Bei Überschreitung des Grenzwertes muss der Injektor ausgetauscht werden.

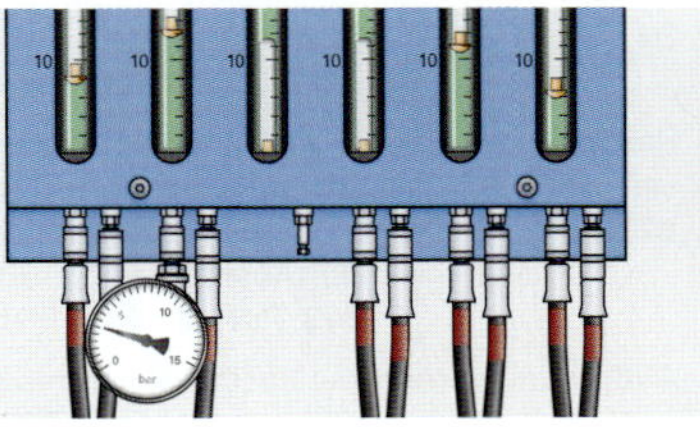

Umgang mit Piezoinjektoren

- Im Gegensatz zu Magnetventilinjektoren dürfen bei Piezoinjektoren bei Motorbetrieb auf keinen Fall die elektrische Steckverbindung abgezogen werden. Der Injektor könnte offen stehen bleiben, somit droht ein Motorschaden durch Kraftstoffschlag.
- Ausgebaute Piezoinjektoren sollten stehenden gelagert werden, so dass der Hydraulische Koppler nicht auslaufen kann.
- Die Reinigung der Injektordüsen ist mittels Ultraschallbad durchzuführen.

F

Common Rail – Blockschaltbild

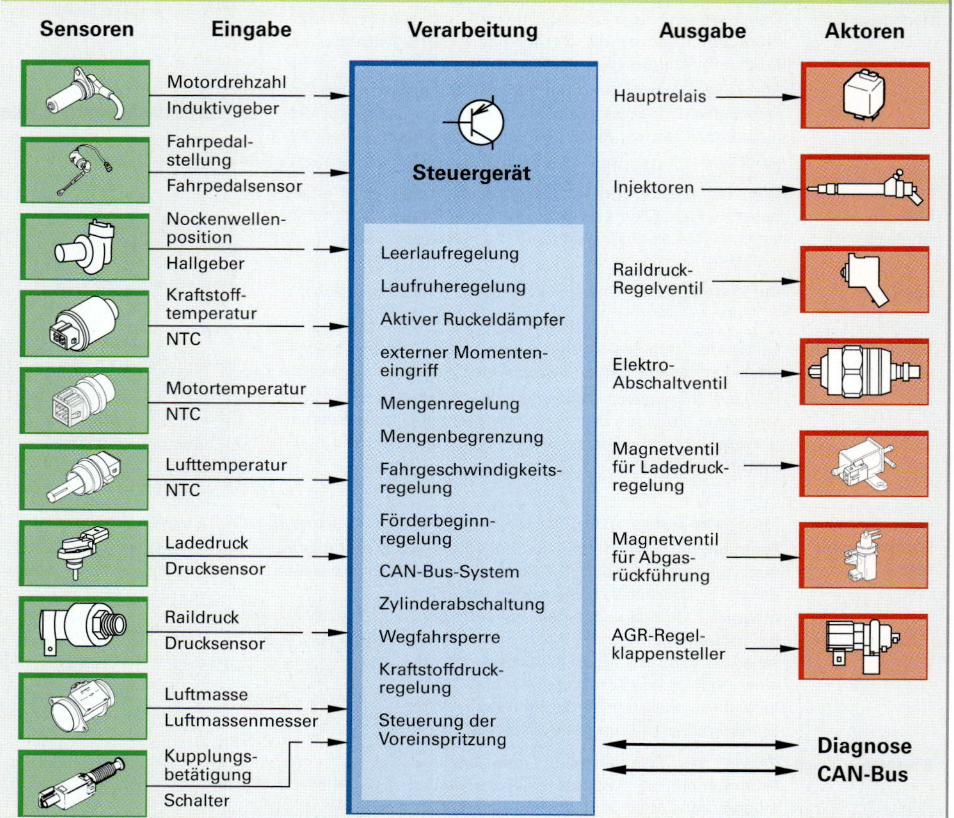

Sensoren des Common-Rail-Systems

Fahrpedal-sensor B12	• Sensor erfasst Fahrpedalstellung (Hauptsteuergröße) zur Berechnung der Kraftstoffmenge. • Bei Defekt läuft der Motor mit erhöhter Leerlaufdrehzahl (Fahrzeug eingeschränkt fahrbereit). **B12.1:** PIN C9 Plus, PIN C8 Signal, PIN C5 Masse, **B12.2:** PIN C9 Plus, PIN C10 Signal, PIN C23 Masse.
Nocken-wellen-sensor B2	• Hallgeber meldet dem Steuergerät die Position des ersten Zylinders im Verdichtungstakt. • Signal wird benötigt, um zur richtigen Zeit in den richtigen Zylinder Kraftstoff einzuspritzen. • Bei Ausfall des Signals bleibt der Motor unter Umständen fahrbereit, kann aber nicht wieder gestartet werden. **B2:** PIN D12 Plus, PIN D3 Signal, PIN D2 Masse.
Raildruck-sensor B23	• Signalisiert dem Steuergerät den aktuellen Kraftstoffdruck im Rail. • Bei einer Spannung von $U < 0{,}25$ V oder $U > 4{,}75$ V erkennt das Steuergerät einen Defekt im System und schaltet den Motor ab. • Bei Ausfall des Sensors wird der Kraftstoffdruckregler mit einem festen Wert angesteuert. **B23:** PIN D13 Plus, PIN D14 Signal, PIN D4 Masse.

Außerdem werden wie bei der Elektronischen Dieseleinspritzung folgende Sensoren benötigt (siehe Seite 279):

• **Ladedrucksensor**	**B22**	PIN C17 Plus, PIN C6 Signal, PIN C22 Masse
• **Saugrohrtemperaturfühler**	**B7**	PIN C12, PIN C11
• **Motordrehzahlsensor**	**B1**	PIN D37, PIN D26
• **Luftmassenmesser**	**B3**	PIN D1 Plus, PIN D34 Masse, PIN D11 Signal Plus, PIN D24 Signal Minus
• **Motortemperatursensor**	**B5**	PIN D36, PIN D27
• **Kupplungspedalschalter**	**S4**	PIN B2, Masse

F

Aktoren des Common-Rail-Systems

Injektoren Y15.1 – Y15.4	• Sie sorgen dafür, dass die richtige Einspritzmenge zum richtigen Zeitpunkt fein zerstäubt in den Brennraum eingespritzt wird. • Ansteuerung über Kondensatoren mit bis zu 20 A, bis maximal 80 V für maximal 0,3 ms. • Kennfeldgesteuerte Voreinspritzung mit kennfeldgeregeltem Raildruck. • Sie werden vom Steuergerät jeweils über PIN E und PIN E3, E6, E7 und E8 angesteuert.
Raildruck-Regelventil Y16	• Es sorgt für kennfeldgesteuerten Druck im Rail. • Es stellt durch Federkraft ohne Bestromung einen Druck von 100 bar ein. • Angesteuert durch **P**uls-**W**eiten-**M**odulierte-Signale vom Steuergerät über PIN D31 und PIN D21.
Elektro-Abschaltventil Y14	• Es wird vom Steuergerät über PIN D26 und PIN D36 geschaltet. • Bei schwerwiegenden Systemfehlern schließt das Ventil und die Kraftstoffzufuhr wird unterbrochen (Notabschaltung).
Magnetventil für Ladedruck-Regelung Y12	• Es ermöglicht durch die **P**uls-**W**eiten-**M**odulierten-Signale des Steuergeräts eine stufenlose Regelung des Ladedrucks. • Es wird vom Steuergerät über PIN C36 und PIN C48 angesteuert.
Magnetventil für Abgas-Rückführung Y7	• Das elektro-pneumatisch arbeitende AGR-Ventil hat die Aufgabe eine definierte Abgasrückführungsrate zu ermöglichen. • Ansteuerung durch **P**uls-**W**eiten-**M**odulierte-Signale vom Steuergerät über PIN C60 und PIN C37.
Lüftermotor M6	• Die Motorkühlung wird temperaturabhängig vom Steuergerät geregelt. • Der Lüftermotor wird von Klemme 30 mit Spannung versorgt, wenn das Steuergerät PIN C46 auf Masse durchschaltet (Steuerstrom von K9: Klemme 30, PIN C45; Arbeitsstrom: Klemme 30, Klemme 31).

Common-Rail – Schaltplan

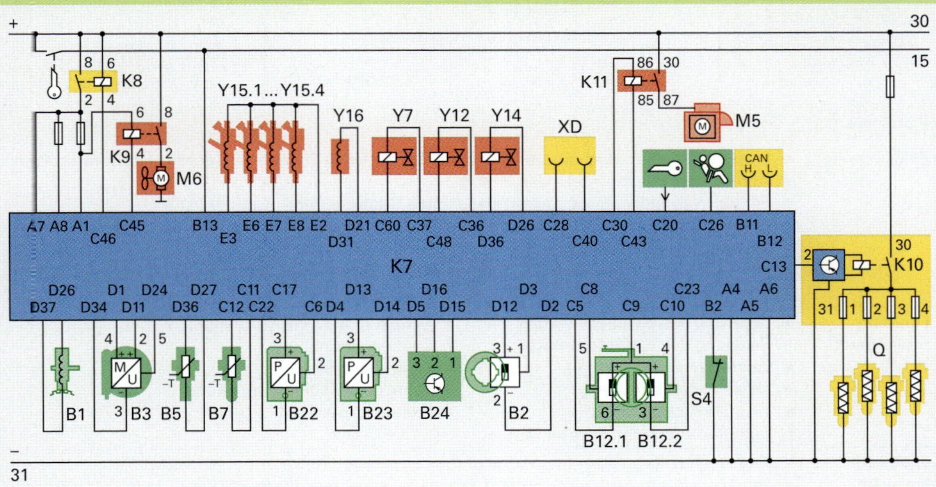

Common Rail – Legende zum Schaltplan

B1	Drehzahlgeber Kurbelwelle	**K7**	Steuergerät für Common-Rail-Einspritzung	**S4**	Kupplungspedalschalter
B2	Nockenwellensensor	**K8**	Hauptrelais	**Y7**	Magnetventil für Abgasrückführung
B3	Luftmassenmesser	**K9**	Relais für Lüfter	**Y12**	Magnetventil für Ladedruckregelung
B5	Motortemperaturfühler	**K10**	Glühzeit-Steuergerät	**Y14**	Elektro-Abschalt-Ventil
B7	Geber für Saugrohrtemperatur	**K11**	Relais für Starter	**Y15.1 ... Y15.4**	Injektoren
B12	Geber für Fahrpedalstellung	**M5**	Starter	**Y16**	Raildruck-Regelventil
B22	Ladedrucksensor	**M6**	Lüftermotor	**XD**	Diagnoseanschluss
B23	Raildrucksensor	**Q**	Glühkerzen		
B24	Sensor für Öldruck, -menge und -temperatur				

Dieseleinspritzung – Pumpe-Düse-System

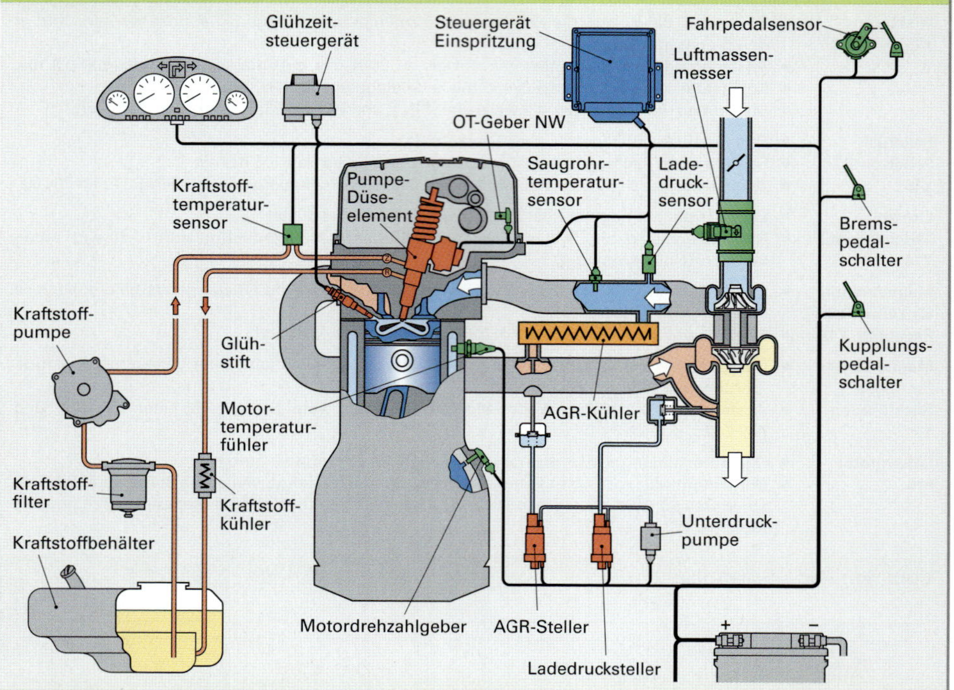

Pumpe-Düse – Systembeschreibung

Einspritzung	• Erzeugung des Hochdrucks in den Pumpe-Düse-Elementen durch Hochdruckkolben. • Antrieb durch Nockenwelle des Motors. • Für jeden Zylinder ein eigenständiges Pumpe-Düse-Element. • Einspritzzeitpunkt und Einspritzmenge werden vom Steuergerät über Kennfelder geregelt. • Einspritzung in den Brennraum. • Pkw Pumpe-Düse-Elemente mit Voreinspritzung, für Nkw Pumpe-Leitung-Düse-Elemente ohne Voreinspritzung.
Funktion Steuergerät	• Regelung des Einspritzverlaufs • Regelung des Vorförderdrucks • Leerlaufregelung • aktive Ruckeldämpfung • Wegfahrsperre • Regelung der Einspritzmenge • Zylinderabschaltung • Laufruheregelung • Fahrgeschwindigkeitsregelung • Eigendiagnose • Datenaustausch mit externen Systemen über CAN-Bus.
Kraftstoff-kreislauf	• Kraftstoff wird von einer Sperrflügelpumpe angesaugt; Antrieb über Nockenwelle. • Druckbegrenzung auf max. 7,5 bar durch ein Druckbegrenzungsventil. • Einsatz von großvolumigen und kleinporigen Kraftstofffiltern mit Rückschlagventil. • Verteilung des Kraftstoffs auf die Pumpenelemente durch ein im Zylinderkopf eingebautes Verteilerrohr • Rückleitung des zu viel geförderten Kraftstoffs sowie der Leckölmengen zum Kraftstoffbehälter. • Kühlung der Rückflussmengen um Kraftstofftemperaturen von mehr als 120 °C zu vermeiden (Einsatz eines Kraftstoffkühlers).
Elektronische Regelung	Die elektronische Regelung der Einspritzung erfolgt ähnlich wie bei einer Common-Rail-Anlage. Es werden folgende Sensoren und Aktoren verwendet: **Sensoren:** Fahrpedalsensor mit Leergas- und Kick-Down-Schalter, Motordrehzahlsensor, Nockenwellensensor, Ladedrucksensor, Saugrohrtemperaturfühler, Motortemperaturfühler, Kraftstofftemperaturfühler, Luftmassenmesser, Brems- und Kupplungspedalschalter. **Aktoren:** Pumpenelemente, AGR-Ventil, Magnetventil für Ladedruckregelung.

F

Pumpe-Leitung-Düse-Element

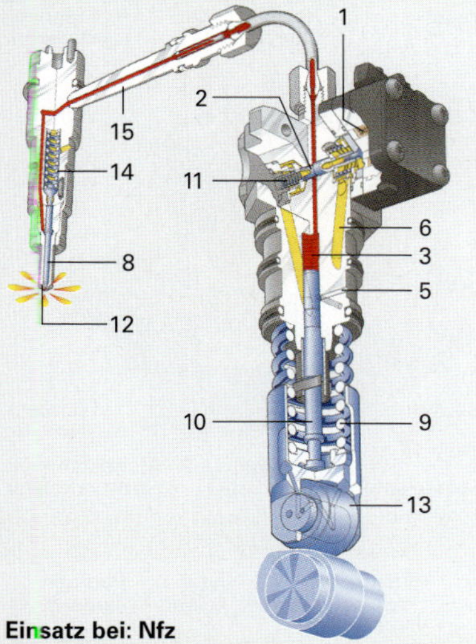

Einsatz bei: Nfz

Legende

1 Elektromagnet
2 Magnetventilnadel
3 Hochdruckraum
4 Ausweichkolben
5 Kraftstoffzulauf
6 Kraftstoffrücklauf
7 Düsennadeldämpfung
8 Düsennadel
9 Rückstellfeder
10 Pumpenkolben
11 Magnetventilfeder
12 Nadelsitz
13 Rollenstößel
14 Druckfeder
15 Hochdruckleitung

Pumpe-Düse-Element

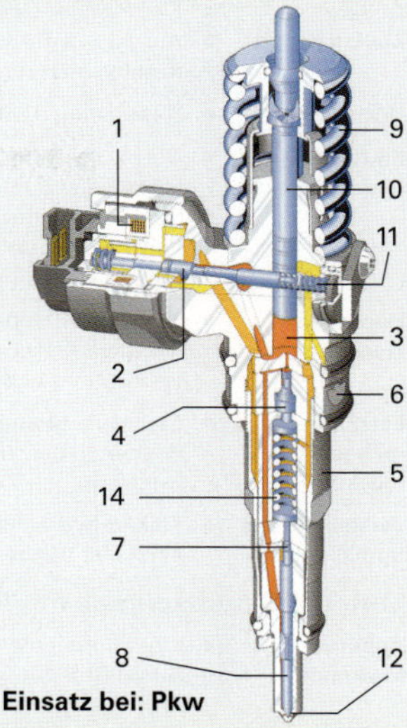

Einsatz bei: Pkw

Einspritzvorgang im Pumpe-Düse-Element

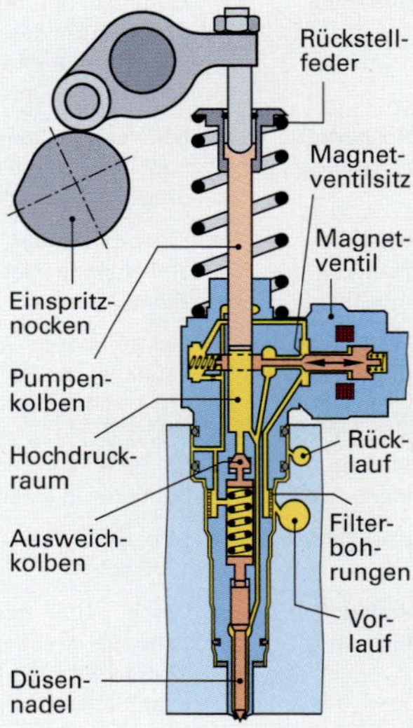

Saughub

- Das Magnetventil ist nicht angesteuert, der ist Zulauf geöffnet.
- Der Pumpenkolben wird durch die Rückstellfeder nach oben geschoben und vergrößert damit das Volumen des Hochdruckraumes.
- Kraftstoff strömt durch Druck im Vorlauf über die Filterbohrungen in den Hochdruckraum.

Vorhub

- Der Pumpenkolben wird vom Einspritznocken nach unten gedrückt.
- Ein Teil Kraftstoff wird aus dem Hochdruckraum in den Kraftstoffvorlauf verdrängt.
- Das Steuergerät bestromt das Magnetventil; dieses verschließt den Vorlauf, Druckaufbau.

Voreinspritzung

- Die Düsennadel wird durch hydraulischen Druck angehoben, der Öffnungsweg wird hydraulisch begrenzt (Beginn der Voreinspritzung).
- Durch steigenden Druck im Hochdruckraum bewegt sich der Ausweichkolben nach unten.
- Die Volumenvergrößerung im Hochdruckraum bewirkt kurzzeitigen Druckabfall.
- Die Düsennadel schließt kurzzeitig, Ende der Voreinspritzung.

Haupteinspritzung

- Durch weitere Abwärtsbewegung des Ausweichkolbens wird die Düsenfeder stärker vorgespannt, der Öffnungsdruck für die Düsennadel steigt.
- Durch steigenden Druck im Hochdruckraum (ca. 300 bar) öffnet die Düse (Haupteinspritzung).
- Der Druck steigt während des Einspritzvorgangs auf bis zu 2050 bar, da durch die Spritzlöcher weniger Kraftstoff abfließen kann, als der nach unten gehende Pumpenkolben ausschiebt.

Resthub

- Das Motorsteuergerät beendet die Bestromung des Magnetventils.
- Das Magnetventil öffnet, Kraftstoff entweicht in den Vorlauf, der Druck bricht zusammen, die Düsennadel schließt, der Ausweichkolben wird in Ausgangslage zurückgedrückt.
- Der Resthub des Hochdruckkolbens bewirkt Verdrängung des Kraftstoffs in den Vorlauf.

Verteilereinspitzpumpe mit Axialkolben und EDC

Äußere Merkmale	• Ein Pumpenelement für alle Zylinder • Anschlüsse für Einspritzleitungen kreisförmig angeordnet
Höchstdruck	• Düsenseitig bis 1250 bar
Kraftstoffförderung	• Durch im Pumpengehäuse integrierte Flügelzellenpumpe • Steuerung des drehzahlabhängigen Pumpeninnendrucks durch Druckregelventil, selbstentlüftende Pumpe
Hochdruckerzeugung	• Nocken der Hubscheibe laufen auf Rollenring auf, Pumpenkolben wird in axialer Richtung bewegt.
Einspritzmengenregelung	• Stellwerk bewegt axial verschiebbaren Regelschieber, dieser gibt Abregelbohrung frei.
Verstellung des Spritzbeginns	• Elektro-hydraulisch gesteuerter Spritzversteller verdreht den Rollenring.

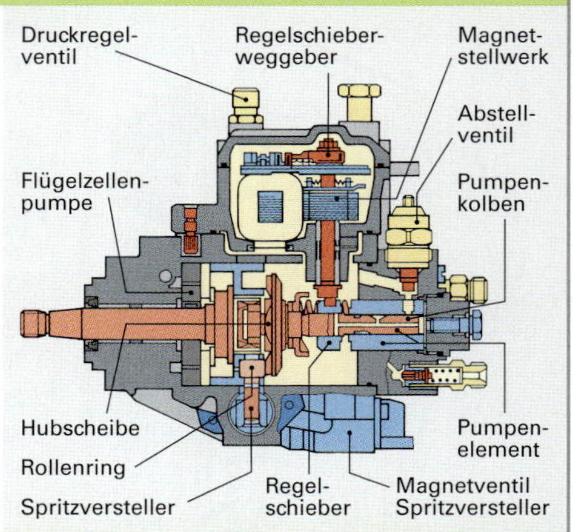

Verteilereinspritzpumpe mit Radialkolben

Äußere Merkmale	• Ein Pumpenelement für alle Zylinder • Anschlüsse für Einspritzleitungen kreisförmig angeordnet • Eigenes Pumpensteuergerät
Höchstdruck	• Drehzahlabhängig bis 1850 bar
Kraftstoffförderung	• Durch im Pumpengehäuse integrierte Flügelzellenpumpe • Steuerung des drehzahlabhängigen Pumpeninnendrucks durch Druckregelventil, selbstentlüftende Pumpe
Hochdruckerzeugung	• Rollenstößel laufen auf Nockenring auf, Radialkolben werden nach innen gedrückt, MV verschließt Hochdruckraum.
Einspritzmengenregelung	• Steuergerät legt über Kennfeld die Einspritzmenge fest und steuert entsprechend MV an.
Verstellung des Spritzbeginns	• Elektro-hydraulisch gesteuerter Spritzversteller verdreht den Nockenring.

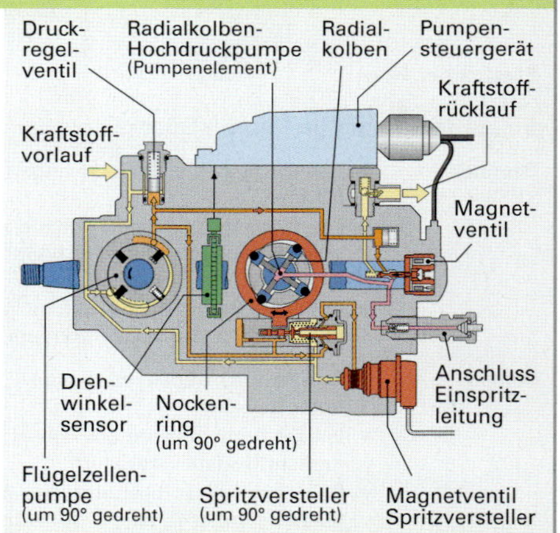

Reiheneinspritzpumpe

Äußere Merkmale	• Ein Pumpenelement pro Zylinder • Elemente in einer Reihe angeordnet
Höchstdruck	• Je nach Ausführung 550 bar bis 1300 bar.
Kraftstoffförderung	• Durch am Pumpengehäuse angeflanschte Kolbenpumpe, die über die Nockenwelle der Reiheneinspritzpumpe angetrieben wird.
Hochdruckerzeugung	• Nockenwelle treibt über Rollenstößel die Pumpenkolben in Richtung OT. • Pumpenkolben verschließen Zulaufbohrungen (Druckaufbau, Förderbeginn).
Einspritzmengenregelung	• Regelweg-Stellmagnet bewegt Regelstange, die die Pumpenkolben verdreht • Schräge Steuerkante gibt Zuflussbohrung (= Abregelbohrung) frei.
Verstellung des Spritzbeginns	• Durch elektronisch geregelten Hubschieber.

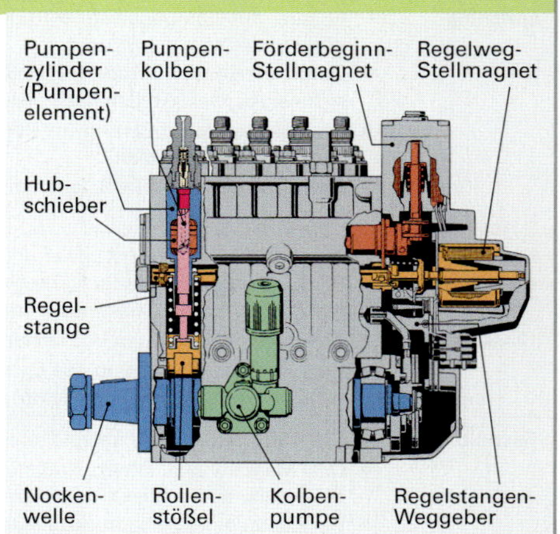

Common-Rail- Systeme mit Druckverstärkung (X-Pulse) Nfz

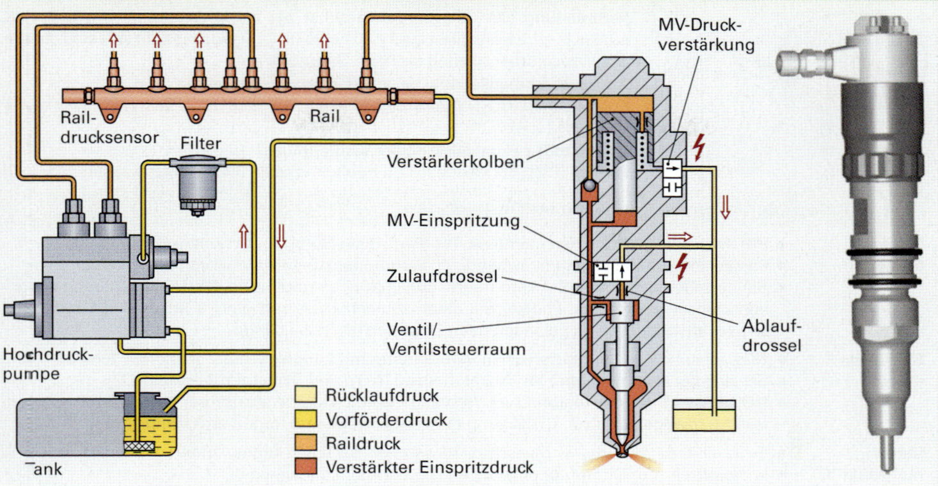

Aufbau
Bei diesen Common-Rail-Systemen kommen Injektoren mit Druckverstärkung zum Einsatz, bei denen der Raildruck von 900 bar auf bis zu 2500 bar im Injektor verstärkt wird. Weiterhin sind Druck und Druckverlauf bei der Haupteinspritzung frei modellierbar.

Funktion

Einspritzzung ohne Verstärkung
Wie bei den herkömmlichen Injektoren auch, öffnet und schließt die Düsennadel durch den Kraftstoffdruck (Raildruck). Wird das MV-Einspritzung angesteuert, öffnet es und gibt den Rücklauf über die Ablaufdrossel frei. Da über die kleinere Zulaufdrossel weniger Kraftstoff nachfließen kann, als über die Abflussdrossel abfließt, kommt es zum Druckabfall im Ventilsteuerraum. Da nun im Ventilsteuerraum ein kleinerer Druck wirkt als auf die Druckschulter der Düsennadel, wird die Düsennadel angehoben und die Einspritzung ohne Verstärkung beginnt.

Einspritzzung mit Verstärkung
Wird zusätzlich das MV-Druckverstärkung angesteuert, öffnet es den Rücklauf. Damit kommt es zu einem Druckabfall im Raum unter dem Verstärkerkolben.

Der Raildruck drückt den Verstärkerkolben nach unten. Dabei kommt es durch die kleinere Kolbenfläche unterhalb des Verstärkerkolbens zu einer Druckerhöhung (hydraulische Verstärkung von 900 bar Raildruck auf bis zu 2500 bar Einspritzdruck

Druckmodulation
Je nachdem wann das MV-Druckverstärkung zugeschaltet wird, sind unterschiedliche Einspritzdruckverläufe darstellbar.

Electronic Diesel Control, Common Rail, EDC 7-Schaltplan

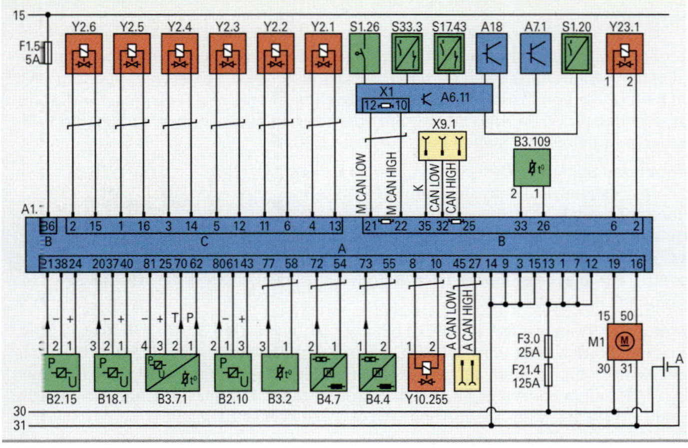

A	Batterie
A1.1	Motorsteuergerät
A18	Bordrechner
A6.11	FFR
A7.1	Instrumenteneinheit
B2.10	Raildruck-Sensor
B2.15	Öldrucksensor
B3.109	Abgas-Temperatur
B3.2	Kühlmitteltemperatur
B3.71	Kombisensor
B4.4	Motordrehzahlgeber 1
B4.7	Motordrehzahlgeber 2
M1	Startermotor
S1.26	Fahrpedalschalter
S1.20	Zünd-Start-Schalter
S10.3	AGR-Kontaktschalter
S17.43	Schalter Retarder
S33.3	Schalter Getriebe
X9.1	Diagnosestecker
Y2.1...Y2.6	Injektoren
Y10.255	ZME-Ventil
Y10.29	Drucklufttaster
Y23.1	AGR-Elektroventil

F

Abgasbestandteile

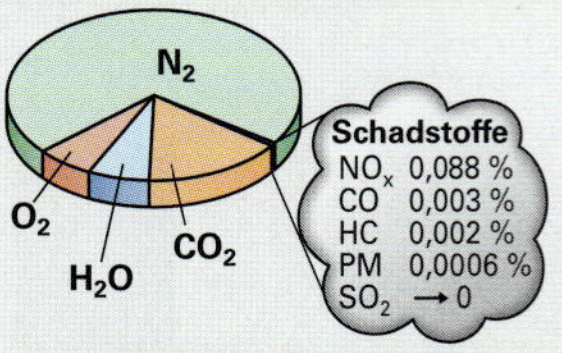

Verbrennung. Der Dieselmotor arbeitet bei der Verbrennung mit Luftüberschuss ($\lambda \approx 1{,}3$ bei Volllast bis $\lambda \approx 20$ bei Teillast). Dadurch ergibt sich eine andere Abgaszusammensetzung als beim Ottomotor.

Abgaszusammensetzung bei vollständiger Verbrennung:
Kohlendioxid (CO_2), Wasserdampf (H_2O), Stickstoff (N_2), Sauerstoff (O_2) sowie Edelgase.

Schadstoffe bei unvollständiger Verbrennung:
Partikel (PM), Stickoxide (NO_x), Kohlenmonoxid (CO), Kohlenwasserstoffe (HC).

Eigenschaften der Abgasbestandteile im Dieselabgas

Partikel (PM, PN)
- **PM** (**P**articulate **M**atter) Partikelmasse; **PN** (**P**articulate **N**umber) Partikelanzahl
- Partikel entstehen bei der unvollständigen Verbrennung in Dieselmotoren.
- Sie bestehen aus einem Rußkern mit HC-Anlagerungen und Asche. Die HC-Anlagerungen können krebserregend sein. Partikel mit einem Durchmesser von etwa 1 µm (= 0,001 mm) sind schwer abscheidbar und gelangen beim Einatmen bis in die Lunge.

Stickoxide (NOx)
- NO_x entstehen bei der motorischen Verbrennung mit Luftüberschuss bei hohen Temperaturen.
- Sie sind der Sammelbegriff für Stickstoffdioxid (NO_2) und Stickstoffmonoxid (NO).
- NO_x entsteht bei der motorischen Verbrennung mit Luftüberschuss bei hohen Temperaturen, reizt Atemwege, führt zur Schädigung der Lungenwege und fördert die Ozonbildung.

Kohlenmonoxid (CO)
- Es ist ein farb-, geruchs- und geschmackloses Gas. 0,3 Vol-% können tödlich wirken.
- Im Vergleich zum Ottomotor entsteht im Dieselmotor sehr wenig CO.

Kohlenwasserstoffe (HC)
- HC sind nicht oder unvollständig verbrannte Kraftstoffmoleküle.
- Sie reizen die Schleimhäute, sind geruchsbelästigend und gelten zum Teil als krebserregend.
- In Verbindung mit NO_x, Sauerstoff und Sonneneinstrahlung führen fotochemische Reaktionen zur Ozonbildung (Sommersmog). Ozon belastet u.a. die Atemwege.

Kohlendioxid (CO_2)
- CO_2 entsteht bei der Verbrennung von biogenen Brennstoffen (Diesel, Otto, LPG, CNG).
- CO_2 ist kein Schadstoff, ist schwerer als Luft und trägt zum Treibhauseffekt bei.

Abgasgrenzwerte Typprüfung Pkw

Typprüfung Pkw / Kombi M, N1

Die Typprüfung für Pkw-Dieselmotoren erfolgt nach dem NEFZ. Die auf dem Rollenprüfstand ermittelten Emissionen werden auf die gefahrene Strecke bezogen. Die gasförmigen Schadstoffe werden in mg/km und die Partikel in mg/km und ab Euro 5b zusätzlich in 1/km (PN-Partikelanzahl) angegeben.

Abgasgrenzwerte Pkw / Kombi M, N1

Schadstoffkonzentration in mg/km			CO	NO_x	HC + NO_x	PM	PN
Abgasnorm	Typprüfung	Erstzulassung	mg/km	mg/km	mg/km	mg/km	1/km
Euro 4	01.01.2005	01.01.2006	500	250	300	25	–
Euro 5a	09.01.2009	01.01.2011	500	180	230	5	–
Euro 5b	09.01.2011	01.01.2013	500	180	230	4,5	6×10^{11}
Euro 6	09.01.2014	09.01.2015	500	80	170	4,5	6×10^{11}

F

Abgasgrenzwerte Typprüfung Nkw

Typprüfung Nfz N2, N3 *m* > 2160 kg

Bei der Typprüfung von Nfz-Dieselmotoren mit einer zul. Gesamtmasse > 2610 kg werden die Emissionen auf einem Motorenprüfstand ermittelt, auf die Motorleistung bezogen und in g/kWh angegeben. Mit Einführung von EURO VI sind zwei weltweit harmonisierte Prüfzyklen für die Nfz-Typprüfung vorgeschrieben: WHSC und WHTC. Sie ersetzen den europäischen stationären Prüfzyklus ESC und den europäischen instationären Prüfzyklus ETC.

WHSC

Beim **W**orld **H**armonized **S**tationary **C**ycle (WHSC) wird der Motor betriebswarm gestartet. Auf dem Motorenprüfstand werden 13 stationäre Zustände mit unterschiedlicher Drehzahl und Last gefahren (Dauer 1895 s). Bei jedem Zustand wird das Abgas gesammelt. Die enthaltenen Schadstoffe werden gemessen, auf die Leistungsabgabe bezogen, gewichtet und in g/kWh angegeben.

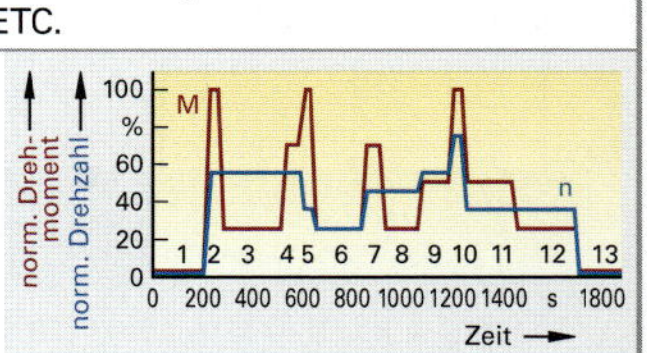

WHTC

Beim **W**orld **H**armonized **T**ransient **C**ycle (WHTC) wird der Motor kalt (bei 20 °C ... 30 °C) gestartet. Im Sekundenabstand werden über wechselnde Drehzahl- und Drehmomentwerte in 1800 s der Stadt-, Überland- und Autobahnbetrieb auf dem Motorenprüfstand simuliert. Der Motor wird abgeschaltet und nach 10 Minuten der zweite Prüfzyklus warm gestartet. Die gesammelten Schadstoffe werden gemessen, auf die Leistungsabgabe bezogen und in g/kWh angegeben.

Abgasgrenzwerte für Nfz N2, N3 (> 2610 kg zul. Gesamtmasse)

99/96 EG und EG 285/11

Abgas-norm EURO	Einführung	CO mg/kWh		HC mg/kWh		NOx mg/kWh		PM mg/kWh		Trübung 1/m		NH3 ppm
	Typ/Erstzul.	ESC	ETC	ESC	ETC	ESC	ETC	ESC	ETC	ELR		–
IV	Okt. 2005/06	1500	4000	460	550	3500	3500	20	30	0,5		–
V	Okt. 2008/09	1500	4000	460	550	2000	2000	20	30	0,5		–
EEV*	freiwillig	1500	3000	250	400	2000	2000	20	20	0,15		–
	Typ/Erstzul.	WHSC	WHTC	WHSC	WHTC	WHSC	WHTC	WHSC	WHTC	PN (SC)	PN (TC)	
VI	Jan. 2013/14	1500	4000	130	160	400	460	10	10	8×10^{11}	6×10^{11}	10

* Enhanced Environmentally Vehicle, (engl.: besonders umweltfreundliches Fahrzeug); NFZ, die die EURO 5-Norm übertreffen.

Motorische Maßnahmen zur Schadstoffminderung

Brennraum-gestaltung
Sie hat wesentlichen Einfluss auf Kraftstoffverbrauch und Schadstoffemission. So bewirkt z.B. eine starke Verwirbelung von Luft und Kraftstoff ein homogeneres Gemisch und eine Reduzierung der Partikel. Maßnahmen: Drallkanäle, zentral angeordnete Einspritzdüsen, spezielle Kolbenmuldenformen, Mehrventiltechnik.

Kraftstoff-einspritzung / Kraftstoff-zerstäubung
Feinst zerstäubter Kraftstoff, präzise zeitliche und mengenmäßige Kraftstoffzumessung optimieren den Verbrennungsprozess. Verminderung: HC, CO und Partikelemissionen. Maßnahmen: Kennfeld-geregelte Dieseleinspritzung, hohe Einspritzdrücke (bis 2700 bar), optimierte Düsengeometrie, Mehrfacheinspritzungen.

Ladeluft-kühlung
Sie wird bei aufgeladenen Dieselmotoren unter anderem dazu verwendet, die Verbrennungsspitzentemperatur zu senken. Folge: Verminderung von NO_x.

Abgas-rückführung (AGR)
Abgas wird der Verbrennungsluft zugeführt. Der Sauerstoffanteil im Brennraum und damit die Verbrennungsspitzentemperatur sinken. Es entseht weniger NO_x. Es werden unterschieden:
- **Innermotorische (innere) AGR.** Sie wird über Ventilüberschneidung bewirkt → geringe AGR-Raten.
- **Außermotorische (externe) AGR.** Sie wird über Abgasleitung und AGR-Ventil gesteuert → hohe AGR-Raten.

AGR-Rate
Sie ist das Verhältnis von zurückgeführtem Abgasvolumen zum Volumen der Zylinderfüllung. Die AGR-Raten liegen zwischen 0% und 40%.

Eine hohe AGR-Rate senkt die NO_x-Bildung und verhindert die vollständige Oxidation von CO und HC.

AGR-Rate	$T_{Verbrennung}$	NO_x	CO	HC	Verbrauch
gering	hoch	hoch	gering	gering	gering
hoch	gering	gering	hoch	hoch	hoch

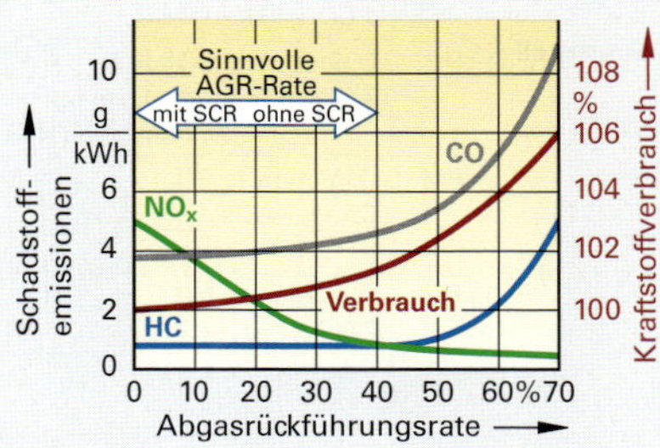

AGR-Kühlung
Durch die AGR-Kühlung wird die Verbrennungsspitzentemperatur reduziert und die AGR-Rate erhöht. Die Kühlung erfolgt über die Motorkühlung und/oder einen Gebläse/Fahrtwind-Kühler.

Arten der AGR — Hochdruck-AGR (HD-AGR) — Niederdruck-AGR (ND-AGR)

Aufbau

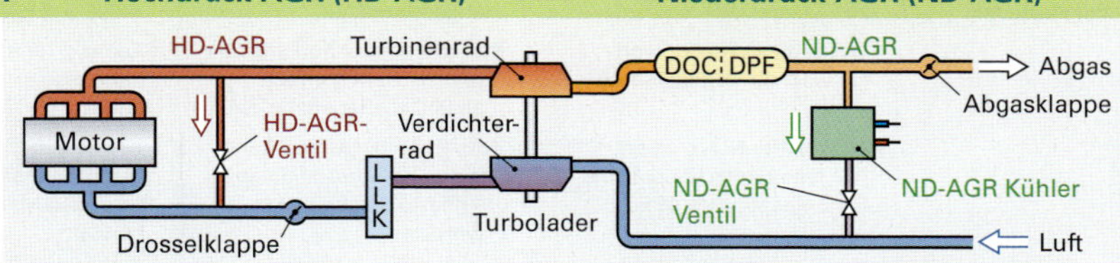

Arten der AGR	Hochdruck-AGR (HD-AGR)	Niederdruck-AGR (ND-AGR)
Funktion	Das Abgas wird vor dem Turbinenrad des Turboladers entnommen und der vorverdichteten Verbrennungsluft ungekühlt nach Verdichterrad und Ladeluftkühlung (LLK) zugeführt.	Das Abgas wird nach dem Turbinenrad und dem Dieselpartikelfilter (DPF) entnommen und der Verbrennungsluft ggf. gekühlt vor dem Verdichterrad zugeführt.
Vorteile	Keine Belastung des Verdichterrades durch das Abgas. Schnelles Erwärmen der Ladeluft.	Am Turbinenrad des Turboladers steht der volle Abgasstrom zur Verfügung.
Betriebsbereich	**Warmlaufphase**	**Teillastbereich**

F

Abgasnachbehandlung Übersicht

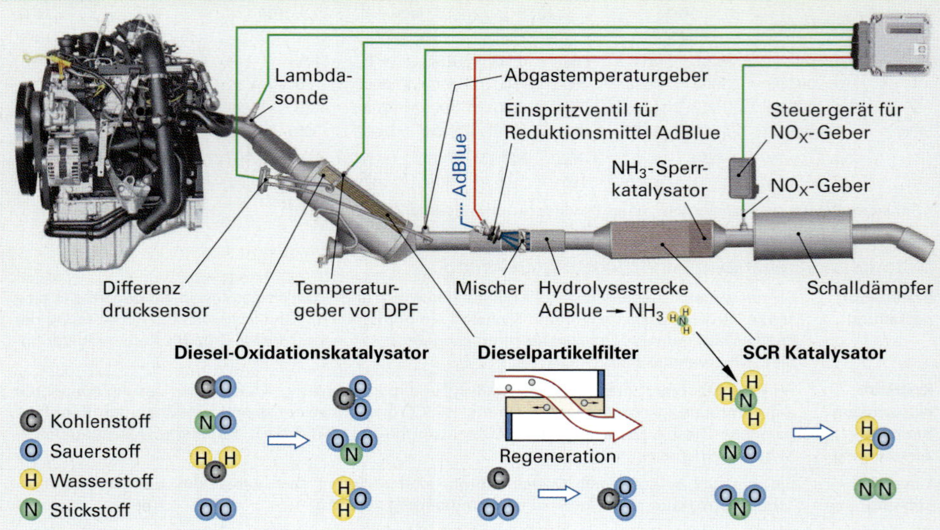

Verfahren		Dieseloxidations-katalysator	Dieselpartikelfilter	Selektive katalytische Reduktion
Abkürzung		**DOC**	**DPF**	**SCR**
Reaktionen der Schadstoffe	CO	Oxidation zu CO_2 $2\,CO + 1\,O_2 \rightarrow 2\,CO_2$	—	—
	HC	Oxidation zu CO_2, H_2O $1\,C_xH_y + (x + y/4)\,O_2 \rightarrow$ $\rightarrow x\,CO_2 + y/2\,H_2O$	—	—
	PM	Oxidation zu CO_2 $C + O_2 \rightarrow CO_2$	Abscheidung und anschlie-ende Oxidation zu CO_2 $C + O_2 \rightarrow CO_2$	—
	NO	Oxidation zu NO_2 $2\,NO + 1\,O_2 \rightarrow 2\,NO_2$	—	Reduktion von NO und NO_2 zu N_2, H_2O $1\,NO + 1\,NO_2 + 2\,NH_3 \rightarrow$ $\rightarrow 2\,N_2 + 3\,H_2O$
	NO_2	—	—	
Hilfs-/ Betriebsmittel		—	Ggf. Additiv zur Minderung der Abbrenntemperatur für die Regeneration des DPF.	AdBlue® für die Erzeugung des Reduktionsmittels Ammoniak NH_3
Funktion und Eigenschaften		• CO und HC werden zu CO_2 und H_2O oxidiert. • Durch die Oxidation von HC sinkt die Partikelmasse. • NO wird zu NO_2 oxidiert. NO_2 unterstützt die passive Regeneration des DPF. • Ein ausgeglichenes Verhältnis zwischen NO und NO_2 begünstigt die Reduktion im SCR.	• Feststoffpartikel (PM) werden abgeschieden. • Oxidation der Kohlenstoffpartikel zu CO_2 erfolgt ab 600 °C (Regeneration). • Abbrenntemperatur kann durch ein Cer-Additiv auf ~ 450 °C herabgesetzt werden. • Asche verbleibt im Filter und begrenzt die Standzeit des Filters. • Passive, kontinuierliche Regeneration durch NO_2	• NOX werden mit Hilfe von zu N_2 und H_2O reduziert. • Günstig für die Reduktion ist ein ausgeglichenes Verhältnis von NO und NO_2 (→ DOC). • NH_3 ist giftig. Überschüssiges (Ammoniakschlupf) wird im Sperr-Katalysator zu N_2 und H_2O oxidiert. • NH_3 wird dem Abgas in Wasser gelöst als AdBlue® zugeführt. • AdBlue® friert bei – 11 °C Leitungen und Tank müssen beheizt werden.
Alternative Verfahren		Continuously Regeneration Trap (CRT): Kombination von DOC und DPF		NO_x-Speicherkatalysator

F

Dieseloxidationskatalysator (DOC)

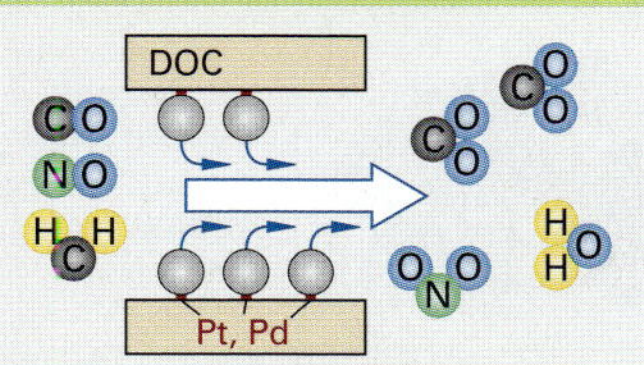

Aufgabe. Die gasförmigen Kohlenwasserstoffe (HC) und Kohlenmonoxide (CO) werden im Dieseloxidationskatalysator mit Hilfe von Platin und Palladium zu Kohlendioxid (CO_2) und Wasser (H_2O) oxidiert. Außerdem wird NO zu NO_2 oxidiert. Die Partikelmasse wird durch die Oxidation von C zu CO_2 um etwa 15 % gesenkt.

Regeneration DPF. Der in den Ausstoßtakt eingespritzte Kraftstoff wird im DOC unter Abgabe von Wärme oxidiert und heizt das Abgas für die Regeneration des DPF auf **(katalytischer Brenner).**

Dieselpartikelfilter (DPF)

Aufgabe: Er filtert die Partikel aus dem Abgas und speichert diese.

Aufbau		Kanäle	Trägermaterial	Abgasgegendruck	Abscheidegrad
Vollstrom-Filter	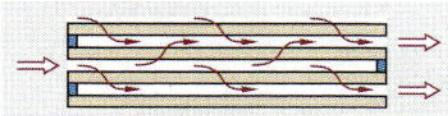	sind wechselseitig verschlossen	meist Keramik	hoch, Erfassung über Differenzdruck	> 95 %
Teilstrom-Filter	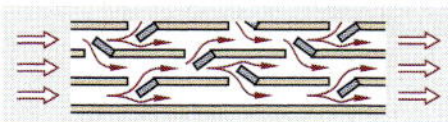	sind offen, Verbindungen zw. Kanälen	meist Metall	niedrig, keine Erfassung notwendig	30 – 70 %

Beladung: Durch die Beladung des DPF steigt der Abgasgegendruck im Dieselpartikelfilter an. Dieser wird als Differenzdruck Δp zwischen Filtereingang und Filterausgang gemessen.

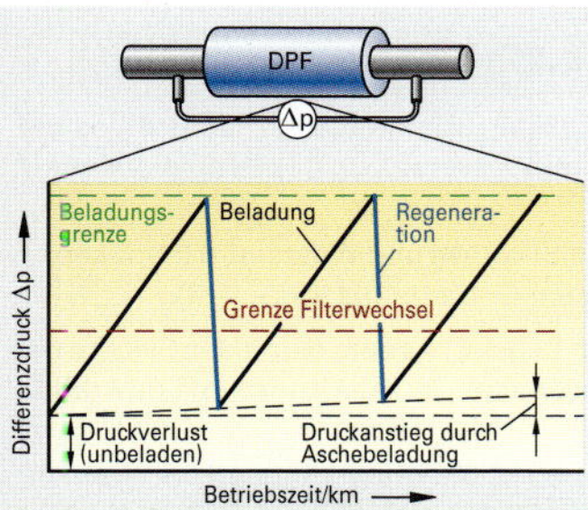

Differenzdruck (unbeladener DPF). Der Differenzdruck liegt beim unbeladenen Dieselpartikelfilter bei ca. 200 hPa.

Druckanstieg bei Beladung. Mit zunehmender Beladung des Filters steigt der Differenzdruck an (schwarze Linie). Ist die Beladungsgrenze erreicht, wird der Dieselpartikelfilter regeneriert.

Regeneration. Der Kohlenstoffanteil der Partikel wird mit Sauerstoff ab ~600 °C direkt zu CO_2 oxidiert. Der Differenzdruck sinkt (blaue Linie).

Aschepartikel werden nicht verbrannt. Sie führen zu einem bleibenden Anstieg des Differenzdruckes, der nicht regenerierbar ist.

Übersteigt der Druck einen vorgegebenen Wert (Grenze Filterwechsel), muss der DPF erneuert werden.

Regeneration des Dieselpartikelfilters

Regeneration des Dieselpartikelfilters.

Passive Regeneration

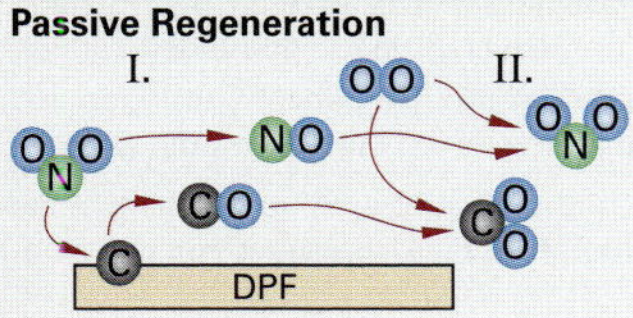

Die Rußpartikel (C) werden während des Teillastbetriebes ohne zusätzliche Kraftstoffeinspritzung durch im Abgas enthaltene Stickstoffdioxide (NO_2) in zwei Schritten oxidiert.

I. $NO_2 + C \rightarrow NO + CO$ **II.** $NO + CO + O_2 \rightarrow NO_2 + CO_2$

Continuously Regenerating Trap (CRT). Dieses kontinuierlich regenerierende System besteht aus DOC und offenem DPF. Es ist so ausgelegt, dass die passive Regeneration für den Betrieb ausreicht.

Aktive Regeneration

$C + O_2 \rightarrow CO_2$

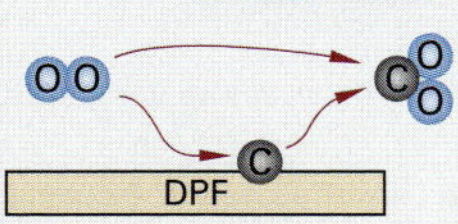

Automatische aktive Regeneration. Bei Überschreitung der Beladungsgrenze wird zusätzlich Dieselkraftstoff in den Ausstoßtakt eingespritzt, um die Abgastemperatur zu erhöhen. Es besteht die Gefahr der Ölverdünnung. Der Kohlenstoff wird im DPF ab 600 °C direkt oxidiert. Der Kraftstoffverbauch, die Abgastemperatur und -trübung steigen.

Regenerationsabbruch. Sinkt die Motortemperatur zu stark, wird die Regeneration abgebrochen. Nach erneutem Erreichen der notwendigen Temperatur wird sie wieder aktiviert. Reicht die automatische Regeneration nicht aus, erscheint eine Fehlermeldung/Aufforderung zur Regeneration.

Manuelle (aktive) Regeneration

! Partikelfilter voll !

- Die Regeneration wird manuel **mittels** Diagnosegerät eingeleitet.
- Bei Nfz kann die Regeneration über einen Schalter gestartet werden.

Über diesen Schalter kann auch die automatische Regeneration unterbrochen/unterbunden werden. Der Status des Dieselpartikelfilters kann im Multifunktionsdisplay/am Schalter angezeigt werden.

Additivunterstützte Regeneration. Bei DPF-Systemen mit Additiv wird durch Zugabe eines Cer-Additivs die Abbrenntemperatur auf ~ 450 °C gesenkt. Das Additiv wird dem Dieselkraftstoff nach jedem Tanken über eine vom Motorsteuergerät gesteuerte Pumpe zudosiert. Der Additivtank muss regelmäßig (z.B. 60 000 km) aufgefüllt werden.

F

Selektive katalytische Reduktion (SCR)

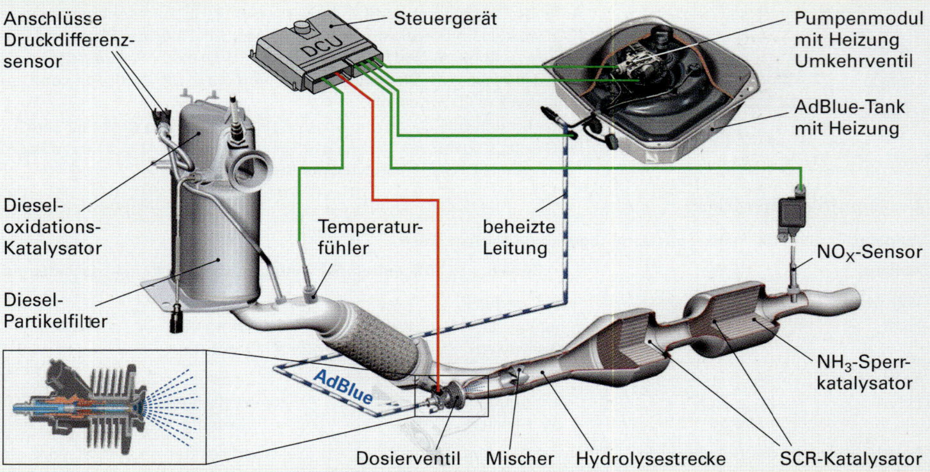

Funktion und Bauteile der selektiven katalytischen Reduktion (SCR)

Funktion

SCR ist ein katalytisches Verfahren zur Reduktion von Stickoxiden. Eine wässrige Harnstofflösung (AdBlue®) wird dem heißen Abgas zugeführt und bildet unter Wasserentzug das Reduktionsmittel Ammoniak (Hydrolyse).

Im SCR-Katalysator wandelt das Ammoniak die Stickoxide in Stickstoff und Wasser um (Reduktion). AdBlue ist eine 32,5 %ige wässrige Harnstofflösung mit einem Gefrierpunkt von – 11 °C.

AdBlue®-Tank mit Heizung

Ein Teil des Vorratsvolumens im AdBlue-Tank kann elektrisch beheizt werden, damit das System bei tieferen Temperaturen schnell betriebsbereit ist. Die Vorratsbehälter sind aus Kunststoff, da AdBlue Metalle angreift.

Die Zersetzung von AdBlue beginnt bei Temperaturen über 60 °C. Es muss kühl und vor Sonneneinstrahlung geschützt gelagert werden. Die herstellerspezifischen Befüllvorschriften sind zu beachten, um ein Auslaufen oder Schäden durch Volumenänderung zu verhindern.

Pumpenmodul

Das Pumpenmodul fördert AdBlue in elektrisch beheizten Leitungen zum Dosierventil. Bei Nutzfahrzeugen werden die AdBlue-Leitungen zusammen mit den Kühlwasserleitungen gebündelt verlegt.

Um das Einfrieren oder das Auskristallisieren von AdBlue zu verhindern, werden die Leitungen und das Dosierventil nach dem Abstellen des Motors über ein Umkehrventil im Pumpenmodul entleert.

Dosierventil

Es wird vom Steuergerät pulsweitenmoduliert angetaktet und zerstäubt eine vorausberechnete Menge an AdBlue in den heißen Abgasstrom. Ein Mischer unterstützt die Umsetzung von zerstäubtem AdBlue zu Ammoniak.

Bei Nfz wird Adblue mit Druckluft im Abgasstrom zerstäubt, bei Pkw erfolgt die Zerstäubung über den Pumpendruck der elektrischen Pumpe im Pumpenmodul.

SCR-Katalysator

Im selektiv wirkenden Katalysator entzieht das Ammoniak (NH_3) den Stickoxiden (NO_x) den Sauerstoff (Reduktion).

$$NO + NO_2 + 2\,NH_3 \quad 2\,N_2 + 3\,H_2O$$

Es entstehen Stickstoff (N_2) und Wasser (H_2O). Am Ausgang des SCR-Katalysators verhindert ein NH_3-Sperrkatalysator, dass giftiges Ammoniak in die Umwelt gelangt.

NO_x-Sensor

Der aktive Sensor besteht aus drei elektrochemischen Zellen und einem Steuergerät. Er bestimmt den NO_x-Gehalt nach dem SCR-Katalysator. Mit diesem Wert werden die Katalysatorfunktion überprüft und die AdBlue-Dosierung angepasst.

NO_x-Speicherkatalysator

Speicherung: (30 s … 300 s)

Im mageren Abgas ($\lambda > 1$) wird NO zu NO_2 oxidiert und das NO_2 an der Katalysatoroberfläche als Bariumnitrat $Ba(NO_3)_2$ gespeichert.

Regeneration: (2 s … 10 s)

Das Motorsteuergerät erzeugt durch Anfetten einen Luftmangel im Abgas ($\lambda < 1$). Das Bariumnitrat wird mit CO und unverbranntem Kraftstoff (HC) zu N_2 umgesetzt.

Aufladesysteme

Dynamische Aufladung
- Schwingsaugrohr-Aufladung
- Resonanzaufladung
- Kombination aus Schwingsaugrohr- und Resonanzaufladung

Fremdaufladung
- Aufladung ohne mechanischem Antrieb, z.B. Abgasturbolader, Bi-Turbolader
- Aufladung mit mechanischem Antrieb, z.B. Schraubenverdichter, Roots-, Spiral-, Flügelzellenlader
- Kombination von Aufladung mit mech. und nicht mech. Antrieb, z.B. Abgasturbolader und Schraubenverichter

Dynamische Aufladung

Grundprinzip. Die im Saugrohr strömenden Frischgase besitzen Bewegungsenergie. Diese Bewegungsenergie wird zum Aufladen von Motoren verwendet. Voraussetzung: Die Längen der Ansaugrohre zu den Zylindern sind gleich.
Auswirkungen auf die Motorcharakteristik:
- Höherer Füllgrad
- günstigere Abgaswerte
- gleichmäßigerer Drehmomentverlauf über einen großen Drehzahlbereich
- höhere Motorleistung bei mittleren und höheren Drehzahlen

Je nach Gestaltung des Saugrohrs und der damit verbundenen Aufladung unterscheidet man:
- Schwingsaugrohr-Aufladung
- Resonanz-Aufladung

Schwingsaugrohr-Aufladung

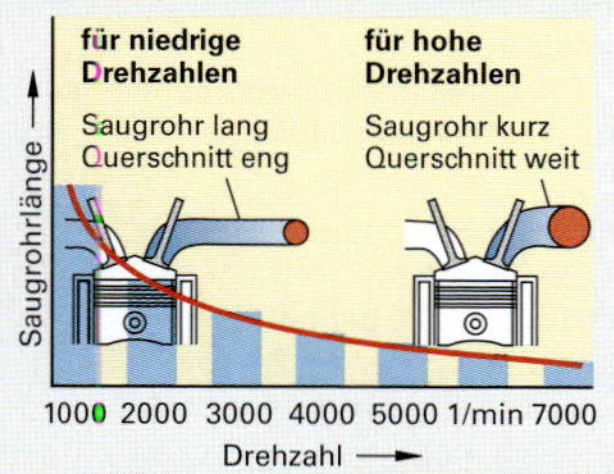

Die Saugarbeit des Kolbens erzeugt im Ansaugrohr eine Gasschwingung. Beim Öffnen des Einlassventils wird eine Unterdruckwelle ausgelöst. Diese läuft durch das Ansaugrohr zurück und wird am offenen Ende durch den höheren Atmosphärendruck reflektiert. Diese zurücklaufende Druckwelle erzeugt bei richtiger Abstimmung des Saugrohrs (Länge und Querschnitt) am offenen Einlassventil einen zusätzlichen Aufladeeffekt. Die Füllung des Zylinders wird verbessert.

Unterer Drehzahlbereich. Füllungsverbesserung durch lange Ansaugrohre mit engem Querschnitt. Ziel: Drehmomenterhöhung.

Oberer Drehzahlbereich. Füllungsverbesserung durch kurze Ansaugrohre mit weitem Querschnitt. Ziel: Leistungssteigerung.

Resonanzaufladung

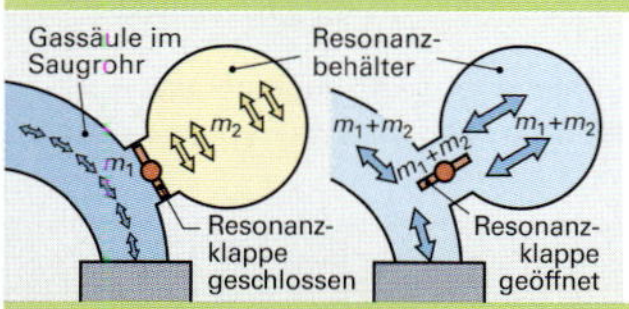

Durch die Saugarbeit des Kolbens im Motor wird die Luftmasse im Saugrohr zur Schwingung angeregt. Im Resonanzfall wird die Luftmasse eines Sammelbehälters (Resonanzbehälter) mit der Luftmasse im Saugrohr über eine Klappe verbunden. Die schwingende Luftmasse wird größer und die Frequenz der Schwingung sinkt. Dies bewirkt bei niedriger Drehzahl eine Aufladung.

Saugrohrsysteme

Schaltsaugrohr

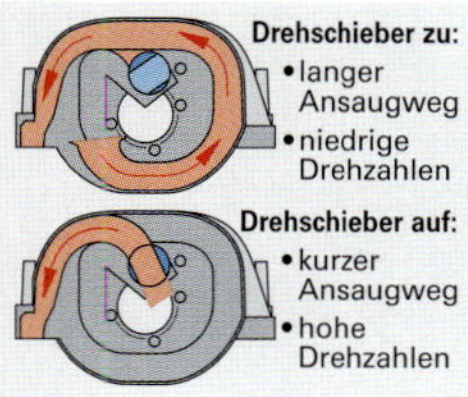

Die Anpassung der Saugrohrlänge an die Motordrehzahlen kann in zwei oder drei Stufen erfolgen. Z.B. wird der Ansaugweg bei einem zweistufigen Schaltsagrohr über einen Drehschieber so gesteuert, dass er für niedrige Drehzahlen lang und für hohe Drehzahlen kurz ist.

Stufenlose Sauganlage

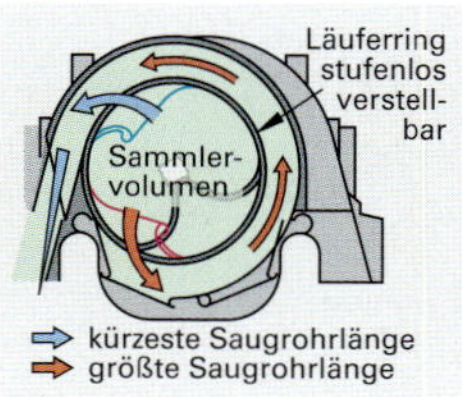

Die Anpassung der Saugrohrlänge erfolgt stufenlos. Ein Läuferring, der die Öffnung eines Sammlervolumens verändert, wird drehzahlabhängig verdreht und damit die wirksame Saugrohrlänge der Drehzahl angepasst. Die Verdrehung erfolgt über einen Schrittmotor.

Resonanzaufladung

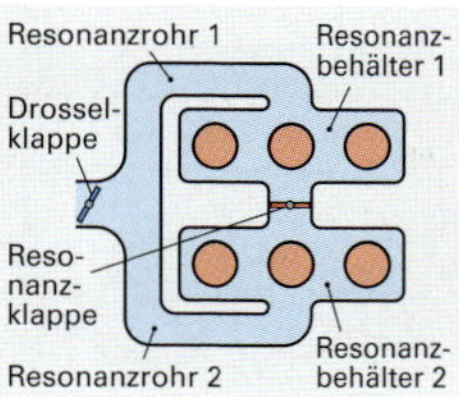

Mehrere kleine Resonanzbehälter können über Klappen zu einem größeren Resonanzbehälter geschaltet werden. Durch die unterschiedlichen Größen der Resonanzbehälter kann die Füllung über einen weiteren Drehzahlbereich verbessert werden.

Kombination Resonanz- u. Schwingsaugrohraufladung

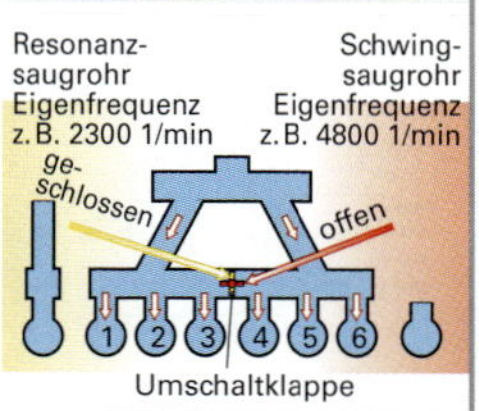

Die Kombination von Resonanz- und Schwingrohrsysteme ermöglicht es, die Aufladeeffekte beider Systeme auszunützen.

F

Fremdaufladung

Der Füllgrad bzw. Liefergrad soll erhöht werden. Dazu wird das LKG oder die Luft ganz oder teilweise vorverdichtet.

Grenzen der Aufladung

Ottomotoren. Ein zu hoher Liefergrad führt zu einem zu hohen Verdichtungsenddruck und Überschreiten der Klopfgrenze, weil der Ladevorgang einen Teil der Gesamtverdichtung übernimmt. Folge: Mechanische Schäden z.B. an Lager, am Kurbeltrieb.

Dieselmotoren. Durch zu hohe Verbrennungsenddrücke infolge des hohen Frischluftanteils und der damit möglichen größeren Einspritzmenge kann die mechanische und thermische Belastung des Motors so groß werden, dass er zerstört wird.

Aufladesysteme. Abgasturbolader, Bi-Turbo/Twin-Turbo, Rootslader, Flügelzellenlader, Spirallader (G-Lader), Kombination von Abgasturbolader und Schraubenverdichter.

Aufladung ohne mechanischen Antrieb – Abgasturbolader

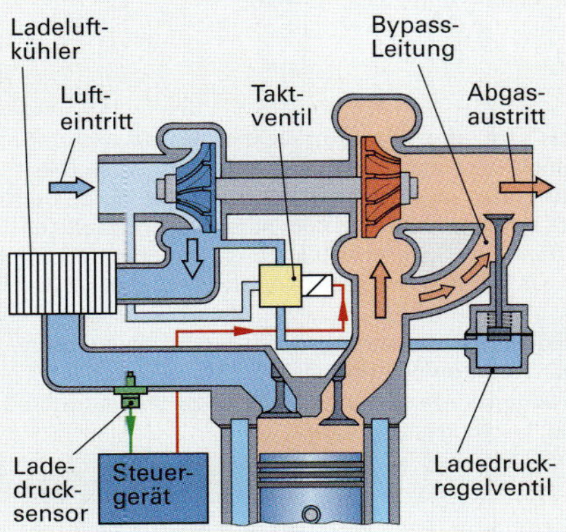

Merkmale des aufgeladenen Motors
- Abgasenergie treibt Turbine an
- das Verdichterrad auf der Turbinenwelle saugt Frischluft an und drückt die vorverdichtete Luft in den Zylinder
- meist Ladeluftkühlung erforderlich
- geringer spez. Kraftstoffverbrauch
- höhere thermische Motorbelastung
- hohes Drehmoment
- günstiger Drehmomentverlauf
- hohe Leistungssteigerung
- geringe Schadstoffemissionen

Technische Daten
- Laderdrehzahlen bis 290 000 1/min möglich
- Leistungssteigerung etwa 30 % ... 50 %
- Ladedrücke ohne Ladeluftkühlung: 0,2 bar bis 1,8 bar
- Ladedrücke mit Ladeluftkühlung: 0,5 bar bis 2,2 bar

Ladedruckregelung

Der Ladedrucksensor misst den Ladedruck.
- **Ladedruck zu hoch** ⇒ Taktventil wird angesteuert ⇒ Ladedruck wirkt auf Ladedruckregelventil ⇒ Bypass-Leitung wird geöffnet ⇒ Ladedruck sinkt.
- **Ladedruck zu niedrig** ⇒ Taktventil wird angesteuert ⇒ Ansaugdruck wirkt auf Ladedruckregelventil ⇒ Bypass-Leitung wird geschlossen ⇒ Ladedruck steigt.

Abgasturbolader mit verstellbare Turbinengeometrie (VTG)

Pneumatische Steuerung

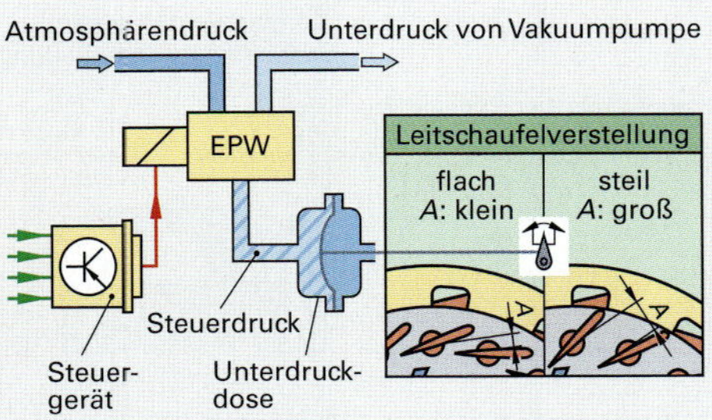

EPW = Elektro-pneumatischer Druckwandler

Wirkungsweise

Über ein elektro-pneumatisch betätigtes Gestänge werden die Leitschaufeln verstellt. Je nach Betriebszustand wird die Leitschaufel zwischen „flach" und „steil" kontinuierlich verstellt. Dadurch wird das Ladeverhalten beeinflusst:
- flach = hohe Laderdrehzahl
- steil = niedrige Laderdrehzahl

Elektrische Steuerung

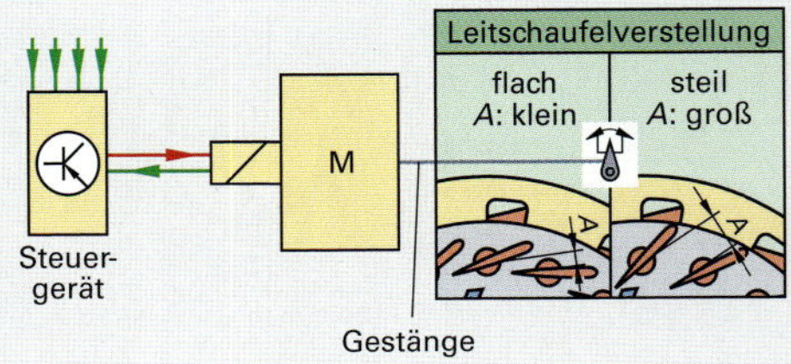

Wirkungsweise

Das Steuergerät steuert ein Elektromotor an. Je nach Betriebszustand verstellt der Elektromotor über ein Gestänge die Stellung der Leitschaufeln. Die Leitschaufelstellungen sind im Kennfeld des Steuergeräts, abhängig von Drehzahl und Lastzustand, abgelegt. Das Ansprechverhalten wird dadurch gegenüber der pneumatischen Steuerung erheblich verbessert.

F

Doppelaufladung

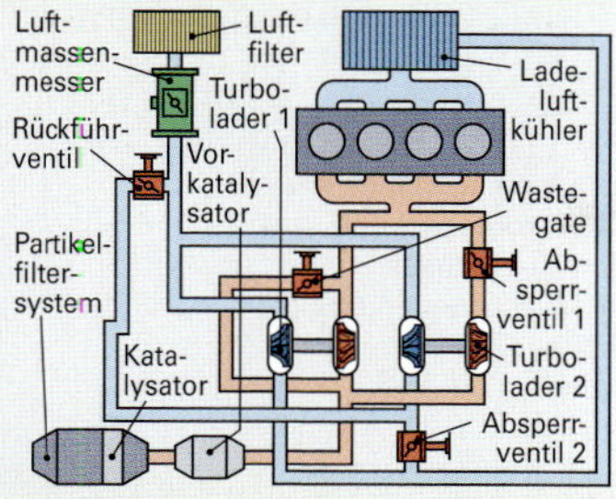

Die Aufladung erfolgt durch zwei gleich große, parallel geschaltete Abgasturbolader.

Unteren Drehzahlbereich. Nur ein Abgasturbolader arbeitet.

Mittlerer Drehzahlbereich. Der zweite Abgasturbolader wird abhängig vom Leistungsbedarf zugeschaltet.

Oberen Drehzahlbereich. Beide Abgasturbolader arbeiten.

Merkmale

- Die Steuerung der Zuschaltung des zweiten Turboladers erfolgt über das Motormanagement.
- Schnelles Ansprechverhalten durch geringe Massen (die Massenträgheit von zwei kleinen Turboladern, die nacheinander geschaltet werden, ist geringer als die von einem großen Turbolader).

Registeraufladung

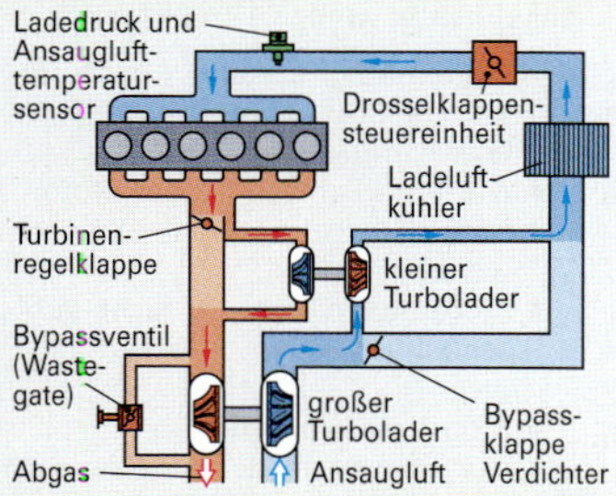

Die Aufladung erfolgt durch zwei verschieden große, in Reihe geschaltete Abgasturbolader.

Drehzahl-bereich	Stellung der Turbinenklappe	Aufladung durch
Unterer	geschlossen	den kleinen Turbolader allein
Mittlerer	teilweise geöffnet	beide Turbolader
Oberer	geöffnet	den große Turbolader allein

Merkmale

- Motormanagement steuert Turbinenregelklappe drehzahlabhängig.
- Verringerung des Turbolochs durch schnelles Anspringen des kleinen Turboladers.

Aufladung mit mechanischem Antrieb – Kompressor

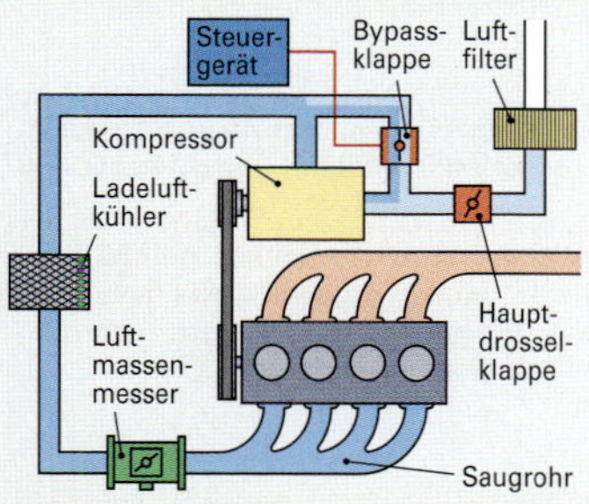

Zwei dreiflügelige, um 60° verschränkte Drehkolben rotieren gegenläufig und berührungslos in einem Gehäuse. Der Kompressor verdichtet die Luft und bewirkt die Aufladung des Motors. Die Bypassklappe regelt den Ladedruck:
- Bypassklappe geschlossen ⇒ Hoher Ladedruck
- Bypassklappe geöffnet ⇒ Niedriger Ladedruck

Merkmale

- Ladedruck im Saugrohr bis 750 mbar
- Gebläsedrehzahl etwa 5 x Motordrehzahl bis 17500 1/min
- Liefert ausreichenden Ladedruck und hohes Drehmoment bereits bei niedrigen Drehzahlen.
- Schnelles Ansprechen in allen Drehzahlbereichen.
- Antrieb des mechanischen Laders benötigt ca. 5 % der Motorleistung.
- große Geräuschentwicklung bei hohen Drehzahlen.

F

Kombination von Abgasturbolader und Kompressor

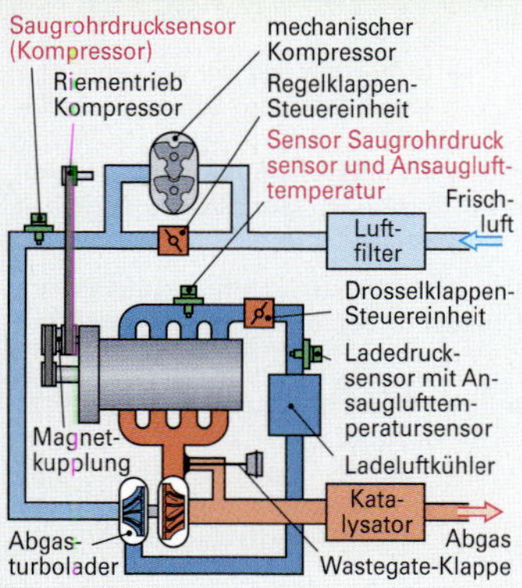

Ein Kompressor und ein Abgasturbolader laden den Motor auf. Beide Aggregate sind in Reihe geschaltet. Je nach Lastzustand und Drehzahlbereich berechnet das Motorsteuergerät die Luftmenge und den Ladedruck für das erforderliche Drehmoment. Es entscheidet, ob der Ladedruck vom Abgasturbolader alleine oder durch Zuschalten des Kompressors erzeugt werden soll.

Drehzahlbereich	Anteil an der Aufladung durch Kompressor	Turbolader
700 … 2400 1/min	Hoch	Gering
2400 … 3500 1/min	Lastabhängig	Hoch
ab 3500 1/min	–	Hoch

Merkmale

- Kurze Ansprechzeit, auch bei niedrigen Drehzahlen.
- Ab Leerlaufdrehzahl, hohes Drehmoment.
- Kein Turboloch beim Beschleunigen (Kompressor zugeschaltet).
- Abgasturbolader arbeitet im oberen Drehzahlbereich optimal.

Elektrischer Turbolader – eLader

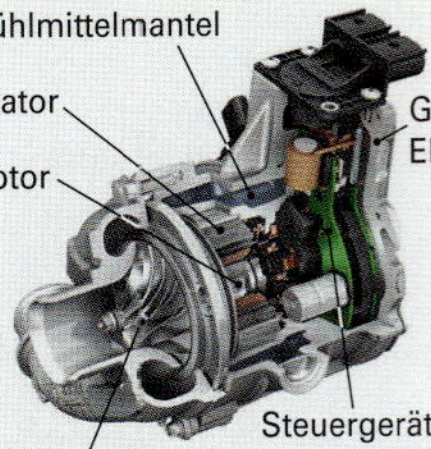

Elektrisch angetriebener Verdichter, der zwischen Ladeluftkühler und Drosselklappe eingebaut ist.

Merkmale
- Kein Turboloch, da hoher Ladedruck ab Leerlaufdrehzahl.
- Ladedruck ist unabhängig von Motordrehzahl und -last.
- Spannungsversorgung durch 48 Volt-Bordnetz.
- Reaktionszeit: Innerhalb von 200 Millisekunden erreicht der „eLader" 72 000 Umdrehungen in der Minute.

Schäden am Abgasturbolader

Symptome/Schäden	Mögliche Ursachen	Abhilfe
Schmierungsmangel. Innerhalb kürzester Zeit treten Schäden am Turbolader auf, durch zu wenig Öl im Motor.		
• Fressen der Radiallager, • Fressspuren an Axiallagern, • Schwarzrauch durch Unterversorgung des Motors mit Luft, zu fettes Kraftstoff-Luft-Gemisch. • Ladedruck zu gering, dadurch zu geringe Leistung des Motors. • Schlagartiges Blockieren der Laufzeugwelle.	• Ölstand im Motor zu nierdrig, dadurch mangelhafte Schmierung und Kühlung des Laders. • Falsches Motoröl, verwendetes Öl ist nicht ausreichend temperaturbeständig. • Motor wurde zu heiß abgestellt, Ölleitungen und Ölbohrungen verkoken. • Ölzulaufleitungen zum Turbolader und Ölbohrungen im Turboladergehäuse sind verkokt. • Schmierfilmabriß bei kaltem Motor und hohen Drehzahlen. • Kurbelgehäuseentlüftung verstopft.	• Regelmäßig Ölstand im Motor kontrollieren und gegebenenfalls korrigieren. • Nur vom Fahrzeug- oder Motorhersteller freigegebene Öle verwenden. • Motor warm fahren, nicht ausschließlich kurze Strecken fahren. • Motor „kalt fahren". • Nur vom Hersteller zugelassene Montagesätze für Turbolader verwenden.
Verunreinigtes Öl. Kleinste Partikel im Öl verursachen bei den hohen Drehzahlen des Turboladers Beschädigungen. Diese Partikel entstehen durch Ruß, Schmutz, Verbrennungsrückstände und Metallabrieb während des Motorbetriebs.		
• Riefenbildung in Lagerbuchsen. • Lagerspiels des Laufzeugs zu groß. • Verstopfte Ölrücklaufleitung verhindert den Abfluss des Öls aus dem Turbolader, Öl gelangt auf die Turbinenseite und brennt auf der Welle fest.	• Ein verstopfter Ölfilter kann die Schmutzpatikel nicht aus dem Öl herausfiltern, Schmutzpartikel gelangen durch das geöffnete Druckbegrenzungsventil (DBV) in den Ölkreislauf des Motors.	• Wartungsintervalle gemäß Herstellervorgaben einhalten. • Nur Ölfilter in Erstausrüsterqualität verwenden.
Ölaustritt am Turbolader. Erhöhter Ölverbrauch und Blaurauch sind Anzeichen dafür, dass Öl aus dem Gehäuse in den Verdichter oder in die Turbine gedrückt werden.		
• Blaurauch aus der Abgasanlage. • Motorölansammlung in Ansaugtrakt und Ladeluftkühler. • Überdrehzahlen.	• Verstopfte Ölrücklaufleitungen. • Zu hoher Ölstand im Motor. • Das im Ladeluftkühler angesammelte Motoröl wird in den Verbrennungsraum gedrückt und verbrennt unkontrolliert.	• Motor nur mit der maximal vorgeschriebenen Ölmenge befüllen. • Ölrücklaufleitung und deren Anschlüsse auf Durchgängigkeit prüfen.
Fremdkörperschäden. Gelangen Fremdkörper wie Staub, Sand, Rußpartikel durch die Abgasrückführung auf der Ansaugseite oder Teile von Kolbenringen, Ablagerungen auf der Turbinenseite in den Turbolader, führt dies meist zum Totalausfall des Turboladers.		
• Fremdkörper vom Motor können das Turbinenrad beschädigen. • Beschädigte Luftleitbleche bei VTG-Ladern. • Gefrorenes Kondesat beschädigt Verdichterrad.	• Abriss von Ventilen, Bruch von Kolbenringen. • Undichtheit im Ansaugtrakt. • Defekter Luftfilter.	• Auf Dichtheit des Ansaugtraktes achten. • Luftfilter nach Herstellerangaben wechseln, Luftfiltergehäuse vor Filterwechsel reinigen.

F

Mögliche Energien für den Antrieb von Fahrzeugen

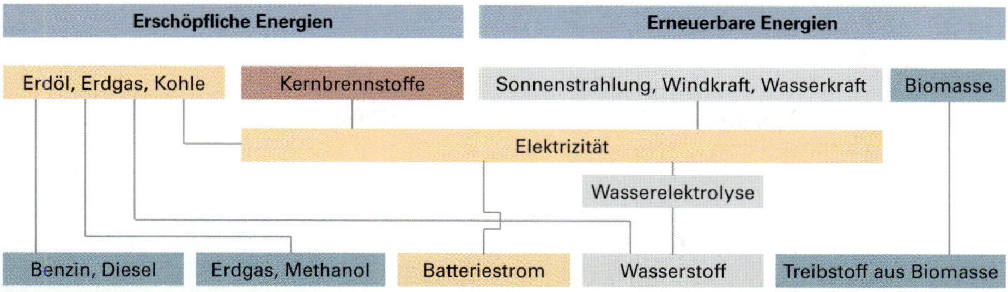

Alternative Energieträger

Energieträger	Merkmale	Vorteile gegenüber Diesel und Benzin	Nachteile gegenüber Diesel und Benzin	Anwendung
Elektrische Energie	• Die notwendige elektrische Energie wird an Bord gespeichert (Batterie) oder erzeugt (Brennstoffzelle)	• Emissionsfreier Fahrbetrieb • Erzeugung der Energie aus erneuerbaren Energieträgern möglich • Bewegungsenergie kann durch Elektromotor/Generator zurückgewonnen werden	• Geringere Reichweite • hohes Fahrzeuggewicht • hohe Kosten für die Energiespeicherung	Fahrzeuge mit • Batterie • Brennstoffzelle • Hybrid-Antrieb
Wasserstoff	• Erzeugung von Wasserstoff aus dem Rohstoff Wasser durch Elektrolyse.	• keine CO_2-Emissionen im Fahrbetrieb	• aufwendige Speicherung des Wasserstoffs • NO_x-Emissionen im Betrieb mit Otto-Motor (heiße Verbrennung)	• modifizierte Ottomotoren • Brennstoffzelle (kalte Verbrennung)
Erdgas und Autogas	• **CNG** (Compressed Natural Gas): auf 160 – 200 bar verdichtetes Erdgas • **LNG** (Liquified Natural Gas): auf – 160 °C abgekühltes und verflüssigtes Erdgas • **LPG** (Liquified Petroleum Gas): flüssig mitgeführtes Gemisch aus Propan und Butan (Autogas)	• sehr gute Verbrennungseigenschaften bei guter Gemischbildung • niedrigere Schadstoffemissionen	• geringere Reichweite bei gleichem Tankvolumen • erweiterte Sicherheitsvorschriften bzgl. Betrieb u. Wartung • größerer Raumbedarf für den Druckbehälter	• In der Regel bei Ottomotoren angewandt, da Erdgas auf Fremdzündung angewiesen ist. Üblicherweise kombinierter (bivalenter) Betrieb mit Erdgas und Benzin.
Biodiesel (Rapsöl-Methylester, RME)	• aus Pflanzenöl (Raps) und ca. 12 % Methanol hergestellter Kraftstoff • RME ist ein Ersatz für Dieselkraftstoff und kann mit diesem vermischt werden	• nur geringe Modifizierungen von Dieselmotoren notwendig • RME sind ungiftig und biologisch abbaubar • Abgase sind frei von Schwefeldioxid SO_2, • geringere Emissionen von Ruß, CO und HC	• erhöhter Kraftstoffverbrauch (5 – 9 %) • geringere spezifische Leistung • teilweise Verkürzung der Ölwechselintervalle	• Einsatz in allen Dieselmotoren grundsätzlich möglich (Herstellervorschriften beachten!)
Methanol, Ethanol	• Alkohole, die aus kohlenstoffhaltigen Verbindungen z.B. Erdgas (Methanol) bzw. aus Biomasse (Ethanol) hergestellt werden	• geringere Emissionen von CO_2 und CO	• Methanol ist aggressiv gegenüber Leitungen und Dichtungen • niedrigere Energiedichte	• Einsatz in Fahrzeugen mit Ottomotoren (meist im bivalenten Betrieb) • Energieträgerfür Brennstoffzellen

Teil- und vollelektrische Antriebe

Sowohl vollelektrische als auch teilelektrische Antriebe nutzen elektrische Energie für den Fahrzeugantrieb mit dem Ziel, den Kraftstoffverbrauch und den CO_2-Ausstoß zu verringern. **Vollelektrischer Antrieb:** Er erfolgt ausschließlich über Elektromotoren. **Teilelektrischer Antrieb (Hybridantrieb):** Er ist eine Kombination aus einem Verbrennungsmotor und einem Elektromotor.
Die Systeme Micro-, Mild-, Full-, Plug-in-Hybrid sowie EREV (Extended Range Electric Vehicle) sowie BEV (Battery Electric Vehicle) unterscheiden sich anhand der Funktionen *Regeneratives Bremsen*, *Start-Stopp*, *Drehmomentunterstützung* und *elektrisches Fahren*.

ohne elektrischen Antrieb	Teilelektrische Antriebe				Vollelektrischer Antrieb
Micro-Hybrid	Mild-Hybrid	Full-Hybrid	Plug-in-Hybrid	EREV (Extended Range Electric Vehicle)	BEV (Battery Electric Vehicle
Regeneratives Bremsen	Regeneratives Bremsen	Regeneratives Bremsen	Regeneratives Bremsen	Regeneratives Bremsen	Regeneratives Bremsen
Start-Stopp	Start-Stopp	Start-Stopp	Start-Stopp		
	Drehmomentunterstützung < 15 kW	Drehmomentunterstützung > 15 kW	Drehmomentunterstützung > 60 kW		
		Elektrisches Fahren ca. 2 km	Elektrisches Fahren ca. 30 km	Elektrisches Fahren ca. 50 (+ 200) km	Elektrisches Fahren ca. 100 km

Regeneratives Bremsen

Funktion Beim Bremsvorgang wird die kinetische Energie in elektrische Energie umgewandelt.

Merkmale Das regenerative Bremsen kann die folgenden technischen Merkmale realisiert werden:
- Generator in herkömmlicher Anordnung, der durch eine entsprechende Regelung nur beim Bremsen bzw. im Schubbetrieb arbeitet.
- Integrierter Starter-Generator (ISG), der während des Bremsvorganges als Generator arbeitet.
- Beim vollelektrischen Antrieb durch den Antriebsmotor, der beim Bremsen als Generator arbeitet.

Start-Stopp

Funktion Der Fahrzeugmotor wird automatisch gestoppt, sobald das Fahrzeug zum Stehen kommt. Das Beispiel zeigt die Start-Stopp-Funktionen (Auswahl) am Beispiel eines Fahrzeugs mit Schaltgetriebe.

Parameter	Motor stoppt automatisch	Motor startet auf Fahrerwunsch	Motor startet automatisch*
Fahrzeuggeschwindigkeit	unter 3 kmh		über 5 km/h
Position Schalthebel	neutral		
Position Kupplungspedal	unbetätigt	betätigt	
Motortemperatur	über 35 °C		
Leerlaufdrehzahl	unter 900 1/min		
Batteriezustand	unkritisch		kritisch
Druckdifferenz im Bremskraftverstärker	< 500 hPa		> 500 hPa
Lenkradbewegungen	nicht vorhanden		
Klimatisierungsanforderung	kein Heiz-/Klimabetrieb		
Sensor Winschutzscheibe	Scheibe unbeschlagen		
Außentemperatur	3 °C – 30 °C		
Kontaktschalter Motorhaube		geschlossen	
Gurtschloss		geschlossen	

Merkmale Das Starten des Verbrennungsmotors kann auf unterschiedliche Weise erfolgen:
- durch eine herkömmlichen Starter
- durch einen Riemen-Starter-Generator (RSG)
- durch einen Integrierten-Starter-Generator (ISG)

* Beim automatischen Motorstart muss nur eine Bedingung erfüllt sein.

F

Drehmomentunterstützung (Boosten)

Funktion Das Drehmoment des Verbrennungsmotors kann in bestimmten Betriebszuständen, z.B. Anfahren oder Volllast, durch Elektromotoren unterstützt werden.

Merkmale Für eine wirksame Drehmomentunterstützung sind leistungsfähige elektrische Speichersysteme (z.B. Nickel-Metall-Hydrid- oder Lithium-Ionen-Akkumulatoren) sowie eine höhere Spannung notwendig. Die integrierten Starter-Generatoren (ISG) sind im Antriebsstrang eingebaut. Der Mild-Hybrid unterstützt den Verbrennungsmotor nur im unteren Lastbereich, während Full- und Plug-In-Hybride auch im höheren Lastbereich arbeiten können.

Elektrisches Fahren

Funktion Beim Fahren mit elektrischer Energie erfolgt der Antrieb ausschließlich durch einen Elektromotor. Diese Funktion ist nur bei Full- und Plug-In-Hybrid-Fahrzeugen möglich (z. B. bis 50 km/h).

Merkmale Full-Hybrid-Antriebe verfügen neben dem Verbrennungsmotor über E-Maschinen, die sowohl als Generator wie auch als elektrische Antriebe verwendet werden können. Die elektrische Energie wird über eine Hochspannungsbatterie (HV-Batterie) bereitgestellt. Die elektrischen Antriebe sind über eine Getriebeeinheit mit dem Verbrennungsmotor verbunden.

Teilelektrische Antriebe

Serielle Hybrid-Antriebe

Merkmale

- Antrieb eines Generators durch einen Verbrennungsmotor.
- Speicherung der elektrischen Energie in der Batterie durch den Inverter.
- Versorgung des Elektromotors durch die elektrische Energie aus der Hoch-Volt-Batterie über den Inverter.
- Elektrofahrzeuge, die über einen zusätzlichen Verbrennungsmotor als Reichweitenverlängerung verfügen **(EREV/Extended Range Electric Vehicle)** werden ebenfalls als serielle Hybrid-Antriebe bezeichnet.

Aufbau

- **Range-Extender-Elektronik:**
  Sie wandelt die vom Generator erzeugte dreiphasige Wechselspannung in Gleichspannung um. Sie führt die Gleichspannung dem Ladeanschluss und dem Inverter zu.
- **Lade-Anschluss:**
  Er führt die Gleichspannung über die Kontaktierung am Inverter der Hoch-Volt-Batterie zu.
- **Inverter:**
  Er wandelt die Gleichspannung aus der Hoch-Volt-Batterie in die zum Betrieb des Elektromotors notwendige dreiphasige Wechselspannung um. Er dient beim Laden der Hoch-Volt-Batterie als Kontaktierung für die Gleichspannung aus dem Ladeanschluss und der Range-Extender- Elektronik.
- **Motor-Generator:**
  Er kann als Antriebsmotor oder als Generator arbeiten und benötigt dreiphasige Wechselspannung.
- **Generator:**
  Er bildet gemeinsam mit dem Verbrennungsmotor eine Baueinheit. Er wird durch den Verbrennungsmotor angetrieben und erzeugt eine dreiphasige Wechselspannung.

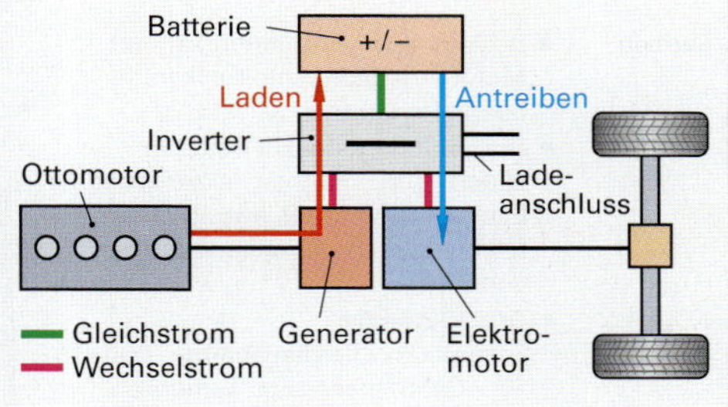

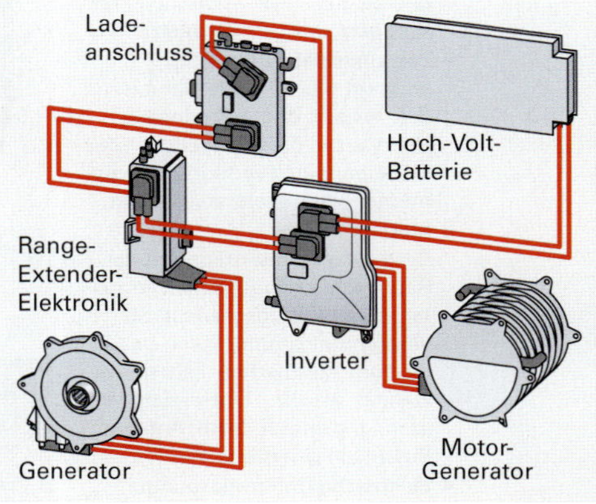

Betriebszustände

1. Fahren: Der Verbrennungsmotor treibt den Generator an, der die Hoch-Volt-Batterie lädt. Über den Inverter wird der Motor-Generator mit Energie versorgt.
2. Fahren ohne Emission: Die Hoch-Volt-Batterie verfügt über genügend Energie für den Antrieb des Motor-Generators.
3. Rekuperation: Motor-Generator wird beim Bremsen als Generator betrieben und lädt die Hoch-Volt-Batterie.

F

Teilelektrische Antriebe (Fortsetzung)

Parallele Hybrid Antriebe

Merkmale

- Mechanische Verbindung zwischen Verbrennungsmotor und Räder mit dazwischen geschaltetem Motorgenerator (MG).
- MG arbeitet beim Bremsen im Generatorbetrieb und lädt die Batterie (Regeneratives Bremsen).
- MG kann auch als Starter verwendet werden (integrierter Starter Generator; ISG).
- Flache Bauweise des Motorgenerators ermöglicht eine Anordnung zwischen Motor und Getriebe.
- Boosten möglich,
- elektrisches Fahren möglich,
- teilweise als Plug In Hybrid ausgeführt.

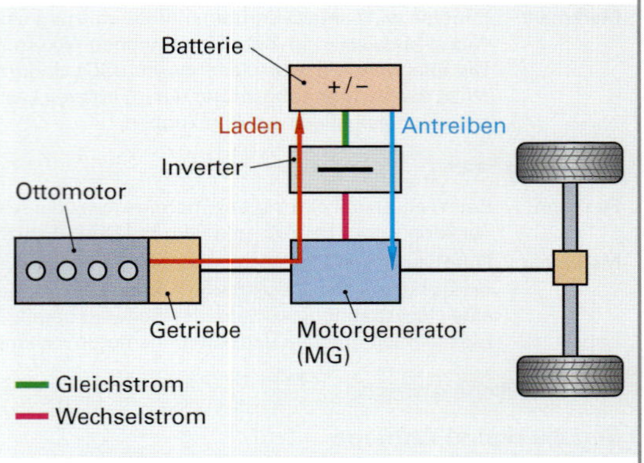

Aufbau

- Besteht aus Verbrennungsmotor, Motorgenerator, Automatikgetriebe mit Heckantrieb.
- **Hochvolt Batterie (HV-Batterie)** Liefert und speichert elektrische Energie. Besteht z.B. aus 35 Zellen à 3,6 V (126 V) mit einer Kapazität von 7 Ah.
- **DC/DC Wandler** Erzeugt HV-Gleichspannung und 12-V-Gleichspannung. Ermöglicht Energieaustausch zwischen HV-Bordnetz und 12 V-Bordnetz.
- **Leistungseinheit (Inverter)** Versorgt MG auf Anforderung mit Drei-Phasen-Wechselspannung. Überwacht die Temperatur des MG. Übermittelt verfügbares Drehmoment dem Motorsteuergerät.
- **Motorgenerator** Besteht aus Statorträger, Stator, , Rotor, Zwischengehäuse, Temperatur- und Positionssensor. Startet Verbrennungsmotor. Kann als Motor zum elektrischen Fahren verwendet werden. Unterstützt Verbrennungsmotor beim Anfahren/ Beschleunigen (Boosten).
- **Elektrische Unterdruckpumpe** Versorgt Bremskraftverstärker mit Unterdruck bei nicht laufendem Verbrennungsmotor.
- **Elektrischer Klimakompressor** Dient zur Innenraumklimatisierung und Kühlung der HV-Batterie.
- **Elektro-hydraulische Servolenkung** Elektrisch angetriebene Lenkhilfepumpe erzeugt Hydraulikdruck. Ermöglicht Lenkunterstützung unabhängig vom Verbrennungsmotor.

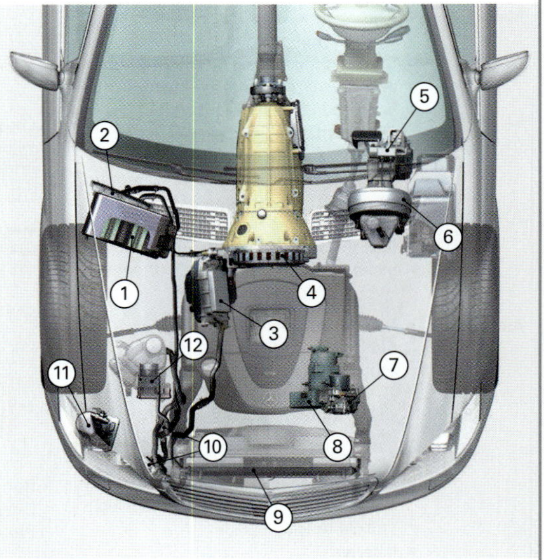

Legende (Auszug):

1 Hochvolt-Batterie
2 DC/DC-Wandler
3 Leistungseinheit
4 Motorgenerator
7 Elektrische Unterdruckpumpe
8 Elektrischer Klimakompressor
11 Elektro-hydraulische Servolenkung mit elektrischer Lenkhilfepumpe

F

Teilelektrische Antriebe (Fortsetzung)

Leistungsverzweigte Hybrid Antriebe

Merkmale

- Kombination aus parallelem und seriellem Hybridantrieb.
- Mechanische Verbindung des Verbrennungsmotors mit den Motorgeneratoren (MG1 und MG2) durch eine Kraftweiche, z.B. ein Planetengetriebe.
- MG1und MG2 sind je nach Betriebssituation Generatoren oder Elektromotoren.
- Aufteilung der Antriebskraft des Verbrennungsmotors über die Planetengetriebeeinheit: Ein Teil der Antriebskraft wird auf die Antriebsräder übertragen. Der andere Teil wird zum Antrieb von MG1 zur Stromerzeugung genutzt.
- Zur Erhöhung der elektrischen Reichweite besteht bei vielen Fahrzeugen die Möglichkeit zum Laden der Batterie über das Stromnetz (Plug-In-Hybride).

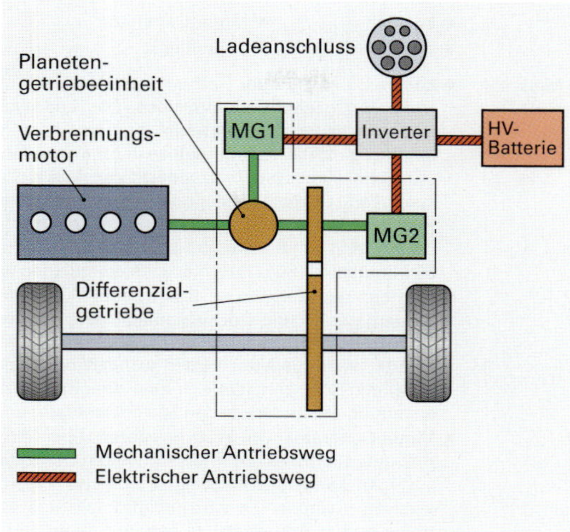

Aufbau

- **Antriebseinheit**
  Sie besteht aus den Motorgeneratoren MG1 und MG2, der Planetengetriebeeinheit (Kraftweiche) und dem Differentialgetriebe. An ihr sind die Anschlüsse der HV-Batterie und der Leistungseinheit angebracht.
- **Leistungseinheit (Inverter)**
  Versorgt MG1und MG2 auf Anforderung mit Drei-Phasen-Wechselspannung. Überwacht die Temperatur der Motorgeneratoren.
- **Hochspannungsleitungen**
  Sie besteht aus zwei Stromleitern und zwei Leitungen für die Sicherheitslinie. Abschirmung verhindert elektromagnetische Strahlung. Sind in der Warnfarbe Orange (RAL 2003) ausgeführt.
- **Batterie**
  Sie besteht aus Lüfter, Sicherheitsrelais und einem Li-Ionen-Akkumulator.
- **Batteriesteuerung**
  Sie überwacht Temperatur, Lade- und Entladeströme sowie die Spannungen der Einzelzellen.
- **Sicherheitsrelais**
  Es sind mehrere Sicherheitsrelais in der Batteriesteuerung verbaut. Über Sie kann HV-Plus und HV-Minus der HV-Batterie zum Inverter getrennt werden (z.B. bei Zündung aus, Trennung der Sicherheitslinie, Airbag ausgelöst, ...)

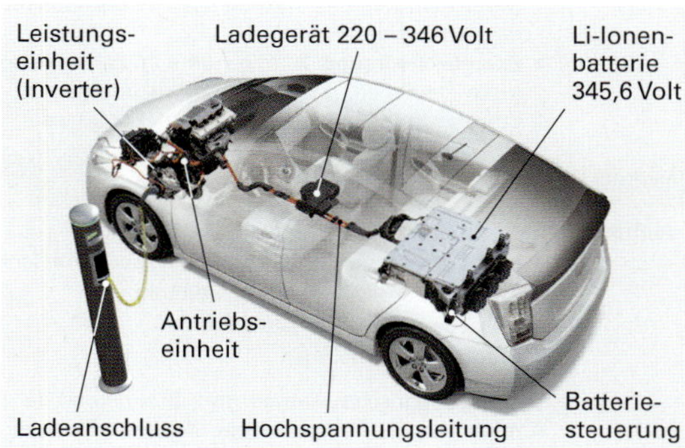

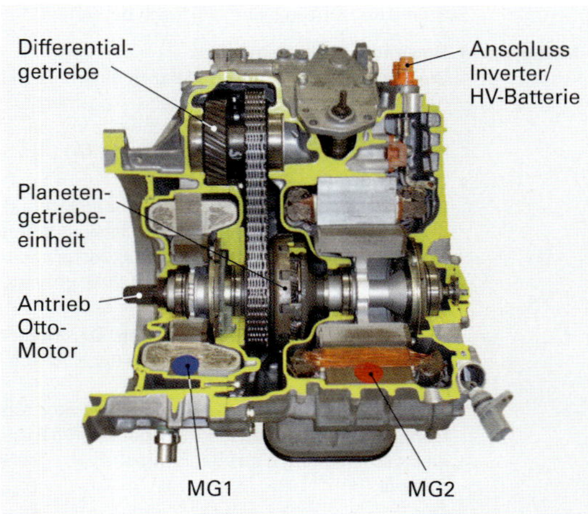

F

Vollelektrischer Antrieb

Aufbau Er besteht aus den folgenden Komponenten

- Hochvoltbatterie
- Inverter
- Getriebe
- Ladeeinheit mit Spannungswandler
- Motor-Generator
- Steuergerät

Merkmale

- **Laden.** Das Laden der Hochvoltbatterie erfolgt über den Lade- bzw. Schnellladeanschluss. Das Ladesystem erlaubt das Laden des Fahrzeugs über eine herkömmliche einphasige 230 V/16 A-Steckdose in ca. 6 Stunden.
  Das Schnellladesystem ermöglicht den Anschluss an die speziellen Schnellladestationen der Energieversorger (400 V / 50 kW mit dreiphasiger Zugangsleitung).
  Damit kann eine vollständig entladene Batterie in ca. 30 Minuten mit 80 % ihrer Kapazität aufgeladen werden.
- **Antrieb.** Das Fahr- bzw. Bremspedal übermittelt dem Steuergerät für die Hochvoltanlage den Fahrerwunsch. Über eine Datenbusleitung wird diese Information an den Inverter weitergeleitet. Dieser wandelt die Gleichspannung der Hochvoltbatterie in eine dreiphasige Wechselspannung um und treibt den Motor-Generator an.
- **Motor-Generator.** Da Elektromotoren über ein gleichmäßiges Drehmoment in einem weiten Drehzahlbereich verfügen, kann auf ein Schaltgetriebe und eine Kupplung verzichtet werden. Es wird lediglich ein Reduktionsgetriebe an der Antriebsachse benötigt. Alternativ können Elektromotoren an der Antriebsachse als Radnabenmotoren verwendet werden.
- **Energieversorgung.** Alle Systeme im Fahrzeug sind elektrisch betrieben, z.B. Lenkung, Vakuumpumpe für den Bremskraftverstärker und der Klimakompressor.

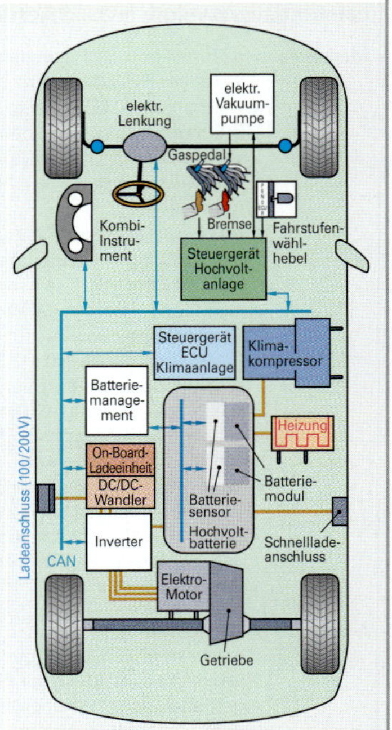

Vollelektrische Antriebe mit Brennstoffzelle

Aufbau Er besteht aus den folgenden Komponenten

- Hochvoltbatterie
- Inverter
- Getriebe
- Brennstoffzelleneinheit
- Hochdruck-Wasserstoff-Tank
- Motor-Generator
- Steuergerät

Der vollelektrische Antrieb mit Brennstoffzelle ist dem Antrieb mit extern geladener Hochvolt-Batterie ähnlich. Wesentliche Teilsysteme des Antriebs sind baugleich. Alle Systeme im Fahrzeug sind elektrisch betrieben.

F

Merkmale

- **Hochdruck-Wasserstoff-Tank**
  Wasserstoff wird bei ca. 350 bar in einem Druckbehälter mit z.B. 170 l Fassungsvermögen gespeichert. Damit verfügt das Fahrzeug über eine Reichweite von ca. 400 – 500 km. Der Tankvorgang dauert ca. 3 bis 4 Minuten.
- **Brennstoffzelle**
  In ihr reagiert der Wasserstoff mit Sauerstoff und erzeugt elektrische Energie sowie Wasser. Mehrere Brennstoffzellen sind zu einem sog. Brennstoffzellenstack zusammengeschlossen. Die Brennstoffzelle ist flüssigkeitsgekühlt.
- **Energiemanagement**
  Start- und Beschleunigungsvorgang. Der Motor-Generator wird mit zusätzlicher Energie aus der Hochvolt-Batterie versorgt.
  Verzögerung/Bremsen. Der Motor-Generator arbeitet als Generator und lädt zusammen mit der überschüssigen elektrischen Energie aus der Brennstoffzelle die Hochvolt-Batterie.

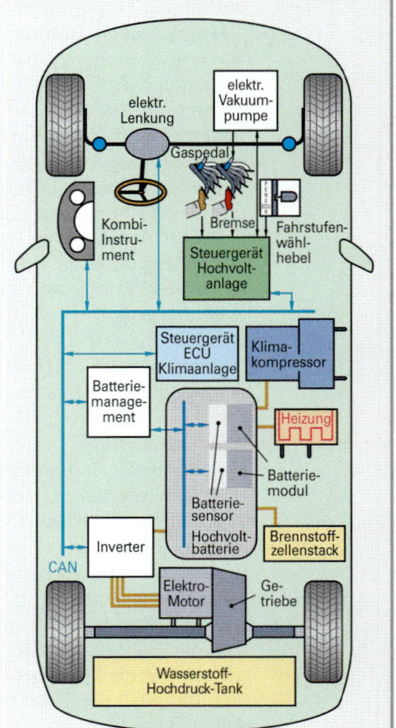

Batteriesysteme

Hochvoltbatteriesysteme bestehen aus einzenen Zellen und dienen zur Spannungsversorgung aller HV-Komponenten. Zur Überwachung ist ein Batteriesteuergerät integriert.

Überblick HV Batteriezellen

	Nickel-Metallhydrid-Batteriezelle	Lithium-Ionen-Batteriezelle	Doppelschichtkondensatoren
Bauart	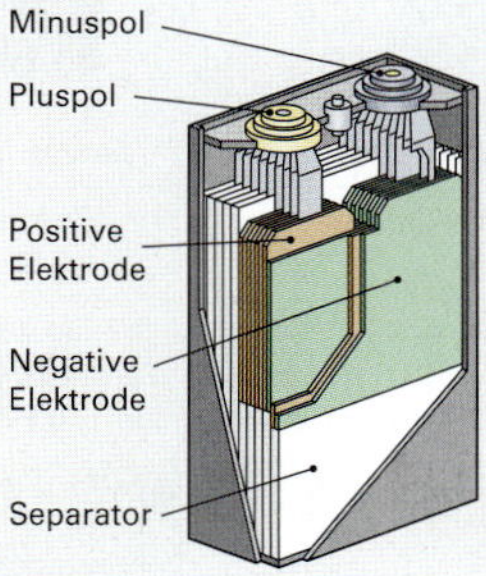	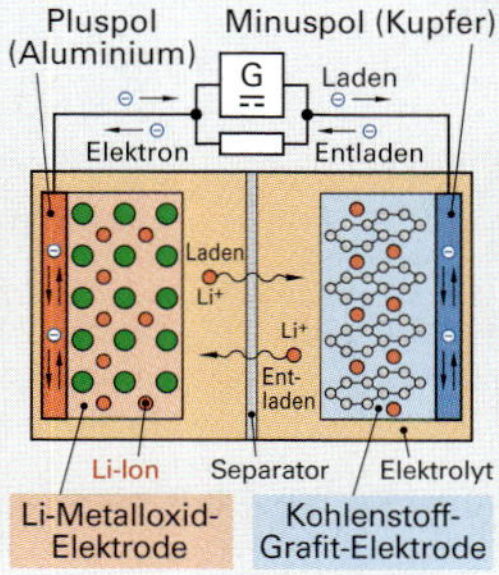	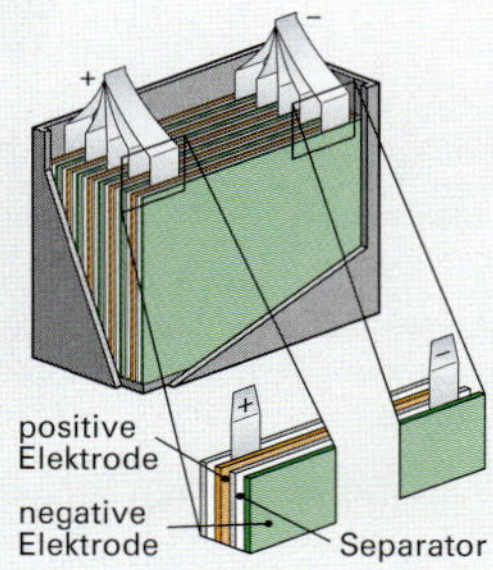
Zellspannung	ca. 1,2 V	ca. 3,6 V – 3,8 V	ca. 2,5 V
Energiedichte	bis 120 Wh/kg	bis 180 Wh/kg	bis 5 Wh/kg
Ladevorgang	Die negative Elektrode nimmt Wasserstoffionen und Elektronen auf. An der positiven Elektrode wird Ni (II) $(OH)_2$ (Nickel 2-wertig) zu Ni (III) OOH (Nickel 3-wertig) oxidiert.	Durch die Ladeeinrichtung wird die externe Stromrichtung umgekehrt. Die Lithiumionen wandern von der positive Elektrode zur negativen Elektrode. Dort werden sie durch das zugeführte Elektron zum Lithiumatom.	EDCL (electrochemical double layer capacitor; Ultracaps; Supercaps) haben die höchste Energiedichte aller Kondensatoren. Die hohe Kapazität basiert auf der Aufspaltung von Molekülen eines flüssigen Elektrolyten in positive und negative Ionen (Dissoziation). Diese bilden ein Dielektrikum von wenigen Atomlagen mit einer großen Oberfläche. Die Energie wird im Gegensatz zu elektrochemischen Energiespeichern (Batterie) elektrostatisch in Form von getrennten Ladungen gespeichert.
Entladevorgang	Die negative Elektrode gibt Elektronen und Wasserstoffionen ab. An der positiven Elektrode wird Ni (III) OOH zu Ni (II) $(OH)_2$ reduziert und gibt OH-Ionen ab. Die Wasserstoffionen verbinden sich mit den OH^--Ionen zu H_2O. Die Elektronen fließen über den externen Stromkreis zur positiven Elektrode.	Lithiumatome geben an der negativen Elektrode ein Elektron ab. Dieses fließt über den externen Stromkreis zur positiven Elektrode. Die Lithiumionen wandern durch den Elektrolyt zur positiven Elektrode und werden dort gespeichert.	
Merkmale	Hohes Gewicht, geringer Memory-Effekt, Wirkungsgrad (84 %). Bei tiefen Temperaturen entweicht der Wasserstoff nur langsam aus der neg. Elektrode → geringer Energiefluss.	Hohe Lebensdauer, hoher Wirkungsgrad (90 %), kein Memory-Effekt bei hoher Stromentnahme, Kühlung notwendig. Nicht mit Wasser löschen (Flussäure kann entstehen).	Sehr hohe Lade-, Entladeströme, sehr hoher Wirkungsgrad (98 %), höhere Zyklenfestigkeit als Batterien,10-fach schnellere Energieaufnahme und -abgabe als bei Li-Ion-Akkus.
Einsatzbereich	Mercedes M-Klasse, BMW X6 Active Hybrid (E71), Toyota Prius 1 + 2, VW Touareg 1	Mercedes S400 Hybrid, Opel Ampera, Tesla Model S, Toyota Prius 3 (PlugIn), BMW 7 er, Audi Q5 Hybrid, Audi A3 e-tron	In Leistungseinheiten als Puffer für Spannungsspitzen verbaut (Zwischenkreiskondensator), Chariot E-Bus.

Kühlung Batteriesysteme

HV-Batterien werden entweder über ein Gebläse mit Luft aus dem Innenraum, mit Kühlflüssigkeit aus einem separaten Kühlkreislauf oder über eine mit Hochvolt betriebene Klimaanlage gekühlt.

Ladevorschriften

Die unterschiedlichen Ladezustände der einzelnen Zellen einer HV-Batterie aufgrund von Zell-Oxidation, Temperatur und Nutzung wird durch das Batteriemanagementsystem ausgeglichen. Hierzu werden z.B. bei einer Li-Ion Batterie die einzelnen Zellspannungen überwacht und ggf. über einen Widerstand entladen.

F

Ladesteckertypen (Plug-In-Hybrid, Elektrofahrzeuge) IEC 62196

Weltweit sind drei verschiedene Steckvorrichtungen für den Anschluss an HV-, Elektrofahrzeugen genormt. Typ 2 ist seit 2014 vom Europäischen Parlament als EU-Standard verabschiedet.

Anschlusstyp	Typ 1 (USA, Japan)	Typ 2 (Europa, China)	Typ 2 CCS (Combo 2, Europa)
Bauart		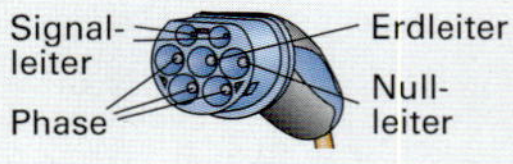	
Einsatz	Nur Fahrzeugseitig	Fahrzeug- und netzseitig	Fahrzeug- und netzseitig
Merkmale	Einphasig	Einphasig oder dreiphasig	Combined Charging System (CCS)
Ladeleistung/ -spannung/ -strom	bis zu 7,4 kW bei 230 V AC bis 32 A (einphasig)	3,7 bis 7,2 kW bei 230 V AC (einphasig); bis 43,5 kW bei 400 V AC; bis 63 A (dreiphasig)	3,7 bis 7,2 kW bei 230 V AC 22 bis 43,5 kW bei 400 V AC bis 170 kW (DC-High Laden)

Ladebetriebsarten für Ladestecker Typ 2 („Mennekes-Stecker") (Europa)

Ladebetriebsart	Anschluss energieseitig	Anschluss fahrzeugseitig	einphasig	dreiphasig	Fahrzeugkommunikation*	Verriegelung
Mode 1 	Schuko- oder CEE- Stecker	Typ 2	max. 16 A,	max. 16 A,	keine	im Fahrzeug
Mode 2 	Schuko- oder CEE- Stecker	Typ 2	max. 32 A, bis 7,2 kW	max. 32 A, bis 22 kW	Modul im Ladekabel	im Fahrzeug
Mode 3 	Typ 2	Typ 2	max. 16 A, bis 3,7 kW	max. 63 A, bis 43,5 kW	Modul in Ladestation	Fahrzeug und Ladesteckdose
Mode 4 	Festes Kabel an der Ladestation	Typ 2, CCS (DC)	DC-Low 38 kW DC-High 170 kW	—	Modul in Ladestation	im Fahrzeug

* Ladesteuerung des Fahrzeugs bestimmt Ladevorgang, Ladestrom wird bei Bedarf begrenzt.

Leistungseinheit (-elektronik)

Aufgaben
- Umwandlung der Gleichspannung in Wechselspannung (DC → AC) und umgekehrt
- Veränderung des Gleichspannungswertes (DC/DC Wandler), Laden der Hochvolt-Batterie
- Antrieb der Motor-Generatoren und der Nebenaggregate wie z.B. Klimakompressor, Unterdruckpumpe, …

Funktionen
- Wechselspannung erzeugen durch Ansteuerung der IGB-Transistoren durch ein integriertes Steuergerät.
- Gleichspannung transformieren/umwandeln
- 12 V Bordnetz mit Spannung versorgen.

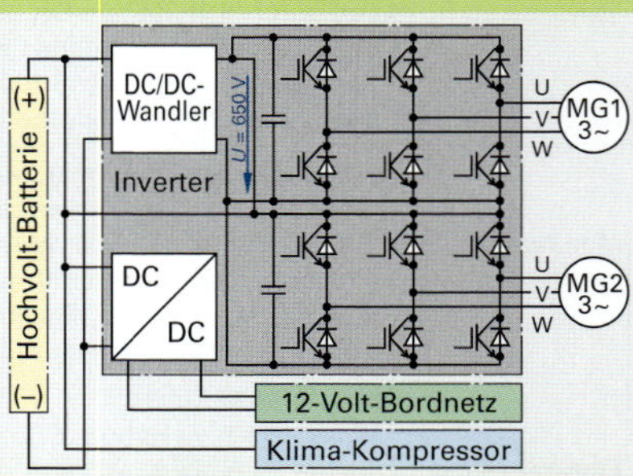

F

Spannungswandler (DC/DC)

Aufgaben
- Spannungsversorgung des 12-Volt-Bordnetzes durch HV-Batterie.
- Überträgt die Spannung induktiv (galvanisch getrennt).

Funktionen
- Wechselndes Ansteuern der Transistoren um Spannung zu erzeugen.
- Spannungserzeugung (12-V-seitig) über Induktion, Transformation, galvanisch getrennt.
- Sperrdioden dienen zur Gleichrichtung der Wechselspannung (12-V-seitig).

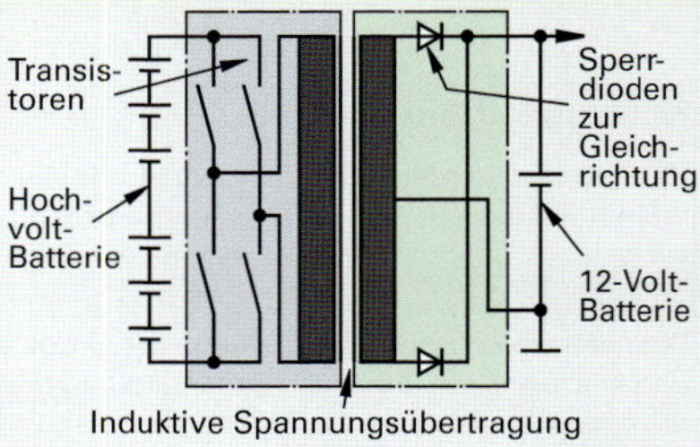

Drehfeldmaschine (Drehstrommotor, E-Maschine) – Elektrische Antriebsmotoren

Permanenterregte Synchron-Drehfeldmaschine (Beispiel)

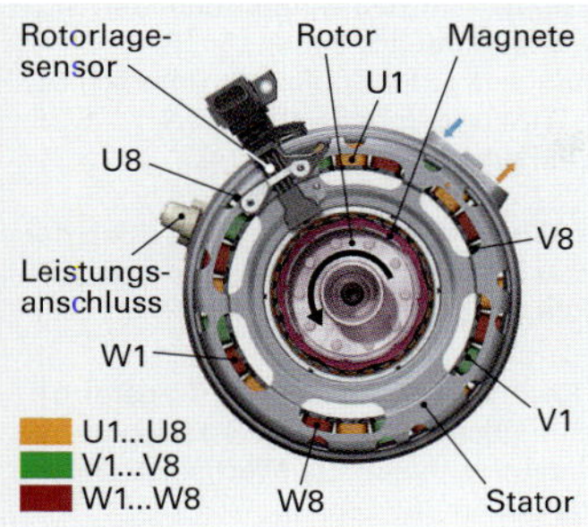

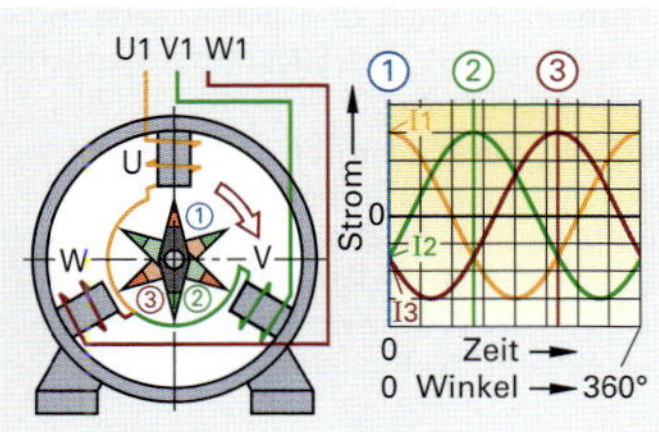

Merkmale permanenterregter Drehfeldmaschinen
- Geringes Gewicht.
- Max. Drehzahl ca. 11 000 1/min.
- Dauermagneten benötigen „seltene Erden" zur Herstellung.

Aufbau. Permanenterregte Synchron-Drehfeldmaschinen bestehen aus ...
- einem Stator mit drei Spulensätzen (U, V, W), die in Sternschaltung geschaltet sind. Die Spulensätze bestehen jeweils aus mehreren, parallel geschalteten Spulen (z. B. U1 bis U8, V1 bis V8, W1 bis W8).
  Die einzelnen Spulen (z. B. U1 – V1 – W1) sind in einem Winkel von 120° versetzt angeordnet.
- einem drehend gelagerten Rotor mit Permanentmagneten.
- dem Leistungsanschluss.
- dem Rotorlagesensor.

Motorbetrieb. Beispiel an den Spulen U1, V1, W1
An den drei Spulen des Stators (U1, V1, W1) der Drehfeldmaschine wird jeweils eine sinusförmige Wechselspannung angelegt. Die Phasen der Wechselspannungen sind jeweils um 120° versetzt.
Durch die Ströme (I1, I2, I3) entsteht ein sich drehendes Magnetfeld. Bringt man einen magnetischen Rotor im Zentrum des Magnetfelds an, versetzt das Drehfeld den Rotor in eine Drehbewegung. In gleicher Weise arbeiten auch die Spulen U2 ... U8, V2 ... V8 und W2 ... W8.

Merkmale
- Der Rotor dreht sich mit der gleichen Geschwindigkeit wie das Magnetfeld (synchron).
- Die Drehrichtung des Rotors ist von der Anordnung der Statorspulen abhängig.
- Zur Steuerung des Drehfelds ist die Bestimmung der Rotorposition notwendig. Sie wird vom Steuergerät mit Hilfe des Rotorlagesensors ermittelt.

Generatorbetrieb. Dreht man den magnetischen Rotor einer permanenterregten Drehfeldmaschine, wird in jeder Spule eine Spannung induziert. Die permanenterregte Drehfeldmaschine arbeitet als Drehstromgenerator.

Werkstatthinweise

Mögliche Fehler an Drehfeld-maschinen	• Unterbrechung oder Kurzschluss in den Statorwicklungen. • Körperschluss in den Statorwicklungen (Isolationsfehler). • Mechanische Fehler, z. B. Lagerschaden Rotor. • Undichtigkeit im Kühlsystem der Drehfeldmaschine.
Arbeitssicherheit	• Vor Arbeiten an elektrischen Antriebsmotoren muss das HV-System von einem Fachkundigen nach DGUV Information 200-005 spannungsfrei geschaltet werden. • Im nahen Umfeld von elektrischen Antriebsmotoren können starke elekromagnetische Felder entstehen. Daher ist für Menschen mit gesundheitserhaltenden Geräten (z. B. Herzschrittmacher) das Arbeiten an elektrisch angetriebenen Fahrzeugen nicht gestattet.
Elektromagnetische Verträglichkeit (EMV)	• Die um Drehfeldmaschinen entstehenden elektromagnetischen Felder können elektronische Systeme im Fahrzeug stören. Nach Abschluss von Montagearbeiten ist darauf zu achten, die Entstörmittel wieder vollständig zu montieren.

F

Weitere Arten von elektrischen Antriebsmotoren

Asynchron-Drehfeldmaschine

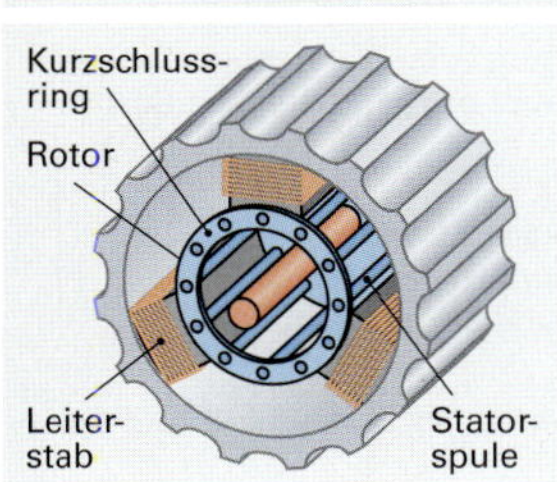

Aufbau: Im Unterschied zu permanenterregten Synchron-Drehfeldmaschinen besteht der Rotor einer Asynchron-Drehfeldmaschine aus zwei Kurzschlussringen und mehreren Leiterstäben bzw. Leitblechen.

Funktion: Durch das magnetische Drehfeld des Stators wird eine Spannung im Rotor induziert. Es fließt ein Strom durch die Leiterstäbe bzw. Leitbleche. Durch den Strom entsteht ein Magnetfeld um den Rotor. Das magnetische Drehfeld des Stators versetzt den Rotor in eine Drehbewegung. Durch die zeitliche Verzögerung des Aufbaus des Magnetfeldes um den Rotor dreht er sich mit niedrigerer Geschwindigkeit als das Drehfeld des Stators (asynchron).

Merkmale
- Einfacher Aufbau
- Hohes Gewicht
- Max. Drehzahl ca. 25000 1/min
- Keine Dauermagneten aus „seltenen Erden"

Rotorlagesensor, Resolver-Sensor

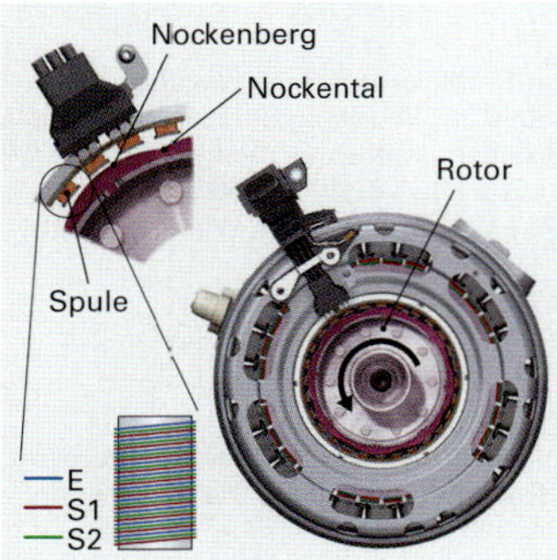

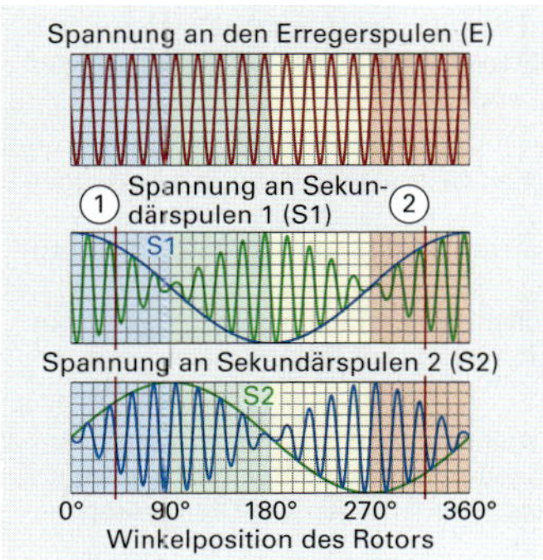

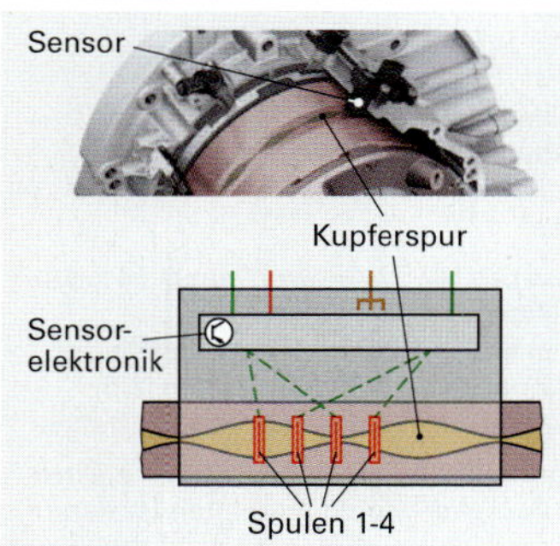

Aufbau (1. Generation). Der Resolver-Sensor besteht aus mehreren (z. B. 28), im Kreis angeordneten Spulen. In den Spulen befinden sich eine Erregerwicklung (E) und zwei Sekundärwicklungen (S1, S2).
Die beiden Sekundärwicklungen haben in jeder Spule eine unterschiedliche Anzahl von Windungen. Die Wicklungen der Spulen (E/1 ... E/28, S1/1 ... S1/28, S2/1 ... S2/28) sind in Reihe geschaltet.

Funktion des Resolver-Sensors

Um den Rotor in eine Drehung zu versetzen ist die genaue Position der Permanentmagneten auf dem Rotor zu den Statorspulen erforderlich. Der Resolver-Sensor ermöglicht die Bestimmung des Rotors im Stillstand.

Die Grundlage der Funktion des Resolver-Sensors ist das Transformatorprinzip. Das Steuergerät legt eine hochfrequente Wechselspannung an die Erregerwicklungen. Der daraufhin fließende Wechselstrom erzeugt ein sich wechselndes Magnetfeld um die Spulen.

Aufgrund der unterschiedlichen Windungszahlen und der Anordnung der Spulen werden in den Sekundärspulen S1 und S2 unterschiedlich hohe Spannungen mit einem Phasenversatz von 90° erzeugt.

Die Induktivität der Sekundärspulen und damit die Höhe der induzierten Spannungen, ist vom Luftspalt zwischen dem eisernen Rotor und der Spulen abhängig. Verändert sich aufgrund der Nocken bei der Drehung des Rotors die Größe des Luftspalts, ändert sich die Amplitude der Spannungen in den Sekundärspulen. Aufgrund der Höhe der Amplituden von S1 und S2 berechnet das Steuergerät die Winkelposition des Rotors.

Beispiele:

① Bei einer Winkelposition des Rotors von 45° beträgt die Amplitude an der Spule S1 +3,5 V und an der Spule S2 +3 V.

② Bei einer Winkelposition des Rotors von 315° beträgt die Amplitude an der Spule S1 +3,5 V und an der Spule S2 -3 V.

Mit Hilfe des Resolver-Sensors kann die Winkelposition mit einer Auflösung von ca. 0,5° bestimmt werden.

Aufbau Resolver-Sensoren der neueren Generation

Sie bestehen aus ...
- vier Spulen mit jeweils einer Erreger- und zwei Sekundärwicklungen,
- dem eisernen Läufer mit einer Kupferspur,
- der Sensorelektronik.

Funktion: Die Veränderung der Induktivität erfolgt durch die nicht magnetische Kupferspur auf dem Rotor:
- Breite Kupferspur ⇒ niedrige Induktivität
- Schmale Kupferspur ⇒ große Induktivität

Das Signal wird von der Sensorelektronik ausgewertet und die Information zur Rotorposition mit Hilfe eines Datensignals an das Steuergerät übermittelt.

F

Werkstatthinweise

Kalibrierung Rotorlagesensor	Nach Austausch der E-Maschine, des Rotorlagesensors oder der Leistungselektronik muss der Rotorlagesensor mit Hilfe des Diagnosetesters kalibriert werden.
Fehlerauswirkung Rotorlagesensor defekt	Ohne die Information zur Position des Rotors gegenüber den Statorspulen kann das Steuergerät die E-Maschine nicht ansteuern, es kommt zum vollständigen Ausfall.

Einträge im Fehlerspeicher	Hinweise zur Fehlersuche
Geber für Rotorposition Fahrmotor – Unplausibles Signal (1. Generation)	• Sichtprüfung Stecker an E-Maschine und Leistungselektronik. • Prüfung der Leitungen auf Unterbrechung und Kurzschluss. • Prüfung des Wicklungswiderstands der Erreger- und Sekundärspulen.
Fahrmotor – fehlende Leistung	• Kalibrierung Rotorlagesensor durchführen. • Sichtprüfung 3-Phasen Leitungen und der Stecker an E-Maschine und Leistungselektronik. • Widerstandsprüfung 3-Phasen Leitungen. • Isolationsprüfung Wicklungen der E-Maschine.

Arbeiten an HV-Fahrzeugen

Der Einsatz von Spannungen oberhalb von 30 V AC und 60 V DC in der Fahrzeugtechnik durch Brennstoffzelle, Hybridtechnik, Elektrofahrzeuge führt zu einer elektrischen Gefährdung durch Körperdurchströmung und Lichtbogen bei Arbeiten an Fahrzeugen.

Dadurch ergibt sich für den Unternehmer die Verantwortung, seine Mitarbeiter so weiterzubilden, dass sie in der Lage sind, anfallende elektrotechnische Arbeiten zu beurteilen, mögliche Gefährdungen zu erkennen und geeignete Schutzmaßnahmen abzuleiten.

Arbeiten an Hochvolt-Fahrzeugen dürfen nur von Personen mit entsprechender Qualifikation durchgeführt werden. Diese Qualifikationen sind in der DGUV 200-005 festgelegt (siehe Vorschriften Elektromobilität). Die Sicherheitsregeln sind einzuhalten.

Fünf Sicherheitsregeln (DIN VDE Norm 0105)

Die DIN VDE Norm 0105 legt folgende fünf Sicherheitsregeln fest. Bei Arbeiten an Hochvoltfahrzeugen finden die beiden letzten Sicherheitsregeln eigentlich keine Anwendung, da ihre Ausführung in dem in sich geschlossenen System nicht erforderlich ist.

Sicherheitsregeln

für die Durchführung von Arbeiten an elektrischen Geräten

- Freischalten!
- Gegen Wiedereinschalten sichern!
- Erden und Kurzschließen!
- Benachbarte, unter Spannung stehende Teile abdecken oder abschranken!

Unterspannungsetzen geschieht sinngemäß in umgekehrter Reihenfolge!

1. Freischalten
Freischalten ist das Trennen einer elektrischen Anlage von spannungsführenden Teilen z.B. durch eine geführte Diagnosetesterroutine, einen Batteriehauptschalter, Pilotlinientrennstecker oder einen Servicestecker.

2. Gegen Wiedereinschalten sichern
An einer elektrischen Anlage, an der gearbeitet werden soll, ist ein Wiedereinschalten zu verhindern. Dies geschieht über ein Wegschließen des Servicesteckers oder wird über abzuschließende Abdeckungen realisiert.

3. Spannungsfreiheit feststellen
Das Verfahren zur Feststellung der Spannungsfreiheit wird vom Hersteller vorgeschrieben. Mit geeigneten Mess- oder Prüfmitteln ist die Spannungsfreiheit festzustellen.

4. Erden und kurzschließen

5. Benachbarte, unter Spannung stehende Teile abschranken

Isolated Terra (IT-) Netz

In einem IT Netz sind im Gegensatz zum 12-V-Bordnetz sowohl die Plusleitung als auch die Minusleitung gegenüber der Karosserie isoliert.

Ist in einer HV- Leitung oder an einem HV- Bauteil ein Isolationsfehler, besteht bei einem Körperschluss keine Gefährdung, da das Gegenpotential immer noch isoliert ist.

Die Potentialausgleichsleitungen treten erst in Kraft, wenn zwei Fehler (Bauteil 1 Körperschluss nach Plus, Bauteil 2 nach Minus) auftreten. HV-Sicherung löst dann aus, da sehr hoher Strom über Potentialausgleich fließt. Lichtbogenschutz ist durch Sicherheitslinie und Konstruktion HV-Stecker gewährleistet.

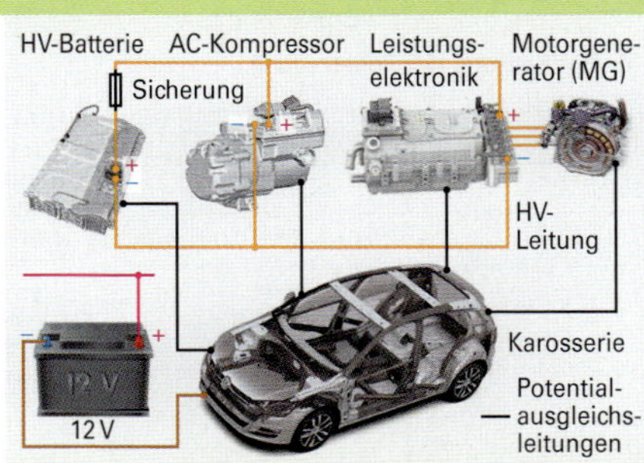

Sicherheitslinie

Sie ist eine Leitung (oder mehrere Ringleitungen), die durch alle HV-Komponenten verläuft.

Ein Steuergerät einer HV-Komponente legt eine Spannung (meist 12 V Bordspannung) auf die Sicherheitslinie. Ein anderes Steuergerät (meist Batteriesteuergerät) überwacht die Stromstärke auf der Sicherheitslinie.

Wird der Strom auf der Sicherheitslinie unterbrochen öffnet das Batteriesteuergerat die Leistungsschalter in der Hochvoltbatterie und das Hochvoltsystem ist abgeschaltet (z.B. Öffnen von Abdeckungen an HV-Batterie, Inverter, ...).

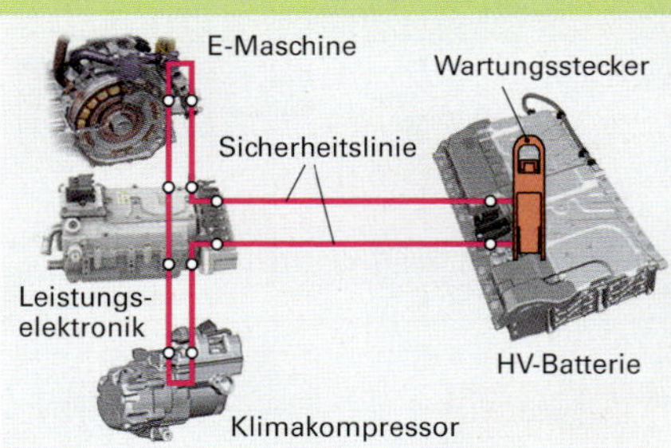

F

Fehlersuche am Hochvoltsystem: Beispiel Isolationsfehler

Im Folgenden wird die Vorgehensweise zur Fehlersuche bei einem Isolationsfehler an einem Beispiel beschrieben. Grundsätzlich sind bei der praktischen Fehlersuche die aktuellen Herstellervorgaben zu beachten.

Fehlersymptom: Im Kombiinstrument erscheint die Warnmeldung „Hybrid" in Gelb. Das Fahrzeug ist fahrbereit.

Voraussetzungen:
- Durchführung der Fehlersuche am HV-System nur durch qualifizierte Personen nach DGUV Information 200-005.
- Verwendung von vom Hersteller freigegebenen Messadaptern und Messgeräten.
- Vor jeder Verwendung sind die Messadapter und Messgeräte auf Beschädigungen und Funktionsfähigkeit nach Herstellervorgaben zu prüfen.

Arbeitsschritte	Erläuterungen und Hinweise
1. **Fehlerspeicher auslesen**	**Ergebnis:** Anzeige „HV-System Isolationsfehler" **Hinweis aus der geführten Fehlersuche.** Der Isolationswiderstand des gesamten HV-Systems ist zu prüfen.
2. **HV-System spannungsfrei schalten**	• Vor der Fehlersuche ist das HV-System spannungsfrei zu schalten, vor Wiedereinschalten zu sichern und die Spannungsfreiheit festzustellen.
3. **Isolationswiderstand (R_{ISO}) messen**	• HV-Leitung/-en an der HV-Batterie trennen. • Messadapter am HV-Anschluss der HV-Batterie und der HV-Leitung anschließen. • Messbereich am Messgerät nach Prüfanweisung einstellen, z. B. MΩ @ 500 V. • Messung starten; Sollwert nach Prüfanweisung, z. B. > 10 MΩ. **Sicherheitshinweise.** Bei der Messung werden Spannungen bis zu 1000 V durch das Messgerät angelegt. Die Messspitzen dürfen dabei nicht berührt werden! Die im HV-System eingebauten Kondensatoren können Ladungen speichern. Diese können eine hohe Spannung an den Messanschlüssen bewirken. Deshalb ist vor dem Trennen des Messgerätes die Entladung der Kondensatoren abzuwarten, erkennbar an der Ist-Prüfspannungsanzeige, Sollwert < 25 V.

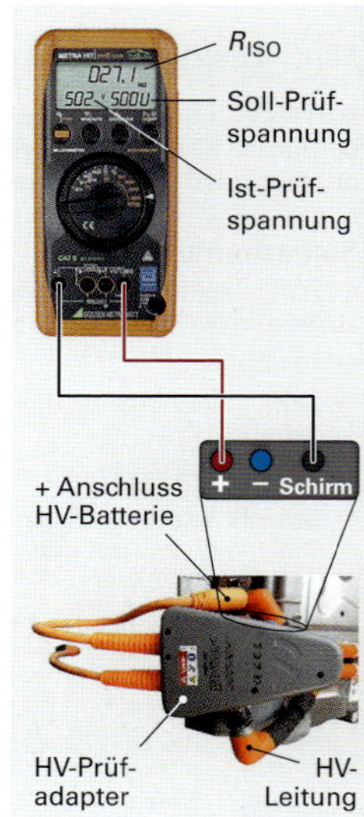

4. Fortsetzung der Fehlersuche

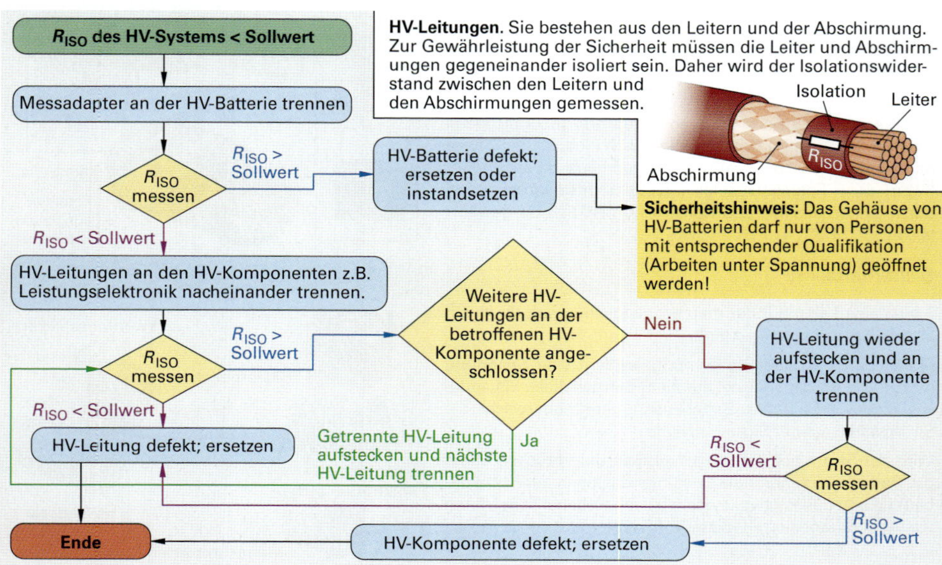

F

Fehlersuche am Hochvoltsystem: Beispiel Fehler Sicherheitslinie

Fehlersymptom. Beim Einschalten der Zündung schaltet das Antriebssystem nicht in den Bereitschaftsmodus (Ready). Im Kombiinstrument erscheint der Warnhinweis „Hybrid" in Rot. Das Fahrzeug ist nicht fahrbereit.

Voraussetzungen. Die Fehlersuche am HV-System darf nur von qualifizierten Personen nach DGUV Information 200-005 durchgeführt werden.

Arbeitsschritte — **Erläuterungen und Hinweise**

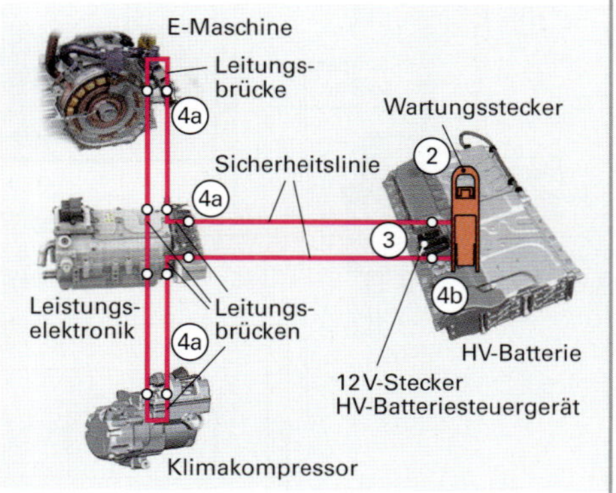

1. **Fehlerspeicher auslesen**
2. Wartungsstecker trennen und Widerstand zwischen den Pins für die Sicherheitslinie am Wartungsstecker messen, Sollwert ≤ 0,5 Ω
3. 12 V-Stecker am HV-Batteriesteuergerät trennen und i-Messadapter an Leitungssatz anschließen. Widerstand der Sicherheitslinie nach Stromlaufplan messen; Sollwert $R_{SL} \leq 0{,}5\ \Omega$.
4. **$R_{SL} > 0{,}5\ \Omega \Rightarrow$ Messung 4a**
   Es ist der Durchgang der Leitungen der Sicherheitslinie und der Leitungsbrücken innerhalb der HV-Komponenten zu prüfen. Die Reihenfolge richtet sich nach der Zugänglichkeit der HV-Komponenten.
   $R_{SL} \leq 0{,}5\ \Omega \Rightarrow$ Messung 4
   Ist der Leitungssatz direkt am HV-Batteriesteuergerät angeschlossen, ist das Steuergerät defekt.
   Ist das HV-Batteriesteuergerät im HV-Batteriegehäuse verbaut, ist der Durchgang der Leitungen im Batteriegehäuse zu prüfen. Sind die Leitungen in Ordnung ist das Steuergerät defekt.

Hinweis. Ggf. ist die Qualifikation „Arbeiten unter Spannung (AuS)" notwendig (siehe Herstellervorgaben).

Prüfen der Potentialausgleichsleitungen

Damit im Fehlerfall hohe Ströme zum Ausgleich der Potentiale fließen können, müssen die Potentialausgleichsleitungen einen möglichst geringen Widerstand aufweisen. Daher muss nach der Demontage von HV-Komponenten bzw. Potentialausgleichsleitungen vor der Inbetriebnahme des HV-Systems die Funktionsfähigkeit der betroffenen Potentialausgleichsleitungen überprüft werden.

Voraussetzungen: Das Prüfen der Potentialausgleichsleitungen am HV-System darf nur von qualifizierten Personen durchgeführt werden.

Arbeitsschritte	Erläuterungen und Hinweise
1. **Sichtprüfung**	Sichtprüfung auf … • Beschädigung der Leitungsummantelung • gerissene Leitungslitzen, insbesondere am Kabelschuh • Korrosion am Kabelschuh und an den Schraubbolzen an HV-Komponente und Karosserie.
2. **Prüfung Anzugsmoment Schraubanschlüsse**	Prüfung des Anzugsmoments der Schraubanschlüsse der Potentialausgleichsleitungen mittels Drehmomentschlüssel; Sollwerte nach Prüfanweisung.
3. **Messung Widerstand Potentialausgleichsleitungen**	• Die Messpunkte an HV-Komponente und Karosserie werden in der Prüfanweisung vorgegeben und sind zwingend einzuhalten. • Da herkömmliche Widerstandsmessgeräte nur mit sehr geringen Prüfströmen arbeiten, sind sie nicht für die Messung von Potentialausgleichsleitungen geeignet. Um Übergangswiderstände erkennen zu können, ist die Widerstandsmessung mit Hilfe von 4-Leiter-Widerstandsmessgeräten durchzuführen (Sollwert ≤ 40 mΩ).

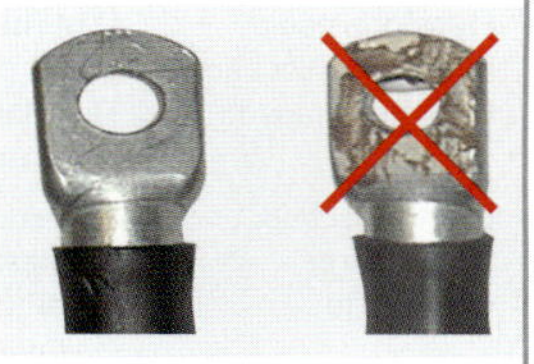

4-Leiter-Widerstandsmessung

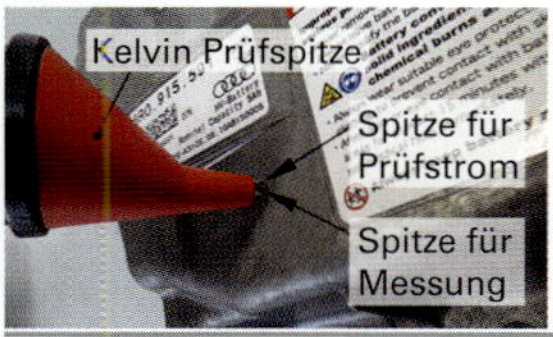

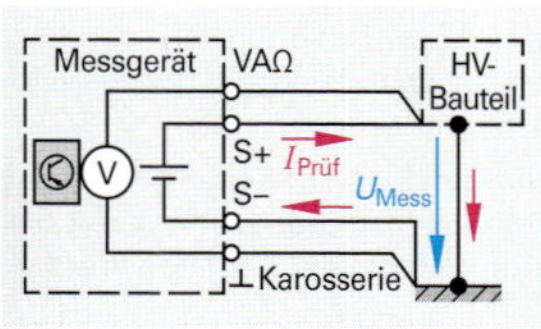

- Mittels der Messspitzen an den Anschlüssen S+ und S– fließt durch den zu messenden Widerstand ein konstanter Prüfstrom von 1 A.
- Mit den Messspitzen VAΩ und ⊥ wird die Spannung am Widerstand gemessen.
- Aus Prüfstrom und gemessener Spannung errechnet das Messgerät den Widerstand.

F

Flüssiggasantrieb (LPG)

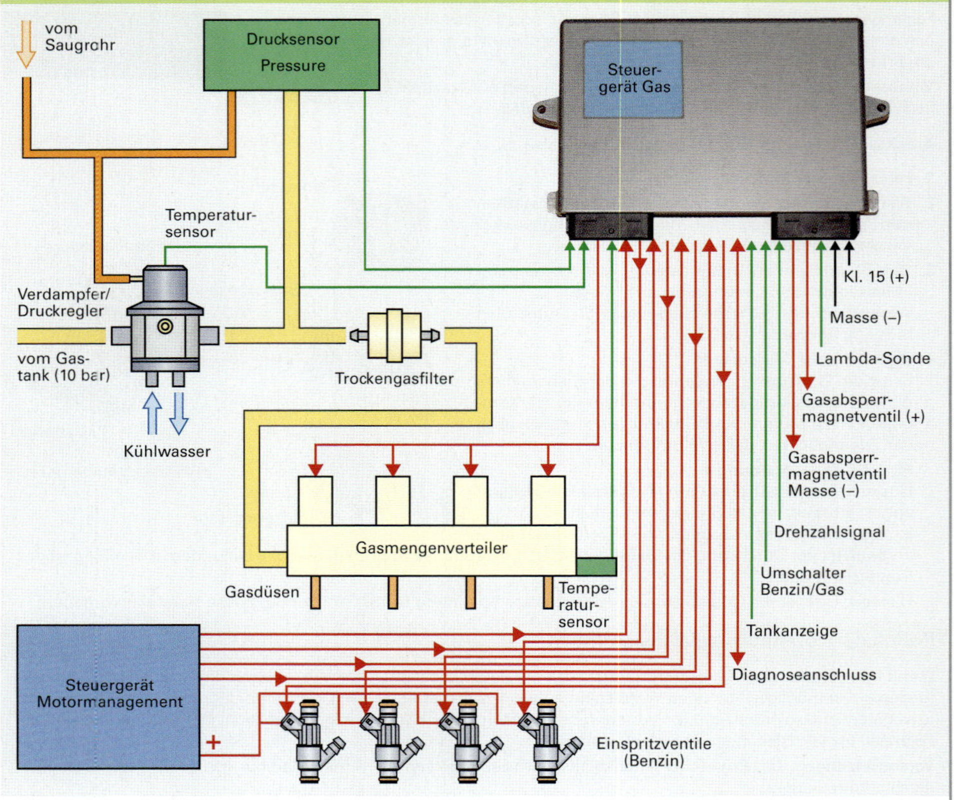

Bauteil	Aufgabe und Funktion
Flüssiggastank mit mechanischem Füllstandssensor	Das Flüssiggas wird unter einem Druck von ca. 10 bar gespeichert. Der Füllstandssensor beendet den Tankvorgang selbsttätig, wenn ein Füllstand von 80 % erreicht ist. Der Gastank benötigt das Gaspolster, um die Ausdehnung des Autogases bei Temperaturschwankungen auszugleichen.
Elektronisches Steuergerät Gasanlage	Es verarbeitet die Informationen der Sensoren und steuert die Magnetventile für die Gaseinblasung an. Das Steuergerät für die Gasanlage erhält vom Motorsteuergerät die elektrischen Signale über den Einspritzzeitpunkt und die Einspritzdauer. Das Steuergerät für die Gasanlage berechnet daraufhin den entsprechenden Zeitpunkt und die Zeitdauer für die Ansteuerung der Gasdüsen.
Drucksensor	Er übermittelt dem Gassteuergerät den Druckunterschied zwischen dem Saugrohrunterdruck und dem Gasdruck. Damit ist eine genaue Zumessung der Gasmenge möglich.
Gasmengenverteiler	Er verteilt das unter Druck stehende Gas auf die Magnetventile. Die Magnetventile für die einzelnen Zylinder werden vom Steuergerät für die Gasanlage angesteuert. Das Gas verlässt den Gasmengenverteiler über kalibrierte Düsen in den Ansaugtrakt des Motors.
Verdampfer/ Druckregler	**Verdampfer.** Er hat die Aufgabe, das unter einem Druck von ca. 10 bar stehende Flüssiggas vom flüssigen in den gasförmigen Zustand umzuwandeln. Damit der Verdampfer nicht vereist, muss er erwärmt werden. Dies erfolgt in der Regel durch die Motorwärme über einen Anschluss zum Kühlsystem. **Druckregler.** Er versorgt die Gasdüsen mit einem konstanten Druck von ca. 1 bar. Er verfügt über einen Unterdruckanschluss vom Saugrohr, damit die Druckdifferenz an den Gasdüsen gegenüber dem Saugrohrdruck konstant gehalten werden kann.
Trockengasfilter	Er reinigt das Gas, bevor es in den Gasmengenverteiler strömt.

F

Erdgasantrieb (CNG)

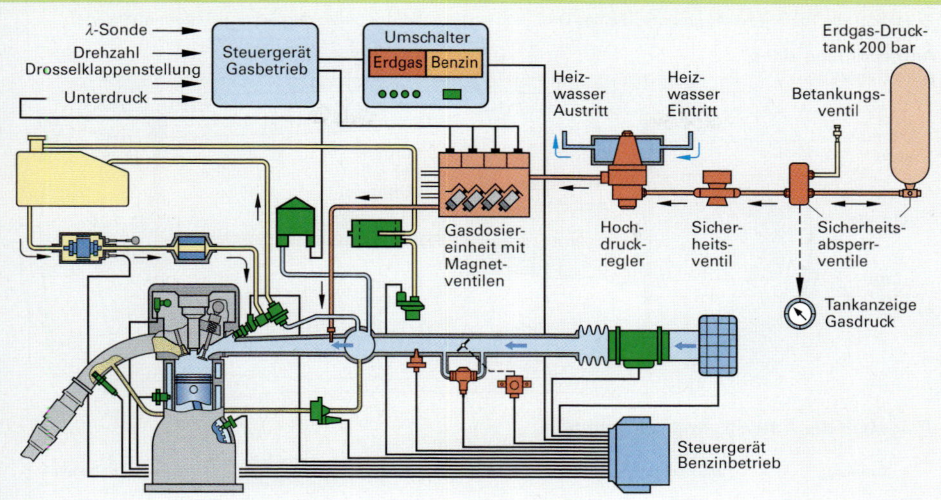

Bauteil	Aufgabe und Funktion
Befüll-anschluss	Europaweit genormter Standard-Befüllanschluss, CNG-Zapfsäule und Tankabdeckung mit Nadelfilz-Verkleidung bieten beim Tanken gasdichte Verbindung ohne Verdunstungsverluste.
Erdgas-drucktank	Erdgastank (Vollstahldruckflasche oder Behälter aus Faserverbundwerkstoffen), mit einem Stahlrahmen im Fahrzeug fest verankert und drucksicher bis ca. 560 bar, oberhalb dieses Drucks spricht die Berstsicherung und/oder die Temperatursicherung (Schmelz-Lot-Sicherung) an und öffnet einen definierten Querschnitt, der das Ablassen des Erdgases nach außen ermöglicht.
Sicherheits-absperrventil	Sperrt das Hochdrucksystem bei Motorstillstand ab.
Hochdruckregler	Beheizter Druckregler, entspannt das Erdgas von 200 bar auf ca. 8 bar.
Steuergerät	Steuert in Abhängigkeit von Drosselklappenstellung im Ansaugrohr, Motordrehzahl und Sauerstoffgehalt im Abgas (Lambda-Sonde), die Erdgasmenge und den Eindüsungszeitpunkt der Gasdosiereinheit.
Gasdosier-einheit	Elektronisch geregelte Zumessung der für die jeweilige Motorleistung notwendigen Gasmenge und Eindüsungszeitpunkt über die Ansteuerung der Magnetventile durch das Steuergerät.
Umschalter mit Kraftstoffvorrats-anzeige	Ermöglicht das Umschalten zwischen Gas- und Benzinbetrieb durch den Fahrer. Getrennte Vorratsanzeige für Erdgas und Benzin.
Elektrische Startsperre	Verhindert das Anlassen des Motors während des Betankens.

Synthetische Otto- und Dieselkraftstoffe

Synthetische Kraftstoffe sind Kraftstoffe, die aus fossilen Energieträgern oder Biomasse hergestellt werden. Mit unterschiedlichen chemischen Verfahren können synthetische Otto- und Diesel-Kraftstoffe hergestellt werden.

Kraftstoff	Merkmale
Gas-To-Liquid (GTL)	Erdgas wird durch Zufuhr von Sauerstoff und Wasserdampf zu gasförmigen Kohlenwasserstoff und anschließend in Kraftstoff für Diesel- und Ottomotore umgewandelt. Der Kraftstoff ist hochwertig und frei von Schwefel und Aromaten. Nachteilig ist die fossile und darmit nicht CO_2-neutrale Basis der Produktion.
Biomass-To-Liquid (BTL)	Im Gegensatz zu Bio-Diesel werden die Kraftstoffe aus fester Biomasse (z.B. Bioabfall, Brennholz) hergestellt. Das Verfahren ist $C0_2$-neutral.
Coal-To-Liquid (CTL)	Im Herstellungsverfahren wird aus fester Kohle flüssiger Kraftstoff gewonnen. Das Verfahren ist wirtschaftlich nur sinnvoll, wenn die Lagerstätten günstig im Tagebau zu erschließen sind. Ein weiterer Nachteil ist die fossile und damit nicht $C0_2$-neutrale Basis der Produktion.

F

Antriebsstrang

Er enthält alle Triebwerks-Aggregate, die das Drehmoment vom Motor bis zu den Antriebsrädern übertragen.

Antriebsstrang eines Allradfahrzeugs

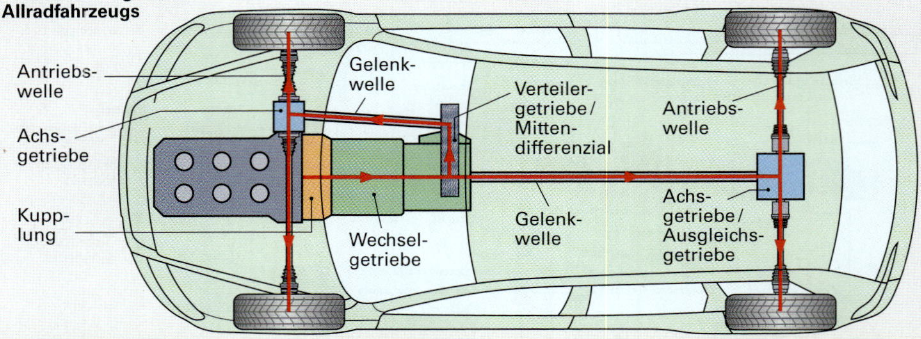

Aufgaben der Antriebsstrang-Aggregate

Kupplung	Wechselgetriebe	Gelenkwelle	Achsgetriebe / Ausgleichsgetriebe	Antriebswelle
• Überträgt Motordrehmoment • Ermöglicht Anfahren • Unterbricht Kraftfluss	• Wandelt Drehzahlen • Überträgt und wandelt Drehmoment • Kehrt Drehsinn für Rückwärtsfahrt um • Ermöglicht Leerlauf des Motors bei stehendem Fahrzeug	• Überträgt Drehmomente • Ermöglicht Winkeländerungen • Ermöglicht Längenänderungen	• Überträgt und vergrößert Drehmomente • Übersetzt Drehzahlen ins Langsame • Gleicht Drehzahlunterschiede der Antriebsräder aus	• Überträgt Drehmomente • Ermöglicht Winkeländerungen • Ermöglicht Längenänderungen

Hinterradantrieb (Merkmale)

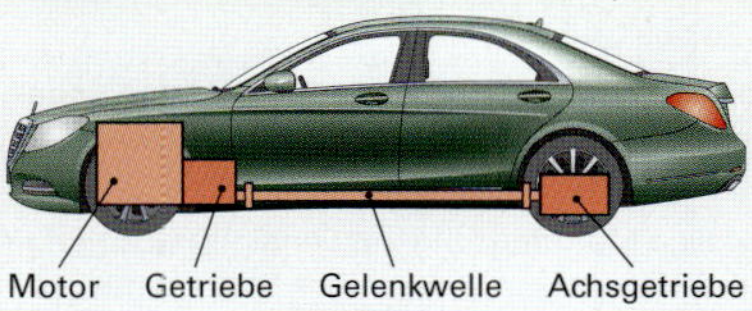

Frontmotor
- Über oder hinter der Vorderachse angeordnet,
- als Längsmotor in Fahrzeug-Längsrichtung eingebaut,
- Gelenkwelle zwischen Wechselgetriebe und Kegelrad-Achsgetriebe der Hinterachse erforderlich,
- Gelenkwellentunnel stört im Fahrgastraum,
- weniger Achslast auf angetriebener Hinterachse, übersteuernd.

Heckmotor
- Über oder hinter der Hinterachse angeordnet,
- als Längsmotor oder Quermotor eingebaut,
- Gelenkwelle und Gelenkwellentunnel entfällt,
- günstige Belastung der angetriebenen Hinterachse,
- übersteuernd, seitenwindempfindlich.

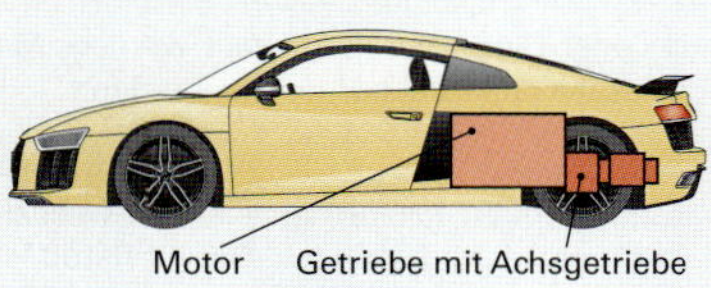

Mittelmotor
- Vor der angetriebenen Hinterachse angeordnet,
- als Längsmotor in Fahrzeug-Längsrichtung eingebaut,
- günstige Lage des Fahrzeug-Schwerpunktes,
- neutrales Kurvenverhalten,
- Motor schwer zugänglich und störend im Fahrgastraum.

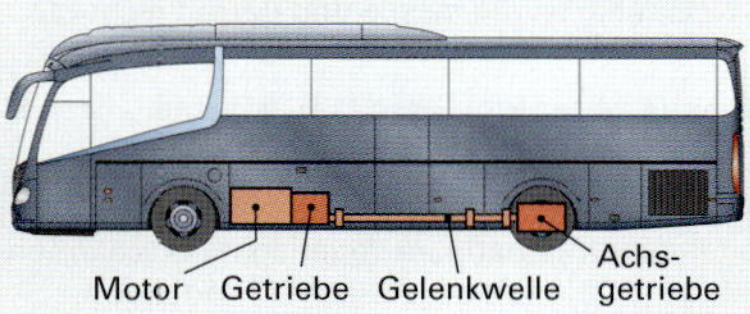

Unterflurmotor
- Als Längsmotor etwa in Fahrzeugmitte angeordnet,
- Gelenkwelle zwischen Getriebe und Kegelrad-Achsgetriebe,
- gute Ausnutzung des Fahrgastraumes,
- tiefe Schwerpunktlage des Fahrzeugs,
- günstige Achslastverteilung.

F

Vorderradantrieb (Frontmotorantrieb)

Motor längs vor der Vorderachse

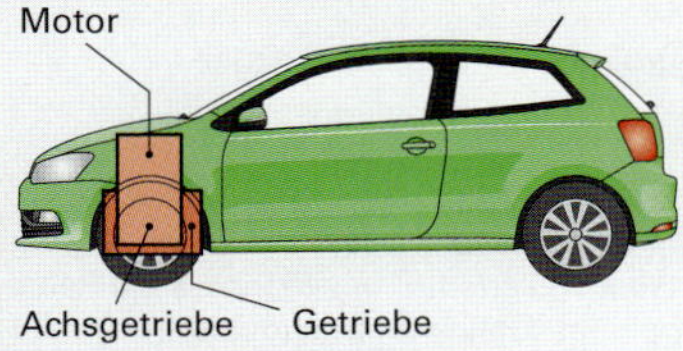

Motor quer über der Vorderachse

Motor quer hinter der Vorderachse

Motor, Kupplung, Wechselgetriebe, Achsgetriebe und Ausgleichsgetriebe sind zu einem Antriebsblock (Fronttriebsatz) zusammengefasst.

Motoranordnungen:
- Vor Vorderachse,
- über Vorderachse,
- hinter Vorderachse.

Längsmotor: Mit Kegelrad-Achsgetriebe.
Quermotor: Mit Stirnrad-Achsgetriebe.

Merkmale im Vergleich zu Hinterradantrieb mit Frontmotor:
- Geringeres Fahrzeuggewicht,
- kurzer Weg zur Drehmomentübertragung vom Motor zu den Antriebsrädern,
- kein Gelenkwellentunnel,
- großer Kofferraum,
- bei Quereinbau des Motors einfaches Achsgetriebe (Stirnräder), kleinerer vorderer Überhang und großer vorderer Fußraum,
- guter Geradeauslauf, da das Fahrzeug gezogen und nicht geschoben wird,
- untersteuert bei schneller Kurvenfahrt,
- ungünstige Gewichtsverteilung zwischen Vorder- und Hinterachse,
- höherer Reifenverschleiß an Vorderrädern.

Allradtechnik

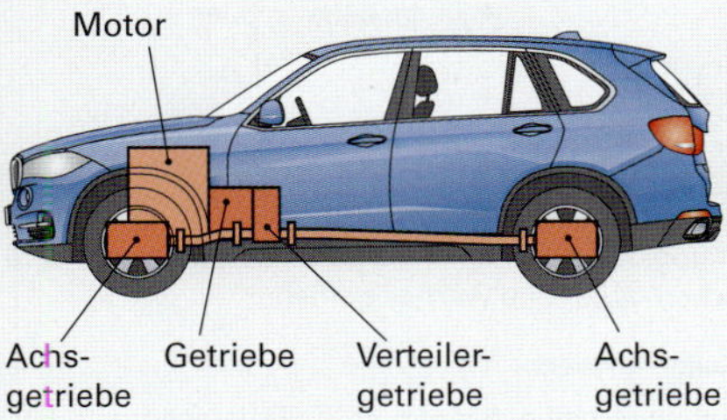

Alle 4 Räder werden angetrieben. Man unterscheidet:
- **Zuschaltbarer Allradantrieb.**
  Die Räder der nicht angetriebenen Achse werden nur im Bedarfsfall als Traktionshilfe zugeschaltet.
- **Permanenter Allradantrieb.**
  Alle Räder werden ständig angetrieben.

Komponenten:
- **Mittendifferenzial/Verteilergetriebe** verteilt das Antriebsmoment
  - zu gleichen Teilen VA:HA 50%:50% oder
  - zu ungleichen Teilen z. B. VA:HA **z. B.** 38 % : 62 % auf die Antriebsräder.
- **2 Achsgetriebe** mit Ausgleichsgetrieben an den Antriebsachsen.
- **Ausgleichssperren** an VA- und HA-Getriebe und Mittendifferenzial sind möglich.

Teilelektrischer Antrieb (Hybridantrieb)

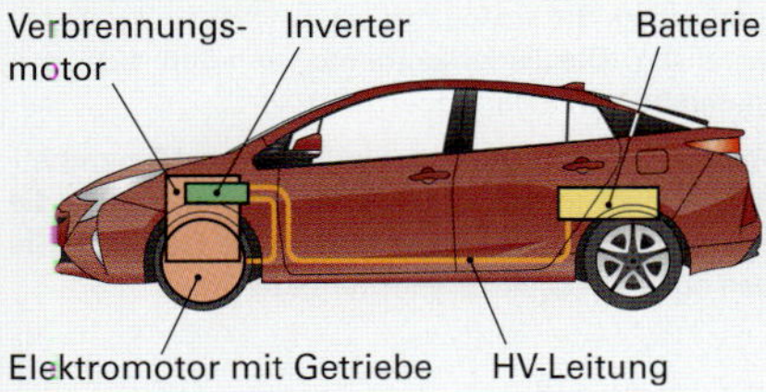

Hybridantriebe haben mehr als eine Antriebsquelle. Meist werden ein Verbrennungs- und Elektromotor miteinander kombiniert. Je nach Leistung bzw. Spannung des elektrischen Spannungssystems unterscheidet man:
- **Micro-Hybrid** mit Start-Stopp.
- **Mild- bzw. Medium-Hybrid** mit Start-Stopp, Regenerativem Bremsen und Drehmomentunterstützung.
- **Voll-Hybrid** mit Start-Stopp, Regenerativem Bremsen, Drehmomentunterstützung und elektrischem Fahren.

Grundlagen

Anordnung Die Kupplung ist eine lösbare Verbindung zwischen Motor und Wechselgetriebe im Antriebsstrang eines Kraftfahrzeugs.

Aufgaben
- Motordrehmoment auf das Wechselgetriebe übertragen.
- Kraftfluss zwischen Motor und Wechselgetriebe trennen.
- Weiches und ruckfreies Anfahren ermöglichen.
- Drehschwingungen dämpfen.
- Motor und Getriebe vor Überlastung schützen.

Einscheiben-Membranfederkupplung

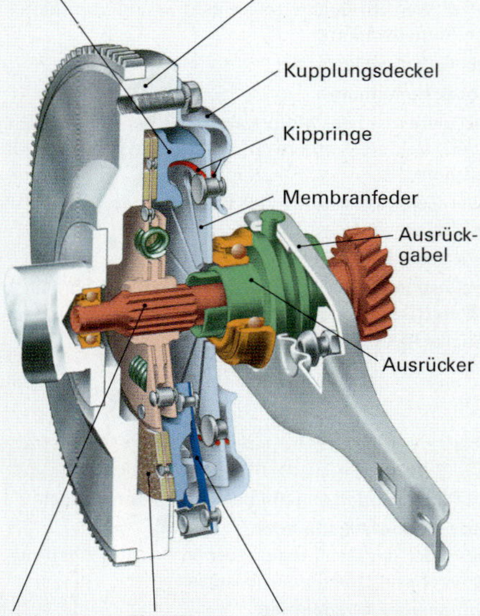

Hauptbaugruppen:
- Kupplungsdeckel
- Kupplungsscheibe
- Ausrücker

Eingekuppelter Zustand: Die Federkraft der gespannten Membranfeder (Tellerfeder) bewirkt, dass die Reibbeläge der Kupplungsscheibe (Mitnehmerscheibe) mit Hilfe der Druckplatte gegen die Auflagefläche (Reibfläche) des Schwungrads gepresst werden. Das Motordrehmoment wird über die Kupplungsscheibe, die auf einem Vielzahn-Profil drehfest mit der Getriebeantriebswelle verbunden ist, an das Wechselgetriebe übertragen.

Ausgekuppelter Zustand: Das Kupplungsbetätigungssystem verschiebt über die Ausrückgabel den Ausrücker soweit in Richtung Membranfeder, dass diese entspannt wird. Der Kraftfluss zwischen Motor und Getriebe wird unterbrochen.

Merkmale:
- einfacher Aufbau
- Anpresskraft weitgehend unabhängig vom Belagverschleiß
- geringe Betätigungskraft
- hohe Drehzahlfestigkeit
- lange Lebensdauer

Kupplungsscheibe

F

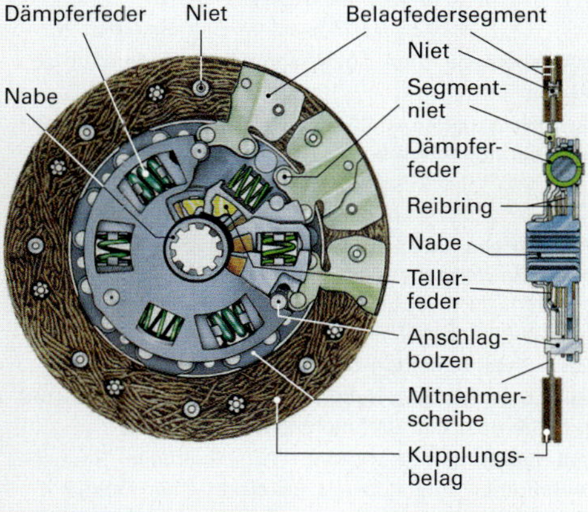

Die Kupplungsscheibe ist die Verbindungskomponente zwischen Motor und Wechselgetriebe.

Bauteile/Aufgaben:

Mitnehmerscheibe. Sie nimmt die Federsegmente auf, an den die zwei Kupplungsbelagringe befestigt sind.

Kupplungsbeläge. Sie bilden die Reibflächen, die bei geschlossener Kupplung auf die Reibflächen von Schwungrad und Druckplatte gepressten werden.

Belagfederung. Sie ermöglicht ein weiches und ruckfreies Anfahren. Die Federsegmente befinden sich zwischen den beiden Belagringen.

Dämpferfeder. Die auf dem Umfang der Mitnehmerscheibe angeordneten Dämpferfedern verringern die Drehschwingungen zwischen Motor und Getriebe. Sie werden auch als Torsionsdämpfer bezeichnet.

Membranfederkupplung mit selbsttätiger Nachstellung (Self Adjusting Clutch, SAC)

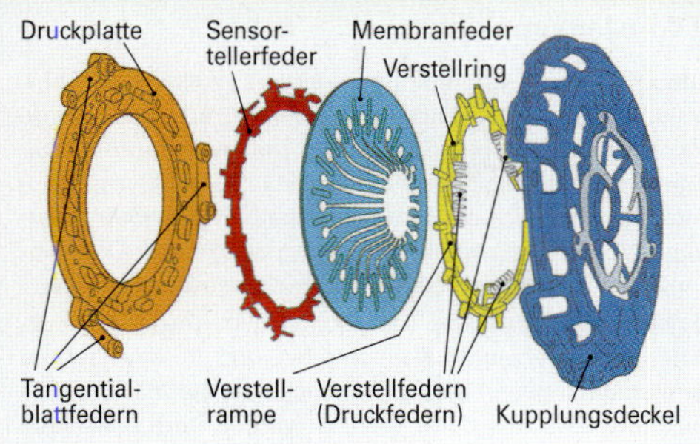

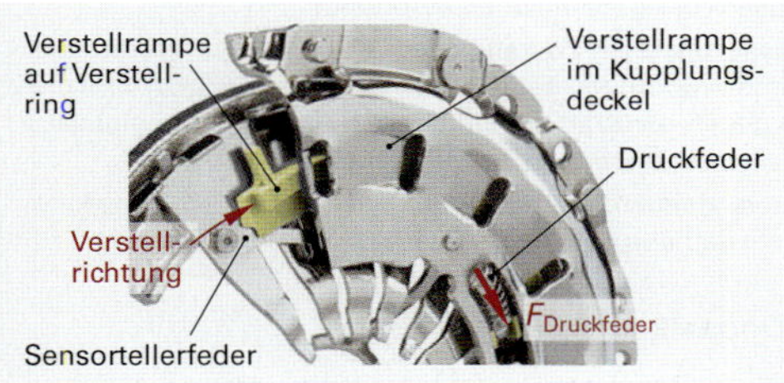

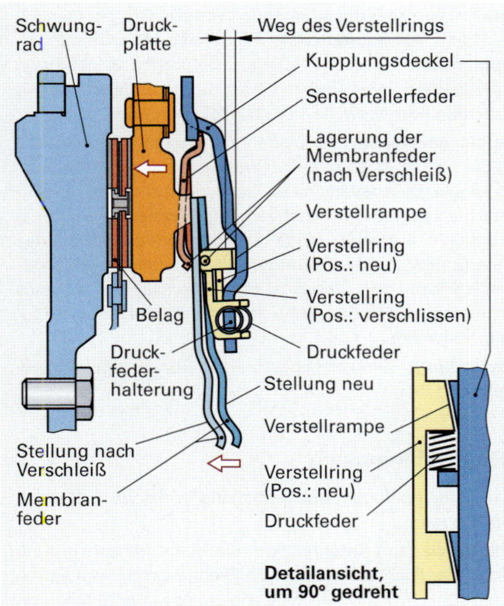

Merkmale:

- Selbsttätige Nachstellung bei Belagverschleiß.
- Ausrückkraft geringer als bei herkömmlicher Kupplung.
- Anpresskraft bleibt über einen großen Verschleißweg der Beläge konstant.
- Eine ca. 50 % höhere Lebensdauer durch größeren Verschleißbereich

Hauptbaugruppen:

- Kupplungsdeckel
- Membranfeder
- Sensortellerfeder
- Druckfedern
- Verstellring mit Verstellrampen
- Druckplatte mit Tangentialblattfedern

Aufgabe der Nachstellvorrichtung

Nimmt die Kupplungsbelagdicke aufgrund von Verschleiß ab, so wird das Lüftspiel durch eine Nachführung der Tellerfederabstützung (Verstellrampe) ausgeglichen.

Wirkungsweise

Lagerung der Membranfeder. Sie ist zwischen der Sensortellerfeder und den Verstellrampen des Verstellringes eingespannt.

Belagverschleiß. Bei Abnutzung des Belags verschiebt sich die Druckplatte in Richtung Schwungrad. Durch das größer gewordene Kupplungsspiel nehmen Betätigungsweg und Betätigungskraft zu.

Betätigungskraft. Sie wirkt gegen die „Sensortellerfeder", die ab einem bestimmten Wert nachgibt.

Luftspalt. Sobald die Sensortellerfeder nachgibt, entsteht zwischen der Membranfeder und den Verstellrampen auf dem Verstellring ein Luftspalt.

Drehung des Verstellrings. Radial angeordnete Druckfedern ($F_{Druckfeder}$) verdrehen den Verstellring mit seinen Verstellrampen. Dadurch schließt sich der Luftspalt.

Verschleißausgleich beendet. Kupplungsspiel und Betätigungskraft entsprechen wieder nahezu dem Neuzustand. Die Lagerpunke auf der Sensortellerfeder und den Verstellkeilen des Verstellringes wirken als „starre" Einspannung der Membranfeder.

Der beschriebene Nachstellvorgang wiederholt sich mehrfach, bis die Verschleißgrenze der Kupplungsbeläge erreicht ist. Die maximal mögliche Nachstellung entspricht ungefähr der Höhe der Verstellkeile auf dem Verstellring.

F

Montagehinweise

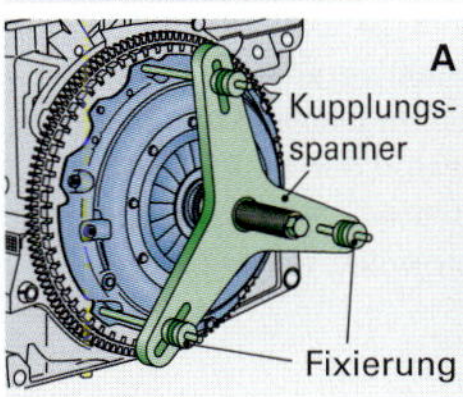

- Bei Montage / Demontage sind Zentrierdorn und Kupplungsspanner zu verwenden.
- Kupplungsdeckel zentrieren.
- Kupplungsdruckplatte verspannungsfrei montieren (Abbildung A).
- Bei Montage einer gebrauchten SAC ist der Verstellring in seine ursprüngliche Position zu bringen (Abbildung B).

Kupplungsbauarten

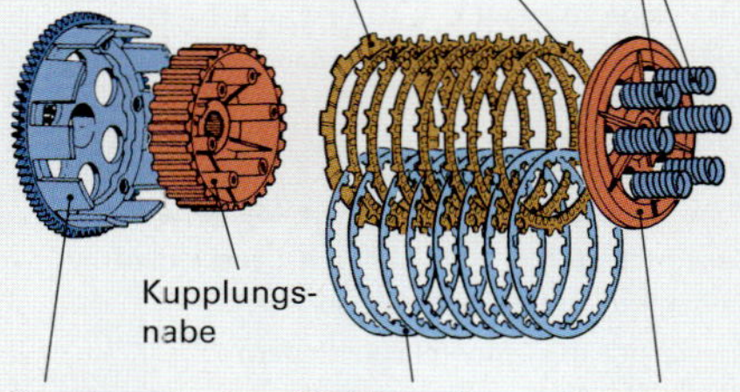

Lamellenkupplung

Aufbau. Mehrere Kupplungsscheiben (Lamellen) sind hintereinander abwechselnd als treibende, außenverzahnte Reiblamellen und als getriebene, innenverzahnte Stahllamellen angeordnet. Sie laufen meist im Ölbad (Nasskupplung). Im Vergleich zu einer Einscheiben-Membranfederkupplung hat eine Lamellenkupplung bei gleicher Drehmomentübertragung einen deutlich geringeren Durchmesser.

Eingekuppelter Zustand. Die Druckfedern pressen Druckplatte, außenverzahnte Reiblamellen und innenverzahnte Stahllamellen gegen die Auflagefläche der Nabe. Durch die Reibkräfte zwischen den Lamellen werden Korb und Nabe kraftschlüssig miteinander verbunden.

Ausgekuppelter Zustand. Ein Ausrückhebel drückt über einen Druckbolzen gegen die Druckplatte. Dadurch wird diese gegen die Kraft der Druckfedern von den Kupplungslamellen abgehoben und die Kupplung trennt.

Anwendungen. Krafträder (siehe Abbildung), Wandler-Automatikgetriebe, Direktschaltgetriebe, Haldex-Kupplung.

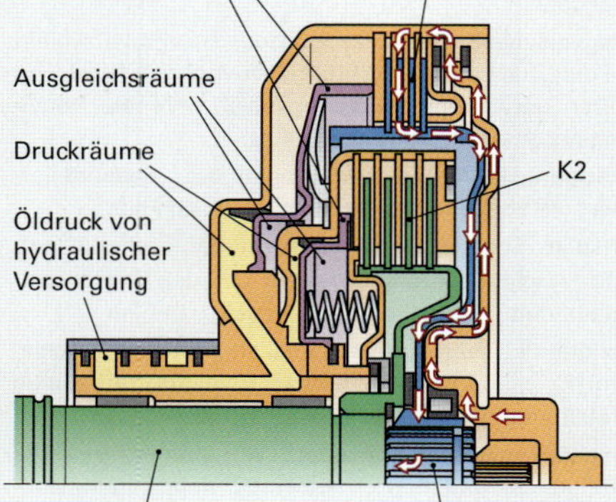

Doppelkupplung

Aufbau. Das Doppelkupplungssystem besteht aus zwei getrennt voneinander arbeitenden Lamellenkupplungen K1, K2 (siehe Abbildung), oder Einscheiben-Membranfederkupplungen). K2 ist mit der als Hohlwelle aufgeführten Antriebswelle 2 verbunden, K1 ist mit der in der Hohlwelle laufenden Antriebswelle 1 (Vollwelle) verbunden.

Kupplungsvorgang. Die beiden Kupplungen ermöglichen es, die beiden Antriebswellen wechselweise ein- bzw. auszukuppeln. Dies bewirkt einen Gangwechsel ohne Zugkraftunterbrechung. Beim Schaltvorgang (Momentübernahme) übertragen kurzzeitig beide Kupplungen einen Teil des Motordrehmoments. Während dieser Überschneidungsphase beginnt z. B. K1 sich zu schließen, während K2 noch nicht ganz geöffnet ist. (Abb.: Kraftfluss über Außenkupplung, Vollwelle)

Anwendung. Direktschaltgetriebe (Doppelkupplungsgetriebe)

F

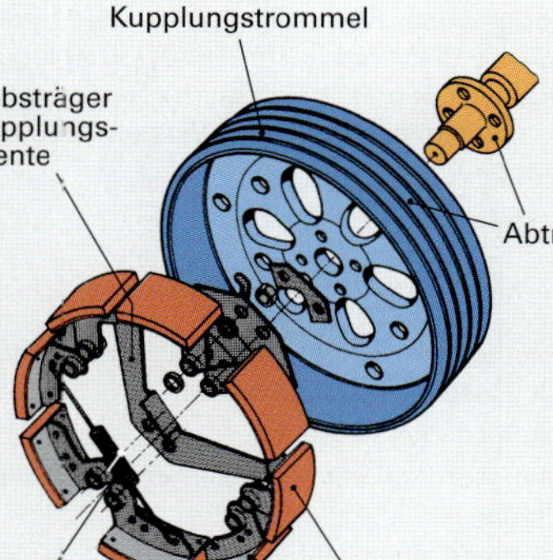

Fliehkraftkupplung

Fliehkraftkupplungen sind selbsttätig wirkende Reibungskupplungen.

Einkuppeln. Zum Anfahren wird die Motordrehzahl erhöht. Infolge der Fliehkraft werden die Fliehgewichte nach außen geschwenkt und drücken die Kupplungssegmente mit ihren Reibbelägen auf die Reibfläche der Kupplungstrommel. Antriebswelle und Abtriebswelle sind dadurch kraftschlüssig miteinander verbunden.

Auskuppeln. Wird die Motordrehzahl verringert, nimmt die Fliehkraft soweit ab, dass die Kupplungsbeläge der Fliehgewichte nicht mehr auf die Reibbeläge der Kupplungstrommel gedrückt werden. Der Kraftfluss ist unterbrochen.

Anwendung. Bei Mofas und Motorrollern als Anfahrkupplung.

Hydraulische Kupplungsbetätigung

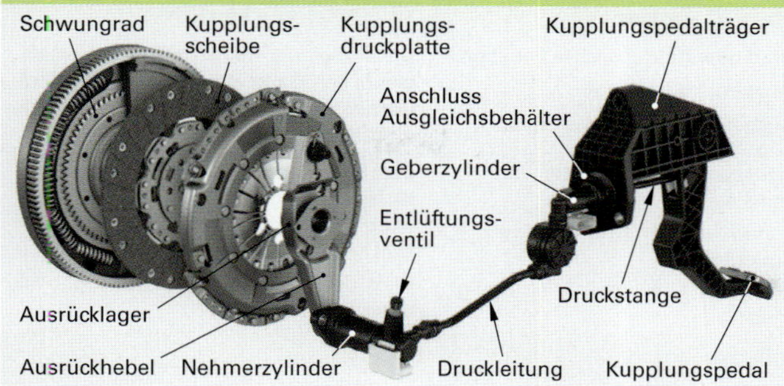

Aufgabe. Übertragung und Verstärkung der Kupplungspedalkraft vom Pedal zum Ausrücksystem bzw. zum hydraulischen Ausrücker.

Hauptbaugruppen:
- Kupplungspedal
- Geberzylinder
- Nehmerzylinder
- Druckleitung
- Ausrücksystem mit Ausrückhebel und Ausrücklager oder
- zentral geführtes hydraulisches Ausrücklager

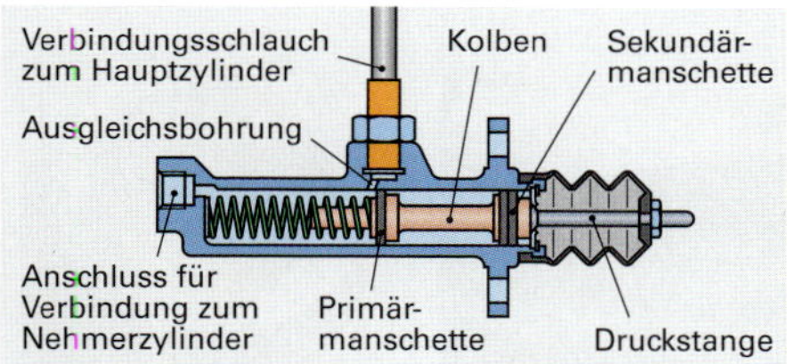

Geberzylinder

Aufgabe. Druckaufbau für das hydraulische Kupplungsbetätigungssystem.

Aufbau:
- Gehäuse mit Anschlüssen für Ausgleichsbehälter (Bremsflüssigkeit) und Leitung zum Nehmerzylinder
- Druckstange
- Doppelkolben mit Primär- und Sekundärmanschette

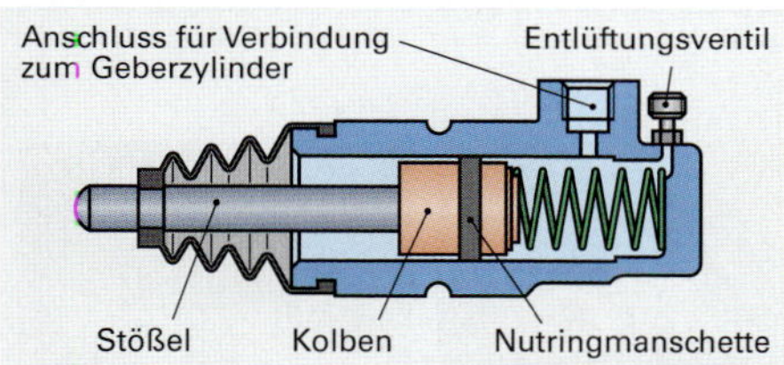

Nehmerzylinder

Aufgabe. Betätigung des Ausrückhebels, der den mechanischen Ausrücker in Richtung Kupplungsdruckplatte / Membranfeder verschiebt.

Aufbau:
- Gehäuse
- Entlüftungsventil
- Kolben mit Manschette
- Stößel

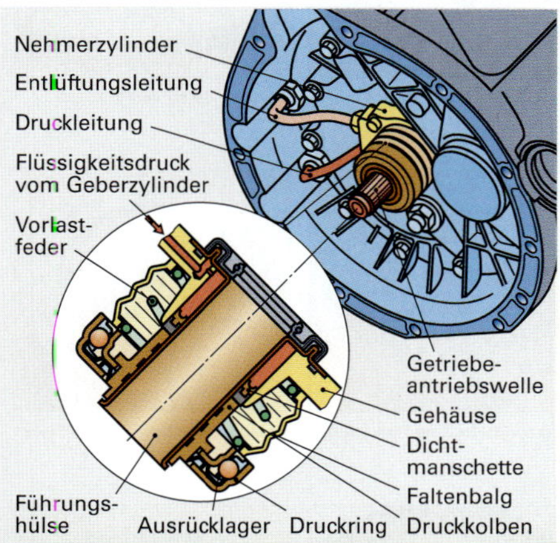

Mechanischer Ausrücker

Bei ihm erfolgt die Betätigung / Verschiebung mit Hilfe des Ausrückhebels, der vom Nehmerzylinder bewegt wird.

Zentral geführter hydraulischer Ausrücker

Bei dieser Bauart erfolgt die Kupplungsbetätigung ohne Ausrückhebel direkt durch einen Ausrücker, der auf einer zentralen Führungshülse axial verschiebbar befestigt ist.

Wirkungsweise.

Ausgekuppelt (Kraftfluss):
Flüssigkeitsdruck vom Geberzylinder → Nehmerzylinder → Druckleitung → Druckkolben → Druckring → Membranfederzungen

Eingekuppelt (Kein Flüssigkeitsdruck):
Bei unbetätigter Kupplung drückt die Vorlastfeder das Ausrücklager leicht gegen die Mebranfederzungen. Dadurch erfolgt ein Ausgleich des Spiels zwischen Ausrücker und Membranfeder.

F

Fehler an der Kupplungsbetätigung

Fehler	Ursache
Kupplung: trennt nur kurz und schließt sich wieder	**Geberzylinder:** Primärmanschette beschädigt/undicht **Nehmerzylinder:** Nutringmanschette beschädigt/undicht
Kupplung: trennt nicht weiches Kupplungspedal	Zu wenig Hydrauliköl im System Luft im System; Flüssigkeitsaustritt an Geber- oder Nehmerzylinder bzw. Druckleitung.

Funktionsprüfungen

Prüfungsart	Vorgang	Ergebnis
Prüfung auf „Trennen"	1. Antriebsrad oder Antriebsachse anheben. 2. Kupplungspedal durchtreten. 3. Gang einlegen, auf Geräusche achten.	Die Kupplung **trennt ordnungsgemäß,** wenn der Gang geräuschlos eingelegt werden kann und die Antriebsräder sich nicht drehen.
Prüfung auf „Rutschen" Der Motor muss betriebswarm sein Fahrzeug durch Feststellbremse sichern	1. Kupplungspedal treten, höchsten Vorwärtsgang einlegen. 2. Motordrehzahl bis zum Drehmomentmaximum erhöhen. 3. Kupplung schnell einkuppeln, gleichzeitig Vollgas geben.	**Die Übertragungsfähigkeit der Kupplung ist in Ordnung,** wenn der Motor „abgewürgt" wird, d.h. die Motordrehzahl auf Null abfällt. Wird der Motor nicht „abgewürgt", so rutscht die Kupplung.

Störungsmerkmale, Schadensbilder

Kupplung trennt nicht

Druckplatte gebrochen

Tellerfederspitzen abgebrochen

Tangentialblattfeder gebrochen

Nabenprofil ausgeschlagen

Kupplung rutscht

Kupplungsbeläge verölt

Beläge zu stark abgefahren

Gebrochene Beläge

Belag verkohlt

Kupplung rupft

Rattermarken auf Druckplatten

Überhitzung der Druckplatte

Belag trägt nur innen und außen

Beläge verfettet, Fett aus Nabe

Kupplungsgeräusche

Schleifspuren am Torsionsdämpfer

Federspitzen verschlissen

Anlaufspuren an Nabe

Ausrücklager beschädigt

Grundlagen

Das Wechselgetriebe ist im Antriebsstrang eines Fahrzeugs zwischen Kupplung und Achsgetriebe angeordnet.

Motorkennlinien

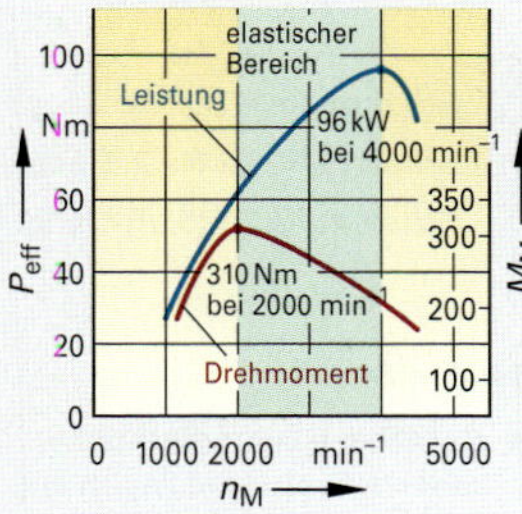

Wechselgetriebe

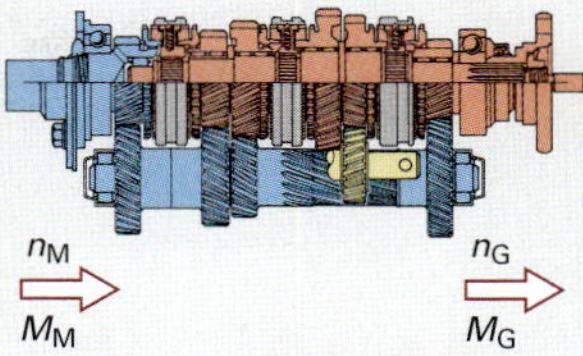

Getriebekennlinien

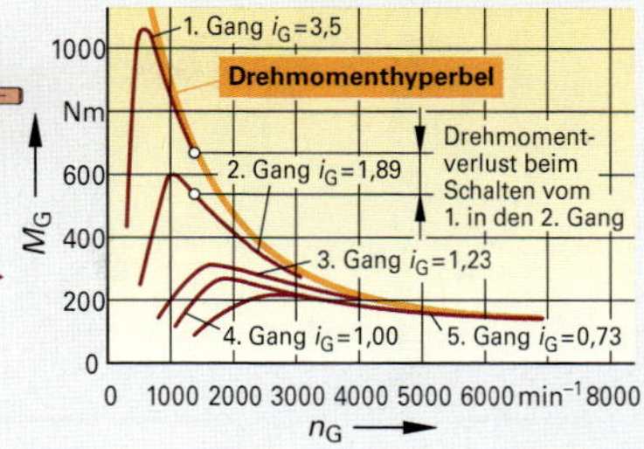

P_{eff} Leistung in kW
n_M Motordrehzahl in min^{-1}
M_M Motordrehmoment in Nm

n_G Getriebeausgangsdrehzahl in min^{-1}
M_G Getriebeausgangsdrehmoment in Nm

Aufgaben

- Motordrehzahl wandeln
- Motordrehmoment wandeln und übertragen
- Leerlauf des Motors bei stehendem Fahrzeug ermöglichen
- Drehsinn für Rückwärtsfahrt umkehren (ab 400 kg Fahrzeuggewicht)

Übersetzungsverhältnis *i*

Es ist ein Maß für die Wandlung von Drehzahlen und Drehmomenten.

$i > 1$ z.B. $i = 3{,}60$ → Drehzahl wird geringer
→ Drehmoment wird größer

$i = 1$ → Drehzahl ändert sich nicht
→ Drehmoment bleibt gleich

$i < 1$ z.B. $i = 0{,}68$ → Drehzahl wird größer
→ Drehmoment wird geringer

Unterscheidung der Wechselgetriebe nach

Kraftübertragungselementen
- Zahnradgetriebe
- Kettengetriebe
- Schubgliederbandgetriebe
- Laschenkettengetriebe
- hydrodynamische Getriebe (hydr. Wandler)

Herstellung des Kraftflusses
- Ziehkeilgetriebe
- Schaltklauengetriebe
- Schaltmuffengetriebe

Schaltung der Gänge
- Handgeschaltete Getriebe
- automatisierte Schaltgetriebe
- automatische Getriebe

Kraftflussrichtung
- Gleichachsige Getriebe (3-Wellengetriebe)
- ungleichachsige Getriebe (2-Wellengetriebe)

Zahl der Gänge
4-, 5-, 6-, 7-, 8- ,9-, 12-, 16-Gang-Getriebe

F

Übersetzungen von Wechselgetrieben (Beispiele)

Personenkraftwagen

Gänge	1. Gang	2. Gang	3. Gang	4. Gang	5. Gang	6. Gang	R-Gang
5	3,17 … 4,23	1,86 … 2,80	1,16 … 1,76	0,84 … 1,25	0,68 … 1,00	–	3,07 … 4,27
6	3,42 … 5,09	1,89 … 2,83	1,23 … 1,79	0,93 … 1,27	0,76 … 1,09	0,60 … 0,83	3,15 … 3,91

Motorräder

Gänge	1. Gang	2. Gang	3. Gang	4. Gang	5. Gang	6. Gang	–
5	2,37 … 2,75	1,39 … 1,90	1,27 … 1,61	1,04 … 1,40	0,90 … 1,26	–	–
6	2,05 … 2,86	1,60 … 2,00	1,27 … 1,61	1,04 … 1,40	0,90 … 1,26	0,80 … 1,17	–

Nutzkraftwagen

Gänge	1./2. Gang	3./4. Gang	5./6. Gang	7./8. Gang	9./10. Gang	11./12. Gang	R-Gang
8	6,38 / 4,63	3,44 / 2,59	1,86 / 1,35	1,00 / 0,76	–	–	8,04
12	11,27 / 9,14	7,17 / 5,81	4,62 / 3,75	3,02 / 2,44	1,91 / 1,55	1,23 / 1,00	14,74 / 11,95

Bauarten von Wechselgetrieben

Gleichachsiges Wechselgetriebe (5-Gang)

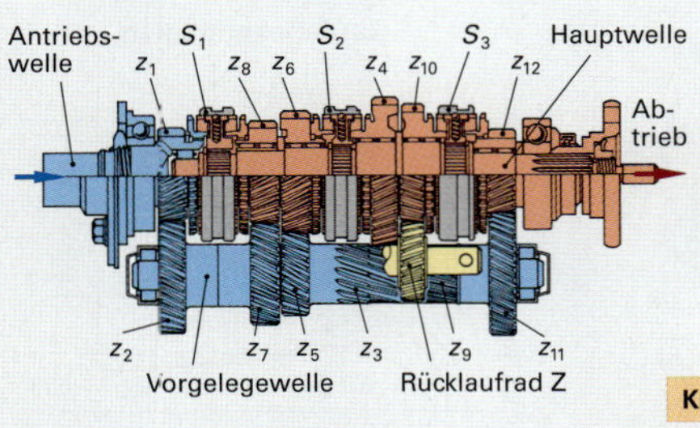

Bauteile

Zahnräder (treibend)	z_1, z_3, z_5, z_7, z_9, z_{11}
Zahnräder (getrieben)	z_2, z_4, z_6, z_8, z_{10}, z_{12}
Antriebswelle	Schaltmuffe S1 (3.-/4. Gang)
Vorgelegewelle	Schaltmuffe S2 (1.-/2. Gang)
Rücklaufrad Z (Zwischenrad)	Schaltmuffe S3 (5.-/R-Gang)

Kraftfluss

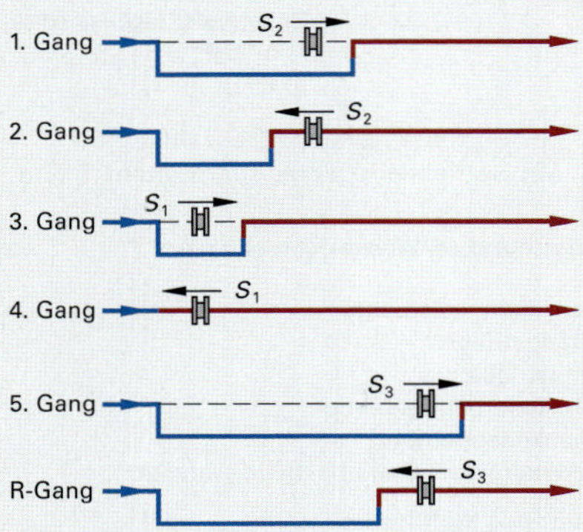

$z_1 \rightarrow z_2 \rightarrow z_3 \rightarrow z_4 \rightarrow$ Abtrieb

$z_1 \rightarrow z_2 \rightarrow z_5 \rightarrow z_6 \rightarrow$ Abtrieb

$z_1 \rightarrow z_2 \rightarrow z_7 \rightarrow z_8 \rightarrow$ Abtrieb

1 → Schaltmuffe S1 → Abtrieb

$z_1 \rightarrow z_2 \rightarrow z_{11} \rightarrow z_{12} \rightarrow$ Abtrieb

$z_1 \rightarrow z_2 \rightarrow z_9 \rightarrow Z \rightarrow z_{10} \rightarrow$ Abtrieb

Merkmale

- Antriebswelle und Abtriebswelle (Hauptwelle) liegen auf der **„gleichen"** Fluchtlinie (Ebene).
- Die Gangräder der Hauptwelle (Schalträder) sind lose auf ihr gelagert.
- Die drehfeste Verbindung mit der Hauptwelle erfolgt über Schaltmuffe und Synchronkörper.
- Die Übersetzungen werden (außer im direkten Gang) jeweils über zwei Zahnradpaarungen erreicht.

Ungleichachsiges Wechselgetriebe

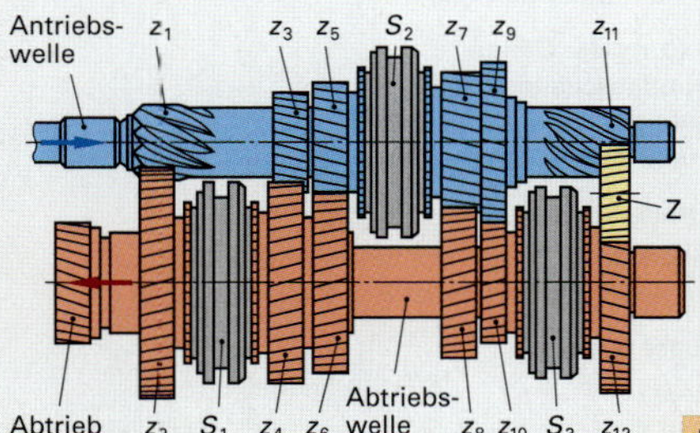

Bauteile

Zahnräder (treibend)	z_1, z_3, z_5, z_7, z_9, z_{11}
Zahnräder (getrieben)	z_2, z_4, z_6, z_8, z_{10}, z_{12}
Antriebswelle	Schaltmuffe S1 (1.-/2. Gang)
Abtriebswelle	Schaltmuffe S2 (3.-/4. Gang)
Rücklaufrad Z (Zwischenrad)	Schaltmuffe S3 (5.-/R-Gang)

Kraftfluss

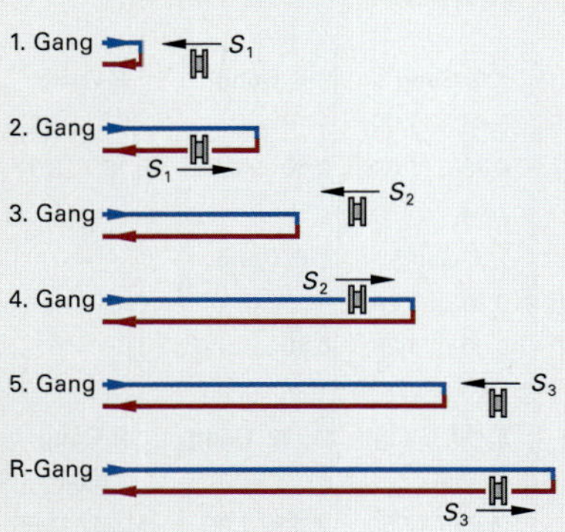

$z_1 \rightarrow z_2 \rightarrow$ Abtrieb

$z_3 \rightarrow z_4 \rightarrow$ Abtrieb

$z_5 \rightarrow z_6 \rightarrow$ Abtrieb

$z_7 \rightarrow z_8 \rightarrow$ Abtrieb

$z_9 \rightarrow z_{10} \rightarrow$ Abtrieb

$z_{11} \rightarrow Z \rightarrow z_{12} \rightarrow$ Abtrieb

Merkmale

- Antriebswelle und Abtriebswelle liegen auf **„ungleichen"** Fluchtlinien (Ebenen).
- Die Schalträder z_2 (1. Gang), z_4 (2. Gang), z_5 (3. Gang), z_7 (4. Gang), z_{10} (5. Gang), z_{12} (R-Gang), sind lose auf ihren Wellen gelagert.
- Die drehfeste Verbindung mit der Hauptwelle erfolgt über Schaltmuffe und Synchronkörper.
- Die Übersetzungen werden jeweils über eine Zahnradpaarung erreicht.

F

Ungleichachsiges Wechselgetriebe (6-Gang-Getriebe in Kurzbauweise)

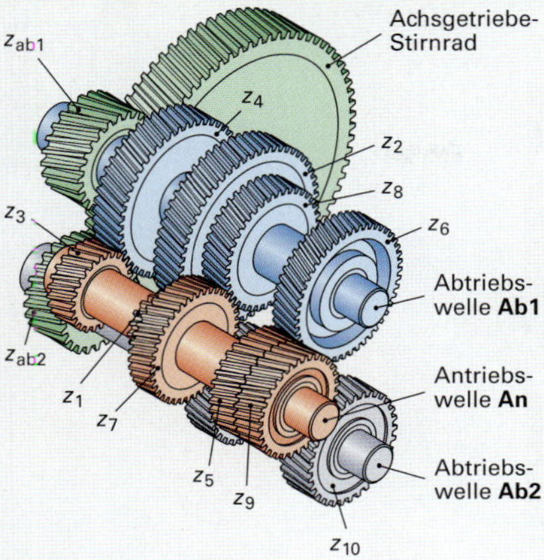

Bauteile

Zahnräder (treibend)	z_1, z_3, z_5, z_7, z_9
Zahnräder (getrieben)	z_2, z_4, z_6, z_8, z_{10}, z_{12}, z_{16}, z_R
Antriebswelle	
Abtriebswelle 1	Schaltmuffe S1 (1./2. Gang) Schaltmuffe S2 (3./4. Gang)
Abtriebswelle 2	Schaltmuffe S3 (5./6. Gang) Schaltmuffe S4 (R-Gang)
Rücklaufrad z_R	
Stirnradachsgetriebe	

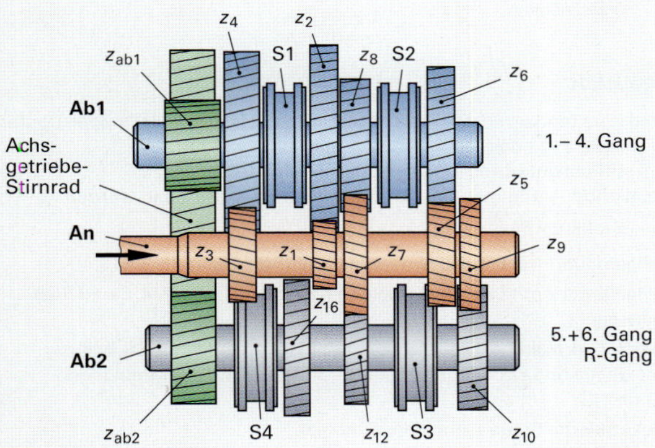

Merkmale

- Eine Antriebswelle und zwei Abtriebswellen auf ungleichen Ebenen.
- Abtriebswelle 1: schalten der Gänge **1 – 4**
- Abtriebswelle 2: schalten der Gänge **5, 6** und **des Rückwärtsganges**
- Alle Schalträder lose auf den Antriebswellen gelagert.
- Drehfeste Verbindung der Antriebswellen mit der Abtriebswelle erfolgt über Schaltmuffen und Synchronkörper.
- Übersetzungen werden jeweils über 1 Zahnradpaar erreicht (außer R-Gang).

		Kraftfluss
1. Gang		An → z_1 → z_2 → S1 → Ab1 → z_{ab1}
2. Gang	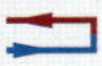	An → z_3 → z_4 → S1 → Ab1 → z_{ab1}
3. Gang		An → z_5 → z_6 → S2 → Ab1 → z_{ab1}
4. Gang		An → z_7 → z_8 → S2 → Ab1 → z_{ab1}
5. Gang		An → z_9 → z_{10} → S3 → Ab2 → z_{ab2}
6. Gang		An → z_7 → z_{12} → S3 → Ab2 → z_{ab2}
R-Gang		An → z_1 → z_R → z_{16} → S4 → Ab2 → z_{ab2}

F

Direktschaltgetriebe (DSG) mit 6 Gängen

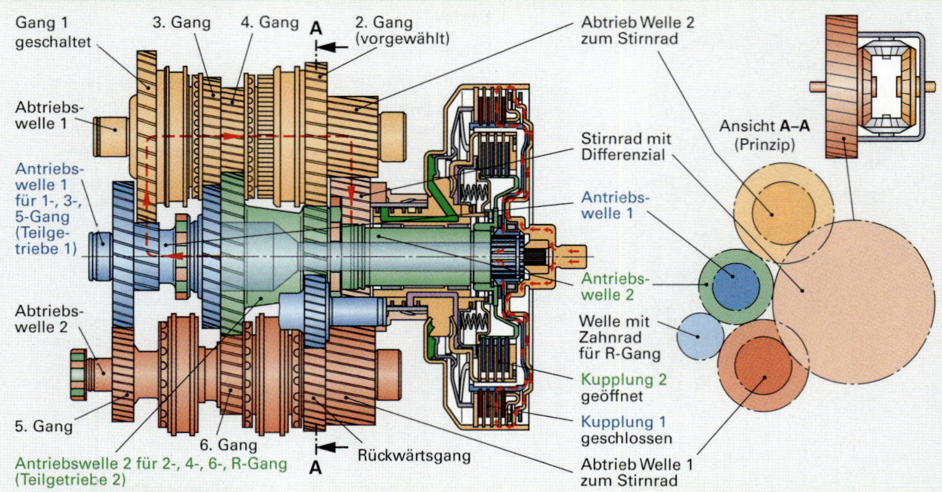

Systembeschreibung Direktschaltgetriebe

Das Direktschaltgetriebe ist ein sequenziell schaltendes, automatisiertes Getriebe, das mit einer Doppelkupplung ausgestattet ist. Es kann jeweils nur um einen Gang hoch- oder heruntergeschaltet werden.
Der Schaltvorgang wird ohne merkliche Kraftflussunterbrechung selbsttätig durchgeführt.
Das Direktschaltgetriebe kann im Automatikmodus und manuell im Tiptronic-Modus betrieben werden.

Systemaufbau	Es besteht aus folgenden Baugruppen: **Mechanik:** • Teilgetriebe 1 mit Lamellenkupplung K1 für die Gänge 1, 3, 5 • Teilgetriebe 2 mit Lamellenkupplung K2 für die Gänge 2, 4, 6 und Rückwärtsgang. **Mechatronik-Modul** • Elektrohydraulische Steuereinheit mit Magnetventilen zur Schaltung der Gänge und Druckregelventile zur Ansteuerung der Kupplungen K1 und K2. • Elektronische Steuereinheit mit Sensoren. **Hydraulik:** • Pumpe, Getriebeöl, hydraulische Nehmerzylinder für Kupplung und Getriebe.
Schaltvorgang	Ein Gang ist geschaltet und der nächste Gang ist vorgelegt. Ist z.B. der 3. Gang eingelegt, ist die Kupplung K1 geschlossen und die Kupplung K2 geöffnet. Je nach Fahrsituation ist dabei der 2. oder 4. Gang voreingelegt, die jeweilige Schaltmuffe ist aus der Mitte verschoben. Beim Schaltvorgang wird die offene Kupplung K2 geschlossen und gleichzeitig die Kupplung K1 geöffnet. Der Systemdruck beträgt ca. 10 bar. Der Schaltvorgang dauert 3/100 bis 4/100 Sekunden.
Systemsteuerung	Das Steuergerät vergleicht die Drehzahlsignale der Eingangswellen mit dem Drehzahlsignal des Motors und errechnet daraus den Schlupf der Kupplungen K1 und K2. Anhand des Schlupfes erkennt das Steuergerät den Öffnungs- und Schließzustand der Kupplungen. Zur Erkennung der Eingangswellendrehzahl tastet ein Hallgeber ein Impulsrad ab. Bei diesem sind abwechselnd kleine Nord- und Südpole über den Umfang aufgetragen. Die Impulsräder dürfen nicht in der Nähe von Magneten gelagert werden.
Creep-Regelung	Sie ermöglicht ein Kriechen des Fahrzeuges zum Beispiel beim Einparken, ohne das Fahrpedal zu betätigen.
Hillholder-Funktion	Rollt das Fahrzeug bei nur leicht betätigter Bremse, wird der Kupplungsdruck erhöht und das Fahrzeug im Stand gehalten. Wenn notwendig wird das Steuergerät Motor über CAN Bus angesteuert und unterstützt die Funktion durch das Erhöhen des Motordrehmomentes.
Notlaufprogramm	Im Notlauf kann in Abhängigkeit vom aufgetretenen Fehler, z.B. Ausfall des Drehzahlgebers für Eingangswelle, nur in den Gängen 1 und 3 oder nur im 2. Gang gefahren werden.

Synchronisiereinrichtungen mit Sperrsynchronisation

Aufgaben

- Gleichlauf zwischen Schaltmuffe und lose laufendem Gangrad (Schaltrad) herstellen.
- Aufschieben der Schaltmuffe auf die Sperrverzahnung des Gangrades vor erreichtem Gleichlauf verhindern.
- Schalten geräuschlos, leicht und schnell ermöglichen.

Bauarten

- Innensynchronisation (System Borg Warner)
- Außensynchronisation (System ZF)
- Doppelte Synchronisation (Dreikonen-Synchronisation).

Einfache Synchronisiereinrichtung mit Innensynchronisation (System Borg Warner)

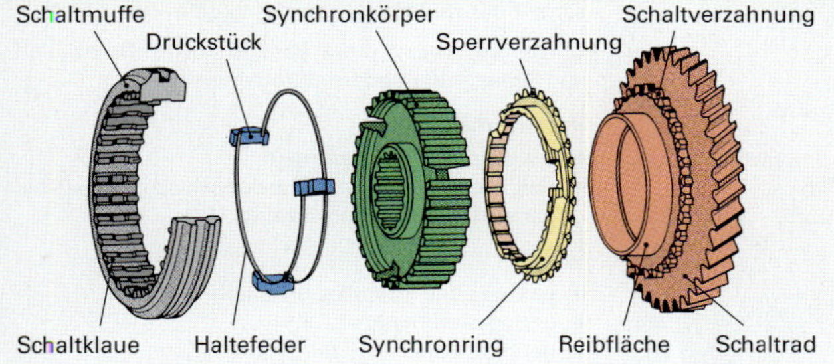

Aufbau

- **Schaltmuffe.** Die Schaltklauen der Innenseite greifen in Außenverzahnung des Synchronkörpers.
- **Synchronkörper.** Er ist drehfest mit der Welle des lose laufenden Gangrades verbunden.
- **Synchronring.** Er hat innen eine kegelförmige Reibfläche und außen eine Sperrverzahnung.
- **Gangrad.** Es hat auf der Seite des Synchronrings die Reibfläche, dahinter sitzt die Schaltverzahnung.

Neutrale Stellung

Schaltmuffe in Mittenstellung.

Schaltrad (Gangrad) läuft lose auf seiner Welle, z.B. Hauptwelle.

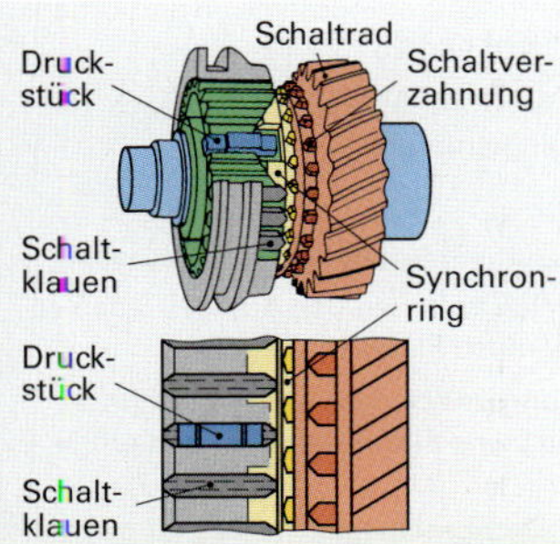

Synchronisierstellung

Schaltmuffe schiebt durch die Druckstücke den Synchronring auf den Reibkegel des Schaltrades. Bei Drehzahldifferenz zwischen Schaltmuffe und Schaltrad verdreht sich der Synchronring durch Reibung; Schaltmuffe kann nicht weitergeschoben werden.

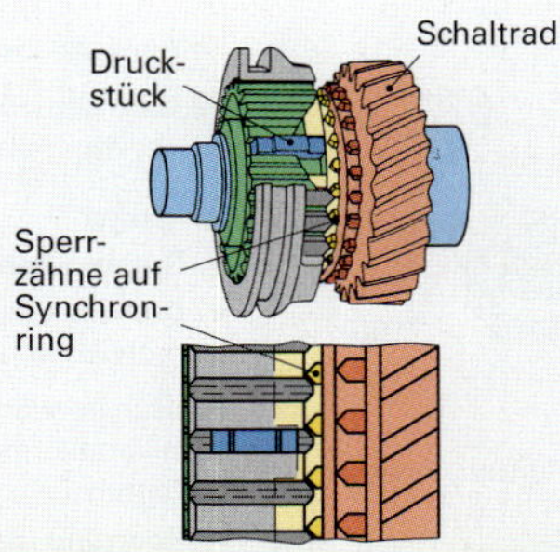

Gang geschaltet

Sobald Gleichlauf erreicht ist, hört die Reibung auf. Die weiterhin auf die Schaltmuffe drückende Kraft bewirkt, dass der Synchronring zurückgedreht wird. Die Sperrung der Schaltmuffe hört auf. Sie kann jetzt über die Schaltverzahnung des Schaltrades geschoben werden. Der Gang ist geschaltet.

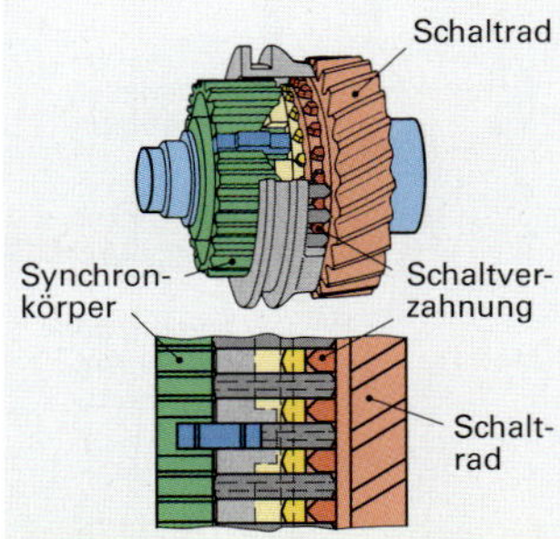

Synchronisiereinrichtung mit Außensynchronisation (System ZF)

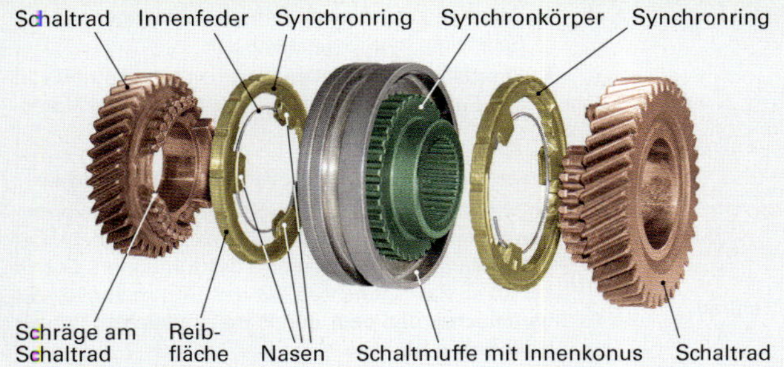

Merkmale

- Die Reibflächen des Synchronrings sind außen am Umfang.
- Die Sperrung erfolgt durch die Nasen.
- Infolge des größeren Reibhalbmessers ist leichteres und schnelleres Schalten möglich.
- Wegen der größeren Reibflächen sind die Flächenpressung und der Verschleiß geringer.

F

Synchronisiereinrichtung mit doppelter Synchronisation (Zweikonen-Synchronisation)

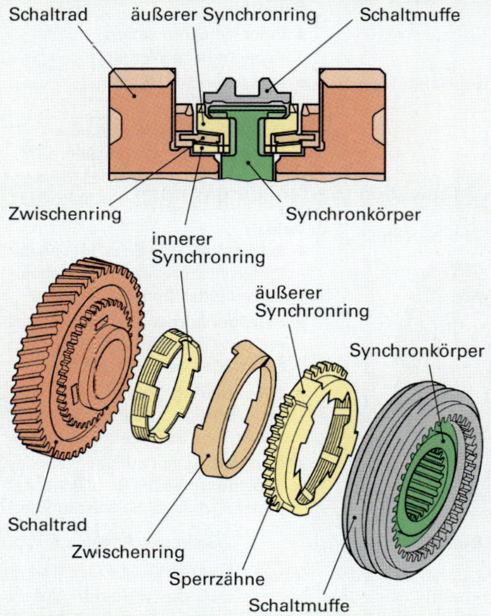

Aufbau

- Schaltmuffe
- Innerer Synchronring
- Äußerer Synchronring drehfest mit innerem Synchronring
- Synchronkörper
- Schaltrad
- Zwischenring drehfest mit Schaltrad

Wirkungsweise

Beim Synchronisieren wird der äußere Synchronring durch die Schaltmuffe auf den Zwischenring und dieser auf den inneren Synchronring gedrückt.

Durch Reibung wird ein Angleichen der Drehzahlen von Schaltmuffe und Schaltrad erreicht.

Besonderheiten

- 2 wirksame Reibpaarungen
- Reibflächen insgesamt fast doppelt so groß wie bei der einfachen Synchronisation.

Vorteile

- Leichtes und schnelles Schalten
- geringe Anpresskraft
- geringer Verschleiß der Synchronringe.

Verwendung: Pkw- und Nkw-Getriebe in den unteren Gängen. Hier sind die zum Synchronisieren notwendigen Reibkräfte aufgrund der großen Drehzahlsprünge größer als in den oberen Gängen.

Verteilergetriebe von Nutzkraftwagen

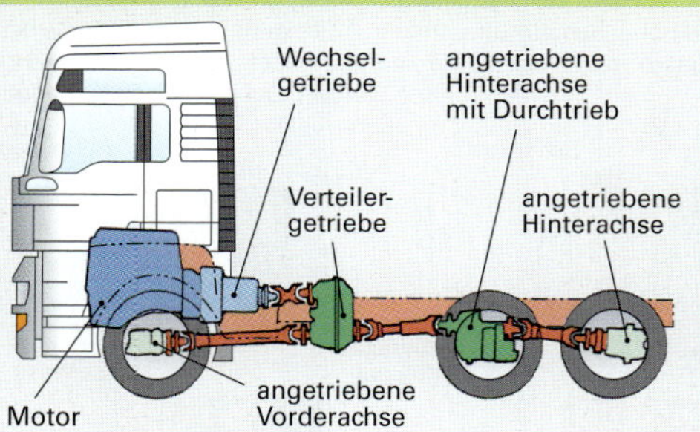

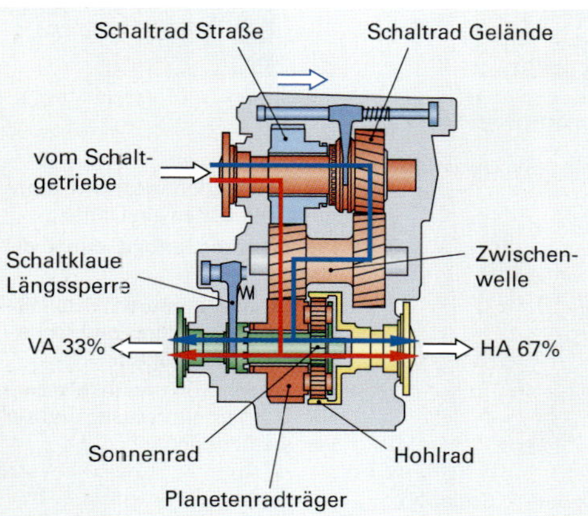

Werden bei einem Kraftfahrzeug mehrere Achsen angetrieben, so ist nach dem Wechselgetriebe zwischen den Antriebsachsen ein Verteilergetriebe notwendig, das die Antriebsdrehmomente an die vorhandenen Antriebsachsen verteilt.

Verteilergetriebe sind im Antriebsstrang nach dem Wechselgetriebe angeordnet.

Aufgaben

- **Drehmoment** an mehrere Achsgetriebe verteilen.
- **Drehzahlausgleich** zwischen den Achsgetrieben ermöglichen, z.B. durch Planetenradsatz.

Je nach Verwendungszweck des Fahrzeugs können vom Verteilergetriebe noch weitere Aufgaben erfüllt werden:

- **Sperrung des Drehzahlausgleichs** bei zu großen Schlupfunterschieden zwischen den Antriebsrädern ermöglichen.
- **Schaltung von zusätzlichen Übersetzungen,** z.B. für Baustellen- und Geländeeinsatz.
- **Zuschaltung** von Nebenabtrieben zum Antrieb von z.B. Pumpen, Seilwinden, Heu- und Getreidepressen.

Drehmomentverteilung an Vorder- und Hinterachse

Soll das Drehmoment zu ungleichen Teilen an Vorder- und Hinterachse verteilt werden, so ist im Verteilergetriebe ein einfacher Planetenradsatz integriert. Er teilt z.B. über das Sonnenrad 1/3 des Drehmoments der Vorderachse und über den Planetenradträger 2/3 der Hinterachse zu.

F

Gruppengetriebe von Nutzkraftwagen

Vorgeschaltetes Gruppengetriebe

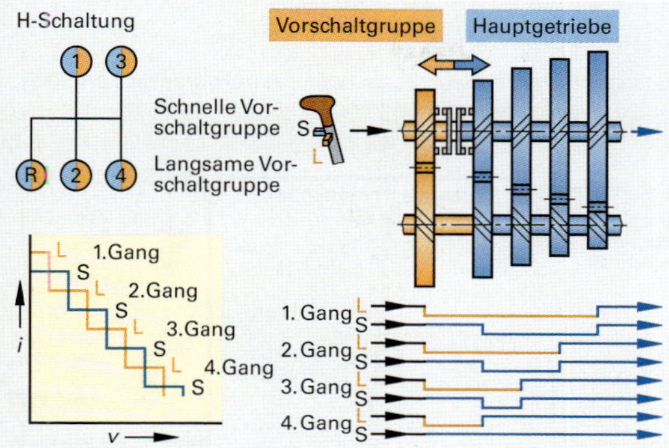

Nachgeschaltetes Gruppengetriebe

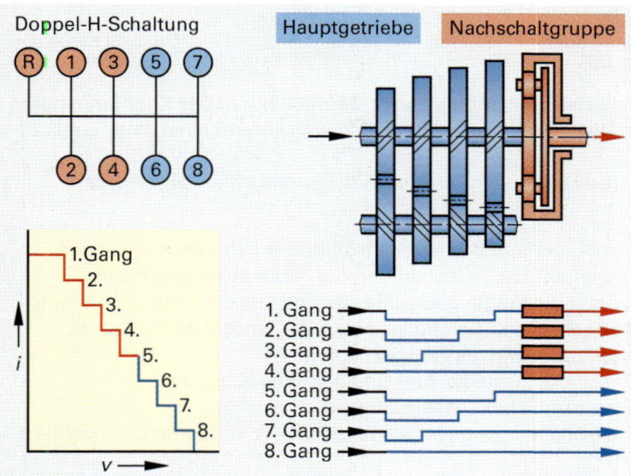

Vor- und nachgeschaltetes Gruppengetriebe

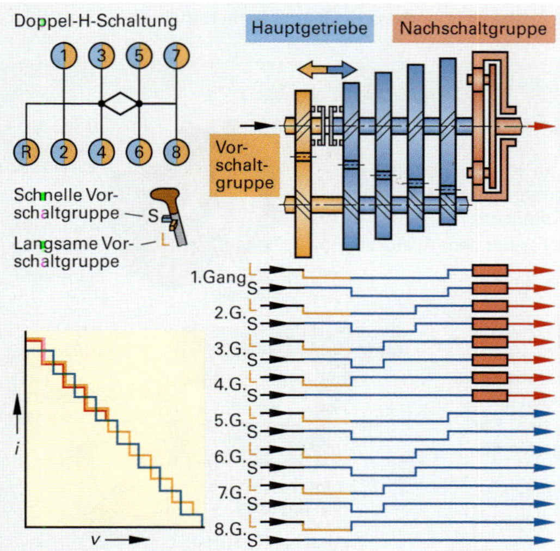

Gruppengetriebe

Aufgabe: Durch feinere Getriebeabstufungen bessere Anpassung des Motordrehmoments an die auftretenden Fahrsituationen bewirken.

Aufbau: Ein 4-, 5- oder 6-Gang-Wechselgetriebe (Hauptgetriebe) wird kombiniert mit einer

- **Vorschaltgruppe (Splitgruppe)** aus einem Vorgelege-Stirnradsatz (2 Stirnräder), oder einer
- **Nachschaltgruppe (Bereichsgruppe),** meist aus einem einfachen Planetenradsatz, oder mit
- **Vor- und Nachschaltgruppe.**

Vorgeschaltete Gruppengetriebe

Jeder Gang des Hauptgetriebes kann mit 2 Übersetzungen gefahren werden.
Dadurch wird die Zahl der Gänge verdoppelt und die Abstufung zwischen 2 Gängen feiner.

Die Vorschaltgruppe (Splitgruppe) ist

- über die Vorgelege-Zahnradpaarung dem Wechselgetriebe zugeschaltet; die Gesamtübersetzung wird größer, die Drehzahl langsamer (siehe gelber Linienzug bei L);
- direkt dem Wechselgetriebe zugeschaltet; die Gesamtübersetzung wird kleiner, die Drehzahl schneller (blauer Linienzug bei S).

Nachgeschaltete Gruppengetriebe

Jeder Gang kann sowohl mit geschalteter als auch mit geblockter Nachschaltgruppe gefahren werden. Dadurch wird die Gangzahl des Getriebes verdoppelt, der Übersetzungsbereich erweitert.

Die Nachschaltgruppe (Bereichsgruppe) kann

- **dem Hauptgetriebe über den** Planetenradsatz nachgeschaltet werden (Hohlrad fest, Sonnenrad treibt über den Planetenradträger die Abtriebswelle an), z. B. $i = 3{,}51$;
- **dem Hauptgetriebe direkt** über den geblockten Planetenradsatz nachgeschaltet werden ($i = 1$).

Der Kraftflussplan zeigt, dass vom 1. bis zum 4. Gang die Übersetzungen das Hauptgetriebes zusammen mit der Übersetzung der Nachschaltgruppe (Planetenradsatz) wirksam sind.
Vom 5. bis 8. Gang sind durch die Verblockung des Planetenradsatzes nur die Übersetzungen des Hauptgetriebes wirksam.

Vor- und nachgeschaltete Gruppengetriebe

Durch die Zusammenschaltung des Hauptgetriebes mit einer Vor- und einer Nachschaltgruppe wird die Gangzahl vervierfacht. Das Getriebe wird im 1. bis 4. Gang mit Vorschaltgruppe und Nachschaltgruppe gefahren, im 5. bis 8. Gang ist die Nachschaltgruppe verblockt ($i = 1$).
Bei der Verwendung eines 4-Gang-Wechselgetriebes als Hauptgetriebe ergeben sich 16 Schaltmöglichkeiten, 2 durch die Vorschaltgruppe, 4 durch das Wechselgetriebe, 2 durch die Nachschaltgruppe ($2 \times 4 \times 2 = 16$).

Grundaufbau

Das System des automatisierten Schaltgetriebes besteht aus:

- Schaltgetriebe mit einem elektromechanischem Kupplungs- und zwei Gangstellern
- Steuergerät für das automatisierte Schaltgetriebe
- Wählhebel mit Automatik- und Tiptronicfunktion.

Bei Nutzfahrzeugen kann die Kupplungs- und Schaltbetätigung elektropneumatisch oder elektrohydraulisch erfolgen.

Systembeschreibung Automatisiertes Schaltgetriebe

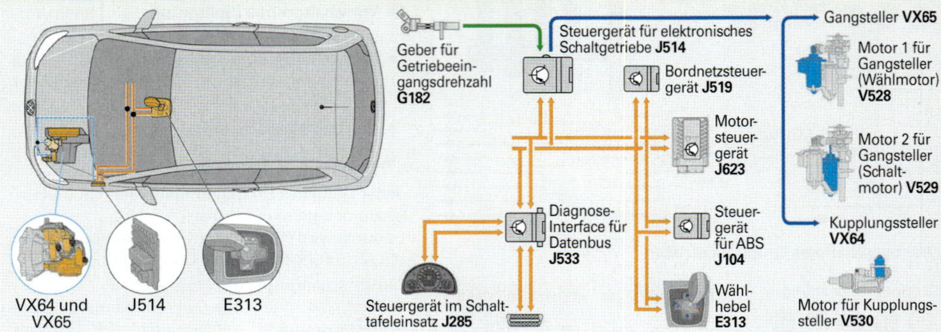

Merkmale

- Im Vergleich zum manuellen Schaltgetriebe entfällt bei dieser Getriebebauart das Kupplungspedal und der Schalthebel ist durch einen Wählhebel ersetzt. Beim Schalten kommt es zu einer Zugkraftunterbrechung.
- Mit dem Wählhebel kann manuell geschaltet oder der Automatikmodus angewählt werden.

Funktion Automatikmodus

Wählhebel in Position D

Eingangssignale: • Wählhebelposition • Fahr- und Bremspedalstellung • Fahrgeschwindigkeit (Steuergerät Schalttafeleinsatz) • Getriebeeingangsdrehzahl und Getriebeausgangsdrehzahl.

Verarbeitung: Das ASG-Steuergerät wertet die Eingangssignale aus und steuert anhand von hinterlegten Kennfeldern das Ein- und Auskuppeln der Kupplung und die Schaltvorgänge im Getriebe.

Ausgangssignale: Sie steuern den Kupplungs- und die Gangsteller an.

- Ansteuerung des Elektromotors für Kupplungssteller zum Betätigen der Kupplung.
- Ansteuerung der Gangstellermotoren zum Schalten der Gänge.

Die Getriebesteuerung ist über den CAN-Bus mit weiteren Steuergeräten (z. B. Motor, ESP) vernetzt.

Funktion Manuelles Schalten

Wählhebel in Mittelstellung (Position +, Position –)

Es werden die gleichen Eingangssignale wie im Automatikmodus verwendet. Durch Antippen in Pos. + oder Pos. – werden Eingangssignale an das ASG Steuergerät übermittelt. Anhand von hinterlegten Kennfeldern wird das Ein- und Auskuppeln und das Hoch- und Runterschalten des Getriebes nach Fahrerwunsch durchgeführt.

F

Automatisiertes Kupplungssystem (AKS

Aufbau

Der Kupplungssteller ist seitlich am Getriebegehäuse angebracht.

Er besteht aus einem Elektromotor für Kupplungssteller mit elektrischem Anschluss, einem Zahnradsegment mit Unterstützungsfeder und dem Stößel mit Faltenbalg.

Über den Stößel ist der Kupplungssteller mit dem Ausrückhebel der Kupplung verbunden.

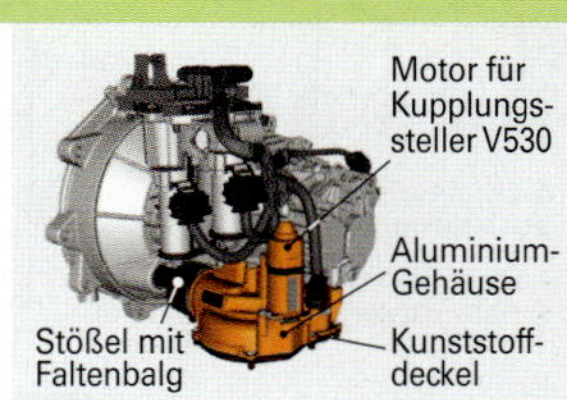

Funktion

Der Elektromotor wird bestromt und schwenkt das Zahnradsegment zum oberen Anschlagpunkt. Die Unterstützungsfeder unterstützt den E-Motor bei dieser Bewegung, um so den Energiebedarf des E-Motors zu reduzieren. Das Zahnradsegment drückt den Stößel gegen den Ausrückhebel.

Über das Ausrücklager wird gegen die Tellerfeder gedrückt, die Druckplatte wird abgehoben und die Kupplung trennt.

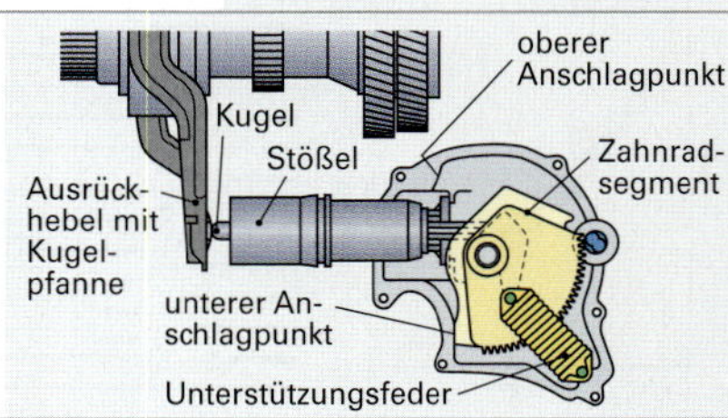

Gangstellereinheit

Merkmale

Die Gangstellereinheit besteht aus zwei Elektromotoren und ist neben der Antriebswelle des Getriebes angebracht. Der Schaltfinger greift in die Stangenschaltung zum Einlegen der Gänge.

Die Elektromotoren erfüllen zwei Funktionen:

- Wählen der Position des Schaltfingers zum Mitnehmer.
- Einlegen des Ganges durch Verschieben der Schaltwelle mit Schaltgabel durch den Schaltmotor.

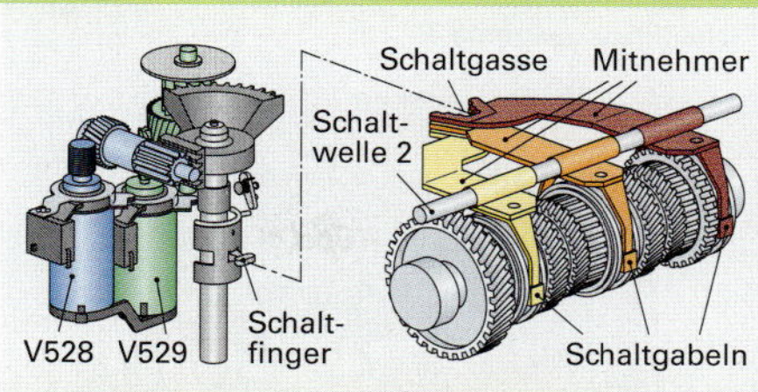

Funktionsweise Gangstellereinheit

Wählmotor

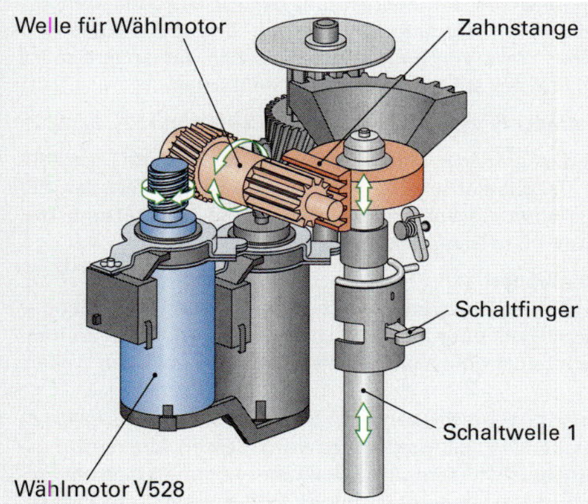

- Ein Schneckengetriebe verdreht die Welle des Wählmotors und verschiebt über eine Zahnstange die Schaltwelle.
- Der Schaltfinger wird dadurch im Mitnehmer der gewünschten Schaltgasse positioniert.

Schaltmotor

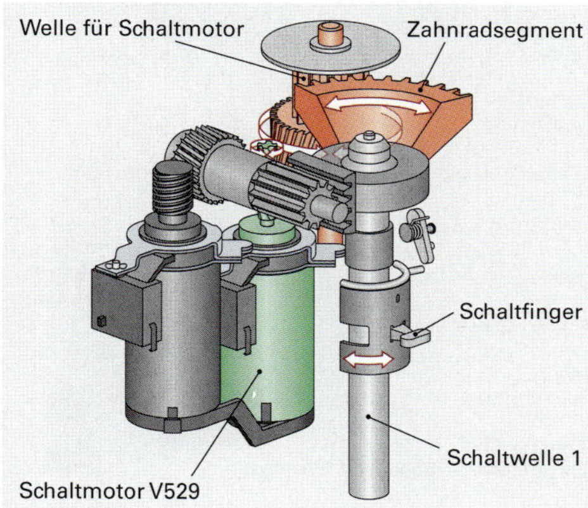

- Der Schaltmotor treibt ein Zahnsegment an, welches die Schaltwelle 1 mit Schaltfinger verdreht.
- Der Schaltfinger verschiebt den entsprechenden Mitnehmer, um die Schaltmuffe des geüwnschten Ganges axial zu verschieben.

Fehlermöglichkeiten und Abhilfe

Fehlerlampe leuchtet:	Mögliche Ursache	Abhilfe gemäß Bordbuch
	Störung im Getriebe	• Nicht weiterfahren. • Gefahr von erheblichen Getriebeschäden.
	Gänge können nicht korrekt eingelegt werden.	• Zündung aus- und einschalten. Wenn Kontrollleuchte nicht erlischt, Werkstatt aufsuchen.
	Schaltgetriebe vorübergehend überhitzt	• Getriebe in Wählhebelstellung N abkühlen lassen. Wenn Kontrollleuchte nicht erlischt, Fachbetrieb aufsuchen.
	Schaltgetriebe überhitzt.	• Motor abstellen, Bremspedal treten und Getriebe abkühlen lassen. Weitere Anfahrvorgänge vermeiden. Wenn Kontrollleuchte nicht erlischt, Werkstatt aufsuchen.

Werkstatthinwiese

- Zum Abschleppen ist das Getriebe in Neutralstellung zu bringen.
- Bei Austausch des Gangstellers muss dieser mit Hilfe des Werkstatttesters (oder manuell) in Ausbaulage gebracht werden.
- Im Bereich der Kugel und der Kugelpfanne des Ausrückhebels darf kein Fett aufgetragen werden. Grund: Die Mischung aus Fett und Abrieb des Kupplungsbelages erhöht den Verschleiß und verursacht evtl. Geräusche.
- Nach Arbeiten am Getriebe bzw. an der Gangstellereinheit ist die Grundeinstellung über einen Werkstatttester durchzuführen. Hierbei durchfährt der Schaltfinger mehrmals die Schaltgassen und die Wählgassen, um sich selbst exakt zu positionieren.

F

Kraftradgetriebe

Schaltklauengetriebe

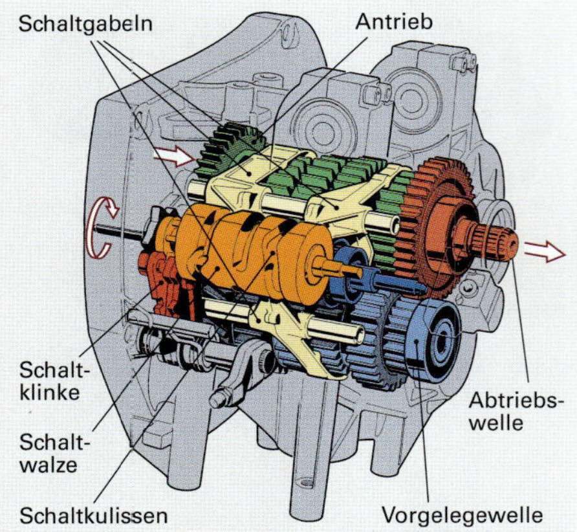

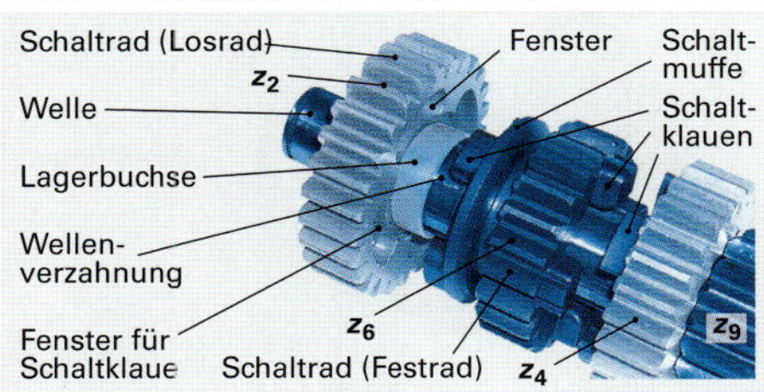

5-Gang-Schaltklauengetriebe (1. Gang geschaltet)

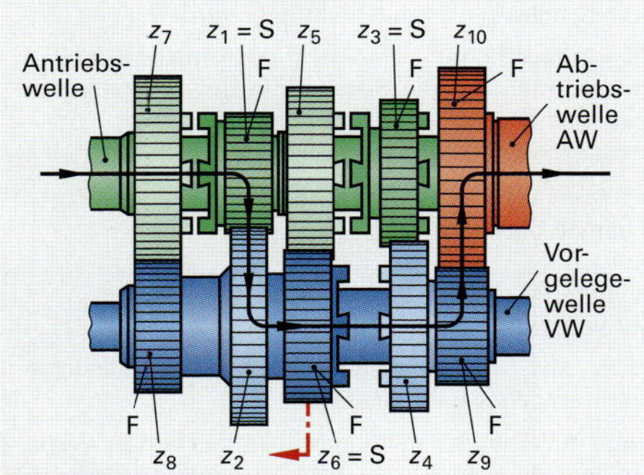

Kraftfluss

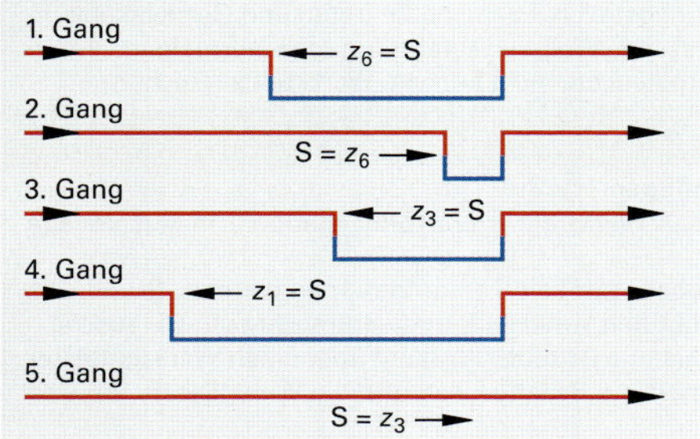

Aufbau

- Antriebswelle
- Vorgelegewelle (VW)
- Abtriebswelle (AW)
- Zahnräder.

Das dargestellte Getriebe ist gleichachsig.

Alle Zahnräder sind ständig im Eingriff.

Zahnräder

Sie besitzen Geradverzahnung und sind paarweise miteinander im Eingriff.
Man unterscheidet Gangräder und Schalträder.

Gangräder

Sie bewirken die Übersetzung des geschalteten Ganges. Bei jedem Gangradpaar muss ein Zahnrad drehfest mit seiner Welle verbunden sein (Festrad), das andere muss frei drehbar auf seiner Welle laufen (Losrad).

Festräder F: z_1, z_3, z_6, z_8, z_9, z_{10}. **Losräder L:** z_2, z_4, z_5, z_7.

Die Gangräder z_9 und z_{10} bilden die sogenannte „konstante" Teilübersetzung ($i_1 = z_{10}/z_9$. z_{10}) ist drehfest mit der Abtriebswelle verbunden. Dies ist die Übersetzung die, außer im 5. Gang, immer wirksam ist.

Schalträder

Es sind die Gangräder, welche zum Schalten eines Ganges nach rechts oder links verschoben werden. Diese Zahnräder sitzen drehfest und axial verschiebbar auf ihren Wellen.

Durch das Verschieben eines Schaltrades in Richtung des zu schaltenden Gangradpaares wird dessen Übersetzungsverhältnis wirksam. Als Schalträder kommen beim dargestellten 5-Ganggetriebe folgende Zahnräder zum Einsatz: z_6 (für den 1. und 2. Gang), z_3 (für den 3. Gang und 5. Gang), z_1 (für den 4. Gang).

Gänge	Verschiebung		Kraftfluss
	Schaltrad S	nach	
1.	$S = z_6$	links	$z_1 \rightarrow z_2 \rightarrow (z_6 = S) \rightarrow z_9 \rightarrow z_{10} \rightarrow AW$
2.	$S = z_6$	rechts	$z_3 \rightarrow z_4 \rightarrow (z_6 = S) \rightarrow z_9 \rightarrow z_{10} \rightarrow AW$
3.	$S = z_3$	links	$z_5 \rightarrow z_6 \rightarrow (z_3 = S) \rightarrow z_9 \rightarrow z_{10} \rightarrow AW$
4.	$S = z_1$	links	$z_7 \rightarrow z_8 \rightarrow (z_1 = S) \rightarrow z_9 \rightarrow z_{10} \rightarrow AW$
5.	$S = z_3$	rechts	$z_3 \rightarrow (z_3 = S) \rightarrow$ direkt $\rightarrow AW$

Schaltelemente

Fußschalthebel, Schaltklinke, Schaltwalze, Schaltkulisse, Schaltgabeln.

Wirkungsweise

- Fahrer drückt Fußhebel nach unten, z.B. in die Stellung für den 1. Gang.
- Über Schaltklinke, Schaltwalze, Schaltkulisse und Schaltgabel wird das Schaltrad z_6 mit seinen Klauen nach links in das Gangrad z_2 (Losrad) geschoben.
- Die Verbindung mit der Abtriebswelle wird über die „Konstante" z_9 und z_{10} hergestellt.
- Die Übersetzung z.B. $i_{G1} = z_2/z_1 \times z_{10}/z_9$ ist wirksam.

Schaltklauengetriebe werden meist bei Motorrädern eingesetzt.

F

Automatik mit hydrodynamischem Drehmomentwandler und Planetengetriebe

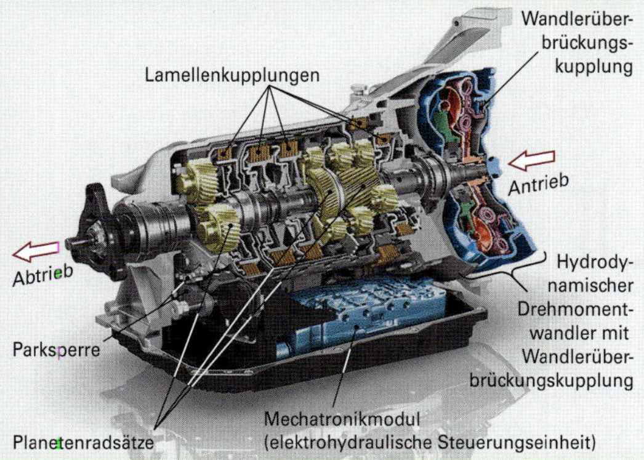

Getriebekomponenten

- **Hydrodynamischer Drehmomentwandler**
  Er wirkt als Anfahrkupplung und verstärkt im Wandlungsbereich das Eingangsdrehmoment des Motors. Eine integrierte Wandler-Überbrückungskupplung stellt in bestimmten Betriebszuständen eine direkte Verbindung zwischen Pumpenrad und Turbinenrad her und verhindert die Strömungsverluste des Wandlers.
- **Planetengetriebe (Planetenradsätze)**
  Es ist dem Drehmomentwandler nachgeschaltet und übersetzt Drehmomente und Drehzahlen. Die Planetenradsätze werden durch Lamellekupplungen geschaltet.
- **Mechatronikmodul (Steuerungseinheit)**
  Die Steuerrung für das Schalten der Gänge erfolgt elektrohydraulisch und bewirkt das selbsttätige Hoch- und Zurückschalten.

Hydrodynamischer Drehmomentwandler mit Wandlerüberbrückungskupplung

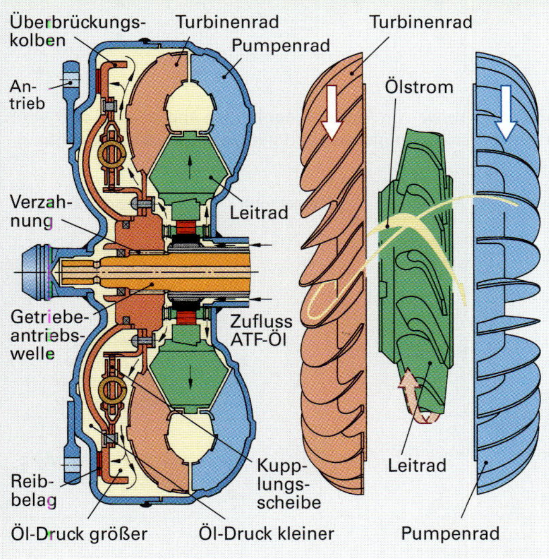

Aufgaben
- Motordrehmoment wandeln und übertragen
- Verwendung als Anfahrkupplung
- Drehschwingungen des Motors dämpfen

Aufbau
- Pumpenrad
- Turbinenrad
- Leitrad mit Freilauf
- Überbrückungskupplung.

Wirkungsweise beim Anfahren

Pumpenrad dreht mit Motordrehzahl
→ Turbinenrad wird angeströmt und beginnt sich zu drehen.
→ Leitrad wird angeströmt, Freilauf blockiert Drehbewegung.
→ Ölstrom wird umgelenkt zu Turbinenradschaufeln und erfährt dabei Rückstau.
→ Drehmomenterhöhung am Turbinenrad.
→ Großer Umlenkwinkel bewirkt große Drehmomenterhöhung.

Wandlerüberbrückungskupplung geschlossen

Öl strömt durch Wandler auf rechte Seite der Kupplungsscheibe → Reibbeläge von Kupplungsscheibe und Wandlergehäuse werden gegeneinandergedrückt → Pumpen- und Turbinenrad des Wandlers sind überbrückt.

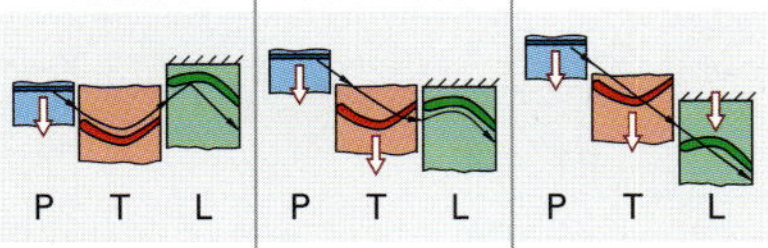

	Wandlungsbereich		**Kupplungsbereich**
	Anfahren	bis K-Punkt	
Pumpenrad-drehzahl	Motor-drehzahl	Motor-drehzahl	Motor-drehzahl
Turbinenrad-drehzahl	Null	nimmt zu	ab ca. 85 % Pumpenrad-drehzahl
Leitrad-drehzahl	Null	Null	Turbinenrad-drehzahl
Ablenkwinkel des Ölstroms	groß	klein	keiner
Drehmoment-erhöhung	groß (bis dreifach)	klein	keine

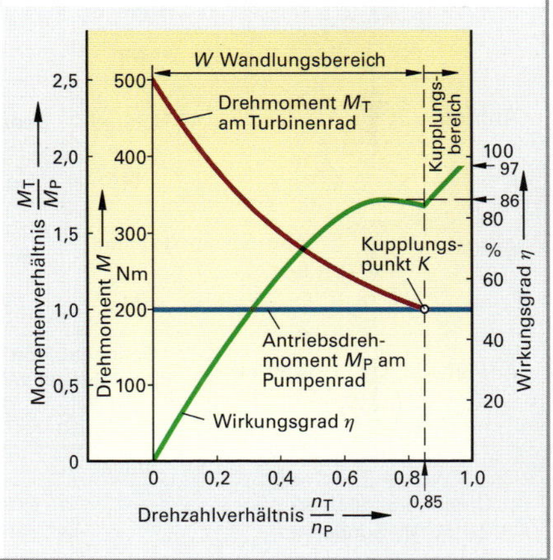

F

Planetengetriebe

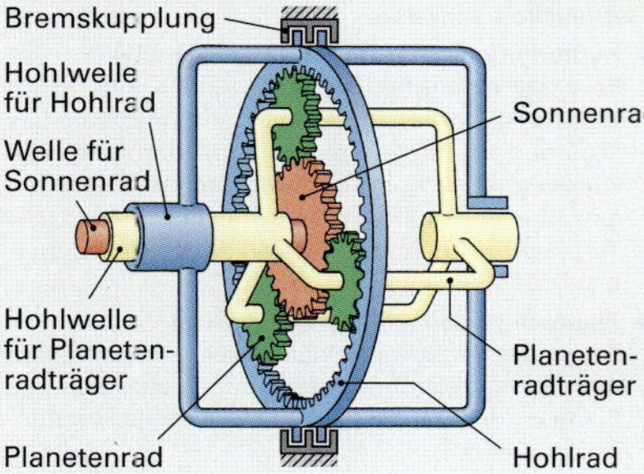

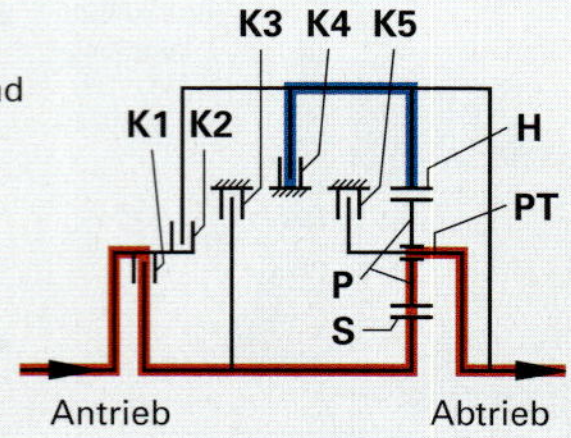

1. Gang geschaltet

Bauteile

S Sonnenrad
H Hohlrad
P Planetenrad
PT Planetenradträger

Schaltelemente

K1, K2 Antriebskupplungen
K3, K4, K5 Bremskupplungen
● kraftschlüssig geschaltet

Schaltmöglichkeiten

Die Tabelle zeigt die Variationsmöglichkeiten der wechselseitig angetriebenen, festgebremsten und abtreibenden Hauptteile eines einfachen Planetenradsatzes für 3 Vorwärts- und 1 Rückwärtsgang.

Schaltlogik / Gänge	Antriebskupplungen		Bremskupplungen			Abtrieb	
	K1	K2	K3	K4	K5	PT	H
1. Gang	●			●		●	
2. Gang		●	●			●	
3. Gang	●	●				●	
R-Gang	●				●		●

Sonnenrad, Hohlrad oder Planetenradträger werden wechselweise von Antriebskupplungen angetrieben oder von Bremskupplungen festgebremst. So können 5 Übersetzungsstufen in gleicher und 2 in umgekehrter Drehrichtung erreicht werden.

Schaltschema	Antrieb	fest	Abtrieb	Übersetzung i	Bereich / Gang
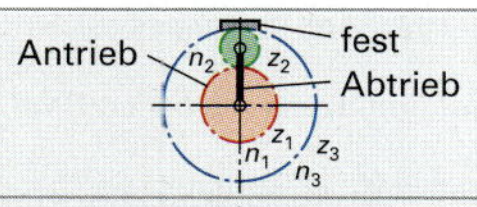	Sonnenrad S	Hohlrad H	Planetenradträger PT	$i = \frac{n_1}{n_2} = 1 + \frac{z_3}{z_1}$	Übersetzung ins Langsame, z.B. 1. Gang
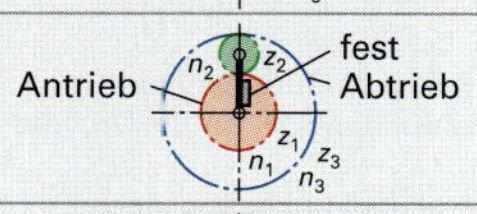	Sonnenrad S	Planetenradträger PT	Hohlrad H	$i = \frac{n_1}{n_3} = -\frac{z_3}{z_1}$	Übersetzung ins Langsame Drehsinnumkehr Rückwärtsgang
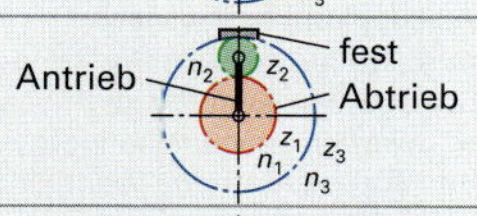	Planetenradträger PT	Hohlrad H	Sonnenrad S	$i = \frac{n_2}{n_1} = \frac{1}{1 + \frac{z_3}{z_1}}$	Große Übersetzung ins Schnelle
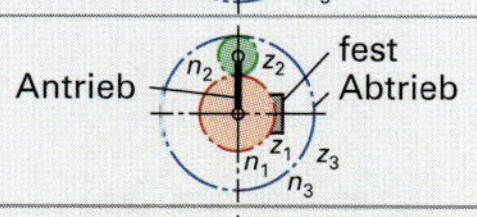	Planetenradträger PT	Sonnenrad S	Hohlrad H	$i = \frac{n_2}{n_3} = \frac{1}{1 + \frac{z_1}{z_3}}$	Übersetzung ins Schnelle
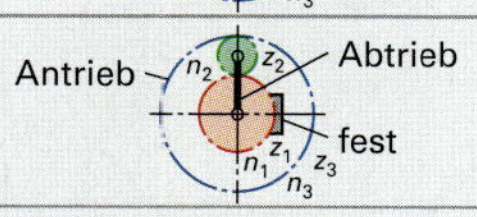	Hohlrad H	Sonnenrad S	Planetenradträger PT	$i = \frac{n_3}{n_2} = 1 + \frac{z_1}{z_3}$	Kleine Übersetzung ins Langsame z.B. 2. Gang
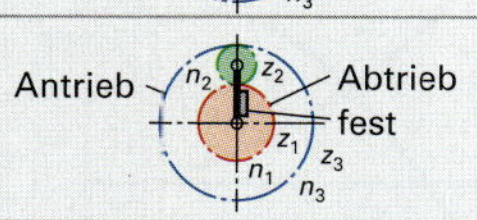	Hohlrad H	Planetenradträger PT	Sonnenrad S	$i = \frac{n_3}{n_1} = -\frac{z_1}{z_3}$	Übersetzung ins Schnelle Drehsinnumkehr
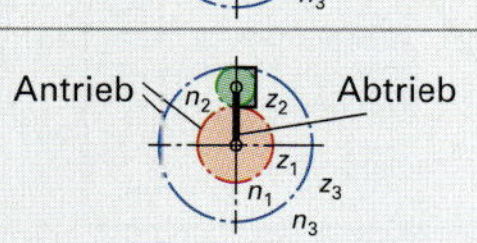	Sonnenrad mit Hohlrad verblockt Planetenräder wirken als Mitnehmer **S + H + PT** drehen sich mit gleicher Drehzahl			$i = \frac{n_1}{n_2} = 1:1$ $n_1 = n_2 = n_3$	Direkte Übersetzung $i = 1:1$ direkter Gang

n_1 Drehzahl Sonnenrad
z_1 Zähnezahl Sonnenrad
n_2 Drehzahl Planetenradträger
z_2 Zähnezahl Planetenräder
n_3 Drehzahl Hohlrad
z_3 Zähnezahl Hohlrad

F

Ravigneaux-Planetenradsatz

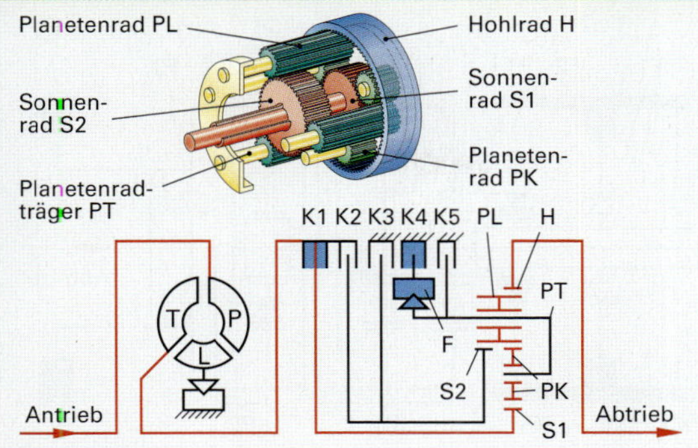

Kraftfluss 1. Gang: F sperrt PT über K4 in einer Drehrichtung
Antrieb → P → T → K1 → S1 → PK → PL → H → Abtrieb

H	1 gemeinsames Hohlrad
S1, S2	2 Sonnenräder
PT	1 gemeinsamer Planetenradträger
PL, PK	Planetenräder (PL = lang, PK = kurz)
K1, K2	Antriebskupplungen
K3, K4, K5	Bremskupplungen
F	Freilauf

Gänge	Schaltorgane in Tätigkeit[1]					
	K1	K2	K3	K4	K5	F
Leerlauf	Alle Kupplungen gelöst					
1. Gang	•			•		•
2. Gang	•		•			
3. Gang	•	•				
R-Gang		•			•	

• kraftschlüssig [1] Wählhebelstellung D

Simpson-Planetenradsatz

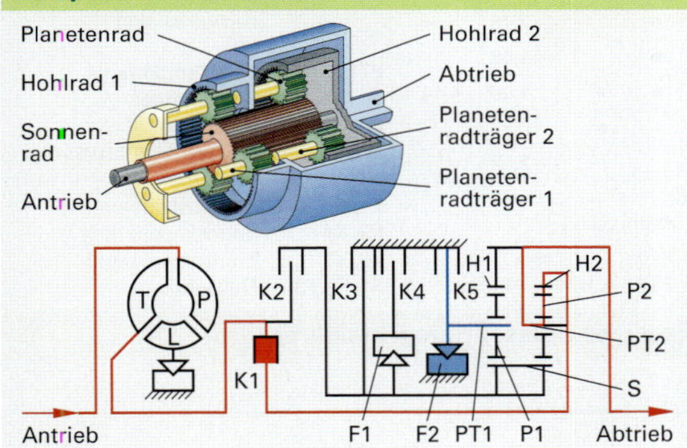

Kraftfluss 1. Gang: F2 bremst PT1
Antrieb → P → T → K1 → H2 → P2 → S → P1 → H1 → Abtrieb

S	1 gemeinsames Sonnenrad
H1, H2	2 Hohlräder
PT1, PT2	2 Planetenradträger
P1, P2	Planetenräder (gleiche Abmessungen)
K1, K2	Antriebskupplungen
K3, K4, K5	Bremskupplungen
F1, F2	Freiläufe

Gänge	Schaltorgane in Tätigkeit[1]						
	K1	K2	K3	K4	K5	F1	F2
Leerlauf	Alle Kupplungen gelöst						
1. Gang	•						•
2. Gang	•		•[1]	•		•	
3. Gang	•	•		•			
R-Gang		•			•		

• kraftschlüssig [1] Wählhebelstellung D

Wilson-Planetenradsatz

3 einfache Planetenradsätze P1, P2, P3 in Reihe geschaltet

Übersetzungssprung (Spreizung):
$i_s = i_{G1} / i_{G5} = 3{,}57 : 0{,}8 = 4{,}44$

S1, S2, S3	3 Sonnenräder	F Freilauf
H1, H2, H3	3 Hohlräder	
PT1 ... PT3	3 Planetenradträger	
K1, K2, K3	Antriebskupplungen	
B1, B2, B3	Bremskupplungen	
WK	Wandler-Überbrückungskupplung	

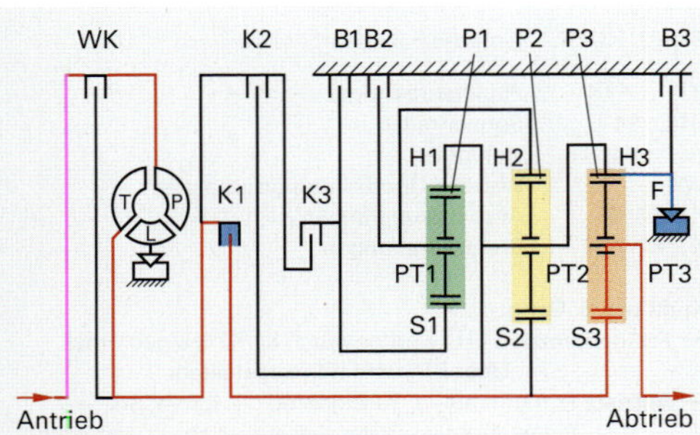

Kraftfluss 1. Gang (Wählhebelstellung D): F bremst H3
Antrieb → P → T → K1 → S3 → PT3 → Abtrieb

Gänge	Schaltorgane in Tätigkeit[1]									
	K1	K2	K3	B1	B2	B3	F	WK	i_G	i_S
Neutral						•			–	
1. Gang	•					•[2]	•		3,57	
2. Gang	•				•			•[3]	2,20	
3. Gang	•			•				•[3]	1,51	4,44
4. Gang	•	•						•[3]	1,00	
5. Gang	•		•			•	•	•[3]	0,80	
R-Gang			•			•			– 4,10	

• kraftschlüssig

[1] Wählhebelstellung D
[2] muss für Schubbetrieb geschaltet sein
[3] Schaltung erfolgt schlupfgeregelt

F

4-Gang-Automatik mit hydrodynamischem Drehmomentwandler und Überbrückungskupplung

Kraftfluss 4. Gang:

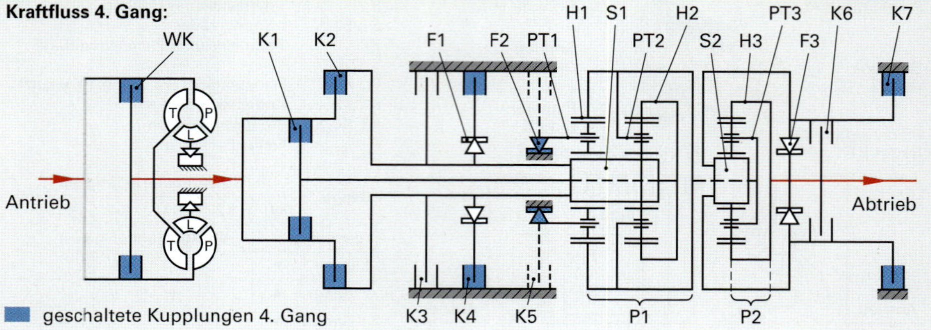

Gänge	Schaltorgane in Tätigkeit[1]												
	K1	K2	K3	K4	K5	K6	K7	F1	F2	F3	WK	i_G	i_S
Leerlauf	Alle Kupplungen gelöst												
1. Gang	•					•			•	•		2,48	
2. Gang	•		•	•		•		•		•		1,48	
3. Gang	•	•		•		•				•	•[2]	1,00	4,44
4. Gang	•	•		•			•				•[2]	0,73	
R-Gang		•			•	•						– 2,09	

• kraftschlüssig geschaltet [1] Wählhebelstellung D
[2] Wandler ab einer bestimmten Fahrgeschwindigkeit überbrückt

Kraftfluss 4. Gang: K7 bremst S2
Antrieb → WK → K1/K2 → P1 (verblockt) → H1 → PT3 → H3 → Abtrieb

Aufbau:

P1	Simpsonsatz
P2	einfacher Planetenradsatz nachgeschaltet
PT1 ... PT3	Planetenradträger
S1, S2	Sonnenräder
H1, H2, H3	Hohlräder
WK	Wandler-Überbrückungs-kupplung
K1, K2, K6	Antriebskupplungen
K3, K4	Bremskupplungen
K5, K7	Bremskupplungen
F1, F2, F3	Freiläufe

6-Gang-Automatik mit Drehmomentwandler und Überbrückungskupplung

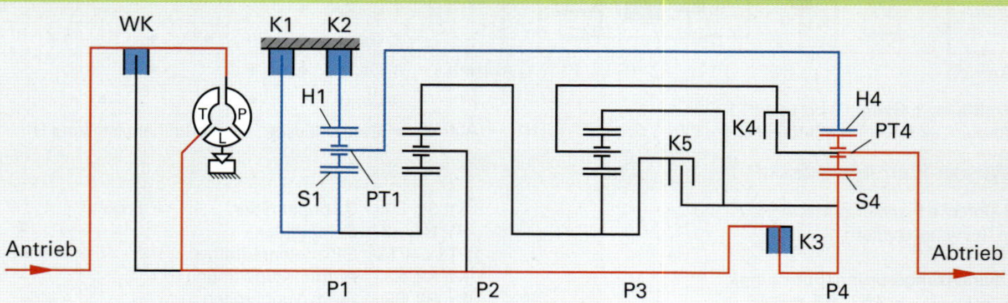

Gänge	Schaltorgane in Tätigkeit[1]							
	K1	K2	K3	K4	K5	WK	i_G	i_S
1. Gang	•	•	•				4,714	1,50
2. Gang	•	•			•		3,143	1,49
3. Gang		•	•		•	•	2,106	1,26
4. Gang		•		•	•	•	1,667	1,30
5. Gang		•	•	•		•	1,285	1,28
6. Gang			•	•	•	•	1,000	1,19
7. Gang	•		•	•		•	0,839	1,26
8. Gang	•			•	•	•	0,667	
R-Gang	•	•		•			– 3,317	Total 7,071

• kraftschlüssig geschaltet [1] Wählhebelstellung D
i_G Übersetzung der Gänge [2] Wandler überbrückt
i_S Spreizung der Übersetzung

Aufbau:

P1, P2, P3, P4	einfache Planetenradsätze
PT1 ... PT4	Planetenradträger
S1 ... S4	Sonnenräder
H1 ... H4	Hohlräder
WK	Wandler-Überbrückungskupplung
K3, K4, K5	Antriebskupplungen
K1, K2	Bremskupplungen

Kraftfluss 1. Gang:
- **Festgebremst:** S1/H1 werden durch K1/K2 festgebremst. Über PT1 wird H4 festgehalten.
- **Antrieb:** Pumpenrad → Turbinenrad → K3 → S4 → Planetenräder wälzen sich auf H4 ab → Mitnahme von PT4 → Abtrieb

F

Getriebesteuerungsschema

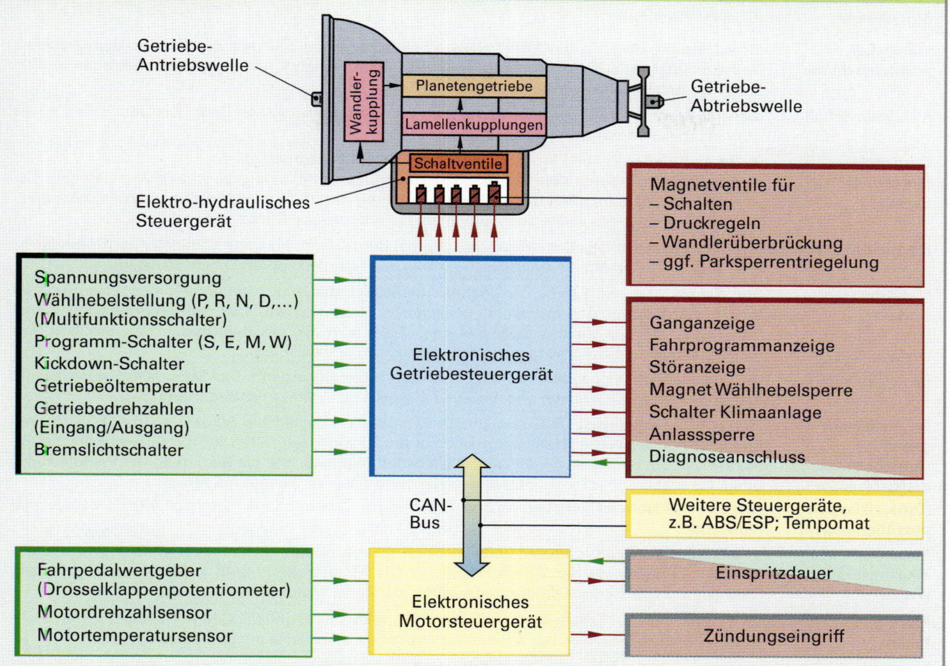

Wirkungsweise des elektronischen Getriebesteuergerätes (EGS)

Signalerfassung Das EGS erfasst die Eingangssignale zum Teil direkt und zum Teil über den CAN-Bus von anderen Steuergeräten, wie z.B. Motorsteuergerät, ABS/ESP-Steuergerät, Geschwindigkeitsregel-Steuergerät (Tempomat), Fahrdynamikregel-Steuergerät, ACC-Steuergerät (Adaptiv Cruise Control ≙ Abstandskontrollsystem durch Anpassung der Fahrgeschwindigkeit).

Signalverarbeitung Aufgrund der Eingangssignale werden im EGS geeignete hinterlegte Kennfelder hinsichtlich folgender Kriterien ausgewählt:
Schaltprogramm, Schaltzeitpunkt, Schaltqualität, Schalten der Wandlerkupplung.

Signalausgabe Das EGS steuert Magnetventile für Schalten, Druckregeln und Wandlerkupplung im elektro-hydraulischen Steuergerät an. Die Magnetventile steuern durch hydraulischen Druck Schaltventile. Diese steuern Lamellenkupplungen mit einem modulierten Arbeitsdruck so an, dass ruckfreie Schaltvorgänge möglich sind.
Zusätzlich sendet das EGS Ausgangssignale über den CAN-Bus an andere Steuergeräte, z. B. ESP.

Adaptive Getriebe-Steuerung Die adaptive Getriebesteuerung wählt abhängig von Fahrertypbewertung, Fahrsituationserkennung und Umwelterkennung ein geeignetes Schaltprogramm selbsttätig aus und schaltet automatisch alle Vorwärtsgänge.

Signalgeber	Signalverwendung	
Wählhebel	P	Park-, Startstellung; R Rückwärtsgang; N Leerlauf, Startstellung.
	D	Getriebe schaltet abhängig von den Fahrbedingungen automatisch alle Vorwärtsgänge.
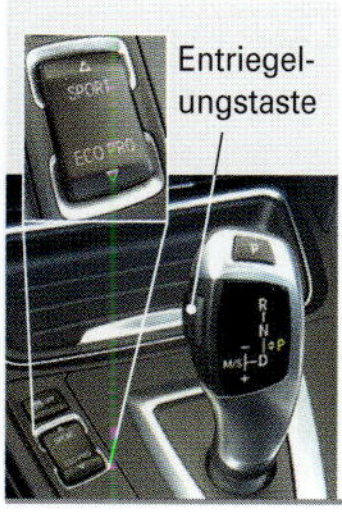	M/S +/–	Manuell /Tiptronic/Steptronic: Beim Antippen des Wählhebels wird jeweils ein Gang hochgeschaltet [M+] bzw. rückgeschaltet [M–]. Der gewählte Gang bleibt geschaltet.
	Sport	Sportprogramm (späte Hochschaltung, frühe Rückschaltung).
	ECO	Economic: Es werden besonders kraftstoffsparende Kennfelder/Schaltzeitpunkte ausgewählt (frühes Hochschalten, spätes Rückschalten, höhere Gangstufe bei konstanter Fahrgeschwindigkeit).
	Entriegelungstaste	Um den Wählhebel nach dem Starten des Motors in die Position D oder R zu bewegen, sind die Entriegelungstaste und und das Bremspedal zu betätigen. Dadurch wird verhindert, dass das Fahrzeug unabsichtlich losfährt.

F

Wirkungsweise des elektronischen Getriebesteuergerätes (EGS) (Fortsetzung)

Signalgeber	Signalverwendung
Wählhebel-positionsschalter	Er erfasst die Stellung des Wählhebels. Entsprechend der Stellung des Multifunktionsschalters werden durch das EGS Schaltungen eingeleitet und das Relais für Anlasssperre angesteuert (Aufhebung der Anlasssperre in Wählhebelposition P oder N).
Kickdown-Schalter	Bewirkt, soweit möglich, eine Rückschaltung in den kleinstmöglichen Gang. Die Gänge werden bis zur maximalen Motorleistung ausgefahren.
Getriebeöl-temperatur-Sensor	• Schaltdruckberechnung in Abhängigkeit der Getriebeöltemperatur. • Schaltzeitpunkt- und Wandlerkupplungssteuerung in Abhängigkeit maximal zulässiger Getriebeöltemperatur, z.B. > 150 °C. Wandlerkupplung wird früher geschlossen und nicht mehr geregelt. Gänge werden weiter ausgedreht, um die umgewälzte Ölmenge zu erhöhen.
Bremslichtschalter	Er kann Folgendes bewirken: Rückschaltung bei Bergabfahrt. Freigabe Wählhebelsperre (Shiftlock) P-R; N-D; N-R; Aufhebung Anlasssperre; lösen der Wandlerkupplung beim Bremsen.
Motordrehzahl-sensor Einspritzdauer (Verbrauchssignal)	Bei Fahrzeugen mit Fahrpedalwertgeber berechnet das Motorsteuergerät aus Einspritzdauer und Motordrehzahl das momentan anliegende Motormoment. Das Motormomentsignal wird über den CAN-Bus an das EGS gesendet. Dies wird für die Berechnung des Schaltdruckes benötigt, damit der Schaltvorgang weich und ruckfrei erfolgt.
Schaltsignal EGS	Bei Schaltabsicht signalisiert das EGS dies dem Motorsteuergerät. Das Motorsteuergerät bewirkt durch kurzzeitige Spätverstellung des Zündwinkels eine Drehmomentreduzierung.
Fahrpedalwert-geber, Getriebeausgangs-drehzahlsensor **(Drosselklappen-potentiometer)**	Sie geben Lastwunsch und momentane Fahrgeschwindigkeit als Signale an das EGS. In Verbindung mit der Wählhebelstellung sind sie die Hauptsteuergrößen für die Auswahl der Schaltkennlinien, die Bestimmung der möglichen Schaltzeitpunkte und die Steuerung der Wandlerkupplung. Als ergänzendes Lastsignal kann die Einspritzdauer verwendet werden. Bei älteren Automatikgetrieben wird die Stellung des Drosselklappenpotentiometers als Lastsignal verwendet.
Motor-, Getriebe-eingangsdrehzahl-sensor	Die Signale von Motordrehzahl und Getriebeeingangsdrehzahl dienen unter anderem zur schlupfgeregelten Steuerung der Wandlerkupplung. Die Motordrehzahl wird außerdem als zusätzliche Rechengröße bei Rückschaltungen verwendet, damit der Motor nicht überdreht.
Motortemperatur-fühler	Er bewirkt, dass bei kaltem Motor die Wandlerkupplung nicht und die Gänge erst bei höheren Drehzahlen geschaltet werden. Der Katalysator erreicht so schneller seine Betriebstemperatur.
Signal von ABS/ ESP-Steuergerät	Befinden sich das ABS oder ESP (Elektronisches Stabilitätsprogramm) im Regeleingriff, so erfolgen durch das EGS keine Schaltsignale, um unerwünschte Lastwechselreaktionen zu vermeiden.
Aktorsignale	**Signalverwendung**
Magnetventile	• Schaltung der Gänge • Schaltdrucksteuerung • ggf. Parksperrenentriegelung (Ja/Nein-Ventile) • Schlupfregelung Wandlerkupplung (Modulationsventile).
Getriebeausgangs-drehzahl	Sie wird vom EGS über CAN-Bus anderen Steuergeräten zur Verfügung gestellt, z.B. Motorsteuergerät; Kombiinstrument.
Wählhebelsperre	Verhindert, dass der Wählhebel bei gestartetem Motor oder zu hoher Motordrehzahl ohne Betätigung der Bremse aus Position P oder N in eine andere Position geschaltet werden kann.
Schalter Klimaanlage	Die Klimaanlage kann in Abhängigkeit von Last, Fahrgeschwindigkeit und Beschleunigungswunsch (Kickdown) kurzzeitig abgeschaltet werden.
Besonderheiten	
Key-Lock **Inter-Lock/ Shift-Lock**	Zündschlüssel kann nur in Wählhebelposition P abgezogen werden. Der Wählhebel kann nur aus Position P bewegt werden, wenn sich der Zündschlüssel in Position Zündung befindet bzw. der Motor läuft und das Bremspedal betätigt wird.
Notfahr-programme/ Abschleppen	**Totalausfall der elektronischen/elektrischen Getriebesteuerung.** Sind z.B. bestimmte Sensor- bzw. Aktorsignale fehlerhaft, die durch redundante Signale nicht ersetzt werden, so ermöglicht die Schaltung der Magnetventile im stromlosen Zustand die Weiterfahrt in einem Gang. Eine Vorwärtsfahrt ist eingeschränkt noch möglich. Bei Neustart des Motors kann ggf. keine Fahrposition mehr eingelegt werden. Zum Abschleppen muss die Parksperre mechanisch entriegelt werden. **Achtung: Beim Abschleppen Betriebsvorschriften beachten (Geschwindigkeit, Abschleppweg).** **Ausfall CAN-BUS.** Dabei ist eine Weiterfahrt eingeschränkt noch möglich. Sonderfunktionen können nicht mehr angewählt werden.
Adaptive Getriebe-steuerung (AGS) bzw. Dynamische Schaltprogramme (DSP)	Moderne Automatikgetriebe verfügen über eine selbstlernende Schaltlogik. Dabei wird abhängig von verschiedenen Parametern ein Schaltprogramm ausgewählt bzw. erfolgt eine bestimmte Gangwahl. **Kriterien für die Schaltprogrammauswahl:** Wählhebel in D, Programmschalter (Sport, Winter), Bewertung von: Anfahren, Fahrpedalbewegung (Kick-Fast; Kickdown), Bremsen, Kurvenfahren, Fahrbetrieb, z.B. Konstantfahrt, Bergauffahrt, Anhängerbetrieb. **Kriterien für die Gangwahl:** Wählhebel, Programmschalter (Manuell/ Tiptronic/ Steptronic), Bergabfahrterkennung, Kurvenfahrerkennung, Fast-Off-Erkennung, Stopp-and-Go-Erkennung.

F

Schaltplanbeispiel einer elektronischen Getriebesteuerung (4-Gang-Automatik)

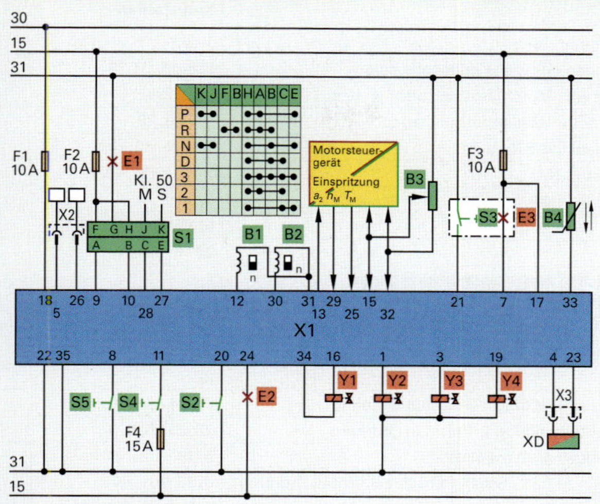

Schaltplan vereinfacht

B1	Induktivgeber Getriebeeingangsdrehzahl
B2	Induktivgeber Getriebeausgangsdrehzahl
B3	Drosselklappenpotentiometer
B4	Getriebeöltemperaturfühler
E1	Rückfahrscheinwerfer
E2	Wählhebelleuchte für S-Programm
E3	Anfahrhilfenleuchte
F1…F4	Sicherungen
S1	Wählhebelpositionsschalter
S2	Taster Sport-, Economy-Programm
S3	Taster Anfahrhilfe/ Winterprogramm
S4	Bremslichtschalter
S5	Kick-Down-Schalter
Y1	Magnetventil-Arbeitsdruckregelung
Y2	Schaltmagnetventil 1–2 / 3–4
Y3	Schaltmagnetventil 2–3
Y4	Magnetventil Wandlerkupplung
X1	Stecker Getriebesteuergerät
X2	Steckverbindung Instrumententafel
X3	Steckverbindung Diagnose
XD	Diagnosestecker

Prüfung	Bauteil	Prüfhinweis	Sollwert	Mögliche Auswirkung bei Ausfall
Spannungsversorgung Steuergerät – Dauerplus	A1	Pin 18 → Pin 22/35 (Zündung aus)	> 12 V	Fahrzeug geht in Notfahrprogramm.
Spannungsversorgung Steuergerät – Zündungsplus	A1	Pin 17 → Pin 22/35 (Zündung ein)	> 12 V	Fahrzeug geht in Notfahrprogramm.
Steuergerät – Masseverbindung	A1	Pin 22/35 → Klemme 30 (Zündung aus)	> 12 V	Fahrzeug geht in Notfahrprogramm.
Wählhebelpositionsschalter (Multifunktionsschalter)	S1	Pin 9/10/27/28 → Pin 22/35 (Zündung ein)	Aktiv: > 12 V Inaktiv: 0 V	Fahrzeug geht in Notfahrprogramm. Motorstart nach Abstellen nicht möglich.
Bremslichtschalter	S4	Pin 11 → Pin 22/35 (Zündung ein)	Betätigt: > 12 V	Kein Motorstart nach Abstellen des Fahrzeugs möglich.
Taster Anfahrhilfe Winterprogramm	S3	Pin 21 → Pin 22/35 (Zündung ein)	Betätigt: > 11 V Nicht betätigt: < 0,1 V	Winterprogramm nicht möglich.
Kick-Down-Schalter	S5	Pin 8 → Pin 22/35 (Zündung ein)	Betätigt: 0 V Nicht betätigt: < 12 V	Keine Rückschaltung bei Übergas.
Drosselklappenpotentiometer (Lastsignal)	B3	Pin 15 → Pin 22/35 (Zündung ein)	Geschlossen: > 0,5 V Voll geöffnet: < 4,6 V	Verwendung der Einspritzzeit als Ersatzsignal oder Fahrzeug geht in Notfahrprogramm.
Getriebeöltemperaturfühler	B4	Pin 33 → Pin 22/35 (Zündung ein)	– 40 °C: 4,9 V 180 °C: 0 V	Schaltqualität und Schaltzeitpunkte ändern sich; Wandlerkupplung arbeitet ggf. nicht.
Drehzahlfühler Getriebe – Eingangsdrehzahl – Ausgangsdrehzahl (Fahrgeschwindigkeit)	 B1 B2	 Pin 12 → Pin 31 Pin 30 → Pin 31 (Zündung aus)	< 2 Ω	B1: Wandlerkupplung schaltet nicht zu. B2: Verwendung eines Ersatzsignals oder Notfahrprogramm.
Schaltmagnetventil (1-2/3-4)	Y2	Pin 3 → Pin 22/35 (Zündung aus)	10 Ω … 16 Ω	Schaltung 1-2 / 3-4 nicht möglich; Fahrzeug geht in Notfahrprogramm.
Schaltmagnetventil (2-3)	Y3	Pin 3 → Pin 22/35 (Zündung aus)	10 Ω … 16 Ω	Schaltung 2-3 nicht möglich; Fahrzeug geht in Notfahrprogramm.
Schaltmagnetventil – Arbeitsdruckregelung (Modulierdruckventil)	Y1	Pin 34 → Pin 16 (Zündung aus)	> 100 kΩ	Getriebe arbeitet mit maximalem Arbeitsdruck; harte Schaltstöße.

F

Fehlersuchplan

Position	Fehlermerkmale	Kennzahlen
P	ATF-Öl ist verfärbt oder riecht verbrannt	1, 2, 3
	Störanzeige leuchtet auf – Schaltungen nur wie Wählhebelposition	5, 6, 26, 27, 28
	Parksperrmechanismus rastet nicht ein / Motor lässt sich nicht starten	7 / 8, 29
N	Fahrzeug fährt nicht oder kriecht / Motor lässt sich nicht starten	5, 7 / 8, 29
R	Kein Rückwärtsgang / harter Einschaltstoß P-R; N-R	7, 11, 9 / 10
D	Kein Kraftschluss / harter Einschaltstoß N-D	7, 12, 13/14, 10
	Keine Schaltung 1-2 / 2-1; 2-3 / 3-2; 3-4 / 4-3	5, 6, 18
	Keine Schaltung 1-2 / 2-3 / 3-4	5, 15 / 5, 16 / 5, 17, 19
	Keine Kick-Down-Schaltung	27
	Helles drehzahlabhängiges Geräusch in allen Wählhebelpositionen, eventuell begleitet von Kraftflussunterbrechungen	4
	Fahrzeug fährt im 2. oder 3. Gang an bzw. schaltet 1-3 / Schaltdrehzahlen n.i.O.	5, 6, 18 / 20, 21, 26, 28
	Schaltübergänge zu hart / Schaltübergänge zu lang	10, 20, 26 / 2, 20, 22
3	Keine Motorbremswirkung	23
2	Keine Motorbremswirkung / Handrückschaltung 3-2 nicht in Ordnung	23, 24 / 5, 6
1	Keine Motorbremswirkung / Handrückschaltung 2-1 nicht in Ordnung	23, 25 / 5, 6
ECO	Programmwechsel ECO, Sport, Manuell nicht möglich	5, 19
	Wandlerkupplung – Schaltübergänge zu hart / Schaltdrehzahlen nicht in Ordnung	3, 20, 26
	Wandlerkupplung – immer geschlossen, keine Schaltung	3, 5, 6, 26, 29

Kennzahl d. Fehlerursachen	Fehlerursache	Prüfhinweise / Abhilfe
1	ATF-Öl verunreinigt	Ölwechsel
2	Kupplungen / Bremsbänder abgenutzt / verbrannt	Getriebe instandsetzen bzw. tauschen
3	Drehmomentwandler defekt	Wandler ersetzen
4	Ölstand zu niedrig	Ölstand berichtigen
5	Getriebeelektronik defekt	Getriebeelektronik prüfen
6	Magnetventil bzw. Magnetventile defekt	Ansteuerung prüfen; Magnetventile, evtl. hydr. Steuergerät tauschen
7	Seilzug Wählhebel – Getriebe falsch eingestellt	Einstellung berichtigen
8	Positionsschalter falsch eingestellt / defekt	Einstellung berichtigen / Schalter ern.
9	R-Gang-Sicherung nicht in Ordnung R-Gang-Sicherung in Ordnung	Sicherung erneuern Getriebeelektronik prüfen
10	Schaltdruck zu hoch	Getriebeelektronik prüfen
11	Kupplung K2, K5 oder K6 defekt (vgl. S. 328)	Getriebe instandsetzen bzw. tauschen
12	Kupplung K1 defekt (vgl. S. 328)	Getriebe instandsetzen bzw. tauschen
13	Freilauf F2 rutscht (vgl. S. 328)	Getriebe instandsetzen bzw. tauschen
14	Kupplung K1 beschädigt / Dämpfer defekt (vgl. S. 328)	Getriebe instandsetzen bzw. tauschen
15	Kupplungen K3 und K4 beschädigt (vgl. S. 328)	Getriebe instandsetzen bzw. tauschen
16	Kupplung K2 beschädigt (vgl. S. 328)	Getriebe instandsetzen bzw. tauschen
17	Kupplung K7 beschädigt (vgl. S. 328)	Getriebe instandsetzen bzw. tauschen
18	Schaltventile und/oder Steuerventile klemmen	Hydraulisches Steuergerät tauschen
19	Programmschalter defekt; Leitung nicht in Ordnung	Erneuern; Leitung instandsetzen
20	Elektronisches Steuergerät defekt	Tauschen
21	Drosselklappenschalter (Nulllast; Volllast) defekt	Erneuern
22	Schaltdruck zu niedrig	Getriebeelektronik, hydr. Steuergerät prüfen
23	K6 beschädigt (vgl. S. 328)	Getriebe instandsetzen bzw. tauschen
24	K4 beschädigt (vgl. S. 328)	Getriebe instandsetzen bzw. tauschen
25	K5 beschädigt (vgl. S. 328)	Getriebe instandsetzen bzw. tauschen
26	Drosselklappenpotentiometer defekt	Erneuern
27	Kick-Down-Schalter defekt / Leitung nicht in Ordnung	Schalter tauschen, Leitung instandsetzen
28	Drehzahlsensor Abtrieb defekt / Schaltkreis unterbrochen	Erneuern / Fehler beheben
29	Bremslichtschalter defekt / Schaltkreis unterbrochen, Kurzschluss	Erneuern / Fehler beheben

Ölservice an Wandlerautomatikgetrieben

Empfehlung der Fahrzeughersteller. Die meisten Hersteller statten das Automatikgetriebe mit einer „lifetime"-Ölfüllung aus. Unter günstigen Betriebsbedingungen ist ein Ölservice während des Fahrzeuglebens nicht nötig.

Empfehlung der Getriebehersteller. Sie geben Ölwechselintervalle zwischen 60 000 km und 120 000 km oder spätestens nach acht Jahren an. Bei einer sehr hohen Beanspruchung (Taxi-, Polizei-, Kurierfahrzeuge, Sportwagen, ...) des Getriebes kann das Öl bereits deutlich früher einer starken Alterung unterliegen.

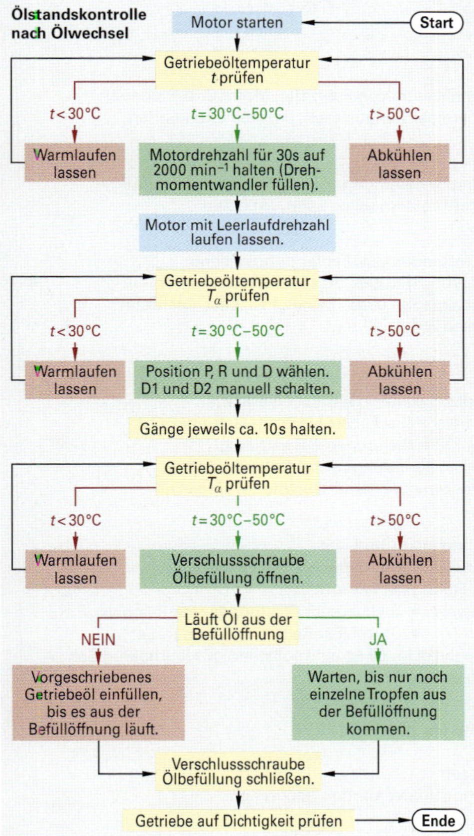

Ölalterung. Der Ölverschleiß wird verstärkt durch ...
- häufige Schaltvorgänge,
- kompakte Getriebebauweise,
- hohe thermische Beanspruchung,
- Anhängerbetrieb,
- sportliche Fahrweise.

Typische Symptome von Ölalterung/-verschleiß sind:
- Verschiebung der Schaltpunkte
- ruckelnde Schaltvorgänge
- Geräuschentwicklung
- Ölschlamm-Ablagerungen.

Neben der Ölalterung kann es auch zu Ablagerungen im Getriebe kommen. Diese beeinflussen die Schaltqualität negativ.

Ölwechsel ohne Spülgerät. Hierbei werden das Öl und der Getriebeölfilter gewechselt. Ist das Filterelement in die Ölwanne integriert, so wird diese komplett ausgetauscht (Ölwechselkit). Das Altöl in der demontierten Ölwanne wird auf Verschmutzungen und metallische Späne, die sich am Magneten sammeln, untersucht. Mit einem Glykoltest kann außerdem festgestellt werden, ob sich Kühlmittel im Öl befindet. Dies wäre ein Hinweis auf eine Undichtigkeit zum Kühlsystem. Liegt kein Mangel vor, kann das Getriebe neu befüllt werden:

1. Bei Motorstillstand Öl einfüllen, bis es aus der Befüllöffnung austritt.
2. Motor starten und Getriebe weiter befüllen, bis Öl aus der Befüllöffnung austritt.
3. Verschlussschraube schließen.
4. Falls ein Ölkühler verbaut ist, 0,5 l zusätzlich einfüllen, Verschlussschraube schließen und Motortemperatur auf $t \geq 75$ °C steigern.
5. Ölstandkontrolle gemäß Flussdiagramm.

Hinweis: Bei diesem Verfahren bleiben ca. 50 % des Altöls im Getriebe und im Drehmomentwandler.

Ölwechsel mit Spülgerät. Hierbei werden nahezu 100 % des Öls ausgetauscht. Wurden Schaltprobleme oder eine übermäßige Verschlammung/Verunreinigung festgestellt, so ist das Getriebe mit einem Reinigungsfluid zu spülen, um Ablagerungen im Getriebe auszuschwemmen.

Arbeitsschritte:

1. Vor- und Rücklaufleitung am Getriebe oder Ölkühler lösen, Altölprobe entnehmen, Glykoltest durchführen (Ist Glykol enthalten, so ist eine Überholung des Getriebes erforderlich.)
2. Spülgerät mit Adapterleitungen anschließen und mit geeignetem Öl befüllen.
3. Motor starten, Leitungen auf Dichtigkeit prüfen.
4. Behälter mit Reinigungsfluid in eine der Leitungen einklemmen.
5. Getriebereinigung am Spülgerät starten. Bei laufendem Fahrzeug auf der Hebebühne alle Gänge durchschalten und Drehzahlbereich variieren (ca. 10 min.)
6. Motor abstellen und Getriebeöl mittels Spülgerät (Saugpumpe) abpumpen.
7. Ölwanne demontieren, reinigen, Filter und Magnet ersetzten oder neue Ölwanne verwenden. Ölwanne wieder montieren.
8. Ölwanne mittels Spülgerät mit Frischöl befüllen.
9. „Dynamische Befüllung" starten: Die Befüllung erfolgt bei laufendem Motor, so dass ein vollständiger Austausch erreicht wird.
10. Ölfüllstand prüfen (30 °C < t < 40 °C).

Diagnosehinweise

Erfassung der Kundenbeanstandung (Dialogannahme)

- Seit wann tritt das Problem auf?
- Wie häufig tritt das Problem auf?
- Unter welchen Betriebsbedingungen?
- Wurden bereits Reparaturen am Getriebe durch geführt?

Fehlerspeicher auslesen (Diagnosetester)

- Identifikation von Fahrzeug, Motor und Getriebe.
- Fehlerspeicher auslesen, drucken und löschen.

Unabhängig vom Fehlerspeichereintrag sind die folgenden Schritte durchzuführen, um weitere Fehlerquellen auszuschließen.

Probefahrt durchführen

- Beanstandungen/Fehler protokollieren, z. B.: Art (zu frühes/zu spätes Hochschalten)
- Fahrsituation (Geschwindigkeit, Last, Drehzahl)
- Fehlerhäufigkeit

Sichtkontrolle

- Undichtigkeiten/Getriebeölverlust?
- Sämtliche Steckanschlüsse am Getriebe i.O.?
- Alle Kabel/Leitungen unbeschädigt?
- Masseverbindungen von Getriebe, Motor, Karosserie und Wählhebelmodul sind i.O.?

Ölkontrolle

- Füllmenge prüfen.
- Glykoltest (Kühlmitteltest, bei Getrieben mit Flüssigkeits-Ölkühler)

  Hinweis:
  - Glykol greift Dichtungen und Reibbeläge an.
  - Glykol löst Reibbeläge vom Träger ab.
- Bei Glykol im Öl ist eine vollständige Überholung des Getriebes erforderlich.

Prüfvoraussetzungen zum nächsten Schritt:
- Batterie geladen
- Ladegerät angeschlossen
- Fahrzeug auf Hebebühne, Räder können frei drehen

Fehlersuche mit Diagnosetester

Weitere Hinweise:
Seite 331 (4-Gang-Automatik)

- Gänge durchschalten nach Prüfanleitung.
- Auslesen und Ausdrucken des Fehlerspeichers.
- Die Fehlerfreiheit folgender Systeme ist zu überprüfen:
  - Motorsteuerung
  - ASR, ESP
  - Energie-Management
  - Antriebs-CAN (PT-CAN).
  - Verteilergetriebe-Steuergerät (bei Allradfahrzeugen)

  Hinweis: Eine Fehlfunktion der genannten Systeme kann scheinbare Getriebefehler hervorrufen.
- Stellgliedtest: Ansteuerung der Aktoren.
- Spannungsmessungen (Drucksteuerventile, Magnetventile).
- Überprüfung der Sensorsignale (Drehzahlsensoren, Temperaturfühler, Druckgeber, ...).

Ist nach Durchlaufen der dargestellten Schritte eine eindeutige Fehlerbestimmung nicht möglich, so ist von einem mechanischen Verschleiß an der Wandlerüberbrückungskupplung, den Lamellenkupplungen, der Lagerung oder – in seltenen Fällen – an den Planetensätzen auszugehen. Das Getriebe muss komplett überholt werden.

F

Schubgliederbandgetriebe (CVT – Continuously Variable Transmission)

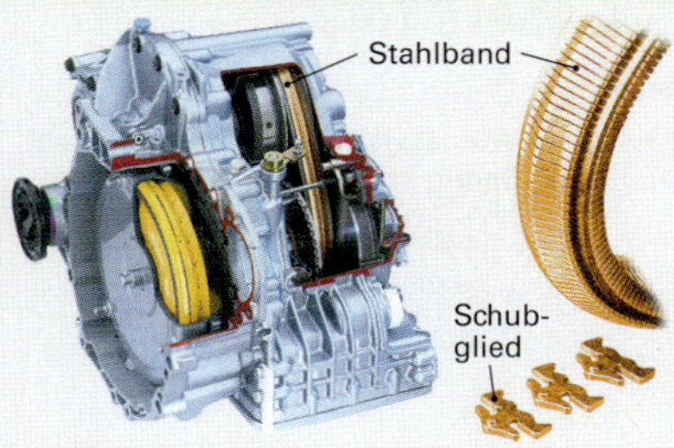

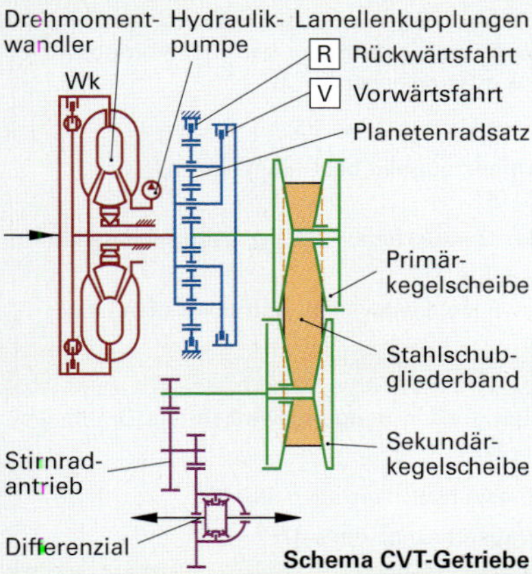

Schema CVT-Getriebe

Wirkungsweise. Das CVT-Getriebe arbeitet nach dem Umschlingungsprinzip. Dabei wird mit Hilfe eines so genannten Variators das Übersetzungsverhältnis stufenlos geändert.

Kraftübertragung: Sie erfolgt durch ein mit optimalen Anpressdruck beaufschlagtes Schubgliederband zwischen Primär- und Sekundärkegelscheibe.

Übersetzungsänderung: Sie erfolgt durch axiale Verschiebung je einer diagonal gegenüberliegenden konischen Scheibenhälfte, wodurch die wirksamen Hebelarme gegenläufig größer bzw. kleiner werden.

Eigenschaften: Ruckfreies Schalten; kompakte Bauweise; geringes Gewicht.

Kraftfluss:

P Parken; blockieren der Sekundärkegelscheibe

R Rückwärts; Lamellenkupplung R wird gegen das Gehäuse festgebremst; Lamellenkupplung V ist gelöst.

N Neutral; Lamellenkupplungen für V und R sind gelöst.

D Drive; Lamellenkupplung R ist gelöst; Lamellenkupplung V ist mit Primärkegelscheibe kraftschlüssig. Planetenradsatz läuft als Block um.

Kenndaten:
Eingangsdrehmoment bis ca. 210 Nm;
Eingangsdrehzahl bis ca. 7000 1/min;
Wandlerübersetzung: ca. 1,8
Übersetzung Variator: Low: ca. 2,3; High: ca. 0,43
Getriebespreizung: 5,3 (= 2,30 : 0,43); Achsübersetzung: 4,1 ... 5,8

Getriebesteuerung: Elektrohydraulisch mit adaptiver Fahrprogrammwahl.

Laschenketten-Automatik Multitronic (Audi)

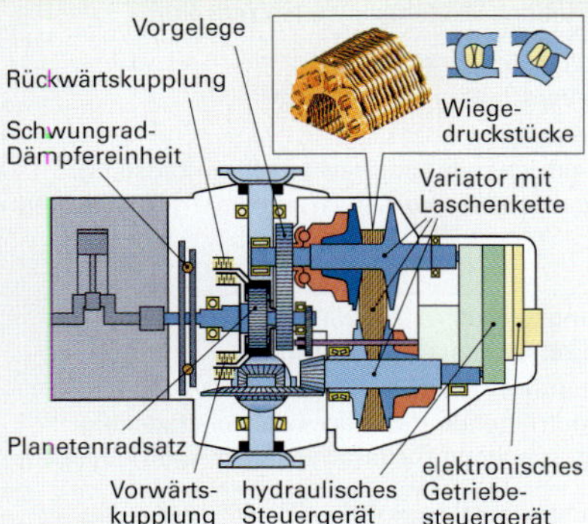

Aufbau

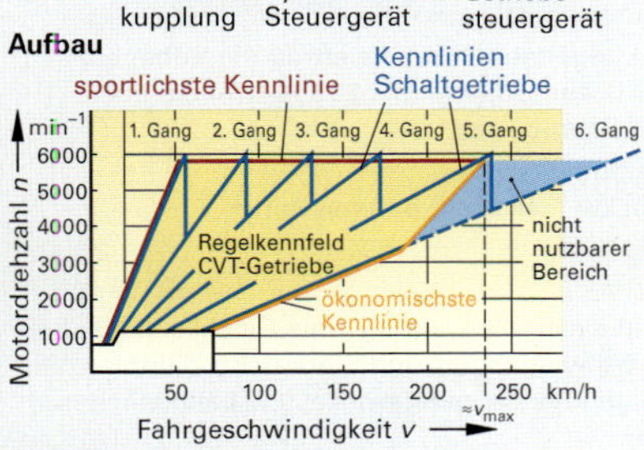

Übersetzungsdiagramm

Wirkungsweise. Das Motormoment wird, z.B. über eine Schwungraddämpfereinheit, Lamellenkupplungen, Planetenradsatz und Vorgelegestufe, auf die Primärkegelscheibe des Variators übertragen. Über eine Laschenkette wird die Kraft auf die Sekundärkegelscheibe weitergeleitet.

Besonderheit. Bei der Laschenkette wird das eingeleitete Drehmoment durch Wiegedruckstücke an den Anlageflächen der Kegelscheiben übertragen. Vorteil: Die Wiegedruckstücke wälzen sich aneinander fast reibungsfrei ab. Große Beugewinkel sind möglich, Verschleiß und Verlustleistung werden reduziert.

Kennwerte:
Eingangsdrehmoment bis ca. 310 Nm
Übersetzung Vorgelegestufe: 1,1
Übersetzung Variator: 2,40 ... 0,40
Getriebespreizung: 6 (= 2,40 : 0,40)
Übersetzung Achsgetriebe: ca. 4,8

Getriebesteuerung: Elektrohydraulisch mit adaptiver Fahrprogrammwahl und Tiptronic-Funktion.

Adaptive Fahrprogrammwahl. Für das Motordrehzahlniveau bei der Variatorverstellung ist dabei der Fahrerwunsch (Stellung und Betätigungsgeschwindigkeit des Fahrpedals), sowie der Fahrwiderstand maßgebend.

Tiptronic-Funktion. Dabei stehen je nach Getriebeausführung 5 oder 6 Schaltkennlinien für die manuelle Gangwahl zur Verfügung.

F

Antriebswellen, Gelenkwellen

Sie dienen in Verbindung mit Gelenken zur Kraftübertragung und lassen Winkel- und Längenänderungen zu.

Antriebswellen

Sie sind zwischen Achsgetriebe und Antriebsrädern angeordnet (Seitenwellen).

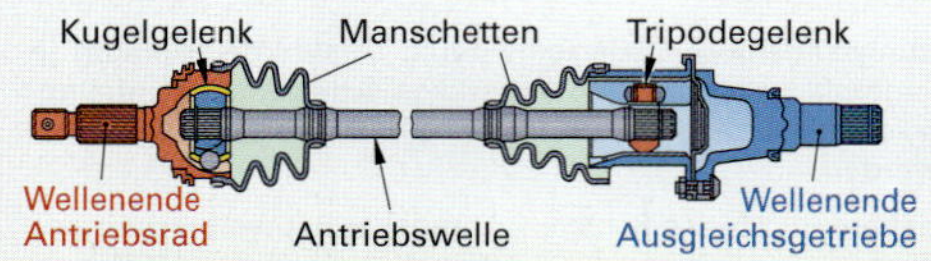

Gelenkwellen

Sie sind zwischen Wechselgetriebe und Achsgetriebe in Fahrzeuglängsrichtung angeordnet (Längswellen).

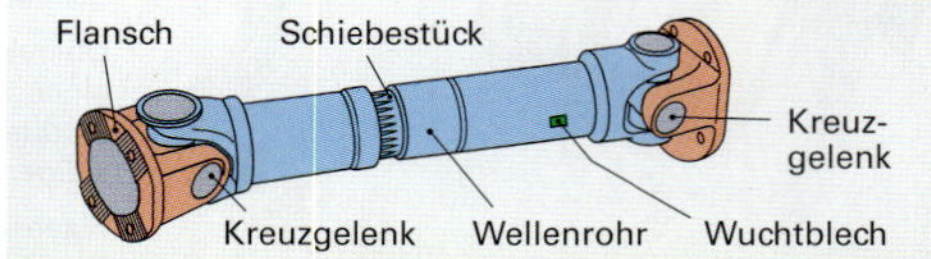

Kreuzgelenk

Es kann große Drehmomente übertragen. Bei Beugung entsteht ein ungleichförmiger Lauf der Abtriebswelle. Der ungleichförmige Bewegungsablauf ist durch ein zweites Gelenk auszugleichen.

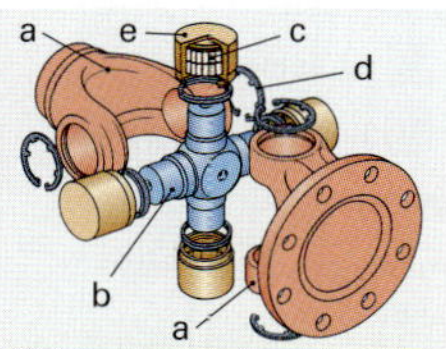

a 2 Gabelstücke
b 1 Zapfenkreuz
c 4 Nadellager
d Sicherungsring
e Lagerbuchse

Beugungswinkel: α bis 35°

Im Kraftfahrzeugbau bei Gelenkwellen:
$\alpha \approx 6° - 8°$

Gründe: Geräuschentwicklung, Langzeitstabilität

Anwendung:
Gelenkwellen, Lenkwellen, Antriebswellen Lkw

Gleichlaufgelenke

Gleichlaufgelenke (= homokinetische Gelenke) übertragen auch bei großen Beugungswinkeln die Drehbewegung gleichförmig.

Kugelgelenk

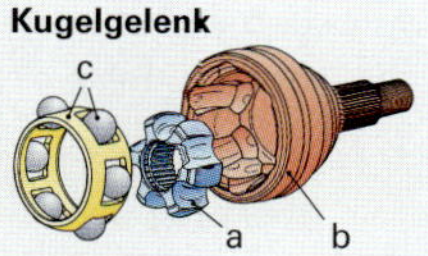

Kugelgelenk = Festgelenk
a Kugelstern mit Kurvenbahn
b Kugelschale mit Kurvenbahn
c Kugelkäfig mit Kugeln

Beugungswinkel: Normal α bis 38°

Sonderausführung: α bis 47°

Keine Längenänderung

Anwendung:
Angetriebene Vorderachswellen radseitig

Topfgelenk

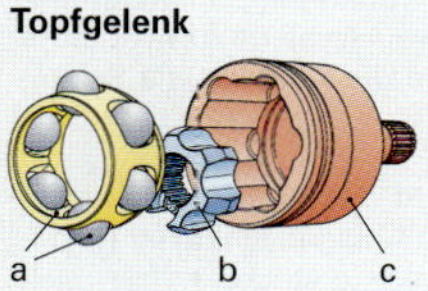

Topfgelenk = Verschiebegelenk
a Kugelkäfig mit Kugeln
b Kugelstern mit zylindrischer Laufbahn für die Kugeln
c zylindrische Kugelschale

Beugungswinkel: α bis 22°
Axiale Verschiebung bis 45 mm

Anwendung:
An angetriebenen Hinterachswellen – radseitig;
an angetriebenen Vorderachswellen – getriebeseitig.

Tripodegelenk

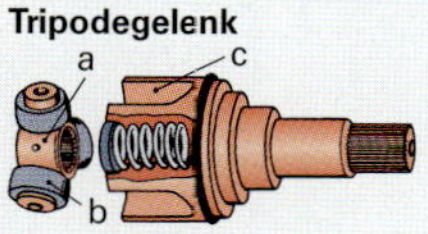

Triopodegelenk = Verschiebegelenk
a Tripode – Stern
b Laufrollen
c Tripode – Glocke

Beugungswinkel: α bis 26°
Axiale Verschiebung bis 55 mm

Anwendung:
An angetriebenen Hinterachswellen – radseitig;
an angetriebenen Vorderachswellen – getriebeseitig.

Doppelgelenk

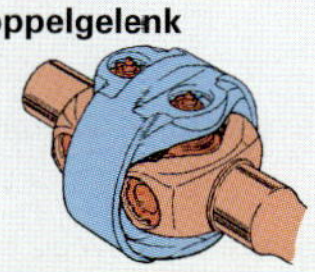

Doppelgelenk = Festgelenk

Dabei sind zwei Kreuzgelenke zu einem Gelenk vereinigt.

Beugungswinkel: α = 40° / 42° / 48° / 50°

Keine Längenänderung, Übertragung hoher statischer Drehmomente (bis 20 000 Nm) bei minimalem Raumbedarf.

Anwendung:
Allrad-Lkw, Traktoren, Baumaschinen

Trockengelenke

Silentbloc-Gelenk

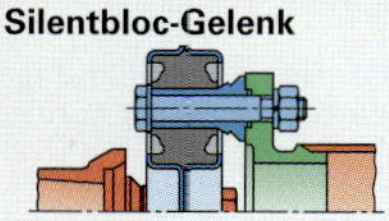

Gummikörper mit Hülsenführungen und Metalleinfassung

Sie sind elastische wartungsfreie Gelenke, die auftretende Schwingungen und Geräusche dämpfen. Sie lassen geringe Beugungswinkel und Längenänderungen zu.

F

Achsgetriebearten

Stirnrad-Achsgetriebe

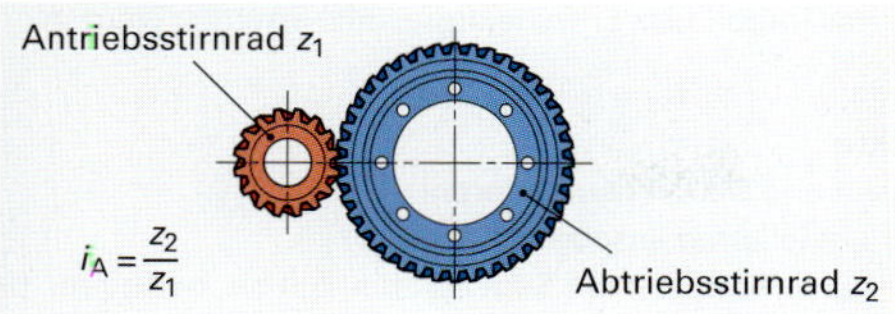

Der Antrieb erfolgt über das kleine Antriebsstirnrad, der Abtrieb über das große Abtriebsstirnrad.

Beide Stirnräder besitzen Schrägverzahnung.

Stirnrad-Achsgetriebe werden verwendet, wenn der Motor quer zur Fahrzeug-Längsrichtung eingebaut ist.

Die Übersetzung i_A wird durch das Verhältnis der Zähnezahlen des großen Abtriebs-Stirnrades z_2 zum kleinen Antriebs-Stirnrad z_1 gebildet.

Kegelrad-Achsgetriebe

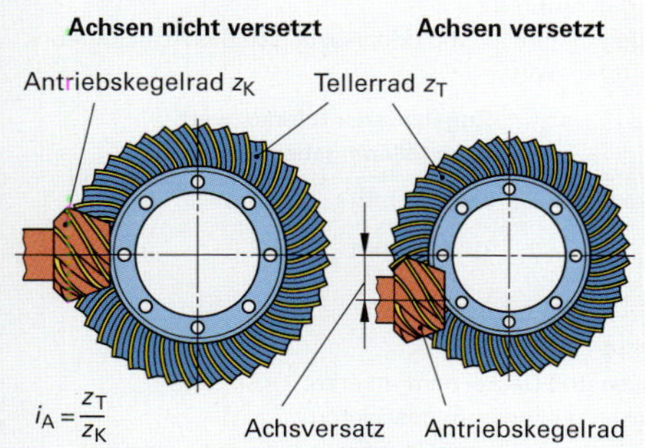

Der Antrieb erfolgt über das Antriebskegelrad (Triebling), der Abtrieb über das Tellerrad.

Kegelrad-Achsgetriebe werden verwendet, wenn der Motor in Fahrzeug-Längsrichtung eingebaut ist.

Die Übersetzung i_A wird durch das Verhältnis der Zähnezahlen z_T des großen Abtriebs-Kegelrades (Tellerrades) zum kleinen Antriebskegelrad z_K gebildet.

Antrieb mit nicht versetzten Achsen
Die Längsachsen von Tellerrad und Kegelrad liegen in einer Ebene. Dieser Antrieb wird selten verwendet.

Antrieb mit versetzten Achsen (Hypoidantrieb)
Da immer mehrere Zähne gleichzeitig miteinander im Eingriff sind, ist dieser Antrieb sehr laufruhig.

Das Tellerrad hat bei gleich großer Beanspruchung einen kleineren Durchmesser als beim Antrieb mit nicht versetzten Achsen.

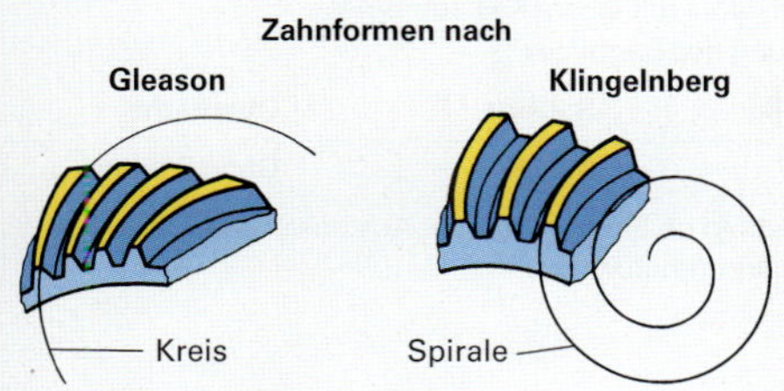

Zahnformen

Gleasonverzahnung (Kreisbogenverzahnung)
Die Zähne werden in Höhe und Breite von außen nach innen kleiner.
Die Tragbildprüfung erfolgt auf der Druckflanke des Tellerrades.

Klingelnbergverzahnung (Spiralverzahnung)
Die Zähne sind von außen nach innen gleich breit und gleich hoch.
Die Tragbildprüfung erfolgt auf der Druckflanke und Schubflanke des Antriebskegelrades.

Außenplaneten-Achsgetriebe

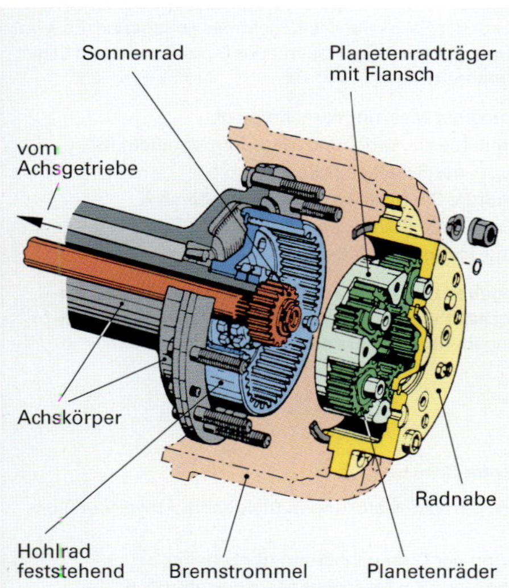

In schweren Nutzkraftwagen werden die erforderlichen großen Antriebsdrehmomente durch große Achsgetriebeübersetzungen erreicht. Damit die Getriebeausgangsdrehmomente nicht nur im zentralen Kegelrad-Achsgetriebe übersetzt werden, ordnet man nach dem Achsgetriebe beidseitig in den Naben der Antriebsräder je einen **Außenplaneten-Radsatz** an.

Dadurch wird die Achsgetriebe-Übersetzung in 2 Teilübersetzungen, die Übersetzung i_{AK} im Kegelrad-Achsgetriebe und i_{AP} in den Außenplaneten-Radsätzen, aufgeteilt.

Achsgetriebe	i_{AK}	i_{AP}	i_{Ages}
ohne Außenplanetengetriebe	4,11	–	4,11
mit Außenplanetengetriebe	1,93	3,48	6,72

Außenplaneten-Achsgetriebe sind einfache Planetenradsätze mit festgesetztem Hohlrad.

Kraftfluss im Planetenradsatz (Hohlrad fest):
Achswelle → Sonnenrad → Planetenräder → Planetenradträger → Radnabe.

Merkmale:

- Drehmomentverstärkung erfolgt nach dem zentralen Achsgetriebe in den Naben der Antriebsräder.
- Davor angeordnete Triebwerksteile können kleiner ausgelegt werden.
- Weniger Platzbedarf und große Bodenfreiheit durch kleineres Differenzialgehäuse.

F

Einstellarbeiten am Kegelrad-Achsgetriebe

Um zu beurteilen, ob beim Achsgetriebe eine Einstellung oder ein Austausch des Kegel- und Tellerrades mit Neueinstellung erforderlich ist, kann zuvor das Zahnflankenspiel und das Tragbild als Entscheidungshilfe ermittelt werden.

Messung des Zahnflankenspieles und des Seitenschlages

Arbeitsschritte

1. Öl ablassen und Deckel demontieren.
2. Messuhr am Tellerrad ansetzen.
3. Tellerrad bei festgehaltenem Kegelrad hin und her bewegen. Zahnflankenspiel ablesen.
4. Messung an 3 weiteren Stellen, verteilt am Umfang des Tellerrades, durchführen.
5. Beurteilung ob Einstellung oder Austausch des Achsgetriebes vorgenommen wird.

	Zugelassener Toleranzwert (Herstellerangaben beachten)
Zahnflankenspiel	ca. 0,12 mm ... 0,18 mm
Rundlauf	ca. 0,06 mm

Messung des Tragbildes

Solltragbild

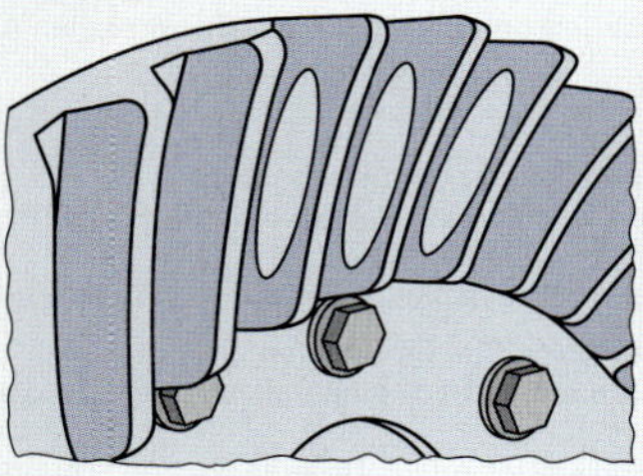

Arbeitsschritte

1. Öl ablassen und Deckel demontieren.
2. Zahnflanken reinigen und tuschieren.
3. Kegelrad 8 bis 10 mal auf einer Stelle hin- und herdrehen. Tellerrad dabei mit einem Keil abbremsen.
4. Beurteilung des Tragbildes

Solltragbild	Solllage	Oberfläche
Ballig	Mittig	Ohne Pittings

5. Entscheidung ob Einstellung oder Austausch des Achsgetriebes vorgenommen wird.

Messung des Tragbildes

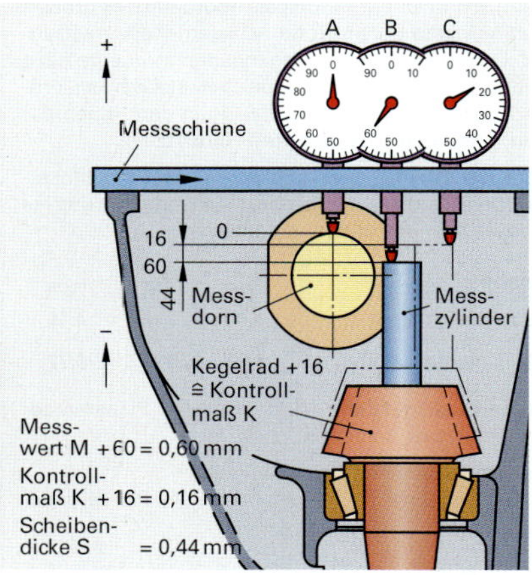

Das Kegelrad muss für jede Paarung auf ein bestimmtes vom Hersteller angegebenes Kontrollmaß K eingestellt werden. Das Kontrollmaß ist auf der Stirnseite des Kegelrades angegeben. Es wird durch das Einlegen einer Scheibe mit der Dicke S zwischen Lager und Kegelrad erreicht.

1. Nullstellung der Messuhr vornehmen (A).
2. Maß M mit. Messzylinder und Messdorn ermitteln (B).
3. Berechnung der Scheibendicke:
   Scheibendicke S = Messwert M – Kontrollmaß K
4. Scheibe mit Dicke S einlegen (C).
5. Kontrollmessung durchführen.

Hinweis: Kegelrad und Tellerrad dürfen nur paarweise ausgewechselt werden. Kegel- und Tellerrad sind mit Paarungsnummern gekennzeichnet.

Messvorgang bei Einstellung eines Achsgetriebes mit eingelegter Scheibe

ΔS	Maßnahme
positiv	dickere oder zusätzliche Scheibe einlegen
negativ	dünnere Scheibe einlegen

Messung wie bei Neueinstellung mit folgender Abweichung unter Punkt 3.

3. Berechnung der Dickenänderung der Scheibe:
   Scheibendicke ΔS = Messwert M – Kontrollmaß K

Ausgleichsgetriebe für Kegelrad-Achsgetriebe

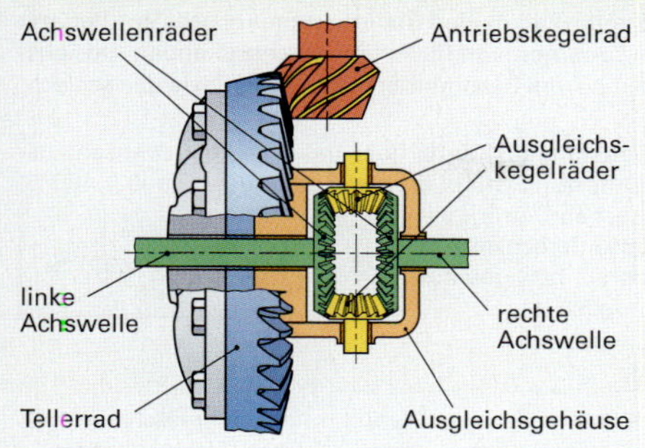

Wirkungsweise bei Kurvenfahrt

Bei unterschiedlichen Drehzahlen der Antriebsräder und Achswellenräder drehen sich die Ausgleichskegelräder um ihre im Ausgleichsgehäuse gelagerten Achsen.

Sie wälzen sich dabei auf den verschieden schnell drehenden Achswellenrädern ab. Dadurch werden die Drehzahlunterschiede ausgeglichen.

Bauarten von Ausgleichsgetrieben

- Kegelrad-Ausgleichsgetriebe
- Schneckenrad-Ausgleichsgetriebe (Torsen-Differenzial)
- Planetenrad-Ausgleichsgetriebe
- Stirnrad-Ausgleichsgetriebe

Ausgleichsschema		Tellerrad n_1	Achswelle links n_2	Achswelle rechts n_3	Ausgleichsräder
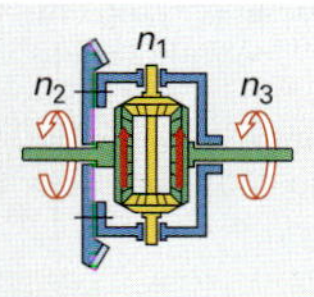	Fahrt geradeaus	$n_1 = n_2 = n_3$	$n_2 = n_1 = n_3$	$n_3 = n_1 = n_2$	Kein Abwälzen, wirken als Mitnehmer.
	Beispiel 1	n_1 = **200 1/min**	n_2 = 200 1/min	n_3 = 200 1/min	
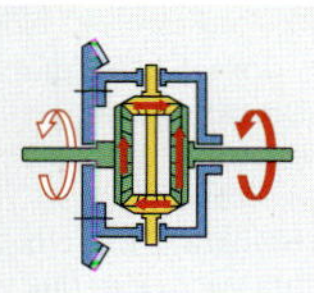	Linkskurve	$n_1 = \frac{1}{2}(n_2 + n_3)$	$n_2 = 2 \cdot n_1 - n_3$	$n_3 = 2 \cdot n_1 - n_2$	Wälzen sich auf linkem Achswellenrad ab; treiben rechtes Achswellenrad zusätzlich an.
	Beispiel 2	n_1 = 200 1/min	n_2 = 100 1/min	$n_3 = 2 \cdot 200 - 100$ n_3 = **300 1/min**	
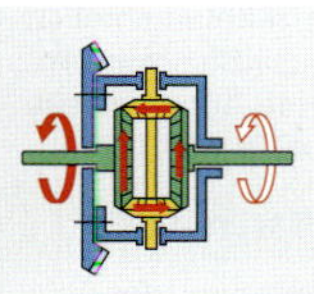	Rechtskurve	$n_1 = \frac{1}{2}(n_2 + n_3)$	$n_2 = 2 \cdot n_1 - n_3$	$n_3 = 2 \cdot n_1 - n_2$	Wälzen sich auf rechtem Achswellenrad ab; treiben linkes Achswellenrad zusätzlich an.
	Beispiel 3	n_1 = 200 1/min	$n_2 = 2 \cdot 200 - 150$ n_2 = **250 1/min**	n_3 = 150 1/min	
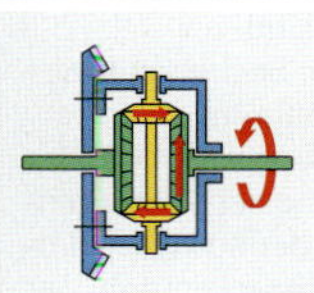	Linkes Antriebsrad fest, rechtes dreht frei	$n_1 = \frac{n_3}{2}$	$n_2 = 0$	$n_3 = 2 \cdot n_1$	Wälzen sich auf linkem Achswellenrad ab; treiben rechtes Achswellenrad mit doppelter Drehzahl.
	Beispiel 4	n_1 = 200 1/min	n_2 = 0 1/min	$n_3 = 2 \cdot 200$ n_3 = **400 1/min**	
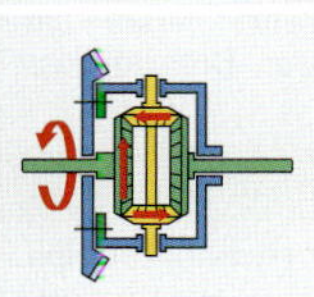	Rechtes Antriebsrad fest, linkes dreht frei	$n_1 = \frac{n_2}{2}$	$n_2 = 2 \cdot n_1$	$n_3 = 0$	Wälzen sich auf rechtem Achswellenrad ab; treiben linkes Achswellenrad mit doppelter Drehzahl.
	Beispiel 5	n_1 = 150 1/min	$n_2 = 2 \cdot 150$ n_2 = **300 1/min**	n_3 = 0 1/min	
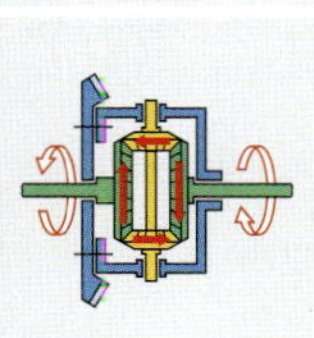	Kfz aufgebockt, Achsgetriebe fest, linkes Antriebsrad von Hand gedreht	$n_1 = \frac{1}{2}(n_2 + n_3)$	$n_2 = 2 \cdot n_1 - n_3$	$n_3 = 2 \cdot n_1 - n_2$	Werden vom linken Achswellenrad angetrieben; treiben rechtes Achswellenrad mit gleicher Drehzahl; kehren als Zwischenrad den Drehsinn um.
	Beispiel 6	n_1 = 0 1/min	n_2 = 20 1/min	$n_3 = 2 \cdot 0 - 20$ n_3 = **– 20 1/min**	

Das Minuszeichen im Beispiel 6 zeigt die Umkehrung des Drehsinnes an.

F

Ausgleichssperren

Ausgleichsgetriebe ohne Sperre. Das übertragbare Drehmoment ist an beiden Rädern immer gleich. Das Rad mit der schlechtesten Bodenhaftung bestimmt das übertragbare Drehmoment. Bei einem durchdrehenden Antriebsrad, kann das Antriebsrad mit der besseren Bodenhaftung nur so viel Drehmoment übertragen, wie das schlechter haftende Rad hat.

Ausgleichsgetriebe mit Sperre. Ausgleichssperren können vollständig (100 %) oder teilweise den Drehzahlausgleich im Differenzial verhindern. Ausgleichssperren mit begrenztem Schlupf bremsen den Ausgleich (0 ... 100 %) ab und teilen dem Rad mit guter Bodenhaftung entsprechend Antriebsdrehmoment zu. Der Sperrwert gibt an, wie viel Drehmomentunterschied ΔM zwischen 2 Antriebsseiten (z. B. linkem und rechtem Antriebsrad, bezogen auf das insgesamt übertragbare Drehmoment (Lastmoment), möglich ist.

$$S = \frac{\Delta M}{M_{links} + M_{rechts}} \cdot 100\,\%$$

Schaltbare Ausgleichssperren mit Klauenkupplung

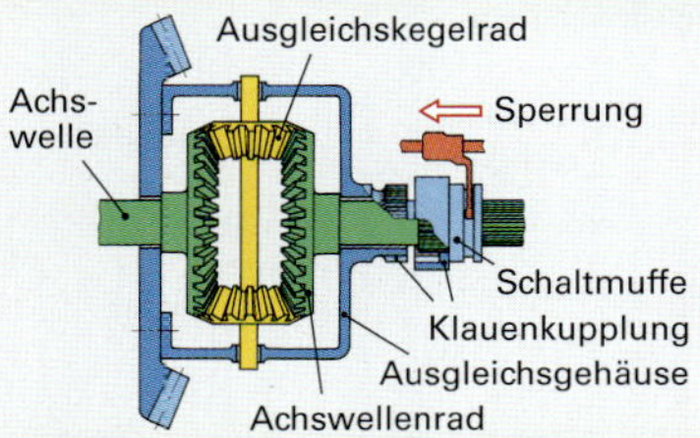

Betätigung
- mechanisch von Hand
- pneumatisch
- hydraulisch
- elektromagnetisch.

Eine Klauenkupplung verbindet im eingerückten Zustand die Achswelle der einen Antriebsseite drehfest mit dem Ausgleichsgehäuse. Damit drehen sich Tellerrad, Ausgleichsgehäuse, Ausgleichskegelräder und die beiden Achswellenräder mit gleicher Drehzahl (Sperrwert $S = 1 = 100\,\%$).

Hat ein Antriebsrad keine Bodenhaftung, so wird dem anderen Rad mit guter Bodenhaftung durch die 100 % Sperrung 100 % Antriebsmoment zugeteilt und auf die Fahrbahn übertragen.

Selbsttätige Ausgleichssperren mit Lamellenkupplungen (ZF-Lamellensperre)

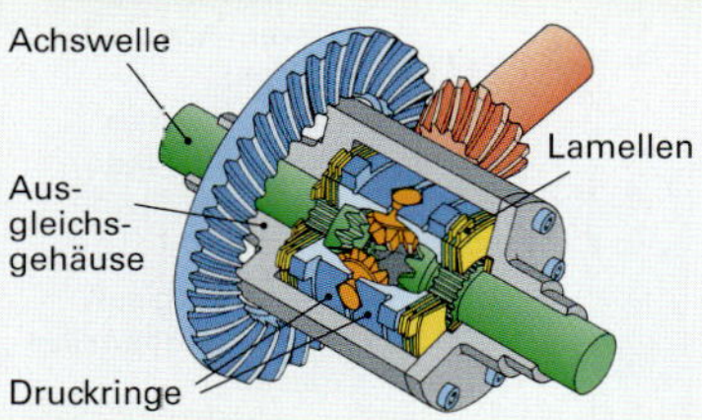

Bei unterschiedlicher Drehzahl der Antriebsräder drehen sich die Ausgleichsräder und drücken mit ihren Achsen die Druckringe gegen die beiden Lamellenpakete. Durch die Anpresskraft entsteht zwischen den schneller drehenden innenverzahnten und den langsamer drehenden außenverzahnten Lamellen eine Reibkraft, die ein lastabhängiges Reibmoment bewirkt. Dieses Moment wird über das Ausgleichsgehäuse, außenverzahnte und innenverzahnte Lamellen zur anderen Antriebsseite geleitet. Hier wirkt es zusätzlich zum Antriebsmoment dieser Seite. Die langsamer drehende Antriebswelle hat immer das größere Drehmoment. **Sperrwert:** 40 % – 50 %

Selbsttätige Ausgleichssperren mit Schnecken und Schneckenrädern (Torsen-Differenzial)

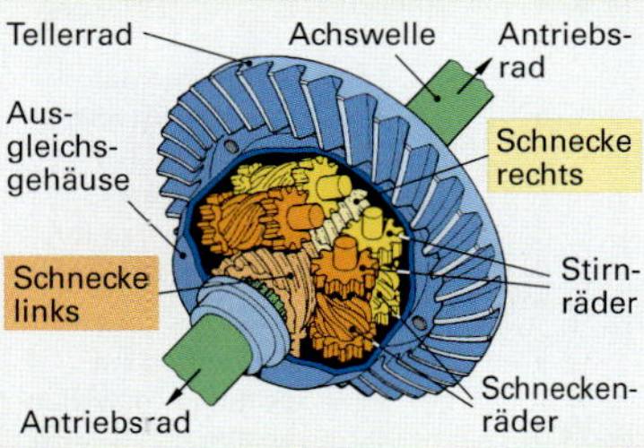

Das Torsen-Differenzial besteht aus 2 Schneckentrieben, die über Stirnräder formschlüssig miteinander verbunden sind.

Der Sperrwert wird durch die Steigung der beiden Schneckentriebe und die dadurch entstehende Selbsthemmung bestimmt.

Bei unterschiedlicher Bodenhaftung wird der Ausgleich und das Durchdrehen eines Rades durch die Selbsthemmung der Schneckentriebe gesperrt. Dabei stützen sich die Stirnräder der schneller drehenden Seite an den Stirnrädern und dem Schneckentrieb der langsamer drehenden Seite ab. Bei Kurvenfahrt haben die Schneckenräder unterschiedliche Drehzahlen. Der Drehzahlausgleich erfolgt über die drehenden Stirnräder.

Elektronische Differenzialsperre (EDS)

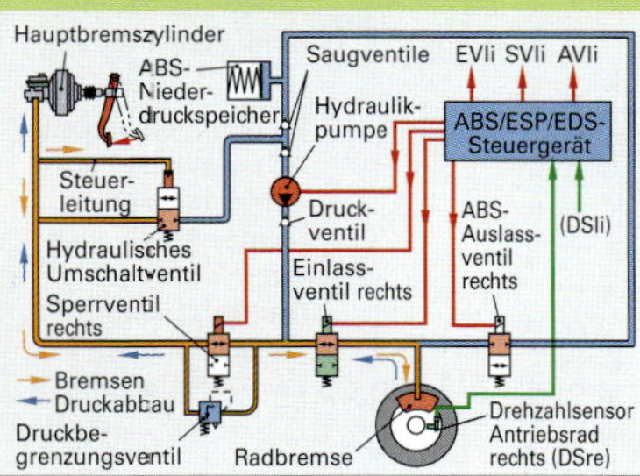

Das durchdrehende Rad wird durch den von der Hydraulikpumpe des ABS/ESP/EDS-Systems erzeugten Bremsdruck abgebremst. Drehen z. B. bei Schneeglätte beide Räder durch, wird das Motormoment reduziert. Der Bremseneingriff wird je nach Hersteller auf eine bestimmte Fahrgeschwindigkeit begrenzt.

Aufbau:
- Hydraulikeinheit mit Pumpenmotor, Aus-, Einlass-, Sperr- und Umschaltventilen
- Integriertes ABS/ESP/EDS-Steuergerät
- Drehzahlsensoren

Sperrwert: 0 % ... 100 %

Bei Allradfahrzeugen werden die durchdrehenden Räder abgebremst.

F

Elektrisch betätigtes Sperrdifferenzial

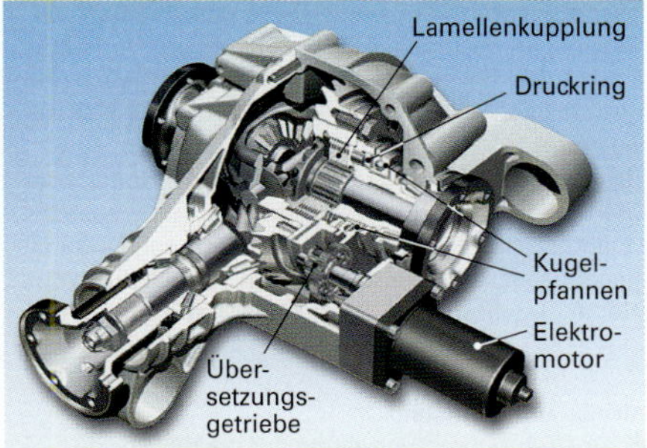

Es wird als Anfahrhilfe eingesetzt. Dreht ein Rad durch, wird der Elektromotor bestromt und mit Hilfe eines Übersetzungsgetriebes wird ein rampenförmig ausgeführter Druckring mit Kugelpfannen verdreht. Dieser drückt das Lamellenpaket zusammen und kann es bis zu 100 % sperren.

Aufbau:
- **Elektromotor** mit Übersetzungsgetriebe zur Betätigung
- **Rampenring** mit Kugelpfannen zur Betätigung des Druckrings
- **Lamellenpaket, Steuergerät und Drehzahlsensoren**

Sperrwert: 0 % ... 100 %

Elektrohydraulisch betätigtes Sperrdifferenzial (Aktives Sperrdiffrenzial)

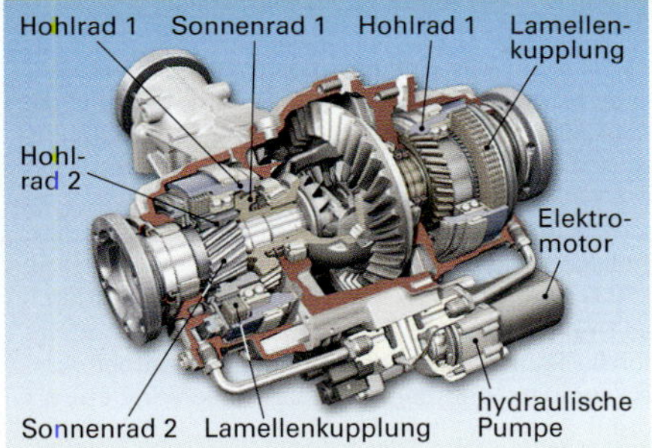

Es ist ein vollautomatisches Sperrdifferenzial, welches die Antriebskraft abhängig von der Fahrsituation stufenlos und variabel auf die einzelnen Hinterräder verteilen kann. Dadurch kann das Fahrzeug besser in die Kurve gedreht werden.

Aufbau:
- **Pro Seite je ein Überlagerungsgetriebe,** ausgeführt als Planetengetriebe verbunden mit der Antriebswelle über eine Lamellenkupplung
- **Elektrohydraulische Pumpe** zur Betätigung der Kupplung

Sperrwert: 30 % ... 40 %

Verteilergetriebe von Allradfahrzeugen / Übersicht

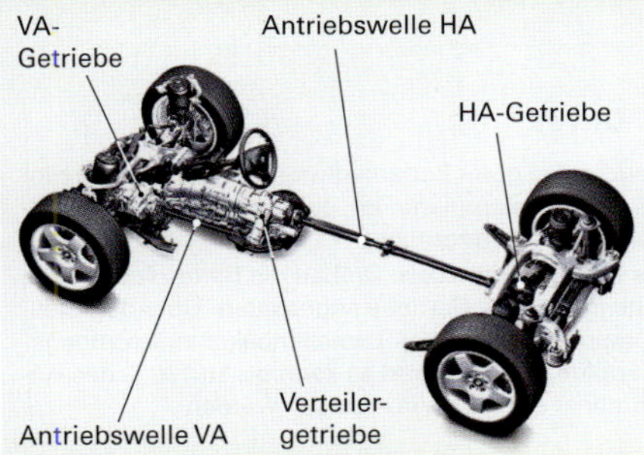

Bauarten (Auswahl)	Mögliche Drehmomentverteilung Vorderachse	Hinterachse
Permanente Allradantriebe		
Kegelraddifferenzial	50 %	50 %
Planetengetriebe	z. B. 42 %	58 %
Torsen-Differenzial	22 % ... 78 %	78 % ... 22 %
Zusachaltbare Allradantriebe		
X-Drive	0 % ... 100 %	100 % ... 0 %
Haldex-Kupplung	100 % ... 0 %	0 % ... 100 %

F

Permanente Allradantriebe

Kegelraddiffrenzial mit mechanischer Sperre bei permanenten Allradantrieben

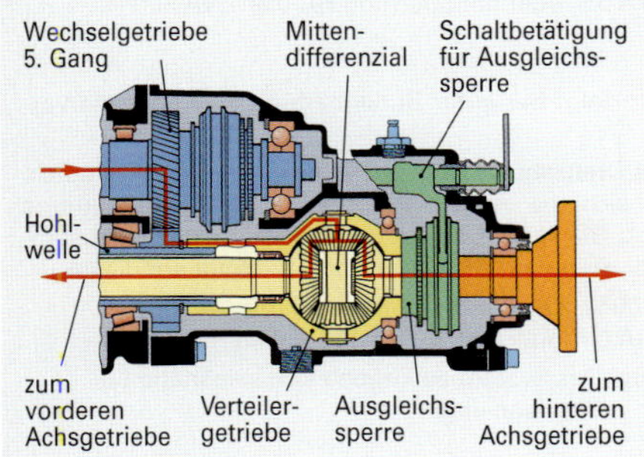

Drehzahlausgleich. Er erfolgt bei Befahren von Kurven oder Fahrbahnunebenheiten durch das Verteilergetriebe mit Ausgleichskegelrädern, die sich auf den Achswellenrädern abwälzen.

Drehmomentverteilung 50 % VA 50 % HA

Sperrung des Drehzahlausgleichs. Durch eine schaltbare Klauenkupplung wird eine Achswelle mit dem Achsgehäuse verbunden.

Sperrwert: 100 %, z. B. bei Drehmomentverteilung VA 100 %, HA 0 % oder VA 0 %, HA 100 % möglich.

Selbstsperrendes Mittendifferenzial mit Planetengetriebe bei permanentem Allradantrieb

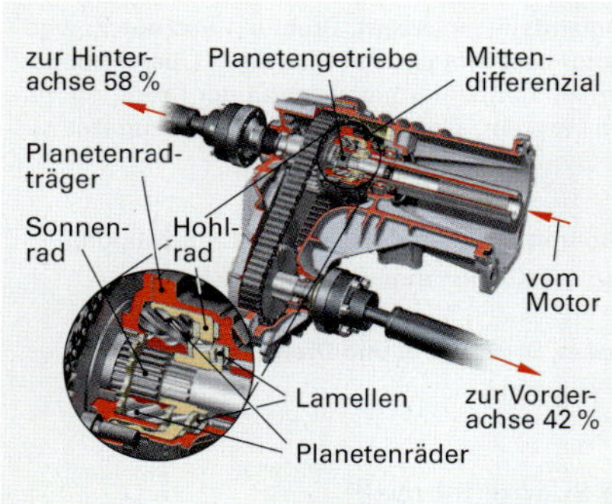

Es verteilt das Antriebsmoment durch die unterschiedlich wirkenden Hebelarme im nichtgesperrten Zustand im Verhältnis 42 % VA zu 58 % HA. Der Planetenradträger wird angetrieben und das Hohlrad mit großem Hebelarm treibt die HA, das kleinere Sonnenrad die VA an.

Dynamische Drehmomentverteilung. Haben z. B. die Hinterräder schlechte Bodenhaftung, erzeugen die Lamellen, die zwischen Hohlrad und Planetenradträger sitzen ein Reibmoment, wodurch bis zu 80 % gesperrt werden kann. Zusätzlich können über das ESP-System Räder abgebremst und somit das Drehmoment verteilt werden.

Aufbau:

- **Planetengetriebe mit Lamellen**
- **ESP-Eingriff** zur Drehmomentverteilung auf die VA.

Sperrwert: mechanisch bis 80 %, bei ESP-Eingriff bis 100 %

Torsen-Differenzial bei permanenten Allradantrieben

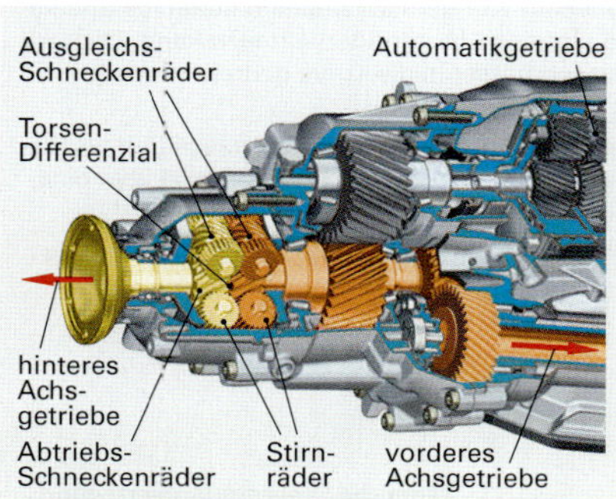

Der Antrieb erfolgt auf das Gehäuse des Torsen-Differenzials. Über die kleinen Schneckenräder wird das Drehmoment auf die großen Antriebsschneckenräder auf die HA und VA übertragen. Drehzahlausgleich ist möglich, da bei Kurvenfahrt der Schneckentrieb entkoppelt ist.

Drehmomentverteilung: Sie ist im Bild gleich. Bei unterschiedlich großen Abtriebsschneckenrädern kann das Drehmoment z. B. 22 % VA und 78 % HA bis 78 % VA und 22 % HA verteilt werden.

Sperrung des Drehzahlausgleichs zwischen VA und HA erfolgt selbsttätig durch die hohe Selbsthemmung zwischen den Ausgleichsschneckenrädern und den Abtriebsschneckenrädern bis 78 % Sperrwert.

Beim Bremsen und im Schiebebetrieb entkoppelt sich das System selbsttätig, da die Reibung zwischen den Schneckenrädern gering ist.

Zuschaltbare Allradantriebe

Verteilergetriebe mit zuschaltbarem Allradantrieb (X-Drive)

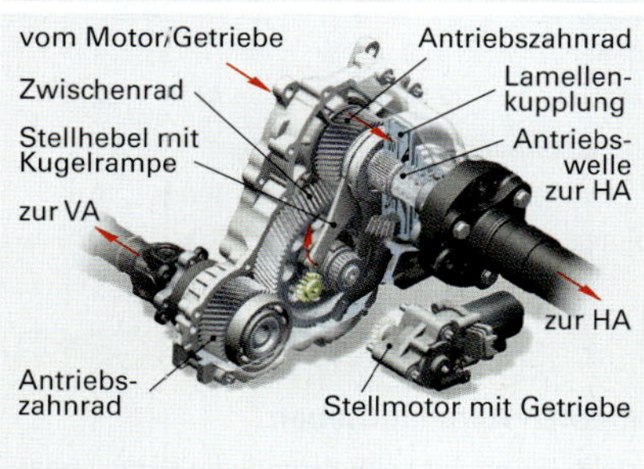

Der **Antrieb** erfolgt bei guter Bodenhaftung z. B. nur über die Hinterräder. Die Lamellenkupplung ist geöffnet, das Verteilergetriebe überträgt kein Drehmoment.

Sperrung des Mittendifferenzials. Drehen die Hinterräder durch, so wird der Stellmotor mit Getriebe angesteuert. Über den Stellhebel mit Kugelrampe wird das Lamellenpaket zusammengedrückt. Die Kupplung schließt und es kann bis zu 100 % des Antriebsdrehmoments auf die VA übertragen werden.

Aufbau:

- **Stellmotor** mit Getriebe und Stellhebel mit Kugelrampe ,
- **Lamellenkupplung, Steuergerät, Drehzahlsensoren**

Sperrwert: bis 100 %, z. B. Drehmomentverteilung HA 100 %, VA 0 % oder bei Sperrung HA 0 % ... VA 100 %.

F

Haldex-Kupplung bei zuschaltbarem Allradantrieb

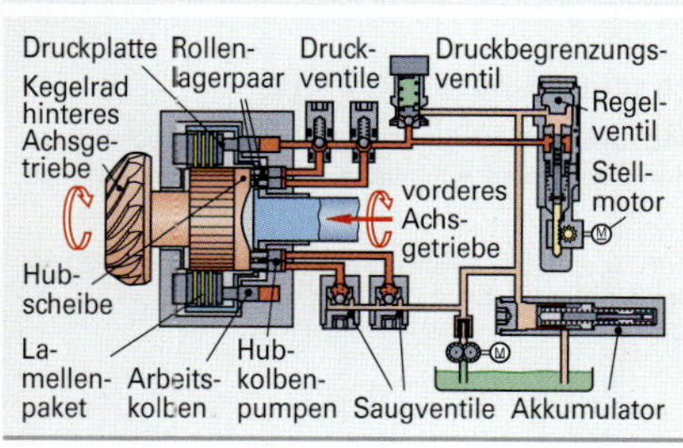

Der **Antrieb** erfolgt bei guter Bodenhaftung z. B. über die Vorderräder.

Sperrung des Drehzahlausgleichs. Drehen die Vorderräder durch, so verdreht sich die Hubscheibe und die Hubkolbenpumpe erzeugt Druck. Die Arbeitskolben drücken die Lamellen zusammen und sperren bis zu 100 %. Der Antrieb erfolgt auf die VA.

Sperrwert: 100 %, z. B. Drehmomentverteilung VA 100 %, HA 0 % oder VA 0 %, HA 100 % sind möglich.

ABS-Regelung: Das System entkoppelt sich selbsttätig bei Bremseneingriff.

Fahrdynamische Begriffe

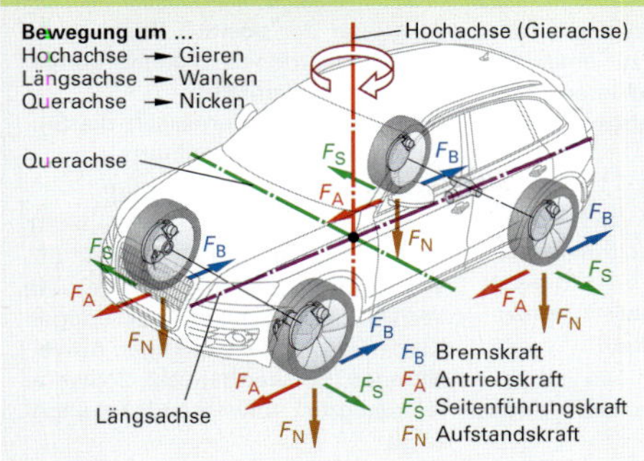

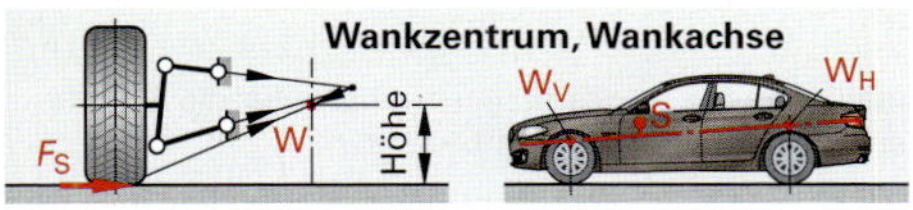

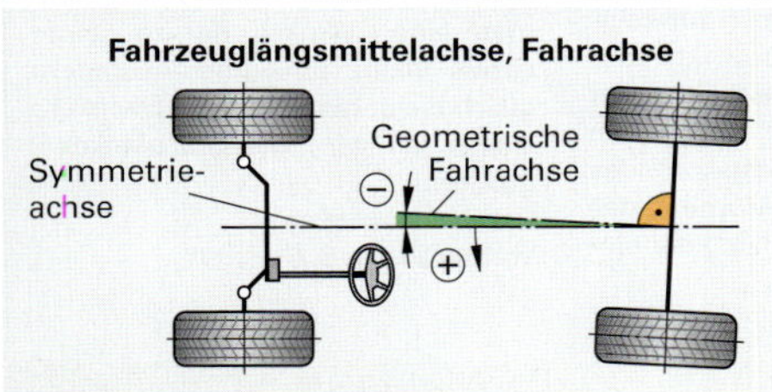

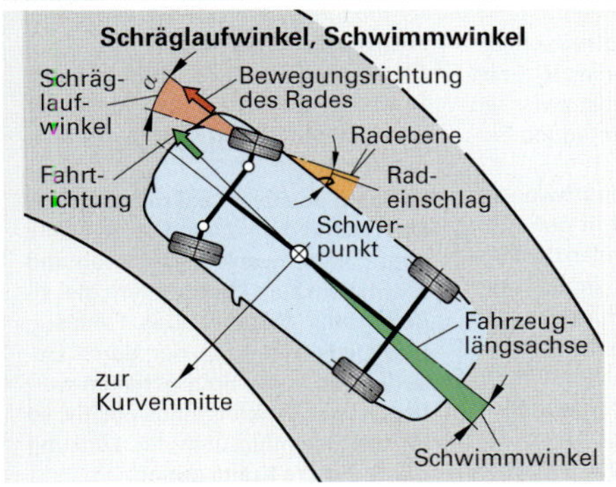

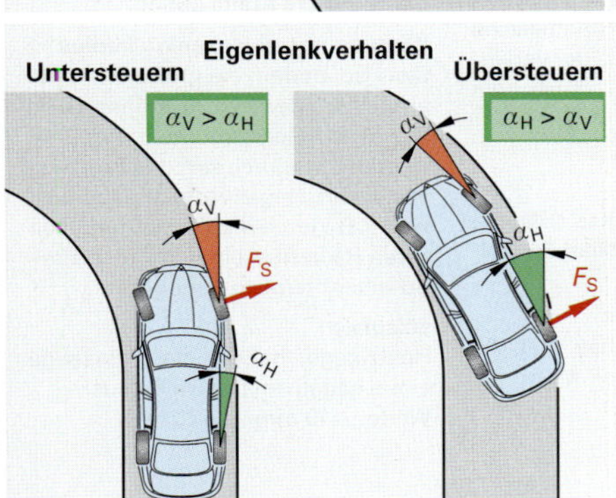

Fahrdynamik. Die Fahrdynamik beschreibt die Wirkung der auftretenden Kräfte und Bewegungen am Fahrzeug.

Fahrverhalten. Es ist das Verhalten eines Kraftfahrzeugs unter der Einwirkung von Kräften, die während der Fahrt (Geradeausfahrt, Kurvenfahrt) auftreten. Die Kräfte werden durch Fahrzeugmasse, Beschleunigen, Bremsen, Fahrbahnunebenheiten, Kurvenfahren und Luftströmung hervorgerufen. Das Fahrverhalten wird bestimmt ...

- von der Lage des Wankzentrums und des Schwerpunkts,
- von der Fahrachse und der Wankachse,
- vom Schräglaufwinkel der Reifen,
- vom Eigenlenkverhalten des Fahrzeugs,
- vom Kraftschluss zwischen Reifen und Fahrbahn.

Wankzentrum. Es ist der Punkt (W), um den sich der Fahrzeugaufbau unter Einwirkung von Seitenkräften zu drehen beginnt.
Das Wankzentrum einer Fahrzeugachse liegt von vorn gesehen in der Mitte des Fahrzeugs, seine Höhenlage ist von der Art der Radaufhängung abhängig.
Je näher Wankzentrum W und Schwerpunkt S beieinander liegen, desto geringer ist die Neigung des Fahrzeugs bei Kurvenfahrt, desto größer werden aber die Änderungen der Spurweiten beim Einfedern.

Wankachse. Sie wird durch Verbinden der Wankzentren von Vorder- und Hinterachse gebildet. Sie verläuft meist nach vorne abfallend, da bei den verwendeten Vorderachskonstruktionen das Wankzentrum tiefer liegt als bei den Hinterachsen.

Fahrzeuglängsmittelachse. Sie verläuft in Längsrichtung des Fahrzeugs durch die Mitten der Vorder- und Hinterachse.

Fahrachse (geometrische Fahrachse). Sie wird durch die Stellung der Hinterräder gebildet und ist die Winkelhalbierende der Gesamtspurwinkel der Hinterräder. Weicht die Fahrachse von der Fahrzeuglängsmittelachse ab, so läuft das Fahrzeug schräg.

Schräglaufwinkel. Winkel zwischen der Bewegungsrichtung eines Rades und der Radebene (Radeinschlag).

Schwimmwinkel. Winkel zwischen der Bewegungsrichtung des Fahrzeugs (Fahrtrichtung) und der Fahrzeuglängsmittelachse.

Eigenlenkverhalten. Bis zur Kurvengrenzgeschwindigkeit reicht der Kraftschluss zwischen Reifen und Fahrbahn aus, um die auftretenden Seitenkräfte zu übertragen. **Schnelle Kurvenfahrt:** Vorderräder oder Hinterräder oder alle Räder verlieren die Bodenhaftung. Das Fahrzeug bricht aus.

Neutrales Fahrverhalten. Die Schräglaufwinkel der Vorder- und Hinterräder sind gleich groß. Das Fahrzeug bricht über Vorderräder und Hinterräder gleichzeitig aus.

Untersteuern. Die Schräglaufwinkel der Vorderräder sind größer als die der Hinterräder. Das Fahrzeug fährt eine größere Kurve als dies den eingeschlagenen Vorderrädern entspricht. Das Fahrzeug schiebt über die Vorderachse.

Übersteuern. Die Schräglaufwinkel der Hinterräder sind größer als die der Vorderräder. Das Fahrzeug fährt eine kleinere Kurve als dies den eingeschlagenen Vorderrädern entspricht. Das Heck bricht aus.

F

Sturz

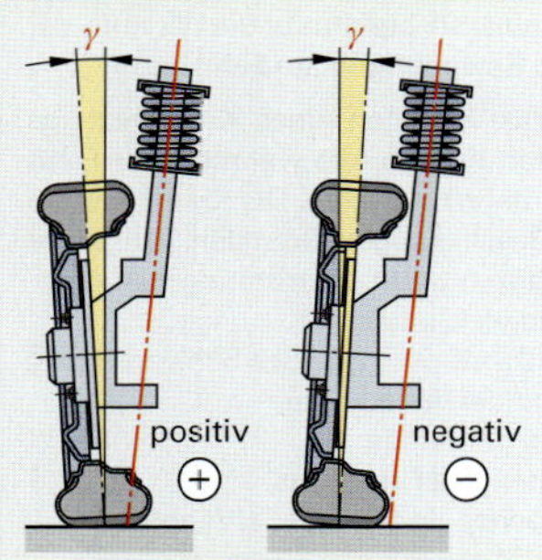

Als **Sturz** bezeichnet man die Neigung der Radebene zu einer im Radaufstandspunkt errichteten Senkrechten quer zur Fahrzeuglängsachse.

Positiver Sturz (+)
Die Radebene ist oben nach außen geneigt. Positiver Sturz bewirkt einen Kegelabrolleffekt. Dadurch neigt das Rad dazu, nach außen einzuschlagen (einzuschwenken).

Negativer Sturz (–)
Die Radebene ist oben nach innen geneigt.

Je größer der **positive Sturz,** desto geringer werden die Seitenführungskräfte bei Kurvenfahrt.
Negativer Sturz verbessert die Seitenführung bei Kurvenfahrt.

Herstellervorgabe (Beispiele):
Vorderräder + 0° 30′ [– 0° 12′] – 0° 30′
Hinterräder + 0° 05′ [– 1° 30′] – 0° 05′
Werte in [...] sind Sollwerte. Die Werte vor und hinter der eckigen Klammer sind die zulässigen Abweichungen (Sollwertbereich). Sollwerte werden grün, abweichende rot angezeigt.

Spreizung / Sturz

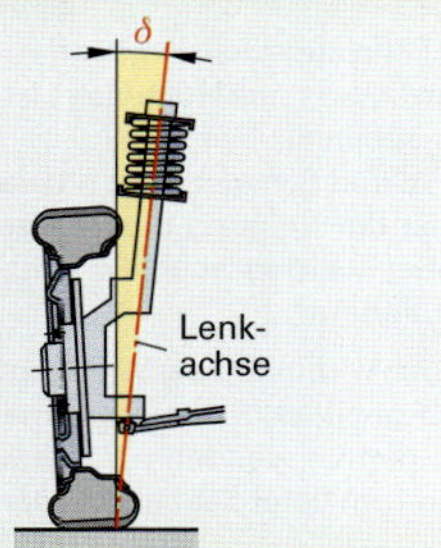

Als **Spreizung** bezeichnet man die Schrägstellung der Lenkdrehachse quer zur Fahrzeuglängsachse gegenüber einer Senkrechten zur Fahrbahn. Die Spreizung bewirkt, dass die Karosserie beim Einschlagen der Räder vorne minimal angehoben wird. Durch die Gewichtskraft des Fahrzeugs entsteht ein Moment, das die selbsttätige Rückstellung der eingeschlagenen Räder für die Geradeausfahrt bewirkt.

Spreizung und Sturz bilden zusammen einen Winkel, der in seiner Größe beim Ein- und Ausfedern gleich bleibt (wird der Spreizwinkel δ kleiner, so wird der Sturzwinkel γ größer).
Spreizungswinkel
Vorderräder z. B. 5° ... 17°

Lenkrollradius

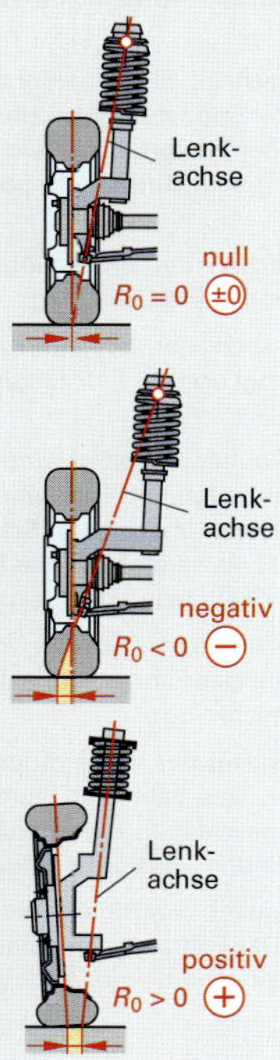

Spreizung und Sturz bewirken zusammen den **Lenkrollradius R_0**. Er ist der Hebelarm, an dem die zwischen Rad und Fahrbahn auftretenden Reibungskräfte angreifen.
Durch den Lenkrollradius schwenken die Räder aufgrund der in den Radaufstandsflächen wirkenden Kräfte je nach Antriebsart nach innen oder außen. Treten zwischen linkem und rechtem Rad unterschiedliche Kräfte auf, so entsteht ein Giermoment um die Hochachse des Fahrzeugs in Richtung der kleineren Kraft.
Der Lenkrollradius R_0 wird zwischen der Mitte der Reifenaufstandsfläche und dem Durchstoßpunkt der verlängerten Lenkdrehachse durch die Fahrbahn gemessen.

Definiton:

Lenkrollradius Null
Die verlängerte Lenkachse trifft die Fahrbahn genau in der Mitte der Reifenaufstandsfläche.

Negativer Lenkrollradius
Die verlängerte Lenkachse trifft die Fahrbahn außerhalb der Mitte der Reifenaufstandsflächezur Reifenaußenseite hin.

Positiver Lenkrollradius
Die verlängerte Lenkachse trifft die Fahrbahn außerhalb der Mitte der Reifenaufstandsfläche zur Reifeninnenseite hin.

Wirkung positiver Lenkrollradius
Das Rad an dem die größeren Kräfte angreifen schwenkt nach außen und bewirkt ein zum Giermoment gleichgerichtetes Moment. Das Fahrzeug bricht aus und kann nur durch Gegenlenken in der Spur gehalten werden. Ist der Lenkrollradius positiv, so ist die Beeinflussung der Lenkung durch äußere Kräfte gering.

Wirkung negativer Lenkrollradius
Das Rad an dem die größeren Kräfte angreifen schwenkt nach innen und bewirkt ein Gegenmoment zum Giermoment, wodurch sich das Fahrzeug stabilisiert. Negativer Lenkrollradius wird z. B. durch die Verwendung von tiefen Radschüsseln und Faustsattel-Scheibenbremsen ermöglicht.

Beispiele:
Heutzutage haben die Fahrzeuge einen negativen Lenkrollradius.
Werte: – 10 mm ... – 20 mm

F

Nachlauf

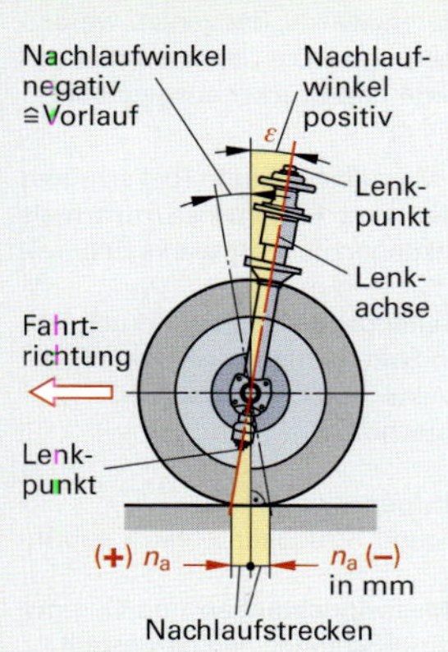

Der **Nachlauf** entsteht durch Schrägstellung der Lenkachse bzw. des Achsschenkelbolzens in Richtung der Fahrzeuglängsachse gegenüber einer Senkrechten zur Fahrbahn.

Positiver Nachlauf

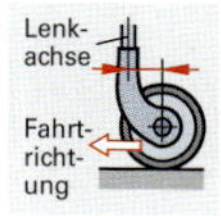

Der Radaufstandspunkt befindet sich hinter dem Durchstoßpunkt der Lenkachse auf der Fahrbahn.

Negativer Nachlauf (Vorlauf)

Der Radaufstandspunkt befindet sich vor dem Durchstoßpunkt der Lenkachse auf der Fahrbahn. Negativer Nachlauf wird nur noch selten bei Fahrzeugen mit Vorderradantrieb angewandt.

Positiver Nachlauf

Durch positiven Nachlauf werden die Räder gezogen. Anwendung bei Vorder- und Hinterradantrieb. Er bewirkt ...

- eine Stabilisierung der gelenkten Räder und stabilen Geradeauslauf;
- beim Einschlagen der Räder ein Anheben der Karosserie auf der Kurveninnenseite und ein Absenken auf der Kurvenaußenseite;
- die selbsttätige Rückstellung der Lenkung nach einer Kurvenfahrt.

Nachlauf und Spreizung beeinflussen gemeinsam die Rückstellkräfte an den eigeschlagenen Rädern. Sie wirken sich stabilisierend auf die Lenkung aus.
Der Nachlaufwinkel wird an der Vorderachse gemessen. **Beispiel:** + 2° ... + 11°

Spur

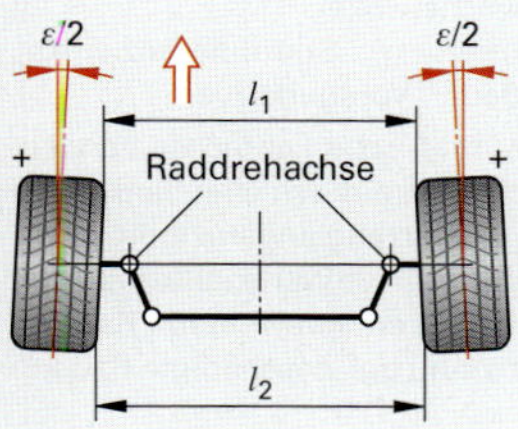

Die **Spur** ist die Längendifferenz $l_2 - l_1$ um welche die Räder einer Achse bei Geradeausfahrt vorn und hinten auseinander stehen.
Die Spur wird meist durch elektronische Achsvermessung als Einzelspur gemessen und in Grad und Minuten angegeben. Sie kann auch von Felgenhorn zu Felgenhorn gemessen werden und als Gesamtspur (für beide Räder) in Millimeter angegeben werden.
Die konstruktive Festlegung der Spur ist abhängig von der Radaufhängung, deren Geometrie und der Antriebsart.

Die Spur wird so gewählt, dass Spiel in Radaufhängung und Lenkung ausgeglichen wird und die Räder während der Fahrt nahezu parallel zur Fahrzeuglängsachse laufen.

Nachspur $l_2 - l_1 < 0$ l_1 ist größer als l_2
Vorspur $l_2 - l_1 > 0$ l_1 ist kleiner als l_2

Bei Pkws wird meist eine kleine Vorspur angewendet.

Herstellervorgabe (Beispiele):
Gesamtspur VA – 0° 03′ [+ 0° 16′] + 0° 03′
Gesamtspur HA – 0° 04′ [+ 0° 18′] + 0° 04′
Werte in [...] sind Sollwerte. Die Werte vor und hinter der eckigen Klammer sind die zulässigen Abweichungen.

Spurdifferenzwinkel

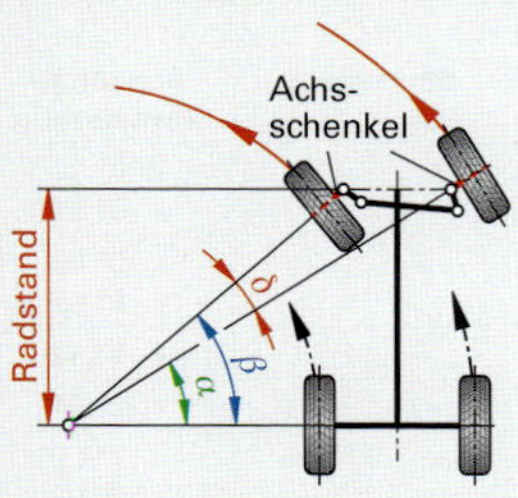

Der **Spurdifferenzwinkel** δ ist der Winkel, um den das kurveninnere Rad stärker eingeschlagen ist als das kurvenäußere.
Spurdifferenzwinkel werden in der Regel bei einem Lenkdrehwinkel von 20° des kurveninneren Rades während der Achsvermessung ermittelt.

Der Spurdifferenzwinkel ergibt bei Kurvenfahrt gutes Abrollverhalten der Räder. Er wird bei der Überprüfung des Lenktrapezes auf Fehler (z. B. verbogene Spurhebel oder Spurstangen) benötigt.

Lenktrapez

Es wird bei Geradeausstellung der Vorderräder durch die Spurstange, die beiden Spurstangenhebel und die Verbindungslinie der Lenkdrehpunkte gebildet und ermöglicht unterschiedliche Einschlagwinkel der Vorderräder.

Radversatz

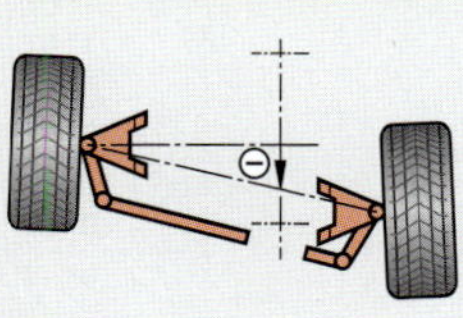

Radversatz ist der Winkel, um den die Räder einer Achse gegeneinander nach vorn bzw. hinten versetzt sind.

Radversatz – : Linkes Rad weiter vorne als rechtes Rad.
Radversatz + : Rechtes Rad weiter vorne als linkes Rad.

Der Radversatz wird bei der elektronischen Achsvermessung nur für die Vorderräder gemessen und überprüft.

Beispiele: + 0° 4′ ... + 0° 10′

F

Elektronische Fahrwerksvermessung (2D-Achsvermessung)

Die Radstellungsgrößen Sturz, Spur, Fahrachswinkel, Nachlauf, Spreizung, Spurdifferenzwinkel, Radversatz werden durch Messwertaufnehmer (Winkelaufnehmer) aufgenommen und an einen PC übertragen. Die Daten werden von einer Achsvermessungssoftware verarbeitet und als Anzeigewerte auf dem Bildschirm und Drucker ausgegeben.

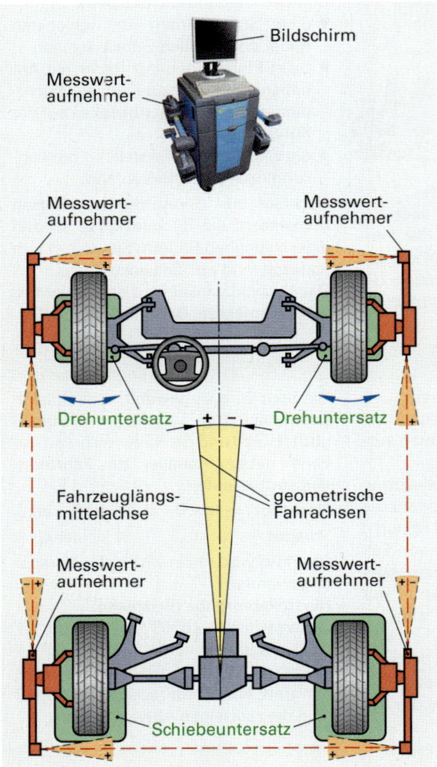

Vorbereitende Arbeiten

- Fahrzeug auf waagrechte Messfläche fahren (bei schräger Messbühnenanfahrt Vorder- und Hinterachse mehrmals durchfedern um Verschränkungen des Fahrwerks zu beseitigen).
- Prüfen von: Felgen- und Reifengröße, Reifenluftdruck, Reifenverschleiß, Höhen- und Seitenschlag der Felgen, Federungszustand, Radlager-, Achs- und Lenkungsspiel.
- Beladen nach Herstellervorschrift.
- Ggf. Fehler beheben.
- Messwertaufnehmer anbringen.
- Messhilfsmittel wie Dreh- und Schiebeuntersätze anbringen.
- Verbindungen zwischen Messeinrichtungen und Computer werden z. B. durch Infrarot-Schnittstellen hergestellt.

Vermessungsablauf

- Vermessungs-Software aufrufen.
- Kunden- und Fahrzeugdaten über Tastatur eingeben.
- Radstellungsgrößen abrufen.

Reihenfolge

Hinterachse: Sturz, Spur, Fahrachswinkel.
Vorderachse: Nachlauf, Spreizung, Spurdifferenzwinkel, Sturz, Spur, Radversatz, bei Bedarf Vorspurkurve.

Als Bezugsachse wird die geometrische Fahrachse verwendet. Die geometrische Fahrachse wird durch eine Senkrechte auf die Mitte der Hinterachse in Fahrzeuglängsrichtung gebildet. Sind beim Soll-Istwert-Vergleich die Werte außerhalb der Toleranz, müssen am Fahrzeug die entsprechenden Radstellungen korrigiert werden. Dazu sind ggf. beschädigte Radaufhängungsteile auszutauschen.

Zur Überprüfung der durchgeführten Arbeiten wird eine Ausgangsachsvermessung durchgeführt.

Hinweis: Bei dieser Messmethode muss das Fahrzeug zur Felgenschlagkompensation angehoben werden.

Achsvermessung Pkw (Beispiel)

F

			Eingangs-vermessung	Sollwerte max. Differenz li/re	Abweichung	Beurteilung i.O.	n.i.O.	Ausgangs-vermessung
Hinter-achse	Sturz	links	− 0° 38′	− 0° 40′ / ± 20′	− 2′	×		− 0° 40′
		rechts	− 0° 34′		− 6′	×		− 0° 31′
	Spur	links	+ 0° 12′	+ 0° 05′ / ± 05′	+ 7′		×	+ 0° 06′
		rechts	+ 0° 13′		+ 8′		×	+ 0° 07′
		gesamt	+ 0° 25′	+ 0° 10′ / ± 10′	+ 11′		×	+ 0° 12′
	Fahrachswinkel		+ 0° 12′					+ 0° 01′
Vorder-achse	Nachlauf	links	+ 2° 03′	+ 2° 10′ / ± 30′	− 7′	×		+ 2° 09′
		rechts	+ 1° 57′		− 13′	×		+ 2° 03′
	Spreizung	links	+ 13° 22′	keine Firmen-angaben				+ 13° 00′
		rechts	+ 13°15′					+ 13° 03′
	Spurdifferenz-winkel	links	− 1° 06′	− 1° 00′ / ± 30′	− 6′	×		− 1° 01′
		rechts	− 1° 03′		− 3′	×		− 1° 01′
	Sturz	links	− 1° 19′	− 0° 45′ / ± 30′	− 34′		×	− 0° 55′
		rechts	− 1° 05′		− 20′	×		− 0° 49′
	Spur	links	+ 0° 24′	+ 0° 07′ / ± 05′	+ 17′		×	+ 0° 07′
		rechts	+ 0° 59′		+ 52′		×	+ 0° 07′
		gesamt	+ 1° 23′	+ 0° 14′ / ± 10′	+ 1° 9′		×	+ 0° 14′
	Radversatz		− 0° 13′					− 0° 10′

3D-Fahrwerksvermessung

Bei der 3D-Fahrwerksvermessung muss das Fahrzeug zur Felgenschlagkompensation nicht angehoben werden.

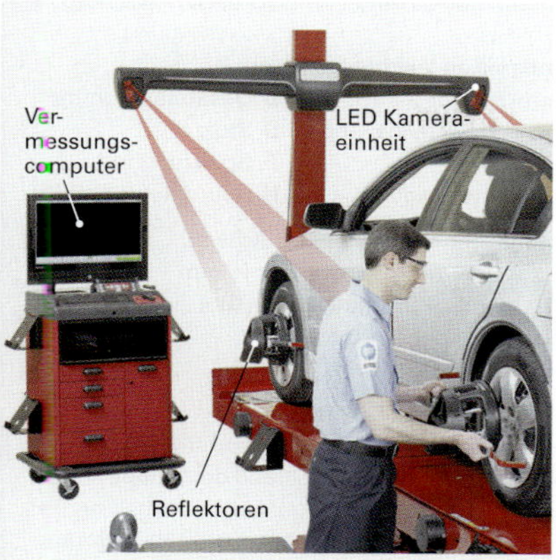

1) Vorbereitende Arbeiten
- Fahrzeug auf Messbühne stellen (Dreh- und Schiebeuntersätze anbringen)
- Vorbereitende Arbeiten durchführen (z. B. Luftdruck prüfen, Mittelstellung Lenkrad, Sturzvermittlung, Vorspurkurve ...)
- Reflektorplatten anbringen
- LED- Kameras auf Reflektorplatten ausrichten
- Fahrzeug 35 cm nach vorne und hinten bewegen → Messwerte werden angezeigt (keine Felgenschlagkompensation am einzelnen ausgefederten Rad nötig)

2) Eingangsvermessung durchführen
- Mittelstellung des Lenkrades durch in der Regel 20°-Rechts- und Linkseinschlag ermitteln

3) Werte korrigieren
- Einstellung z. B. an Spurstangen, Exzenterschrauben, ...

4) Ausgangsvermessung durchführen
- Mittelstellung des Lenkrades durch in der Regel 20°-Rechts- und Linkseinschlag ermitteln

5) Messprotokoll ausdrucken.

Sturzvermittlung (3D-Achsvermessung)

Bei manchen Fahrzeugen kann eine Sturzvermittlung am Hilfsrahmen (Fahrschemel) durchgeführt werden.

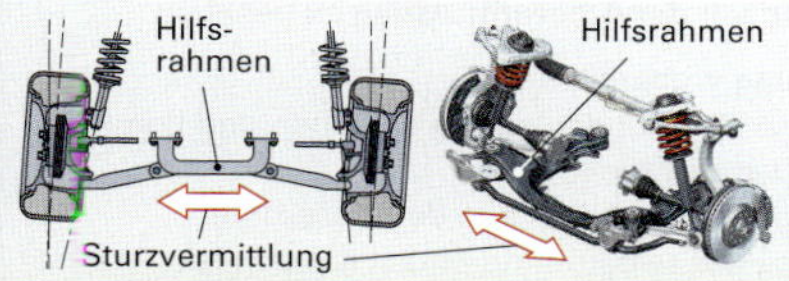

Am Hilfsrahmen sind alle Lenker angebracht. Der Hilfsrahmen ist an wenigen Stellen (meist 4 – 6) mit der Karosserie verschraubt.

Messablauf:
- Standard Fahrwerksvermessung durchführen
- Bei Bedarf Sturz durch Verschieben des Hilfsrahmens quer zur Fahrtrichtung mit Spezialwerkzeug durchführen.

Messung der Vorspurkurve (Vierlenker-Vorderachse, 3D-Achsvermessung)

Konstruktionsbedingt ändern sich beim Ein- und Ausfedern bei Fahrzeugen die Spurwerte. Diese können über die Vorspurkurve überprüft werden. Sie stellt die Änderung der Spurwerte in Abhängigkeit vom Ein- und Ausfedern dar.

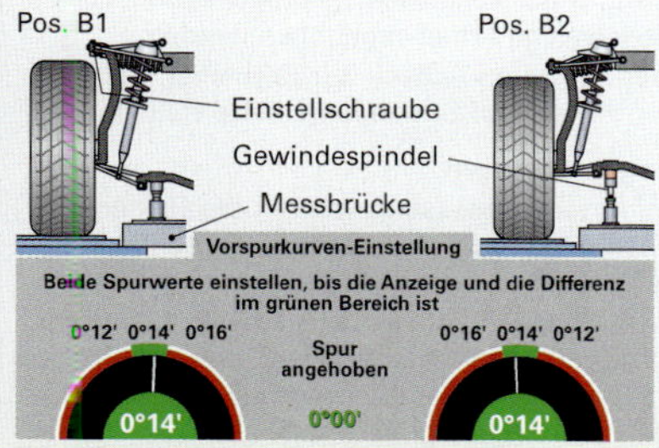

Messablauf:
- Messbrücke anbringen (Vermessung in Position B1), evtl. Korrektur der Spurwerte an Einstellschraube am Spurstangenkopf vornehmen
- Fahrzeug anheben
- Gewindespindeln herausdrehen und arretieren
- Fahrzeug auf Messbrücke ablassen (Vermessung in Position B2)
- evtl. Korrektur der Spurwerte durchführen
- Ausgangsvermessung durchführen.

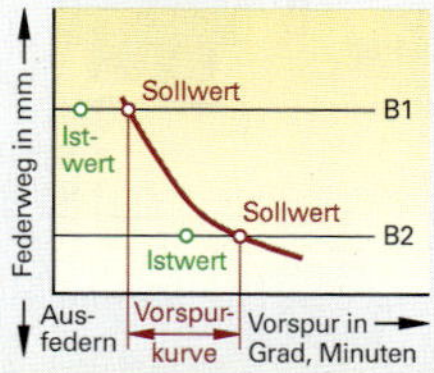

F

Fahrwerksvermessung über Lasermesssystem

Messung von Spur, Sturz, Spurdifferenzwinkel, Nachlauf, Spreizung, Lenkradmittelstellung und Achsschrägstand, sowie der Vorspurkurve mit Hilfe eines Laserstrahls. Messhilfsmittel sind Spurskalen und Einhängeskalen.

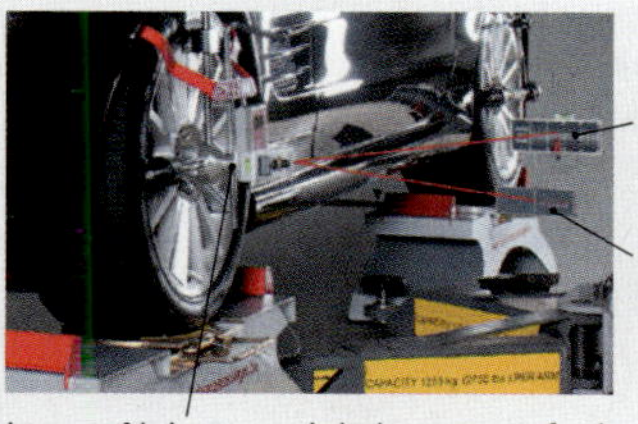

Messablauf:
- Felgenschlagkompensation bei Bedarf
- Eingangsvermessung von Spur und Sturz mit Messwertaufnehmer
- Eingangsvermessung an der Vorderachse (Sturz, Nachlauf, Spurdifferenzwinkel, Spreizung uns Spur)
- Evtl. Vorspurkurve messen
- Einstellarbeiten vornehmen

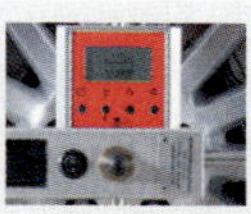
Lasermessgerät

Nfz-Laser-Fahrwerksvermessung am Beispiel eines 6 × 2-Lkw

Falsche Radstellungen, Schrägstellung und Versatz der Achsen haben einen Einfluss auf die Fahrsicherheit, den Reifenverschleiß (10 % … 50 %) und den Kraftstoffverbrauch (2 % … 15 %) . Stehen Hinter- und Vorderachse schräg zueinander vergrößert sich die effektive Fahrzeugbreite (Dackelgang).

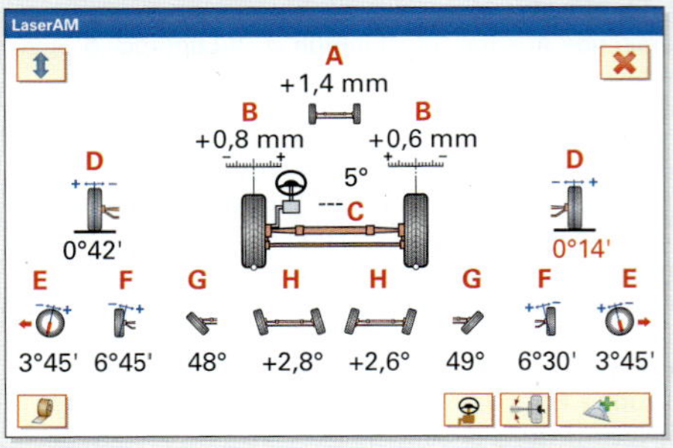

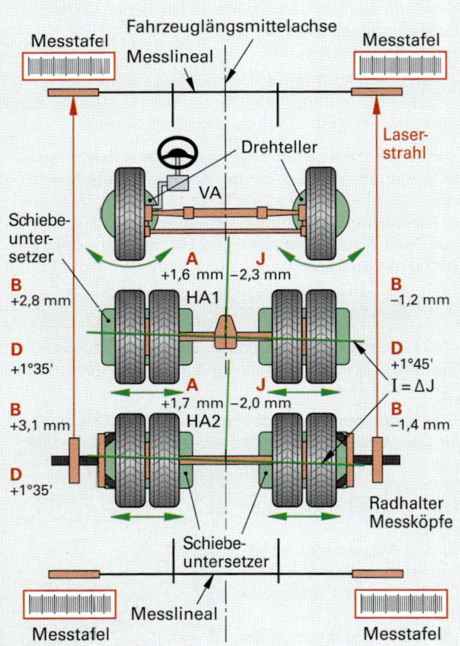

Beispiel Achsmessprotokoll (Auszug) HA1

Einstellgrößen	Ist	Soll
A Gesamtspur	+ 1,6 mm	± 2 mm
B Einzelspur links	+ 2,8 mm	± 1 mm/m
B Einzelspur rechts	– 1,2 mm	
D Sturz links*	+ 1° 35′	+ 2° ± 30′
D Sturz rechts*	+ 1° 45′	
J Schrägstellung	– 2,3 mm	< ± 2 mm
I Parallelität (ΔJ)	– 0,3 mm/m	< 2 mm

* Achse entlastet

Rot gekennzeichnete Werte liegen außerhalb der Toleranz. Sie sind zu korrigieren.

Radeinstellgrößen lenkbarer Achsen:

- **A** Einzelspur in mm
- **B** Gesamtspur in mm
- **C** Lenkgetriebe Mittelstellung
- **D** Sturz in °
- **E** Nachlauf in °
- **F** Spreizung in °
- **G** Max. Lenkeinschlag in °
- **H** Spurdifferenzwinkel

Radeinstellgrößen nichtgelenkter Achsen:

- **A** Einzelspur in mm
- **B** Gesamtspur in mm
- **D** Sturz in °
- **I** Parallelität in mm
- **J** Schrägstellung der Achsen in mm
- **K** Achsversatz in mm

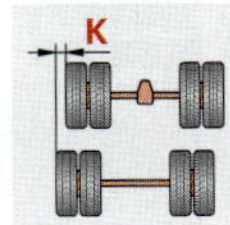

Überprüfungen vor der Vermessung

Folgende Punkte müssen vorab überprüft werden:

- Reifeninnendruck, Typ und Zustand der Reifen.
- Spiel in Lagern und Spurstangenköpfen, Achsschenkelbolzen und Lenkgetriebe sowie in den Stabilisatoren.
- Spiel in Längslenkerbuchsen, verschobene Herzbolzen (Mittelbolzen Blattfedern), gebrochene Federlagen etc.
- Zustand der Luftfederung, z. B. Federbälge, sowie Einstellung der Chassishöhe.

Fehler sind vor der Achsvermessung zu beheben.

Vermessung vorbereiten

- Im Menü den Kundenauftrag eingeben und den Fahrzeugtyp auswählen.
- Montage der Radhalter und der Messköpfe.
- Montage der selbstzentrierenden Messlineale.
- Anbringen der Messtafeln auf den Messlinealen.
- Horizontales Ausrichten der Messlineale. Die Position der Messlineale darf während der Messung nicht verändert werden!
- Durchführung der Felgenschlagkompensation. Hierzu muss die jeweilige Achse angehoben werden.
- Räder der lenkbaren Achsen auf Drehteller, der nicht lenkbaren Achsen auf Schiebeuntersätze stellen.

Vermessung durchführen

Bei der geführten Vermessung werden die Reihenfolge der einzelnen Arbeitsschritte sowie die Reihenfolge der zu vermessenen Achsen vorgegeben bzw. angezeigt.

Ggf. müssen die Messköpfe an der nächsten zu vermessenden Achse angebracht werden. Die Software bemerkt, wenn die Messköpfe versetzt werden und speichert die gemessenen und eingetragenen Werte ab.

Die Kommunlkation zwischen den Messköpfen und dem Rechner erfolgt kabellos z. B. über Bluetooth.

Einstellung: Während der Achsvermessung können Einstellungen nach Herstellervorgaben vorgenommen und die korrigierten Werte ins Protokoll übernommen werden. **Beispiel: Korrektur Hinterachsschrägstellung:**

Einbau von Innenblechen

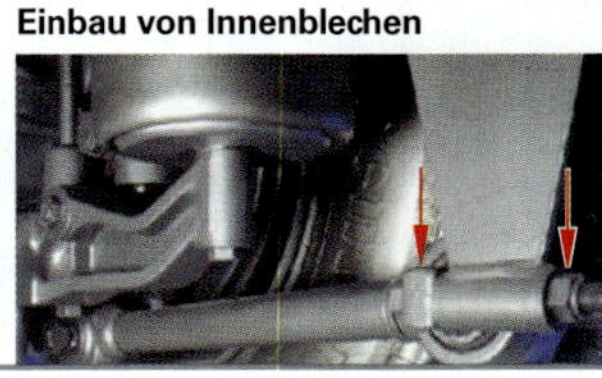

Exzenterbolzen

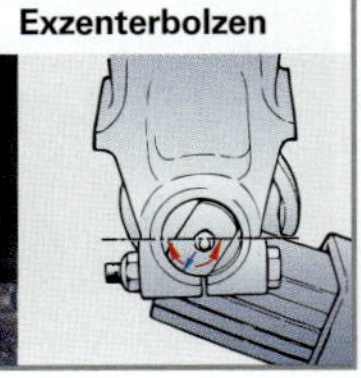

F

Grundlagen

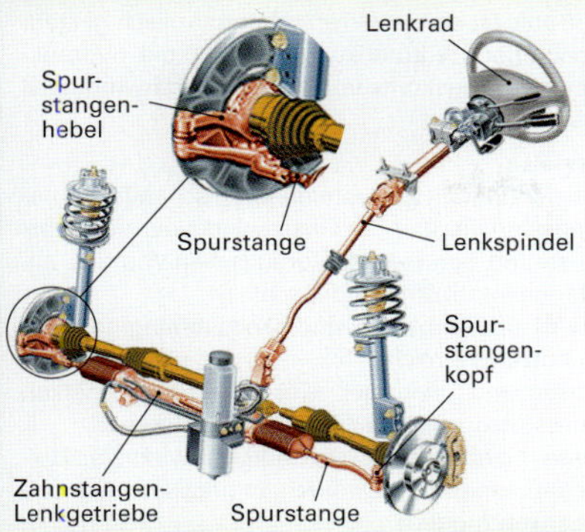

Aufgaben

- Umwandlung der Lenkrad-Drehbewegung in eine Schwenkbewegung der Räder.
- Ermöglichung verschiedener Einschlagwinkel durch das Lenktrapez.
- Verstärkung (Übersetzung) des durch Handkraft am Lenkrad erzeugten Drehmoments.

Lenkgetriebeart	Wirkungsweise	Anwendung
Zahnstangen-Lenkgetriebe	mechanisch	Pkw
	hydraulisch, elektro-hydraulisch	Pkw, leichte Nkw
	elektro-mechanisch	Pkw
Kugelumlauf-Lenkgetriebe	mechanisch	Oldtimer-Nkw
	hydraulisch	Nkw

Anforderungen an Lenkgetriebe, Lenkbetätigungskräfte

- Kein Spiel bei Geradeausstellung
- geringe Reibung, hoher Wirkungsgrad
- hohe Steifigkeit aller Bauteile
- Lenkgetriebe muss nachstellbar sein.

Lenkbetätigungskräfte (max.): Pkw: 150 N; Nkw: 250 N

Zahnstangenlenkgetriebe (mechanisch)

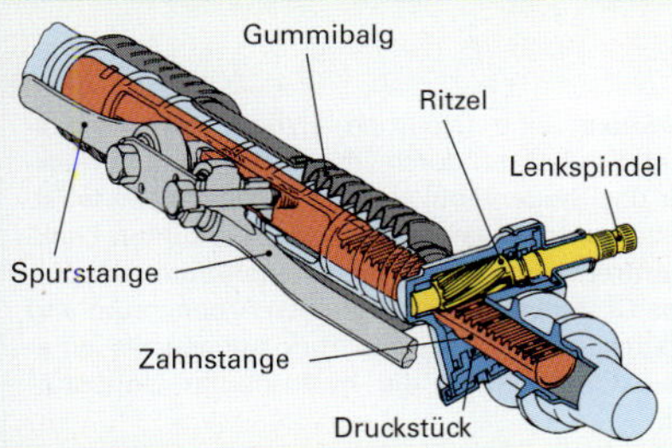

Wirkungsweise. Die Drehbewegung am Lenkrad wird über die Lenkspindel auf das Ritzel übertragen. Durch Abrollen der Verzahnung des Ritzels auf der Zahnstange wird diese axial bewegt.

Übersetzung (i = 12 ... 19). Sie bewirkt die Vergrößerung der am Lenkrad wirksamen Handkraft und wird durch die Zähnezahl des Ritzels und die Zahnteilung bzw. den Modul der Zahnstange gebildet.

Variable Übersetzung. Die Teilung der Verzahnung der Zahnstange ist zwischen den Außenbereichen und dem Mittenbereich variabel (unterschiedlich).

Außenbereich: Zahnteilung kleiner → leichteres Lenken
Mittenbereich: Zahnteilung größer → direkteres Lenken.

Zahnstangen-Hydrolenkung (hydraulisch)

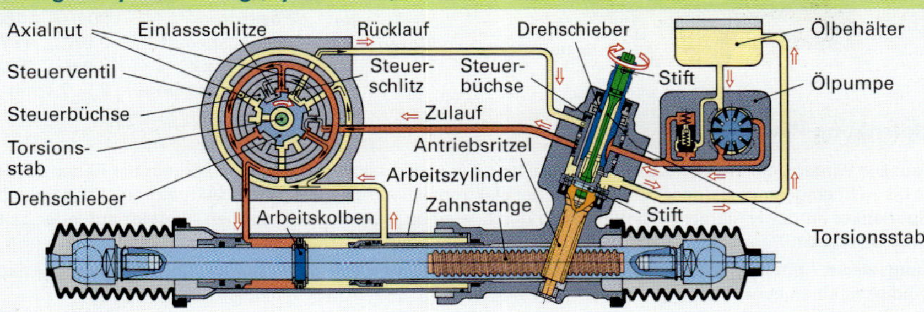

Wirkungsweise. Die Ölpumpe erzeugt den Arbeitsdruck. Abhängig von den wirksamen Lenkkräften wird ein Drehstab verdreht. Dadurch wird im Steuerventil ein Drehschieber verdreht und das Öl strömt in den jeweiligen Arbeitsraum des Lenkgetriebes. Wird das Lenkrad nicht mehr durch die Lenkkraft beaufschlagt, gehen Drehstab und Drehschieberventil in die Ausgangsstellung zurück.

Prüfhinweise: Es sind folgende Prüfschritte einzuhalten:

1. Sichtprüfung. Flüssigkeitsstand Ölbehälter, Dichtheit aller Bauteile, Spannung Keilriemen.

2. Prüfung des max. Servodrucks. Servotester zwischen Servopumpe und Lenkgetriebe anschließen. Ein ausreichend hoher Druck der Servopumpe lässt noch keinen Rückschluss über die Fördermenge unter Belastung zu.

3. Förderstrommessung. Mit dem Absperrhahn des Testers ist der Prüfdruck (Last) einzustellen, dann Förderstrommenge ablesen.

Technische Daten

Arbeitsdruck 90 bar ... 160 bar; Leistungsbedarf 3 kW ... 4 kW; Umlaufdruck 3 bar ... 10 bar
mech. Übersetzung 12 : 1 ... 15 : 1; max. Fördermenge 2 ... 7 l/min

F

Elektro-hydraulische Servolenkung – Servotronic

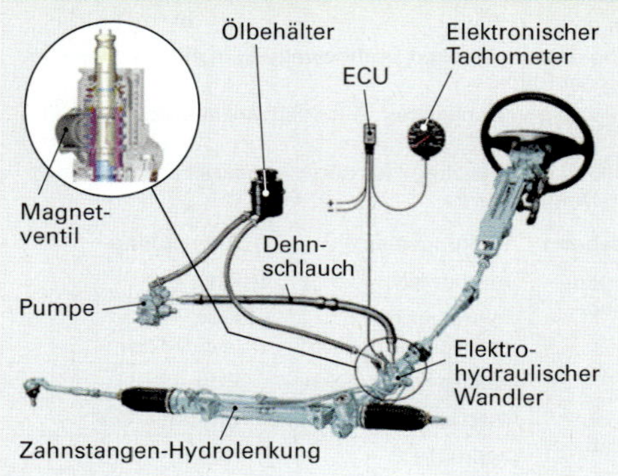

Die Servotronic ist eine elektronisch-hydraulisch gesteuerte Zahnstangen-Hydrolenkung, bei der die hydraulischen Unterstützungskräfte von der Fahrgeschwindigkeit beeinflusst werden.

Wirkungsweise

Das Steuergerät erhält z.B. vom elektronischen Tachometer Eingangssignale über die Geschwindigkeit des Fahrzeugs. Es steuert den elektrohydraulischen Wandler an, der ein Magnetventil öffnet oder schließt.

Dadurch wird eine fahrgeschwindigkeitsabhängige Lenkkraftunterstützung erreicht.

Beim Fahren mit niedriger Geschwindigkeit wirken große Unterstützungskräfte z.B. beim Einparken.

Beim Fahren mit höherer Geschwindigkeit wirkt eine kleinere Unterstützungskraft. Dadurch ist präzises, und zielgenaues Lenken möglich.

Prüfhinweise

Um den elektrohydraulischen Wandler zu prüfen, wird bei laufendem Motor, mit Hilfe eines Drehmomentmessers, die Lenkkraft bei simuliertem Tachosignal gemessen.

Technische Daten

Verteilung des Kraftaufwandes:
- **Beim Parken:** Handkraft 5 %; Hydraulikkraft 95 %; Lenkmoment 2,5 Nm ... 3,5 Nm
- **Beim Fahren:** Handkraft steigt bis zu 35 %; Hydraulikkraft fällt bis zu 65 %; Lenkmoment 2,5 Nm ... 9,5 Nm

Kugelumlauf Hydrolenkung

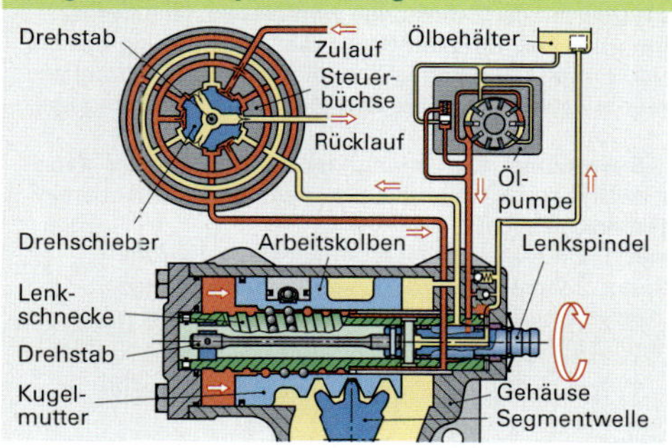

Wirkungsweise. Eine Ölpumpe erzeugt den Arbeitsdruck, der beim Lenken durch Öffnen des Zu- und Rücklaufs über das Steuerventil auf den Arbeitskolben wirkt. Der Drehstab wird abhängig von den wirksamen Lenkkräften verdreht und öffnet das Steuerventil entsprechend. Das Öl strömt in den jeweiligen Arbeitsraum und erzeugt durch den Flüssigkeitsdruck auf jeweils einer Seite des Arbeitskolbens die hydraulische Unterstützungskraft.

Wird das Lenkrad nicht mehr durch die Lenkkraft beaufschlagt, gehen Drehstab und Drehschieberventil in die

Technische Daten

Arbeitsdruck	90 bar ... 160 bar;
Leistungsbedarf	3 kW ... 4 kW;
Umlaufdruck	3 bar ... 10 bar;
max. Fördermenge	2 ... 7 l/min

Allradlenkung Pkw

F

Aufbau: Die Vorderräder werden über eine Zahnstangenlenkung betätigt. Zusätzlich können die Räder der Hinterachse bis zu 5° eingelenkt werden. Dies erfolgt über elektromechanische Stellglieder (Aktuatoren). Die konventionellen Spurlenker an der Hinterachse sind deshalb durch je einen elektro-mechanischen Aktuator auf jeder Seite der Hinterachse ersetzt.

Wirkungsweise: Abhängig von Lenkeinschlag und Gierrate errechnet das Steuergerät kennfeldabhängig je nach Geschwindigkeit einen Lenkeinschlag.

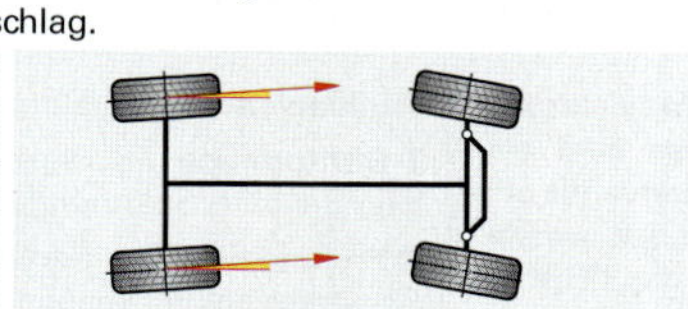

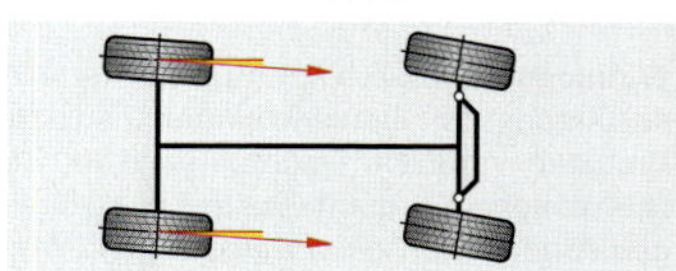

Geschwindigkeit	geringe Geschwindigkeit z. B. bis 60 km/h	größere Geschwindigkeit z. B. > 60 km/h
Lenkeinschlag Hinterachse	entgegensinning der Vorderachse	gleichsinning der Vorderachse
Vorteile	• kleiner Wendekreis, • vereinfachtes Einparken und Wenden, • agiles Einlenken in Kurven • leichtes Rangieren	• höhere Fahrdynamik und Fahrstabilität • erhöhte Fahrsicherheit • Lenkimpulse werden schneller umgesetzt

Elektrische Servolenkung (Servolectric)

Aufbau: Sie ist eine Zahnstangenlenkung, bei der die Unterstützungskräfte, abhängig vom Lenkkraftbedarf und Fahrbedingungen, durch einen Elektromotor erzeugt werden. Der Elektromotor kann je nach Ausführung an drei Stellen des Lenkgetriebes eingreifen.

Wirkungsweise: Durch Einschlagen des Lenkrades, wird ein Torsionsstab verdreht. Ein Drehmomentsensor liefert dem Steuergerät die Eingangssignale über Größe und Drehrichtung des Drehmoments und errechnet geschwindigkeitsabhängig das nötige Unterstützungsmoment.

Varianten			
Lenkungsart	mechanische Zahnstangenlenkung		
Merkmale	Servoeinheit mit Drehmomentsensor zwischen Eingangs- und Ausgangswelle der Lenksäule.	Servoeinheit mit Drehmomentsensor an der Zahnstange.	Servounterstützung wirkt über separates Ritzel auf die Zahnstange. Drehmomentsensor am Lenkradritzel. *(Doppelritzel-Servolectric)*
Einsatzgebiet	Pkw-Kleinwagen	Pkw-Mittelklasse	Pkw-Oberklasse
Zahnstangenkraft	8000 N	8500 N	9000 N
Lenkungsübersetzung	**Konstant** 50 mm/LRU **Variabel** 40-50-40 mm/LRU	55 mm/LRU 40-52-40 mm/LRU	55 mm/LRU 45-55-45 mm/LRU
	LRU ≙ Lenkradumdrehung		
Max. Stromstärke beim Einparken	70 A	75 A	80 A
Antriebsleistung	… 30 W	… 30 W	… 30 W
Kraftstoffersparnis	Gegenüber der hydraulischen Servolenkung ca. 0,2 l/100 km bzw. 85 % geringere Antriebsleistung.		

Überlagerungslenkung (Aktiv-/Dynamiklenkung)

Bei diesen Lenksystemen wird zusätzlich zur Lenkkraftunterstützung einer Servotronic oder einer Servoelektrik, der Lenkeinschlag der Räder über ein Getriebe fahrerunabhängig vergrößert oder verkleinert.

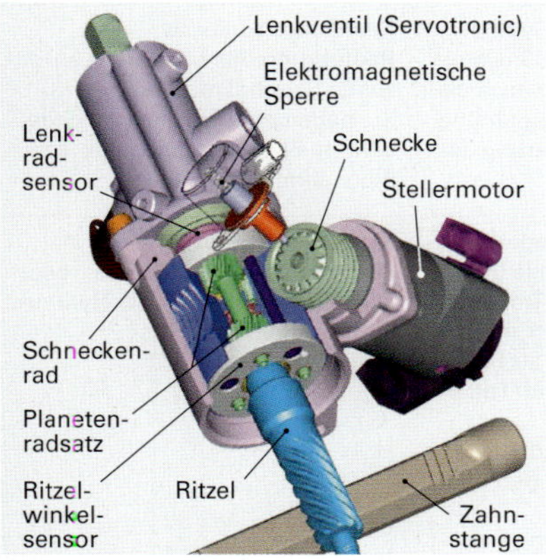

Wirkungsweise

Das Steuergerät errechnet aus z.B. Gierraten-, Lenkwinkel und Geschwindigkeitssensor den entsprechenden Einschlagwinkel der Räder und steuert den Stellmotor an.

Lenkrad und Vorderräder bleiben mechanisch verbunden.

Lenkassistenzfunktionen

Verminderter Lenkaufwand durch Anpassung der Lenkübersetzung an die Fahrsituation, z.B.:

Einparken. Der Stellmotor arbeitet gleichsinnig zum Lenkeinschlag. Beim Rangieren sind nur zwei Lenkradumdrehungen nötig.

20 km/h … 120 km/h. Mit zunehmender Geschwindigkeit wird direkter gelenkt, d.h. der Lenkradeinschlag entspricht dem Lenkeinschlag der Räder. Das Fahrzeug wird somit handlicher und agiler.

Höhere Geschwindigkeiten. Der Stellmotor arbeitet gegensinnig zum Lenkradwinel. Der Lenkeinschlag der Vorderräder wird reduziert. Die indirekte Lenkübersetzung unterstützt im Hochgeschwindigkeitsbereich einen guten Geradeauslauf.

Giermomentenkompensation Automatisches Gegenlenken bei Bremsungen auf Fahrbahn mit unterschiedlicher Bodenhaftung (µ-Split), dadurch wir die aktive Sicherheit erhöht.

F

Die Federung hat die Aufgabe, die Fahrbahnstöße aufzufangen und in Schwingungen umzuwandeln. Zusammen mit der Dämpfung ist die Federung maßgebend für Fahrkomfort, Fahrsicherheit und Kurvenverhalten.

Federschwingungen

Ungedämpfte Schwingung

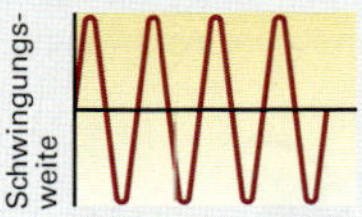

Schwingungen bleiben

Gedämpfte Schwingung

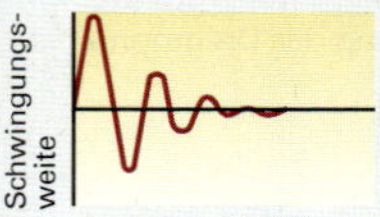

Schwingungen klingen ab

Federkennlinien

Feder mit konstanter Federrate

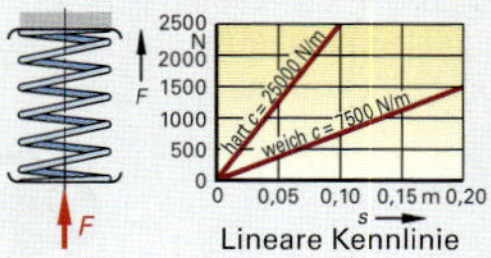

Lineare Kennlinie

c ≙ Federrate

Feder mit zunehmender Federrate

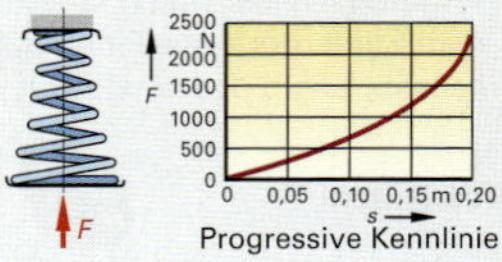

Progressive Kennlinie

Federarten

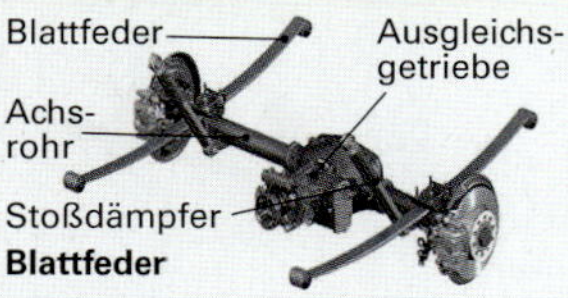

Blattfeder

Halbelliptikfeder, Parabelfeder. Sie werden auf Biegung beansprucht.

Verwendung vorwiegend bei Nutzfahrzeugen.

Kennlinie: Linear, bei 2 Federpaketen progressiv
Radführung: Übertragung von Brems-, Beschleunigungs- und Seitenkräften möglich.

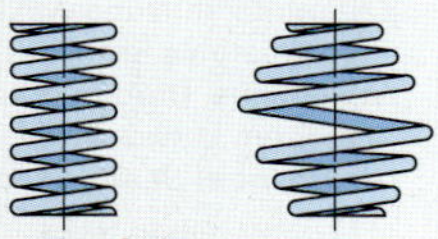

Schraubenfeder

Schraubenfeder. Form: zylindrisch, tonnenförmig, kegelförmig oder taillenförmig. Der Federdraht wird auf Torsion beansprucht. Dämpfungsfrei. Verwendung vorwiegend bei Pkw, leichten Nutzfahrzeugen und Zweirädern.

Kennlinie: Linear oder progressiv durch unterschiedliche Drahtstärke, Steigung, Windungsdurchmesser.
Radführung: Nur in Verbindung mit Lenkern.

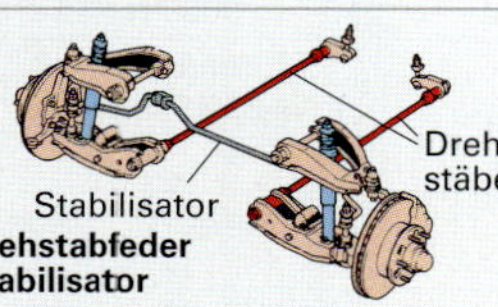

Drehstabfeder
Stabilisator

Drehstabfeder. Federelement als Rundstab oder als Paket aus Profilstäben, das über eine Federstrebe auf Torsion beansprucht wird. Einbau längs und quer zur Fahrzeuglängsachse. Dämpfungsfrei.

Kennlinie: Linear, weiche Feder – langer Rundstab.
Radführung: Nur in Verbindung mit Federstrebe oder Lenkern.

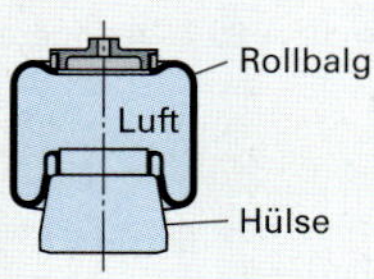

Gasfeder

Gasfeder. Eine eingeschlossene Gasmenge (Luft oder Stickstoff) wirkt als Feder über Gummibälge oder Hydraulikelemente. Kompressor bzw. Hydraulikpumpe nötig. Dämpfungsfrei.
Niveauregelung möglich. Für Pkw und Nutzfahrzeuge.

Kennlinie: Progressiv
Radführung: Nur in Verbindung mit Längs- und Querlenkern oder Stabilenkern.

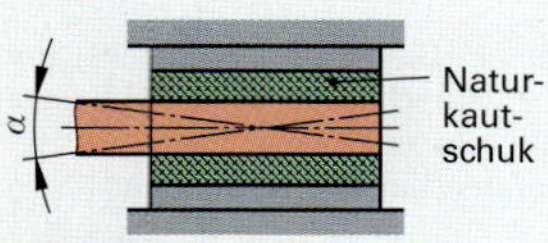

Gummifeder

Gummifeder. Natur- oder Synthesegummi auf Stahltragteile aufvulkanisiert (Silentbloc). Ausführung auch als Hydrolager. Durch hohe Elastizität und Geräuschdämpfung als Lagerung für Lenker verwendet.

Kennlinie: Progressiv
Radführung: Als Lager für Lenker zur Geräuschdämpfung.
Sie haben auf das Fahrwerk abgestimmt Elastomerkinematik bzw. Eigendämpfung.

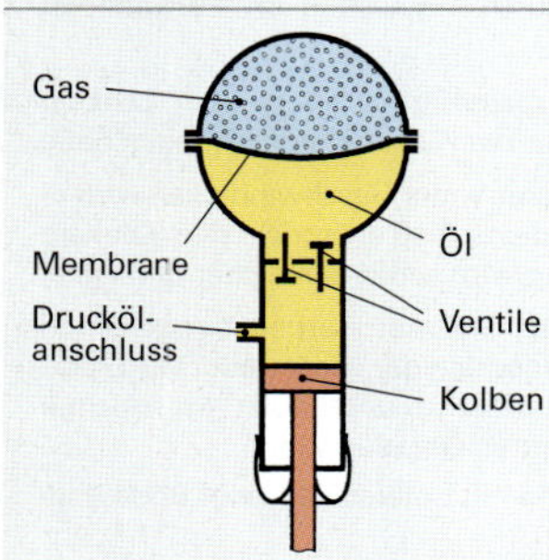

Hydroaktives Fahrwerk. Federkugel mit unveränderlicher Gasmenge (meist Stickstoff) und Hydrauliköl. Trennung durch flexible Membran. Druck von bis zu 180 bar. Gasvolumen wirkt als Feder. Ventile zwischen Kolben und Federkugel wirken als Dämpfer.
Fahrzeugniveauregelung und Federratenänderung durch Einpumpen oder Ablassen von Hydrauliköl.
Durch Zuschalten einer weiteren Federkugel kann die Federrate und Dämpferwirkung verändert werden.

Kennlinie: progressiv
Radführung: Durch Längs- oder Querlenker an denen die Hydraulikstange befestigt ist.

F

Bauarten von Schwingungsdämpfern

Aufgabe

Schwingungsdämpfer (Stoßdämpfer) lassen die Schwingungen von Karosserie und Rädern schneller abklingen und erhöhen dadurch Fahrsicherheit und Fahrkomfort.

Wirkungsweise

Hydraulische Schwingungsdämpfer bestehen grundsätzlich aus einem Zylinder, in dem sich ein Kolben mit Kolbenstange auf- und abbewegt. Ventile im Kolben drosseln den Ölstrom. Die Dämpfungskräfte der Druckstufe sind um das 2- bis 5-fache größer als die der Zugstufe.

Bauart: Zweirohr-Dämpfer

Aufbau

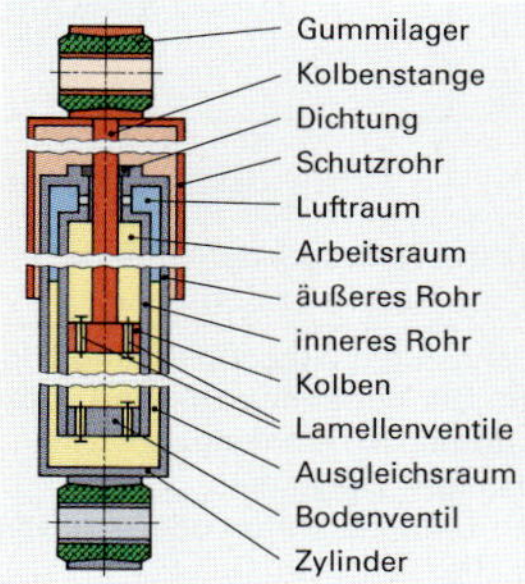

Merkmale

- Häufig verwendete Bauart.
- Einbaulage nur mit der Kolbenstange nach oben, da sonst aus dem Ausgleichsraum Luft angesaugt würde.
- Hohe Verschäumungsneigung.

Bauart: Zweirohr-Gasdruck-Dämpfer

Aufbau

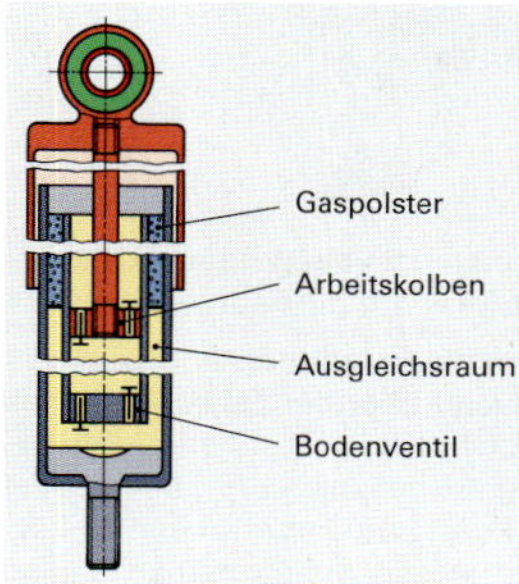

Merkmale

- Stickstoff-Gasfüllung im Ausgleichsraum.
- 2 ... 8 bar Gasdruck.
- Einbaulage nur mit der Kolbenstange nach oben.
- Geringe Verschäumungsneigung.

Bauart: Einrohr-Gasdruck-Dämpfer

Aufbau

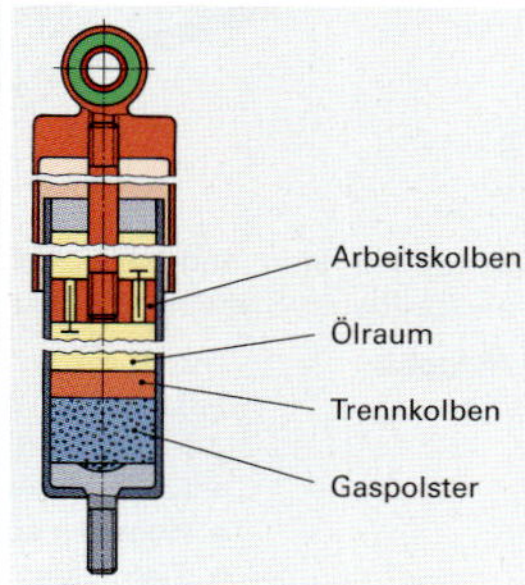

Merkmale

- Beliebige Einbaulage.
- Stickstofffüllung, 20 ... 30 bar Gasdruck.
- Gute Wärmeabführung.
- Kompakte Bauweise
- Keine Verschäumungsneigung.

Bauart: Zweirohr-Gasdruck-Dämpfer mit Bypassnuten

Aufbau

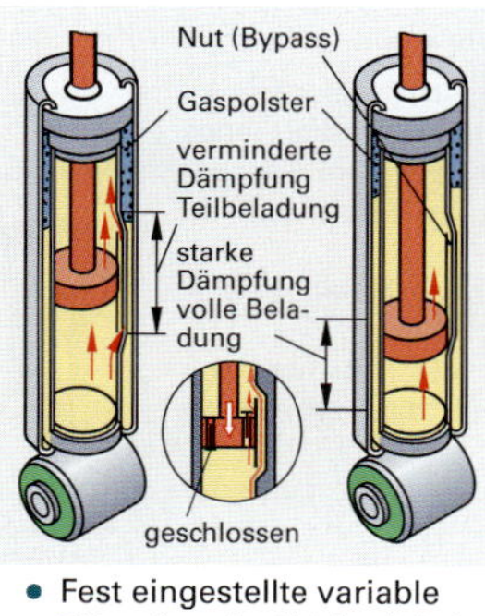

Merkmale

- Fest eingestellte variable Dämpfung in Abhängigkeit vom Beladungszustand bzw. Federweg.
- Änderung des Drosselquerschnittes im Bereich der Bypassnuten.

Bauart: Continious-damping-control-Dämpfer CDC

Aufbau

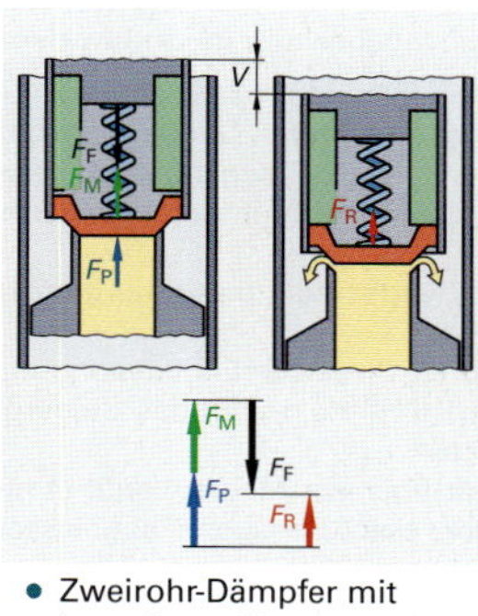

Merkmale

- Zweirohr-Dämpfer mit integrierter Magnetspule.
- Veränderung des Drosselquerschnitts.
- Kontinuierlich veränderbare variable Einstellung.
- Anpassung an Fahrsituation.

Bauart: Magnetic-Ride

Aufbau

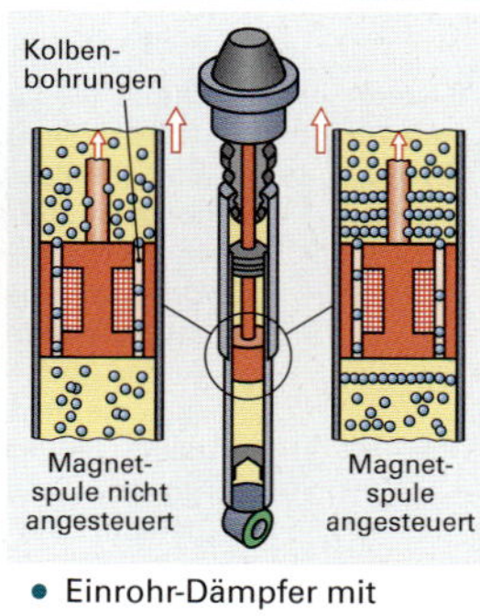

Merkmale

- Einrohr-Dämpfer mit integrierter Magnetspule.
- Änderung des Fließverhaltens durch magnetische Partikel (3 – 10 μm) im Dämpferöl.
- Elektronische Regelung im Millisekundenbereich.

Prüfung

Schocktest: Messung bei eingebautem Dämpfer nach der Grenzwertmethode.
Der Grenzwert von 30 Mh (Mahameter) darf nicht überschritten werden.
Die Grenzwertet werden vom jeweiligen Hersteller des Testers festgelegt.

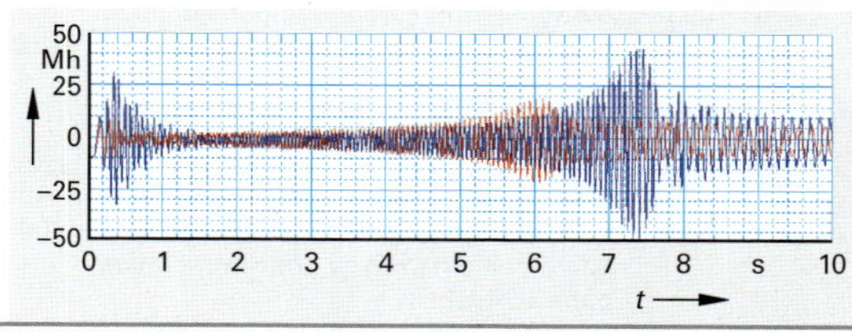

F

Luftfederung mit geregelter Dämpfung

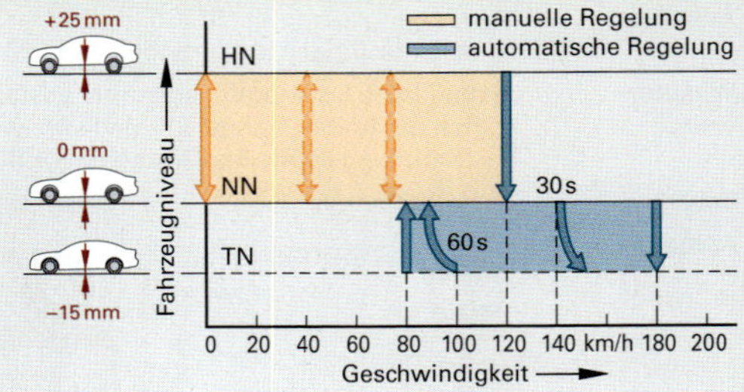

Bei dem System handelt es sich um ein niveaugeregeltes Fahrwerk mit volltragender Luftfeder und kontinuierlich verstellbaren Schwingungsdämpfern, um die Fahrsicherheit und den Komfort zu erhöhen.

Aufgabe

Durch die volltragende Luftfederung wird das Fahrzeug ladungsunabhängig immer auf einem bestimmten Niveau über der Fahrbahn gehalten. Die Höhenniveaus sind vom Fahrer wählbar oder werden abhängig von der Fahrsituation automatisch eingestellt.

- **Normalniveau.** Es ist nach dem Start des Fahrzeuges eingestellt.
- **Hochniveau.** Es ist vom Fahrer wählbar, z.B. für Geländefahrten oder schlechte Straßen.
- **Tiefniveau.** Es stellt sich automatisch bei schneller Fahrt ein.

Schwingungsdämpfer mit elektrisch verstellbaren Kennlinien ermöglichen eine kontinuierliche Dämpferregelung mit 4 wählbaren Abstimmungsstufen.

- Komfort
- Basis
- Sport 1
- Sport 2 (automatisch bei schneller Fahrt)

Aufbau

- Steuergerät für die Niveau- und Dämpfungsregelung.
- Luftfeder und Winkelsensoren für das Fahrzeugniveau an jeder Achsseite.
- Verstellbare Schwingungsdämpfer je Achsseite, integriert in das Luftfederbein.
- Kompressor (Maximaldruck 16 bar) mit Lufttrockner und Temperaturgeber.
- Magnetventilblock mit vier Ventilen, einem Ablassventil.
- Druckspeicher mit Druckspeicherventil und einem integrierten Drucksensor.
- Beschleunigungsgeber zur Messung der Vertikalbewegung der Karosserie (Messbereich: 1,3 g).
- Beschleunigungsgeber zur Ein- und Ausfederbewegung der Räder (Messbereich.: 13 g)

System-steuerung Niveau-regelung

Durch die Geber für das Fahrzeugniveau, die sich zwischen den Achsträgern und den unteren Querlenkern befinden, wird für jedes Rad die Position des Fahrzeugaufbaues gegenüber dem Rad gemessen und mit den im Steuergerät gespeicherten Voreinstellwerten verglichen.
Diese Voreinstellwerte muss das Steuergerät für das jeweilige Fahrzeug „lernen".
Ändert sich durch Be- oder Entladevorgänge die Fahrzeughöhe gegenüber der Fahrbahn, regelt das Steuergerät das Fahrzeug in das Sollniveau ein.
Hierzu wird Luft über ein Magnetventil in die jeweilige Luftfeder geleitet oder über das Ablassventil abgelassen.

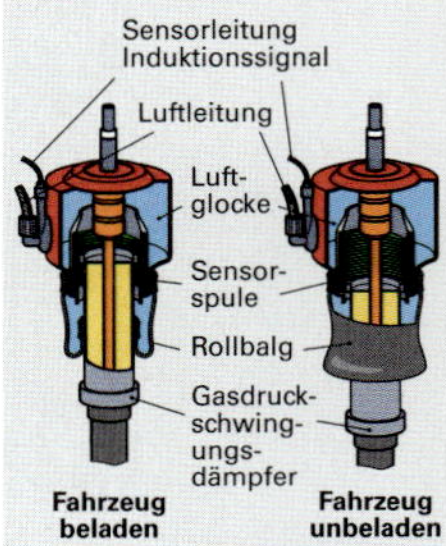

Dämpfer-regelung

Das Steuerungssystem für die Dämpferregelung erfasst über die Rad- und Aufbaubeschleunigungssensoren den Straßenzustand bzw. die Bewegungen des Fahrzeuges.
Die Kennlinien der einzelnen Schwingungsdämpfer werden entsprechend des berechneten Dämpfungsbedarfes innerhalb von Millisekunden elektrisch durch Bestromung der Magnetspule verstellt.
Die Dämpferkraft ist über das Proportionalventil im Schwingungsdämpfer kennfeldabhängig einstellbar.
Die Schwingungsdämpfer sind in die Luftfederbeine integriert.

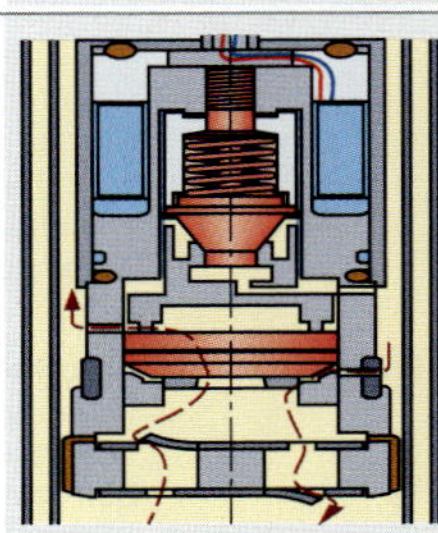

Skyhook-Regelstrategie

Die Verstellung des Dämpfers erfolgt in Abhängigkeit von der Vertikal-Beschleunigung der Räder und des Fahrzeugaufbaues. Im Idealfall erfolgt die Regelung so, als ob der Fahrzeugaufbau an einem „Haken am Himmel hängt" und fast ohne störende Bewegungen über die Fahrbahn schwebt.

F

Hydraulikschaltplan

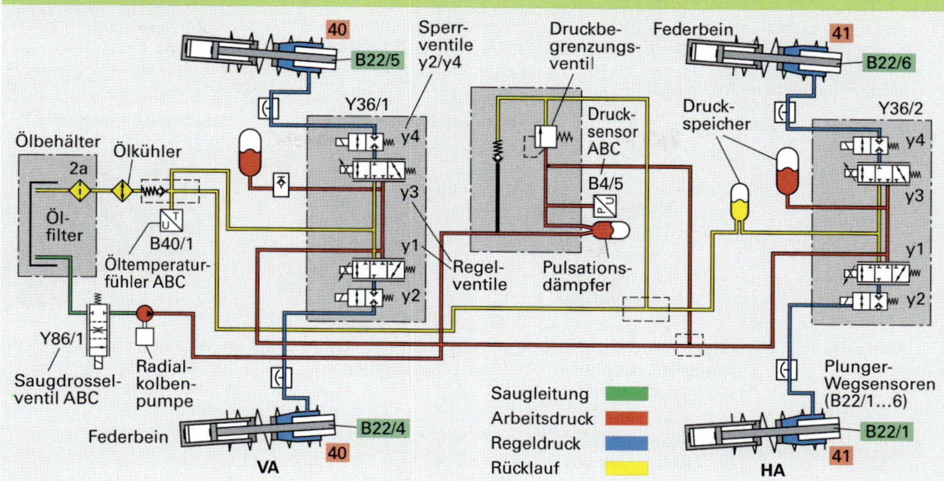

Aufbau

Es ist ein aktives Federungs- und Dämpfungssystem. Jedes Rad ist an einem Federbein aufgehängt, das aus einem Plunger, einem Schwingungsdämpfer und einer Schraubenfeder besteht.

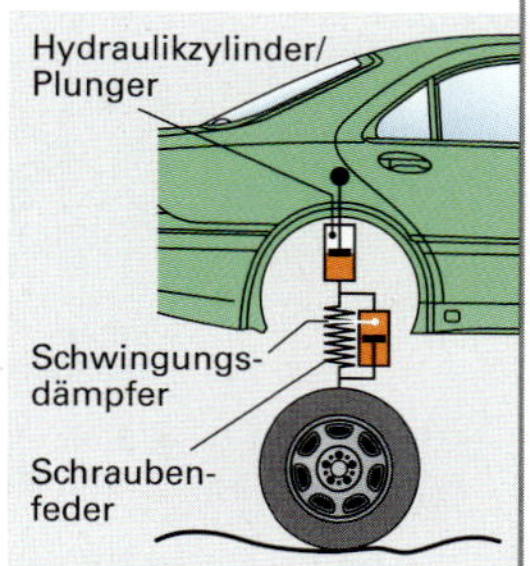

Plunger

Er ist ein dynamisch verstellbarer Hydraulikzylinder, der in der Lage ist, Kräfte zu erzeugen, die den Rad- oder Karosseriebewegungen entgegenwirken. Der Plunger verstellt dabei den Fußpunkt der Schraubenfeder (Änderung der Vorspannung). So werden Karosseriebewegungen in Richtung Hochachse (durch Fahrbahnunebenheiten), um die Querachse (Nicken infolge Bremsen, Beschleunigen) und um die Längsachse des Fahrzeuges (Wanken durch Kurvenfahrt) verringert. Auch eine Niveauverstellung und Niveauregulierung ist integriert.

Wirkungsweise bei Kurvenfahrt (Linkskurve)

Das Wanken der Karosserie wird von den Plungerwegsensoren (B22) registriert und als Signale an das Steuergerät weitergeleitet.

Um die Karosserie beim Befahren einer Linkskurve waagrecht zu halten,

- müssen die Hydraulikzylinder (40/41) der kurvenäußeren Federbeine mit Öl versorgt werden
- muss bei den kurveninneren das Öl abfließen, um den Gegendruck abzubauen,
- werden die Regelventile y3 nach links, die Regelventile y1 nach rechts verschoben.

Die kurvenäußeren Plunger sind mit der Arbeitsdruckleitung verbunden und fahren solange aus, bis die Karosserie wieder waagrecht ist. Während dessen sind die kurveninneren Plunger mit der Rücklaufleitung verbunden und können einfahren.

Hinweis: Die Sperrventile y2 und y4 sind während der Fahrt ständig geöffnet.

Wirkungsweise beim Bremsen

Die vorderen Plungerwegsensoren (B22/4 und 5) registrieren das Eintauchen der Karosserie, die beiden hinteren (B22/1 und 6) das Entlasten der Hinterachse.

Um dem Eintauchen entgegenzuwirken, werden über Signale des Steuergerätes

- die Regelventile y3 und y1 der Vorderachse nach links verschoben, so dass die vorderen Plunger (40) mit der Arbeitsdruckleitung verbunden werden und ausfahren,
- die Regelventile y1 und y3 der Hinterachse nach rechts verschoben, die Plunger (41) werden durch Verbindung mit der Rücklaufleitung druckentlastet und können einfahren.

Der Vorgang dauert so lange, bis die Karosserie wieder waagrecht ist.

Das Steuergerät verarbeitet noch zusätzliche Signale von Beschleunigungssensoren, Längs- und Querbeschleunigungssensoren, die im Hydraulikschaltplan nicht enthalten sind.

Niveauregulierung

Je ein Niveausensor an Vorder- und Hinterachse sorgen dafür, dass von der Radialkolbenpumpe solange Öl über die Regelventile in die Plunger gepumpt wird, bis sich das erwünschte Fahrzeugniveau eingestellt hat. Bei laufendem Motor wird das Niveau unabhängig von der Beladung konstant gehalten. Wird vom Steuergerät eine Entlastung der Räder einer Seite (Anheben beim Reifenwechsel) erkannt, werden die Sperrventile geschlossen.

F

Radaufhängung

Radaufhängungen stellen die Verbindung zwischen Fahrzeugaufbau und Rädern her. Sie müssen hohe statische Kräfte (Zuladung) und dynamische Kräfte (Antriebs-, Brems- und Seitenkräfte) aufnehmen.

Lenkerbauarten (Auswahl)

Bauart: Stablenker

Abbildung

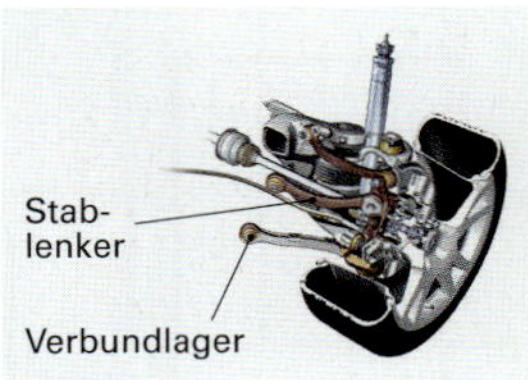

Merkmale
- Als Querlenker einsetzbar,
- Zusätzlicher Längslenker oder Stabilisator nötig

Bauart: 3-Punkt-Lenker

Abbildung

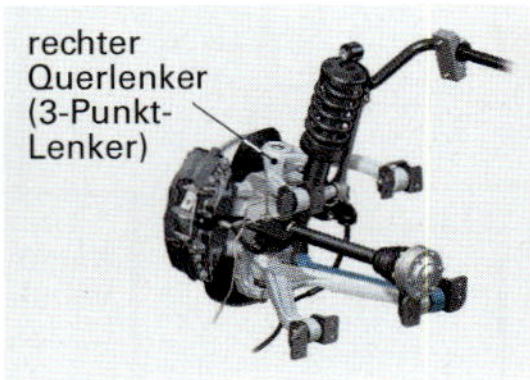

Merkmale
- Nimmt Kräfte in Längs- und Querrichtung auf

Bauart: Längslenker (Hinterachse)

Abbildung

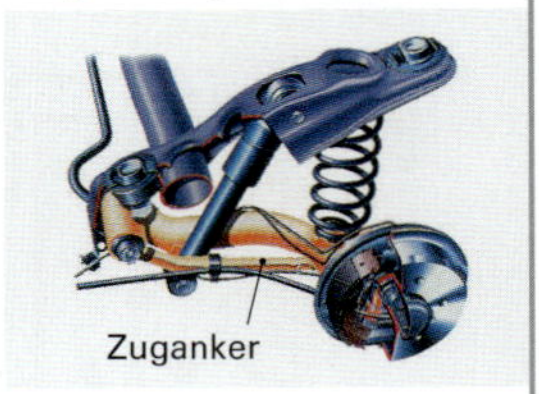

Merkmale
- Verwendung bei Frontantrieb
- Keine Spur- und Sturzänderung

Achsbauarten (Auswahl)

Vorderachsen: Doppelquerlenkerachse

Abbildung

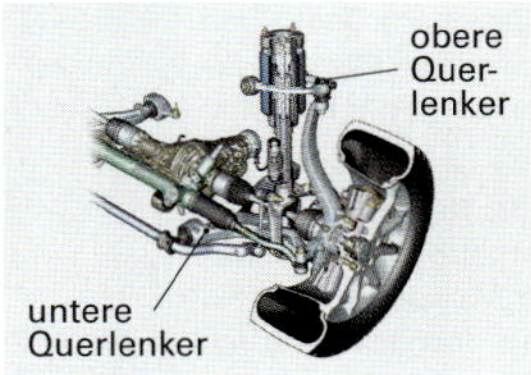

Merkmale
- Spur und Sturz ändern sich beim Ein-, Ausfedern

Vorderachsen: McPherson Vorderachse

Abbildung

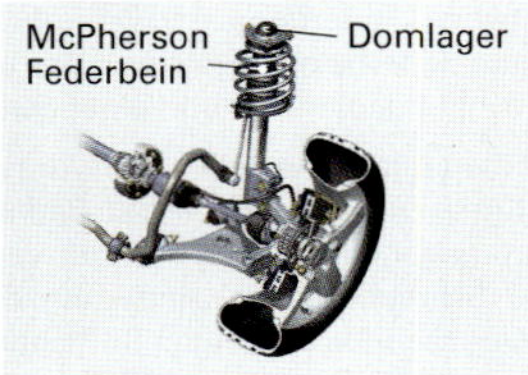

Merkmale
- Unterer Querlenker führt Rad

Vorderachsen: Vierlenker-Vorderachse

Abbildung

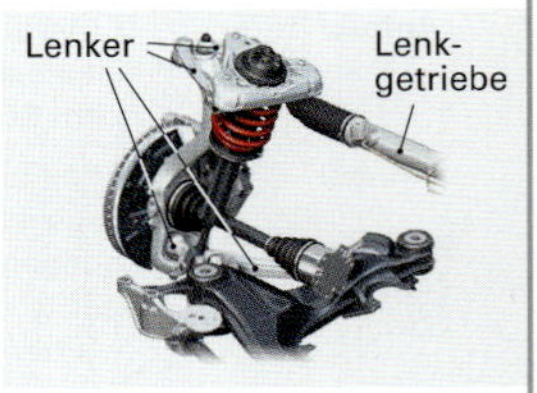

Merkmale
- Spur und Sturz sind beim Ein- und Ausfedern gezielt beeinflussbar

Achsbauarten (Auswahl)

Hinterachsen: Starrachse mit Antrieb

Abbildung

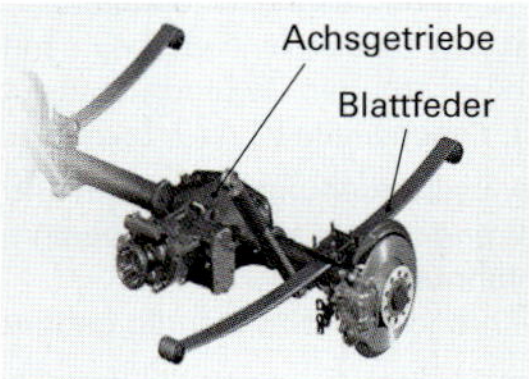

Merkmale
- Antrieb in Achse integriert (Achsgetriebe)
- große ungefederte Masse

Hinterachsen: Verbundlenkerachse

Abbildung

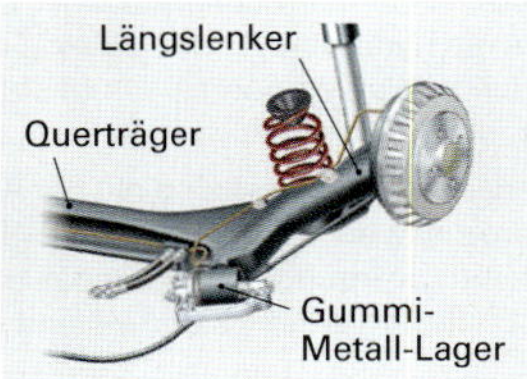

Merkmale
- kleine ungefederte Masse
- geringe Spur- und Sturzänderung

Hinterachsen: Raumlenkerachse

Abbildung

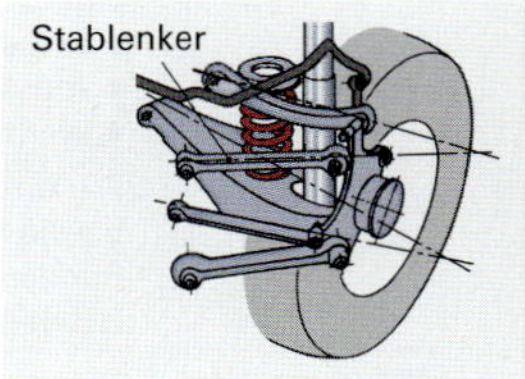

Merkmale
- gezielte Spur- und Sturzänderung möglich

F

Kinematik der Raumlenkerachse

Hauptsächlich sind die Änderung von Sturz und Spur entscheidend für das Eigenlenkverhalten des Fahrzeuges.

Spur- und Sturzänderung:

	Spur	Sturz
Einfedern	zuerst negativ (Nachspur)	negativ
Ausfedern	Zuerst positiv (Vorspur)	positiv

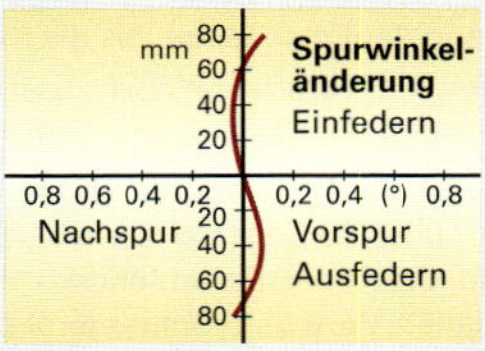

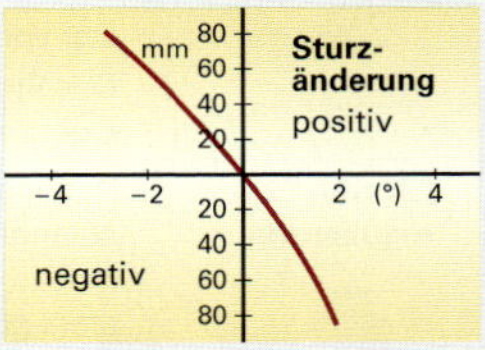

Kraftfahrzeugreifen

Radialreifen mit Gürtel für Pkw

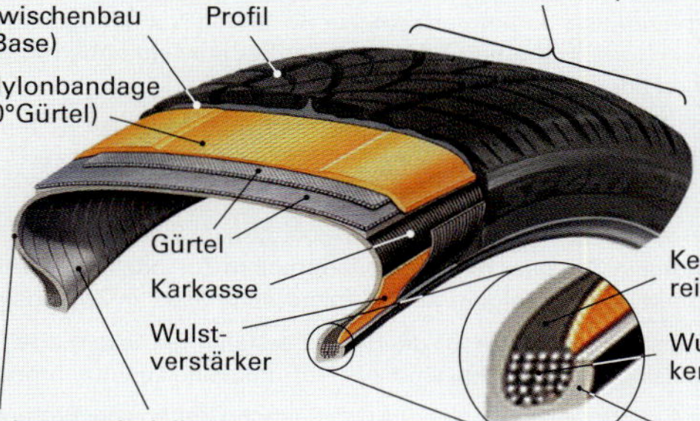

Messstellen für die Mindestprofiltiefe

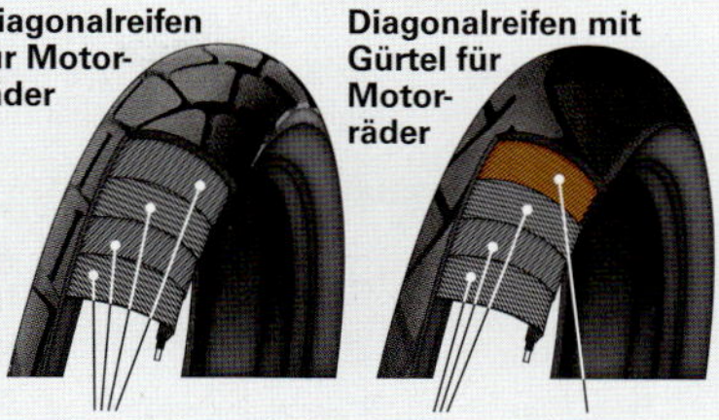

Aufbau und Bauarten von Kraftfahrzeugreifen

Lauffläche (Cap)	Sie ist bei Fahrzeugen mit Straßenzulassung mit einem Profil versehen. **Werkstoff:** Gummi, der aus Synthesekautschuk bzw. Naturkautschuk hergestellt ist. **Merkmale:** Hohe Abriebfestigkeit, große Rutschfestigkeit, geringer Rollwiderstand.
Profil	Das Profil ist die Anordnung von Klötzen, Rippen, Rillen und Lamellen auf der Lauffläche. Man unterscheidet Normal-, Gelände-, M+S- und Sonderprofile.
Profiltiefe (TWI)	Die Profiltiefe wird in den Hauptprofilrillen neben den TWI-Stegen (TWI = Tread-Wear-Indicator) gemessen. Die Hauptprofilrillen umfassen etwa $^3/_4$ der Laufflächenbreite. Nach § 36 StVZO darf die Profiltiefe im gesamten Bereich der Hauptprofilrillen an keiner Stelle weniger als 1,6 mm betragen. Bei Winterreifen wird eine Profiltiefe von mindestens 4 mm empfohlen.
Zwischenbau (Base)	Er ist die elastische Verbindung zwischen Gürtel und Laufstreifen. **Aufgaben:** Dämpfung der Fahrbahnstöße, Schutz des Reifenunterbaus vor Gewebebrüchen, vermindert den Rollwiderstand des Reifens.
Gürtel	Er besteht in der Regel aus mehreren Lagen Stahlcord bzw. Textilcord (z.B. Aramid, Nylonfasern), die unter spitzen Winkel zwischen Karkasse und Lauffläche liegen. **Aufgabe:** Stabilisiert Karkasse gegen Seitenkräfte und die Bodenauflagefläche gegen Verformung. **Nylonbandage (0° Gürtel).** Sie begrenzt die dynamische Verformung des Reifens durch Fliehkraft.
Karkasse (Unterbau)	Das Karkassengewebe besteht aus einer großen Anzahl paralleler Cordfäden, die einzeln in eine Gummischicht eingebettet sind und dadurch zusammengehalten werden. **Werkstoffe:** Stahlcord (Lkw-, EM- (Erdmaschinen) Reifen), Rayon, Polyester, Aramid (Pkw-, Motorrad-, Landwirtschaftsreifen). **Aufgabe:** Die Karkasse ist in Verbindung mit dem Reifenvolumen und dem Reifeninnendruck maßgebend für die Belastbarkeit des Reifens.
Reifenbauarten	
Radialreifen	Bei dieser Reifenbauart verlaufen die Cordfäden der Karkasse radial (90° zur Fahrtrichtung) und werden an Wulstkernen aus Stahldraht befestigt. **Merkmale:** Große Nachgiebigkeit der Seitenwände, Gürtel kann unabhängig vom Reifenunterbau variiert werden, sehr niedrige Seitenwandhöhen möglich, hohe Seitenführungskräfte übertragbar, geringer Rollwiderstand, geringe Erwärmung. **Verwendung:** Pkw, Nfz, Motorrad. 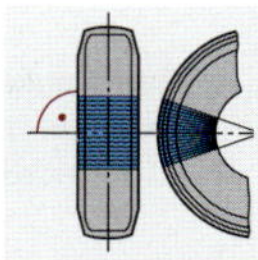
Diagonalreifen	Bei dieser Reifenbauart werden die Cordfäden der Karkasse diagonal übereinander gelegt (Fadenwinkel 26°...40°) und an Wulstkernen aus Stahldraht befestigt. **Verwendung:** Motorradreifen, Forstreifen. 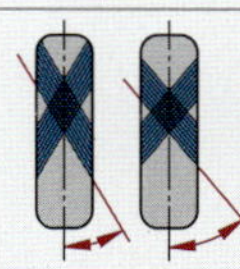 Sport-Reifen Standard-Reifen
Diagonalreifen mit Gürtel (Bias Belted)	Bei dieser Reifenbauart wird zwischen Karkasse und Lauffläche ein Gürtel aus einer oder mehreren gekreuzten Cordgewebelagen (meist Nylon) eingelegt. **Merkmal:** Der Gürtel begrenzt die dynamische Verformung des Reifens durch Fliehkraft. **Verwendung:** Motorradreifen.
Wulst	Eine Stahldrahteinlage (Wulstkern) bildet mit den Gewebelagen der Karkasse den Wulst. Mit dem Wulst stützt sich der Reifen auf der Felgenschulter und dem Felgenhorn ab. Bei schlauchlosen Reifen sorgt er zusätzlich für die Abdichtung des Reifens auf Felge. **Aufgabe:** Er hält Reifen fest auf der Felge, damit Brems-, Antriebs- und Seitenführungskräfte übertragen werden können.
Inliner	Er ist eine luftdichte elastische Gummischicht aus Butylkautschuk mit welcher der Gewebeunterbau versehen wird. Er dichtet schlauchlose Reifen ab. **Kennzeichnung:** TL (tubless type).

F

Aufbau und Bauarten von Kraftfahrzeugreifen (Fortsetzung)

Seitenwand (Flanke)
Sie schützt die Karkasse vor Umwelteinflüssen und Beschädigungen. Sie ist unter anderem mit Montagekennlinie (Zentrierlinie), Reifenabmessungen, Reifenherstellungsdatum und Hersteller versehen. Außerdem kann eine Scheuerleiste vorhanden sein. Für Reifen mit Notlaufeigenschaften (Run-flat-tyre) ist die Seitenwand verstärkt. Höhe und Steifigkeit der Seitenwand haben wesentlichen Einfluss auf Lenkpräzision und Federungskomfort.

Zentrierlinie
Die Zentrierlinie ist eine auf dem Seitengummi umlaufende Linie oder Rille. Nach der Reifenmontage muss sie parallel zum Felgenhorn verlaufen.

Reifenabmessungen

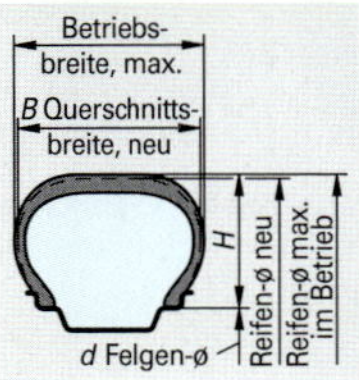

Größenbezeichnungen
H: Reifenhöhe in Zoll oder mm. *B*: Reifenbreite in Zoll oder mm. *H/B*: Reifenquerschnitt in %. *d*: Felgen-/Reifeninnendurchmesser in Zoll oder mm

Neumaße B_{neu}; D_{neu}
Sie sind Konstruktionsmaße für die Reifenherstellung. Diese Maße, inclusive der zulässigen Toleranzen, sind aus Normtabellen zu entnehmen.

Betriebsmaße B_{max}; D_{max}
B_{max}; D_{max}. Größtmögliche Maße des unbelasteten Reifens bei Betriebsluftdruck ohne dynamische Verformungen. Sie sind für die zu beachtenden Freiräume am Fahrzeug maßgebend. Diese Maße sind aus Normtabellen zu entnehmen.

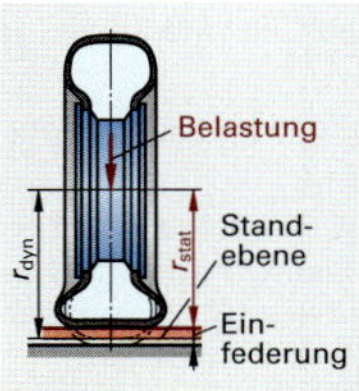

Statischer Halbmesser, r_{stat}
r_{stat} ist der Abstand von der Radmitte bis zur Standebene bei stehendem Fahrzeug.

Dynamischer Halbmesser, r_{dyn}
r_{dyn} ist die bei einer Geschwindigkeit von 60 km/h zurückgelegte Wegstrecke je Umdrehung geteilt durch 2 π

Abrollumfang, U_{dyn}
U_{dyn} ist diejenige Wegstrecke, die ein Reifen bei einer Umdrehung und einer Geschwindigkeit von 60 km/h zurücklegt.
Zur Ermittlung von r_{stat}, r_{dyn} und U_{dyn} wird der Reifen entsprechend der in der Norm festgelegten größten Tragfähigkeit bei vorgeschriebenen Reifeninnendruck belastet.

Kennbuchstaben für zulässige Höchstgeschwindigkeit in km/h (Speed Index SI)

A6	30	D	65	K	110	Q	160	H	210
A7	35	E	70	L	120	R	170	V	240
A8	40	F	80	M	130	S	180	W	270
B	50	G	90	N	140	T	190	Y	300
C	60	J	100	P	150	U	200	ZR	über 240

Reifenkennzeichnung

PR-Zahl (Ply Rating)
Die PR-Zahl ist eine Vergleichszahl für die Beanspruchungsfähigkeit von Reifen gleicher Abmessung, jedoch unterschiedlichem Unterbau. Z.B. 8 PR: Der Reifen kann so belastet werden, wie ein Reifen mit 8 Lagen Baumwollcord im Unterbau, unabhängig davon, wie viele Lagen einer anderen Cordart im Unterbau vorhanden sind.

F

Tragfähigkeitskennzahl (Load Index LI)
Nach der Europa-Norm ECE werden für die Reifentragfähigkeit Kennzahlen, der sog. Load Index LI, verwendet. Die Tragfähigkeitskennzahl LI gibt die Höchsttragfähigkeit des Reifens bei derjenigen Geschwindigkeit an, die durch das Geschwindigkeitssymbol SI bezeichnet wird (gilt nur bis Speed Index H). Sie muss aus Tabellen entnommen werden; z.B. in der Reifenbezeichnung 185/55 R 15 82 T gibt die Zahl 82 eine Tragfähigkeit von 475 kg, der Buchstabe T eine Höchstgeschwindigkeit von 190 km/h an.

Tragfähigkeitskennzahl (Load Index LI) mit Reifentragfähigkeit in kg (Auswahl)

LI	kg	LI	kg	LI	kg	LI	kg	LI	kg
80	450	84	500	88	560	92	630	96	710
81	462	85	515	89	580	93	650	97	730
82	475	86	530	90	600	94	670	98	750
83	487	87	545	91	615	95	690	99	775

Bei Nfz-Reifen werden häufig 2 Reifentragfähigkeitskennzahlen angegeben. Die erste Zahl gilt für Einzelrad-, die zweite für Zwillingsanordnung (z.B. LI 154/150 entspricht einer Reifentragfähigkeit von 3750 kg bzw. 3350 kg je Reifen bei max. Luftdruck (9 bar).

Reifenluftdruck in Abhängigkeit von Loadindex, Fahrzeuggeschwindigkeit und Sturz

Die Tragfähigkeit eines Reifens ist abhängig vom Load-Index, der Fahrzeuggeschwindigkeit und dem Sturz.

Achtung: Werden Veränderungen am Fahrwerk oder den Reifen vorgenommen, so ist der erforderliche Reifendruck neu zu bestimmen.

Standard Pkw-Reifen. Bei diesen Reifen beträgt der Basisluftdruck bei maximaler Belastung des Reifens 2,5 bar. Bei niedrigerer Radlast kann der Reifendruck reduziert werden (siehe auch Tabellenauszug).

XL-, bzw. Extra Load- bzw. Reinforced Reifen. Diese Reifen haben einen verstärkten Unterbau. Der Basisluftdruck bei diesen Reifen beträgt bei maximaler Belastung 2,9 bar, d.h., er ist um 0,4 bar höher als bei Standard-Reifen.

Bei beiden Reifenbauarten gilt der Reifennormluftdruck bis zu einer Geschwindigkeit von 160 km/h und einem Sturz von ≤ 2°.

Lässt der Speed-Index des Reifens höhere Geschwindigkeiten als 160 km/h zu, so sind abhängig vom Speedindex die angegebenen Reifenfülldrücke, um bis zu 0,5 bar zu erhöhen. Bei Zwischenwerten ist zu mitteln.

Luftdruckerhöhung in Abhängigkeit vom Speedindex (SI)

Q … V (160 km/h …210 km/h) → Luftdruckerhöhung max. 0,3 bar (Motorradreifen → $\Delta p_{max.} = 0{,}5$ bar)
W und ZR (190 km/h …240 km/h) → Luftdruckerhöhung max. 0,5 bar
Y (220 km/h …270 km/h) → Luftdruckerhöhung max. 0,5 bar

Fahrzeughöchstgeschwindigkeit. Die mögliche Fahrzeughöchstgeschwindigkeit errechnet sich aus der im Fahrzeugschein angegebenen Fahrzeughöchstgeschwindigkeit nach folgender Formel:

$$v_{max} = v_{Fahrzeugschein} + 0{,}01 \cdot v_{Fahrzeugschein} + 6{,}5 \text{ km/h}$$

Folgende Luftdrücke dürfen im kalten Zustand des Reifens nicht überschritten werden:
T-Reifen: 3,2 bar; H-, V-, W-, Y-; ZR-, M+S-, XL-Reifen: 3,5 bar

Luftdruckerhöhung bei Sturzwinkel > 2°

≤ 2,5° 0,1 bar ≤ 3,5° 0,3 bar
≤ 3,0° 0,2 bar ≤ 4,0° 0,4 bar

Achtung: Bei Fahrzeugen, die aufgrund ihrer Höchstgeschwindigkeit Reifen mit dem SI-Index Y benötigen, ist der Sturzwinkel auf ≤ 3,0° zu begrenzen.

Tabelle – Reifentragfähigkeit in Abhängigkeit von Loadindex und Luftdruck (Auszug) für Standardreifen

Load-Index	Standardreifen										
	1,5	1,6	1,7	1,8	1,9	2,0	2,1	2,2	2,3	2,4	2,5
91	410	430	450	475	495	515	535	5[illegible]5	575	5[illegible]5	615
92	420	440	465	485	505	525	550	570	590	610	630
93	430	455	475	500	520	545	565	585	610	630	650
94	445	470	490	515	540	560	585	605	625	650	670
95	~~460~~	~~485~~	~~505~~	~~530~~	~~555~~	~~575~~	~~600~~	~~625~~	~~645~~	670	690
96	470	495	520	545	570	595	620	640	665	685	710
97	~~485~~	~~510~~	~~535~~	~~560~~	~~585~~	~~610~~	~~635~~	660	685	705	730

Beispiel Standardreifen: Reifen: 245/45 R 17 95W Radlast: 660 kg; Fahrzeuggeschwindigkeit lt. Zulassungsbescheinigung 230 km/h; Radsturz 2,3°.

$P_{Reifendruck} = 2{,}4 \text{ bar} + 0{,}5 \text{ bar} + 0{,}1 \text{ bar} = 3{,}0 \text{ bar}$

- 0,1 bar: Druckerhöhung wegen Sturz > 2°
- 0,5 bar: Druckerhöhung wegen Fahrzeuggeschwindigkeit > 190 km/h (Berechnung: $v_{max} = 230 \text{ km/h} + 0{,}01 \cdot 230 \text{ km/h} + 6{,}5 \text{ km/h} = 240 \text{ km/h} \rightarrow \Delta p_{max} = 0{,}5 \text{ bar}$)
- 2,4 bar: Ausgangsdruck in Abhängigkeit von Loadindex und tats. Radlast lt. Tabelle ($v \leq 160$ km/h)

Beispiel XL bzw. Extra Load Reifen: 245/45 R 17 97W – Extra Load; Radlast: 660 kg; Fahrzeuggeschwindigkeit lt. Zulassungsbescheinigung 230 km/h; Radsturz 2,3°.

$P_{Reifendruck} = 2{,}2 \text{ bar} + 0{,}4 \text{ bar} = 2{,}6 \text{ bar} + 0{,}5 \text{ bar} + 0{,}1 \text{ bar} = 3{,}2 \text{ bar}$

- 0,4 bar: Druckerhöhung wegen XL-Reifen

Reifenluftdruck bei Pkw-Zugfahrzeugen im Hängerbetrieb

Im Hängerbetrieb, z.B. Wohnanhänger, ist der Reifendruck an der Hinterachse um bis zu 0,5 bar zu erhöhen. Es dürfen die maximal zulässigen Reifendrücke jedoch nicht überschritten werden.

Reifenkennzeichnung (Pkw)

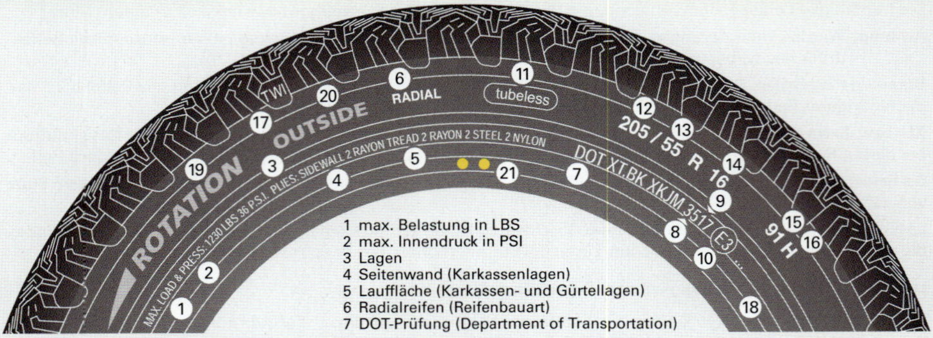

1 max. Belastung in LBS
2 max. Innendruck in PSI
3 Lagen
4 Seitenwand (Karkassenlagen)
5 Lauffläche (Karkassen- und Gürtellagen)
6 Radialreifen (Reifenbauart)
7 DOT-Prüfung (Department of Transportation)
8 Herstellungswoche (35. Woche)
9 Herstellungsjahr (17 = 2017)
10 ECE-Prüfzeichen (E3 = Italien)
11 schlauchlos
12 Reifenbreite in mm
13 H/B (Reifenhöhe/Breite) = 0,55
14 Felgendurchmesser in Zoll
15 Tragfähigkeit (Tabelle LI)
16 Geschwindigkeit (Tabelle SI)
17 Lage des Abrieb-Indikators TWI
18 Zentrierlinie
19 Rotation (Laufrichtungsbindung)
20 Outside (Kennzeichnung Reifenmontageseite – außen)
21 Matching Points (herstellerspezifische Kennzeichnung, z.B. leichteste Stelle des Reifens)

Reifenquerschnitte (Auswahl)

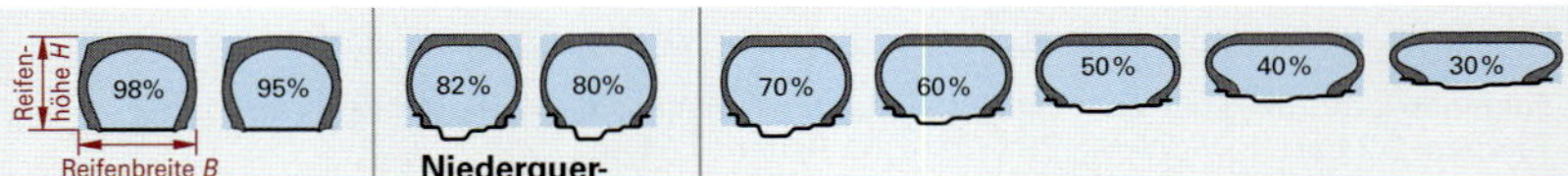

Ballonreifen	Niederquerschnittreifen[1]	Breitreifen

Bauart und Größenbezeichnungen

Beispiel		Bauart	Größenbezeichnungen/Erklärung
Motorradreifen (M/C)	110/80 – 18	– Diagonalreifen	B = 110 mm; H/B = 80 %, Felgen-Ø = 18 Zoll
	110/80 **B** 19	**B** Bais Belted	Diagonalreifen mit Gürtel, Felgen-Ø = 19 Zoll
Pkw-Reifen	225/40 **R** 18	**R** Radialreifen	B = 225mm; H/B = 40%, Felgen-Ø = 18 Zoll

Hinweis: Der nach dem Schrägstrich „/" stehende Wert kennzeichnet das Verhältnis Reifenhöhe/ Reifenbreite (H/B).

Geländewagenreifen 31x12.50 **R** 15	**R** Radialreifen	Reifenaußendurchmesser = 31 Zoll, B = 12,5 Zoll, Felgendurchmesser = 15 Zoll

Hinweis: Das Malzeichen „x" wird für die Kombination Außendurchmesser x Reifenbreite verwendet.

Sonderkennzeichnungen (Auswahl)

Beispiele	Erklärungen/Hinweise
Reinf (Reinforced); **EL** (Extra Load), **XL**	Dabei handelt es sich um Reifen mit verstärketem Unterbau. Einsatz: Pkw Hinweis: Basisfülldruck ist 2,8/2,9 bar (Standard Pkw Reifen: 2,5 bar).
C-Reifen (Commercial Reifen); **LT** Reifen	Reifen für Transporter und Leicht Lkw (LLkw). Sie haben höhere Tragfähigkeiten bei entsprechend erhöhtem Reifeninnendruck (3,25 bar … 5,75 bar). **Hinweis:** Nur Ventile, verwenden, die für Transporter geeignet sind.
P: Passenger Car / US-Bezeichnung	Mögliche Angabe in Fahrzeugpapieren. Lt. ECE-Regelung 30 dürfen am Fahrzeug auch Reifen ohne Kennbuchstaben P montiert werden.
M+S 	Kennzeichnungen für Winterreifen. **M+S**. Mud and Snow (Matsch und Schnee). Lt. § 36 StVZO für Winterreifen gesetzlich vorgeschrieben. Sie kann auch bei nicht wintertauglichen Reifen angebracht sein. **Schneeflockensymbol.** Gesetzlich nicht vorgeschrieben. Wird von der Reifenindustrie verwendet, um die Wintertauglichkeit von Reifen (Mindesttraktion auf Schnee und Eis) zu kennzeichnen.

F

Vergleich Reifenquerschnitte, Reifeninnendurchmesser und Abroillumfang (Beispiel)

Mit kleiner werdendem H/B verändert sich der Abrollumfang kaum.

Reifengröße	155 R 13	175/70 R 13	185/60 R 14	195/50 R 15	215/40 R 16
Abrollumfang in mm	1765	1755	1765	1760	1770

[1] Reifengrößen der Serie 82 können durch Reifen der Serie 80 ersetzt werden, unter Beachtung der sonstigen Reifenkennzeichnungen, da sie nahezu größengleich sind.

Reifenkennzeichnung (Nkw)

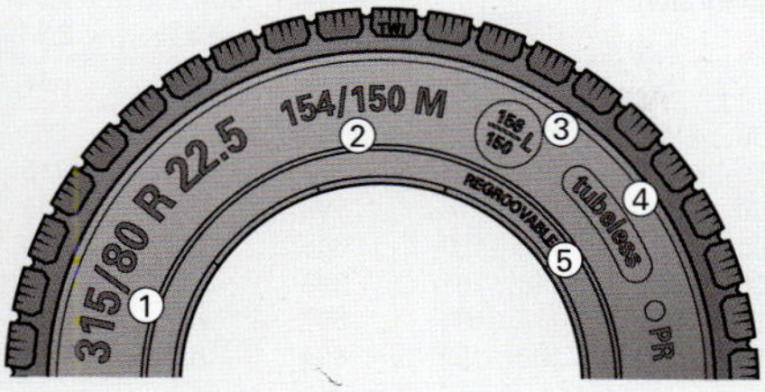

1. **315:** Reifennennbreite in mm
   80: Querschnittsverhältnis in % (H/B = 80 %)
   R: Radialreifen **22.5:** Felgendurchmesser in Zoll
2. **154/150 M:** Tragfähigkeitskennzahl für Einzel- und Zwillingsbereifung bei der Geschwindigkeit entsprechend des Speed-Indexes M (v_{max} =130 km/h) und einem vom Reifenhersteller vorgegeben Reifeninnendruck.
3. **156/150 L:** Zusatzbetriebskennung für Einzel- und Zwillingsbereifung bei niedrigeren Geschwindigkeiten entsprechend des Speed-Indexes L (v_{max} =120 km/h) und einem vom Reifenhersteller vorgegeben Reifeninnendruck.
4. **Tubeless.** Schlauchlos
5. **Regroovable.** Der Reifen ist entsprechend Herstellervorgaben durch Fachleute nachschneidbar.

Reifenlabel (Europäische Reifenkennzeichnungsverordnung – EU/122/2009)

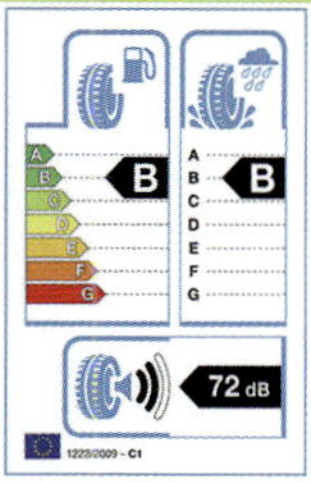

Entsprechend EU-Vorschriften besteht seit 01.11.2012 eine Informationspflicht zu Kraftstoffeffizienz, Nasshaftung und Rollgeräusch von Reifen.

Kraftstoffeffizienz. Bei Reifen der Klasse A ist im Vergleich zu Reifen der Klasse G eine Verbrauchsminderung von bis zu 7,5% möglich.

Nasshaftung. Ein Reifen der Klasse A hat im Vergleich zu Reifen der Klasse F einen um bis zu 18 m kürzeren Bremsweg. Prüfbedingung; Abbremsung bei Nässe aus 80 km/h bis zum Stillstand.

Rollgeräusch. **3 Streifen:** Grenzwert 75 dB. Zulässig bis Ende 2016.
2 Streifen: Grenzwert 72 dB. Gesetzliche Vorschrift ab 2017.
1 Streifen: Grenzwert 69 dB. Gesetzliche Vorschrift ab 2024.

Reifenwerkstoff Gummi

Vulkanisieren Gummi ist vulkanisierter Kautschuk. Zum Vulkanisieren wird Schwefel in den Kautschuk in feinster Form eingewalzt. Die Vulkanisation erfolgt durch Pressen mit einem Druck von ca. 5 bar unter gleichzeitiger Wärmezufuhr auf Temperaturen von 140 °C bis 150 °C.

Materialien für die Gummmischung

Naturkautschuk	Synthese-Kautschuk	Füllstoffe	Vernetzungsmittel
Hohe Zugfestigkeit, Kerbzähigkeit und starker Widerstand gegen Weiterreißen.	Styrol-Butadien-Kautschuk (SBR) sehr abriebfest.	Ruß, Silika. Sie verbessern Härte, Zugfestigkeit, Kerbzähigkeit, Abriebfestigkeit und Haftung.	Schwefel. Unter Hitze werden die langekettigen Kautschukmoleküle vernetzt (Vulkanisieren).
Vulkanisationsbeschleuniger	**Weichmacher**	**Alterungsschutzmittel**	**Lichtschutzwachse**
Zinkoxid. Der Vernetzungsvorgang wird von einigen Stunden auf wenige Minuten verkürzt.	Sie wirken auf den Kautschuk erweichend und erleichtern das Einarbeiten der Füllstoffe.	Sie schützen den Gummi vor Qualitätsverlust durch Einwirken von Sauerstoff und Ozon.	Paraffine. Sie wandern zur Oberfläche, nehmen Alterungsschutzmittel mit und bilden einen Schutzfilm.

Silika in Reifenmischungen Silika ist getrocknete Kieselsäure. Sie wird aus Wasserglas (Ausgangsstoff Quarzsand) und Schwefelsäure hergestellt. Das feinkörnige Pulver dient in der Reifenmischung als Füllstoff und kann Ruß bis zu 2/3 seines Anteiles ersetzen.

Durch Einsatz von Silanen kann die Kieselsäure (Silika) mit dem organischen Kautschuk chemisch reagieren. Dies führt in der Reifenmischung zu

- Erhöhung des Abriebwiderstandes,
- Verminderung des Wärmeaufbaues,
- Erhöhung des Ableitwiderstands.
- Steigerung der Elastizität,
- Verminderung des Rollwiderstandes,

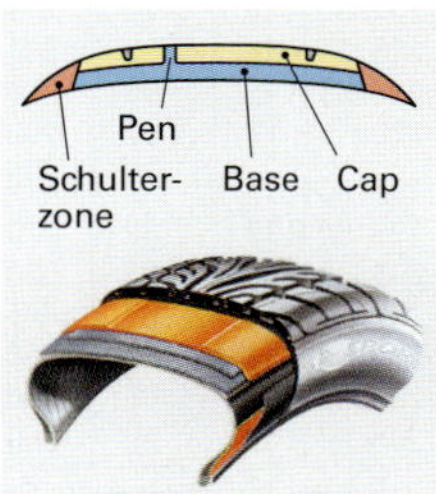

Energie sparende Reifen. Ein flacher Stahlgürtel (Flat Belt) reduziert die Walkarbeit in der Schulter (gleichmäßiger und geringerer Reifenabrieb). Der Laufstreifen enthält unterschiedliche Gummimischungen:

Base-Mischung (härter) ohne Silika ergibt einen niedrigen Rollwiderstand.

Cap-Mischung (weicher) mit Silika erzielt gutes Nässeverhalten und hohe Laufleistung. **Base-Pen-Prinzip** verhindert statische Aufladung des Reifens.

F

Pkw-Reifen der Serie 80, 75, 70, 65, 60, 55, 50

Reifengröße	Loadindex, Tragfähigkeit in kg bei Luftdruck[1] Standard			Reinforced (Extra Load)			Zulässige Felgenbreiten	Betriebsmaße (max.)[2] Breite	Außendurchm.	Halbmesser statisch ± 2 %	Abrollumfang + 1,5 % – 2,5 %
	LI	kg	bar	LI	kg	bar	Zoll	mm	mm	mm	mm
135/80 R 13	70	335		74	375		3.00…4.50	138…149	605	249	1665
145/80 R 13	75	387		79	437		3.50…5.00	146…161	571	255	1715
155/80 R 13	73	365		77	412		4.00…5.50	158…174	588	262	1765
165/80 R 13	83	487	2,4	87	545	2,8	4.00…5.50	166…182	605	268	1810
145/80 R 14	76	400		–	–		3.50…5.00	146…161	598	268	1795
175/80 R 14	88	560		92	630		4.50…6.00	179…194	647	287	1940
185/80 R 14	91	615		95	690		4.50…6.00	186…202	664	293	1990
205/75 R 15	97	730		–	–		5.00…7.00	206…227	701	311	2100
235/75 R 15	105	925	2,5	109	1030	2,9	6.00…8.00	239…260	747	328	2235
225/75 R 16	104	900		108	1000		6.00…7.50	232…248	758	335	2270
155/70 R 13	75	387		–	–		4.00…5.00	158…168	556	250	1670
165/70 R 13	79	437		83	487		4.00…5.50	166…182	572	256	1715
175/70 R 13	82	475		86	530		4.50…6.00	179…195	586	261	1755
185/70 R 13	86	530		–	–		4.50…6.00	186…203	600	266	1800
165/70 R 14	81	462		85	515		4.00…5.50	166…182	598	268	1795
175/70 R 14	84	500	2,5	88	560	2,9	4.50…6.00	179…195	612	274	1835
185/70 R 14	88	560		92	630		4.50…6.00	186…203	626	279	1880
195/70 R 14	91	615		95	690		5.00…6.50	198…215	640	285	1920
135/70 R 15	70	335		–	–		3.50…4.50	138…149	579	265	1740
155/70 R 15	78	425		–	–		4.00…5.00	158…168	607	276	1825
245/70 R 16	107	975		–	–		6.50…8.00	252…268	764	337	2290
155/65 R 13	73	365		–	–		4.50…5.50	163…174	540	244	1625
165/65 R 13	77	412		–	–		4.50…6.00	171…187	552	248	1660
175/65 R 13	80	450		–	–		5.00…6.00	184…194	568	254	1700
165/65 R 14	79	437		83	487		4.50…6.00	171…187	578	261	1740
175/65 R 14	82	475		86	530		5.00…6.00	184…194	594	267	1780
185/65 R 14	86	530	2,5	–	–	2,9	5.00…6.50	191…207	606	272	1820
195/65 R 14	89	580		93	650		5.50…7.00	204…220	620	277	1860
145/65 R 15	72	355		–	–		4.00…5.00	151…161	577	264	1735
185/65 R 15	88	560		92	630		5.00…6.50	191…204	631	284	1895
195/65 R 15	91	615		95	690		5.50…7.00	204…220	645	290	1935
205/65 R 15	94	670		99	775		5.50…7.50	212…233	657	294	1975
225/65 R 15	99	775		104	900		6.00…8.00	232…253	685	304	2055
235/65 R 17	104	900		108	1000		6.50…8.50	244…265	750	335	2250
175/60 R 14	79	437		–	–		5.00…6.00	184…194	574	260	1725
185/60 R 14	82	475		86	530		5.00…6.50	191…207	586	265	1765
195/60 R 14	86	530		–	–		5.50…7.00	204…220	600	269	1800
195/60 R 15	88	560	2,5	–	–	2,9	5.50…7.00	204…220	625	282	1875
205/60 R 15	91	615		95	690		5.50…7.50	212…233	637	286	1910
225/60 R 15	95	690		–	–		6.00…8.00	232…253	661	296	1985
225/60 R 16	98	750		102	850		6.00…8.00	232…253	686	296	2060
185/55 R 14	80	450		–	–		5.00…6.50	191…207	568	265	1710
175/55 R 15	77	412		–	–		5.00…6.00	184…195	581	265	1750
185/55 R 15	82	475		86	530		5.00…6.50	191…207	593	270	1785
195/55 R 15	85	515	2,5	89	580	2,9	5.50…7.00	204…220	603	282	1815
205/55 R 15	88	560		–	–		5.50…7.50	212…233	617	279	1850
205/55 R 16	91	615		94	670		5.50…7.50	212…233	642	291	1930
215/55 R 16	93	650		97	730		6.00…7.50	224…232	652	295	1960
225/55 R 16	95	690		99	775		6.00…8.00	232…253	664	300	1995
225/55 R 17	97	730		101	825		6.00…8.00	232…253	690	313	2075
185/50 R 14	77	412		–	–		5.00…6.50	191…207	550	251	1655
195/50 R 15	82	475		86	530		5.50…7.00	204…220	585	267	1760
205/50 R 15	86	530		89	580		5.50…7.50	212…233	595	271	1790
205/50 R 16	87	545	2,5	91	615	2,9	5.50…7.50	212…233	620	283	1865
225/50 R 16	92	630		96	710		6.00…8.00	232…253	642	291	1930
235/50 R 16	95	690		99	775		6.50…8.50	245…266	642	295	1960
205/50 R 17	89	580		93	650		5.50…7.50	212…233	646	296	1945

[1] [2] Erläuterungen siehe Seite 363.

F

Pkw-Reifen der Serie 45, 40, 35, 30, 25											
Reifengröße	Loadindex, Tragfähigkeit in kg bei Luftdruck[1]						Zulässige Felgenbreiten	Betriebsmaße (max.)[2]		Halbmesser statisch ± 2 %	Abrollumfang + 1,5 % – 2,5 %
	Standard			Reinforced (Extra Load)				Breite	Außendurchm.		
	LI	kg	bar	LI	kg	bar	Zoll	mm	mm	mm	mm
225/45 R 16	89	580		93	650		7.00... 8.50	228...244	616	282	1855
245/45 R 16	94	670		–	–		7.50... 9.00	248...263	634	289	1910
215/45 R 17	87	445		91	615		7.00... 8.00	222...232	634	300	1910
225/45 R 17	91	615		94	670		7.00... 8.50	228...244	642	295	1930
235/45 R 17	93	650	2,5	97	730	2,9	7.50... 9.00	241...256	652	299	1965
245/45 R 17	95	690		99	775		7.50... 9.00	248...263	660	302	1990
215/45 R 18	89	580		–	–		7.00... 8.00	222...232	659	304	1985
245/45 R 18	96	710		100	800		7.50... 9.00	248...263	685	314	2065
255/45 R 18	99	775		103	875		8.00... 9.50	260...275	697	318	2095
245/40 R 17	91	615		95	690		8.00... 9.50	253...269	636	292	1915
255/40 R 17	94	670		98	750		8.50...10.00	265...281	644	296	1940
285/40 R 17	100	800		–	–		9.50...11.00	296...312	670	305	2015
225/40 R 18	88	560		92	630		7.50... 9.00	234...250	645	299	1945
235/40 R 18	91	615	2,5	95	690	2,9	8.00... 9.50	246...262	653	302	1965
275/40 R 18	99	775		103	875		9.00...11.00	284...305	685	314	2065
255/40 R 19	96	710		100	800		8.50...10.00	265...281	695	321	2095
285/40 R 19	103	875		–	–		9.50...11.00	296...312	721	330	2170
235/35 R 18	86	530	2,5	–	–	2,9	8.00... 9.50	246...262	627	292	1895
245/35 R 18	88	560		92	630		8.00... 9.50	253...259	635	296	1920
245/35 R 19	89	580		93	650		8.00... 9.50	253...269	661	309	2000
315/30 R 18	98	750		–	–		11.00...12.50	333...349	655	303	1975
335/30 R 18	102	850	2,5	–	–	2,9	12.00...13.00	357...367	667	307	2010
265/30 R 19	89	580	2,5	93	650	2,9	9.50...10.50	282...293	649	304	1960
305/30 R 19	98	750		102	850		10.50...11.50	321...331	667	313	2035
305/25 R 19	92	630		–	–		10.50...11.50	320...331	641	301	1935
305/25 R 20	93	630		97	730		10.50...11.50	320...331	666	313	2015
295/25 R 21	96	710		–	–		10.00...11.00	308...318	687	324	2075
Reifen für Transporter und leichte Nkw (C-Reifen)											± 2,5 %
	SI[3]	Li[4]		kg		bar					
175 R 14 C	N	96/94		710/670		3,75	4.50...5.50	178...188	642	289	1920
185 R 14 C	P	99/97		775/730		3,75	5.00...6.00	188...199	659	296	1970
205 R 14 C	P	105/103		925/875		3,75	5.50...6.50	209...219	696	310	2080
185/75 R 14 C	N	102/100		850/800		4,75	5.00...6.00	193...202	646	289	1920
175/75 R 16 C	N	101/99		825/775		4,50	5.00	184	678	308	2025
195/75 R 16 C	N	107/105		970/925		4,75	5.00...6.00	198...209	660	295	2115
225/70 R 15 C	P	109/107		1030/975		4,50	6.00...7.00	232...242	709	317	2110
Reifen für Nkw über 7,5 t										± 1,5 %	± 2,0 %
11.00 R 20	K	149/145		3250/2900		8,00	8.00	295	1099	498	3295
12.00 R 22.5	L	150/146		3350/3000		8,00	8.25...9.00	301...309	1099	504	3305
13.00 R 22.5	L	154/149		3750/3250		8,50	9.00...9.75	321...330	1141	521	3425
365/80 R 20	J	160		4500		9,00	10.00	361...382	1116	502	3330
295/80 R 22.5	M	152/148		3550/3150		8,50	8.25...9.00	305...313	1062	487	3185
315/80 R 22.5	L	156/150		4000/3350		8,50	9.00...9.75	328...336	1096	500	3280
225/75 R 17.5	M	129/127		1800/1750		7,25	6.00...6.75	230...237	797	366	2390
265/70 R 19.5	M	136/134		2240/2120		7,25	6.75...8.25	267...282	881	401	2640
285/70 R 19.5	K	145/143		2900/2775		8,50	7.50...9.00	290...306	911	413	2730
315/70 R 22.5	L	154/150		3750/3350		9,00	9.00...9.75	320...336	1032	468	3095
385/65 R 22.5	K	160		4500		9,00	11.75	408	1092	496	3250
495/45 R 22.5	J	169		5800		9,00	16.00...17.00	519	1046	465	3085

[1] **Luftdruck-Pkw-Reifen:** Die angegebenen Luftdrücke sind Basisluftdrücke. Sie gelten abhängig vom Speed Index (V/W/Y: $v \leq 160/190/220$ km/h) und Sturz ≤ 2°. Ist $v > 160/190/220$ km/h oder der Sturz größer als 2°, sind höhere Luftdrücke zu wählen. Bei niedrigeren Reifenbelastungen kann der Luftdruck vermindert werden. Herstellerwerte können abweichen. **C-Reifen, Nkw-Reifen:** Der Luftdruck ist bei niedrigeren Reifenbelastungen, entsprechend Herstellervorschrift, anzupassen.

[2] **Betriebsmaße.** Sie sind die maximal zulässigen Maße des Reifens ohne dynamische Verformungen.

[3] **SI = Speed-Index** (Geschwindigkeitsklasse).

[4] **Loadindex: C-Reifen, Nkw-Reifen:** Tragfähigkeit Einzelbereifung/Zwillingsbereifung (≈ 91 % der Einzelbereifung). Bei niedrigeren Geschwindigkeiten erhöht sich die Reifentragfähigkeit nach Herstellervorschriften.

F

Reifengröße	SI[1]	Loadindex[2], Tragfähigkeit in kg bei Luftdruck[3]			Zulässige Felgen-breiten	Betriebsmaße (max)[4]		Halb-messer dynamisch[5]	Abroll-umfang ± 2 %
						Breite	Außen-durchm.		
		LI	kg	bar	Zoll	mm	mm	mm	mm
Kraftradreifen (M/C = Motorcycle)									
3.25 – 18	P	59 reinf.	243	2,8	1.85...2.50	99...106	651	326	1930
3.50 – 18	P	62 reinf.	265	2,8	1.85...2.50	104...111	663	332	1960
4.10 – 18	S	60	250	2,6	2.15...3.00	120...132	654	329	1930
3.25 – 19	S	54	212	2,6	1.85...2.50	99...106	677	341	2008
100/90 – 16	H	54	212	2,9	2.15...2.75	107...114	598	305	1770
130/90 – 16	H	67	307	2,9	2.50...3.50	136...147	656	335	1933
90/90 – 18	H	51	195	2,9	1.85...2.50	96...103	631	321	1869
100/90 – 18	H	56	224	2,9	2.15...2.75	107...114	649	331	1924
120/90 – 18	H	65	290	2,9	2.50...3.00	128...135	689	351	2032
170/80 B 15	H	77	487	3,4	3.50...4.50	182...193	673	344	1972
120/80 VB16	V	60V	250	2,9	2.50...3.00	128...134	612	314	1806
140/80 VB16	V	68V	315	2,9	2.75...3.75	148...159	646	333	1903
140/80 VB17	V	69V	325	2,9	2.50...3.75	146...159	672	346	1981
100/80 – 17	S	52	200	2,6	2.15...2.75	107...114	604	304	1788
110/70 ZR 17	Z	54W	212	2,9	3.00...3.50	118...123	596	301	1770
120/70 ZR 17	Z	58W	236	2,9	3.00...3.75	126...134	612	308	1812
130/70 – 17	H	62	265	2,9	3.00...4.00	136...147	626	319	1854
140/70 – 17	S	66	300	2,6	3.50...4.50	149...160	642	324	1897
150/70 ZR 17	Z	69W	325	2,9	3.50...4.50	154...164	656	332	1939
120/60 ZR 17	Z	55W	218	2,9	3.50...3.75	126...134	586	295	1740
150/60 ZR 17	Z	66W	300	2,9	4.00...4.50	159...164	624	315	1848
170/60 ZR 17	Z	72W	355	2,9	4.25...5.50	178...190	650	328	1921
160/60 ZR 17	Z	69W	325	2,9	4.25...5.00	170...177	638	322	1884
180/55 ZR 17	Z	73W	365	2,9	5.00...6.00	185...195	644	325	1903
190/50 ZR 17	Z	73W	365	2,9	5.50...6.00	198...203	636	331	1878
Enduro-Reifen für Straße und Gelände									
2.75 – 21	P	45	165	2,3	1.50...1.85	82... 86	707	357	2081
3.00 – 21	R	51	195	2,5	1.60...2.15	89... 95	723	365	2123
4.00 – 18	R	64	280	2,5	2.15...3.00	117...130	697	352	2026
90/90 – 21	S	54	212	2,6	1.85...2.50	94...103	713	360	2099
100/90 – 19	S	57	230	2,6	2.15...2.75	107...114	683	346	2002
120/90 – 17	S	64	280	2,6	2.50...3.00	128...134	672	340	1957
110/80 R 19	H	59	243	2,9	2.15...2.50	114... 117	671	338	1990
130/80 R 17	S	65	290	2,6	2.50...3.50	136...147	664	330	1933
140/80 – 18	R	70	335	2,5	2.75...3.75	146...156	707	358	2057
110/80 R 19	H	59	243	2,9	2.50...2.75	114...120	671	338	1990
150/70 R 17	H	69	325	2,9	4.00...4.50	159...164	656	332	1939
Reifen für Motorroller									
90/90 – 10	J	50	190	2,50	2.15...2.50	96...101	428	–	1240
100/90 – 10	J	56 reinf.	257	3,00	2.50...3.00	109...114	444	–	1298
120/90 – 10	L	66	300	2,50	2.50...3.50	127...137	486	–	1405
100/80 – 10	J	53	206	2,50	2.15...3.00	115...123	442	–	1286
100/80 – 16	P	50	190	2,30	2.15...2.50	107...111	578	289	1709
120/80 – 16	T	60	250	2,70	2.50...2.75	128...131	612	311	1806
120/70 – 12	L	51	195	2,30	2.75...3.75	124...135	485	–	1414
130/70 – 12	L	56	224	2,30	3.00...4.00	134...144	499	–	1456
140/70 – 12	L	60	250	2,30	3.50...4.50	147...157	515	–	1498
120/70 – 13	L	53	206	2,30	3.00...3.75	129...137	510	–	1504

[1] **SI = Speed-Index:** bei V/VB und ZR-Reifen gelten die vom Hersteller freigegebenen Höchstgeschwindigkeiten.

[2] **Tragfähigkeiten:** Sie gelten für die angegebenen Referenzluftdrücke; bei V-Reifen bis 210 km/h, bei W- und Z-Reifen bis 240 km/h. Bei höheren, noch zulässigen Geschwindigkeiten sind die Tragfähigkeiten um mindestens 5 % je 10 km/h Geschwindigkeitszunahme zu reduzieren.

[3] **Luftdruck:** Herstellerwerte können abweichen.

[4] **Betriebsmaße.** Sie sind die maximal zulässigen Maße des Reifens ohne dynamische Verformungen.

[5] **Halbmesser dynamisch (Fliehkrafthalbmesser).** Für Geschwindigkeiten bis 150 km/h ist der halbe Außendurchmesser im Betrieb anzusetzen. Bei V- oder Z-Reifen wird der Fliehkrafthalbmesser auf 210 km/h bezogen. Für Geschwindigkeiten über 210 km/h sind die Angaben vom Reifenhersteller zu erfragen.

Reifenverschleiß

Neben der Fahrweise kann Reifenverschleiß durch folgende Ursachen entstehen:

- Schlecht ausgewuchtete Räder
- Fehlerhafte Lenkgeometrie
- Minderluftdruck und/oder Überlast
- Defekte Schwingungsdämpfer
- Spiel oder Schäden in der Radaufhängung, Lenkung oder Radlagerung
- Alterung.

Häufig treten Folgeschäden durch Anprallverletzungen, überfahren scharfer Bordsteinkanten, einfahren von Gegenständen und Montagefehler auf. **Hinweis:** Um Gefährdungen zu vermeiden sind bei jedem Fahrzeugservice Reifen/Räder auf Beschädigungen zu überprüfen. Der Reifeninnendruck ist regelmäßig entsprechend Herstellervorschrift zu prüfen.

Abrieb an beiden Reifenaußenseiten

Verschleißbild: Unregelmäßiger, konischer Abrieb auf den Außenseiten der Lauffläche.
Verschleißursache: Zu niedriger Reifenfülldruck und/oder Fahren mit Überlast. Die Mitte der Lauffläche wölbt sich deshalb nach innen.

Alterung

Verschleißbild: Feine Risse auf der Reifenseitenwand, im Profilgrund.
Verschleißursache: Alterung des Gummis, Umwelteinflüsse, z.B. Ozon, Spannungseinwirkungen der Profilstollen, Qualität der Laufflächenmischung.

Mittenabrieb

Verschleißbild: Starker Abrieb in der Reifenmitte.
Verschleißursache: Zu hoher Reifendruck, häufiges Durchdrehen der Räder beim Anfahren, Fahren langer Strecken mit hoher Geschwindigkeit, besonders bei Breitreifen.

Einseitiger Abrieb

Verschleißbild: Starker einseitiger Abrieb auf der Innen- oder Außenseite der Lauffläche
Verschleißursache: Zu großer Radsturz, starkes Ein- und Ausfedern bei Einzelradaufhängung, schnelles Fahren auf kurvenreichen Strecken, Verfomung des Lenktrapezes.

Unregelmäßiger Abrieb

Verschleißbild: Wellenförmige oder knollenförmige Auswaschungen
Verschleißursache: Spiel in Radlagerung, Lenkung, Radaufhängung, defekte Federung mit Schwingungsdämpfer, schlechte ausgewuchtete Räder.

Beschädigung der Seitenwand

Verschleißbild: Lokale Blase, Verformungen, mit oder ohne Anzeichen von Verletzungen (Schnitt, ...).
Verschleißursache: Anprall auf ein Hindernis z.B. Bürgersteigkante, Quetschung der Seitenwand zwischen Hindernis und Felge.

Verfärbungen in der Wulstkehle

Verschleißbild: Verreibungen und Verfärbungen im Wulstkehlenbereich. I.d.R auch am Inliner erkennbar, z.B. Verfärbungen, Elefantenhaut und an der Lauffläche.
Verschleißursache: Zu geringer Reifeninnendruck aufgrund von schleichendem Luftverlust, z.B. undichtes Ventil, oder Einfahrschaden (Nagel, Schraube). Überlastung des Reifens.

Montageschaden

Verschleißbild: Risse in der Wulstsohle.
Verschleißursache: Verwendung von nicht geeigneten Hilfsmitteln beim Montieren. Z.B. Verwendung von scharfkantigen Werkzeugen (Montiereisen, Montagekopf). Am Reifenwulst/der Felgenschulter zu wenig Gleitmittel aufgetragen. Reifen nicht vorgewärmt. (Mindestens 15 °C; bei RFT-Reifen 23 °C ... 27 °C.)

Reifenreparatur

Grundsätzlich. Jeder Reifen ist vor der Reparatur zur Analyse des Schadens und zur Reparaturdurchführung von der Felge zu montieren. Schäden, die mit Pannenhilfsmitteln behandelt wurden, können nicht repariert werden. Generell ist der Schadenskanal mit Rohgummi zu füllen und mittels Warm oder Heißvulkanisation zu vulkanisieren. Auf der Reifeninnenseite ist an der Schadensstellen ein Reparaturpflaster einzusetzen. **Stichverletzungen im Laufflächenbereich.** Hier kann ein vorvulkanisierter Gummikörper mit einem Reparaturpflaster verwendet werden (Kombireparaturmittel).
Hinweis: Das Einlegen eines Schlauches ohne Behebung des Schadens ist nicht zulässig!

F

Räder

Leichtmetall-Speichenrad

Das Rad besteht aus Felge und Radscheibe (Radschüssel) bzw. Radstern oder Radspeichen mit Nabenteil. Die Felge dient zur Aufnahme des Reifens. Radscheibe, Radstern oder Radspeichen mit Nabenteil dienen zur zentrischen Befestigung des Rades an der Radnabe.

Anschlussmaße: Lochzahl (LZ), Lochkreisdurchmesser (LK), Mittelbohrung (ML), z. B. 5 (LZ) x 112(LK) x 66,60(ML).

Scheibenräder: Stahlblech-Scheibenräder: Felge und Radscheibe sind in der Regel miteinander verschweißt.

Speichenräder: Leichtmetall-Speichenräder (gegossen oder geschmiedet). Einteilig: Felge, Radspeichen und Nabenteil sind i.d.R. aus einem Stück gegossen. Mehrteilig: Nabenteil und Speichen sind über Schrauben, Klemmteile oder Nieten mit der Felge verbunden. Drahtspeichenräder: Felge und Nabenteil sind durch Drahtspeichen miteinander verbunden.

Kennzeichnungen: Größe (8Jx19), Hump-Ausführung (H2), Radtyp-Nummer (01961203), Einpresstiefe (ET45), Tragfähigkeit (MAX 625kg), Herstellungsdatum (19.02.2014), Charge (T), KBA-Nummer (im Bild nicht erkennbar), Hersteller (OZ).

Felgen

Felgenbezeichnung

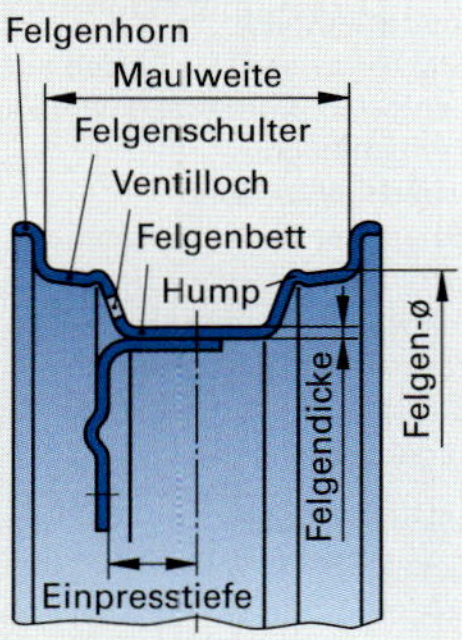

x	Kennzeichen für ungeteilte Felge, z.B. Tiefbettfelge
–	Kennzeichen für geteilte Felge, z.B. Schrägschulterfelge

Felgenbezeichnung	Felgenart	Felgenmaulweite in Zoll	Felgendurchmesser in Zoll	Hinweise
7 J × 16 FH2	Tiefbettfelge	7	16	J: Hornabmessungen FH2: Zwei Flat-Hump
4 1/2 J × 13 - S	Tiefbettfelge	4 1/2	13	S: Symmetrisch
22.5 × 7.50	Steilschulterfelge	7.50	22.50	.5 beim Felgendurchmesser = Steilschulterfelge
20 – 7.5	Schrägschulterfelge	7.5	20	Felgenschulter 5° geneigt
6.50 H – 16 SDC	Halbtiefbettfelge (SDC)	6.5	16	H: Hornabmessungen SDC: Semi Drop Centre
3.75 P-13	Flachbettfelge	3.75	13	P: Hornabmessungen
W 12 x 30	Breitfelge mit Tiefbett	12	30	W: Kennzeichen für Ackerschlepperbreitfelge
21 x WM 2.15	Tiefbettfelge	2.15	21	WM: Motorradfelgenkontur; Schlauch erforderlich
18 x MT 2.50 H2	Tiefbettfelge	2.50	18	MT: Motorradfelgenkontur H2: Zwei Hump
8 J x 17 EH2	Tiefbettfelge	8	17	J: Hornabmessungen EH2: zwei Extended Hump

F

Tiefbettfelge mit Hump

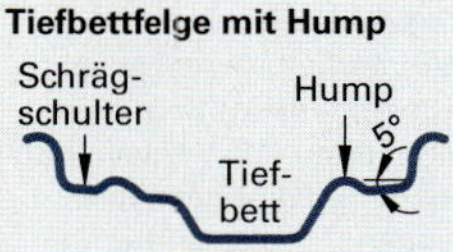

Die Felgenschulter ist einseitig oder beidseitig mit einer umlaufenden Erhöhung (Hump) versehen, der ein Abrutschen des Reifenwulstes in das Tiefbett erschwert. Bei schlauchlosen Radialreifen sind Felgen mit Hump oder vergleichbarer Sicherheit gegen das Abrutschen des Reifenwulstes in das Tiefbett vorgeschrieben.

Humpausführungen: H = normaler Hump; FH = Flat Hump; CH = kombinierter Hump (z.B. Felgeninnenschulter: H; Felgenaußenschulter: FH).

EH, EH+ = Extended Hump. Bei Felgen mit dieser Kenneichnung ist der Hump auf der Felgenschulter erhöht. Damit wird verhindert, dass Run-Flat-Reifen (Abk. RFT; RSC; SST; ...) im luftleeren Zustand bei Weiterfahrt mit begrenzter Geschwindigkeit ins Tiefbett abrutschen. Run-Flat-Reifen haben auf Grund einer verstärkten Reifenseitenwand Notlaufeigenschaften im luftleeren Zustand.

Steilschulterfelge

Einteilige Tiefbettfelge für Lkw- und Omnibusreifen. Die um 15° geneigte Schrägschulter bewirkt eine gute Zentrierung und Abdichtung des Reifens auf der Felge.

Schrägschulterfelge

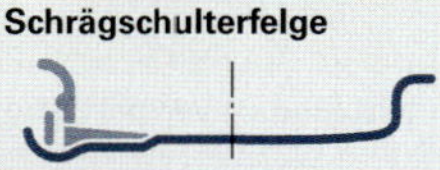

Sie werden als mehrteilige längsgeteilte Felgen (Ringfelgen) und als quergeteilte Felgen (Trilexfelgen) hergestellt. Flaches Bett, Schulter um 5° geneigt. Der Reifenwulst wird durch den Reifendruck auf die Schrägschulter gekeilt.
Verwendung: Schwere Lkw, Omnibusse.

Halbtiefbettfelge

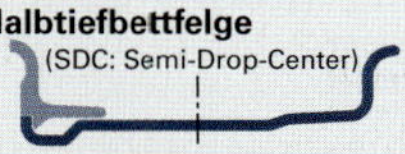

Mehrteilige längsgeteilte Felge. Das Felgenbett wird geringfügig vertieft, die Felgenschulter ist um 5° geneigt.
Verwendung: Lkw, Omnibusse.

Extended Mobility Systems (Systeme für verlängerte Mobilität bei Reifenpannen)

Um die Gefahren durch plötzlichen oder schleichenden Druckverlust zu vermeiden und die nächste Werkstatt ohne Reifenwechsel zu erreichen, werden Rad-/Reifen-Systeme mit Notlaufeigenschaften eingestetzt (Run Flat Tire Systems). Damit ein langsamer Druckverlust im Reifen zu erkannt wird, werden Reifendrucküberwachungssysteme eingebaut.

Rad/Reifen-Systeme mit Notlaufeigenschaften (Run Flat Tire Systems)

- **Runflat Tires (RFT).** Diese Reifen haben verstärkte Seitenwände, die im drucklosen Zustand ein Weiterfahren ermöglichen. In der Regel beträgt die Pannenlaufsicherheit ca. 200 km bei einer maximalen Geschwindigkeit von 80 km/h. Dieses System ist auch geeignet für Reifen mit einem Verhältnis H/B < 60. Bei stärkeren Fahrbahnstößen ergeben sich Komforteinbußen.

Reifendrucküberwachungssysteme (TPMS = Tire Pressure Monitoring Systems)

Seit 01. November 2014 müssen alle in Europa neu zugelassenen Pkw (M1) und Lkw bis 3,5 t (N1) mit **R**eifen**d**ruck**k**ontroll**s**ystemen (RDKS) ausgestattet sein (ECE-R64).

Vorschriften. Unter folgenden Bedingungen muss dauerhaft ein Warnsignal aufleuchten:

- Betriebsdruck sinkt um 20% (bezogen auf warme Reifen) oder auf 150 kPa (1,5 bar).
- Bei einer Störung im Reifendruckkontrollsystem.

Ein Fehler muss innerhalb von 10 Minuten angezeigt werden.

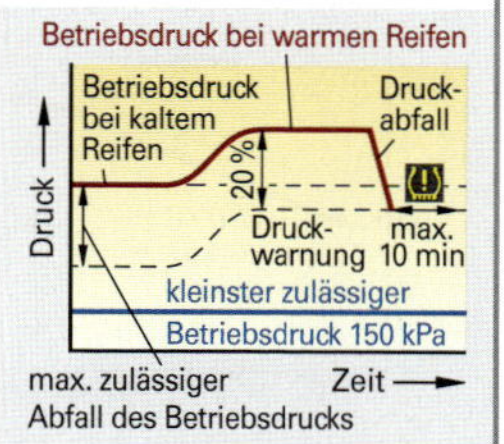

Indirekt messende Systeme

1. Generation. Bei Druckverlust wird der Abrollumfang geringer. Die Differenzdrehzahlen werden durch die Raddrehzahlsensoren erfasst und das Rad mit dem Druckverlust ermittelt.

Hinweis: Gleichmäßiger, schleichender Druckverlust an allen Reifen kann nicht erkannt werden. Deshalb ist regelmäßig der Reifenfülldruck zu kontrollieren.

2. Generation. Neben der Messung des Abrollumfangs werden auch die charakteristischen Schwingungen der Reifen über die Raddrehzahlsensoren ausgewertet. Dadurch kann ein schleichender Reifendruckverlust durch Diffusion (0,1 bar/Monat) erkannt werden.

Hinweis: Nach korrekter Befüllung der Reifen, ist das System manuell zu initialisieren.

Direkt messende Systeme

Der Druck und die Lufttemperatur werden durch Sensoren im Reifen direkt erfasst.

Das System besteht aus

- 1 Sensor für Reifendruck je Rad
- 1 Antenne
- Steuergerät
- Anzeige im Kombiinstrument

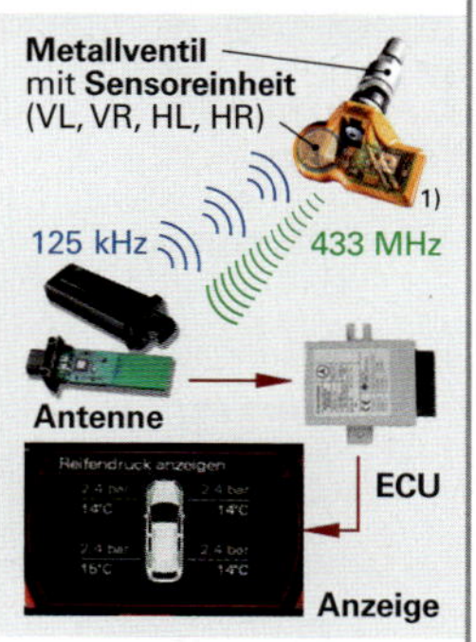

Sensoren für Reifendruckmessung. Die Sensoreinheit ist mit einem Metallventil verschraubt oder wird in einem Gummicontainer, der am Inliner des Reifens eingeklebt ist, eingesetzt (REDI-Sensor). Die Sensoren sind beim Reifen- oder Felgentausch wieder verwendbar. Neben dem Drucksensor, sind ein Temperatursensor, eine Sendeantenne, eine Mess- und Steuerelektronik sowie eine Batterie mit ca. 6 ... 10-jähriger Lebensdauer eingebaut. Da sich der Reifeninnendruck durch Temperatureinflüsse ändert, werden die erfassten Drücke auf eine Temperatur von 20 °C normiert. Das Steuergerät erhält von der Sendeantenne folgende Informationen:

- Individuelle Identifizierungsnummer (ID-Code) der Radsensoren, sie dient zur Eigenraderkennung.
- Aktueller Reifenfülldruck und aktuelle Reifeninnentemperatur.
- Ladezustand der Lithium-Ionen Batterie.

Steuergerät. Es wertet die von der Antenne für Reifendrucküberwachung ankommenden Signale aus und zeigt die Informationen für den Fahrer, je nach Priorität, als Anzeige im Kombiinstrument an.

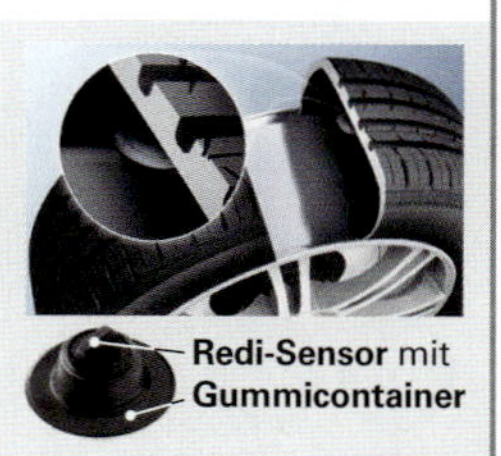

Merkmale

- Keine manuelle Initialisierung erforderlich.
- Hohe Messgenauigkeit (mind. 0,1bar).
- Erkennung von schleichenden und schnellen Druckverlusten.
- Anzeige der einzelnen Reifeninnendrücke möglich.
- Ggf. Anlernen der Sensoren nach Servicearbeiten oder Reparaturen erforderlich.

Hinweis: An Fahrzeugen, die über ein RDKS verfügen, dürfen nur Räder, z. B. Winterräder, mit einem Reifendruckkontrollsystem montiert werden.

[1] Huf-IntelliSens

F

Ventile – schlauchlose Reifen

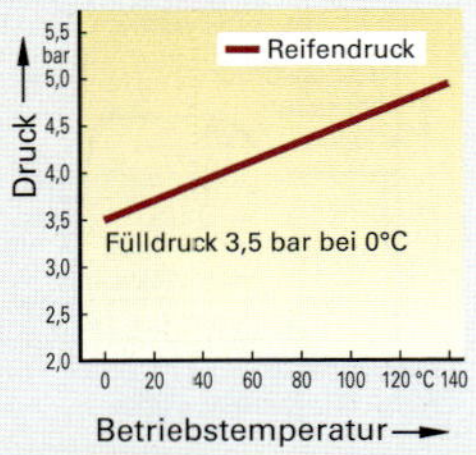

Beanspruchungen

- Fliehkräfte
- Biegewechselfestigkeit
- Alterung
- Umwelt, z.B. Wärme, Kälte, Nässe, Salzwasser
- wechselnde Betriebstemperaturen
- Einziehkraft bei Snap-In Ventilen

Anwendungen

- **Gummiventile:** Snap-In Ventile ($p_{max} \leq 4{,}5$ bar), Transporterventile ($p_{max} \leq 7{,}0$ bar)
- **Metallventile:** Standard ($p_{max} \leq 14$ bar), Ventile für **R**eifen**d**ruck**k**ontrollsysteme (**RDK**)

Hinweise:

- Snap-In Ventile, Transporterventile sind bei jedem Reifenwechsel zu erneuern.
- Bei Snap-In Ventilen, Transporterventilen ist zur leichteren Montage Gleitmittel auf den Ventilfuß aufzutragen.
- Snap-In Ventile beim Einziehen nicht über 10 mm dehnen.
- Transporterventile sind für höhere Reifenfülldrücke (> 3,5 bar) und Belastungen ausgelegt.
- Bei Metallventilen ist bei jedem Reifenwechsel der Ventileinsatz zu erneuern. Die Dichtungen am Ventilloch sind auf Beschädigung zu prüfen.
- Ventileinsatz mit vorgeschrieben Drehmoment anziehen (i.d.R. 20 Ncm ...30 Ncm).
- Bei Fahrzeugen mit höheren Geschwindigkeiten (> 210 km/h) sind Metallventile zu verwenden. Bei Verwendung von Snap in Ventilen sind Halterungen bzw. Abstützungen erforderlich, z.B. spezielle Radzierblenden.
- Metallventile, RDK-Ventile mit vorgeschriebenen Drehmoment anziehen. (Metallventile: 3 Nm ... 5 Nm / 4 Nm ... 6 Nm / 9 Nm ... 14 Nm; RDK-Ventile: 4 + 0,5 Nm)
- Ventilkappen immer auf Ventilkörper aufschrauben, um Verschmutzungen, Korrosion des Ventileinsatzes und möglichen Druckverlust zu vermeiden.

Reifendemontage, Reifenmontage (Hinweise)

Demontage

- Reifen entlüften.
- Wegbegrenzung der Abdrückschaufel unbedingt verwenden.
- 90° vom Ventil/Sensor entfernt beginnen.
- Spannklauenschutz verwenden.
- Demontagewerkzeug mit Gleitmittel einschmieren.

Montage

- Reifen auf mindestens 15 °C erwärmen, RFT- Reifen auf 23 °C ... 27 °C erwärmen.
- Gleitmittel flächig auf Felgenschulterbereich und auf Reifenwulst auftragen.
- Bei UHP-Reifen und RFT- Reifen dürfen nur wdk-zertifizierte Montagemaschinen verwendet werden.
- Kein scharfkantiges Werkzeug verwenden.
- Pkw-, Motorradreifen: Springdruck maximal 3,3 bar, Setzdruck 4,0 bar.

Radbefestigung

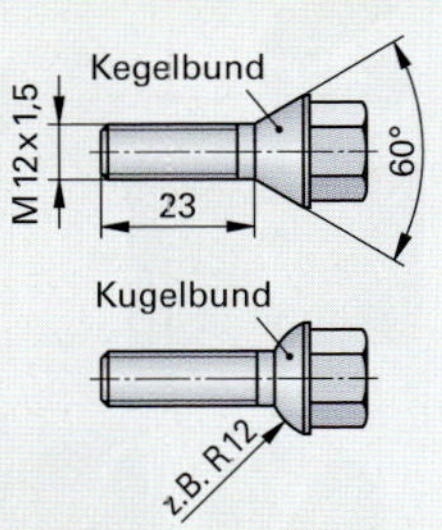

Radschrauben werden in Kegelbund und Kugelbund ausgeführt.

- Kegelbundwinkel: 60°
- Kugelbundradien: R12, R13, R14

Radmuttern werden in Kegelbund, Kugelbund, Flachbund mit Federring oder Flachbund mit Druckteller angeboten.

Mindesteinschraubtiefen: 6,5 Umdrehungen für M 12 × 1,5 ; 7,5 Umdrehungen für M 12 × 1,15 oder M 14 × 1,5

Festigkeitsklassen: • Schrauben: 10.9 (in der Regel) • Muttern: 10

Anzugsdrehmomente:

- Radschrauben/Radmuttern in mehreren Stufen über Kreuz mit dem vom Hersteller vorgeschrieben Drehmoment anziehen.
- Nur geeichte Drehmomentschlüssel verwenden.
- Gewinde und Auflageflächen dürfen normalerweise nicht gefettet werden.
- Anzugsdrehmomente nach ca. 100 km ... 500 km kontrollieren.

F

Reifenlagerung

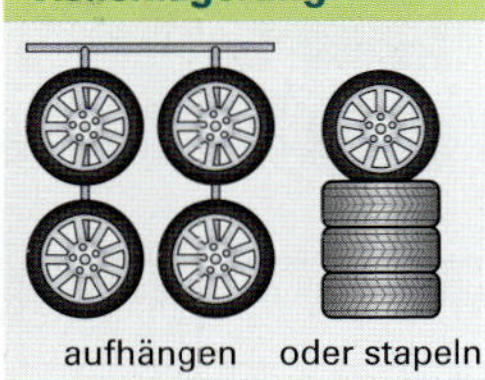

Damit Reifen während der Lagerung möglichst wenig altern und nicht geschädigt werden sind folgende Grundsätze zu beachten:

- Reifen trocken, kühl (+20 °C ... +5° C) und vor Sonnenlicht geschützt lagern.
- Räume mäßig belüften.
- Nicht in Räumen lagern, in denen auch Öle, Lacke, Kraftstoffe etc. gelagert werden.
- Reifen mit Felge sind zu hängen oder zu stapeln.
- Reifen ohne Felge sind stehend zu lagern und regelmäßig zu drehen.

Laufunruhen durch das Rad-, Reifensystem

Laufunruhen durch das Rad-Reifensystem haben Auswirkungen auf die Reifenlebensdauer, die Traktion (Haftung) des Reifens, das Lenkverhalten, den Verschleiß der Lenk- und Aufhängungskomponenten sowie dem Fahrkomfort.
Sie können folgende Ursachen haben:
- **Unwucht**
- **Geometrische Abweichungen**
- **Kraftschwankungen im Reifenaufbau**

Unwucht

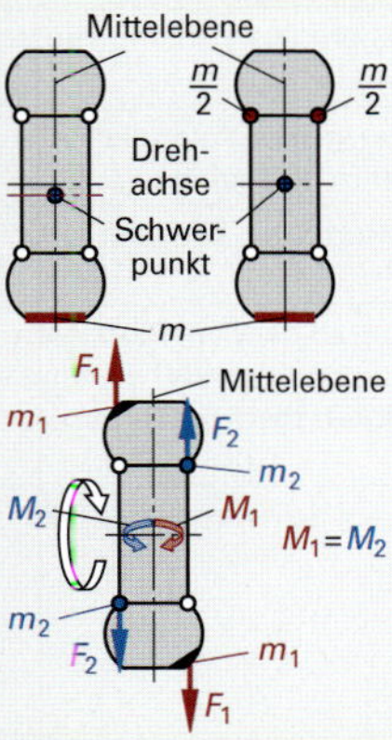

Statische Unwucht

Bei idealer Massenverteilung liegt der Radschwerpunkt in der Drehachse des Rades. Kann das Rad frei drehen, bleibt es in jeder Stellung stehen. Bei ungleicher Massenverteilung verschiebt sich der Schwerpunkt aus der Drehachse in Richtung Unwuchtstelle.

Folgen der Unwucht. Springen (Höhenschlag) des Rades, dadurch größere Beanspruchung der Radlager, Radaufhängung und Schwingungsdämpfer, Unruhe in der Lenkung, erhöhter Reifenverschleiß.

Beseitigung der Unwucht. Anbringen von gleich großen Massen gegenüber der Unwuchtstelle.

Dynamische Unwucht

Dabei sind die ungleichen Massen so verteilt, dass sie nicht in der zur Drehachse senkrecht stehenden Mittelebene liegen. Beim Drehen des Rades entstehen Fliehkräfte, die entsprechend ihres Abstandes zur Mittelebene Drehmomente erzeugen. Diese bewirken ein Kippen (Taumeln) des Rades. Je breiter das Rad und je weiter die ungleiche Masse von der Mittelebene entfernt ist, desto stärker wirkt sich die Unwucht aus.

Folgen der Unwucht. Große ungleichförmige Kräfte auf Radaufhängung, Spurgelenke, Radlager, Lenkung, erhöhter Reifenverschleiß (Profilauswaschungen).

Beseitigung der Unwucht. Anbringen einer Auswuchtmasse (m_2) gegenüber der jeweiligen Unwuchtstelle (m_1).

Geometrische Fehler

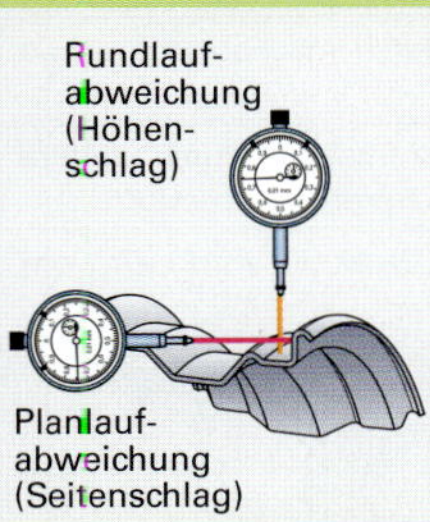

Montagebedingt. Die Anlageflächen müssen sauber sein ansonsten kommt es zu Laufabweichungen. Das Rad wird über Radmuttern/Radbolzen oder Mittenzentrierung auf der Nabe zentriert. Ein Zentrierfehler von 1/10mm bewirkt eine Unwucht von ca. 10 g.

Fertigungsbedingt. An fertigen Rädern wird die Rundlaufabweichung (Höhenschlag) in der Mitte der Sitzfläche des Reifenwulstes gemessen. Die Planlaufabweichung (Seitenschlag) ist in der Mitte der Hornhöhe zu messen. Zulässige Toleranz für Pkw (M1) und Lkw (N1) 1,25 mm. Übliche Werte für Pkw-Räder: 0,6 mm ... 0,8 mm. Bei hochwertigen Pkw-Rädern ≤ 0,3 mm.

Flatspot. Darunter versteht man Abflachungen auf der Reifenlauffläche. Diese entstehen durch Abkühlen des warmgefahrenen Reifens, bei langem Stehen auf einer kalten Standfläche. Durch erneutes Warmfahren des Reifens im Fahrbetrieb egalisiert sich dieser Fehler selbsttätig.

Kraftschwankungen im Reifenaufbau

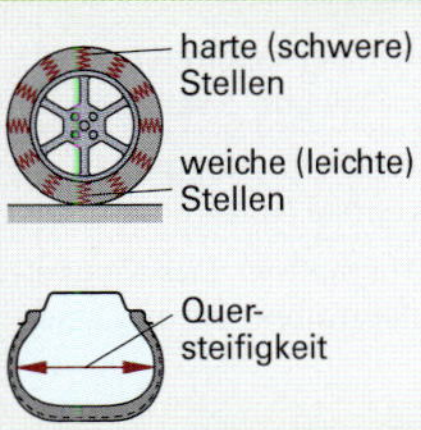

Radialkraftschwankungen. Der Reifen hat fertigungsbedingt harte und weiche Stellen in seinem inneren Aufbau, z. B. durch Materialanhäufungen. Dadurch federt der Reifen über seinen Umfang ungleich ein. Die in radialer Richtung ungleich wirkenden Kräfte haben dabei den gleichen Effekt wie eine statische Unwucht. Erfahrungsgemäß sind dabei die harten Stellen zugleich die schweren Stellen des Reifens.

Seitenkraftschwankungen (Lateralkraftschwankungen[1]). Sie entstehen durch unterschiedliche Quersteifigkeit des Reifens und machen sich vor allem bei Kurvenfahrten bemerkbar. Große Lateralkraftschwankungen an einem Reifen können bei geringen Geschwindigkeiten Radflattern und bei hoher Geschwindigkeit Vibrationen hervorrufen.
([1] lateral = seitlich)

Auswuchtvorgang – Matchen

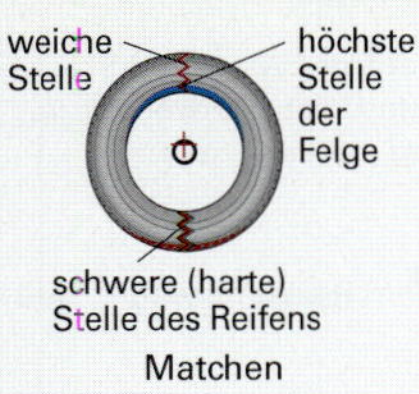

Matchen

Auswuchten. Meist hat das Rad-Reifensystem sowohl eine statische als auch eine dynamische Unwucht. Auswuchtmaschinen messen in dynamischen Prüfläufen beide Fehler und ermitteln die optimale Auswuchtmasse und den Ort der Anbringung. Mit Hilfe von speziellen Wuchtprogrammen kann der Anbringungsort der Auswuchtmasse vorbestimmt werden, z.B. hinter einer Radspeiche auf der Felgeninnenseite.

Matchen. Aufgrund der Tatsache, dass die Lage der harten Stelle bei den Radialkraftschwankungen sehr oft mit der schwersten Stellen des Reifens zusammenfällt, wird beim Matchen diese der höchsten Stelle der Felge gegenüber gesetzt. Dies hat meist auch die Beseitigung oder zumindest Reduzierung der Radialkraftschwankung zur Folge, wodurch die Laufruhe optimiert wird.

F

Aufgaben der Bremse

Bremsen sollen ein Fahrzeug verzögern, bis zum Stillstand abbremsen und gegen Wegrollen sichern.
Beim Bremsen wird Bewegungsenergie durch Reibung in Wärme umgewandelt.

Einteilung der Bremsanlagen

1. Gesetzlich vorgeschriebene Bremsanlagen	Betriebsbremsanlage (BBA)	Verringert im Betrieb die Geschwindigkeit und bremst das Fahrzeug zum Stillstand ab. Sie ist meist fußbetätigt, stufenlos dosierbar und wirkt auf alle Räder.
	Hilfsbremsanlage (HBA)	Bei Störungen der BBA übernimmt sie deren Aufgaben. Die Wirkung muss abstufbar sein.
	Feststellbremsanlage (FBA)	Sie sichert ein Fahrzeug auch bei geneigter Fahrbahn gegen Wegrollen. Die FBA wirkt auf eine Achse und verfügt über eine mechanische Betätigung.
	Dauerbremsanlage (DBA)	Sie hält bei längeren Gefällstrecken die Fahrgeschwindigkeit konstant oder verringert diese (Dritte Bremse).
	Antiblockiersystem (ABS)	Es regelt während des Bremsens den Schlupf der Räder, so dass ein Blockieren verhindert wird. Es wird auch automatischer Blockierverhinderer (ABV) genannt. ABS ist bei Kraftfahrzeugen > 3,5 t ab 1991 und bei Motorrädern > 125 ccm ab 2016 vorgeschrieben.
	Fahrdynamikregelsystem (FDR)	FDR bzw. Electronic Stability Control (ESC) verhindert ein Schleudern des Fahrzeuges und ist seit 2014 bei Kfz vorgeschrieben. Je nach Hersteller wird es z. B. auch • Elektronisches Stabilitäts-Programm (ESP) • Dynamic Stability Control (DSC) • Dynamic Stability and Traction Control (DSTC) • Porsche Stability Management (PSM) • Vehicle Stability Control (VSC) genannt.
2. Bremsarten	Muskelkraftbremsanlage	Die Bremskraft wird vom Fahrer aufgebracht und durch mechanische sowie hydraulische Übersetzung vergrößert.
	Hilfskraftbremsanlage	Zusätzlich zur Muskelkraftbremsanlage wird die Bremskraft durch andere Energiequellen vergrößert (Unterdruck, hydraul. Speicherdruck, Druckluft).
	Fremdkraftbremsanlage	Der Fahrer steuert die Bremskraft. Die Bremsenergie (Druckluft) wird nicht vom Fahrer erzeugt.
	Auflaufbremse	Beim Abbremsen des Zugfahrzeugs läuft der Anhänger auf (Auflaufen). Über Gestänge wird mit dieser Kraft die Bremse mechanisch betätigt. 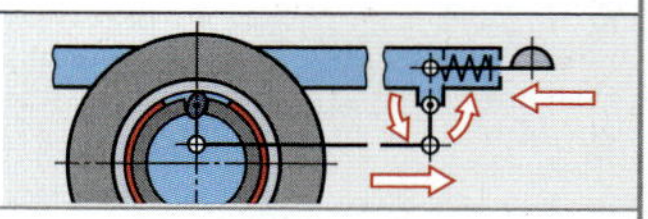
3. Arten der Energieübertragung	Mechanisch	Durch Seilzug, Gestänge, Hebel und Pedale. Einsatz z.B. Feststellbremse Pkw, Auflaufbremse Anhänger, Betriebsbremse bei Zweirädern.
	Hydraulisch	Der im Hauptzylinder erzeugte hydraulische Druck wird über Leitungen an die Radzylinder weitergeleitet. Einsatz z.B. Betriebsbremse Pkw und Zweiräder.
	Pneumatisch	Der im Kompressor erzeugte pneumatische Druck wird über Leitungen an die Membranzylinder weitergeleitet. Einsatz z.B. Betriebsbremse Nutzkraftwagen.
	Elektrisch	Elektrische Ströme bewirken z.B. in einem Stator ein Magnetfeld. Das Magnetfeld erzeugt in einem Rotor eine Bremskraft, z.B. Wirbelstrombremse als Dauerbremse in Nutzkraftwagen.

F

Beschreibung des Bremsvorgangs

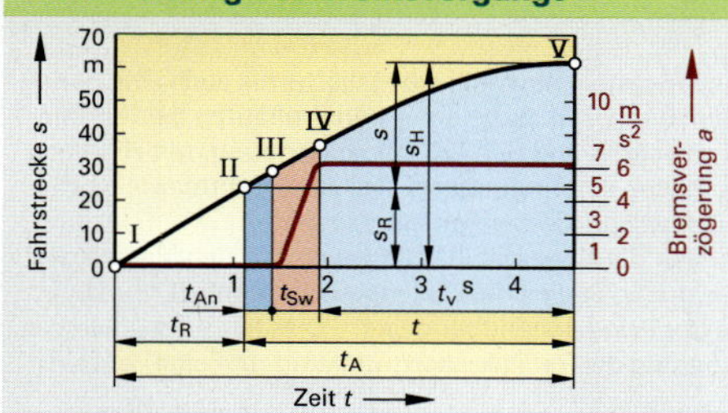

Der Bremsvorganges wird in 5 Bereiche I bis V unterteilt.

I: Erkennen der Gefahr
II: Nach der Reaktionzeit t_r des Fahrers Bremsbeginn
III: Nach der Ansprechzeit t_{An} und der Schwellzeit t_{Sw} beginnt die Bremsverzögerung *a* anzusteigen
IV: Volle Bremsverzögerung
V: Fahrzeug steht

Der Halteweg s_H ergibt sich aus dem Reaktionsweg s_R und dem Bremsweg *s*.

Hydraulische Bremsanlage (Zweikreisbremsanlage)

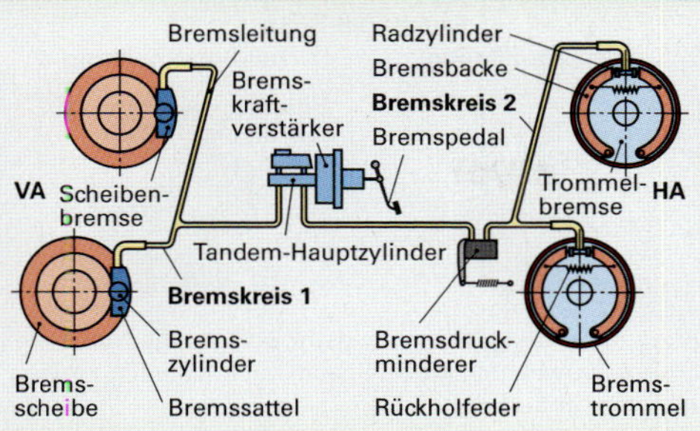

Die Kraftübertragung vom Bremspedal zum Rad erfolgt über die unter Druck gesetzte Bremsflüssigkeit. Durch verschiedene Kolbendurchmesser im Haupt- und Radbremszylinder wird eine hydraulische Verstärkung erzielt.

Der Fahrer betätigt das Bremspedal. Seine Fußkraft wird mechanisch, pneumatisch und hydraulisch verstärkt. Die Druckstangenkraft erzeugt im Hauptzylinder einen hydraulischen Druck. Dieser wird durch die Bremsleitungen an die einzelnen Räder geleitet und bewirkt in den Radzylindern eine Spannkraft. Beim Bremsen entfallen im Extremfall etwa 70 % der Bremsarbeit auf die Vorder- und etwa 30 % auf die Hinterachse.

Bremskreisaufteilung

II (TT)-Aufteilung „Schwarzweiß"-Aufteilung

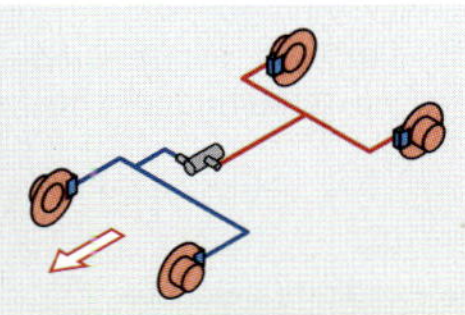

X-Aufteilung „Diagonal"-Aufteilung

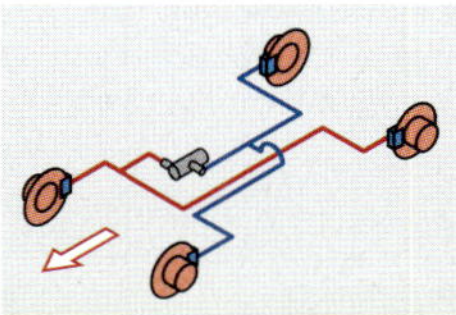

LL-Aufteilung „Dreieck"-Aufteilung

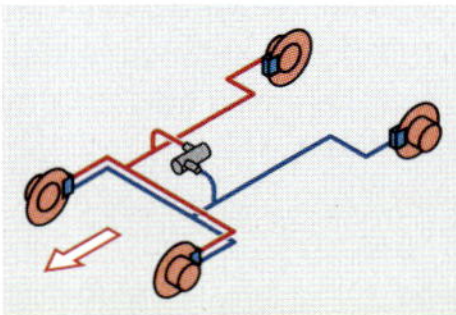

HI (HT)-Aufteilung „Vier-Zwei"-Aufteilung

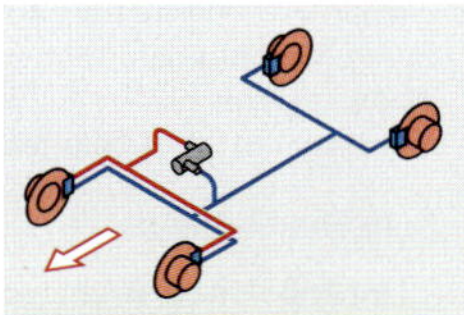

Hauptzylinder

Gestufter Tandemhauptzylinder mit Zentralventil

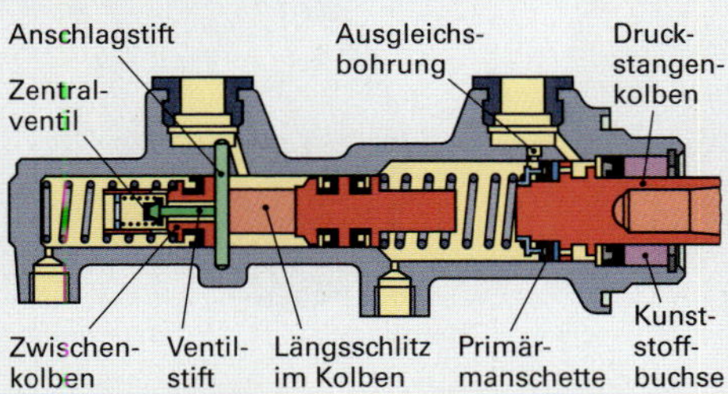

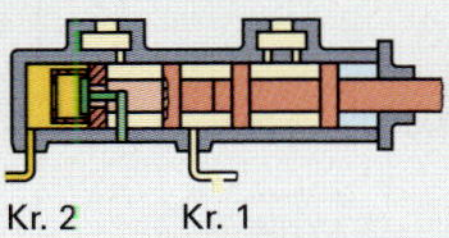

Bremsstellung, Kreis 1 undicht

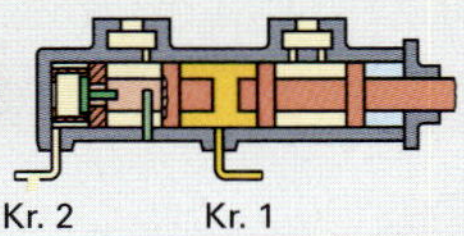

Bremsstellung, Kreis 2 undicht

Er besteht aus zwei hintereinander angeordneten Hauptzylindern, hier mit verschiedenen Kolbendurchmessern (TT-Anordnung), die jeweils einen Bremskreis betätigen.

Bremsen: Beim Bremsen überfährt die Primärmanschette des Druckstangenkolbens ihre Ausgleichsbohrung, Druck entsteht und der Zwischenkolben wird vorgedrückt. Das Zentralventil schließt und im zugehörigen Bremskreis entsteht Druck. Die Bremsflüssigkeit wird in die Bremszylinder gedrückt.

Lösen: Nach dem Bremsen drücken die Kolbenfedern die Kolben in ihre Ruhestellung. Das Zentralventil öffnet, die Ausgleichsbohrung wird frei, die Bremsflüssigkeit kann in den Ausgleichsbehälter zurückfließen.

Ausfall Kreis 1: Der Druckstangenkolben wird auf den Zwischenkolben aufgeschoben. Die Betätigungskraft wirkt nur auf den Kreis 2.

Ausfall Kreis 2: Der Zwischenkolben wird durch den im Kreis 1 ansteigenden Druck bis zum Anschlag nach links verschoben. Im Kreis 1 kann Druck aufgebaut werden.

Bremsleitungen

Bezeichnung	Abbildung	Überwurfverschraubung
DIN-Bördel-F Deutscher und Europäischer Standard	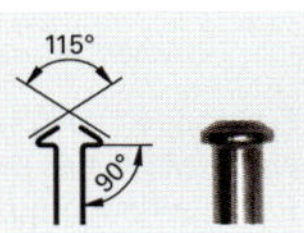	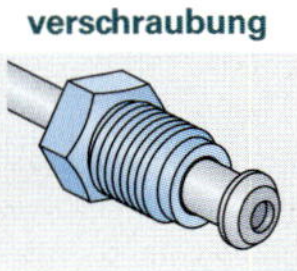
SAE-Bördel-E Amerikanischer und Asiatischer Standard	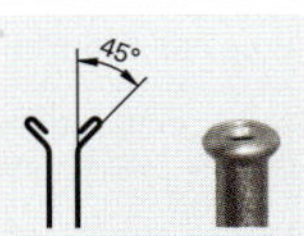	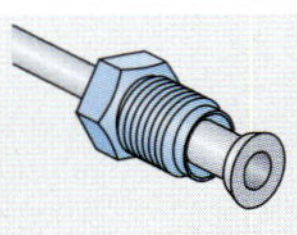

Arbeitsschritte beim Anfertigen von Bremsleitungen

1. Bremsleitung auf Maß mit dem Rohrschneider ablängen.
2. Leitung entgraten.
3. Passende Überwurfmutter auswählen und aufstecken.
4. Bördelgerät befestigen.
5. Spannbacken und Druckstücke montieren.
6. DIN oder SAE Bördel fertigen.
7. Bremsleitung mit Biegewerkzeug biegen.

Werkzeuge

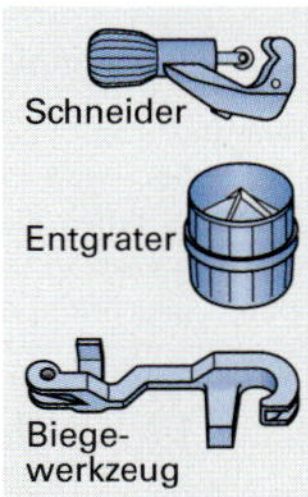

F

Scheibenbremse

Festsattel-Bremse		Faustsattel-Bremse	
(2-Zylinder)	**(4-Zylinder)**	**mit Zahnführung**	**mit Bolzenführung**

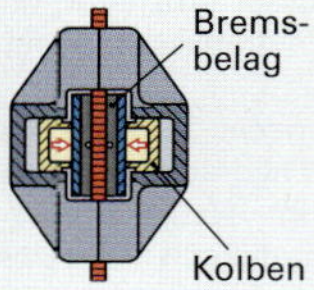

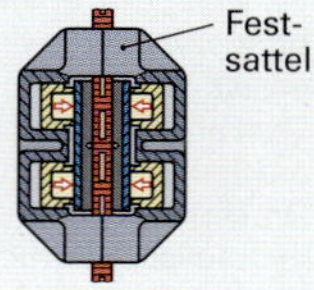

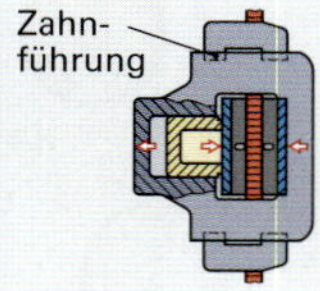

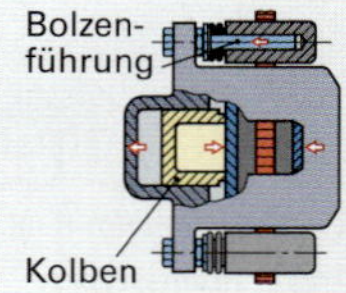

Merkmale: Einfache Wartung, gute Kühlung, geringe Neigung zum Fading, selbstreinigend, selbsttätige Nachstellung, Bremskraft fahrtrichtungsunabhängig. Keine Servowirkung, große Spannkraft notwendig, örtlich starke Erwärmung, Unterbringung der Feststellbremse aufwendig.

Bremsscheibe

Je nach Achse (HA,VA), Höchsgeschwindigkeit und Fahrzeugmasse werden verschiedene Bremsscheiben verwendet. Die kinetische Energie des Fahrzeuges wird beim Bremsen in Wärmeenergie umgewandelt. Sie wird von der Bremsscheibe aufgenommen und auf die vorbeiströmende Luft übertragen.

Durch die Innenbelüftung wird die Scheibe stärker gekühlt und durch die Löcher wird verhindert, dass sich Gas- und Wasserpolster bilden. Es werden Stahlguss oder Keramikbremsscheiben verwendet. Man verwendet ungelochte, gelochte und innenbelüftetet Scheiben.

Scheibenbremse

Innenbelüftete Bremsscheibe aus Gusseisen

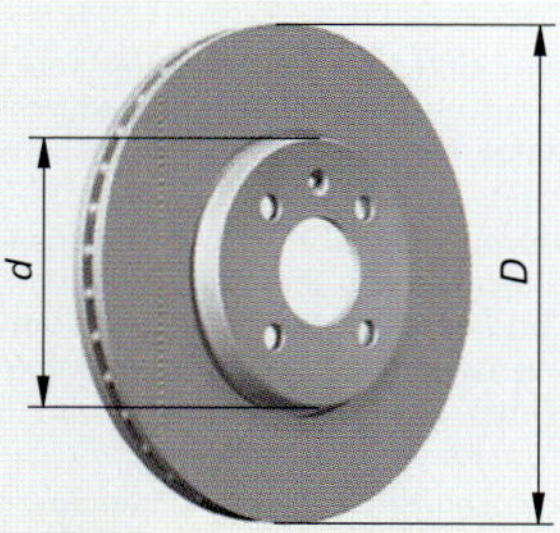

Innenbelüftete gelochte Bremsscheibe aus Gusseisen

Innenbelüftete gelochte Bremsscheibe aus Keramik

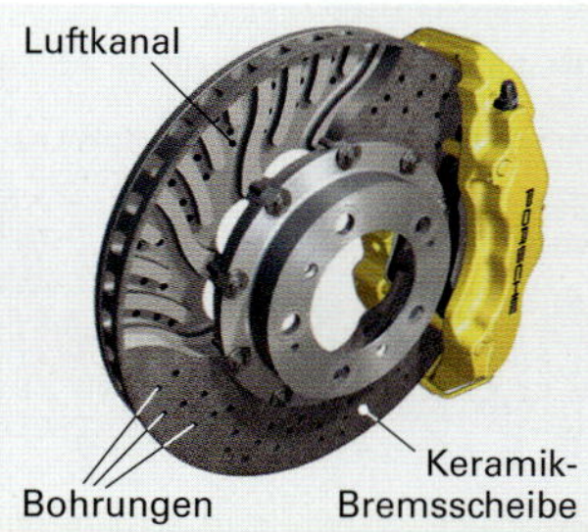

Trommelbremse

Selbstverstärkung der Trommelbremse, Systembild

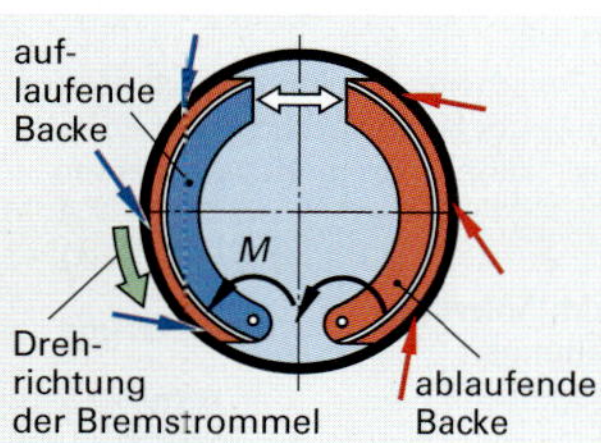

Reibung erzeugt ein Drehmoment, das die auflaufende Bremsbacke in die Trommel hineinzieht und die Bremswirkung verstärkt. Der Bremsenkennwert *C* beschreibt die Verstärkung.

Bauarten

Simplex-Bremse

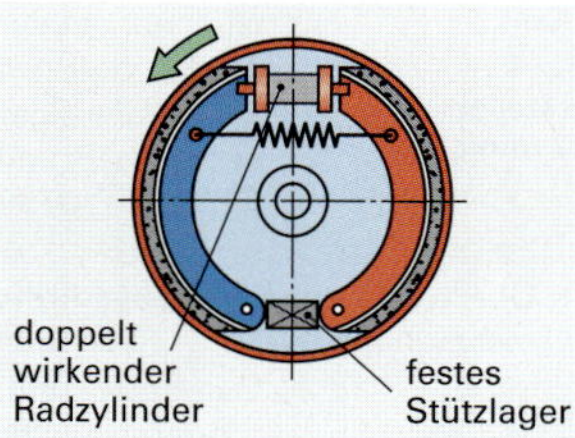

Ein doppelt wirkender Radzylinder. Geringe Selbstverstärkung. Je eine auflaufende und ablaufende Bremsbacke in beiden Fahrtrichtungen. Bremsenkennwert $C \leq 4$.

Duo-Servo-Bremse

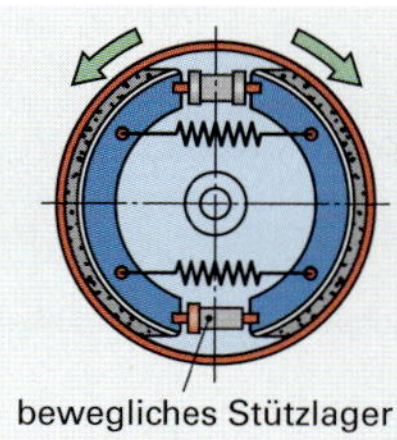

Ein doppelt wirkender Radzylinder, ein bewegliches Stützlager. Große Selbstverstärkung. Zwei auflaufende Bremsbacken in beiden Fahrtrichtungen. $C \leq 6$.

Merkmale: Schmutzgeschützt, Selbstverstärkung, lange Standzeit der Bremsbeläge, einfache Anordnung der Feststellbremsanlage, Abrieb und Wärme werden schlecht abgeführt, neigt zum Bremsfading, auflaufende und ablaufende Bremsbacken verschleißen unterschiedlich stark.

F

Feststellbremssysteme

Sie sind hand- oder fußbetätigt und wirken auf die Hinterachse des Fahrzeugs. Man unterscheidet mechanische Systeme und elektromechanische Systeme, die auf Trommel- oder Scheibenbremsen wirken.

Kombinierter Faustsattel

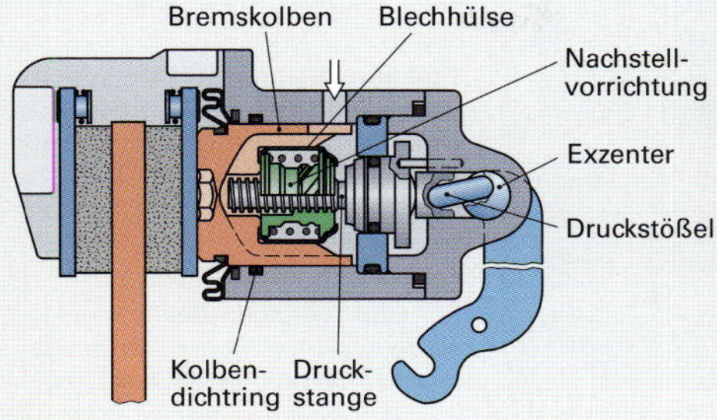

Über den Handbremshebel, Exzenter und Druckstößel erfolgt das Verschieben der Druckstange. Diese drückt über eine Nachstellvorrichtung auf den Bremskolben.

Die Nachstellvorrichtung gleicht den Belagverschleiß aus. Beim Wechseln der Bremsbeläge ist der Bremskolben mittels eines Spezialwerkzeuges zurückzusetzen, damit die Nachstellvorrichtung nicht zerstört wird.

Elektromechanische Feststellbremse

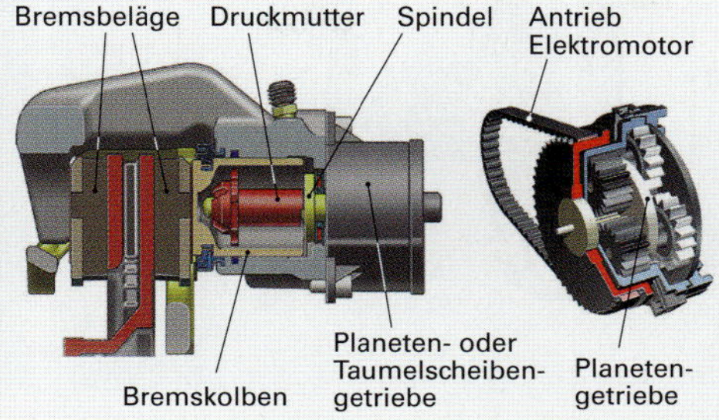

Der Elektromotor treibt über Zahnriemen (i = 3) und Planeten- oder Taumelscheibengetriebe (i = 50) den Spindeltrieb an. Hierdurch ergibt sich eine Gesamtübersetzung von i = 150 welche die genaue Ansteuerung des Spindeltriebs und eine ausreichende Selbsthemmung zur Folge hat. Das System ermöglicht elektronische Anfahrfunktionen. Z.B. gegen des Zurückrollen am Berg.

Hilfskraftbremse, Bremskraftverstärker

Der Bremskraftverstärker dient der Erzeugung einer Hilfskraft. Die Muskelkraft des Fahrers wird dabei stufenlos verstärkt. Man unterscheidet:

- Unterdruck-Bremskraftverstärker
- Hydraulischer Bremskraftverstärker
- Pneumatischer Bremskraftverstärker

Unterdruck-Bremskraftverstärker

Funktion: Die Verstärkungskraft wird entweder durch die Druckdifferenz zwischen Luftdruck (1 bar) und Saugrohrdruck erzielt oder durch eine Unterdruckpumpe (z.B. Dieselmotor, Otto-Direkteinspritzer) erzeugt. Druckdifferenz zwischen Arbeitsdruckkammer und Unterdruckkammer 0,2 bar bis 0,8 bar. Verstärkungsfaktor 2...4.

Eigenschaften: Aufgrund geringer Druckdifferenzen sind große Membrandurchmesser erforderlich. Große Baugröße. Kleine Druckreserve (2–3 Bremsungen).

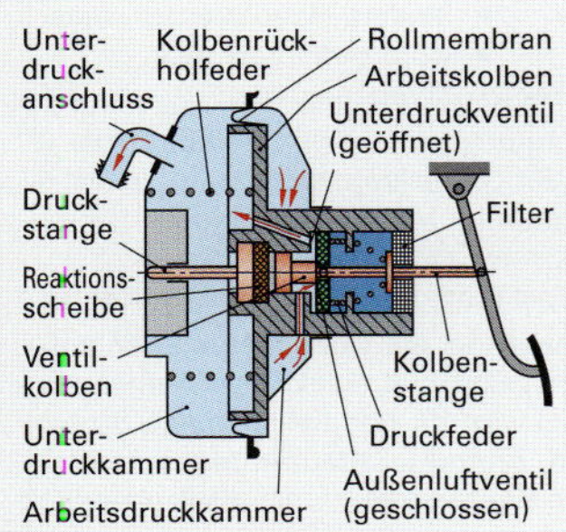

- **Ruhestellung:**

Unterdruckventil offen, Außenluftventil geschlossen. Unterdruck wirkt in Arbeits- und Unterdruckkammer, da die Verbindung durch das geöffnete Unterdruckventil offen ist.

Es wirkt keine Verstärkungskraft.

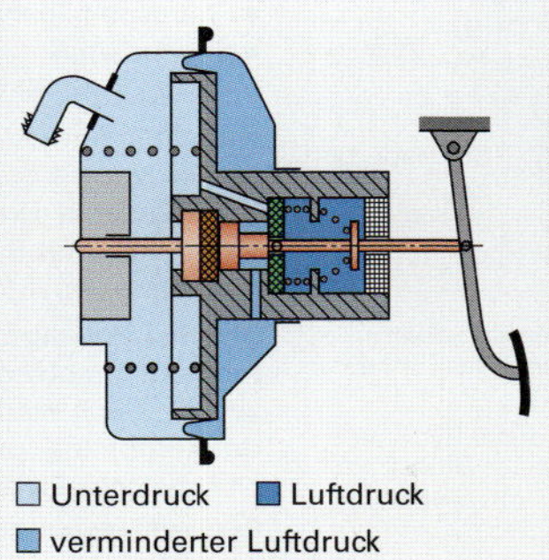

- **Teilbremsstellung:**

Unterdruckventil geschlossen, Außenluftventil öffnet kurz. In Arbeitskammer wirkt ein verminderter Unterdruck. Die Druckdifferenz bewirkt eine Kraft, die den Arbeitskolben verschiebt und so das Außenluftventil wieder schließt.

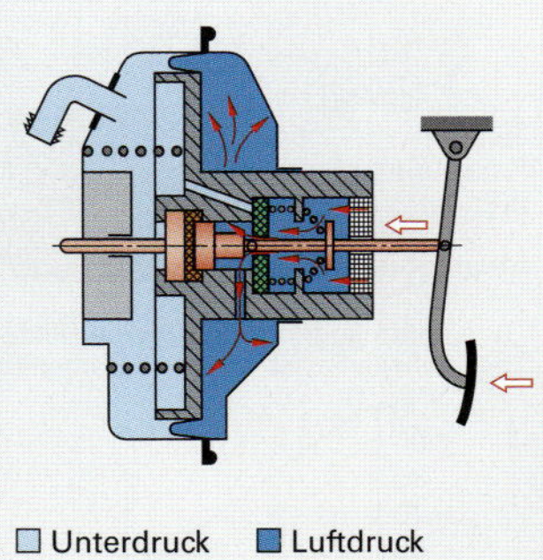

- **Vollbremsstellung:**

Unterdruckventil geschlossen, Außenluftventil offen.

In Arbeitskammer herrscht Luftdruck. Die Druckdifferenz bewirkt eine maximale Verstärkungskraft am Arbeitskolben.

Bremsassistent BAS

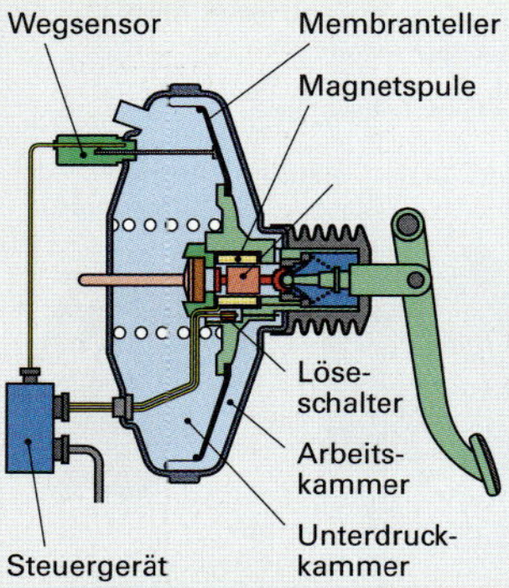

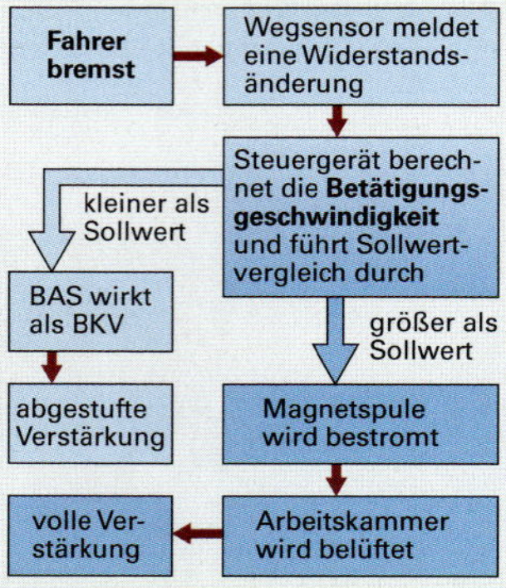

Aufgabe: Der Bremsassistent BAS verringert bei einer Panikbremsung den Bremsweg.

Komponenten: BAS-Steuergerät, Schaltmagnet, Löseschalter, Wegsensor.

Funktion: Bei hoher Betätigungsgeschwindigkeit des Bremspedals wird die Arbeitskammer im Bremskraftverstärker belüftet. Dadurch liegt sofort die volle Verstärkerkraft an. Der Bremsweg wird somit verkürzt.

Bei einer geringen Betätigungsgeschwindigkeit wirkt der Bremsassistent wie ein Bremskraftverstärker.

Pneumatischer Bremskraftverstärker

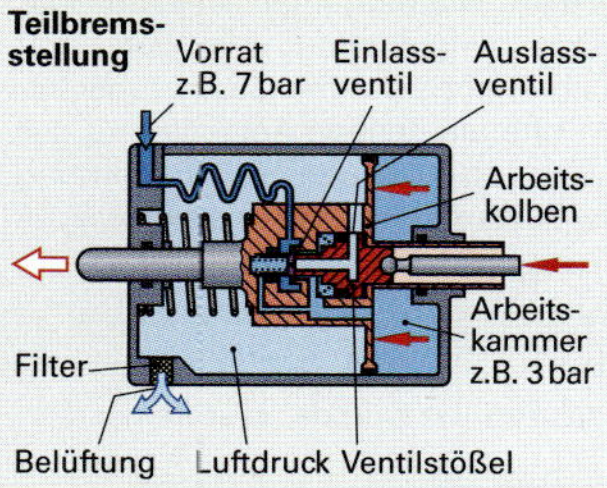

Anwendung: Nutzfahrzeuge bis 15 t mit kombinierter Druckluft-Hydraulik-Bremsanlage.

Eigenschaften: Hoher Druck bei kleiner Baugröße, große Druckreserve.

Funktion: Beim Betätigen der Bremse verschiebt die Kolbenstange den Ventilstößel. Hierdurch schließt das Auslassventil und das Einlassventil öffnet. Druckluft kann in die Arbeitskammer einströmen. Am Arbeitskolben wirkt somit eine Verstärkungskraft, die den Kolben verschiebt. Dadurch schließt das Einlassventil wieder. Hierdurch wird eine stufenlose Verstärkungskraft in Abhängigkeit von der Pedalkraft erreicht. Bei nachlassender Pedalkraft schließt der Ventilstößel das Einlassventil und öffnet das Auslassventil. Die Rückstellfeder verschiebt den Arbeitskolben in die Ausgangslage.

Elektromechanischer Bremskraftverstärker (eBKV)

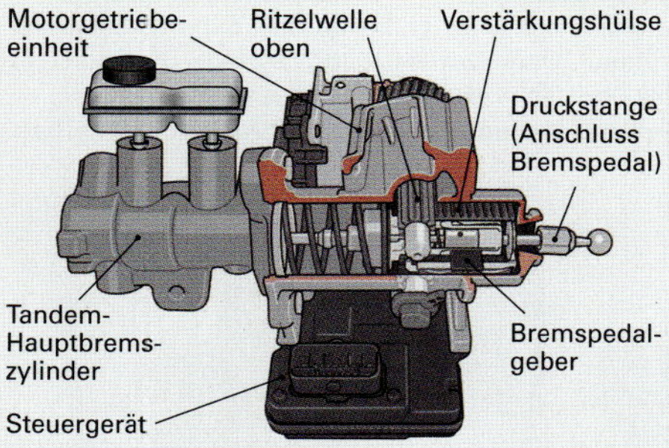

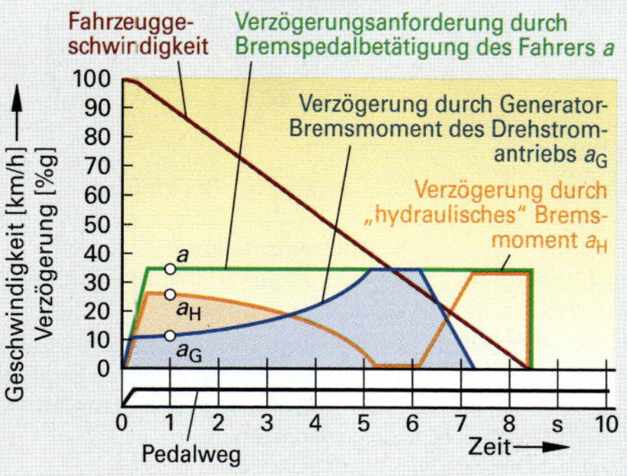

Verwendung bei Hybrid- und Elektro-Fahrzeugen.

Eigenschaften: Unterdruckunabhängige Bremskraftverstärkung mit schnellen Druckaufbau und gleichbleibender Bremspedalcharakteristik bzw. -pedalkraft.

Komponenten:

- Druckspeicher
- Bremsflüssigkeitsbehälter
- Bremspedalgeber
- Tandem-Hauptbremszylinder
- Druckstange
- Motorgetriebeeinheit
- Steuergerät für Bremskraftverstärkung.

Funktion: Beim Abbremsen von Hybrid und Elektrofahrzeugen wirken bei der Bremskraftverstärkung verschiedene Systeme (Diagramm). Man unterscheidet:

- hydraulisches Bremsen a_H
- el. Bremsen, Rekuperation des Drehstromantriebes a_G

Blended Braking bezeichnet die Überlagerung von elektrischem Bremsen a_G und hydraulischem Bremsen a_H ($a = a_G + a_H$). Hierbei wird für den Fahrer durch Bremsdruckerhöhung und Bremdruckreduzierung am eBKV eine gleichbleibende Bremspedalcharakteristik erzeugt.

Bremsdruckerhöhung: Über eine Motorgetriebeeinheit wird die Bremskraft verstärkt. Die Kraft der Verstärkungshülse wirkt zusätzlich und erhöht den Bremsdruck.

Bremsdruckreduzierung: Über das Steuergerät wird der Elektromotor eines Druckspeichers angesteuert. Das Volumen im Druckspeicher vergrößert sich, Bremsflüssigkeit wird aus dem Bremskreis aufgenommen. Der Bremsdruck sinkt.

Hinweis: Nach einem Ersatz muss das eBKV über den Fahrzeugtester angelernt werden.

F

Bremskraftverteilung

Durch die beim Bremsen auftretende Achslastverlagerung ist bei Fahrzeugen **ohne** ABS eine Regelung der Bremskraftverteilung nötig. Bei Kfz mit ABS kann sie gegebenenfalls wegfallen. Sie hat folgende Aufgaben:

- Ein Blockieren der Hinterräder (Überbremsung) soll verhindert werden, damit das Fahrzeug nicht schleudert.
- Die Bremskraft an der Hinterachse soll an den Beladungszustand des Fahrzeugs angepasst werden.

Bremsdruckminderer

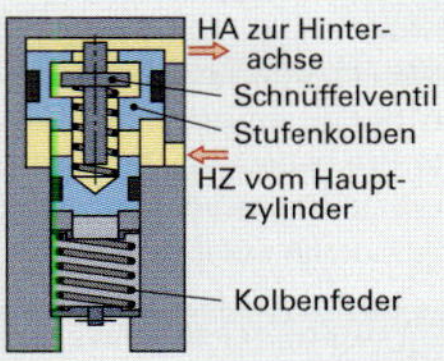

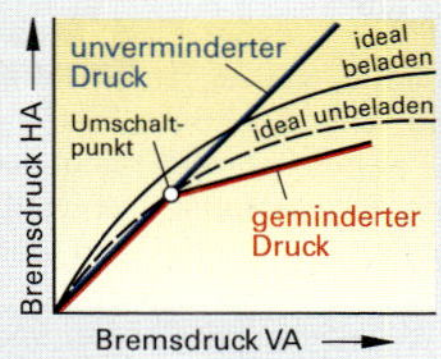

Funktion: Er arbeitet druckabhängig im Hinterachskreis und lässt ab dem Umschaltpunkt nur noch einen vermindert ansteigenden Bremsdruck zu. Der tatsächliche Druckverlauf nähert sich dem idealen Druckverlauf des unbeladenen Fahrzeugs an.

Lastabhängiger Bremsdruckminderer

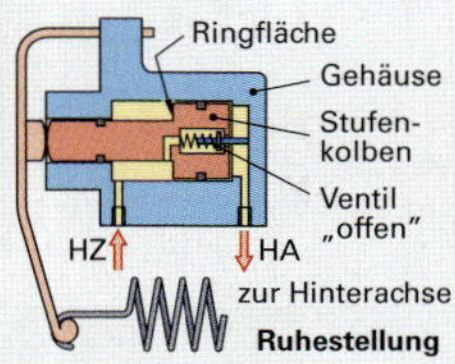

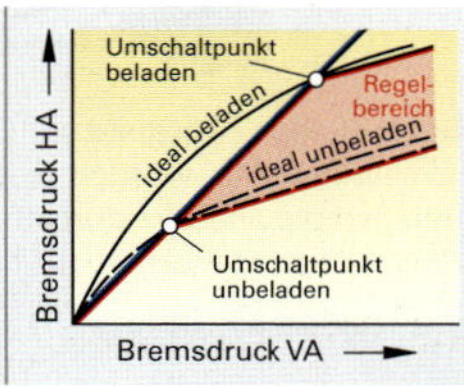

Funktion: Er arbeitet druck- und beladungsabhängig. Der Umschaltpunkt verschiebt sich mit steigender Beladung hin zu einem höheren Wert. Hierdurch nähert sich der tatsächliche Druckverlauf in jedem Beladungszustand dem idealen Verlauf an. Die HA kann optimal abgebremst werden.

Raddrehzahlsensoren

Darstellung/Bezeichnung	Messprinzip	Funktionsumfang	Mess- und Prüfhinweise
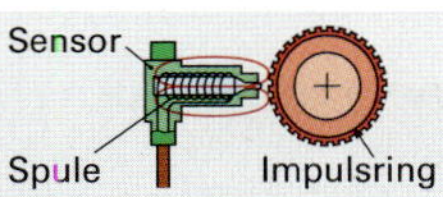 **Induktiver Drehzahlfühler**	Durch Induktion wird in der Spule eine Wechselspannung erzeugt. Es ist ein **passiver Sensor** ohne Versorgungsspannung.	Die **Frequenz** des Wechselspannungssignals ergibt eine Information über die Raddrehzahl.	**Widerstands-** und **Spannungsmessung** mit Multimeter: R = 750 Ω – 1600 Ω. U > 30 mV bei 60 U/min
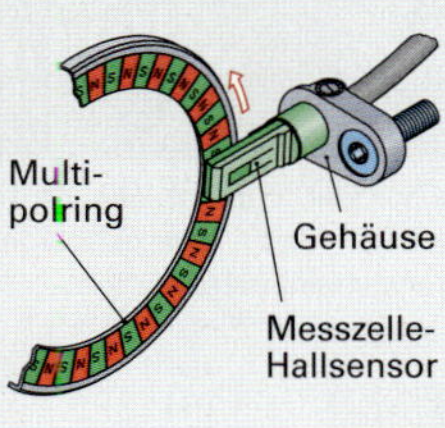 **Hallsensor mit erweitertem Funktionsumfang**	Das Hallelement erzeugt eine Rechteckspannung. Es ist ein **aktiver Sensor.** Durch mehrere Hallelemente im Sensor wird die Magnetfeldänderung des Multipolrings erfasst. Das Ausgangssignal ist ein PWM Rechteckstromsignal.	Drehzahlmessung durch veränderliche **Frequenz** des Rechtecksignals. Durch veränderliche **Frequenz** und **Pulsweite** des Signals lassen sich Raddrehzahlen bis zum Stillstand, Drehrichtung und Stillstand messen sowie eine Eigendiagnose (Luftspalt, falsche Montage) durchführen.	**Spannungsmessung** mit Oszilloskop **Spannungsmessung** mit Oszilloskop. Zur Messung des Stromes ist ein Messwiderstand (Shunt) von z.B. 75 Ω einzusetzen. Die Überprüfung des magnetischen Multipolrings am Radlager kann mit einer Testkarte erfolgen.

Signalbilder von induktiven Raddrehzahlsensoren

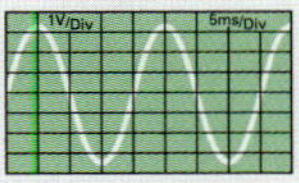

Gutsignal bei Raddrehzahl 60 U/min.

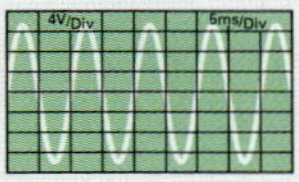

Gutsignal bei Raddrehzahl 120 U/min.

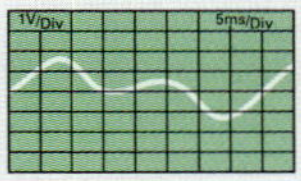

Ungleiches Signal. z.B. Radlagerspiel.

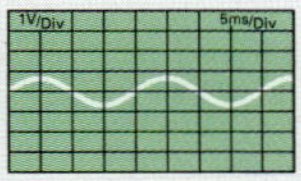

Signal zu schwach; Abstand zu groß.

Unterbrechung; Kabel/Stecker defekt.

Signalbilder von aktiven Hallsensoren mit erweitertem Funktionsumfang

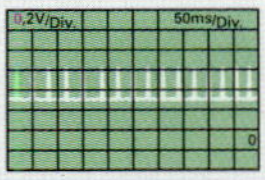

Gutsignal 60 U/min. Die Frequenz ist drehzahlabhängig.

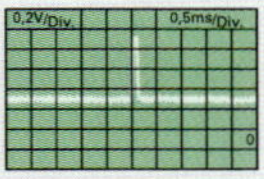

Gutsignal 60 U/min. Vorwärtsfahrt Pulsweite 0,1 ms

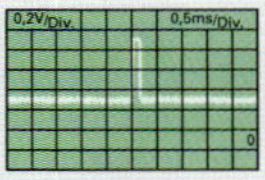

Gutsignal 60 U/min. Rückwärtssfahrt Pulsweite 0,2 ms

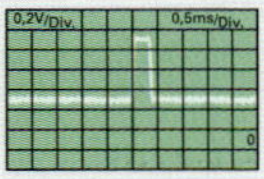

Rad dreht, Fehler: Luftspalt zu groß, Pulsweite 0,3 ms.

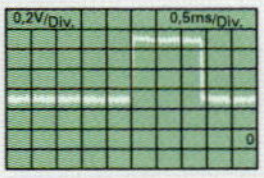

Rad steht, o. Sensor falsch montiert, Pulsweite 1,4 ms.

F

Schadensbilder bei Bremsanlagen

Bremsbeläge abgenutzt. Die Verschleißkontakte wurden bei 4 mm Belagstärke an- bzw. durchtrennt. Die Kontrolleuchte leuchtet auf.*)

Einseitiger Belagverschleiß. Bei Faustsattelbremsen, wenn Rahmen oder Bolzen fest sitzen. Bei Festsattel, wenn ein Kolben fest ist.*)

Riefen auf der Bremsscheibe durch abgenutzte Bremsbeläge. Die Riefen entstehen durch Reibung von Metall auf Metall. Bauteile ersetzen.*)

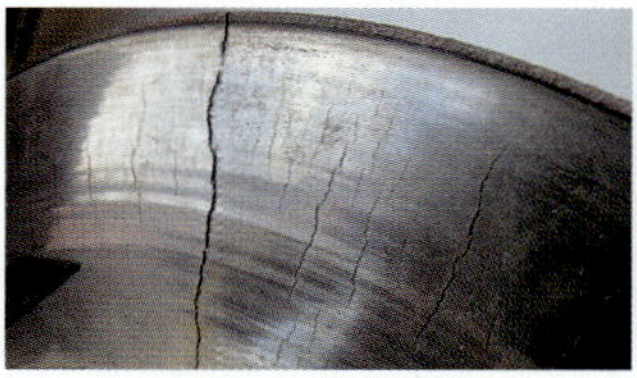

Risse in der Bremsscheibe. Aufgrund einer Überhitzung der Bremsscheibe bilden sich Risse. Ersatz der Bremsscheibe und -beläge.*)

Bremsscheibe abgefahren. Ersatz der Bremsscheibe und der -beläge.*)

Kontrolle der Bremsscheibenstärke. Ist die Bremsscheibe zu dünn, muss sie ersetzt werden.*)

Scheibenschlag der Bremsscheibe prüfen. Ist der Schlag zu groß, müssen die Scheiben ersetzt werden.*)

Beläge sind verschlissen. Trommel ist eingelaufen, beide Teile achsweise tauschen.

Radbremszylinder undicht. Die Radbremszylinder und Bremsbeläge müssen gewechselt werden.*)

*) Bei den Schadensbildern 1 bis 9 sind die defekten Bauteile jeweils achsweise zu ersetzen.

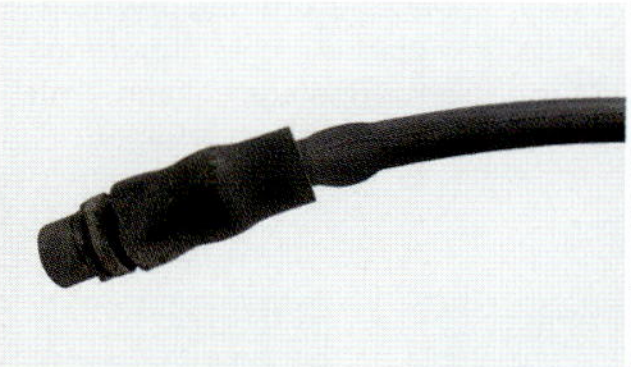

Bremsschlauch mit Blasen. Bremsschlauch muss ersetzt werden.

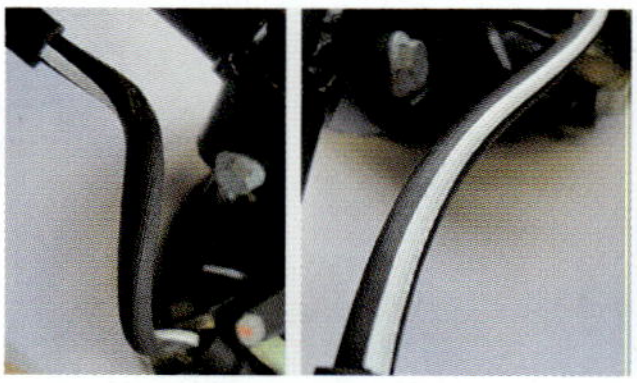

Bremsschlauch verdreht. Er muss unverdreht eingebaut werden.

Bremsschlauch mit Rissen. Bremsschlauch muss ersetzt werden.

F

Bremsleitung verrostet. Die Bremsleitung muss ersetzt werden.

Befestigungsclip der Bremsleitung gebrochen. Clip ersetzen.

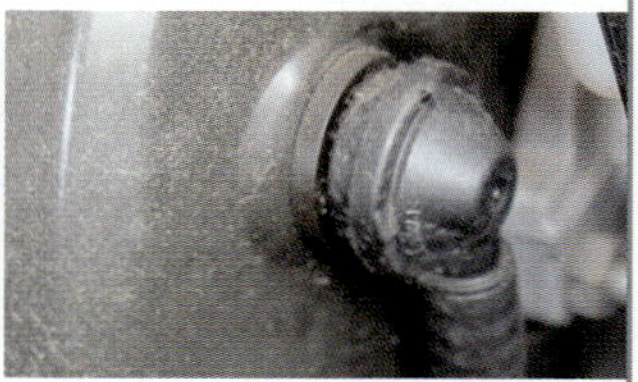

Unterdruckschlauch am Bremskraftverstärker undicht. Dichtung ersetzen.

Fehlersuchplan Hydraulische Bremsanlage (Pkw mit ABS, BAS)		
Fehler-gruppe	**Fehlermerkmal**	**Kennzahlen der Fehlerursachen bzw. Prüfhinweise und Abhilfemaßnahmen**
I	Geringe Bremswirkung, Bremsen ziehen einseitig	1, 2, 3, 4, 5, 6, 16, 18
II	Quietschen oder Rattern der Bremsen	1, 2, 3, 11, 12, 16
III	Schneller oder ungleicher Belagverschleiß	1, 4, 6, 8, 9, 14, 16, 17
IV	Schleifgeräusche der Bremsen	6, 8, 9, 11, 14, 16, 17
V	Bremsung setzt verzögert ein	6, 14, 15
VI	Nachlassen der Bremswirkung	1, 4, 5, 7, 10
VII	Großer Bremspedalweg	7, 11
VIII	Große Pedalkraft erforderlich	1, 2, 3, 4, 6, 14, 15, 16
IX	Bremspedal wirkt weich und schwammig	7
X	Pedal fällt bei längerer mehrmaliger Bremsung durch	7, 21
XI	Selbsttätig einsetzende Bremswirkung	13, 17
XII	Das beim stillstehenden Motor betätigte Bremspedal gibt beim Starten nicht nach	15
XIII	Bremsversagen. Pedal lässt sich ohne oder mit geringem Widerstand bis zum Boden durchdrücken.	7, 18, 19, 21
XIV	Bremsflüssigkeitsstandleuchte leuchtet auf.	1, 18, 22
XV	Kontrollleuchte für Bremsbelagverschleiß	1, 23
XVI	ABS-Warnleuchte leuchtet auf	19, 23
XVII	BAS-Warnleuchte leuchtet auf	20, 23
Kenn-zahl	**Fehlerursache**	**Prüfhinweise und Abhilfemaßnahmen**
1	Abgenutzte oder verglaste Bremsbeläge	Bremsbeläge achsweise erneuern
2	Neue, nicht eingebremste Beläge	Beläge einbremsen
3	Verölter Bremsbelag	Ölaustritt abdichten, Bremsen reinigen, neue Beläge
4	Falsche Bremsbeläge	Richtige Bremsbeläge einbauen
5	Bremstrommel oder Bremsscheibe läuft auf der Trägerplatte des Bremsbelags	Bremsbeläge ersetzen, falls Bremsscheibe oder -trommel mit Riefen, dann überdrehen oder wechseln
6	Scheibenbremszylinderkolben bzw. Radzylinderkolben schwergängig	Kolben auf Korrosion oder Verklemmen untersuchen, evtl. Bremssattel oder Radzylinder tauschen
7	Dampfblasenbildung, Luft im Bremssystem	Bremsflüssigkeit wechseln, System entlüften
8	Scheibenbremszylinderkolben fest, Rückholfeder def.	Bremssattel tauschen, Rückholfeder ersetzen
9	Automatische Nachstelleinrichtung schadhaft	Instandsetzen
10	Dichtring am Scheibenbremszylinderkolben defekt	Dichtring erneuern bzw. Bremssattel achsw. tauschen
11	Radlager ausgeschlagen	Radlager erneuern
12	Bremsscheibe verzogen	Bremsscheibe erneuern
13	Ausgleichsbohrung verstopft, kein Spiel an der Kolbenstange im Hauptzylinder, Dichtungen gequollen	Ausgleichsbohrung freimachen, Bremssystem spülen, Kolbenstangenspiel prüfen, Gummidichtungen erneuern bzw. Hauptzylinder tauschen.
14	Gequetschte Leitungen, gequollene Bremsschläuche	Schadhafte Bremsleitungen, -schläuche erneuern.
15	Bremskraftverstärker bringt keine oder nur geringe Verstärkung	BKV und Unterdruckleitung zum BKV prüfen; Fehler beheben oder Teil erneuern.
16	Nasse, verschmutzte Bremsen	Leichtes Bremsen bzw. reinigen.
17	Feststellbremse hat zu wenig Spiel	Spiel der Feststellbremse richtig einstellen.
18	Austritt von Bremsflüssigkeit, undichte Verbindung, zerrissener Schlauch oder gebrochene Leitung	Leck suchen, Verbindung abdichten, Schlauch bzw. Leitung erneuern, Bremsflüssigkeit wechseln.
19	Fehler im ABS-System	Radsensoren, Magnetventile, Rückförderpumpe und ABS-Steuergerät überprüfen bzw. ersetzen.
20	Fehler im BAS-System	Löseschalter, Wegsensor, Magnetspule und BAS-Steuergerät überprüfen bzw. ersetzen
21	Zentralventil, Primärmanschette undicht	Hauptzylinder tauschen
22	Bremsflüssigkeitsstand zu niedrig	Bremsflüssigkeit nachfüllen
23	Kurzschluss oder Leitungsunterbrechung	Elektrische Leitungen und Kabelstecker prüfen

Anti-Blockier-System (ABS)

Aufgabe
ABS-Systeme verhindern ein Blockieren der Räder beim Bremsen. Dazu regeln sie den Bremsdruck in den Radzylindern entsprechend der Haftbedingung zwischen Reifen und Fahrbahn. Da nur rollende Räder die für die Lenkbewegung nötigen Seitenführungskräfte übertragen, bleibt das Fahrzeug auch bei einer Vollbremsung lenkbar. ABS-Systeme werden auch Automatische Blockierverhinderer (ABV) genannt. Sie schalten sich bei Fahrgeschwindigkeiten von unter 6 km/h ab.

Aufbau
- Radsensoren (Drehzahlfühler) mit Impulsring
- Elektronisches Steuergerät
- Hydroaggregat mit Magnetventilen

Vorteile
- Seitenführungskräfte und Fahrstabilität beim Bremsen bleiben erhalten
- Fahrzeug bleibt bei einer Vollbremsung lenkbar
- Bremsplatten an den Reifen werden verhindert

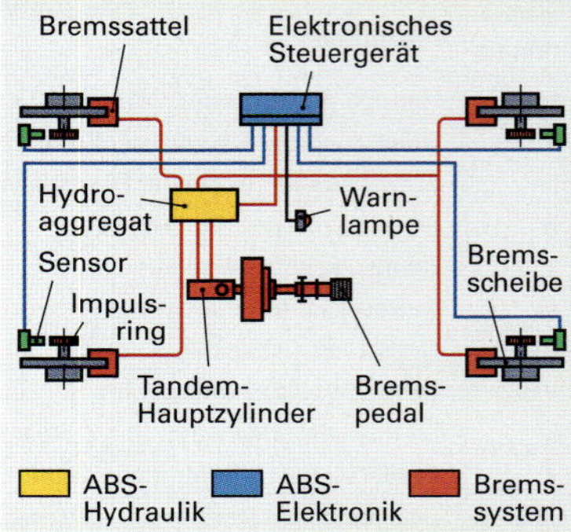

ABS-Regelbereich

Kamm'scher Reibkreis
An den Rädern eines Kraftfahrzeugs können nur bei Haftreibung zwischen Reifen und Fahrbahn Umfangs- (Antriebs- und Bremskräfte) und Seitenführungskräfte übertragen werden.

Die übertragbare Kraft ist abhängig von der Normalkraft (Radlast) und der Reibungszahl μ ($\mu_{Eis} \approx 0{,}1$ … $\mu_{trocken} \approx 0{,}9$). Im Kamm'schen Reibungskreis wird die maximal übertragbare Kraft als Kreis dargestellt. Für einen stabilen Fahrzustand muss die Resultierende aus Umfangs- und Seitenführungskraft kleiner als die größte übertragbare Kraft sein.

Erreicht die Umfangskraft ihr Maximum (durchdrehende oder blockierte Räder), so kann keine Seitenführungskraft übertragen werden. Das Fahrzeug ist nicht lenkbar.
Ist bei einer Kurvenfahrt die Seitenführungskraft maximal, so darf das Fahrzeug weder abgebremst noch beschleunigt werden, da es sonst ausbricht.

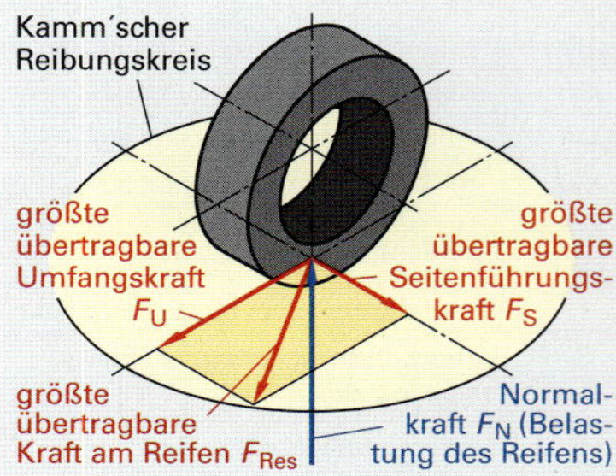

Schlupf
Es ist die Abweichung der Radumfangsgeschwindigkeit von der Fahrzeuggeschwindigkeit.
Der ABS-Regelbereich liegt etwa zwischen 8 % … 35 % Schlupf.

Schlupf 0 %: Beim frei rollenden Rad ist die übertragbare Seitenführungskraft F_S maximal und die übertragbare Bremskraft F_B Null.

ABS-Regelbereich (Schlupf 8 % … 35 %): In diesem Bereich können sowohl hohe Brems- als auch Seitenführungskräfte vom Reifen übertragen werden. Sowohl Bremskraft als auch Seitenführungskraft befinden sich in einem Bereich der eine hohe Lenk- und Fahrstabilität ermöglicht.

Schlupf 100 %: Beim blockierten Rad ist die übertragbare Seitenführungskraft Null und die übertragbare Bremskraft reduziert.

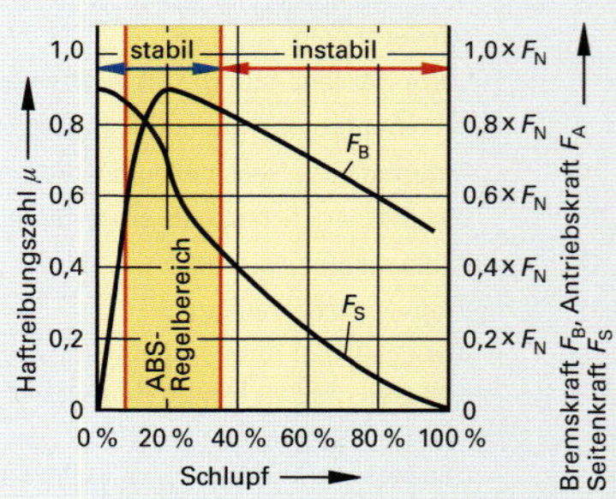

ABS-Regelkreis

Regelstrecke
Radbremse, Rad, Reibpaarung zwischen Reifen und Fahrbahn bilden die Regelstrecke.

Störgröße
Sie beeinflusst die Regelstrecke. Z.B. Fahrbahn, Fahrzeugmasse, Reifenluftdruck, Bremsenzustand.

Regelgröße
Sensorsignal des Raddrehzahlgebers an das elektronische Steuergerät.

Regler
Elektronisches Steuergerät.

Führungsgröße
Das im Regler hinterlegte Kennfeld.

Stellgröße
Der von der Magnetventileinheit eingesteuerte hydraulische Druck.

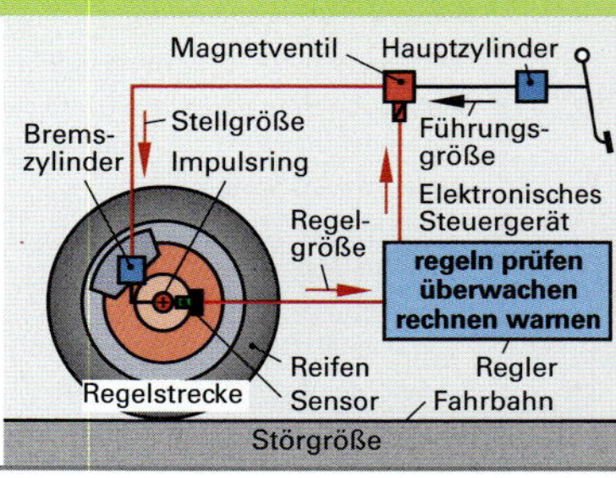

ABS-Radregelungen, Systeme

Individual-Regelung IR	Jedes Rad einer Achse wird einzeln für sich individuell geregelt abgebremst. Bei verschiedenen Reibwerten an den Rädern ergibt sich auch eine unterschiedlich große Bremswirkung an den Rädern einer Achse. Die Abbremsung ist optimal, aber die Fahrstabilität wird durch ein Giermoment verringert.
Select-low-Regelung SLR	Das Rad mit dem geringeren Reibwert an einer Achse bestimmt den Bremsdruck an beiden Rädern der Achse. Das Rad mit dem größeren Reibwert wird also zugunsten der Fahrsicherheit nicht optimal abgebremst. Ein Giermoment tritt nicht auf.
4-Kanal-System	Jedes Rad wird einzeln angesteuert. Vier Radsensoren mit diagonaler oder Vorderachs-/Hinterachs-Bremskreisaufteilung.
3-Kanal-System	Mit 3 oder 4 Radsensoren und Vorderachs-/Hinterachs-Bremskreisaufteilung. Bei 3-Kanal-Systemen werden die Vorderräder einzeln und die Hinterräder gemeinsam nach dem Select-low-Prinzip geregelt.

ABS-Regelung mit 2/2-Magnetventilen

Aufbau	Jeder Regelkanal verfügt über ein Einlass und ein Auslassventil.
Eigen-schaften	2/2 Magnetventile verfügen über kurze Schaltzeiten und haben eine geringe Baugröße sowie ein niedriges Gewicht.

Regelphasen

Druckaufbau

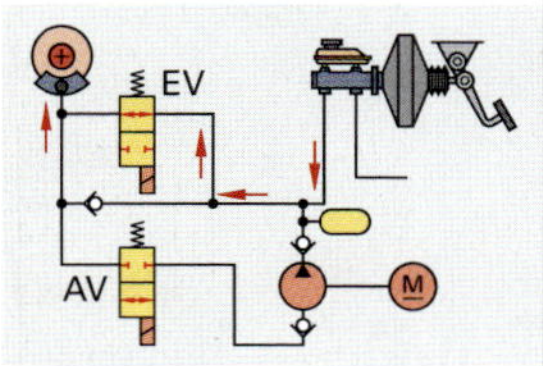

Einlassventil (EV) ist geöffnet (stromlos). Auslassventil (AV) ist geschlossen (stromlos).

Druckhalten

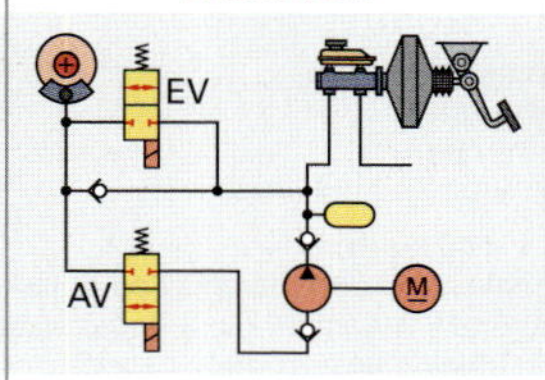

Einlassventil (EV) ist geschlossen (bestromt). Auslassventil (AV) ist geschlossen (stromlos).

Druckabbau

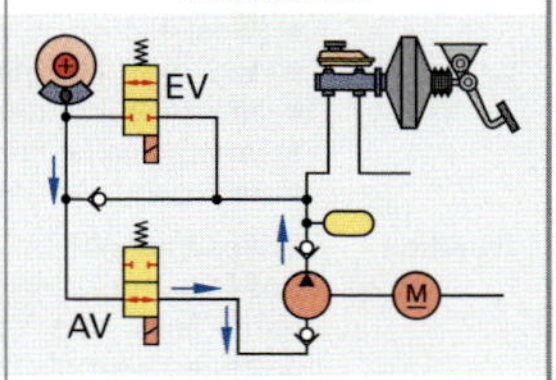

Einlassventil (EV) ist geschlossen (bestromt). Auslassventil (AV) ist geöffnet (bestromt).

ABS mit Rückförderung im geschlossenen Kreis und 2/2-Magnetventilen für PKW und NKW

Aufbau

- Hydraulikeinheit mit acht 2/2 Magnetventilen
- ein Druckspeicher je Bremskreis
- ein Dämpfer je Bremskreis
- eine Hydraulikpumpe je Bremskreis

Regelvorgang

Wird vom Steuergerät beim Bremsen Blockierneigung eines Rades erkannt, so wird das Einlassventil geschlossen und das Auslassventil geöffnet.

Der Bremsdruck baut sich ab.

Der Schlupf wird verringert.

Die Bremsflüssigkeit fließt in einen Druckspeicher. Die Rückförderpumpe pumpt sie wieder in den zugehörigen Hauptzylinder-Bremskreis zurück.

Das Bremspedal vibriert.

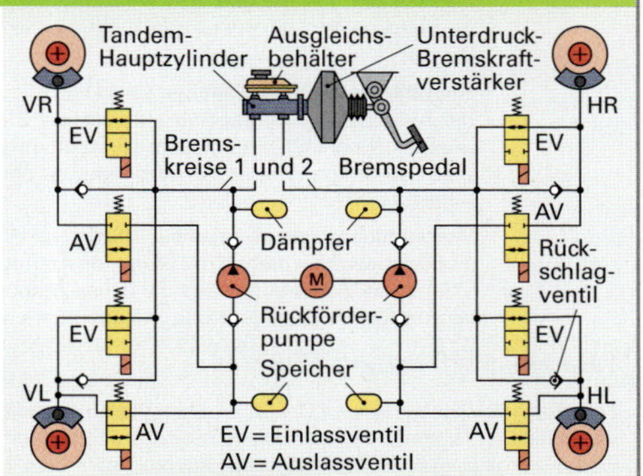

Vollintegral ABS mit Ventilsystem und 2/2-Magnetventilen für Motorräder

Aufbau

- Hydraulikeinheit mit vier 2/2 Magnetventilen
- Handbrems- (Kreis1) und Fußbremshebel (Kreis 2)
- ein Niederdruckspeicher, ein Dämpfungsglied je Bremskreis
- gemeinsame Rückförderpumpe

Regelvorgang

Wird eine Blockierneigung erkannt, so regelt ABS den Bremsdruck im Bremskreis.
Das EV schließt und das AV wird geöffnet. Der Bremsdruck baut sich über die Rückförderpumpe ab.

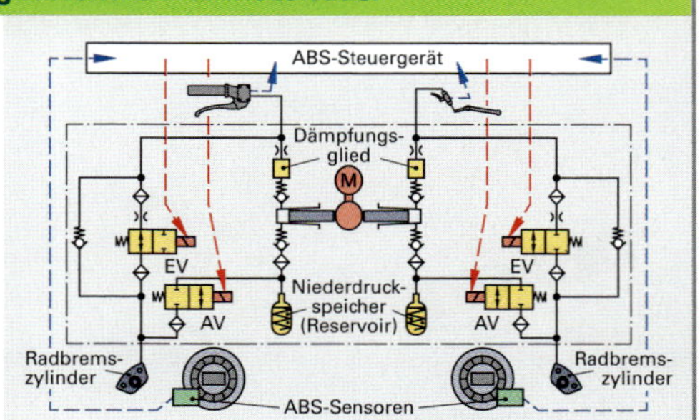

F

Antriebsschlupfregelung (ASR)

Aufgabe ASR-Systeme begrenzen die Antriebskraft auf die maximal übertragbare Kraft zwischen Reifen und Fahrbahn.
Es findet ein Motor- und Bremseingriff statt.

Regelbereich Der ASR-Regelbereich liegt zwischen etwa 8 % und 35 % Schlupf. In diesem Bereich sind hohe Antriebskräfte und ausreichende hohe Seitenführungskräfte übertragbar.

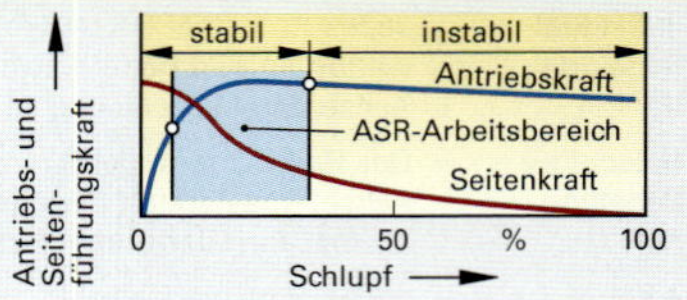

Vorteile
- Verbesserung der Traktion beim Anfahren und Beschleunigen
- Erhöhung der Fahrsicherheit bei hoher Antriebskraft
- Automatische Anpassung des Motordrehmomentes an die Haftverhältnisse
- Warnlampe informiert Fahrer über das Erreichen des fahrdynamischen Grenzbereiches.

ASR-System mit Motor- und Bremseneingriff

Aufbau **Motorregelkreis:**
- Elektronisches Fahrpedal EGAS
- Stellmotor Drosselklappe.

Bremsregelkreis:
- Radsensoren
- ABS-/ASR-MSR-Steuergerät
- ABS-/ASR-Hydraulikeinheit
- Druckspeicher mit Pumpe
- Bremsaggregat mit Bremslichtschalter.

Funktion **Bremseneingriff bei *v* < 40 km/h:**
Das Steuergerät erkennt ein durchdrehendes Rad, z.B. Hinterrad links. Über Y10 und Y11 können die 3 Regelphasen gesteuert werden. Die Traktion ist maximal.

Druckaufbau: Die Pumpe P1 wird angesteuert. Das Ansaugmagnetventil Y15 wird geöffnet, Magnetventil Y12 (hinten rechts) und Umschaltventil Y5 werden geschlossen. Hinterrad links wird abgebremst.

Druckhalten: Y10 wird geschlossen.

Druckabbau: Y11 und Y15 werden geöffnet. Der Druck baut sich ab.

Eingriff Motormanagement bei *v* > 40 km/h:
Die Antriebsmomentregelung verstellt die Stellung der Drosselklappe und verlegt den Zündzeitpunkt Richtung spät. Das Motordrehmoment wird reduziert und die Fahrstabilität erhöht.

Motorschleppmoment-Regelung MSR
Im Schiebebetrieb bremst der Motor die Antriebsräder ab. MSR erkennt dies und öffnet die Drosselklappe solange, bis an den Antriebsrädern kein Schlupf mehr entsteht.

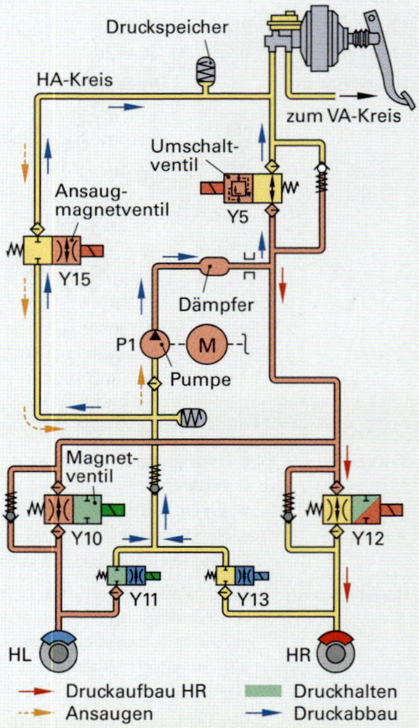

F

Fahrdynamikregelung (FDR)

Fahrdynamik-Regelsysteme, z.B. ESP, erhöhen die Fahrstabilität in Längs- und Querrichtung. Das Steuergerät erfasst über verschiedene Sensoren die tatsächliche Fahrtrichtung (Istwert). Die Istwerte werden mit im Steuergerät hinterlegten Sollwerten verglichen. Erkennt das Steuergerät ein Unter- oder Übersteuern des Fahrzeugs, so wird diesem durch gezielten Bremseneingriff und bzw. oder durch Rücknahme des Motordrehmomentes entgegengewirkt. Bei Automatikgetrieben findet gegebenenfalls auch ein Eingriff in die Getriebesteuerung statt.
Findet ein Regeleingriff statt, so wird dieser dem Fahrer durch eine Kontrollleuchte angezeigt.

Funktionsweise bei Untersteuern

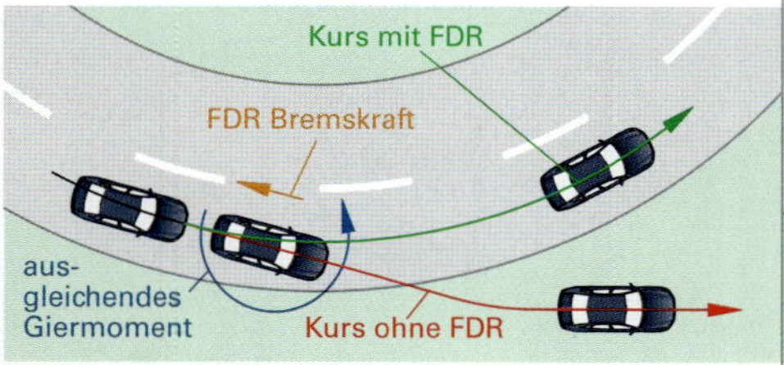

Linkes Hinterrad wird abgebremst.

Funktionsweise bei Übersteuern

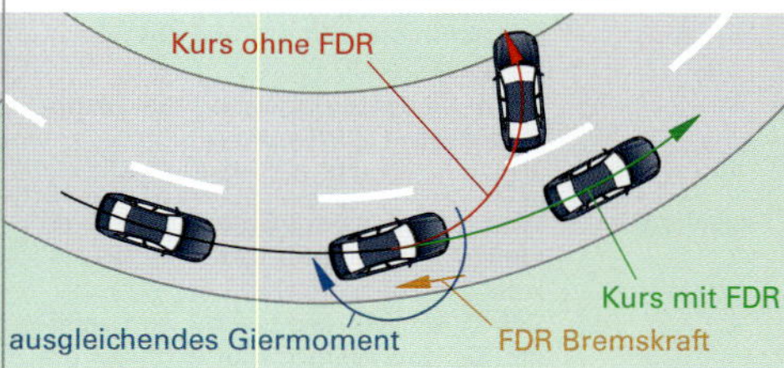

Rechtes Vorderrad wird abgebremst.

Fahrdynamik Systeme

Sie vereinigen die folgenden elektronischen Systeme:

- Antiblockiersystem (ABS)
- Antriebsschlupfregelung (ASR)
- Motorschleppmomentregelung (MSR)
- Automatische Bremskraftverteilung (ABV)
- Überschlagsvermeidung
- Giermomentregelung (GMR).
- Gespannstabilisierung

Man unterscheidet: **Fahrdynamikregelung 1. Generation** mit Bremseneingriff (z.B. ESP I)
Fahrdynamikregelung 2. Generation mit Bremsen- und Motoreingriff
Fahrdynamikregelung 3. Generation mit Bremsen-, Motor-, Fahrwerks- und Lenkeingriff (z.B. ESP II oder ESP plus)

FDR Systemaufbau

	Bezeichnung	Aufgabe
1	Hydraulisch-elektronische Regeleinheit	Bremsdruck regeln
2	Betätigungseinheit mit Bremskraftverstärker	Bremsdruck erzeugen und verstärken
3	Lenkwinkelsensor	Lenkwinkel dem Steuergerät mitteilen
4	Antriebsstrangmanagement	Ansteuerung der Drosselklappe
5	Raddrehzahlsensoren	Schlupf der einzelnen Räder erfassen
6	Querbeschleunigungs- und Gierratensensor	Messung der Querbeschleunigung und der Gierrate des Fahrzeugs
7	Dämpfungsregelung	Elektronisch verstellbare Dämpfungselemente ansteuern.
8	Aktives Lenksystem	Zusätzlich zum Bremseneingriff findet ein selbsttätiger Lenkeingriff statt.

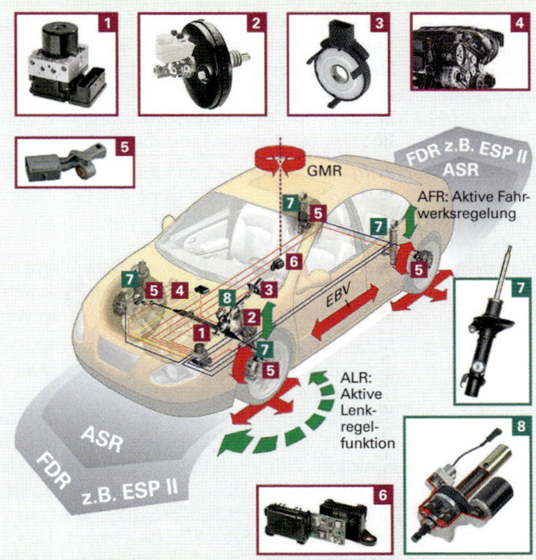

FDR-Hydraulik / FDR-Regelphasen am Beispiel des angesteuerten Rades hinten links HL

Druckaufbau

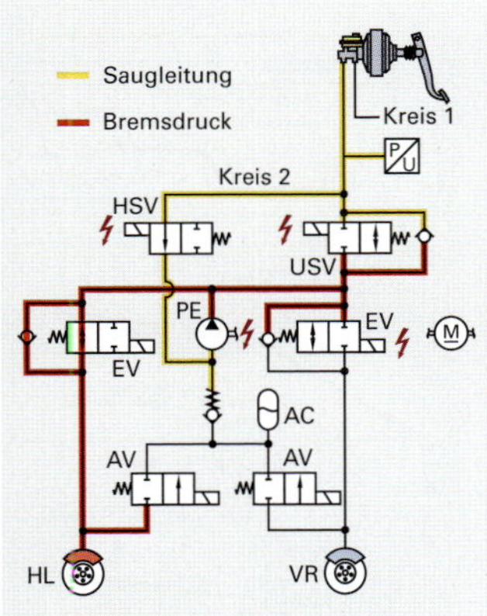

Das Umschaltmagnetventil USV, das Hochdruckschaltventil HSV und das Einlassventil EV vorne rechts werden angesteuert. Die Rückförderpumpe PE saugt über HSV die Bremsflüssigkeit an und baut Druck auf. Das Rad HL wird gebremst.

Druckhalten

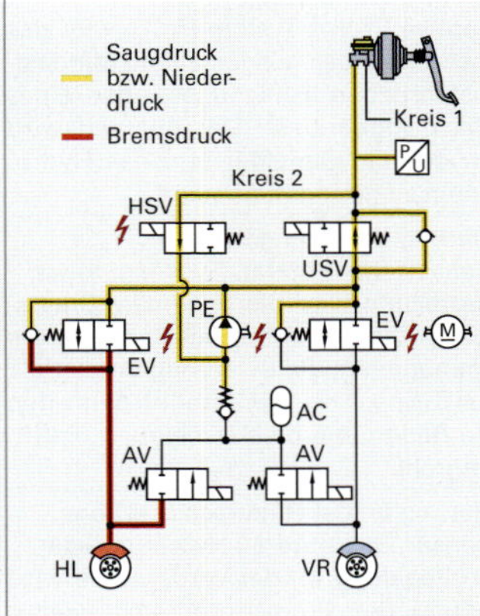

Die beiden EV werden angesteuert. Damit bleibt der Bremsdruck HL konstant. Das Umschaltmagnetventil USV wird nicht mehr angesteuert. Die Pumpe PE fördert über die offenen USV und HSV die Bremsflüssigkeit um.

Druckabbau

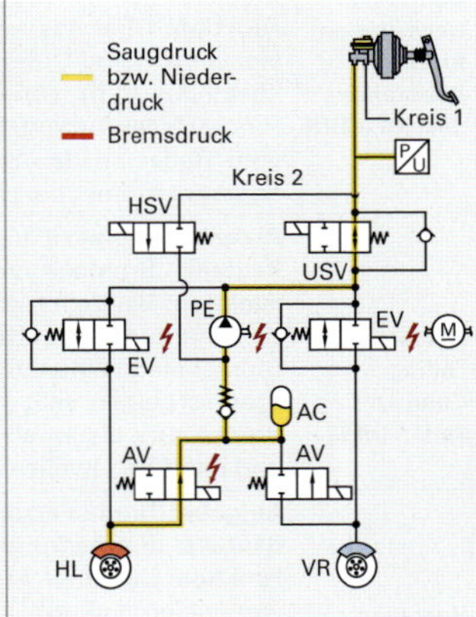

Das Auslassventil AV hinten links wird angesteuert. Der Niederdruckspeicher AC wird befüllt. Die Bremsflüssigkeit wird über das USV in den Bremskreis des Hauptzylinders zurückgepumpt. Der Bremsdruck sinkt.

F

Zusatzfunktion Bremse FDR

Hydraulic Brake Assist (HBA), Hydraulischer Bremsassistent

Aufgabe: In Notbremssituationen die Bremsverzögerung erhöhen.
Bauteile: Bremsdrucksensor, Steuergerät, Hydroaggregat.
Funktion: In Notbremssituationen kommt es je nach Fahrer zu unterschiedlichen Verzögerungen (1 + 2). Das HBA sorgt in Notbremssituationen für die maximale Verzögerung (3). Dazu wird über einen Sensor der Druckanstieg gemessen. Das Steuergerät erkennt die Notbremssituation und steuert das Hydroaggregat an. Der Bremsdruck steigt auf den größten möglichen Wert. Das ABS regelt gegebenenfalls.

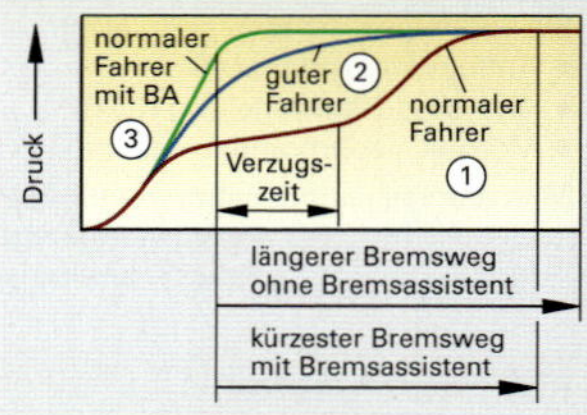

Controlled Deceleration for Parking Brake (CDP)

Aufgabe: Optimierung der Notbremsfunktion einer Elektromechanische Parkbremse.
Bauteile: Funktionsschalter, Steuergerät, Hydroaggregat, Elektromechanische Parkbremse.
Funktion: Beim Betätigen des Schalters Parkbremse wird das Fahrzeug hydraulisch durch das Hydroaggregat über alle Räder abgebremst. Damit ist ein schnelleres Abbremsen aus der Fahrt bis zum Stillstand des Fahrzeugs möglich. Das CDP hält hydraulisch den Bremsdruck an allen Rädern, bis die mechanische Wirkung der Parkbremse an der Hinterachse ganz einsetzt.

Hill Hold Control (HHC) Anfahrassistent

Aufgabe: Verhindert das Zurückrollen des Fahrzeuges beim Anfahren bei einer Steigung > 2 %.
Bauteile: Neigungssensor, Bremsdrucksensor, Steuergerät, Hydroaggregat.
Funktion: Beim Anfahren am Berg bleibt über maximal 2 Sekunden der Bremsdruck über das Hydroaggregates erhalten. Innerhalb dieser Zeit muss angefahren werden.

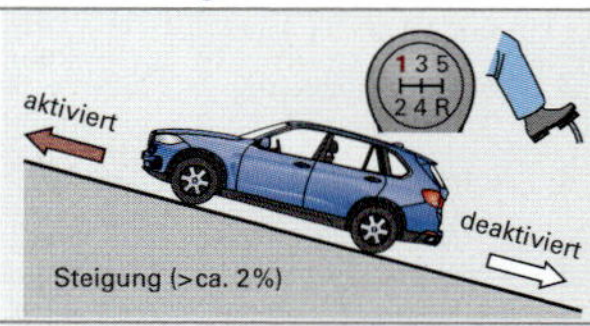

Hill Decent Control (HDC) Bergabfahrassistent

Aufgabe: Beim Bergabfahren wird die Fahrgeschwindigkeit auf die eingestellte Fahrgeschwindigkeit (zwischen 8 km/h bis 35 km/h) begrenzt.
Bauteile: Funktionsschalter, Geschwindigkeitssensor, Kontrollleuchte, Steuergerät, Hydroaggregat, Bremslicht.
Funktion: Beim Betätigen des HDC-Schalters wird über Steuergerät das Hydroaggregat angesteuert. Bei Fahren im 1.-Gang oder im Rückwärtsgang wird zusätzlich zum Motorbremsmoment Bremsdruck erzeugt. Das Fahrzeug wird auf einer konstanten Fahrgeschwindigkeit gehalten.

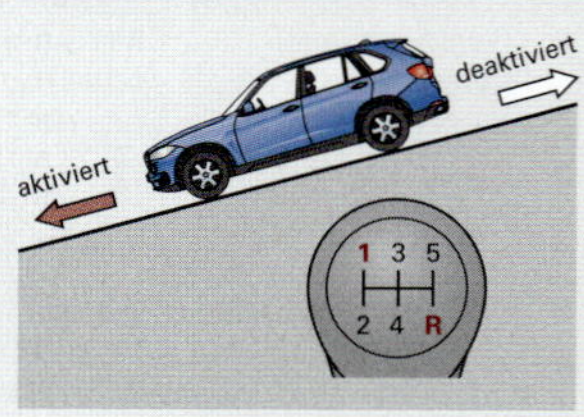

Controlled Deceleration for Driver Assistance System (CDD)

Aufgabe: Automatische Abstandsregelung.
Bauteile: Funktionsschalter, Geschwindigkeitssensor, Radar, Steuergerät, Hydroaggregat, Bremslicht.
Funktion: Über das Adaptive Cruise System (ACC) wird das Fahrzeug beim Unterschreiten des eingestellten Mindestabstandes zum vorausfahrenden Fahrzeuges oder eines Hindernisses automatisch abgebremst. Der Abstand wird vom Radar an das Steuergerät gemeldet und das Hydroaggregat bremst bei einem zu geringen Abstand.

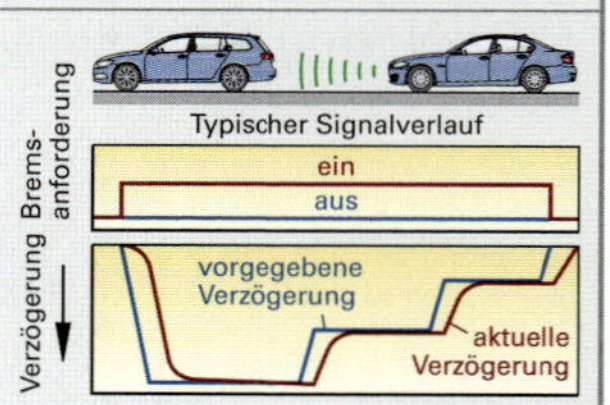

Hydraulic Fading Compensation (HFC)

Aufgabe: Bremsverzögerung bei Fading erhöhen.
Bauteile: Bremsdrucksensor, Steuergerät, Hydroaggregat.
Funktion: Bei Vollbremsstellung wird die maximale Bremsverzögerung nicht erreicht. Dies ist z.B. möglich, wenn die Bremsbeläge einen ungenügenden Reibwert haben oder die Bremsscheiben sehr heiß sind. Das HFC erhöht dann den Bremsdruck bis an allen Rädern die Blockierneigung eintritt und das ABS jeweils eingreift.

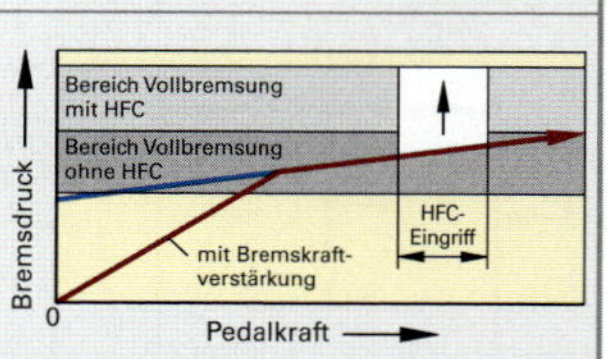

Hydraulic Rear Wheel Boost (HRB)

Aufgabe: Bremsverzögerung an der Hinterachse erhöhen.
Bauteile: Bremsdrucksensor, Steuergerät, Hydroaggregat.
Funktion: Bei einer ABS-Regelung an der Vorderachse wird von vielen Fahrern häufig der Bremsdruck nicht weiter erhöht. Damit wird an der Hinterachse nicht der maximal nötige Druck erreicht. Nach HRB Aktivierung wird die Hinterachse bis zum Erreichen der ABS Regelung gebremst.

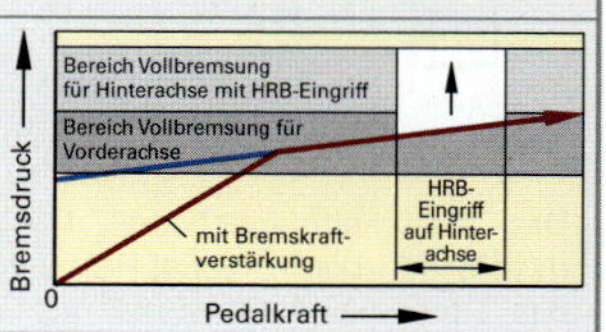

Brake Disc Wiping (BDW)

Aufgabe: Bremsverzögerung bei Regenfahrten erhöhen.
Bauteile: Regensensor, Steuergerät, Hydroaggregat, Bremsdrucksensor.
Funktion: Nässe wird vom Regensensor erkannt. Die Bremsbeläge werden angelegt. Der Wasserfilm der Bremsscheibe wird entfernt. Die Bremse spricht schneller an.

Druckluftbremsanlagen (Fremdkraftbremsanlagen)

Bei der Druckluftbremsanlage handelt es sich um eine Fremdkraftbremsanlage. Der Fahrer steuert die Bremse, bringt aber nicht die zum Bremsen benötigte Kraft auf. Druckluftbremsanlagen erzeugen große Bremskräfte und ermöglichen den Anschluss von pneumatisch gebremsten Anhängern.

Eine Zweikreis-Zweileitungs-Druckluftbremsanlage besteht aus folgenden Baugruppen:

- Druckluftversorgungsanlage (DVA)
- Betriebsbremsanlage (BBA) (Zugfahrzeug zweikreisig)
- Feststell- und Hilfsbremsanlage (FBA)
- Anhängersteueranlage
- Zweileitungs-Anhängerbremsanlage
- Dauerbremsanlage
- Feststellbremsanlage Anhänger.

Die Druckluftbremsanlage muss im Rahmen der Sicherheitsprüfung (SP) überprüft werden.

Arbeitsweise DVA:	Der Kompressor erzeugt Druckluft. Die Druckluft wird über Druckregler und Lufttrockner an das Vierkreisschutzventil geleitet. Das Vierkreisschutzventil verteilt die Druckluft auf die einzelnen Kreise und sichert diese gegeneinander ab. Die Kreise 1 und 2 Betriebsbremsanlage des Zugfahrzeugs, Kreis 3 Anhänger und Feststellbremse, Kreis 4 Dauerbremse und Nebenverbraucher.
BBA:	Die Betriebsbremsanlage wird vom Fahrer über das Betriebsbremsventil betätigt. In den Bremszylindern VA und Kombizylindern HA wird Druck eingesteuert. Dieser bewirkt eine Bremskraft und verzögert das Fahrzeug bis zum Stand.
FBA:	Die Kombizylinder der Feststellbremse müssen zum Lösen belüftet werden. Drucklos befinden sich die Kombizylinder in Bremsstellung. Die Bremskraft wird durch Federn erzeugt.

Kennzeichnung von Anschlüssen

Die Kennzeichnung besteht aus einer ein- oder zweistelligen Zahl; sie steht neben den Anschlüssen.

Beispiel:
Druckregler

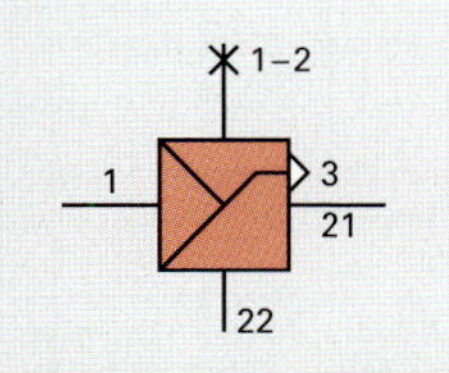

Bedeutung der Zahlen:
0 Ansauganschluss
1 Energiezufuhr
2 Energieabfluss (nicht in Umgebungsluft)
3 Entlüftung in die Umgebungsluft
4 Steueranschluss
7 Gefrierschutzmittelanschluss
8 Schmierölanschluss
9 Kühlflüssigkeitsanschluss

Andere Ziffern sind nicht belegt.

1–2 Doppelanschluss:
 1 Energiezufuhr (Befüllanschluss durch Fremdkompressor)
 2 Energieabfluss (Reifenfüllanschluss)

Bei mehreren gleichartigen Anschlüssen an einem Bauteil (Zwei- oder Mehrkreisigkeit) wird eine zweite Ziffer verwendet.
21 Energieabfluss (erster Anschluss)
22 Energieabfluss (zweiter Anschluss, Schaltanschluss)

Zweikreis-Zweileitungs-Druckluftbremsanlage

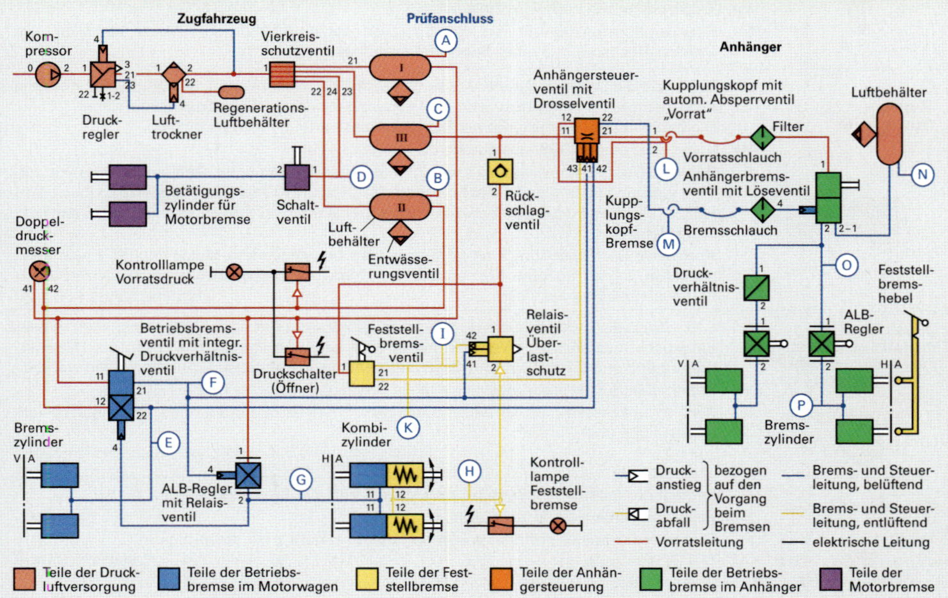

F

Prüfung der Druckluftbremsanlage

Bei allen Prüfungen sind die Anweisungen der Fahrzeug- und Bremsenhersteller zu beachten.
Die folgenden Prüfungen beziehen sich auf den vorherigen Pneumatikplan S. 383 (Normaldruckanlage bis 8,5 bar). Abweichungen von +/– 0,2 bar vom Sollwert gelten als zulässig.
Benötigte Geräte: Geeichter Manometer, Kupplungsprüfköpfe, Stoppuhr, Blindkupplungskopf „Vorrat".
Vor Durchführung der Prüfungen sind Arbeiten durchzuführen: Anlage entwässern, Filter reinigen, Befestigung prüfen.

Sichtprüfung	Einrichtungen und Geräte werden auf Verschleiß (z.B. Beläge) und Beschädigungen (z.B. Manschetten) überprüft.
Dichtigkeitsprüfung	(Durchführung bei abgestelltem Motor)
• Druckluftversorgungsanlage	In ungebremsten Zustand darf sich der Vorratsdruck (Prüfanschluss A und B) in 10 Minuten um maximal 2 % des Abschaltdruckes (= <0,1 bar) ändern.
• Betriebsbremsanlage	Es ist ein Bremsdruck von 3 bar einzusteuern (Prüfanschlüsse A und E, B und F). Der Druck in Bremszylindern und Vorratsbehältern darf sich innerhalb von 3 Minuten um maximal 0,4 bar ändern.

Bauteile der Druckluftbremsanlage, Funktionsprüfung (Normaldruckanlage)

Teil, Symbol	A: Aufgabe, Arbeitsweise · W: Wartung · F: Funktionsprüfung
Kompressor 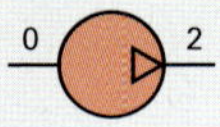	A: Vom Motor angetriebener Kompressor erzeugt den erforderlichen Druck. Betriebsdrücke: Niederdruckanlage 8 bar … 10 bar, Hochdruckanlage 14 bar … 20 bar. W: Luftfilter reinigen, Druckventil nach Vorgabe prüfen, Ölstand gegebenenfalls täglich kontrollieren, Keilriemen und Keilriemenspannung gegebenenfalls überprüfen. F: Überprüfung der Förderleistung: Bei halber Motordrehzahl muss die Anlage innerhalb von 3 Minuten 65 % des Abschaltdruckes erreichen. Vereinfachte Füllzeitprüfung: Druckbehälter (z.B. 40 l) an die Druckleitung anschließen, Kompressordrehzahl und Füllzeit messen, Werte mit Füllzeittabelle des Herstellers vergleichen.
Druckregler 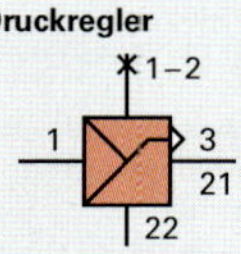	A: Er regelt den Druck innerhalb der Schaltspanne (Abschalt-, Einschaltdruck). Am Reifenfüllanschluss kann Luft zu- und abgeführt werden (1–2). W: Einstellen des Abschaltdruckes an der Druckeinstellschraube. F: Er muss bei Erreichen des Abschaltdruckes (z. B. 8,5 bar) die Förderung beenden und ins Freie abblasen. Bei Luftverbrauch (z.B. Bremsen) muss die Anlage innerhalb der Schaltspanne (Abschaltdruck – 0,5 bar … 1,1 bar) wieder befüllt werden.
Lufttrockner 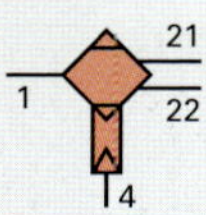	A: Er entfernt die in der Druckluft enthaltene Feuchtigkeit. Die Druckluft strömt durch ein Granulat in der Trockenmittelbox. Hierbei wird die Luftfeuchtigkeit an das Granulat abgegeben. Die Regeneration des Granulats erfolgt durch Zurückströmen von getrockneter Luft. Sie strömt aus dem Regenerationsbehälter (über Anschluss 3 des Druckreglers) ins Freie. W: Trockenmittelbox nach Vorgabe wechseln. F: Regenerationsfunktion prüfen: Bei Erreichen des Abschaltdruckes Motor abstellen. Am Druckregleranschluss 3 muss Regenerationsluft ausströmen.
Vierkreis-Schutzventil 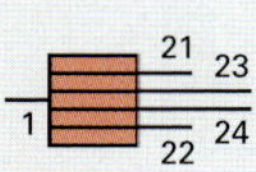	A: Es verteilt die Druckluft auf vier Kreise (2 x BBA, FBA, Nebenverbr.). Bei Druckabfall in einem oder mehreren Bremskreisen wird der Druck in den anderen Bremskreisen gesichert. Die Befüllung der Bremskreise der Betriebsbremse erfolgt meist vorrangig. W: Keine. Bei Fehlern Gerät austauschen. F: **Befüllen:** Der Druckanstieg an 21 und 22 muss nach Erreichen des Öffnungsdruckes von z.B. 7 bar gleichmäßig erfolgen. Beim Erreichen von 7,5 bar im Kreis 1 und 2 müssen die Überströmventile öffnen und die Kreise 3 und 4 befüllen. Der Druckmesser bleibt deshalb bei 7,5 bar kurzzeitig stehen. **Absichern:** Der Schließdruck eines Kreises wird bei stehendem Motor geprüft. Einen Kreis entleeren, in den anderen Kreisen fällt der Druck bis zum Schließdruck ab (Schließdruck: Betriebsbremskreis ≥ 4,0 bar). Prüfanschlüsse A, B, C, D
Druckluftbehälter m. Prüfanschluss u. Entwässerungsventil 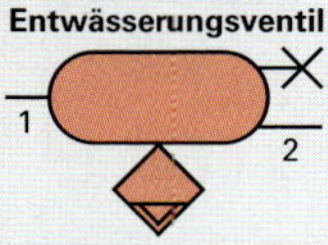	A: Er speichert die Druckluft. Seine Größe ist so bemessen, dass nach 8 Vollbremsungen mit der Betriebsbremse noch eine Verzögerung erreicht wird, die der Bremswirkung der Hilfskraftbremse entspricht. Über das Entwässerungsventil kann Kondenswasser abgelassen werden. W: Handbetätigte Entwässerungsventile täglich betätigen. F: Behälter entwässern, auf Korrosion untersuchen, Typenschild überprüfen. Druck nach 8 Vollbremsungen überprüfen. Prüfanschlüsse A, B, C (Zugfahrzeug) und N (Anhänger)
Doppeldruckmesser 	A: Er dient der Anzeige von Betriebs- bzw. Vorratsdruck der Bremskreise 1 und 2. W: Keine. Bei Fehlern Gerät austauschen. F: Ein angeschlossenes Prüfmanometer darf um maximal 0,3 bar abweichen. Prüfanschluss A, B

Bauteile der Druckluftbremsanlage, Funktionsprüfung

Teil, Symbol | **A: Aufgabe, Arbeitsweise** | **W: Wartung** | **F: Funktionsprüfung**

Betriebsbremsventil

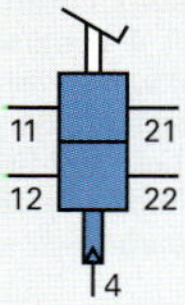

A: Es ermöglicht ein feinfühliges Be- und Entlüften der Betriebsbremsanlage. Bei Ausfall eines Bremskreises bleibt der zweite Bremskreis voll wirksam.

W: Bei Fehlern Betriebsbremsventil austauschen. Der Abstand der Trittplatte bis Boden bei Vollbremsstellung muss zwischen 2,5 … 10 mm liegen.

F: Stufbarkeit: < 0,5 bar. Stufenweise betätigen mit möglichst kleinen Druckstufen. In Vollbremsstellung entspricht Bremszylinderdruck dem Vorratsdruck. Schnellbremsen/Schnelllösen: Der Druckanstieg bzw. Druckabfall muss innerhalb einer Sekunde erfolgen.

Prüfanschluss F, G

Automatisch lastabhängiger Bremskraftregler mit Relaisventil (ALB-Regler)

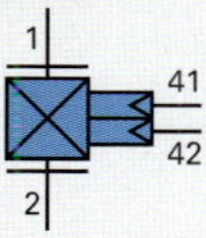

A: Er regelt den Bremsdruck in Abhängigkeit der Beladung. Bei entladenem Zustand wird der Bremsdruck an der HA, z.B. von 6,5 bar auf 3,2 bar, vermindert. Bei voller Beladung sind Einsteuer- und Aussteuerdruck gleich (6,5 bar). Durch den ALB wird ein Überbremsen des Fahrzeugs verhindert.

W: Bei mechanisch angesteuertem ALB Gestängeverbindungen und Lager fetten.

F: Prüfen der Einstellwerte nach dem ALB-Schild. Der am Anschluss 4 eingesteuerte Druck, z. B. von 6,5 bar, bewirkt bei „Beladen" ein Durchsteuern von 6,5 bar von 1 nach 2. Bei Stellung „leer" Druckredktion auf z.B. 3,2 bar (siehe ALB-Schild).

Prüfanschluss F, G

Feststellbremsventil

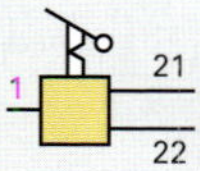

A: Es be- und entlüftet die Feststell- und Hilfsbremse von Zugfahrzeug und Anhänger.
Feststellbremsstellung (Parkstellung): Anschlüsse 21 und 22 sind auf 0 bar entlüftet.
Lösestellung (Fahrstellung): Anschlüsse 21 und 22 belüftet.
Kontrollstellung: Lkw über Federspeicher gebremst und Anhänger gelöst (z. B. 8 bar).

W: Keine. Bei Fehlern Feststellbremsventil austauschen.

F: Stufbarkeit: Druckanstieg bzw. Druckabfall ≤ 0,6 bar. Bei Betätigung des Feststellbremsventils muss vor Erreichen der Raststellung die volle Bremskraft erreicht werden (21 und 22 = 0 bar). Kontrollstellung 21 = 0 bar, 22 = 8 bar. Fahrstellung: Feststellbremsanlage gelöst. Vollbremsstellung: Federspeicher = 0 bar, Kupplungskopf Bremse (gelb) > 6 bar.

Prüfanschluss: H, I, K, M

Kombibrems-Zylinder (Federspeicher)

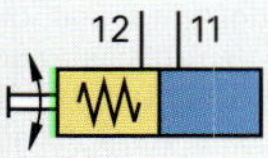

A: Er dient zur Betätigung der Betriebsbremsanlage (Druckluft) und als Feststell- bzw. Hilfsbremsanlage (Federkraftbremse) bei Ausfall der Druckluft.

W: Bolzen am Gabelkopf ölen; schadhafte Faltenbälge austauschen; Faltenbälge müssen öl- und fettfrei sein; wegen der Feder nicht ohne Vorrichtung zerlegen; alle 2 Jahre Membran erneuern.

F: Ansprechdruck der Betriebsbremse ≤ 0,5 bar. Der sich einstellende Hub der Membranstange soll kleiner als der halbe Gesamthub sein. Ansprechzeit ≤ 1 s. In Lösestellung muss die Membranstange voll zurückgehen. Federspeicherteil: Ab einem bestimmten Druck (z.B. 4 bar) lösen die Federspeicher. Ab 6,0 bar muss der Federspeicher vollständig gelöst sein.

Prüfanschluss: G, H

Anhängersteuerventil mit Drosselventil

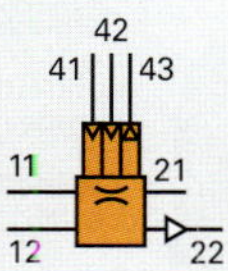

A: Es steuert die Anhängerbremsanlage über die Betriebsbremsanlage des Motorwagens und über das Feststellbremsventil. Es versorgt den Anhänger mit Druckluft. Durch das Drosselventil wird ein rasches Ansprechen der Anhängerbremse bei einem Leitungsdefekt erreicht.

W: Keine. Ist ein Entlüftungsfilter eingebaut, so muss dieses bei Verschmutzung gereinigt werden. Bei Fehlern Anhängersteuerventil austauschen.

F: Betriebsbremsventil betätigen: Bei einer Bremsung ist der Druck an 41, 42 und an 22 gleich groß.
Feststellbremsventil betätigen: 43 = 0 bar, 22 = 7,0 … 8,1 bar. Ankuppeln, Bremsleitung undicht machen, Vorratsleitung ankuppeln (gelber Prüfkopf). Druck in Vorratsleitung muss in weniger als 2 s auf unter 1,5 bar abfallen. Lösestellung: 11, 21 und 43 ≥ 8,1 bar; 22, 41 und 42 = 0 bar.

Prüfanschluss: C, E, F; I, L, M

Anhängerbremsventil mit Löseventil im Anhänger

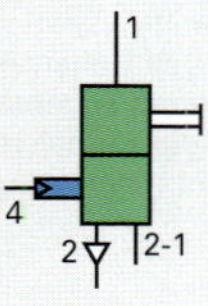

A: Es steuert die Druckluftbremsanlage im Anhänger. Die Steuerung erfolgt vom Zugfahrzeug aus. Beim Betätigen der BBA wird Bremsdruck stufenlos in die Bremszylinder eingesteuert. Beim Abkuppeln oder dem Abriss der Vorratsleitung löst es eine Notbremsung im Anhänger aus und sichert den Druck. Zum Rangieren nach dem Abkuppeln können die Bremsen durch das Löseventil gelöst werden.
Fahrtstellung: Bremsleitungen entlüftet. 4, 2 = 0 bar.
Bremsstellung: Ein über die Steuerleitung 4 kommender Bremsdruck bewirkt eine entsprechende Durchsteuerung des Bremsdruckes von 1 nach 2.

W: Keine

F: Stufbarkeit: ≤ 0,4 bar. Abrissprüfung: Durch das Lösen der Kupplung Vorrat muss eine Vollbremsung ausgelöst und der Vorratsdruck im Anhänger gesichert werden.

Prüfanschluss: L, M, N, O, P

F

Kombinierte Druckluft-Hydraulik-Bremsanlage

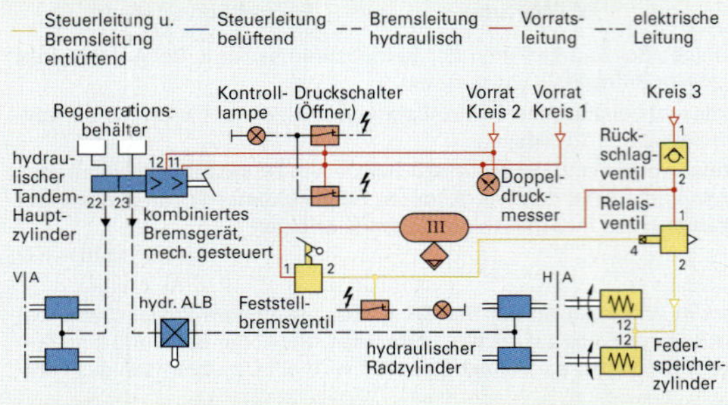

Anwendung: Mittelschwere Lkw und Busse (bis ungefähr 13 t zul. Gesamtgewicht).

Aufbau, Funktion: Druckluftversorgungsanlage wie bei Druckluftbremsanlage mit 4 Vorratskreisen. Über ein Betriebsbremsventil wird pneumatisch der Tandemhauptzylinder betätigt. Der hydraulische Druck betätigt über einen ALB-Regler die hydraulisch wirkenden Radzylinder. Die Feststell- und Hilfsbremse wirkt pneumatisch über Federspeicher an der Hinterachse.

Eigenschaften: Hohe Bremsdrücke bei kleinen Bauteilen, schnelles Ansprechen (kurze Schwellzeiten).

Dauerbremsanlagen

Dauerbremsanlagen sind verschleißfrei arbeitende Bremsen. Sie wirken, solange das Fahrzeug rollt und dienen zum Abbremsen auf langen Gefällstrecken. Ein Abbremsen bis zum Stillstand ist nicht möglich. Die Bewegungsenergie wird in Wärmeenergie umgewandelt.

Motorbremssysteme

Auspuffklappenbremse

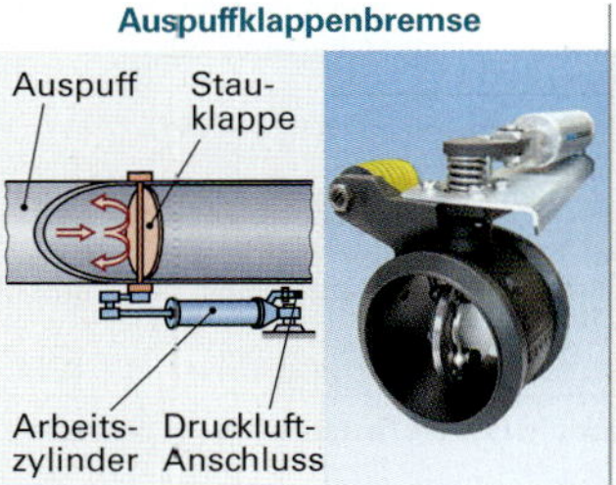

Beim Betätigen der Motorbremse wird im Auspuffkanal mit einem Pneumatikzylinder eine Stauklappe geschlossen und die Einspritzung auf Nullförderung gestellt. Über einen im Getriebe eingelegten Gang wird das Fahrzeug abgebremst.

Auslassventil-Bremse (AVB)

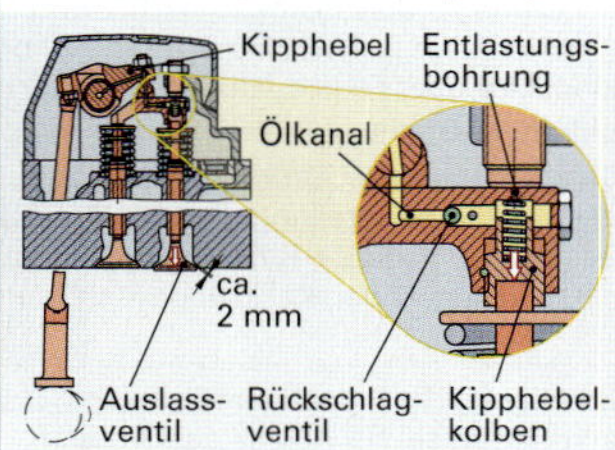

Die Dekompression wird durch das Öffnen der Auslassventile im 2. und 3. Takt bewirkt. Durch den hohen Gegendruck bei geschlossener Auspuffklappe heben die Auslassventile kurzzeitig ab. Der zusätzliche Hydraulikzylinder im Kipphebel hält die Ventile länger geöffnet.

Konstantdrossel

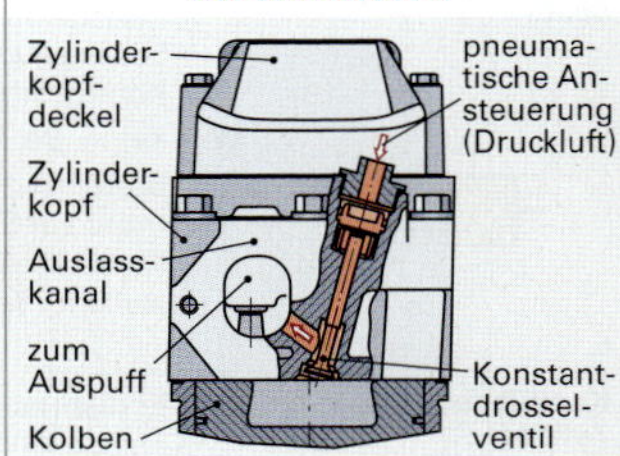

Im Zylinderkopf befindet sich ein Kontaktventil, welches im 3.Takt pneumatisch betätigt wird und die verdichtete Luft in den Auslasskanal ablässt. Diese Variante wird wird meist in Kombination mit einer Auspuffklappenbremse verwendet.

Strömungsbremsen

Wirbelstrombremse

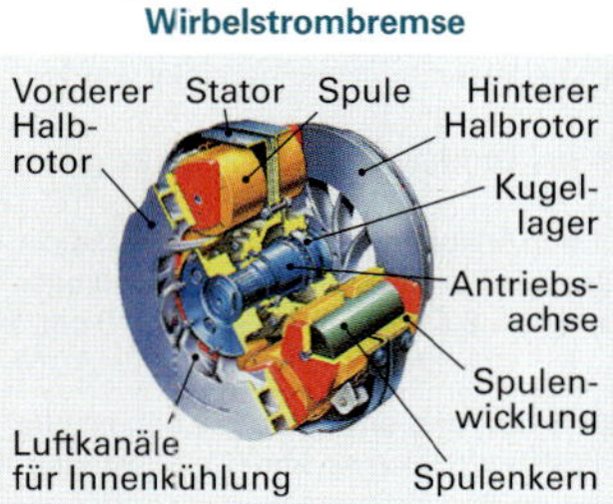

Im feststehenden Stator wird durch Spulen ein Magnetfeld erzeugt. Der mit der An- und Abtriebswelle verbundene Rotor wird durch die Wirbelströme abgebremst. Die Bremswirkung ist abhängig von Stromstärke und Spulenanzahl. Stufenlose Regelung des Bremsmoments durch das EBS-Bremsmanagement.

Hydrodynamischer Retarder

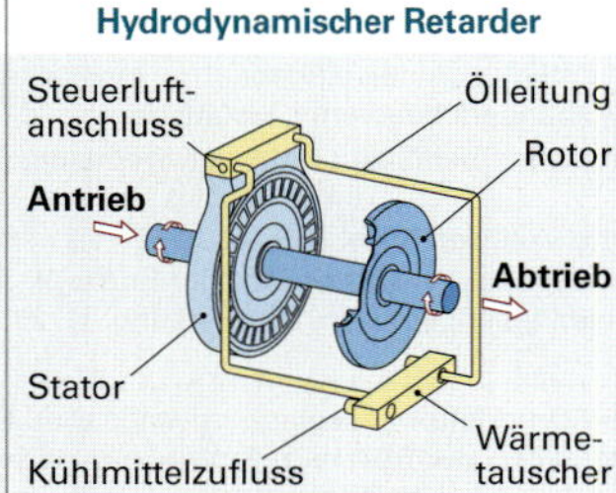

Der mit dem Getriebegehäuse fest verbundene Stator bremst den mit der Antriebswelle verbundenen Rotor durch Umlenken von Hydrauliköl ab. Je nach Bremswunsch wird der Raum zwischen Stator und Rotor mit mehr oder weniger Öl befüllt. Der Retarder arbeitet geschwindigkeitsabhängig.

Pritarder (Aquatarder)

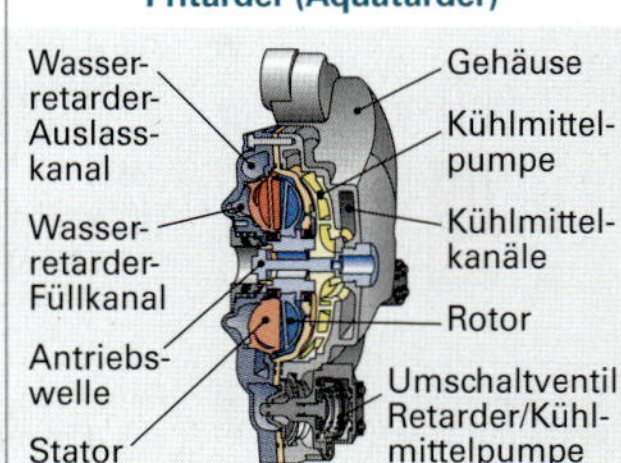

Er ist ein Primärretarder, der Motorkühlmittel als Arbeitsmittel verwendet. Er ist mit einem eigenen Gehäuse an der Frontseite des Motors angebracht und wirkt direkt auf die Kurbelwelle. Hohes Bremsmoment bei geringen Geschwindigkeiten.

F

Elektronisches Bremssystem (EBS) für Druckluftbremsanlagen

Es ist eine elektropneumatische Druckluftbremsanlage, bei welcher der Bremswunsch des Fahrers elektronisch über Sensoren ermittelt und an das EBS-Steuergerät weitergeleitet wird. Dieses errechnet den optimalen Bremsdruck und steuert ihn über Magnetventile in die Bremszylinder ein.

Systembild Elektronisches Bremssystem (EBS)

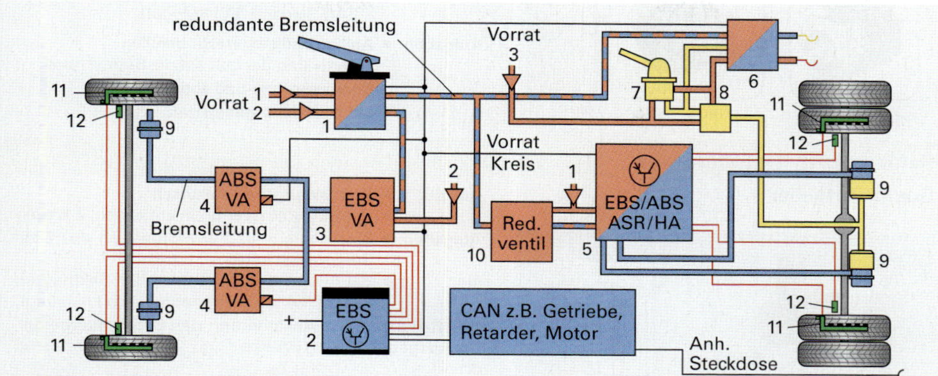

1 Bremswertgeber
2 EBS-Steuergerät
3 EBS VA-Modulator
4 ABS-Magnetventile VA
5 HA-EBS-ABS-Modulator
6 EBS-Anhängersteuerventil
7 Feststellbremsventil
8 Relaisventil (FB)
9 Bremszylinder VA/HA
10 Redundanzventil
11 Radsensoren
12 Verschleißwegsensoren

Aufbau: Pneumatisch wie konventionelle Druckluftbremsanlage. Zusätzlich elektropneumatische EBS-Modulatoren an VA/HA, EBS-Steuergerät, Betriebsbremsventil mit Bremswertgeber.

Funktion: Ein Signal des Bremswertgebers bewirkt über das Steuergerät eine Ansteuerung der VA/HA-Modulatoren, wodurch Druckluft in die Radzylinder eingesteuert wird. Die EBS-Modulatoren können auch ABS/ASR/ESC-Regelungen durchführen. Die Dauerbremse kann bedarfsgerecht angesteuert werden.

Redundanz: Bei Fehlern oder Ausfall in der Elektronik lässt sich das Fahrzeug herkömmlich pneumatisch gesteuert bremsen.

Elektropneumatischer Schaltplan Elektronisches Bremssystem (EBS)

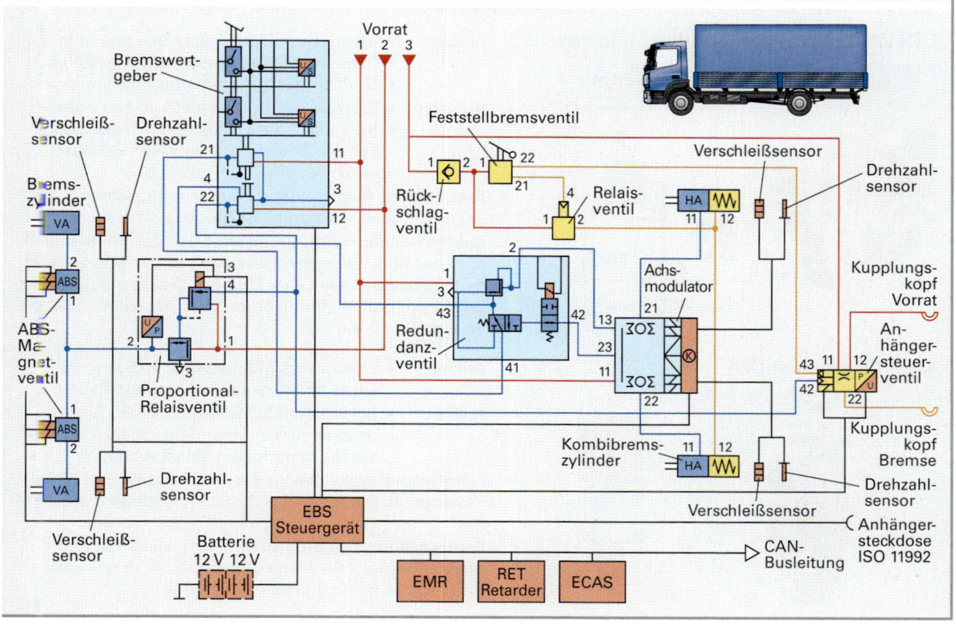

F

EBS-Druckluftversorgungsanlage mit Luftmanagementsystem

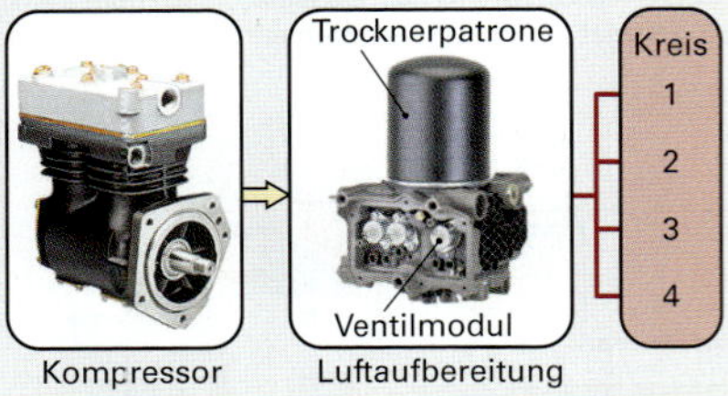

Aufbau:
- **Kompressor zur Erzeugung des Bremsdrucks**
- **Elektronische Luftaufbereitung** mit
  - Ventilmodul
  - Trockenmittelpatrone
  - EAC-Steuerät (ECU-Modul)

Aufgaben:
- **Anlage bedarfsgerecht befüllen**
  - Verteilung der Luft auf die Bremskreise
- **Kompressor zu-und abschalten**
- **Lufttrockner regenerieren**

Komponenten der EBS-Anlage

Bremswertgeber

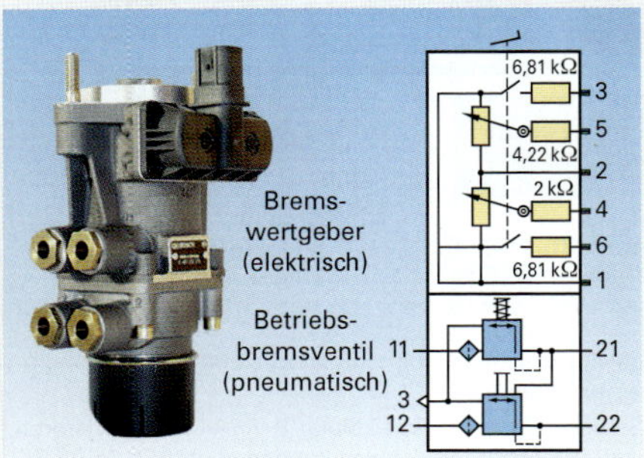

Aufbau:
- Bremswertgeber elektrisch
- Betriebsbremsventil pneumatisch, 2-kreisig

Aufgaben:
- Bremsbefehl als PWM-Signal an das EBS-Steuergerät leiten
- Bei Ausfall der Elektronik oder elektrischen Fehlern VA und HA pneumatisch ansteuern.

Fahrstellung: Keine Ansteuerung des EBS-Steuergeräts. Die Ausgänge 21 zum HA-Kreis und 22 zum VA-Kreis sind drucklos.

Bremsstellung: Beim Bremsen wird der Bremsbefehl elektrisch an EBS-Steuergerät übermittelt. Dieses steuert über die VA-Magnetventile und den HA-Modulator Bremsdruck in die Bremszylinder ein.

Redundanz: Zeitgleich steuert der Bremswertgeber über 21 und 22 Bremsdruck zu den Modulatoren der VA und HA durch. Diese steuern dann den entsprechenden Bremsdruck in die Bremszylinder ein.

EBS-Steuergerät

Es steuert und überwacht das EBS-System und ermittelt aus dem Signal des Bremswertgebers die Sollverzögerung des Fahrzeugs. Bei Blockierneigung, Durchdrehen der Räder beim Anfahren oder Giermomentneigung werden der VA- oder der HA-Modulator entsprechend angesteuert.

EBS VA-Modulator (Proportional-Relaisventil)

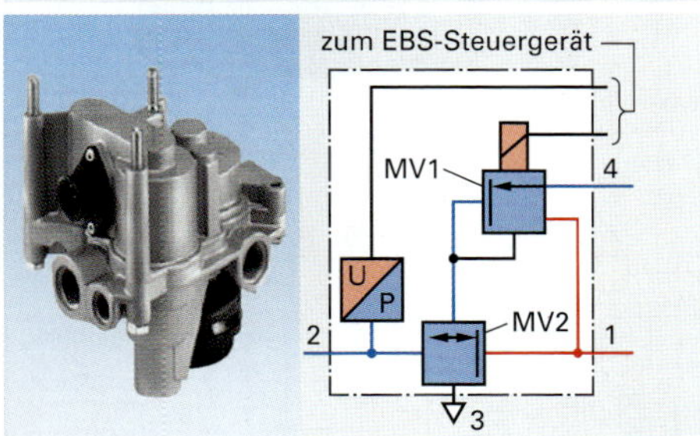

Aufbau:
- Magnetventil MV1 (elektrisch/pneumatisch)
- Relaisventil MV2 (pneumatisch gesteuert)
- Drucksensor zur Bremsdrucküberwachung

Aufgaben:
- Bremsdruck an der VA ein-und aussteuern
- Bei Ausfall der Elektronik oder elektrischen Fehlern Bremsdruck zur VA pneumatisch durchsteuern.

Fahrstellung: Magnetventil 1 ist nicht angesteuert, MV2 ist geschlossen, Ausgang 2 ist drucklos, Bremse gelöst.

Bremsstellung: Beim Bremsen wird der Bremsbefehl über das EBS-Steuergerät elektrisch an das MV1 geleitet, es öffnet und steuert das MV2 an. Dieses steuert dann den gewünschten Bremsdruck über Anschluss 2 in die Bremszylinder ein.

ABS-Magnetventil VA

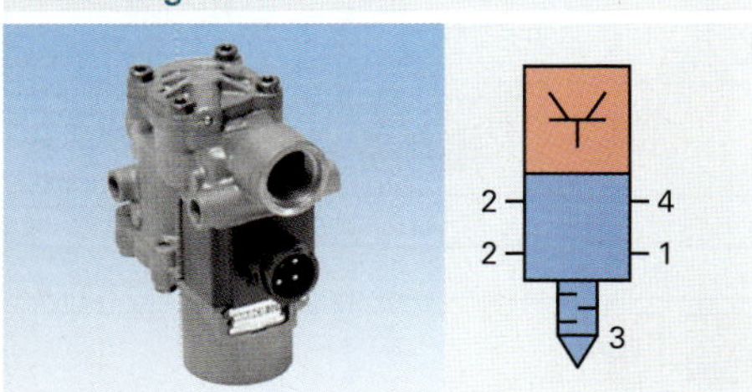

Aufbau:
- Elektrisches Magnetventil und pneumatisches Relaisventil sind in einem Bauteil.

Aufbau:
- Schlupfabhängige Regelung des Bremsdruckes zu den Membranzylindern (Druckaufbau,Druckhalten, Druckabbau).

Fahrstellung: Keine elektrische Ansteuerung vom EBS-Steuergerät. Die Ausgänge 2 zum VA-Kreis sind drucklos.

Bremsstellung: Der Bremsbefehl wird elektrisch übermittelt und das ABS-Magnetventil steuert den Bremsdruck zur VA in die Bremszylinder ein.

F

EBS-VA-Modulator (Proportional-Relaisventil)

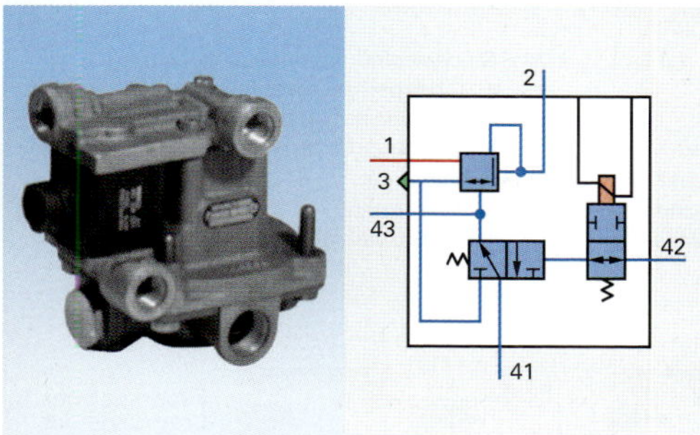

Aufbau:
- Proportional-Magnetventil
- Relaisventil pneumatisch

Aufgaben:
- Ansprechverhalten durch Relaisfunktion verbessern
- Synchronisieren des Bremsdruckes an VA und HA
- Reduktion des Bremsdruckes an der HA, um Überbremsen zu verhindern.

Fahrstellung: Anschluss 41 ist drucklos, Relaisventil ist geschlossen, Anschluss 2 ist drucklos, Bremse ist gelöst.

Bremsstellung: Beim Bremsen wird das Magnetventil bestromt, es öffnet und steuert das Relaisventil an. Dieses steuert dann den gewünschten Bremsdruck zum Achsmodulator durch.

Achsmodulator Hinterachse

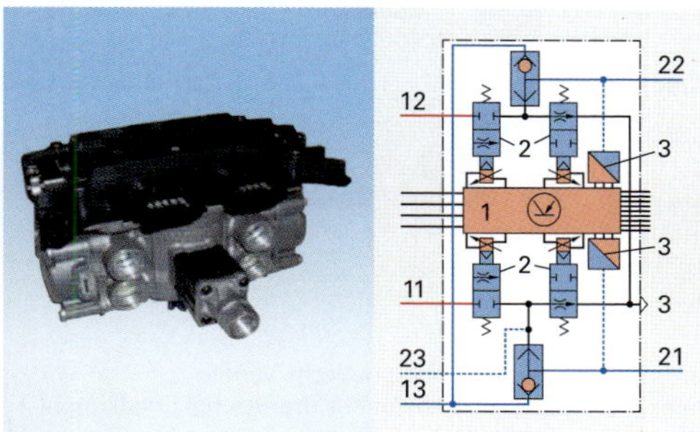

Aufbau:
- gemeinsame Regelelektronik (1)
- getaktete Magnetventile(2)
- zwei unabhängige Druckregelkreise
- Bremsdrucksensor (3)

Aufgaben:
- Regelung des Bremsdruckes zu den Bremszylinder der Hinterachse.
- ABS-, ASR-, ESC-Regelung durchführen

Fahrstellung: Keine Ansteuerung vom EBS-Steuergerät. Ausgänge 21, 22 zu den HA-Bremszylindern sind drucklos.

Bremsstellung: Der Bremsbefehl wird über die Magnetventile(2) über 21, 22 in die Bremszylinder eingesteuert.

Anhängersteuerventil

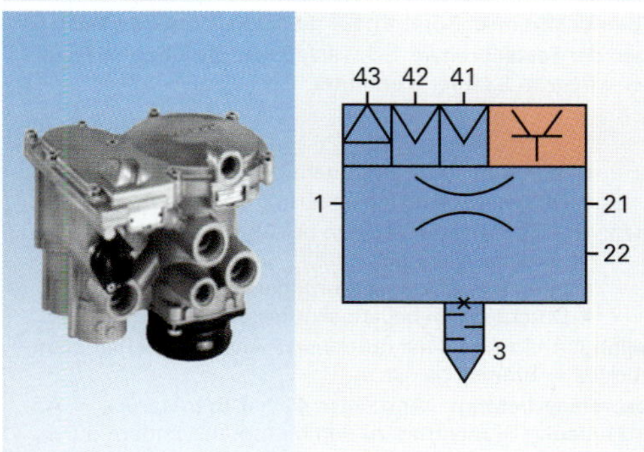

Aufbau:
- Proportional-Magnetventil
- Relaisventil pneumatisch
- Abrisssicherungsventil
- Bremsdrucksensor

Aufgaben:
- Vorratsdruck zum Anhänger über 21 durchleiten.
- Bremsdruck zum Anhänger über ein elektropneumatisches Ventil (Anschl. 22) durchsteuern.
- Bei Ausfall der Elektronik Bremsdruck zum Anhänger über Anschluss 22 pneumatisch durchsteuern.

Fahrstellung: Anschlüsse 41 und 42 sind drucklos, Anschluss 43 (Festellbremse) hat Vorratsdruck. MV ist nicht angesteuert.

Bremsstellung: Beim Bremsen wird der Bremsbefehl elektronisch über die ISO-Leitung zum EBS-Modulator des Anhängers geleitet. Dieser steuert den errechneten Bremsdruck in die Bremszylinder ein.

Feststellbremsventil

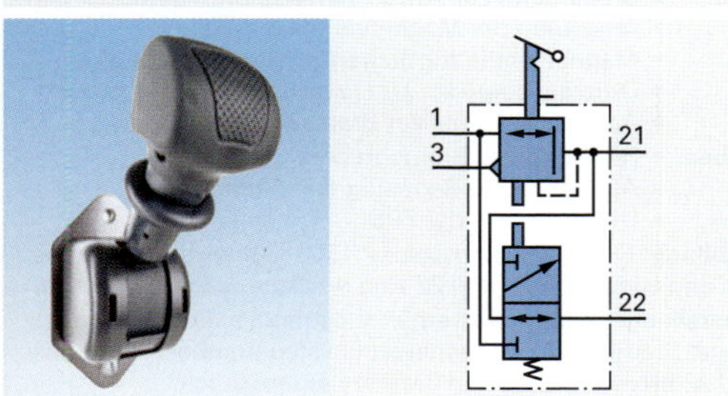

Aufbau:
- Zwei pneumatisch wirkende Ventile
- Raste für Kontrollstellung

Aufgaben:
- Federspeicher be- und entlüften
- Festellbremsdruck über Kupplungskopf gelb (Bremse) zum Anhänger durchsteuern
- abgestuftes Bremsen ermöglichen

Fahrstellung: Anschlüsse 21 u. 22 haben Vorratsdruck

Bremsstellung: Anschlüsse 21 und 22 sind drucklos, Federspeicher bremst mit Federkraft.

F

EBS-Anlage Anhängerfahrzeug

Aufbau: Die Anlage besteht aus folgenden Komponenten:

- 7-polige Steckverbindung 24V mit CAN-Datenleitung oder mit 5-poliger 24 V Steckverbindung ohne CAN-Leitung
- Schnell- und Doppellöseventil
- EBS-Modulator mit Drucksensoren
- Membran-und Federspeicherbremszylinder mit Luftbehälter
- Anhängerbremsventil
- Drehzahlsensoren und Achslastsensor
- Vorrats-und Bremsleitung mit ISO-Stecker

Vorteile:
- Optimale Abstimmung der Bremskräfte zwischen Motorwagen und Anhänger
- kurze Ansprechzeiten und gleichzeitiges Ansprechen der Bremsen im gesamten Zug, Bremswegverkürzung
- permanente Überprüfung des Bremsbelagverschleißes
- diagnosefähig

Schaltplan EBS-Anlage Anhängerfahrzeug

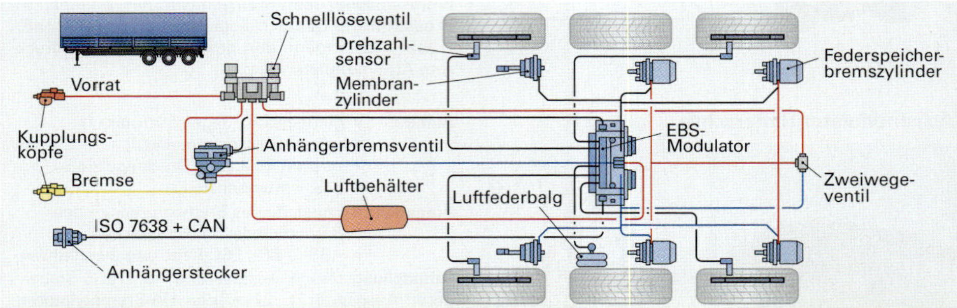

Komponenten der EBS-Anlage

Schnelllöseventil

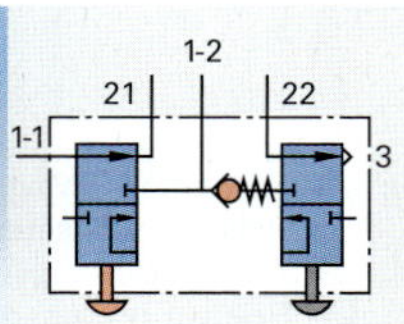

Aufbau:
- 2 mechanisch-pneumatische Ventile

Aufgaben:
- Betätigen und Lösen der Bremse bei abgekuppeltem Anhänger bis 3,5 bar
- Druck sichern beim Abkuppeln der Vorratsleitung

Fahrstellung: Knopf schwarz gedrückt, Knopf rot ausgefahren.

Lösen Betriebsbremse: Roter Knopf gedrückt, Bremse gelöst.

Betätigen der Festellbremse: Schwarzen Knopf ziehen ⇒ Federspeicher wird von 22 über 3 entlüftet.

Anhängerbremsventil

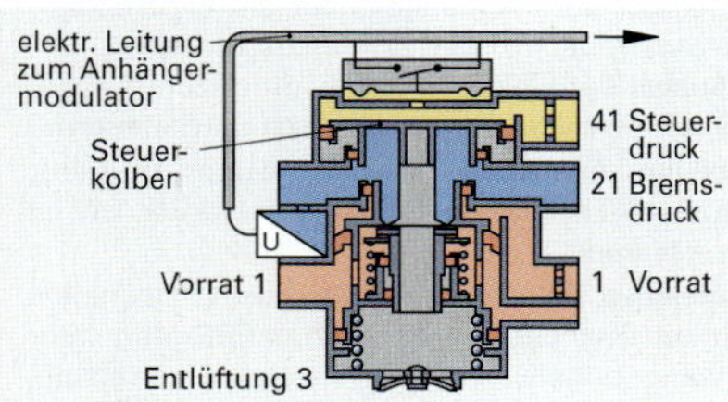

Aufbau:
- Pneumatisches Relaisventil
- Drucksensor zur Ansteuerung des HA-Modulators

Aufgaben:
- Vollbremsung einleiten bei Abriss oder Abkuppeln der Vorratsleitung
- pneumatische Ansteuerung im Redundanzfall
- Druck sichern bei abgekuppeltem Anhänger

Fahrstellung: Anschluss 41ist drucklos ⇒ Anschluss 21 ist ebenfalls drucklos ⇒ Bremse gelöst.

Betriebsbremse betätigt: Anschluss 41 hat Bremsdruck ⇒ Anschluss 21 steuert Bremsdruck zu den Membranzylindern durch.

EBS-Anhängermodulator

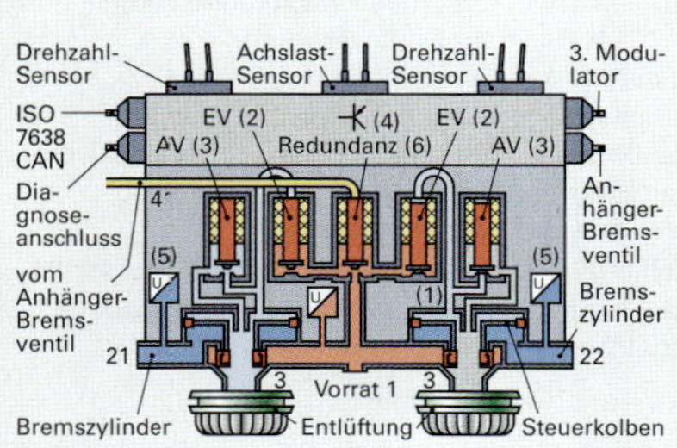

Aufbau:
- Steuergerät zum Errechnen des Bremsdruckes und Ansteuern der Magnetventile (EV, AV)
- Magnetventile zur Steuerung des Bremsdruckes
- Drucksensoren zur Überwachung des Bremsdrucks
- Achslastsensoren zur Bremsdruckregelung

Aufgaben:
- Regelung des Bremsdruckes
- ABS-ASR-ESC-Regelung durchführen
- Überwachung der EBS

Fahrstellung: Elektrischer Anschluss (ISO7638) wird vom Motorwagen angesteuert ⇒ 21 und 22 sind drucklos ⇒ Bremse gelöst.

Bremsstellung: Steuergerät erhält elektrisches Bremssignal ⇒ errechnet Bremsdruck ⇒ Magnetventile steuern über Anschlüsse 21 und 22 Bremsdruck zu den Bremszylindern durch.

F

Straßenfahrzeuge – Begriffsbestimmung

Straßenfahrzeuge sind fahrbare Transportmittel für Personen und/oder Güter, die ihrer Bauart nach für die Teilnahme am öffentlichen Straßenverkehr zugelassen sind.
Einteilung: Kraftfahrzeuge, Anhängerfahrzeuge und Fahrzeugkombinationen.

Systematik der Straßenfahrzeuge

- Straßenfahrzeuge
  - Kraftfahrzeuge
    - Kraftrad
      - Motorrad
      - Motorroller
      - Fahrrad mit Hilfsmotor
    - Kraftwagen
      - Personenkraftwagen (Pkw)
        - Limousine
        - Pullman-Limousine
        - Kabriolett
        - Nkw-Kombi
        - Mehrzweck-Pkw
        - Kabrio-Limousine
        - Coupe
        - Kombi
        - Spezial-Pkw
      - Nutzkraftwagen (Nkw)
        - Kraftomnibusse (KOM)
          - Kleinbus
          - Überlandlinienbus
          - Gelenkbus
          - Oberleitungsbus
          - Linienbus
          - Reisebus
          - Spezialbus
        - Lastkraftwagen (Lkw)
          - Vielzweck-Lkw
          - Spezial-Lkw
        - Zugmaschinen
          - Anhängerzugmaschine
          - Sattelzugmaschine
          - Traktor
  - Anhängerfahrzeuge
    - Gelenk-Deichselanhänger
    - Starr-Deichselanhänger
      - Zentralachsanhänger
      - Sattelanhänger
      - Lastanhänger
      - Busanhänger
      - Caravan
      - Spezialanhänger
  - Fahrzeugkombinationen
    - Personenkraftwagenzug
    - Sattelkraftfahrzeug, Sattelzug
    - Lastkraftwagenzug
    - Omnibuszug
    - Zugmaschinenzug
    - Brückenzug

Klasseneinteilung der Kraftfahrzeuge

Klasse L

Kraftfahrzeuge mit weniger als 4 Rädern, Krafträder.

Stufung	Bauart	Hubraum	Geschwindigkeit
L_1	zweirädrig	≤ 50 cm³	≤ 50 km/h
L_2	dreirädrig	≤ 50 cm³	≤ 50 km/h
L_3	zweirädrig	> 50 cm³	> 50 km/h

Klasse M

Kraftfahrzeuge zur Personenbeförderung mit mindestens 4 Rädern oder 3 Rädern und einem zul. Gesamtgewicht > 1 t.

Stufung	Fahrersitz + Sitzplätze	Gesamtgewicht
M_1	1 ≤ 9	
M_2	> 9	≤ 5 t
M_3	> 9	> 5 t

Klasse N

Kraftfahrzeuge zur Güterbeförderung mit mindestens 4 Rädern oder 3 Rädern und einem zul. Gesamtgewicht > 1 t.

Stufung	Gesamtgewicht
N_1	≤ 3,5 t
N_2	> 3,5 t ≤ 12 t
N_3	> 12 t

Klasse O

Anhänger und Sattelanhänger.

Stufung		Gesamtgewicht
O_1	(einachsige Anhänger)	≤ 0,75 t
O_2		> 0,75 t ≤ 3,5 t
O_3		> 3,5 t ≤ 10 t
O_4		> 10 t

Fahrzeugidentifizierungsnummer

Die Fahrzeugidentifizierungsnummer (Fahrgestellnummer), soll ein weltweit einheitliches System für die Identifizierung von Straßenfahrzeugen schaffen.

Beispiel: W DB 211 2 55 1 A 202 343

Weltherstellerzeichen: W Europa, 1 Nordamerika, ...

Ggf. Produktionsland: **G** BRD, **C** USA, **F** Frankreich,...

Hersteller: DB, VW, BMW, GM, ...

Modell: 211 (E-Klasse), 1HXO (Golf III), ...

Leerstellen: Hier wird vom Hersteller z.B. Karosserieausführung, Antriebsart und Lenkungsart verschlüsselt.
2 Kombi, 55 E 320 (Ottomotor, 6 Zyl.), 1 Linkslenker

Herstellerwerk: A Sindelfingen

Fortlaufende Produktionsnummer: 202 343

F

Begriffsbestimmung

1. **Kraftfahrzeuge** sind maschinell angetriebene Straßenfahrzeuge, die nicht an Gleise gebunden sind. Sie dienen dem Transport von Personen und Gütern. Kraftfahrzeuge können zum Mitführen von Anhängefahrzeugen geeignet sein.

Krafträder sind einspurige Kraftfahrzeuge mit zwei Rädern. Sie können einen Beiwagen mitführen, wobei die Eigenschaft als Kraftrad erhalten bleibt.

Kraftwagen
- Personenkraftwagen

Kraftwagen sind zwei oder mehrspurige Kraftfahrzeuge. Sie werden in Personenkraftwagen (Pkw) und Nutzkraftwagen (Nkw) unterschieden.

Pkw dienen nach Bauart und Einrichtung hauptsächlich dem Transport von Personen, Gepäck und/oder Gütern. Sie haben maximal 9 Sitze einschließlich Fahrzeugführer. Ihr zulässiges Gesamtgewicht beträgt ≤ 3,5 t.

- Nutzkraftwagen

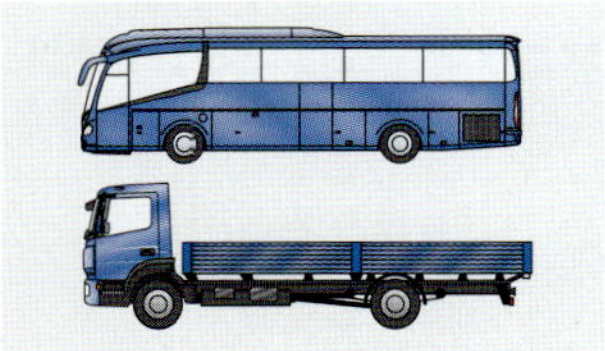

Nkw dienen nach Bauart und Einrichtung dem Transport von Personen, Gütern und/oder dem Ziehen von Anhängefahrzeugen.

Kraftomnibus (KOM). Er ist nach Bauart und Einrichtung zur Beförderung von mehr als 9 Personen und Reisegepäck bestimmt.

Lastkraftwagen (Lkw). Er ist nach Bauart und Einrichtung zum Transport von Gütern bestimmt.

Zugmaschine. Sie ist zum Mitführen von Anhängefahrzeugen bestimmt.

2. **Anhängefahrzeuge** sind keine selbstfahrenden Straßenfahrzeuge. Bauartbedingt werden sie von einem Kraftfahrzeug mitgeführt.

Gelenk-Deichselanhänger

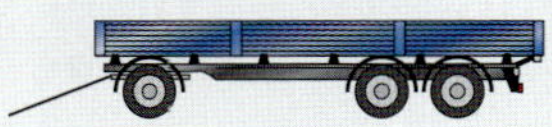

Dabei handelt es sich um ein Anhängefahrzeug mit mindestens zwei Achsen, bei dem mindestens eine Achse lenkbar ist. Eine winkelbewegliche Verbindung zum ziehenden Fahrzeug erfolgt über eine Deichsel. Die Deichsel ist vertikal beweglich mit dem Fahrgestell des Anhängers verbunden.

Starr-Deichselanhänger

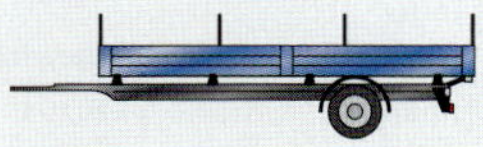

Dabei handelt es sich um ein Anhängefahrzeug mit einer Achse oder einer Achsgruppe. Eine winkelbewegliche Verbindung zum ziehenden Fahrzeug erfolgt über eine starre Deichsel. Ein Teil des Gesamtgewichts vom Starrdeichselanhänger wird vom ziehenden Fahrzeug getragen (Deichsellast, Stützlast-Anhängerkupplung).

3. **Fahrzeugkombinationen** sind Zusammenstellungen aus einem Kraftfahrzeug und einem oder mehreren Anhängefahrzeugen.

F

Krafträder, Bauarten

Motorrad

Kraftrad mit festen Fahrzeugteilen im Kniebereich, z.B. Motor, Kraftstoffbehälter und Fußrasten.

Kleinkraftrad und Leichtkraftrad sind Motorräder.

Motorroller

Kraftrad ohne feste Fahrzeugteile im Kniebereich.

Die Füße stehen auf einem Bodenblech.

Fahrrad mit Hilfsmotor

Kraftrad, das hinsichtlich seiner Gebrauchsfähigkeit Merkmale von Fahrrädern hat, z.B. Tretkurbeln.

Moped, Mofa, Leichtmofa sind Fahrräder mit Hilfsmotor.

Zulassungsmerkmale (§ 18 StVZO), Fahrerlaubnisverordnung (§ 4 – 6 FeV)

Mofa	Kleinkraftrad	Leichtkraftrad	Motorrad
v_{max} ≤ 25 km/h V_H ≤ 50 cm^3	v_{max} ≤ 45 km/h V_H ≤ 50 cm^3	P_{eff} ≤ 11 kW 50 cm^3 < V_H ≤ 125 cm^3	v_{max} > 45 km/h V_H > 50 cm^3

Personenkraftwagen

Personenkraftwagen werden eingeteilt nach den Unterschieden in der Bauweise von **K** Karosserie, **D** Dach, **I** Insassenraum, **T** Türen, **F** Fenster (seitliche Ausstellfenster sind ein Bestandteil der Seitenfenster).

Limousine

K Geschlossener Aufbau mit oder ohne mittlere Säule (B-Säule) zwischen den Seitenfenstern.
D Festes, starrverbundenes Dach. Ein Teil des Daches kann auch geöffnet werden.
I 4 oder mehr Sitze, mindestens 2 Sitzreihen. Hintersitze können klapp- oder ausbaubar sein.
T 2 oder 4 seitliche Türen. Gepäckraumklappe oder Hecktür möglich.
F 4 oder mehr Seitenfenster.

Großraumlimousine
Mindestens 6 Sitze in mindestens 3 Sitzreihen.

Pullmann-Limousine

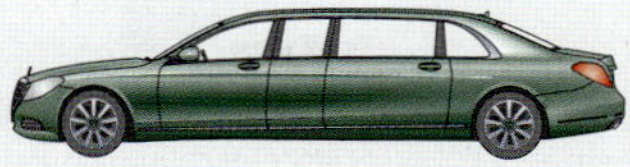

K Geschlossener Aufbau, Trennwand zwischen vorderen und hinteren Sitzen möglich.
D Festes, starrverbundenes Dach. Ein Teil des Daches kann auch geöffnet werden.
I 4 oder mehr Sitze, mindestens 2 Sitzreihen. Klappsitze vor den Hintersitzen möglich.
T 4 oder 6 seitliche Türen. Gepäckraumklappe oder Hecktür möglich.
F 6 oder mehr Seitenfenster.

Kabrio-Limousine

K Aufbau kann geöffnet werden. Seitenumrandung ist feststehend.
D Fest oder flexibel mit mindestens 2 Positionen: 1. geschlossen, 2. geöffnet oder entfernt. Der offene Aufbau kann durch feste Dachteile und/oder ein flexibles Dach geschlossen werden.
I 4 oder mehr Sitze, mindestens 2 Sitzreihen.
T 2 oder 4 seitliche Türen.
F 4 oder mehr Seitenfenster.

Kombi (Pkw-Kombi)

K Geschlossener Aufbau, Innenraumvergrößerung durch Bauweise des Fahrzeughecks.
D Festes, starrverbundenes Dach. Ein Teil des Daches kann auch geöffnet werden.
I 4 oder mehr Sitze, mindestens 2 Sitzreihen. Hintere Sitzbank/Sitzbänke muss/müssen klappbare oder herausnehmbare Rückenlehnen haben.
T 2 oder 4 seitliche Türen und Hecktür.
F 4 oder mehr Seitenfenster.

Coupé

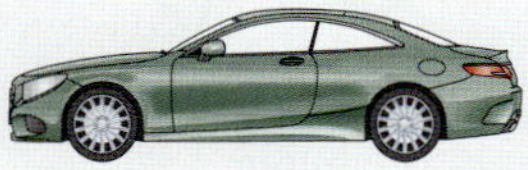

K Geschlossener Aufbau, meist mit vermindertem hinteren Innenraum.
D Festes, starrverbundenes Dach. Ein Teil des Daches kann auch geöffnet werden.
I 2 oder mehr Sitze, mindestens 1 Sitzreihe.
T 2 seitliche Türen. Gepäckraumklappe oder Hecktür möglich.
F 2 oder mehr Seitenfenster.

Nutzkraftwagen-Kombi (Nkw-Kombi)

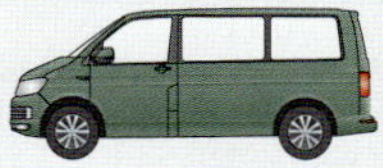

K Geschlossener Aufbau (Pkw abgeleitet vom Nkw).
D Festes Dach. Ein Teil des Daches kann auch geöffnet werden.
I 4 oder mehr Sitze, mindestens 2 Sitzreihen. Hintersitze müssen herausnehmbar sein.
T 2, 3 oder 4 seitliche Türen. Heckklappe oder Hecktür möglich.
F 4 oder mehr Seitenfenster.

Kabriolett (Roadster, Spider)

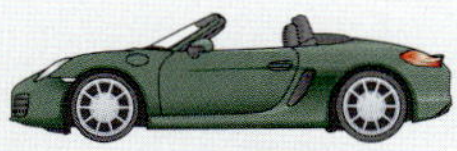

K Offener Aufbau. Überrollbügel möglich.
D Fest oder flexibel mit mindestens 2 Positionen: 1. geschlossen, 2. geöffnet oder entfernt.
I 2 oder mehr Sitze, mindestens 1 Sitzreihe.
T 2 oder 4 seitliche Türen. Gepäckraumklappe möglich.
F 2 oder mehr Seitenfenster.

Mehrzweck-Personenkraftwagen

K Geschlossener, offener oder zu öffnender Aufbau so ausgelegt, dass der gelegentliche Transport von Gütern erleichtert wird.
I 1 oder mehr Sitze.

Spezial-Personenkraftwagen

Pkw mit besonderen Einrichtungen, z. B. Notarzt-Einsatzfahrzeuge, Krankenkraftwagen, Wohnmobil.

F

Nutzkraftwagen

Kleinbus

Kraftomnibus zur Beförderung von maximal 17 ausschließlich sitzenden Personen einschließlich Fahrzeugführer.

Linienbus

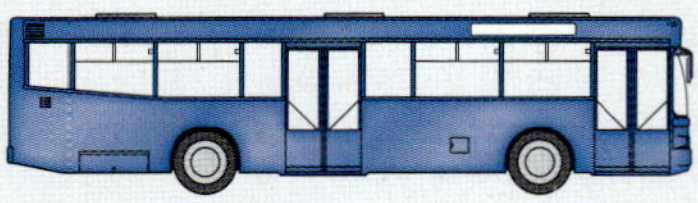

Kraftomnibus zur Beförderung von sitzenden und stehenden Personen im Stadt- und Vorort-Linienverkehr. Das Ein- und Aussteigen beim häufigen Halten erleichtern mehrere große Türen.

Überlandlinienbus

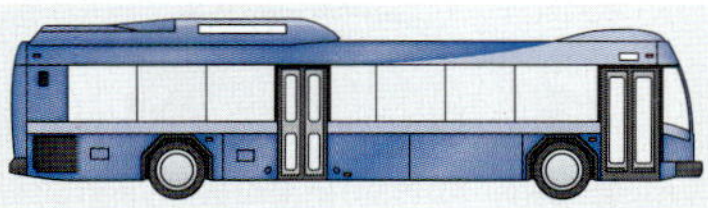

Kraftomnibus für den Einsatz im Überland-Linienverkehr ohne besondere Stehplätze. Auf kurzen Strecken können im Gang stehende Personen befördert werden.

Reisebus

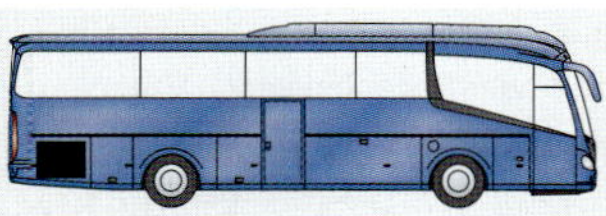

Kraftomnibus nach Bauart und Einrichtung für Reisen über größere Entfernungen. Besonderer Komfort ist für sitzende Fahrgäste vorhanden.

Gelenkbus

Kraftomnibus, bei dem zwei starre Teile durch einen Gelenkabschnitt bleibend winkelbeweglich miteinander verbunden sind und Fahrgästen freien Durchgang ermöglicht. Ein Gelenkbus aus drei starren Teilen wird als „Doppelgelenkbus" bezeichnet.

Oberleitungsbus (O-Bus)

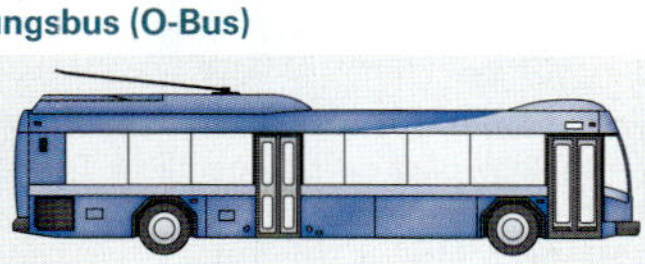

Kraftomnibus mit elektrischem Antrieb; der Fahrstrom wird aus einer Fahrleitung (Oberleitung) entnommen. Ein O-Bus mit zusätzlichem Verbrennungsmotor wird als „Duo-Bus" bezeichnet.

Spezialbus

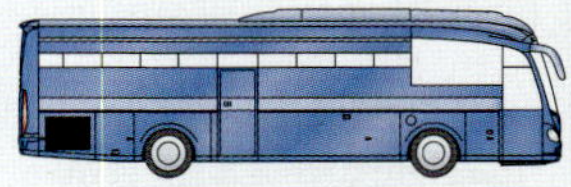

Kraftomnibus nach Bauart und Einrichtung zur Beförderung von Personen, für die besondere Vorkehrungen erforderlich sind.

Vielzwecklastkraftwagen

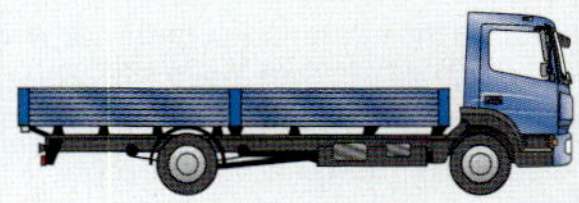

Lastkraftwagen, der Güter auf einem offenen Aufbau, z.B. Pritsche, oder in einem geschlossenen Aufbau, z.B. Kasten, transportiert.

Speziallastkraftwagen

Lastkraftwagen mit besonderem(r) Aufbau/Ausrüstung und Einrichtung zum Transport von speziellen Gütern und für besondere Einsatzzwecke, z.B. Müllkraftwagen, Wohnmobil, Abschleppwagen.

Anhänger-Zugmaschine

Zugmaschine zum Mitführen von Gelenk- oder Starr-Deichselanhängern. Die Zugmaschine kann Güter auf einer Hilfsladefläche befördern.

Sattelzugmaschine

Zugmaschine mit einer besonderen Vorrichtung zum Mitführen von Sattelanhängern. Ein wesentlicher Teil des Gewichtes des Sattelanhängers wird von der Sattelzugmaschine getragen.

Traktor

Zugmaschine, die nach Bauart und Ausrüstung auch zum Schieben, Tragen oder Antreiben von auswechselbaren Geräten (Vorbau, Unterbau, Heckanbau) bestimmt ist.

F

Anhängefahrzeuge

Caravan

Zentralachsanhänger, der für Wohnzwecke bestimmt und eingerichtet ist.

Busanhänger

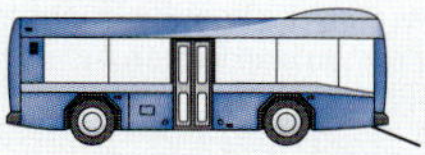

Anhängefahrzeug, das nur zur Beförderung von Personen einschließlich ihres Gepäcks bestimmt ist.

Lastanhänger

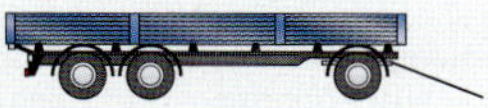

Anhängefahrzeug zum Transport von Gütern (Deichselanhänger).

Sattelanhänger

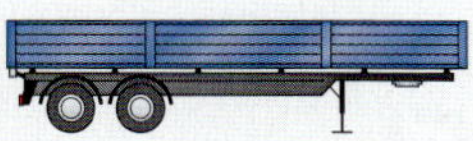

Anhängefahrzeug mit Sattelvorrichtung. Ein wesentlicher Teil des Anhänger-Gesamtgewichts wird auf die Sattelzugmaschine übertragen.

Spezialanhänger

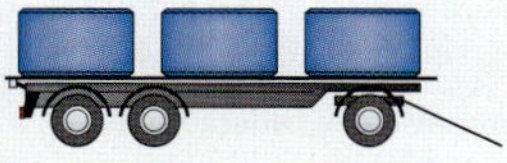

Zum Transport spezieller Güter, zur Verrichtung besonderer Arbeit oder für besondere Einsatzzwecke, z.B. Tank-, Luftkompressor-, Verkaufsanhänger.

Starr-Deichselanhänger

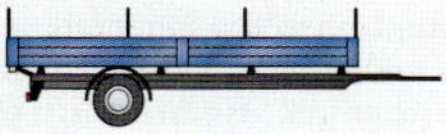

Anhängefahrzeug mit einer Achse oder Achsgruppe. Starre Deichsel. Ein Teil des Anhänger-Gesamtgewichtes wird vom ziehenden Fahrzeug aufgenommen.

Zentralachsanhänger

Anhängefahrzeug mit einer Achse oder Achsgruppe die nahe dem Schwerpunkt angeordnet sind. Starre Deichsel. Geringfügiger Teil (max. 100 kg) des Anhänger-Gesamtgewichts kann vom ziehenden Fahrzeug aufgenommen werden. Voraussetzung: gleichmäßige Beladung.

Fahrzeugkombinationen (vgl. DIN 70010)

Personenkraftwagenzug (Pkw-Zug)

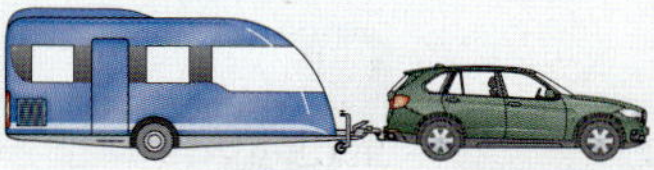

Zusammenstellung mit einem Personenkraftwagen und einem Anhängefahrzeug.

Omnibuszug

Zusammenstellung aus einem Kraftomnibus und einem Anhängefahrzeug (eine begehbare Verbindung kann vorgesehen sein).

Lastkraftwagenzug

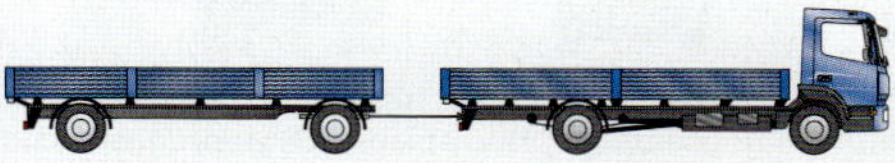

Zusammenstellung aus einem Lastkraftwagen und einem Gelenk- oder Starr-Deichselanhänger.

Sattelkraftfahrzeug

Zusammenstellung aus einer Sattelzugmaschine und einem winkelbeweglich aufgesattelten Sattelanhänger.

Sattelzug

Zusammenstellung aus einem Sattelkraftfahrzeug und einem Anhängefahrzeug (nach § 32 a, StVZO so nicht zulassungsfähig).

Zugmaschinenzug

Zusammenstellung aus einer Anhänger-Zugmaschine oder einem Traktor und einem oder zwei Gelenk- oder Starr-Deichselanhängern.

Brückenzug

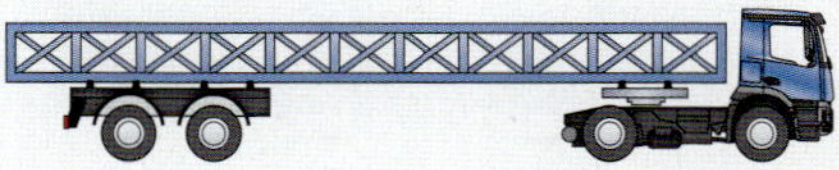

Zusammenstellung aus Lkw oder Zugmaschine und einem Spezialanhänger. Die in der Länge unteilbare Last liegt winkelbeweglich auf Zugfahrzeug und Spezialanhänger. Die Last und/oder ihre Unterstützung ergeben die Verbindung der beiden Fahrzeuge.

F

Fahrzeugaußen- und Nutzmaße

Fahrzeuglänge

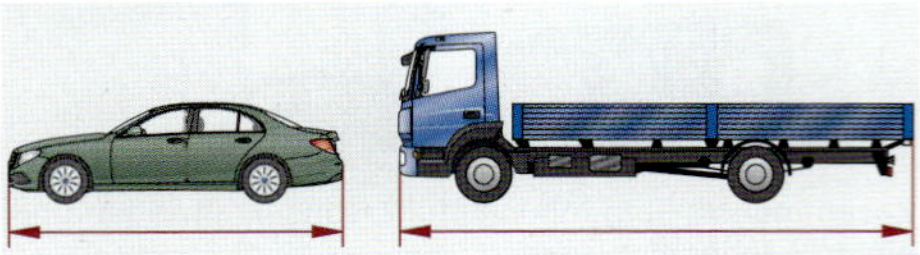

Länge des Fahrzeuges über alles, einschließlich Stoßfänger (ausgenommen Rückspiegel). Bei Anhängern wird stets zu dem Maß mit Zuggabel in Klammern dahinter das Maß ohne Zuggabel angegeben. Vorderer Messpunkt ist die Mitte der Zugöse.

Fahrzeugbreite

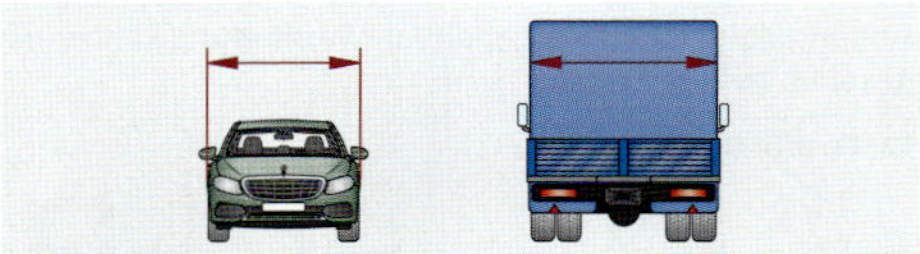

Breite des Fahrzeuges über alles. Überragen dürfen: Fahrtrichtungsanzeiger, Rückspiegel, Begrenzungsleuchten. Spurhalteleuchten, elastische Schmutzfänger, herablassbare Trittbrettstufen, Einrichtungen von Zollverschlüssen, Reifen in der Berührungszone mit der Fahrbahn und Schneeketten.

Fahrzeughöhe

Höhe des Fahrzeuges über alles, einschließlich Verdeck, Gepäckgitter usw. Die Fahrzeughöhe wird beim unbelasteten Fahrzeug (Leergewicht) ermittelt.

Radstand

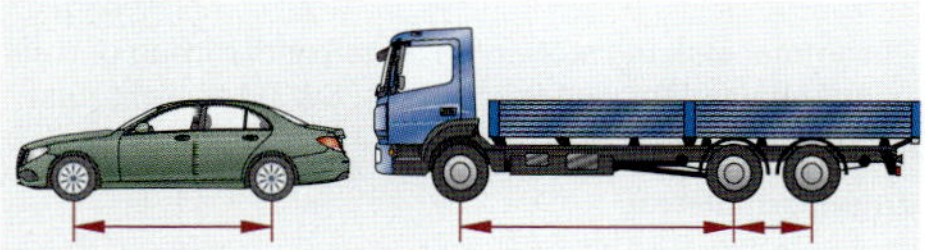

Abstand von Radmitte zu Radmitte. Bei drei- und mehrachsigen Fahrzeugen sind die einzelnen Radstände von vorn nach hinten nacheinander anzugeben.
Bei Sattelanhängern tritt an die Stelle der Radmitte Vorderräder die Achse des Zugsattelzapfens.

Spurweite

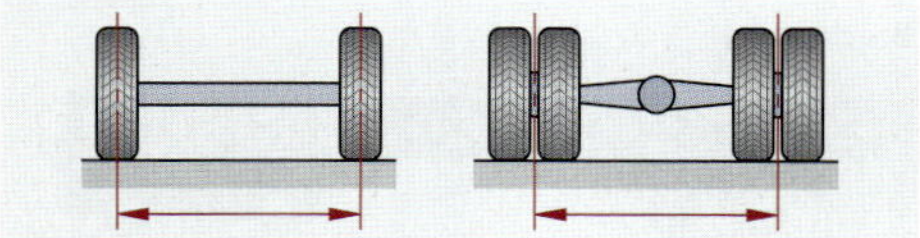

Abstand der Räder einer Achse von Reifenmitte zu Reifenmitte auf der Standebene gemessen, bei Zwillingsbereifung von Mitte Zwillingsrad zu Mitte Zwillingsrad.

Rahmenhöhe

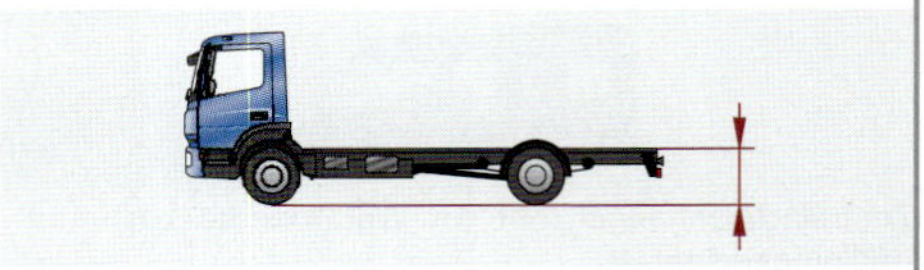

Abstand der Oberkanten des Rahmens von der Standebene des Fahrzeugs, gemessen über den Radmitten der Vorder- bzw. Hinterachse. Bei mehr als zwei Achsen wird nur an der ersten und letzten Achse gemessen, ausgenommen bei Liftachsen.

Überhanglänge

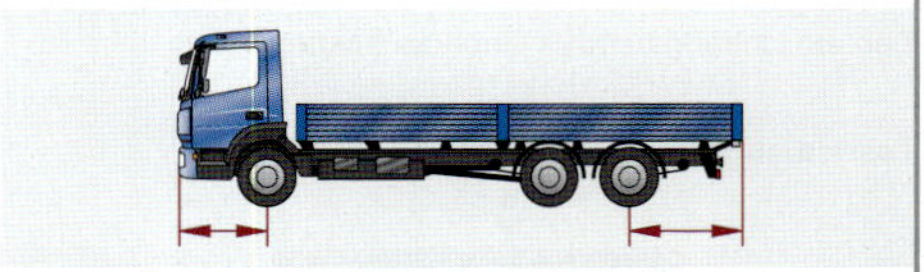

Vordere Überhanglänge: Abstand des äußersten vorderen Punktes – ausgenommen Rückspiegel – von der Radmitte der Vorderachse.

Hintere Überhanglänge: Abstand des äußersten hinteren Punktes von der Radmitte der letzten Achse.

Rahmenlänge hinter dem Führerhaus

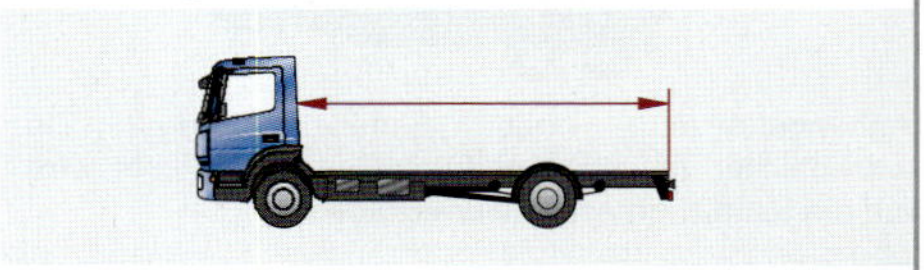

Nutzbare Länge hinter dem Führerhaus bis zum hinteren Ende das Rahmens.

Größte Innenmaße des Laderaumes

Länge, Breite und Höhe des Innenraumes ohne Berücksichtigung der etwas nach innen vorstehenden Teile. Bei gebogenen Flächen gilt das Maß im Scheitelpunkt der Krümmung.

Lichte Innenmaße des Laderaumes (Lademaße)

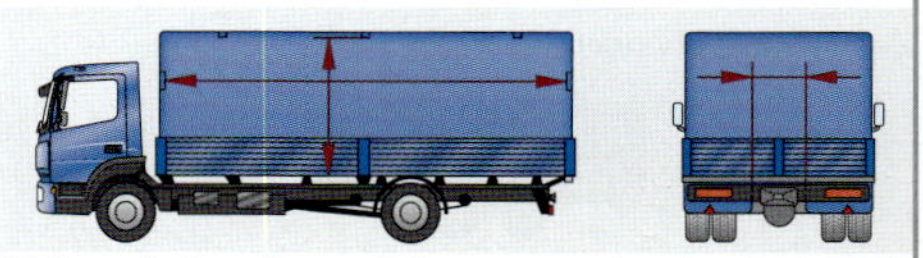

Maße zwischen den nach innen vorstehenden festen Teilen, wie z.B. Radkästen. Größere Einbauten sind gesondert anzugeben.

Bei der Ermittlung bestimmter Maße wird das Fahrzeug so belastet, dass die höhstzulässigen Achslasten erreicht werden. Die Reifen müssen den Reifendruck haben, der für diese höchstzulässigen Achslasten vorgeschrieben ist.

F

Fahrbetriebs- und Fahrwerkmaße

Bodenfreiheit vor, zwischen und hinter den Achsen

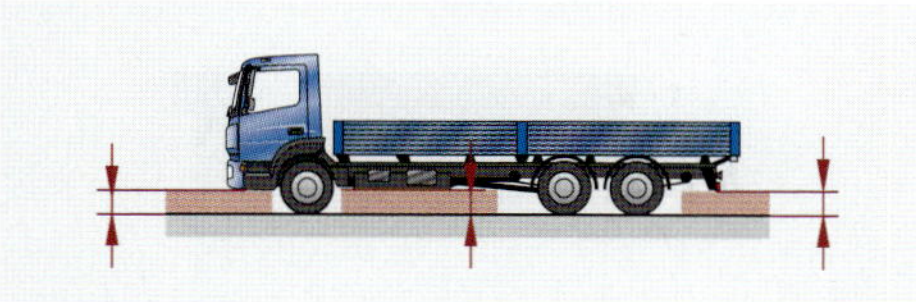

Kleinster Abstand zwischen der Standebene und dem tiefsten, festen Punkt des Fahrzeuges.
Bei Pkw ist nur das kleinste Maß anzugeben.

Rest-Federweg

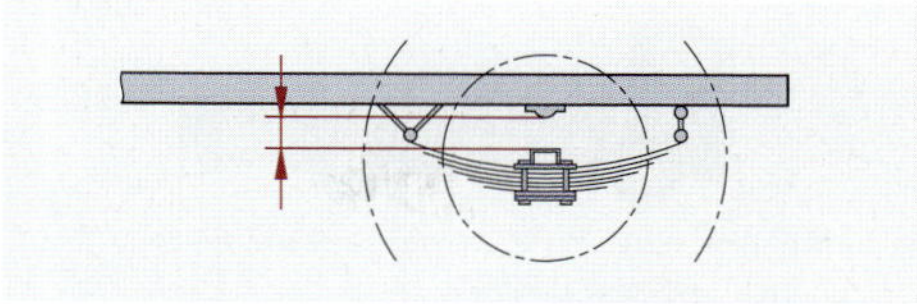

Der Betrag, um welchen das Rad einschließlich seiner Aufhängung nach oben bewegt werden kann, ausgehend von der Radstellung bei zulässiger Achslast.

Bodenfreiheit unter einer Achse

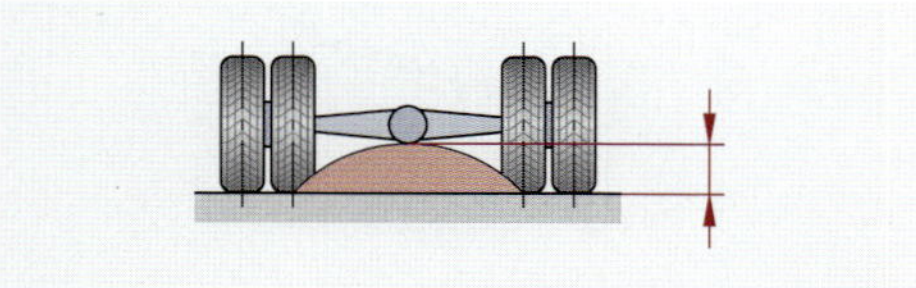

Scheitelhöhe eines Kreisbogens, der durch die Mitte der Auflagefläche der Räder einer Achse (bei Zwillingsbereifung der inneren Räder) geht und der die tiefste Stelle des Fahrzeuges zwischen den Rädern berührt.

Verschränkungsfähigkeit

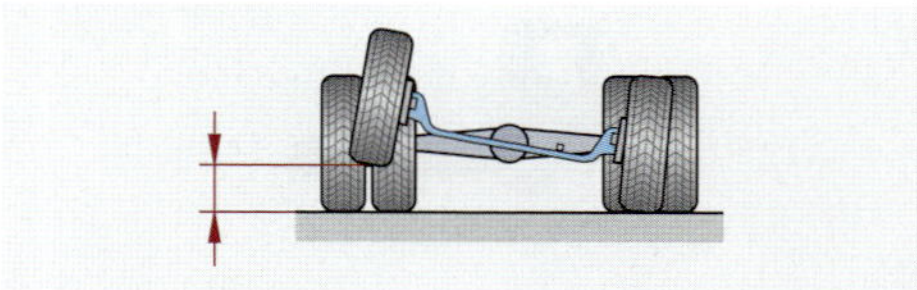

Maß, um welches ein Vorderrad angehoben werden kann, ohne dass eines der übrigen Räder von der Standebene abhebt.

Kleinster Spurkreisdurchmesser

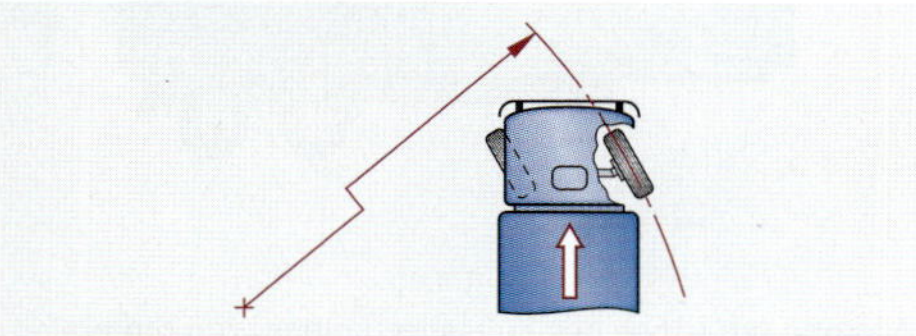

Durchmesser des Kreises, den die Reifenmitte des äußeren gelenkten Rades bei größtem Lenkeinschlag auf der Standebene beschreibt.

Kleinster Wendekreisdurchmesser

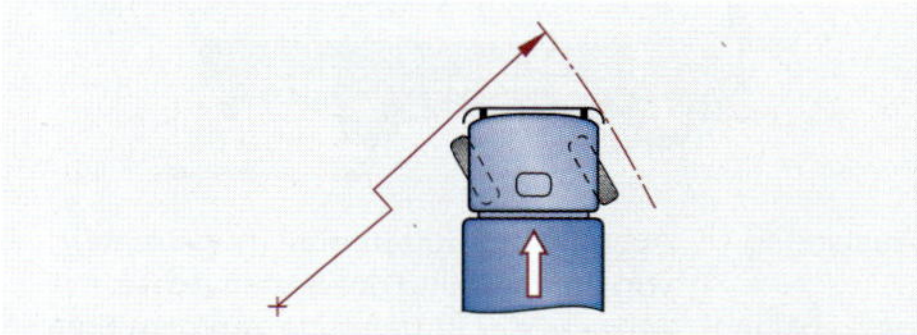

Durchmesser des kleinsten gedachten zylindrischen Hüllkörpers, in dem das Fahrzeug eine Kreisfahrt bei größtem Lenkeinschlag durchführen kann.

Rampenwinkel

Der Winkel, gemessen zwischen Ebenen, die tangential an den statischen Rollradien der Vorder- und Hinterräder anliegen und einen Punkt an der Unterseite des Fahrzeuges berühren, bei dem sich der größte Rampenwinkel ergibt, den das Fahrzeug überfahren kann.

Voreilung bei Seitenwagengespannen

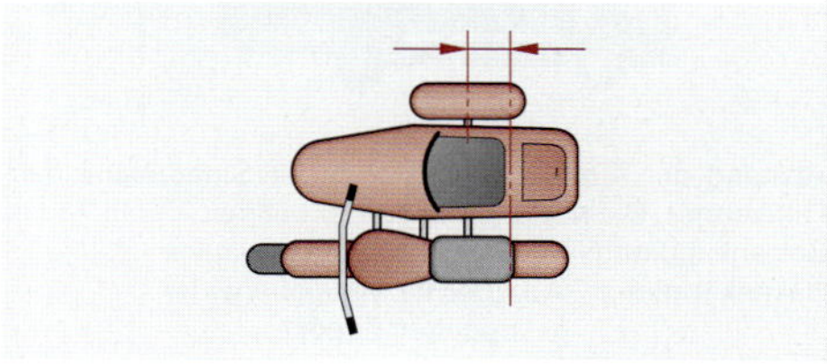

Maß, um das die Achse des Seitenwagenrades der Hinterachse des Kraftrades voreilt.

Vorderer Überhangwinkel

Winkel zwischen der Standebene des Fahrzeuges und einer Ebene, die den statischen Halbmesser der Reifen der ersten Achse und den äußersten tiefsten festen Punkt des Fahrzeuges vor der Achse berührt.

Hinterer Überhangwinkel

Winkel zwischen der Standebene des Fahrzeuges und einer Ebene, die den statischen Halbmesser der Reifen der letzten Achse und den äußersten tiefsten festen Punkt des Fahrzeuges hinter der Achse berührt.

Anhängerbetriebsmaße

Frontabstand der Anhängerkupplung

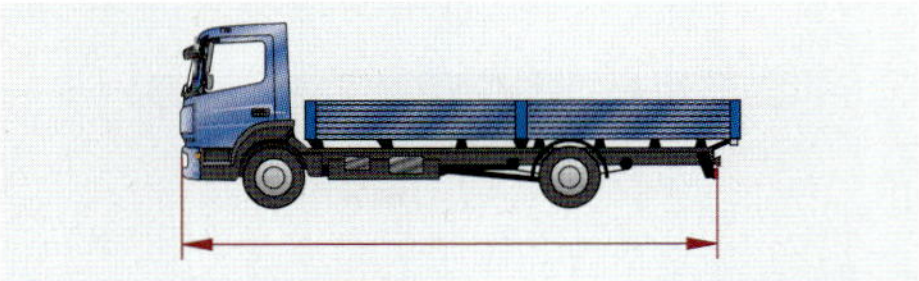

Abstand der Bolzenmitte der Anhängerkupplung von der Vorderkante des Kraftfahrzeuges (ausgenommen Rückspiegel).

Frontabstand der Sattelkupplung

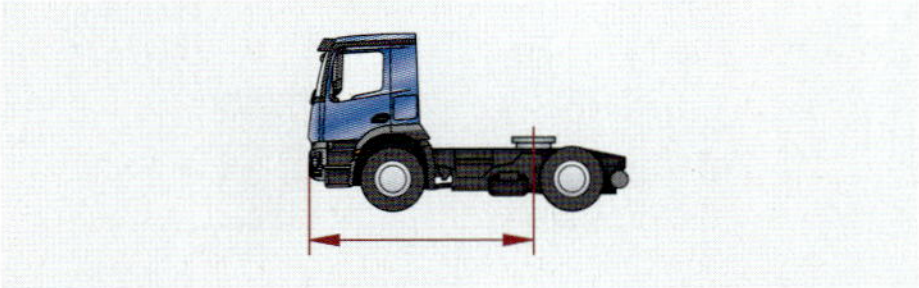

Abstand das Drehpunktes des Zugsattelzapfens in der Sattelkupplung von der Vorderkante der Sattelzugmaschine (ausgenommen Rückspiegel).

Ausladung und Heckabstand der Anhängerkupplung

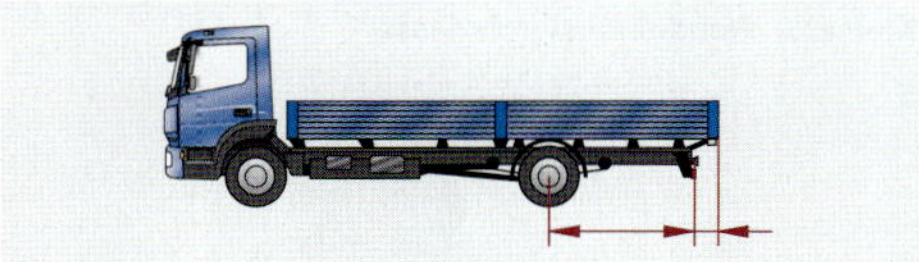

Ausladung: Abstand der Bolzenmitte (Kugelmitte) von der Radmitte der letzten Achse.

Heckabstand: Abstand der Bolzenmitte von dem Ende des Aufbaus (ohne Beschlagteile).

Höhe der Anhängerkupplung

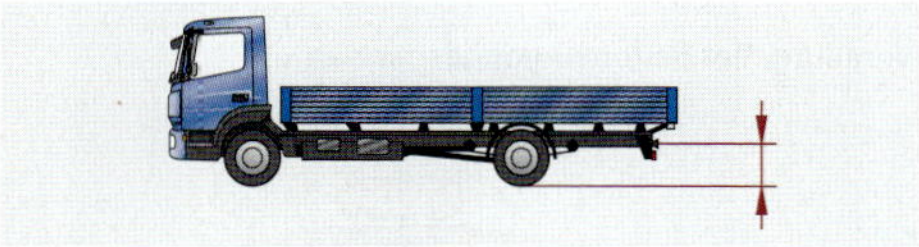

Abstand der Kupplungsmitte von der Standebene des Fahrzeuges. Die Kupplungsmitte ist bei der

Bolzenkupplung: Mitte des Kupplungsmaules

Hakenkupplung: Waagrechte Mittelebene der gekuppelten Zugöse.

Kugelkupplung: Mitte der Kupplungskugel.

Sattelvormaß, Höhe der Sattelkupplung

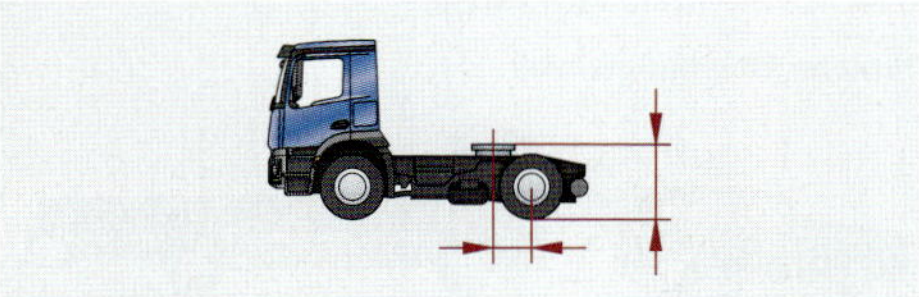

Sattelvormaß: Maß zwischen einer Senkrechten durch die Querachse der Sattelkupplung und einer Senkrechten durch die Radmitte der letzten Achse.

Höhe der Sattelkupplung: Abstand der Kupplungsplatte in waagrechter Stellung von der Standebene.

Ausladung der Zuggabel (Deichsel)

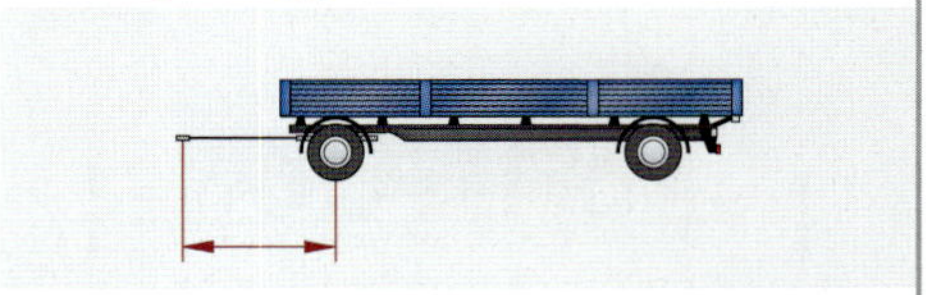

Maß von Mitte Zugöse bis Radmitte der ersten Achse.

Länge der Zuggabel (Deichsel)

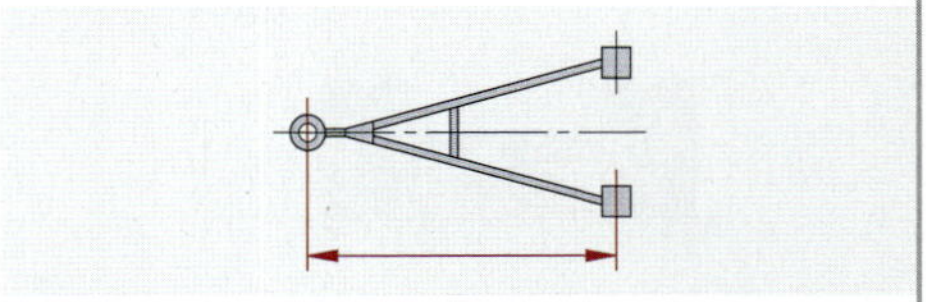

Abstand der Mitte der Zugöse von der Achse der Gabellager.

Schwanenhalsfreiradius

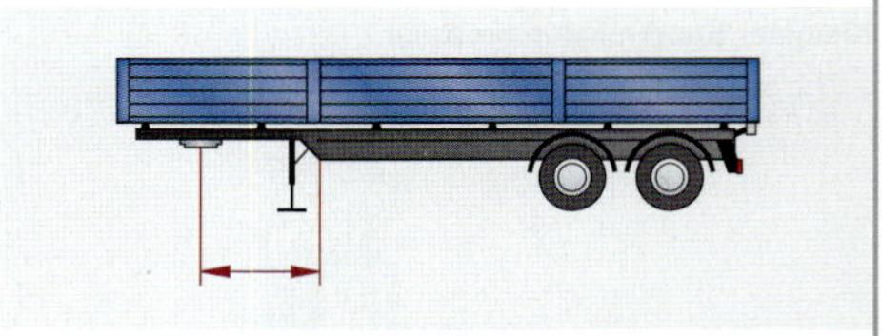

Abstand der Achse des Zugsattelzapfens vom hintersten Teil der Kontur des Schwanenhalses.

Vorderer Überhangradius

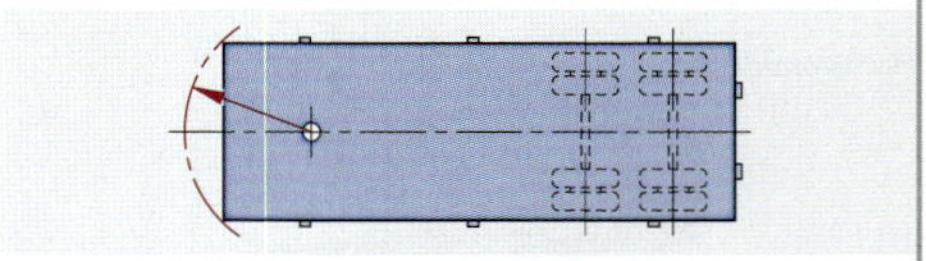

Der vordere Überhangradius bei Sattelanhängern ist der Radius des kleinsten, zylindrischen Hüllkörpers, dessen Achse mit der des Zugsattelzapfens zusammenfällt und der alle vorderen Punkte des Sattelanhängers umschließt.

Heckradius

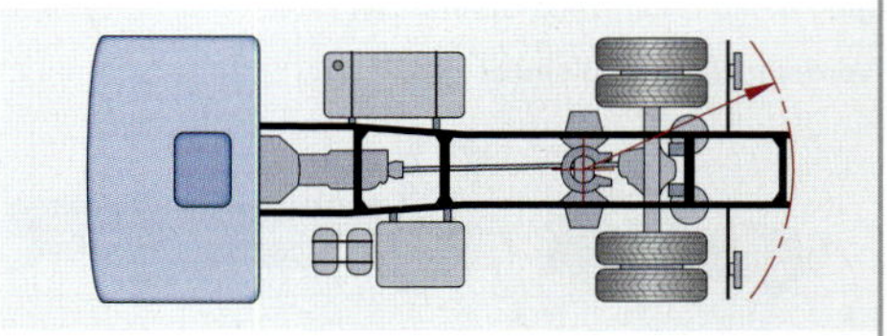

Heckradius ist der Radius des kleinsten gedachten Zylinders, dessen Achse senkrecht durch den Drehpunkt des Zugsattelzapfens in der Sattelkupplung verläuft, und dessen Mantel alle hinteren Teile der Sattelzugmaschine einschließt.

Fahrzeugbauweisen

Fahrzeugbauweisen können nach Fahrzeugaufbau (Tragsystem), verwendeten Werkstoff, Fügetechnik und Fertigungsart unterschieden werden.

Fahrzeugaufbau	Werkstoffauswahl	Fügetechnik	Fertigungsart
• getrennte Bauweise (Rahmenbauweise) • mittragende Bauweise • selbsttragende Bauweise	• Metall (Stahl; Leichtmetall) • Kunststoff • Verbund-/Hybridwerkstoffe • Carbon	• Schweißen • Durchsetzfügen • Kleben • Nieten • Schrauben, ...	• Einzelfertigung • Kleinserienfertigung • Großserienfertigung

Fahrzeugaufbau (Tragsystem) / Karosserie

Der Fahrzeugaufbau dient dem Schutz von Insassen und Gütern vor Umwelteinflüssen und bei Unfällen. Außerdem übernimmt er die Tragfunktion für Fahrwerks- und Antriebsbaugruppen sowie für Insassen und Nutzlast.

	Merkmale	Eigenschaften	Anwendung
Getrennte Bauweise (Rahmenbauweise) 	Ein Tragrahmen, z.B. Leiterrahmen, bildet dabei das Grundgerüst für die Aufnahme der Fahrwerks- und Antriebsbaugruppen, sowie dem Aufbau, z.B. Fahrerhaus und Transportbehälter.	• Große Flexibilität, da verschiedenste Aufbauvarianten mit dem Grundrahmen kombiniert werden können. • Hohe Traglast • Große Biegesteifigkeit und hohe Verwindungselastizität.	Standardbauweise bei Lastkraftwagen, Geländewagen, Fahrzeuganhängern.
Mittragende Bauweise 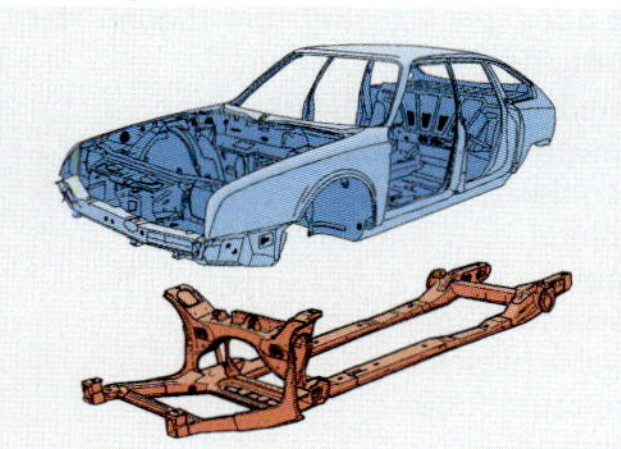	Bei der mittragenden Bauweise übernimmt zusätzlich zu einem Bodenrahmen ein selbsttragender Aufbau einen Teil der Gesamttragfunktion.	Im Vergleich zur selbsttragenden Bauweise ist eine einfachere Verwirklichung verschiedener Karosserieaufbauvarianten möglich.	Im Omnibusbau, selten im Pkw-Bau.
Selbsttragende Bauweise 	Bei der selbsttragenden Bauweise wird eine Bodengruppe mit Längs- und Querträgern, Motorträgern, Kofferraumboden und Radkästen mit anderen Blechteilen wie A-, B-, C-, D-Säulen, Dach und Kotflügeln z.B. verschweißt und verklebt oder vernietet. In Verbindung mit eingeklebten Scheiben erhält die Karosserie ihre volle selbsttragende Eigenschaft (sie übernehmen bis zu 30 % Tragfunktion). Zusätzlich dient sie zur Aufnahme der Antriebs- und Fahrwerksbaugruppen.	Geeignet bei großen Stückzahlen. Formen- und Werkstoffleichtbau lassen sich gut verwirklichen. Im Pkw-Sektor ist ein hoher passiver Sicherheitsstandard verwirklicht. **Reparaturen:** Herstellervorschriften sind hinsichtlich Material und Reparaturdurchführung genau einzuhalten, da sich ansonsten die Fahrzeugsicherheit bei Unfällen vermindert.	Standardbauweise im Pkw-Bau und Omnibusbau. Ausführungen: Schalenbauweise, Gerippebauweise.

F

Selbsttragende Karosserie in Schalenbauweise

Bei der selbsttragenden Karosserie werden tiefgezogene Blechteile zu Hohlprofilen gefügt. Im Verbund bilden sie eine tragende Struktur. Die dazwischenliegenden Blechfelder (Schalen) tragen zusammen mit den geklebten Fahrzeugscheiben zur Versteifung des Profilgerippes bei. Die einzelnen Karosserieteile sind nach ihrer Lage und Funktion in Primär- und Sekundärträger sowie Anbauteile gegliedert. Dabei ist die Zuordnung der Teile zu den Primär- und Sekundärträgern nicht immer einheitlich.

Primärträger (Trägerstruktur)

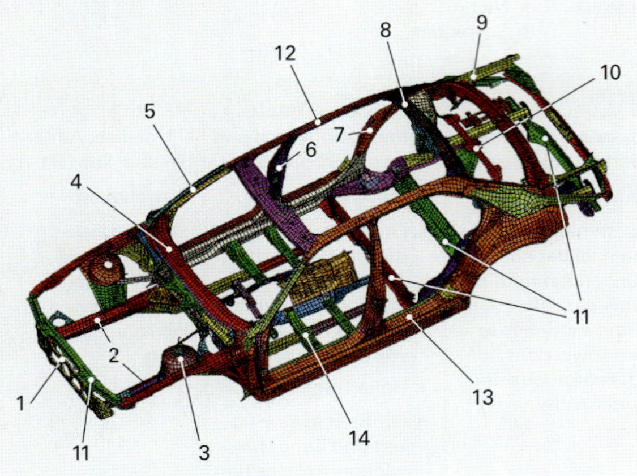

Primärträger haben tragende und stabilisierende Funktion. Sie nehmen große Kräfte auf und sind sicherheitsrelevant.

1. Frontblech
2. Längsträger, vorn re
3. Federbeinbefestigung (Dom) li/re
4. Querträger unter Windschutzscheibe
5. A-Säule re
6. B-Säule re
7. C-Säule re
8. Dachquerträger
9. Längsträger, hinten re
10. Achsaufnahme li/re
11. Querträger vorn, Mitte, hinten
12. Dachholm re
13. Schweller li
14. Sitzträger li

Kleine Verformungen können gerichtet werden. Bei großen Verformungen sind die Teile nach dem Richten zu ersetzen.

Sekundärträger (Schalenstruktur)

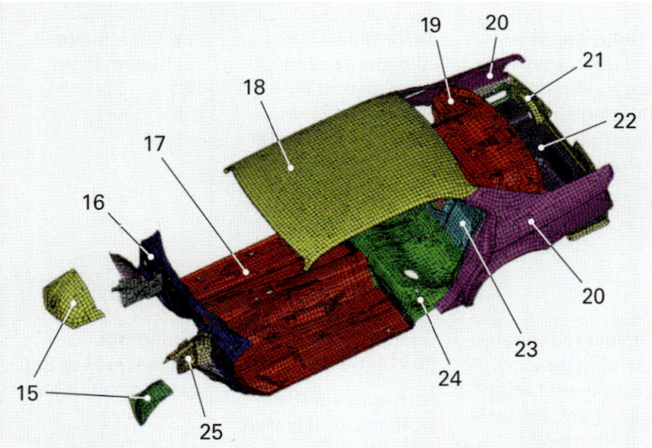

Sekundärträger sind innere und äußere Bleche, die mit der Karosserie fest verschweißt, verlötet oder geklebt sind. Sie dienen der Versteifung der Trägerstruktur.

15. Innere Kotflügel vorn, li/re
16. Stirnwandblech (Windlauf)
17. Bodenblech
18. Dachhaut
19. Hutablage
20. Äußere Kotflügel hinten, li/re
21. Heckabschlussblech
22. Kofferraumboden
23. Rückwandblech
24. Sitzschalen hinten mit Fersenblech
25. Radkastenblech li

Bei großen Verformungen sind Teile nach dem Richten zu ersetzen (Teilersatz oder Abschnittsreparatur).

Anbauteile

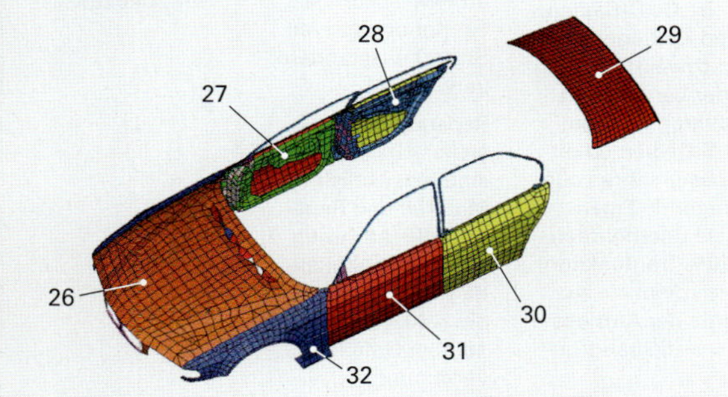

Anbauteile sind durch Schraub- oder Steckverbindungen mit der Rohkarosserie verbunden.

26. Motorhaube
27. Inneres Türblech vorn, re
28. Inneres Türblech hinten re
29. Kofferraumdeckel, Heckklappe
30. Äußeres Türblech hinten, li
31. Äußeres Türblech vorn , li
32. Äußere Kotflügel li

Je nach der Schwere einer evtl. Beschädigung (Kratzer, Delle, Riss/Bruch) werden die Teile gespachtelt, ausgebeult oder ersetzt.

F

Werkstoffe im Karosseriebau

In modernen Karosserien werden eine Vielzahl verschiedener Werkstoffe eingesetzt (Hybridbauweise). Die Stahlbleche werden meist galvanisch oder elektrolytisch verzinkt eingesetzt.

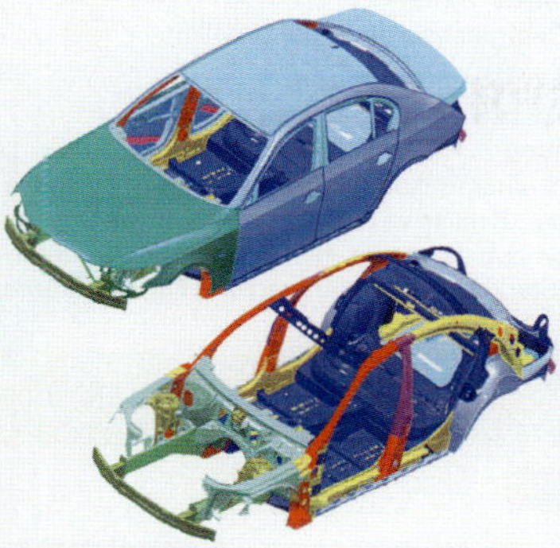

Stähle

Sonst. Stähle	220 MPa	400 MPa
DC 03/04/06	260 MPa	420 MPa
DX 54	300 MPa	500 MPa
DX 56	340 MPa	D680 C
180 MPa	380 MPa	950 MPa

Aluminium

AlMg3,5 Mn	AC-300 HF
AlMg3,5 Mn0,5	AlMgSi
AlMg4,5 Mn0,4	AlMGSi1
AlMg4,5 Mn0,4 H24	Guss
AlMg0,4 Si1,6	

Werkstoff	Eigenschaften	Reparatur	Anwendung
Weiche Karosseriestähle: Beispiel: DC 01 bis DC 06; DX 54	• Sehr gut schweißbar • Gut bis sehr gut umformbar • Gut rückformbar	• Geringe Verformungen lassen sich problemlos rückformen • Bauteile mit Knicken und scharfen Kanten sind auszuwechseln	• Kotflügel • Dachhaut • Hauben Meistverwendeter Werkstoff bei älteren Karosserien
Karosseriestähle mit hoher und höchster Streckgrenze: z.B. HC 260 Y; HCT 450 X	• Sehr hohe Beulsteifigkeit • Große Rückfederung • Teilweise verlieren die Bleche bei Wärmeeinwirkung ihre hohe Festigkeit	• Großer Kraftaufwand beim Rückformen nötig • Gefahr der Rissbildung beim Rückformen **Hinweis:** Bei der Reparatur hoch- und höchstfester Werkstoffe unbedingt die Herstellervorschriften beachten.	• Strukturteile z.B. Längs- und Querträger • Versteifungen im Seitenwandbereich • B-Säule • Seitenaufprallschutz • Stirnwandblech
Sandwichbleche	• Hohe Steifigkeit • Geringes Gewicht • Schalldämmende Wirkung	• Karosserieteile können nicht instandgesetzt werden sondern werden ausgetauscht. • Neuteile werden geklebt	• Reserveradmulde • Stirnwandblech
Aluminiumlegierungen: z.B. AlMg3,5Mn	• Geringe Dichte • Sehr hohes Energieabsorptionsvermögen • Hohe Korrosionsneigung z.B. gegenüber Stahl	• Beplankungen können ausgebeult werden • Strukturteile, besondere Strangpressprofile, lassen sich meist nicht rückformen. Herstellervorschriften beachten! • Bei Abschnittsreparaturen werden die Teile geklebt und mit Stanznieten fixiert. **Hinweis:** Werkzeuge dürfen nicht gleichzeitig für Stahlbearbeitung verwendet werden.	• Bleche für Beplankungen z.B. Kotflügel • Anbauteile wie Front- und Heckklappen, Türen • Stranggussteile für Strukturelemente z.B. vordere Längsträger • Gussknoten/Gussteile beim Aluminiumrahmen (Space Frame)
Kunststoffe und Kunststoffblends: z.B. PP-GM 20, SMC (Sheet Moulding Compound)	• Geringe Dichte • Korrosionsbeständig Durch Füllstoffe (z.B. Glas- oder Kohlefasern) und Mischungen (Blends) lassen sich die Eigenschaften stark beeinflussen.	Die meisten Kunststoffteile können geklebt, gespachtelt und lackiert werden. **Hinweis:** Bei Kunststoffteilen Reparaturfreigabe durch den Hersteller beachten.	• Stoßfängerverkleidungen • Reserveradmulden • Verkleidungsteile z.B. Kotflügel • Unterbodenverkleidungen

Materialeigenschaften von Karosserieblechen

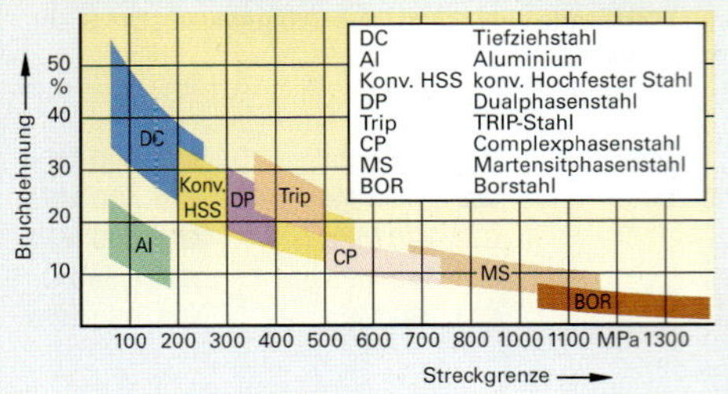

Geforderte Werkstoffeigenschaften:

- geringes Gewicht bei ausreichender Festigkeit
- Umformbarkeit
- definierte Energieabsorbtion bei Unfällen.

Maßgebliche Werkstoffkennwerte:

- Streckgrenze bzw. 0,2%-Dehngrenze
- Bruchdehnung • Zugfestigkeit.

Abhängig von einer funktionsgerechten Konstruktion der Karosserie wie z.B. passive und aktive Sicherheit, Design, geringes Gewicht, kommen die Werkstoffe in unterschiedlichen Stärken, Formgebungen und Fügeverfahren zum Einsatz.

Flacherzeugnisse aus weichen Stählen zum Kaltumformen (Tiefziehstähle – DC/DX-Güten)

vgl. DIN EN 10130

Beispiel DC 03 D + Z

Hauptsymbole	Kennzahlen	Zusatzsymbole (Auswahl)

D Flacherzeugnisse aus weichen Stählen zum Kaltumformen
- **C** kaltgewalzt
- **D** warmgewalzt
- **X** Walzzustand unbestimmt

01, 03, 04, 05, 06, 07 Tiefziehgüten

Hinweis: Je höher die Kennzahl desto besser sind die Umformeigenschaften.

D Schmelztauchüberzug
CE elektrolytisch verchromt
IC anorganische Beschichtung
Z feuerverzinkt
ZE elektrolytisch verzinkt
A weichgeglüht
C kaltverfestigt

Erklärung DC03 D+Z: Flacherzeugnis zum Kaltumformen, kalt gewalzt, Tiefziehgüte 03, im Schmelztauchüberzug feuerverzinkt.

Stahlblech (Feinblech und Band), kaltgewalzt, aus weichen unlegierten Stählen

Kurzname	Werkstoffnummer	Bisheriger Kurzname DIN 17 006	Zugfestigkeit R_m in MPa	Streckgrenze $R_{p0,2}$ [1)] in MPa	Bruchdehnung A in %	Eigenschaften und Verwendung
DC01	1.0330	St 12	270...410	280	28	Für untergeordnete Blechteile
DC03	1.0347	RRSt 13	270...370	240	34	Stahlbleche von 0,35 mm bis 3 mm Dicke, schweißbar, zum Auftragen metallischer Überzüge geeignet; für schwierige Tiefziehteile, z.B. Dachhaut bis sehr schwierige Tiefziehteile, z.B. Kotflügel, Türen
DC04	1.0338	St 14	270...350	210	38	
DC05	1.0312	–	270...330	180	40	
DC06	1.0873	–	270...350	170	38	
DC07	1.0898	–	250...310	150	44	

1) Aufgrund von Alterung gelten für Konstruktionszwecke folgende Streckgrenzen: DC01 ... DC05 140 N/mm²; DC06 / DC07 120 N/mm²

F

Kennzeichnung der Blechoberflächen

Oberflächenart	Kennzeichen DIN EN 10 130	Kennzeichen DIN 1623	Oberflächenausführung	Kennzeichen
übliche kaltgewalzte Oberfläche	A	03	besonders glatt	b
beste Oberfläche	B	05	glatt	g
			matt / rau	m / r

Beispiel DC04B m: Flacherzeugnis zum Kaltumformen, kalt gewalzt, Tiefziehgüte 04, beste Oberfläche, matte Ausführung.

Kontinuierlich feuerverzinktes Band und Blech zum Kaltumformen (weiche Stähle)

Kurzname	R_m in MPa	R_e, $R_{p\,0,2}$ in MPa	A_{80} in %	Eignung zum Kaltumformen
DX 53 D + Z	270 ... 380	140 ... 260	30	Tiefziehgüte
DX 54 D + Z	260 ... 350	120 ... 220	34 ... 36	Sondertiefziehgüte
DX 56 D + Z	260 ... 350	120 ... 180	37 ... 39	Spezialtiefziehgüte

A_{80}: Bruchdehnung bei Anfangslänge L_0 = 80 mm

Flacherzeugnisse von hoch- und höherfesten Karosserieblechen

vgl. DIN EN 10083-3

Beispiel HD 260 | LA | D + Z100

Hauptsymbole	Kennzahlen	Zusatzsymbole (Auswahl)
H Flacherzeugnisse aus höherfesten Stählen zum Kaltumformen **C** kaltgewalzt **D** warmgewalzt **nnn** Mindeststreckgrenze in MPa **T nnn** Mindestzugfestigkeit in MPa	**B** Bake-Hardening Stahl **C** Complex-Phasen Stahl **LA** Mikrolegierter Stahl **MS** Martensit-Phasen Stahl **P** Phosphorlegierer Stahl **T** Trip-Stahl **X** Dual-Phasen-Stahl **Y** IF-Stahl (IF = Interstitial free steel)	**D** Schmelztauchüberzug **Z** Feuerverzinkt **ZE** Elektrolytisch verzinkt **100** Zinkschichtdicke in g/m2

Erklärung HD260LA D+Z100: Höherfester, warmgewalzter mikrolegierter Stahl zum Kaltumformen geeignet, mit einer Mindeststreckgrenze von 260 MPa, im Schmelztauchüberzug feuerverzinkt mit einer Zinkschicht von 100 g/m².

Mikrolegierte Stähle (Kennbuchstaben: LA)

Bezeichnung	Streckgrenze $R_{p0,2}$ in MPa	Zugfestigkeit R_m in MPa	Bruchdehnung A in %	Bezeichnung	Streckgrenze $R_{p0,2}$ in MPa	Zugfestigkeit R_m in MPa	Bruchdehnung A in %
HC260LA	260 … 330	350 … 430	26	HC420LA	420 … 520	470 … 590	17
HC340LA	340 … 420	410 … 510	21	HC500LA	500 … 620	530 … 690	15

Durch Legieren mit Nb und Ti erhält man Feinkornstähle mit besonderer Eignung zum Kaltumformen. **Anwendung:** Sie werden vor allem für crashrelevante Strukturteile eingesetzt.

Phosphorlegierte Stähle (Kennbuchstabe P)

HC220P	220 … 270	320 … 400	32
HC300P	300 … 360	400 … 480	26

Durch das Legieren mit P erhält man ein feines Korn sowie eine Mischkristallverfestigung und damit erhöhte Festigkeiten. **Anwendung:** Großflächige Außenhautteile sowie Strukturteile mit geringer Umformbeanspruchung.

IF-Stähle (Kennbuchstabe Y)

HC180Y	180…230	340 … 400	36
HC260Y	260…320	380 … 440	32

Der Stahl wird vakuumentkohlt und dann mit P und Mn legiert. Er hat sehr gute Umformeigenschaften bei entsprechend hoher Festigkeit. **Anwendung:** Radhausinnenblech, Bodenblech im Tunnelbereich, Türen, Dächer.

Bake-Hardening Stähle (Kennbuchstabe: B)

HC180B	180 … 230	300 … 360	34
HC220B	220 … 270	320 … 400	32

Gut umformbar. Durch die Wärmebehandlung bei der Einbrennlackierung wird die Streckgrenze, die Festigkeit sowie die Beulfestigkeit des Stahls deutlich erhöht (Bake-Hardening-Effekt). **Anwendung:** Karosserieaußenhaut wie Hauben, Deckel, Türen, Seitenteile.

Dual-Phasen- Stähle (Kennbuchstabe: X)

HCT450X	260 … 340	450	27
HCT980X	600 … 750	980	10

Der Stahl hat bei hoher Festigkeit eine gute Umformbarkeit und ein hohes Energieabsorbtionsvermögen. **Anwendung:** Crashrelevante Strukturteile wie Längs- und Querträger oder als Verstärkung an Säulen. Durch den Bake-Hardening-Effekt lässt sich die Festigkeit noch zusätzlich steigern.

Trip- Stähle (Kennbuchstabe: T)

HCT690T	430 … 550	690	23

Sie haben eine gute Umformbarkeit bei hoher Ausgangszugfestigkeit. Durch den Bake-Hardening-Effekt lässt sich die Festigkeit zusätzlich um bis zu 40 MPa steigern. **Anwendung:** Crashrelevante Teile, die bei der Fertigung stärker umgeformt werden müssen.

Dual-Phasen- Stähle (Kennbuchstabe: X)

HCT980C	800 … 950	980	6

Durch Mikrolegierung mit Al, Mo, Mn, P, Si, Ti und V ergibt sich ein sehr feinkörniges Gefüge. Besitzt bei geringer Umformung hohe Kaltverfestigung. **Anwendung:** Sicherheitsrelevante Strukturteile sowie großflächige Ziehteile mit besonders hoher Beulfestigkeit wie z.B. Dächer.

Martensit-Phasen-Stahl (Kennbuchstaben: MS)

HDT1200MS	900… 1150	1200	5

Diese Stähle haben ein sehr feinkörniges Gefüge und sind sehr hart. Durch den Bake-Hardening-Effekt lässt sich die Festigkeit zusätzlich um bis zu 30 MPa steigern. **Anwendung:** Türaufprallträger, Karosserieverstärkungen.

Mangan-Bor-Stähle (Kennbuchstaben: MnB)

22 MnB5	300 … 550	500 … 700	≥ 15%

Zugeschnittene Platinen werden in Pressen bei ca. 950 °C warm umgeformt und gezielt abgekühlt. Durch Presshärten in der Form erreichen diese Stähle Festigkeiten bis ca. 1600 MPa. **Anwendung:** Z.B. B-Säule, Seitenaufprallschutz.

F

Datenerfassung

Um den für die Kalkulation notwendigen Wiederbeschaffungswert zu ermitteln, sind folgende Daten zu erfassen:

Fahrzeugdaten	Hersteller, Haupttyp, Untertyp, Fahrzeug-Ident-Nummer VIN (Vehicle Identifikation Number), Ausführung, Leistung, Hubraum, zulässiges Gesamtgewicht, Farbe, Bereifung.
Daten bezüglich Fahrzeugwert	Tag der ersten Zulassung, Zeitpunkt der nächsten Hauptuntersuchung und der nächsten Abgasuntersuchung, allgemeiner Zustand (technisch, Lackzustand), Listenpreis, Vorbesitzer, Sonderausstattung, Vorschäden, Laufleistung, gewerbliche Nutzung.

Schadensaufnahme nach einem Unfall

Voraussetzungen	Die Schadensdiagnose ist in einer gut ausgeleuchteten Werkstatt mit einer Hebebühne durchzuführen, um Beschädigungen tragender Teile und weiterer funktionswichtiger Baugruppen zu erkennen.
Bestimmung der Aufprallbedingungen	Für die Schadensaufnahme sollten die folgenden Angaben ermittelt werden: • Die Geschwindigkeit des Fahrzeugs/der Fahrzeuge zum Zeitpunkt des Zusammenpralls. • Die Größe und die Form der an dem Unfall beteiligten Fahrzeuge. • Der Aufprallwinkel auf das gegnerische Fahrzeug bzw. das Hindernis.
Bestimmung der Schadensausdehnung	Folgende Fragestellungen sollen helfen, die Schadensausdehnung zu ermitteln: • Von welcher Stelle geht der Schaden aus und in welche Richtungen wurde der Stoß weitergeleitet (Lastpfade)? • Wurde das Fahrzeug verdreht, verzogen oder verbogen? • Ist der Schaden auf ein und denselben Stoß zurückzuführen oder haben mehrere Stöße auf die Karosserie eingewirkt
Analyse von Karosserieschäden	Die Schadensaufnahme erfolgt von außen nach innen: **Außenschäden** an Türen, Hauben, Klappen und Dach. **Hinweis:** Unter großen Kunststoffteilen z.B. Stoßfänger lassen sich Verformungen, Brüche und Risse erst nach der Demontage der Teile erkennen. **Innenschäden** im Motor- und Kofferraum, aber auch unter Verkleidungen des Innenraums. **Bodengruppenschäden** lassen sich an Knicke und Falten, Rissen und Abblätterungen am Lack, Unterbodenschutz und Dichtmasse erkennen.
Sekundärschäden erfassen	• Folgeschäden an Bauteilen und Aggregaten durch die Deformation der Karosserie durch die Massenträgheit schwerer Bauteile (Aggregate reißen sich aus ihrer Aufhängung). (Siehe „Sicht und Funktionskontrolle von Bauteilen und Aggregaten")

Entscheidungshilfen für die Bestimmung des wirtschaftlichsten Reparaturweges

Ziel der Instandsetzung ist die Wiederherstellung • der Verkehrs- und Betriebssicherheit, • des ursprünglichen Aussehens (Optik), • des Deformationsverhaltens, • der Steifigkeit der Karosserie, • des Korrosionsschutzes. Um diese Ziele zu gewährleisten, müssen die Reparaturvorgaben der Hersteller genau eingehalten werden.

Verfahren	Anwendung	Vorteile
Ausbeulen	Bei kleinen Schäden an Teilen, die nicht einfach demontiert werden können	Aufwändiger Eingriff in die Fahrzeugstruktur wird vermieden.
Demontage von Schraubteilen	Bei geschraubten Kotflügeln, Türen, Klappen und Hauben	Bei geschraubten Teilen ist ein Ersatz des beschädigten Teils meist wirtschaftlicher
Spot Repair	Bei dunklen 2-Schicht Decklacken mit einem Dellen-Ø kleiner 3,5 cm. Delle sollte am Rand liegen. Liegende Flächen (Dach, Hauben) sind ungeeignet. Das Teil muss nicht demontiert werden.	Durch die Begrenzung des Reparaturbereichs auf die Größe einer DIN A 4 Seite verringert sich der Reparaturaufwand und ermöglicht eine wirtschaftliche Kleinreparatur.
Abschnittsreparatur	Kleine Schäden an großen Karosserieteilen (z.B. hinterer Kotflügel).	Nur der beschädigte Bereich wird herausgeschnitten und durch ein zurechtgeschnittenes Neuteil ersetzt.
Kunststoffreparatur	Bei kleinen Schäden an großen Kunststoffteilen z.B. Stoßfänger. Für die Instandsetzung des Teils muss Freigabe des Fahrzeughersteller vorliegen	Keine teuren Ersatzteile und Lackierungen. Zeitwertgerechte Reparatur an älteren Fahrzeugen möglich. Wertschöpfung bleibt im Betrieb.
Richtbankarbeiten	Bei Schäden an tragenden Teilen besonders im Bereich der Achsaufhängungen.	• Genaues Prüfen der Messpunkte . • Kein Verziehen intakter Bereiche beim Richten. • Sichere Positionierung der Ersatzteile (Schweißlehre).

F

Schadensanalyse

Einpassung von Karosserieteilen

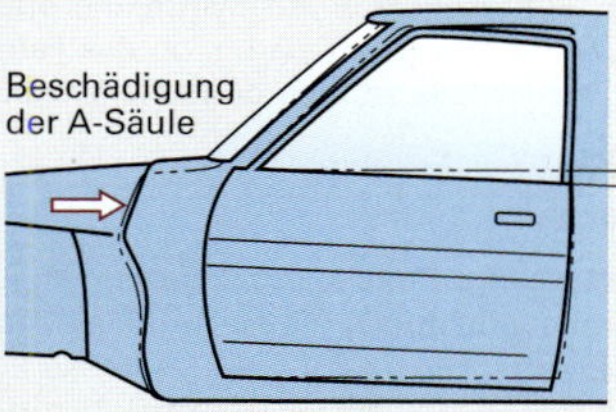

Bei einem Unfall werden Karosserieteile gegeneinander verschoben. Bleibende Verformungen sind an den äußeren Fahrzeugteilen an folgenden Details erkennbar:

- Die Spaltmaße an Türen, Klappen und Hauben sind verändert.
- Die Türen sind schwer zu öffnen und schließen schlecht.
- Das Schiebedach klemmt beim Öffnen und Schließen.
- Die Scheiben haben eventuell Risse.

Hinweis: Das Fahrzeug sollte bei dieser Überprüfung auf den Rädern stehen, da sich vor allem bei älteren Fahrzeugen die Karosserie beim Anheben elastisch verformen kann.

Verformung von Trägern und ebenen Karosserieteilen

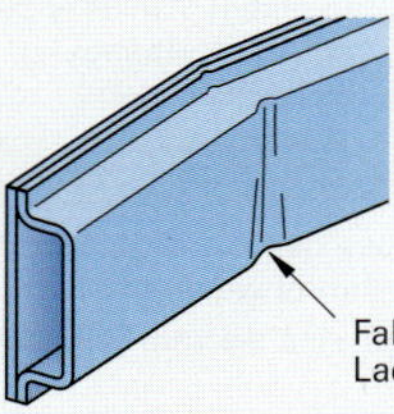

Die Suche nach Schäden erfolgt entlang der Krafteinleitung (Lastpfade). Verformungen der tragenden Struktur werden an folgenden Merkmalen deutlich:

- Knicke und Falten im Blech von Karosserieteilen.
- Risse im Lack und Lackabplatzer an tragenden Teilen, am Unterbodenschutz und an den Abdichtnähten.
- Dellen im Dach. Sie deuten meist auf eine Verformung der Fahrgastzelle hin.
- Lackabplatzer am Rand von Spalten. Hier sind die Kanten der Karosserieteile aufeinandergestoßen.
- Mit einer Achsvermessung lassen sich auch kleine Verformungen der vorderen und hinteren Längsträger feststellen.

Verformungen des Unterbodens

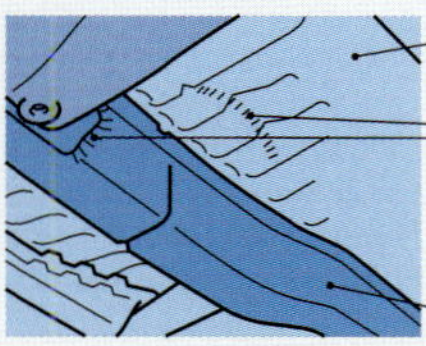

Zur Schadensbegutachtung müssen gegebenenfalls die Verkleidung des Motorraumes, aerodynamische Bodenverkleidungen, das Reserverad, aber auch die Bodenmatte des Kofferraumes oder des Innenraumes und eventuell auch die Sitze entfernt werden. Man achtet bei der Untersuchung auf folgende Merkmale:

- Aufhängepunkte von Motor und Getriebe verschoben?
- Schäden am Unterbodenschutz, z. B. Abblätterungen?
- Aufhängepunkte der Abgasanlage verbogen oder abgerissen?
- Falten oder Dellen am Unterboden?

Kontrolle der Karosseriemaße

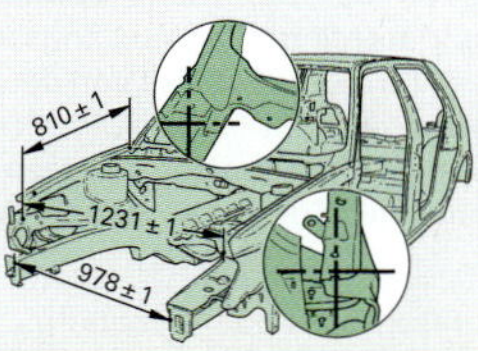

Für eine einfache Analyse von Fahrzeugschäden, z.B. ob die Karosserie verzogen ist, können auch festgelegte oder frei wählbare Bezugspunkte vermessen werden. Folgende Prüfungen können mit dem Stechmaß vorgenommen werden:

- Vergleich der Längenmaße symmetrischer Messpunkte.
- Bezugspunkte vermessen und Vergleich der Messwerte mit den Daten der Fahrzeughersteller.
- Diagonalvermessung zwischen jeweils zwei symmetrischen Messpunkten auf der linken und rechten Seite der Karosserie.

F

Sicht und Funktionskontrolle von Bauteilen und Aggregaten

Außer der Karosserie werden bei einem Unfall meist noch weitere Bauteile beschädigt. Diese Schäden müssen erkannt und beseitigt werden. Bei einer Schadensanalyse sind deshalb auch die folgenden Bauteile zu kontrollieren:

Lenkung und Lenkgestänge	Bauteile der Lenkung auf Verformungen und Risse untersuchen. Zusätzlich muss das Spiel und die Leichtgängigkeit über den gesamten Lenkeinschlag kontrolliert werden.
Fahrwerk	Bauteile der Radaufhängung auf Beschädigung, Verformung oder Verschiebungen prüfen. Achsvermessung durchführen.
Räder und Reifen	• Sichtprüfung der Laufflächen und Reifenflanken auf Beschädigungen. • Prüfen auf Rundlauf und Unwucht. • Räder und Felgenhorn auf Risse und Verformungen prüfen.
Elektrik und Elektronik	Mechanische Schäden an Steuergeräten führen oft zu elektrischen Funktionsstörungen. Mechanisch beschädigte Steuergeräte müssen deshalb ersetzt werden. Gequetschte, verschmorte oder durchtrennte Kabel und Kabelbäume sind zu reparieren bzw. auszuwechseln. Vorschriften der Fahrzeughersteller beachten.
Gurtstraffer und Airbag	Wenn Airbag und Gurtstraffer ausgelöst haben oder mechanisch beschädigt wurden, sind diese Einheiten auszuwechseln. Sicherheitsvorschriften einhalten.

Zweidimensionale Messmethode

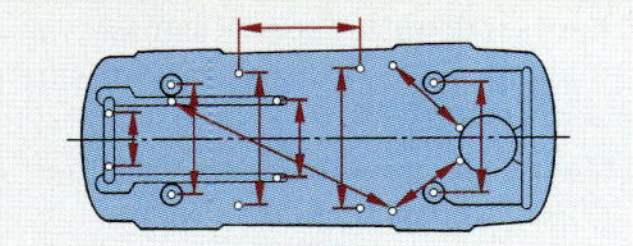

Bei der zweidimensionalen Vermessung wird die Karosserie in einer Ebene an festgelegten oder frei gewählten Bezugspunkten auf Symmetrie oder Längenänderung vermessen. Häufig lässt sich damit klären, ob das Fahrzeug auf eine Richtbank muss. Im Zweifelsfalle ist eine dreidimensionale Messmethode anzuwenden.

Stechmaß, Stechzirkel

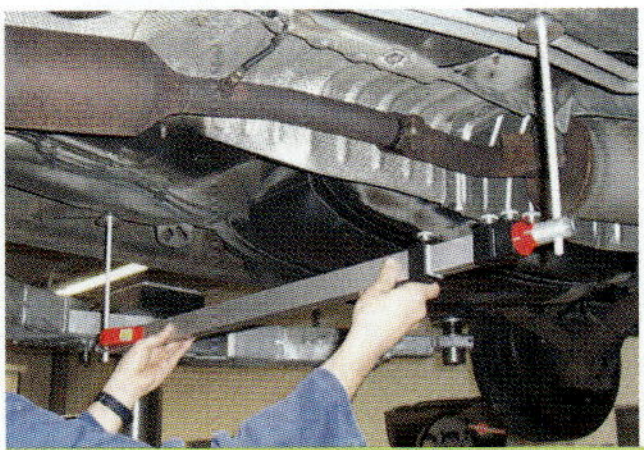

Anwendung

Einfache Vermessung der Karosserie/ Bodengruppe an Bezugspunkten.

Hinweis:
Abweichungen der Messpunkte in der Höhe können nicht erfasst werden.

Durchführung

Längenvermessung: Parallel zur Fahrzeuglängsachse, z.B. Radaufhängung hinten zu Radaufhängung vorne.

Breitenvermessung: Im Winkel von 90° zur Fahrzeuglängsachse, z.B. Radaufhängung links vorne zu rechts vorne.

Diagonalvermessung: In einem Winkel < 90° zur Fahrzeuglängsachse, z.B. Radaufhängung links vorne zu Radaufhängung rechts hinten.

Dreidimensionale Messmethode

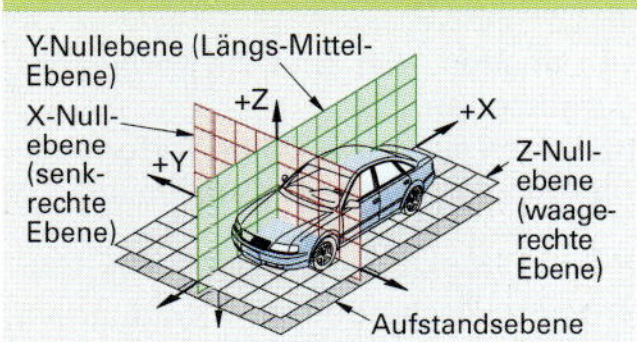

Zur genauen Vermessung der Karosserie muss der jeweilige Messpunkt dreidimensional in Länge, Breite und Höhe bestimmt werden.

Grundlage für ein möglichst genaues Vermessen sind die vom Fahrzeughersteller freigegebenen Messblätter.

Hinweise: Grundsätzlich ist darauf zu achten, ob mit oder ohne Aggregatgruppen vermessen wird, da sich durch die Elastizität der Karosserie unterschiedliche Höhenmaße ergeben.

Mechanisches Messsystem

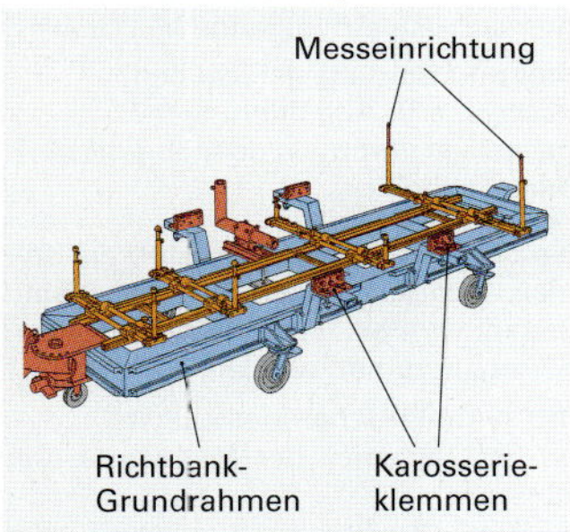

Anwendung

Exakte Karosserievermessung; Aggregateausbau nicht erforderlich. Für leichte Karosserieteile als Schweißlehre geeignet.

Durchführung

Fahrzeug mit Karosserieklemmen auf Richtbank befestigen. Messbrücke mit Messschlitten unter das Fahrzeug auf die Richtbankoberfläche legen und symmetrisch zur Fahrzeuglängsachse ausrichten.

Grundeinstellung: Mindestens drei unbeschädigte Messpunkte an der Karosserie auswählen. Je einer links und rechts zur Fahzeuglängsachse, der dritte Punkt sollte möglichst weit von den anderen beiden Punkten entfernt liegen. Die Messspitzen an verschiedenen Messpunkten ansetzen. Istwerte feststellen und mit Sollwerten gemäß Messblatt vergleichen.

Optisches Messsystem

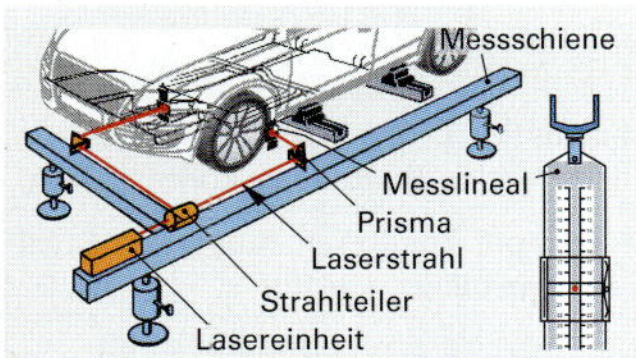

Exakte Karosserievermessung mit Hilfe von Laserstrahlen. Aggregateausbau nicht erforderlich.

Fahrzeug auf Richtbank oder Hebebühne stellen.

Grundeinstellung: Drei unbeschädigte Karosseriepunkte auswählen, Messlineale daran befestigen. Messschienen zum Fahrzeug rechtwinklig aufstellen und über optische Umlenkeinheiten/Prismen planparallele Lage des Fahrzeugbodens zum Messsystem herstellen. Istwerte feststellen und mit Sollwerten im Messblatt vergleichen.

Elektronisches Messsystem

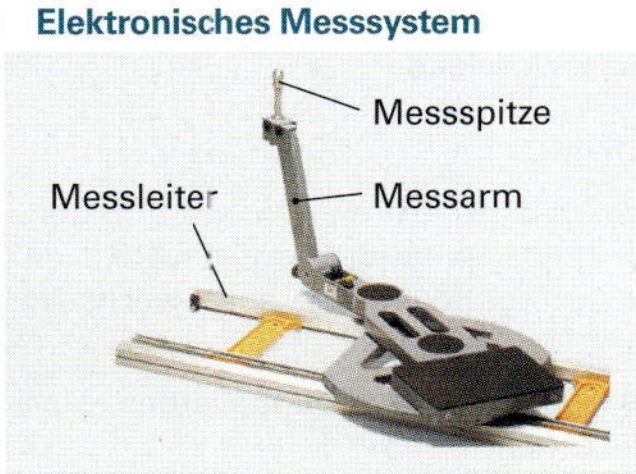

Exakte Karosserievermessung mit Hilfe eines Messarms mit elektronischem Messwertaufnehmersystem. Messdatenübertragung: Kabellos per Funk oder Infrarot auf Bildschirm.

Fahrzeug auf Richtbank oder Hebebühne stellen.

Grundeinstellung: Drei ausgewählte unbeschädigte Karosseriepunkte mit der jeweiligen Messspitze im Messarm fixieren. Die Messspitze des Messarms an weiteren gewünschten Messpunkten ansetzen. Istwerte werden durch das angewählte Programm mit den hinterlegten Sollwerten verglichen. Bei Maßabweichung erfolgt eine Fehlermeldung.

F

Kalkulation mit Programmen zur Schadensbearbeitung

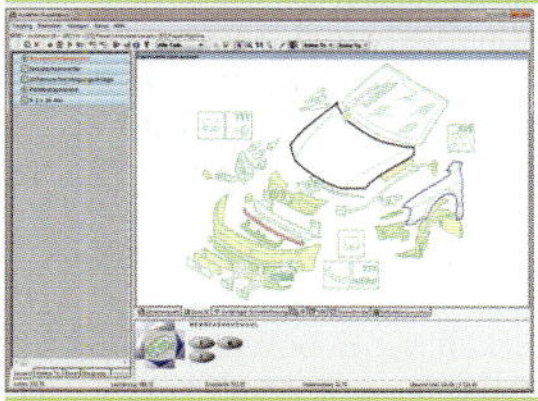

Kalkulation von Unfallschäden erfolgt mit Hilfe entsprechender Programme am PC.

Programmumfang:
- Schadenserfassung zur Erstellung eines Kostenvoranschlags
- Ersatzteilliste
- Rechnungserstellung
- Automatische Zeiterfassung
- Finanzbuchhaltung
- Mahnwesen
- Lackinformationssystem
- Nachkalkulation
- Offene Posten Verwaltung
- Kostenrechnung
- Kundendaten- und Dokumentenverwaltung.

Bestimmung des Reparaturwegs

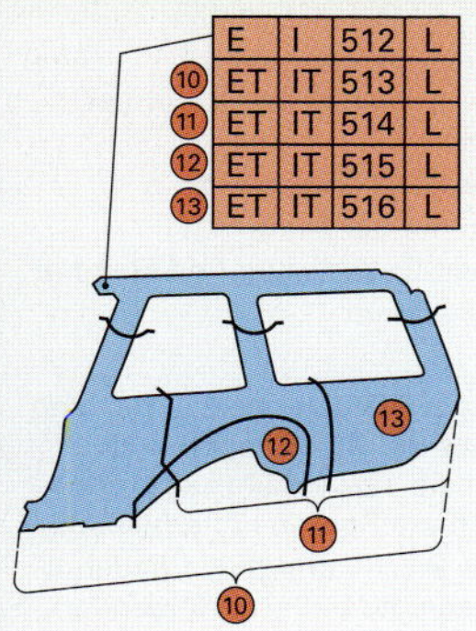

Demontagearbeiten. Um die beschädigten Stellen instand setzen zu können, sind entsprechende Vorarbeiten durchzuführen, z.B. Stoßfänger, Verkleidungsteile, Türdichtungen, elektrische Anschlüsse demontieren, Ausbau von Aggregaten.

Instandsetzung. Entsprechend den Herstellervorschriften ist zu entscheiden, ob die Instandsetzung durch Erneuern, Teilersatz oder Richten zu erfolgen hat. Außerdem ist festzulegen, ob eine Richtbank erforderlich ist. Für die jeweiligen Fahrzeuge gibt es dazu geeignete Explosionsdarstellungen. Reparaturumfang und Reparaturausführung werden durch zugeordnete alphanumerische Codes festgelegt.

Z.B. bedeuten: E 513 L = Oberflächenlack
513 = Code für Arbeitsaufwand und Ersatzteilpreis
E = Ersetzen des beschädigten Teils

ET	= teilweise ersetzen	TE	= Teil für ET
N	= Nebenarbeiten (z.B. Aus- und Einbau)	LE	= Neuteil lackieren
		LI	= Reparaturlackierung
P	= Prüfen	I	= Instandsetzen
V	= Vermessen	IT	= teilweise instandsetzen

Montagearbeiten, Inbetriebnahme des Fahrzeugs. Nach Instandsetzung und Lackierung sind die abgebauten Teile anzubauen sowie deren Funktionsfähigkeit wieder herzustellen, z.B. Park-Distance-Control-System. Abschließend ist es erforderlich, die Fehlerspeicher auszulesen, gespeicherte Fehler zu beheben und die Fehlerspeicher zu löschen. Codierte Geräte sind neu zu programmieren.

Kalkulation von Ausbeularbeiten

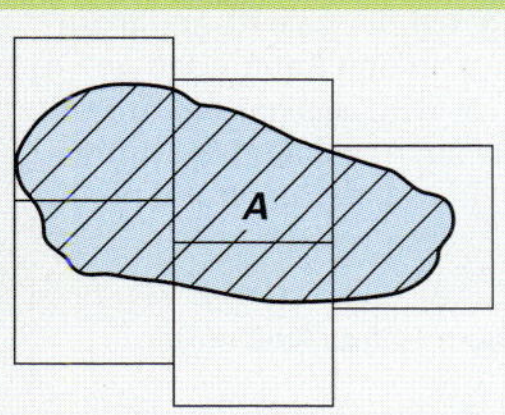

Ermittlung der Dellengröße
Felder je 1 dm²

Kalkulationsgrundlage für die benötigte Zeit in AW[2] sind:
- Dellengröße • Schwierigkeitsfaktor (**SF**: 1, 2 oder 3) • Zuschlag (7 oder 2)

Gesamtzeit in AW für 1. Delle = Dellengröße in dm^2 x **SF** + 7

Gesamtzeit in AW für 2. Delle und jede weitere Delle = Dellengröße in dm^2 x **SF** + 2

SF1: • leicht zugänglich • geringe Verformungstiefe • keine Materialüberdehnung

SF2: • größere Verformungstiefe • Materialüberdehnung

SF3: • schwer zugänglich • Lage am Bauteilrand • große Verformungstiefe • starke Materialüberdehnung

Hinweis: Lackierungsfreies Ausbeulen (Hagelschäden) werden entsprechend einer Tabelle[1] kalkuliert. Z.B.: 1 Delle = 10 AW; 10 Dellen = 29 AW.

F

Kostenkalkulation

Umfang des Kostenvoranschlags	• Ersatzteilpreise und Preise für Zusatzmaterial	≙ Herstellerlistenpreis
	• Arbeitslohn	≙ Arbeitsaufwand in AW[2] × AW-Verrechnungssatz oder Stunden × Stundenverrechnungssatz
	• Lackierkosten	≙ Arbeitsaufwand in AW[2] × AW-Verrechnungssatz oder Stunden × Stundenverrechnungssatz und Lackiermaterial
	• Nebenkosten	≙ Kosten für Sonderarbeiten, z.B. Hohlraumversiegelung, Lackangleichung ...
	Gesamtreparaturkosten	≙ **Summe der Einzelkosten (ohne/mit MWSt.)**
Schlusskalkulation	Durch einen Vergleich von Gesamtreparaturkosten, Wertminderung und Wiederbeschaffungswert wird festgestellt, ob eine Reparatur wirtschaftlich sinnvoll ist.	

[1] Soweit Datenblätter für bestimmte Positionen, z.B. Richten, keine Verschlüsselung haben, ist eine auf Werkstattzeitvorgaben beruhende freie Kalkulation zu erstellen.

[2] AW = Arbeitswerte. 1 Stunde wird dabei i.d.R. mit 10 AW oder 12 AW verrechnet.

Ausbeulen von Karosserieschäden, Dellenarten

Die Instandsetzung verunfallter Fahrzeuge durch Richten und Ausbeulen ist die schonendste und kostengünstigste Reparaturmaßnahme. Dies gilt besonders dann, wenn das beschädigte Karosserieteil nicht einfach demontiert werden kann, sondern ein Teil- oder Komplettaustausch des beschädigten Karosserieteils nötig wäre.

Dellenart	Ursache	Werkstoffbeanspruchung	Reparaturmöglichkeit
Kleine, weiche Delle 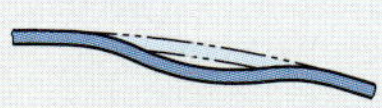	Kleiner Stoß, z.B. Hagel oder Parkrempler, auf flache Karosserieteile, z.B. Türen, Hauben, Dach.	Nur geringe Beanspruchung des Werkstoffs in den Randbereichen der Delle; nur sehr geringe Materialstreckung.	• Delle mit Klebesystem herausziehen • Ausdrücken mit Hebelsystem • Beulenausziehgerät (Airpuller) • Verspachteln/Verschwemmen
Kleine, harte Delle 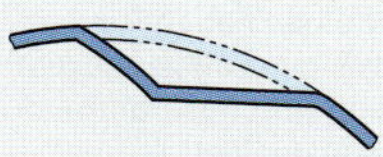	Größerer Anstoß meist an stark gewölbten Flächen, z.B. an den Ecken der Kotflügel.	Gewölbte Flächen sind sehr steif. Deshalb kann die Fläche weniger nachgeben. Der Werkstoff wird besonders in den Randbereichen stark gestreckt bzw. gestaucht.	Die Delle kann ausgebeult werden, z.B. mit: • Hammer und Gegenhalter • Richten mit der Flamme • Hammer, Gegenhalter und Flamme • Schlaghammer
Großflächige, weiche Delle 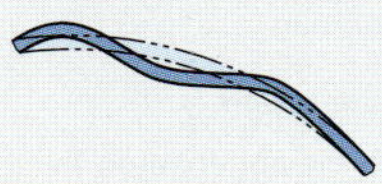	Relativ schwacher großflächiger Stoß auf wenig gewölbte Fläche, z. B. Türen, Motorhaube, Dach.	Geringe Werkstoffbeanspruchung in den Randbereichen. Werkstoff weicht aus und beult sich um die Delle herum auf.	Bei geringer Werkstoffbeanspruchung springt das Blech bei Gegendruck wieder in die alte, stabile Lage, ohne dass sichtbare Spuren hinterbleiben. Wenn das Blech geringfügig gedehnt wurde, kann die Delle mit folgenden Maßnahmen beseitigt werden: • Hammer und Gegenhalter • Richten mit der Flamme
Großflächige, harte Delle 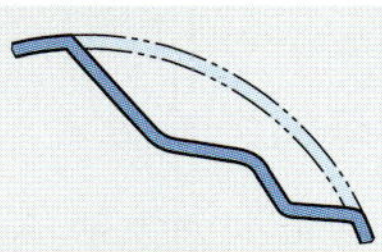	Starker Anstoß meist an gewölbten Flächen z.B. an den Ecken der Kotflügel.	Der Werkstoff wird besonders in den Randbereichen stark gestreckt bzw. gestaucht. Es kommt zu scharfen Kantungen des Blechs, evtl. sogar zur Rissbildung.	Weniger tiefe Dellen kann man evtl. ausbeulen. Bei sehr hoher Materialbeanspruchung, bei der es evtl. sogar zur Rissbildung an den Kantungen gekommen ist, wird das ganze Karosserieteil oder ein Abschnitt (Abschnittsreparatur) herausgetrennt und ersetzt.

Werkstoffverhalten

Werkstoff	Mechanisches Ausbeulen	Thermisches Ausbeulen
Weiches Karosserieblech z.B. DC 04	Vorhandene Streck- und Stauchzonen müssen mit Hammer und Gegenhalter abgebaut werden. Man schlägt spiralförmig vom Dellenrand zur Dellenmitte hin. Hammer und Gegenhalter müssen versetzt gehalten werden, so dass das Blech nicht dünner geschlagen wird.	Kleine Materialstreckungen lassen sich durch das Setzen von Wärmepunkten (kirschrot, ca. 800 °C), z.B. mit der Flamme oder Elektrode und anschließendem Abschrecken des Werkstoffs, stauchen. Bei größeren Verformungen kann man den Werkstoff zusätzlich mit Hammer und Gegenhalter stauchen.
Hochfestes Karosserieblech z.B. HCT300X	Durch die höhere Beulsteifigkeit ist ein größerer Kraftaufwand nötig. Es kann dabei schneller zu Rissbildung kommen.	Erwärmung führt bei manchen hochfesten Blechen zu einer Verringerung der Festigkeit. Herstellerangaben beachten!
Aluminiumbleche z.B. AlMg4,5Mn	Bei weichen Aluminiumlegierungen muss der Werkstoff zuerst mit einem Holz - oder Kunststoffwerkzeug gedrückt werden, bevor mit einem weichen Hammer die Delle von der Mitte aus ausgebeult wird. Bei aushärtbaren Aluminiumlegierungen ist die Rissgefahr beim Ausbeulen sehr hoch.	Aluminiumlegierungen zeigen keine Glühfarben, so dass die Temperatur mit Thermofarben kontrolliert werden muss. Bei aushärtbaren Aluminiumblechen sind die Angaben der Hersteller zu beachten, da diese Bleche ihre Festigkeit verlieren können.

Wahl des richtigen Ausbeulverfahren

Bevor mit dem Ausbeulen eines unfallbeschädigten Fahrzeuges begonnen wird, ist der Schaden zu analysieren. Je nachdem, ob es sich um eine große oder kleine Delle, um eine beidseitig oder nur einseitig zugängliche Delle mit oder ohne Lackbeschädigung handelt, kommen verschiedene Ausbeulverfahren zum Einsatz.

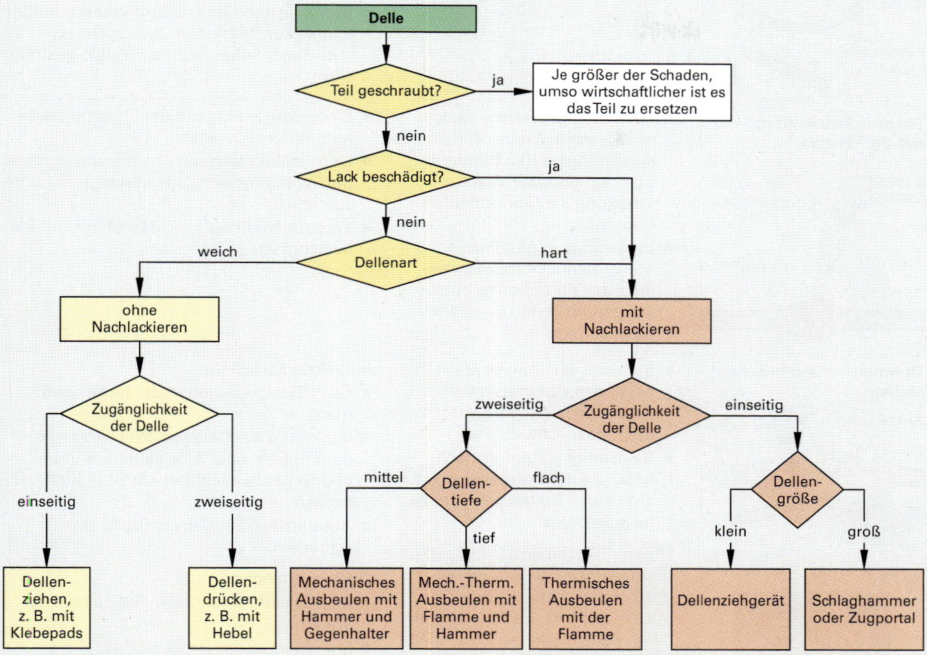

Ausbeulen von Hagelschäden

Der Durchmesser und die Tiefe der entstandenen Dellen ist abhängig von der • Größe der Hagelkörner, • dem Aufprallwinkel der Körner, • der Steifigkeit der Stelle, an der die Körner auf die Karosserie aufgeprallt sind. Deshalb können unterschiedliche Reparaturverfahren eingesetzt werden.

Es ist die Methode zu wählen, die technisch machbar und wirtschaftlich sinnvoll ist. Meist ist die Ausdrückmethode am geeignetsten, da sie die instandzusetzenden Bauteile am wenigsten belastet. Da jedoch in den wenigsten Fällen ein Schaden ausschließlich durch dieses Verfahren instandgesetzt werden kann, ergibt sich zwangsläufig eine Mischreparatur aus verschiedenen Verfahren.

Die Auswahl des wirtschaftlichsten Verfahrens hängt sowohl von der Dellentiefe als auch von der Anzahl der Dellen ab:

Wahl des wirtschaftlichsten Ausbeulverfahrens bei Hagelschäden

Verfahren	Drücken	Lackieren	Drücken und Lackieren
Dellenzahl	weniger als 50	mehr als 50	beliebig
Dellentiefe	kleiner 0,2 mm	kleiner 0,2 mm	größer 0,2 mm
Dellen-durchmesser	kleiner 20 mm	kleiner 20 mm	größer 20 mm
Beschreibung	Bei weniger als 50 Dellen und einer Dellentiefe kleiner 0,2 mm werden die Dellen mit dem Hebel herausgedrückt oder mit dem Verfahren „Kleben und Ziehen" herausgezogen.	Das verbeulte Teil erhält ohne eine vorherige Blechbearbeitung einen Lackaufbau nach Herstellerangaben.	Dellen mit dem Verfahren „Drücken" bzw. „Kleben und Ziehen" soweit bearbeiten, bis die Dellentiefe kleiner als 0,2 mm ist. Anschließend das ganze Teil überlackieren.

F

Ausbeulen mit Nachlackieren

Methode	Anwendung	Durchführung
Mechanisches Richten 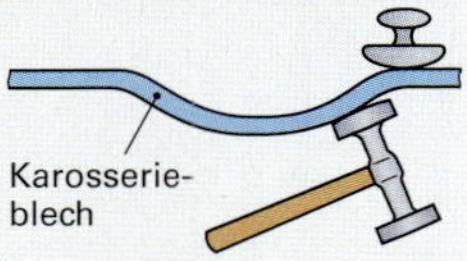	• Großflächige Dellen mit geringer Werkstoffbeanspruchung. • Beidseitige Zugänglichkeit nötig.	• Dellen mit Stahlhammer und Gegenhalter vom Rand der Delle zur Mitte hin beseitigen. • Hammer und Gegenhalter versetzt halten, damit der Werkstoff zwischen Hammer und Gegenhalter nicht zusätzlich gestreckt wird.
Thermisches Richten mit der Flamme 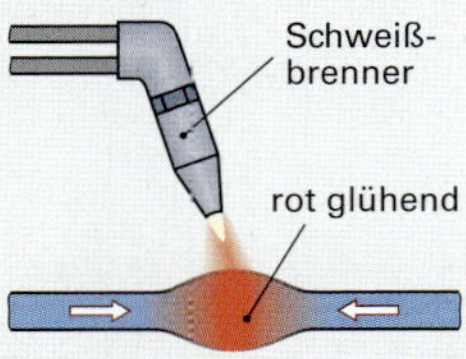	• Großflächige, weiche Dellen mit geringer Werkstoffbeanspruchung an den Rändern und nur geringer Materialstreckung z.B. Springbeulen (Frosch). • Beidseitige Zugänglichkeit nötig, da die Wiederherstellung des Korrosionsschutzes auf beiden Seiten gewährleistet sein muss.	• Blech punktweise mit der Flamme erwärmen (Wärmepunkte). • Unmittelbar nach der Erwärmung Wärmepunkte mit nassem Schwamm abschrecken. • Vorgang mehrmals wiederholen bis Delle beseitigt ist.
Thermisch-mechanisches Richten 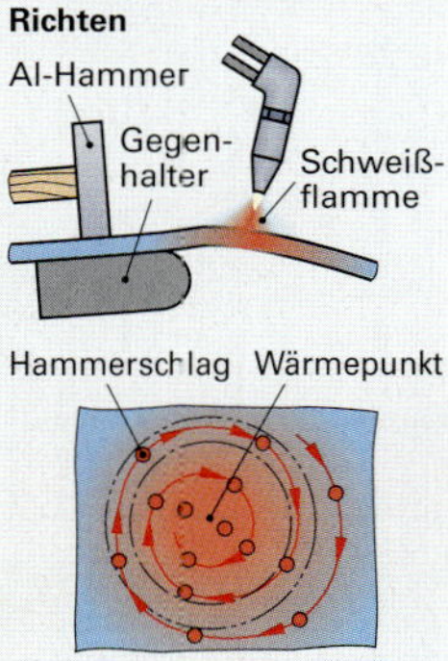	• Bei stark verformten Blechen, bei denen das mechanische oder thermische Richten nicht mehr ausreicht. • Beidseitige Zugänglichkeit nötig, da der Korrosionsschutz auf beiden Seiten gewährleistet sein muss. Beim Ausbeulen mit der Flamme können sich die Werkstoffeigenschaften des Werkstoffs ändern. Die Vorschriften des Fahrzeugherstellers sind zu beachten.	**Indirektes Stauchen:** • Großflächige Dellen in der Mitte erwärmen. • Vom Rand der Delle her Werkstoff mit dem Spann- oder Aluminiumhammer und Gegenhalter zur erwärmten Stelle treiben. • Abschließend erwärmte Stelle abschrecken. **Direktes Stauchen:** • Kleine, harte Beule oder Delle kirschrot erwärmen. • Mit einem dosierten Schlag auf die erwärmte Stelle mit Aluminium- oder Stahlhammer und einem Gegenhalter den Werkstoff stauchen.
Zug- oder Schlaghammer 	• Vor allem kleinere, harte Dellen. • Besonders bei einseitiger Zugänglichkeit geeignet.	• Aufschweißscheiben, Zugringe oder Welldraht auf die Delle schweißen. • Zugkralle oder Haken einhaken. • Mit dosierten Schlägen Delle herausziehen.
Zughebel oder Zugportal 	• Vor allem größere, harte Dellen. • Besonders geeignet bei einseitiger Zugänglichkeit.	• Reparaturstelle blankschleifen. • Zugringe oder Welldraht auf die Delle schweißen. • Zugkralle oder Haken einhaken. • Mit Hebel oder Zugportal Delle herausziehen.
Beulenausziehgerät 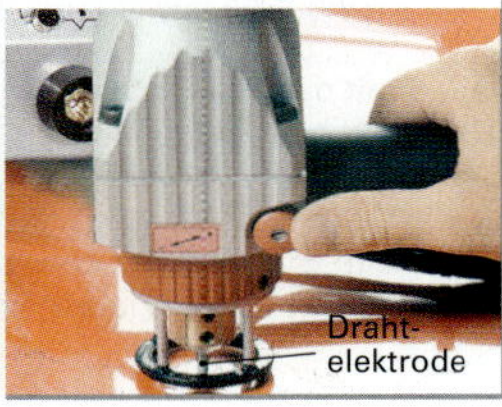	• Kleine, weiche Dellen mit geringer Tiefe. • Auch bei einseitiger Zugänglichkeit.	• Reparaturstelle blankschleifen. • Gerät über die Delle stellen und Elektrode absenken. • Elektrode mit dem Blech verschweißen. • Elektrode anheben (Höheneinstellung). Dabei wird die Delle herausgezogen. • Elektrode abdrehen und Schweißstelle verschleifen.

F

Ausbeulen ohne Nachlackieren (Smart Repair)

Methode	Anwendung	Durchführung
Dellen ziehen 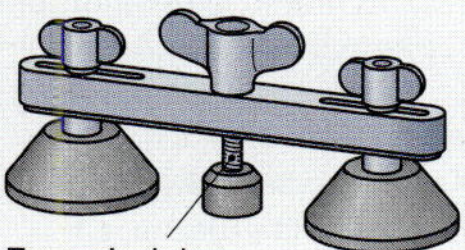	• Weiche Dellen. • Bis ca. 100 mm Durchmesser auch bei einseitiger Zugänglichkeit. • Kein Lackschaden.	• Adapter in die Mitte der Delle mit Schmelzkleber aufkleben. • Adapter mit Zugvorrichtung fassen und mit Schlaghammer oder Zugvorrichtung herausziehen. • Adapter lösen und Oberfläche reinigen.
Dellen drücken 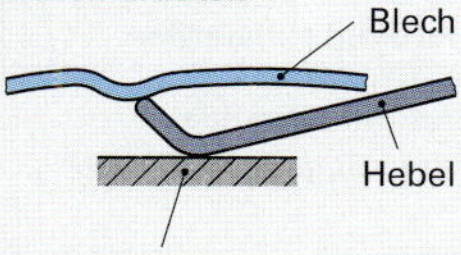	• Weiche Dellen. • Dellentiefe ca. 0,5 mm. • Dellendurchmesser bis ca. 50 mm. • Beidseitige Zugänglichkeit nötig. • Kein Lackschaden.	• Dellen markieren. • Evtl. Abstützung für den Hebel montieren. • Passenden Hebel auswählen und Delle im Licht einer Lampe herausdrücken.

Oberflächenfinish

Nach dem Ausbeulen bleiben meist noch kleine Unebenheiten. Statt aufwändiger Schlichtarbeiten mit dem Hammer ist es wirtschaftlicher, kleine Unebenheiten durch Schleifen, Verschwemmen oder Spachteln auszugleichen.

Methode	Anwendung	Durchführung
Schleifen 	• Als Vorbereitung für das Verschwemmen und Verspachteln oder bei kleinen Unebenheiten zum Glätten der Oberflächen nach dem Ausbeulen.	• Vor dem Schleifen Reparaturstelle mit Silikonentferner reinigen • Von der Mitte beginnend mit P 80 in rotierenden Bewegungen schleifen • Nachschliff mit P 120 bis P150 • Blech beim Schleifen nicht zu stark erwärmen.
Verschwemmen 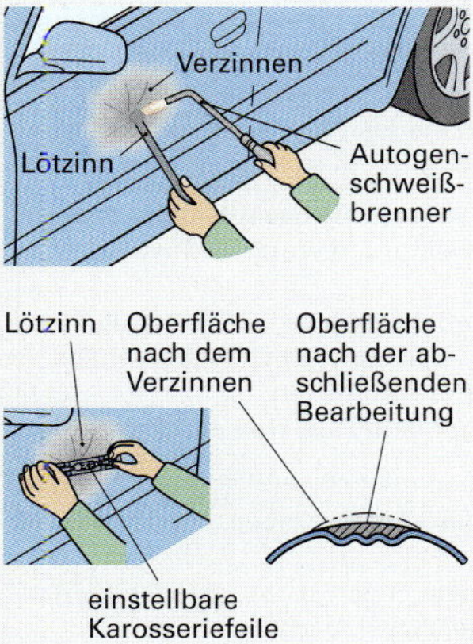	• Beseitigen kleiner Unebenheiten, z.B. nach dem Ausbeulen oder zum Verputzen von Schweißnähten. • Schwemmlot hält auch an Kanten und vibrations- und stoßgefährdeten Stellen sehr zuverlässig. • Bleche aus Aluminiumlegierungen dürfen nicht verschwemmt werden. • Bei höherfesten Blechen ist das Verspachteln vorzuziehen, da die Wärmeeinbringung die Festigkeit des Werkstoffs verringern kann. • Herstellervorschriften beachten!	• Reinigen der Reparaturstelle mit Silikonentferner. • Lack mit Exzenterschleifer oder Draht- oder Zopfbürste entfernen. • Verzinnen der Oberfläche mit Verzinnungspaste. • Flussmittel rückstandsfrei entfernen. • Erwärmen von Lot und Reparaturstelle. • Auftagen des Schwemmlotes. • Modellieren des Lotes. • Anpassen der Fläche mit dem Karosseriehobel. Keine schnelllaufenden Schleifmaschinen verwenden. • Die Lote dürfen kein Blei enthalten, da Bleidämpfe gesundheitsschädlich sind.
Verspachteln 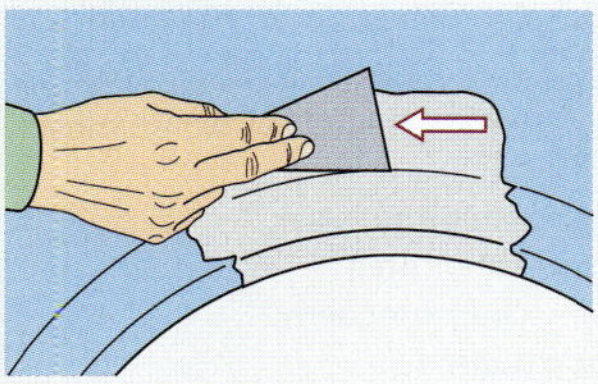	• Kleine Unebenheiten nach dem Ausbeulen. • Kleine, nicht zu tiefe Dellen, z.B. Hagelschaden. • Spachtelmasse darf nur in dünnen Schichten aufgetragen werden, da die Gefahr besteht, dass sich die Schichten bei starken Erschütterungen lösen.	• Oberfläche mit Silikonentferner reinigen und mit P 80 schleifen. • Komponenten (Spachtelmasse und Härter) nach Herstellerangaben mischen. • Spachtelmasse mit Spachteln auftragen (Topfzeit beachten). • Spachtelmasse aushärten lassen. • Schleifstelle mit P80 bis P120 trockenschleifen.

F

Abschnittsreparatur

<table>
<tr><th>Arbeitsschritt</th><th>Abbildung</th><th>Beschreibung/Hinweise</th></tr>
<tr><td>Trennlinienverlauf festlegen</td><td>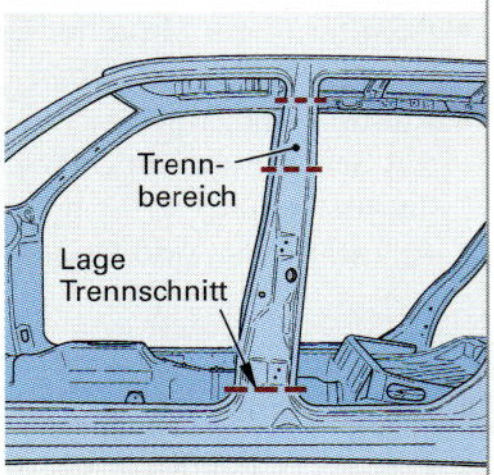
</td><td>Festlegen wo getrennt werden darf und wie die Karosserieteile anschließend wieder gefügt werden. Man unterscheidet stumpf gegeneinander gesetzte und überlappt angesetzte Blechverbindungen.
• Trennschnitte so kurz wie möglich ausführen.
• Sie sollen nicht in stark belasteten Karosseriebereichen liegen.
• Schnitte durch mehrere hintereinanderliegende Bleche, z.B. Säulen, aus Festigkeitsgründen versetzt ausführen.
Die Vorschriften der Fahrzeughersteller für die Lage und die Ausführung der Trennschnitte sind unbedingt einzuhalten.</td></tr>
<tr><td>Heraustrennen des zerstörten Karosserieteils</td><td>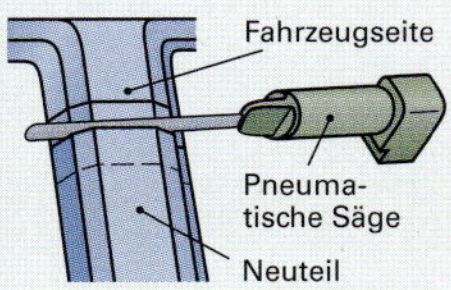
</td><td>• Karosseriesäge für gerade und gekrümmte Schnitte.
• Oszillierende Säge für gerade Schnitte mit genauer Einstellung der Schnitttiefe.
• Schweißpunktfräser für Schweißpunkte.
• Plasmaschneidgerät zum Schneiden von Neuteilen aus hochfesten Blechen.
Vorsicht: Keine Verstärkungen, Kabel und Schläuche durchtrennen.</td></tr>
<tr><td>Zurechtschneiden und Einpassen des Neuteils</td><td>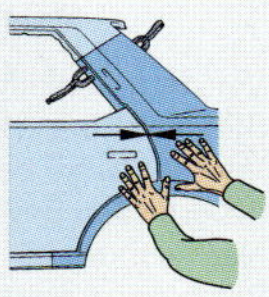</td><td>• Neuteil der Größe der Reparaturstelle anpassen.
• Alt- und Neuteil sollten sich bei der Überlappverbindung nach dem Grobschnitt ca. 30 mm überlappen.
Das Einpassen des Neuteils erfolgt durch:
• Anpassen an die umgebenden Karosserieteile.
• Positionieren mit Schweißlehren/Richtwinkeln.
• Positionieren durch Ausmessen.</td></tr>
<tr><td>Fügenähte vorbereiten</td><td>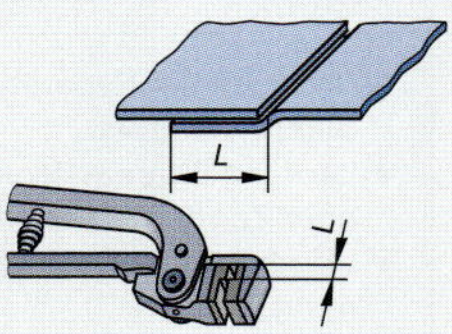
</td><td>Bei der Überlappverbindung muss das Altteil mit der Absetzzange abgesetzt werden (L = 12 mm).
• Das bisher nur grob zugeschnittenen Teil muss exakt zugeschnitten, die Fügeflächen gerichtet, geschliffen und gereinigt werden. Bei Lochpunktnähten Löcher stanzen bzw. bohren.
• Das Neuteil exakt ausrichten und provisorisch fixieren.
Exakt ausgerichtete, maßgenaue Flansche sind Voraussetzung für passgenaue Verbindungen.</td></tr>
<tr><td>Korrosionsschutz vor dem Fügen</td><td>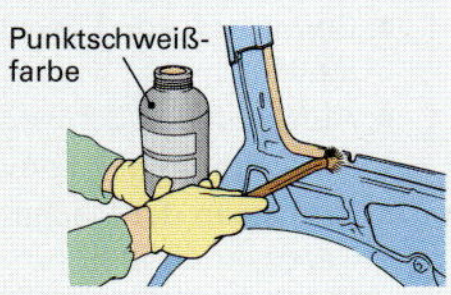
</td><td>• Die metallisch blank geschliffenen Schweißflansche kurz vor dem Schweißen mit Schweißgrundierung (Schweißprimer) einstreichen.
• Ein evtl. beschädigter Korrosionsschutz am Fahrzeug muss wieder hergestellt werden, solange man noch problemlos an die betreffenden Stellen herankommt.
• Die Schweißflansche sind vor dem Lackieren abzukleben.</td></tr>
<tr><td>Teil fügen</td><td>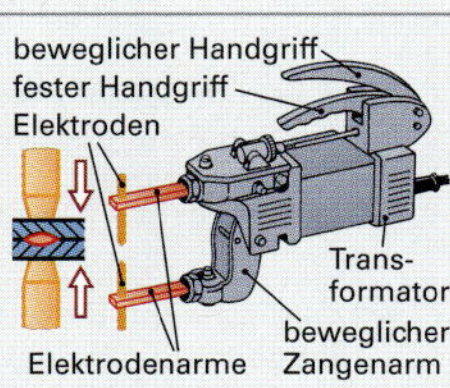
</td><td>• Das Neuteil positionieren und mit Schweißklemmen fixieren.
• Teil z.B. durch Schweißen, MIG-Löten, Kleben und/oder Nieten fügen.
• Evtl. sind die Nähte nach dem Fügen zu verschleifen (verputzen) zu verschwemmen oder zu verspachteln.
Hinweis: Das zu verwendende Fügeverfahren und die genaue Durchführung der Verbindung werden von den Fahrzeugherstellern genau vorgeschrieben und sind unbedingt zu beachten.</td></tr>
<tr><td>Korrosionsschutz der Reparaturstelle</td><td>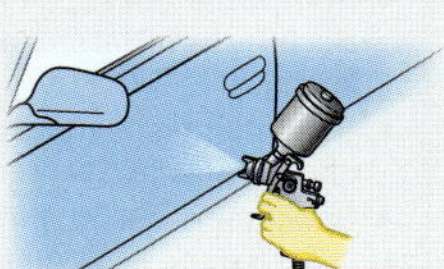</td><td>Der durch die Instandsetzung beschädigte Korrosionsschutz muss erneuert werden. Dazu sind die folgenden Maßnahmen notwendig:
• Blanke Stellen und Schweißzonen grundieren.
• Schweißnähte (Überlappnähte) abdichten.
• Steinschlag- und Unterbodenschutz erneuern.
• Hohlraumkonservierung durchführen.</td></tr>
</table>

F

Glasarten (Sicherheitsglas) im Karosserie- und Fahrzeugbau

Es dürfen keine Glasarten verwendet werden, die beim Bruch durch scharfkantige Scherben Insassen verletzen können. Im Karosserie und Fahrzeugbau kommen folgende Glasarten zum Einsatz:

Glasarten	**Einscheiben-Sicherheitsglas ESG**	**Verbund-Sicherheitsglas VSG**	**Acrylglas (PMMA)**
Bruchbild	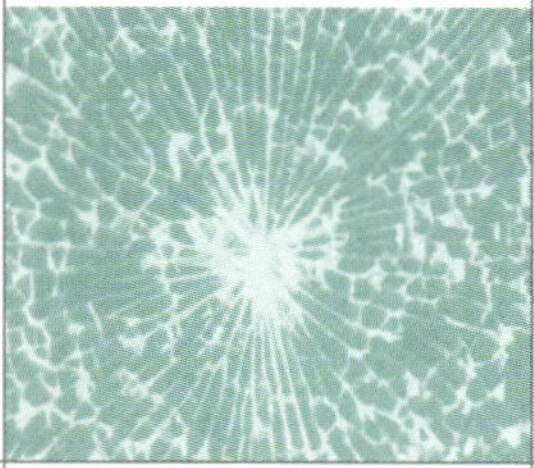		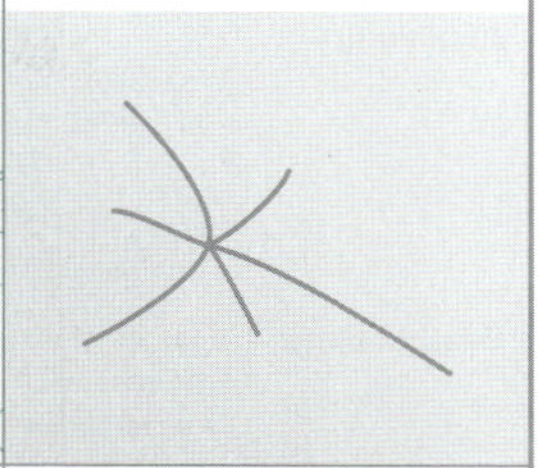
Bruchverhalten	Zerfällt in kleine nicht scharf-kantige Bruchstücke. Starke Sichtbehinderung.	Spinnennetzförmiges Bruchbild. Scheibe behält ihren Zusammenhalt. Auch nach Bruch gute Durchsicht.	Vom Einschlagpunkt ausgehende lange Risse, keine Sichtbehinderung.
Eigenschaften	Hohe Belastbarkeit auf Stoß, Schlag und Biegung. Darf nicht durch Schneiden, Schleifen oder Bohren bearbeitet werden.	Kann poliert werden. Beim Lackieren nicht über 90 °C erwärmen.	Glasklar, kratzempfindlich. Kann poliert werden. Elastisch, kleb- und schweißbar. Beim Lackieren nicht über 90 °C erwärmen.
Anwendung	Wegen der hohen Belastbarkeit für Seitenscheiben.	Frontscheiben an Fahrzeugen. Panzerglas an Sicherheitsfahrzeugen.	Heckscheiben an Kabrioletts, Dach- und Seitenfenster an Wohnmobilen und Fahrzeugaufbauten.

Weitere Glasarten:
Panzerglas für Sicherheitsfahrzeuge besteht je nach Widerstandsklasse aus mehreren Lagen Verbundglas.
Dämmverglasung verringert durch Filtern der Sonnenstrahlung die Aufheizung des Fahrzeuginneren.
Isolierverglasung verhindert durch Doppelverglasung Kaltluftströmungen an den Scheiben.

Verglasungsarten

	Scheibe mit Profilgummi	**Geklebte Scheiben**	**Geschraubte /genietete Scheiben**
Abbildung	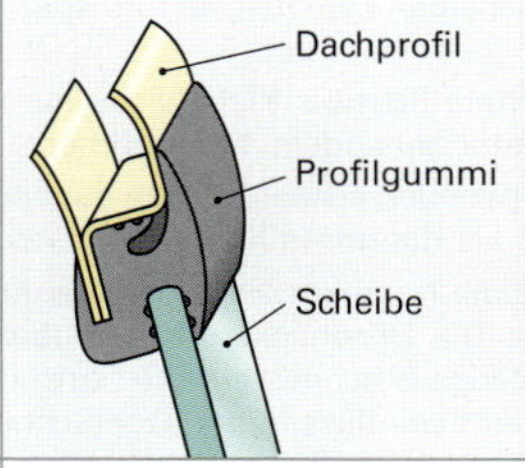	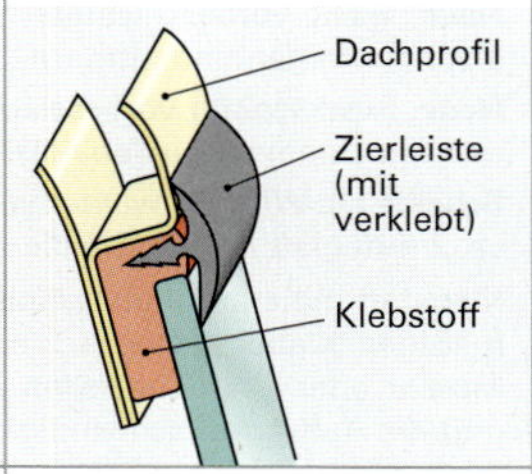	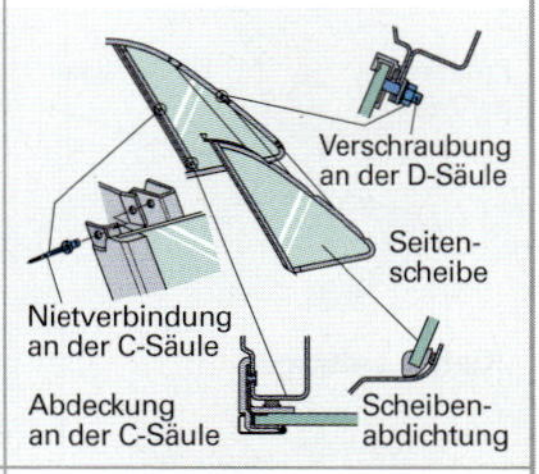
Beschreibung	Scheibe wird mit einer Gummidichtung umfasst (eingummiert) und von außen in den Fensterausschnitt eingesetzt. Meist nur noch bei alten Fahrzeugen.	Scheibe wird mit einem hartelastischen Kleber in den Fensterausschnitt geklebt (Hartverglasung). Aufdruck am Rand der Scheibe macht die Kleberaupe unsichtbar.	Evtl. Abdeckprofil entfernen und Schrauben lösen bzw. Blindnieten aufbohren.
Demontage	Gummilippe von innen über den Falzrand schieben, dann Scheibe von innen herausdrücken oder Gummi durchschneiden.	Kleberaupe wird mit einem oszillierenden Spezialmesser oder mit einem Schneiddraht durchtrennt.	Evtl. Abdeckprofil entfernen und Schrauben lösen bzw. Blindnieten aufbohren.

Geklebte Scheiben ausbauen (Demontage)

Bei modernen Fahrzeugen sind die Front- und Heckscheibe fast nur noch geklebt. Vorteile:
• Verbesserte Aerodynamik • verringerte Windgeräusche der Karosserie • Erhöhung der Fahrzeugsteifigkeit.
Der Ausbau der geklebten Scheiben erfordert einen erhöhten Aufwand. Man unterscheidet folgende Verfahren:

	Oszillierendes Messer	Schneiddraht von Hand	Schneiddraht mit Vorrichtung
Abbildung	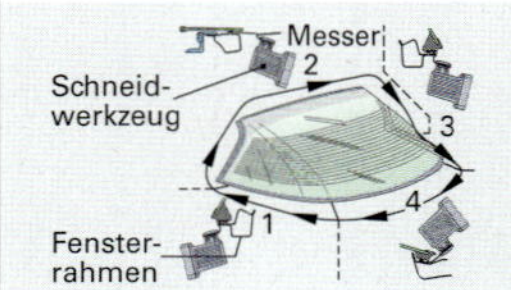		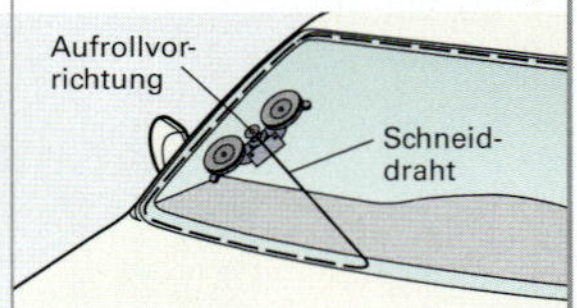
Beschreibung	Das oszillierende Spezialmesser wird durch die Kleberraupe gedrückt und dann um die Scheibe herum geführt. Das Verfahren erfordert viel Gefühl beim Führen des Messers, da der Rand der Scheibe leicht beschädigt werden kann.	Der Schneiddraht wird mit einer Steckahle unterhalb der Scheibe durch die Kleberaupe gestochen. Dann wird der Draht an beiden Enden gefasst und mit sägenden Bewegungen durch die Kleberaupe gezogen.	Schneiddraht wird von außen unter den Rand der Scheibe gelegt. Ein Ende wird z.B. an der Schraube zum Scheibenwischer befestigt. Das andere Ende durch die Kleberraupe nach innen zu einer Aufrolleinrichtung geführt, die auf die Scheibe geklebt wird.
Anwendung	Schnelles Verfahren bei bereits beschädigten Scheiben, die nicht wiederverwendet werden sollen.	Diese scheibenschonenden Verfahren werden angewendet, wenn die Scheibe wieder eingebaut werden soll.	

Die folgenden Punkte sind beim Ausbau der Scheiben unbedingt zu beachten:
- Bei geklebten Scheiben darf der Ausbau erst nach dem Richten auf der Richtbank erfolgen, da die Scheiben wesentlich zur Steifigkeit der Karosserie beitragen.
- Beim Heraustrennen der Schreiben mit Messer oder Schneiddraht den Scheibenausschnitt mit textilverstärktem Klebeband abkleben, um Lackschäden am Fensterrahmen zu vermeiden.

Fahrzeugscheibe einbauen (Montage)

Vorbereitung der Fügeflächen

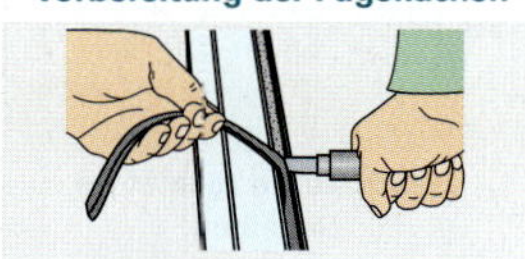

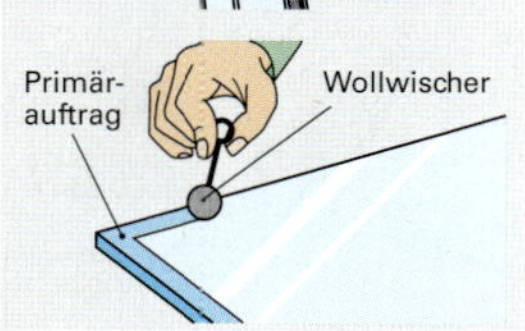

Kleber auftragen

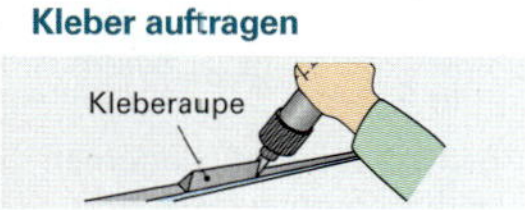

Scheibe einsetzen

Karosserieflansche (alt). Alte Kleberaupe auf ca. 2 mm zurückschneiden. Sie dient als Haftgrund für den folgenden Kleberauftrag. Die Schnittflächen sind sauber und fettfrei zu halten. Sie dürfen auf keinen Fall geprimert werden. Evtl. Lackschäden, die beim Ausglasen am Fensterflansch entstanden sind, ausbessern.

Karosserieflansch (neu). Wenn im Bereich der Scheibe neue Karosserieteile eingesetzt wurden, muss der Karosserieflansch geprimert werden.

Neue, nicht vorbeschichtete Scheibe. Klebefläche mit spezieller Reinigungslösung reinigen und primern.

Neue, (werksseitig) vorbeschichtete Scheibe. Klebefläche nach Herstellervorgaben mit einem speziellen Aktivator behandeln. Nicht primern.

Scheibe alt. Wird sie wieder verwendet, schneidet man die alte Kleberraupe auf ca. 2 mm glatt zurück. Sie dient als Haftgrund für den folgenden Kleberauftrag.

Klebstoff mit einer Klebstoffpistole rings um die Scheibe auftragen. Auf gleichmäßigen Kleberauftrag achten. Die Düsenspitze der Kleberpistole mit einem Messer oder einer speziellen Zange zuschneiden. Die Form der Düsenöffnung und die Auftragsgeschwindigkeit beeinflussen den Querschnitt der Raupe. Der vorgeschriebene Querschnitt der Kleberraupe ist zu beachten.

Scheibe mit Doppelsaugern fassen und sofort nach Auftrag des Klebers in den Scheibenausschnitt einsetzen. Auf gleichmäßigen Randabstand achten. Scheibe nur schwach in den Klebstoff drücken. Den unteren Randabstand durch Einstellkeile (Abstandhalter) zwischen Scheibe und Scheibenflansch einstellen. Zusätzlich Scheibe mit Klebeband am Dach und seitlich an der A-Säule fixieren. Lage der Scheibe korrigieren, solange der Klebstoff noch weich ist. Überschüssigen Klebstoff unmittelbar nach dem Einbau von Scheibe und Rahmen entfernen.

Beim Einkleben der Scheiben ist zusätzlich auf die folgenden Punkte zu achten:
- Während des Aushärtevorgangs des Klebstoffs bleiben die Seitenscheiben geöffnet, damit beim Schließen der Türen kein Druck auf die Scheibe ausgeübt wird.
- Fahrzeug darf nicht bewegt werden, da die Fahrgastzelle bei nicht ausgehärteten Scheiben noch instabil ist.
- Fahrzeug ist erst fahrtauglich, wenn der Klebstoff airbagsicher ausgehärtet ist (siehe Herstellerhinweise).

F

Scheibenreparatur

Steinschläge können an Verbundglasscheiben zu Einschlagkratern und Rissen führen. Liegen die Schäden im Sichtbereich des Fahrers, erlischt die Betriebserlaubnis des Fahrzeuges. Unter bestimmten Voraussetzungen kann man die Scheibe reparieren, so dass Sie nicht ausgetauscht werden muss. Als Voraussetzung für eine Scheibenreparatur gelten die folgenden Punkte:

- Die vom Krater ausgehenden Risse dürfen nicht länger als 50 mm sein und nicht in den Randbereich der Scheibe gehen.
- Der Einschlagkrater darf nicht größer als 5 mm im Durchmesser sein.
- Es darf nur die äußere Scheibe beschädigt sein.
- Die Folie darf nicht beschädigt worden sein.
- Die Schadensstelle darf nicht im Sichtfeld des Fahrers liegen und muss mindestens 10 cm vom Scheibenrand entfernt sein.

Können Feuchtigkeit und Schmutz, die in die Schadstelle eingedrungen sind, nicht entfernt werden, kann eine Reparatur nicht durchgeführt werden. Deshalb muss die beschädigte Stelle unmittelbar nachdem der Schaden aufgetreten ist mit einem dünnen Klebestreifen gegen das Eindringen von Schmutz und Feuchtigkeit geschützt werden.

Definition des Sichtfeldes

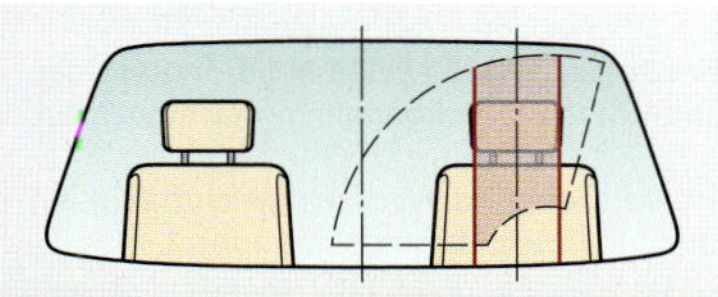

Als Sichtfeld gilt:

- Ein ca. 29 cm breiter Streifen (DIN A4 Format quer) mittig zur direkten Blickrichtung des Fahrers in Fahrtrichtung, der durch den Lenkradmittelpunkt hindurchgeht
- und parallel zur Mittelebene der Fahrzeuglängsachse verläuft.
- Die Fläche ist nach oben und unten durch das Scheibenwischerfeld begrenzt.

Reparatur von Steinschlagschäden

Die entstandenen Risse und Hohlräume werden mit einem UV-härtenden Spezialharz ausgefüllt. Das Harz hat den gleichen Lichtbrechungsindex wie das Glas, so dass der Riss nahezu unsichtbar wird.

Vorbereitung der Schadensstelle

Die Reparatur sollte an einem Ort ohne direkte Sonneneinstrahlung und bei Raumtemperatur erfolgen.

Bruchstücke lockern

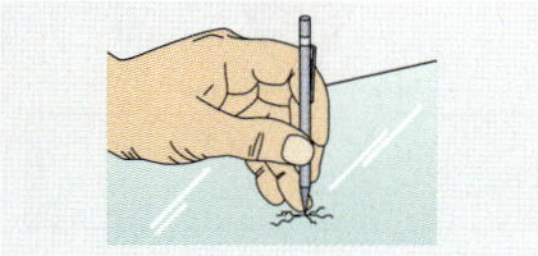

- Die einzelnen Bruchstücke vorsichtig lockern. Dabei darf der Krater keinesfalls vergrößert werden, indem Bruchstücke entfernt werden.
- Feuchtigkeit in der Bruchstelle mit einem Sauger entfernen. Gegebenenfalls kann diese Arbeit mit einem Föhn von der Innenseite her unterstützt werden.

Wenn Feuchtigkeit und Schmutz nicht aus der Bruchstelle entfernt werden können, kann die Reparatur nicht durchgeführt werden.

Spiegel und Injektor anbringen

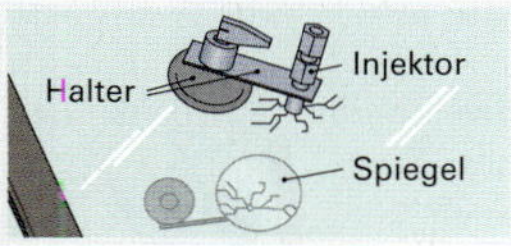

- Zur Beobachtung der Schadstelle bei der Reparatur wird auf der Innenseite der Scheibe unterhalb der Schadstelle ein Spiegel befestigt.
- Der Injektor ist mit Hilfe der Halters so anzubringen, dass die Gummidichtung den Einschlagkrater dicht umschließt.

Harz einpressen (injizieren)

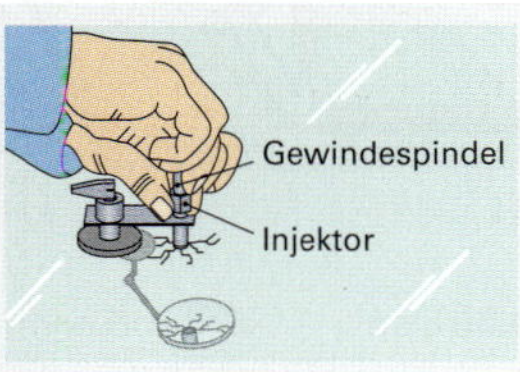

- Injektor mit 2 bis 3 Tropfen Harz füllen und warten, bis das Harz bis zur Gummidichtung gelaufen ist.
- Durch Drehen der Gewindespindel wird der Druck des Harzes so lange erhöht, bis der Einschlagkrater von der Mitte her klar wird.
- Nach ca. 10 min entlastet man den Druck, indem man die Gewindespindel des Injektors ganz zurückdreht.
- Druckaufbau und -abbau so oft wiederholen, bis die gesamte Luft aus den Rissen verdrängt und die Risse unsichtbar geworden sind.

Harz aushärten

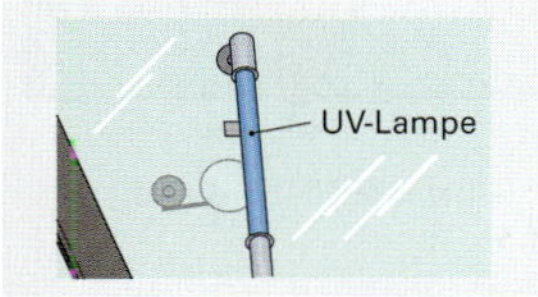

- Injektor entfernen und die Reparaturstelle mit einer speziellen Abdeckfolie abdecken, um zu verhindern, dass wieder Luft eintritt.
- Werkzeughalter, Injektor und Spiegel demontieren.
- UV-Lampe montieren und Reparaturstelle ca. 10 min mit UV-Licht aushärten.
- Abschließend die Reparaturstelle mit einer Abziehklinge glätten und mit einer Poliermaschine polieren.

Nach der fachmännischen Durchführung der Reparatur können noch Bruchformen sichtbar sein, die jedoch das Ergebnis nicht beeinträchtigen. Die Scheibe ist wieder voll belastbar und kann nicht mehr weiter einreißen.

F

Kunststoffreparaturtechniken

Kunststoff-Reparaturtechniken

Thermoelastische Rückverformung	Kunststoff-Schweißtechnik	Kunststoff-Klebetechnik	Kunststoff-Laminiertechnik
Thermoplaste	z.B. PC, PP/EPDM	alle Kunststoffteile	nur GFK-Teile mit Polyesterharz

Thermoelastische Rückverformung

Kunststoffteile (z.B. Stoßfänger) weisen häufig Verformungen auf, die sich noch im elastischen Bereich befinden. Meistens handelt es sich um Dellen, Druckstellen und Biegeverformungen. Viele dieser Verformungen bilden sich sofort bzw. nach einer bestimmten Zeit eigenständig zurück. Die selbständige Rückbildung hängt von der Schadensgröße und der Temperatureinwirkung ab. Unter Wärmeeinwirkung lassen sich flache Verformungen im elastischen Bereich in vielen Fällen in ihre Ursprungsform zurückbilden.

Werkzeuge und Durchführung

Je nach Kunststoffart variiert die erforderliche Wärmeeinbringung. Grundsätzlich darf die Wärmeeinbringung den elastischen Bereich nicht überschreiten. Plastische Veränderungen können nicht mehr rückgängig gemacht werden. Es darf keine offene Flamme verwendet werden.

Flache Eindrücke bzw. Dellen werden mit dem Heißluftfön, wenn möglich beidseitig im Wechsel, gleichmäßig auf ca. 200 °C erwärmt. Liegt keine Überdehnung vor, bildet sich die Verformung in Ihre Ursprungslage zurück.

Kunststoff-Schweißtechnik

Bei Rissbildungen z.B. an Kunststoff-Stoßfängem eignet sich die Kunststoff-Schweißtechnik als Instandsetzungsverfahren, wenn die Schadstelle rückseitig ungünstige Voraussetzungen für die Instandsetzung mittels Klebetechnik aufweist. Beispiele: Geripptes Profil, Kastenprofil, enge Rundungen bzw. Schäden im Bereich von Verstärkungen.

Werkzeuge und Materialien

Heißluftschweißgerät, Schnellschweißdüse, Keildüse (Fixierdüse), Stirnfräser, Schweißstab-Sortiment, Plattenschaber, Schleifer.

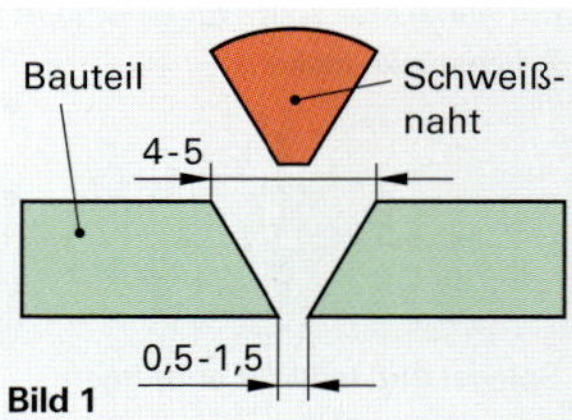

Bild 1

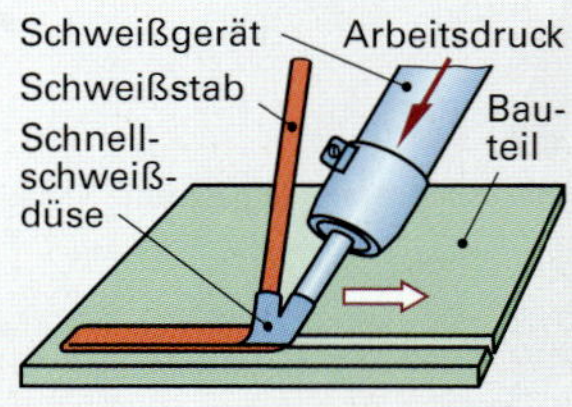

Bild 2

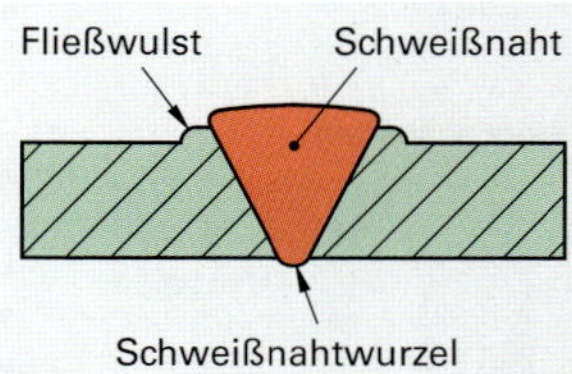

Bild 3

Durchführung

1. Vorbereitung der Schweißnaht **(Bild 1)**:
   Mit dem Stirnfräser Schweißfuge in Form arbeiten (Fugenwinkel 60–70°) und das Rissende anbohren.
2. Schweißtemperatur am Heißluftschweißgerät nach Vorgaben einstellen.
3. Schweißgerät bis zur vorgewählten Schweißtemperatur vorheizen.
4. Schweißstab vorn anschrägen und in die Schnellschweißdüse schieben.
5 Schweißvorgang **(Bild 2)**:
   Die Unterseite der Schnellschweißdüse muss in Längsrichtung parallel zur Reparaturoberfläche bei gleichmäßiger Schweißgeschwindigkeit und bei gleichmäßigem Arbeitsdruck geführt werden.
6. Verbindungsqualität **(Bild 3)**:
   Eine optimale Verbindung ist erreicht, wenn sich entlang der Schweißnaht, an der Randzone eine geringe und gleichmäßige Fließwulst gebildet hat. Eine Rissnaht muss in jedem Fall durchgeschweißt werden. Die Schweißnahtwurzel muss an der Rückseite erkennbar sein.

7. Nacharbeiten der Schweißnaht:

- Schweißnahterhöhung nach dem Erkalten mit einem Winkelschleifer und Schleifpapier (Körnung P80) verschleifen, danach Planschliff mit Exzenterschleifer und Schleifpapier Körnung P120 – P220;
- Geschliffene Reparaturfläche mit Kunststoffreiniger reinigen;
- Kunststoffgrundierung dünn auf die Reparaturfläche auftragen.

Schweißfehler und Arbeitshinweise

- Verformung:
  Reparaturbereich wurde überhitzt, vorhandene Eigenspannungen beim Schweißen der Teile, Kunststoffmaterial zu dünn.
- Schlechte Schweißverbindung:
  Schweißtemperatur zu niedrig, Schweißgeschwindigkeit zu schnell, Verschweißung von ungleichen Materalien.
- Schweißnaht senkt sich ab:
  Rissfuge zu breit, Schweißtemperatur zu hoch.

Bei Rissen an schwer zugänglichen Stellen ist das Pendelschweißverfahren vorzuziehen. Dabei wird der Schweißstab in einer Pendelbewegung geführt. Die Vorbereitung der Rissfuge ist identisch.

F

Kunststoff-Klebetechnik

Gegenüber der Schweißtechnik besitzt die Klebetechnik eine Reihe von Vorteilen. Auf die Identifizierung der Kunststoffe kann verzichtet werden. Rissfugen (bis max. 100 mm Risslänge) und Durchbrüche können zur Sicherstellung der ursprünglichen Festigkeitseigenschaften mit Verstärkungsstreifen hinterlegt werden.

Werkzeuge und Materialien

Kunststoffreiniger, Kunststoffgrundierung, Klebstoffreparaturset (Doppelkartuschen, 2-Komponenten-Klebstoff, Mischrohre, Verarbeitungspistole), Verstärkungsblechstreifen, Verstärkungsvlies, Winkelschleifer, Exzenterschleifer, Kunststoffspachtel, Schaber, Spachtel, Feststellzange.

Durchführung

1. Vorbereitung der Reparaturstelle bei Kratzern **(Bild 1):**
   - Reparaturfläche mit Hochdruckreiniger reinigen, danach trocknen und anschließend mit Kunststoffreiniger säubern.
   - Kratzer mit dem Exzenterschleifer flach ausschleifen (P80–P120).

   Vorbereitung der Reparaturstelle bei Rissen **(Bild 2):**
   - Riss auf der Vorderseite flach mit einem Winkel- oder Bandschleifer auf 40 – 60 mm ausschleifen und anschließend reinigen.
   - Nachschleifen mit Exzenterschleifer (Körnung P120).
   - Rissende anbohren (ca. 3 mm).
   - Rückseite entang dem Riss anschleifen.
2. Reparaturstelle mit Kunststoffreiniger und Papiertüchern reinigen.
3. Kunststoffgrundierung dünn auf die Reparaturstelle aufsprühen.
4. 2-Komponenten-Klebstoff mit Verarbeitungspistole auf die Reparaturstelle auftragen.
   Verklebungen von Kratzern: Der Reparaturbereich wird flächenmäßig bearbeitet, um ausreichend Haftgrund für den Klebstoff zu erzielen. Rissverklebungen mit Verstärkungen: Bei großflächigen Riss- und Durchbruchschäden wird zur Erhöhung der Verwindungssteifigkeit die Reparaturstelle verstärkt. Dazu werden rückseitig geeignete Verstärkungsmaterialien (Blechstreifen, Verstärkungsvlies) aufgeklebt.
5. Überstehenden Klebstoff **(Bild 3)** mit Exzenterschleifer (Schleifpapier mit Körnung P120–P220) in Form **(Bild 4)** schleifen. Sicken und Rundungen von Hand nachschleifen. Lackierte Flächen mit Schleifpad anrauen.
6. Kunststoffteil mit Kunststoffreiniger und Papiertüchern gründlich reinigen.
7. Kunststoffgrundierung für den Füllerauftrag auf die Reparatur- und Durchschliffstellen gleichmäßig aufsprühen.
8. Zur Vermeidung von Randabzeichnungen und zum Ausgleichen von Unebenheiten wird ein Zweikomponenten-Füller mit Elastikzusatz aufgetragen.
9 Nach Trocknung des Füllers mit einem Exzenterschleifer und Feinschleifpapier in Form schleifen. Sicken und Rundungen sind von Hand nass mit Feinschleifpapier nachzuschleifen.

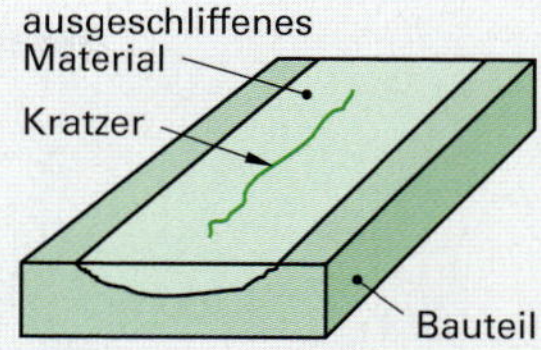

Bild 1

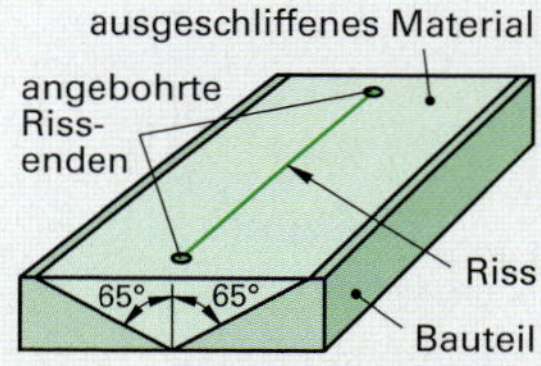

Bild 2

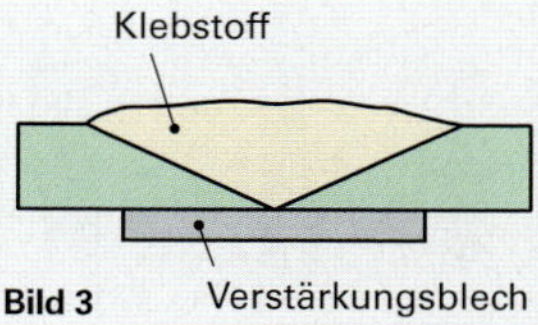

Bild 3

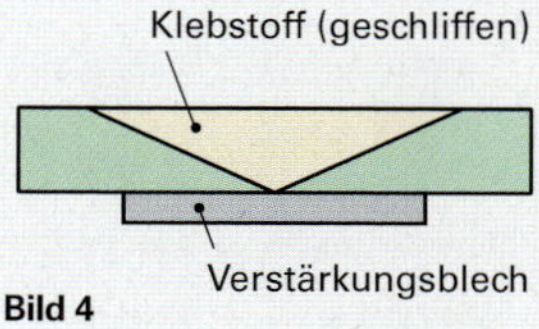

Bild 4

Kunststoff-Laminiertechnik

GFK-Material ist bezüglich seiner Festigkeitseigenschaften hart und spröde. Bei größeren Schäden mit Auswirkung auf die Struktur der Teile verlieren diese ihre Stabilität und Sicherheit und müssen ausgetauscht werden. Kleinere Beschädigungen (Risse bis ca. 80 mm, Löcher bis ca. 60 mm) können instandgesetzt werden.

Werkzeuge und Materialien

Karosseriesäge, Stab-, Winkel- oder Bandschleifer, Exzenterschleifer, Handschleifklotz, GFK-Reparaturmaterial (Polyesterharz, Härter, Glasfasermatten, Schere, Pinsel), Polyesterfaserspachtel.

Durchführung

1. Schleifen der Reparaturstelle des GFK-Teils am Lochrand außen V-förmig mit einem Winkelschleifer (Körnung P80-P120) **(Bild 5).**
2. Das mit Härter angemischte Polyesterharz als Spachtelmasse mit dem Pinsel auf die gereinigte Reparaturstelle auftragen.
3. Zugeschnittene Glasfasermatte in das Polyesterharz einlegen, darüber wieder Polyesterharz auftragen und gegebenenfalls weitere Glasfasermatten einlegen. Größere Riss- oder Durchbruchschäden mit Verstärkungen hinterlegen.
4. Vertiefungen an der Vorderseite ggf. mit Polyesterfaserspachtel auffüllen und Oberflächenkontur herstellen.
5. Überstehendes Material mit Exzenterschleifer (Körnung P120–P220) in Form schleifen.

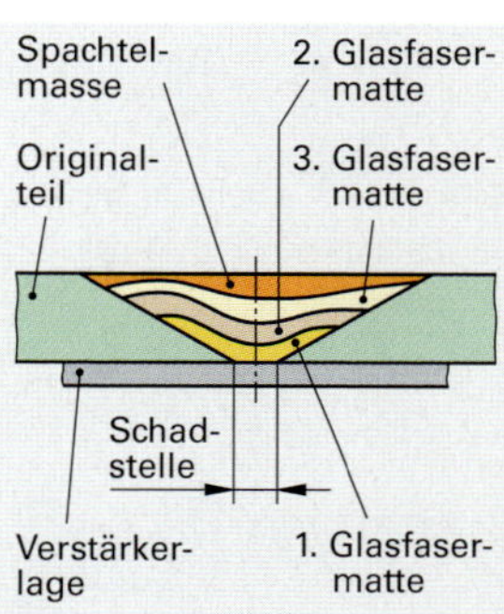

Bild 5

F

Befestigungselemente für Fahrzeugverkleidungen (Clipse)

Armaturenbretter, Leisten, Zierleisten, Verkleidungen, Matten etc. werden häufig mit Clipsen und Federklammern befestigt. Merkmale: leicht, kurze Montagezeiten, zum Teil wiederverwendbar, begrenzt temperaturstabil.

Anwendung

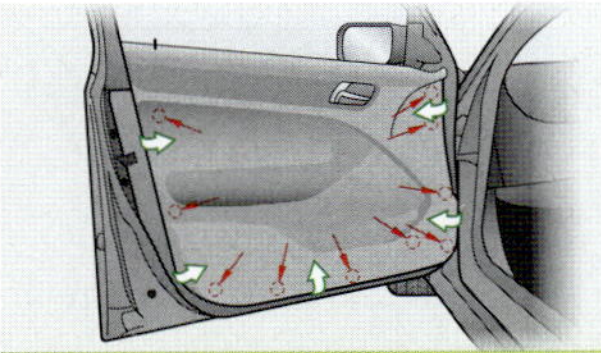

Clipse und Federklammern: Gering belastete Verkleidungen sind mit Clipsen und Federklammern befestigt. Der Zusammenhalt erfolgt durch Formschluss. Diese Befestigungsart ist unsichtbar. Zur Demontage ist ein Lageplan der Verbindungselemente nötig.

Verschraubungen: An Verkleidungsteilen, an denen Kräfte einwirken, z. B. Türgriffe, werden anstelle von Clipsen und Federklammern Schrauben verwendet. Diese sind meist unter Verschlussstopfen oder Blenden verborgen.

Demontagewerkzeuge

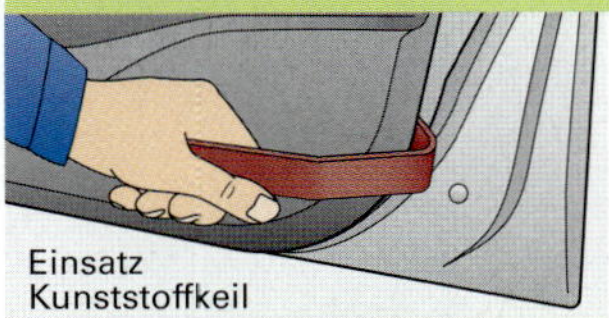
Einsatz Kunststoffkeil

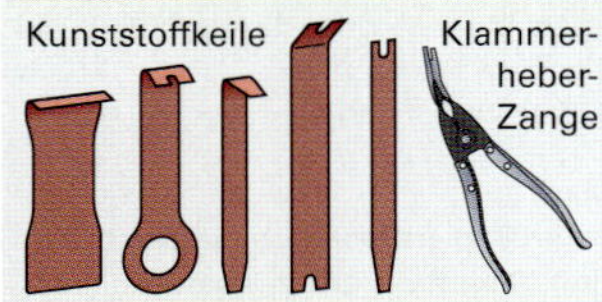

Werkstatthinweise:
Demontage: Zum Lösen bzw. Anheben von Clipsen und Abdeckungen werden großflächige Heber/Keile genutzt, um Beschädigungen zu vermeiden.
Montagetemperatur $t > 15$ °C

Bauarten (Auswahl)

	Anwendung (Beispiele)	Funktion	Wiederverwendbarkeit
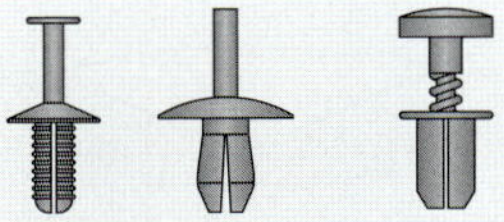 Spreizniet mit und ohne Kappe; Schraubniet	Kunststoffteile, Deckel, Stoßstangen. Ermöglicht eine Schnellverbindung von Materialien verschiedener Dicken. Befestigungsdicke: 0,5 mm … ca. 12 mm	Spreizniet in die Bohrung der Bauteile einstecken. Kunstoffniet eindrücken bzw. einschrauben. Dadurch spreizt sich der Nietkörper und zieht die Bauteile zusammen.	Spreizniete werden beim Lösen in der Regel zerstört und müssen ersetzt werden. Schraubniete können mehrmals verwendet werden.
 Tannenbaumclip; Abdeckstopfen	Innenraumverkleidungen. Klemmt leichte Bauteile zusammen bzw. verschließt Öffnungen.	Konischer Stopfen wird in die Bohrung eingedrückt und verhakt sich formschlüssig.	Sie werden beim Lösen in der Regel zerstört und müssen ersetzt werden.
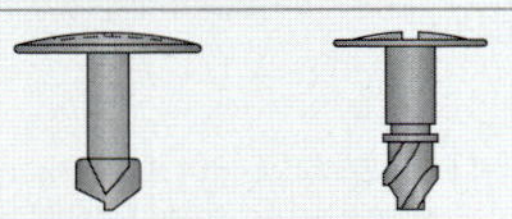 Drehverschluss; Klemmschraube	Fußmatten, Sicherungskasten, Motorraumabdeckungen. Durch Drehen lösbare Verbindung. Zur Arretierung.	Durch Drehung werden die Haken bzw. das Gewinde verriegelt/verschraubt.	Kann mehrmals geöffnet und geschlossen werden.
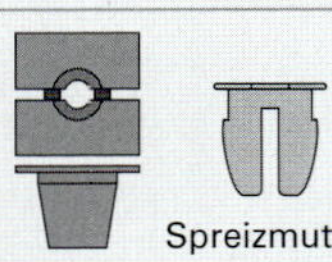 Spreizmutter	Alubauteile, Kofferraumabdeckungen, Radinnenverkleidungen. Kunstoffgewinde zum Einstecken in Vierkantlöcher.	Durch Einschrauben der Stahlschraube spreizt sich die Kunststoff-Spreizmutter auf.	Spreizmutter verbleibt im Blech. Befestigungsschrauben sind mehrmals lösbar.
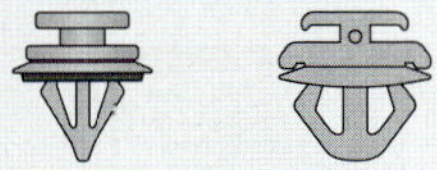 Innenverkleidungs-Clip; Leisten-Clip	Türverkleidungsteilen, Zierleisten, Gitter. Unsichtbare Befestigung.	Formschlüssige Verbindung zwischen Klipp und Befestigungsteil.	Bei der zerstörungsfreien Demontage sind die Klipps mehrmals verwendbar.
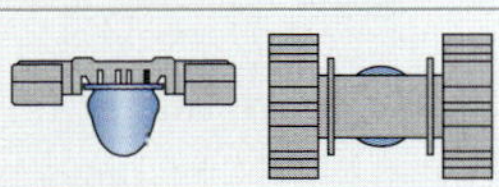 Puschtype-Verkleidungsclip	Z. B. Zierleisten, Verblendungen, Applikationen wie z. B. Schriftzüge. Unsichtbare Befestigung.	Formschlüssige Verbindung zwischen Klipp und Befestigungsteil.	Bei der zerstörungsfreien Demontage sind die Klipps mehrmals verwendbar.

F

Grundlagen

Korrosion Korrosion ist die von der Oberfläche ausgehende Veränderung oder Zerstörung von Metall durch chemische oder elektrochemische Reaktion mit seiner Umgebung.

Chemische Korrosion

Erklärung Die Atome bzw. Moleküle reagieren direkt mit den auf sie einwirkenden Stoffen. Metalle können mit Luftsauerstoff, Wasser, Säuren, Laugen und Salzen chemisch reagieren. Findet ein Oxidationsvorgang statt, wird das Metall in ein Oxid, Hydroxid oder Salz umgewandelt.

Beständigkeit der Metalle gegen aggressive Stoffe

	Salzsäure	Schwefelsäure	Natronlauge	Feuchte Luft
beständig	Ag, Au, Mo	Au, Mo, Ta	Au, Fe, Cu, Mg, Mo	Ag, Au, Al, Mo, Ni
unbeständig	Al, Cr, Fe, Mg	Al, Cr, Fe, Mg	Al	Fe

Elektrochemische Korrosion

Voraussetzung

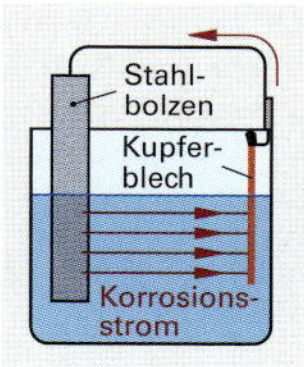

Galvanisches Element. Es besteht aus zwei verschiedenen Metallen, einem edlen und einem unedlen. Dabei bildet das edle Metall den + Pol (Elektronenmangel), das unedle Metall den – Pol (Elektronenüberschuss). Kommt ein Elektrolyt hinzu, fließt zwischen den beiden Metallen durch Ionenbildung ein elektrischer Strom. Dabei wird das unedlere Metall abgetragen.
Die Höhe der Spannung zwischen den Metallen ist maßgebend für die Abtragung; sie hängt von der Stellung der Metalle in der elektrochemischen Spannungsreihe ab.

Elektrolyte sind elektrisch leitende Flüssigkeiten, z. B. verdünnte Säuren, Laugen, gelöste oder geschmolzene Salze.

Ionenbildung

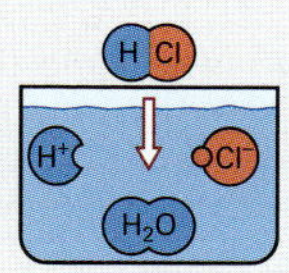

Dissoziation

Die Elektrolyte sind in ihrem Atomaufbau instabil, d.h. ein bestimmter Anteil der Elektrolytmoleküle spaltet sich in Atomgruppen auf (Dissoziation), die jetzt eine elektrische Ladung aufweisen (Ionen).

Kennzeichnung: + 1 Elektron fehlt; – 1 Elektron zu viel.

Beispiele:	Salzsäure	HCl	→	H^+	+	Cl^-
	Kalilauge	KOH	→	K^+	+	OH^-
	Kupfersulfat (Salz)	$CuSO_4$	→	Cu^{++}	+	SO_4^{--}

Wasserstoff und Metalle bilden positive Ionen (Elektronenmangel); Säure- und Laugenreste bilden negative Ionen (Elektronenüberschuss).

Elektrochemische Spannungsreihe Die verschiedenen metallischen Werkstoffe werden jeweils in einer Lösung ihrer Salze von bestimmter Konzentration gegen eine Normalelektrode (Wasserstoff) gemessen. Wasserstoff hat das Potenzial Null. Je weiter zwei Metalle in der Spannungsreihe auseinanderstehen, desto höher ist die Spannung und desto stärker wird das unedlere Metall zerstört (elektrochemische Korrosion).

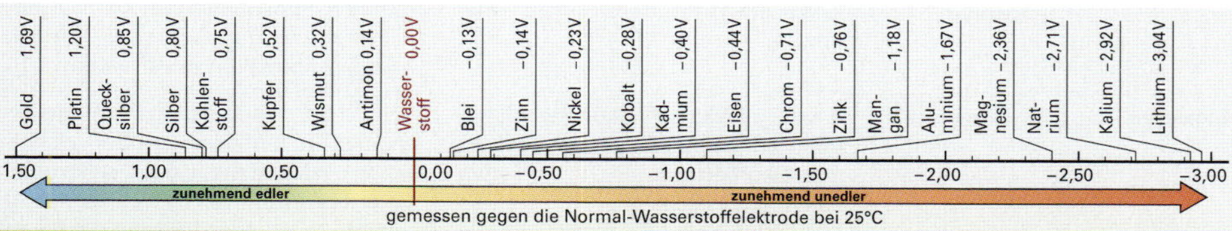

Korrosionsformen

Anlaufen	Bildung einer dünnen Schicht auf der Metalloberfläche, die Verfärbungen hervorruft oder den Glanz herabsetzt. Sie entsteht durch Reaktion von Metallen mit Gasen.
Narbe	Flache, örtliche Anfressung des Metalls; entsteht z.B. auf Werkzeugoberflächen, wenn die Anlaufschicht lange nicht entfernt wird.
Flächenkorrosion	Langsame, gleichmäßig zur Metalloberfläche verlaufende, stark auffallende Metallveränderung, z.B. Rosten der Bodenbleche von Kfz.
Lochfraß	Tiefe örtliche Anfressung des Metalls. Sehr schnelle Durchlochung des Metalls möglich, z.B. bei Öltanks, Leitungen.
Interkristalline Korrosion	Korrosion zwischen den Korngrenzen einzelner Legierungsbestandteile, z.B. bei Stahl zwischen Fe und Fe_3C.
Kontaktkorrosion	Korrosion zwischen Teilen aus verschiedenen Metallen, z.B. Zylinderblock (GJL) und Laufbüchse (GJL mit Cr legiert).

F

Arten des Korrosionsschutzes

Aktiver Korrosionsschutz	Selbständiges Entstehen von Schutzschichten auf Metalloberflächen, z.B. Aluminium oxidiert in Luft zu Al_2O_3, oder Widerstandserhöhung gegen Korrosion durch Zusatz von geeigneten Legierungsbestandteilen, z. B. nichtrostender Stahl mit hohem Cr- und Ni-Gehalt.
Passiver Korrosionsschutz	Aufbringen von Schutzüberzügen nach vorheriger Oberflächenbehandlung, z.B. Reinigen, Entrosten, Entzundern, Beizen, Sandstrahlen, Entfetten.

Metallische Beschichtung

Verfahren	Schutzstoffe	Auftragsverfahren	Eigenschaften, Anwendung
Überziehen im Schmelzfluss	Zink	Eintauchen in geschmolzenes Überzugsmetall. Feuervermetallen, z.B. Feuerverzinken.	Unbeständig gegen Kühlmittel und Kraftstoff. Gleichmäßige Schichtdicke.
	Zinn		Weißblech für Konservendosen.
Überziehen durch Flammspritzen	Zinn Zink Blei Aluminium Al-Legierungen	Überzugsmetall (Draht- oder Pulverform) wird in der Druckluftpistole geschmolzen (elektrisch oder Gasflamme) und durch Druckluft aufgespritzt.	Schutz fertiger Stahlkonstruktionen. Keine gleichmäßige Dicke, geringe Beständigkeit, grobkörniges Gefüge. Al und Al-Legierungen beständig gegen Rauchgase.
Galvanische Überzüge	Zink	Abscheidung der Überzugsmetalle aus Metallsalzlösungen unter Einwirkung des elektrischen Stromes (Elektrolyse). Werkstück als – Pol (Kathode), Überzugsmetall als + Pol (Anode). Beim Verchromen wird eine unlösliche Anode aus Platin oder Kohle verwendet. Das Überzugsmetall wird aus dem Chromsalzbad abgeschieden.	Mäßig anlaufbeständig. Schutz auch über Risse hinweg.
	Kupfer		Grundlage für Verchromen und Vernickeln.
	Chrom		Ohne Zwischenschicht nur auf geschliffenem Stahl rostschützend.
	Nickel		Verkupferung notwendig; gut anlaufbeständig.
	Cadmium		Korrosionsschutz ab 0,008 mm. Anlaufbeständig; für Schrauben.
Regel	Überzugsmetalle, die unedler sind als das Grundmetall, sind echte Schutzstoffe. Überzugsmetalle, die edler sind als das Grundmetall, sind unechte Schutzstoffe.		

Nichtmetallische Beschichtung

Phosphatieren	Schicht aus Zink- , Mangan- oder Cadmiumphosphat	Auftrag einer sauren, phosphathaltigen Lösung auf ein Werkstück aus Al, Zn, Cu, unleg. und niedrigleg. Stahl durch Tauchen, Spritzen, Fluten.	Zahnräder, Kupplungskomponenten oder Kolben, Karosserien. Guter Haftgrund für Lacke, bessere Einlaufeigenschaften, Phosphatschicht kann Öl aufnehmen, um das Gleit- und Korrosionsschutzverhalten zu verbessern,
Eloxieren	Eloxalschicht	Eloxal = **El**ektrisch **ox**idiertes **Al**uminium. Elektrolytische Umwandlung der Oberfläche in Al_2O_3. Werkstück als Anode geschaltet. Elektrolyt: Heiße Schwefelsäure.	Sehr hart; widerstandsfähig gegen chemische Einflüsse, großer elektrischer Widerstand, gut einfärbbar, guter Haftgrund für Lacke. Nur für Al und Al-Legierungen. Dichten der Poren durch Nachbehandlung.

F

Lack- und Kunststoffbeschichtung

Anstriche	Zink-, Öl-, Teerfarbe, Nitrolack, Kunstharzlack, Effektlack, Wasserlack usw.	Teile entrosten, entfetten, evtl. Haftgrund aufbringen. Grundieren mit Zinkfarben. Entsprechenden Lack aufstreichen, spritzen oder tauchen.	Beständig gegen Witterungseinflüsse. Stahlteile stets grundieren (aktiver Korrosionsschutz). Lack soll wasserundurchlässig, lichtecht, wärmebeständig, hart und elastisch sein.
Beschichten mit Kunststoffen	PVC	Warmaufwalzen oder Kleben von Folien; Aufspritzen.	Die Kunststoffe sind beständig gegen atmosphärische Einflüsse (z.B. Abgase), seewasserbeständig, gute Verbindung mit dem zu schützenden Werkstoff, elastisch.
	Polyethylen, Epoxidharz	Eintauchen erwärmter Teile in pulverförmigen, verwirbelten Kunststoff (Wirbelsintern).	

Reparaturlackierung

Auswahl des Lackiersystems

Für eine wirtschaftliche Reparaturlackierung betreibt man, entsprechend dem Alter des Fahrzeuges und der geforderten Qualität, einen unterschiedlichen Aufwand. Die Lackhersteller stellen deshalb verschiedene Lackiersysteme zur Verfügung. Sie unterscheiden nach der Art des Untergrundes, dem Zustand der Altlackierung, den Forderungen des Kunden hinsichtlich seiner Qualitätsansprüche sowie den Kosten der Lackierung.

Verfahren	Zielsetzung	Maßnahmen
Neulackierung	Sehr gute Oberfläche an einem neuwertigen Fahrzeug.	Aufwendige Spachtel- und Füllerarbeiten mit sorgfältigem Feinschliff und einem hochwertigen Lackierverfahren.
Zeitwert-lackierung	Lackierkosten sollen in einem sinnvollen Verhältnis zum Zeitwert des Fahrzeuges stehen.	Auf den noch nassen Grundierfüller wird der Decklack gespritzt (Nass-in-Nass-Verfahren). Dadurch verringern sich die Schleifarbeiten und die Trockenzeiten.
Verkaufs- oder Gebrauchtwagen-lackierung	Alte, unansehnliche Fahrzeuge mit minimalem Kostenaufwand attraktiv machen.	Alte Lackierung wird, ohne teure Schleifarbeiten, direkt nach dem Haftvermittler mit einem Nass-in-Nass-System überlackiert.
Beispritz-lackierung	Begrenzung des Lackierumfangs bei der Abschnittsreparatur und bei kleinen Schäden.	Farbtonübergänge innerhalb des Karosserieteils bzw. zum angrenzenden Teil unsichtbar machen. Damit wird die Reparaturlackierung im Umfang begrenzt.
Spot-Repair	Zu lackierende Oberfläche bei Kleinstschäden (bis 35 mm Durchmesser) minimieren.	Beispritzlackierung von kleinstem Umfang (max. DIN-A4-Seite) an stehenden Teilen, z.B. Türen und Kotflügel. Nicht anwendbar auf waagrechten Flächen, z.B. Motorhauben.

Aufbau der Reparaturlackierung

2-Schicht-Aufbau: Grundierfüller und Decklack oder **3-Schicht-Aufbau:** Grundierung, Füller und Decklack.

Hinweis: Der vorschriftsmäßige Aufbau nach den Richtlinien der Lackhersteller ist Voraussetzung für einen dauerhaften Korrosionsschutz.

Abbildung

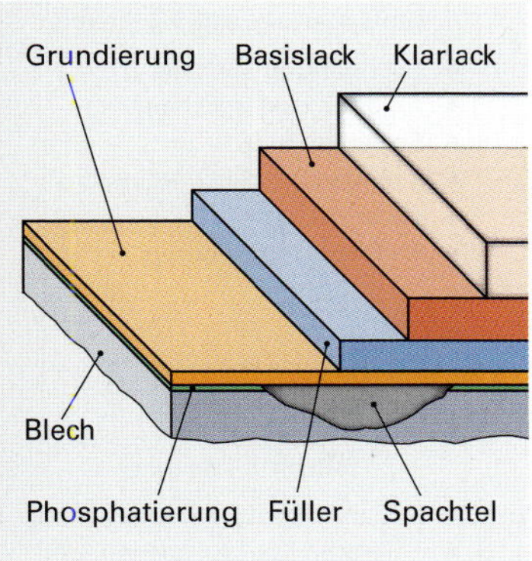

Klarlack	30 µ ...50 µ	Schutz vor Umwelteinflüssen, bewirkt Glanz des Lackes.
Basislack	10 µ ...20 µ	Farbgebung, bewirkt Effekte, z.B. Metallic
Füller	30...40 µ (0,03 mm ... 0,05 mm)	Poren und Schleifspuren abdecken, quellbare Untergründe und Spachtelstellen isolieren, Haftung zwischen Untergrund und Decklack herstellen.
Grundierung	15...20 µ	Haftvermittler zwischen den verschiedenen Untergründen und dem Füller, Korrosionsschutz.
Spachtel	< 500 µ (0,5 mm)	Unebenheiten (z.B. Dellen, Schweißnähte) ausgleichen, Untergrund glätten.
Phospatierung	< 5 µ (0,005 mm)	Werkseitiger Haftgrund und Korrosionsschutz.

Bei der handwerklichen Verarbeitung können die einzelnen Schichtdicken deutliche Abweichungen von den Vorgaben haben. Regelmäßige Messungen der einzelnen Schichtdicken nach dem Lackieren ermöglichen eine Selbstkontrolle. Die Einhaltung der Schichtdicken ist Voraussetzung für die Vermeidung von Lackierfehlern und die Erhaltung des Korrosionsschutzes.

Beurteilung des Untergrundes

Als nicht überlackierbar gelten:	Behandlung des Untergrundes
Gerissene, abgeblätterte Lackierungen.	Lackschichten bis auf den gesunden Untergrund abtragen.
Zu dicke Lackschichten (sind unelastisch und können abblättern).	Zu dicke Lackschichten abtragen.
Quellbare Untergründe, z.B. thermoplastische Acryllacke.	Isolieren mit Epoxidharz oder besser ganz entfernen.
Bestimmte Kunststoffe, z.B. Polyethylen PE.	Keine Möglichkeit der Lackierung, da keine Haftung.

F

Arbeitsschritte bei der Reparaturlackierung/Karosserieinstandsetzung

Abhängig vom jeweiligen Untergrund, der gewünschten Qualität und des gewählten Lackiersystems ergeben sich unterschiedliche Arbeitsschritte.

1. Auftragsannahme, Schadensbeurteilung

- Erfassung der Daten zum Auftrag,
- Schadensanalyse,
- Zustimmung des Kunden / der Versicherung zur Schadensbehebung einholen,
- Fahrzeug waschen,
- Farbton ermitteln.

2. Karosserieinstandsetzungsarbeiten

Beschädigtes Teil gegen Neuteil austauschen

Vor allem bei geschraubten Teilen ist es meist wirtschaftlicher das Karosserieteil zu erneuern.

- Beschädigtes Teil abmontieren oder an den Originalschweißnähten heraustrennen.
- Neuteil prüfen.
- Transportschäden ausschleifen.
- Neuteil in den Karosserieverbund fügen, z.B. Schweißen, Schrauben, Kleben.
- Nähte verschleifen u. spachteln.

Blechschaden ausbeulen

Bei geschweißten Karosserieteilen kann bei kleinen Schäden das Ausbeulen wirtschaftlicher sein.

- Umgebung abdecken
- Bereich der Karosserieinstandsetzung abschleifen
- Schaden ausbeulen
- Oberflächenfinish

Abschnittsreparatur

Durch Heraustrennen des beschädigten Karosserieabschnitts werden größere Eingriffe in die Karosseriestruktur vermieden.

- Trennschnitt festlegen, beschädigten Abschnitt heraustrennen.
- Zurechtschneiden des Neuteils.
- Fügenähte vorbereiten.
- Korrosionsschutz durchführen.
- Teile fügen durch Schweißen, Kleben, Löten, Nieten.
- Nähte verschleifen u. spachteln.

3. Vorbereitung des Untergrundes für den Beschichtungsaufbau

Zeitwertlackierung, einfach

- Nass-in-nass Grundierfüller spritzen,
- Ablüften.

Hinweis: Ablüften = Trocknen des Lackes, bis die nasse Oberfläche matt ist (ca. 15 min bis 20 min).

Zeitwertlackierung, hochwertig

- Grundierfüller (Schleiffüller) spritzen,
- Ablüften,
- Trocknen.

Neulackierung, sehr hochwertig

- Grundierung spritzen,
- Ablüften und trocknen,
- Schleifen, fein,
- Reinigen mit Silikonreiniger,
- Füller spritzen,
- Ablüften und trocknen.

4. Decklackierung

- Schleifen mit P 400 (nach Auftrag von Kontrollschwarz).
- Reinigen mit Silikonentferner und Staubbindetuch.

1-Schicht

- Unilack spritzen,
- Ablüften,
- Trocknen.

2-Schicht

- Basislack spritzen,
- Ablüften,
- Klarlack spritzen,
- Ablüften,
- Trocknen.

2-Schicht Effektlack

- Basislack spritzen und ablüften,
- Klarlack spritzen und ablüften,
- Trocknen.

3-Schicht-Effektlack

- Basislack spritzen und ablüften,
- gefärbten Klarlack spritzen und ablüften,
- Klarlack spritzen und ablüften,
- Trocknen.

5. Finish- und Montagearbeiten

Nach der eigentlichen Reparaturlackierung sind noch folgende Arbeiten nötig:

- Demontierte Teile wieder montieren, Spaltmaße prüfen,
- elektrische Anlage auf Funktion prüfen, unterbrochene Steckverbindungen verbinden, evtl. Scheinwerfer einstellen,
- Musikanlage überprüfen (evtl. Sperrung wieder aufheben),
- Fehler aus Bordcomputer auslesen und Fehlerspeicher auf Null setzen.
- Kleine Lackierfehler beseitigen (Staubeinschlüsse, Läufer, Lacknebel, ...); Glanzanpassung durch Polieren.

Beilackierung

Methoden der Beilackierung

Wenn keine Abgrenzung der lackierenden Fläche zur Verfügung steht, z.B. eine Kante oder Zierleiste, wird beilackiert. Durch verlaufendes Spritzen des Reparaturlackes von der Schadensstelle in die angrenzenden Bereiche wird der Farbtonunterschied für das Auge unsichtbar.

Beilackieren in das angrenzende Teil

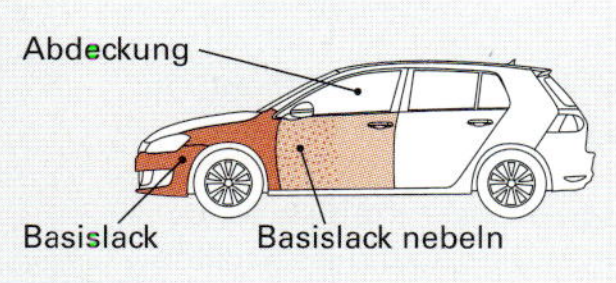

Beschreibung: Basislack im angrenzenden Teil auslaufend beilackieren; Klarlack über beide Teile.

Anwendung: Wenn die Fläche zum Beilackieren nicht ausreicht, so ist das angrenzende Teil mit zu lackieren.

Merkmale:
- Gute Farbtonangleichung.
- Größerer Material- und Zeitaufwand und deshalb teurer.

Beilackieren im Teil (in der Fläche)

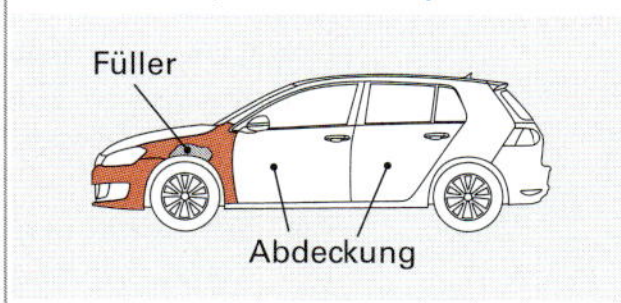

Beschreibung: Basislack in die umgebende Fläche nebeln und ganzes Teil dünn mit Klarlack überziehen.

Anwendung: Wenn ausreichend Abstand für einen sanften Farbtonübergang vorhanden ist (30 cm bis 40 cm).

Merkmale:
- Kostengünstig, da sich die Lackierung auf das beschädigte Teil beschränkt.

Beilackierung mit Begrenzung der zu lackierenden Fläche

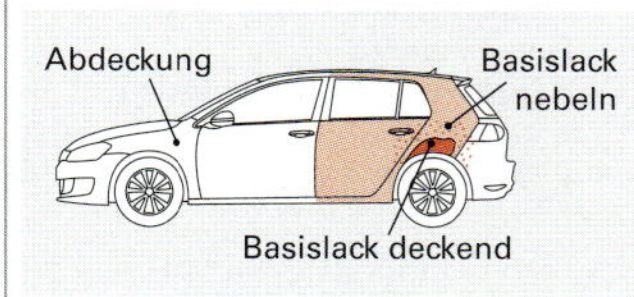

Beschreibung: Basislack im Bereich der Reparatur im Teil beilackieren. Klarlack auslaufend beilackieren.

Anwendung: Wenn keine Begrenzung der zu lackierenden Fläche durch Spalten, Leisten, Kanten oder Sicken gegeben ist z.B. Seitenteil C-Säule oder sehr kleiner Schaden (Spot-Repair).

Merkmale:
- Es müssen keine zusätzlichen Teile lackiert werden (z.B. Dach).
- Gefahr von Abrisskanten.

Spot-Repair

Darunter versteht man eine Kleinstschadensreparatur, bei der die Reparatur eng auf die Schadstelle begrenzt bleibt. Gleichzeitig wird der Aufwand auf ein Minimum beschränkt. Es ist eine Beilackierung mit einer Begrenzung auf die Fläche eines DIN-A4-Blattes. So können die Kosten für eine zeitwertgerechte Reparatur kleiner Lackschäden gering gehalten werden. Je kleiner die Reparaturfläche, umso wirtschaftlicher ist die Reparatur.

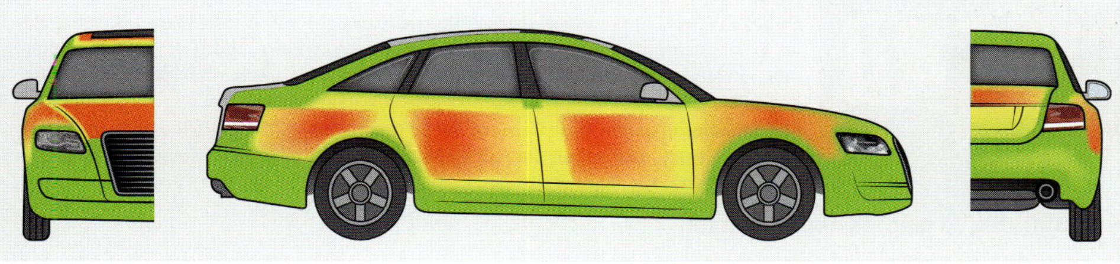

Grüne Flächen sind gut geeignet ...
- bei Schadensgröße bis Durchmesser 3,5 cm.
- wenn Schaden am Rand des Karosserieteils liegt.
- wenn keine Demontage des Karosserieteils nötig ist.

Rote Flächen sind schlecht geeignet bei ...
- mehr als einer Schadstelle pro Karosserieteil.
- Pulverlackierungen, da Abrisskanten möglich.
- hellen Farben und Metallic-Lacken.

Lackieren von Felgen

Felgen können z.B. beim Kontakt mit dem Bordstein beschädigt werden. Dabei ist eine optische Aufbereitung von sichtbaren Mängeln an der Oberfläche von Leichtmetallfelgen erlaubt. Eingriffe in das Materialgefüge, wie Wärmebehandlung sowie Rückverformungen sind unzulässig. Folgende Punkte sind zu beachten:

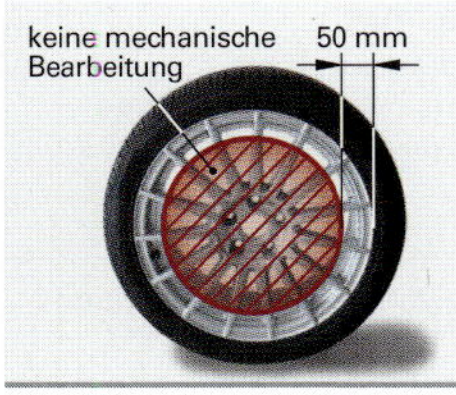

- Räder mit Rissen sind sofort zu ersetzen.
- Eine Wärmeeinbringung z.B. Schweißen ist nicht erlaubt.
- Bei Beschädigungen darf die Riefentiefe max. 1 mm betragen.
- Eine mechanische Bearbeitung z.B. Schleifen, Abdrehen, sind bis zur max. Beschädigungstiefe 1 mm nur im 50 mm breiten Randbereich möglich.
- Keine Aufbereitung/Lackierung in folgenden Bereichen: Anlageflächen des Rades, Radbefestigungsbohrungen, Mittenloch, Innenflächen der Speichen, Felgenbett.
- Bei der Trocknung der Lackierung darf eine Trockentemperatur von 90 °C über eine Einwirkzeit 40 min nicht überschritten werden.

F

Aktive und passive Sicherheit

Fahrzeugsicherheit

Aktive Fahrzeugsicherheit
Konstruktive Maßnahmen am Fahrzeug, die helfen, Unfälle zu vermeiden.

Fahrsicherheit
- neutrales Fahrverhalten in Kurven
- leichtgängige, präzise Lenkung
- ABS, ASR, EDS, ESP.

Wahrnehmungssicherheit
- gute Sicht durch geeignete Karosseriegestaltung mit großen Scheiben
- heizbare Scheiben
- akustische, optische Warneinrichtungen
- leistungsfähige Scheinwerfersysteme.

Konditionssicherheit
- Geräuschdämmung
- komfortable Federung
- Klimaanlage
- ergonomische Fahrersitzgestaltung.

Bedienungssicherheit
- übersichtliche Anordnung von Schaltern
- Kontrollleuchten und Instrumenten.
- Multifunktionslenkrad
- fahrergerecht gestaltetes Pedalwerk.

Passive Fahrzeugsicherheit
Konstruktive Maßnahmen am Fahrzeug, die der Verminderung von Unfallfolgen dienen.

Äußere Sicherheit
- Schutz von Fußgängern und Zweiradfahrern, durch verformbares Material im Frontbereich (soft face)
- Schutz der Insassen anderer Kraftfahrzeuge durch abgestimmtes Deformationsverhalten der Karosserie
- Unterfahrschutz bei Nfz
- versenkte Scheibenwischer
- Schutz von anderen Verkehrsteilnehmern durch gerundete Karosserieaußenkanten.

Innere Sicherheit
- Deformationsverhalten der Karosserie: Knautschzonen, stabile Fahrgastzelle
- Rückhaltesysteme: Sicherheitsgurt, Gurtstraffer, Gurtkaftbegrenzer
- Aufprallschutzmaßnahmen: Frontairbag, Seitenairbag, Windowairbag, Fußairbag, Gurtairbag, Sicherheitslenksäule, gepolsterte Innenraumflächen
- Verbundsicherheitsglas (VSG)
- Einscheibensicherheitsglas (ESG).

Sicherheitstest

NCAP (New Car Assessment Programm – Neuwagen-Bewertungs-Programm). Dabei werden Fahrzeuge gesetzlich vorgeschriebenen und freiwilligen Sicherheitstests unterzogen. Schwerpunkte der Sicherheitsprüfung sind u.a.: Struktursicherheit, Insassenbelastung, Kraftstoffanlagendichtheit, Lenkungsrückverschiebung, Fußgängerschutz und unterstützende Sicherheitssysteme.

Frontalaufprall gegen feste Barriere mit 50 km/h und ≈ 50%-iger Überdeckung (Bild). Test von Struktursicherheit der Fahrgastzelle, Rückhaltesystemen und die Insassenbelastungen.

F

Gurtstraffer, Airbag, Funktionsablauf

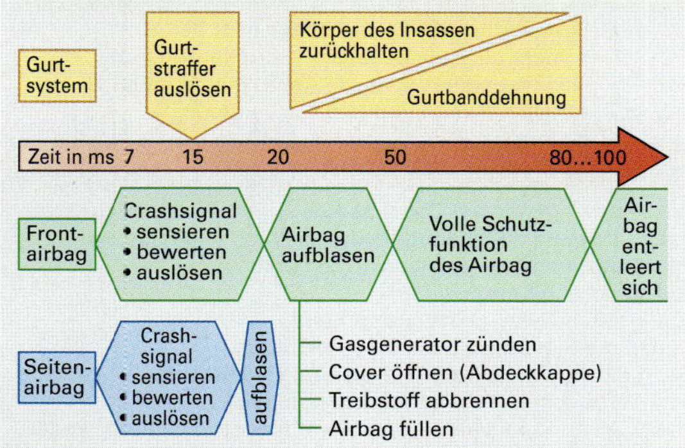

Gurtstraffer
Auslösung: nach ≈ 15 ms
Volle Wirksamkeit: nach ≈ 20 ms ... 25 ms

Frontairbag
Auslösung: nach ≈ 20 ms
Airbagbefüllung: ≈ 20 ms ... ≈ 50 ms
Volle Schutzfunktion: ≈ 50 ms ... ≈ 100 ms
Airbagentleerung: ≈ 80 ms ... ≈ 150 ms

Seitenairbag/Windowairbag
Auslösung: nach ≈ 7 ms
Airbagbefüllung: ≈ 7 ms ... ≈ 20 ms ... 25 ms
Standzeit: ≈ 5 s oder länger

Frontairbags sind sogenannte Supplement Restraint Systeme (SRS), d.h. sie sind ein ergänzendes Rückhaltesystem. Sie bieten nur in Verbindung mit dem Sicherheitsgurt einen optimalen Schutz.

Gurtstraffer (pyrotechnisch), Funktion

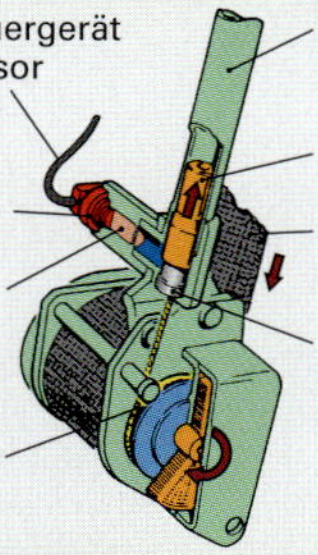

Der Gurtstraffer bewirkt durch Aufrollen des Gurtbandes das straffe Anliegen des Gurtes am Körper (Beseitigung der Gurtlose und des Filmspuleneffekts). Je nach Ausführung lässt sich das Gurtband bis zu 13 cm zurückziehen.

Funktion. Wird vom Crash-Sensor ein schwerer Frontalaufprall (i.d.R. $a \gg 2\ g$) erkannt und dies durch einen Sicherheitssensor bestätigt, bewirkt das Steuergerät die Zündung einer Zündpille. Diese aktiviert einen pyrotechnischen Treibsatz. Dadurch bewegt sich der Kolben in dem Zylinder nach oben und spannt über ein Seil das Gurtband.

Gurtkraftbegrenzer. Ab einer bestimmten Krafteinwirkung auf das Gurtband verdreht sich z.B. im Aufrollautomaten ein Torsionsstab und verringert so die Gurtkraft und damit das Verletzungsrisiko durch den Gurt.

Airbag – Systemkomponenten und Funktion

Fahrerairbag mit Systemkomponenten

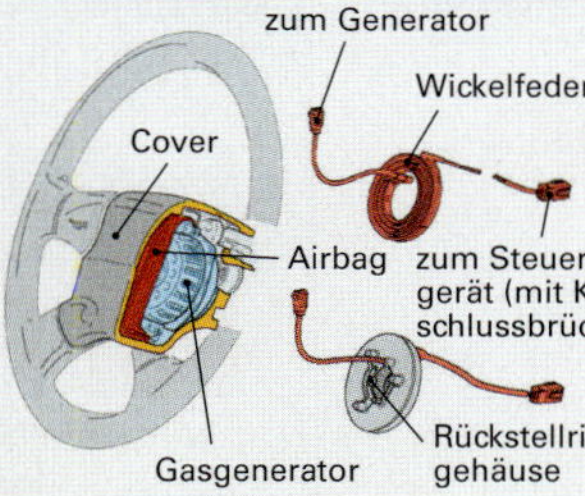

Pyrotechnischer Gasgenerator

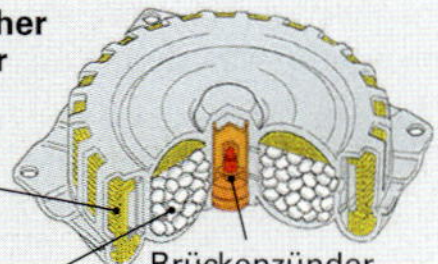

Hybrid-generator

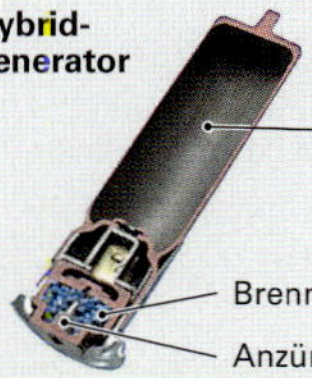

Systemkomponenten

- Sensorik
- Airbag (Luftsack)
- Container (Halteteil)
- Steuerelektronik
- Cover (Abdeckkappe)
- Ausfallwarnlampe
- Gasgenerator
- Verkabelung

Funktion

Sensorik, Steuerelektronik. Crash-Sensoren bewerten Verzögerungssignale und geben diese Signale aufbereitet an das Steuergerät weiter. Im Steuergerät werden die Eingangssignale mit einprogrammierten Kennwerten verglichen. Bei Überschreiten von fahrzeugspezifischen Verzögerungswerten erfolgt eine Airbagauslösung. Um unbeabsichtigtes Auslösen des Airbags zu vermeiden, müssen die Signale der Crash-Sensoren durch einen Saving-Sensor (Sicherheitssensor) bestätigt werden.

Gasgenerator, Airbag. Die Airbagauslösung wird durch einen Stromimpuls vom Steuergerät durch Entzünden einer Zündpille bewirkt. Diese entzündet den Festtreibstoff im Gasgenerator, wodurch es zum schnellen Befüllen des Airbags mit heißen Gasen ($t \approx 150$ °C) kommt. Das heiße Gas bleibt nur wenige Millisekunden im Airbag und strömt dann auf der den Insassen abgewandten Seite über mehrere Auslassöffnungen ins Freie. Aufgrund der kurzen Kontaktzeit nimmt das Luftkissengewebe nicht die Gastemperatur an.

Airbagvolumen. Fahrer: 30 l...75 l; Beifahrer: 60 l...180 l, Seite: 10 l...15 l.

Gasgeneratoren. Bei Frontairbag werden pyrotechnische Gasgeneratoren, bei Seitenairbag Hybridgeneratoren verwendet. Beim Hybridgenerator wird eine kleine Menge Gas pyrotechnisch erzeugt; zugleich wird beim Zünden der Verschluss eines unter Hochdruck stehenden mit Edelgas befüllten Druckgasbehälters abgesprengt, wodurch sich Seitenbag oder Windowbag innerhalb kürzester Zeit (13 ms ... 18 ms) füllen.

Treibstoff: Er kann zur eine Reizung der Schleimhäute führen. Haut- und Augenkontakt sind möglichst zu vermeiden.

F

Sicherheitsvorschriften

- Prüf-, Instandsetzungs- und Montagearbeiten dürfen nur von geschultem Personal durchgeführt werden.
- Bei Arbeiten an Airbag- und Gurtstraffereinheiten ist der Minuspol der Batterie abzuklemmen und zu isolieren. Evtl. ist zur Entladung eines Pufferkondensators 5 min ... 20 min zu warten.
- Bei Arbeitsunterbrechungen sind Airbag- und Gurtstraffereinheiten in die Transportbehälter abzulegen und dürfen nicht unbeaufsichtigt bleiben.
- Ausgebaute Airbageinheiten stets so lagern, dass die Austrittsfläche nach oben zeigt.
- Es darf keine Reparatur an Einzelkomponenten vorgenommen werden.
- Die Teile dürfen keinen Temperaturen über 100 °C oder Funkenflug ausgesetzt werden.
- Teile dürfen nicht mit Fett, Öl oder Reinigungsmitteln in Berührung kommen.
- Die Systeme dürfen nur im eingebauten Zustand, ohne Personen im Fahrzeuginnenraum, nach Herstellervorschrift elektrisch geprüft werden (keine Ω-Messungen oder Messungen mit Prüflampe).
- Airbageinheiten, die Beschädigungen aufweisen oder aus Höhen von ≥ 0,5 m heruntergefallen sind, dürfen nicht in Fahrzeugen montiert werden.
- Bei Verschrottung von Fahrzeugen sind die Gasgeneratoren unter Einhaltung von gesetzlichen Vorschriften, Hersteller- und Sicherheitsvorschriften zu zünden.

Fehlersuchplan für Fehler am Airbag

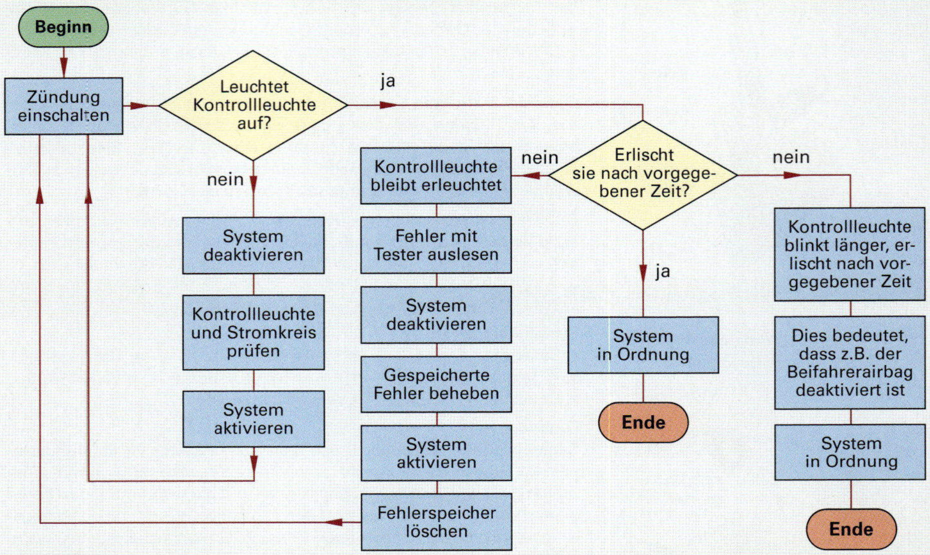

Pre-Safe-System

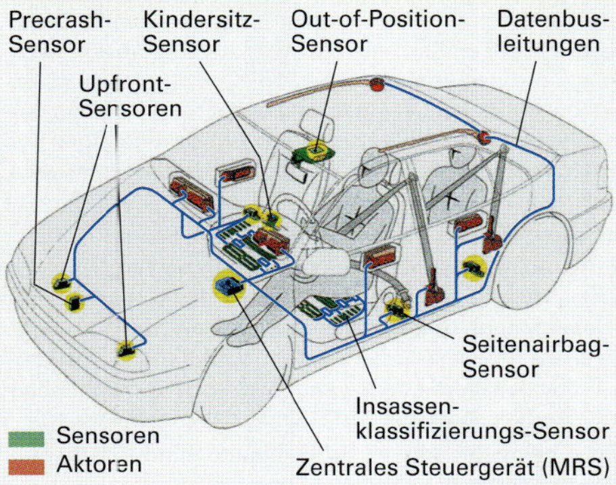

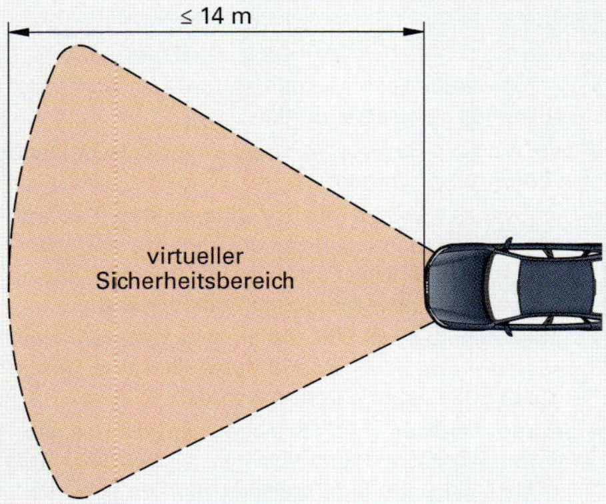

Dieses System aktiviert bereits vor einem Crash bestimmte Insassensicherheitssysteme, z.B. Gurtstraffer.

Voraussetzung. Vernetzung des zentralen Steuergerätes über CAN-Bus mit anderen Systemen, z.B. Bremskraftassistenten (BAS), elektronisches Stabilitätsprogramm (ESP).

Aufbau. Herkömmliches Insassenschutzsystem mit Seitenairbag-Sensoren, Längsbeschleunigungssensoren (z.B. Upfront-Sensoren), muss durch folgende Komponenten ergänzt werden:

- Precrash –Sensor
- Out of Position-Sensor
- Reversible Gurtstraffer
- Verstellmotore für Fahrzeugsitze

Wirkungsweise

Precrash-Sensor. Er erkennt z.B. mittels Radartechnik oder Laserstrahl Hindernisse im äußeren Raum (≤ 14 m) des Fahrzeugs (virtueller Sicherheitsbereich).

Out of Position-Sensor. Er überwacht z.B. durch Infrarotsensorik die Sitzposition der Fahrzeuginsassen.

Multi-Restraint-System-Steuergerät MRS (zentrales Steuergerät für die Insassenrückhaltesysteme). Es verarbeitet u. a. Signale vom Precrash-Sensor, sowie von anderen Steuergeräten wie z.B. ESP-Steuergerät. Werden gefährliche Fahrsituationen erkannt, so werden Elektromotore angesteuert, die den Gurt straffen und die Fahrzeugsitze in die richtige Position bringen. Kommt es zu keinem Crash, wird die Gurtstraffung aufgehoben und der Sitz kann in seine ursprüngliche Position zurück gestellt werden. Bei einem Crash werden abhängig von dessen Schwere Gurtstraffer und entsprechende Airbags ausgelöst.

F

Elektrische Anlage

Funkentstörung und elektromagnetische Verträglichkeit

Funkentstörung. Darunter versteht man die Beseitigung von Funkstörungen im Kraftfahrzeug, z.B. Störungen des Radioempfangs. Diese treten durch elektromagnetische Schwingungen auf und werden durch schleifende und schaltende Kontakte verursacht.

Störquellen im Kraftfahrzeug sind insbesondere:

- Elektrische Zündanlage
- Generator
- Elektromotoren
- Starter
- Wackelkontakte in stromdurchflossenen Leitungen oder deren Anschlüssen
- elektrostatische Aufladungen (z.B. Reifen)
- schlechte oder wechselnde metallische Berührung zwischen größeren Metallteilen des Fahrzeugs (z.B. Motorhaube).

Elektromagnetische Verträglichkeit (EMV). Darunter versteht man die Fähigkeit einer elektrischen oder elektronischen Einrichtung, in ihrer elektromagnetischen Umgebung bestimmungsgemäß zu funktionieren **(Störfestigkeit).** Gleichzeitig darf sie dabei andere Einrichtungen nicht störend beeinflussen **(Störaussendung).**

Für das Kraftfahrzeug bedeutet dies zum einen, dass die eingebauten Systeme wie Zündanlage, Einspritzsystem, Antiblockiersystem, Mobil-Telefon, Telematik-System und andere sich gegenseitig nicht beeinflussen dürfen. Zum anderen müssen sich diese Systeme und damit das Kraftfahrzeug als Ganzes neutral gegenüber der Umwelt verhalten. Das Kraftfahrzeug darf deshalb weder die Systeme anderer Fahrzeuge noch Systeme anderer Art (z.B. Fernsehen, Rundfunk, Funkdienste) stören oder sich von diesen stören lassen.

Störfestigkeit:
Gewährleistung der Funktion der elektronischen Systeme im Kraftfahrzeug

Störaussendung:
Beeinflussung von Systemen außerhalb und innerhalb des Kraftfahrzeugs

Beeinflussungswege zwischen Störquellen und Baugruppen im Fahrzeug

Störquelle = Störende Baugruppe oder äußerer Einfluss

Leitungsgebundene Störungen	Strahlungsgebundene Störungen	Störungen durch elektrostatische Entladungen
Verursacht durch das Ein- und Ausschalten von großen Verbrauchern z.B. Einschaltimpuls beim Einschalten eines Verbrauchers.	Verursacht durch starke oder hochfrequente elektromagnetische Felder z.B. Mobiltelefone, Hochspannungsleitungen, Blitzentladungen, Induktionsschleifen, Richtfunkanlagen.	Verursacht durch elektrostatische Entladungen am Fahrzeug oder Fahrzeugbaugruppen z.B. durch isolierende Bekleidung der Fahrzeuginsassen und synthetische Faserstoffe der Polsterung.

Störsenke = Gestörte Baugruppe
Steuergeräte (z.B. Motormanagement, Antiblockiersystem, Airbag), Sensoren, LED-Anzeigen u.a.

Gesetzliche Bestimmungen

Kfz-EMV-Richtlinie 2006/28/EG. Für EMV-Prüfungen an Kraftfahrzeugen und deren elektrischen bzw. elektronischen Ausrüstungen sowie Nachrüstsystemen („Electronic Sub Assembly (ESA)") kommt diese Richtlinie zur Anwendung. Sie ist am 1. Juli 2006 in Kraft getreten und ersetzt die seit dem 1. Januar 1996 gültige EMV-Richtlinie 95/54/EG. Sie legt die Mindestanforderungen an Kraftfahrzeuge bzw. den in Kraftfahrzeugen verwendeten elektrischen Systemen fest.

E-Zeichen. Mit der Anbringung eines E-Zeichens zusammen mit der Landeskennnummer jenes Landes, in dem die Genehmigung erteilt wurde (z.B. E1 für Deutschland), wird eine erfolgreiche Prüfung durch zugelassene Prüflabors bescheinigt.

Die Prüfung bezieht sich auf die Bereiche Störfestigkeit und Störaussendung.

Auch Radio, CD-Player u.a. fallen in den Geltungsbereich der Richtlinie.

Weitere Landeskennnummern sind z.B. E2 (Frankreich), E3 (Italien), E4 (Niederlande), E5 (Schweden), E6 (Belgien), E7 (Ungarn), E8 (Tschechien), E9 (Spanien).

E1
(2006/28/EG)

Kennzeichnung EMV-geprüfter Systeme

International einheitliche Symbole in Automobilen nach ISO 2575; 2000 (E)

Warnblinkanlage
Hazard warning

Funktionsstörung
Bremsanlage
Brake failure

Feststellbremse
Parking brake

ABS Warnleuchte
Failure of anti-lock
braking system

Warnleuchte Getriebe
Transmission failure

Warnleuchte
Sicherheitsgurt
Seat belt

Warnleuchte
Airbag
Airbag failure

Batterieladeanzeige
Battery charging
condition

Motoröldruck
Engine oil pressure

Kühlmitteltemperatur
Engine coolant
temperature

Warnleuchte
Motor
Engine failure

EDC- Warnleuchte
Electronic diesel
control

Hybrid
System-Störung
Disturbance

Allradantrieb
All wheel drive
AWD bzw. 4 x 4

Differenzialsperre
hinten; Differential lock,
rear axle drive 4 x 4

Tankanzeige
Fuel

Reifendruck
Tyre pressure

Vorglühen
Diesel pre-heat

Fahrtrichtungs-
anzeiger
Turn signals

Lichthauptschalter
Master lighting
switch

Parkleuchte
Parking lights

Begrenzungsleuchte
Position (side) light

Abblendlicht
Low (dipped) beam

Fernlicht
High (main) beam

Scheinwerferverstel-
lung; Headlight level-
ling manual control

Nebelscheinwerfer
Front fog light

Nebelschlussleuchte
Rear fog light

Hupe
Horn

Klimaanlage
Air-conditioning
system

Sitzverstellung
Seat adjustment

Sitzheizung
Heated seat

Kotrollleuchte
Türen geschlossen
Door lock control

Heckklappe
Boot (rear trunk)

Scheibenwischer/
wascher; Windscreen
washer and wiper

Heckscheibenheizung
Rear window demi-
sting and defrosting

E

Schaltzeichen

Elektrische Bauelemente

Widerstände

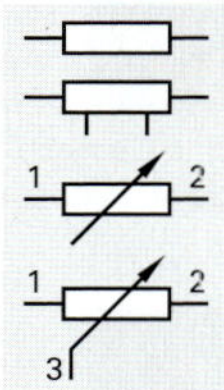

- allgemein
- mit Anzapfungen
- veränderbar, mit zwei Anschlüssen
- veränderbar, mit drei Anschlüssen (Potentiometer)

Induktivitäten, Spulen

- allgemein
- mit Eisenkern

Transformatoren

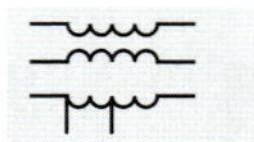

- allgemein
- Spartransformator

Kapazitäten, Kondensatoren

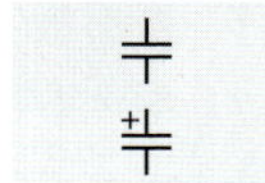

- allgemein
- Elektrolytkondensator, gepolt

Schutzeinrichtungen

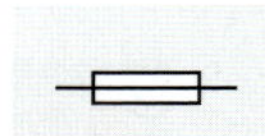

- Sicherung

Halbleiterbauelemente

Halbleiterwiderstände

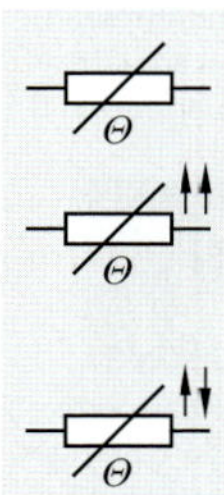

- temperaturabhängiger Widerstand, allgemein
- Kaltleiter (PTC)-Widerstand, Widerstandsänderung gleichsinnig mit Temperaturänderung
- Heißleiter (NTC)-Widerstand, Widerstandsänderung gegensinnig mit Temperaturänderung

Θ (alt: ϑ)

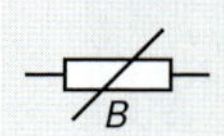

- von der magnetischen Induktion abhängiger Widerstand, z.B. Feldplatte

Dioden

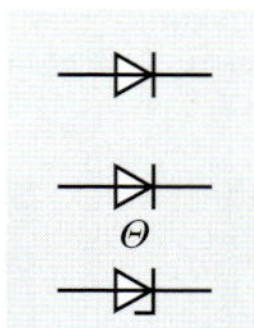

- Diode, Stromdurchlass in Richtung der Dreieckspitze
- temperaturabhängige Diode
- Z-Diode, Betrieb im Durchbruchbereich

Transistoren

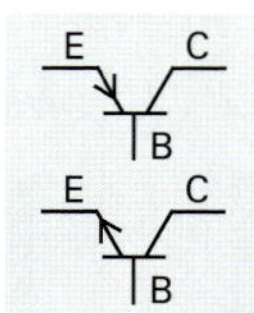

- PNP-Transistor,
  E = Emitter (Pfeil zeigt in Durchlassrichtung)
  C = Kollektor, positiv
  B = Basis
- NPN-Transistor (Buchstaben gehören nicht zum Schaltzeichen)

Thyristoren

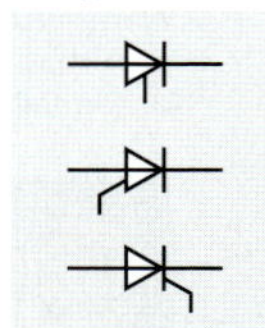

- allgemein
- rückwärtssperrend, anodenseitig gesteuert
- rückwärtssperrend, kathodenseitig gesteuert

Optoelektronische Bauelemente

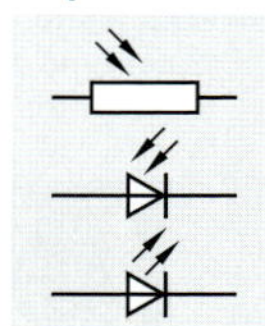

- Fotowiderstand
- Fotodiode
- Leuchtdiode (LED)

Geräte und umlaufende elektrische Maschinen

Darstellung mit Innenschaltung

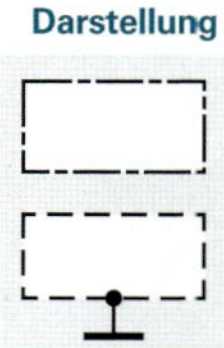

- Strich-Punkt-Linie zur Abgrenzung von Schaltungsteilen oder deren Zusammenfassung zu einem Gerät
- Geschirmtes Gerät

Darstellung ohne Innenschaltung

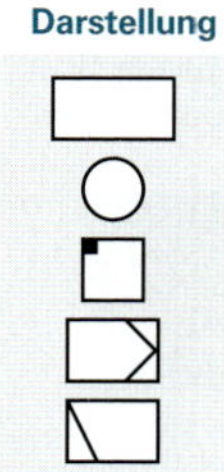

- Schaltungsglieder, allgemein
- Umlaufende Maschinen, Messwerte
- Speicher, allgemein
- Regler, allgemein
- Steuereinrichtung

Geräteschaltzeichen

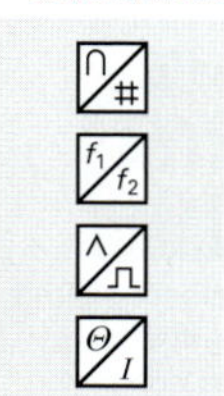

- Analog-Digital-Umsetzer
- Frequenzumsetzer
- Pulsformer
- Messumformer (Temperatur/Strom)

Gleichstrommotoren

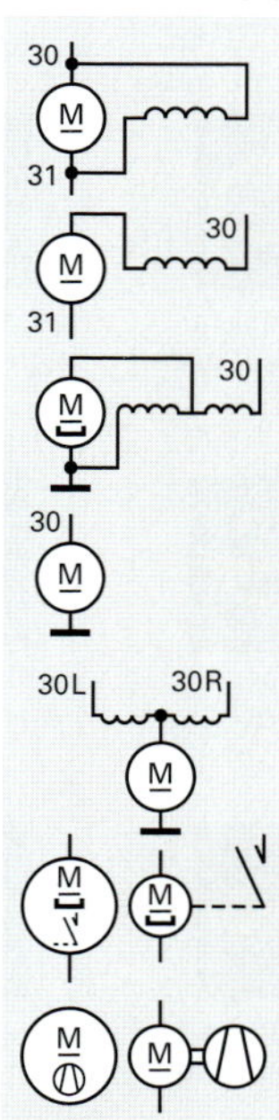

- Nebenschlussmotor
- Reihenschlussmotor
- Doppelschlussmotor mit Reihen- und Nebenschlusswicklung
- Kleinmotor mit Dauermagneterregung
- Umkehrmotor z.B. für Fensterheber
- Scheibenwischermotor mit Dauermagneterregung
- Motor mit Lüfter (Gebläse)

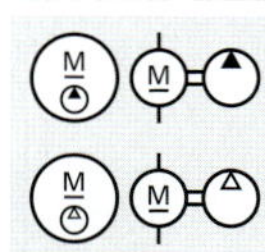

- Motor mit z.B. Hydraulikpumpe
- Motor mit Kompressor

Starter

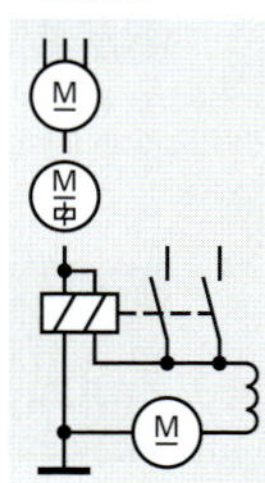

- Startermotor mit Reihenschlusswicklung und Einrückrelais
- ohne Darstellung der Innenschaltung, allgemein
- Schaltkurzzeichen mit Darstellung der Innenschaltung; Schub-Schraubtriebstarter

Drehstromgeneratoren

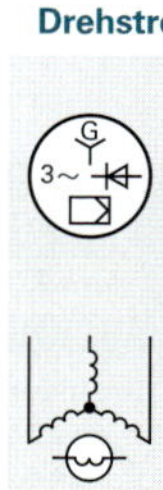

- Drehstromgenerator in Sternschaltung mit Gleichrichter und eingebautem Generatorregler, ohne Darstellung der Innenschaltung
- Drehstromgenerator in Sternschaltung mit Schleifringläufer und Erregerwicklung, Darstellung mit Innenschaltung

E

Schaltzeichen (Fortsetzung)

Leitungen und Verbindungen

Elektrische Leitung

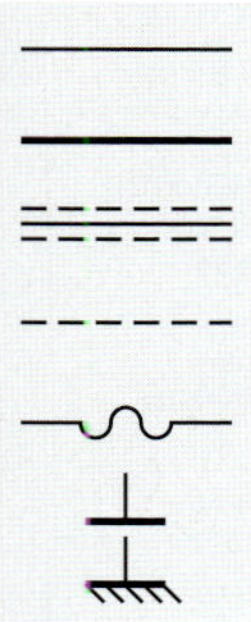

- allgemein
- für hervorzuhebende Leitung
- geschirmte Leitung
- Leitung wahlweise oder nachträglich verlegt
- bewegbare Leitung
- Fahrzeugmasse
- Gerätemasse

Verbindungsstellen

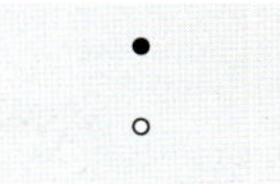

- Kreuzungspunkt Verbindungspunkt
- Anschluss (z.B. Klemme)

Leitungsverbindungen

elektrisch mechanisch

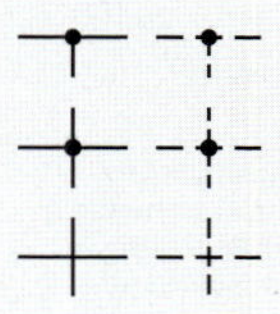

- Abzweigung
- Kreuzung mit Verbindung
- Kreuzung ohne Verbindung

Steckverbindungen

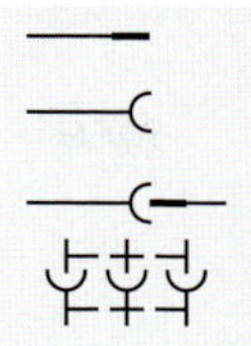

- Steckerstift
- Steckbuchse, Steckerhülse
- Steckverbindung (einpolig)
- Steckverbindung (dreipolig)

Mechanische Wirkverbindungen

- allgemein
- Doppellinie zur Unterscheidung zwischen zwei Arten der Verlegung

Schalter

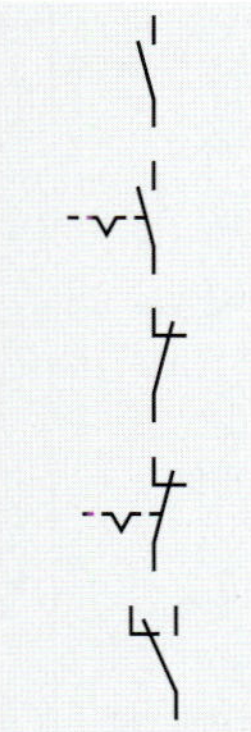

- Schalter, allgemein, Schließer, Einschaltglied, mit selbsttätigem Rückgang, Tastschalter
- Schließer mit nichtselbsttätigem Rückgang, Stellschalter
- Öffner, Ausschaltglied, mit selbsttätigem Rückgang, Tastschalter
- Öffner mit nichtselbsttätigem Rückgang, Stellschalter
- Wechsler, Umschaltglied, mit Unterbrechung schaltend

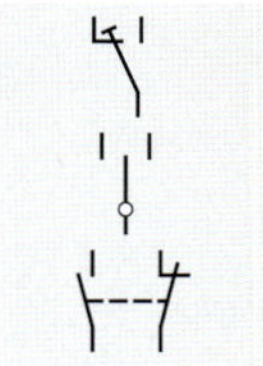

- Wechsler, ohne Unterbrechung schaltend, z.B. Abblendschalter
- Zweiwegschließer mit Mittelstellung „Aus"
- Schließer-Öffner

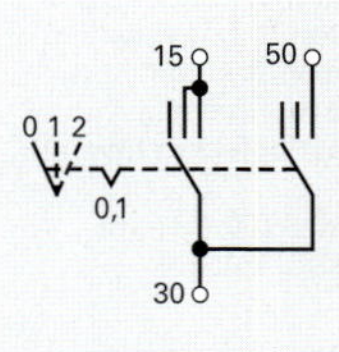

Mehrstellenschalter: Kombination Tast- und Stellschalter, z.B. Zünd-Startschalter mit Taststellung 2

Thermoschalter

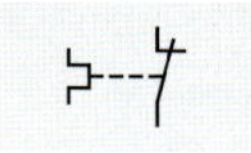

Öffner mit thermischer Betätigung, z.B. Bimetall

Thermokontakt

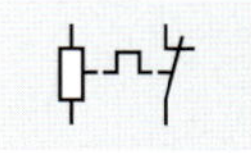

Öffner, Widerstandsbeheizt, z.B. bei Thermozeitschalter

Druckschalter

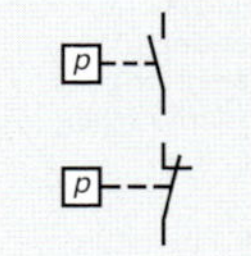

pneumatisch oder hydraulisch betätigt

- Schließer
- Öffner

Mechanische, elektromechanische und elektromagnetische Antriebe

Antrieb durch menschliche Kraft

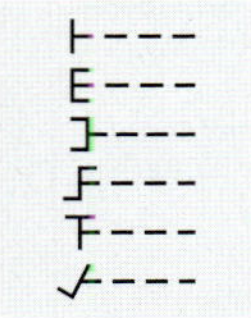

- allgemein
- durch Drücken
- durch Ziehen
- durch Drehen
- durch Kippen
- Fußantrieb, Pedal

Rasten bei nichtselbstständigem Rückgang

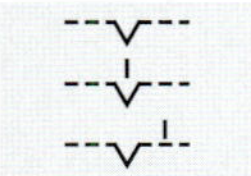

- allgemein
- eingerastet
- nicht eingerastet

Sperren

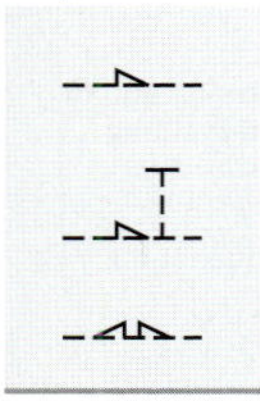

- Bewegung nach einer Seite sperrend
- Bewegung nach rechts, Rückgang gesperrt, Sperre von Hand lösbar
- Bewegung nach beiden Seiten sperrend

Elektromechanischer Antrieb

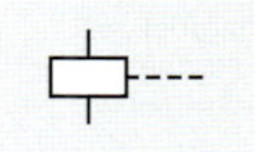

allgemein, z.B. Relais

Antrieb mit einer Wicklung

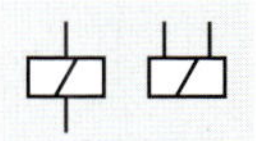

unterschiedliche Darstellung

Antrieb mit Stromspule

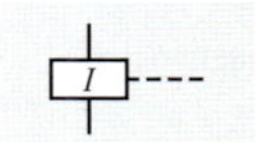

z.B. Stromrelais

Elektrothermischer Antrieb

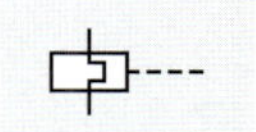

z.B. Thermorelais

Antrieb mit zwei Schaltstellungen

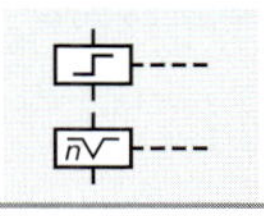

z.B. Schrittrelais, Fortschaltrelais (*n* = Anzahl der Schaltstellungen)

Elektromagnetischer Antrieb

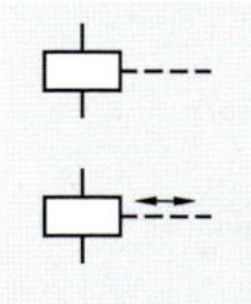

- allgemein
- Hubmagnet mit Angabe der Wirkrichtung

Elektromagnetisch betätigtes Ventil

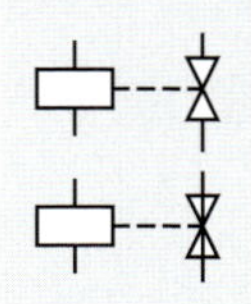

- Magnetventil, z.B. Einspritzventil, geschlossen
- geöffnet

Elektromagnetisch betätigte Kupplung

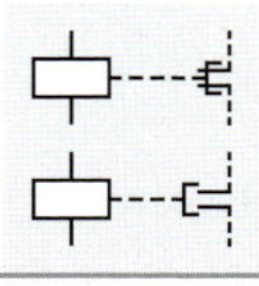

- gekuppelt
- entkuppelt

E

Schaltzeichen (Fortsetzung)

Anzeige- und Messgeräte, Messgrößenumformer

Anzeigegeräte	Messgeräte	Messgrößenumformer
Zeit	Widerstandsmesser (Einheit Ohm)	Lambda-Sonde
Drehzahl	Spannungsmesser (Einheit Volt)	Piezoelektrischer Baustein, z.B. Klopfsensor
Temperatur (Θ (alt: ϑ))	Strommesser (Einheit Ampere)	Widerstands-stellungsgeber
Geschwindigkeit	Oszilloskop	Widerstands-thermometer
allgemein	Fahrtschreiber mit Zeituhr, Geschwindigkeitsanzeige, Entfernungsanzeige, Aufzeichnungsgerät und Beleuchtung	Thermofühler (Thermoelement)

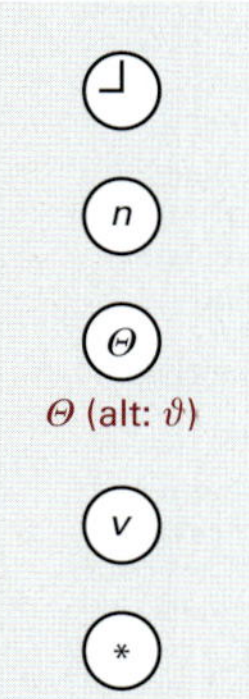
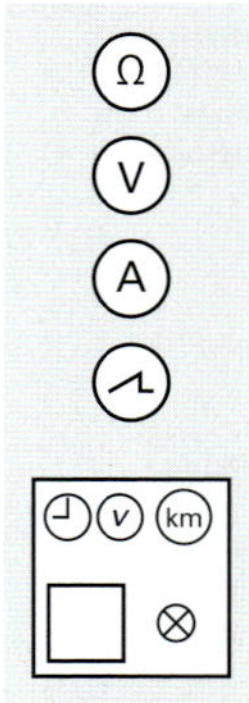
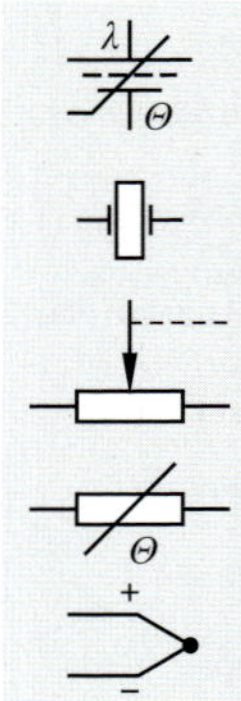

Geräte im Kraftfahrzeug

Schalter jeder Art	Thermozeitschalter	Lautsprecher
Schalter mit Anzeigelampe	Blinkgeber, Impulsgeber, Intervallrelais	Steckanschluss
Druckschalter	Magnetventil (Abgasrückführungsventil, Einspritzventil, Kaltstartventil, Leerlaufabschaltventil)	Diebstahl-Alarmanlage
Relais, Relaiskombinationen, auch Startsperrrelais, Startwiederholrelais	Drucksteuerventil (ABS-Anlage)	Klimaanlage
Zeitrelais, Verzögerungsrelais	Drosselklappen-schalter	Startermotor mit Einrückrelais
Stromquelle (Batterie), allgemein	elektrisch beheizter Bimetallantrieb, z.B. Zusatzluftschieber, Warmlaufregler	Elektro-Kraftstoffpumpe, Scheibenspülerpumpe
Leuchte, Scheinwerfer	Stellmotor, z.B. Leerlaufdrehsteller	Elektromotor mit Gebläse (Lüfter)
Steuergerät	Lambda-Sonde	Wischermotor
Zündspule, Zündtrafo	Luftmengenmesser	Motorantrieb, Stellmotor
Zündverteiler, Hochspannungsverteiler	Luftmassenmesser	Leerlaufdrehsteller mit Motorantrieb
Zündkerze	Überspannungs-schutzgerät	Drehstromgenerator in Sternschaltung mit Gleichrichter
Induktivgeber	Heckscheibenheizung	mit eingebautem Regler
Hallgeber	Horn, Fanfare	
Zündunterbrecher		

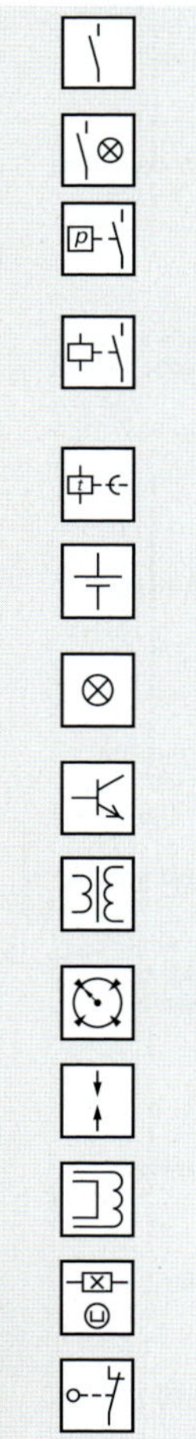
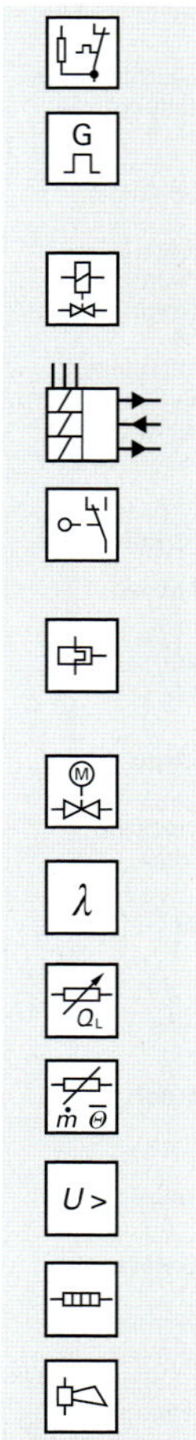
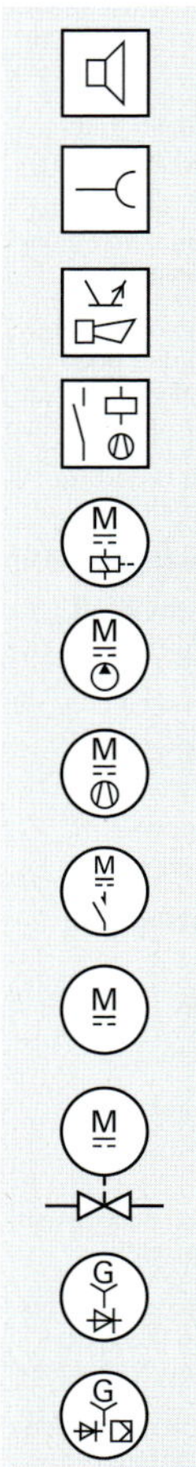

E

Sicherung für Bordnetz und Geräte in Straßenfahrzeugen

vergl. DIN 72581

Abschmelzsicherung

Farbe	grün	weiss	rot	blau	schwarz
Nennstrom in Ampere	5	8	16	25	40

Flachsicherung

Flachsicherungen sind erhältlich in den Ausführungen Mini-Fuse, Uni-Fuse und Maxi-Fuse

Ausführung	Mini	Uni	Maxi	Ausführung	Mini	Uni	Maxi
1 A (schwarz)		x		25 A (weiss)	x	x	
2 A (grau)	x	x		30 A (grün)	x	x	x
3 A (violett)	x	x		40 A (orange)		x	x
4 A (rosa)	x	x		50 A (rot)			x
5 A (beige)	x	x		60 A (blau)			x
7,5 A (braun)	x	x		70 A (braun)			x
10 A (rot)	x	x		80 A (weiss)			x
15 A (blau)	x	x		100 A (violet)			x
20 A (gelb)	x	x	x				

Glasrohrsicherung

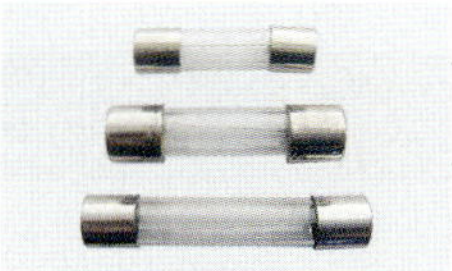

Größe	Nennstrom in Ampere
5 x 20	0,25; 0,315; 0,4; 0,5; 0,63 1; 1,25; 1,6; 2; 2,5; 3; 4; 5; 6; 8; 10; 15
6 x 27	5; 15; 20; 30; 35
6 x 32	2; 5; 10; 15; 20; 25; 30; 35; 40; 50

Sicherungsstreifen

Farbe: grau
Nennstrom in Ampere: 30; 50; 80; 100

Anschlussbelegung Relais

vergl. DIN ISO 7880, DIN 72651, DIN 77552 Teil 2

Ausführung	Anordnung der Anschlüsse	Anordnung der Anschlüsse (Mikro-Relais)	Schaltbild und Funktionszuordnung der Anschlüsse
Öffner	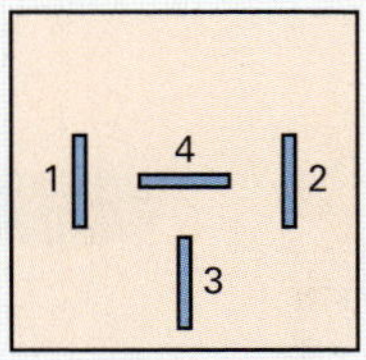	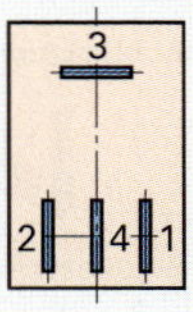	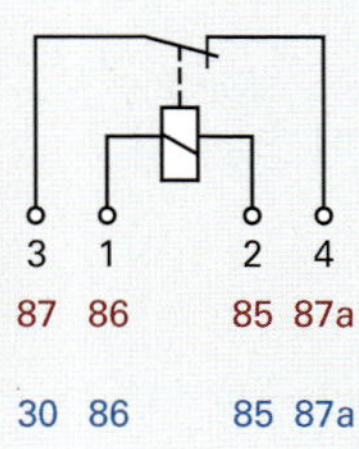
Schließer	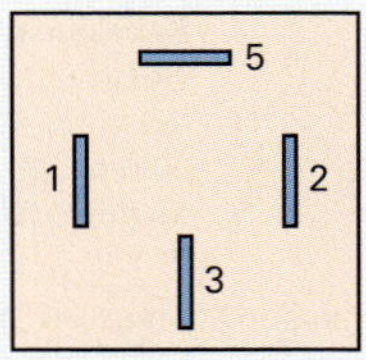	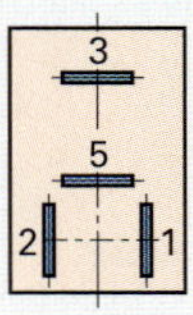	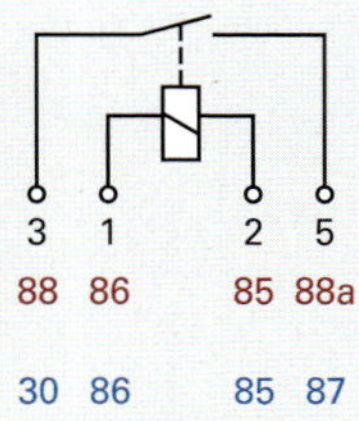
Wechsler	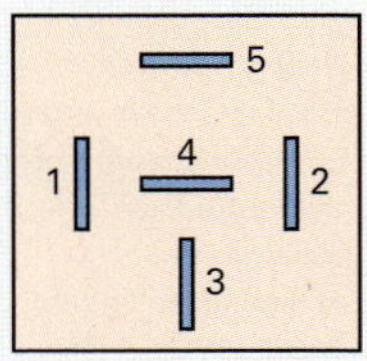	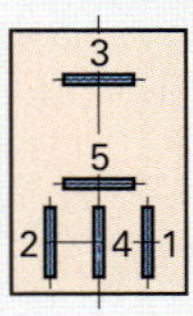	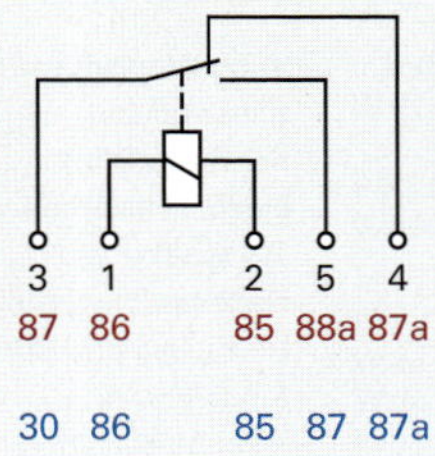

Öffner

1 = Spule plus
2 = Spule minus
3 = Schaltkontakt Eingang
4 = Schaltkontakt Ausgang (Öffner)

Bezeichnungen nach DIN 72552

alte Bezeichnungen

Schließer

1 = Spule plus
2 = Spule minus
3 = Schaltkontakt Eingang
5 = Schaltkontakt Ausgang (Schließer)

Bezeichnungen nach DIN 72552

alte Bezeichnungen

Wechsler

1 = Spule plus
2 = Spule minus
3 = Schaltkontakt Eingang
4 = Schaltkontakt Ausgang (Öffner)
5 = Schaltkontakt Ausgang (Schließer)

Bezeichnungen nach DIN 72552

alte Bezeichnungen

E

Elektrische Leitungen, Richtwerte

Farbkennzeichnung von elektrischen Leitungen

vergl. DIN 72 551 Teil 7

Farbenart	Erklärung
Grundfarbe	Farbe, die die gesamte oder den überwiegenden Teil der Oberfläche einer Leitung bedeckt.
Erste Kennfarbe	Farbe, die durch Längsstreifen dargestellt wird.
Zweite Kennfarbe	Farbe, die durch eine fortlaufende Ringmarkierung dargestellt wird.

Die Farbkennzeichnung z.B. einer dreifarbigen Leitung erfolgt in der folgenden Reihenfolge:

1. Grundfarbe
2. Erste Kennfarbe
3. Zweite Kennfarbe
4. ggf. Ergänzung um die Angabe zum Leiterquerschnitt

BKWHYE 1,5

- Grundfarbe Schwarz
- Erste Kennfarbe Weiß
- Zweite Kennfarbe Gelb
- Leiterquerschnitt in mm²

Farbkurzzeichen

vergl. DIN 72 551 Teil 7 und DIN ECE 757

weiß	gelb	grau	grün	rot	violett	braun	blau	schwarz	orange
ws	ge	gr	gn	rt	vt	br	bl	sw	or

white	yellow	grey	green	red	violett	brown	blue	black	orange
WH	YE	GY	GN	RD	VT	BN	BU	BK	OG

Verbindungselemente in Kraftfahrzeugen

Gabelschuhe

Ringkabelschuhe

Kabelquerschnitte (Auswahl):
2,5 mm²; 4 mm²;
6 mm²; 10 mm²;
16 mm²; 25 mm²;
35 mm²; 50 mm²

Steckzungen

Flachstecker

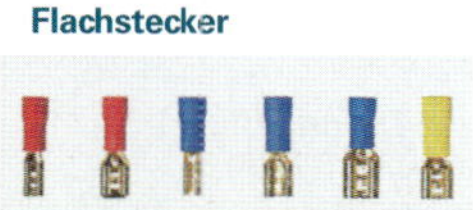

Steckerbreiten (Auswahl):
2,8 mm
(Kabel bis 1,5 u. 2,5 mm²)
4,8 mm
(Kabel bis 1,5 u. 2,5 mm²)
6,3 mm
(Kabel bis 2,5 u. 6,0 mm²)

Rundstecker

Kabelquerschnitte (Auswahl):
1,5 mm²; 2,5 mm²;
6,0 mm²

Rundsteckhülsen

Kabelquetschverbinder

Crimp-Zange zum Herstellen von Quetschverbindungen

Aderendhülsen

Kabelquerschnitte (Auswahl):
2,5 mm²; 4 mm²; 6 mm²;
10 mm²; 16 mm²; 25 mm²;
35 mm²; 50 mm²

Hinweis:
Bei elektrischen Verbindungen müssen Stecker und Hülsen aus dem gleichen Werkstoff sein!

E

Richtwerte für die Leistungsaufnahme von Verbrauchern im Kraftfahrzeug

Ständig eingeschaltete Verbraucher:

Elektr. Kraftstoffpumpe	50 … 70 W
Elektrische Benzineinspritzung	100 … 150 W
Zündung	150 … 200 W

Zeitweise eingeschaltete Verbraucher:

Abblendlicht (z.B. H4)	je 55 W
Fernlicht (z.B. H4)	je 60 W
Gebläse (Heizung, Lüftung)	60 … 80 W

Kurzzeitig eingeschaltete Verbraucher:

Blinkleuchten	je 21 W	Nebelscheinwerfer	je 35 … 55 W
Bremsleuchten	je 18 … 21 W	Rückfahrscheinwerfer	je 21 … 55 W
Elektr. Fensterheber	150 W	Scheibenwischermotor	60 … 90 W
Glühstiftkerzen	je 200 bis 10 W	Starter für Pkw	800 … 3000 W
Heckscheibenheizung	200 W	Scheinwerfer-reinigungsanlage	60 W
Heckscheibenwischer	30 … 60 W	Zusatzscheinwerfer	je 55 W
Signalhörner	je 25 … 40 W	Zusatzbremsleuchten	je 21 W
Innenbeleuchtung	je 5 bis 10 W		

Klemmenbezeichnungen

vgl. DIN 72 552

Zündanlage

Klemme	Bedeutung
1	Zündspule, Zündverteiler, Niederspannung
1 a, b	Zündverteiler mit zwei getrennten Stromkreisen
2	Kurzschließklemme (Magnetzünder)
4	Zündspule, Zündverteiler, Hochspannung
4 a, b,	Zündverteiler mit zwei getrennten Stromkreisen (Hochspannung)
15	Geschaltetes Plus nach Batterie (Ausgang Fahrtschalter)
15 a	Ausgang am Vorwiderstand zu Zündspule und Starter

Glühstartschalter

Klemme	Bedeutung
15	Eingang Glühstartschalter
17	Starten
19	Vorglühen
50	Startersteuerung

Batterie

Klemme	Bedeutung
15	Batterie Plus über Schalter
30	Eingang v. Batterie + direkt
30 a	Eingang von Batterie II + am Batterieumschaltrelais 12/24 V
31	Rückleitung an Batterie Minus oder an Masse direkt
31b	Rückleitung an Batterie Minus oder an Masse über Schalter
31 a	Rückleitung an Batterie II Minus; Batterieumschaltrelais 12/24 V
31c	Rückleitung an Batterie I Minus; Batterieumschaltrelais 12/24 V

Elektromotoren

Klemme	Bedeutung
32	Rückleitung
33	Hauptanschluss
33 a	Endabstellung
33 b	Nebenschlussfeld
33 f	2. kleinere Drehzahlstufe
33 g	3. kleinere Drehzahlstufe
33 h	4. kleinere Drehzahlstufe
33 L	Drehrichtung links
33 R	Drehrichtung rechts

Fahrtrichtungsanzeige

Klemme	Bedeutung
49	Eingang Blinkgeber
49 a	Ausgang Blinkgeber
49 b	Ausgang 2. Blinkkreis
49 c	Ausgang 3. Blinkkreis
C	1. Anzeigelampe
C 2	2. Anzeigelampe
C 3	3. Anzeigelampe
L	Blinkleuchten links
R	Blinkleuchten rechts

Starter, Startersteuerung

Klemme	Bedeutung
45	Ausgang getrenntes Startrelais, Eingang Starter (Hauptstrom)
45 a	Ausgang Starter I
45 b	Ausgang Starter II am Startrelais für Einrückstrom (Starter-Parallelbetrieb)
48	Startwiederholrelais Starter
50	Startersteuerung direkt
50 a	Startersteuerung am Batterieumschaltrelais
50 b	Startersteuerung, Startdoppelrelais (Starter-Parallelbetrieb)
50 e	Startsperrrelais Eingang
50 f	Startsperrrelais Ausgang
50 g	Startwiederholrelais Eingang
50 h	Startwiederholrelais Ausgang

Wechselstromgenerator

Klemme	Bedeutung
51	Gleichspannung am Gleichrichter
51 e	wie 51 jedoch mit Drosselspule für Tagfahrt
59	Wechselspannung Ausgang Gleichrichter Eingang
59 a	Ladeanker Ausgang
59 b	Schlusslichtanker Ausgang
59 c	Bremslichtanker Ausgang

Generator, Generatorregler

Klemme	Bedeutung
61	Generatorkontrolle
B +	Batterie Plus
B –	Batterie Minus
D +	Dynamo Plus
D –	Dynamo Minus
DF	Dynamo Feld
DF 1	Dynamo Feld 1
DF 2	Dynamo Feld 2
U, V, W	Drehstromklemmen

Beleuchtung

Klemme	Bedeutung
54	Bremslicht bei Leuchtkombinationen und Anhängersteckvorrichtung
55	Nebelscheinwerfer
56	Scheinwerferlicht
56 a	Fernlicht u. Anzeigenlampe
56 b	Abblendlicht
56 d	Lichtsignal (Lichthupe)
57	Standlicht Kraftrad
57 a	Parklicht
57 L, R	Parklicht links, rechts
58	Begrenzungs-, Schluss-, Kennzeichen-, Instrumentenleuchten
58 c	Anhängersteckvorrichtung, einadrig verlegtes und im Anhänger abgesichertes Schlusslicht

Wischermotor

Klemme	Bedeutung
53	+ Kohlebürste 1. Stufe
53 a	Endabschaltung (+)
53 b	2. Stufe Nebenschlussmotor
53 c	Scheibenspülerpumpe
53 e	Bremswicklung
53 i	2. Stufe permanent erregter Motor

Akustische Warnanlage

Klemme	Bedeutung
71	Eingang Tonfolgeschaltgerät
71 a	Ausgang zu Horn 1 u. 2 tief
71 b	Ausgang zu Horn 1 u. 2 hoch
72	Alarmschalter Rundumleuchte

Schalter

Klemme	Bedeutung
81	Öffner und Wechsler, Eingang
81 a	–, 1. Ausgang
81 b	–, 2. Ausgang
82	Schließer, Eingang
82 a	–, 1. Ausgang
82 b	–, 2. Ausgang
82 z	–, 1. Eingang
82 y	–, 2. Eingang
83	Mehrstellenschalter, Eingang
83 a	–, Ausgang Stellung 1
83 b	–, Ausgang Stellung 2

Stromrelais

Klemme	Bedeutung
84	Eingang, Antrieb und Relaiskontakt (Wicklungsanfang)
84 a	Ausgang Antrieb (Wicklungsende)
84 b	Ausgang Relaiskontakt

Schaltrelais

Klemme	Bedeutung
85	Ausgang Antrieb
86	Eingang Antrieb
86 a	Eingang 1. Wicklung
86 b	Eingang 2. Wicklung

Relaiskontakte

Klemme	Bedeutung
87 (30)*	Eingang Öffner u. Wechsler
87 z,	(bei mehreren Eingängen)
87 y …	
87 a	Ausgang Öffner und Wechsler (Öffnerseite)
87 b,	(bei mehreren Ausgängen)
87 c …	
88 (30)*	Eingang Schließer
88 z,	(bei mehreren Eingängen)
88 y …	
88 a (87)*	Ausgang Schließer und Wechsler
88 b,	(bei mehreren Ausgängen)
88 c …	

* Angabe in Klammern (): alte Norm

Einteilung der Schaltpläne

Ein Schaltplan ist die zeichnerische Darstellung elektrischer Betriebsmittel durch Schaltzeichen, gegebenenfalls auch durch Abbildungen oder vereinfachte Konstruktionszeichnungen.
Er zeigt die Art, in der die verschiedenen elektrischen Betriebsmittel zueinander in Beziehung stehen und miteinander verbunden sind.

Übersichtsschaltplan

Er ist die vereinfachte Darstellung einer Schaltung, wobei nur die wesentlichen Teile berücksichtigt werden. Er zeigt die Arbeitsweise und die Gliederung einer elektrischen Anlage.

Die Geräte werden durch Quadrate oder Rechtecke dargestellt. Diese enthalten die entsprechenden Kennzeichen, Schaltzeichen oder Bezeichnungen der Geräte.

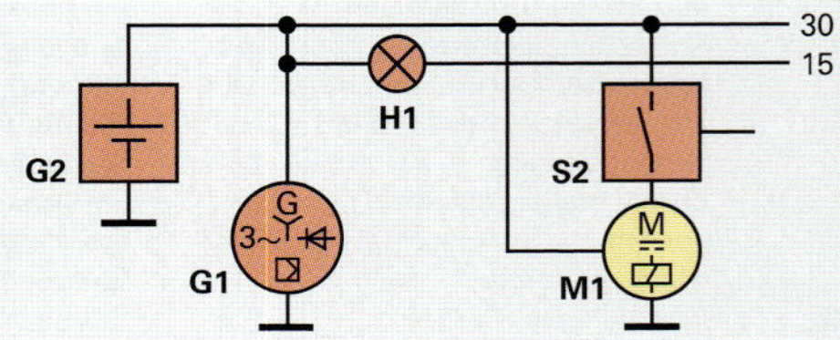

Anschlussplan in zusammenhängender Darstellung

Er zeigt die Anschlusspunkte einer elektrischen Einrichtung und die daran angeschlossenen inneren und äußeren leitenden Verbindungen. Zu diesem Zweck werden die einzelnen Bauteile mit der Leitungsführung, sämtlichen Anschlusspunkten und Klemmenbezeichnungen meist lagegerecht dargestellt.

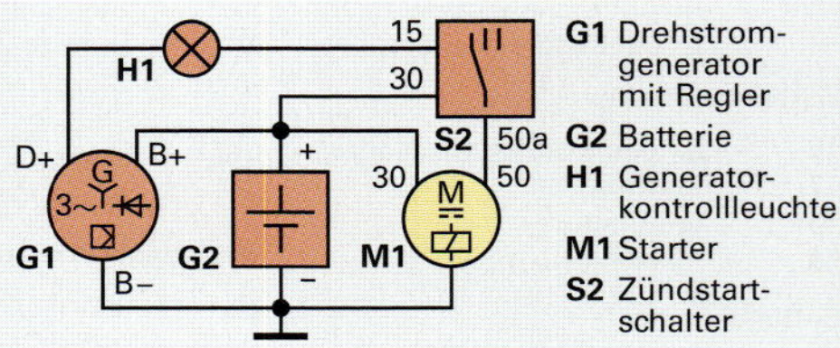

Anschlussplan in aufgelöster Darstellung

Bei dieser Darstellung entfallen die durchgehenden Verbindungslinien (Leitungen) von Gerät zu Gerät.

Zur leichteren Erkennung werden Schaltzeichen mit einer Gerätekennzeichnung versehen (z.B. G1 für den Generator).

Alle vom Gerät abgehenden Leitungen erhalten einen Zielhinweis. Dieser besteht aus ...

- der Klemmenbezeichnung, von der die Leitung ausgeht, z.B. am Generator B+.
- dem Leitungssymbol, z.B. o—.
- dem Zielgerät, zu dem die Leitung hinführt, z.B. G2 für die Starterbatterie.
- der Klemmenbezeichnung am Zielgerät, zu der die Leitung führt, z.B. + für den Pluspol der Starterbatterie.
- der Leitungsfarbe (falls vorgeschrieben), z.B. sw für schwarz.

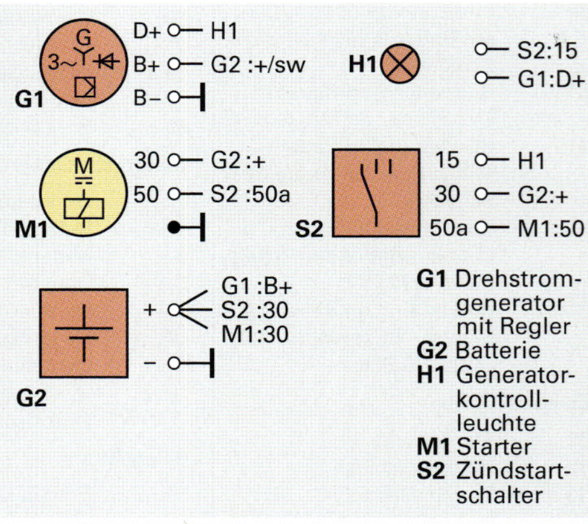

Stromlaufplan in zusammenhängender Darstellung

Alle Bauteile, die in einem Schaltplan enthalten sind, werden zusammenhängend dargestellt.

Auf die räumliche Lage der einzelnen Bauteile und ihre Anschlussstellen braucht keine Rücksicht genommen zu werden.

Mechanische Verbindungen werden durch unterbrochene Verbindungslinien gekennzeichnet.

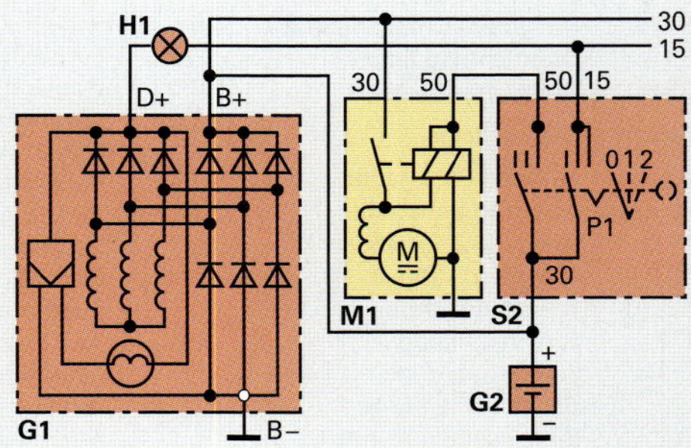

E

Einteilung der Schaltpläne (Fortsetzung)

Stromlaufplan in aufgelöster Darstellung

Die Schaltzeichen der elektrischen Bauteile werden so angeordnet, dass die einzelnen Stromwege möglichst einfach zu verfolgen sind. Auf die räumliche Zusammengehörigkeit und den mechanischen Zusammenhang der einzelnen Bauteile und Baugruppen wird keine Rücksicht genommen.

Eine klare, geradlinige und kreuzungsfreie Anordnung der einzelnen Leitungen hat Vorrang. Üblicherweise werden die Plus- und Minusleitungen als horizontal liegende Parallelen gezeichnet. Die einzelnen Strompfade verlaufen dann von Plus nach Minus, d.h. von oben nach unten. Falls unvermeidlich, können Teile eines Strompfades auch waagerecht gezeichnet werden.

Zum einfacheren Auffinden von Schaltungsteilen dient die am oberen Rand des Schaltplanes angebrachte Abschnittskennzeichnung und ggf. die Pfadnummer.

Schaltpläne enthalten in der Regel eine Gerätezuordnung (Kennzeichnung und Gerätebeschreibung) oder eine Legende. Der Stromlaufplan kann in vereinfachter Form oder in ausführlicher Form mit Innenschaltung dargestellt werden.

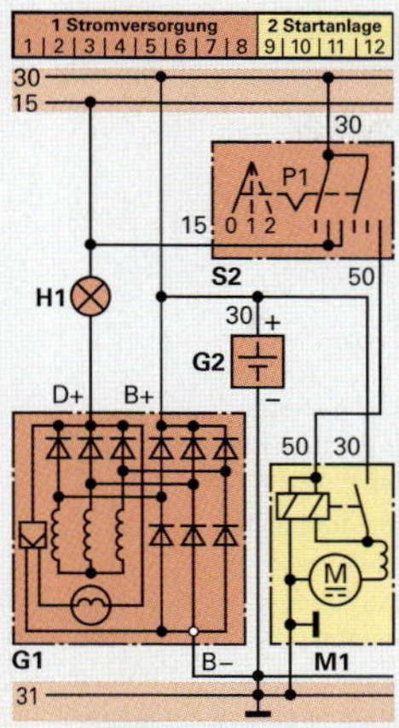

Ausführliche Darstellung mit Innenschaltung

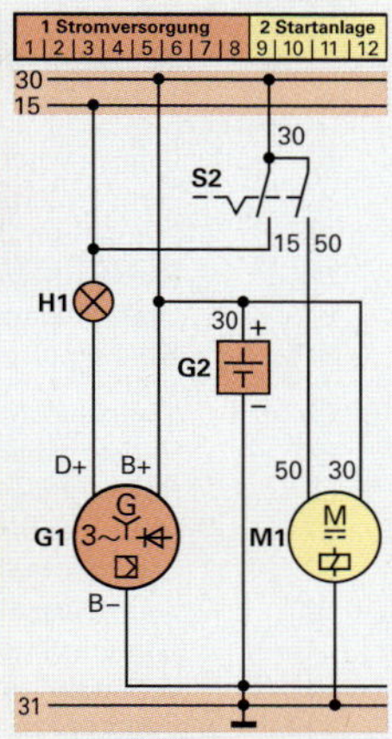

Vereinfachte Darstellung mit Symbolen

Zusatzangaben und Kennzeichnungsmöglichkeiten in Stromlaufplänen

Stromlaufpläne enthalten je nach Fahrzeughersteller Zusatzangaben, z.B.:

① Verweise auf Weiterführung von Leitungen. Die Quadrate an den Leitungsunterbrechungen enthalten Informationen über die Weiterführung von Leitungen, z.B. Angaben über Strompfade, Gerätekennzeichnungen, Klemmenbezeichnungen u.a.

② Steckerbezeichnungen an Bauteilen und Bezeichnungen von Anschlussklemmen auf dem Bauteil.

③ Ansichten und Pinbelegungen von Gerätesteckern.

④ Leitungsfarben und Leitungsquerschnitte.

⑤ Angaben zur Lage von Massepunkten im Fahrzeug, z.B. ⑩, ⑳.

⑥ Pins der Stecker im Steuergerät.

Airbag

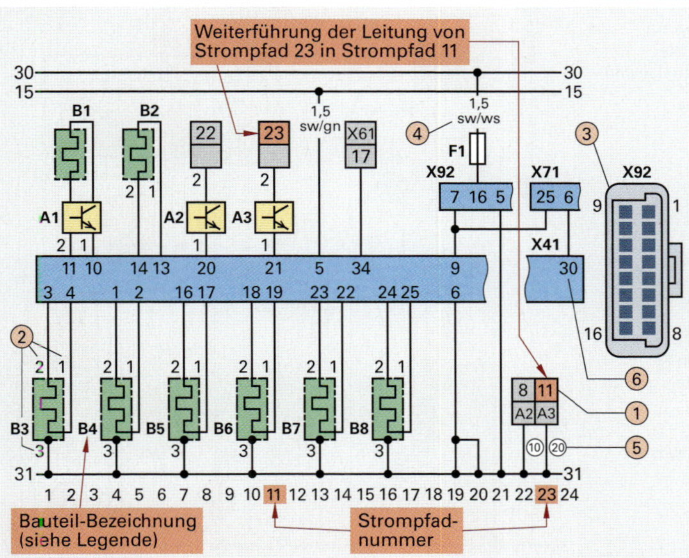

A1	Airbag-Wickelfeder
A2	Crash-Sensor Seiten-Airbag Fahrerseite
A3	Crash-Sensor Seiten-Airbag Beifahrerseite
B1 … B2	Zündpillen für die Airbags für Fahrer und Beifahrer
B3 … B6	Zündpillen für die Seiten-Airbags
B7 … B8	Zündpillen für die Kopf-Airbags
F1	Sicherung S 12 (10 A)
X41	Steuergerätestecker für Airbag-Steuergerät
X61	Steuergerätestecker für Zentralsteuergerät Komfort-Elektrik
X71	Anschlussstecker Kombiinstrument
X92	Diagnoseanschluss
⑩	Massepunkt Relaisplatte (Strompfad 22)
⑳	Massepunkt Schalttafelleitungsstrang (Strompfad 23)

E

Grundschaltplan eines Pkw in aufgelöster Darstellung

Kennzeichen	Gerät
A1 … A2	Autoalarm-Steuergerät Autoradio
B1 B2 B3 B4 B13 B16	Lautsprecher Temperaturgeber Signalhorn Starktonhorn, Fanfare Drehzahlgeber Temperaturschalter
E3 E4 E5 E7 E9 E10 E11 E12 E13 E14 E15 E16 E17 E18 E19 E20	Innenleuchte mit Schalter Heckscheibenheizung Rückfahrleuchte L und R Instrumentenbeleuchtung Kennzeichenleuchte L Kennzeichenleuchte R Begrenzungsleuchte L Schlussleuchte L Begrenzungsleuchte R Schlussleuchte R Fern-Abblend- Scheinwerfer L Fern-Abblend- Scheinwerfer R Nebelscheinwerfer L Nebelscheinwerfer R Nebelschlussleuchte L Nebelschlussleuchte R
F2 … 25	Sicherungen
G1 G2	Generator (mit Regler) Batterie
H1 H2 H3 H4 H5 H6 H7 H8 H9 H10 H11 H12 H13	Generatorkontrollleuchte Anzeigeleuchte für Heckscheibenheizung Öldruckwarnleuchte Warnlicht-Anzeigenleuchte Blinkkontroll- Anzeigenleuchte Blinkleuchte LV Blinkleuchte LH Blinkleuchte RV Blinkleuchte RH Bremsleuchte L Bremsleuchte R Fernlicht-Anzeigeleuchte Nebelschlusslicht- Anzeigeleuchte
K1 K2 K3 K4 K5	Relais, Entlastung Kl. 15 Wischintervallrelais Hornrelais Warnblinkgeber Nebelleuchten-Relais mit Diode

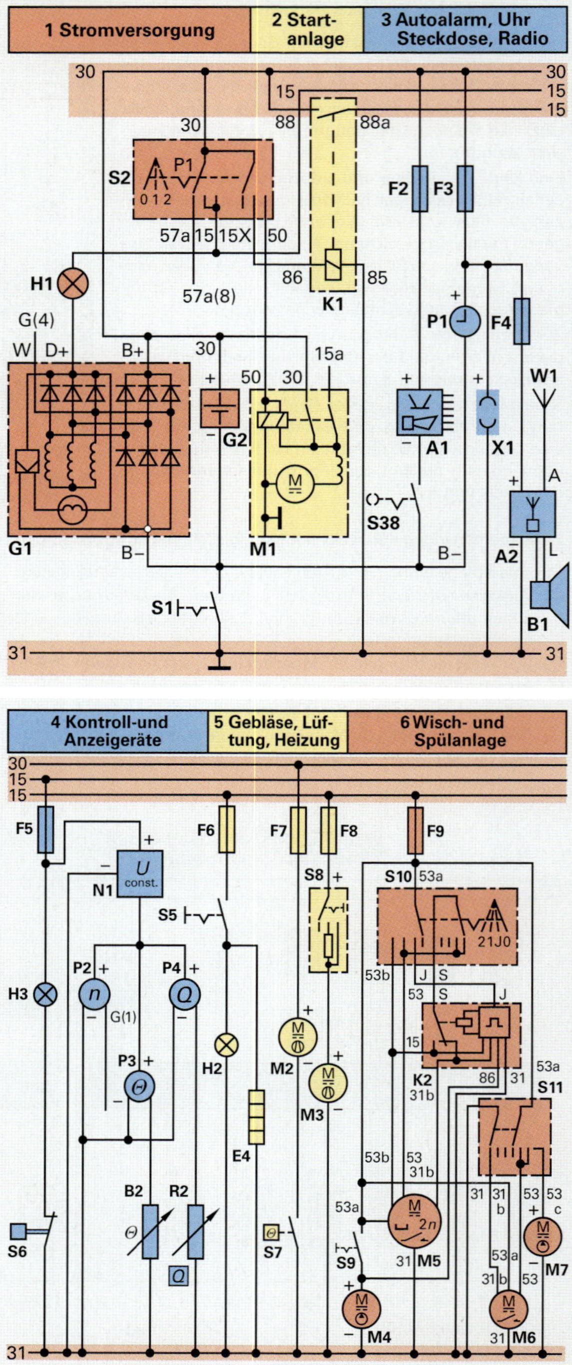

Grundschaltplan eines Pkw in aufgelöster Darstellung

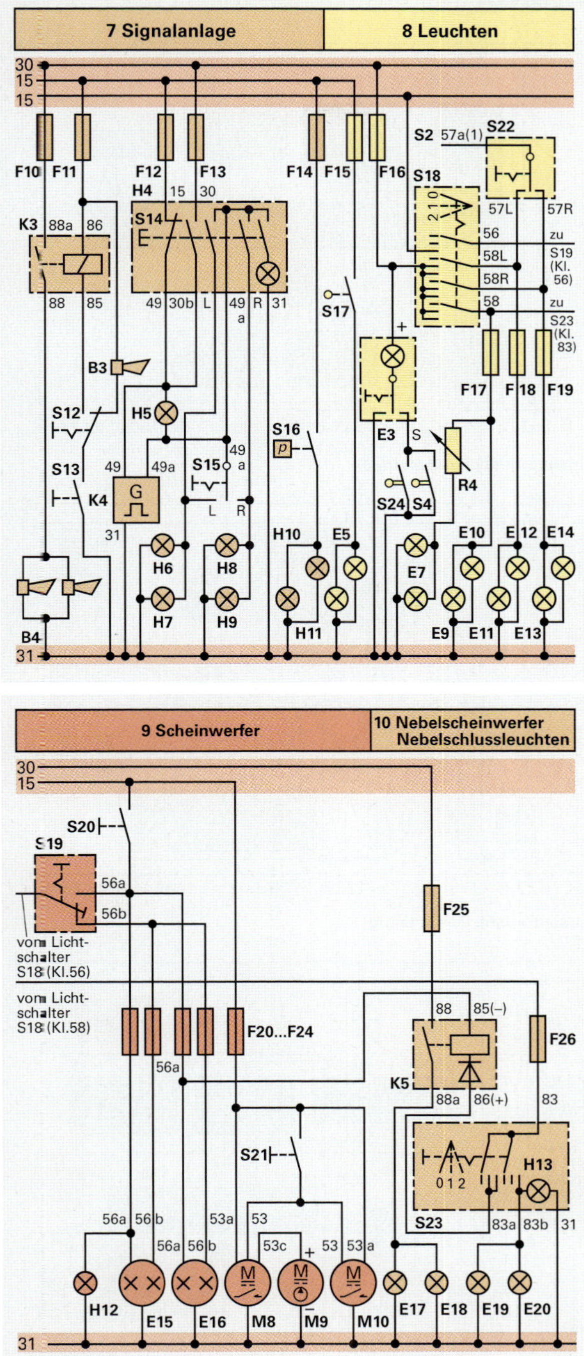

Kennzeichen	Gerät
M1	Startermotor
M2	Kühlgebläsemotor
M3	Frischluftgebläsemotor
M4	Scheibenspülermotor
M5	Wischermotor
M6	Heckwischermotor
M7	Heckscheiben-Spülermotor
M8	Lichtwischermotor mit Pumpensteuerung
M9	Spülermotor für M8 und M10
M10	Lichtwischermotor
N1	Spannungskonstanthalter
P1	Zeituhr
P2	Drehzahlmesser
P3	Kühlwassertemperaturanzeige
P4	Kraftstoffstandanzeige
R2	Kraftstoffstandgeber
R4	Regelwiderstand für E7
S1	Batterieschalter (mech.)
S2	Zündstartschalter (Fahrt-Startschalter)
S4	Türkontaktschalter für E3, R
S5	Heckscheibenheizungsschalter
S6	Öldruckwarnschalter
S7	Temperaturschalter (Kühlung)
S8	Lüfterschalter
S9	Spüler-(Wascher-)Schalter
S10	Wischerschalter
S11	Heckwischer-Spülerschalter
S12	Hornumschalter
S13	Horntaster
S14	Warnlichtschalter
S15	Blinkerschalter
S16	Bremslichtschalter
S17	Rückfahrlichtschalter
S18	Lichtschalter
S19	Abblendschalter
S20	Lichthupentaster
S21	Lichtwischertaster
S22	Parklichtschalter
S23	Nebellichtschalter
S24	Türkontaktschalter für E3, L
S38	Autoalarmschalter
W1	Autoantenne
X1	Steckdose (innen)

E

Beispiele für Stomlaufpläne

Kennzeichen	Gerät
A1	Stellmotor für Zentralklappe
A2	Stellmotor für Staudruckklappe
A3	Stellmotor für Temperaturklappe
A4	Schalttafel-Temperatursensor mit Gebläse
A5	Steuergerät Frischluftgebläse
A6	Lüftermotor
B1	Kühlmittel-Temperatursensor
B2	Außen-Temperatursensor
B3	Frischluftansaugkanal-Temperatursensor
B4	Sonneneinstrahlungs-Fotosensor
B5	Fahrgeschwindigkeits-Sensor
E1	Anzeigeeinheit
F1	Sicherung Nr. 4
F2	Sicherung Nr. 21
F3	Sicherung Nr. 23
F4	Sicherung Nr. 88
H1	Innenleuchte
K1	Klimaanlagen-Relais
K2	Klimakompressor-Relais
K3	Klimaanlagen-Abschalt-Relais
M1	Frischluftgebläse-Motor
S1	Lichtschalter
S2	Verdampfer-Temperaturschalter
S3	Klimaanlagen-Temperaturschalter
S4	Kühlerlüfter-Temperaturschalter
V1	Diodenschaltung
W1	Steckverbindung 16-poliges Flachbandkabel
X11	Steuergerätestecker Motorsteuerung
X34	Steuergerätestecker Getriebesteuerung
X53	Steuergerätestecker Klimaanlage
X56	Steuergerätestecker Kühlerlüfternachlauf
Y1	Ventilleiste
Y2	Klimakompressor-Magnetkupplung

Klimaautomatik

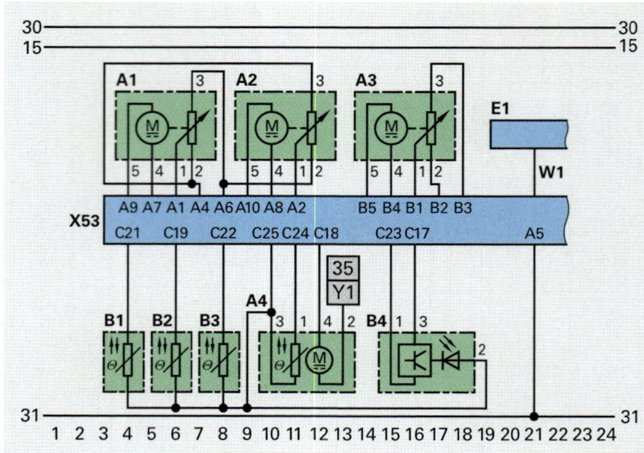

Klimaautomatik (Fortsetzung)

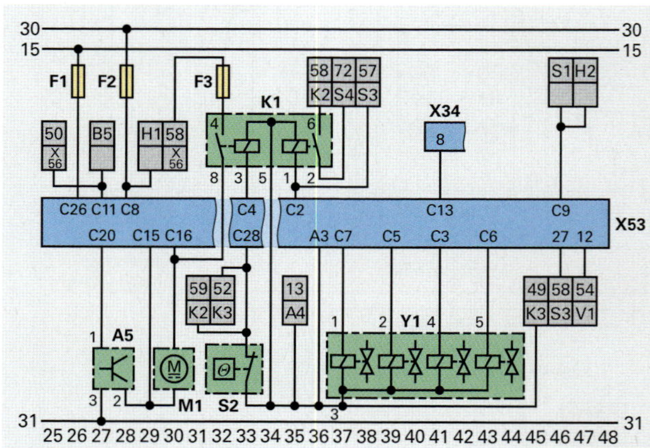

Klimaautomatik (Fortsetzung)

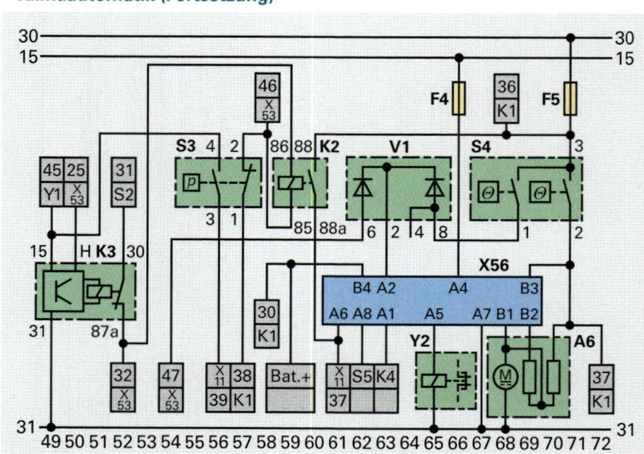

E

Beispiele für Stromlaufpläne (Fortsetzung)

Stromverläufe im Schaltplan Klimaautomatik (Beispiele)

Aufgabe	Stromverlauf
Spannungsversorgung Klima-Steuergerät X53	30 Dauerplus (Pfad 20) → Sicherung F2 → Pin C8 Steuergerät X53 (Pfad 28)
Spannungsversorgung Klima-Steuergerät X53	15 Zündungsplus (Pfad 26) → Sicherung F1 → Pin C26 Steuergerät X53 (Pfad 26)
Masseversorgung Klima-Steuergerät X53	31 Masse (Pfad 21) → Pin A5 Steuergerät X53 (Pfad 21)

Kennzeichen	Gerät
A35	Getriebe-Einheit, elektrisch
A71	Kombi-Instrument
B1	Fahrgeschwindigkeitssensor
B2	Getriebeeingangs-Drehzahlsensor
F1	Sicherung (20 A)
F2	Sicherung (10 A)
F3	Sicherung (10 A)
F4	Sicherung (5 A)
H1	Bremslicht
H2	Wählhebel-Beleuchtung
K1	Startsperr-Relais
M1	Starter
S1	Bremslichtschalter
S2	Zündstart-Schalter
S3	Multifunktionsschalter
X13	Steuergerätestecker Motorsteuerung
X34	Steuergerätestecker Getriebesteuerung
X92	Diagnoseanschluss
Y1	Magnet Wählhebelsperre

Steuerung Automatikgetriebe

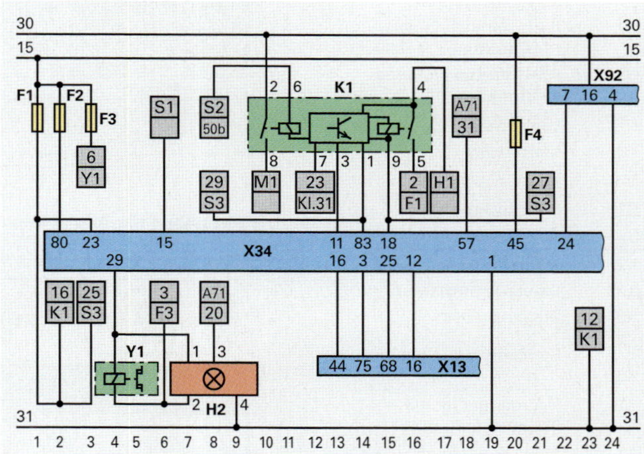

Steuerung Automatikgetriebe (Fortsetzung)

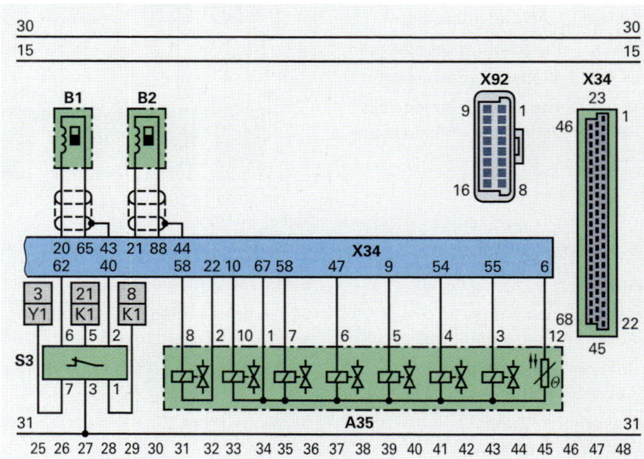

Stromverläufe im Schaltplan Steuerung Automatikgetriebe

Aufgabe	Stromverlauf
Spannungsversorgung Steuergerät Getriebesteuerung X34	Dauerplus (Pfad 20) → Sicherung F4 → PIN 45 Steuergerät X34

E

Beispiele für Stromlaufpläne (Fortsetzung)

Kennzeichen	Gerät
A1	Anbausteuergerät
B1 … B4	Raddrehzahlsensoren (vorne links/vorne rechts/ hinten links/hinten rechts)
F1	Sicherung für Rückförderpumpenmotor
F2	Sicherung für Steuergerät
F3	Sicherung für Bremslicht
H1	ABS-Warnlampe im Kombiinstrument
H2	Bremslampen in den Rückleuchten
H3	ASR-Leuchte im Kombiinstrument
K1	Ventilrelais
K2	Motorrelais
M1	Rückförderpumpenmotor
S1	Bremslichtschalter
S2	ASR-Taster
X2	Stecker Pumpenmotor
X23	Steuergerätestecker
X91	Diagnosedose
X92 … X95	Steckverbindungen
Y1	Hydroaggregat mit Anbausteuergerät
Y2	Magnetventile ABS/ASR
CAN-L	CAN-Datenbus low
CAN-H	CAN-Datenbus high
TIM	Berechnung der Standzeit
DFA	Drehzahlsensorausgang
HL	vom Sensor hinten links
HR	vom Sensor hinten rechts

Antiblockiersystem mit Antriebsschlupfregelung

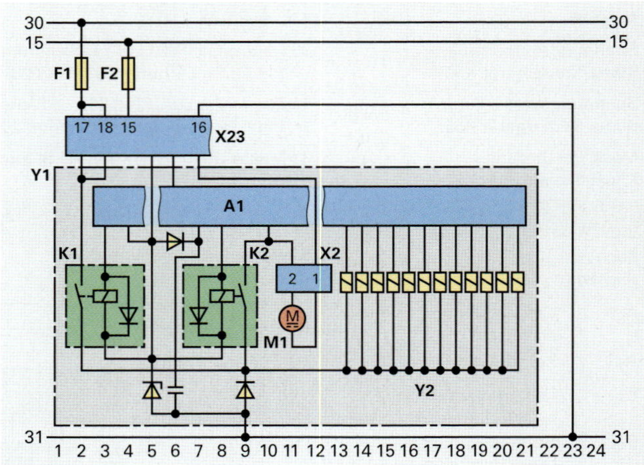

Antiblockiersystem mit Antriebsschlupfregelung (Fortsetzung)

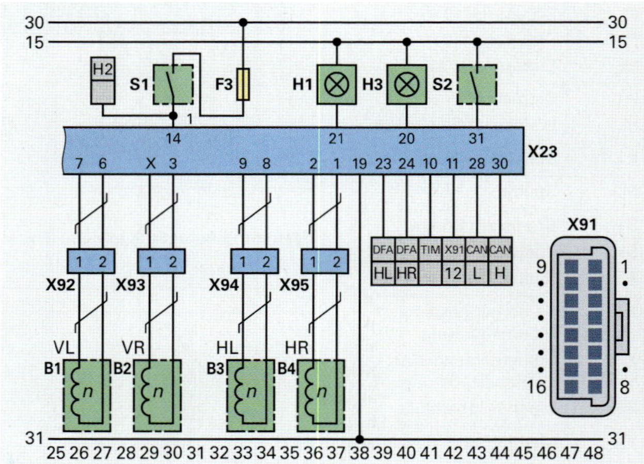

Stromverläufe im Schaltplan Antiblockiersystem mit Antriebsschlupfregelung (Beispiele)

Aufgabe	Stromverlauf
Spannungsversorgung ABS/ASR-Steuergerät X23	30 Dauerplus (Pfad 2) → Sicherung F1 → Pin 17, 18 Steuergerät X23 (Pfad 2, 3)
Spannungsversorgung ABS/ASR-Steuergerät X23	15 Zündungsplus (Pfad 4) → Sicherung F2 → Pin 15 Steuergerät X23
Masseversorgung ABS/ASR-Steuergerät X23	31 Masse (Pfad 23) → Pin 16 Steuergerät X23 (Pfad 7)
Ansteuerung Ventilrelais K1	Steuergerät X23 (Pfad 5) → Ventilrelais K1 (Pfad 3) → Anbausteuergerät A1
Spannungsversorgung Magnetventile Y2	Steuergerät X 23 (Pfad 2) → Ventilrelais K1 (Pfad 2) → Magnetventile (Pfad 13 – 20)
Signalspannung Raddrehzahlsensor hinten rechts	Raddrehzahlsensor hinten rechts B1 HR (Pfad 36, 37) → Pin 1, 2 Steuergerät X23 (Pfad 36, 37)

E

Anhängersteckdose für Personenkraftwagen

Dreizehnpolige Anhängersteckdose (vgl. DIN ISO 12098: 2004)

Ansicht Steckdose

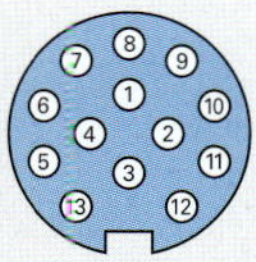

Kontakt Nr.	Kontaktbelegung	Empf. Leiterquerschnitt
1	Fahrtrichtungsanzeige links	1,5 mm^2
2	Nebelschlussleuchte	1,5 mm^2
3	Masse (für Stromkreiskontakte 1 bis 8)	2,5 mm^2
4	Fahrtrichtungsanzeige rechts	1,5 mm^2
5	Rechte Schluss-, Umriss-, Begrenzungs- und Kennzeichenleuchte	1,5 mm^2
6	Bremsleuchten	1,5 mm^2
7	Linke Schluss-, Umriss-, Begrenzungs- und Kennzeichenleuchte	1,5 mm^2
8	Rückfahrleuchte	1,5 mm^2
9	Stromversorgung (Dauerplus)	2,5 mm^2
10	Stromversorgung durch den Zündschalter gesteuert	2,5 mm^2
11	Masse für Stromkreiskontakt 10	2,5 mm^2
12	reserviert für zukünftige Anwendungen	1,5 mm^2
13	Masse für Stromkreiskontakt 9	2,5 mm^2

Siebenpolige Anhängersteckdose (vgl. ISO 1724: 2003)

Ansicht Steckdose

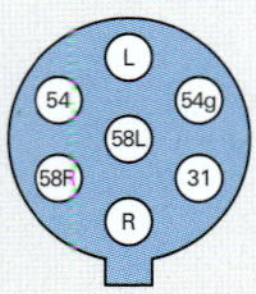

Kontakt Nr.	Kontaktbelegung	Empf. Leiterquerschnitt
L	Fahrtrichtungsanzeige links	1,5 mm^2
54g	Zusätzliche Anlagen	2,5 mm^2
31	Masse	2,5 mm^2
R	Fahrtrichtungsanzeige rechts	1,5 mm^2
58R	Rechte Schluss-, Umriss-, Begrenzungs- und Kennzeichenleuchte	1,5 mm^2
54	Bremsleuchten	1,5 mm^2
58L	Linke Schluss-, Umriss-, Begrenzungs- und Kennzeichenleuchte	1,5 mm^2

Anhängersteckdose für Nutzkraftwagen

Als Anhängersteckdosen für Nutzfahrzeuge können zwei siebenpolige Anhängersteckdosen nach ISO 1185 und ISO 3731 oder alternativ eine fünfzehnpolige Anhängersteckdose nach ISO 12098 verwendet werden.

Ansicht Steckdose	Kontakt Nr.	Kontaktbelegung	Kontakt-Nr.	Ansicht Steckdose
ISO 1185: 2003	1	Masse	4	
	2	Linke Schluss-, Umriss-, Begrenzungs und Kennzeichenleuchte	5	
	3	Fahrtrichtungsanzeige links	1	
	4	Bremsleuchten	7	
	5	Fahrtrichtungsanzeige rechts	2	
	6	Rechte Schluss-, Umriss-, Begrenzungs- und Kennzeichenleuchte	6	ISO 12098: 2004
	7	Überwachung Bremse Anhänger	–	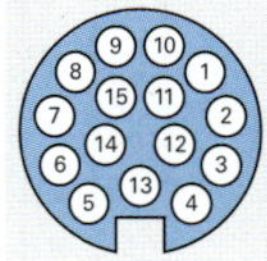
ISO 3731: 2004	1	Masse	4	
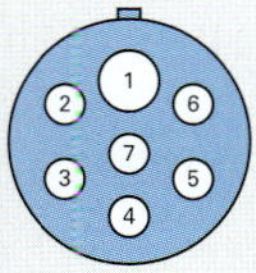	2	– nicht zugeordnet –	–	
	3	Rückfahrleuchte	8	
	4	Stromversorgung (Dauerplus)	9	
	5	Sensorleitung (über Masse)	–	
	6	Stromversorgung (Zündschalter)	9	
	7	Nebelschlussleuchte	3	
		Rückfahrsperre für Lenkachse	10	
		Anfahrhilfe bzw. Antischlupfregelung	11	
		Liftachse	12	
		Masse (Stromkreiskontakte 14 und 15)	13	
		CAN-High	14	
		CAN-Low	15	

E

Doppelscheinwerfer

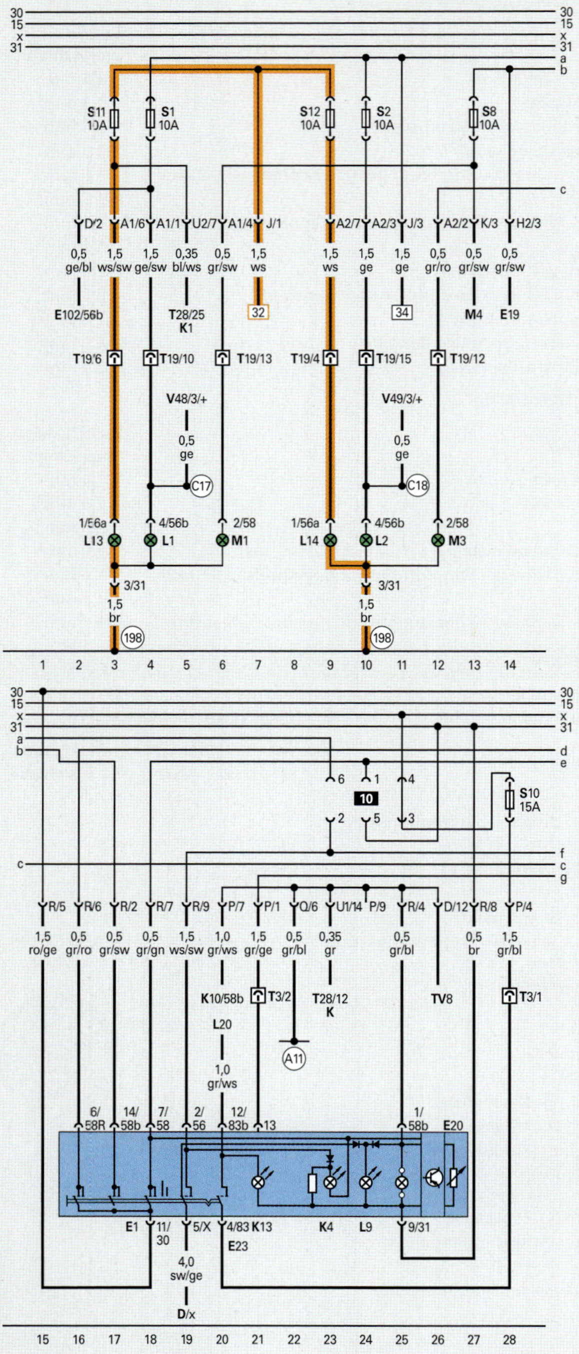

Stromlaufplan bei Betätigung Lichthupe
Klemme 30 (siehe nächste Seite) - Schalter für Handbetätigung Lichthupe - über Strompfad 32 ab 7 **an Sicherungen S11 und S12 - L13 / L14 - Masseverbindung im Leitungsstrang Beleuchtung vorn**

E19 Schalter für Parklicht
E102 Einsteller für Leuchtweitenregelung
K1 Kontrolllampe für Fernlicht
L1 Lampe für Scheinwerfer links
L2 Lampe für Scheinwerfer rechts
L13 Lampe für Fernlichtscheinwerfer rechts
L14 Lampe für Fernlichtscheinwerfer links
M1 Lampe für Standlicht links
M3 Lampe für Standlicht rechts
M4 Lampe für Schlusslicht links
S1 ...
S12 Sicherungen
T19 Steckverbindung 19fach hinter Kühlergrill rechts
T28 Steckverbindung 28fach am Schalttafeleinsatz
V48 Stellmotor links für Leuchtweitenregelung
V49 Stellmotor rechts für Leuchtweitenregelung

198 Masseverbindung im Leitungsstrang Beleuchtung vorn
C17 Verbindung (56b) -1- im Leitungsstrang Beleuchtung vorn
C18 Verbindung (56b) -2- im Leitungsstrang Beleuchtung vorn

D Zündanlassschalter
E1 Lichtschalter
E20 Regler für Beleuchtung - Schalter und Instrumente
E23 Schalter für Nebelscheinwerfer und -schlussleuchte
K Schalttafeleinsatz
K4 Kontrolllampe für Standlicht
K10 Kontrolllampe für beheizbare Heckscheibe
K13 Kontrolllampe für Nebelschlussleuchte
L9 Lampe für Beleuchtung Lichtschalter
L20 Lampe für Nebelschlussleuchte
S10 Sicherung
T3 Steckverbindung 3fach
T28 Steckverbindung 28fach
TV8 Leitungsverteiler für Klemme 58b, oberhalb der Relaisplatte

A11 Plusverbindung (58b) im Armaturenleitungsstrang

E

Doppelscheinwerfer Teil 2

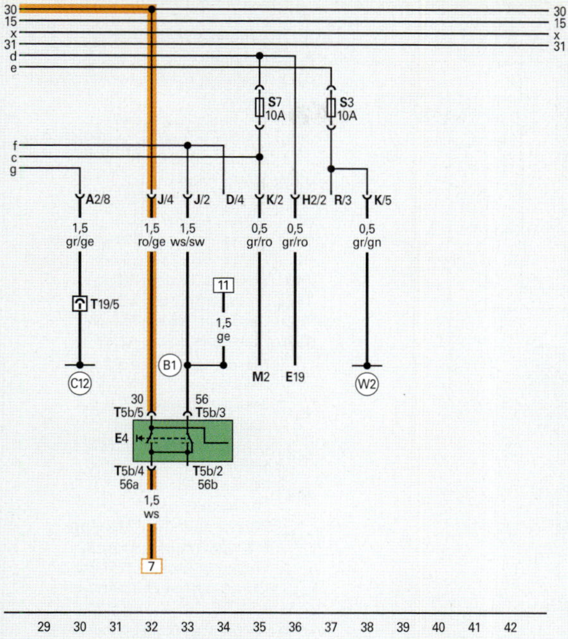

Stromlaufplan bei Betätigung Lichthupe

Klemme 30 - Schalter für Handbetätigung Lichthupe - über Strompfad 32 an 7 an Sicherungen S11 und S12 (siehe vorherige Seite) - L13 / L14 - Masseverbindung im Leitungsstrang Beleuchtung vorn

- **E4** Schalter für Handbetätigung Lichthupe
- **E19** Schalter für Parklicht
- **M2** Lampe für Schlusslicht rechts
- **S3** Sicherung
- **S4** Sicherung
- **T5b** Steckverbindung, 5fach, hinter der Verkleidung für Lenkstockschalter
- **T19** Steckverbindung, 19fach, hinter Schlossträger Mitte
- **B1** Verbindung (56b) im Leitungsstrang Lenkstockschalter
- **C12** Plusverbindung -1-, im Leitungsstrang Scheinwerfer
- **W2** Plusverbindung (58) im Leitungsstrang hinten

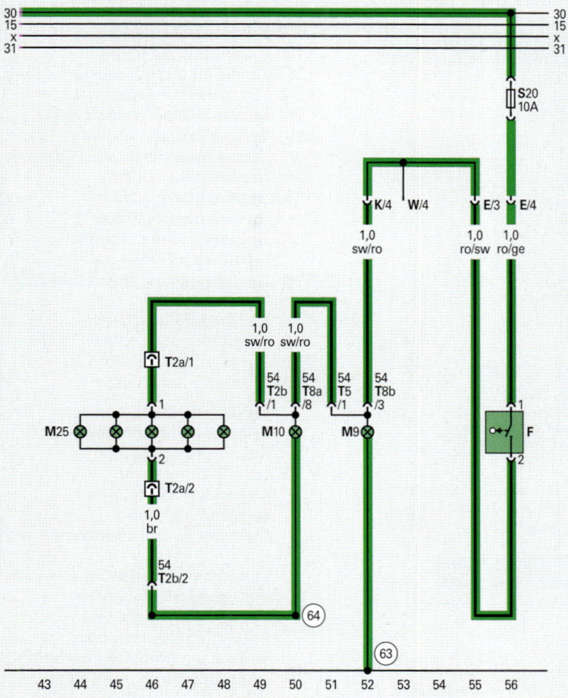

Stromverlauf bei Betätigung Bremslichtschalter

Klemme 30 - Sicherung S20 - Bremslichtschalter F - Lampen für Bremslicht M9 - Massepunkt Lampenträger Schlussleuchte links und M10 - Lampenträger Schlussleuchte rechts und Lampe für hochgesetztes Bremslicht M25 - Massepunkt Lampenträger Schlussleuchte rechts

- **F** Bremslichtschalter
- **M9** Lampe für Bremslicht, links
- **M10** Lampe für Bremslicht, rechts
- **M25** Lampe für hochgesetztes Bremslicht
- **S20** Sicherung
- **T2a** Steckverbindung 2fach, an Lampe für hochgesetztes Bremslicht
- **T2b** Steckverbindung 2fach, an Schlussleuchte rechts
- **T5** Steckverbindung 5fach, an Schlussleuchte links
- **T8a** Steckverbindung 8fach, an Schlussleuchte rechts
- **T8b** Steckverbindung 8fach, an Schlussleuchte links
- **63** Massepunkt Lampenträger Schlussleuchte links
- **64** Massepunkt Lampenträger Schlussleuchte rechts

E

Gasentladungsscheinwerfer (Bi-Xenon) mit automatischer Leuchtweitenregelung und Kurvenlicht

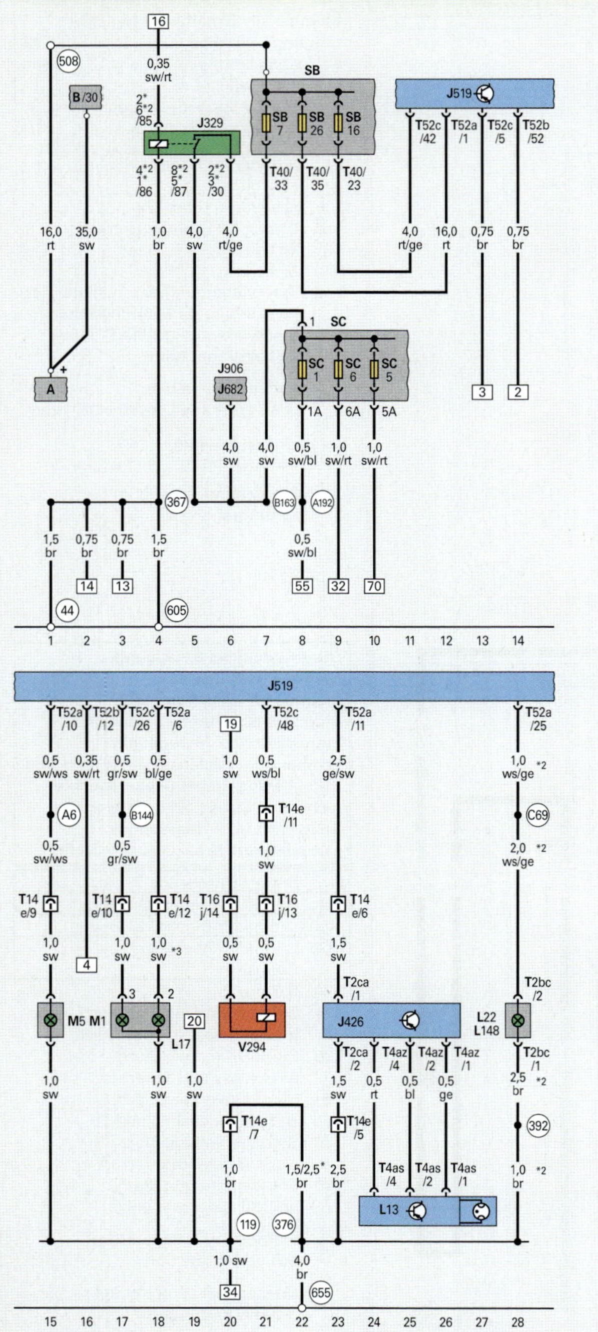

A Batterie
B Anlasser
J329 Relais für Spannungsversorgung der Kl. 15
J519 Bordnetzsteuergerät
J682 Relais für Spannungsversorgung Kl. 50
J906 Starterrelais
SB Sicherungshalter B
SC Sicherungshalter C
SC... Sicherung ... auf Sicher.-Halter C
SB... Sicherung ... auf Sicher.-Halter B
T40 Steckverbindung 40fach
T52a Steckverbindung 52fach
T52b Steckverbindung 52fach
T52c Steckverbindung 52fach
(44) Massepunkt Säule a links unten
(367) Masseverbindung 2 im Hauptleitungsstrang
(508) Schraubverbindung (30) an der E-Box
(605) Massepunkt an der Lenksäule oben
(A192) Plusverbindung 3 (15a) im Schalttafelleitungsstrang
(B163) Plusverbindung 1 (15) im Leitungsstrang Innenraum

J426 Vorschaltgerät für Scheinwerfer mit Gasentladungslampe links am Scheinwerfer links
J519 Bordnetzsteuergerät
L13 Gasentladungslampe links
L22 Lampe für Nebelscheinwerfer links
L148 Lampe für Kurvenlicht links
L174 Lampe für Tagesfahrlicht links
M1 Lampe für Standlicht links
M5 Lampe für Blinklicht vorn links
T2bc Steckverbindung 2fach
T2ba Steckverbindung 2fach
T4as Steckverbindung 4fach
T14e Steckverbindung 14fach am Scheinwerfer links
T16j Steckverbindung 16fach unter der Schalttafel links
T52a Steckverbindung 52fach
T52b Steckverbindung 52fach
T52c Steckverbindung 52fach
V294 Blende für Abblendlicht links
(119) Masseverbindung 1 im Leitungsstrang Scheinwerfer
(376) Masseverbindung 11 im Hauptleitungsstrang
(392) Masseverbindung 27 im Hauptleitungsstrang
(655) Massepunkt am Scheinwerfer links
(A6) Plusverbindung (Blinkleuchte links) im Leitungsstrang Innenraum
(B144) Plusverbindung (58L) im Leitungsstrang Innenraum
(C69) Verbindung (Nebelscheinwerfer) im Leitungsstrang vorn links

E

Gasentladungsscheinwerfer (Bi-Xenon) mit automatischer Leuchtweitenregelung und Kurvenlicht Teil 2

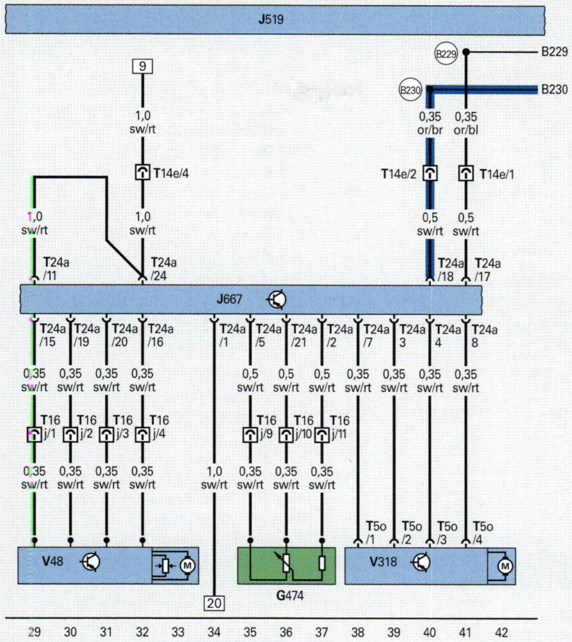

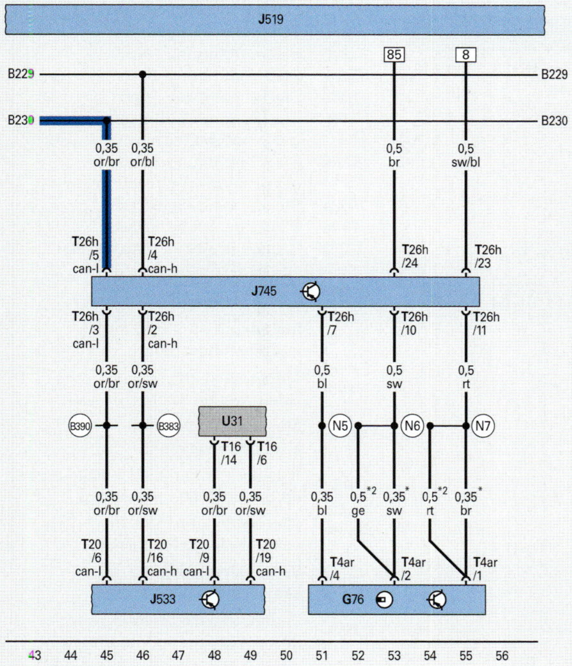

Informationsaustausch über CAN-Bus (Low-Bus) zwischen Leistungsmodul für Scheinwerfer links am Scheinwerfer links und Steuergerät für Kurvenlicht
Leistungsmodul für Scheinwerfer links am Scheinwerfer links - Steckverbindung 14fach am Scheinwerfer links - Verbindung (Low-Bus) im Leitungsstrang Innenraum - Steuergerät für Kurvenlicht und Leuchtweitenregelung am Handschuhfach rechts

- **G474** Sensor für Schwenkmodul-position links
- **J519** Bordnetzsteuergerät
- **J667** Leistungsmodul für Scheinwerfer links am Scheinwerfer links
- **T5o** Steckverbindung 5fach
- **T14e** Steckverbindung 14fach am Scheinwerfer links
- **T16j** Steckverbindung 16fach unter der Schalttafel links
- **T24a** Steckverbindung 24fach
- **V48** Stellmotor links für Leuchtweitenregulierung
- **V318** Stellmotor für dynamisches Kurvenlicht
- **B229** Verbindung (High-Bus) im Leitungsstrang Innenraum
- **B230** Verbindung (Low-Bus) im Leitungsstrang Innenraum
- **G76** Geber für Fahrzeugniveau hinten links

- **G76** Geber für Fahrzeugniveau hinten links
- **J519** Bordnetzsteuergerät
- **J533** Diagnose-Interface für Datenbus im Fußraum links, Nähe Mittelkonsole
- **J745** Steuergerät für Kurvenlicht und Leuchtweitenregelung am Handschuhfach rechts
- **T4ar** Steckverbindung 4fach
- **T16** Steckverbindung 16fach
- **T20** Steckverbindung 20fach
- **T26h** Steckverbindung 26fach
- **U31** Anschluss für Diagnose
- **B229** Verbindung (High-Bus) im Leitungsstrang Innenraum
- **B230** Verbindung (Low-Bus) im Leitungsstrang Innenraum
- **B383** Verbindung 1 (CAN-Bus-Antrieb High) im Hauptleitungsstrang
- **B390** Verbindung 1 (CAN-Bus-Antrieb Low) im Hauptleitungsstrang
- **N5** Verbindung 5 im Leitungsstrang Leuchtweitenregelung
- **N6** Verbindung 6 im Leitungsstrang Leuchtweitenregelung
- **N7** Verbindung 7 im Leitungsstrang Leuchtweitenregelung

E

Gasentladungsscheinwerfer (Bi-Xenon) mit automatischer Leuchtweitenregelung und Kurvenlicht Teil 3

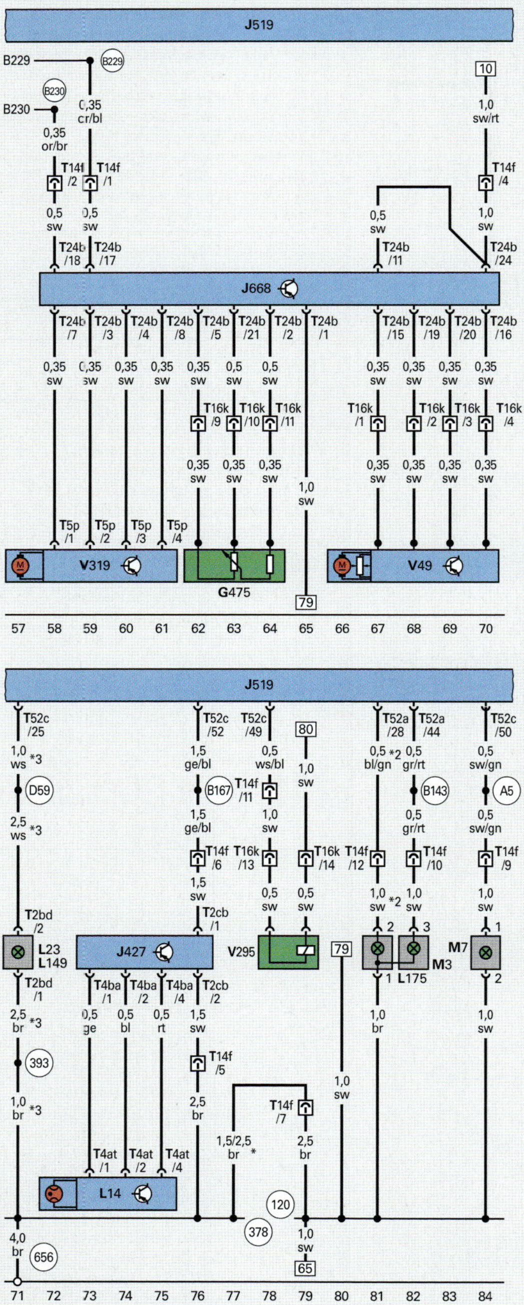

G475 Sensor für Schwenkmodulposition rechts
J519 Bordnetzsteuergerät
J668 Leistungsmodul für Scheinwerfer rechts, am Scheinwerfer rechts
T5p Steckverbindung 5fach
T14f Steckverbindung 14fach am Scheinwerfer rechts
T16k Steckverbindung 16fach im Scheinwerfer rechts, schwarz
T24b Steckverbindung 24fach
V49 Stellmotor rechts für Leuchtweitenregelung
V319 Stellmotor des dynamischen Kurvenlichts rechts
B229 Verbindung (High-Bus) im Leitungsstrang Innenraum
B230 Verbindung (Low-Bus) im Leitungsstrang Innenraum

J427 Vorschaltgerät für Scheinwerfer mit Gasentladungslampe rechts
J519 Bordnetzsteuergerät
L14 Gasentladungslampe rechts
L23 Lampe für Nebelscheinwerfer rechts
L149 Lampe für Kurvenlicht rechts
L175 Lampe für Tagfahrlicht rechts
M3 Lampe für Standlicht rechts
M7 Lampe für Blinklicht vorn rechts
T2bd Steckverbindung 2fach
T2cb Steckverbindung 2fach
T4at Steckverbindung 4fach
T4ba Steckverbindung 4fach
T14f Steckverbindung 14fach, am Scheinwerfer rechts
T16k Steckverbindung 16fach, am Scheinwerfer rechts, schwarz
T52a Steckverbindung 52fach
T52c Steckverbindung 52fach
V295 Blende für Abblendlicht rechts
120 Masseverbindung 2 im Leitungsstrang Scheinwerfer
378 Masseverbindung 13 im Hauptleitungsstrang
393 Massepunkt am Scheinwerfer rechts
656 Masseverbindung im Hauptleitungsstrang
A5 Plusverbindung (Blinkleuchte rechts) im Schalttafelleitungsstrang
B143 Plusverbindung (58R) im Leitungsstrang Innenraum
B167 Verbindung (56b) im Leitungsstrang Innenraum
D59 Verbindung (Nebelscheinwerfer) im Leitungsstrang Motorraum

E

Gasentladungsscheinwerfer (Bi-Xenon) mit automatischer Leuchtweitenregelung und Kurvenlicht Teil 4

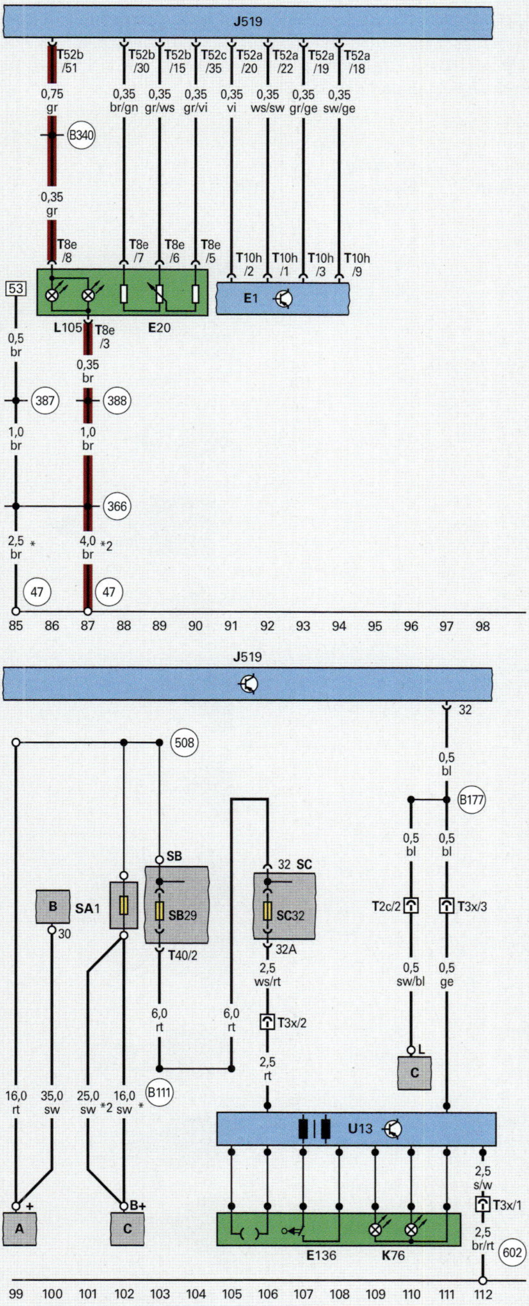

Stromverlauf für die Beleuchtung des Beleuchtungsreglers
Bordnetzsteuergerät - Lampen für die Beleuchtung des Beleuchtungsreglers - Massepunkt im Fußraum rechts

E1	Lichtschalter
E20	Regler für Schalter- und Instrumentenbeleuchtung
J519	Bordnetzsteuergerät
L105	Lampe für Beleuchtung des Beleuchtungsreglers
T8e	Steckverbindung 8fach
T10h	Steckverbindung 10fach
T52a	Steckverbindung 52fach
T52b	Steckverbindung 52 fach
T52c	Steckverbindung 52fach
47	Massepunkt im Fußraum rechts
366	Masseverbindung 1 im Hauptleitungsstrang
387	Masseverbindung 22 im Hauptleitungsstrang
388	Masseverbindung 23 im Hauptleitungsstrang
B340	Verbindung 1 (58d) im Hauptleitungsstrang

A	Batterie
B	Anlasser
C	Drehstromgenerator
E136	Schalter für Wechselrichter
J519	Bordnetzsteuergerät
K76	Kontrollleuchte für Steckdose
SA1	Sicherung 1 auf Sicherungshalter A
SB	Sicherungshalter B
SB29	Sicherung 29 auf Sicherungshalter B
SC	Sicherungshalter C
SC32	Sicherung 32 auf Sicherungshalter C
T2c	Steckverbindung, 2fach
T3x	Steckverbindung, 3fach
T40	Steckverbindung, 40fach
U13	Wechselrichter mit Steckdose 12V-230V
508	Schraubverbindung (30) an der E-Box
602	Massepunkt im Fußraum links
B111	Plusverbindung1 (30a) im Leitungsstrang Innenraum
B177	Verbindung (61) im Leitungsstrang Innenraum
*****	Fahrzeuge mit 90A-/120-Generator
2*	Fahrzeuge mit 140A-Generator

E

Scheinwerfer, Leuchten

Scheinwerfer dienen der Ausleuchtung der Fahrbahn bei Vorwärts- und Rückwärtsfahrt. Man unterscheidet Abblend-, Fernlicht-, Nebel-, Rückfahr- und Suchscheinwerfer.

Leuchten sollen die Konturen des Fahrzeugs bei Dunkelheit sichtbar machen und anderen Verkehrsteilnehmern die Absichten des Fahrzeugführers hinsichtich seines Fahrverhaltens anzeigen. Es gibt verschiedene Ausführungsarten von Leuchtenelementen. Die Leuchten müssen, je nach Verwendungszweck, das Licht in vorgeschriebenen Farbtönen abstrahlen, z.B. rot für Bremsleuchten und gelb für Blinkleuchten.

Lampen für Scheinwerfer (Auswahl)

Bezeichnung	Verwendung	Spannung Nennwerte in **Volt**	Leistung Nennwerte in **Watt**	Bild
H1[1]	Nebellicht Fernlicht Abblendlicht	6 12 24	55 55 70	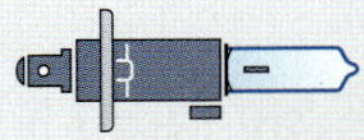
H3[1]	Nebellicht Fernlicht	6 12 24	55 55 70	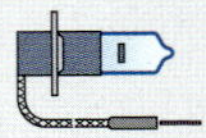
H4[1]	Zweifadenlampe für Fernlicht / Abblendlicht	12 24	60 / 55 75 / 70	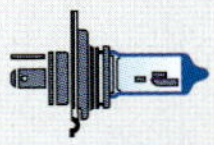
H6W[1]	Begrenzungslicht, Tagfahrlicht	12	6	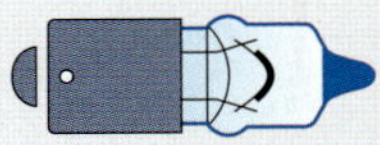
H7[1]	Fernlicht, Abblendlicht, Nebellicht	12 24	55 70	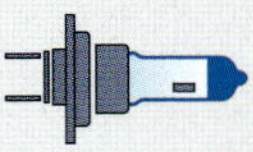
H8[1]	Fern-, Abblend-, Nebellicht (Elektrofahrzeuge)	12	35	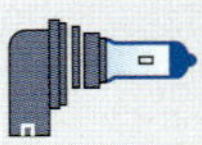
H9[1]	Fernlicht	12	65	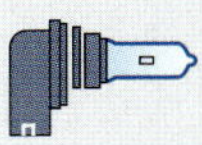
H11[1]	Abblend-, Nebellicht	12	55	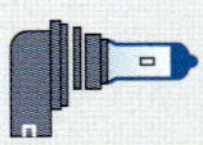
H15[1]	Zweifadenlampe für Fernlicht / Tagfahrlicht	12	55 / 15	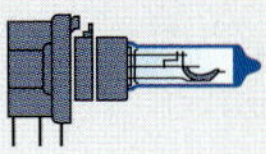
D2S[2]	Abblendlicht, Fernlicht (Bi-Xenon/Bi-Litronic) für Projektionsscheinwerfer	85 (über Vorschaltgerät)	35 (geregelt)	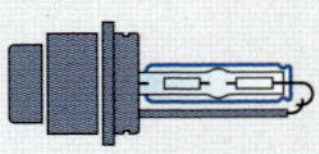
D2R[2]	Abblendlicht, Fernlicht (Bi-Xenon/Bi-Litronic) für Reflexionsscheinwerfer	85 (über Vorschaltgerät)	35 (geregelt)	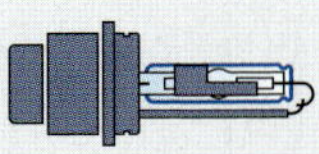
D1S[2] **D3S**[2]	Abblendlicht, Fernlicht (Bi-Xenon/Bi-Litronic) für Projektionsscheinwerfer	42	35 (geregelt)	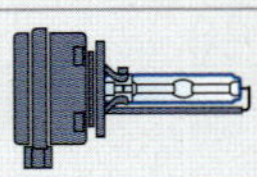

[1] Halogenlampen   [2] Gasentladungslampen (D1S baugleich mit D3S; D1S mit und D3S ohne Quecksilber)

Lampen für Leuchten (Auswahl)

Bezeichnung	Verwendung	Spannung Nennwerte in Volt	Leistung Nennwerte in Watt	Bild
P21/5 W **PY21/5 W** **(gelb)**	Zweifadenlampe für Bremslicht/Schlusslicht	6 12 24	21/5 21/5 21/5	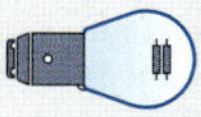
P21W **PY21W** **(gelb)**	Brems-, Blink-, Nebelschluss-, Rückfahrlicht	6 12 24	21 21 21	
R5W bzw. **R10W**	Begrenzungslicht, Schlusslicht, Kennzeichenbeleuchtung	6 12 24	5 bzw. 10 5 bzw. 10 5 bzw. 10	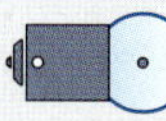
T4W	Begrenzungslicht, Kennzeichenbeleuchtung	6 12 24	4 4 4	
C5W bzw. **C21W**	Kennzeichenbeleuchtung, Schlusslicht, Rückfahrlicht (Sofittenlampe)	6 (nur C5W) 12 24 (nur C5W)	5 5 5	
W3W bzw. **W5W**	Begrenzungslicht, Kennzeichen- und Armaturenbrettbeleuchtung	6 12 24	3 bzw. 5 3 bzw. 5 3 bzw. 5	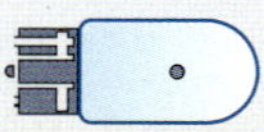

Hinweise für die praktische Arbeit mit Scheinwerferlampen

Hinweise für Halogenlampen:

- Den Glaskolben einer Glühlampe nicht mit den Händen berühren. Fingerabdrücke brennen ein und hinterlassen Trübungen auf der Glühlampe!
- Lampen ohne Bauartgenehmigung dürfen nicht verwendet werden. Dazu gehören unter anderem:
  - 100-Watt-Glühlampen (Diese sind laut StVZO verboten. Durch die erhöhte Stromaufnahme der Lampe besteht zudem die Gefahr von Kabelbränden.)
  - Glühlampen mit eingefärbten Kappen (Bei diesen Lampen ist die Lichtleistung vermindert.)

Zusätzliche Hinweise für Gasentladungslampen:

- Das elektronische Vorschaltgerät ist vor dem Lampenwechsel immer von der Versorgungsspannung zu trennen.
- Das Vorschaltgerät niemals ohne Lampe betreiben. Dies führt zu gefährlichen Überschlägen der Hochspannung an der Lampenfassung.
- Niemals in den Lampenstecker fassen.
- Defekte Gasentladungslampen sind als Sondermüll zu behandeln.

Scheinwerfersysteme mit Halogenlampen (Schemadarstellungen)

Freiflächen (FF* bzw. HNS* (Homogeneous Numerically calculated Surface)) * Herstellerbezeichnungen

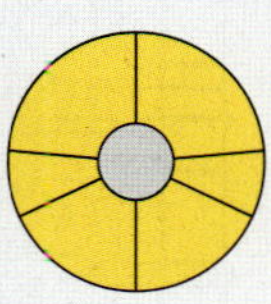

Genutzte Reflektoroberfläche in Segmente aufgeteilt (Abblendlicht)

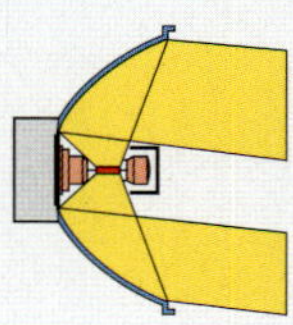

Reflexion des Lichts durch die gesamte Reflektoroberfläche (Abblendlicht)

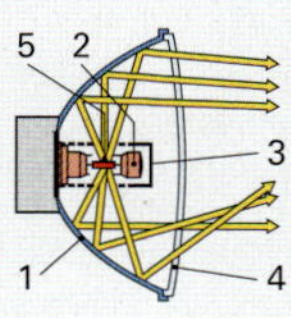

1 Reflektor
2 Lichtquelle
3 Strahlenblende
4 Abschlussscheibe
5 Brennpunkt

Projektionssystem (DE* bzw. PES*) * Herstellerbezeichnungen

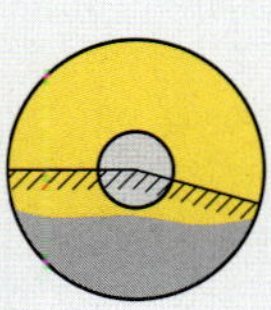

Genutzte Reflektoroberfläche in Segmente aufgeteilt (Abblendlicht)

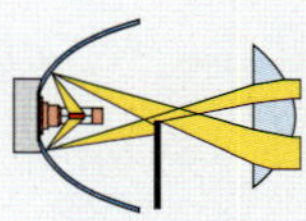

Erzeugung der Hell-Dunkel-Grenze und der Abschattung durch die Blende

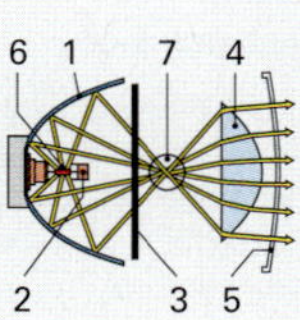

1 Reflektor
2 Lichtquelle
3 Blende
4 Linse
5 Abschlussscheibe
6 1. Brennpunkt
7 2. Brennpunkt

E

Scheinwerfersysteme mit Gasentladungslampen (Xenon)

Der Scheinwerfer kann als Reflexions- oder als Projektions-System ausgeführt sein. Beim Projektions-System werden die Reflektoren in der Regel mit Hilfe der Freiflächen-Technik hergestellt.

Vorteile der Gasentladungslampen gegenüber Halogenlampen:

- Geringer Stromverbrauch
- von der Bordspannung unabhängige Lichtleistung
- geringere Wärmeentwicklung und höhere Lebensdauer
- Erzeugung einer tageslichtähnlichen Lichtfarbe.

Um eine unzulässige Blendung des Gegenverkehrs zu vermeiden, müssen Xenon-Scheinwerfer mit automatischer Leuchtweitenregulierung und Scheinwerferreinigungsanlage ausgerüstet sein.*

Gasentladungslampen

In einer Xenon-Gas-Atmosphäre wird im Lampen kolben zwischen zwei Elektroden durch einen Hochspannungsimpuls ein Lichtbogen gezündet. Die Metallsalze innerhalb des Lampenkolbens verdampfen und ionisieren die Funkenstrecke. Dabei senden sie Licht aus und verhindern den Verschleiß der Elektroden.

Für das Reflexionssystem werden D2R-Lampen verwendet, die im Gegensatz zu den D2S-Lampen für Projektionssysteme über eine Abschattlackierung auf dem Lampenüberkolben zur Erzeugung der Hell-Dunkel-Grenze verfügen.

Der Bi-Xenon-Projektionsscheinwerfer erzeugt Abblend- und Fernlicht mit einer Lampe. Für die unterschiedliche Lichtverteilung und Abschattung sorgt eine verstellbare Blende.

Reflexionssystem (D2R) **Projektionssystem (D2S)**

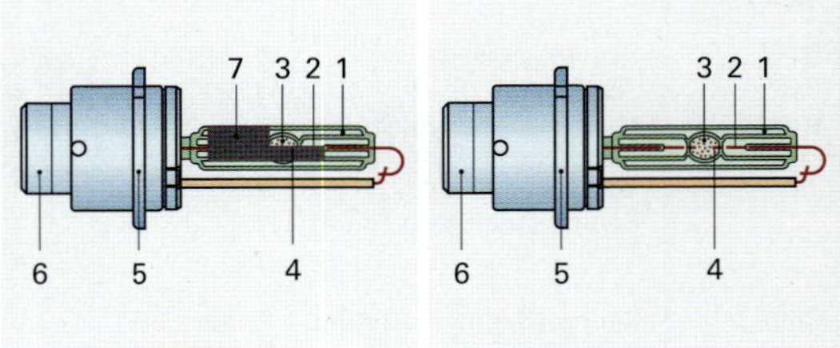

1 UV-Schutzglaskolben
2 Elektrische Durchführung
3 Entladungsraum
4 Elektroden
5 Lampensockel
6 Elektrischer Anschluss
7 Abschattlackierung

Elektronisches Vorschaltgerät

Es zündet die Gasentladungslampe mit einem Hochspannungsimpuls von bis zu ca. 24 kV. Nach dem Lampenstart wird die Lampenleistung auf konstant 35 W bei einer Brennspannung von ca. 85 V geregelt (300-Hz-Wechselspannung).

Eine Sicherheitsschaltung gewährleistet, dass bei Fehlerströmen von mehr als 20 mA das Vorschaltgerät abgeschaltet wird.

Das Licht-Steuergerät erkennt Fehler im Lichtsystem und speichert sie ab.

Hinweise für die Arbeit an Gasentladungslampen beachten (Unfallgefahr!).

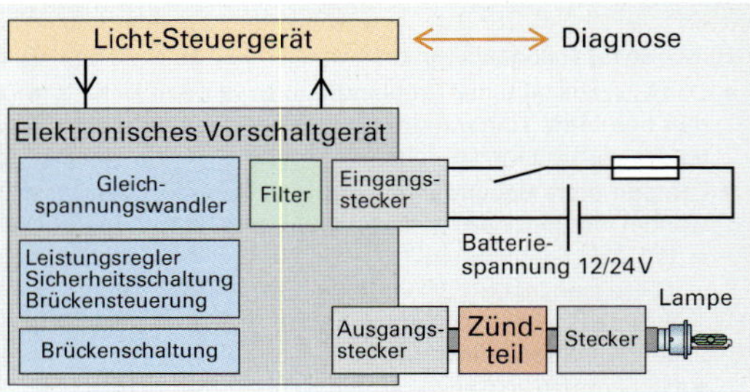

Automatische Leuchtweitenregulierung

Die automatische Leuchtweitenregulierung besteht aus Achssensoren an der Vorder- und Hinterachse, einem Steuergerät und zwei Schrittmotoren.

Über die Achssensoren wird die Einfederung des Fahrzeugaufbaus gemessen. Im Steuergerät werden die von den Sensoren erhaltenen Informationen ausgewertet. Ein Schrittmotor im Stellelement verändert die Neigung des Scheinwerfers.

Außerdem hat noch die Fahrgeschwindigkeit einen Einfluss auf die Geschwindigkeit des Regelvorgangs.

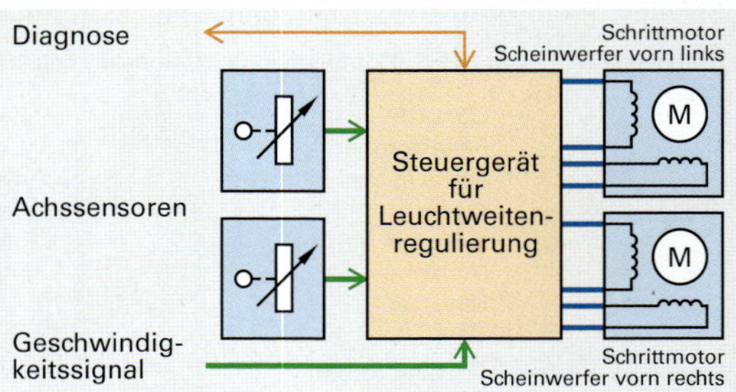

Scheinwerfer-Reinigungsanlage

Bei der Betätigung der Waschanlage schiebt das unter Druck stehende Wasser den über Teleskop ausfahrbaren Düsenhalter in die Reinigungs-Position. Die Abdeckscheibe des Scheinwerfers wird nach dem Strahlwasserprinzip gereinigt.

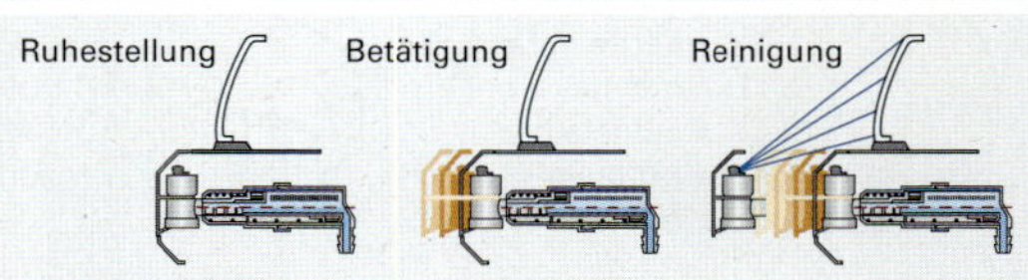

* Nur gültig für Xenon-Lampen mit mindestens 35 W Leistungsaufnahme.

E

Scheinwerfersysteme mit Gasentladungslampen (Xenon, Forsetzung)

Bi-Xenon bzw. Bi-Litronic

Aufbau Scheinwerfersysteme mit Gasentladungslampen, die sowohl Fernlicht als auch Abblendlicht erzeugen, verfügen ...

- über eine Scheinwerfereinheit mit mechanischer Blende (Shutter) mit Betätigungseinrichtung.
- über ein Fernlichtmodul (z. B. mit einer H7-Lampe) bei zusätzlichem Fernlicht.

Funktion Die Umschaltung zwischen Fern- und Abblendlicht erfolgt, indem der Elektromagnet die mechanische Blende (Shutter) verstellt. Durch die Blende wird für das Abblendlicht ein Teil des in der Lampe erzeugten Lichts abgeschirmt und damit die erforderliche Hell-Dunkel-Grenze erzeugt. Bei der Fernlichtstellung der Mechanik wird nahezu das ganze in der Lampe erzeugte Licht durchgelassen. Das System kann durch einen Fernlichtassistenten gesteuert werden, in dem ein hinter dem Rückspiegel angebrachter Kamerasensor das Licht von entgegenkommenden bzw. vorausfahrenden Fahrzeugen erkennt.

Bi-Xenon-Scheinwerfermodul

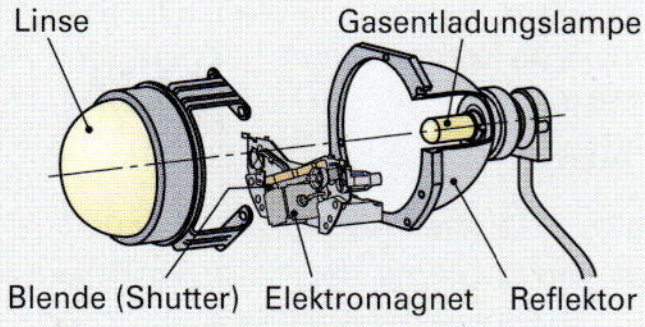

Mechanische Blende (Shutter)

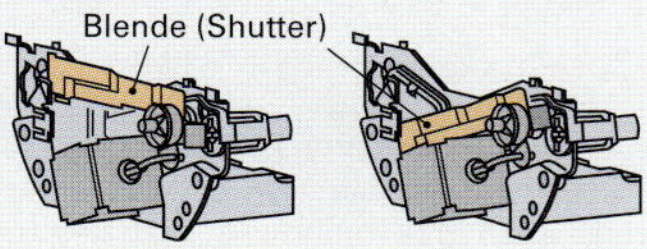

Adaptive Scheinwerfersysteme (Adaptive Frontlighting System / AFS)

Unter Adaptive Frontlighting System / AFS versteht man Scheinwerfersysteme, die sich verschiedenen Verkehrssituationen automatisch anpassen.

Kurvenlicht

Aufbau Das adaptive Scheinwerfersystem besteht aus ...

- Projektionsscheinwerfern in einem Schwenkrahmen mit elektrischem Stellmotor.
- einem Sensor für die Erkennung des Kurvenradius (Gierratensensor).
- Zusatzscheinwerfern.
- einem Steuergerät.

Funktion In Abhängigkeit von gerade gefahrenem Kurvenradius werden die Scheinwerfer um ihre Hochachse geschwenkt. Für sehr enge Kurven (Kreuzungen), wird zusätzlich ein Zusatzscheinwerfer eingeschaltet (statisches Kurvenlicht).

Ausleuchtung der Fahrbahn in einer Rechtskurve

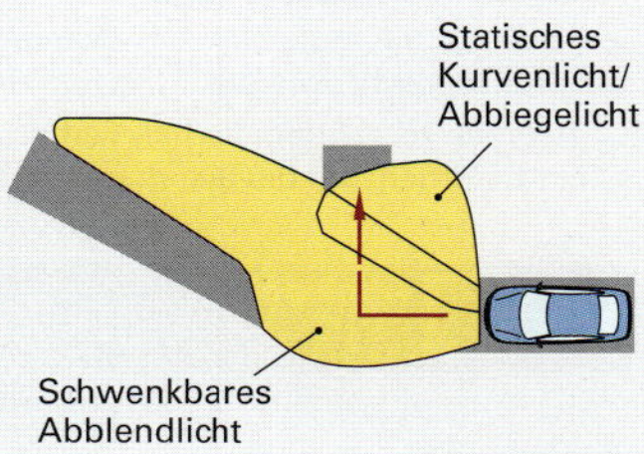

Automatische Fahrlichtsteuerung

Aufbau Systeme mit automatischer Fahrlichtsteuerung verfügen zusätzlich über ein Projektormodul mit einer elektrisch angetriebenen Blendenwalze und Sensoren im Bereich der Windschutzscheibe.

Funktion Die Sensoren erfassen die Lichtverhältnisse und übermitteln die Information an das Steuergerät. Das Steuergerät erhält außerdem Informationen über die Geschwindigkeit und den Lenkwinkel des Fahrzeugs. Die Blendenwalze (z.B. 4 Blenden) und die Schwenkvorrichtung des Scheinwerfermoduls werden daraufhin je nach Verkehrssituation in die entsprechende Stellung gedreht. Daraus entstehen unterschiedliche Fahrbahnausleuchtungen.

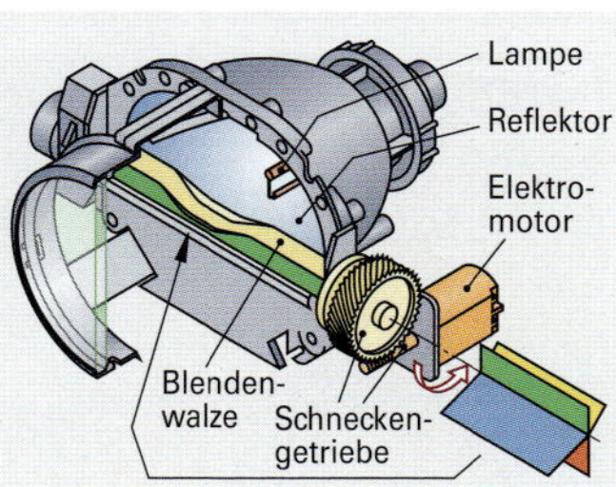

Fernlichtassistent

Aufbau Das System verfügt zusätzlich über eine Kamera, die an der Innenseite des Innenspiegels angebracht ist.

Funktion Das Fahrzeug fährt nach Aktivierung des Fernlichtassistenten grundsätzlich mit Fernlicht. Die Kamera erfasst die Verhältnisse im Vorfeld des Fahrzeugs (z. B. entgegenkommende Fahrzeuge). Die elektronische Steuerung schaltet das Fernlicht ein und aus.

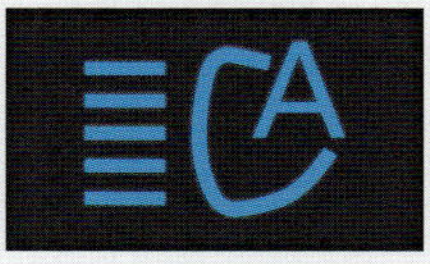

E

Scheinwerfersysteme in LED-Technik

LED-Scheinwerfer erzeugen sämtliche Lichtfunktionen mit Leuchtdioden (LED: Light Emitting Diode). Ein LED--Scheinwerfer verfügt dabei über bis zu 80 LEDs. Zur Realisierung der verschiedenen Lichtfunktionen werden die einzelnen LED-Einheiten mit Hilfe einer Elektronik ein- und ausgeschaltet. Außerdem können einzelne LED mit einer reduzierten Leistung betrieben werden. Ein im Scheinwerfer integrierter Lüfter verhindert das Überhitzen der elektronischen Komponenten und sorgt für die Zirkulation der Luft zur Abdeckscheibe, um das Beschlagen der Scheibe zu verhindern.

Aufbau

Der LED-Scheinwerfer besteht aus

- den LEDs mit den Leistungsmodulen für die einzelnen LED-Einheiten,
- dem Lüfter,
- dem Stellmotor für die Leuchtweitenregulierung,
- dem Scheinwerfergehäuse mit Abdeckscheibe.

Je nach Lichtfunktion kommen Reflektoren oder Projektionsmodule zum Einsatz. Eine LED-Einheit kann aus mehreren LED bestehen (sog. Chips, z. B. 2er-Chip).

Beim Stand-/Tagfahrlicht und beim Blinklicht wird eine Dickwandoptik eingesetzt, um ein homogenes Erscheinungsbild dieser Lichtfunktionen zu erzielen.

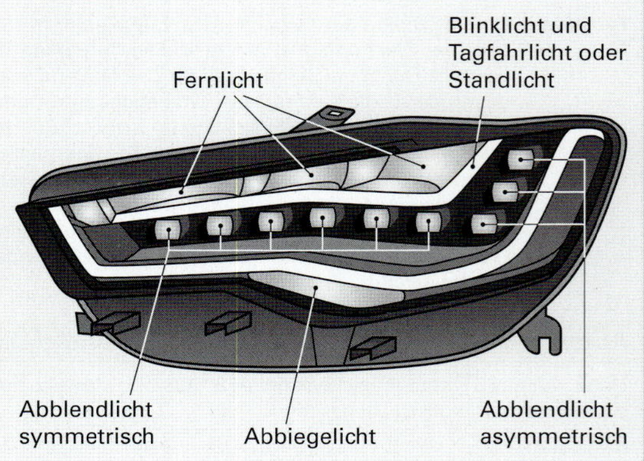

Lichtfunktionen

Scheinwerfersysteme in LED-Technik ermöglichen die Ausweitung der Funktionen der Adaptiven Scheinwerfersysteme. Durch die Aufteilung des Scheinwerfers in Lichtsegmente können unterschiedliche Lichtarten (z. B. Abblendlicht, Abbiegelicht, Touristenlicht) realisiert werden.

Im Rahmen der automatischen Fernlichtsteuerung ist es zudem möglich, dass einzelne Fernlichtsegmente ausgeschaltet werden, um die Blendung des entgegenkommenden bzw. vorausfahrenden Verkehrs zu verhindern.

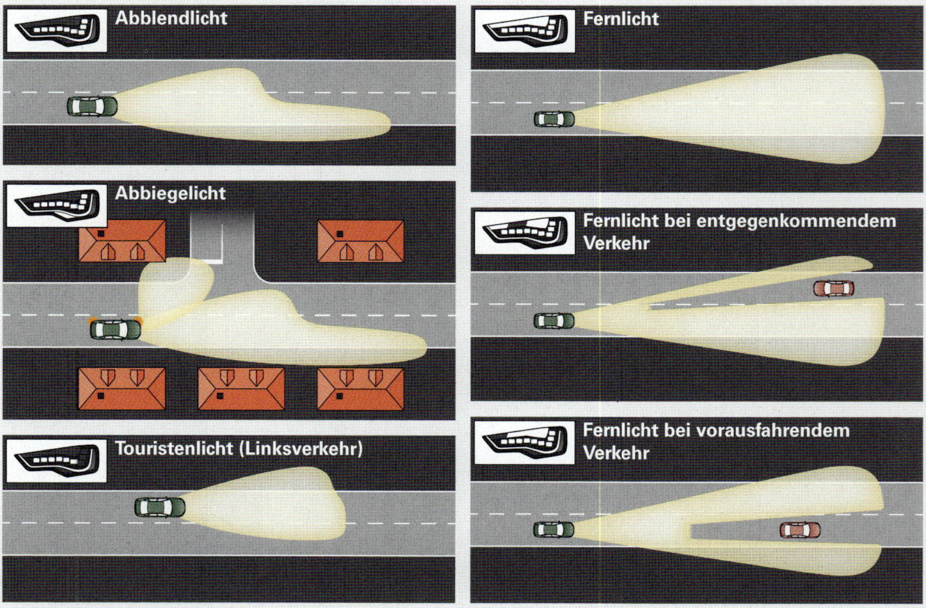

E

Scheinwerfersysteme in LED-Technik (Fortsetzung)

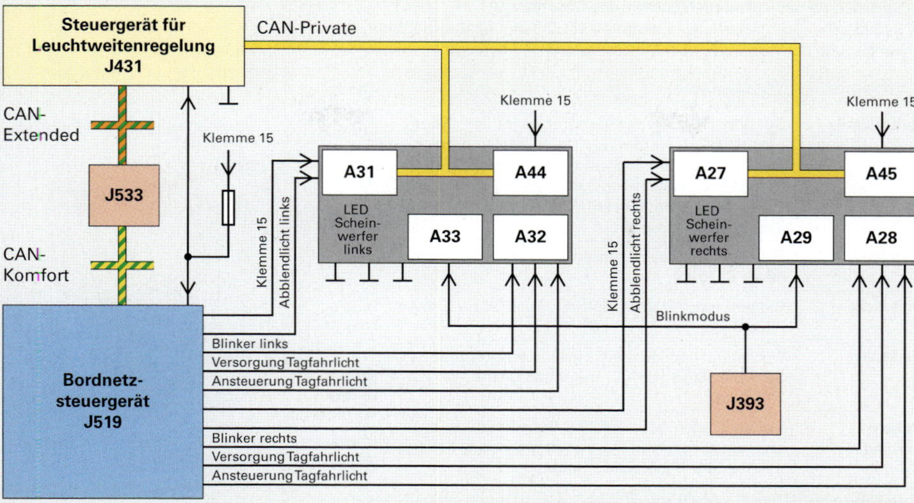

A27	Leistungsmodul 1 für LED-Scheinwerfer rechts	**A32**	Leistungsmodul 2 für LED-Scheinwerfer links	**J393**	Komfortsteuergerät
A28	Leistungsmodul 2 für LED-Scheinwerfer rechts	**A33**	Leistungsmodul 3 für LED-Scheinwerfer links	**J533**	Diagnose-Interface für Datenbus
A29	Leistungsmodul 3 für LED-Scheinwerfer rechts	**A44**	Leistungsmodul für Matrixscheinwerfer links		
A31	Leistungsmodul 1 für LED-Scheinwerfer links	**A45**	Leistungsmodul für Matrixscheinwerfer rechts		

Beispiel elektrische Schaltung Abbiegelicht:

Die Leistungsmodule 1 (A27 und A31) versorgen die LEDs des Abblendlichtes sowie das Abbiegelicht und steuern beides an. Die „Klemme 15"-Leitung vom Bordnetzsteuergerät J519 dient dabei der Spannungsversorgung des Abbiegelichtes. Eine weitere Leitung dient der Spannungsversorgung des Abblendlichtes. Das Steuergerät für Leuchtweitenregulierung J431 teilt dem Leistungsmodul über den Datenbus (CAN-Private) die Lichtanforderungen mit. Das Leistungsmodul steuert die Abblendlicht-LEDs an und schaltet das Abbiegelicht ein bzw. aus.

Scheinwerfersysteme mit Laser-Technologie

Aufbau Scheinwerfersysteme in Lasertechnik sind in der Regel als Fernlichtlasermodule ausgeführt. Das Fernlichtlasermodul arbeitet als „Laser-Spot" und wird als Ergänzung zum LED-Fernlicht aufgeschaltet. Die Sichtreichweite des Laserlichts ist mit ca. 600 m doppelt so groß wie die des LED-Fernlichts.

Das Lasermodul besteht aus

- einem oder mehreren Laserdioden,
- einem Prisma,
- einer Linse,
- einem Konverter mit Reflektor und Phosphorelement.

Funktion Die in der Laser-Diode erzeugten Lichtstrahlen werden durch Prismen gebündelt und umgelenkt. Die Laser-Diode erzeugt blaues Licht (Wellenlänge 450 nm). Durch eine Linse werden die Lichtstrahlen zum Konverter gelenkt. Dort wird das Licht reflektiert und im Phosphorelement in weißes Licht mit einer Farbtemperatur von ca. 5500 Kelvin umgewandelt.

Damit entspricht die Farbtemperatur des Scheinwerfers der Farbtemperatur des Tageslichts.

Scheinwerfer mit Fernlicht-Lasermodul

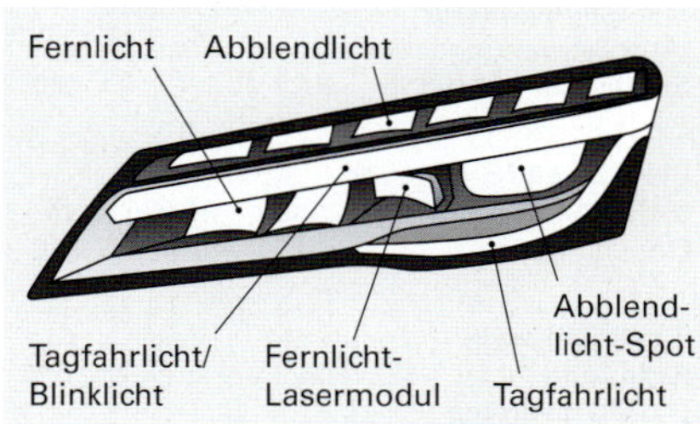

Fernlicht-Lasermodul

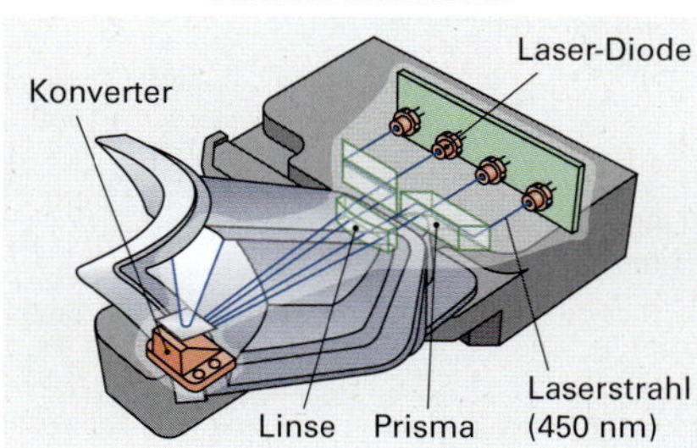

E

Aufgaben

- Speicherung der elektrischen Energie des Generators.
- Bereitstellung der elektrischen Energie für die Betätigung des Starters.
- Versorgung der Verbraucher bei Motorstillstand und bei nicht ausreichender Stromerzeugung.

Aufbau einer Nassbatterie

Batteriezelle	Sie besteht aus positiven und negativen Gitterplatten. Diese werden als aktive Masse bezeichnet, da sie beim Lade- und Entladevorgang chemischen Umsetzungen unterworfen sind. Die Größe der Platten bestimmt die Kapazität der Starterbatterie.
Separator	Er verhindert das Berühren der Platten verschiedener Polarität.
Polbrücke	Sie verbindet Platten gleicher Polarität zu einem Plattensatz.
Elektrolyt	Er besteht in geladenem Zustand aus verdünnter Schwefelsäure (H_2SO_4) mit einer Dichte von ca. 1,28 g/cm^3.
Zellenverbinder	Sie verbinden bei einer 6-V-Starterbatterie drei und bei einer 12-V-Starterbatterie sechs Zellen miteinander (Reihenschaltung).

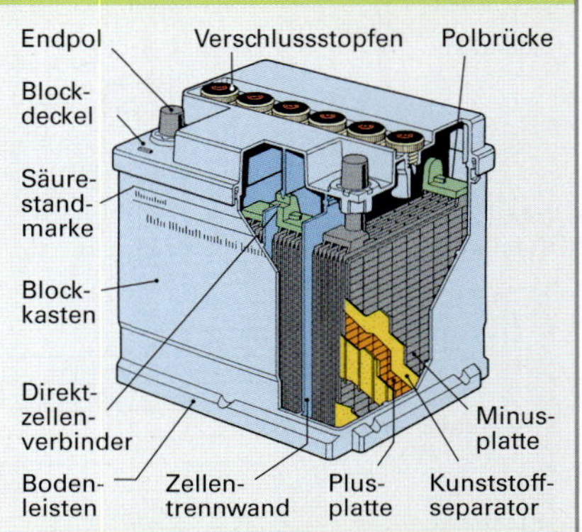

Bauarten von Starterbatterien

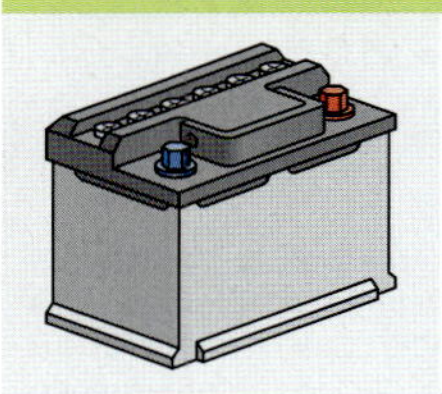

	Ladeschlussspannung in Volt	Elektrolyt flüssig / fest	Anzahl möglicher Zyklen*	Geeignet für Start/Stopp	Geeignet für Rekuperation	Merkmale	Kennzeichnung auf dem Batterie-Gehäuse
Blei-Säure-Batterie (Wartungsfrei nach EN)	ca. 14,2 V	flüssig	ca. 120	NEIN	NEIN	– verdünnte Schwefelsäure als Elektrolyt – Einfüllstopfen für Säure bzw. destilliertes Wasser	EN
Blei-Säure-Batterie (Absolut wartungsfreie Starterbatterie)	ca. 14,2 V	flüssig	ca. 120	NEIN	NEIN	– verdünnte Schwefelsäure als Elektrolyt – integrierte Kontrollanzeige für den Ladezustand	wartungsfrei
Blei-Säure-EFB-Batterie (EFB: Enhanced Flooded Battery)	ca. 14,7 V	flüssig	ca. 250	JA	NEIN	– verdünnte Schwefelsäure als Elektrolyt – dicht verschlossen	EFB
Blei-Säure-AGM-Batterie (AGM: Absorbent Glas Mat)	ca. 14,7 V	fest	ca. 330	JA	JA	– Säure durch Zwischenlagen aus Glasfaservlies gebunden – verbesserte Rüttelfestigkeit	AGM
Blei-Säure-Gel-Batterie	ca. 14,8 V	fest	ca. 500	Seltener Einsatz als Starter-Batterie		– auslaufsicher – sehr geringe Selbstentladung – kompakte Bauweise – hoher Kurzschlussstrom	GEL
Lithium-Ionen-Batterie	ca. 14,87 V	fest	ca. 3000	Einsatz in Sportwagen		– geringes Gewicht – auslaufsicher und wasserdicht – integrierte Kontrollanzeige für den Ladezustand	Li-ION

* unter einem Zyklus versteht man den Lade- und Entladevorgang in einer Batterie

Kenngrößen (12 V-Batterien)

Nennspannung	Sie ist bei Blei-Säure-Batterien mit 2,0 V je Zelle festgelegt. Die Nennspannung einer Starterbatterie ergibt sich aus der Anzahl der in Reihe geschalteten Zellen mal der Nennspannung einer Zelle (z.B. 6 × 2 V = 12 V).
Ruhespannung	Sie wird an der unbelasteten Starterbatterie gemessen (Leerlaufspannung).
Ladespannung	Hat eine Blei-Säure-Batterie beim Laden eine Spannung von etwa 14,4 V erreicht, so fängt sie bei weiterem Laden stark an zu gasen **(Gasungsspannung)**. Dabei wird durch Elektrolyse ein Teil des Wassers in Wasserstoff und Sauerstoff zerlegt; es entsteht das hochexplosive Knallgas.
Ladeschlussspannung	Sie ist die Spannung die erreicht wird, wenn vorschriftswidrig bis in den Gasungsbereich geladen wird.
Nennkapazität K_{20}	Sie ist die Strommenge in Amperestunden (Ah), die eine vollgeladene Starterbatterie bei 20-stündiger Entladung abgeben kann, bis die Entladeschlussspannung von 10,5 V erreicht wird. Bedingungen: Entladestrom 1/20 der Nennkapazität und Elektrolyttemperatur + 25 °C.
Kälteprüfstrom	Er bezeichnet die Stromstärke, die eine vollgeladene Starterbatterie bei – 18 °C abgeben muss. Die Spannung darf nach EN nach 10 s Entladezeit 7,5 V nicht unterschreiten. Bei gleicher Kapazität kann der Kälteprüfstrom von Starterbatterien unterschiedlich sein.

Kennzeichnung

Beispiel für eine Typenbezeichnung

Typenformel nach ETN (Europäische Typnummer)	Aufschrift nach DIN 72 310	Firmeninterne Bezeichnung
536 946 033	**12 V 36 Ah 330 A**	**6 F**

- 6 F: 6 F Suchnummer
- 330 A: Kälteprüfstrom 330 A
- 36 Ah: Nennkapazität bei 25 °C 36 Ah
- 12 V: Nennspannung 12 V
- 536: Nennspannung und Nennkapazität bei 25 °C (5: Nennspannung 12 V, 36: Nennkapazität 36 Ah)
- 033: Kälteprüfstrom Wert x10 (033: 330 A)
- 946: Merkmale der Batterie (Maße, Lage u. Typ der Anschlusspole u.a.) (9: Ausführung verschlossene Batterie, 46: Zählnummern)

Starthilfe

Voraussetzungen

- Geeignetes Starthilfe- bzw. Überleitungskabel mit isolierten Polzangen verwenden (Mindestkabelquerschnitt für Ottomotoren 25 mm² bzw. für Dieselmotoren 35 mm²).
- Beide Starterbatterien müssen über die gleiche Nennspannung verfügen.
- Beide Starterbatterien sollten über die gleiche Kapazität verfügen.
- Keine Starthilfe bei Starterbatterien mit zu geringer Säuredichte durchführen.

Starthilfekabel anklemmen (Reihenfolge beachten)

- Pluspol Spenderbatterie mit rotem Kabel verbinden ①.
- Pluspol entladene Batterie mit rotem Kabel verbinden ②.
- Minuspol der Spenderbatterie mit schwarzem Kabel verbinden ③.
- Fahrzeugmasse am Fahrzeug mit entladener Batterie mit schwarzem Kabel verbinden ④.

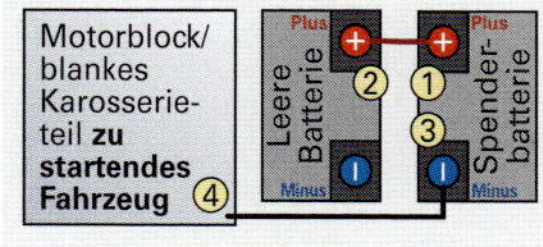

Bei Fahrzeugen mit Starterbatterien im Fahrzeuginnenraum muss der Anschluss der Kabel nach Herstellerangabe erfolgen!

Starthilfe durchführen

- Fahrzeug mit Spenderbatterie starten und Drehzahl erhöhen.
- Fahrzeug mit entladener Starterbatterie starten.

Starthilfekabel abklemmen (Reihenfolge beachten)

- Im Fahrzeug mit entladener Starterbatterie Heizungsgebläse und Heckscheibenheizung einschalten, damit Spannungsspitzen abgebaut werden können.
- Schwarzes Kabel an den Minuspolen abklemmen ③ ④.
- Rotes Kabel an den Pluspolen abklemmen ① ②.

E

Prüf- und Wartungsarbeiten an der Starterbatterie

Batterieprüfung

Sichtprüfung	**Batteriegehäuse**	Es muss auf Beschädigung geprüft werden. Aus beschädigten Batteriegehäusen bzw. -deckeln kann Schwefelsäure austreten. Bauteile, die mit Säure Kontakt haben müssen mit Säureumwandler bzw. Seifenlauge behandelt werden. Batterien mit beschädigten Batteriegehäusen bzw. -deckeln dürfen nicht repariert werden. Sie sind in einem speziellen Behälter zu lagern.
	Batteriepole und Polklemmen	Sie müssen auf Beschädigung geprüft werden. Die Polklemmen müssen korrekt aufgesetzt und mit einem entsprechenden Drehmoment angezogen werden. Ansonsten kann es zu Unterbrechungen in der Spannungsversorgung und Störungen in der elektrischen Anlage kommen.
	Batteriewärmeschutz	Der Schutz muss auf die korrekte Befestigung an der Batterie geprüft werden. Bei fehlendem Wärmeschutz besteht die Gefahr der Gitterkorrosion.
	Batteriebefestigung	Die Batterieklemmleiste muss auf den richtigen Sitz der Raste auf der Bodenleiste geprüft werden. Die Befestigungsschraube ist mit dem vorgeschriebenen Anzugsdrehmoment anzuziehen. Eine mangelhafte Befestigung führt zur Rüttelschäden, d.h. zu Schäden an den Gitterplatten. Durch Mängel bei der Befestigung durch die Batterieklemmleiste kann es zu Schäden am Batteriegehäuse kommen. Eine unzureichende Befestigung führt zu verminderter Sicherheit bei Unfällen.
	Säurestand	Er soll etwa 10 bis 15 mm über der Plattenoberkante liegen. Bei Wasserverlust darf nur destilliertes oder entmineralisiertes Wasser nachgefüllt werden. Das Nachfüllen ist nur bei Batterien mit Einfüllstopfen möglich. Bei Batterien mit integrierter Säurestandsanzeige (zwei- oder dreifarbig) kann der Säurestand am sog. „magischen Auge" abgelesen werden.
Prüfung des Ladezustandes	**Prüfung der Säuredichte**	Bei Batterien mit Einfüllstopfen kann der Ladezustand mit Hilfe eines Säurehebers (Aräometer) geprüft werden. Die Dichte der Säure gibt einen Aufschluss über den Ladezustand der Batterie. 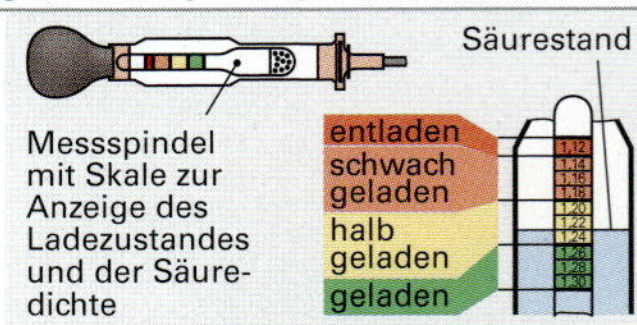
	Prüfung mit Hilfe der Ladezustandsanzeige	Bei Batterien mit integrierter dreifarbiger Säurestandsanzeige wird durch das „magische Auge" neben dem Säurestand auch der Ladezustand angezeigt: **Grün** : Säurestand in Ordnung/Batterie ausreichend geladen. **Schwarz** : Säurestand in Ordnung/Batterie teilgeladen. **Hellgelb** : Säurestand zu niedrig/Batterie entladen.
	Elektrische Prüfung	Die elektrische Prüfung von Starterbatterien erfolgt in der Regel durch elektronische Batterietester, die als Handgeräte ausgeführt sind. Diese messen den inneren Widerstand der Batterie (Leitwertmessung). Dadurch wird die Batterie nicht belastet und kann auch bei geringem Ladezustand geprüft werden. Mit Hilfe eines Scanners können die Daten der Batterie über einen aufgedruckten Code direkt in den Tester eingelesen werden. 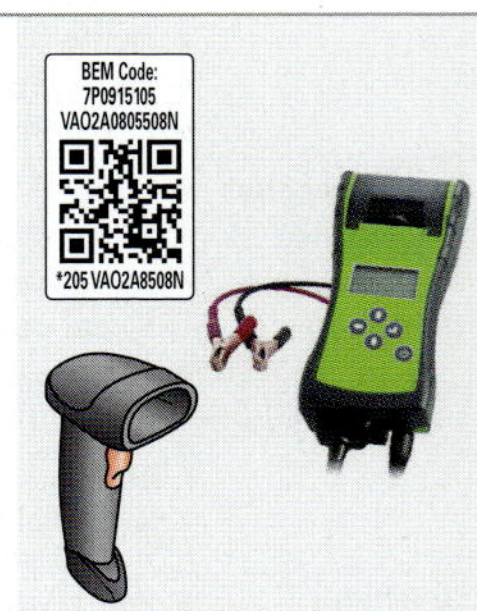
Zusätzliche Mess- und Prüfmöglichkeiten		Je nach Ausstattung des Batterietesters können weitere Messungen bzw. Prüfungen durchgeführt werden: • Kaltstartwert bzw. Kälteprüfstrom (im Vergleich zum vorgegebenen Nennwert der Batterie) • Batterietemperatur • Spannungsmessung • Anlassersystemtest • Ladesystemtest.

E

Laden von Starterbatterien

Hinweise zur Batterieladung	Bei der Ladung von Batterien sind die betrieblichen Unfallverhütungsvorschriften zu beachten. Die Batterie muss bei Ladung eine Mindesttemperatur von 10 °C haben. Bei einer Säuretemperatur von mehr als 55 °C ist die Ladung zu unterbrechen. Bei der Ladung ist für eine ausreichende Belüftung zu sorgen. Schnelladungen sind zu vermeiden, da diese die Batterie schädigen können.
Laden von tiefentladenen Batterien	Die Ladezeit beträgt mindestens 24 Stunden. Werden tiefentladene Batterien zu schnell geladen, nehmen sie keinen Ladestrom mehr auf oder werden zu früh als geladen angezeigt. Tiefentladene Batterien können im Winter durch den hohen Wasseranteil in der Batterieflüssigkeit einfrieren. Gefrorene Batterien müssen ersetzt werden.
Ladungserhaltung	Sie dient dem Ausgleich der Entladung, z.B. bei langfristig abgestellten Fahrzeugen. Dabei wird bei niedriger Ladespannung die Batterie im vollgeladenen Zustand gehalten.
Stützbetrieb	Bei Service- und Wartungsarbeiten an vernetzten Fahrzeugen (z. B. Flashen von Fahrzeugen) verhindert der Stützbetrieb (d. h. Anschließen eines Ladegerätes) eine Entladung der Batterie.

Bordnetz- und Energiemanagement

Die Aufgabe des Bordnetz- und Energiemanagements ist die Gewährleistung der Startfähigkeit des Fahrzeugs. Neben dem Generator als Energieerzeuger und der Starterbatterie als Energiespeicher verfügt das System in der Regel über die Komponenten Batterie-Sensor, Gateway, DC-DC-Wandler sowie eine Hauptsicherungsbox.

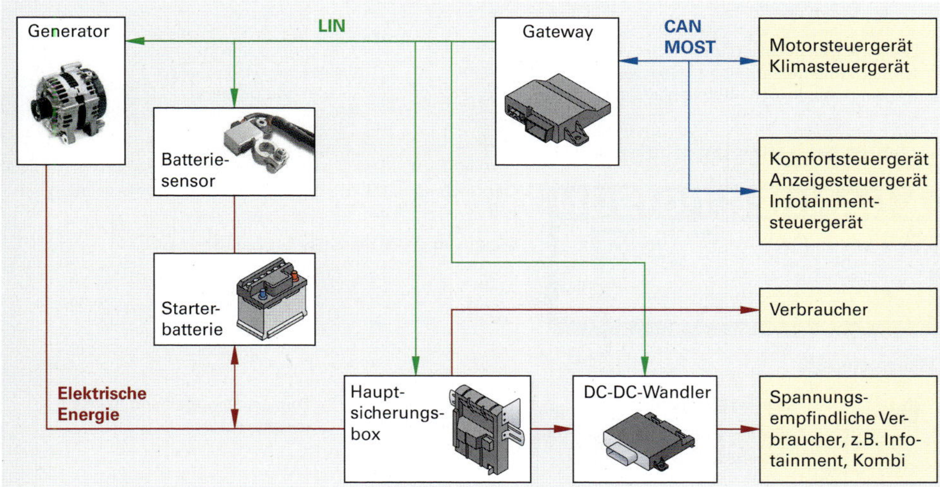

Batteriesensor	Er befindet sich am Minuspol der Starterbatterie und misst die Batteriespannung, den Batteriestrom sowie die Temperatur am Minuspol. Die Messwerte werden über den LIN-Bus an das Gateway übermittelt.
Gateway	Die Funktionen des Gateway gewährleistet die Startfähigkeit des Fahrzeugs. Es kommuniziert über den CAN- bzw. MOST-Bus mit verschiedenen Steuergeräten sowie über den LIN-Bus mit dem Generator, dem Batterie-Sensor, der Hauptsicherungsbox und dem DC-DC-Wandler. Das Gateway verfügt über die Funktionen: • **Ruhestromüberwachung** • **Optimierung des Energieverbrauchs** • **Start-Stopp-Funktion** • **Generatorregelung**.
Hauptsicherungsbox	An ihr sind die Spannungsversorgung sowie die Verbraucher und der DC-DC-Wandler angeschlossen. Die eingebauten Relais ermöglichen die Abschaltung von Verbrauchern durch das Gateway über den angeschlossenen LIN-Bus. Die Hauptsicherungsbox verfügt über eine sog. Pyrofuse, die im Fall eines Unfalls vom Airbagsteuergerät aktiviert wird und die Spannungsversorgung (Kl. 30) vom Bordnetz trennt.
DC-DC-wandler	Beim Start des Motors bricht die Spannungsversorgung ein. In diesem Moment werden die Verbraucher nicht mehr mit der notwendigen 12 Volt Spannung versorgt. Dies kann zum Systemausfall und Fehlereinträgen führen. Der DC-DC-Wandler stabilisiert die Spannung für empfindliche Verbraucher im Augenblick des Motorstarts für einige Sekunden.

E

Fehlersuchplan bei selbständig entladener Starterbatterie

Batterie entlädt sich selbstständig (Verdacht auf Kriechströme)

↓

Batterie-Entladestrom messen

- Batterie-Masseband abklemmen
- Amperemeter zwischen Batterie-Minuspol und Masseband schalten
- Alle elektrischen Verbraucher im Fahrzeug ausschalten (Radio! Innenleuchte!)
- Strommessbereich soweit herunter schalten, bis eine ablesbare Anzeige erfolgt.

→ **Strom unter 25 mA** → Batterie prüfen und ggf. instandsetzen → **Funktion prüfen**

↓ **Strom über 25 mA**

Durch Herausnehmen von Sicherungen nacheinander die einzelnen Stromkreise unterbrechen.

→ **Strom unter 25 mA** → Fehlerursache im betroffenen Stromkreis suchen und beseitigen → **Funktion prüfen**

↓ **Strom über 25 mA**

Leitungen an nicht abgesicherten Aggregaten nacheinander abziehen: Generator, Starter, Zündanlage, Schalttafeleinsatz u.a.

→ **Strom unter 25 mA** → Fehlerursache im betroffenen Stromkreis suchen und beseitigen → **Funktion prüfen**

Gefahren beim Umgang mit Starterbatterien

Der Umgang mit Starterbatterien stellt bei Nichtbeachtung der Unfallverhütungsvorschriften eine Gefahr dar.

Die Angaben der Hersteller sind zu beachten!

Warnhinweise

Augen schützen!

Gefahr von Augenschäden und Verletzungen!

Funken, Flammen und Rauchen verboten!

Schwefelsäure!

Gefahr von Augenschäden und schwere Verbrennungen!

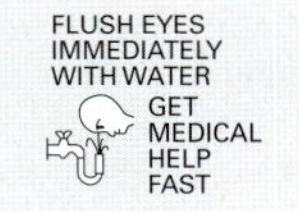

Augen sofort mit Wasser spülen!

Arzt aufsuchen!

- Schutzbefohlene Personen, z. B. Auszubildende, dürfen nur unter Anleitung von Fachpersonal (Kraftfahrzeugmechatroniker/-Meister) Arbeiten an Fahrzeugbatterien durchführen.
- Batteriesäure hat eine stark ätzende Wirkung, daher sind geeignete Gegenmittel bereitzuhalten, z. B. Seifenlauge und Schutzausrüstung.
- Tritt die Säure aus der Batterie aus, kann es zur Hautverätzungen, Säurefraß und Korrosion am Fahrzeug kommen. Dadurch können sicherheitsrelevante Fahrzeugbauteile beschädigt werden.
- Beim Laden der Batterie kann Knallgas (gasförmige Mischung aus Wasserstoff (H) und Sauerstoff (O)) entstehen. Im Extremfall kann die Batterie bei unsachgemäßem Umgang durch austretende Gase explodieren.
- In Batterienähe sind Arbeiten, bei denen es zur Funkenbildung kommen könnte (Schleifen, Trennen) verboten. Genau so sind Arbeiten mit offener Flamme und Rauchen verboten.
- Funkenbildung durch elektrostatische Aufladung ist zu vermeiden. Vor dem Berühren der Batterie ist deshalb die Fahrzeugkarosserie anzufassen.
- Arbeiten an Batterien nur in gut belüfteten und dafür geeigneten Räumen durchführen.
- Schutzausrüstung (Brille, Handschuhe) benutzen.

Aufgaben und Kenndaten

Aufgaben
- Versorgung der elektrischen Verbraucher
- Laden der Starterbatterie

Kenndaten
- Bauweise (z.B. T für Ständeraußendurchmesser; 1 für Klauenpolläufer)
- Drehrichtung (z.B. ↔ für rechts und links)
- Generatornennspannung (z.B. 14 V)
- Strom bei Leerlaufdrehzahl (z.B. 70 A)
- Strom bei Nenndrehzahl (z.B. 140 A)

Generatortypenschild

Prinzip

Aufbau
Der Drehstromgenerator besteht aus drei Ständerwicklungen (U_1-U_2, V_1-V_2, W_1-W_2), die räumlich um 120° versetzt sind und einem Polrad.

Wirkungsweise
Bei der Drehung des Polrades bzw. des Läufers (Spule mit Gleichstromerregung) um 360° entstehen in den Wicklungen drei Wechselspannungen bzw. Wechselströme, die jeweils um 120° zeitlich zueinander verschoben sind (sog. Phasenverschiebung).

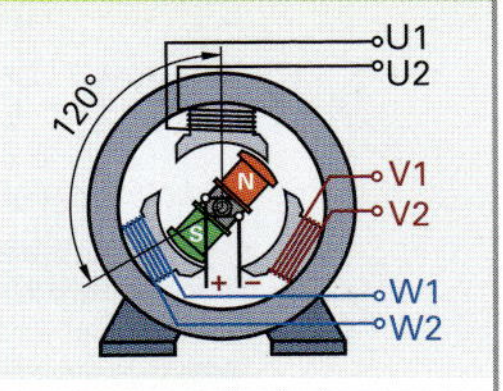

Drehstromgenerator

Linienbild
Im Zeitpunkt 1 (Polradstellung 90°) hat der Strom I_1 (Spule U_1-U_2) seinen Höchstwert. Der Strom I_2 (Spule V_1-V_2) und der Strom I_3 (Spule W_1-W_2) sind jeweils halb so groß wie I_1 und diesem Strom entgegengerichtet. Die Summe der Ströme I_1, I_2 und I_3 ist in jedem Augenblick Null.

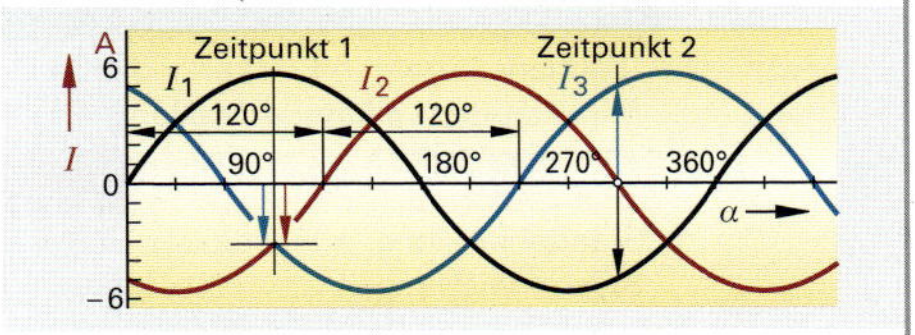

Linienbild des Drehstromes

Gleichrichtung der Wechselspannung

Wechselspannung
Die vom Drehstromgenerator erzeugten 3 Wechselspannungen sind weder für die Batterie noch für die Versorgung der elektronischen Steuergeräte und Bauteile geeignet.

Gleichrichtung
Die drei Wicklungen des Drehstromgenerators sind in einer sog. Sternanordnung geschaltet. Die von ihnen erzeugten Wechselspannungen werden mit sechs Leistungsdioden in einer Drehstrom-Brückenschaltung gleichgerichtet. In jede Phase sind jeweils eine Diode auf der Plusseite (Plusdiode) und eine Diode auf der Minusseite (Minusdiode) geschaltet. Die positiven Halbwellen werden von den Dioden an der Plusseite durchgelassen, die negativen Halbwellen von den Dioden an der Minusseite und gleichgerichtet.

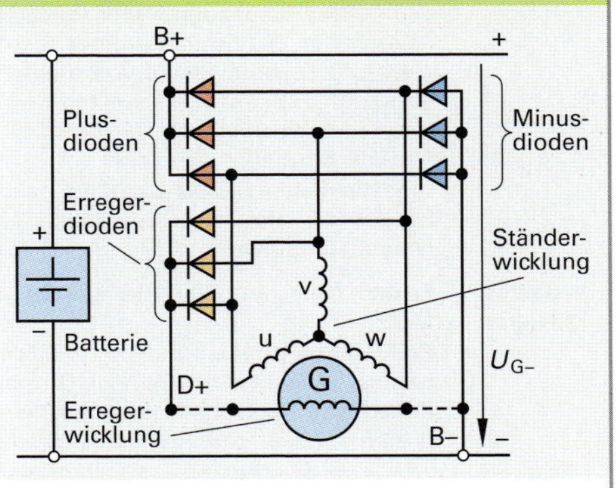

Drehstrom-Brückenschaltung

Brückenschaltung
Sie bewirkt die Addition der positiven und negativen Hüllkurven der Halbwellen zu einer gleichgerichteten, leicht gewellten Spannung (sog. Überwelligkeit).

Erregerstrom
Er wird von der Ständerwicklung abgezweigt und magnetisiert die Pole des Erregerfeldes. Dabei bilden drei zusätzliche Erregerdioden und die minusseitigen Leistungsdioden die Brückenschaltung für den Erregerstrom. Die neuen Ausführungen von Generatoren verfügen über feststehende Erregerwicklungen. Der Erregerstrom wird als Gleichstrom über den Spannungsregler erzeugt. Diese Generatoren benötigen daher keine Erregerdioden.

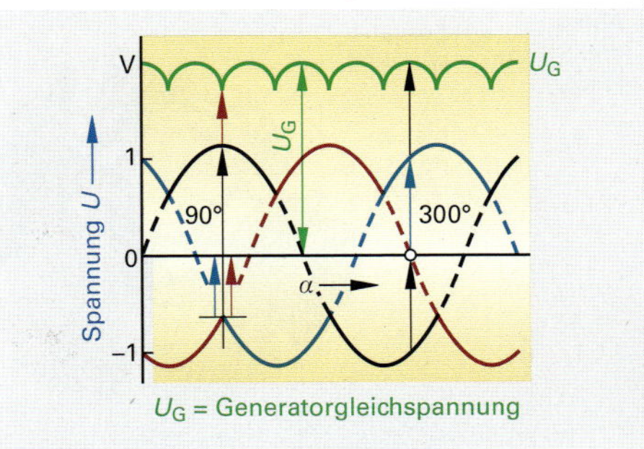

Gleichrichtung der Generatorspannung

E

Klauenpolgenerator in Topfbauweise mit Hybridregler

Aufbau und Stromkreise

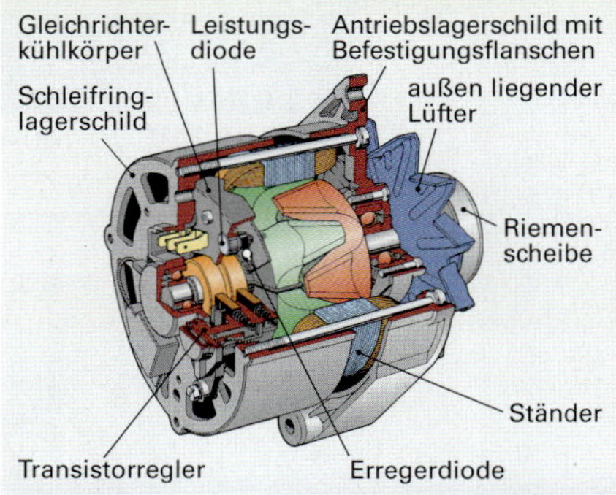

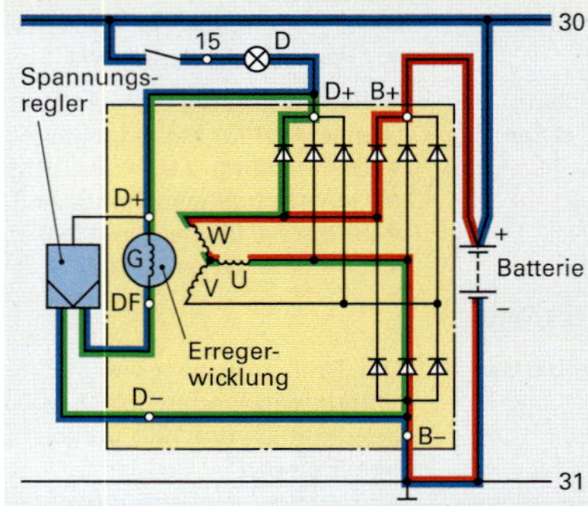

Vorerregerstromkreis

Batterie + → Fahrschalter → Kontrolllampe D → Erregerwicklung → Regler DF → Batterie –

Erregerstromkreis

Ständerwicklung → Erregerdioden → D + → Erregerwicklung → Regler DF → D – → B – → Minusdioden → Ständerwicklung

Ladestromkreis

Ständerwicklung → Plusdioden → B + → Batterie/Verbraucher → Masse / B – →Minusdioden → Ständerwicklung

Regelung

Die Regelung hält die Generatorspannungen bei allen Drehzahlen und Belastungsfällen nahezu konstant auf der erforderlichen Höhe.
Die Generatorspannung wird durch periodisches Ein- und Ausschalten des Erregerstromes reguliert. Der Ist-Wert der Generatorspannung wird vom Regler an der Klemme D+ abgegriffen. Beim Überschreiten des Soll-Wertes wird der Erregerstrom (DF) durch den Transistor der Endstufe kurzzeitig unterbrochen.
Eine zur Läuferwicklung parallel geschaltete Freilaufdiode schützt die elektronischen Bauelemente vor Induktions-Überspannungen.

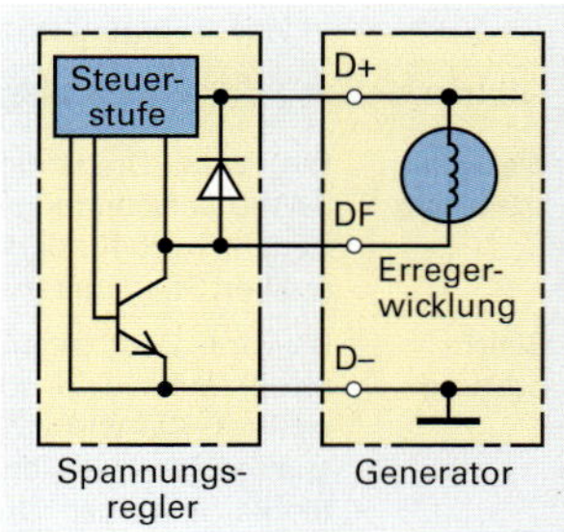

Werkstatt-Hinweise

Fehler: Ladekontrollleuchte erlischt nicht bei laufendem Motor.
Prüfvoraussetzungen: Batterie in Ordnung, einwandfreier Sitz aller Anschlussstecker des Kabelbaums, Keilriemenspannung in Ordnung.
Prüfschritte: Masseband zwischen Generator und Motor prüfen → Gleichrichtung mit Oszilloskop prüfen → Regelspannung und Ladestrom prüfen.

Klauenpolgenerator als Compakt-Generator mit Multifunktionsregler

Aufbau und Stromkreise

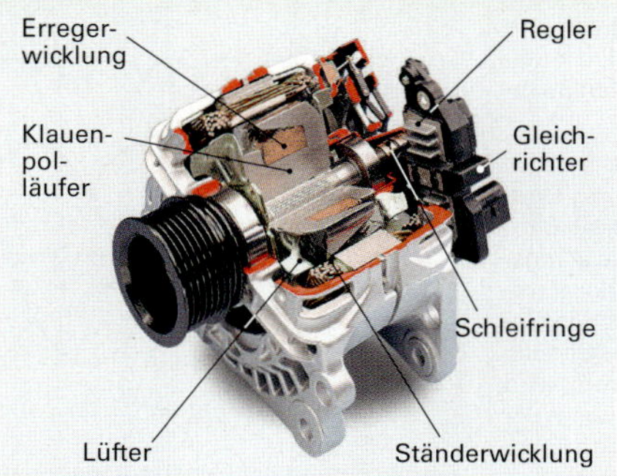

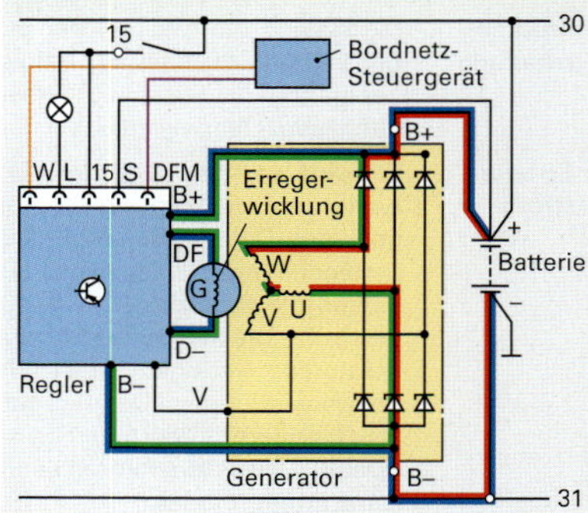

Aufbau und Stromkreise

Vorerregerstromkreis

Batterie + → Erregerwicklung → Regler DF → Reglerendstufe → Batterie –

Erregerstromkreis

Ständerwicklung → Plusdioden → Regler B + → Regler DF → Erregerwicklung → Regler D – → Regler B – → Minusdioden → Ständerwicklung

Ladestromkreis

Ständerwicklung → Plusdioden → B + → Batterie/Verbraucher → Masse/B – →Minusdioden → Ständerwicklung

Regelung

Der Multifunktions-Spannungsregler (MFR) verfügt über die folgenden Merkmale:

- Integration aller Funktionen in einem Chip (Monolithregler)
- Anschluss Erregerstrom von Anschluss B +
- Temperaturgesteuerte Ladespannung
- Schutz gegen Überlastung und Kurzschlüsse
- Load-Response-Start
- Auslastungsüberwachung
- Fehlerdiagnose
- Gesteuerte Vorerregung
- Batterieüberwachung
- Unterstützung des Motormanagements
- Load-Respose-Fahrt.

Anschlüsse am Multifunktionsregler

Anschluss DFM (Dynamo-Feld-Monitor)	Information an das Bordnetzsteuergerät über die Ein- und Ausschaltdauer des Erregerstroms (PWM-Signal) als Maß für die Generatorbelastung.
Transistor T5	Gesteuerte Vorerregung durch das Reglersteuergerät.
Anschluss L	Erkennung Generatorbetrieb ohne Fehler (Plus-Spannung).
Anschluss L	Fehler im Generatorbetrieb (Masse).
Anschluss S (Sense)	Messung der Ladespannung an der Batterie.
Anschluss W	Generator-Drehzahl zur Regelung des Vorerregerstromes.
Anschluss V	Erkennung der Drehzahl über die Phasenspannung zur Fehlerdiagnose.

Werkstatt-Hinweise

Fehler: Ladekontrollleuchte erlischt nicht bei laufendem Motor.

Prüfvoraussetzungen: Batterie in Ordnung, einwandfreier Sitz aller Anschlussstecker des Kabelbaums, Keilriemenspannung in Ordnung.

Prüfschritte: Masseband zwischen Generator und Motor prüfen → Gleichrichtung mit Oszilloskop prüfen → Regelspannung und Ladestrom prüfen.

Der Multifunktionsregler ist diagnosefähig und erkennt Generator-, Regler- und Bordnetzfehler. Bei einem erkannten Fehler wird die Ladekontrollleuchte durch den Regler angesteuert.

Beispiele für erkennbare Fehler:

Generatorfehler:
- Keilriemenbruch
- Unterbrechung im Erregerkreis
- Kurzschluss oder Masseschluss der Erregerwicklung

Reglerfehler:
- Endstufe unterbrochen oder kurzgeschlossen
- Freilaufkreis unterbrochen

Bordnetzfehler:
- Überspannung im Bordnetz
- Unterbrechung der Sense-Leitung
- Unterbrechung der Ladeleitung Generator B + / Batterie (+)

Klauenpolgenerator als Compakt-Generator mit Schnittstellenregelung

Regelung

Die Bit-Synchrone-Schnittstellenregelung (BSS) ermöglicht die Regelung des Generators über den Daten-Bus. Das Gateway erhält über den Batteriesensor und das Motorsteuergerät Informationen über den Batteriezustand und die Anforderungen des Motorsteuergeräts.

Das Gateway

- regelt über den LIN-Bus den Generator (z.B. Erregerstrombegrenzung und Spannungsversorgung).
- erhält vom Generator über den LIN-Bus Informationen (z.B. Generatorauslastung und Erregerstrom)

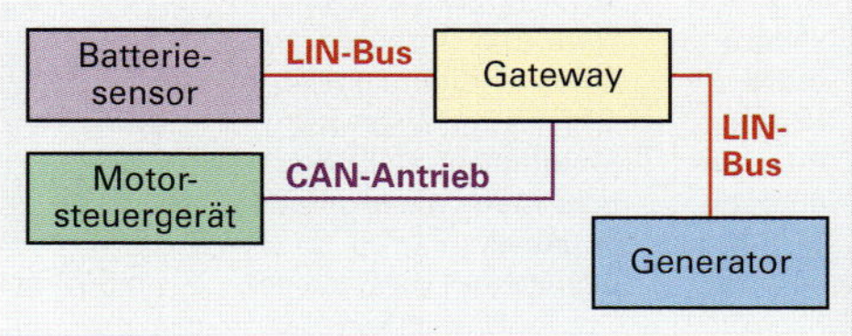

Werkstatt-Hinweise

Generatoren mit Schnittstellenregelung sind diagnosefähig.
Mit Hilfe eines Systemstesters kann im Rahmen der geführten Fehlersuche die Prüfung des Generators bzw. des Reglers durchgeführt werden.

E

Aufgaben

Startermotor	Er muss beim Startvorgang die Massenträgheitskräfte, die Reibungs- und Verdichtungswiderstände des Verbrennungsmotors überwinden, bis er die Startdrehzahl erreicht hat. Starter für Fahrzeuge mit Start-Stopp-System sind verstärkt ausgeführt.
Startdrehzahl	Sie ist die Drehzahl des Verbrennungsmotors, die seinen Selbstanlauf sicherstellt. Die Drehzahl des Starters ist wesentlich höher als die Startdrehzahl.

Erforderliche Startdrehzahl bei – 20 °C	**Drehzahl in 1/min**
Otto-Hubkolbenmotor	60 … 100
Dieselmotor	60 … 200

Aufbau

Startermotor	Ein Gleichstrommotor wandelt elektrische Energie in Bewegungsenergie um.
Einrückrelais	Die Kombination aus Ritzel und Einrückmagnet schiebt das Ritzel zum Einspuren in den Zahnkranz und schaltet den Starterstrom.
Einspurgetriebe	Ein Ritzel überträgt die Drehbewegung des Startermotors auf den Zahnkranz der Schwungscheibe. Ein Freilauf dient als Überholkupplung nach dem Starten.

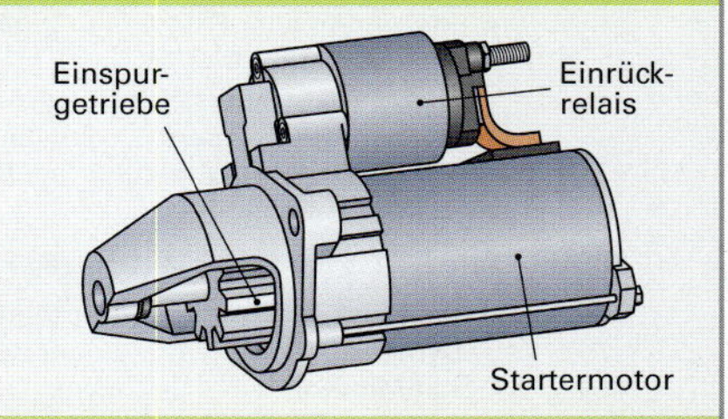

Starterbauarten (Übersicht)

	Einspurgetriebe, Funktion	**Aufbau (M Motor, E Einspurgetriebe, R Relais)**	**Startermotoren**		**Verwendung (Leistung)**
Schub-Schraubtrieb	Schraubenförmiger Ritzelvorschub gegen den Zahnkranz und Einspuren durch Einrückrelais. Einspurerleichterung durch Steilgewinde. Am Ende des Relaisweges erfolgt das Einschalten des vollen Starterstromes	mit und ohne Vorgelege: 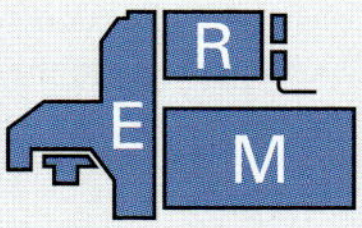	Reihenschlussmotor 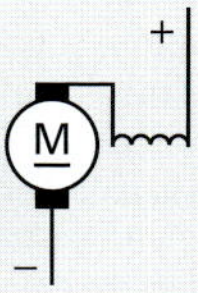	Permanent erregter Motor 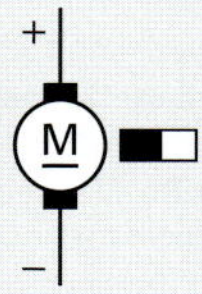	Personenkraftwagen und leichte Nutzfahrzeuge (Reihenschlussmotor bis 4 kW; Permanent erregter Motor mit / ohne Vorgelege bis 1,7 kW / 1,0 kW)
Schubtrieb mit mechanischer Ritzelverdrehung	Geradliniger Ritzelvorschub gegen den Zahnkranz und Einspuren durch Einrückrelais. Einspurerleichterung durch mechanisch zweistufigen Einspurbetrieb. Nach vollständigem Einspuren erfolgt das Einschalten des vollen Starterstromes	ohne Vorgelege: 	Reihenschlussmotor: 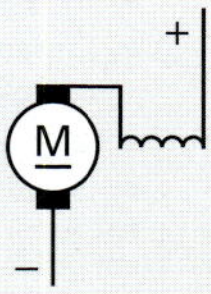		Schwere Nutzfahrzeuge mit großen Dieselmotoren (bis 7,5 kW)
Schubtrieb mit elektromotorischer Ritzelverdrehung	Geradliniger Ritzelvorschub gegen den Zahnkranz und Einspuren durch Einrückmagnet. Gleichzeitig langsamer Motoranlauf zur Einspurerleichterung (elektrische Vorstufe). Unmittelbar vor Ende des Schubweges erfolgt das Einschalten des vollen Starterstromes (Hauptstufe).	ohne Vorgelege: 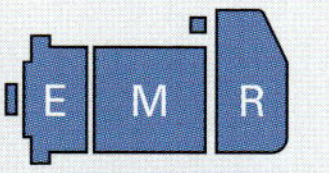  mit Vorgelege: 	Doppelschlussmotor: 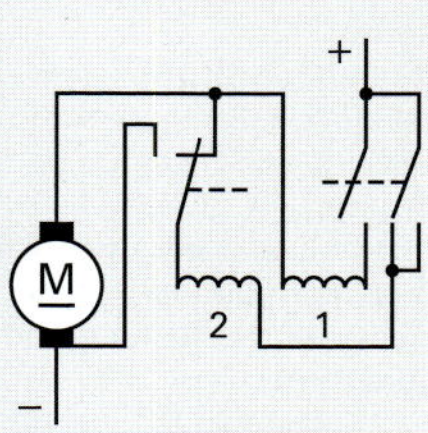 1 Reihenschlusswicklung 2 Nebenschlusswicklung		Schwere Nutzfahrzeuge und Schwerfahrzeuge (bis 21 kW)

E

Fehlersuchplan

Starter dreht sich zu langsam

Starterbatterie in Ordnung?
- **NEIN** → Batterie prüfen und ggf. ersetzen → **Funktion prüfen**
- **JA** ↓

Anschlüsse am Starter prüfen ggf. reinigen
- Batterie-Masseband an der Starterbatterie abklemmen.
- Anschlüsse am Starter und Masseband zwischen Getriebe und Aufbau reinigen und festziehen.
- Batterie-Masseband anklemmen.

Starter dreht sich zu langsam → Startermotor instandsetzen (Fehlerursachen:
- ungenügender Kontakt zwischen Kohlebürsten und Kollektor
- Magnetschalter defekt.

→ **Funktion prüfen**

Starter dreht sich nicht

Starterbatterie in Ordnung?
- **NEIN** → Batterie prüfen und ggf. ersetzen → **Funktion prüfen**
- **JA** ↓

Spannung an Klemme 50 (Starter) mind. 12 Volt (Messung 1)
- **NEIN** → Spannung an Klemme 50 (Zündschloss) mind. 12 Volt **(Messung 2)**
  - **JA** → Leitungsunterbrechung beseitigen → **Funktion prüfen**
  - **NEIN** → Zündschloss instandsetzen → **Funktion prüfen**
- **JA** ↓

Spannung an Klemme 30 mind. 12 Volt (Messung 3)
- **NEIN** → Leitungsunterbrechung beseitigen → **Funktion prüfen**
- **JA** ↓

Spannung zwischen Startergehäuse und Batterie Minus ca. 0 Volt (Messung 4)
- **NEIN** → Übergangswiderstände beseitigen → **Funktion prüfen**
- **JA** ↓

Spannung an der Feldklemme mind. 9 Volt (Messung 5)
- **NEIN** → Startrelais ersetzen → **Funktion prüfen**
- **JA** → Startermotor instandsetzen → **Funktion prüfen**

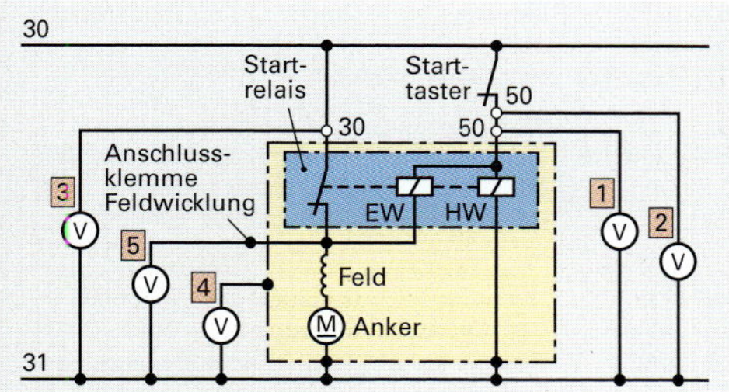

Messungen am Starter

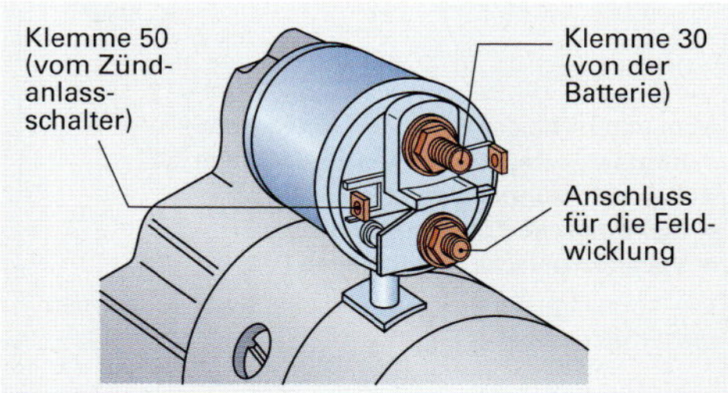

Anschlüsse am Starter

E

Aufgaben

Die Zündanlage hat die Aufgabe, das Kraftstoff-Luft-Gemisch unter allen Betriebsbedingungen zu zünden und damit die Verbrennung einzuleiten. Dazu ist es erforderlich, dass ...

- die Batteriespannung (z.B. 12 V) auf die Zündspannung (bis ca. 30 000 V) transformiert wird.
- die Zündspannung im richtigen Zeitpunkt (Zündzeitpunkt) der Zündkerze zugeführt wird.
- genügend Energie zur Verfügung steht, um in jedem Verdichtungstakt einen Zündfunken mit möglichst langer Brenndauer zu erhalten.

Aufbau von Spulenzündanlagen

Starterbatterie. Sie liefert die Energie für den Aufbau des Magnetfeldes in der Primärwicklung.

Zündimpulsgeber. Er steuert das Zündsteuergerät so an, damit dieses den Primärstrom bei Erreichen des Zündzeitpunkts ausschaltet und damit in der Zündspule einen Hochspannungsimpuls erzeugt.

Zündsteuergerät. Es hat die Aufgabe, den Primärstrom zu schalten.

Zünd- bzw. Fahrtschalter. Er versorgt das Zündsteuergerät mit Spannung.

Zündspule. Sie speichert die für den Funkenüberschlag notwendige Zündenergie und erzeugt die Zündspannung.

Hochspannungsverteilung. Sie verteilt die Zündspannung auf die Zündkerzen. Bei konventionellen Zündanlagen erfolgt die Verteilung mit Hilfe eines rotierenden mechanischen Zündverteilers (Rotierende Hochspannungsverteilung, ROV).

In vollelektronischen Zündanlagen (VZ) übernimmt das Zündsteuergerät diese Aufgabe, indem es die Zündspulen direkt ansteuert (Ruhende Hochspannungsverteilung, RUV).

Zündkerze. Zwischen den Elektroden der Zündkerze entsteht durch die Zündspannung ein Zündfunke. Dieser entzündet das Kraftstoff-Luft-Gemisch.

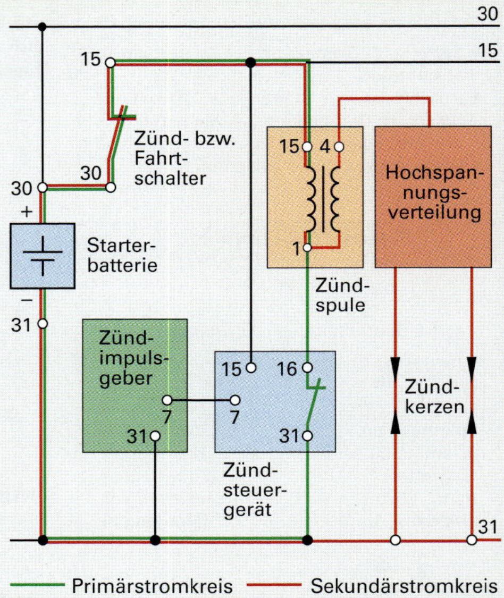

Arten von Zündanlagen

Spulenzündanlagen können unterschieden werden nach der Art ...

- des Zu- und Abschaltens des Primärstroms in der Zündspule.

- des Festlegens des Zündzeitpunkts und der damit verbundenen Zündwinkelverstellung.

- der Hochspannungsverteilung an die einzelnen Zylinder.

Man unterscheidet folgende Zündsysteme:

- **Kontaktgesteuerte Spulenzündanlagen (SZ)**
- **Transistorzündanlagen (TSZ bzw. TZ)**
- **Elektronische Zündanlagen (EZ)**
- **Vollelektronische Zündanlagen (VZ)**

Die kontaktgesteuerten Spulenzündanlagen werden nicht mehr verbaut.

Zündsysteme (Übersicht)	Auslösen und Schalten	Zündwinkelverstellung	Hochspannungsverteilung
mechanisch elektronisch			
Spulen-Zündung (SZ)	Mechanischer Schalter (Unterbrecherkontakt)	Durch Fliehkraft und Unterdruck	Rotierender Zündverteiler (ROV)
Transistor-Zündung (TSZ bzw. TZ)	Induktiv- oder Hall-Geber	Durch Fliehkraft und Unterdruck	Rotierender Zündverteiler (ROV)
Elektronische Zündung (EZ)	Induktiv- oder Hall-Geber	Durch ein im Steuergerät gespeichertes Zündkennfeld	Rotierender Zündverteiler (ROV)
Vollelektronische Zündung (VZ)	Geber für Last, Drehzahl, Bezugsmarke und OT 1. Zylinder	Durch ein im Steuergerät gespeichertes Zündkennfeld	Ruhende Hochspannungsverteilung (RUV)

Normaloszillogramme

In Zündoszillogrammen sind die Spannungsverläufe bei geschlossenem und geöffnetem Zündschalter dargestellt. Sie werden in der Werkstattpraxis benötigt, um auftretende Fehler zu diagnostizieren. Um die Oszillogramme eindeutig beurteilen und auswerten zu können, müssen die Normaloszillogramme einer einwandfrei arbeitenden Zündanlage bekannt sein. Diese besitzen alle in etwa den gleichen Aufbau, weisen aber je nach Zündanlage spezifische Unterschiede auf.

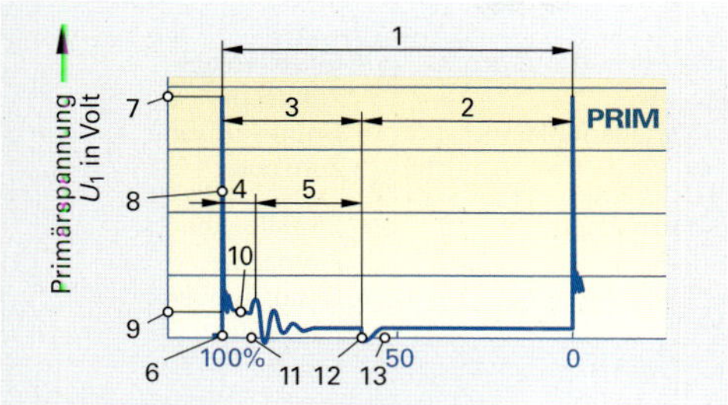

Normaloszillogramm des Primärkreises

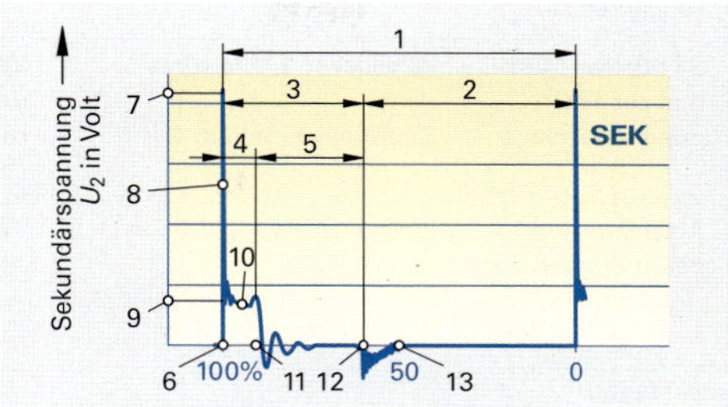

Normaloszillogramm des Sekundärkreises

Nr.	Begriffe/Kennwerte	Beschreibung
1	**Zündabstand γ**	Er ist der Drehwinkel der Kurbelwelle, der zwischen zwei Zündfunken zurückgelegt wird. Der Zündabstand setzt sich zusammen aus dem Schließwinkel und dem Öffnungswinkel. $\gamma = \frac{720\ °KW}{Zylinderzahl}$ $\gamma = \alpha + \beta$
2	**Schließwinkel α (Schließabschnitt)**	Er ist der Drehwinkel der Kurbelwelle, in dem der Primärstromkreis geschlossen ist und das Magnetfeld aufgebaut werden kann. Er wird angegeben in °KW oder in % des Zündabstandes τ, wobei der Wert von τ = 100 % entspricht. Beispiel: 4-Zylinder-Otto-4-Takt-Motor; α = 55 % Zündabstand: γ = 720 °KW / 4 = 180 °KW Schließwinkel: 100 % = 180 °KW 55 % = 180 °KW (55/100) = 99 °KW
3	**Öffnungswinkel β (Öffnungsabschnitt)**	Er ist der Drehwinkel der Kurbelwelle, in der der Primärstromkreis geöffnet ist. Er setzt sich aus der Brenndauer und dem Ausschwingvorgang zusammen.
4	**Brenndauer (Funkendauer)**	Sie gibt an, wie lange ein stehender Zündfunke an den Elektroden der Zündkerze brennt (ca. 1 ms).
5	**Ausschwingvorgang**	Die in der Anlage verbliebene Restenergie wird in Form einer gedämpften Schwingung abgebaut.
6	**Zündzeitpunkt (ZZP, $t_{Öffnen}$)**	Die Zündung wird durch die Unterbrechung des Primärstromkreises ausgelöst. Der Zündzeitpunkt wird auf OT bezogen und in °KW angegeben.
7 8	**Zündspannung** **(Zündspannungsnadel)**	Sie ist die Spannung, die notwendig ist, um einen Funkenüberschlag auszulösen. Die Zündanlage muss unter allen Umständen eine so große Spannung erzeugen, dass der Zündfunke überspringt. Hat der Funkenüberschlag stattgefunden, sinkt die Spannung auf die Brennspannung.
9 10	**Brennspannung** **(Brennspannungslinie)**	Sie zeigt den Spannungsbedarf, der nötig ist, den Zündfunken aufrecht zu erhalten. Auf Grund der ionisierten Gaswolke zwischen den Elektroden der Zündkerze ist diese Spannung kleiner als die Zündspannung.
11	**Brennende (t_{BE})**	Zu diesem Zeitpunkt ist die im Magnetfeld der Zündspule gespeicherte Energie so weit abgebaut, dass der Zündfunke abreißt. Es beginnt der Ausschwingvorgang.
12	**Schließzeitpunkt ($t_{Schließ}$)**	Der Primärstromkreis wird geschlossen. Das Magnetfeld wird aufgebaut.
13	**Ende des Magnetfeldaufbaus (t_{MA})**	Die Sekundärspannung wird auf Grund der im Primärstromkreis fehlenden Magnetfeldänderung Null. Die Primärspannung beträgt 12 V.

E

Überblick über gebräuchliche Zündanlagen

Anlage / Merkmale	Transistor-ZA TZ	Elektronische ZA (Kennfeldzündung) EZ	Vollelektronische ZA VZ
Einführung der Anlage ab ca.	1976	1987	1988
Sichtbares Merkmal zur Erkennung der Anlage	Verteiler mit Unterdruckdose, Zündgeber im Verteiler	Verteiler ohne Unterdruckdose, reine Verteilerfunktion	• Einzelfunken-Zündspule • Doppelfunken-Zünspule
Art der verwendeten Zündspulen	Zylinderzündspule	Zylinderzündspule	• Einzelfunken-Zündspule • Doppelfunken-Zünspule
Sekundär-Spannungs-schaubild	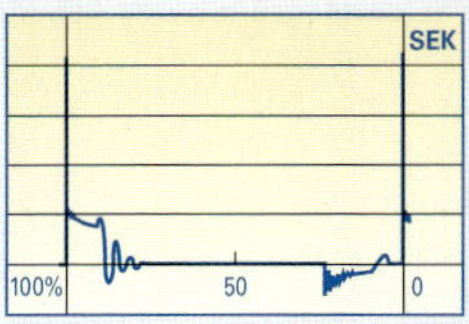	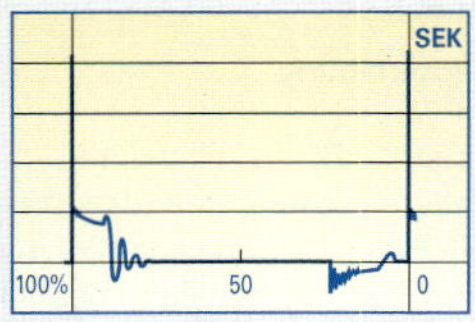	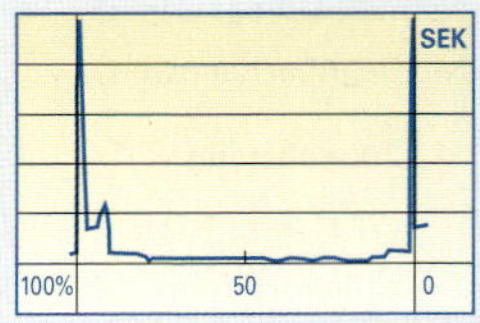
Widerstandswerte der Zündspulen (primär, sekundär)	0,5 Ω ... 2,0 Ω 8 kΩ ... 19 kΩ	0,5 Ω ... 2,0 Ω 8 kΩ ... 19 kΩ	0,3 Ω ... 3 Ω 8 kΩ ... 15 kΩ
Schaltung des Primärstromes durch	Schaltgerät/Zündungssteuergerät mit Ansteuerung durch Induktions- oder Hallgeber	Motronic-Steuergerät	Motronic-Steuergerät
Anpassung des Zündzeitpunktes durch	Fliehkraftverstellung (Drehzahl) und Unterdruckverstellung (Last)	Kennfeld in Abhängigkeit von Drehzahl und Last	Kennfeld in Abhängigkeit von Drehzahl und Last
Art der Klopfregelung	Keine	Einfache Klopfregelung	Zylinderselektive Klopfregelung
Anpassung an schlechtere Kraftstoffqualität	Umschaltung von Hand durch Codierstecker	Automatische Umschaltung auf zweites gespeichertes Kennfeld	Automatische Umschaltung auf zweites gespeichertes Kennfeld
Anpassung des Primärstromes	Primärstrombegrenzung Ruhestromabschaltung Schließwinkelsteuerung/ Schließwinkelregelung	Primärstrombegrenzung Ruhestromabschaltung Schließwinkelregelung in Abhängigkeit von Spannung und Last	Primärstrombegrenzung Ruhestromabschaltung Schließwinkelregelung in Abhängigkeit von Spannung und Last
Erkennung von Zünd- oder Verbrennungsaussetzern durch	Keine	Keine	Messung des Sekundärstromes oder Messung der Drehzahlschwankungen
Funkenverteilung	Rotierende Hochspannungsverteilung durch Verteiler und Hochspannungsleitungen	Rotierende Hochspannungsverteilung durch Verteiler und Hochspannungsleitungen	Ruhende Hochspannungsverteilung durch Verwendung von Einzel- oder Mehrfunken-Zündspulen

Elektronische Zündanlagen (Kennfeldzündung / EZ)

Aufbau

Elektronische Zündanlagen (EZ) verfügen über eine Transistorzündung in Verbindung mit der elektronischen Zündzeitpunktverstellung.

Sie besteht aus den folgenden Komponenten:

- Zündverteiler mit Verteilerläufer
- Hochspannungsleitungen
- Verbindungsstecker
- Zündsteuergerät
- Zündkerzenstecker
- Sensoren

Äußeres Zeichen zur Unterscheidung gegenüber der Transistorzündung ist die fehlende Unterdruckdose am Verteilergehäuse.

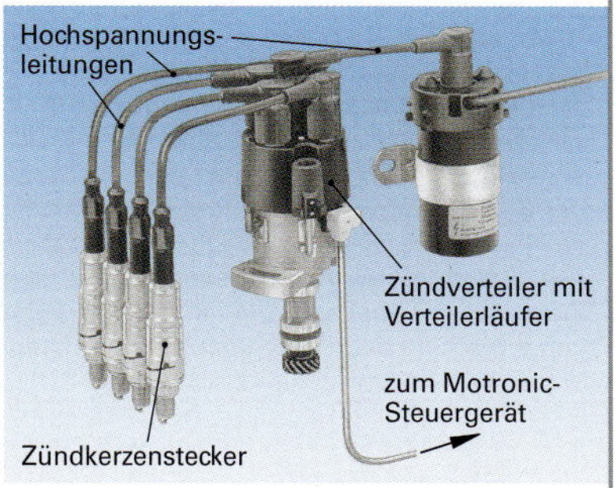

Bauteile der elektronischen Zündanlage

Wirkungsweise

Signaleingabe. Das Zündsteuergerät erhält die folgenden Eingangssignale:

- Drehzahl bzw. OT-Signal durch einen Induktivgeber an der Kurbelwelle, der die Zähne des Geberrades induktiv abtastet. Die Kurbelwellenstellung (OT) ergibt sich aus der Zahnlücke am Geberrad (Bezugsmarke).
- Die Schaltsignale für Leerlauf und Volllast werden durch ein Drosselklappenschalter erzeugt.
- Klopfsensor
- Motortemperaturfühler
- Batteriespannung
- Saugrohrdruckfühler
- Lufttemperaturfühler

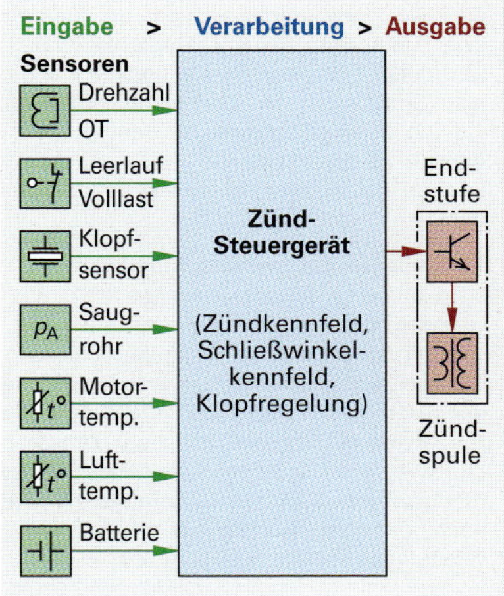

Signalverarbeitung

Signalverarbeitung. Das Zündsteuergerät verarbeitet die Sensorsignale und steuert entsprechend der abgelegten Kennfelder die Leistungsendstufe der Zündspule an.

Signalausgabe. Durch die Ansteuerung der Leistungsendstufe wird der Primärstrom geschaltet und die Hochspannung in der Zündspule erzeugt.
Die in der Zündspule erzeugte Hochspannung wird über ein Hochspannungskabel an den Verteiler weitergeleitet.

Zündkennfeld. Die Verstellung des Zündzeitpunkts erfolgt anhand eines im Steuergerät elektronisch gespeicherten Zündkennfeldes (Kennfeldzündung). Die Hauptinformationen zur Bestimmung des Zündwinkels sind Motorlast und Motordrehzahl. Der Verteiler dient nur noch der Verteilung der Zündspannung.

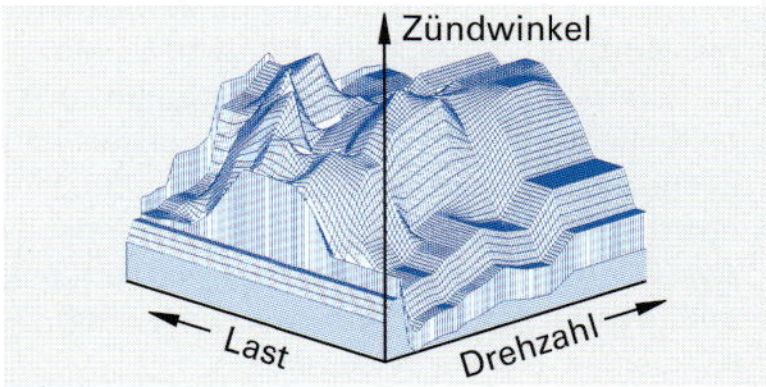

Zündkennfeld

Schließwinkelkennfeld. Es ist im Zündsteuergerät gespeichert und wird zur Bestimmung des Schließwinkels eingesetzt. Es hat die Aufgabe, das Zündspannungsangebot unhängig von der Motordrehzahl und der Batteriespannung konstant zu halten.

Klopfregelung. Sie hat die Aufgabe häufige klopfende Verbrennungen im Motor zu verhindern. Der am Motorblock befestigte Klopfsensor erzeugt bei einer auftretenden klopfenden Verbrennung ein Spannungssignal. Das Steuergerät verstellt den Zündzeitpunkt soweit nach „spät", bis keine klopfende Verbrennung mehr auftritt. Danach wird der Zündzeitpunkt schrittweise wieder in Richtung „früh" verlegt.
Bei häufig auftretendem Klopfen schaltet das Steuergerät auf ein anderes Kennfeld um.

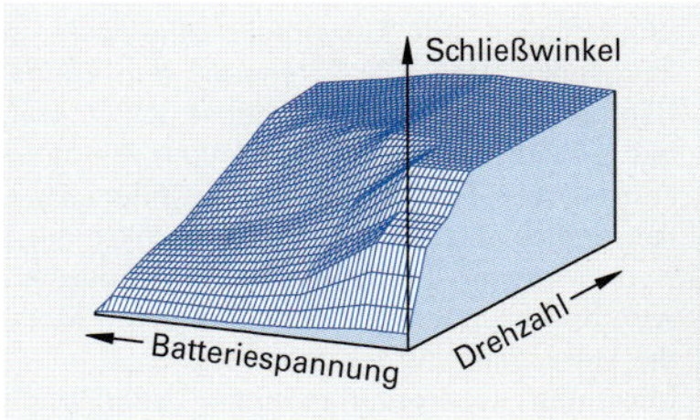

Schließwinkelkennfeld

E

Vollelektronische Zündanlagen (VZ)

Vollelektronische Zündanlagen unterscheiden sich von Elektronischen Zündanlagen dadurch, dass der mechanisch arbeitende (rotierende) Zündspannungsverteiler (ROV) durch eine ruhende (statische) Zündspannungsverteilung (RUV) ersetzt wird. Ein Drehzahl- und Bezugsmarkengeber wird als Zündimpulsgeber verwendet.

Zündanlagen mit Einzelfunkenzündspulen. Es werden soviel Zündspulen und Endstufen benötigt, wie Zylinder vorhanden sind. Diese sind direkt auf die Zündkerze aufgesetzt. Aufgrund der Signale vom Drehzahl- und Bezugsmarkengeber (Kurbelwelle) und des OT-Gebers (Nockenwelle) schaltet die Endstufe des Steuergerätes den Primärstrom zu und ab. Die in den Zündspulen eingebaute Diodenkaskade verhindert einen Funkenüberschlag beim Aufbau des Magnetfeldes.

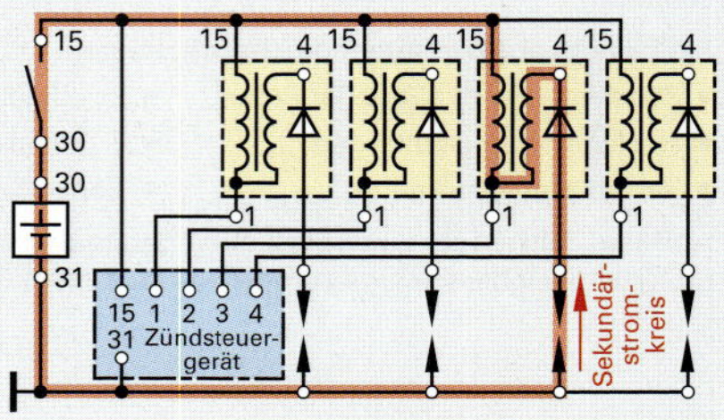

Zündanlagen mit Doppelfunkenzündspulen. Sie hat eine Sekundärwicklung mit zwei Ausgängen, an die je eine Zündkerze angeschlossen ist. Die Primär- und Sekundärwicklung sind elektrisch voneinander getrennt. Im Zündzeitpunkt entstehen zwei Zündfunken. Der eine Zündfunke zündet am Ende des Verdichtungstaktes (Hauptfunke) und der andere in den Auspufftakt (Stützfunke). Bei einem 4-Zylinder-Motor (Zündfolge 1-3-4-2) ist eine Zündspule mit dem 1. und 4. Zylinder verbunden, die andere mit dem 2. und 3. Zylinder. Diese Zündanlage kann nur bei Motoren mit gerader Zylinderzahl verwendet werden.

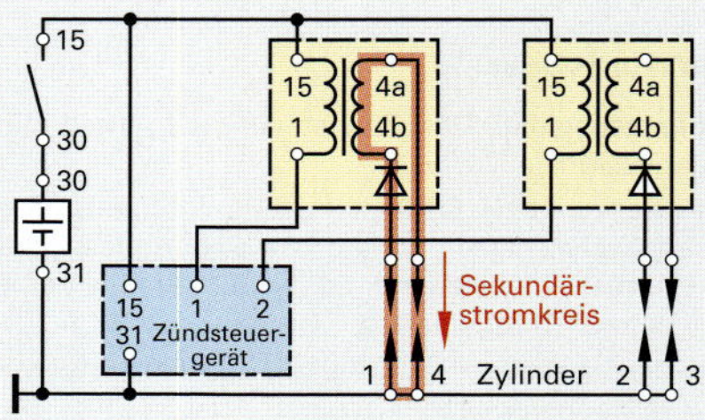

Zündanlagen mit Vierfunkenzündspulen. Die Zündspule besteht aus zwei Primärwicklungen (W1, W2), die jeweils abwechselnd von einer eigenen Endstufe (V1, V2) angesteuert werden. Sekundärseitig ist nur eine Wicklung vorhanden. Deren zwei Ausgänge weisen jeweils zwei Dioden auf, die entgegengesetzt gepolt sind. Pro Zündimpuls wird an zwei Zündkerzen jeweils ein Zündfunke erzeugt. Um die Versorgung aller Zündkerzen mit Hochspannung sicherzustellen, muss die Polarität gewechselt werden. Dieser Wechsel wird durch die Magnetfelder der beiden Primärwicklungen hervorgerufen, deren Wicklungsrichtung entgegengesetzt ist.

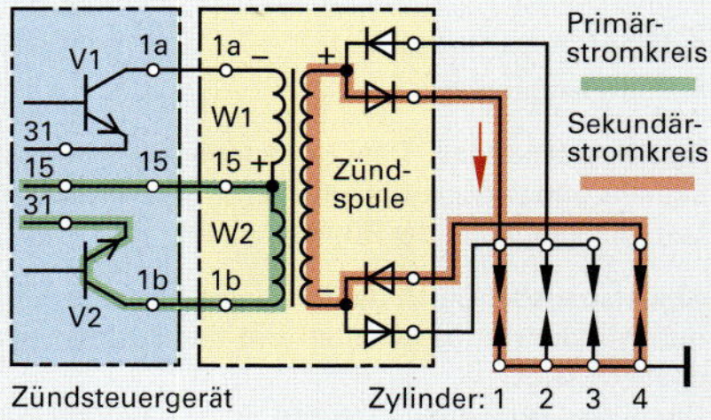

Zündanlagen mit Doppelzündung. Jeder Zylinder hat zwei Zündkerzen, die gleichzeitig oder zeitlich versetzt zünden. Damit wird die Verbrennung hinsichtlich Motorleistung, Schadstoffemissionen und Kraftstoffverbrauch optimiert. Jede Doppelfunkenzündspule versorgt immer nur eine Zündkerze pro Zylinder. Die zweite Hochspannungsleitung führt zu dem Zylinder, der sich gerade im Auslasstakt befindet. Es werden immer zwei Zündspulen gleichzeitig oder versetzt angesteuert. Der räumliche und zeitliche Versatz von Zündung und Zündkerze bewirkt eine weichere Verbrennung.

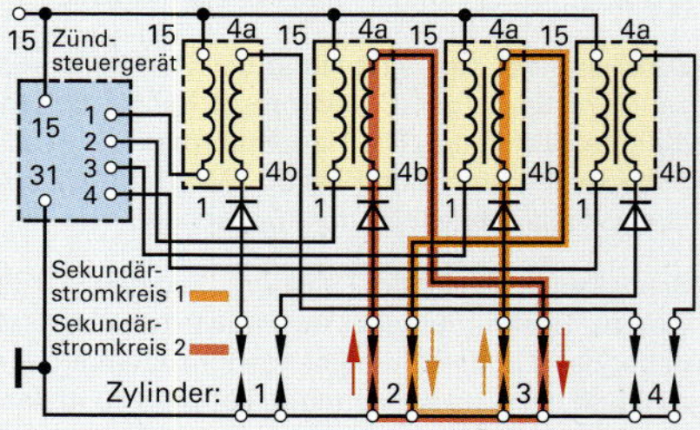

E

Zündanlagen mit Einzelfunkenzündspule und Zündaussetzungserkennung. Die Erkennung von Zündaussetzern ist im Rahmen der On-Board-Diagnose (OBD) vorgeschrieben. Sie hat die Aufgabe, bei festgestellten Zündaussetzern das Einspritzventil für den betroffenen Zylinder abzuschalten und dem Fahrer dies mitzuteilen. Eine Möglichkeit der Fehlererkennung ist die Messung der Sekundärstromstärke der Zündspule. Dazu wird im Sekundärstromkreis mit einem Messwiderstand (R_M) die Messspannung U_M gemessen.
Misst das Steuergerät an einem Zylinder keine ausreichende Spannung, wird das zugehörige Einspritzventil abgeschaltet.

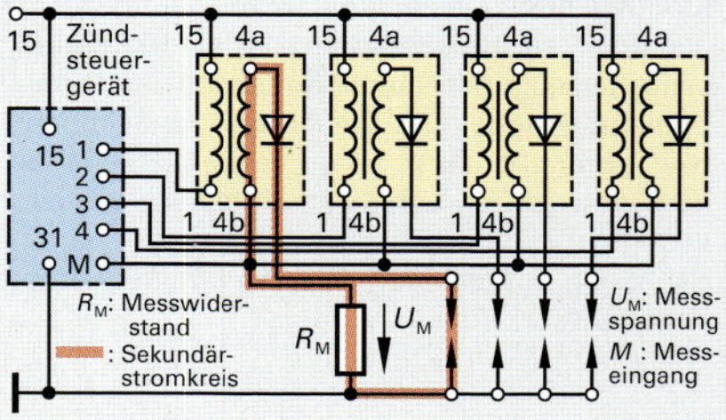

Fehlersuche an vollelektrischen Zündanlagen (VZ)

Symptome

Ein oder mehrere Fehler in Zündanlagen können die folgenden Symptome hervorrufen:

- Motor springt schlecht an und geht wieder aus
- schlechte Gasannahme
- Motoraussetzer
- Motor klingelt bzw. klopft.

Prüfung der Fehlerspeichereinträge

Das System der vollelektronischen Zündanlagen ist grundsätzlich diagnosefähig.
Folgende Fehlfunktionen werden erkannt oder können diagnostiziert werden:

- Zünd- bzw. Verbrennungsaussetzer.
- Fehlerhafte Zündansteuerung (Masseschluss, Plusschluss, Unterbrechung, Fehlfunktion).
- Defekte Zündspule (Masseschluss, Plusschluss, Fehlfunktion).

Prüfung des Zündwinkels bzw. des Zündzeitpunkts

Die Prüfung des Zündwinkels vor dem „Oberen Totpunkt (OT)“ kann durch Prüfen der Ist-Werte erfolgen. Diese lassen sich als Zündzeitpunkt im Diagnosetester darstellen.
Dabei ist Folgendes zu beachten:

- Der Zündzeitpunkt ist abhängig von Motorlast und -drehzahl, Luftmasse, Drehmomentenregelung, Klopfregelung sowie ggf. weiteren herstellerspezifischen Besonderheiten.
- Mit steigender Drehzahl und/oder Last muss sich der Zündwinkel in Richtung „früh“ ändern.
- Im Leerlauf kann der Zündwinkel sehr stark schwanken.
- Eine Einstellung des Zündwinkels ist nicht möglich.

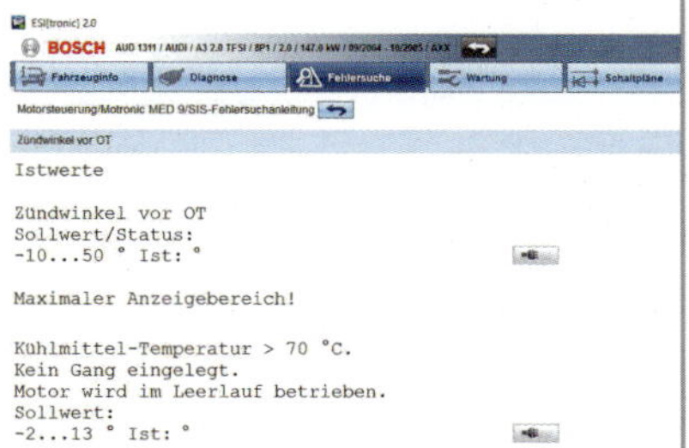

Prüfung der Komponenten

Beispiel:
Prüfung eines Einzelfunkenzündspulenmoduls (T2.1) mit integrierter Endstufe.

1. Spannungsversorgung prüfen:
   - Zündung ausgeschaltet
   - Steckanschluss Zündspule abgezogen
   - Messung kabelbaumseitig PIN 1(+) gegen Masse
   - Zündung einschalten
   - Sollwert: 11,0 ... 14,0 Volt.
2. Masseverbindung(en) prüfen:
   - Zündung ausgeschaltet
   - Steckanschluss Zündspule abgezogen
   - Messung kabelbaumseitig jeweils PIN 2 und PIN 4 gegen Batterie-Plus
   - Sollwert: 11,0 ... 14,0 Volt.
3. Ansteuerung prüfen:
   - Oszilloskop verwenden
   - Geeignete Adapterleitung (Y-Leitung) zwischen der Steckverbindung der Komponente T2.1 (Zündspulenmodul Zylinder 1) und dem Bauteil schalten.
   - Messung PIN 3 (Signal) gegen Masse
   - Motor betriebswarm und im Leerlauf
   - Sollwert: (siehe nächste Seite).

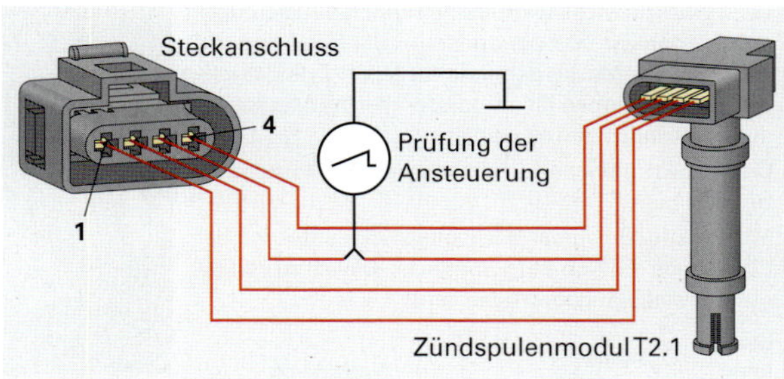

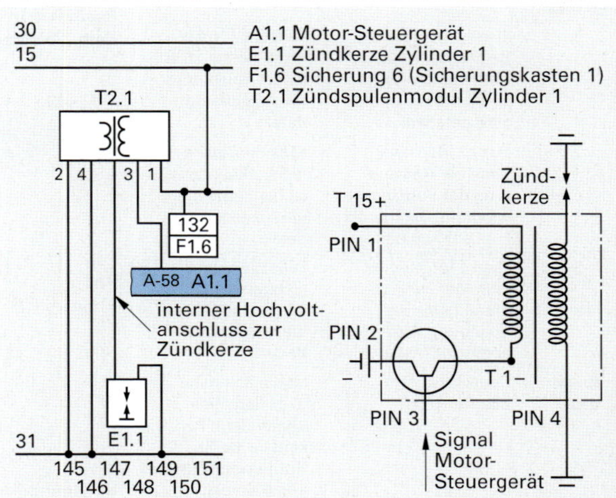

E

Prüfung der Komponenten (Fortsetzung)

Prüfung der Komponenten (Fortsetzung)

Hinweise:

- Sollwert: Das Rechtecksignal der Ansteuerung befindet sich in einem Spannungsfenster von 0…5 Volt. Die Frequenz muss mit zunehmender Motordrehzahl steigen (siehe Gutbild für niedrige und hohe Drehzahlen).
- Die Komponente T2.1 (Zündspulenmodul) auf Brandspuren prüfen.
  Brandspuren am Zündspulenmodul deuten auf eine Beschädigung hin. Der Zündfunke sucht sich dann den Weg über den Isolator des Zündspulenmoduls gegen Motormasse und verursacht Zündaussetzer.

Weitere Fehlermöglichkeiten:

- Leitungen mit Unterbrechung, Plus- oder Masseschluss.
- Steckanschlüsse ohne oder mit schlecht leitender Verbindung.
- Zündspulenmodul defekt.
- Nockenwellen-Positionssensor defekt.
- Motor-Steuergerät defekt.

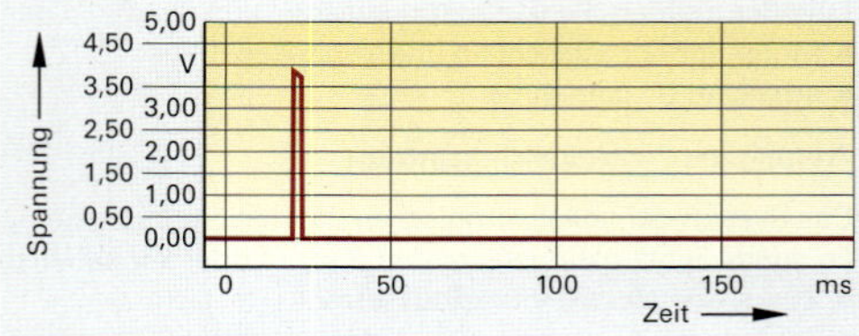

Gutbild (niedrige Drehzahl)

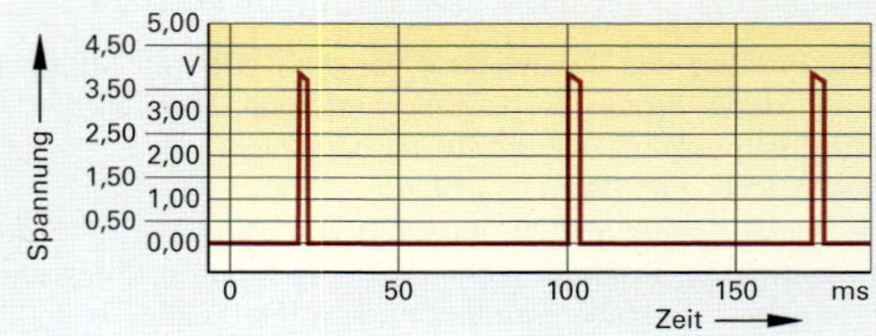

Gutbild (hohe Drehzahl)

Mit Hilfe der Messanschlüsse des Fahrzeugtesters kann der Spannungsverlauf des Sekundär-Signals aufgezeichnet werden.

Dazu wird ein Messanschluss von oben auf die Zündspule aufgelegt und der andere in die Hand genommen. Um die Messergebnisse für jeden Zylinder vergleichen zu können ist immer der gleiche Messpunkt auf den Zündspulen zu wählen.

Die vorgeschriebene Einstellung des Oszilloskops ist zu beachten.

Mit den sog. Universal-Hochvoltsensoren bzw. mit der COP-Sonde (Coil-on-Plug-Sonde) ist ähnlich zu verfahren (Herstellerangaben beachten)!

Positionierung des Universal-Hochvoltsensors auf dem Zündspulenmodul

Bezeichnung im Bild	Signalbeschreibung	Auswirkung
1	Flanke (positiv). Beginn der Ansteuerung der Primär wicklung; die Spule wird geladen.	Falls die Flanke nicht erkennbar ist, ist die Spule oder die Ansteuerung defekt.
2	Flanke (negativ). Ende der Ansteuerung der Primär wicklung, Beginn der Funkenbrenndauer.	Falls die Flanke nicht erkennbar ist, ist die Spule oder die Ansteuerung defekt.
3	Flanke (positiv). Ende der Funkenbrenndauer, die Spannung wird abgebaut.	Falls die Flanke nicht erkennbar ist, ist die Spule oder die Zündkerze defekt.
Brenndauer	Dauer des Zündfunkens.	Ist die Zeit nahe 0 ms liegt eine undefinierte Funkenstrecke vor; Spule oder Zündkerze defekt.

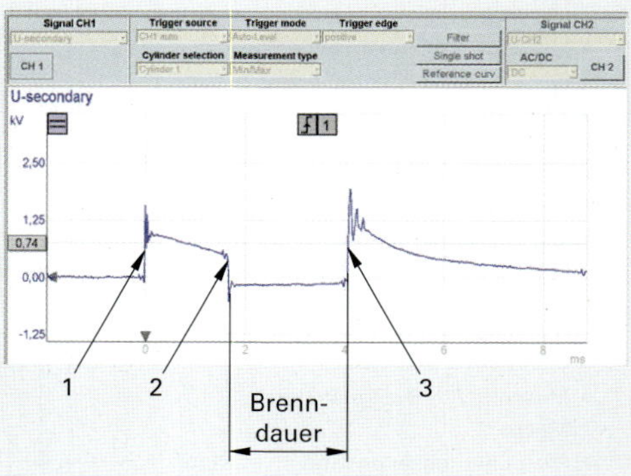

Spannungsverlauf des Sekundär-Signals

E

Aufgaben und Aufbau

Aufgaben

Die Zündkerze muss das Kraftstoff-Luft-Gemisch im Verbrennungsraum durch einen Hochspannungsimpuls entzünden. Nach Erreichen der Zündspannung findet zwischen der Masse- und Mittelelektrode ein Funkenüberschlag statt.

Aufbau

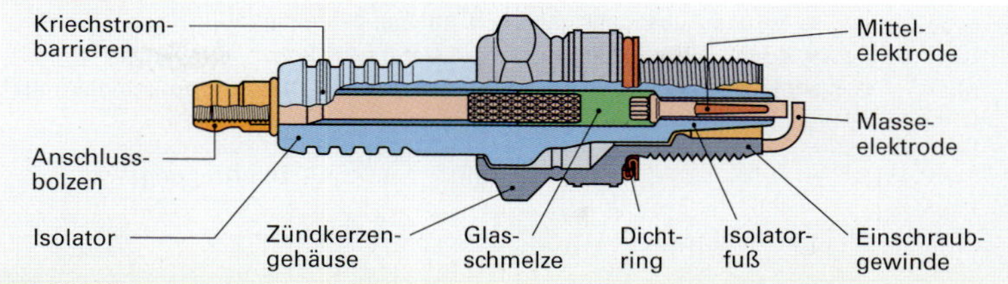

Elektrodenformen (Auswahl)

Stirnelektrode

Seitenelektrode

Ring-Seitenelektrode

Dreimasse-elektrode

Viermasse-elektrode

Kenngrößen

Wärmewert[1)]

Er bezeichnet die thermische Belastungsfähigkeit einer Zündkerze und gibt an, in welchem Umfang die von der Zündkerze aufgenommene Wärmeenergie an den Zylinderkopf abgegeben werden kann.

Wärmewert-Kennzahl1)

Sie gibt Auskunft über die thermische Eigenschaft der Zündkerze:

- Hohe Wärmewert-Kennzahl (äußeres Erkennungsmerkmal: langer Isolatorfuß): hohe Wärmeaufnahme, geringe Wärmeableitung („heiße Kerze")
- Niedrige Wärmewert-Kennzahl (äußeres Erkennungsmerkmal: kurzer Isolatorfuß): geringe Wärmeaufnahme, gute Wärmeleitung („kalte Kerze")

Beispiel für die Wärmewert-Kennzeichnung eines Herstellers[1)]:

2	3	4	5	6	7	8	9	10	11	12	13
kälter				⟵		Zündkerze		⟶			wärmer

Ist die Wärmewert-Kennziffer zu hoch, kann die Zündkerze die entstandene Wärme nicht schnell genug abführen.
Auswirkungen: Glühzündungen, d.h. Gemisch entzündet sich an einer zu heißen Kerze.
Ist die Wärmewert-Kennziffer zu niedrig, wird die zur Selbstreinigung nötige Freibrenntemperatur nicht erreicht.
Auswirkungen: Zündaussetzer, erhöhter Verbrauch und steigende HC-Emissionen.

Zündkerzen-Gesichter (Auswahl)

Normal

Isolatorfuß in grau-weißer-grau-gelber Farbe

Verrußt

Ursachen:
Gemisch zu fett, überwiegender Einsatz im Kurzstreckenverkehr

Verölt

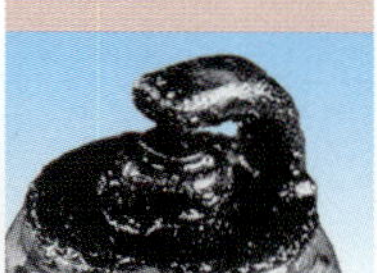

Ursachen:
Ölstand zu hoch, stark verschlissene Kolbenringe, Ventilführungen

Mittelelektrode angeschmolzen

Ursachen:
Thermische Überlastungen durch Glühzündungen

Starker Verschleiß der Masseelektrode

Ursache:
z.B. Motorklopfen

[1)] **Hinweis:** Wärmewert und Wärmewert-Kennzahl sind nicht genormt!
Ein Vergleich von Zündkerzen verschiedener Hersteller ist nur über Vergleichstabellen möglich.

E

Einteilung der Sensoren

Aufgabe

Sie sollen in elektronisch gesteuerten Systemen die Betriebszustände erfassen und sie in elektrische Signalgrößen umwandeln. Sensoren werden nach folgenden Kriterien unterschieden:

- Aufgabe, z.B. Ermittlung von Drehzahlen, Temperaturen, Drücken
- Art des Ausgangssignals, z.B. analog, binär, digital
- Kennlinienart, z.B. stetig linear, stetig nicht linear, nicht stetig
- Physikalische Wirkungsweise, z.B. induktiv, kapazitiv, optisch, thermisch
- Anzahl der Integrationsstufen.

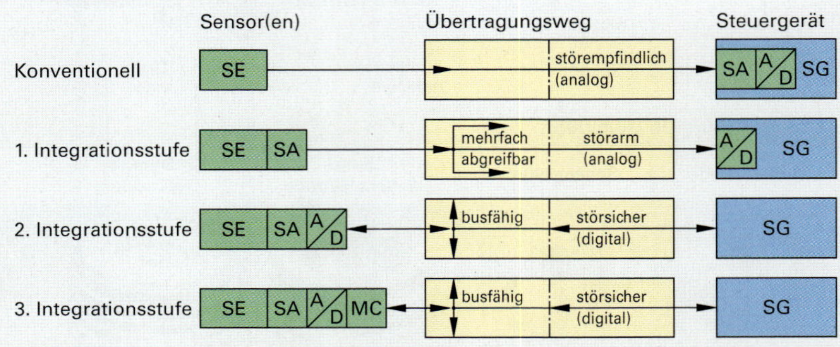

SE Sensoren, **SA** Signalaufbereitung, **A/D** Analog-Digital-Wandler, **SG** Steuergerät, **MC** Microcomputer

Anmerkung

Signale von Sensoren der 2. und 3. Integrationsstufe können mit herkömmlichen Werkstattmitteln nicht ausgewertet werden.

Sensoren

Schaltzeichen | **Funktion, Anwendung, Diagnose** | **Darstellung, Kennlinien**

Schalter (z. B. Schließer)

Funktion. Schalter können dem Steuergerät zwei Zustände mitteilen (geschlossen oder offen, bzw. ein oder aus).
Schalter werden mechanisch, pneumatisch, hydraulisch, thermisch, elektrisch (Relais) oder magnetisch (Reed-Kontakt) betätigt.

Man unterscheidet: Schließer, Öffner oder Wechselschalter. Diese werden in Schaltplänen jeweils in der Grundstellung gezeichnet, z. B. Schließer in geöffneter Stellung.

Beispiele für Anwendung: Öldruck-Schalter, Kupplungspedal-Schalter, Bremslichtschalter, Bedienschalter, Relais.

Diagnose durch Widerstands-, Strom- und Spannungsmessung: Je nach Schaltung und Messanordnung ergeben sich verschiedene Werte.

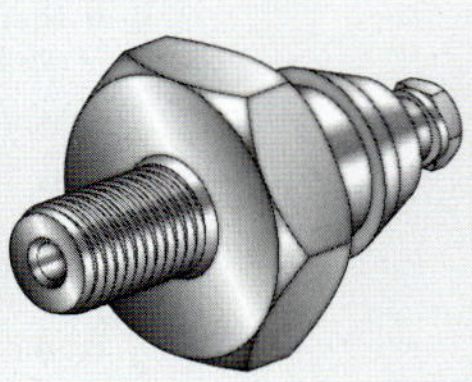

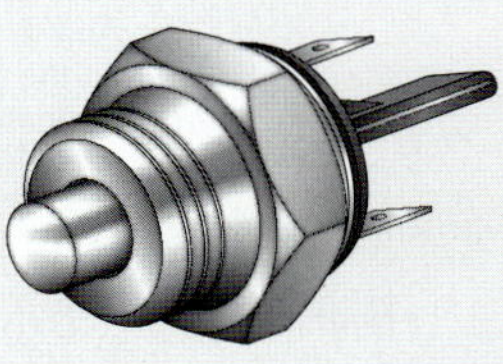

Reed-Kontakt

	Schaltung 1		Schaltung 2	
Messung von	S. offen	S. geschl.	S. offen	S. geschl.
Widerstand	gegen ∞	ca. 0 Ω	gegen ∞	ca. 0 Ω
Strom	0 A	z. B. 0,01 A	0 A	z. B. 2 A
Spannung	z. B. 5 V	0 V	0 V	z. B. 12 V

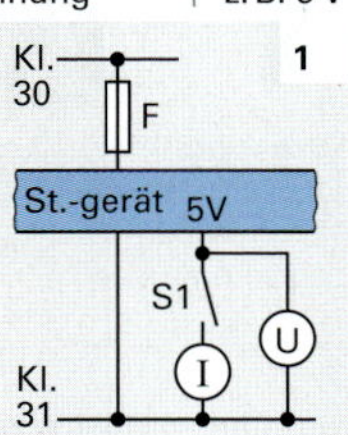

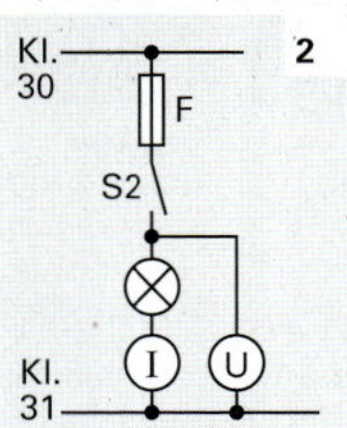

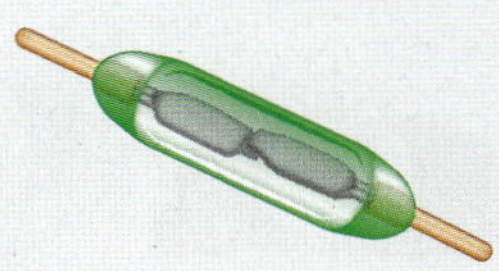

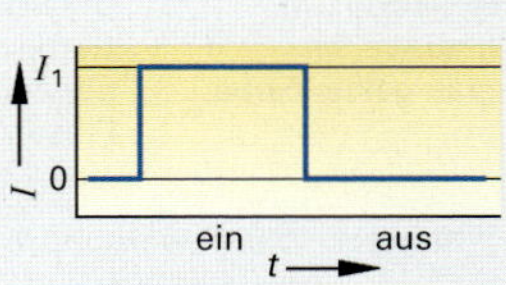

Sensoren

Schaltzeichen | **Funktion, Anwendung, Diagnose** | **Darstellung, Kennlinien**

Potentiometer

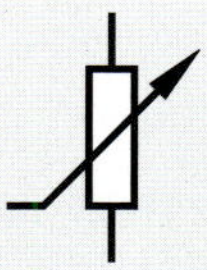

Funktion. Ein mechanischer Schleifer bewegt sich auf einer Widerstandsbahn. Je nach Stellung des Schleifers verändert sich der Widerstand und bewirkt zusammen mit einem in Reihe geschalteten Festwiderstand einen Spannungsabfall. Dieser wird vom Steuergerät ausgewertet. Bei sicherheitsrelevanten Systemen werden zwei redundante Potentiometer verwendet.

Beispiele für Anwendung: Drosselklappenpotentiometer, Fahrpedalgeber, Tankfüllstandssensor.

Diagnose durch Spannungs- und Widerstandsmessung (Rauschprüfung).

Widerstandsmessung:	**Stetige** Widerstandsänderung vom Minimalwert zum Maximalwert und umgekehrt überprüfen.
Spannungsmessung:	**Stetige** Spannungsänderung vom Minimalwert zum Maximalwert und umgekehrt überprüfen.

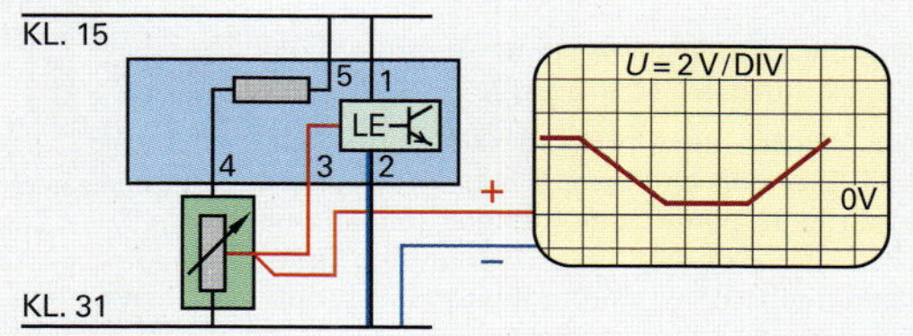

Plausibilitätsprüfung durch das Steuergerät (Beispiele). Am Fahrpedalpotentiometer 1 (FPP1) fällt bei jeder Stellung des Fahrpedals der doppelte Spannungswert im Vergleich zu Fahrpedalpotentiometer 2 (FPP2) ab.
Am Drosselklappensensor ist die Summe aus Spannungsabfall am Potentiometer 1 (DKP1) und Spannungsabfall am Potentiometer 2 (DKP2) immer gleich groß.

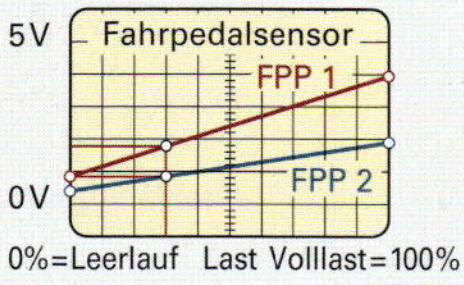

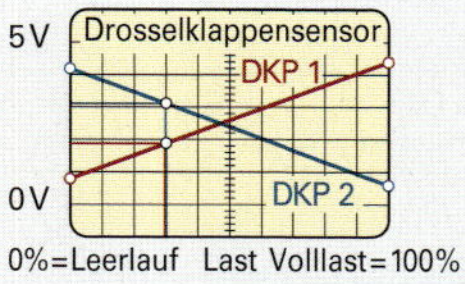

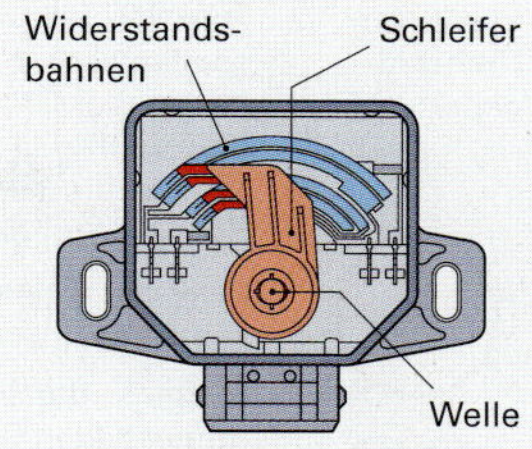

Drosselklappensensor

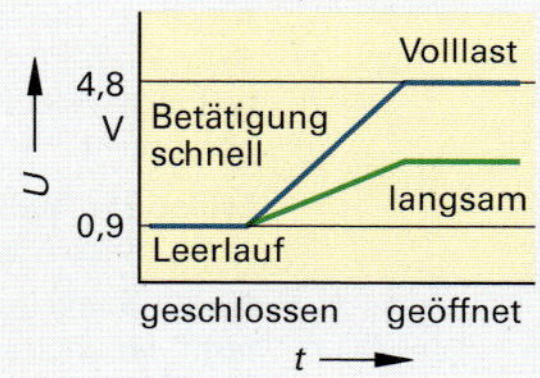

Fehlerbild: Widerstandsbahn DKP2 beschädigt

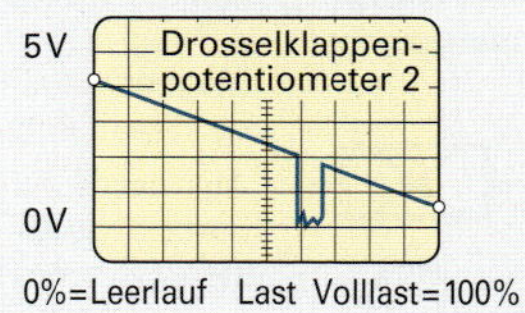

Induktiver Drehbewegungs-Sensor

Funktion. In den Erregerspulen des Stators fließt ein Wechselstrom von ca. 3 MHz ... 5 MHz. Dadurch wird ein elektromagnetisches Feld erzeugt, das auf den Rotor einwirkt. Es erzeugt im Rotor einen Wechselstrom, der seinerseits ein elektromagnetisches Feld erzeugt. Das elektromagnetische Feld des Rotors wirkt auf die Empfangsspulen im Stator und erzeugt dort je nach Rotorstellung eine Induktionsspannung. Die Auswerte-Elektronik vergleicht die Spannungen in den Erregerspulen mit denen der Empfangsspulen und ermittelt so die Stellung des Rotors.

Beispiele für Anwendung: Lenksensoren, Fahrpedalgeber, Drosselklappensensoren, Fahrzeugniveausensoren.

Diagnose. Je nach Anwendung und Hersteller kann das Ausgangssignal des Sensors ein analoges Signal (ähnlich Potentiometer), ein PWM-Signal oder ein digitales Signal sein. Mit dem Oszilloskop kann geprüft werden, ob sich bei einer Drehbewegung des Rotors das Ausgangssignal ändert. Mit dem Multimeter kann die Spannungsversorgung des Sensors geprüft werden.

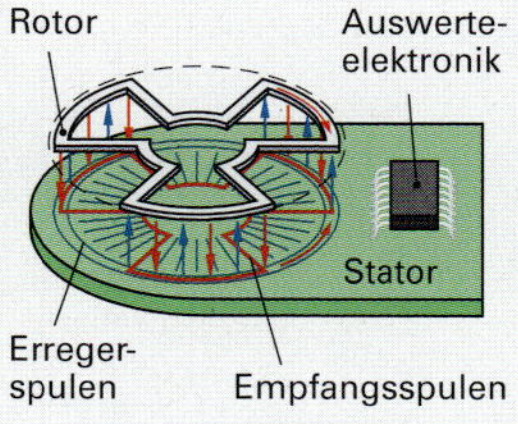

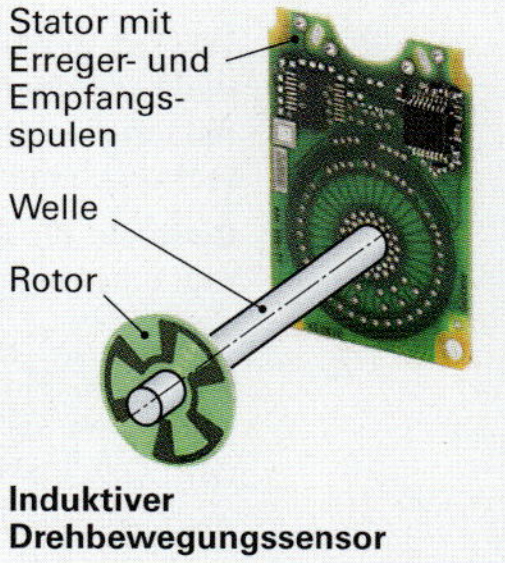

Induktiver Drehbewegungssensor

E

Sensoren

Schaltzeichen | **Funktion, Anwendung, Diagnose** | **Darstellung, Kennlinien**

Induktiver Drehzahlgeber

Funktion. Durch Drehung des Geberrades ändert sich der Luftspalt zwischen den Zähnen des Geberrades und den Wicklungen des Gebers. Dies führt zu einer magnetischen Flussänderung in der Spule, wodurch eine Wechselspannung induziert wird. Aus der Zeit für eine Schwingung (t_1, t_2) ermittelt das Steuergerät die Drehzahl.

Beispiele für Anwendung: Motordrehzahlgeber, Raddrehzahlsensor, Fahrgeschwindigkeitssensor.

Diagnose durch Spannungs- und Widerstandsmessung.
Spulenwiderstand: 0,6 kΩ ... 1,8 kΩ;
Isolationswiderstand: → ∞
Signalspannung AC: $U > 30$ mV;
Spannungsverlauf oszilloskopierbar.

Achtung! Die Signalspannung ist stark drehzahlabhängig. Sehr kleine Drehzahlen in Verbindung mit einem erhöhten Leitungswiderstand werden unter Umständen vom Steuergerät nicht mehr erkannt.

Fehlerursachen: Erhöhter Leitungswiderstand, zu großer Luftspalt, durch Rost verschmutztes Geberrad, ...

Bezugsmarkengeber. Werden am Geberrad zwei Zähne entfernt, so entsteht bei Drehung an dieser Stelle eine größere Magnetflussänderung und damit eine höhere Induktionsspannung. Diese Bezugsmarke dient bei kombinierten Drehzahl und Bezugsmarkengebern dem Motorsteuergerät zur Bestimmung von OT des ersten Zylinders.

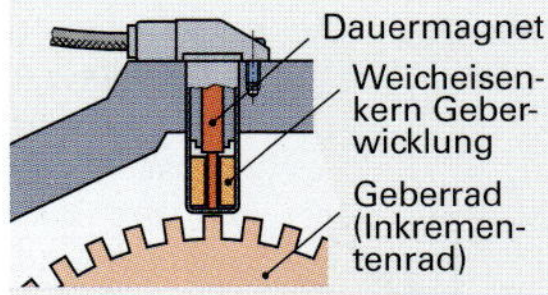

Induktiver Drehzahlgeber

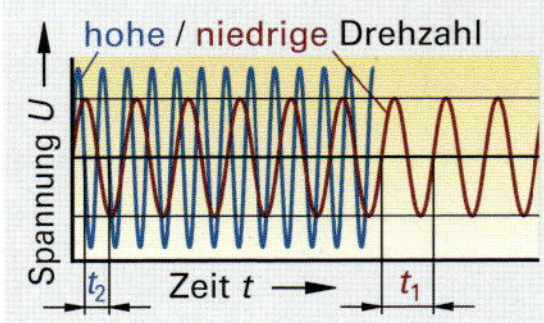

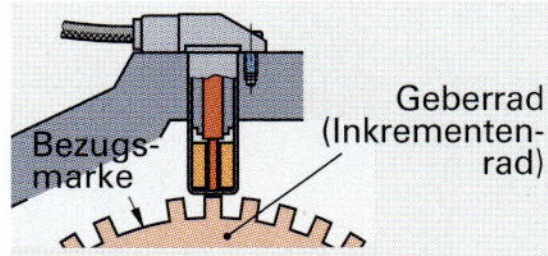

Bezugsmarkengeber

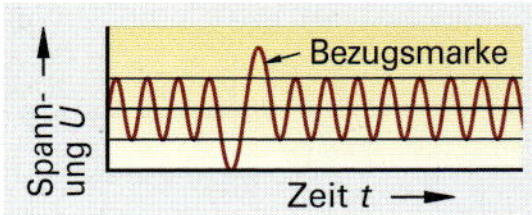

Hall-Bezugsmarkengeber

Funktion. In einem stromdurchflossenem Hall-IC erzeugt ein auf den IC wirkendes Magnetfeld eine Spannung. Sitzt der Magnet auf einer Welle, kann das Steuergerät aus der Anzahl der Spannungswechsel (EIN – AUS) die Drehzahl berechnen.

Aus der Kombination von Drehzahlgeber Kurbelwelle (KW) und Hallgeber Nockenwelle (NW) kann der Zünd-OT des ersten Zylinders festgestellt werden.

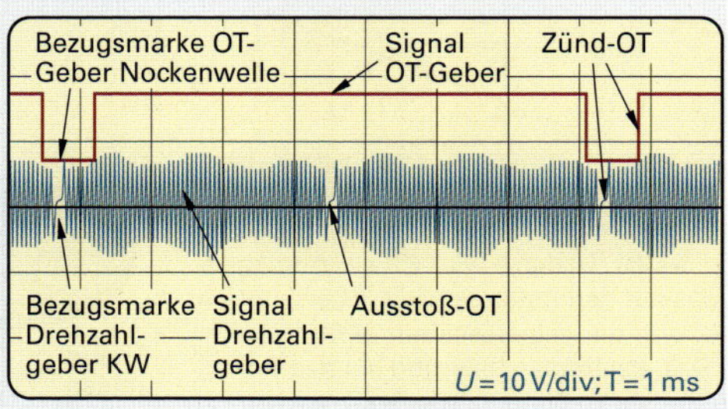

Wird an der Nockenwelle ein Schnell-Start-Geberrad verwendet, kann das Motorsteuergerät Zünd-OT von Zylinder 1 innerhalb der ersten Motorumdrehung nach Betätigung des Starters erkennen.

Beispiele für Anwendung: einfacher Drehzahlgeber, Bezugsmarkengeber zur Erkennung von Zünd-OT des ersten Zylinders.

Diagnose. Mit dem Multimeter kann die Spannungsversorgung des Sensors überprüft werden. Das Signal kann mit dem Oszilloskop dargestellt werden.

Achtung! Keine Widerstandsmessungen durchführen.

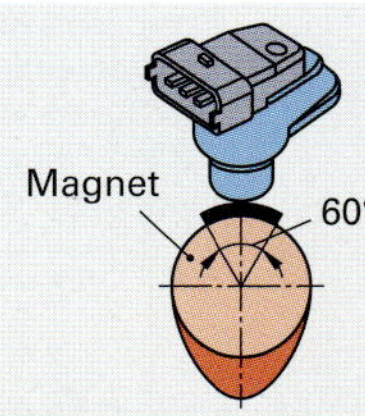

Hallbezugsmarkengeber

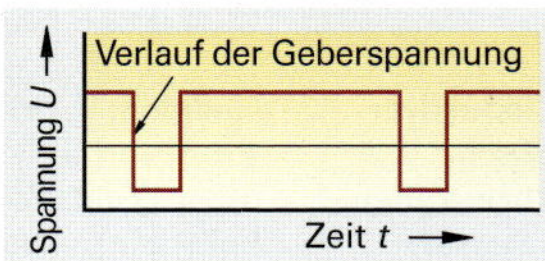

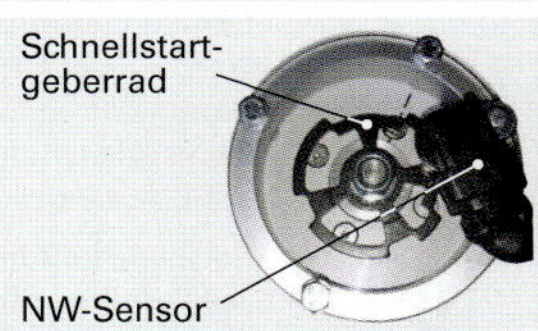

Schnellstartergeberrad

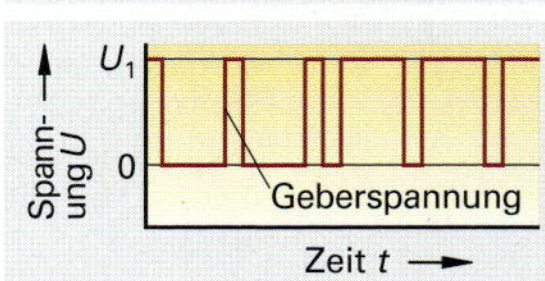

E

Sensoren

Schaltzeichen	Funktion, Anwendung, Diagnose	Darstellung, Kennlinien

Hall-Drehzahlgeber

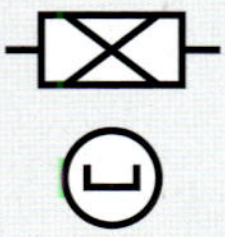

Funktion. Der Sensor besteht aus zwei Hall-Generatoren, einem Dauermagneten und der Auswerteelektronik. Der Sensor tastet ein Geberrad ab, das als Lochblende ausgeführt ist. Bei Drehung des Geberrades wirken die Magnetfelder je nach Position der Blende unterschiedlich stark auf die Hall- Generatoren. Sie erzeugen somit unterschiedliche Hall- Spannungen, die von der Elektronik ausgewertet werden. Eine vergrößerte Öffnung in der Lochblende kann als Bezugsmarke genutzt werden.

Beispiele für Anwendung: Motordrehzahlfühler, Raddrehzahlfühler.

Diagnose. Mit dem Multimeter kann die Spannungsversorgung des Sensors überprüft werden. Das Signal kann mit dem Oszilloskop dargestellt werden.

Achtung! Keine Widerstandsmessungen durchführen.

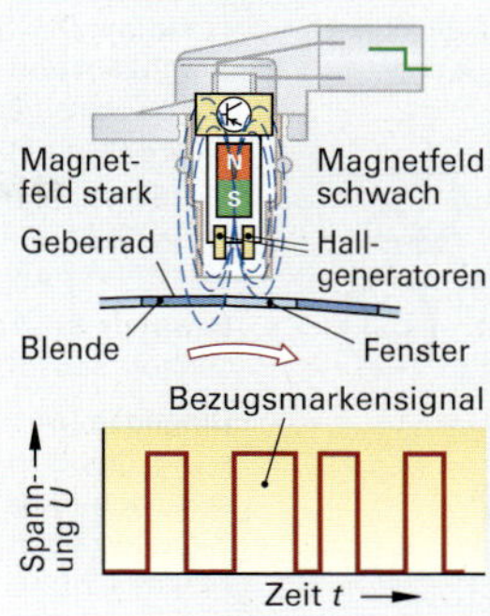

Aktiver Raddrehzahlgeber

Funktion. Der Sensor besteht aus magnetfeldabhängigen Widerständen, die durch ein Geberrad (Polrad, Stanzblech, ferromagnetisches Zahnrad) beeinflusst werden. Eine integrierte Auswerteelektronik erzeugt Signale, die dem Steuergerät Informationen über Raddrehzahl, Drehrichtung, Luftspalt oder Fehler im Geberrad liefern. Die Daten werden in Form von Stromsignalen auf der Plusleitung des Sensors übertragen.

Beispiel für Anwendung: Raddrehzahlfühler.

Diagnose. Mit dem Multimeter kann die Spannungsversorgung überprüft werden (8 V ... 13,5 V). Da die Signale stromcodiert übertragen werden, muss zur Signaldarstellung am Oszilloskop ein Messwiderstand verwendet werden.

Achtung! Keine Widerstandsmessungen durchführen.

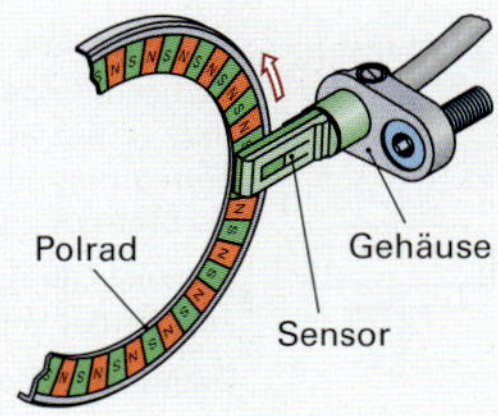

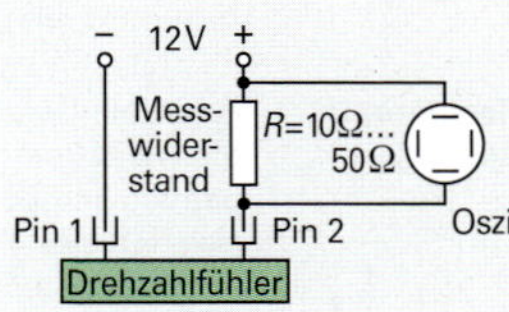

Je nach Hersteller, Auswerteelektronik und Messwiderstand ergeben sich unterschiedliche Signalbilder.

Bosch

Drehzahl
Darstellung durch Anzahl der Spannungsimpulse (Frequenz)

Zusatzinformationen:
Dauer der Spannungsimpulse

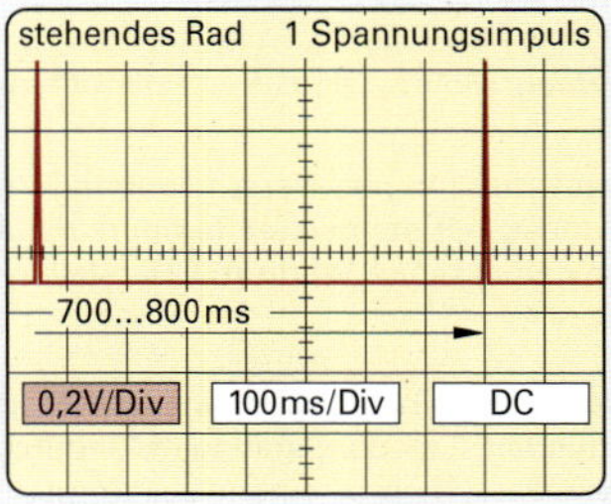

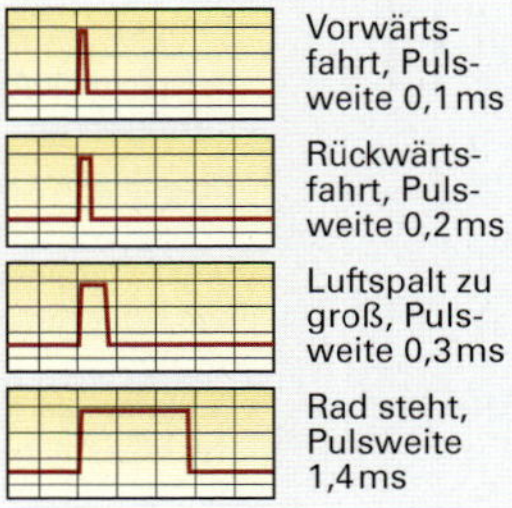

Continental

Drehzahl
Darstellung durch Anzahl der Spannungsimpulse (Frequenz)

Zusatzinformationen:
Datenprotokoll

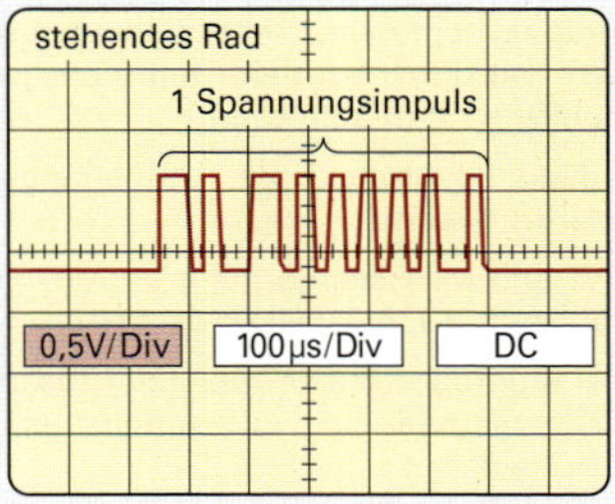

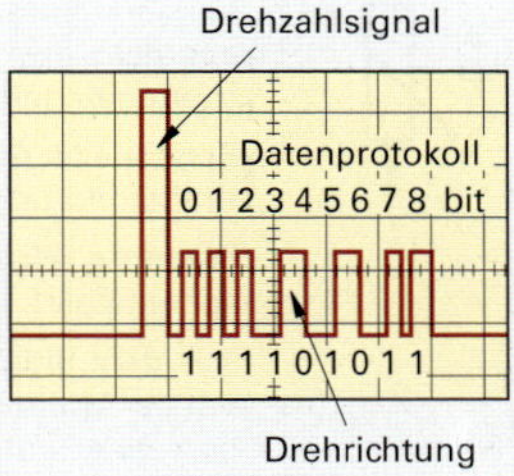

E

Sensoren

Schaltzeichen | **Funktion, Anwendung, Diagnose** | **Darstellung, Kennlinien**

Hall-Winkel-Sensor

Funktion. Der Sensor besteht aus einem Hall-Element, einem Magneten und einer Auswerteelektronik. Der Magnet ist drehbar so auf einer Welle gelagert, dass seine Feldlinien das Hall-Element je nach Drehwinkel mehr oder weniger stark durchdringen. Damit wird im Hall-Element eine vom Drehwinkel abhängige Spannung erzeugt. Diese wird von der Auswerteelektronik aufbereitet.

Beispiele für Anwendung: Fahrpedalsensor, Fahrzeugniveausensor, Sensor für dynamische Leuchtweitenregulierung.

Diagnose. Mit dem Multimeter kann die Spannungsversorgung des Sensors überprüft werden. Analoge Signale entsprechen ungefähr denen von Potentiometern. Bei digitalen Signalen kann mit dem Oszilloskop festgestellt werden, ob sich das Signal ändert, wenn z. B. das Fahrpedal bewegt wird.

Achtung! Keine Widerstandsmessungen durchführen.

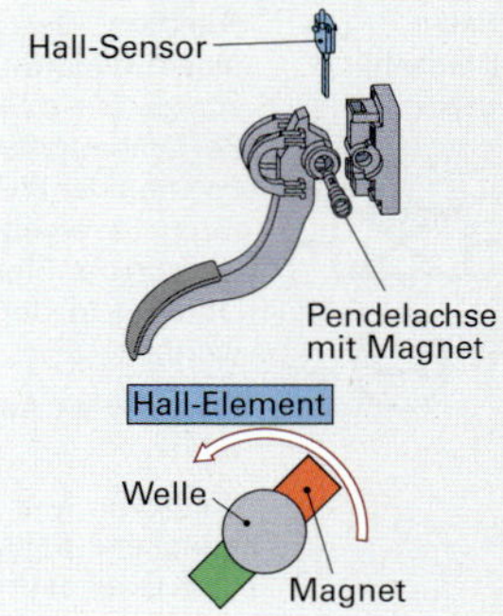

Klopfsensor

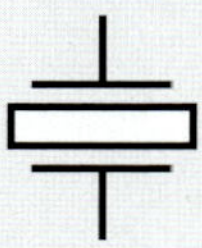

Funktion. Die Piezokeramik des Sensors setzt die durch den Verbrennungsdruck entstehenden Schwingungen des Zylinders in ein Spannungssignal um. Das Steuergerät kann aus dem aufbereiteten Signal eine normale von einer klopfenden Verbrennung unterscheiden.

Beispiele für Anwendung: Klopfsensor zur Spätverstellung bei klopfender Verbrennung von Ottomotoren.

Diagnose. Messung des Innenwiderstandes: gegen ∞, Signalspannung oszilloskopieren.

Achtung! Wird die Befestigungsschraube mit einem falschen Drehmoment angezogen, führt dies zu falschen Signalen.

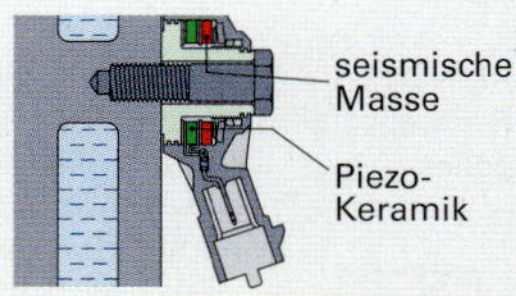

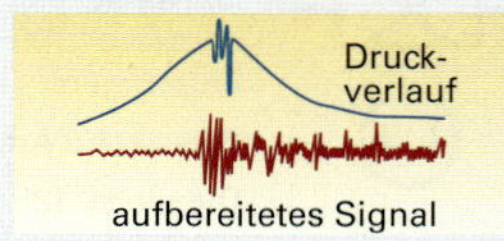

Temperatursensor

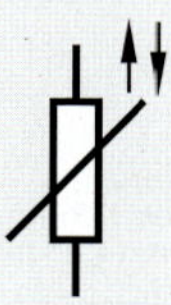

Funktion. Das Gehäuse enthält einen temperaturabhängigen Messwiderstand aus Halbleitermaterial. Dieser hat einen negativen Temperaturkoeffizienten. Sein Widerstand verringert sich mit der Temperatur. Der Messwiderstand ist Teil einer Spannungsteilerschaltung, die mit z. B. 5 V versorgt wird. Die am Messwiderstand abfallende Spannung wird mit der im Steuergerät gespeicherten Kennlinie verglichen und somit die Temperatur bestimmt.

Beispiele für Anwendung: Motor-, Öl-, Luft-, Kraftstofftemperaturmessung.

Diagnose. Widerstandsmessung bei verschiedenen Temperaturen (Widerstand muss mit steigender Temperatur abnehmen), Vergleich der gemessenen Werte mit Herstellervorgaben oder Kennlinie.

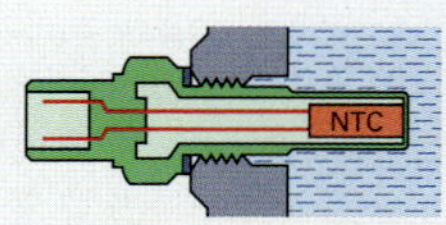

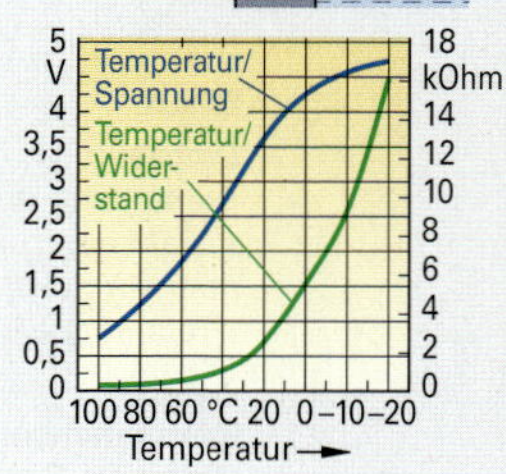

Drucksensor

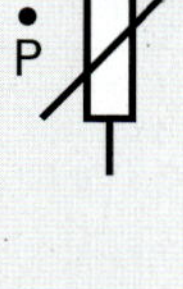

Funktion. Je nach Höhe des Messdruckes wird die Membran der Messzelle verschieden stark durchgebogen. Dadurch werden die Piezo-Messwiderstände in einem bestimmten Maß gedehnt bzw. gestaucht. Die integrierte Auswertungs- und Verstärkungsschaltung erzeugt daraus ein Spannungssignal, aus dem das Steuergerät durch Vergleich mit einer gespeicherten Kennlinie den Druck ermitteln kann.

Beispiele für Anwendung: Saugrohr-, Lade-, Umgebungs-, Öl-, Kraftstoffdruck-Niederdrucksensor.

Diagnose. Plus- (5 V) und Masseversorgung prüfen. Signalspannung im Leerlauf ca. 1,8 V, bei Volllast ca. 4,5 V.

Aus dem Signal des Saugrohrdrucksensors kann zusammen mit der Motordrehzahl ersatzweise die angesaugte Luftmasse berechnet werden (Notlauf).

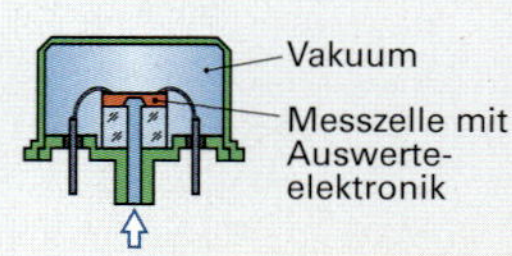

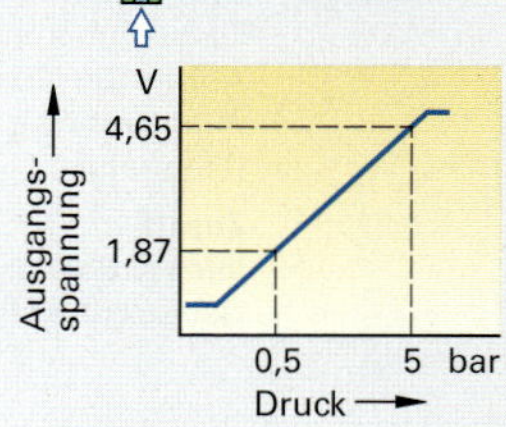

E

Sensoren

Schaltzeichen	Funktion, Anwendung, Diagnose	Darstellung, Kennlinien

Luftmassenmesser

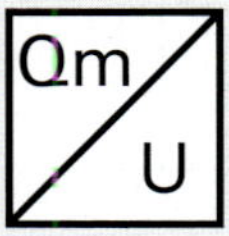

Funktion. Im Heißfilmluftmassenmesser wird ein beheizter Widerstand auf einer konstanten Temperatur gehalten. Vorbeiströmende Luft kühlt den Widerstand ab. Um die Temperatur konstant zu halten, muss die Regelelektronik den Heizstrom erhöhen. Aus der dazu nötigen Spannungserhöhung wird die angesaugte Luftmasse berechnet. Aus der Temperaturverteilung am Heizwiderstand können Luft-Rückströmungen und Luft-Pulsationen erkannt werden.

Beispiele für Anwendung: Luftmassenmesser für elektronische Benzin- und Dieseleinspritzung.

Diagnose. Prüfung der Plus- (11,5 V ... 13,5 V) und Masseversorgung.

Luftmassenmesser mit analogem Ausgang. Signalspannung bei stehendem Motor ca. 0,3 V ... 1,0 V, im Leerlauf ca. 0,8 V ... 1,5 V. Bei einem Gasstoß (Volllast) steigt der Spannungswert kurzzeitig auf ca. 4,5 V an.

Häufig befindet sich ein zusätzlicher Lufttemperaturfühler im Gehäuse des Luftmassenmessers. Dessen Signal wird analog auf einer eigenen Leitung an das Steuergerät übertragen.

Luftmassenmesser mit digitalem Ausgang. Das Signal wird in Form eines Rechteck-Signals an das Steuergerät übertragen. (Je nach Hersteller bei stehendem Motor 1,8 kHz ... 5 kHz). Mit zunehmendem Luftdurchsatz wird die Frequenz des Rechteck-Signals erhöht. Durch Puls-Weiten-Modulation des Rechtecksignals (Tastverhältnis) kann die Ansauglufttemperatur übertragen werden.

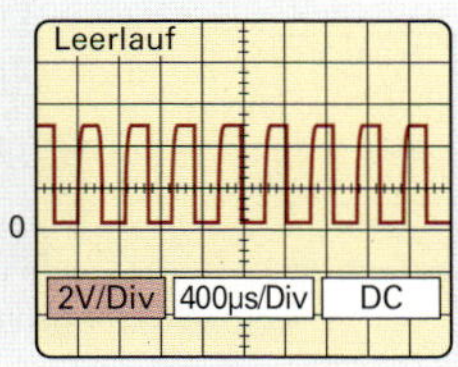

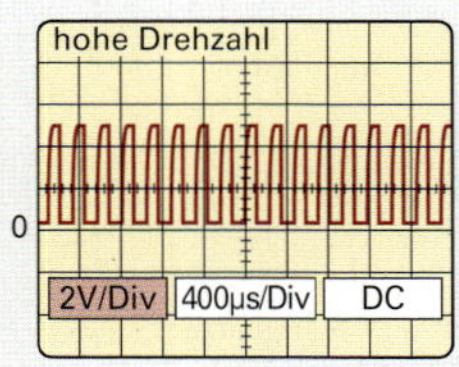

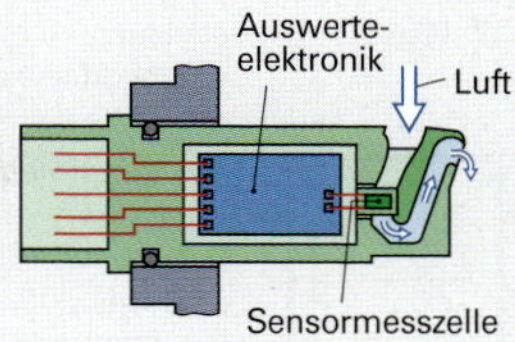

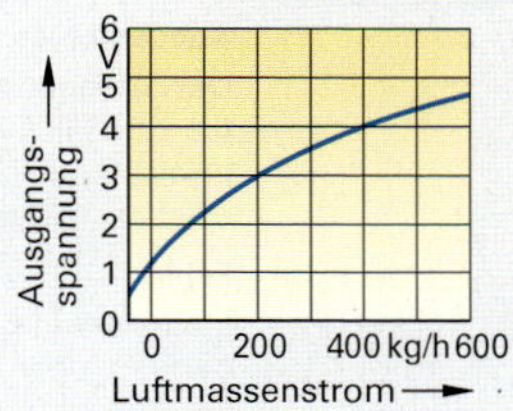

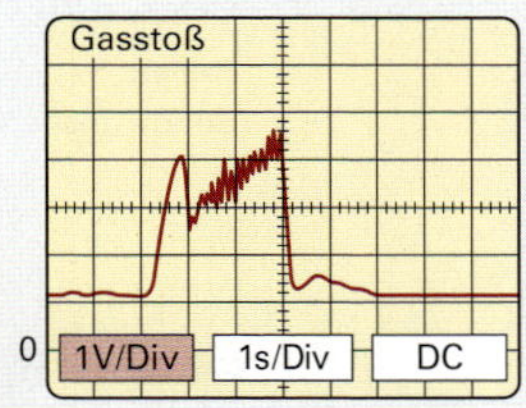

Lambdasonde

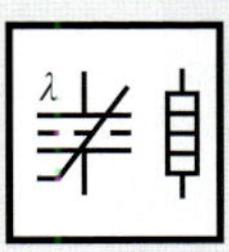

Funktion. Die Spannungssprung-Sonde (Zirkondioxid-Sonde) erzeugt ein Spannungssignal, aus dem das Steuergerät die Gemischzusammensetzung erkennt. Nach dem Erreichen der Betriebstemperatur von ca. 300 °C entsteht bei fettem Gemisch (kein Restsauerstoff im Abgas) eine Spannung von ca. 0,8 V ... 0,9 V. Ist das Gemisch mager (Restsauerstoff im Abgas), wird eine Spannung von 0,1 V ... 0,2 V erzeugt. Um möglichst schnell die Betriebstemperatur zu erreichen, wird die Sonde beheizt.

Beispiele für Anwendung: Überprüfung und Regelung der Gemischzusammensetzung bei Benzin- und Diesel-Einspritzanlagen, Überwachung der Katalysatorfunktion (Monitorsonde).

Diagnose Heizelement. Beim ihm handelt es sich um einen PTC, der über zwei weiße Leitungen mit Strom versorgt wird. Mit einem Ohmmeter ist der Widerstand zu prüfen. Widerstand ca. 15 Ω (kalt) ... 20 Ω (warm). Beträgt der Widerstand im kalten Zustand mehr als 30 Ω, ist die Sonde zu ersetzen.

Die Spannungsversorgung beträgt 12 V.

Bei neueren Lambdasonden wird das Heizelement pulsweiten-moduliert angesteuert. Die Ansteuerung der Heizung ist dann mit einem Oszilloskop zu prüfen.

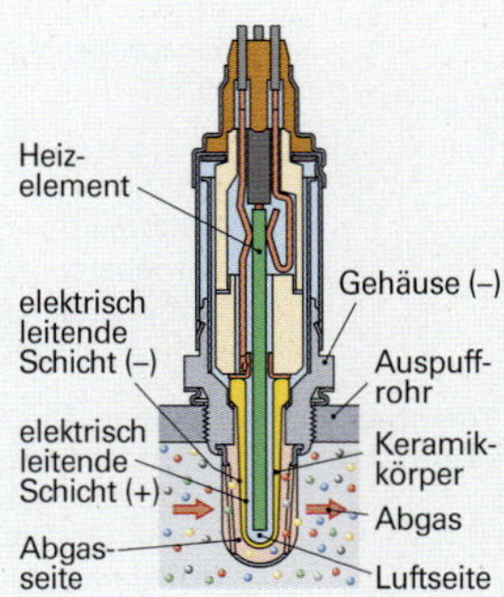

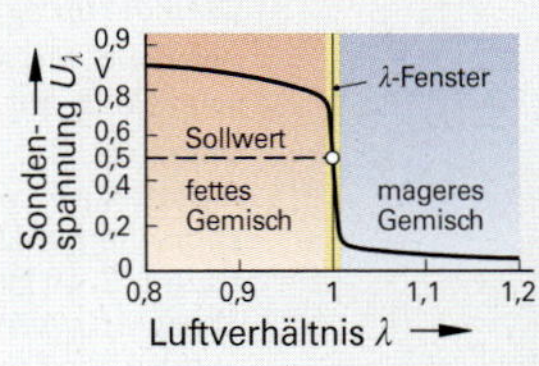

E

Sensoren

Schaltzeichen	Funktion, Anwendung, Diagnose	Darstellung, Kennlinien

Lamdasonde (Fortsetzung)

Diagnose Lambdasonde. Das Sondensignal wird auf einer schwarzen Leitung an das Steuergerät übertragen. Die Masseversorgung kann über das Sondengehäuse und den Auspuff oder über eine graue Leitung erfolgen.

Bei einer kalten Lambdasonde muss ein konstanter Spannungswert von 0,45 V (Referenzwert) messbar sein. Wird die Betriebstemperatur erreicht, muss die Sonde eine Spannung erzeugen, die zwischen ca. 0,1 V und 0,9 V pendelt.
Die Frequenz sollte dabei ca. 0,5 Hz betragen.

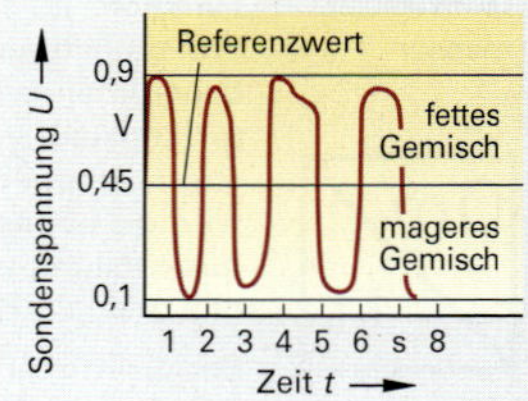

Sondenfehler.

Der Spannungspegel von 0,1 V ... 0,9 V wird nicht erreicht, die Frequenz beträgt ca. 0,5 Hz.

Fehler:

Leitungswiderstand vorhanden, oder Temperatur der Sonde zu gering.

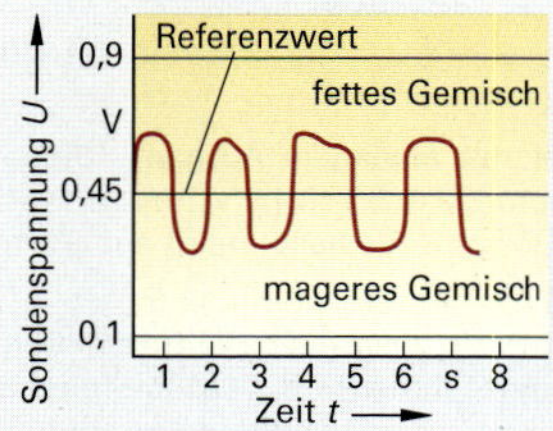

Leitungswiderstand

Der Spannungspegel von 0,1 V ... 0,9 V wird nicht erreicht, die Frequenz ist kleiner 0,5 Hz.

Fehler:

Sonde gealtert, defekt.

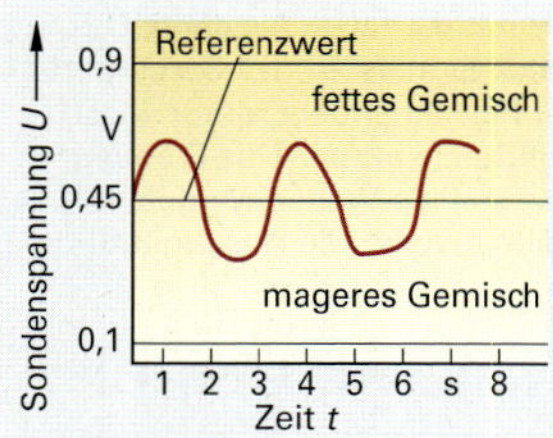

Sensor gealtert

Der Spannungspegel liegt immer über 0,45 V (unter 0,45 V).

Fehler:

Das Gemisch ist andauernd zu fett (zu mager). Einspritzanlage regelt nicht.

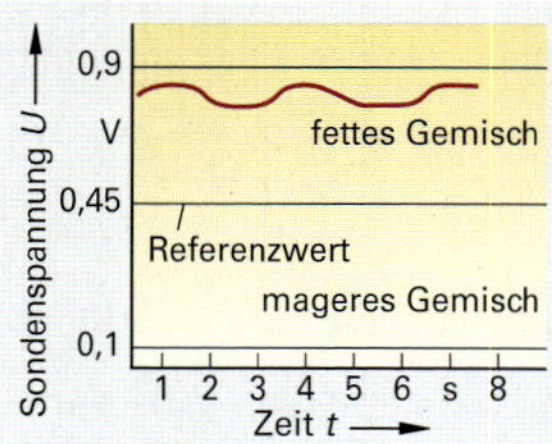

Gemisch zu fett

Wird die Sonde als Monitorsonde verwendet, muss sie bei Betriebstemperatur konstant ca. 0,45 V erzeugen. Andernfalls ist bei intakter Sonde die Speicherfunktion des Katalysators nicht mehr gegeben. Der Katalysator ist defekt.

Breitband-Lamdasonde

Funktion. Die Sonde mit ihrer integrierten Auswerteschaltung ist in der Lage, Luftverhältnisse von $0{,}7 < \lambda < 2{,}5$ zu erfassen. Das Steuergerät wertet einen vom Sensor erzeugten Pumpstrom aus. Dieser fließt proportional zur vorhandenen Sauerstoffkonzentration. Der Pumpstrom ist mit Multimeter oder Oszilloskop nicht messbar.

Beispiele für Anwendung: Einspritzanlagen, die nicht ausschließlich mit $\lambda = 1$ betrieben werden.

Diagnose. Zur Diagnose der Breitband-Lambdasonde ist ein Motortester nötig. Durch Auslesen verschiedener Ist-Werte, kann die Funktionsfähigkeit der Sonde beurteilt werden. So kann z. B. an Hand des Lambda-Wertes und des Pumpstromes überprüft werden, ob die Sonde reagiert, wenn Falschluft zugeführt wird.

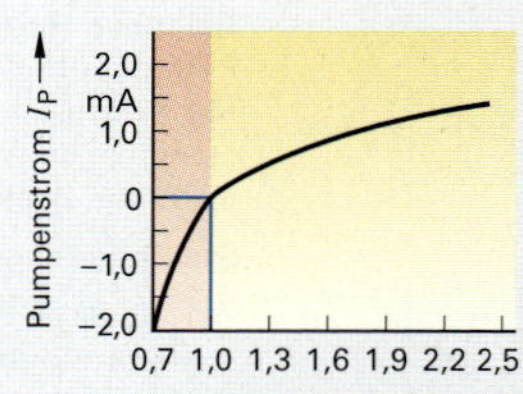

E

Sensoren

NO_x-Sensoren

Sie werden benötigt, um die Reduktion des im Abgas vorhandenen NO_x im Abgasnachbehandlungssystem zu überwachen. Der Sensor ist unmittelbar hinter dem NO_x-Speicherkatalysator verbaut und besitzt ein eigenes Steuergerät, das über CAN mit dem Motorsteuergerät kommuniziert. Das NO_x-Steuergerät wertet einen vom Sensor erzeugten Pumpstrom aus, der proportional zur vorhandenen Konzentration von NO_x erzeugt wird.

Beispiele für Anwendung: Überwachung der NOx-Konzentrationen im Abgas von Diesel- oder Otto-Direkteinspritzsystemen die mit $\lambda > 1$ arbeiten.

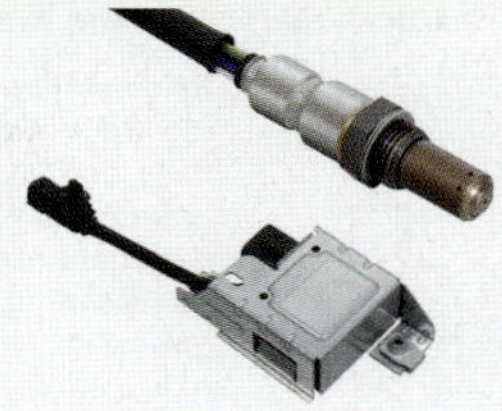

Gassensoren

Mit ihrer Hilfe sollen HC-, CO-Konzentrationen und die Luftfeuchte überwacht werden. Sie bestehen aus Dickschichtwiderständen, die Zinnoxid enthalten. Lagern sich die zu messenden Stoffe reversibel an, ändern sich die Widerstände.

Beispiele für Anwendung: Luftgütesensoren für Fahrzeugbelüftung, Feuchtigkeitssensoren für Klimaanlagen.

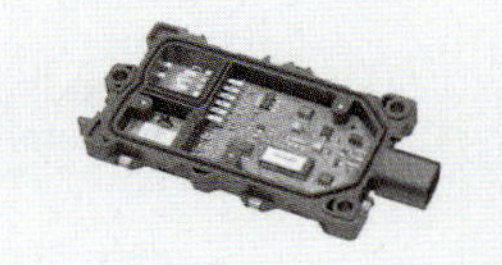

Öl-Sensor

Der Sensor ist in der Lage, sowohl Qualität (Alterung) und Temperatur als auch die Menge des vorhandenen Motoröles zu erfassen. Die übliche Temperaturmessung erfolgt durch NTCs. Zusätzlich werden die elektrischen Eigenschaften des Motoröles ausgewertet.

Beispiele für Anwendung: Fahrzeugüberwachungssysteme, Einsatz flexibler Inspektions-Intervalle.

Drehratensensoren

Sie arbeiten entweder piezo-elektrisch oder kapazitiv und dienen dazu, die Drehbewegung eines Fahrzeugs um seine Hochachse zu bestimmen. Die Sensoren sind in der Lage, die bei Kurvenfahrt oder beim Schleudern auftretenden Giermomente zu erfassen.

Beispiele für Anwendung: Giersensoren für ESP, Navigationssysteme.

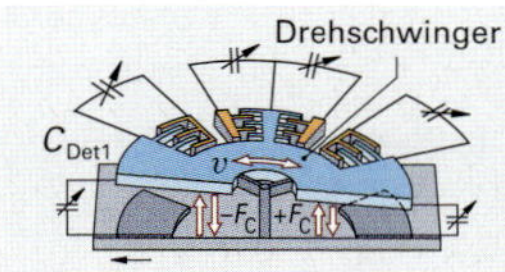

Beschleunigungssensoren

Sie sollen die Beschleunigungen beim Aufprall eines Fahrzeugs erfassen. Dazu wird eine seismische (frei schwingende) Masse beim Aufprall verschoben, was eine kapazitive Änderung bewirkt. Diese wird von der Auswerteelektronik verstärkt, gefiltert und für die Verarbeitung im Steuergerät digitalisiert. Andere Bauarten nutzen einen einseitig eingespannten piezo-elektrischen seismischen Körper.

Beispiele für Anwendung: Auslösung von Airbag(s), Gurtstraffer, Überrollbügel.

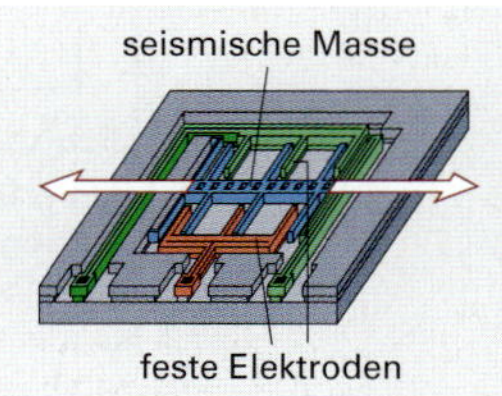

Kraftsensoren

Druckabhängige Widerstandselemente werden zu einer Sensormatte verbunden. Aus der Druckverteilung auf die Matte kann das Steuergerät z.B. Gewicht, Position und Bewegung des Insassen berechnen und die Rückhaltesysteme im Fahrzeug im Crashfall gezielt auslösen. Eine automatische Kindersitzerkennung ist integriert.

Beispiele für Anwendung: Intelligente Insassenklassifizierung, Kindersitzerkennung.

Optische Sensoren

Sie bestehen aus Leuchtdioden, die Licht aussenden und Fotodioden, die Licht empfangen. Auf Grund veränderter Reflexion erkennt das Steuergerät durch verringerten Lichtempfang der Fotodioden eine Verschmutzung der Scheinwerfer, Glasbruch oder Regentropfen an der Windschutzscheibe.

Beispiele für Anwendung: Regensensor, Schmutzsensor.

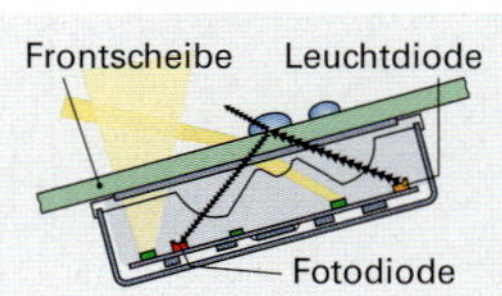

Ultraschallsensoren

Mit ihrer Hife sollen Abstände zu Hindernissen und Räume überwacht werden. Ein Sensor besteht aus einer Auswerteelektronik und einer Sende-Empfangs-Einheit, die Ultraschallwellen aussendet und wieder empfängt. Durch Verwendung von z.B. 4 ... 6 Sensoren im Stoßfänger eines Pkws kann der Raum vor bzw. hinter dem Fahrzeug im Abstand von ca. 0,25 m ... 1,5 m überwacht werden.

Beispiele für Anwendung: Sensoren für Einparkhilfe, Innenraumüberwachung.

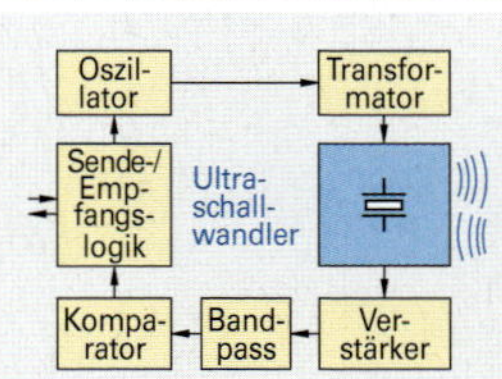

E

Aktoren

Schaltzeichen	Funktion, Anwendung, Diagnose	Darstellung, Kennlinien

Magnetventil

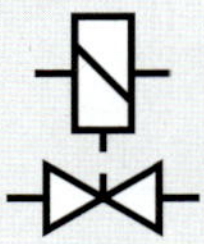

Beispiel: Funktion eines Einspritzventils. Fließt Strom durch die Magnetwicklung, entsteht ein Magnetfeld. Dieses bewirkt, dass der Magnetanker entgegen der Kraft der Schließfeder angezogen wird. Dadurch kann der Kraftstoffdruck die Düsennadel anheben. Kraftstoff wird eingespritzt. Wird der Strom abgeschaltet, drückt die Federkraft die Düsennadel wieder auf ihren Sitz. Der Einspritzvorgang ist beendet.

Beispiele für Anwendung: Einspritzventile für Saugrohreinspritzung, Schaltventile für Automatikgetriebe, Regenerierventil.

Diagnose. Spannungsversorgung Plus (11,5 V ... 13,5 V) und Minus überprüfen, Stellglieddiagnose mit Systemtester, Spannungsverlauf oszilloskopieren.

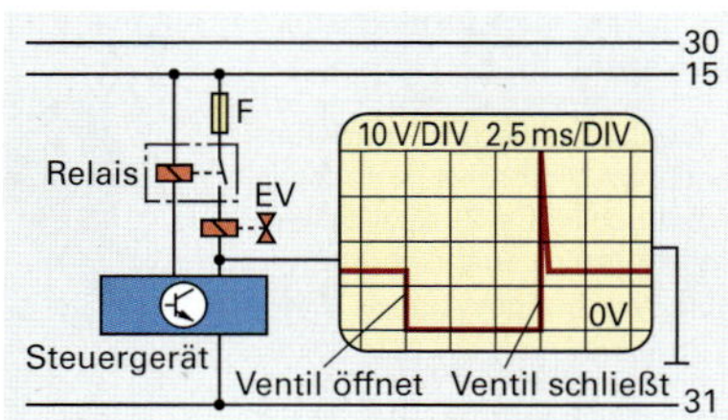

Messschaltung eines Magnetventils mit Gutbild

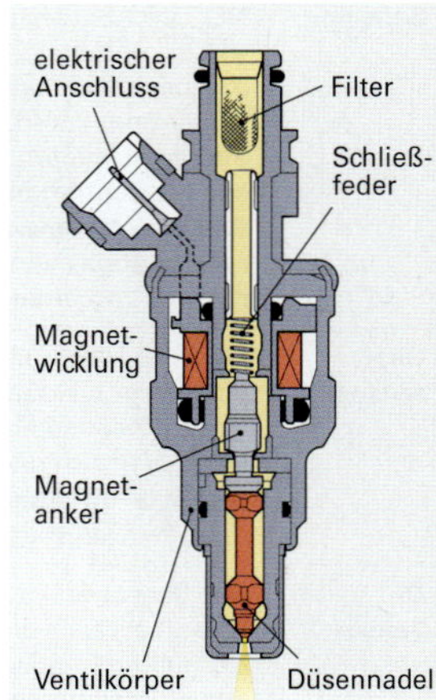

Fehlerbilder:

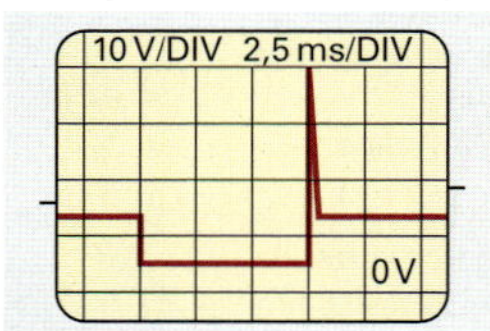

Widerstand in der Masseleitung

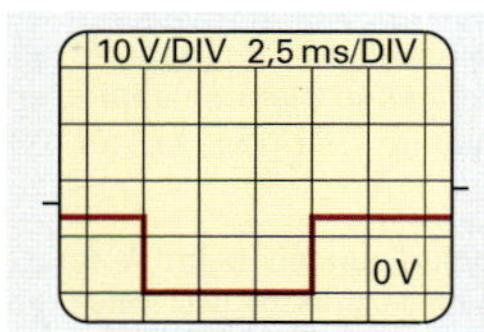

Windungsschluss der Magnetwicklung

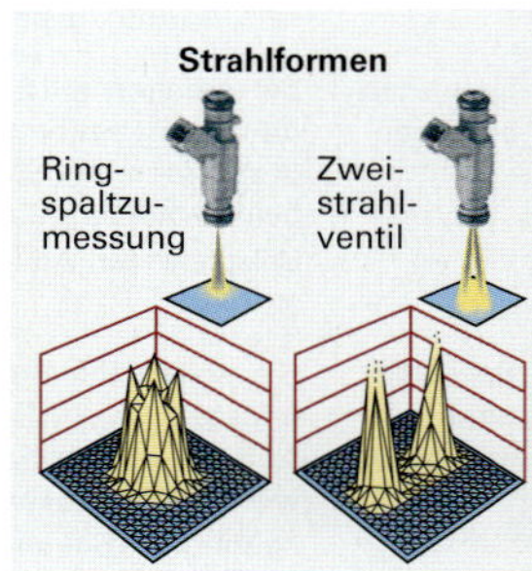

Achtung! Bei einem Widerstand in der Masseleitung spritzt das Magnetventil zu wenig ein. Das Gemisch wird zu mager. Dies kann zur Überhitzung im Zylinder führen.

Hochdruckmagnetventil

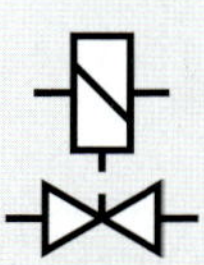

Funktion. Das Hochdruckmagnetventil entspricht in seiner Funktion dem des Magnetventils. Durch die höheren Kraftstoffdrücke (bis 200 bar), die höheren Temperaturen und die kürzere zur Verfügung stehende Einspritzdauer ist die Konstruktion wesentlich aufwändiger. Neuere Hochdruck-Magnetventile sind in der Lage, bis zu drei Einspritzvorgänge pro Arbeitsspiel auszuführen.

Beispiele für Anwendung: Einspritzventile für direkt einspritzende Ottomotoren.

Diagnose. Darstellung des Spannungs- und Stromverlaufs mit dem Oszilloskop, Ansteuerung mit bis zu 90 V und 15 A, Haltephase ca. 12 V und ca. 10 A.

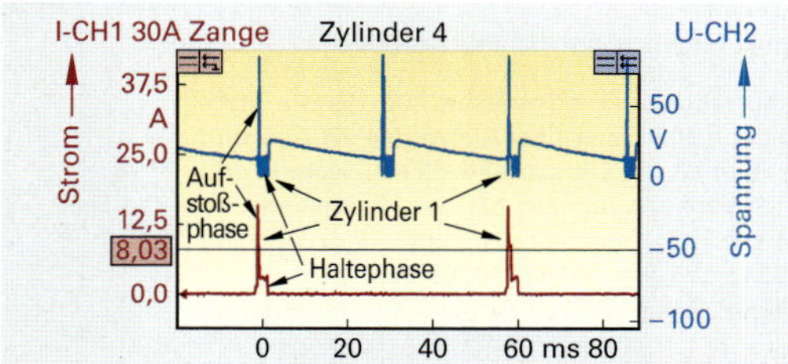

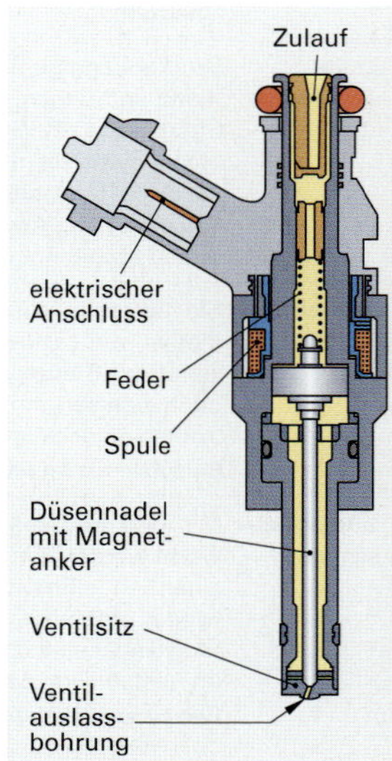

E

Aktoren

Schaltzeichen	Funktion, Anwendung, Diagnose	Darstellung, Kennlinien

CR-Injektor

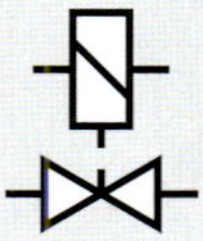

Funktion. Durch Bestromung des Magnetventils wird der Anker angezogen, wodurch die Ventilkugel die Abflussdrossel frei gibt. Durch die Abflussdrossel entweicht mehr Kraftstoff, als durch die Zulaufdrossel zufließt. Es entsteht ein Druckabfall im Ventilsteuerraum. Dadurch kann der im Zulaufkanal wirkende Kraftstoffdruck die Düsennadel anheben. Der Injektor öffnet. Nach dem Abschalten des Stromes drückt die Ventilfeder die Ventilkugel auf ihren Sitz, wodurch die Abflussdrossel geschlossen wird. Der Ventilsteuerkolben drückt die Düsennadel in ihren Sitz. Moderne Injektoren sind in der Lage mehrere Einspritzvorgänge pro Arbeitsspiel zu realisieren.

Beispiel für Anwendung: Common-Rail Diesel-Einspritzung.

Diagnose. Oszilloskopieren des Spannungs- und Stromverlaufs. Ansteuerung mit bis zu 80 V und 15 A, Haltephase ca. 12 V und ca. 5 A.

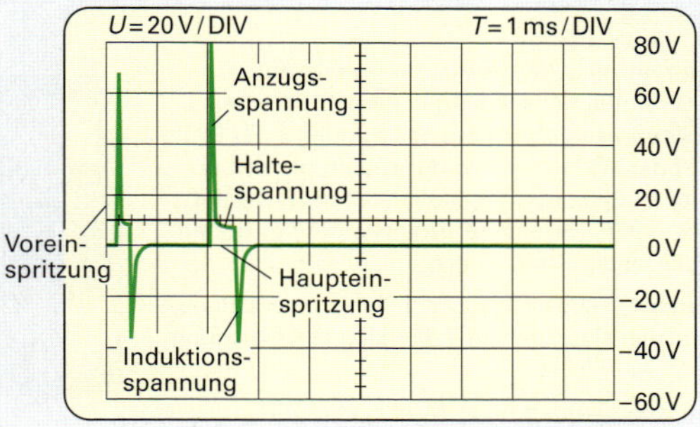

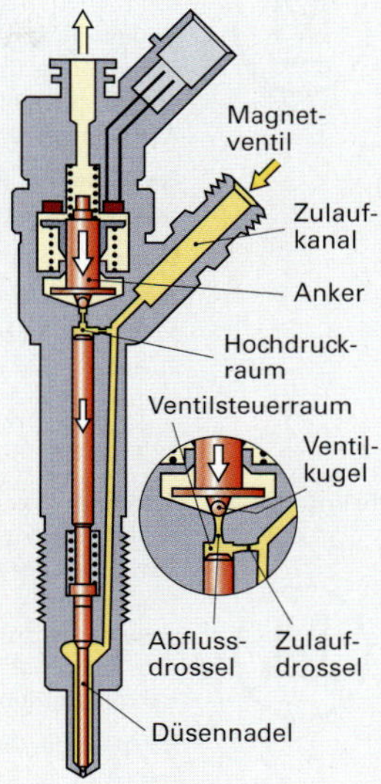

Piezo-Injektor

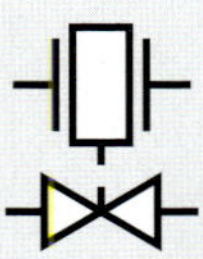

Funktion. Im Piezo-Injektor werden mehr als 100 Piezo-Kristallschichten zu einem 30 mm hohen Aktor gestapelt. Wird Spannung an den Aktor gelegt, verformen sich die Piezo-Kristalle um ca. 0,04 mm innerhalb weniger Millisekunden. Die Düse öffnet. Schaltet das Steuergerät die Spannung ab, kann sich das Kristallgitter entladen und die Verformung wird rückgängig gemacht.

Beispiele für Anwendung: Common-Rail-Injektoren, Injektoren für Benzin-Direkteinspritzung.

Diagnose. Oszilloskopieren des Spannungs- und Stromverlaufs. Ansteuerung mit bis zu 120 V und 12 A.
Der Entladestrom wird am Oszilloskop negativ dargestellt, weil sich das Kristallgitter entlädt und Elektronen frei werden.

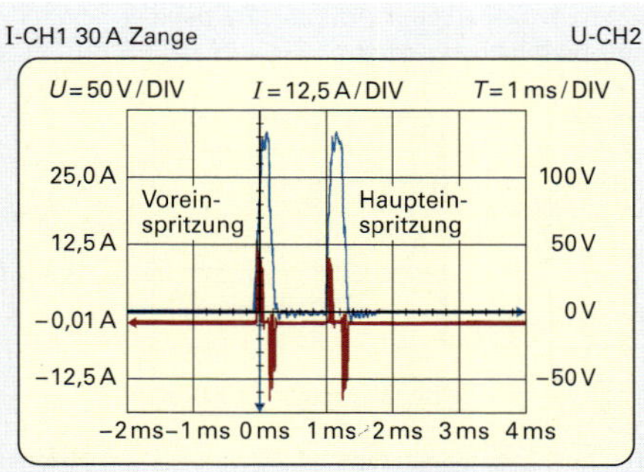

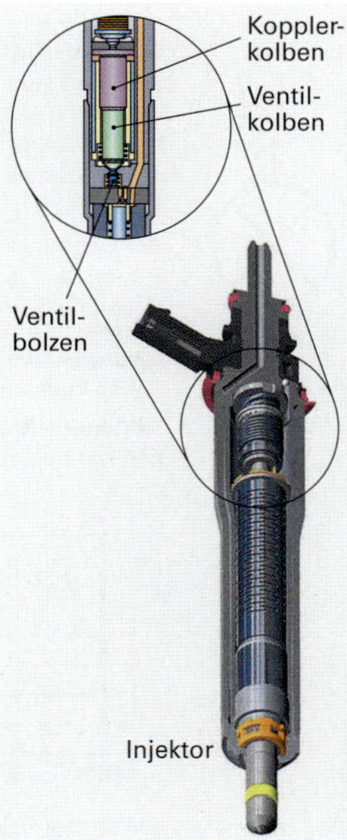

E

Schaltzeichen | **Funktion, Anwendung, Diagnose** | **Darstellung, Kennlinien**

Elektromotor

Prinzip. Eine stromdurchflossene Spule (Anker) ist in einem Magnetfeld (Polfeld) drehbar gelagert. Fließt Strom durch die Wicklungen der Spule, entsteht senkrecht zu den stromdurchflossenen Leiterschleifen ein Magnetfeld. Die aufeinander wirkenden Kräfte der beiden Magnetfelder bewirken eine Drehbewegung solange Spulen- und Polfeld nicht die gleiche Richtung haben. Um eine fortlaufende Drehbewegung zu erzeugen, muss die Stromrichtung in den Leiterschleifen nach jeder halben Umdrehung durch den Kommutator gewendet werden.

Beispiele für Anwendung: Starter, el. Kraftstoffförderpumpe, Scheibenwischer, Lüftermotor.

Diagnose. Spannungsversorgung (Plus, Masse) überprüfen.

Achtung: Bei Ansteuerung durch **P**uls-**W**eiten-**M**odulierte Signale zeigt das Multimeter nicht die maximale Sollspannung. Taktverhältnis oszilloskopieren! Stellglieddiagnose mit Systemtester.

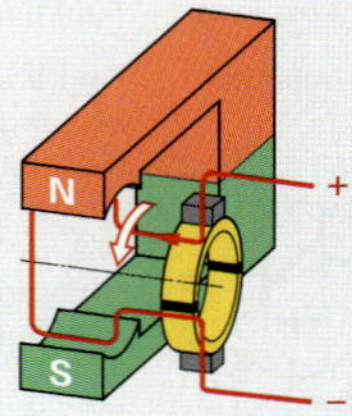

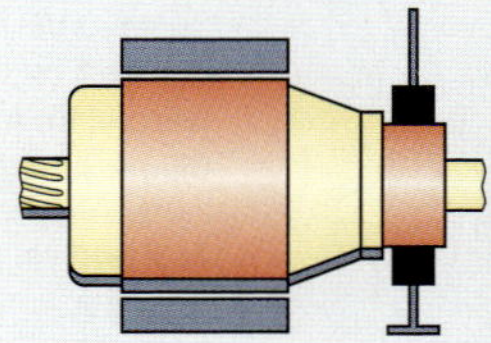

Schrittmotor

Funktion. Schrittmotore sind Elektromotore, deren Antriebswelle um einen bestimmten Winkel gedreht wird. Sie sind entsprechend der Abbildung aufgebaut. Bei Bestromung einer Erregerwicklung (W1 oder W2) dreht sich der Läufer, bis sich jeweils ein Nord- und Südpolpaar gegenüberstehen. Bestromt das Steuergerät daraufhin die andere Erregerwicklung, dreht sich die Antriebswelle einen Schritt weiter.

Beispiele für Anwendung: Drosselklappensteller, Sitzverstellung mit Memory, Außenspiegelverstellung, Lüfterklappenverstellung bei Klimaanlagen.

Diagnose. Spannungsversorgung (Plus, Masse) überprüfen. Stellglieddiagnose mit Systemtester.

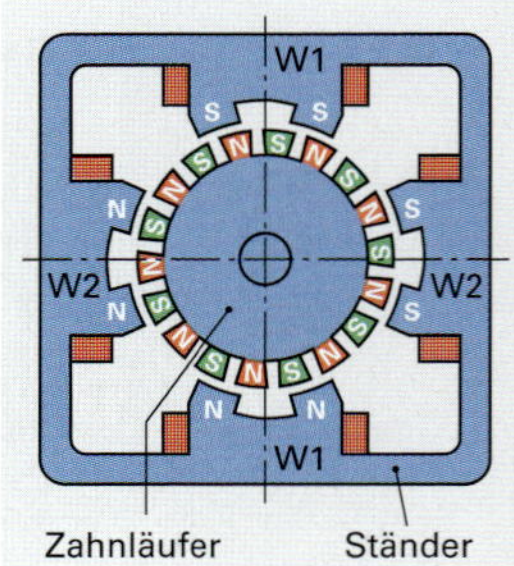

Lampen

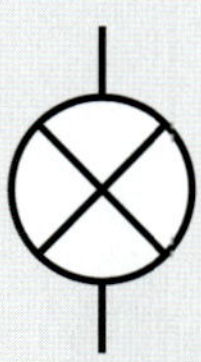

Funktion. Fließt Strom durch die Glühwendel, erhitzt sich diese stark und fängt an zu glühen. Die Glühwendel verhält sich dabei wie ein PTC. D. h. der Einschaltstrom bei kalter Lampe kann bei einer 12 V/21 W-Glühlampe kurzzeitig mehr als 15 A betragen, um nach Bruchteilen von Sekunden auf den Wert von unter 2 A abzufallen.

Achtung! Bei Verwendung flinker Sicherungen und knapper Auslegung kann der Einschaltvorgang dazu führen, dass die Schmelzsicherung beim Einschalten zerstört wird.

Diagnose. Durchgang prüfen, Spannungsversorgung Plus (11,5 V ... 13,5 V) und Minus prüfen.

Achtung! LEDs dürfen ohne Vorwiderstand nicht an 12 V betrieben werden, da sie ansonsten zerstört werden.

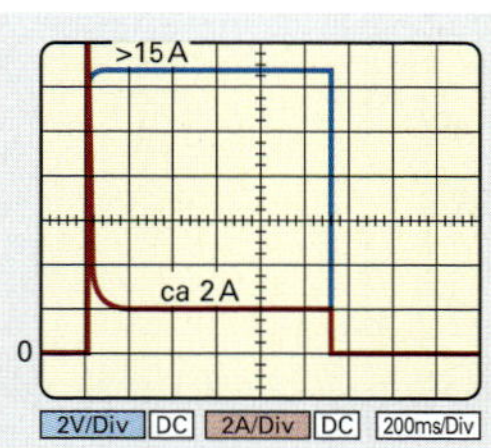

Glühlampe 12 V / 21 W

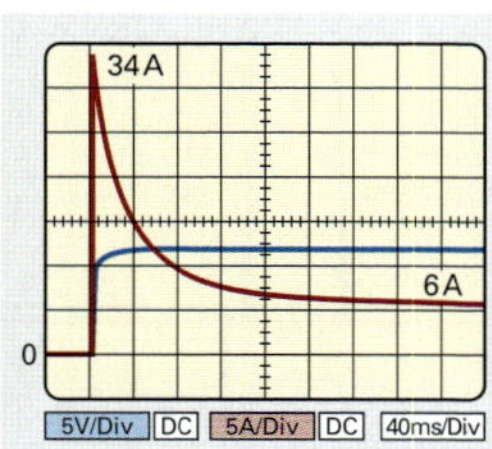

Halogenlampe H4

Glühlampe

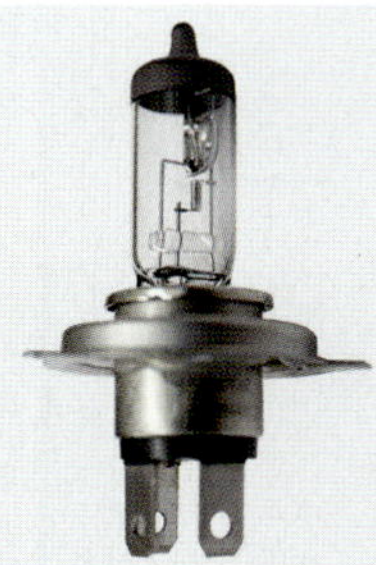

Halogenlampe

E

Begriffe

Topologie

Sie beschreibt die Netzstruktur eines Rechnernetzes. Die Kenntnis über die Netzwerktopologie bildet die Grundlage für die Fehlerdiagnose an hochvernetzten Fahrzeugen.
Sie zeigen die
- mittels Datenbussysteme verbundenen Steuergeräte,
- Datenbusarten z. B. CAN, LIN, MOST.

Netzwerkstrukturen

Struktur	Merkmale	Anwendungen
Punkt-zu-Punkt-Verbindung 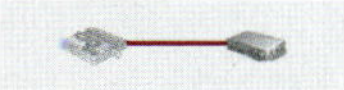	• Zwei Teilnehmer • Keine Zugriffssteuerung notwendig • Mehrere Steuergeräte benötigen zur Kommunikation eine Interface-Funktion.	• Kommunikation zwischen Sensoren bzw. Aktoren und dem Steuergerät.
Busstruktur 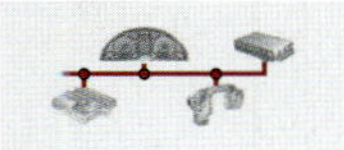	• Verbindung der Teilnehmer durch einen gemeinsamen Übertragungsweg. • Anmeldung der Teilnehmer zur Datenübertragung durch definierte Buszugriffsverfahren notwendig. • Schnelle Datenübertragung bei hoher Ausfallsicherheit.	• CAN-Datenbus • LIN-Datenbus
Daisy Chain 	• Datenübertragungsleitungen führen durch ein oder mehrere Steuergeräte. • Ermöglicht den Einbau von baugleichen Steuergeräten in einem Bussystem. Es erfolgt in der Inbetriebnahme eine automatische Adress- und Funktionszuordnung des Steuergeräts aufgrund der Reihenfolge in der Daisy Chain-Verbindung.	• FlexRay in Verbindung mit einer aktiven Sternstruktur • LIN Bus (z. B. Steuerung der Luftklappenstellmotoren)
Ringstruktur 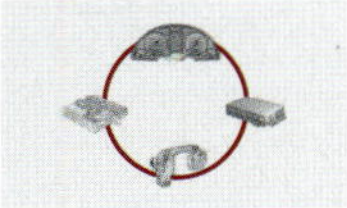	• Jedes Steuergerät verfügt über einen Datenbuseingang und einen Datenbusausgang. • Jeder Teilnehmer wiederholt die empfangenen Signale, was zu einer höheren Übertragungssicherheit führt. • Fällt ein Teilnehmer aus, wird die gesamte Datenübertragung unterbrochen.	• MOST Datenbus • D2B Datenbus
Aktive Sternstruktur 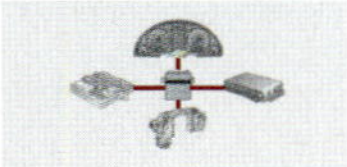	• Mehrere Verbindungszweige sind mittels eines Steuergeräts z. B. Gateway miteinander verbunden. • Verknüpfung von mehreren Steuergeräten in Datenbussystemen möglich, welche keine verzweigten Datenübertragungsleitungen zulassen, z. B. FlexRay.	• FlexRay Datenbus • CAN Datenbus
Passive Sternstruktur 	• Alle Teilnehmer sind durch eine eigene Übertragungsleitung mit einem Leitungsknoten miteinander verbunden. • Erleichtert die Fehlersuche bei Leitungsfehlern. • Hoher Leitungsaufwand; hohe Kosten und Gewicht.	• LIN Datenbus • CAN Datenbus

Teiltopologie

Aufgrund der Komplexität von hochvernetzten Fahrzeugen ist es nicht immer möglich die Netzwerkstrukturen einzelner Datenbussysteme in der Gesamttopologie darzustellen. Daher werden häufig die Topologien einzelner Bussysteme zur Verfügung gestellt. Das Bild zeigt die Topologie eines FlexRay Netzwerks.

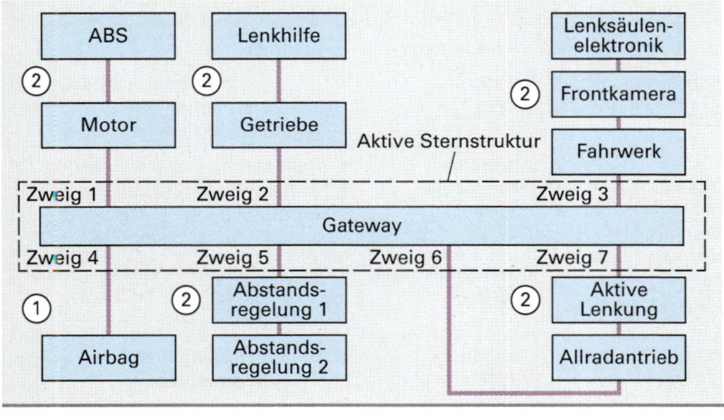

Legende:
① Punkt-zu-Punkt Verbindung
② Daisy-Chain Verbindung
— FlexRay Datenbus

Merkmale
- Bei Fehlern (z. B. Kurzschluss) auf einem Zweig können die Steuergeräte der anderen Zweige weiterhin kommunizieren.
- Bei Ausfall des aktiven Sterns (z. B. Gateway) fällt die gesamte Kommunikation aus.

Hinweis
Häufig werden Bussysteme mit komplexen Netzwerkstrukturen in der Gesamttopologie grafisch als Busstruktur dargestellt. Siehe FlexRay Datenbus in der folgd. Gesamttopologie.

E

Netzwerktopologie Gesamtfahrzeug Teil 1

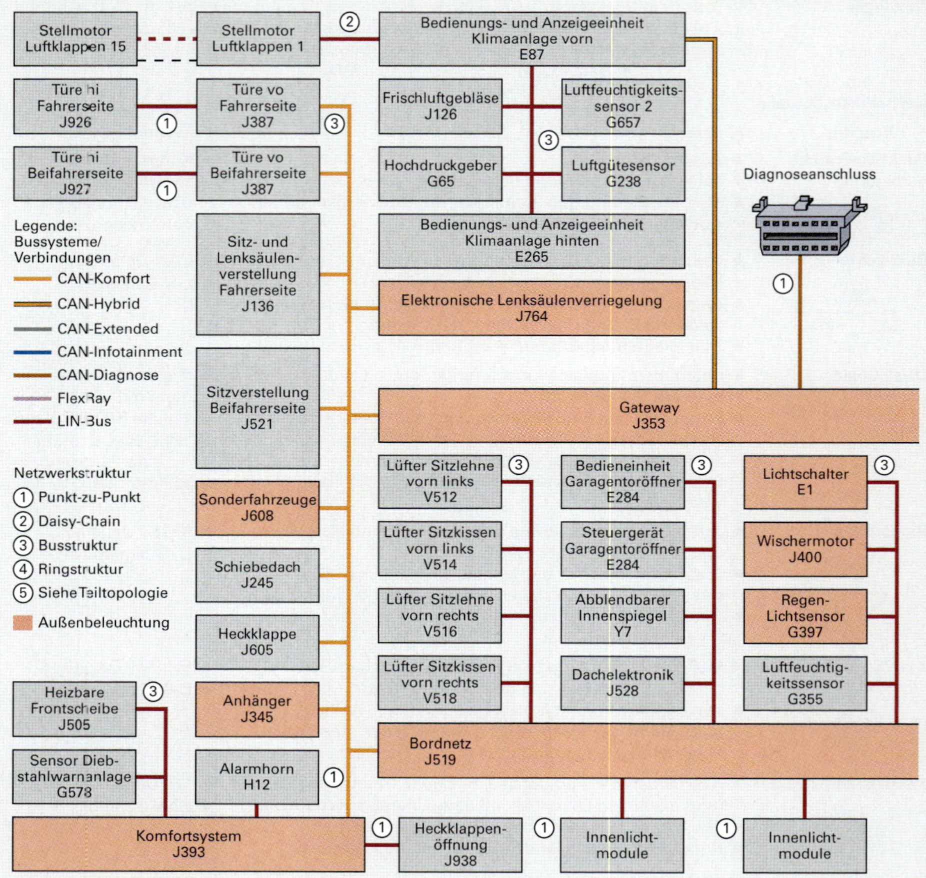

Verteilte Funktionen

Sie beschreiben die Verteilung der Aufgaben und Funktionen auf die einzelnen Steuergeräte. Sie bilden die Grundlage für die Fehlerdiagnose.

Beispiel Außenbeleuchtung

Komponente	Funktionen
Lichtschalter E1	• Position des Drehlichtschalters.
Regen-/ Lichtsensor G397	• Automatisches Licht einschalten.
Bordnetz-steuergerät J519 (Master)	• Lichtmaster (entscheidet über Außenbeleuchtung EIN/AUS). • Ansteuerung Scheinwerfer und Frontbeleuchtung. • Notfunktion bei Ausfall der Buskommunikation (Abblendlicht und Frontbeleuchtung EIN bei Zündung EIN).
Gateway J353	• Datenkommunikation zwischen den Bussystemen. • Diagnoseschnittstelle.
Komfort-steuergerät J393	• Ansteuerung Heckbeleuchtung. • Notfunktion bei Ausfall der Buskommunikation (Heckbeleuchtung EIN bei Zündung EIN
Sonderfahrzeug J608	• Schnittstelle für Ansteuerung der Lichtanlage durch Zubehör, z. B. Taxialarm
Anhänger J345	• Anhängererkennung • Anhängerbeleuchtung

E

Netzwerktopologie Gesamtfahrzeug Teil 2

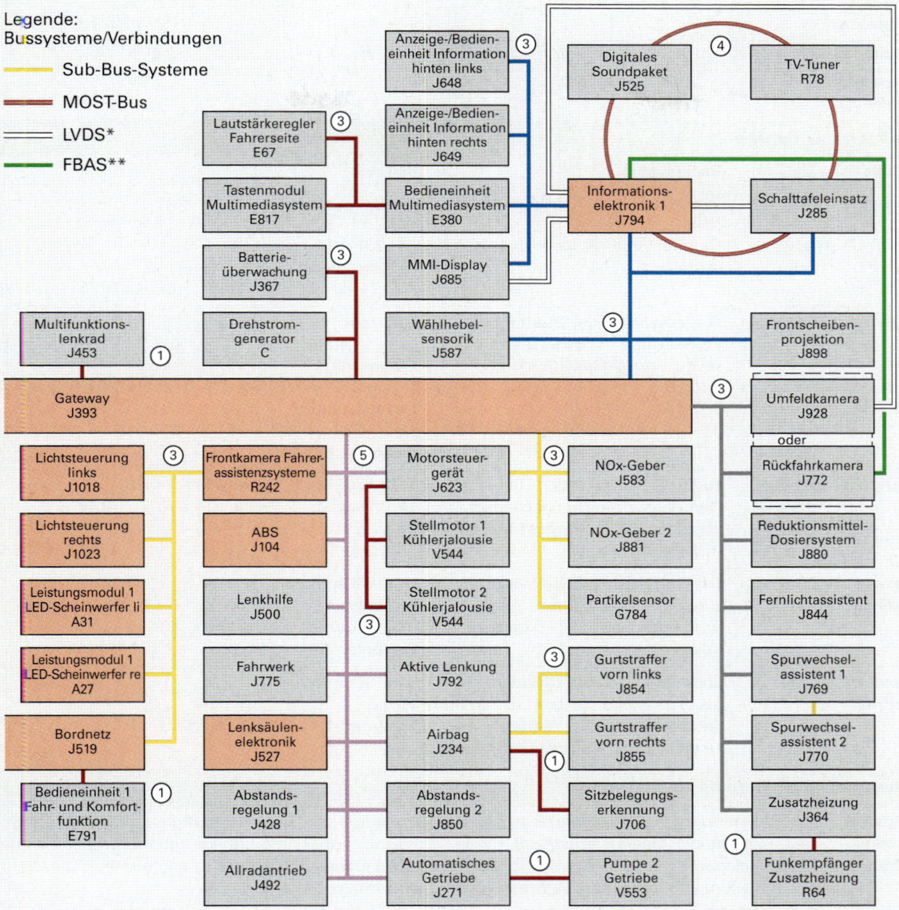

* Low Voltage Differential Signal – Digitales Datensignal zur Bildübertragung

** Farbbildaustastsignal – Analoges Signal zur Bildübertragung

Beispiel Außenlichtanlage Teil 2

Komponente	Funktionen
Steuergeräte Lichtsteuerung bzw. LED	• Ansteuerung Scheinwerferfunktionen, z. B. Abblend-/Fernlicht, Kurvenlicht, Matrix-Beam.
Frontkamera R242	• Erkennung entgegenkommendes oder vorausfahrendes Fahrzeug. • Erkennung Straßenbeleuchtung.
Elektronische Lenksäulenverriegelung J764	• Schlüsselerkennung • Klemmensteuerung, z. B Zündung, X-Kontakt.

Komponente	Funktionen
ABS J104	• Geschwindigkeit • Lenkwinkel
Lenksäulenelektronik J527	• Umblenden Abblend-/Fernlicht • Lichthupe
Fernlichtassistent J844	• Automatisches Umblenden Abblend-/Fernlicht
Informationselektronik J794	• Einstellungen durch Nutzer, z. B. Coming Home, Leaving Home, Aktivierung Kurvenlicht

E

Aufbau der Zahlen

Zahlenart	Basis B	Ziffern (Zeichenvorrat)	Beispiel
Dualzahlen	2	0 1	1 1 1 0 0 1 1 1
Dezimalzahlen	10	0 1 2 3 4 5 6 7 8 9	231
Hexadezimalzahlen	16	0 1 2 3 4 5 6 7 8 9 A B C D E F	E7

Aufbau der Zahlen

Quelle	Ziel	Rechengang	Beispiel
Dezimal	**Dual**	Die Dezimalzahl z. B. 14 durch 2 teilen. Den Rest von rechts nach links schreiben.	14 : 2 = 7 = Rest 0 7 : 2 = 3,5 = Rest 1 3 : 2 = 1,5 = Rest 1 1 : 2 = 0,5 = Rest 1 **Ergebnis: 1 1 1 0**
Dual	**Dezimal**	Für jede Stelle der Dualzahl die Potenzwerte zur Basis 2 von rechts nach links bilden und addieren.	Dualzahl 1 1 1 0 0 1 1 1 Potenzwerte $1\cdot 2^7 + 1\cdot 2^6 + 1\cdot 2^5 + 0\cdot 2^4 + 0\cdot 2^3 + 1\cdot 2^2 + 1\cdot 2^1 + 1\cdot 2^0$ Dezimalzahlen 128 + 64 + 32 + 0 + 0 + 4 + 2 + 1 **Ergebnis: 231**
Dezimal	**Hexadezimal**	Die Dezimalzahl durch 16 teilen. Den Rest von rechts nach links schreiben bis das Ergebnis nicht mehr teilbar ist.	231 : 16 = 14,... Rest 231 – 14 · 16 = 7 14 : 16 = 0 Rest 14 – 0 = 14 = E **Ergebnis: E 7**
Hexadezimal	**Dezimal**	Für jede Stelle der Hexadezimalzahl die Potenzwerte zur Basis 16 von rechts nach links bilden und addieren.	Hexadezimalzahl E 7 Potenzwerte $14\cdot 16^1 + 7\cdot 16^0$ Dezimalzahlen 224 + 7 **Ergebnis: 231**
Hexadezimal	**Dual**	Jede Ziffer der Hexadezimalzahl als vierstellige Dualzahl (Dualzahl-Tetrade) schreiben. Die Tetraden zu einer Dualzahl zusammenfassen.	Hexadezimalzahl E (14) 7 Tetrade 1 1 1 0 0 1 1 1 **Ergebnis: 1 1 1 0 0 1 1 1**

Anwendungsbeispiele

Systemkonfiguration

Nach Austausch des Steuergerätes ist zur Inbetriebnahme der Systeme häufig eine Systemkonfiguration notwendig. Dabei werden z. B. durch Kodierung, Anpassung und Parametrierung Funktionsmodule aktiviert bzw. Rechenwerte in die Speicherzellen des Steuergerätes eingetragen. Dies kann durch die Eingabe von Binär-, Dezimal- bzw. Hexadezimalcodes erfolgen.

Beispiel Codierung Komfortsystem – Sollwert: Diebstahlwarnanlage; Hupen beim Verriegeln, Verriegeln beim Anfahren; Land Europa.

Bit-Nr.	**7**	**6**	**5**	**4**	**3**	**2**	**1**	**0**
Bitfunktion	Mit Diebstahlwarnanlage	Hupen beim Verriegeln	Fensterheber hinten	Verriegeln beim Anfahren	Fensterheber Komfortfunktion	Europa	USA	Rest der Welt
Binär	1	1	0	1	0	1	0	0
Dezimal	**128 + 64 + 16 + 4 = 212**							
Hexadezimal	D				4			

Datenanalyse / Datenbus-Kommunikation

Zur Anzeige der Datenbits in Datenbusbotschaften wird häufig die Darstellung im Hexadezimalcode verwendet. Zur Analyse ist die Umrechnung in Dezimalzahlen oder Bi-närcodes notwendig. Mit Hilfe einer Kommunikationsmatrix (K-Matrix) können die Bits den Informationen zugeordnet werden.

Anzeige	**F**				**8**			
Binär	1	1	1	1	1	0	0	0
Bit-Nr.	**7**	**6**	**5**	**4**	**3**	**2**	**1**	**0**
Information	Zündung EIN	X-Kontakt EIN	Fahrlicht EIN	Abblendlicht EIN	Standlicht EIN	Parklicht links AUS	Parklicht rechts AUS	Bremslicht AUS

E

Übersicht elektrischer Netzwerksysteme

Bustyp	**Multiplex/Local Interconnect Network (LIN)**	**Controller Area Network (CAN) Bus B/Bus C**	**FlexRay**
Anwendungsbereiche	Steuerung mit geringer Datenübertragung	Antriebsbus/Display- und Komfortbus/ Fahrerassistenzsysteme	Antriebs-, Fahrdynamik-, Fahrerassistenz- und Sicherheitssysteme
Beispiele	Einfache elektronische Komponenten, wie die Steuerung der Beleuchtung; 3 Leitungen: Plus, Minus, Datenleitung	Class B: Keyless-Go, Zentralverriegelung, Sitzmemory Class C: Motronic, Getriebesteuerung, ESP, Distronic	Distronic, ABS/ASR/ESP, Presafe, Aktives Fahrwerk, Antriebskraftverteilung, Elektrische Bremse
Übertragungsprinzip	Master – Slave – Prinzip, zeitgesteuert	Multimaster – Prinzip, ereignisgesteuert	Time – Shared – Prinzip (Time triggert), zeitgesteuert
Signalleitungen	eine	zwei	zwei
Übertragungsmedium	Kupferleitung mit Isolierung	**Twisted-pair.** Zwei miteinander verdrillte Kupferleitungen	Twisted-pair Kupferleitung mit Isolierung und Kunststoffummantelung
Netzwerkstruktur	Multiplex: Punkt zu Punkt, Busstruktur LIN: Daisy Chain, Busstruktur 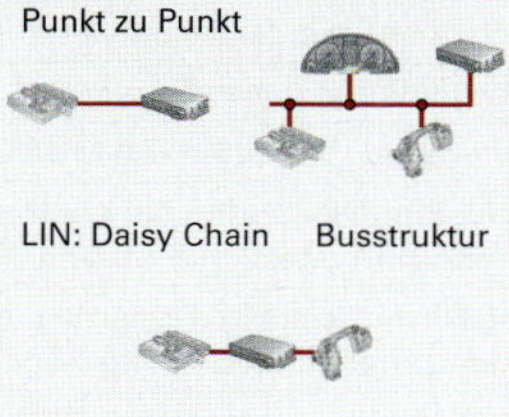	Busstruktur Passive Sternstruktur 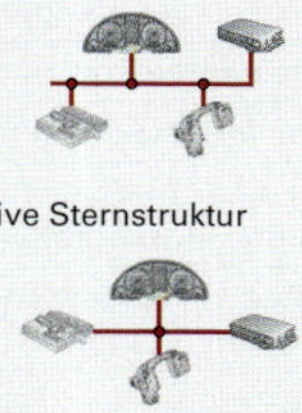	Punkt zu Punkt, Daisy Chain Aktive Sternstruktur, Mischstruktur 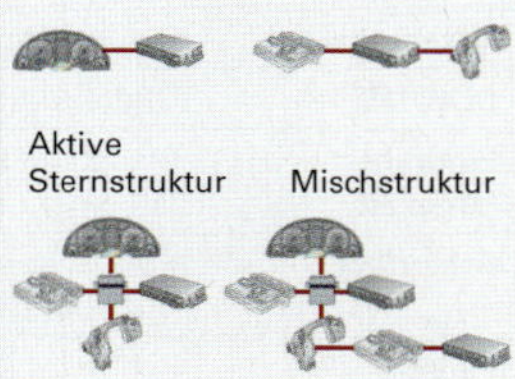
Eindrahtfähigkeit	–	Class B: Ja Class C: Nein	Nein
Übertragung		Spannungssignal	
Datenübertragungsrate	Multiplex: bis 125 kBd LIN: bis 19,2 kBd	Class B: bis 125 kBd (low) Class C: bis 1 MBd (high)	bis 10 MBd
Teilnehmerzahl	Multiplex: bis zu 6 LIN: bis zu 16	Class B: bis zu 24 Class C: bis zu 10	bis zu 62

Übersicht optischer Netzwerksysteme

Bustyp	**Digital Data Bus (D2B)**	**Media Oriented Systems Transport (MOST)**	**ByteFlight**
Anwendungsbereiche	Multimediabus Sicherheitssysteme	Multimediabus	Sicherheitssysteme
Beispiele	CD-Wechsler, Mobiltelefon, Radio, Navigation, Sprachbedienung, DVD-Player, MP3-Player		
Übertragungsprinzip	Synchrone und asynchrone Datenübertragung, zeitgesteuert		
Signalleitungen	eine	eine	eine
Übertragungsmedium	Plastic Optical Fibre (POF, Kunststofflichtwellenleiter)		Plastic Optical Fibre (POF), Funksignale
Netzwerkstruktur	Ringstruktur 		Ringstruktur, aktive Sternstruktur 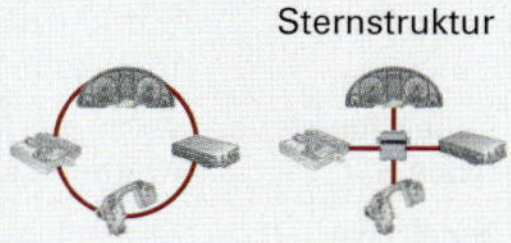
Übertragung	Lichtimpulse		Lichtimpulse, Funkwellen
Datenübertragungsrate	bis 5,65 MBd	bis 150 MBd	bis 10 MBd
Teilnehmerzahl	bis zu 6	bis zu 30	bis zu 45

E

Begriffe	
Arbitrierung	Während der Übertragung des Indentifiers prüft der Sender bei jedem Bit, ob er noch sendeberechtigt ist oder ob ein anderes Steuergerät mit höherer Priorität sendet.
bluetooth®	Drahtloses Netzwerksystem. Ermöglicht die Datenübertragung mit Hilfe von Funkwellen. Wird überwiegend in der Kommunikationselektronik eingesetzt.
Bit Stuffing	Kontrollmechanismus zur Datenübertragungssicherheit: In jedem Datenprotokoll dürfen maximal fünf gleiche Bits aufeinander folgen. Wird diese Regel verletzt, erkennen die Steuergeräte den Fehler.
Baud	Bit pro Sekunde, Datenübertragungsgeschwindigkeit, Einheit kBaud oder MBaud (kBd, MBd).
Bus	Datenleitung zur Informationsübertragung.
CAN	**C**ontroller **A**rea **N**etwork: asynchrones, ereignisgesteuertes, flexibles, serielles Bussystem, bis 1 MHz Taktfrequenz, Zweidrahtbus.
CAN Class B (low-speed)	Langsamer Bus für Komfortelektronik, viele unterschiedliche Daten und große Zahl an Knoten, niedrige Frequenz. Eindrahtfähig.
CAN Class C (high-speed)	Schneller Bus für Antriebs-, Fahrwerks- und Sicherheitssysteme. Nicht eindrahtfähig.
CRC	**C**yclic **R**edundancy **C**heck; Kontrollmechanismus zur Datenübertragungssicherheit: Jeder Empfänger vergleicht die empfangene CRC-Sequenz mit der berechneten.
Data frame	Entspricht einem Datenprotokoll, in dem Informationen gesendet werden.
DDB, D^{2}B	Digital Data Bus: Multimedia-System, optischer Ring, Vorläufer von MOST.
Eindraht-fähigkeit	Sie ist die Fähigkeit eines Bussystems mit zwei Signalleitungen die Kommunikation bei Ausfall einer Leitung aufrecht zu erhalten. Die Störsicherheit ist im Eindrahtbetrieb verringert.
Fehlerflag	Kontrollmechanismus zur Datenübertragungssicherheit: Ein Fehlerflag besteht aus sechs dominanten Bits; seine Wirkung beruht auf der gezielten Bit-Stuffing-Regel.
FlexRay	Schneller Datenbus für Antriebs-, Fahrwerks- und Sicherheitssysteme. Für Drive-by-Wire Systeme geeignet. Zeitgesteuert und ereignisgesteuert kombiniert. Hohe Übertragungssicherheit durch umfangreiche Kontrollmechanismen
Gateway	In einem Kfz können unterschiedliche Netzwerksysteme (z. B. CAN-lowspeed, CAN-highspeed, MOST) gleichzeitig eingebaut sein. Das Gateway verknüpft die einzelnen Netzwerksysteme zu einem Gesamtnetzwerk. Zusätzlich überwacht das Gateway die Datenübertragung und stellt beim Anschluss eines Diagnosegerätes die Verbindung zu den Knoten her.
Indentifier	Name einer Botschaft, der im Statusfeld übertragen wird. Während der Übertragung des Identifiers prüft der Sender bei jedem Bit, ob er noch sendeberechtigt ist oder ob eine andere Information mit höherer Priorität gesendet werden soll (Arbitrierung).
LIN	Local Interconnected Network. Einfacher, langsamer 12-Volt-Eindraht-Bus
Master-Slave-System	In einem Netzwerk mit verschiedenen Steuergeräten bestimmt ein Gerät, ob und in welcher Reihenfolge andere Steuergeräte Informationen senden dürfen.
Monitoring	Zur Datensicherheit vergleicht jeder Sender gesendetes und abgetastetes Bit.
MOST	Media Oriented Systems Transport. Bussystem zur Übertragung von Steuer-, Ton- und Videodaten mehrerer Datenquellen. Die Datenübertragung erfolgt mittels Lichwellenimpulsen.
Multimaster-System	Jeder Knoten im Bussystem kann eine Botschaft senden wenn der Bus frei ist. Versuchen mehrere Knoten gleichzeitig eine Botschaft zu senden, wird die Arbitrierung durchgeführt.
Plastic Optical Fibre (POF)	Kunststofflichtwellenleiter zur Übertragung der Lichtimpulse in optischen Bussystemen. Besondere Sorgfalt bei Montagearbeiten notwendig.
Sleep-Modus	Betriebszustand zur Verringerung des Energieverbrauchs wenn sich das Fahrzeug nicht in Betrieb befindet. In diesem Zustand erfolgt keine Kommunikation auf der Busleitung.
Time-Shared-System	Auch als Time-Triggered-System bezeichnet. Zeitgesteuertes Netzwerksystem in dem den Knoten festgelegte Zeitabschnitte (Timeslots) zur Datenübertragung zugewiesen sind.
Transceiver	Er sendet (engl. to transmit) und empfängt (engl. to receive) die Daten auf der Busleitung.
Twisted-pair Leitungen	Zum Schutz vor elektromagnetischen Störimpulsen werden zwei verdrillte (engl. twisted pair) Leitungen verwendet. Bei Reparaturen ist auf die Einhaltung der Verdrillungslänge zu achten.
Wakeup-Modus	Betriebszustand der Bussysteme zum Start der Kommunikation aus dem Sleep-Modus. Er wird durch ein Wakeup-Ereignis (z.B. Funkfernbedienung – Fahrzeug entriegeln) gestartet.

Aufbau CAN-Datenbus

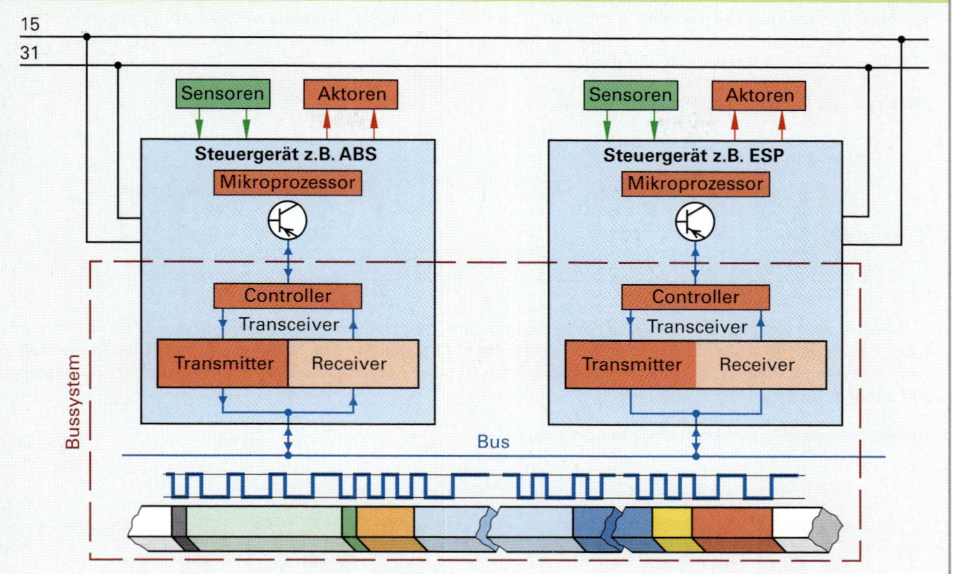

Ein Bussystem besteht aus Datenleitungen und Steuergeräten (mit Mikroprozessoren, Transceivern und Controllern). Dabei werden die Informationen in Form von digitalen Bitkombinationen über Datenleitungen zwischen einzelnen Steuergeräten übertragen. Die Steuergeräte filtern die für sie geeigneten Informationen heraus und verarbeiten sie.

Datenprotokoll, Data frame am Beispiel CAN-Datenbus

Aufgabe	Mit Hilfe des Datenprotokolls können Daten übertragen werden. Dieses Protokoll kann nur Bit für Bit abgearbeitet werden, d.h. es befindet sich immer nur ein Bit auf der Datenleitung. Eine Botschaft kann aus 128 Bit bestehen. Bei einem CAN – Bus Class C mit einer Taktfrequenz von 5 kHz dauert die Übertragung einer Botschaft mit 128 Bit ca. 0,25 ms.
Aufbau	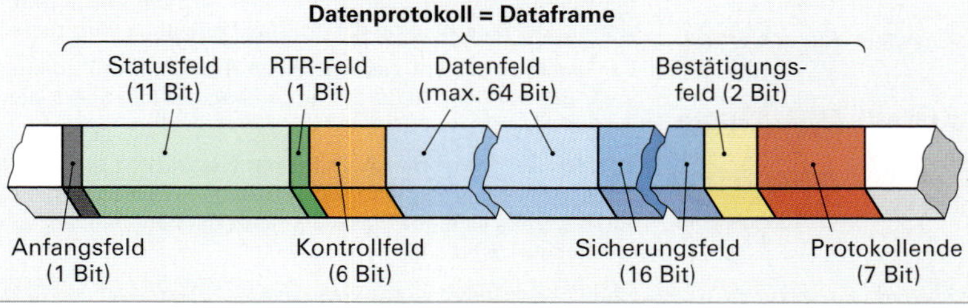
Anfangsfeld	Es kennzeichnet den Beginn einer Botschaft und informiert alle Steuergeräte, dass ein Protokoll gesendet werden soll; die Steuergeräte werden synchronisiert.
Statusfeld	Es besteht aus dem Indentifier der Botschaft und gibt an, welche Informationen gesendet werden sollen, z.B. Motordrehzahl. Weiterhin wird geklärt, welcher Sender vorrangig senden darf (Arbitration Field).
Remote bit	Dieses Bit entscheidet, ob die Information gesendet oder angefordert wird.
Datenfeld	Im Datenfeld wird die eigentliche Information übertragen.
Betätigungs-, Kontroll- und Sicherungsfeld	Diese Felder sichern, dass eine fehlerfreie Datenübertragung erfolgt ist und alle Empfänger die Daten richtig verstanden haben.
Protokollende	Es markiert das Ende der Botschaft und gibt den Bus für die nächste Information frei.

E

Ablauf der Datenübertragung

Bei der Datenübertragung werden die zeitgesteuerte und die ereignisgesteuerte Datenübertragung unterschieden. Die ereignisgesteuerte Datenübertragung wird beim CAN-Bus verwendet, die zeitgesteuerte Übertragung in Systemen wie z. B. MOST, LIN und FlexRay.

Zeitgesteuerte (= synchrone) Datenübertragung

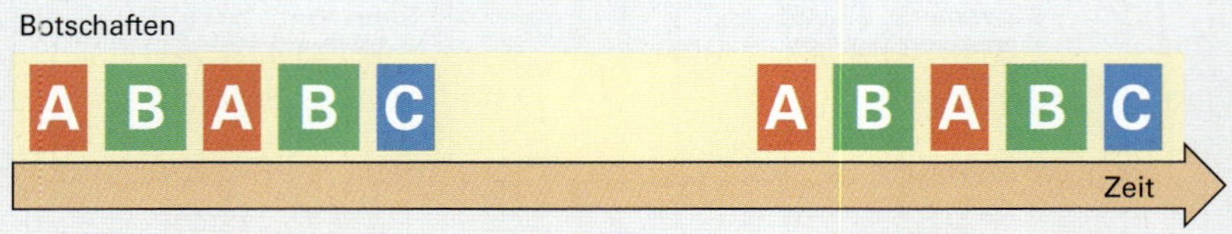

A, B und C sind Datenprotokolle, die in einer festgelegten Reihenfolge gesendet werden. In bestimmten zeitlichen Abständen wird jeweils eine Nachricht übermittelt, z.B. Öltemperatur, Motordrehzahl. Da die Motordrehzahl häufigeren zeitlichen Schwankungen unterworfen ist als die Öltemperatur, wird sie in kürzeren Zeitabständen auf dem Datenbus übertragen.

Ereignisgesteuerte (= asynchrone) Datenübertragung

Tritt ein Ereignis ein, so wird die Nachricht auf den Datenbus gelegt, wenn dieser frei ist. Wollen mehrere Steuergeräte gleichzeitig senden, wird die wichtigste Nachricht zuerst gesendet. Die Bedeutung einer Nachricht ist im Identifier festgelegt. Durch die Arbitrierung erkennt jedes Steuergerät, ob die eigene Nachricht eine größere Bedeutung hat als die Nachricht eines anderen Steuergeräts.

Beispiel: Nachricht B und C sind wichtiger als A. Somit muss das Steuergerät mit der Nachricht A warten, bis die Informationen B und C gesendet wurden. Erst wenn A die momentan wichtigste Nachricht ist, kann A gesendet werden.

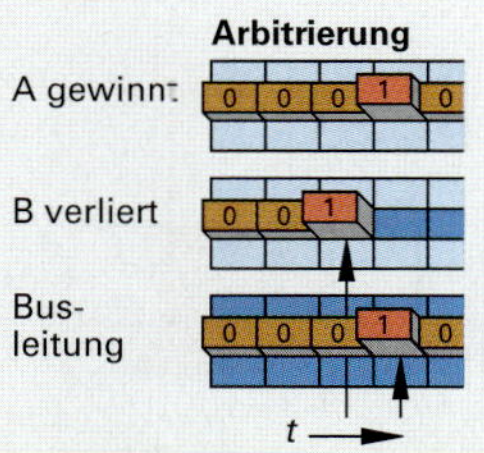

Mit Hilfe eines festgelegten Identifiers wird die Wichtigkeit einer Botschaft bestimmt. Die Botschaft mit der größten Bedeutung wird zuerst gesendet.

Der Identifier besteht aus rezessiven Bits („1“) und dominanten Bits („0“). Je mehr Bits mit dem Status „0“ am Anfang des Identifiers stehen, desto wichtiger ist die Nachricht.

Beispiel: Die Teilnehmer A und B mit Nachrichten unterschiedlicher Bedeutung wollen senden. Die ID wird taktweise abgearbeitet. Da mehr dominante Bits „0“ voran gestellt sind gewinnt A und fährt mit dem Senden seiner Botschaft fort. B schaltet auf „Empfang“.

Absicherung der Datenübertragung im Kfz beim CAN-Bus

E

Interne Absicherung	Bei ihr werden verschiedene Kontrollmechanismen innerhalb des Datenprotokolls unterschieden. Sie dienen dazu festzustellen, ob die empfangene Information mit der gesendeten Information identisch ist oder ob ein Übertragungsfehler vorliegt. Diese sind CRC, Monitoring, Fehlerflag, Rahmensicherung und Sicherungsfeld.
Externe Absicherung	Bei ihr erfolgt die Absicherung über den Vergleich der Informationen von den beiden Datenleitungen. Auf der einen Leitung (CAN-High) wird die Nachricht gesendet, auf der anderen (CAN-low) wird diese gespiegelt. Die Spiegelung der Nachricht erfolgt durch das gegensätzliche Verändern der Spannungspegel auf den Leitungen. Beim Senden einer logischen „0“ wird an der CAN high Leitung die Spannung erhöht, an der CAN low Leitung wird die Spannung im gleichen Maße verringert. Dadurch gleichen sich die an den Leitungen entstehenden Magnetfelder aus. Die Leitungen sind nach aussen neutral. Die Störsicherheit ist gegeben

CAN-Bussystem

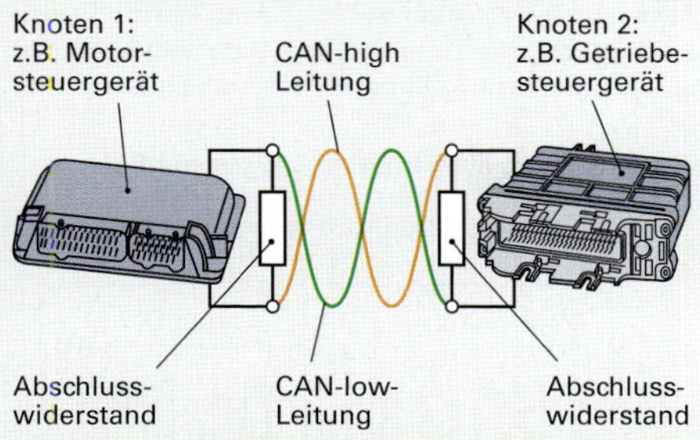

Knoten	Sie sind die Teilnehmer des Bussystems, z.B. Steuergeräte.
CAN-high-Leitung	**Dominanter Pegel:** Dabei steigt die Spannung beim Senden einer logischen „0".
CAN-low-Leitung	**Dominanter Pegel:** Dabei sinkt die Spannung beim Senden einer logischen „0".
Abschlusswiderstände	Sie verhindern die Entstehung von Reflektionen in den CAN Leitungen. In CAN Class C Systemen können die Abschlusswiderstände mit Hilfe eines Widerstandsmessgerätes an den Kontakten der CAN Leitungen geprüft werden.

Fehlersuchplan für Fehler an CAN Class C Bussystemen

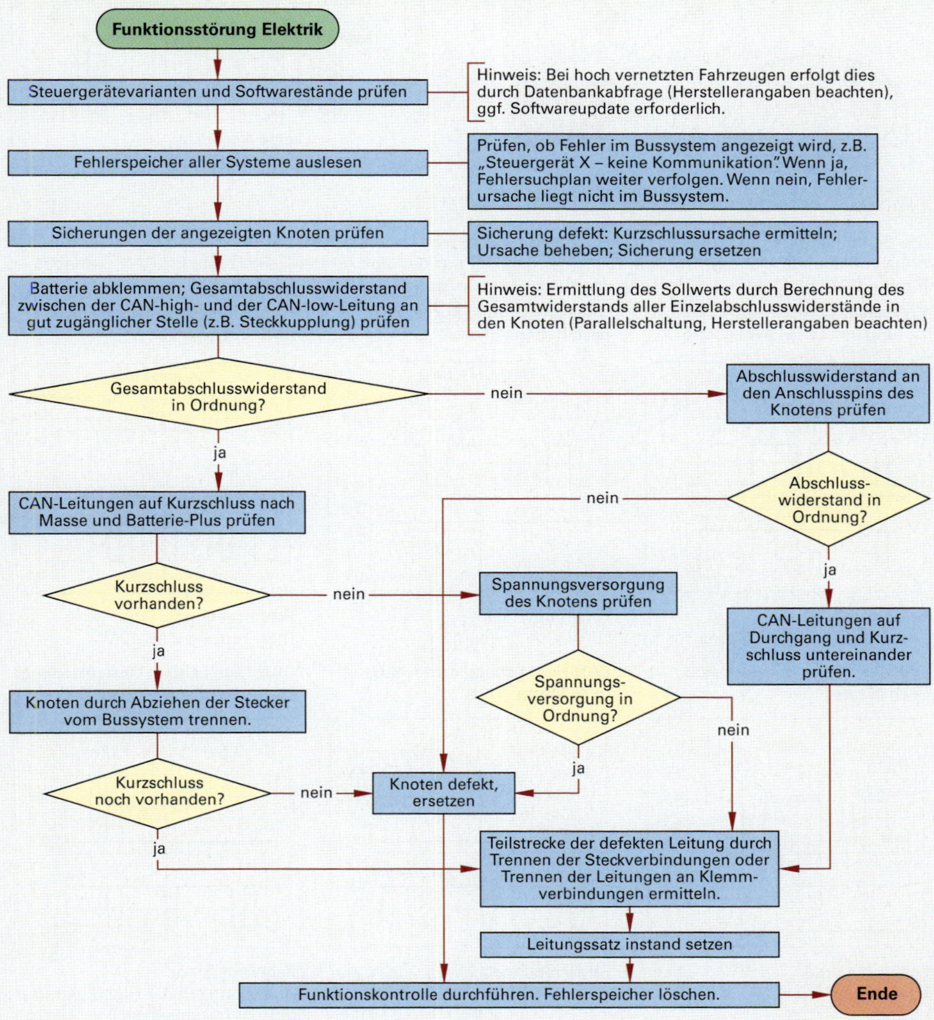

Messungen am CAN-Bus Class B

Die Messung der Spannungsverläufe an CAN-Datenbussystemen ist mit Hilfe eines Speicheroszilloskops möglich. Gemessen wird der Spannungsverlauf gegen Masse oder zwischen den beiden Datenleitungen. Je nach Auflösung des Oszilloskops werden Dataframes (gesamtes Datenprotokoll) oder die einzelnen Daten des Datenprotokolls in Bit-Darstellung erkannt.

Fehlermöglichkeiten

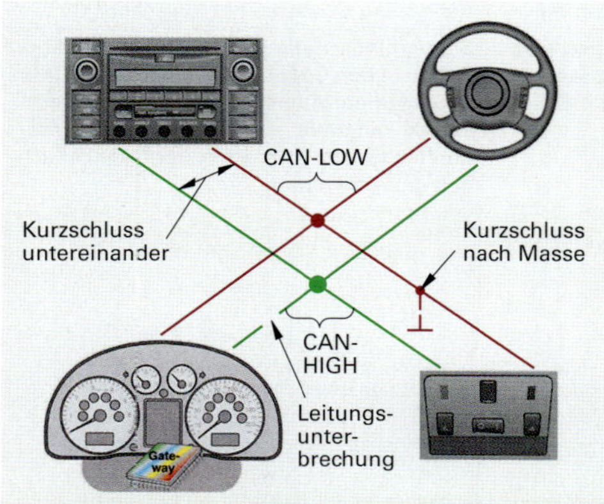

Fehlerfreie Darstellung bei Messung gegen Masse

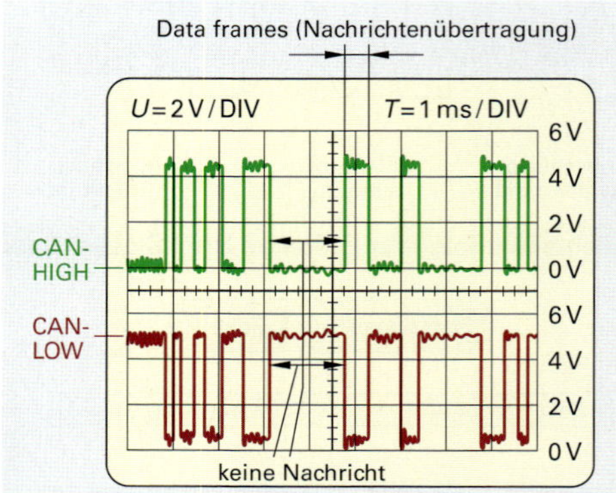

Bei fehlerfreier Botschaft sind die Signale synchron.

Fehlersuche mit Fehlerbilder am CAN-Bus Class B

Die Beurteilung der angezeigten Fehlerbilder ermöglicht eine erste Eingrenzung der möglichen Fehlerursachen ohne aufwändige Montagearbeiten. Die folgenden Fehlerbilder sind für den Fehlerzustand „CAN-Datenbus im Eindrahtbetrieb" gültig. Die Messung der Abschlusswiderstände ist im CAN Class B nicht anwendbar.

Kurzschluss zwischen CAN-High-Leitung und CAN-Low-Leitung

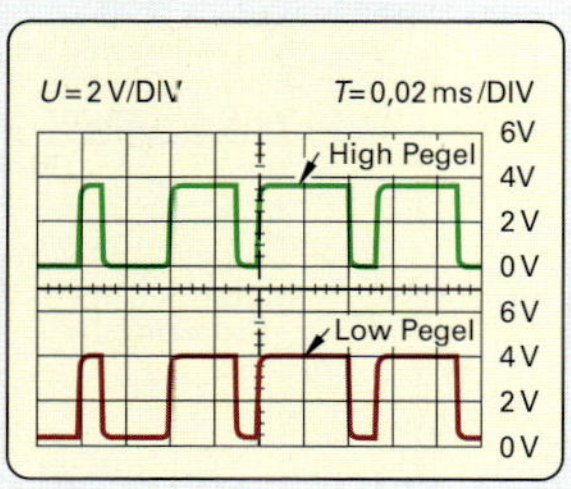

Fehlermerkmal:
Low-Leitung = High-Leitung

CAN-Low-Leitung Kurzschluss nach Batterie Plus

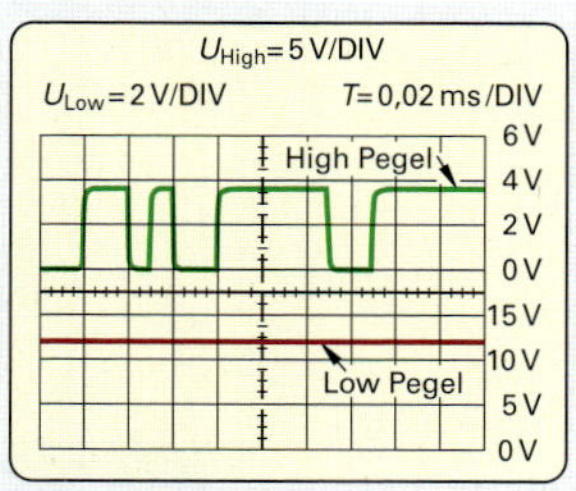

Fehlermerkmal:
Low-Leitung = ca. 12 V

CAN-High-Leitung Kurzschluss nach Batterie Plus

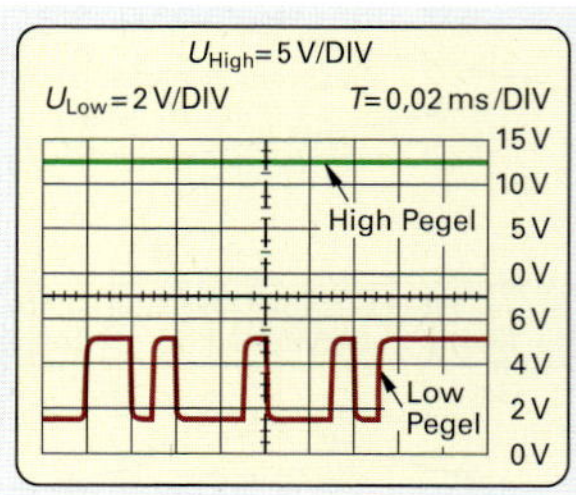

Fehlermerkmal:
High-Leitung = ca. 12 V

CAN-Low-Leitung Kurzschluss nach Masse

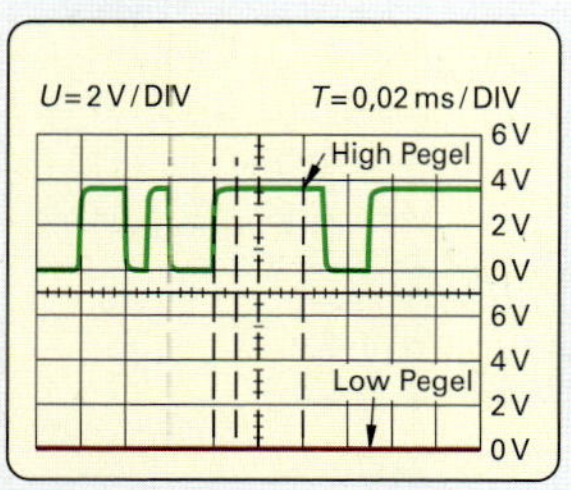

Fehlermerkmal:
Low-Leitung = 0 V

CAN-High-Leitung Kurzschluss nach Masse

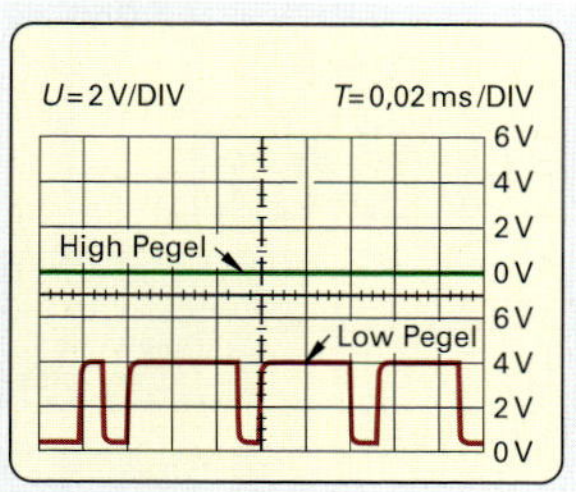

Fehlermerkmal:
High-Leitung = 0 V

CAN-High-Leitung Unterbrechung zu einem oder mehreren Knoten

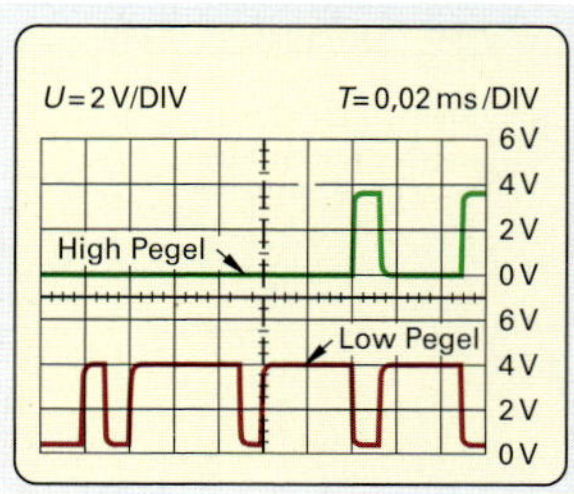

Fehlermerkmal:
Spannung auf der High-Leitung beträgt nur zeitweise 0 V

E

LIN-Bussystem

Aufbau des LIN-Bussystems

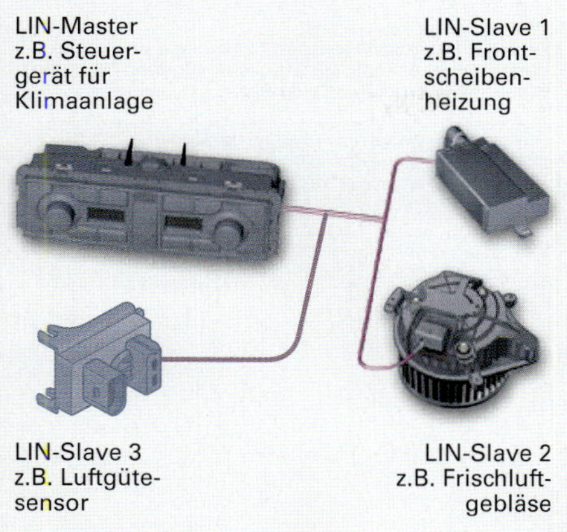

LIN – Master	Er sendet den Header (Botschaftskopf) auf die Datenbusleitung und ist die Schnittstelle zu anderen Datenbussystemen. Der Master synchronisiert über die Bitzeit die restlichen Busteilnehmer (Slaves) und ist die Diagnoseschnittstelle zwischen dem Diagnosetester und den Slave-Steuergeräten.
LIN – Slaves (max. 16)	Das Master-Steuergerät sendet entweder eine Anfrage oder einen Funktionsbefehl. Bei einer Anfrage des Masters sendet der entsprechende Slave eine Response (Antwort) mit den angefordeten Daten zurück. Bei einem Funktionsbefehl führen sie diesen ohne eine Response zu senden aus.

Zeitgesteuerte Datenübertragung im LIN-Bussystem

Der Master beginnt in fest vorgegebenen Zeitabständen mit dem Senden des Headers jeder Botschaft. Die Slaves reagieren auf Anweisungen des Masters und senden eine Response oder führen Funktionsbefehle des Masters aus.

Fehlerfreies Oszillogramm der Spannung auf der LIN-Busleitung

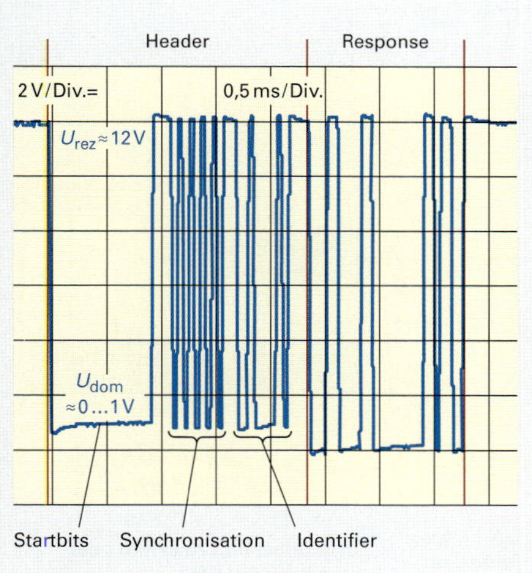

Datenprotokoll im LIN-Bussystem

Header	Er wird immer vom Master-Knoten gesendet. Der Header enthält die Startbits, die Synchronisation und den Identifier.
Startbits	Sie signalisieren allen Slave-Steuergeräten den Beginn einer neuen Botschaft.
Synchronisation	Sie ist eine Bitfolge zur Einstellung der Bitzeit in allen Knoten damit die Botschaft fehlerfrei gelesen werden kann.
Identifier (Botschaftskennzeichnung)	Er ist eine Zahl zur eindeutigen Erkennung der Botschaft. Auf Grund des Identifiers erkennt der entsprechende Slave, ob diese Botschaft für ihn bestimmt ist. Zusätzlich erhält er eine Information welchen Inhalt diese Botschaft enthält.
Response	Sie enthält die Nutzdaten und eine Checksumme zur Kontrolle der Übertragungsqualität. Die Response wird bei einer Anfrage nach Istwerten oder Diagnosedaten von dem angesprochenen Slave gesendet. Bei einer Anweisung zur Durchführung von Funktionen sendet das Master-Steuergerät die Response (z. B. Lüfter, Klimaanlage).

Spannungspegel im LIN-Bussystem

Rezessiver Pegel (U_{rez})	Der logische Wert dieses Zustandes (Bitwert) beträgt 1. An der Busleitung liegt Batteriespannung an. Der rezessive Pegel liegt auf den Datenbusleitungen an wenn kein Bit gesendet wird.
Fehlertoleranz	Beträgt der Spannungswert des rezessiven Pegels gemessen am Sender weniger als 80 % oder am Empfänger weniger als 60 % der Batteriespannung fällt das LIN-Bussystem aus.
Dominater Pegel (U_{dom})	Er liegt an wenn ein Knoten die Busleitung über einen Transistor mit Masse verbindet. Die Spannung auf der Busleitung beträgt ca. 0 … 1 V. Der logische Wert (Bitwert) beträgt 0.
Fehlertoleranz	Beträgt der Spannungswert des dominanten Pegels gemessen am Sender mehr als 20 % oder am Empfänger mehr als 40 % der Batteriespannung fällt das LIN-Bussystem aus.
Mögliche Ursachen von Toleranzabweichungen	• Mangelnde Plusversorgung der Steuergeräte (Übergangswiderstände) • Fehlerhafte Masseverbindung der Steuergeräte (Übergangswiderstände) • Übergangswiderstand bzw. Unterbrechung an der LIN – Busleitung (Spannungsabfall) • Kurzschluss der LIN-Busleitung nach Plus oder Masse • Defekter Busknoten (LIN-Master oder LIN-Slave).

E

Fehlersuchplan für Fehler am LIN-Bussystem

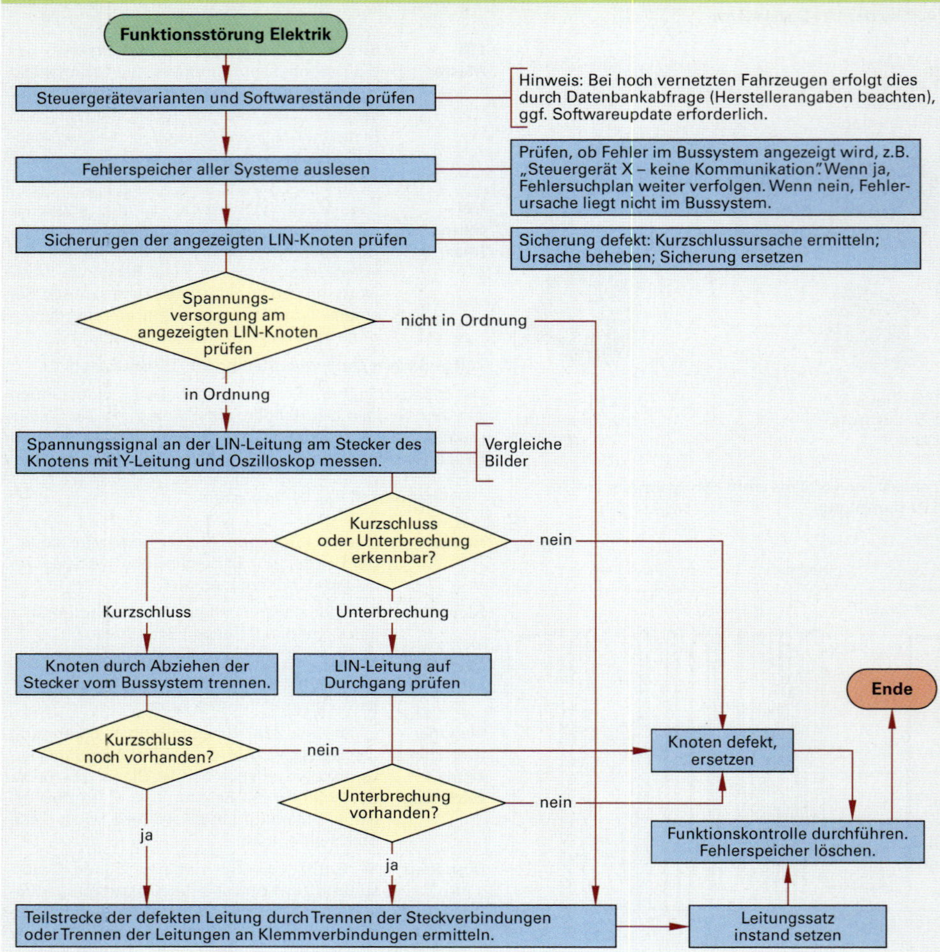

Kurzschluss zwischen LIN-Leitung und Masse

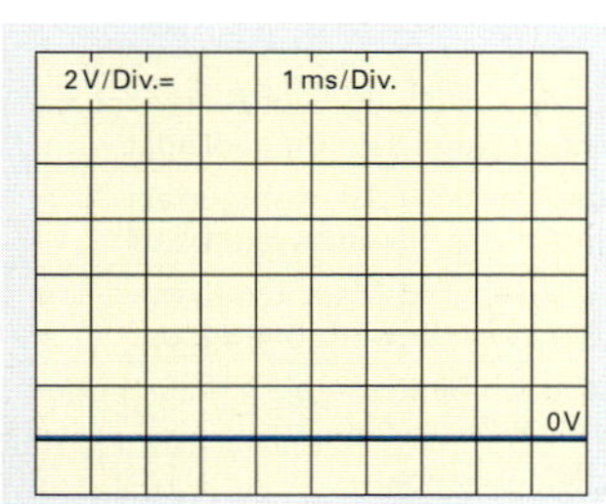

Fehlermerkmal:
LIN Signal = ca. 0 V

Kurzschluss zwischen LIN-Leitung und Batterie Plus oder Unterbrechung zum Master

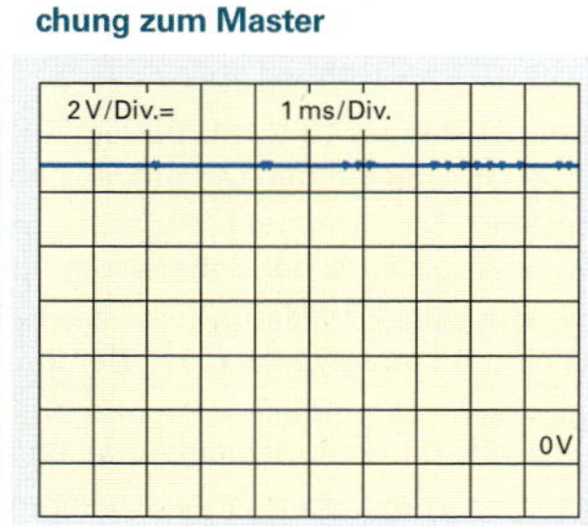

Fehlermerkmal:
LIN - Leitung = ca. 12 V

Unterbrechung zu einem oder mehreren LIN-Slaves

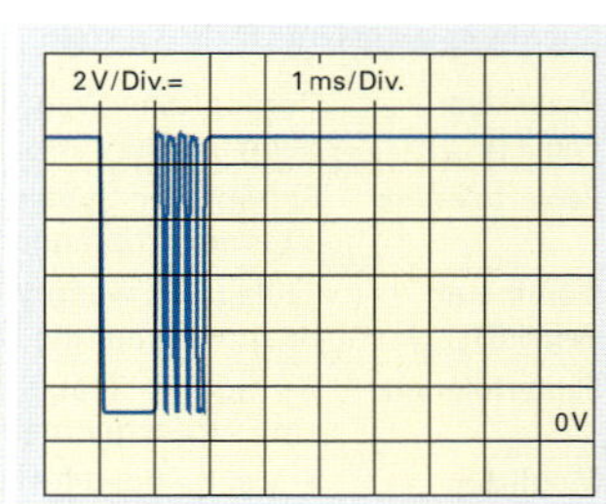

Fehlermerkmal:
Botschaften ohne Response sichtbar

E

Media Oriented Systems Transport (MOST)

Aufbau des MOST-Systems

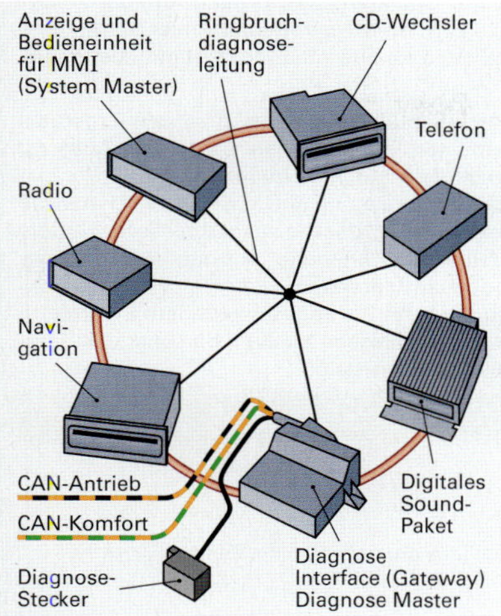

Anwendungen	Informations-, Kommunikations- und Unterhaltungssysteme.
System Master	Er hat die Aufgabe die Rahmen (engl. Frames) für die Übertragung der Daten aufzubauen und zu senden. Ohne System-Master erfolgt keine Kommunikation im MOST-System.
Diagnose Master	Er hat die Aufgabe die Kommunikation zwischen den MOST Steuergeräten und dem Diagnosegerät herzustellen. Der Diagnose Master führt zusätzlich die Ringbruchdiagnose durch.
Ringbruchdiagnoseleitung	Sie stellt zur Durchführung der Ringbruchdiagnose eine elektrische Verbindung aller Knoten im MOST-System mit dem Diagnose Master her.
Ringstruktur	**Vorteil**: Erhöhte Störsicherheit durch die Aufbereitung der Lichtwellen in jedem Steuergerät. **Nachteil:** Ausfall der Kommunikation bei fehlerhaftem Lichtwellenleiter oder Steuergerät.
Lichtwellenleiter	Er hat die Aufgabe die Lichtwellen zu übertragen. Er besteht aus Kunststoff. Im Lichtwellenleiter wird das physikalische Prinzip der Totalreflexion angewendet.

Aufbau des Lichtwellenleiters

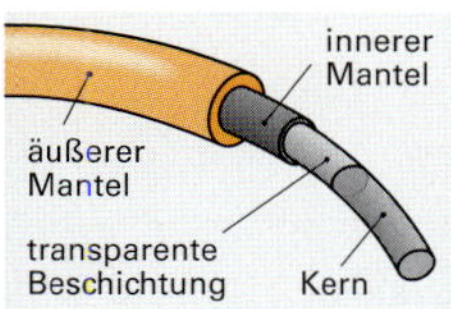

Der Lichtwellenleiter besteht aus einem Kern aus transparentem Polymethylacrylat (PMMA). Der Kern ist mit transparentem Material von geringerer optischer Dichte beschichtet. Dieser Aufbau ermöglicht die Übertragung der Lichtwellen durch das Prinzip der Totalreflektion. Der beschichtete Kern ist von einem inneren, schwarzen Mantel umhüllt, um das Eindringen von Licht aus der Umgebung zu verhindern. Zum Schutz vor mechanischen Beschädigungen und zur farblichen Kennzeichung wird der Lichtwellenleiter zusätzlich von einem, äußeren, farbigen Mantel umhüllt.

Ursachen erhöhter Dämpfung am Lichtwellenleiter

Ursache		Auswirkung	Instandsetzungsmaßnahme
Lichtwellenleiter geknickt		Der mindestzulässige Biegeradius von 25 mm ist unterschritten. Es findet keine Totalreflektion mehr statt. Die Lichtwellen treten aus dem Kern aus und werden vom inneren Mantel absorbiert (Leistungsverluste).	Leitungsverlegung korrigieren, ggf. Knickschutz einbauen. War Biegeradius geringer als 5 mm ist der beschädigte Lichtwellenleiter ganz oder teilweise zu ersetzen (Herstellerangaben beachten).
Mantel beschädigt		Die Lichtwellen treten aus dem Kern aus und gehen dadurch für die Übertragung verloren. Zusätzlich können Lichtwellen von außen eindringen und die Übertragung stören.	Leitungsverlegung auf scharfkantige Gegenstände (Bleche, Kanten) prüfen. Bei der Montage auf scharfkantige Durchbrüche, Bleche achten. Lichtwellenleiter ganz oder teilweise ersetzen (Herstellerangaben beachten).
Zerkratzte Stirnfläche		Die Lichtwellen brechen sich an den Kratzern in der Stirnfläche. Es kommt zu Leistungsverlusten.	Alten Crimp abschneiden und neuen Crimp anbringen. Bei zu geringer Leitungslänge Lichtwellenleiter ganz oder teilweise ersetzen (Herstellerangaben beachten). Berührung der Stirnfläche vermeiden.
Verschmutzung der Stirnfläche	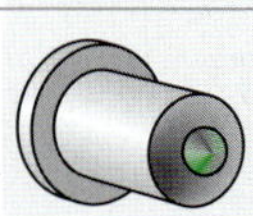	Die Lichtwellen werden durch die Verschmutzung gedämpft bzw. gebrochen. Es kommt zu Leistungsverlusten.	Keinen Reinigungsversuch unternehmen. Alten Crimp abschneiden und neuen Crimp anbringen. Bei zu geringer Leitungslänge Lichtwellenleiter ganz oder teilweise ersetzen (Herstellerangaben beachten).
Luftspalt zwischen Lichtwellenleiter und Anschluss	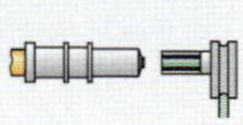	Im Luftspalt ist die Totalreflektion nicht wirksam. Es kommt zu Leistungsverlusten.	Stecker-Verrastung prüfen. Steckergehäuse auf Beschädigungen prüfen. Ggf. Steckergehäuse ersetzen. Bei zu geringer Leitungslänge Lichtwellenleiter ganz oder teilweise ersetzen (Herstellerangaben beachten).

E

Optisches Ersatzsteuergerät für MOST

Aufbau Das Ersatzsteuergerät enthält alle Komponenten, die zur Datenübertragung auf dem MOST System notwendig sind. Zur Spannungsversorgung wird das Ersatzsteuergerät mit einer 12 V Steckdose bzw. dem Zigarettenanzünder verbunden. Am Gehäuse befinden sich Leuchtdioden, die den Betriebszustand des Ersatzsteuergeräts anzeigen.

Funktionsweise Gelangen Lichtwellensignale an den Signaleingang des Ersatzsteuergerätes schaltet es sich selbstständig ein und sendet die Signale an seinem Ausgang weiter. Dies wird durch Aufleuchten der Leuchtdioden angezeigt.
Durch das Anschließen des Ersatzsteuergerätes an Stelle des möglicherweise defekten MOST Knotens kann dieses als Fehlerursache ausgeschlossen werden. Erfolgt nach dem Austausch eine fehlerfreie Datenübertragung, ist der ausgetauschte Knoten die Fehlerursache und ist zu ersetzen.
Hinweis. Die Ringbruchdiagnoseleitung muss bei angeschlossenem Ersatzsteuergerät am ersetzten MOST Knoten angeschlossen bleiben, da sonst das Ringbruchdiagnoseergebnis „elektrischer Fehler" anzeigt.

Fehlersuchplan für Fehler am MOST-System

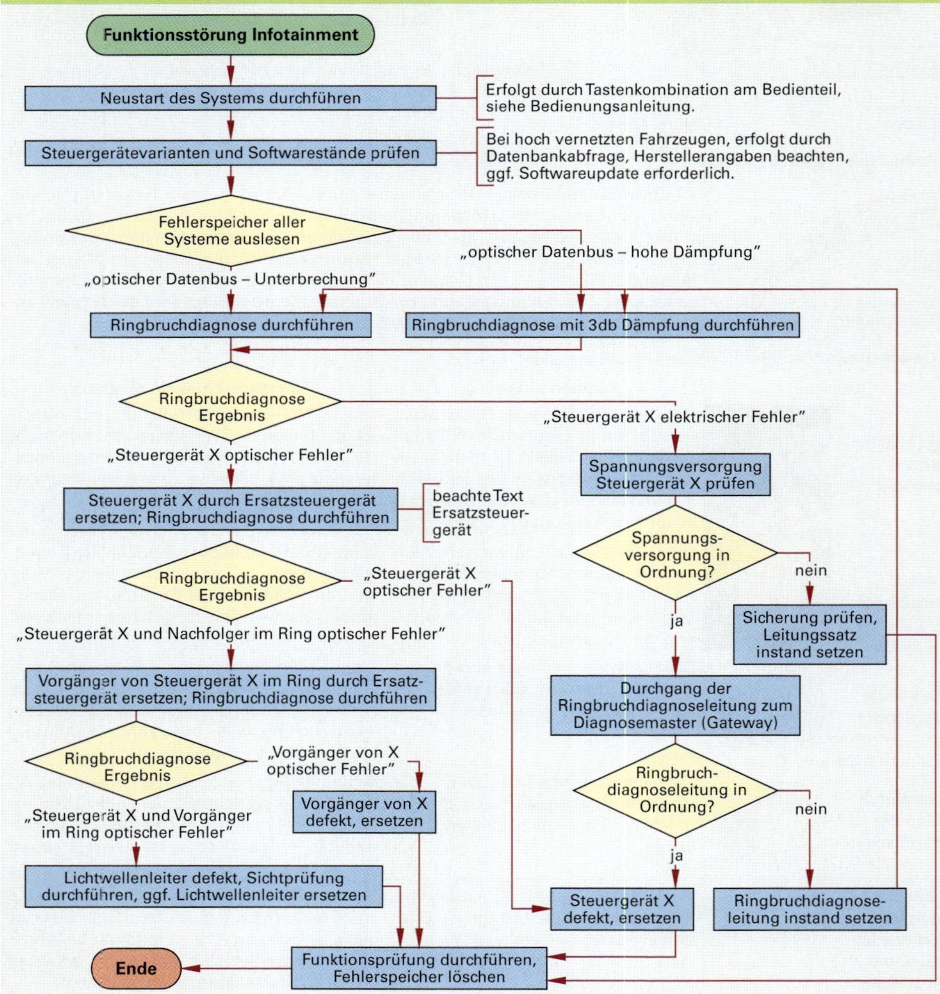

E

Geschwindigkeits- und Abstandsregelsysteme

Bezeichnung	Funktionsbeschreibung
Geschwindigkeitsregelanlage (GRA, Tempomat, Cruise Control, CC)	Eine vorgewählte Mindestgeschwindigkeit des Fahrzeugs wird automatisch beibehalten.
Geschwindigkeitsregelanlage mit Bremsfunktion (Dynamic Cruise Control, DCC)	Eine vorgewählte Mindestgeschwindigkeit des Fahrzeugs wird automatisch beibehalten. Auf einem Gefälle steuert das System die Bremse an, um ein ungewolltes Beschleunigen des Fahrzeugs zu verhindern.
Adaptive Geschwindigkeitsregelung (Adaptive Cruise Control, ACC)	Sie passt Geschwindigkeit und Abstand zum vorausfahrenden Fahrzeug innerhalb eines herstellerabhängigen Bereichs (z.B. zwischen 30 km/h und 200 km/h) der aktuellen Verkehrssituation an.
Adaptive Geschwindigkeitsregelung mit Stop&Go-Funktion (ACC Stop&Go, ACCplus)	Geschwindigkeit und Abstand zum vorausfahrenden Fahrzeug werden von 0 km/h bis z.B. 200 km/h automatisch der aktuellen Verkehrssituation angepasst, auch bei Verkehrsstau (Anfahren, Schrittfahren).

Adaptive Fahrzeuggeschwindigkeitsregelung ACC

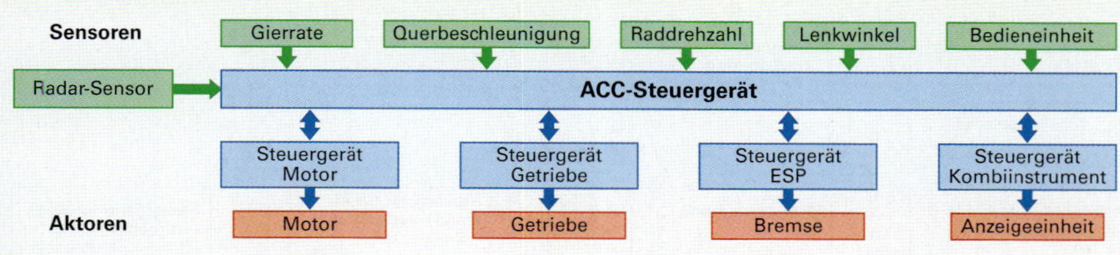

Komponenten

- Radar-, Gierraten-, Querbeschleunigungs-, Raddrehzahl-, und Lenkwinkelsensor
- ACC-Steuergerät mit Zugriff auf Steuergeräte für Motor, Getriebe, Bremsen und ESP einschließlich Sensoren und Anzeigeeinheit
- Bedien- und Anzeigeelemente in der Instrumententafel

Wirkungsweise

Folgefahrt: Mit Hilfe des Radarsensors werden die Geschwindigkeit und der Abstand zum vorausfahrenden Fahrzeug fortlaufend ermittelt. Zur Erkennung der eigenen Fahrsituation, z.B. bei Kurvenfahrt, werden die weiteren, oben genannten Sensoren benötigt. ACC passt die Fahrgeschwindigkeit über Eingriffe in das Motor- und Getriebemanagement und in das Bremssystem (ESP) an das vorausfahrende Fahrzeug an.

Freifahrt: Bei freier Fahrbahn beschleunigt das Fahrzeug auf die vorgewählte Geschwindigkeit und behält sie bis zum Auftreten eines Hindernisses bei.

Adaptive Geschwindigkeitsregelung mit Stop&Go-Funktion

Aufbau und Wirkungsweise

Das System entspricht weitgehend dem ACC. Für die Abstandserfassung im Nahfeld des Fahrzeuges nutzt es weitere Sensoren wie z B. Ultraschallsensoren oder Videokameras. Es kann nur in Fahrzeuge mit Automatikgetriebe eingebaut werden.

Werkstatthinweis: Justierung des Radarsensors

Der Radarsensor muss auf die geometrische Fahrachse des Fahrzeugs ausgerichtet sein. Eine Neuausrichtung des Radarsensors ist durchzuführen nach:

- Austausch des Sensors
- Fahrwerksvermessung/-einstellung der Hinterachse
- Frontschaden

Prüfvoraussetzungen:

- Beladung nach Herstellervorgabe
- Reifendruck i.O.
- Luftfahrwerk: Niveau für Normalfahrt

Mit Hilfe der Messaufnehmer des Achsmesscomputers wird der Spiegel der Einstellvorrichtung rechtwinkelig auf die geometrische Fahrachse des Fahrzeugs ausgerichtet. Nach Vorgabe des Diagnosetesters wird der Sensor ausgerichtet.

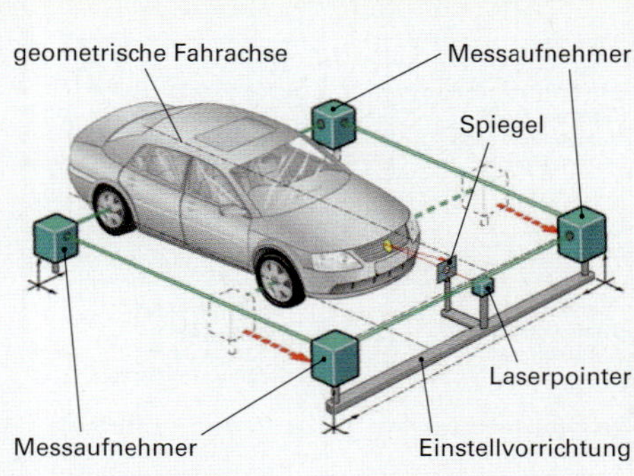

E

Adaptive Geschwindigkeitsregelung mit Stop & Go-Funktion (ACC-Stop & Go, ACC+)

Die Topologie enthält die Komponenten (Steuergeräte, Sensoren und Aktoren), die bei einer komplexen adaptiven Geschwindigkeitsregelanlage mit Stop & Go-Funktion beteiligt sind. Unter der jeweiligen Komponentenbezeichnung sind stichpunktartig die wesentlichen Informationen benannt, die von dieser Komponente gesendet oder empfangen werden.

Das dargestellte ACC-System arbeitet zur besseren Objekterkennung mit zwei Radarsensoren und zwei Steuergeräten (Master/Slave). Für die erweiterte Funktionalität „Stop & Go" erfolgt der Zugriff auf zusätzliche Systeme, wie z.B. Frontkamera, Spurwechselassistent, Feststellbremse ...

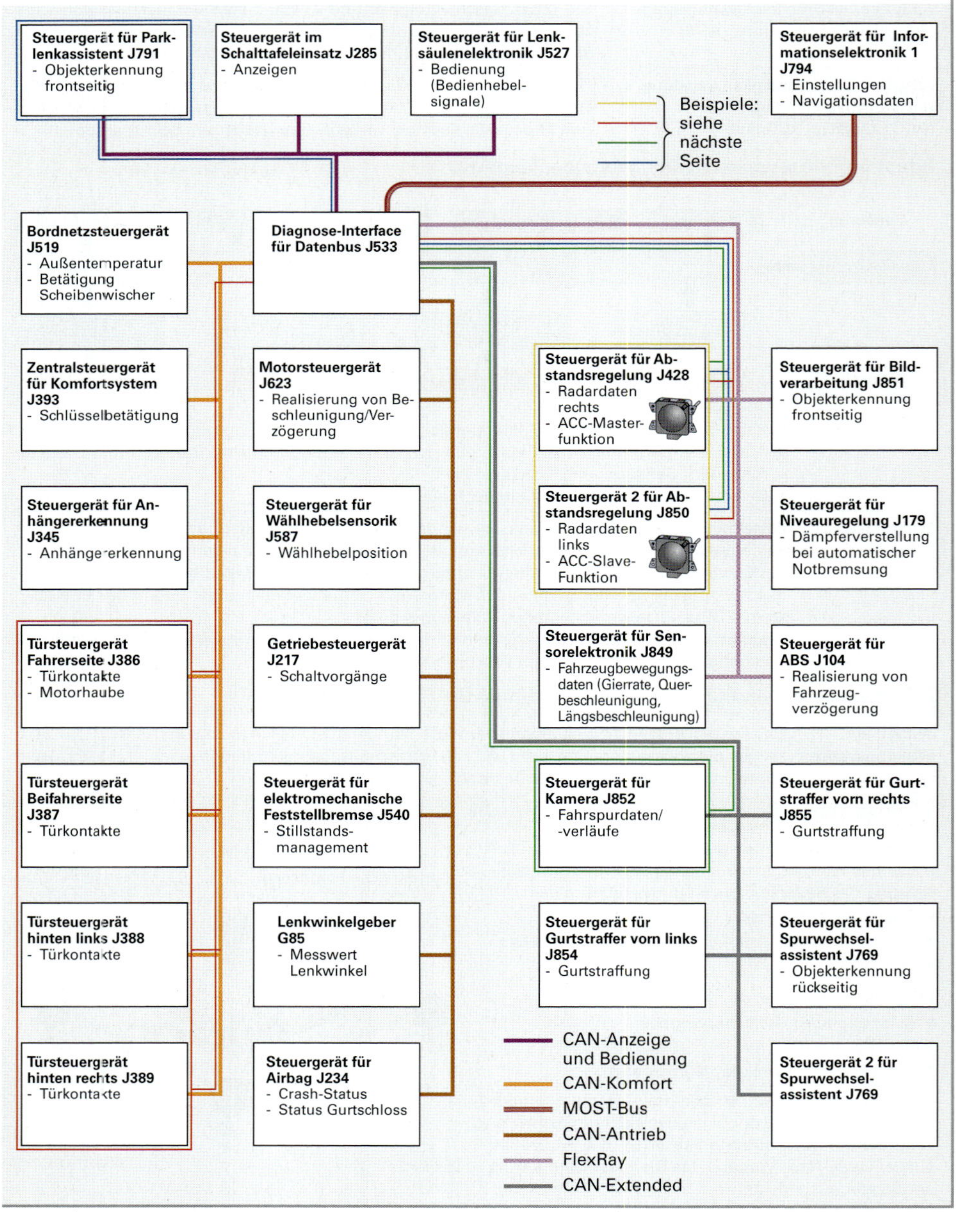

Adaptive Geschwindigkeitsregelung mit Stop & Go-Funktion (ACC+)

Erläuterungen und Beispiele zur ACC+-Topologie (vorherige Seite)

Komponenten	Informationen/Aufgaben	Reaktion des ACC+Systems
▪ Steuergerät für Abstandsregelung J428, ACC-Master ▪ Steuergerät 2 für Abstandsregelung J850, ACC-Slave Einbauort: Die Steuergeräte befinden sich im Gehäuse des rechten bzw. linken Radarsensors. 	Die beiden Steuergeräte erhalten von den Radarsensoren Informationen über Abstand und Geschwindigkeit des vorausfahrenden Fahrzeugs. Durch den Einsatz des zweiten Radarsensors wird der Abdeckwinkel im Erkennungsbereich vergrößert (z.B. von 16° auf 42°). Das Master-Steuergerät wertet alle relevanten Daten aus, um die Fahrsituation eindeutig zu erfassen, und steuert z. B. das Motorsteuergerät J623 zur Fahrzeugbeschleunigung oder -verzögerung an.	Fällt einer der Radarsensoren oder eines der beiden Steuergeräte aus, so wird das ACC+System deaktiviert. 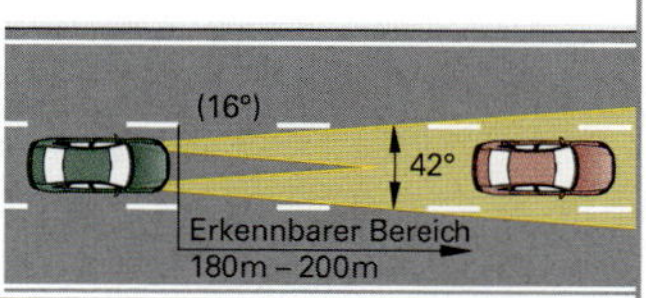
▪ Türsteuergerät Fahrerseite J386 ▪ Türsteuergerät Beifahrerseite J387 ▪ Türsteuergerät hinten links J388 ▪ Türsteuergerät hinten rechts J389	Diese Steuergeräte liefern die Information, ob alle Türen geschlossen sind.	Wird z.B. während einer Stand-Phase im Stop-and-Go-Betrieb eine Tür geöffnet, so wird das System deaktiviert. Dies verhindert, dass sich das Fahrzeug während des Aussteigens in Bewegung setzt, sobald das vordere Fahrzeug die Fahrt fortsetzt.
▪ Steuergerät für Kamera J852 ▪ Steuergerät für Bildverarbeitung J851 Einbauort: Frontscheibe mittig oben. 	Die Kamera liefert kontinuierlich Fahrbahnbilder. Im Steuergerät J852 werden diese so aufbereitet, dass das System erkennt ... • auf welcher Fahrbahn sich das Fahrzeug befindet. • wie der Fahrbahnverlauf ist. • ob sich Objekte auf der Fahrbahn befinden.	Bei Ausfall der Kamera oder der Steuergeräte J851 bzw. J852 wird das System deaktiviert.
▪ Steuergerät für Parkassistent J791	Dieses Steuergerät liefert die Daten der Nahfelderkennung, die es aus den frontseitig montierten Ultraschallsensoren erhält und aufbereitet.	Bei einer Störung des Parkassistent-Systems wird das ACC+System deaktiviert, da es die für den Stop-and-Go-Betrieb benötigten Nahfelddaten nicht mehr erhält.

Die Abbildung stellt exemplarisch den Informationsfluss für folgende Betriebssituation dar: Das Fahrzeug hat sich mit aktiviertem ACC+ einem Stauende genähert und wurde durch das System bis zum Stillstand abgebremst. Sobald das Fahrzeug steht, steigt der Fahrer aus, um etwas aus dem Kofferraum zu holen.

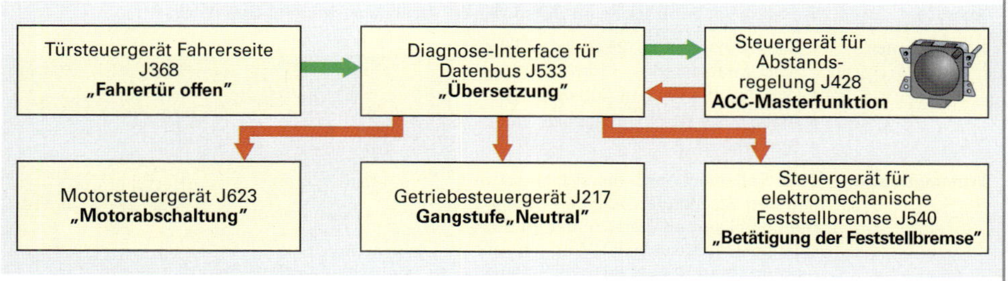

Informationsfluss: Das Türsteuergerät J386 erkennt: „Fahrertür ist offen" ⇒ Das Diagnose-Interface J533 übersetzt diese Nachricht und sendet sie an das ACC-Master-Steuergerät J428 ⇒ Das Steuergerät J428 verarbeitet die Information und sendet als Reaktion über das Diagnose-Interface J533 (Übersetzer) an ...
⇒ das Motorsteuergerät J623 den Befehl: **„Motor abschalten!"**
⇒ das Getriebesteuergerät J217 den Befehl: **„Gangstufe Neutral einlegen!"**
⇒ das Steuergerät für die elektromechanische Festestellbremse J540 den Befehl **„Feststellbremse betätigen!"**

E

Spurhalteassistent (Lane Assist, Lane Departure Warning, LDW)

Aufgabe

Warnung des Fahrers bei nicht beabsichtigtem Spurwechsel auf Schnellstraßen und Autobahnen, z. B. $v > 30$ km/h.

Komponenten

- Infrarotsensoren (30 MHz) oder Videokamera
- Ein-/Ausschalter
- Kontrollleuchte/Display
- Steuergerät
- Lautsprecher für Warnton
- Vibratoren im Fahrersitz oder Lenkrad

Wirkungsweise

Nähert sich das Fahrzeug bei nicht betätigtem Fahrrichtungsanzeiger einer Fahrbahnmarkierung, so wird der Fahrer vom System gewarnt. Dies geschieht akustisch durch einen Warnton oder durch ein Vibrieren des Fahrersitzes bzw. des Lenkrades.

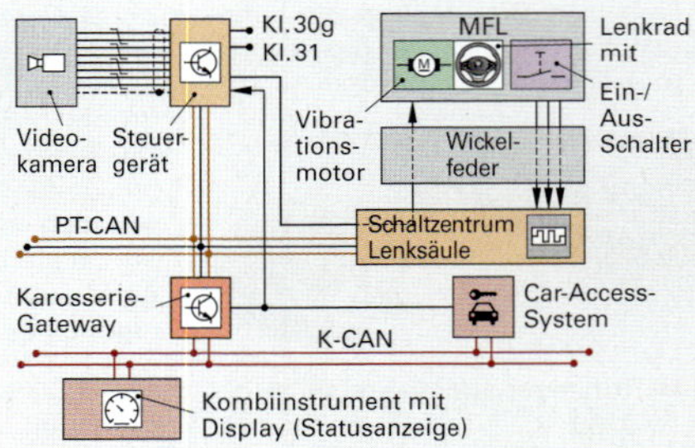

Funktionseinschränkungen

- Ältere Systeme, die mit Infrarotsensoren oder einer Grausstufen-Videokamera arbeiten, erkennen nur weiße Fahrbahnmarkierungen.
- Je nach System werden eine oder zwei Fahrbahnmarkierungen benötigt. Die Mindestfahrbahnbreite beträgt meist 2,1 m.
- Bei nicht eindeutiger Kennzeichnung (Baustellenbereich, Fehlen der Markierungen) schaltet sich das System ab.
- Bei Schnee, Nebel oder starkem Regen ist keine sichere Erkennung der Fahrbahnmarkierung möglich, das System schaltet sich aus.

Aktiver Spurhalteassistent

Das System ist zusätzlich in der Lage, die Fahrtrichtung des Fahrzeugs selbstständig zu beeinflussen, falls der Fahrer auf die Warnsignale nicht reagiert.

Die Änderung der Fahrtrichtung kann erfolgen durch:

- ESP-Bremseingriff
- Lenkeingriff mit Hilfe der elektromechanischen Lenkung.

Hinweis: Die durch das System erzeugte Fahrtrichtungsänderung kann vom Fahrer mit einer geringen Handkraft übersteuert werden, um z.B. in einer Gefahrensituation ausweichen zu können.

Spurwechselassistent (Spurwechselwarnung, Totwinkelassistent)

Aufgabe

Warnung vor Fahrzeugen im „Toten Winkel" bei beabsichtigtem Spurwechsel.

Komponenten

- Radarsensoren (ca. 25 GHz – 77 Ghz), Reichweite ca. 50 m – 70m
- Warnleuchten in den Außenspiegeln
- Akustischer Warnsignalgeber
- Steuergerät

Wirkungsweise

Zwei Radarsensoren, die sich meist im hinteren Stoßfänger befinden, überwachen den Fahrbahnbereich, der im Rückspiegel nicht zu sehen ist. Wird ein Fahrzeug im toten Winkel erkannt, so leuchtet die Warnleuchte im betreffenden Außenspiegel auf. Bei Betätigung des Blinkers blinkt die Warnleuchte, es ertönt ein Warnsignal und ggf. erfolgt ein Lenkeingriff. Bei Anhängerbetrieb ist das System deaktiviert.

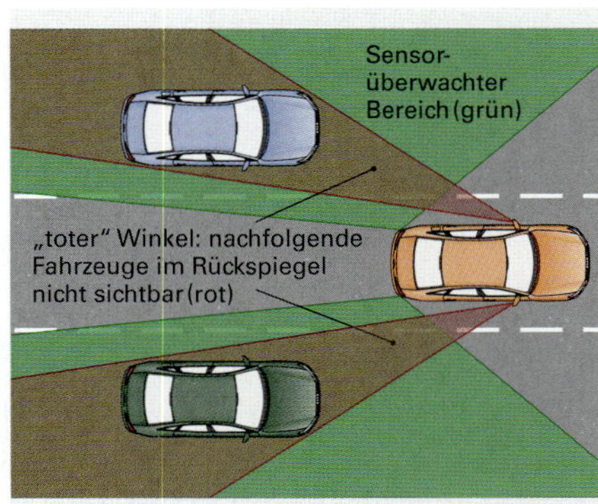

E

Einparkhilfe (Park Distance Control, PDC)

Aufgabe
Warnung des Fahrers, bevor es beim Einparken zur Berührung mit einem Hindernis kommt.

Komponenten
- Ultraschallsensoren an Front und Heck des Fahrzeugs
- Akustischer Signalgeber
- Optische Anzeigeeinheit oder Anzeige im Multifunktionsdisplay (optional)
- Steuergerät

Wirkungsweise
Die PDC-Sensoren werden nacheinander reihum angesteuert und senden Ultraschallsignale (f = 43,5 kHz) aus. Anschließend werden sie vom Steuergerät auf Empfang umgeschaltet und nehmen die von Hindernissen reflektierten Schallwellen auf.

Aus den Laufzeiten der Echosignale berechtet das Steuergerät Abstand und Lage zum Hindernis (Echolot-Verfahren).

Bei zu geringem Abstand warnt das System den Fahrer. Je schneller der Warnton wiederholt wird, desto geringer ist der Abstand zum Hindernis.

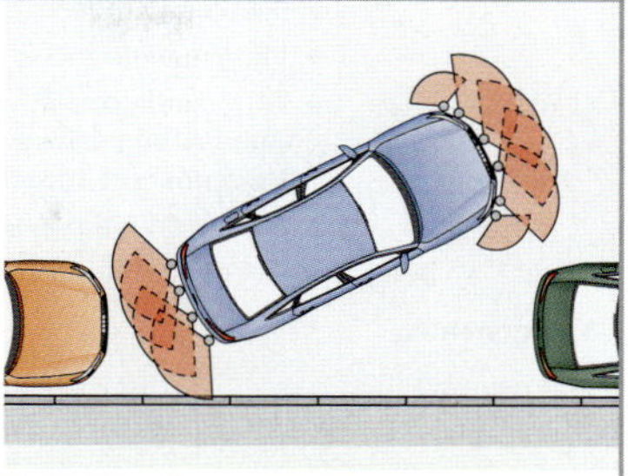

Einparkassistent, Aktiver Einparkassistent

Aufgabe
Vermessung der Parklücke; Anzeige, ob Parken möglich ist; ggf. Unterstützung beim Einparken.

Komponenten
Wie bei der Einparkhilfe (PDC), zusätzlich:
- Seitliche Ultraschallsensoren
- ggf. Elektromechanische Lenkanlage.

Wirkungsweise
Einparkassistent. Durch die seitlich angebrachten Ultraschallsensoren wird die Parklücke während der Vorbeifahrt (v < 30 km/h) ausgemessen. Der seitliche Abstand muss dabei zwischen 0,5 m und 1,5 m liegen.

Ist der Parkraum ausreichend, so wird der Weg, den der Fahrer fahren soll, in Abhängigkeit vom Einschlagwinkel der Vorderräder im Multifunktionsdisplay angezeigt.

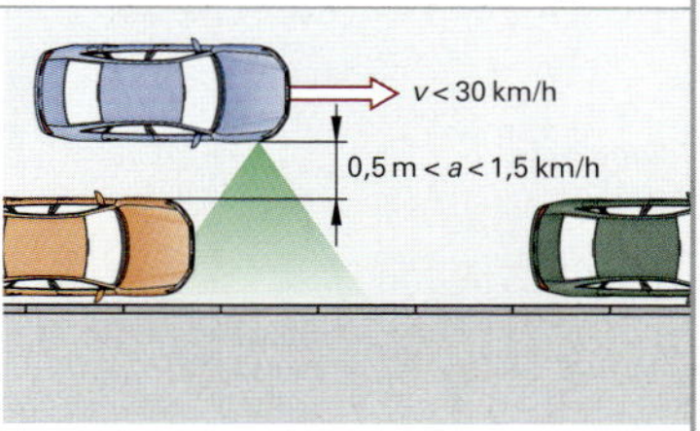

Aktiver Einparkarkassistent. Er unterstützt den Fahrer aktiv beim Einparkvorgang.

Das System
- erkennt geeignete Parklücken (wie der Einparkassistent, s. o.).
- schwenkt mit Hilfe der elektromechanischen Lenkung die Vorderräder in die für das Einparken optimale Stellung.
- fordert den Fahrer über das Multifunktionsdisplay zum Einlegen des 1. Ganges oder des Rückwärtsganges auf.
- fordert den Fahrer zum Betätigen des Fahrpedals oder des Bremspedals auf.

Kamerabasierte Einparkhilfen (Rückfahrkamera, Umgebungsdarstellung)

Aufgabe
Darstellung der rückwärtigen bzw. vollständigen Umgebung des Fahrzeugs.

Wirkungsweise
Rückfahrkamera. Sie ist meist in die Griffleiste der Heckklappe integriert und erfasst den Bereich unmittelbar hinter dem Fahrzeug.

Sobald der Rückwärtsgang eingelegt wird, erscheint das Bild auf dem Multimedia-Display oder (z. B. bei Nachrüstsystemen) auf einem Zusatzmonitor.

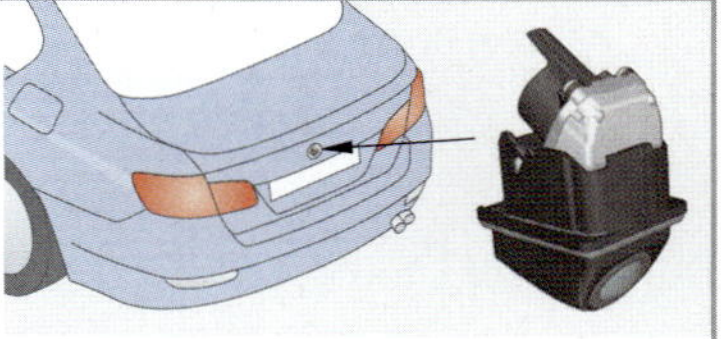

Umgebungsdarstellung, Surround-View.
Die Videobilder von Front-, Seiten- und Heckkameras werden durch ein Bildverarbeitungssteuergerät so zusammengefügt, dass das Fahrzeug auf dem Multimedia-Display einschließlich der aktuellen Umgebung aus der Vogelperspektive dargestellt wird. Hindernisse werden rot markiert. Zusätzlich wird der Fahrweg, der dem aktuellen Lenkradeinschlag entspricht, eingeblendet. Führt dieser zu einer Kollision mit einem Hindernis, erscheint er rot. Dann wird der vom Steuergerät als optimal erkannte Fahrweg ebenfalls eingeblendet (grün).

Hinweis
Radarsensoren und Videokameras der Einparkhilfen müssen nach Austausch oder Reparaturarbeiten an der Karosserie nach Herstellervorgaben kalibriert werden.

Aktiver Einparkassistent (Parklenkassistent), Systemübersicht

Funktionen

- Vermessung von Parklücken beim Vorbeifahren ($v < 30$ km/h)
- Anzeigen geeigneter Parklücken

Längsparken

- Einparken auch in kurze Parklücken (Fahrzeuglänge + 0,8 m)
- Längsparken in Kurven (Kurvenradius < 20 m)
- Längsparken relativ zu einem Bordstein Die Ausrichtung erfolgt je nach Situation am Bordstein oder an anderen geparkten Fahrzeugen.
- Parken an einer Wand
- Ausparkunterstützung (Fzg.-Länge + 0,5 m)

Querparken

- Einparken auch in schmale Parklücken (Fahrzeugbreite + 0,7 m)
- Das Einparken erfolgt mittig in die Parklücke.
- Bei Parklückenbreite > Fahrzeugbreite + 2,3 m: Ausrichtung des Fahrzeugs in einem Abstand von 0,75 m zum benachbarten Fahrzeug.

Komponenten

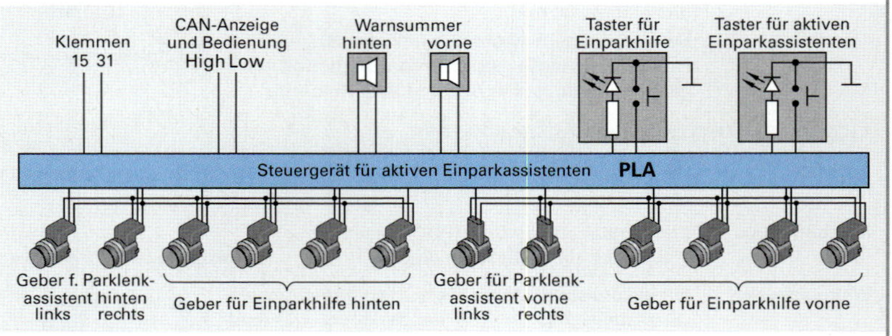

Topologie

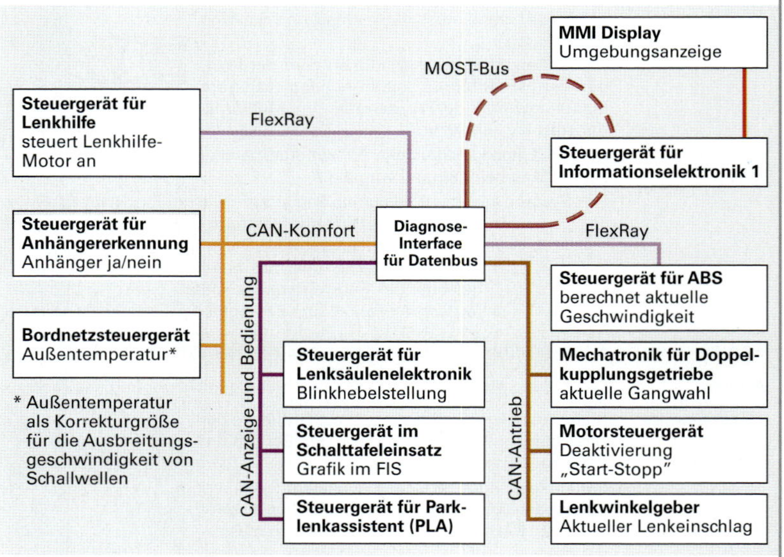

E

Informationsfluss am Beispiel „Längseinparken":
Steuergerät PLA erkennt nach Auswertung der Sensorsignale geeignete Parklücke (Fahrzeuglänge + 0,8 m) ⇒ Meldung an Fahrer im FIS ⇒ Fahrer bremst das Fahrzeug ab, betätigt den „Taster für den aktiven Einparkassistenten" ⇒ Steuergerät berechnet den optimalen Einpark-Fahrweg und zugehörigen Lenkeinschlag ⇒ Darstellung des Fahrwegs auf MMI-Display, Ansteuerung „Steuergerät für Lenkhilfe" ⇒ Ansteuerung Lenkhilfemotor; Ansteuerung „Mechatronik für Doppelkupplungsgetriebe" ⇒ aktuelle Gangwahl (Vorwärts-/Rückwärtsgang); Über das FIS wird der Fahrer aufgefordert, Fahr- oder Bremspedal zu betätigen.

Vollautomatischer Einparkassistent: Steuergerät steuert auch Einspritzung und Bremsanlage.

Automatisches Notrufsystem (eCall)

Aufgabe

Automatische Alarmierung des Rettungsdienstes (112) unmittelbar nach einem schweren Unfall. Ziel: Verkürzung der Zeit bis zum Eintreffen der Rettungskräfte um bis zu 60%.

Komponenten

- eCall-Steuergerät
- Mobilfunkeinheit mit SIM-Karte
- Notfalltaste
- Mobilfunkantenne

Wirkungsweise

Über den Zugriff auf Daten der Crash-Sensoren des Airbag-Systems und auf z.B. ESP-Daten erkennt das eCall-Gerät, dass sich ein schwerer Unfall ereignet hat.

Das System meldet:
- GPS-Koordinaten
- Unfallzeitpunkt
- Fahrzeugtyp
- Treibstoff
- Fahrtrichtung
- Anzahl der Insassen

über eine Mobilfunkverbindung an die Rettungsdienstleitzentrale 112.

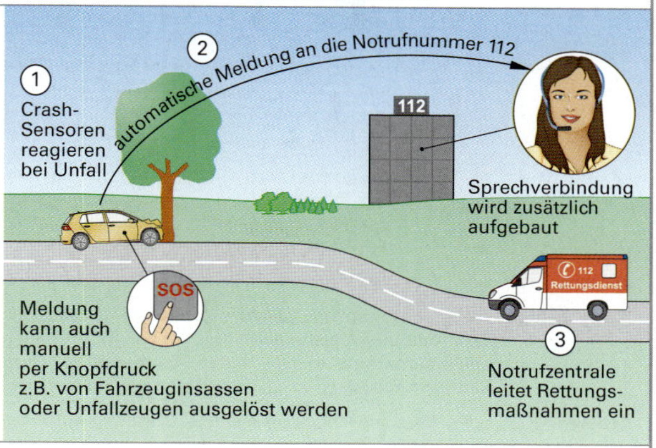

Hinweise

- Das System ist in der EU ab dem 01.03.2018 für alle Neufahrzeuge vorgeschrieben.
- Laut EU-Datenschutzklausel dürfen Positionsdaten sowie weitere Daten ausschließlich im Notfall übermittelt und nicht gespeichert werden.

Verkehrszeichenerkennung (Sign Assist)

Aufgabe

Erkennung von Verkehrszeichen am Fahrbahnrand und deren Darstellung im Instrumentenkombi.

Komponenten

- Steuergerät
- Hochauflösende Kamera

Zugriff auf Display im Instrumentenkombi bzw. Head-Up-Display (falls vorhanden).

Wirkungsweise

Hochauflösende Videokamera. Sie befindet sich im Fuß des Rückspiegels an der Windschutzscheibe und überwacht den Bereich vor dem Fahrzeug.

Steuergerät. Es wertet die Bilder aus und erkennt wichtige Verkehrszeichen, insbesondere:
- Geschwindigkeitsbeschränkungen
- Überhohlverbote
- Zusatztafeln (Witterung, zeitl. Beschränkung)

Display des Kombiinstruments. Hier werden die erkannten Verkehrszeichen dargestellt, damit der Fahrer über die aktuell geltenden Beschränkungen informiert bleibt.

Head-Up Display

Aufgabe

Projektion wichtiger Fahrinformationen (z.B. Geschwindigkeit, Verkehrszeichen, Richtungs- oder Abstandssymbole) in das Sichtfeld des Fahrers

Wirkungsweise

Die Head-Up Display-Einheit befindet sich hinter dem Kombiinstrument. Im Inneren erzeugt ein Projektor (Beleuchtungseinheit, TFT-Display) ein Bild der Daten, die dem Fahrer angezeigt werden sollen. Dieses virtuelle Bild wird über Umlenkspiegel so in die Windschutzscheibe projeziert, dass es gut ablesbar im Fahrersichtfeld erscheint.

Hinweis

Nach Austausch der Windschutzscheibe oder Arbeiten an der Armaturentafel ist das System nach Herstellervorgaben neu zu kalibrieren.

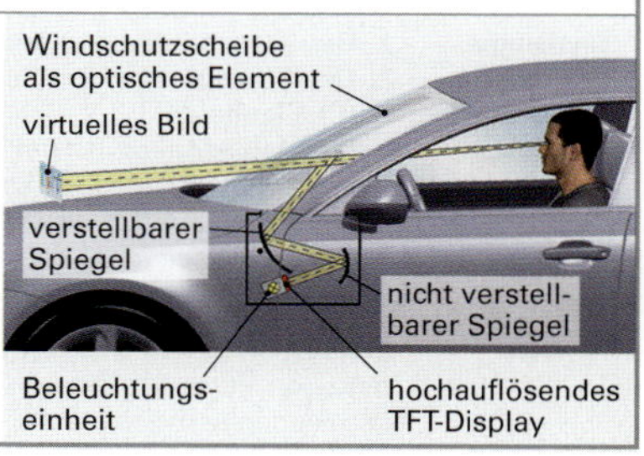

E

Diebstahlschutzsystem

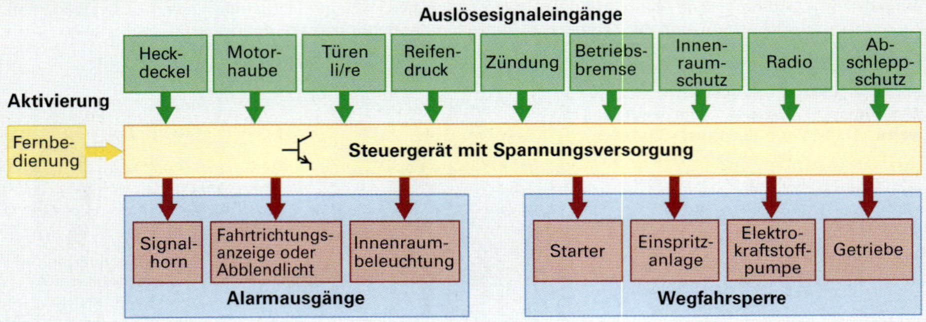

Aufgabe	Das Diebstahlschutzsystem schützt Fahrzeug und Fahrzeugteile gegen unbefugte Benutzung.
Komponenten	**Diebstahlwarnanlage (DWA)** informiert optisch und akustisch. **Elektronische Wegfahrsperre** greift in das Motormanagement ein und verhindert den Motorstart. **Innenraumschutz** überwacht den Innenraum mit Infrarot oder Ultraschall. **Rad- und Abschleppschutz** löst Alarm aus, beim Versuch das Fahrzeug abzuschleppen.
Aktivierung	Sie erfolgt nur bei ausgeschalteter Zündung durch die Fernbedienung.
Alarm-auslösung	Mit dem Aktivieren des Diebstahlschutzsystems, beginnt eine zyklische Abfrage aller Alarmeingänge innerhalb von ca. 10 s bis 20 s. So wird sichergestellt, dass Türen und Fenster geschlossen sind. Danach sind alle Eingänge alarmbereit. Tritt an den Eingängen eine Veränderung ein, wird über ein Massesignal der Alarm ausgelöst und ein Starten des Motors verhindert.
Deaktivierung	Sie erfolgt durch das Betätigen der Entriegelungstaste der Fernbedienung.

Elektronische Wegfahrsperre (EWS)

vgl. StVZO §38 a

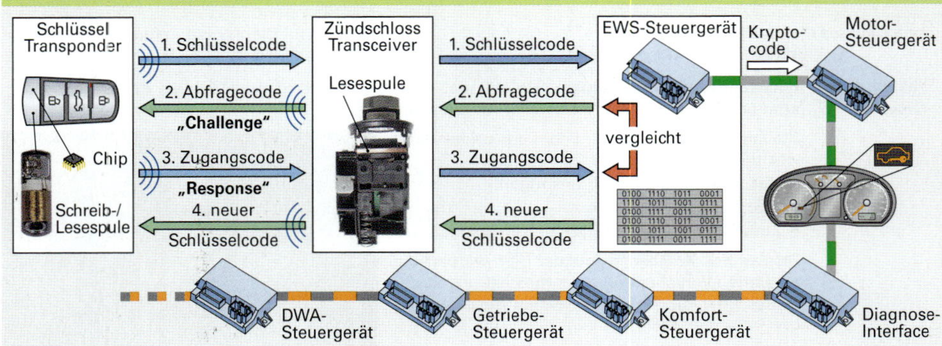

Aufgabe	Die EWS ist für Pkw seit 1995 vorgeschrieben. Sie ist Teil des Diebstahlschutzsystems und verhindert, dass unberechtigte Personen das Fahrzeug in Betrieb setzen können.
Aufbau	• Transponder im Schlüssel/ in der Chipkarte • Lesespule am Zündschloss (Transceiver) • EWS-Steuergerät und Kontrollleuchte • Motorsteuergerät mit Freigabeeinrichtung
Challenge-Response-Authentifizierung	1. Der Transponder sendet den Schlüsselcode zum Transceiver und zum EWS-Steuergerät. 2. Der Transponder im Schlüssel erhält daraufhin vom EWS-Steuergrät den Abfragecode (Challenge). 3. Im Transponder wird der Zugangscode berechnet und zum Steuergerät geschickt (Response). • Ist der Zugangscode korrekt, erfolgt die Freigabe aller angeschlossenen Systeme. • Wird innerhalb von 15 Sekunden kein korrekter Zugangscode übermittelt ertönt die DWA. 4. Der Schlüssel erhält nach der Authentifizierung einen neuen, einmaligen Schlüsselcode.
Werkstatt-hinweis:	Werden Komponenten der EWS (Steuergerät, Zünd- oder Türschloss, Schlüssel etc.) getauscht, müssen diese neu angelernt werden. Hierzu ist eine Online-Verbindung des Diagnosetesters zur zentralen Hersteller-Datenbank notwendig. Beim Anlernen von neuen Schlüsseln ist zu beachten, dass neben dem Ersatzschlüssel auch alle verbliebenen Schlüssel neu angelernt werden müssen.

E

Heizungssysteme

Heizungssysteme sind von der Art der Motorkühlung abhängig.

Luftgekühlte Motoren

Ein Teil der Gebläseluft wird abgezweigt, über Wärmetauscher in den Auspuffleitungen erwärmt und in den Innenraum geleitet.

Heiztemperaturänderung. Sie erfolgt über die Änderung der Warmluftmenge, die in den Innenraum geleitet wird.

Flüssigkeitsgekühlte Motoren

Wärme der Kühlflüssigkeit wird zur Heizung des Innenraums verwendet.

Kühlwassermengensteuerung (wasserseitig)

Heiztemperaturänderung. Die Kühlwassermenge, die den Wärmetauscher durchfließt, wird über ein Ventil gesteuert.

Frischluftmengensteuerung (luftseitig)

Heiztemperaturänderung. Die Frischluftmenge, die den Wärmetauscher umströmt, wird durch eine Klappe verändert.

Zusatzheizsysteme

Aufgaben

- Schnelles Erreichen der Betriebstemperatur gewährleisten, z.B. bei direkteinspritzenden Dieselmotoren.
- Fahrzeuginnenraum ausreichend erwärmen.

Bauarten	Merkmale
Brennstoff-Zuheizer	In ihm wird der Kühlflüssigkeit zusätzlich Wärme dadurch zugeführt, in dem Benzin, Diesel oder Gas in einer von Kühlflüssigkeit umströmten Brennkammer verbrannt wird.
Elektrischer Zuheizer	Glühstiftähnliche Heizkörper, die elektrisch beheizt werden, sind in den Kühlmittelkreislauf eingebaut und führen der Kühlflüssigkeit zusätzlich Wärme zu.
Abgas-Wärme-übertrager	In ihm wird die Wärme der Abgase an die Kühlflüssigkeit übertragen. Diese zusätzliche Wärme kann zur Beheizung des Innenraums verwendet werden.
PTC-Zuheizer	Keramische Halbleiterwiderstände (PTC-Steine) sind dem Wärmetauscher nachgeschaltet und erwärmen zusätzlich die in den Innenraum strömende Luft.

Klimatisierung von Kraftfahrzeugen

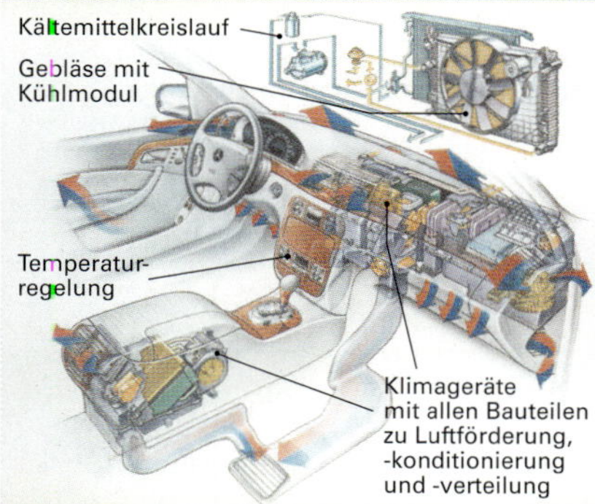

Anforderungen an Klimatisierungseinrichtungen im Kfz:

- Fahrgastzelle schnell auf eine angenehme Temperatur erwärmen oder abkühlen. Angenehme Temperatur bei jeder äußeren Witterung aufrechterhalten.
- Für jeden Insassen eine angenehme Luftströmung und Lufttemperatur erzeugen.
- Luftqualität verbessern.
- Einfache Bedienung.
- Keine Belästigung durch ausströmende Luft.
- Entfeuchtung der Fahrzeuginnenraumluft.

Komponenten einer Klimaanlage

- Luftführung im Kraftfahrzeug und Heizmöglichkeit, evtl. Zusatzheizsysteme
- Kältemittelkreislauf
- Temperaturregelung.

Luftführung

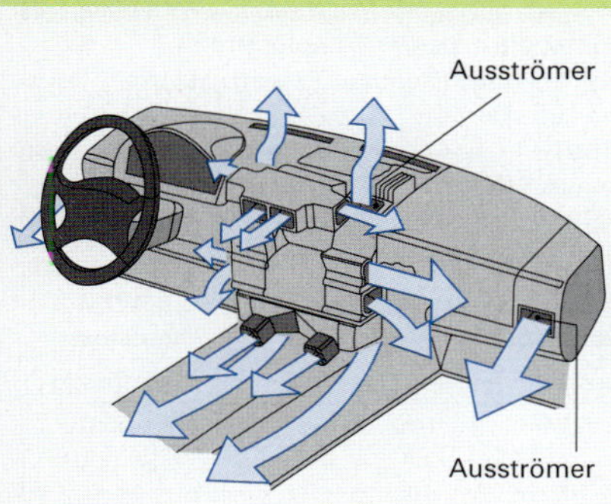

Frischluftbetrieb

- Gebläse saugt Außenluft über die Frischluftklappe an.
- Staubfilter reinigt Luft von Staub, Pollen, Verunreinigungen.
- Verdampfer kühlt die angesaugte Luft, Feuchtigkeit kondensiert.
- Wärmetauscher erwärmt die getrocknete Luft auf die gewählte Temperatur.
- Ausströmer verteilen die Luft ins Wageninnere.

Umluftbetrieb

- Gebläse saugt Luft aus dem Wageninneren an.
- Staubfilter reinigt die Luft.
- Verdampfer kühlt und trocknet die Luft.
- Wärmetauscher erwärmt die getrocknete Luft auf die gewählte Temperatur.
- Düsen leiten die Luft ins Wageninnere.

E

Kältemittelkreislauf mit Expansionsventil für R134a

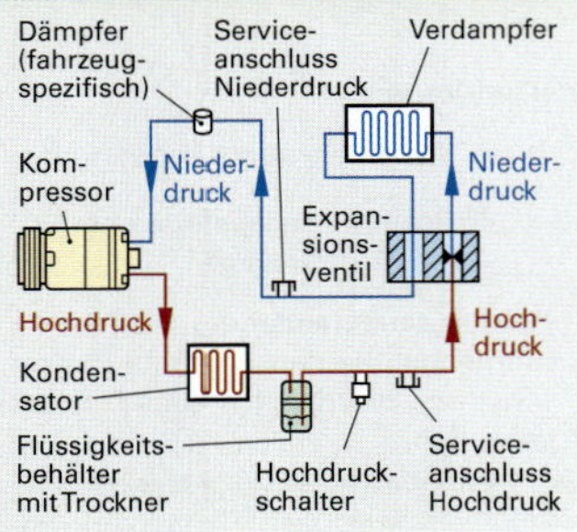

Komponenten und Funktion

Kompressor. Er saugt gasförmiges Kältemittel vom Verdampfer an und verdichtet es.

Kondensator. Er kühlt gasförmiges Kältemittel ab. Es wird flüssig.

Flüssigkeitsbehälter mit Trockner. Er ist im Hochdruckteil des Kältemittelkreislaufs eingebaut und dient als Ausgleich- und Vorratsbehälter für das Kältemittel. Im Trockner wird Feuchtigkeit gebunden.

Expansionsventil. Es ist die Trennstelle zwischen Hochdruck- und Niederdruckseite im Kältemittelkreislauf. Das Expansionsventil reguliert die Menge an flüssigem Kältemittel, die in den Verdampfer strömt.

Verdampfer. In ihm verdampft das flüssige Kältemittel. Es wird gasförmig. Dabei entzieht es der durchströmenden Luft Wärme.

Bereich	Kompressor – Kondensator	Kondensator – Expansionsventil	Expansionsventil – Verdampfer	Verdampfer – Kompressor
Aggregatzustand	gasförmig	flüssig	flüssig/gasförmig	gasförmig
Druck	16 bar	16 bar	1,2 bar	1,2 bar
Temperatur	ca. 65 °C	ca. 55 °C	ca. – 7 °C	ca. – 3 °C

Kältemittelkreislauf mit Drossel für R134a

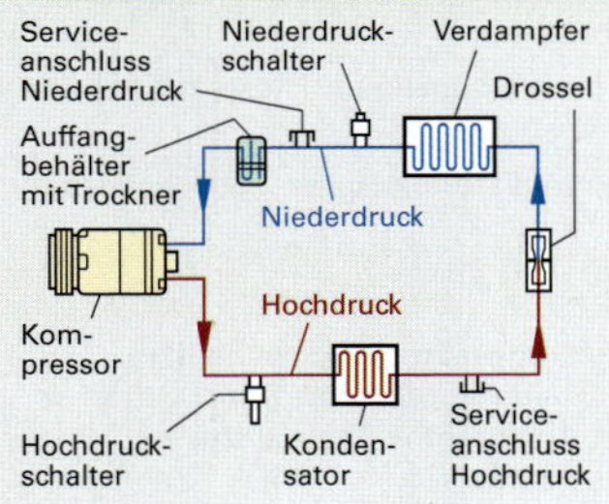

Komponenten und Funktion

Kompressor. Er saugt gasförmiges Kältemittel aus dem oberen Teil des Auffangbehälters an und verdichtet es.

Kondensator. In ihm kühlt gasförmiges Kältemittel ab. Es wird flüssig.

Drossel. Sie sprüht das flüssige Kältemittel in den Verdampfer. Die kalibrierte Bohrung der Drossel bestimmt die Durchflussmenge des Kältemittels.

Verdampfer. Er verdampft das flüssige Kältemittel. Es wird gasförmig. Dabei entzieht es der umgebenden Luft Wärme.

Auffangbehälter mit Trockner. Er ist im Niederdruckteil des Kältemittelkreislaufs eingebaut und dient als Ausgleichsgefäß und Vorratsbehälter für Kältemittel und Kältemittelöl.

Bereich	Kompressor – Kondensator	Kondensator – Drossel	Drossel – Verdampfer	Verdampfer – Kompressor
Aggregatzustand	gasförmig	flüssig	flüssig/gasförmig	gasförmig
Druck	20 bar	20 bar	1,5 bar	1,5 bar
Temperatur	ca. 70 °C	ca. 60 °C	> – 4 °C	> – 1 °C

Kältemittelkreislauf für CO_2 (R744)

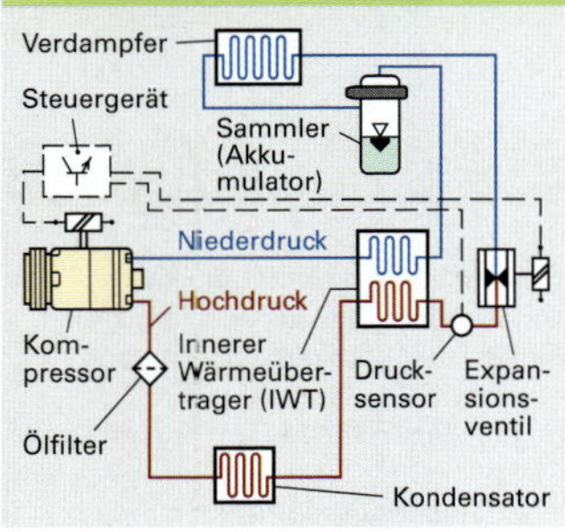

Komponenten und Funktion

Kompressor. Er saugt gasförmiges Kältemittel aus dem oberen Teil des Sammlers an und verdichtet es.

Kondensator. Er kühlt gasförmiges Kältemittel ab. Es wird flüssig.

Expansionsventil. Das elektronisch gesteuerte Expansionsventil reguliert die Menge an flüssigem Kältemittel, die in den Verdampfer strömt.

Verdampfer. Er verdampft das flüssige Kältemittel. Es wird gasförmig. Dabei entzieht es der umgebenden Luft Wärme.

Innerer Wärmeübertrager (IWT). Er beseitigt im Kältemittel die flüssigen Anteile, sodass nur gasförmiges Kältemittel in den Kompressor gelangt.

Sammler. Er ist im Niederdruckteil des Kältemittelkreislaufs eingebaut und dient als Ausgleichsgefäß und Vorratsbehälter für das Kältemittel.

Bereich	Kompressor – Kondensator	Kondensator – IWT	IWT – Expansionsventil	Expansionsventil – Verdampfer	IWT – Kompressor
Aggregatzustand	gasförmig	flüssig	flüssig	flüssig	gasförmig
Druck[1]	ca. 135 bar	ca. 135 bar	ca. 135 bar	ca. 45 bar	ca. 45 bar
Temperatur	ca. 120 °C	ca. 45 °C	ca. 35 °C	ca. 0 °C	ca. 15 °C

[1] Druck und Temperatur sind stark von der Belastung im CO_2-Kältemittelkreislauf abhängig.

E

Prüftabelle – Mögliche Fehler und deren Ursachen an Klimaanlagen finden und beheben

Hochdruck und Niederdruck nahezu gleich	**Hochdruck** zu hoch, **Niederdruck** normal oder zu hoch	**Hochdruck** zu niedrig, **Niederdruck** normal oder zu niedrig	**Hochdruck** normal, **Niederdruck** zu niedrig	**Hochdruck** normal oder zu niedrig, **Niederdruck** zu hoch	**Hochdruck** normal oder zu hoch, **Niederdruck** zu niedrig	Mögliche Ursachen	Abhilfe
●						• Antriebsriemen oder Magnetkupplung des Kompressors rutscht durch	• Antriebsriemen spannen oder ersetzen • Magnetkupplung einstellen
●			●		●	• Kompressor defekt (schlechte Kompression)	• Kompressor ersetzen, • Kältemittelkreislauf spülen • ggf. nicht spülbare Komponenten ersetzen
●	●			●		• Regelventil des Kompressors defekt	• Regelventil erneuern
	●					• zu viel Kältemittel in der Anlage	• Füllmenge nach Herstellervorgabe richtig stellen
	●					• Wärmeaustausch am Kondensator nicht in Ordnung	• Kühlmittelkühler und Kondensator reinigen • Druckwächter und Thermostat prüfen • Kühlsystem und Funktion des Elektrolüfters prüfen. • Abstand zwischen Kühler und Kondensator prüfen (mind. 15 bis 20 mm)
	●					• Fremdgas im Kältemittelkreislauf	• Trockner und Kältemittel ersetzen
	●					• Verstopfung nach dem Serviceanschluss für Hochdruck (Anlagetyp beachten)	• Verstopfung anhand von Temperaturunterschieden an der Hochdruckleitung aufspüren, • Kältemittelkreislauf auf Verschmutzungen prüfen, ggf. Anlage spülen
		●				• zu wenig Kältemittel in der Anlage	• Füllmenge nach Herstellervorschrift richtig stellen
		●		●		• Expansionsventil in offenem Zustand blockiert (spritzt zuviel Kältemittel ein)	• Expansionsventil erneuern, • Kältemittelkreislauf auf Verschmutzung prüfen, ggf. Anlage spülen
		●		●		• Verstopfung vor dem Anschluss für Hochdruck (Anlagetyp beachten).	• Verstopfung anhand von Temperaturunterschieden an der Hochdruckleitung aufspüren, • Kältemittelkreislauf auf Verschmutzungen prüfen, ggf. Anlage spülen
			●			• Verdampfer vereist	• Verdampfertemperatursensor prüfen, ggf. ersetzen
				●		• Magnetkupplung des Kompressors rutscht oder schaltet nicht	• Spannungsversorgung der Magnetkupplung prüfen; Magnetkupplung einstellen; • Druckschalter und Schalten für Klimaanlage prüfen
				●		• Trockner gesättigt • Feuchtigkeit in der Anlage	• Trockner ersetzen • Kältemittelkreislauf gründlich evakuieren
					●	• Filter im Flüssigkeitsbehälter verstopft, • Verstopfung zwischen Filter und Expansionsventil, • Querschnittsverengung in Hochdruckleitung	• Verstopfung anhand von Temperaturunterschieden am Bauteil aufspüren, • Bauteil ersetzen; • Kältemittelkreislauf auf Verschmutzungen prüfen, ggf. Anlage spülen
					●	• Regelventil des Kompressors regelt nicht, zu weit geöffnet	• Regelventil ersetzen
					●	• Expansionsventil in geschlossenem Zustand blockiert oder verstopft, • Drosselventil verstopft	• Expansionsventil ersetzen • Kältemittelkreislauf auf Verschmutzungen prüfen, ggf. Anlage spülen • Drosselventil ersetzen

Hinweis: Muss das Kältemittel zum Ersetzen von Komponenten abgesaugt werden, ist die Anlage anschließend nach Herstellervorschriften zu evakuieren und neu zu befüllen. Gegebenenfalls ist der Filter-Trockner/-Sammler zu ersetzen.

E

Navigationssysteme

Bauarten

Folgende Bauarten von Navigationssystemen werden in Kraftfahrzeugen eingesetzt:
- Fest installierte, bordeigene Navigationssysteme.
- Mobile Navigationssysteme.
- Smartphone, Tablet-PC mit Navigationssoftware.

Aufgaben

- Kontinuierliche Darstellung der Fahrzeugposition bzw. -bewegung auf einer elektronischen Landkarte (moving map).
- Zielführung des Fahrers durch Sprachausgabe und Darstellung von Richtungssymbolen im Display.
- Ggf. Hinweis auf Gefahrenstellen, Baustellen, Staus ...

Komponenten System-übersicht (Bsp: Festeinbau)

- Navigationseinheit mit Satellitenempfänger
- Satelliten-Antenne
- Sensoren (Raddrehzahl, Drehrate, ...)
- Anzeige- und Bedienteil
- CD/DVD-Laufwerk oder Speicherkarte

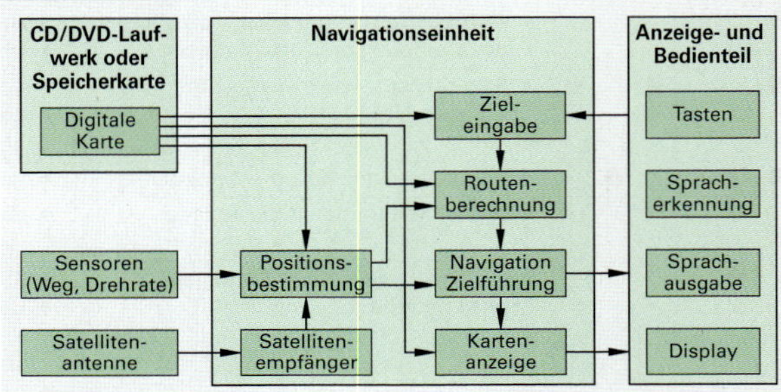

Ortung

Die Bestimmung der Fahrzeug-Position geschieht mit Hilfe des Satellitenortungssystems GPS (Global Positioning System, USA), das aus einem Netz von mindestens 24 Satelliten besteht. Die Satelliten umkreisen die Erde in einer Höhe von ca. 20.000 km auf 8 verschiedenen Umlaufbahnen so, dass auf jedem Punkt der Erdoberfläche die Signale von mindestens vier Satelliten empfangbar sind. Die Satelliten senden hochgenaue Zeit- und Positionsdaten an die Empfangseinheit im Fahrzeug. Wenn die Signale von mindestens vier Satelliten eintreffen, so kann der Navigationsrechner daraus die Fahrzeugposition errechnen. Genauigkeit : ± 5m

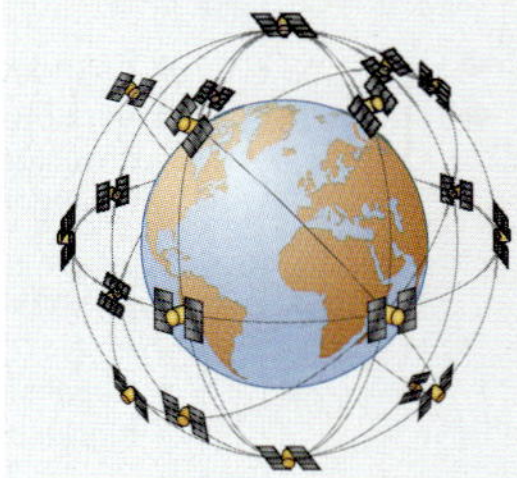

Koppelortung (nur Festeinbau)

Ist der Empfang eines GPS-Signals kurzzeitig nicht möglich (Tunnel, Abdeckung durch hohe Gebäude), so ermittelt der Navigationsrechner aus den Daten des Tachosignals und des Drehratensensors die augenblickliche Position, ausgehend von der letzten empfangenen GPS-Ortung.

Karten-darstellung

In einem Massenspeicher (DVD, SD-Karte, ...) sind alle Kartendaten abgelegt. Die Basis für die Digitalisierung bilden amtliche Karten, Luft- und Satellitenaufnahmen. Durch die Befahrung der Straßen mit speziell ausgestatteten Fahrzeugen werden weitere Daten (Geschwindigkeitsbeschränkung, Durchfahrtsbeschränkungen, Über- oder Unterführungen, Abbiegeverbote, ...) erfasst. Zusätzlich enthalten sind Ziele von allgemeinem Interesse (Points of Interest, POI):
- Tankstellen
- Restaurants
- Hotels
- Krankenhäuser
- Raststätten
- Bahnhöfe
- Flugplätze
- Sehenswürdigkeiten

Routen-berechnung

Bei der Berechnung der günstigsten Route können Vorgaben des Fahrers, wie z. B. schnellste Strecke, kürzeste Strecke, Vermeidung von Mautstrecken oder Fährverbindungen, berücksichtigt werden.

Dynamisierte Route. Informationen zur aktuellen Verkehrslage, die über das Radio-Data-System (RDS) empfangen werden, werden bei der Routenplanung berücksichtigt.

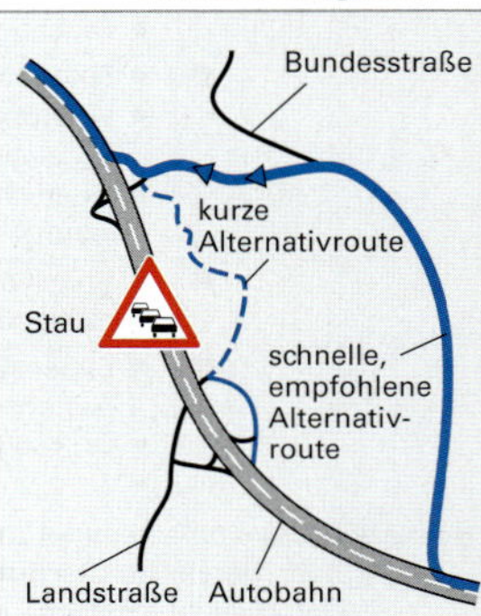

Zielführung

Sie erfolgt durch ständigen Abgleich zwischen aktueller Fahrzeugposition und Routenberechnung. Die Fahrempfehlungen werden dem Fahrer durch Sprachausgabe mitgeteilt. Zusätzlich erfolgt die Information als Pfeilpiktogramm im Kombi-Display und als „Moving Map" im Multimedia-Display. Hier werden auch weitere Informationen, wie z. B. Entfernung und Fahrzeit zum Ziel, Entfernung zum nächsten Abbiegepunkt und Fahrtdauer angezeigt.

E

Schnittstellenvarianten

Derzeit gibt es drei Schnittstellen zur Integration von Smartphones in das Infotainmentsystem moderner Pkw:

- Carplay von Apple für die Einbindung von iPhones.
- Android Auto und Mirrorlink für die Einbindung von Android-Smartphones.
- Windows in the Car über Mirrorlink.

Eine Verbindung von Smartphones über die Bluetooth (z. B. Telefonieren, Audiodateien abspielen) und USB-Schnittstelle (Audiodateien abspielen, Laden des Smartphones) ist bei den meisten Herstellern mittlerweile möglich. Bei älteren Fahrzeugen kann mit Hilfe eines FM-Transmitters (Bluetooth), einer Klinkenverbindung oder einer USB-Schnittstelle die Verbindung erfolgen.

Systeme zur Einbindung des Smartphones in das Multimediasystem des Fahrzeuges

System	Apple Car Play	Android Auto (Mirror Link)	Windows in the Car (Win Embedded Automotive; Mirror Link)
Abbildung	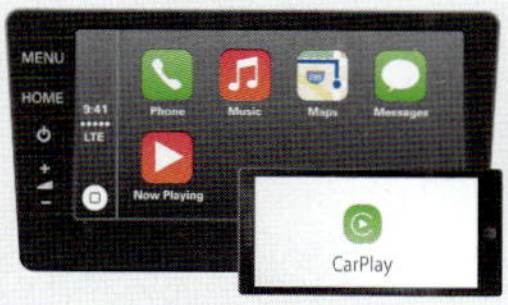		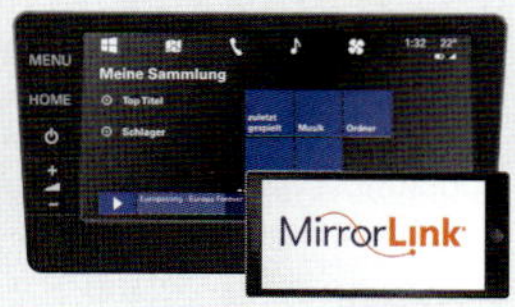
Merkmale	• iOS-Funktionen wie Telefonie, Kurznachrichten, Navigation, Musik-Apps und Siri • Unterstützung von Kleinbildschirmen neben dem Tachometer (Richtungsanzeige Navi), Head Up Display (BMW) • Nur Apple Kartennavigation möglich • Nur Apps verwendbar, die von Apple für CarPlay freigegeben sind.	• Google Maps und Telefonie über das Android-Smartphone • Offline Apps zur Navigation (Here WeGo, Sygic Car Navigation) verwendbar • Google Play Music oder Spotify, Stitcher (Hörbücher) verwendbar. • Facebook- und WhatsApp-Messenger kompatibel. • Nur Apps verwendbar, die von Google zertifiziert sind.	• Musik abspielen • Telefonate initiieren und annehmen • Mitteilungen managen • Handy-Freisprechfunktionen über Bluetooth • TtS (Text to Speech, d. h. SMS vorlesen) • TellMe Spracherkennung möglich, Bedienung über Cortana in naher Zukunft.
Voraussetzungen	• Ab iPhone 5 C • ab iOS 7	• Ab Android 5.0	• Ab Windows Phone 8.1
Verbindung über	• Lightning Kabel und Bluetooth-Schnittstelle • Wireless ab 2016	• USB-Kabel und Bluetooth-Schnittstelle • Derzeit keine Wireless-Funktion möglich.	• USB-Kabel und Bluetooth-Schnittstelle • Derzeit keine Wireless-Funktion möglich.
Bedienung	• Touchscreen	• Controller (z.B. BMW iDrive)	• Radio und Lenkradtasten
Anbieter (Fahrzeughersteller)	• Mercedes, BMW, Audi, Volvo, Ford, Fiat, Mazda, ...	• Citroen, Chevrolet, Fiat, GM, Honda, Hyundai, Kia, Mazda, Peugeot, Subaru, Toyota, VW, Seat, Skoda,...	• BMW, Ford, Fiat, Nissan, Kia,...

Hinweis: Das Infotainmentsystem des Fahrzeuges muss das jeweilige System unterstützen (evtl. aufpreispflichtig). Der Mobilfunkvertrag des gekoppelten Smartphones muss für das Datenvolumen der Apps ausgelegt sein, weil alle Daten über die SIM-Karte übertragen werden. Die gesamte Rechenleistung wird über das Smartphone abgerufen.

E

Bluetooth Verbindung herstellen

Ablauf

- Smartphone sichtbar machen, Bluetooth am Smartphone einschalten (über Einstellungen).
- Im Bordcomputer Ihres Autos Bluetooth-Einstellungen aufrufen. Nach verfügbaren Bluetooth-Geräten suchen.
- Durch Eingabe eines Codes am Smartphone oder Bordcomputer lassen sich die beiden Geräte miteinander koppeln.

Hinweis: Beim Einsteigen in das Fahrzeug werden bei aktivierter Bluetooth-Funktion am Smartphone diese nun automatisch miteinander verbunden. Am Autoradio als Eingangsquelle die Bluetooth-Verbindung auswählen und die Musik wird auf das Fahrzeug übertragen.

Fehler im Kraftfahrzeug

Dauerhafte Fehler sind nach ihrem Auftreten solange vorhanden sind, bis sie behoben sind.

Sporadische Fehler sind Fehler, die nur unter bestimmten Betriebsbedingungen auftreten, im Tester nicht oder falsch angezeigt werden oder sich nicht über ein eindeutiges Symptom identifizieren lassen.

Fehlerarten	Dauerhafte Fehler / Beispiele	Sporadische Fehler / Beispiele
Mechanische Fehler treten z. B. in den mechanischen Systemen wie Motor, Getriebe, Fahrwerk, Karosserie eines Kraftfahrzeugs auf.	• Risse, Bruch, Verbiegung, Verschleiß • durch zu hohe mechanische Belastung • Materialermüdung • Fehler im Werkstoff • Schwergängigkeit • Montagefehler.	• Risse, die sich bei Temperaturänderung aufweiten. • Längung der Steuerkette.
Hydraulische / pneumatische Fehler treten z. B. in hydraulischen und/oder pneumatischen Systemen auf wie Bremsensystem, Kupplungssystem, Kraftstoffsystem, Schmiersystem.	• Undichtheiten durch defekte Dichtungen. • Luft im hydraulischen System, Verunreinigungen, falsche Flüssigkeit, falscher Druck, Durchflussmenge zu gering.	• Verunreinigungen, die zeitweise zu Fehlfunktionen führen bevor sie weggespült und im Filter haften.
Elektrische Fehler treten z. B. in den elektrischen und elektronischen Systemen wie Beleuchtungsanlage, Komfortsysteme, Motormanagement, Getriebemanagement des Kraftfahrzeugs auf.	• Kurzschluss nach Plus • Kurzschluss nach Minus • zu hoher Übergangswiderstand • Leitungsunterbrechung • defekte elektrische Bauteile	• Signalpegel ist kurzzeitig außerhalb der Toleranzgrenzen. • Wackelkontakte • zeitweiser thermisch bedingter Ausfall von elektrischen oder elektronischen Bauteilen.
Informationstechnische Fehler treten z. B. in datenverarbeitenden Systemen wie Motormanagement, Informationsmanagement, Navigation, Assistenzsystemen, Fahrzeugnetzwerken auf.	• Softwarefehler • falsche Software • Schadsoftware • Fehler im Datenbus • falsche Konfiguration	• elektromagnetische Störungen • falsche Informationsauswertung durch Softwarebug (bit-Kipping).

Diagnosestrategie in der Kfz-Werkstatt

<table>
<tr><th colspan="2">Strategie</th><th>Fragestellung</th><th>Hilfsmittel</th><th>Betriebs-organisation</th></tr>
<tr><td colspan="2">Fehlermerkmale feststellen</td><td>Wie äußert sich der Fehler?</td><td>• Kundengespräch führen
• Sichtprüfung durchführen
• Fehler reproduzieren, z.B. durch Probefahrt</td><td>Auftrags annahme</td></tr>
<tr><td rowspan="2">Fehleranalyse durchführen</td><td>Informationen sammeln</td><td>Welches System ist betroffen?
Wie funktioniert es?</td><td>• Informationsquellen nutzen z.B. Fehlerspeicher auslesen, Herstellerunterlagen verwenden
• Einflussmöglichkeiten erfassen z.B. Umweltbedingungen, Temperaturänderungen, Feuchtigkeit
• Erfahrungen nutzen
• Herstellerhotline nutzen
• Analysemethoden anwenden.</td><td rowspan="2">Auftrags-analyse</td></tr>
<tr><td>Vermutungen äußern und überprüfen</td><td>Welche Ursachen können für diesen Fehler verantwortlich sein?
Wie können die Vermutungen überprüft werden?</td><td>• Prüf- und Messmethoden planen und durchführen</td></tr>
<tr><td colspan="2">Fehlerursache feststellen</td><td></td><td>• Messergebnisse bewerten</td><td>Auftrags-planung</td></tr>
<tr><td colspan="2">Fehler beheben</td><td></td><td>• Montageanweisungen</td><td>Auftrags-durchführung</td></tr>
<tr><td colspan="2">Funktionsprüfung durchführen</td><td></td><td>• Fehlerspeicher löschen</td><td>Auftrags-kontrolle</td></tr>
</table>

Systematische Fehlersuche

Grundsätze

Vom Einfachen zum Komplizierten, z. B. bei Kühlwasserverlust: Von der Sichtprüfung zur Druckprüfung.

Vom Wahrscheinlichen zum Unwahrscheinlichen, z. B. Scheinwerfer leuchtet nicht: Leuchtmittel prüfen, wenn nicht ⇒ Sicherung prüfen, wenn nicht ⇒ Leitung prüfen, wenn nicht ⇒ Steuergerät.

Vom Verbraucher zur Spannungsquelle, z.B. bei Leitungsunterbrechung: Die Messung erfolgt von der Leuchte zur Batterie.

Fehler feststellen

Prüfung von	Hilfsmittel / Prüfmethoden
Mechanischen Systemen	Funktionsprüfung, Prüfung auf Gängigkeit, Prüfung des Spiels zwischen Bauteilen, Lageprüfung, Sichtprüfung
Hydraulischen, pneumatischen Systemen	Druckprüfung, Mengenprüfung, Dichtheitsprüfung, Sichtprüfung.
Elektrischen Systemen	**Elektrische Leitungen** Sichtprüfung, Spannungsabfall prüfen, Durchgangsprüfung, Isolationsprüfung. **Elektrische Bauteile** Sichtprüfung, Funktionsprüfung, Istwert auslesen (Sensoren), Stellglieddiagnose (Aktoren). **Hinweis:** Voraussetzung für den Einsatz eines Diagnosetesters zur Fehlerfeststellung von Bauteilen ist, dass die Bauteile vom Steuergerät überwacht werden.
Informationstechnische Systeme	Mit Diagnosetester prüfen: Kommunikation zwischen den Steuergeräten, Softwareversion, Steuergerätekonfigurationen, Hardwareversionen.

Fehlerspeicher auslesen

Ergebnis	Vorgehensweise/Hinweise
Fehler wird eindeutig erkannt	Fehler überprüfen (Fehlerspeicher löschen, Probefahrt) ⇒ Fehler beseitigen ⇒ Ergebnis überprüfen.
Mehrere Fehlerspeichereinträge	Fehlereinträge überprüfen ⇒ Überlegungen: In welchen Systemen sind Fehler vorhanden? Welche Gemeinsamkeiten haben alle eingetragenen Systeme? Z. B. gemeinsame Plusversorgung, Minusversorgung, gemeinsame Unterdruckleitung ⇒ anhand der Grundsätze alle betroffenen Systeme nacheinander prüfen. Topologie nützen: Welche Informationen liefern andere Steuergeräte in den betroffenen Systemen.
Kein Fehlerspeichereintrag	Ursachen prüfen: • System/Bauteil wird nicht überwacht. • Sporadischer Fehler, der bereits vom System wieder gelöscht wurde. • Fehler liegt unterhalb der Fehlertoleranzschwelle. ⇒ geführte Fehlersuche, Istwerte auslesen, Systemkenntnis und Erfahrungen nutzen.

Fehlerfeststellung durch Eigendiagnose

Beispiel: Minusgesteuertes Magnetventil, z.B. Einspritzventil

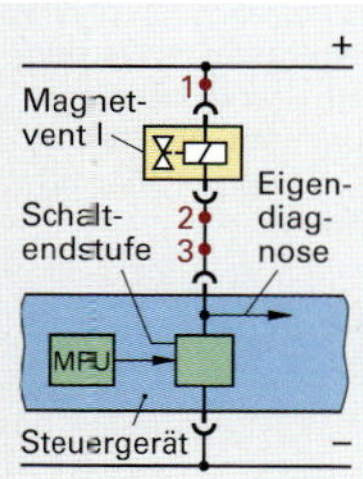

Fehler	Auswirkung	Anzeige der Eigendiagnose
Kein Fehler	System intakt	Eigendiagnose misst je nach Ansteuerung Plus oder Minus – System intakt
Verbindung zwischen 1 und 2	Kurzschluss nach Plus	Eigendiagnose misst immer Plus – Kurzschluss nach Plus
Unterbrechung zwischen 2 und 3	Leitungs-unterbrechung	Eigendiagnose misst immer Minus – Fehler nicht eindeutig
Verbindung zwischen 2 und Masse	Kurzschluss nach Masse	Eigendiagnose misst immer Minus – Fehler nicht eindeutig

E

Mess- und Testgeräte

Fahrzeugsystemtester

Komponenten und Funktion

Er besteht aus
- Diagnosecomputer und Drucker
- Abgasmessgerät
- Tester
- Adapter.

Der Fahrzeugsystemtester ist ein Computer mit Bildschirm, DVD-Laufwerk, Schnittstelle zur Datenübertragung an Peripheriegeräte, wie Drucker. Er enthält die gesamte Messtechnik, wie Multimeter, digitales Speicher-Oszilloskop, Abgasmessgerät und kann in Verbindung mit geeigneter Software folgende Arbeiten durchführen:

- Auswerten der Eigendiagnose
- Fehlerspeicher auslesen (Fehlercodeauslese) und löschen
- geführte Fehlersuche (Abarbeiten des Fehlerspeichers)
- Inspektionsintervalle zurücksetzen
- Messwertblöcke auslesen
- Zugriff auf Kundendaten
- Codieren von Steuergeräten
- Softwareupdate
- On-Board-Diagnose
- Stellglieddiagnose
- Soll-/Istwertvergleich
- Fahrzeugidentifizierung

Er liefert Informationen über Bauteile, technische Daten und Einstellwerte, elektrische Schaltpläne, Servicepläne und Systembeschreibungen.

Arbeiten mit dem Fahrzeugsystemrester	Beschreibung
Eigendiagnose (Off-Board-Diagnose)	Mit den Diagnoseschnittstellen in den Steuergeräten können Steuergeräteversionen abgefragt, Fehlerspeicher ausgelesen und Firmware aktualisiert werden. Man unterscheidet • UDS-Steuergeräte (Unified Diagnostic Services, einheitliche Diagnoseschnittstelle) • KWP-Steuergeräte (Key-Word-Protokoll, herstellerspezifische Diagnoseschnittstelle)
Fehlerspeicher auslesen	Das Auslesen des Fehlerspeichers liefert Informationen über Fehler, die im betreffenden System wie Motor, Karosserie, Fahrwerk, Komfort, Fahrerassistensysteme aufgetreten sind. Der im Fehlerspeicher abgelegte Fehler, z.B. für OBD II, wird in Form eines Codes oder im Klartext ausgegeben. **Beispiele für EOBD** — **Fehlercode** / **Klartext** P0119 — Motortemperatur schwankt, sporadischer Fehler P0420 — Katalysatorsystem Wirkungsgrad unterhalb Grenzwert
geführte Fehlersuche (GFS)	Sie ermöglicht das Auffinden eines Fehlers in vom Tester vorgegebenen Arbeitsschritten. Diese werden am Bildschirm angezeigt. Führt der Anwender die einzelnen Arbeitsgänge nacheinander aus, so wird der Fehler durch das systematische Vorgehen schnell gefunden und kann beseitigt werden.
Inspektionsintervallanzeige rücksetzen	Der Kunde wird durch eine Information im Display seines Fahrzeugs informiert, dass die nächste Inspektion nach einer vom Hersteller vorgegebenen Kilometerleistung oder Zeit durchzuführen ist. Nach erfolgter Inspektion, setzt die Werkstatt die Inspektionsintervallanzeige im Display zurück.
Stellglieddiagnose	Durch definiertes Ansteuern der Stellglieder kann deren Funktion geprüft werden. Z.B. Einspritzventile, Leerlaufsteller, Tankentlüftungsventil, Türschlösser, Stellmotoren in Sitzen, Fensterhebermotoren.
On-Board-Diagnose	Mit ihr können alle Informationen ausgelesen werden, die das Abgas des Motors betreffen wie z.B. Lambdasondensignale, Katalysatorwirkungsgrad.
Soll-/Istwertvergleich Auslesen von Messwerten	Mit ihm werden die Istwerte, z.B. im Bereich der Motorsteuerung, gemessen und mit den vorgegebenen Werten verglichen. Beispiele sind Spannungsversorgung, Luftmassensignal, Motordrehzahl, Lambdasondenspannung. Weicht der Istwert vom vorgegebenen Sollwert ab, liegt ein Fehler vor.

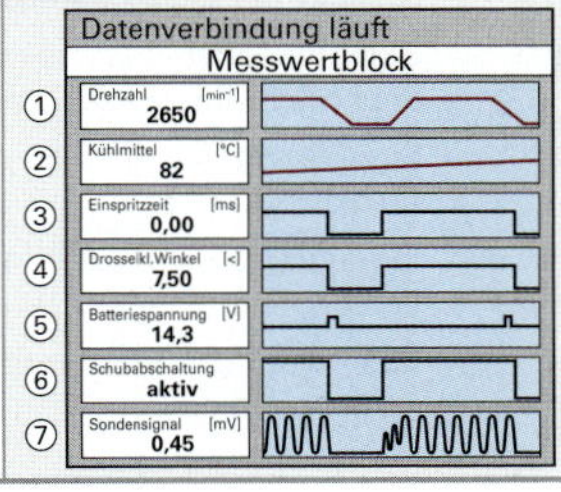

In Verbindung mit diagnosefähigen Steuergeräten werden aktuelle Motordaten in den Tester übertragen. Dabei können die Signale von über 30 Komponenten gleichzeitig überwacht und aufgezeichnet werden. Beispiel: Überprüfung der Schubabschaltung im Fahrbetrieb:

- Drehzahl fällt ab (①)
- Einspritzzeit muss auf Null gehen (③)
- DK-Winkel geht auf kleinsten Wert (④)
- Schubabschaltung „Aktiv" (⑤)
- Sondenspannung < 100 mV (⑥)

E

Vorschriften

V

Kreislaufwirtschaftsgesetz – KrWG vom 04.04.2016		
Begriffe	**Erklärung**	**Hinweise/Beispiele**
Zweck (siehe § 1, § 7)	• Förderung der Kreislaufwirtschaft zur Schonung der natürlichen Ressourcen. • Mensch und Umwelt bei der Erzeugung und Bewirtschaftung von Abfällen schützen. • Vermeidung und Verwertung von Abfällen	• Die Rohstoffe der verschiedenen Produkte immer wieder verwenden. • Verwendung und Beseitung müssen ordnungsgemäß und umweltverträglich erfolgen.
Abfälle (siehe § 3 Abs. 1)	Der Gesetzgeber hat Abfälle als beweglichen Sachen definiert, deren sich ihr Besitzer entledigt, entledigen will oder entledigen muss. Sie werden im Anhang I des Gesetzes aufgeführt, z.B. wird ein Altauto zum Abfall, wenn sich sein Besitzer dessen entledigen will.	Man unterscheidet • Gefährliche Abfälle • Nicht gefährliche Abfälle • Mineralische Abfalle (Inertabfälle) • Bioabfälle (biologisch abbaubar)
Gefährliche Abfälle (siehe § 3 Abs. 5, § 48)	Sie ... • sind gesundheits-, luft- oder wassergefährdend. • sind explosiv oder brennbar. • können Erreger übertragbarer Krankheiten enthalten oder hervorbringen.	• Altöl unbekannter Herkunft (chloriert) • Verunreinigte Kraftstoffe, Heizöle, Ölfilter • Altlacke, Altfarben (nicht ausgehärtet) • Schlammfangrückstände
Nicht gefährliche Abfälle (siehe § 3 Abs. 5)	Sie sind alle anderen Abfälle, die nicht gefährlich sind. Erfüllen sie bestimmte Anforderungen, wie Wiederverwertbarkeit, Sortenreinheit, hoher Energieanteil, können sie ordnungsgemäß und umweltverträglich verwertet werden. Treffen diese Anforderungen nicht zu, müssen sie gemeinwohlvertraglich beseitigt werden.	• Altreifen und andere Gummiabfälle • Lackierereiabfälle (ausgehärtet) • Sperrmüll • Haus-bzw. hausmüllähnlicher Abfall • Inhalte von Fettabscheidern • Schrott (Stahl, Buntmetall)
Abfallhierarchie (siehe § 6)	**1. Vermeiden.** Abfälle sind zu vermeiden, durch Verringerung ihrer Menge und Schädlichkeit. **2. Vorbereitung zur Wiederverwendung.** Abfälle sind wieder zu verwenden. **3. Recycling (stofflich wieder verwerten).** Sind Abfälle nicht zu vermeiden, sind sie zu recyclen. **4. Energetisch verwerten und Verfüllen.** Sind Abfälle nicht zu vermeiden, sind sie thermisch zu nutzen und die ungefährliche Asche zu Verfüllen **5. Beseitigen.** Sind Abfälle nicht zu verwerten, sind sie gemeinwohlverträglich zu beseitigen.	Zu 1. Verpackungsmaterial vermeiden bzw. verringern. Zu 2. Mehrwegflaschen, wieder befüllbare Behälter verwenden. Zu 3. Papier recyceln, Metalle wieder einschmelzen Zu 4. Verbrennen von Abfällen, um z.B. Fernwärme, Strom zu erzeugen. Zu 5. Chloriertes Altöl bei hohen Temperaturen umweltverträglich verbrennen.
Kreislaufwirtschaft (siehe § 7)	Sie ist die Vermeidung und Verwertung von Abfällen (§ 3, 19 KrWG).	Verwertung und Beseitigung erfolgen ordnungsgemäß und umweltverträglich.
Abfälle zur Verwertung **Vermischungsverbot** (siehe § 9)	• Sie sind Abfälle, die in den Wirtschaftskreislauf zurückgeführt werden. • Diese Abfälle sind getrennt zu halten und zu behandeln. • Gefährliche Abfälle dürfen nicht mit anderen Abfällen vermischt oder verdünnt werden.	• Eisenmetalle, Buntmetalle, z.B. Cu, Al, getrennt sammeln und verwerten, • Altreifen runderneuern, • Kunststoffteile zu Kunststoffgranulat verarbeiten.
Abfälle zur Beseitigung	Sie sind Abfälle, die nicht verwertet werden können. Sie sind gemeinwohlvertraglich zu beseitigen.	Z. B. Öl- und Benzinabscheiderinhalte, Altöl unbekannter Herkunft.
Verfahren zur Abfallbeseitigung (siehe § 15)	Sie sind Verfahren, die in der Praxis angewendet werden, um Abfälle zu beseitigen. Dabei darf die menschliche Gesundheit nicht gefährdet oder geschädigt werden (gemeinwohlverträglich).	Z. B. Lagerung auf Deponien und Sondermülldeponien, biologischer Abbau im Boden, Verbrennen ohne Nutzung der Wärme, Dauerlagerung im Bergwerk.
Abfallbilanz (siehe § 21)	Abfallerzeuger sind verpflichtet, ... • ein Abfallwirtschaftskonzept zu erstellen. • jährlich für das vorhergehende Jahr eine Bilanz zu erstellen. Dabei sind Art, Menge und Verbleib der verwerteten oder beseitigten, gefährlichen und nicht gefährlichen Abfälle zu erfassen.	Die Abfallbilanz ist die Grundlage für das Abfallwirtschaftskonzept. Sie erfasst nicht nur die stofflichen Mengen der Abfälle sondern auch die Kosten für die Verwertung oder Beseitigung der Abfälle.
Betriebsbeauftragter für Abfall (siehe § 59, § 69)	Der Betriebsbeauftragte (Umweltschutzbeauftragte) • soll die ordnungsgemäße Lagerung der Abfälle im Betrieb kontrollieren • soll die ihre Verwertung/Beseitigung überwachen, • soll Betriebsangehörige unterweisen, informieren.	Ein Betrieb muss einen Betriebsbeauftragten für Abfall bestellen, wenn regelmäßig gefährliche Abfälle anfallen.
Die nachgeschalteten Verordnungen regeln im Detail die Ausführungen des Kreislaufwirtschaftsgesetzes.		

Europäische Abfallverzeichnis-Verordnung – AVV vom 04.03.2016

Begriffe	Erklärung	Hinweise/Beispiele
Zweck	Sie ordnet allen Stoffen, die im Sinne des Kreislaufwirtschaftsgesetzes Abfälle sind, sechsstellige Abfallschlüsselnummern zu. Gefährliche Abfälle sind mit einem * gekennzeichnet. Die Schlüsselnummern sind europaweit gültig.	**Beispiele für Schlüsselnummern** 1301 11* – Synthetische Hydrauliköle 16 01 03 – Altreifen 16 03 14* – Frostschutzmittel für Kühler 17 02 02 – Autoglas, Glasabfälle

Nachweisverordnung – NachwV vom 08.09.2015

Zweck	Sie regelt die Nachweisverfahren über die Zulässigkeit und Durchführung der Verwertung und Beseitigung von gefährlichen und nicht gefährlichen Abfällen (Abfallentsorgung).	Die Verordnung gilt für ... • Erzeuger und Besitzer von Abfällen. • Einsammler od. Beförderer von Abfällen. • Verwerter oder Beseitiger von Abfällen.
Nachweis- und Anzeigepflicht (siehe § 3 und §11)	Alle Abfalleinsammler oder -beförderer, Abfallverwerter oder -beseitiger von gefährlichen Abfällen sind verpflichtet, den Verbleib des beförderten und verwerteten Abfalls bzw. die ordnungsgemäße Beseitigung nachzuweisen.	Arten von Entsorgungsnachweisen • Sammelentsorgungsnachweis • Begleitschein • Übernahmeschein

Führung eines Entsorgungsnachweises – Übersicht

Abfallart	Gefährlicher Abfall			Nicht gefährlicher Abfall
Abfallmenge	< 2 t/Jahr	> 2 t/Jahr, < 20 t/Jahr	> 20 t/Jahr	Kein Nachweis erforderlich.
Entsorgungsnachweis	Kleinmengen, Abgabe bei Annahmestelle für Sonderabfälle	Sammelentsorgungsnachweis	Entsorgungsnachweis	
Nachweispflicht für Abfallerzeuger				
Vorabkontrolle	Nicht erforderlich	Nicht erforderlich	Je nach Verfahren	
Grundlegendes Verfahren	–	–	Entsorgungsnachweis	
Privilegiertes Verfahren	–	–	Nachweiserklärung (VE, AE)	
Verbleibskontrolle	Nicht erforderlich	Übernahmeschein	Begleitschein	
Registereintrag	Nicht erforderlich	erforderlich	erforderlich	

Entsorgungsnachweis (EN, siehe § 3 ... § 8)

Grundlegendes Verfahren. Der Abfallerzeuger weist die vorschriftsmäßige Entsorgung von gefährlichen Abfällen durch den Entsorgungsnachweis (Nachweiserklärung) nach. Er besteht aus ...

- der verantwortlichen Erklärung (VE) des Abfallerzeugers einschließlich Deklarationsanalyse.
- der Annahmeerklärung (AE) des Entsorgers.
- der Bestätigung der zuständigen Behörde (BB, längstens 5 Jahre gültig).

Privilegiertes Verfahren. Die Bestätigungspflicht des Abfallentsorgers entfällt, wenn der Entsorgungsfachbetrieb zertifiziert ist und auf Antrag von der zuständigen Behörde freigestellt wurde.

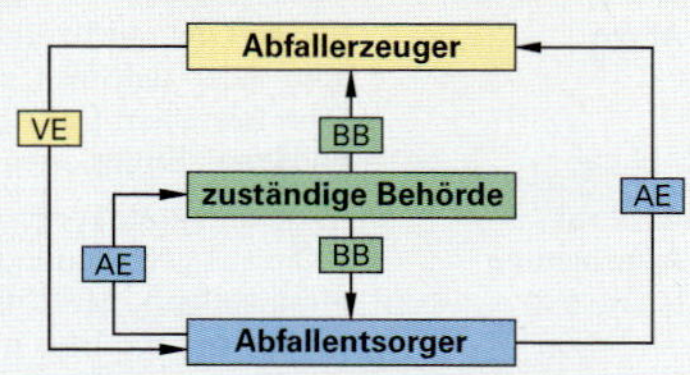

VE: Verantwortliche Erklärung des Abfallerzeugers einschließlich Deklarationsanalyse
AE: Annahmeerklärung des Abfallentsorgers
BB: Eingangsbestätigung des Entsorgungsnachweises (Nachweiserklärung) bei der Behörde

Elektronische Nachweisführung (siehe § 17 ... § 22, eANV = elektronisches Abfallnachweisverfahren)

- Entsorgungsnachweise, Begleitscheine, Übernahmescheine und Register werden online geführt.
- Alle rechtsverbindlichen Dokumente werden durch elektronische Unterschrift (Signatur) mittels Kartenlesegerat signiert.
- Der Datenverkehr zwischen Wirtschaft und Behörden wird bundesweit einheitlich über die Zentrale Koordinierungsstelle (ZKS-Abfall) geführt.
- Die Daten der Abfallentsorgung werden bundesweit mit dem Abfallüberwachungssystem ASYS von der Behörde geprüft und ausgewertet.

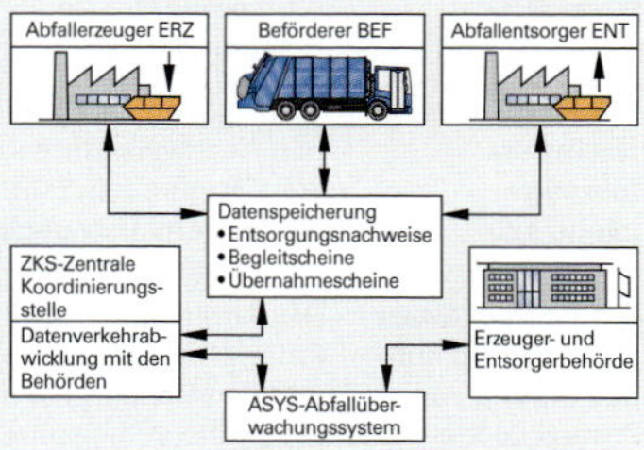

Nachweisverordnung – NachwV vom 08.09.2015 (Fortsetzung)

Begriffe	Erklärung	Hinweise/Beispiele
Sammelentsorgungsnachweis (SN, siehe § 9, § 12)	Fallen bei verschiedenen Abfallerzeugern gleichartig Abfälle an (gleiche Abfallschlüsselnummer, Entsorgungswege) kann der Nachweis für eine ordnungsgemäße Entsorgung durch den Sammelentsorgungsnachweis geführt werden. Der Sammelentsorgungsnachweis besteht aus der verantwortlichen Erklärung des Abfalleinsammlers (SN-VE), der Annahmeerklärung des Entsorgers (SN-AE) und der Entsorgungsbestätigung (BB) der zuständigen Behörde.	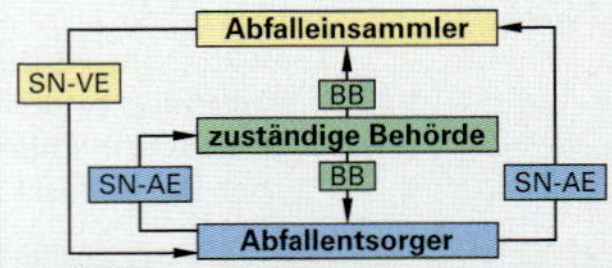 SN-VE: Verantwortlichkeitserklärung des Abfallsammlers SN-AE: Annahmeerklärung des Abfallentsorgers BB: Entsorgungsbestätigung der Behörde
Begleitschein, Begleitscheinverfahren (siehe § 10)	Der Begleitschein dient als Nachweis über die durchgeführte Entsorgung von gefährlichen Abfällen. In ihm werden angegeben: • Art und Menge des Abfalls • Abfallerzeuger • Abfallschlüsselnummer • Entsorger, Beförderer Der Begleitschein besteht aus 6 Ausfertigungen • Ausfertigung 1 (weiß) und 5 (altgold) als Beleg für das Register des Abfallerzeugers • Ausfertigung 2 (rosa) und 3 (blau) zur Vorlage für die zuständige Behörde • Ausfertigung 4 (gelb) als Beleg für das Register des Abfallbeförderers • Ausfertigung 6 (grün) als Beleg für das Register des Abfallentsorgers.	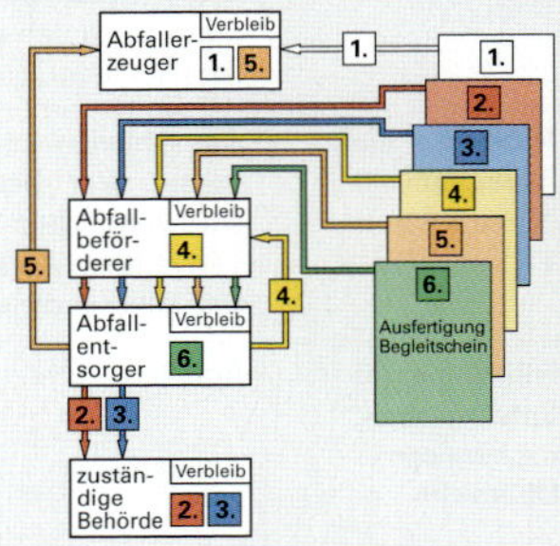
Übernahmeschein (siehe § 12)	Er dient als Nachweis für den Abfallerzeuger, wenn er den Abfall im Rahmen einer Sammelentsorgung beseitigt. Der Übernahmeschein wird auch für die Entsorgung von Kleinmengen (weniger als 2000 kg) gefährlicher Abfälle benötigt.	Er besteht aus 2 Ausfertigungen 1. Ausfertigung (weiß) für das Register des Abfallerzeugers 2. Ausfertigung (gelb) für Register des Einsammlers/Beförderers.
Register (siehe § 23... § 25)	Erzeuger, Einsammler, Beförderer, Makler und Entsorger sind verpflichtet, die für sie bestimmten Nachweise wie z. B. Entsorgungsnachweise, Sammelentsorgungsnachweise, Übernahmescheine, Begleitscheine in zeitlicher Reihenfolge geordnet zu führen. Die Aufbewahrungsfrist beträgt 3 Jahre.	Kennbuchstaben der Formblätter EN Entsorgungsnachweis SN Sammelentsorgungsnachweis RE Register VE Verantwortlichkeitserklärung AE Annahmeerklärung

Altölverordnung – AltölV vom 24.2.2012

Altöle	Sie sind gebrauchte halbflüssige oder flüssige Stoffe die ganz oder teilweise aus Mineralöl oder synthetischen Ölen bestehen. Dazu gehören ölhaltige Rückstände aus Behältern, Emulsionen und Wasser-Öl-Gemische.	Man unterscheidet 3 Kategorien: • Altöl zur Aufarbeitung • Altöl zur thermischen Nutzung • Altöl nicht verwertbar.
Altöl zur Aufarbeitung (siehe § 2)	Folgende Altöle können aufgearbeitet werden: • Öle aus Verbrennungsmotoren und Getriebe • mineralische Maschinen-, Turbinen- und Hydrauliköle. Andere Altöle dürfen nur aufgearbeitet werden, wenn sie die Grenzwerte von Schadstoffen nicht erreichen.	Grenzwerte je kg Altöl: • 20 mg PGB (Polychlorierte Biphenyle) oder • 2 g Gesamthalogene.
Getrennte Entsorgung und Vermischungsverbote (siehe § 4)	Altöle, die zur Aufarbeitung gesammelt werden, dürfen nicht mit Fremdstoffen, wie z. B. anderen Altölen, Bremsflüssigkeit, Reinigungsmittel, Batteriesäure, Frostschutzmittel, Kaltreiniger gemischt werden. Altöl bekannter Herkunft, darf nicht mit Altöl unbekannter Herkunft gemischt werden.	**Altöl bekannter Herkunft.** Es ist Altöl, das im Kfz-Betrieb dem Fahrzeug entnommen wurde. **Altöl unbekannter Herkunft.** Es ist Altöl, das ein Selbstwechsler im Kfz-Betrieb abgibt.
Pflicht zur Nachweisführung (siehe § 6)	Wer Altöl an einen Abholer oder Entsorger abgibt, muss den Nachweis führen und erklären, dass dem Altöl keine Fremdstoffe, z. B. PCB-haltige synthetische Öle, sowie für die Aufbereitung ungeeigneter Altöle oder Abfalle beigemischt wurden.	Die Aufbewahrungsfrist für diese Erklärung (Begleit- oder Übernahmeschein) beträgt 3 Jahre.
Entnahme, Untersuchung und Aufbewahrung von Proben (siehe § 5)	Der Altölabholer hat bei der Übernahme von Altöl eine Probe (Rückstellprobe) zu entnehmen. Der Altölabgeber und der Altölabholer müssen je eine Teilmenge der Rückstellprobe aufbewahren.	Die Aufbewahrungsfrist der Altölproben beim Verwerter beträgt 3 Jahre.

V

Altfahrzeugverordnung – AltfahrzeugV vom 31.08.2015

Rücknahme-Pflichten (siehe § 3)	Hersteller von Fahrzeugen sind verpflichtet … • alle Altfahrzeuge ihrer Marke zurückzunehmen. • flächendeckende Rückgabemöglichkeiten zu schaffen.	Rückgabemöglichkeiten sind … • anerkannte Rücknahmestellen. • anerkannte Demontagebetriebe.
Überlassungs-pflicht (siehe § 4)	Wer sich eines Altautos entledigt ist verpflichtet, dieses einem anerkannten Verwertungsbetrieb oder einer anerkannten Annahmestelle zu überlassen. Der Betreiber ist verpflichtet, die Überlassung unverzüglich durch einen Verwertungsnachweis zu bescheinigen.	In Verwertungsbetrieben werden z. B. Altautos, Betriebsflüssigkeiten entsorgt; Bauteile demontiert und einer Verwertung zugeführt.

Wasserhaushaltsgesetz – WHG vom 04.08.2016

Begriffe	Erklärung	Hinweise/Beispiele
Zweck (siehe § 1 und § 2)	Jedermann ist verpflichtet, bei Maßnahmen, mit denen auf ein Gewässer eingewirkt wird, Sorgfalt anzuwenden, um … • eine Verunreinigung des Wassers oder eine sonstige nachteilige Veränderung seiner Eigenschaften zu verhüten. • eine mit Rücksicht auf den Wasserhaushalt gebotene sparsame Verwendung des Wassers zu erzielen. • die Leistungsfähigkeit des Wasserhaushaltes zu erhalten. • eine Vergrößerung und Beschleunigung des Wasserabflusses zu vermeiden.	Es gelten für Indirekteinleiter dieselben Vorgaben für die Abwasserbehandlung sowie für Direkteinleiter, da kommunale Kläranlagen z. B. Schwermetalle wie Blei, Kupfer, Cadmium nicht abbauen können und diese im Klärschlamm verbleiben würden
Direkteinleiter	Sie leiten ihre Abwässer direkt in ein offenes Gewässer ein.	Kläranlagen, Kraftwerke
Indirekteinleiter	Sie leiten ihre Abwässer in einen Kanal mit nach geschalteter Kläranlage ein.	Gewerbebetriebe wie Autohäuser, Werkstätten

Wassergefährdende Stoffe

Wassergefährdende Stoffe sind feste, flüssige und gasförmige Stoffe, die nachhaltig die physikalische, chemische oder biologische Beschaffenheit des Wassers nachteilig verändern.

Wassergefährdungsklassen (WGK) (Verwaltungsvorschrift wassergefährdender Stoffe, VwVwS)

Wassergefährdende Stoffe werden in drei Wassergefährdungsklassen eingeteilt:

WGK1: Schwach wassergefährdende Stoffe, z. B. unlegierte Mineralöle, Glycerin, Formaldehyd, Natriumchlorid, Schwefeldioxid, Schwefelsäure.

WGK 2: Wassergefährdende Stoffe, z. B. legierte Motorenöle, Getriebeöle, Dieselkraftstoff, Xylol, Bremsflüssigkeit

WGK 3: Stark wassergefährdende Stoffe, z. B. Altöl, Öl-Wassergemische (Emulsionen), Benzol, Ottokraftstoffe

Abwasser in Kfz-Betrieb

Anfallstelle	Mögliche Belastung	Mögliche Abwasserbehandlung
Allgemeine Werkstatt	Mineralöle, Fette, Kraftstoffe	Schlammfang, Benzinabscheider
Lackiererei	Lackstäube, Farbstoffe (Schwermetalle, z.B. Cadmium, Chrom, Blei)	Schlammfang
Leistungs-, Bremsenprüfstände	Otto- und Dieselkraftstoffe	Schlammfang, Benzinabscheider
Waschplatz, -halle	Mineralöle, Kraftstoffe	Schlammfang, Benzinabscheider
Teilereinigung	Öle, Fette, Emulsionen aus Reiniger und Ölen	Koaleszenzabscheider, Emulsionsspaltanlage
Sammelfläche für Abfälle	Mineralöle, Fette, Kraftstoffe	Schlammfang, Benzinabscheider
Entkonservierung	Wachs, Lösemittel, Kaltreiniger	Emulsionsspaltanlage

Abwasserbehandlungsanlagen

Schlammfang	In ihm setzen sich die im Abwasser enthaltenen schweren Feststoffe wie z.B. Schmutz, Staub, Festkörper usw ab Damit die Feststoffe die Funktion der nachgeschalteten Behandlungsanlagen nicht beeinträchtigt, muss der Schlammfang jeweils vorgeschaltet werden.
Benzin- und Ölabscheider	In ihm trennen sich die aufschwimmenden Leichtstoffe wie z.B. Benzin, Diesel, Mineralöle aufgrund ihrer geringeren Dichte vom Wasser.
Koaleszenz-abscheider	In ihm fließen im Wasser fein verteilte Öltröpfchen, die aufgrund ihres geringen Auftriebs nicht aufsteigen können, in einem Filtermaterial zusammen, bilden einen größeren Öltropfen, der an die Oberfläche aufsteigen kann.
Emulsions-spaltanlage	Sie besteht aus aktiven Reinigungsstufen, in denen Öl-Wasser-Emulsionen durch Zugabe von Chemikalienlien aufgespalten werden.
Wartung	Die Anlagen sind monatlich zu prüfen und mindestens zweimal jährlich zu leeren und zu reinigen. Anfallende Rückstände sind gefährliche Abfälle.

Abfall-schlüssel EAV-Nr.	Abfallart	gefährlich	nicht gefährlich	Entsorgungsnachweis z.B.	Hinweise zur Sammlung, Lagerung, Verwertung und Beseitigung
Feste Stoffe					
16 01 03	Altreifen, Altreifenschnitzel		X	nein	Energetische Verwertung im Zementwerk, Reifenindustrie, z.B. runderneuern.
16 04 03*	Nicht gezündete Airbags, Gurtstraffer (Munition)	X		Sammelentsorgungsnachweis	Rücknahme durch den Hersteller bzw. einen zertifizierten Verwerter.
16 08 01	Katalysatoren		X	nein	Rücknahmesysteme der Automobilhersteller bzw. private Rückgabesysteme nutzen.
16 06 01	Batterien (Bleiakkumulator)	X		Begleit- oder Übernahmeschein	Rücknahmesysteme bzw. private Rückgabesysteme nutzen, Wiederverwertung.
16 01 07*	Ölfilter, Filtermaterialien mit schädlichen Verunreinigungen	X		Begleit- oder Übernahmeschein	Einsatz von Ölfiltertrenngeräten, Ölfilter können vom Verwerter wieder aufbereitet werden.
12 01 12*	Fettabfälle (Fettreste, Fettpatronen)	X		Sammelentsorgungsnachweis	Mit Entsorger abstimmen, z.B. Sammlung im Spannringfass.
16 01 20	Autoglas, Glasabfälle		X	nein	Wiederverwertung, Rücknahmesystem, z.B. Windschutzscheiben ohne Dichtung.
16 01 17	Stahl- und Eisenschrott		X	nein	Grundsätzlich sollen Altmetalle bei größeren Mengen getrennt nach Sorten gesammelt und an den Schrotthändler abgegeben werden.
16 01 18	Buntmetallschrott (Cu, Al, Zn)		X	nein	
Flüssige Stoffe					
13 02 05*	Altöl bekannter Herkunft	X		Begleit- oder Übernahmeschein	Stoffliche / energetische Verwertung, Sammlung im gekennzeichneten Tank, PCB-Gehalt max. 50 ppm (nicht chloriert).
13 02 04*	Altöl unbekannter Herkunft	X		Begleit- oder Übernahmeschein	Sammlung im Spezialbehalter, Transport und Beseitigung nur über behördlich zugelassene Unternehmen.
08 01 13*	Lackierereiabfälle, nicht ausgehärtet (z.B. Dosen, Tuben, gebrauchte Pinsel	X		Begleit- oder Übernahme schein	Nicht in die Gewerbemülltonne geben. Größere Farbreste sammeln und als Vorstreichfarbe verwenden. Gebinde entleeren und aushärten lassen.
16 01 13*	Bremsflüssigkeit (Glykolether)	X		Begleit- oder Übernahmeschein	Sammlung in geschlossenem Fass (Wasseraufnahme), Bremsflüssigkeit kann von Spezialverwertern aufgearbeitet werden.
16 01 14*	Kühl- und Frostschutzmittel (Ethylenglykole)	X		Begleit- o. Übernahmeschein	Sammlung im Fass, grundsätzlich recyclebar.
13 05 02*	Öl- und Benzinabscheiderinhalte	X		Begleit- o. Übernahmeschein	Sie werden von Spezialfirmen abgeholt und umweltvertraglich beseitigt.
14 06 02*	Lösemittelgemisch aus Lackiererei, Kaltreiniger, Waschbenzin	X		Begleit- oder Übernahmeschein	Sammlung in Teilereinigungsgeräten, umweltverträgliche Beseitigung durch Spezialfirmen.
14 06 03*	Lösemittel, halogeniert	X		Begleit- oder Übernahmeschein	Chlorhaltige Lösemittel sind getrennt zu sammeln, umweltverträgliche Beseitigung durch Spezialfirmen oder Lieferant.
13 07 01*	Diesel, verunreinigt Benzin, verunreinigt	X		Begleit- oder Übernahmeschein	Sammlung im Fass, umweltverträgliche Beseitigung durch Spezialfirmen.

Sicherheitsfarben

vgl. DIN 4844-2

Farbe	rot	gelb	blau	grün
Bedeutung	Halt, Verbot	Vorsicht! Mögliche Gefahr	Gebotszeichen, Hinweise	Gefahrlosigkeit, Erste Hilfe
Kontrastfarbe	weiß	schwarz	weiß	weiß
Farbe des Bildzeichens	schwarz	schwarz	weiß	weiß
Anwendungsbeispiele (vgl. auch Sicherheitskennzeichnung)	Haltezeichen, Not – Aus, Verbotszeichen, Material zur Feuerbekämpfung	Hinweis auf Gefahren (z. B. Feuer, Explosion, Strahlen); Hinweis auf Hindernisse (z. B. Schwellen, Gruben)	Verpflichtung zum Tragen einer persönlichen Schutzausrüstung. Standort eines Telefons	Kennzeichnung von Rettungswegen und Notausgängen; Erste-Hilfe- und Rettungsstationen

Verbotszeichen

vgl. DIN EN ISO 7010 (2012-10) und ASR[1] A1.3 (2013-02)

allgemeines Verbotszeichen, nur in Verbindung mit Zusatzzeichen verwenden

Rauchen verboten

keine offene Flamme; Feuer, offene Zündquelle und Rauchen verboten

für Fußgänger verboten

kein Trinkwasser

für Flurförderfahrzeuge verboten

Zutritt für Unbefugte verboten

kein Zutritt für Personen mit Herzschrittmachern oder implantierten Defibrillatoren[2]

Berühren verboten

mit Wasser löschen verboten

keine schwere Last

eingeschaltete Mobiltelefone verboten

Essen und Trinken verboten

Abstellen oder Lagern verboten

Betreten der Fläche verboten

Personenbeförderung verboten

Schalten verboten

nicht zulässig für Freihand- und handgeführtes Schleifen

Brandschutzzeichen

vgl. DIN EN ISO 7010 (2012-10) und ASR[1] A1.3 (2013-02)

Feuerlöscher

Löschschlauch

Feuerleiter

Mittel und Geräte zur Brandbekämpfung

Brandmelder

Brandmeldetelefon

[1] Technische Regeln für Arbeitsstätten (ASR) [2] Gerät zur Beseitigung von Herzrhythmusstörungen

Warnzeichen

vgl. DIN EN ISO 7010 (2012-10) und ASR[1] A1.3 (2013-02)

allgemeines Warnzeichen, nur in Verbindung mit Zusatzzeichen verwenden

Warnung vor explosionsgefährlichen Stoffen

Warnung vor radioaktiven Stoffen oder ionisierender Strahlung

Warnung vor Laserstrahl

Warnung vor elektrischer Spannung

Warnung vor Flurförderzeugen

Warnung vor schwebender Last

Warnung vor giftigen Stoffen

Warnung vor feuergefährlichen Stoffen

Warnung vor ätzenden Stoffen

Warnung vor Gefahren durch das Aufladen von Batterien

Warnung vor brandfördernden Stoffen

Gebotszeichen

vgl. DIN EN ISO 7010 (2012-10) und ASR[1] A1.3 (2013-02)

allgemeines Gebotszeichen

Anleitung beachten

Gehörschutz benutzen

Augenschutz benutzen

Fußschutz benutzen

Handschutz benutzen

Schutzkleidung benutzen

Gesichtsschutz benutzen

Kopfschutz benutzen

Atemschutz benutzen

vor Wartung oder Reparatur freischalten

Fußgängerweg benutzen

Rettungszeichen für Rettungswege und Notausgänge

vgl. DIN EN ISO 7010 (2012-10) und ASR[1] A1.3 (2013-02)

Richtungsangabe für Erste-Hilfe-Einrichtungen, Rettungswege und Notausgänge

Erste Hilfe

Notruftelefon

Sammelstelle

Arzt

Augenspüleinrichtung

Notdusche

Krankentrage

Kombinationszeichen für Fluchtwege oder Notausgänge mit den entsprechenden Richtungsangaben durch Pfeile

[1] Berufsgenossenschaftliche Vorschrift BGV A8 (Ersatz für VGB 125)

V

Global Hamonisiertes System (GHS)

vgl. Gefahrstoffverordnung (1997-04)

Verordnung und Zielsetzung

In Deutschland ist 2009 ein international vereinheitlichtes System für die Kennzeichnung von Gefahrstoffen in Kraft getreten. Alle Reinigungs,- Pflege-, Pflanzenschutzmittel und Chemikalien, von denen eine gesundheitsbeeinträchtigende Gefahr ausgeht, werden international mit einem Warnsymbol (Gefahrenpiktogramm) versehen.

Ab dem 1.6.2015 sind laut EG-Verordnung Nr. 172/2008 auch für chemische Gemische eine Gefahrkennzeichnung vorgeschrieben.

Die Zuordnung gefährlicher Eigenschaften von Stoffen erfolgt in 3 Gefahrkategorien:

- Physikalisch-chemische Gefahren
- Gefahren für die menschliche Gesundheit
- Gefahren für die Umwelt

Kennzeichen des Systems

- Die Gefahren-Piktogramme sind rot umrandete Rauten mit schwarzem Symbol auf weißem Grund.
- Die Symbole im Piktogramm stellen bildlich die Gefahr dar.
- Das Signalwort **Gefahr** in roter Schrift warnt vor schwerwiegenden Gefährdungen.
- Das Signalwort **Achtung** in roter Schrift weist auf geringere Risiken hin.
- Gefahrenhinweise, sogenannte H-Sätze (siehe Seite 525) geben genauere Hinweise zur Gefahr z. B. kann Atemwege reizen.
- Sicherheitshinweise, sogenannte P-Sätze (siehe Seite 525) informieren über die Risiken und geben an, wie man sich z. B. bei Verbrennungen oder Hautreizungen verhalten soll.

Gefahren-Piktogramme mit Sicherheitshinweisen

Physikalisch-chemische Gefahren

Gefahr
explosionsgefährlich

Gefahr
leicht-/hochentzündlich

Gefahr
brandfördernd

Physikalisch-chemische Gefahren

Achtung
komprimierte Gase

Gesundheitsgefahren

Gefahr
ätzend (Zerstörung der Haut)

Gefahr
giftig/sehr giftig (u.U. tödlich)

Gesundheitsgefahren

Achtung
gesundheitsgefährdend (Reizung, Allergie)

Gefahr
gesundheitsschädlich (u.U. krebsauslösend)

Umweltgefahren

Achtung
umweltgefährdend

Gefahrgutaufkleber für Straßenfahrzeuge und Versandgüter

Ätzend

Feuergefährlich (entzündbare feste Stoffe)

Explosionsgefährlich

Verschiedene gefährliche Stoffe

V

Gefahrgutaufkleber

vgl. DIN EN ISO 7225 (2013-01)

Die einzige verbindliche Kennzeichnung des Gasinhalts einer Gasflasche erfolgt auf dem Gefahrgutaufkleber. Dieser ist auf der Schulter der Gasflasche angebracht. Bis zu 3 Gefahrzettel können auf hauptsächliche Gefahren hinweisen.

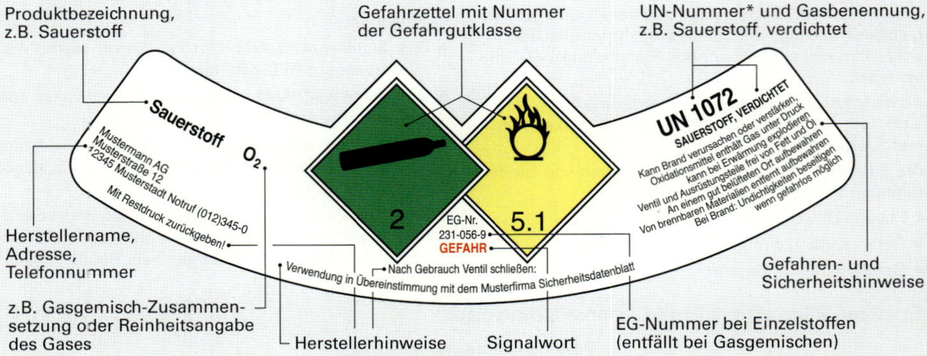

Gefahrzeichen

Giftig | Entzündbar | Ätzend | Entzündend | Nicht entzündbar, nicht giftig

Farbcodierung

vgl. DIN EN 1089-3 (2011-10)

Sie ist von weitem erkennbar, auch wenn der Gefahrgutaufkleber noch nicht lesbar ist.
Sie gilt nicht für Flüssiggase und für Gase als Kältmittel.

Farbcodierung allgemein

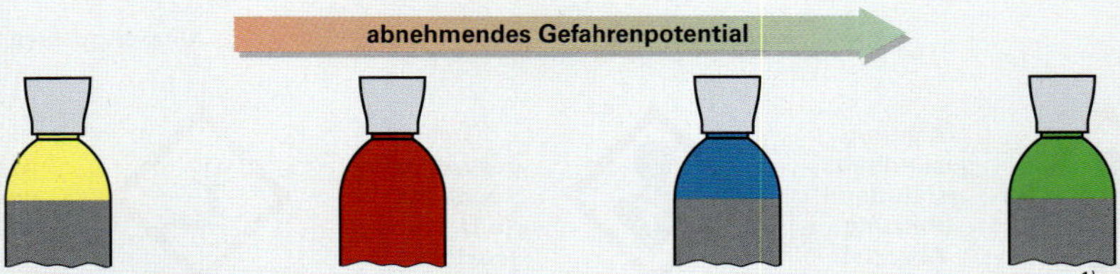

Giftig und/oder korrosiv z.B. Ammoniak, Chlor | Entzündbar z.B. Wasserstoff | Oxidierend z.B. Sauerstoff > 23,5 % | Inert[1)] z.B. Schutzgasgemische

[1)]ungiftig, nicht korrosiv, nicht brennbar, nicht oxidierend

Farbcodierung für besondere Gase

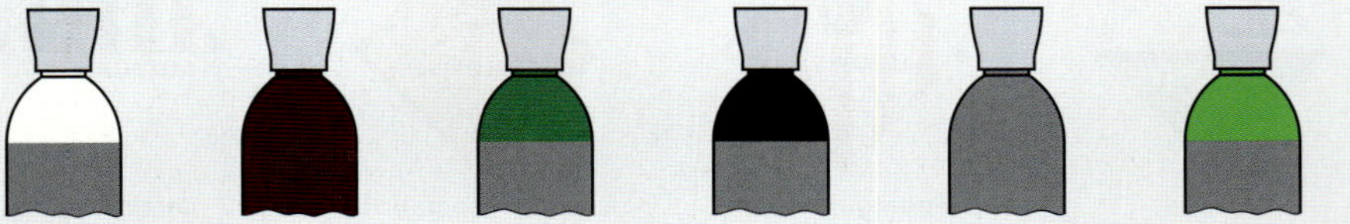

techn. Sauerstoff | Acetylen | Argon | Stickstoff | Kohlendioxid | Schutzgasgemische

* UN-Nummer = Stoffnummer (Kennnummer für gefährliche Stoffe)

H-Sätze[1]	(Hinweise auf besondere Gefahren)
Physikalisch-chemische Gefahren (H 200 ff)	
H 200 ... H 280	Explosionsgefährliche, extrem entzündbare, leicht entzündbare Stoffe, können in Brand geraten, Brand verursachen, Brand verstärken, z. B. **H 220**: Extrem entzündbares Gas. **H 224**: Flüssigkeit und Dampf extrem entzündbar, z. B. Benzin (Ottokraftstoff). **H 228:** Endzündbarer Feststoff, **H 251:** Selbsterhitzungsfähig; kann in Brand geraten. **H261:** In Berührung mit Wasser entstehen entzündbare Gase. **H 270:** Kann Brand verursachen oder verstärken, Oxidationsmittel, z. B. Sauerstoff. **H 220, H 280:** Gas steht unter Druck, kann bei Erwärmung explodieren, z. B. Propan.
H 281	Enthält tiefgekühltes Gas; kann Kälteverbrennungen oder Kälteverletzungen verursachen.
H 290	Kann gegenüber Metallen korrosiv sein, z. B. Schwefelsäure.
Gesundheitsgefahren (H 300 ff)	
H 300 ... H 312	Lebensgefahr, giftig, gesundheitsschädlich bei Verschlucken und/oder Hautkontakt. **H 304:** Kann bei Verschlucken und Eindringen in die Atemwege tödlich sein, z. B. Benzin.
H 314 ... H 319	Verursacht Verätzungen der Haut, schwere Augenschäden, schwere Augenreizungen, Hautreizungen, allergische Hautreaktionen. **H 315**: Verursacht Hautreizungen, z. B. Benzin.
H 330 ... H 335	Giftig, gesundheitsschädlich bei Einatmen, kann Allergie, asthmaartige Symptome, Atembeschwerden, Reizung der Atemwege verursachen.
H 336	Kann Schläfrigkeit und Benommenheit verursachen.
H 340 ... H 373	Kann genetische Defekte, Krebs, verursachen, Fruchtbarkeit beeinträchtigen, kann Säuglinge über Muttermilch schädigen, kann Organe schädigen.
Umweltgefahren (H 400 ff)	
H 400	Sehr giftig für Wasserorganismen.
H 410 ... H 413	Sehr giftig, giftig, schädlich für Wasserorganismen, mit langfristiger Wirkung. **H 411**: Giftig für Wasserorganismen, mit langfristiger Wirkung, z. B. Benzin.
Ergänzende Gefahren (EUH 001 ff [2])	
EUH 001	In trockenem Zustand explosiv.
EUH 059	Die Ozonschicht schädigend.

P-Sätze[1]	(Sicherheitshinweise)
Hinweise allgemeiner Art (P 100 ff)	
P 101	Wenn ärztlicher Rat erforderlich ist, Verpackung oder Kennzeichnungsetikett bereithalten.
P 102	Darf nicht in die Hände von Kindern gelangen.
P 103	Vor Gebrauch Kennzeichenetikett lesen.
Prävention (P200 ff) - Beispiele	
P 201... P 285	**P 201:** Vor Gebrauch besondere Anweisung einholen, z. B. Benzin. **P 202:** Vor Gebrauch alle Sicherheitshinweise lesen und verstehen. **P 210:** Von Hitze, heißen Oberflächen, Funken, offenen Flammen sowie anderen Zündquellenarten fernhalten. Nicht Rauchen. **P 260**: Staub / Rauch / Gas / Nebel / Dampf / Aerosol nicht einatmen. **P 262**: Nicht in die Augen auf die Haut oder auf die Kleidung gelangen lassen. **P 280:** Schutzhandschuhe/Schutzkleidung/ Augenschutz/Gesichtsschutz tragen. **P 210, P 280, P 261:** Staub/Rauch/Gas/Nebel/ Dampf/Aerosol nicht einantmen **Beispiele:** Benzin: P 201, P 210, P 280 Diesel: P 210, P 290 Kohlenmonoxid: P 202, P 210, P 260
Reaktion (P 300 ff) – Beispiele	
P 301 ... P 391	**P 301 + P 310:** Bei Verschlucken sofort Giftinformationszentrum, Arzt, Notruf, ... anrufen, z. B. Benzin, Diesel. **P 303 + P 361 + P 353:** Bei Berührung mit der Haut alle kontaminierten Kleidungsstücke sofort ausziehen. Haut mit Wasser abwaschen/duschen. **P 304 + P 340 + P 315:** Bei Einatmen: Die betroffene Person an die frische Luft bringen. Sofort ärztlichen Rat einholen, z. B. Kohlenmonoxid. **P 308 + P 313**: Bei Exposition oder falls betroffen: Ärztlichen Rat einholen.
Aufbewahrung (P 400 ff) – Beispiele	
P 401 ... P 422	**P 405:** Unter Verschluss aufbewahren, z. B. Benzin. **P 403:** An einem gut belüfteten Ort aufbewahren, z. B. Argon. **P 403, P 410:** Vor Sonnenbestrahlung schützen, z. B. Propan. **P 406:** In korrosionsbeständigem Behälter aufbewahren, z. B. Schwefelsäure.
Entsorgung (P500)	
P501	Inhalt Behälter zuführen.
P502	Informationen zur Wiederverwendung/ Wiederverwertung beim Hersteller/ Lieferanten erfragen.

[1] Die H- und P Sätze ersetzen die R- und S-Sätze zur Einstufung und Kennzeichnung von Chemikalien. H-Sätze engl. Hazard = Gefahr; P engl. Precautionary = Vorsicht. Ab 01. 06. 2015 verbindlich.
[2] EUH-Sätze sind zusätzliche durch die EU verwendete weitere H-Sätze.

Hinweis: In der Gefahrstoffdatenbank „GESTIS" der **D**eutschen **G**esetzlichen **U**nfall**v**ersicherung (www.gduv.de) sind die Einstufungen aller bekannten Gefahrstoffe zu finden.

Hinweispflicht in Betriebsstätten, Unterweisungspflicht 	Die Mitarbeiter müssen durch berufsgenossenschaftliche Aushänge oder in anderer geeigneter, schriftlicher Form auf die wesentlichen Hilfsmaßnahmen hingewiesen werden. Die Anleitung zur Ersten Hilfe muss stets aktuell sein. Sie muss an geeigneter Stelle ausgehängt sein und folgende Hinweise enthalten: • Rettungsleitstelle (Notrufnummer) • Erste Hilfe Material • Berufsgenossenschaftliche Durchgangsärzte • Ersthelfer • Sanitätsraum • Berufsgenossenschaftlich zugelassene Krankenhäuser • Betriebssanitäter • Ärzte für Erste Hilfe Der Unternehmer hat dafür zu sorgen, dass die Mitarbeiter vor Aufnahme ihrer Beschäftigung und danach mindestens einmal jährlich über das Verhalten bei Unfällen im Betrieb unterwiesen werden. Die Unterweisung ist zu dokumentieren.
Verpflichtung zum Helfen	Jeder ist zur Hilfeleistung verpflichtet. Es sei denn, er bringt sich dadurch selbst oder Andere in Gefahr.
Notruf	1. Wo geschah es? 2. Was geschah? 3. Wie viele Verletzte? 4. Welche Art von Verletzungen liegen vor? 5. Warten auf Rückfragen!
Vorgehen beim Auffinden des Verletzten	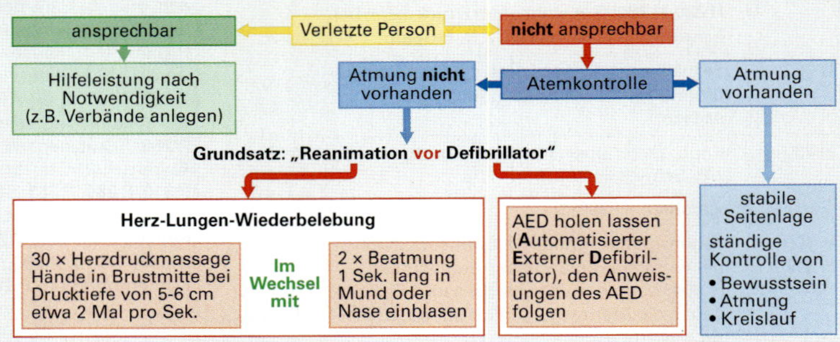
Retten	Verletzten bzw. Verletzte aus dem Gefahrenbereich bringen; dabei fachgerechte Rettungsgriffe anwenden.
Elektrounfall	Verletzten bzw. Verletzte aus dem Gefahrenbereich bringen; dabei fachgerechte Rettungsgriffe anwenden.

Maßnahmen zur Ersten Hilfe (Auswahl)

Zustand	Erkennen	Gefahren	Maßnahmen
Atemstillstand	• Keine Atemgeräusche • Keine Atembewegungen • Keine Ausatemluft	Tod durch Sauerstoffmangel	Mund-zu-Nase-Beatmung; falls nicht durchführbar, dann Mund-zu-Mund-Beatmung; falls erforderlich, Fremdkörper aus Mund und Rachen entfernen.
Herz-Kreislauf-Stillstand	• Bewusstlosigkeit • Atemstillstand • Kein Puls	Tod durch Sauerstoffmangel	Herz-Lungen-Wiederbelebung, Pulskontrolle am Hals und am Handgelenk; Druckpunkt aufsuchen; Herzdruckmassage und Atemspende im Wechsel.
Schock	Schneller und schwächer werdender, schließlich kaum tastbarer Puls; fahle Blässe; kalte Haut; frieren; Schweiß auf der Stirn; Teilnahmslosigkeit	Diese Anzeichen treten nicht immer alle und nicht immer gleichzeitig auf.	Schocklage herstellen; ggf. Blutung stillen; vor Wärmeverlust schützen; für Ruhe sorgen; tröstenden Zuspruch; ständige Kontrolle von Bewusstsein, Atmung und Kreislauf.
Blutende Wunden	Sie können durch Kleidungsstücke oder durch die Lage des Verletzten verdeckt werden.	Schock und Verbluten	Wunden keimfrei bedecken; Gliedmaßen ggf. hochlagern; ggf. Druckverband anlegen.
Verbrennungen	• Hautrötung • Blasenbildung • tiefergehende Gewebeschädigung	• Schock • Störung der Atmung • Infektion	Brennende Person ablöschen; mit heißen Stoffen behaftete Kleidung sofort entfernen; auf der Haut festhaftende Stoffe nicht entfernen; lokale Kaltwasseranwendung; Brandwunden keimfrei bedecken; vor Wärmeverlust schützen; ständige Kontrolle von Bewusstsein, Atmung und Kreislauf.
Knochenbrüche	• Verstellte Gliedmaßen • Gliedmaße nicht belastbar	Verschlimmern durch Fehleinschätzung	Ruhigstellung des verletzten Körperteils in vorgefundener Lage; bei Verdacht auf Wirbelsäulenverletzung Lage des Verletzten nicht ändern.

Gefahren des elektrischen Stromes

Der elektrische Strom ruft im menschlichen Körper verschiedene Reaktionen hervor, die in drei Gruppen eingeteilt werden können:
- Muskelreizende oder lähmende Wirkung: Muskelverkrampfung, Herzkammerflimmern und Atemstillstand.
- Thermische Wirkung: Verbrennungen an der Ein- und Austrittstelle, Verkohlen der Körperteile durch Lichtbögen, Überlastung der Nieren als Folge der Verbrennungen.
- Chemische Wirkung: Blut im Körper wird elektrolytisch zersetzt, dadurch schwere Vergiftungen.
- Sekundäre Schäden wie z. B. Schock, Sturz, Schleudertrauma, ...

Strom-Gefährdungs-Kennlinie für Wechselstrom

Der elektrische Strom ist ab einer bestimmten Höhe und Einwirkzeit für den Menschen gefährlich. Grund: Die Flüssigkeiten des menschlichen Körpers leiten den Strom. Fast alle Organe im Körper funktionieren aufgrund elektrischer Impulse. Diese Impulse mit einer Stärke von etwa 50 mV steuern unsere Bewegungen und Organe. Fließen aufgrund von Spannungen Ströme durch den menschlichen Körper kann dies Auswirkungen haben.
In der Zeit-/Strom-Gefährdungskennlinie ist die Auswirkung auf den Menschen bei einer Berührung dargestellt.

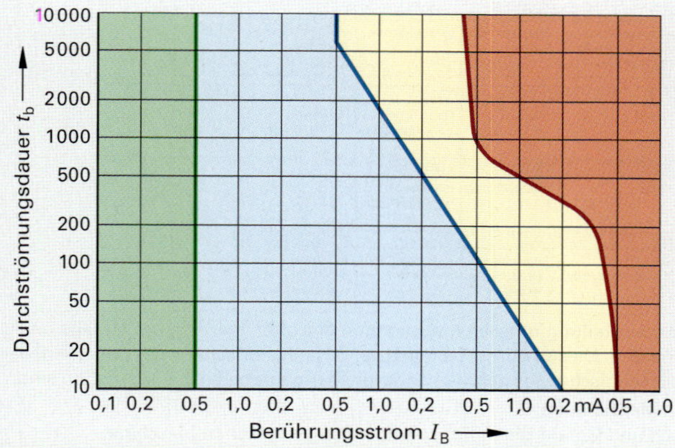

Strom-Gefährdungs-Kennlinie für Wechselstrom

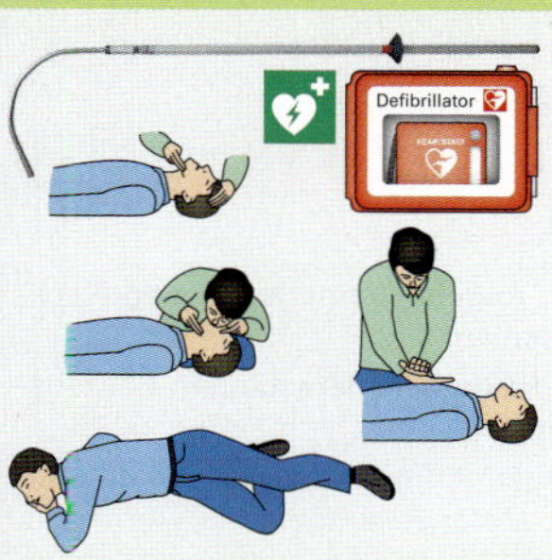

Bei einem Stromunfall ist die Rettungskette der Ersten Hilfe zu beachten. Bei der Hilfestellung steht an erster Stelle der Eigenschutz.
1. Freiliegende, spannungsführende Leitungen mit trockenem, sauberem, nichtleitendem Gegenstand (z.B. Rettungshaken) vom Verletzten entfernen.
2. Notruf absetzen.
3. Lebensrettende Maßnahmen wie Defibrillation („schockgeben") sowie eine Herz-Lungenwiederbelebung durchführen
4. Weitere Erste Hilfe bis zum Eintreffen des Notarztes leisten.
5. Abtransport ins Krankenhaus (im Beisein des Notarztes).

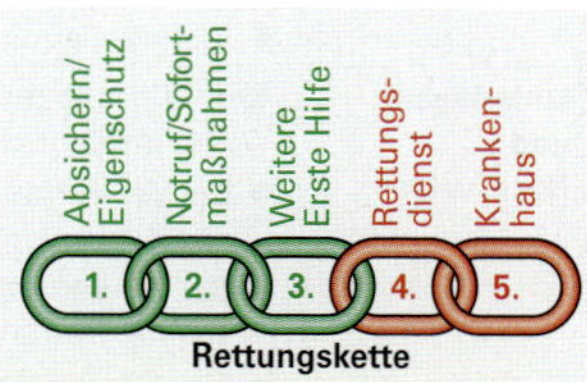

Persönliche Schutzausrüstung/ Werkzeuge

Je nach Herstellervorschriften und ausgeführten Tätigkeiten ist beim Arbeiten an Hybrid- oder Elektrofahrzeugen eine persönliche Schutzausrüstung zu tragen. Diese besteht z.B. aus:
- Sicherheitshandschuhe: Diese müssen folgende Eigenschaften aufweisen: Durchschlagsicher bis 1000 V (Klasse 0); beständig gegen Säure, Öl, Ozon und niedrige Temperaturen.
- Gesichtsschutz nach EN 166 für Arbeiten unter Spannung.

Zur Überprüfung der Spannungsfreiheit ist ein Spannungsprüfer (Duspol, bis 1000 V Hochspannung nach DIN EN 61243-3) vorgeschrieben. Bei manchen Herstellern ist gegen Hochspannung isoliertes Werkzeug vorgeschrieben.

V

Gefährdungsbeurteilung

Aufgabe

Eine Gefährdungsbeurteilung hat, alle möglichen Gefährdungen, die auf die Beschäftigten einwirken können, zu erfassen. Diese Gefährdungen sind hinsichtlich Ihres Gefahrenpotentials zu bewerten. Anschließend sind Maßnahmen zu ergreifen, um eine tatsächliche Gefährdung oder gesundheitliche Schäden zu vermeiden.

Klassifikation von Gefährdungen

Um Arbeitsbereiche oder Tätigkeiten genau und umfassend analysieren zu können, haben die deutschen Berufsgenossenschaften verschiedene Gefährdungen klassifiziert.

1. Mechanische Gefährdung	1.1 ungeschützt bewegte Maschinenteile	1.2 Teile mit gefährlichen Oberflächen	1.3 bewegte Transportmittel, bewegte Arbeitsmittel	1.4 unkontrolliert bewegte Teile	1.5 Sturz auf der Ebene, Ausrutschen, Stolpern, Umknicken, Fehltreten	1.6 Absturz
2. Elektrische Gefährdung	2.1 gefährliche Körperströme	2.2 Lichtbögen				
3. Gefahrstoffe	3.1 Gase	3.2 Dämpfe	3.3 Aerosole	3.4 Flüssigkeiten	3.5 Feststoffe	3.6 durchgehende Reaktionen
5. Brand- und Explosionsgefährdung	5.1 Brandgefährdung durch Feststoffe, Flüssigkeiten, Gase	5.2 explosionsfähige Atmosphäre	5.3 Explosivstoffe	5.4 elektrostatische Aufladungen		
7. Gefährdung durch spezielle physikalische Einwirkungen	7.1 Lärm	7.2 Ultraschall, Infraschall	7.3 Ganzkörperschwingungen	7.4 Hand-Arm-Schwingungen	7.7 elektromagnetische Felder	
8. Gefährdung durch Arbeitsumgebungsbedingungen	8.1 Klima	8.2 Beleuchtung	8.3 Raumbedarf/Verkehrswege			
9. Physische Belastung/Arbeitsschwere	9.1 schwere dynamische Arbeit	9.2 einseitige dynamische Arbeit	9.3 Haltungsarbeit/Haltearbeit	9.4 Kombination aus statischer und dynamischer Arbeit		

Maßnahmen zur Risikominimierung

Entsprechend der Risikobeurteilung müssen Maßnahmen getroffen werden, um Unfälle oder Gefährdungen zu vermeiden. Diese können technischer, organisatorischer oder personenbezogener Art sein, wobei technische Maßnahmen anderen Maßnahmen stets vorzuziehen sind.

Beispiele für technische Maßnahmen:
- Trennung von Mensch und Gefahr durch Kapselung einer gefährlichen Maschine.
- Ersetzen gefährlicher Stoffe durch ungefährliche (Substitution).
- Zuführen von Versorgungsleitungen von der Decke und nicht über den Boden.

Beispiele für organisatorische Maßnahmen:
- Anbringen entsprechender Warnzeichen.
- Zugangskontrollen zu gefährlichen Bereichen durch z. B. Schlösser.

Beispiele für personenbezogene Maßnahmen:
- Zuteilung persönlicher Schutzausrüstung.
- Unterweisungen, Schulungen.

Unterlagen und Nachweise

Betriebe mit mehr als 10 Arbeitnehmern sind verpflichtet, folgende Unterlagen und Nachweise im Rahmen einer Gefährdungsbeurteilung bereit zu stellen.

- Bei Verwendung von Gefahrstoffen: Gefahrstoffkataster, Sicherheitsdatenblätter, Betriebsanweisungen, Nachweis über durchgeführte Unterweisungen.
- Bei Verwendung gefährlicher Maschinen: Checkliste zur regelmäßigen Überprüfung der Maschine, Betriebsanweisung, Nachweis über durchgeführte Unterweisungen.
- Flucht- und Rettungsplan, bestehend aus den Teilen A, B und C.
- Formulare, aus denen ersichtlich wird, welche Arbeitsbereiche, Räume, Maschinen, Gefahrstoffe, ... analysiert und welche Maßnahmen zur Minimierung des Risikos ergriffen wurden.

Arbeitsbereich: Kfz-Werkstatt
Berufsgruppe: Kfz-Mechatroniker
Tätigkeit: Batterieservice

Autohaus Europa
Verantwortliche Person: ____________

Information	Ermittelte Gefährdungen und deren Beschreibung	Risiko G	Risiko M	Risiko K	Maßnahmen	Bearbeiter/Berater	Termin Erledigt	wirksam ja	wirksam nein
BGI 808	☐ Explosionsgefahr durch Entstehen explosionsfähiger Gemische (Knallgas)	☐	☐	☐	☐ Laderäume mit ausreichender Be- und Entlüftung (Querlüftung)			☐	☐
					☐ Begrenzung der Ladespannung nach Herstellerangaben um Batterien nicht zu überladen			☐	☐
					☐ Rauchverbot			☐	☐
					☐			☐	☐
BGR 157	☐ Gefährdung durch Lichtbogen	☐	☐	☐	☐ Einsatz sicherer Ladegeräte mit Ein- und Ausschaltern			☐	☐
					☐ Starthilfekabel in richtiger Reihenfolge an- und abklemmen			☐	☐

Begriffe	Vorschriften	Ergänzungen, Beispiele
Zuständigkeiten		
Berufsgenossenschaften	• Sie sind Träger der gesetzlichen Unfallversicherung. • Jeder Unternehmer ist gesetzlich verpflichtet, mit Gründung des Unternehmens, Mitglied in der für seinen Betrieb zuständigen Berufsgenossenschaft zu werden.	• Für Kfz-Betriebe sind die Berufsgenossenschaften Metall zuständig.
Gewerbeaufsichtsämter	• Sie sind bezüglich der Arbeitssicherheit Überwachungsbehörden für die Berufsgenossenschaften und den ihnen zugeordneten Betrieben. • Sie überprüfen, ob zweckentsprechende Unfallverhütungsvorschriften bestehen und können über die Unfallverhütungsvorschriften hinausgehende Vorschriften erlassen.	• Sie untersuchen z.B. nach schweren Arbeitsunfällen, ob entsprechende Unfallverhütungsvorschriften bestanden haben und ob durch entsprechende Maßnahmen der Unfall vermeidbar gewesen wäre.
Unterweisung	• Der Arbeitgeber hat die Beschäftigten über die bei ihren Tätigkeiten auftretenden Gefahren, sowie Maßnahmen zu ihrer Abwendung vor Aufnahme ihrer Tätigkeit zu unterweisen. Dabei ist insbesondere auf Betriebsanweisungen einzugehen. • Die Unterweisungen sind je nach Bedarf regelmäßig, mindestens einmal jährlich, durchzuführen, sowie bei Änderungen und Neuerstellung von Betriebsanweisungen. • Zeitpunkt und Umfang der Unterweisung ist vom Beschäftigten durch Unterschrift zu bestätigen.	• Der Arbeitgeber kann zuverlässige fachkundige Personen, z.B. Betriebsleiter, mit dieser Aufgabe schriftlich beauftragen. • Unterweisungen/Betriebsanweisungen müssen der Tätigkeit angepasst sein und sind in verständlicher Sprache abzufassen.
Bauliche Vorschriften, Ausrüstung, Kennzeichnungen in Arbeitsräumen		
Ausgänge, Türen, Tore und Durchfahrten	• Ausgänge von Arbeitsräumen müssen durch Bauart, Anzahl und Lage ein schnelles Verlassen der Räume bei Gefahr gewährleisten. • Große, hand- oder kraftbetätigte Tore, die sich im Gefahrenfall nicht schnell genug öffnen lassen, müssen Schlupftüren oder in unmittelbarer Nähe zusätzliche Türen haben. • Fluchtwege und Notausgänge müssen eindeutig gekennzeichnet sein und stets freigehalten werden. • Notausgänge müssen sich von innen, in Fluchtrichtung, ohne fremde Hilfe jederzeit öffnen lassen. Sie sollen auf möglichst kurzem Weg ins Freie oder in einen sicheren Bereich führen. • Tore und Durchfahrten müssen so beschaffen sein, dass für Personen keine Quetschgefahr besteht.	• Kraftbetriebene Tore sind, z.B. durch Kontaktleisten oder Lichtschranken zu sichern. Sie sind jährlich von einem Sachkundigen zu prüfen, z.B. vom Kundendienst des Herstellers. Die Prüfung muss durch Aufkleber an der Toranlage bestätigt sein.  **Rettungsweg links**  **Notausgang** • Mindestabstand zwischen Fahrzeugen und festen Türen > 0,5 m.
Arbeitsgruben und Unterfluranlagen	• Arbeitsgruben und Unterfluranlagen müssen so gebaut sein, dass sie jederzeit gefahrlos betreten und bei Gefahr verlassen werden können. • Sie müssen mit zwei Treppen ausgerüstet sein. • Arbeitsgruben sollen die Treppen jeweils an den Enden der Gruben haben. • Beim Abstellen von Fahrzeugen über der Grube ist darauf zu achten, dass möglichst alle Ausstiege frei bleiben. **Ein Ausstieg muss frei bleiben!** • Arbeitsöffnungen müssen deutlich erkennbar gekennzeichnet sein. • Zum Überqueren von Arbeitsgruben müssen transportable Übergangsstege vorhanden sein. • Nicht besetzte Arbeitsgruben müssen abgedeckt, mit Geländern umwehrt oder durch Ketten oder Seile gesichert werden. • Zugänge zu Arbeitsräumen, hinter denen sich unmittelbar Gruben oder Unterfluranlagen befinden, müssen durch das Warnzeichen „Warnung vor einer Gefahrenstelle“ und das Zusatzzeichen **„Vorsicht Grube“** gekennzeichnet sein.	• Arbeitsgruben bis zu 5 m Länge und Unterfluranlagen mit einer oder zwei Arbeitsöffnungen benötigen anstelle der zweiten Treppe lediglich einen anderen trittsicheren Ausstieg, z.B. eine fest angebracht Stufenleiter mit Haltemöglichkeit an der Ausstiegsstelle. • Gefahrenkennzeichnung durch gelb/schwarze Ränder oder durch eine zusätzliche Innen- bzw. Außenbeleuchtung.  **Vorsicht Grube** 

Begriffe	Vorschriften	Ergänzungen, Beispiele
Rollen-Leistungs-prüf-stände	• Rollen-Leistungsprüfstände dürfen nur innerhalb ihrer Leistungsgrenzen betrieben werden. • Bei laufendem und betriebsbereitem Rollenprüfstand darf sich niemand im Gefahrenbereich der sich drehenden Fahrzeugräder und der Prüfstandsrollen aufhalten. • Unbenutzte Rollen-Leistungsprüfstände sind gegen unbefugtes Benutzen zu sichern, z.B. Abschließen des Hauptschalters.	• Die Leistungsgrenze ist am Prüfstand gut sichtbar anzuzeigen. • Betriebsbereit heißt, dass ein Fahrzeug im Rollensatz steht und ggf. die Kontaktschwellen gedrückt sind. • Benutzer müssen eingewiesen sein.
Rollen-Bremsen-prüf-stände	• Rollen-Bremsenprüfstände in Verbindung mit Arbeitsgruben müssen so gesichert sein, dass sich bei laufendem Prüfstand keine Personen in Gefahrenbereichen der sich drehenden Prüfstandsrollen, der Fahrzeugräder oder der Fahrzeuggelenkwellen befinden können. • Unbeabsichtigtes Anlaufen der Rollen muss verhindert sein. • Einbauöffnungen für Rollensätze sowie Abdeckbleche, die über die Fahrbahnebenen hinausragen, müssen mit einer Sicherheitskennzeichnung versehen sein.	• Bodenöffnungen zwischen den Rollen müssen gegen Hineintreten gesichert sein, solange sich kein Fahrzeug auf dem Prüfstand befindet. • Dies wird z.B. durch das Vorhandensein von zwei Kontaktschwellen erreicht, die für das Anlaufen innerhalb von weniger als 5 Sekunden niedergedrückt werden.
Elektrische Anlagen und Betriebs-mittel	• Sie müssen den VDE-Vorschriften und den Bestimmungen der örtlichen Energieversorgungsunternehmen entsprechen. • Handleuchten müssen mit Schutzglas und Schutzkorb oder einer anderen bruchsicheren Schutzeinrichtung versehen sein (VDE 711-208). • Feuchtrauminstallation nach VDE 0100 Teil 737 ist in Räumen erforderlich, in denen durch Wasser bzw. durch sehr hohe Luftfeuchtigkeit Stromschlag- bzw. Kurzschlussgefahr besteht. • In Räumen, in denen Explosions- bzw. Verpuffungsgefahr besteht, sind explosionsgeschützte Anlagen vorgeschrieben. • Gefährliche Spannungen: U [=] > 60 V; U [~] > 42 V	• Die Energieversorgungsunternehmen können zusätzliche Vorschriften erlassen. • Handlampen mit Leuchtstoffröhren haben z.B. ein stoß- und schlagfestes Schutzrohr aus Acrylglas. • Feuchtrauminstallation ist z.B. in Arbeitsgruben, Unterfluranlagen und Waschanlagen vorgeschrieben. • Dies gilt z.B. für Räume in denen mit Flüssigkeiten der Gefahrklasse **AI** gearbeitet wird und in Batterieladeräumen.
Lackier-räume	• Sie müssen von anliegenden Gebäuden und Räumen feuerbeständig getrennt sein. • Es müssen zwei, möglichst gegenüberliegende Ausgänge vorhanden sein. • Fluchtwege müssen deutlich gekennzeichnet sein und stets freigehalten werden. • In einem Umkreis von 10 m von Lackierstellen dürfen außer den im Arbeitsgang befindlichen Arbeitsstücken keine leicht brennbaren Stoffe vorhanden sein. • Elektrische Anlagen müssen den Vorschriften für explosionsgefährdete Räume genügen.	• Werden Lacke und Lösungsmittel mit einem Flammpunkt < 21 °C verarbeitet, so sind die Lackierräume explosionsgefährdet. • Rauchen ist zu verbieten. • Im Umkreis von 5 m gilt: Feuerstellen, funkenreißende Maschinen dürfen nicht vorhanden sein. • Eine ausreichende Anzahl an Handfeuerlöschern und Löschdecken ist bereit zu halten.
Feuerge-fährdete Betriebs-stätten (Rauch-verbot, Umgang mit Feuer und offe-nem Licht)	• Für feuergefährdete Bertriebsstätten/Arbeitsbereiche, in denen mit brennbaren Flüssigkeiten der Gefahrklasse **AI**, z.B. Benzin, oder **AII** z.B. Waschbenzin, Kaltreiniger, Petroleum gearbeitet wird oder in denen mit brennbaren Gasen oder Dämpfen zu rechnen ist, besteht Rauchverbot. Ebenso ist der Umgang mit Feuer oder offenem Licht verboten. • Diese Arbeitsbereiche müssen mit den entsprechenden Verbotszeichen deutlich erkennbar und dauerhaft gekennzeichnet sein.	 **Rauchen Verboten**  **Feuer, offenes Licht, Rauchen verboten**
Gefähr-liche Gase und Dämpfe	• Brennbare, giftige und gesundheitsgefährdende Gase und Dämpfe müssen aus den Arbeitsräumen abgeführt bzw. abgesaugt werden, z.B. Abgase von Verbrennungsmotoren, Schweißgase, Lösungsmitteldämpfe.	• Abgase von Verbrennungsmotoren sind z.B. durch Schläuche, die auf das Auspuffendrohr gesteckt werden oder durch besondere Absaugeinrichtungen ins Freie abzuleiten.

Begriffe	Vorschriften	Ergänzungen, Beispiele
Hebebühnen	• An ihnen muss ein Fabrikschild leicht erkennbar angebracht sein. • Tragfähigkeit und Lastverteilung müssen gut sichtbar angegeben sein. • Mit der selbstständigen Bedienung dürfen nur Personen betraut werden, die das 18. Lebensjahr vollendet haben, die in der Bedienung der Hebebühne unterwiesen sind und ihre Befähigung hierzu gegenüber dem Unternehmer nachgewiesen haben. • Fahrzeuge auf Hebebühnen müssen gegen Abgleiten, Kippen oder Abrollen gesichert sein. • Hebebühnen müssen mindestens einmal jährlich von einer befähigten Person (Sachkundiger) geprüft werden.	• Inhalt Fabrikschild: Hersteller, Lieferant, Baujahr und Fabrikationsnummer. • Hebebühnen müssen nach Außerbetriebnahme gegen unbefugtes Benutzen gesichert werden, z.B. durch Schalterschloss. • Personen die Hebebühnen bedienen, müssen einmalig gegen Unterschrift vom Unternehmer die Berechtigung dazu erhalten. • Das Prüfergebnis ist in einem Prüfbuch zu vermerken.
Brandschutz		
Amtliche Brandklasseneinteilung	• A Brände fester Stoffe, hauptsächlich organischer Natur, die normalerweise unter Glutbildung verbrennen, z.B. Holz, Papier, Kohle, Textilien. • B Brände flüssiger oder flüssig werdender Stoffe, z.B. Benzin, Öle, Fette, Lacke, Harze, Wachse, Alkohole, Kunststoffe, Teer. • C Brände von Gasen, z.B. Methan, Propan, Wasserstoff, Acetylen. • D Brände von Metallen, z.B. Magnesium, Lithium, Natrium, Kalium, Aluminium und deren Legierungen.	
Brennbare Flüssigkeiten, Gefahrgruppen, Gefahrklassen	• **Gefahrgruppe A.** Dies sind alle brennbaren Flüssigkeiten, die sich nicht mit Wasser mischen lassen und deren Flammpunkt < 100 °C ist. **Sie sind nicht mit Wasser löschbar.** • **Gefahrgruppe B.** Dies sind brennbare Flüssigkeiten, mit einem Flammpunkt < 21 °C, die sich bei 15 °C in jedem beliebigen Verhältnis in Wasser lösen, z.B. Alkohol, Spiritus, Aceton. **Sie sind mit Wasser löschbar.** Es erfolgt keine Einteilung in Gefahrenklassen.	• **Gefahrklasse AI:** Flammpunkt < 21 °C, z.B. Ottokraftstoff, Löse- und Verdünnungsmittel, Altöl unbekannter Herkunft. • **Gefahrklasse AII:** Flammpunkt 21 °C ... 55 °C, z.B. Waschbenzin, Petroleum, Kaltreiniger, Kerosin. • **Gefahrklasse AIII:** Flammpunkt 55 °C ... 100 °C, z.B. Dieselkraftstoff, leichte Heizöle, Altöle bekannter Herkunft.
Auslaufen und Verschütten brennbarer Flüssigkeiten	• Besteht die Gefahr, dass bei Arbeiten brennbare Flüssigkeiten der Gefahrklasse AI oder AII ausfließen können, so müssen vor Beginn dieser Arbeiten alle Zündquellen, welche die Dämpfe dieser Flüssigkeiten entzünden können, beseitigt werden. • Ausgelaufene oder verschüttete brennbare Flüssigkeiten der Gefahrklasse AI oder AII sind unverzüglich aufzunehmen und aus den Arbeitsräumen zu entfernen.	• Materialien mit denen brennbare Flüssigkeiten der Gefahrklasse AI oder AII aufgesaugt wurden, z.B. Sägemehl, Putzlappen, sind bis zur endgültigen Entsorgung in geeigneter Weise zu sammeln, z.B. in verschließbaren Metallbehältern.
Arbeitssicherheitsmaßnahmen bei der Instandhaltung von Fahrzeugen		
Arbeiten an Kraftstoffsystemen von Ottomotoren	Bei Instandhaltungsarbeiten, bei denen nicht auszuschließen ist, dass Kraftstoff austritt, sind ... • die austretenden Kraftstoffe an der Austrittsstelle in geeignete Behälter aufzufangen. • die Kraftstoffleitungen im flexiblen Bereich umgehend abzuklemmen bzw. dicht zu verschließen. • geeignete Löscheinrichtungen in unmittelbarer Nähe der Arbeitsstelle bereitzustellen. • spezielle Werkzeuge zum weitgehend trockenen Kraftstofffilterausbau zu verwenden. • bei beengten Raumverhältnissen die Kraftstoffdämpfe abzusaugen. • Die Durchführung der Arbeiten über Gruben und Unterfluranlagen ist in der Regel verboten.	• Es müssen persönliche Schutzausrüstungen, z.B. kraftstofffeste Schürzen getragen werden. • Hautreinigungs- und Hautpflegemittel sind zu verwenden. • Kraftstoffgetränkte Kleidung muss umgehend gewechselt werden. • Geeignete Löscheinrichtungen sind z.B. Löschdecken, Löschbrausen, CO_2-Feuerlöscher. • Z.B. Ausbau Tankgeber vom Kofferraum aus. • Ausnahmen sind zulässig, z.B. es ist keine Hebebühne vorhanden.

Begriffe	Vorschriften	Ergänzungen, Beispiele
Instandhaltungsarbeiten an Behälterfahrzeugen für den Transport brennbarer Flüssigkeiten	Behälterfahrzeuge für brennbare Flüssigkeiten (Kennzeichnung siehe Bild) der Gefahrklasse AI oder AII oder für brennbare Gase dürfen • nur entgast mit gültiger Entgasungsbescheinigung in Werkstätten gebracht werden • nicht entgast in Werkstätten gebracht werden, wenn sie mit Gaswarngeräten überwacht werden • nicht entgast nur in explosionsgeschützten Werkstätten eingebracht werden.	33 – Gefahrnummer 1203 – Stoffnummer **33:** leicht entzündliche Flüssigkeit, Flammpunkt < 21°C **1203:** Benzin oder Ottokraftstoff
Airbags und pyrotechnisch arbeitende Gurtstraffersysteme	• Sie unterliegen hinsichtlich Umgang, Lagerung und Transport dem Gesetz über explosionsgefährdete Stoffe. Der Unternehmer darf Arbeiten nur durchführen lassen, wenn er dies vorher der zuständigen Behörde angezeigt und eine zuständige Person genannt hat. • Lagerung und Transport ist nur in zugelassenen Transportbehältern durchzuführen. • Airbagmodule/Gurtstraffer dürfen nur unter Beachtung bestimmter Auflagen, z.B. Lagerung in Stahlschrank, in gewerblich genutzten Gebäuden in begrenzter Menge aufbewahrt werden. Allgemeiner Lagerraum: 20 kg brutto (Bauteilmasse) Verschlussraum (separater Lagerraum): 200 kg brutto.	• Die zuständige/beauftragte Person muss qualifiziert ausgebildet sein und einen Sachkundenachweis haben. • Nach Entnahme aus dem Transportbehälter sind Airbags unmittelbar einzubauen. • Durchschnittliche Bruttomassen je Bauteil: Fahrer-Airbag 0,6 kg, Beifahrer-Airbag 1,2 kg, Sidebag 0,7 kg, Windowbag 1,0 kg, Gurtstraffer 0,2 kg. • Weitere Sicherheitshinweise: S. 425.
Arbeiten an Klimaanlagen	• Für Arbeiten an Klimaanlagen ist ein Sachkundenachweis erforderlich. • Hautkontakt mit Kältemitteln ist zu vermeiden, da sie schwere Erfrierungsschäden bewirken können. • Vor dem Schweißen und Löten an Klimaanlagen ist das Kältemittel abzusaugen. Reste sind durch Ausblasen mit Stickstoff zu entfernen. • Arbeitsplätze sind gut zu lüften, da sich austretende Kältemittel mit Luft vermischen und den zum Atmen notwendigen Luftsauerstoff verdrängen.	• Handschuhe, Schutzbrille, eng anliegende Kleidung tragen. • Bei Hitzeeinwirkung entstehen hochgiftige Zersetzungsprodukte, die nicht eingeatmet werden dürfen. Deshalb besteht Rauchverbot bei Arbeiten an Klimaanlagen. • Klimaservicegeräte für R134a und R1234yf müssen verwechslungssicher gekennzeichnet sein.
Unterbodenschutz, Hohlraumkonservierungsstoffe	• Werden Unterbodenschutz- und Hohlraumkonservierungsstoffe verarbeitet, die brennbare Lösemittel der Gefahrklasse AI oder AII oder gesundheitsschädliche Lösemittel enthalten, so sind entsprechende Schutzmaßnahmen zu treffen. • Beim Verarbeiten dieser Stoffe sind Absaugung, Schutzkleidung, Schutzbrille und Atemschutzgeräte bereitzustellen.	• Der Umkreis von 5 m gilt beim Verarbeiten dieser Stoffe als feuergefährdet. • Bei kurzzeitigen Ausbesserungsarbeiten kann von geringen Konzentrationen ausgegangen werden und es genügen Atemschutzgeräte mit Kombinationsfiltern.
Reibbeläge, Abriebstäube	• Feinpartikelstäube als Abrieb von Reibbelägen sind gesundheitsgefährdend. • Abriebstäube dürfen nicht mit Druckluft ausgeblasen werden. • Demontierte Reibbeläge und Abriebstäube sind staubdicht zu verpacken und emissionsfrei zu entsorgen.	• Bei Demontagearbeiten an Bremsen müssen z.B. geeignete Absaugeinrichtungen oder Nassreinigungsverfahren für die Aufnahme der Abriebstäube angewandt werden.
Umgang mit Akkumulatoren, Starterbatterien	• Reihenfolge beim Ausbau: 1. Verbraucher ausschalten; 2. Minuspol abklemmen; 3. Pluspol abklemmen. • Beim Einbau in umgekehrter Reihenfolge vorgehen: Erst Plus-, dann Minusklemme anklemmen. • Batterieladeeinrichtungen, Starthilfegeräte und elektrische Messgeräte zum Messen des Ladezustandes, müssen so beschaffen sein, dass beim An- und Abklemmen der Anschlussleitungen kein Lichtbogen in der Nähe der Gasaustrittsöffnungen der Akkumulatoren entstehen kann. • Batterieladeräume sind stets ausreichend zu be- und entlüften.	• Dadurch, dass der Minuspol zuerst abklemmt wird, besteht keine Kurzschlussgefahr. • Dies wird durch stromloses An- und Abklemmen möglich, z.B. mit Hilfe mechanischer Schalter oder elektronischer Schaltungen. Durch Lichtbögen könnte evtl. gebildetes Knallgas gezündet werden. • Ladestationen sind vom übrigen Arbeitsbereich abzuschirmen.

V

Begriffe	Vorschriften	Ergänzungen, Beispiele
Umgang mit Säuren und Laugen	• Aufbewahrung ist nur in bruchsicheren oder vor Bruch geschützten Gefäßen zulässig. • Gefäße müssen entsprechend gekennzeichnet sein. • Es ist eine geeignete Schutzkleidung und Schutzbrille zu tragen. • Hygroskopisch wirksame Säuren dürfen nur durch langsames Eingießen von Säure in Wasser verdünnt werden.	• Verwendung von Getränkeflaschen ist verboten. • Angabe des Inhalts. • Kennzeichnung durch Warnzeichen. • Es darf z.B. kein Wasser in konzentrierte Schwefelsäure gegossen werden (Explosionsgefahr).
Unterstellböcke, Wagenheber, Winden	• Die Tragfähigkeit muss deutlich erkennbar und dauerhaft angegeben sein.	• Wagenheber und Winden unterliegen wiederkehrenden Prüffristen.
Sicherheitsregeln beim Umgang mit Luftreifen	• Vor dem Füllen von Luftreifen sind Räder, Felgen und Reifen auf sichtbare Schäden zu prüfen und ggf. auszutauschen. • Beim Füllen von Reifen mit geteilten Felgen besteht die Gefahr dass Teile weggeschleudert werden. • Beim Transport von Rädern oder Reifen mit $m > 200$ kg oder $d > 1{,}5$ m, müssen Einrichtungen vorhanden sein, die sicherstellen, dass das Rad oder der Reifen nicht umfallen kann.	• Der höchstzulässige Fülldruck darf nicht überschritten werden. • Das Rad ist beim Befüllen, z.B. in Schutzgestelle, hineinzustellen. • Montage, Demontage und Transport von Reifen mit $m > 200$ kg oder $d > 1{,}5$ m muss mindestens von 2 Personen durchgeführt werden.
Radauswuchtmaschinen	• Motorisch angetriebene, ortsfeste Radauswuchtmaschinen dürfen i.d.R. nur mit einer Schutzhaube betrieben werden. Ausnahme: $n \leq 100$ 1/min.	• Bei geöffneter Schutzhaube darf das Ingangsetzen der Maschine nicht möglich sein.
Schraubenfedern	• Zum Aus- und Einbau von Schraubenfedern, z.B. bei Federbeinen, müssen Spannvorrichtungen benutzt werden.	• Damit soll ein Herausspringen der gespannten Schraubenfeder verhindert werden.
Kraftstoffeinspritzdüsen prüfen	• Es müssen Vorkehrungen gegen Verletzung durch den Hochdruckflüssigkeitsstrahl getroffen werden, z. B. Spritzprüfung nur in geschlossenen Auffangbehältern.	• Der Hochdruckflüssigkeitsstrahl durchdringt die Haut und verursacht so Gesundheitsschäden.
Schutzmaßnahmen beim Schweißen	• Schweißarbeiten, bei denen Gefahren für die Erbgutveränderung bestehen, dürfen von Frauen nicht ausgeführt werden. Personen unter 18 Jahre dürfen nur unter Aufsicht schweißen. • Räume, in denen ständig Schweißarbeiten ausgeführt werden, müssen gut belüftet sein bzw. die Gase und Dämpfe müssen abgesaugt werden. • Beim Schweißen und Schneiden von Nichteisenmetallen, verzinkten oder verbleiten Werkstücken, sind die Gase und Dämpfe abzusaugen.	• Augenschutz und Schutzkleidung sind vom Unternehmer zu stellen und instand zu halten. • Gasflaschen dürfen nicht in der Nähe von Wärmequellen aufgestellt oder gelagert werden. Sie sind gegen Umfallen zu sichern. • Teile, die mit Sauerstoff in Berührung kommen, müssen frei von Öl und Fett gehalten werden.
Lichtbogenschweißen	• Alle spannungsführenden Teile der Schweißanlage sind gegen zufälliges Berühren zu schützen. • Beim Lichtbogenschweißen unter erhöhter elektrischer Gefährdung darf die Leerlaufspannung bei Wechselstromgeräten 48 V nicht überschreiten. • Der Augenschutz muss durch Verwendung geeigneter Schweißschutzfilter gewährleistet sein. Außerdem ist die Haut des Schweißers vor UV-Strahlen zu schützen.	• **Leerlaufspannung.** Spannung des unbelasteten Transformators zwischen den Anschlussstellen der Schweißleitungen. • Erhöhte elektrische Gefährdung liegt vor, wenn z.B. der freie Bewegungsraum zwischen gegenüberliegenden leitfähigen Teilen weniger als 2 m beträgt (Behälter).
Sichern der Fahrzeuge gegen Bewegung	• Bei Arbeiten an Fahrzeugen sind diese vor Arbeitsbeginn gegen unbeabsichtigte Bewegung zu sichern. • Beim Arbeiten an Druckluftanlagen von luftgefederten Fahrzeugen sind Vorkehrungen gegen ein unbeabsichtigtes Absenken des Aufbaus infolge Entweichens der Luft aus dem Federsystem zu treffen. • Kraftbetätigte Fahrzeugteile und Anbaugeräte sind gegen unbeabsichtigte Bewegung zu sichern.	• Z.B. durch Betätigen der Feststellbremse. • Bei Arbeiten am Bremssystem oder bei unwirksamer Feststellbremse müssen Unterlegkeile verwendet werden. • Z.B. hydraulisch betätigte Laderschaufel.
Arbeiten auf öffentlichen Straßen	• Die Arbeitsstelle ist ordnungsgemäß zu sichern. • Es ist Warnkleidung nach DIN EN 471 in der Farbe eines fluoreszierenden Orange-Rot zu tragen.	• Z.B. Absperrung des Arbeitsplatzes • Einsatz eines Sicherungspostens.

Nationale Gesetze und EU Rahmen-Richtlinien im Bereich der Elektromobilität

Gesetze werden durch Verordnungen, Vorschriften, Informationen und Technische Regeln konkretisiert. Im Bereich der Elektromobilität gliedert sich dies in drei Säulen:

Geräte und Produkte

Gesetze:

Geräte-, Produktsicherheitsgesetz (GPSG)
- Geräte zertifizieren
- CE Kennzeichnung

Verordnungen:

1. Verordnung des GPSG
- Niederspannungsrichtlinien für Betriebsmittel zwischen 50 – 1000 V AC und 75 – 1500 V DC

Technische Regeln, Vorschriften:

ECE Regel 100
- Genehmigung batteriebetriebener Fahrzeuge
- Schutz gegen direktes Berühren
- Isolationsprüfung HV Batterie
- Potentialausgleichsmessung

VDE Vorschriften
Verband der Elektrotechnik, Elektronik und Informationstechnik
- DIN VDE Normen zum Betrieb elektrischer Anlagen
- 5 Sicherheitsregeln
- max. Berührspannungen

Arbeitsschutz und Arbeitssicherheit

Gesetze:

Arbeitsschutzgesetz (ArbSchG)
- Gesundheit aller Beschäftigten sichern
- Gefährdungsbeurteilung
- Gefahrenursachen vermeiden
- regelmäßige Unterweisungen

Arbeitssicherheitsgesetz (ASiG)
- Unfallverhütung durch betriebsbetreffende Vorschriften
- Anzahl Betriebsärzte

Verordnungen:

Arbeitssicherheitsverordnung
- Verordnung zur persönlichen Schutzausrüstung von Mitarbeitern

Technische Regeln, Vorschriften, Info:

Unfallverhütungsvorschrift (UVV)
- Verbindliche Pflichten bezüglich Sicherheit und Gesundheitsschutz
- Anzahl der Sicherheitsbeauftragten

BGV A3: Berufsgenossenschaftliche Vorschrift
- UVV el. Anlagen, fachliche Qualifikation für Arbeiten an HV-Fahrzeugen

DGUV-I 200/005: Berufsgenossenschaftliche Information
- Qualifizierung für Arbeiten an HV-Fahrzeugen

Unfallversicherung und -verhütung, Entschädigung

Gesetze:

Siebtes Buch des Sozialgesetzbuches (SGB VII)
- Rechtsgrundlage für gesetzliche Unfallversicherung
- Regelungen zur Verhütung und Entschädigung von Arbeitsunfällen

Arbeitssicherheitsgesetz (ASiG)
- Unfallverhütung durch betriebsbetreffende Vorschriften
- Anzahl Betriebsärzte

Verordnungen:

Betriebssicherheitsverordnung
- Bereitstellung und Benutzung von Arbeitsmitteln
- Betrieb von überwachungsbedürftigen Anlagen

Technische Regeln, Vorschriften:

Technische Regeln der Betriebssicherheit (TRBS)
- Ermittlung und Bewertung elektrischer Gefährdung
- Bereitstellung, Benutzung von Arbeitsmitteln
- Maßnahmen zum Schutz von Beschäftigten

FMVSS 305: Federal Motor Vehicle Safety Standard
- Bundesvorschrift Kfz Sicherheit, E-Fahrzeuge
- Schutz vor Auslaufen von Batteriesäure, Stromschlägen, Aufprallschutz

Vorschriften zur Elektromobilität

VDE 0105 Teil 100 – Allgemeine Festlegungen: Diese Norm gilt für das Bedienen von Anlagen und allen Arbeiten an elektrischen Anlagen für Spannungen. Hierbei handelt es sich um elektrische Anlagen aller Spannungsebenen (Kleinspannung bis Hochspannung). In dieser Vorschrift sind u.a. die drei Sicherheitsregeln für Arbeiten an Fahrzeugen mit Hochvoltsystem (Freischalten, Spannungsfreiheit feststellen, Gegen Wiedereinschalten sichern) und die maximalen Berührspannungen (120 V DC, 50 V AC) festgelegt.

FMVSS 305 (Federal Motor Vehicle Safety Standard): Bundesvorschrift Kraftfahrzeugsicherheit – Elektrofahrzeuge: Beinhaltet Vorschriften über Schutz vor Auslaufen von Batteriesäure, vor Stromschlägen sowie Aufprallschutz.

BGV A3 (Berufsgenossenschaftliche Vorschrift): Diese Vorschrift ist eine Unfallverhütungsvorschrift für Elektrische Anlagen und Betriebsmittel. In ihr sind die Definition elektrischer Betriebsmittel, die elektrotechnischen Regeln im Sinne der UVV und die fachlichen Qualifikationen als Elektrofachkraft für festgelegte Tätigkeiten beschrieben.

Berufsgenossenschaftliche Information zur Elektromobilität

DGUV–Information 200/005 (ehemals BGI/GUV-I 8686): „Qualifizierung für Arbeiten an Fahrzeugen mit Hochvoltsystemen". Die Qualifikation umfasst fünf Bezeichnungen: Elektrotechnischer Laie, Elektrisch unterwiesene Person **(Stufe 1),** Fachkundige(r) für Arbeiten an HV-Fahrzeugen **(Stufe 2),** Elektrofachkraft (EFK) Fahrzeugtechnik **(Stufe 3),** Arbeiten unter Spannung (Zusatzqualifikation). Erklärungen zur Elektrofachkraft, Leitung und Aufsicht, zum Betrieb, Bedienen und Arbeiten an elektrischen Anlagen, zu Hochvolt, zur elektrischen Gefährdung, zum Arbeiten unter Spannung und zum HV-eigensicheren Fahrzeug sind hier niedergeschrieben.

Technische Regeln zur Elektromobilität

ECE R 100: Sie beschreibt die einheitlichen Bedingungen für die Genehmigung der batteriebetriebenen Elektrofahrzeuge hinsichtlich der besonderen Anforderungen an die Bauweise und die Betriebssicherheit. Z. B. beschreibt Anhang 3 den Schutz gegen direktes Berühren spannungsführender Teile; Anhang 4 die Vorschrift zur Isolationsprüfung der Antriebsbatterie; Anhang 5 das Symbol für das Vorhandensein einer elektrischen Spannung.

Fahrerlaubnis (Führerschein, § 1, StVG, Straßenverkehrsgesetz; § 4 … § 48 FeV)

Wer auf öffentlichen Straßen ein Kraftfahrzeug mit einer bauartbedingten Höchstgeschwindigkeit von mehr als 6 km/h führen will, benötigt eine Fahrerlaubnis der Verwaltungsbehörde. Die Fahrerlaubnis ist durch eine amtliche Bescheinigung, den Führerschein, nachzuweisen. Er ist beim Führen eines fahrerlaubnispflichtigen Kfz mitzuführen und ist 15 Jahre gültig.

Fahrerlaubnisfreie Kraftfahrzeuge mit v_{max} > 6 km/h als Ausnahmen von der Fahrerlaubnispflicht (§ 4 FeV)

Mofas	Mofas sind einspurige, einsitzige Fahrräder mit Hilfsmotor – auch ohne Tretkurbeln – deren bauartbedingte Höchstgeschwindigkeit auf ebener Fahrbahn 25 km/h nicht übersteigt
Krankenfahrstühle	Sie sind nach der Bauart zum Gebrauch durch körperlich gebrechliche oder behinderte Personen bestimmte Kfz mit einem Sitz, $m_{leer} \leq 300$ kg und $v_{max} < 15$ km/h.
Einachsige Zug- u. Arbeitsmaschinen	Diese Zug- und Arbeitsmaschinen müssen so gebaut sein, dass sie von Fußgängern nur an Holmen geführt werden können.
Mindestalter	**15. Lebensjahr.** Ausnahme: Krankenfahrstühle mit $v_{max} < 10$ km/h auch von Personen unter 15 Jahren.

Einteilung der Fahrerlaubnis, Mindestalter (§ 6, § 10 FeV)

Klasse	Fahrzeuge	Mindestalter	Bemerkungen	Einschlüsse
AM	Zweirädrige Kleinkrafträder (Mopeds), dreirädrige Kleinrafträder und vierrädrige Leichtkraftfahrzeuge mit nicht mehr als 50 cm³ Hubraum, einer Höchtsgeschwindigkeit bis 45 km/h und einer maximalen Nutzleistung bis 4 kW.	**16**	Bei vierrädrigen Leichtkraftfahrzeugen bis zu einer Leermasse von 350 kg.	keine
A1	Zweirädrige Krafträder mit nicht mehr als 125 cm³ Hubraum und einer maximaler Nutzleistung bis 11 kW, bei denen das Verhältnis der Leistung zum Gewicht 0,1 kW/kg nicht übersteigt, sowie dreirädrige Kleinkrafträder, mit einer Höchtsgeschwindigkeit über 45 km/h und einer maximalen Nutzleistung bis 15 kW.	**16**	Auch mit Beiwagen bei zweirädrigen Fahrzeugen.	AM
A2	Zweirädrige Krafträder mit einer maximaler Nutzleistung bis 35 kW, bei denen das Verhältnis der Leistung zum Gewicht 0,2 kW/kg nicht übersteigt.	**18**	Auch mit Beiwagen bei zweirädrigen Fahrzeugen.	AM, A1
A	Zweirädrige Krafträder sowie dreirädige Kraftfahrzeuge mit mehr als 50 cm³ Hubraum, einer Höchtsgeschwindigkeit über 45 km/h mit mehr als 15 kW Leistung.	**24, 21, 20**	Ab 24 Jahren ohne Leistungsbeschränkung, 21 Jahre mit A1, 20 Jahre mit A2	AM, A1 , A2
B	Kraftwagen bis m_{zul} = 3,5 t und mit nicht mehr als 8 Fahrgastplätzen, sowie mit Anhängern bis m_{zul} = 750 kg oder mit Anhänger mit m_{zul} > 750 kg, sofern die zulässige Gesamtmasse des Anhängers die Leermasse des Zugfahrzeugs nicht übersteigt und die Gesamtmasse des Zuges 3,5 t nicht übersteigt.	**18**	Ab 17 Jahren auf Antrag "Begleitetes Fahren" nach bestandener Prüfung möglich.	AM L
B96	Kombination eines Zugfahrzeuges B mit einem Anhänger von mehr als 750 kg und einer zulässigen Gesamtmasse der Kombination zwischen 3500 kg und 4250 kg.	**18**		Am, L
C	Kraftwagen mit m_{zul} > 3,5 t; mit Anhänger bis m_{zul} = 750 kg. Mindestalter im Güterverkehr 21 Jahre.	**18 bzw. 21**	Vorbesitz Klasse B	C1, B, AM und L
C1	Kraftwagen mit m_{zul} > 3,5 t bis m_{zul} = 7,5 t; mit Anhänger bis m_{zul} = 750 kg.	**18**	Vorbesitz Klasse B	B, AM und L
D	Kraftwagen zur Personenbeförderung mit mehr als 8 Fahrgastplätzen; mit Anhänger bis m_{zul} = 750 kg.	**21**	Vorbesitz Klasse B	D1, B, AM und L
D1	Kraftwagen zur Personenbeförderung mit mehr als 8 Fahrgastplätzen und nicht mehr als 16 Fahrgastp., mit Anh. bis m_{zul} = 750 kg.	**21**	Vorbesitz Klasse B	B, M und L
BE CE, C1E DE, D1E	Zugfahrzeuge der Klassen B, C, C1, D oder D1, die einen Anhänger mit m_{zul} > 750 kg ziehen; bei den Klassen C1E und D1E darf die Gesamtzugmasse 12 t und m_{zul} des Anhängers die Leermasse des Zugfahrzeugs nicht übersteigen. Mit CE dürfen z.B. Sattelkraftfahrzeuge bis m_{zul} = 44 t gefahren werden. Bei D1E darf der Anhänger nicht zur Personenbeförderung verwendet werden.	**18 bzw. 21**	Vorbesitz Klasse B bzw. C, C1, D oder D1	siehe Grundklassen B, C, C1, D, D1
L	Land- und forstwirtschaftliche Zug- und Arbeitsmaschinen bis v_{max} = 40 km/h, mit Anhänger bis v_{max} = 25 km/h; selbstfahrende Arbeitsmaschinen, Flurförderfahrzeuge bis v_{max} = 25 km/h.	**16**		keine
T	Land- und forstwirtschaftliche Zugmaschinen bis bauartbedingt v_{max} = 60 km/h und selbstfahrende Arbeitsmaschinen bis bauartbedingt v_{max} = 40 km/h; jeweils auch mit Anhänger.	**16**	Unter 18 Jahre $v_{max} \leq 40$ km/h	AM, L

Abschleppen

Definition

Abschleppen ist das Ziehen eines unterwegs betriebsunfähig gewordenen Kraftwagens. Z.B. ein Pkw wird nach Motorschaden von der Autobahn zur nächsten Werkstatt gezogen.

„Notfallgedanke"

Zulässige Abschleppfahrten

Es sind Fahrten vom Ort des Liegenbleibens bis
- zur nächsten geeigneten Reparaturwerkstatt, z.B. Vertragswerkstatt des Fahrzeugherstellers.
- zum nächsten geeigneten Verwahrungsort, z.B. Abstellplatz eines Abschleppunternehmers.

Sonderregelungen erlauben außerdem folgende Abschleppfahrten:
- Von der Garage bzw. vom Abstellplatz, wenn der Schaden dort eingetreten ist, zur nächsten geeigneten Reparaturwerkstatt.
- Vom Abstellplatz zum nächsten geeigneten Autoverwertungsbetrieb (Schrottplatz).

Abschleppvorschriften

- Alle Fahrzeuge des Abschleppzuges müssen Warnblinklicht eingeschaltet haben.
- Auf Autobahnen darf nur vom Ort des Liegenbleibens bis zur nächsten Ausfahrt abgeschleppt werden; dann weiter auf anderen Straßen bis zum Zielort.
- Die Abschleppeinrichtung muss gut gekennzeichnet sein, z.B. Warnflagge oder Warnlackierung.
- Beim Abschleppen muss nach hinten eine funktionsfähige Beleuchtungsausrüstung betrieben werden, z.B. Leuchtenträger als Ersatz für fahrzeugeigene Beleuchtungseinrichtung.
- Am Zugende muss ein amtliches Kennzeichen ablesbar sein, das die eindeutige Feststellung des Zugfahrzeuges ermöglicht, z. B. Papptafel mit dem Kennzeichen des Zugfahrzeuges.

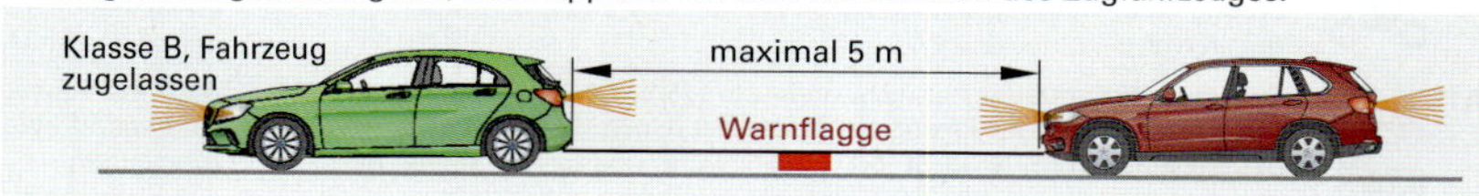

Zugfahrzeug
- Fahrer muss vorgeschriebene Fahrerlaubnis, z.B. Pkw → Klasse B oder 3 (alt) haben.
- Fahrzeug muss zugelassen und haftpflichtversichert sein.
- Kraftfahrzeughaftpflichtversicherung trägt das Gesamtrisiko für den Abschleppzug.
- Zulässige Anhängelasten sind zu beachten.
- Krafträder dürfen nicht abschleppen.

Abgeschlepptes Fahrzeug
- Der Lenker benötigt keine Fahrerlaubnis. Sicheres Lenken und Bedienen muss jedoch gewährleistet sein.
- Fahrzeug muss nicht zugelassen und haftpflichtversichert sein.
- Krafträder dürfen nicht abgeschleppt werden.
- Auch Züge, z.B. Pkw mit Wohnwagen, dürfen abgeschleppt werden.

Schleppen

Definition

Beim Schleppen wird ein Kraftfahrzeug als Anhänger betrieben, ohne dass ein Notfall vorliegt. Kraftfahrzeuge dürfen nur mit Schleppgenehmigung als Anhänger betrieben werden. Für alle anderen Fälle gilt Schleppverbot. Z.B. ein Pkw wird vom Karosserieinstandsetzungsbetrieb zu einem Lackierbetrieb gezogen.

„Transportgedanke" Kein Notfall!

Schleppgenehmigung

- Ausnahmegenehmigungen zum Schleppen erteilen z.B. Zulassungsstellen.
- Die Schleppgenehmigung muss bei der Schleppfahrt mitgeführt werden.
- Sie ist an das Zugfahrzeug gebunden, nicht übertragbar und erlischt beim Verkauf.

Schleppvorschriften

- Es darf jeweils nur ein Fahrzeug geschleppt werden.
- Nach hinten muss eine funktionsfähige Beleuchtungsausrüstung betrieben werden.
- Am Zugende muss das amtliche Kennzeichen des Zugfahrzeuges ablesbar sein.
- Schleppzüge dürfen länger als 18 m sein.
- In der Schleppgenehmigung vermerkte Auflagen sind einzuhalten, z.B. Fahrstecke, Termine.

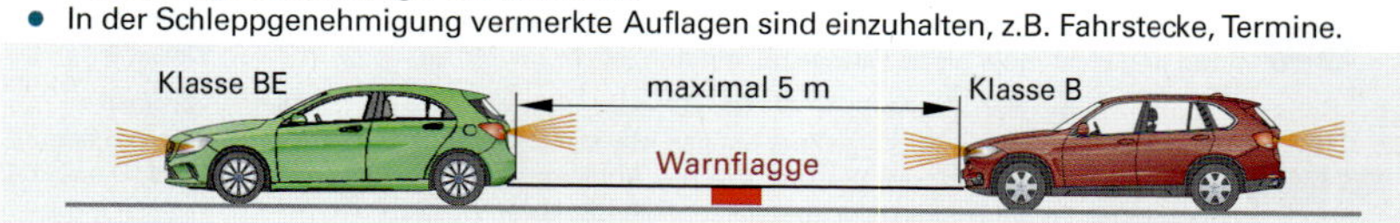

Zugfahrzeug
- Je nach Art des Schleppzuges ist die Fahrerlaubnis der Klasse BE, C1E, CE, DE, D1E erforderlich.
- Zugfahrzeug muss zugelassen und haftpflichtversichert sein.
- Die zulässigen Anhängelasten sind zu berücksichtigen.

Abgeschlepptes Fahrzeug
- Die für dieses Fahrzeug vorgeschriebene Fahrerlaubnis, z.B. Pkw → Klasse B, ist erforderlich.
- Fahrzeug muss nicht zugelassen und haftpflichtversichert sein.
- Fahrzeuge mit m_{zul} > 4 t müssen mit einer Abschleppstange geschleppt werden.

ECE-Betriebserlaubnis, ABG, Fahrzeugkennzeichen

Begriffe	Erklärung	Hinweise
ECE-Betriebserlaubnis	Sie ist der europäische Nachfolger der deutschen Teile-ABE und wird in der Landessprache verfasst, in welcher die Betriebserlaubnis erteilt wurde. ECE = Economic Commission for Europe	Es ist keine Vorführung beim TÜV notwendig. Voraussetzung ist das Mitführen der EWG-Betriebserlaubnis beim Betrieb des Kraftfahrzeugs. Werden **Umbauten am Fahrzeug verlangt,** muss eine Vorführung erfolgen, z.B. bei der Montage einer Anhängerkupplung falls die Karosserie verändert worden ist.
ECE-Bauartgenehmigung **Allgemeine Bauartgenehmigung ABG**	Bestimmte, für die Sicherheit besonders bedeutsame Teile wie z.B. Leuchten haben keine Betriebserlaubnis, sondern eine allgemeine Bauartgenehmigung (ABG). Diese wird durch ein Prüfzeichen auf dem Fahrzeugteil nachgewiesen. 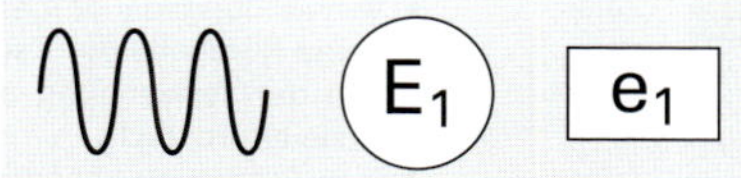 	• Für ECE-genehmigte Teile besteht keine Mitführpflicht für die schriftliche Bauartgenehmigung. • Bauartgenehmigte Fahrzeugteile sind z.B. – Windschutzscheiben – Scheibenfolien – Airbags – Sicherheitsgurte – Begrenzungsleuchten – Kindersitze – Reifen – Warndreiecke – Scheinwerfer für Fern- und Abblendlicht – alle Glühlampen für bauartgenehmigungspflichtige Scheinwerfer und Leuchten.
ABG Länderprüfzeichen 48 Länder	**Z. B.: E1** Deutschland, **E2** Frankreich, **E3** Italien, **E4** Niederlande, **E5** Schweden, **E6** Belgien, **E7** Ungarn, **E8** Tschechien, **E9** Spanien, **E10** Serbien, **E11** Großbritannien, **E12** Österreich, **E13** Luxemburg, **E14** Schweiz, **E16** Norwegen, **E17** Finnland, **E18** Dänemark, **E19** Rumänien, **E20** Polen, **E21** Portugal, **E23** Griechenland, **E24** Irland, **E25** Kroatien, **E26** Slowenien, **E27** Slowakei, **E28** Weißrussland, **E29** Estland, **E31** Bosnien und Herzegowina, **E32** Lettland, **E37** Türkei, **E40** Mazedonien, **E43** Japan	
Gegenseitige Beeinflussung bei Kombinationen von Änderungen	Werden am Fahrzeug Teile mit einer Teile-ABE bzw. einer Allgemeinen Bauartgenehmigung ABG oder einer ECE-Betriebserlaubnis ein- oder angebaut, ist grundsätzlich keine Vorführung bei einer Prüfstelle nötig. Diese Freigaben beziehen sich auf den Ein- bzw. Anbau an das angegebene Originalfahrzeug. Werden mehrere Anbaumaßnahmen durchgeführt, können sich diese untereinander beeinflussen. In diesem Fall ist das Fahrzeug bei einer Prüfstelle vorzuführen.	

Das wird geändert ... / ... und kann Auswirkungen haben auf:	Räder/Reifen	Fahrwerkseinstellungen (Spur/ Sturz oder Distanzscheiben)	Federn/Dämpfer Tieferlegung	Beleuchtungseinrichtung	Spoiler/Karosserieteile/Aerodynam. Anbauteile	Lenkrad und Lenkverhalten	Leistungssteigerung/ Motoren-Tuning	Auspuffanlage	Anhängekupplung, Anhängevorrichtung	Geräusch- oder Abgasverhalten
Räder/ Reifen		!	!	ok	!	!	!	ok	ok	!
Fahrwerkseinstellungen (Spur/ Sturz oder Distanzscheiben)	!		!	ok	!	!	ok	ok	ok	ok
Federn/ Dämpfer Tieferlegung	!	!		!	!	!	!	!	!	ok
Beleuchtungseinrichtung	ok	ok	!		!	ok	ok	ok	!	ok
Spoiler/ Karosserieteile/ Aerodynamische Anbauteile	!	!	!	!		!	!	!	!	ok
Lenkrad	!	!	!	ok	!		ok	ok	ok	ok
Leistungssteigerung/ Motoren-Tuning	!	ok	!	ok	!	ok		!	!	!
Auspuffanlage	ok	ok	!	ok	!	ok	!		!	!
Anhängekupplung, Anhängevorrichtung	ok	ok	!	!	!	ok	!	!		ok

ok keine gegenseitige Beeinflussung zu erwarten

! gegenseitige Beeinflussung möglich

Fahrzeugkennzeichen

Versicherungskennzeichen  	Diese Kennzeichen werden für zulassungsfreie, versicherungspflichtige Kraftfahrzeuge, z.B. Mofa, Moped, verwendet. 1 Registriernummer 2 Kennung der ausgebenden Versicherungsgesellschaft	• **Gültigkeit.** Es ist maximal 1 Jahr gültig; jeweils von Anfang März bis Ende Februar (Versicherungsjahr). • **Schriftfarbe.** Sie wechselt jährlich (Grün, Schwarz und Blau wiederholend).

V

Kennzeichenart

Erklärung / **Hinweise**

Eurokennzeichen

Standard-Kennzeichen für ordnungsgemäß zugelassene Fahrzeuge.

- Schwarze, geprägte Beschriftung auf weißem, reflektierenden Untergrund und schwarze Umrandung.
- In den EU-Staaten und der Schweiz kann das vorgeschriebene D-Schild entfallen.

E = Zusatz für Elektro-Fahrzeuge

Grünes Kennzeichen

Kennzeichen für kraftfahrzeugsteuerfreie Fahrzeuge.

- Typische Fahrzeuge sind z.B. Traktoren und Anhänger für die Verwendung in der Land- und Forstwirtschaft sowie Pannenhilfsfahrzeuge.

Kurzzeitkennzeichen

Kennzeichen für kurzfristig vorübergehend, außerordentlich zugelassene Fahrzeuge, z.B. für Probe-, Prüfungs- und/oder Überführungsfahrten.

- Dieses Kennzeichen kann jeder bei einer Zulassungsstelle auf Antrag bekommen.
- Verwendungsdauer maximal 5 Tage.
- Keine Rückgabe der Kennzeichen nach Ablauf der Verwendung an die Zulassungsstelle erforderlich.
- Die Fahrzeuge benötigen eine gültige Hauptuntersuchungen. Ohne HU darf nur im Zulassungsbezirk gefahren werden.

Rotes Kennzeichen des Kfz-Gewerbes, Kennziffer 06

Kennzeichen für kurzfristig vorübergehende, außerordentliche Zulassung eines Fahrzeuges. Kennzeichen können wechselnd an verschiedenen Fahrzeugen verwendet werden, um Probe-, Prüfungs- und/oder Überführungsfahrten beliebig wiederkehrend durchführen zu können. Kennzeichen gilt nicht im Ausland.

Erteilung nur für gewerbliche Zwecke an zuverlässige Fahrzeughersteller, Fahrzeughändler und Fahrzeugservicebetriebe.

- Zum Kennzeichen Ausstellung eines roten Fahrzeugscheinheftes.
- Vor Antritt der ersten Fahrt muss für das Fahrzeug ein Fahrzeugschein ausgefüllt und vom Kennzeicheninhaber unterschrieben werden.
- Der Fahrzeugschein gilt ein Jahr.
- Führung eines Fahrtenbuches erforderlich.

07er Kennzeichen werden an Oldtimer ausgegebn, um an Oldtimerveranstaltungen teilzunehmen. Sie können an verschiedenen Fahrzeugen verwendet werden.

- Fahrzeugalter mindestens 30 Jahre.
- Eine gültige Hu ist nicht erforderlich, das Fzg. muss jedoch Verkehrssicher sein.

Oldtimerkennzeichen (H-Kennzeichen)

Kennzeichen für historische (H) Fahrzeuge

- Fahrzeugalter mindestens 30 Jahre.
- Anerkennung als Oldtimer durch Gutachten eines amtlich anerkannten Sachverständigen für das Kraftfahrzeugwesen.
- Fahrzeuguntersuchungen, z.B. AU, HU und ggf. SP, sind notwendig.

Saisonkennzeichen

Verwendungszeitraum April bis Oktober

Kennzeichen für Fahrzeuge, die nur für einen Teil des Jahres verwendet werden.

- Verwendungszeitraum ist rechts auf dem Kennzeichenschild angezeigt.
- Außerhalb des Verwendungszeitraums dürfen sich diese Fahrzeuge nicht im öffentlichen Verkehrsraum befinden.
- Das Fahrzeug bleibt stets zugelassen.

Ausfuhrkennzeichen

Kennzeichen für Kraftfahrzeuge, die in Deutschland für den Export beschafft wurden und gefahren werden sollen.

- Verwendungsdauer maximal 1 Jahr. Ist sie länger als 3 Monate, so wird Kraftfahrzeugsteuer für das ganze Jahr fällig.
- Kraftfahrzeug muss verkehrssicher und haftpflichtversichert sein.
- Fahrzeuge dürfen in Deutschland und im Ausland gefahren werden.

Wechselkennzeichen

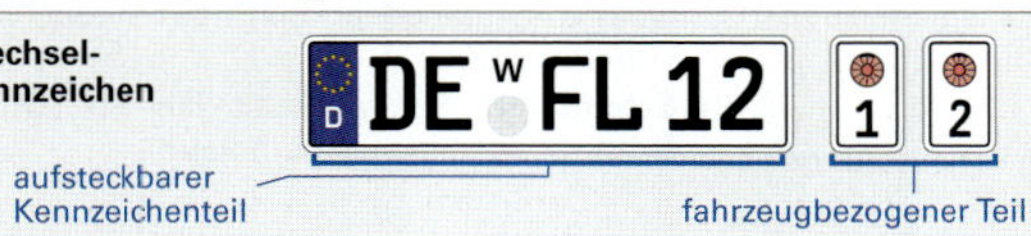

- Kennzeichen für zwei zugelassene Fzg. der gleichen Fahrzeugklasse
- beschränkt auf M1, L, O1
- der fahrzeugbezogene Teil mit HU-Plakette ist fest angebracht

V

Abmessungen von Fahrzeugen
(vgl. StVZO § 32, EG-Vorschriften 96/53/EG)

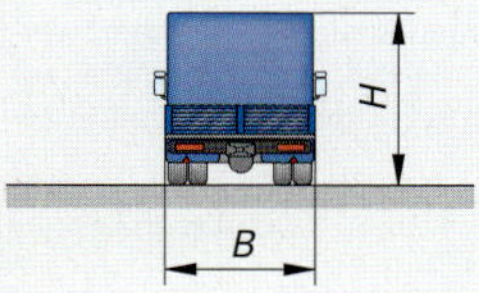

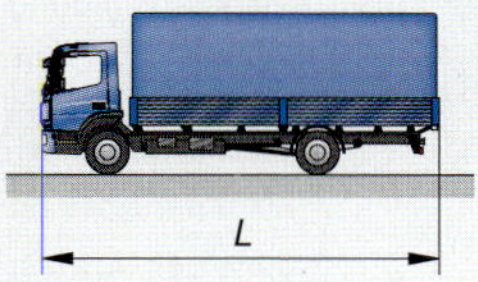

Bei Kraftfahrzeugen beträgt die höchstzulässige

- **Breite über alles (*B*)**
  ausgenommen, z.B. lichttechnische Einrichtungen, Spiegel
  a) allgemein (Ausnahme: Schneeräumgeräte) 2,55 m
  b) land- und forstwirtschaftliche Arbeitsgeräte, Sonderfahrzeuge 3,00 m
  c) Anhänger hinter Krafträdern 1,00 m
  d) Kühlfahrzeugaufbauten 2,60 m
  e) Personenkraftwagen 2,50 m
- **Höhe über alles (*H*)** 4,00 m
- **Länge über alles (*L*)**
  a) Einzelfahrzeuge (ausgenommen Sattelanhänger, Kraftomnibusse) 12,00 m
  b) zweiachsige Kraftomnibusse 13,50 m
  c) Kraftomnibusse mit mehr als zwei Achsen 15,00 m
  d) Sattelkraftfahrzeuge (Sattelzugmaschine u. Sattelanhänger) 16,50 m
  e) Kraftomnibusse die als Gelenkfahrzeuge ausgebildet sind 18,75 m
  f) Züge unter Beachtung der Vorschriften für Einzelfahrzeuge 18,75 m

Achslasten
(vgl. StVZO § 34)

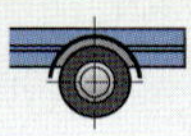

Einzel-achsen

Achslast. Sie ist die Gesamtlast, die von den Rädern einer Achse oder Achsgruppe auf die Fahrbahn übertragen wird.
nicht angetriebene Achsen/angetriebene Achsen 10,0 t/11,5 t

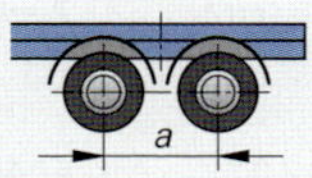

Doppel-achsen

Einzelachslastwerte dürfen an keiner der zwei Achsen überschritten werden.

Achsabstand *a*	Kfz	Anhänger
a < 1,0 m	11,5 t	11,0 t
1,0 m ≤ *a* < 1,3 m	16,0 t	16,0 t
1,3 m ≤ *a* < 1,8 m	18,0 t	18,0 t
a ≥ 1,8 m	–	20,0 t

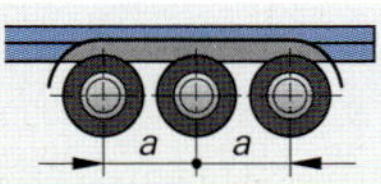

Dreifach-achsen

Achsabstand *a*	Belastung
a ≤ 1,3 m	21,0 t
1,3 m < *a* ≤ 1,4 m	24,0 t

Doppelachslastwerte dürfen an keiner der Achsen überschritten werden.

Gesamtgewicht, Nutzlast
(vgl. StVZO § 34)

Zulässige Gesamtgewicht. Es ist das Gewicht, das unter Berücksichtigung der Werkstoffbeanspruchung, der gesetzlichen Bestimmungen, z.B. bzgl. Bremse, nicht überschritten werden darf.
Nutzlast. Sie ergibt sich, wenn man vom zulässigen Gesamtgewicht das Leergewicht abzieht.

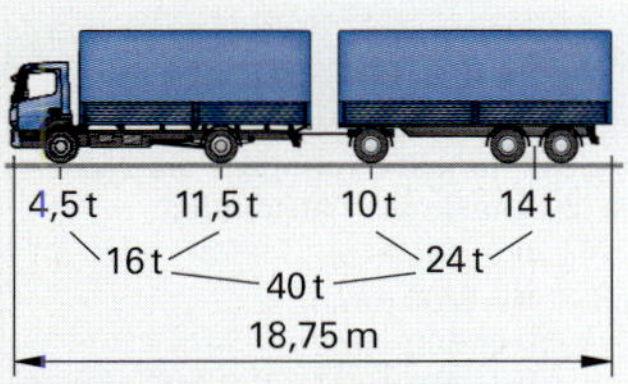

Zul. Gewichtsverhältnis Motorwagen: Anhänger = 1 : 1,5. Voraussetzung: Durchgehende Bremsanlage.

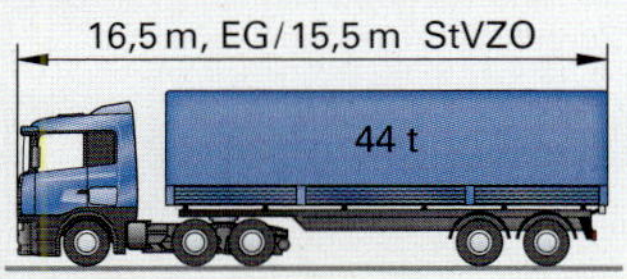

Fahrzeuge **Zul. Ges.-gew.**

- mit nicht mehr als 2 Achsen, ausgenommen Kraftomnibusse 18,0 t
- Kraftomnibusse 19,5 t
- mit mehr als 2 Achsen
  a) Kraftfahrzeuge allgemein 25,0 t
  b) Kraftfahrzeuge mit Doppelbereifung und Luftfederung 26,0 t
  c) Anhänger 24,0 t
  d) Kraftomnibusse als Gelenkfahrzeug 28,0 t
- mit 2 Doppelachsen deren Mittenabstand *a* ≥ 4 m ist 32,0 t

Fahrzeugkombinationen (Züge und Sattelkraftfahrzeuge)

- mit weniger als 4 Achsen 28,0 t
- Züge mit 4 Achsen (Kfz und Anhänger jeweils 2 Achsen) 36,0 t
- 2-achsige Sattelzugmaschine mit doppelachsigem Sattelanh.
  a) Achsabstand des Sattelanhängers *a* ≥ 1,3 m 36,0 t
  b) Achsabstand des Sattelanhängers *a* > 1,8 m
  mit Doppelbereifung und Luftfederung 38,0 t
- mit mehr als 4 Achsen 40,0 t
- Sattelzugmaschine 3-achsig und Sattelanh. 2- oder 3-achsig 44,0 t

Leergewicht, Anhängelast
(vgl. StVZO § 42 und StVZO § 42.1)

Leergewicht. Gewicht des betriebsfertigen Fahrzeugs. Bei Lastkraftwagen und Zugmaschinen ist ein Fahrergewicht von 75 kg im Leergewicht enthalten. **Anhängelast.** Die von Krafträdern, Lkw und Pkw gezogene Anhängelast, darf das zul. Gesamtgewicht des ziehenden Fahrzeugs nicht übersteigen. Ausnahme: Lkw in Zügen.

V

Rechtsvorschriften für die Ladungssicherung

vgl. UVV Fahrzeuge – § 22 (1)

Fahrzeugaufbauten müssen so beschaffen sein, dass bei bestimmungsgemäßer Verwendung des Fahrzeuges die Ladung gegen Verrutschen, Verrollen, Umfallen, Herabfallen und bei Tankfahrzeugen gegen Auslaufen gesichert werden kann. Ist eine Ladungssicherung durch den Fahrzeugaufbau allein nicht gewährleistet, sind Hilfsmittel zur Ladungssicherung zu verwenden. Pritschenaufbauten und Tieflader müssen mit Verankerungen für Zurrmittel zur Ladungssicherung ausgerüstet sein.

Aufbaufestigkeiten für Lkw ≥ 3,5 t

vgl. DIN EN 12642

Für Nutzfahrzeuge ab 2002 gelten für die Laderaumbegrenzung (Stirn-, Rück- und Seitenwand) die in der Tabelle angegebenen Belastungswerte. Sie sind von der zulässigen Nutzlast abhängig. Aus der Zulassungsbescheinigung Teil 1 sind die „zulässige Gesamtmasse" (F.2) z.B. 11 990 kg und die Leermasse (G) z.B. 6 390 kg zu entnehmen. Die Nutzlast ergibt sich aus der Differenz. Im Beispiel 11 990 kg – 6 390 kg = 5 600 kg = 5 600 daN.

Aufbauten	Standard (Code „L")	Verstärkt (Code „XL")	Wechselbehälter
Stirnwandfestigkeit	40 % der Nutzlast, max. 5 000 daN	50 % der Nutzlast	40 % der Nutzlast
Rückwandfestigkeit	25 % der Nutzlast, max. 5 000 daN	30 % der Nutzlast	30 % der Nutzlast
Seitenwand-festigkeit	25 % der Nutzlast, max. 5 000 daN	40 % der Nutzlast	30 % der Nutzlast
	Fahrzeuge mit seitlicher Schiebeplane (Curtainsider): Schiebeplanen können keine Nutzlast aufnehmen. Ausnahme: Verstärkte Curtainsider z. B. 400 – 800 daN .		

Zugkraft von Zurrpunkten

vgl. u. a. DIN EN 12640

Kennzeichnung Hinweisschild

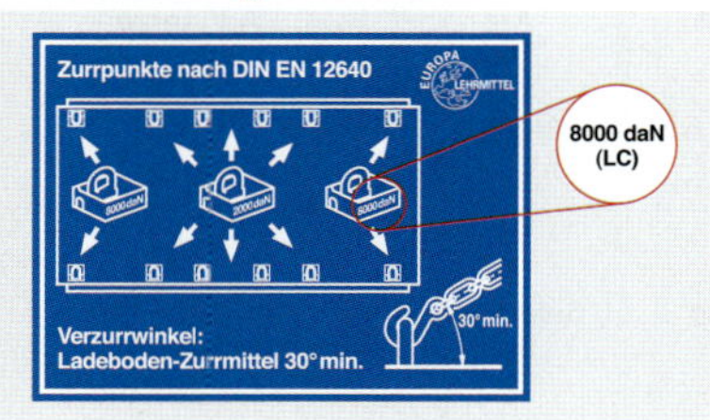

Zurrpunkte müssen gut sichtbar gekennzeichnet werden. Angaben:
- zulässige Zugkraft (LC)
- DIN-Norm

Fahrzeugtyp	Norm	Zulässige Gesamtmasse (zGM)	Zulässige Zugkraft (Lc)
Pkw, Kombi	DIN 75410-2: 2005	unabhängig	≥ 350 daN
Kastenwagen	DIN 75410-3: 2004 DIN ISO 27956: 2011	≤ 2,0 t 2,0 t bis 5,0 t 5,0 t bis 7,5 t	≥ 400 daN ≥ 500 daN ≥ 800 daN
Pritsche, Anhänger	DIN 75410-1: 2003 DIN EN 12640: 2001	≤ 3,5 t 3,5 t bis 7,5 t	≥ 400 daN ≥ 800 daN
Lkw	DIN EN 12640: 2001	3,5 t bis 7,5 t 7,5 t bis 12 t > 12 t	≥ 800 daN ≥ 1000 daN ≥ 2000 daN
Zurrpunkte Stirnwand			> 1000 daN

Nachrüstung von Zurrpunkten. Beim Nachrüsten von Zurrpunkten ist ein rechnerischer Nachweis oder eine praktische Prüfung nach DIN EN 12640 erforderlich. Bei der Prüfung wird der Zurrpunkt mit dem 1,25-fachen der zulässigen Zugkraft drei Minuten belastet. Es dürfen keine bleibenden Verformungen auftreten.

Anzahl und Lage der Zurrpunkte

vgl. DIN EN 12640

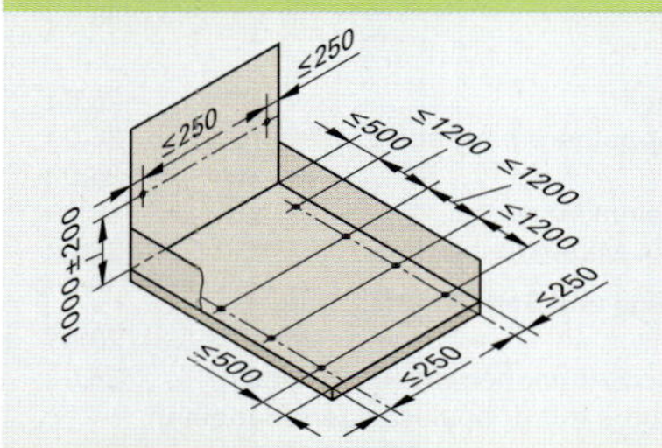

DIN EN 12640 legt u.a. die Anzahl der Zurrpunkte an Nfz zur Stückgutbeförderung mit einer zul. Gesamtmasse von mehr als 3 500 kg fest. Die Anzahl ergibt sich aus den maximalen Abständen.

Abstand nach vorne:	≤ 500 mm
Abstand zwischen den Punkten:	≤ 1200 mm
Abstand nach hinten:	≤ 500 mm
Abstand seitlich:	≤ 250 mm

Beispiel Ladeflächenlänge 10 m: (10 m – 1 m)/1,2 m = 7,5 → 8

Für die 8 Felder der Ladefläche sind 9 Zurrpunkte auf jeder Seite notwendig. Hinzu kommen 2 Zurpunkte an der Stirnwand.

Beispiele für Zurrpunkte

vgl. DIN EN 12640

Starre Zurrpunkte

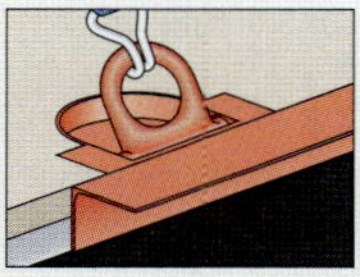

Besonders belastbare Zurrpunkte haben eine höhere zul. Zugkraft, die angegeben ist

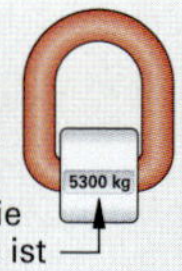

Variable Zurrpunkte

V

Lastverteilungsplan (LVP)

Der LVP eines Fahrzeugs zeigt, wo der Gesamtschwerpunkt der Ladung liegen muss, damit die zulässigen Mindest- und Höchstwerte der Achslasten eingehalten werden. Wenn der Gesamtschwerpunkt der Ladung unterhalb des Kurvenzugs A-B-C-(D) liegt, ist keine Achse überlastet und keine Achse unterlastet.

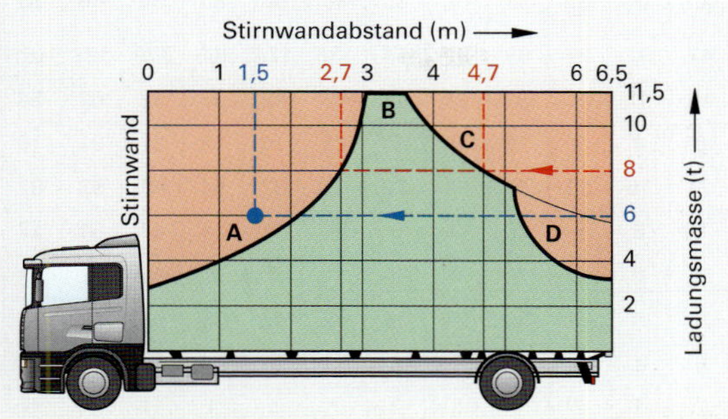

Bedeutung der roten Bereiche über den einzelnen Kurvenabschnitten

A: Überlastung der Vorderachse
B: Zul. Nutzlast (11,5 t)
C: Überlastung der Hinterachse
D: Unterlastung der Vorderachse

Ablesebeispiel 1: Eine Ladung von insgesamt 8 t muss so auf der Ladefläche abgestellt werden, dass der Gesamtschwerpunkt mindestens 2,7 m und höchstens 4,7 m hinter der Stirnwand liegt.

Ablesebeispiel 2: Wenn der Gesamtschwerpunkt der Ladung von 6 t nur 1,5 m hinter der Stirnwand liegt, ist die Vorderache überlastet.

Arten der Ladungssicherung

vgl. VDI 2700

Sicherungsart	kraftschlüssig	formschlüssig	kombiniert
Wirkprinzip	Sicherung durch Reibung zwischen Ladung und Ladefläche.	Sicherung durch Laderaumbegrenzung oder durch Hilfsmittel.	Z. B. Formschluss in Fahrtrichtung und Kraftschluss zur Seite und nach hinten.
Erlaubte Hilfsmittel Beispiele	Einsatz von rutschhemmenden Unterlagen **Niederzurren** mit Hilfe von Gurten. 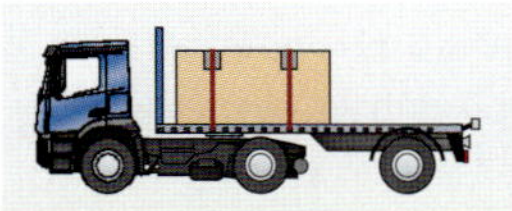	Lückenlose Verstauung, Ladegestelle, -balken, Halten durch Zurrmittel (Gurte, Seile, Ketten): **Diagonalzurren.** 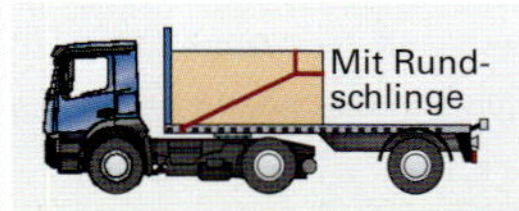	Sicherung nach vorne: Verladung direkt an der Stirnwand; Sicherung nach hinten/ zur Seite: **Niederzurren.** 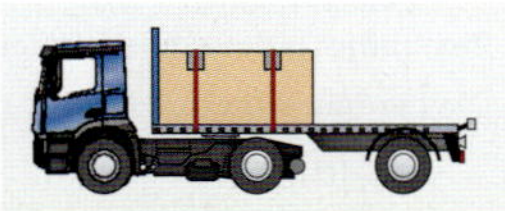

Niederzurren (kraftschlüssig)

Erforderliche Gurtzahl (z)

$$z \geq \frac{(c - \mu) \cdot F_G \cdot f_s}{2 \cdot \mu \cdot F_V \cdot \sin \alpha}$$

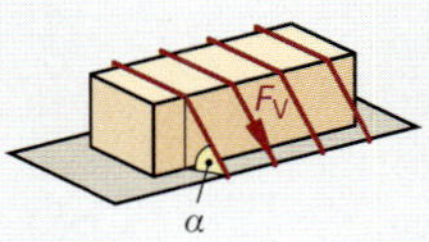

F_G Gewichtkraft der Ladung in daN
f_s Sicherheitsbeiwert 1,25 in Fahrtrichtung; 1,1 zur Seite, nach hinten
c Trägheitsfaktor (0,8 bzw. 0,5)
μ Reibwert
F_V Vorspannkraft in daN
S_{TF} Standard-Zurrkraft in daN
α Zurrwinkel in °

Für F_V kann die Standardvorspannkraft $\mathbf{S_{TF}}$ verwendet werden.

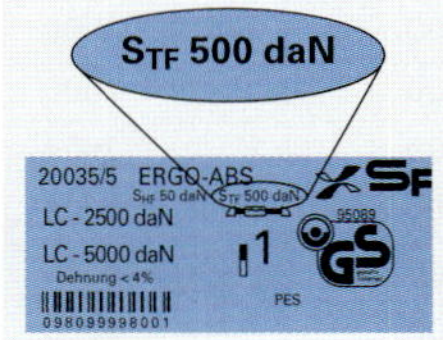

Typische Reibbeiwerte μ Ladefläche/ Ladegut

Ladefläche/-gut	trocken	nass	fettig
Holz/Holz	0,2 … 0,5	0,2 … 0,25	0,05 … 0,15
Metall/Holz	0,2 … 0,5	0,3 … 0,25	0,02 … 0,1
Metall/Metall	0,1 … 0,25	0,1 … 0,2	0,001 … 0,1
Beton/Holz	0,3 … 0,6	0,3 … 0,5	0,1 … 0,2
Rutschh.Matten	0,6	0,6	bis 0,6

Gurtanzahl nach VDI siehe Tabelle auf der Folgeseite.

Diagonalzurren (formschlüssig)

Die erforderliche Festigkeit LC (Lashing Capacity) der Gurte muß jeweils größer als F_{LC} sein. Es sind vier Zurrmittel zu verwenden.

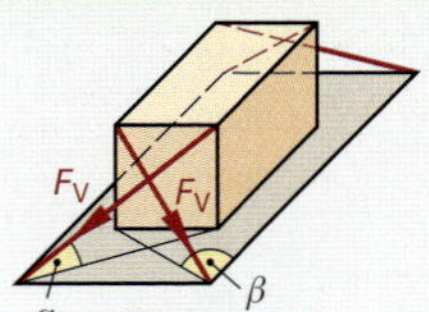

20° < α < 65°
6° < β < 55°

F_{LC} Rückhaltekraft des Zurrmittels in daN (LC im direkten Strang)
c Trägheitsfaktor 0,5 für Längs-, 0,8 für Querrichtung
F_G Gewichtskraft der Ladung in daN
LC Lashing Capacity
f_u Umechenfaktor für Reibbeiwert 0,75 … 1,0
μ Reibwert
α Zurrwinkel in °
β Zurrwinkel in °

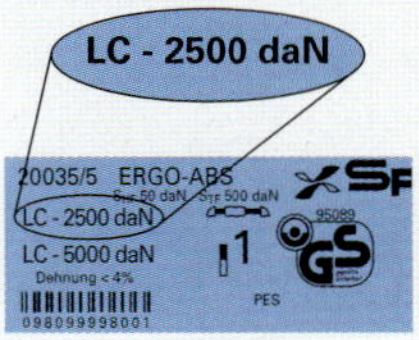

Berechnung der Zurrmittelfestigkeit

$$F_{LC} = \frac{F_G/2 \cdot (c - f_u \cdot \mu)}{(f_u \cdot \mu \cdot \sin \alpha) + (\cos \alpha \cdot \cos b)}$$

Festigkeit der Zurrmittel LC nach VDI siehe Tabelle auf der Folgeseite.

V

Niederzurren – Anzahl der Zurrmittel (Kraftschlüssige Ladungssicherung) vgl. VDI 2700

Ermittlung der erforderlichen Anzahl an Zurrmitteln (Gurtzahl)

F_G	daN	1000			2000			4000			8000			16000			24000		
F_V (daN)	α (°)	35	60	85	35	60	85	35	60	85	35	60	85	35	**60**	85	35	60	85
250	0,2	12	8	7	24	16	14	47	31	27	93	62	54	186	124	108	279	183	161
	0,4	4	3	3	8	6	5	16	11	9	31	21	18	62	42	36	93	62	54
	0,6	2	2	2	3	2	2	6	4	3	11	7	6	21	14	12	31	21	18
500	0,2	6	4	4	12	8	7	24	16	14	47	31	27	93	62	54	140	93	81
	0,4	2	2	2	4	3	3	8	6	5	16	11	9	31	21	18	47	31	27
	0,6	2	2	2	2	2	2	3	2	2	6	4	3	11	**7**	6	16	11	9
750	0,2	4	3	3	8	6	5	16	11	9	31	21	18	62	42	39	93	62	54
	0,4	2	2	2	3	2	2	6	4	3	11	7	6	21	14	12	31	21	18
	0,6	2	2	2	2	2	2	2	2	2	4	3	2	7	5	4	11	7	6
1000	0,2	3	2	2	6	4	4	12	8	7	24	16	14	47	31	27	70	47	41
	0,4	2	2	2	2	2	2	4	3	3	8	6	5	16	11	9	24	16	14
	0,6	2	2	2	2	2	2	2	2	2	3	2	2	6	4	3	8	6	5

F_G: Ladungsgewichtskraft (daN), F_V: Vorspannkraft (daN), μ: Reibbeiwert, α: Zurrwinkel (°).

Ablesebeispiel: Um eine Ladung von 16 t (F_G = 16000 daN) auf Anitrutschmatten (μ = 0,6) gegen allseitiges Verrutschen zu sichern, werden bei einem Zurrwinkel von $\alpha > 60°$ und einer Vorspannkraft von 500 daN mindestens 7 Zurrmittel benötigt.

Diagonalzurren – Zurrmittelfestigkeit (formschlüssige Ladungssicherung) vgl. VDI 2700

Bestimmung der erforderlichen Festigkeit der 4 Zurrmittel LC (Laching Capascity) in daN

Die Ladung wird durch die Zurrmittel formschlüssig gehalten. Die Zurrrmittel werden nur leicht vorgespannt.

F_G (daN)	μ = 0,1	μ = 0,2	μ = 0,4	μ = 0,6
250	500	250	250	250
500	750	500	250	250
1000	1500	1000	500	250
1500	2500	1500	500	250
2000	4000	2000	750	500
2500	4000	2500	1000	500
3000	6300	4000	1000	500
4000	6300	4000	1500	750
5000	10000	6300	2000	750
6000	10000	6300	2000	1000
7000	16000	6300	2500	1000
8000	16000	10000	4000	1500
9000	16000	10000	**4000**	1500
10000	16000	10000	4000	1500
12000	20000	16000	4000	2000
14000	–	16000	6300	2000
16000	–	16000	6300	2500

F_G: Ladungsgewichtskraft (daN), F_V: Vorspannkraft (daN), μ: Reibbeiwert, erlaubte Zurrwinkel: $20° < \alpha < 65°$ und $6° < \beta < 55°$.

Ablesebeispiel: Für die Sicherung einer Ladung von 9 t (F_G = 9000 daN) Betonplatten auf einer Holzladefläche (μ = 0,4) durch Diagonalzurren sind vier Zurrmittel mit einer Festigkeit von jeweils mindestens 4000 daN erforderlich.

V

Automatische Maulkupplung

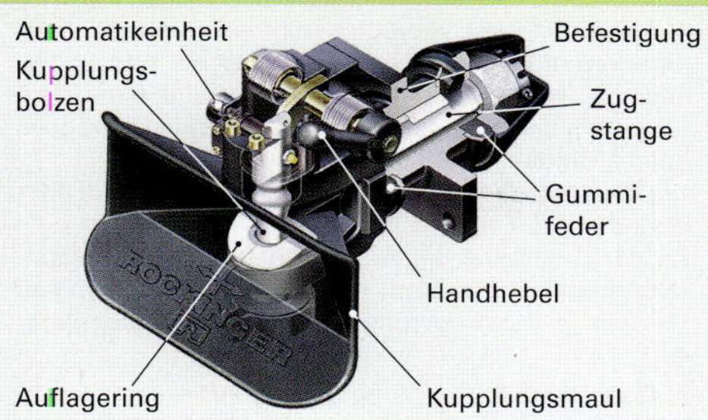

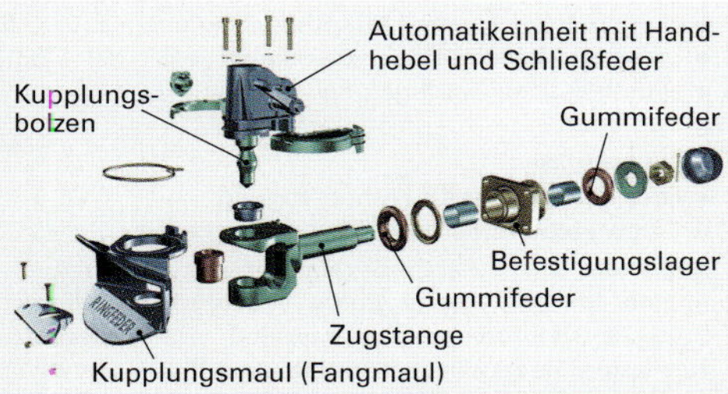

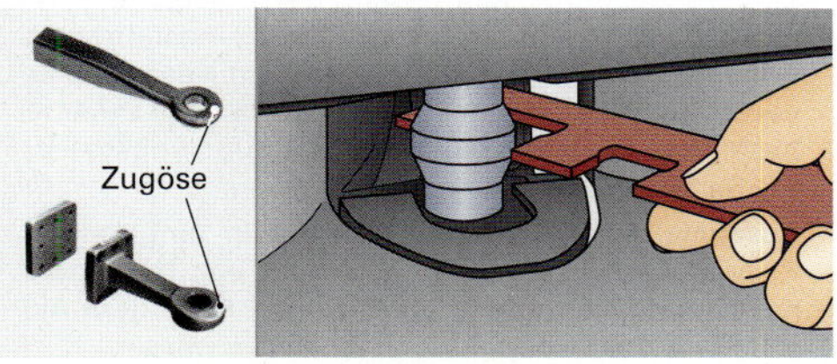

Aufgabe. Die Anhängekupplung stellt eine lösbare Verbindung zwischen Zugfahrzeug und Deichsel- oder Zentralachsanhänger her.
Sie wird mit Hilfe einer Befestigungsvorrichtung am hinteren Querträger des Zugfahrzeugs montiert.

Aufbau. Meist kommt die automatische Maulkupplung (Bolzenkupplung) zum Einsatz. Sie besteht aus:

- Zugstange
- Gummifedern
- Auflagering
- Handhebel
- Schließfedern
- Befestigungslager
- Kupplungsmaul
- Automatikeinheit
- Kupplungsbolzen (ballig geformt)

Funktion. Für den Ankuppelvorgang wird der Kupplungsbolzen mit dem Handhebel nach oben gezogen und eingerastet. Dabei werden die Schließfedern der Automatikeinheit vorgespannt. Nun wird die Zugöse des Anhängers in das Kupplungsmaul eingeführt. Dabei betätigt sie einen Umlenkhebel, der die automatische Schließung auslöst.
Bei Fahrten ohne Anhänger muss die Anhängekupplung geschlossen sein.

Wartung und Inspektion.

- Regelmäßige Reinigung der beweglichen Teile
- Schmierung über Schmiernippel
- Gummifederelemente auf Risse / Beschädigungen prüfen
- Überprüfung des Bolzenverschleißes mit Grenzrachenlehre

Verschleißmaße (Bsp.: Zugösen-Dimension 40):
Bolzendurchmesser: d_{min} = 36,50 mm
(d_{neu} = 38,00 mm)
Maximales Höhenspiel des Bolzens: 4 mm
Axialspiel der Zugstange: nicht zulässig (0 mm)
Maximales Radialspiel der Zugstange: 1 mm

D-Wert, D_c-Wert, V-Wert

Sie sind Referenzwerte für die Belastbarkeit der Anhängekupplung. *D* und D_C beziehen sich auf Zug- und Druckbelastungen, *V* auf dynamische, vertikale Belastungen. *D*, D_C, und *V*-Wert sind auf dem Typenschild der Anhängekupplung angegeben.

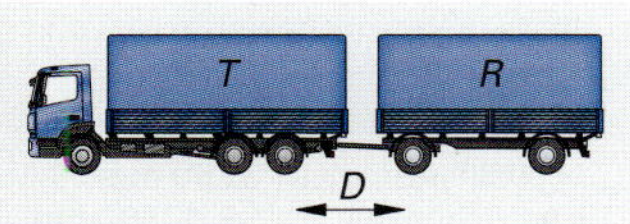

Gelenkdeichsel-Anhänger

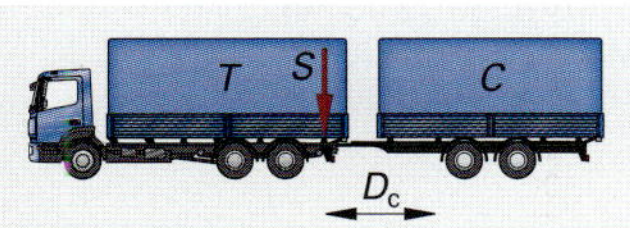

Zentralachsanhänger

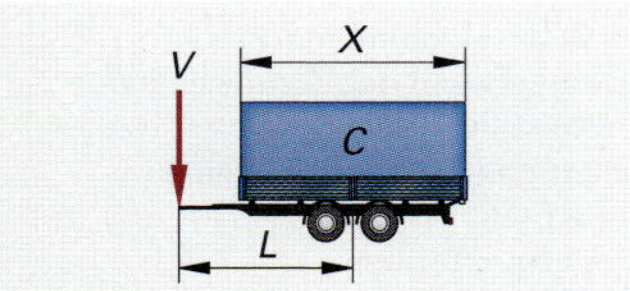

$$D = \frac{T \cdot R}{T + R} \cdot g$$

$$D_c = \frac{T \cdot C}{T + C} \cdot g$$

$$V = a \cdot C \cdot \frac{X^2}{L^2}$$

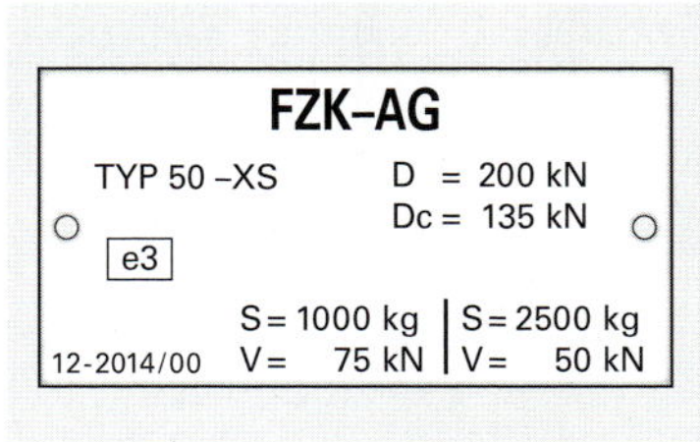

***D*-Wert, D_C-Wert, *V*-Wert in kN**

g Erdbeschleunigung in m/s^2
T Gesamtgewicht des Zugfahrzeugs in Tonnen bzw. Summe aus Gesamtgewicht des Zugfahrzeugs und Stützlast *S* in Tonnen.
R Gesamtgewicht des Anhängers in Tonnen
S statische Stützlast des Anhängers in Tonnen
C Gesamtgewicht des Anhängers in Tonnen
a Vertikalbeschleunigung in m/s^2 (Luftfederung: $a = 1{,}8\ m/s^2$, sonst $a = 2,\ 4\ m/s^2$)
L theoretische Zugdeichsellänge in m
X Länge der Ladefläche im m

V

Sattelkupplung

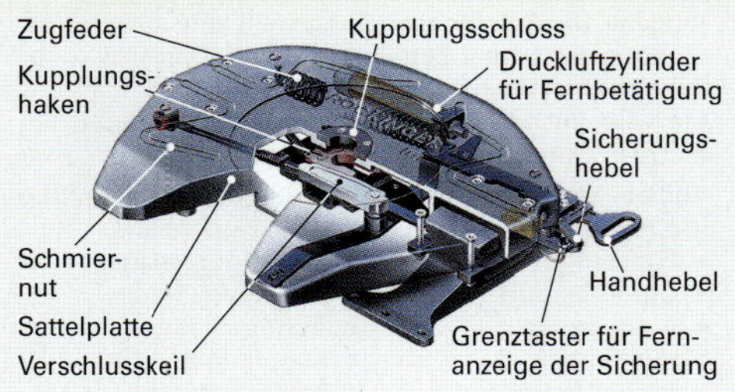

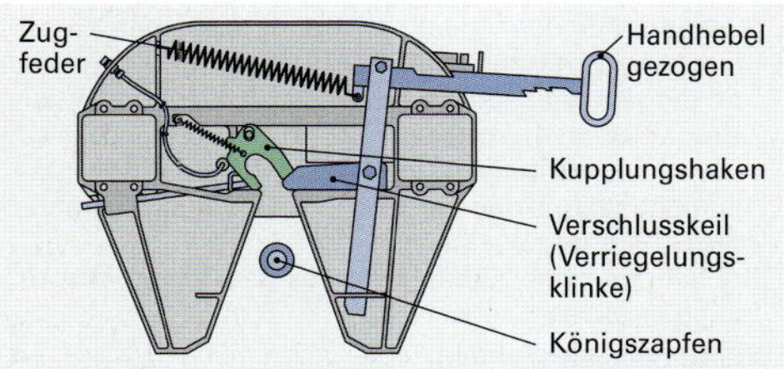

Sattelkupplung geöffnet, bereit zum Ankuppeln

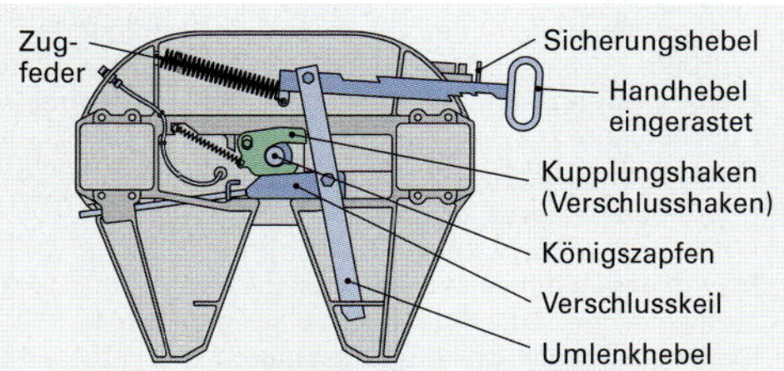

Sattelkupplung geschlossen und verriegelt

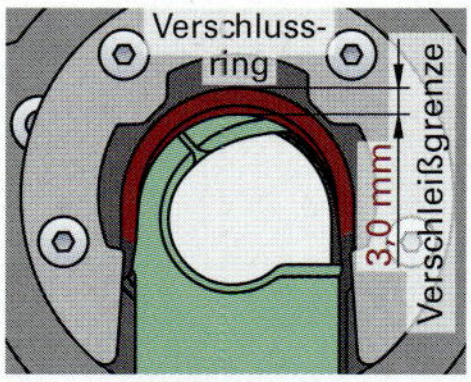

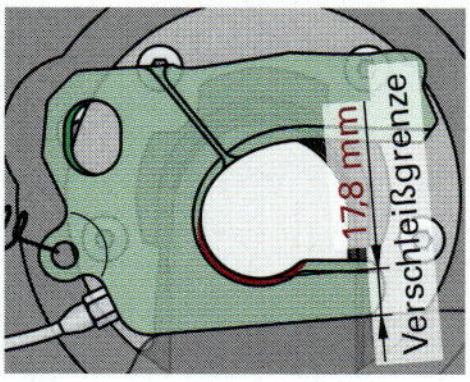

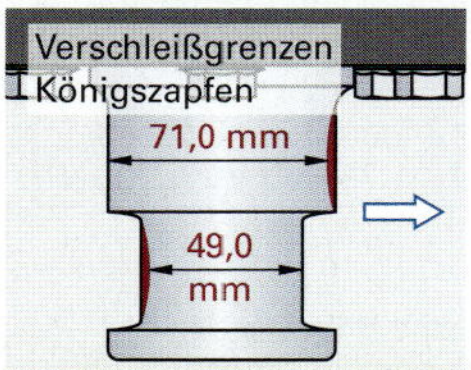

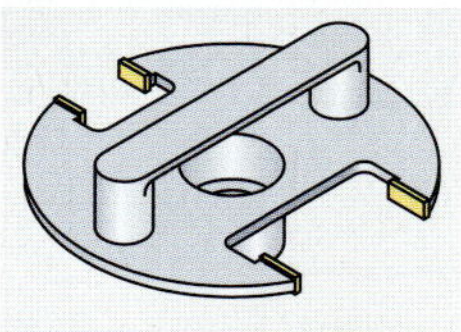

Prüflehre

Aufgabe. Die Sattelkupplung stellt eine lösbare, drehbare Verbindung zwischen Zugmaschine und Sattelauflieger her. Im angekuppelten Zustand nimmt sie einen Teil des Aufliegergewichtes auf und überträgt es auf die Hinterachse(n) der Sattelzugmaschine.
Die Sattelkupplung ist mit einem Hilfsrahmen auf dem Heck der Zugmaschine befestigt.
An der Unterseite der Aufliegerplatte ist der Zugsattelzapfen (Königszapfen) montiert. Er klinkt beim Ankuppeln in den Kupplungshaken der Sattelkupplung ein.

Aufbau. Die Sattelkupplung besteht aus:

- Sattelplatte mit Schmiernuten
- Kupplungsschloss mit Kupplungshaken
- Verschlusskeil (Verriegelungsklinke)
- Handhebel zur Entriegelung
- Zugfeder

ggf. zusätzlich:

- Druckluftzylinder für Fernbetätigung
- Grenztaster für Fernanzeige der Sicherung

Aufsatteln. Durch Ziehen des Handhebels wird die Aufnahme für den Königszapfen vollständig geöffnet. Beim Zurückfahren der Zugmaschine wird der Sattelzugzapfern des Aufliegers in den konisch zulaufenden Einfahrschlitz eingeführt. Wenn der Königszapfen in die Aussparung des Kupplungshakens eingefahren ist, dreht sich der Haken und umfasst den Königszapfen vollständig. Die Zugfeder zieht dann über den Umlenkhebel den Verschlusskeil hinter den Kupplungshaken. Die Sattelkupplung ist verriegelt.

Absatteln. Das Absatteln geschieht in umgekehrter Reihenfolge, nachdem die Kupplung von Hand oder per Fernbetätigung entriegelt wurde. Nach dem Absatteln muss die Kupplung geschlossen werden.

Wartung und Inspektion.

- Regelmäßige Reinigung der beweglichen Teile
- Schmierung mit Mehrzweckfett
- Schmiernippel der Gelenklager mit Fettpresse abschmieren
- Überprüfung von Verschlussring und Zugsattelzapfen mit der Prüflehre (Grenzrachenlehre + Lehrdorn).

Verschleißmaße (z.B. Sattelkupplung Größe 50):
Verschlussring: d_{min} = 30,50 mm, d_{neu} = 33,50 mm
Verschlusshaken (kurzer Schenkel): b_{min} = 17,50 mm, b_{neu} = 19,00 mm
Zugsattelzapfen oben: d_{min} = 71,00 mm, d_{neu} = 73,00 mm
Zugsattelzapfen Mitte: d_{min} = 49,00 mm, d_{neu} = 50,80 mm

D-Wert-Berechnung

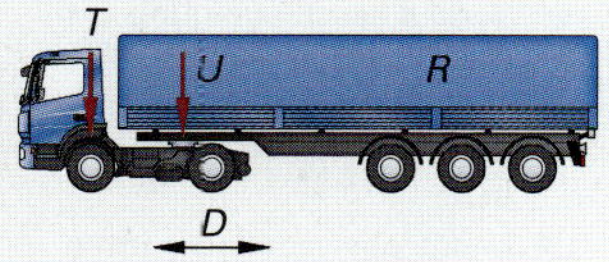

$$D = \frac{0{,}6 \cdot T \cdot R}{T + R - U} \cdot g$$

D-Wert in kN

g Erdbeschleunigung in m/s^2
T Gesamtgewicht des Zugmaschine einschließlich der Sattellast in Tonnen
R Gesamtgewicht des Aufliegers in Tonnen
U Sattellast in Tonnen

Bestimmungen der StVZO (Straßenverkehrs-Zulassungs-Ordnung)

Betriebsbremse (vgl. § 41)	Kfz müssen 2 unabhängige Bremsanlagen oder eine Bremsanlage mit 2 voneinander unabhängigen Bedienungseinrichtungen haben, von denen jede auch dann wirken kann, wenn die andere versagt. Die Bedienungseinrichtungen müssen durch getrennte Übertragungsmittel auf verschiedene Bremsflächen wirken, die jedoch in derselben Bremstrommel liegen können. Können mehr als 2 Räder gebremst werden, so dürfen gemeinsame Bremsflächen und (ganz oder teilweise) gemeinsame mechanische Übertragungseinrichtungen benutzt werden; diese müssen jedoch so gebaut sein, dass beim Bruch eines Teils noch mindestens 2 Räder, die nicht auf derselben Seite liegen, gebremst werden können. Die Bremsen müssen leicht nachstellbar sein oder eine selbsttätige Nachstelleinrichtung haben. Bei Kraftfahrzeugen – ausgenommen Krafträder – muss mit der einen Betriebsbremse eine mittlere Verzögerung ≥ 5,0 m/s^2 erreicht werden; bei Kraftfahrzeugen mit einer durch die Bauart bestimmten Höchstgeschwindigkeit ≤ 25 km/h genügt eine mittlere Verzögerung von 3,5 m/s^2.
Feststellbremse (vgl. § 41)	Die festgestellte Bremse muss ausschließlich durch mechanische Mittel ohne Zuhilfenahme der Bremswirkung des Motors das Fahrzeug auf der größten von ihm befahrbaren Steigung am Abrollen hindern können. Die Feststellbremse muss eine mittlere Verzögerung > 1,5 m/s^2 erreichen.
Automatischer Blockierverhinderer ABS (vgl. § 41b)	Folgende Fahrzeuge mit einer durch die Bauart bestimmten Höchstgeschwindigkeit von mehr als 60 km/h müssen mit einem automatischen Blockierverhinderer ausgerüstet sein: • Lastkraftwagen und Sattelzugmaschinen mit einem zulässigen Gesamtgewicht > 3,5 t. • Anhänger mit einem zulässigen Gesamtgewicht > 3,5 t; Sattelanhänger nur dann, wenn das um die Aufliegelast verringerte zulässige Gesamtgewicht 3,5 t übersteigt. • Kraftomnibusse • Zugmaschinen mit einem zulässigen Gesamtgewicht von mehr als 3,5 t.
Anhänger (vgl. § 41)	Mehrachsige Anhänger mit einem Achsabstand von l ≥ 1,0 m müssen eine leicht nachstellbare oder sich selbsttätig nachstellende Bremsanlage haben. Die Bremse muss feststellbar sein. Die festgestellte Bremse muss durch mechanische Mittel den vollbelasteten Anhänger bei einer Steigung von 18 % und in einem Gefälle von 20 % auf trockener Straße am Abrollen hindern.
Ungebremste Anhänger (vgl. § 42)	An einachsigen Anhängern und zweiachsigen Anhängern mit einem Achsabstand von weniger als 1,0 m ist eine eigene Bremse nicht erforderlich, wenn der Zug die für das ziehende Fahrzeug vorgeschriebene Bremsverzögerung erreicht und die Achslast des Anhängers den folgenden Betrag ([Leergewicht des Pkw + 75 kg]/2), maximal jedoch 0,75 t, nicht übersteigt.
Gebremste Anhänger (vgl. § 41)	Auflaufbremsen sind nur bei Anhängern mit einem zulässigen Gesamtgewicht von maximal 8 t zulässig .
Dauerbremse (vgl. § 41)	Kraftomnibusse mit einem zulässigen Gesamtgewicht von mehr als 5,5 t sowie andere Kraft fahrzeuge mit einem zulässigen Gesamtgewicht von mehr als 9 t müssen außer mit den Bremsen nach den vorstehenden Vorschriften mit einer Dauerbremse ausgerüstet sein. Als Dauerbremse gelten Motorbremsen oder in der Bremswirkung gleichartige Einrichtungen (Retarder, z.B. Wirbelstrombremsen). Die Dauerbremse muss so beschaffen sein, dass sie das voll beladene Fahrzeug beim Befahren eines Gefälles (7 %, 6 km Länge) auf 30 km/h abbremst.

Von den vorstehenden Vorschriften über Bremsen sind folgende Fahrzeuge befreit (vgl. § 41):
- Zugmaschinen in land- oder forstwirtschaftlichen Betrieben, wenn m_{zul} ≤ 4 t und v_{zul} ≤ 8 km/h beträgt.
- Selbstfahrende Arbeitsmaschinen mit einer Höchstgeschwindigkeit ≤ 8 km/h.

Mindestabbremsung, zulässige Betätigungskräfte

(vgl. EG 71/320, SP Richtlinie)

Fahrzeugklasse				Betriebsbremsanlage			Feststellbremsanlage		
(Werte für Fahrzeuge, deren Betriebserlaubnis ab 1991 erteilt wurde)				z ≥ (%)	F_H ≤ (N)	F_F ≤ (N)	z ≥ (%)	F_H ≤ (N)	F_F ≤ (N)
L	Kraftrad	**L3**	(V_H > 50 cm^3, v_{max} > 50 km/h)	50	200	300	–	–	–
M	Kfz zur Personenbeförderung (Pkw)	**M1** **M2/3**	(bis 9 Pers.) (über 9 Pers.)	50 50	–	700	16	400	500
N	Kfz zur Güterbeförderung (Nkw)	**N1** **N2** **N3**	< 3,5 t 3,5 t < N2 < 12 t > 12 t	50 45 45	–	700	16	600	700
O	Anhänger und Sattelanhänger über 25 km/h			43	(p ≤ 6,5 bar)		16	600	–

Verwendete Abkürzungen: z = Abbremsung in %, F_F = zulässige Fußkraft in N, F_H = zul. Handkraft in N, p = Druck

Maximale prozentuale Abweichung p der Bremskräfte an einer Achse

Fahrzeugklasse	BBA: p_{max} (%)	FBA: p_{max} (%)	Fahrzeugklasse	BBA: p_{max} (%)	FBA: p_{max} (%)
M	25	50 (95)[1)]	**N**	25	50 (N1), 30 (N2/3)

[1)] Elektromechanische Parkbremsen, die bei Fahrt betätigt werden können p_{max} 50 %. Nur im Stand betätigt p_{max} 95 %.

Hauptuntersuchung (HU), Sicherheitsprüfung (SP)

(vgl. § 29 StVZO)

Prüfplakette HU

Prüfplakette SP

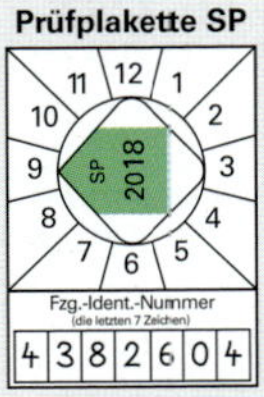

Farbkennzeichnungen von HU und SP sind gleich.
2017: rosa
2018: grün
2019: orange
2020: blau
2021: gelb
2022: braun
Die Farben wiederholen sich in der gleichen Reihenfolge.

Hauptuntersuchung. Kraftfahrzeuge, die ein eigenes amtliches Kennzeichen haben, müssen in regelmäßigen Zeitabständen daraufhin überprüft werden, ob sie der StVZO entsprechen. Jahr und Monat, in dem das Fahrzeug vorzuführen ist, ist auf einer Prüfplakette angegeben. Durch die Erteilung der Prüfplakette wird bescheinigt, dass das Fahrzeug zum Zeitpunkt der HU bis auf etwaige geringfügige Mängel für vorschriftsmäßig befunden wurde.
Fahrer und Halter sind für die umgehende Beseitigung der Mängel verantwortlich.

Die Prüfplakette muss auf dem hinteren Kennzeichen angebracht werden. Die Prüfülakette zeigt an, wann die nächste HU fällig ist.

Sicherheitsprüfung. Sie ist eine Sicht-, Wirkungs- und Funktionsprüfung bei Nutzkraftwagen und Anhängern. Folgende Fahrzeugbaugruppen werden dabei einer Prüfung unterzogen:

- Fahrgestell, Fahrwerk, Aufbau
- Verbindungseinrichtungen
- Lenkung, Bremsanlage
- Reifen, Räder
- Sicherheitsrelevante Fahrzeugsysteme über OBD-Dose[1].

Werden bei den Prüfungen des Fahrzeugs darüber hinaus Mängel festgestellt, sind diese ins Prüfprotokoll aufzunehmen. Der Fahrzeughalter, bzw. sein Beauftragter, ist für die Behebung der Mängel verantwortlich. Die SP erfolgt nur zwischen der jeweils fälligen HU.

Zuteilung der Prüfplakette
Ist das Fahrzeug ohne Mängel, so wird eine Prüfplakette zugeteilt. Die Prüfplakette wird hinten links am Fahrzeugheck angebracht. Der Pfeil zeigt auf den Monat, auf den das Fahrzeug wieder zur SP vorgeführt werden muss. Auf der Prüfplakette sind die letzten sieben Ziffern/Zeichen der Fahrzeug-Ident.-Nummer vermerkt.

Mängelbeseitigung
Wurde die Prüfplakette dem Fahrzeug aufgrund von Mängeln nicht zugeteilt, so sind die Mängel innerhalb eines Monats zu beheben, ansonsten ist eine neue SP fällig.

Fristüberschreitung bei Fälligkeit der SP
Grundsätzlich ist die SP in dem Monat durchzuführen, der auf der Plakette angegeben ist. Eine Fristverlängerung um 4 Wochen ist möglich, wenn das Fahrzeug rechtzeitig zur SP angemeldet wurde. Ansonsten muss zusätzlich zur SP eine HU durchgeführt werden.

Fristen zur Durchführung von HU und SP

Fahrzeugarten	HU (Monate)	SP (Monate)
Kraftrad, Wohnmobile 3,5 t > m_{zul} ≤ 7,5 t	24	
Kraftwagen mit nicht mehr als 8 Fahrgastplätzen		
Pkw, Wohnmobile m_{zul} ≤ 3,5 t		
• nach Erstzulassung	36	
– bei weiteren Untersuchungen	24	
• Kraftfahrzeuge zur Personenbeförderung nach dem Personenbeförderungsgesetz; Fahrzeuge zur gewerblichen Vermietung	12	
• Kraftomnibusse und andere Kraftfahrzeuge, z.B. Krankenkraftwagen	12	
Nutzfahrzeuge (Lkw, selbstfahrende Arbeitsmaschinen, Zugmaschinen)		
• mit bauartbedingter Höchstgeschwindigkeit v_{max} = 40 km/h oder m_{zul} ≤ 3,5 t	24	
• mit einer zulässigen Gesamtmasse m_{zul} > 3,5 t ≤ 7,5 t	12	
• mit einer zulässigen Gesamtmasse m_{zul} > 7,5 t ≤ 12 t, nach Erstzulassung	12	42
– bei weiteren Untersuchungen	12	6[2]
• mit einer zulässigen Gesamtmasse m_{zul} > 12 t, nach Erstzulassung	12	30
• bei weiteren Untersuchungen	12	6[2]
Kraftomnibusse und andere Fahrzeuge mit mehr als 8 Fahrgastplätzen		
• nach Erstzulassung	12	18/36
– bei weiteren Untersuchungen	12	3/6/9[2]
Anhänger, angehängte Arbeitsmaschinen, Wohnanhänger		
• mit einer zulässigen Gesamtmasse m_{zul} ≤ 0,75 t, nach Erstzulassung, ungebremst	36	
– bei weiteren Untersuchungen	24	
• mit einer zulässigen Gesamtmasse m_{zul} > 0,75 t ≤ 3, 5 t oder mit einer bauartbedingten Höchstgeschwindigkeit ≤ 40 km/h	24	
• mit einer zulässigen Gesamtmasse m_{zul} > 3,5 t ≤ 10 t	12	
• mit einer zulässigen Gesamtmasse m_{zul} > 10 t, nach Erstzulassung	12	30
– bei weiteren Untersuchungen	12	6[2]

[1] Nkw seit 01.01.2014, Anhänger seit 01.01.2015; [2] Zeitabstände für weitere Untersuchungen nach der HU

AU – Gesetzliche Rahmenbedingungen (vgl. §§ 29 und 47a in Verbindung mit Anlage VIII StVZO)

Allgemeine Vorschriften	Halter von Kraftfahrzeugen mit Verbrennungsmotoren haben in regelmäßigen Zeitabständen eine Abgasuntersuchung (Umweltverträglichkeitsprüfung) von amtlich anerkannten Werkstätten, Überwachungsorganisationen oder Sachverständigen durchführen zu lassen.
Ausnahmen von der AU	Ausgenommen von der AU sind folgende Kraftfahrzeuge: • Mit Fremdzündungsmotor (z.B. Otto-, Flüssiggasmotor), die weniger als 4 Räder haben, oder $m < 400$ kg oder $v < 50$ km/h oder die Erstzulassung vor dem 01.07.1969 erfolgte. • Mit Kompressionszündungsmotoren (z.B. Dieselmotor, Vielstoffmotor), wenn sie weniger als 4 Räder haben oder $v < 25$ km/h oder die Erstzulassung vor dem 01.01.1977 erfolgte. • Mit rotem Kennzeichen, Kurzzeitkennzeichen, land- und forstwirtschaftliche Zugmaschinen.
Fristen der AU	• Seit dem 01. Januar 2010 sind die Fristen für alle von der Abgasuntersuchung betroffenen Fahrzeuge den Fristen der Hauptuntersuchung (HU) angepasst. • Die Abgasprüfung darf frühestens einen Monat vor dem auf der HU-Plakette angegebenen Prüfungstermin erfolgen. Ansonsten ist die Abgasuntersuchung nochmals durchzuführen.
Wichtige Hinweise 	• Die Durchführung der Untersuchung des Abgasverhaltens an Kraftfahrzeugen kann als eigenständiger Teil der HU weiterhin unter anderem von dafür anerkannten Kraftfahrzeugwerkstätten durchgeführt und bestätigt werden. • Die Sichtprüfung der abgasrelvanten Bauteile wird zukünftig im Rahmen der HU vorgenommen und entfällt somit bei der Abgasprüfung in anerkannten Betrieben. • Die durchgeführte Untersuchung der Abgase wird anhand eines Nachweis-Siegels mit Zangenprägung auf einer Prüfbescheinigung dokumentiert.

Umfang der Abgasuntersuchung

Allgemein **Fahrzeug-konditionierung**	**Sichtprüfung.** Sie wird im Rahmen der HU durchgeführt. Dabei werden schadstoffrelevante Bauteile auf Vollständigkeit und Beschädigung geprüft. **Funktionsprüfung.** Sie umfasst die Kontrolle der schadstoffrelevanten Einstelldaten und bei Fahrzeugen mit OBD die Prüfung der Motorkontrollleuchte auf Funktion. **Fahrzeugkonditionierung.** Für die Funktionsprüfung ist der Motor auf Betriebstemperatur zu bringen. Sind keine Herstellerwerte vorhanden, muss die Öltemperatur ≥ 60 °C sein.
Kfz mit Otto-motor ohne /mit ungeregeltem Katalysator	**Funktions-/Abgasprüfung:** Schließwinkel bei kontaktgesteuerten Zündanlagen, Zündzeitpunkt soweit darstellbar, Leerlaufdrehzahl (min./max.), CO-Gehalt im Abgas bei Leerlaufdrehzahl nach Herstellervorgabe (ansonsten ≤ 3,5 Vol.-%). Bei Fahrzeugen mit ungeregeltem Katalysator ist der CO-Gehalt bei erhöhter Leerlaufdrehzahl nach Herstellerangaben zu prüfen.
Kraftfahrzeuge mit Ottomotor; Katalysator und geregeltem Gemisch-bildungssystem	**Funktions-/Abgasprüfung:** Zündzeitpunkt soweit darstellbar; Leerlaufdrehzahl (min./max.). Bei Fahrzeugen mit Erstzulassungsdatum nach dem 30.06.2002 gilt: CO im Leerlauf max. 0,3 Vol.%; CO bei erhöhter Leerlaufdrehzahl (mind. 2500 min^{-1}) max. 0,2 Vol.% (bei älteren Fahrzeugen gilt: CO 0,3/0,5 Vol.%). Regelkreisprüfung mittels vom Hersteller definierter Verfahren. Bei Prüfdrehzahl darf Lambda 1 ± 3 % betragen. Durch Störgrößenaufschaltung muss sich $\lambda \geq \pm 3$ % bzw. ± 2 % ändern. Die Ausregelung erfolgt auf den gemessenen Eingangslambdawert (Regelgrenze ± 1 %). Damit gilt die Regelkreisprüfung als bestanden.
Kraftfahrzeuge mit Dieselmotor (Pkw)	**Funktions-/Abgasprüfung:** Leerlaufdrehzahl (min./max.); Abregeldrehzahl (min./max.) Messung der Rauchgastrübung bei freier Beschleunigung (ohne Last). Dazu ist bei betriebswarmem Motor das Fahrpedal schnell und stoßfrei durchzutreten. Diese Stellung ist nach Erreichen der Abregeldrehzahl ausreichend lange (etwa 2 s) beizubehalten. Der Vorgang ist 4-mal zu wiederholen. Die Trübungsspitzenwerte sind nach dem zweiten Vorgang zu erfassen. Die Rauchgastrübungswerte müssen in einer Bandbreite von 0,5 m^{-1} liegen. Der Mittelwert vom 2. … 4. Rauchstoß gilt als Messwert. Liegt kein Herstellerwert vor, darf der Trübungsmesswert 2,5 m^{-1}/1,5 m^{-1} nicht überschreiten (Fahrzeugzulassung: vor dem 01.10.2006/nach dem 01.10.2006). **Grenzwert seit 01.07.2012:** Der auf dem Typenschild angegebene Trübungswert (k-Wert bzw. Plakettenwert). **Seit 01.06.2015 gilt:** Wird der auf dem Typenschild angegebene Trübungswert um 30 % bei der ersten freien Beschleunigung (erster Gasstoß) unterschritten, so ist kein weiterer Gasstoß notwendig.
Kraftfahrzeuge mit Otto- oder Dieselmotor und mit OBD (On board Diagnose)	**Funktionsprüfung:** MI-Lampe prüfen. Prüfbereitschaftstest (Readiness-Code)/Fehlercodes auslesen und bewerten. Es darf kein abgasrelevanter Fehler vorhanden sein. Für Fahrzeuge mit Erstzulassung vor dem 01.01.2006 ist immer eine Funktions- und Abgasprüfung durchzuführen. **Prüfbereitschaftstests:** Alle im Fahrzeug verbauten abgasrelevanten Systeme bzw. Bauteile werden durch das Motorsteuergerät im Rahmen definierter Fahrzeugzyklen geprüft. Dies wird durch den Readinesscode (Betriebsbereitschaftscode) bestätigt. Für Fahrzeuge mit Zulassungsdatum nach dem 01.01.2006 gilt: Ist der Readiness-Code vollständig auf 0 gesetzt, entfällt die Regelsonden- und die Abgasprüfung.

V

Hauptuntersuchung (HU) und Abgasuntersuchung (AUK) für Krafträder (vgl. § 29 und §47a)

Prüffristen HU/AUK

AUK

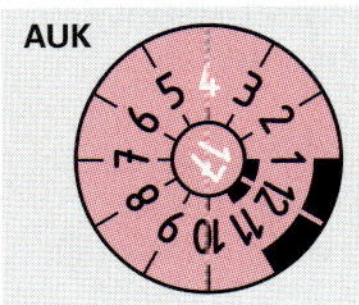

Erstmals nach 24 Monaten, dann alle 24 Monate.

Abgasuntersuchung an Motorrädern (Kraftrad) seit dem 1. 4. 2006. Sie ist vorgeschrieben für Motorräder ab Baujahr 1.1.1989.
Die Prüfung erfolgt zeitgleich mit der HU oder im Vormonat. Sie gilt für:

- 2-Takt- und 4-Takt-Motorräder mit mehr als 50 ccm und mehr als 45 km/h Höchstgeschwindigkeit.
- Dreirädrige Kraftfahrzeuge („Trikes") und vierrädrige Kraftfahrzeuge („Quads"), mit einer Leermasse von bis zu 400 kg und einer maximalen Nutzleistung von bis zu 15 kW.

AUK-Nachweis

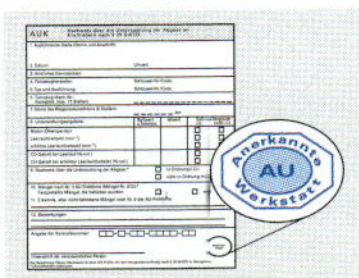

Der Nachweis einer durchgeführten HU erfolgt über die HU-Prüfplakette am Nummernschild. Zusätzlich ist eine AUK-Nachweisbescheinigung mitzuführen.

Diese muss mit einem Klebesiegel und eingeprägter Nummer (AU-Betriebs-Nr.) der amtlich anerkannten Werkstatt versehen sein.

Prüfsiegelprägezange

AUK-Schlüsselnummern untersuchungspflichtiger Krafträder nach 92/61/EWG oder 2002/24/EG

Liegen „alte" Fahrzeugdokumente vor und ist das Erstzulassungsdatum nach dem 01.01.1989, so können die betroffenen Fahrzeuge anhand folgender Tabelle identifiziert werden:

„alte" Fahrzeugdokumente (Fahrzeugschein/-brief)	Schlüsselnummer zu 1 (1. bis 4. Stelle)	2502, 2512, 2522, 2603, 2604, 2614, 0901, 0902, 0960, 0980, 1901, 1902, 3901, 3902, 3960, 3980, 4901, 4902

Liegen „neue", vor dem 01.10.2005 ausgegebene Fahrzeugdokumente vor (Zulassungsbescheinigung Teil 1), so ist die Verschlüsselung in den Dokumenten davon abhängig, ob es sich um ein Fahrzeug handelt, dessen Typgenehmigung vor oder nach dem 01.10.2005 erfolgte.

	Feld J	**Feld 4**		**Feld J**
„neue" Fahrzeugdokumente (Zul.-Besch. Teil 1) EG-Typgenehmigung bis 30.09.2005	25	0200	„neue" Fahrzeugdokumente (Zul.-Besch. Teil 1) EG-Typgenehmigung ab 01.10.2005	L3e
	25	1200		L4e
	25	2200		L5e
	26	0300		L7e
	26	0400		
	26	1400		

CO-Grenzwerte AUK

Im Rahmen der AUK wird nur eine Kohlenmonoxid-Messung (CO) durchgeführt. Hierfür gibt es in Abhängigkeit von der technischen Ausrüstung des Kraftrades folgende Vorgaben:

- CO < 4,5% für Fahrzeuge ohne oder mit ungeregeltem Katalysator. Im Leerlauf gemessen.
- CO < 0,3% für Fahrzeuge mit geregeltem Katalysator. Die Messung erfolgt im erhöhten Leerlauf nach Herstellervorgabe, ansonsten wird bei 2000 1/min gemessen.

CO-Prüfbedingung AUK

- Fahrzeug-Solldaten für CO-Austoß ermitteln. Gibt der Hersteller diese nicht vor, gilt jeweils der entsprechende Grenzwert (max. 0,3% bzw. 4,5 Vol.-%).
- Motortemperatur in °C nach Herstellervorgaben ermitteln, ansonsten mindestens 60 °C.
- Erhöhte Leerlaufdrehzahl in 1/min nach Herstellerangabe, ansonsten 2000 1/min.
- Abgassonde mindestens 300 mm in das Auspuffendrohr einführen. Bei starker Pulsation der Auspuffgase ist eventuell der Einsatz einer zusätzlichen Beruhigungsstrecke erforderlich. Bei mehreren Auspuffendrohre muss in jedem Auspuffsystem eine Messung durchgeführt werden. Als Messergebnis ist dann der arithmetische Mittelwert zu nehmen. Es sind jedoch auch Entnahmesysteme zulässig, welche die Abgasströme zusammenführen.
- CO-Wert und Drehzahl erfassen und in das Formblatt eintragen.

Grenzwerte für Schadstoffemissionen bei Neumotorrädern mit Benzinmotor in g/km

Stufe	ab	Klasse	Testzyklus	CO	HC	NO_x	PM	NMHC
Euro 3	2007	≥ 150 ccm	WMTC	2,00	0,33	0,22	–	–
Euro 4	2016	alle	WMTC	1,14	0,17	0,09	–	–
Euro 5	2020	alle	WMTC	1,0	0,1	0,06	0,0045	0,068

V

Bremsenprüfung im Rahmen der Hauptuntersuchung und der Sicherheitsprüfung

Prüfumfang

Im Rahmen der Bremsenprüfung am Nutzfahrzeug erfolgt eine Funktions- und eine Wirkungsprüfung sowie die Begutachtung von Zustand und Ausführung der Bremsanlage. Die Prüfumfänge sind bei Hauptuntersuchungen und Sicherheitsprüfungen unterschiedlich.

Funktionsprüfung

Prüfpunkte

Im Rahmen der Funktionsprüfung sind z.B. der Kompressor auf Förderleistung, Einschalt- bzw. Abschaltdruck, die Abreißsicherung, die Dichtheit der Anlage und das Löseventil zu prüfen.
Im Rahmen der Hauptuntersuchung (HU) gilt die Richtlinie für die Prüfung der Bremsanlagen von Fahrzeugen bei Hauptuntersuchungen (HU) n. § 29 StVZO (HU-Bremsenrichtlinie).
Im Rahmen der Sicherheitsprüfung (SP) gilt die Richtlinie für die Durchführung von Sicherheitprüfungen (SP) nach § 29 und Anlage VIII StVZO ("SP-Richtlinie").

Wirkungsprüfung

Gesetzliche Vorgaben

Bei der Messung der Bremswirkung ist nachzuweisen, dass entsprechend der gesetzlichen Vorgaben ...

1. das Fahrzeug die auf seine zulässige Gesamtmasse bezogene **Mindestabbremsung z** erreicht (siehe Vorschriften Bremsen).
2. die **Bremskraftunterschiede Δ zul.** zwischen den Rädern einer Achse unterhalb der Vorgaben liegen (siehe Vorschriften Bremsen).

Abhängig vom Datum der Erstzulassung (vor bzw. nach 01.01.2012) gelten unterschiedliche Verfahrensweisen zur Bestimmung der Mindestabbremsung und Bremskraftunterschiede.

Wirkungsprüfung mit Hilfe von Bezugsbremskräften (ab Erstzulassung 01.01.2012)

Bezugsbremskräfte sind Referenzwerte für Bremskräfte und stellen den Bezug zwischen Bremsdruck und Bremskraft dar. Sie werden von den Fahrzeugherstellern vorgegeben.

Ablauf der Prüfung:

1. Geeignete Adapter (sog. HU-Adapter) am Diagnoseanschluss oder Manometer für das zu prüfende Rad anschließen.
2. Fahrzeug auf den Prüfstand fahren.
3. Bremse betätigen.
4. Bremsdruck ablesen (am Laptop mit HU-Adapter bzw. Manometer) und dazugehörige Bremskräfte dokumentieren.
   Hinweis:
   Blockierdruck darf nicht unter 1,7 bar liegen.
   Das Fahrzeug gegebenenfalls niederzurren.
5. Werte mit Bezugsbremskräften vergleichen (siehe Diagramm).
6. Wirkung der Bremse beurteilen.

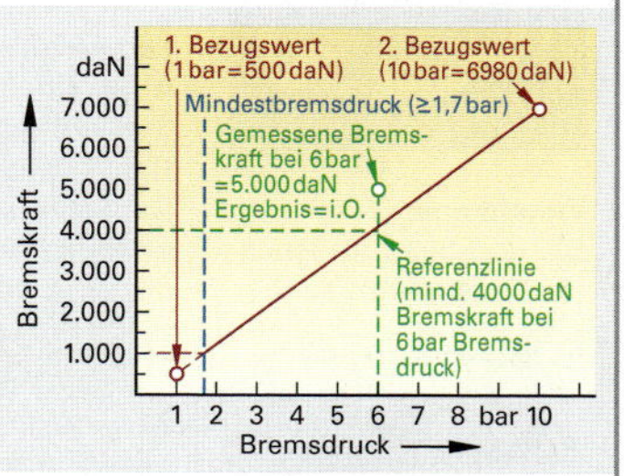

Wirkungsprüfung mit Hilfe einer Hochrechung (bis Erstzulassung 31.12.2011)

Für ältere Fahrzeuge erfolgt die Wirkungsprüfung mit Hilfe einer Hochrechnung.

Ablauf der Prüfung:

1. Manometer für das zu prüfende Rad anschließen.
2. Fahrzeug auf den Prüfstand fahren.
3. Bremse betätigen.
4. Bremsdruck und Bremskraft ablesen.
   Hinweis:
   Blockierdruck darf nicht unter 1,7 bar liegen.
   Das Fahrzeug gegebenenfalls niederzurren.
5. Hochrechnungsformel anwenden (siehe Beispiel).
   Dabei wird die Summe aller Bremskräfte mit der Gewichtskraft des Fahrzeugs (zGG) in ein Verhältnis gesetzt und unter Berücksichtigung des Berechnungs- und des Betätigungsdrucks die Abbremsung z ermittelt.
6. Gemessene Werte mit den gesetzlich vorgeschriebenen Werten vergleichen.
7. Wirkung der Bremse beurteilen.

Beispiel für die Berechnung der Abbremsung an der Betriebsbremse:

Summe aller Bremskräfte $F = 28\,800$ N
Berechnungsdruck (Herstellerangabe) $p = 7{,}3$ bar
Betätigungsdruck $p = 2$ bar
zul. Gesamtgewicht zGG = 180 000 N

$$z = \frac{p_N - 0{,}4\text{ bar}}{p - 0{,}4\text{ bar}} \cdot \frac{F \cdot 100\ \%}{\text{zGG}}$$

$$= \frac{7{,}3\text{ bar} - 0{,}4\text{ bar}}{2\text{ bar} - 0{,}4\text{ bar}} \cdot \frac{28\,800\text{ N} \cdot 100\ \%}{180\,000\text{ N}}$$

$$= 69\ \%$$

Der gemessene Wert z entspricht den gesetzlichen Anforderungen (z. B. 50 %).

Die Berechnung der Gleichmäßigkeit der Bremswirkung ist separat zu prüfen.

V

EOBD – Anforderungen (vgl. Richtline 98/69/EG)

EOBD = Europäische On Board Diagnose. Durch die EOBD sollen die in der Typzulassung festgelegten Abgaskonzentrationen innerhalb zulässiger Toleranzen überwacht werden.

Systemanforderungen:
- Ständige Überwachung der abgasrelevanten Komponenten in Fahrzeugen.
- Sofortiges Erkennen und Anzeigen von Fehlern die zu wesentlichen Emissionserhöhungen führen.
- Schützen von gefährdeten Komponenten, z.B. Katalysator.
- Speichern und bereitstellen der Informationen über aufgetretene Fehler.
- Einheitliche Schnittstelle zum Auslesen von Fehlern.

Funktionsüberwachung

Die Europäische OBD schreibt eine Überwachung folgender Einrichtungen oder Funktionen vor:

Fremdzündungsmotor (Ottomotor)
- Lambdasonden
- Katalysator
- Verbrennungsaussetzer
- Kraftstoffbehälterentlüftung
- Tankdeckel überwacht oder unverlierbar.
- Schaltkreisstörungen von emissionsrelevanten Bauteilen, die an das Steuergerät angeschlossen sind.
- Sonstigen Teilsystemen oder Bauteilen, die auf die Emissionsminderung Einfluss haben, z.B. Abgasrückführungssystem, Sekundärluftsystem, Luftmassenmesser, Fahrpedalwertgeber.

Selbstzündungsmotor (Dieselmotor)
- Partikelfilter, Katalysator, soweit vorhanden.
- Tankdeckel überwacht oder unverlierbar.
- Kraftstoffmengen- und Einspritzzeitregelung hinsichtlich Schaltkreisstörungen bzw. Totalausfall.
- Sonstigen Bauteilen oder Teilsystemen, die auf die Emissionsminderung Einfluss haben.

Fehlfunktionsanzeige (malfunction indicator, MI)

Warnlampe
Sie darf nicht rot leuchtend ausgeführt sein.

Lampe leuchtet dauernd:
- Zündung ein, Motor steht (Funktionsbereitschaft)
- bei abgasrelevanten Fehlern
- wenn die Motor-/Getriebesteuerung einen Fehler beim Steuergeräte Selbsttest erkennt.

Lampe blinkt (solange Fehler vorhanden ist):
- bei einem Fehler der, z.B. aufgrund von Verbrennungsaussetzern, zur Zylinderabschaltung führt (Katalysatorschutz).

Die Fehlerlampe darf nach drei fehlerfreien Fahrzyklen wieder abgeschaltet werden. Der Fehlerspeicher darf selbsttätig nach vierzig fehlerfreien Warmlaufzyklen gelöscht werden. **Warmlaufzyklus:** Anlassen, Fahren bis sich die Motortemperatur um mehr als 22 °C erhöht, mindestens jedoch 70 °C erreicht, abstellen.

EOBD-Diagnose

OBD-Diagnose-schnittstelle

Zum Auslesen der abgasrelevanten Fehler sind Schnittstelle, Diagnosestecker, Diagnoseprotokoll und Diagnoseaussagen einheitlich genormt.
Anschlussbelegung:

PIN 7+15	Datenübertragung nach DIN ISO 9141-2;	**PIN 5**	Signalmasse;
PIN 2+10	Datenübertragung nach SAE J 1850;	**PIN 16**	Batterieplus
PIN 4	Fahrzeugmasse;	**PIN 6/14**	CAN High/CAN Low

Die anderen PIN können vom Hersteller frei belegt werden.

Fehlercodes – Systematik

System, das den Fehler gesetzt hat.	Fehlergruppe	Baugruppe, in welcher der Fehler aufgetreten ist.	Bauteil, das die Störung verursacht hat.
P = Powertrain (Antrieb) B = Body (Karosserie) C = Chassis (Fahrwerk) U = Network (Bussystem) **Hinweis:** Der gesamte alphanumerische Fehlercode ist immer 5-stellig, z.B. P0130.	0 und 2: Hersteller-unabhängige Codes 1 und 3: Hersteller-spezifische Codes	1, 2 = Kraftstoff- und Luftzumessung 3 = Zündsystem oder Verbrennungsaussetzer 4 = zusätzliche Systeme zur Emissionsminderung 5 = Geschwindigkeits- und Leerlaufregelsysteme 6 = Ein- und Ausgangssignale Computer 7 = Getriebe	Den einzelnen Bauteilen sind entsprechende Codes zugeordnet. Man unterscheidet derzeit z.B. bei den P0-Codes ca. 500. **Beispiel:** P0130: „30" Hier: λ-Sonde 1 (Bank 1) hat eine Funktionsstörung.

Beispiel: P 0 1 30 = Fehler im Antriebssystem (P) im Bereich der Kraftstoffzumessung (1). Es handelt sich um einen herstellerunabhängigen Code (0). Die Lambdasonde 1 (Bank 1) hat eine Funktionsstörung (30).

V

Zulassungsbescheinigung

vgl. FZV § 11, § 12

Bei Um- und Neuanmeldungen von Kraftfahrzeugen sind folgende Fahrzeugpapiere notwendig:
Zulassungsbescheinigung Teil I und Teil II

Zulassungsbescheinigung Teil I: Wird von der Zulassungsstelle ausgestellt und ist von Fahrerin bzw. Fahrer des Kraftfahrzeugs mitzuführen. Bei einer polizeilichen Kontrolle dient sie zum Nachweis von Fahrzeughalter, Zulassung und zur Fahrzeugidentifikation.

Zulassungsbescheinigung Teil II: Wird vom Kraftfahrt-Bundesamt (KBA) an den Hersteller ausgegeben und ist damit in das zentrale Fahrzeugregister eingetragen. Beim Fahrzeugkauf wird sie zusammen mit der EG-Übereinstimmungserklärung (CoC Certificate of Confirmity) an den Erstbesitzer übergeben. Die Zulassungsbescheinigung Teil II ist nicht im Fahrzeug mitzuführen.

Außerbetriebsetzung/Stilllegung: Wird das Fahrzeug an der Zulassungsstelle abgemeldet, so wird der Aufkleber auf der Rückseite des Zulassungsbescheinigung 1 abgezogen. Das Dokument ist somit ungültig.

Zulassungsbescheinigung Teil I
(Fahrzeugschein)

Nr. WN-K-0-333/16-00197

Europäische Gemeinschaft (D) Bundesrepublik Deutschland

Permiso de circulación. Parte I / Osvědčení o registraci – Část I / Registreringsattest. Del I / Registreerimistunnistus. Osa I / Άδεια κυκλοφορίας/Πιστοποιητικό Εγγραφής. Μέρος I / Registration certificate. Part I / Certificat d'immatriculation. Partie I / Carta di circolazione. Parte I / Reģistrācijas apliecība. I. daļa / Registracijos liudijimas. I dalis / Forgalmi engedély. I. Rész / Certifikat ta' Reġistrazzjoni. L-I Parti / Kentekenbewijs. Deel I / Dowód Rejestracyjny. Część I / Certificado de matrícula. Parte I / Osvedčenie o evidencii. Časť I / Prometno dovoljenje. Del I / Rekisteröintitodistus. Osa I / Registreringsbeviset. Del I

A Amtliches Kennzeichen: WN CR171

C.1.1 Name oder Firmenname: Mustermann

C.1.2 Vorname(n): Frank

C.1.3 Anschrift: Hauptstrasse 10, 12345 Musterstadt

Nächste HU (Monat und Jahr): 11.2019 — Musterstadt — I Datum: 28.11.2016

C.4c Der Inhaber der Zulassungsbescheinigung wird nicht als Eigentümer des Fahrzeugs ausgewiesen.

B	28.11.2016	2.1	0005	2.2	CDK00109 2
J	M1	4	AC		
E	WBA8H91040K870835	3	2		
D.1	BMW				
D.2	3K				
	8H91				
	6A350000				
D.3	320D				
2	BAYR.MOT.WERKE-BMW				
5	Fz.z.Pers.bef.b. 8 Spl.				
	Kombilimousine				
V.9	715/2007*2015/45W				
14	EURO6;W;PI7CI; M, N1 I				
P.3	Diesel				
10	0002	14.1	36W0	P.1	1995

L	2	9	1	P.2/P.4	140/4000	T	226
18	4633 - -			19	1811 - -		
20	1429 -			G	1605 - -		
12	-	13	75	Q	-		
V.7	119	F.1	2125	F.2	2125		
7.1	930	7.2	1255	7.3	-		
8.1	930	8.2	1255	8.3	-		
U.1	78	U.2	3000	U.3	73		
O.1	1800	O.2	745	S.1	5	S.2	-
15.1	205/60 R16 92W						
15.2	205/60 R16 92W						
15.3	-						
R	Blau	11					
K	e1*2007/45/0315*18						
6	06.06.2016	17	K	16	ER573419		
21							

22 7.2/8.2: +110 B.ANHÄNGERBETRIEB*WW.AHK LT.EGTG*BEI 20" BEREI
FUNG KEIN ANHÄNGERBETRIEB MÖGLICH*STUFE PM 5 AB TAG ERSTZUL

Felddefinitionen der Zulassungsbescheinigung Teil I

A	Amtliches Kennzeichen
B	Datum der Erstzulassung des Fahrzeugs
C1.1	Name oder Firmenname des Halters/der Halterin
C1.2	Vorname des Halters / der Halterin
C1.3	Anschrift des Halters / der Halterin
C4	Bemerkungen zum Halter / zu Halterin
D.1	Marke
D.2	Typ/Variante/Version
D.3	Handelsbezeichnung(en)
E	Fahrzeug-Identifizierungsnummer
F.1	Technisch zulässiges Gesamtgewicht in kg
F.2	Im Zulassungsmitgliedstaat zul. Gesamtmasse in kg
G	Masse des in Betrieb befindlichen Kfz in kg (Leermasse)
H	Gültigkeitsdauer
I	Datum dieser Zulassung
J	Fahrzeugklasse
K	Nummer der EG-Typgenehmigung oder ABE
L	Anzahl der Achsen
O.1	Technisch zulässige Anhängelast gebremst in kg
O.2	Technisch zulässige Anhängelast ungebremst in kg
P.1	Hubraum in cm^3
P2/P4	Nennleistung in kW bei Nenndrehzahl in min^{-1}
P.3	Kraftstoffart oder Energiequelle
Q	Leistungsgewicht in kW/kg (nur bei Krafträdern)
R	Farbe des Fahrzeugs
S.1	Sitzplätze einschließlich Fahrersitz
S.2	Stehplätze
T	Höchstgeschwindigkeit in km/h
U.1	Standgeräusch in dB(A)
U.2	Drehzahl in min^{-1} zu U.1
U.3	Fahrgeräusch in dB(A)
V.7	CO_2 (in g/km) kombinierter Wert
V.9	Für die EG-Typgenehmigung maßgebliche Schadstoffklasse
(2)	Hersteller-Kurzbezeichnung
(2.1)	Code zu (2)
(2.2)	Code zu D.2 mit Prüfziffer
(3)	Prüfziffer zur Fahrzeug-Identifizierungsnummer
(4)	Art des Aufbaus
(5)	Bezeichnung der Fahrzeugklasse u. d. Aufbaus
(6)	Datum zu K
(7)	Technisch zulässige maximale Achslast/-masse je Achsgruppe in kg (7.1) Achse 1 bis (7.3) Achse 3
(8)	Zulässige maximale Achslast im Zulassungsmitgliedstaat in kg (8.1) Achse 1 bis (8.3) Achse 3
(9)	Anzahl der Antriebsachsen
(10)	Code zu P.3
(11)	Code zu R
(12)	Rauminhalt des Tanks bei Tankfahrzeugen in m^3
(13)	Stützlast in kg
(14)	Bezeichnung der nationalen Emissionsklasse
(14.1)	Code zu V.9 oder (14)
(15)	Bereifung (15.1) auf Achse 1 bis (15.3) auf Achse 3
(16)	Nummer der Zulassungsbescheinigung Teil II
(17)	Merkmal zur Betriebserlaubnis
(18)	Länge in mm
(19)	Breite in mm
(20)	Höhe in mm
(21)	Sonstige Vermerke
(22)	Bemerkungen und Ausnahmen

V

Feinstaubplakette

Emissionsschlüsselnummern: Welche Plakette einem Kfz zugeteilt wird, kann aufgrund der Emissionsschlüsselnummer überprüft werden. Es sind die letzten 2 Ziffern von Feld 14.1 in der Zulassungsbescheinigung Teil 1.

Plakette	Ottomotor		Dieselmotor		
	Pkw der Klasse M1	Nfz der Klassen M2, M3, N	Pkw der Klasse M1	Nfz der Klassen M2, M3, N	Nfz der Klassen M2, M3, N zusätzlich mit PMS
	01,02, 14, 16, 18 bis 70, 71 – 75, 77	30-55, 60, 61, 70, 71, 80, 81, 83, 84, 90, 91	32, 33, 38, 39, 43, 53 bis 70, 73 bis 75 PM 5	35, 45, 55, 80, 81, 83, 84, 90, 91	**Stufe PM 1:** 44, 54 **Stufe PM 2:** 10 – 12, 20 – 22, 30 – 34, 40 – 45, 50 – 55, 60, 61 **Stufe PM 3:** 33 – 35, 44, 45, 54, 55, 60, 61, **Stufe PM 4:** 33 – 35, 44, 45, 54, 55, 60, 61

Kraftfahrzeugsteuer für Pkw mit Otto- und Dieselmotor

(incl. Hybrid, Erdgas und Autogasfahrzeugen)

Stand 02/2017

Pkw mit Erstzulassung bis einschließlich 4.11.2008: Bemessung der Steuern nach Schadstoffemission und Hubraum

Emissions-gruppe	Schlüsselnummer	Steuersatz in € je angefangene 100 cm^3 Ottomotor	Dieselmotor
Euro 3	30, 31, 36, 37, 42, 44, 45, 46, 47, 48, 67, 68, 69, 70, 72		
Euro 4	32, 33, 38, 39, 43, 53 bis 66, 73 bis 75	6,75	15,44
Euro 5	35A0 bis 35M0		
Euro 6	36N0 bis 36Y0		

Pkw mit Erstzulassung vom 5.11.2008 bis 30.06.2009. Günstigerprüfung

Bei der Festlegung der Steuern überprüft die Zollbehörde, ob die Bemessung nach Schadstoffemission und Hubraum oder nach CO_2–Emission (Verbrauch) und Hubraum günstiger ist. Bezahlt werden muss der günstigeren Steuerbetrag.

Pkw mit Erstzulassung ab 1.07.2009. Bemessung der Steuern nach CO_2-Emission (Verbrauch) und Hubraum

Steuersatz		Erstzulassung	CO_2-Freibetrag
Ottomotor	Dieselmotor	bis 31.12.2011	120g/km
2 € je angefangene 100 cm^3 + 2 € je g/km CO_2 über Freibetrag	9,50 € je angefangene 100 cm^3 + 2 € je g/km CO_2 über Freibetrag	ab 1.01.2012 bis 31.12.2013	110 g/km
		ab 1.01.2014	95 g/km

Pkw mit Elektromotor

Gewichtsgruppe	**Steuersatz** in € je angefangene 200 kg zul. Gesamtmasse
bis 2000 kg	5,625
2000 kg bis 3000 kg	6,01
3000 kg bis 3500 kg	6,39

Steuerbefreiung Elektrofahrzeuge:
Erstzulassung 18.05.2011 – 31.12.2015 10 Jahre
Erstzulassung 01.01.2016 – 31.12.2020 5 Jahre
Danach ist die Steuer nach der zulässigen Gesamtmasse CO_2 mit 50 % der „andere Kraftfahrzeuge" festgelegt.

Krafträder, Trikes, Quads

Für die Krafträder gilt der Steuersatz von 1,84 € je angefangene 25 cm^3, Leichtkrafträder (nach § 2 FZV, max. 11Kw, 50 cm^3 bis 125 cm^3 sind steuerfrei. Bei Trikes und Quads erfolgt die Besteuerung nach Schadstoffemission und Hubraum. Dabei gelten die gleiche Stauersätze wie bei Pkw.

Oldtimer

V

Für Oltimer mit H-Kennzeichen oder rotem Oltimerkennzeichen gelten pauschale Jahressteuersätze von 191,73 € für Pkw und von 46,02 € für Krafträder.

PMS = Partikelminderungssysteme (Rußpartikelfilter), **PM1 – 5** = Partikelminderungstufen

Fahrzeugzulassung, ABE, COC		
Begriff	**Erklärung**	**Hinweis**
Fahrzeug-zulassung	Kraftfahrzeuge und Anhänger mit einer bauartbedingten Höchstgeschwindigkeit von mehr als 6 km/h müssen für den Einsatz im öffentlichen Straßenverkehr zugelassen sein. • Sie haben ein amtliches Kennzeichen mit der Plakette der Verwaltungsbehörde (Zulassungsstelle). • Die Zulassung wird durch die Zulassungsbescheinigung Teil I und II dokumentiert.	• Für die Zulassung in einem EU-Land ist die **COC (Certificate of Conformity)** bzw. eine Betriebserlaubnis **(ABE)** notwendig. • Ausnahmen für die Zulassungspflicht für Fahrzeuge mit v_{max} > 6 km/h sind z.B. Kleinkrafträder (Mofa, Moped; Mokick), vierrädrige Leichtkraftfahrzeuge (m_{zul} < 350 kg). • Zur Zulassung muss der Fahrzeughalter eine ausreichende Kraftfahrzeugversicherung nachweisen.
COC EG-Übereinstimmumgs-erklärung	**Certificate of Conformity, auch EG-Übereinstimmungserklärung genannt:** • Sie enthält alle für die Zulassung erforderlichen Daten eines Fahrzeugs, die nach EG-Betriebserlaubnis produziert wurden. • Sie bescheinigt, dass das Fahrzeug mit der EG-Betriebserlaubnis übereinstimmt und ohne weitere technische Prüfung in jedem EU-Land zugelassen werden kann.	• Die Übereinstimmungserklärung erhält der Fahrzeughalter seit dem 01.10.2015 beim Kauf eines Fahrzeugs vom Hersteller. • In ihr sind z.B. alle freigegebenen Reifendimensionen enthalten. In der nationalen Zulassungsbescheinigung Teil 1 ist unter Ziffer 15 lediglich Platz für eine Reifengröße.
Allgemeine Betriebs-erlaubnis (ABE) für Typen	Sie ist der Nachweis, dass das Fahrzeug den gesetzlichen Vorschriften in Deutschland bzw. in der EU entspricht. Sie kann für in Serie hergestellte Fahrzeuge dem Hersteller oder einem Importeur mit Alleinvertriebsrecht in einem Land der EU erteilt werden.	• In Deutschland wird eine ABE für Typen vom Kraftfahrzeugbundesamt (KBA) in Flensburg erteilt. • Nachweis durch Eintrag in der Zulassungsbescheinigung Teil II oder durch ein eigenständiges Dokument.
Erlöschen der ABE	Die **allgemeine Betriebserlaubnis (ABE)** eines Kfz nach StVZO §19 erlischt, wenn ... • die Fahrzeugart geändert wird. • das Abgas- bzw. Geräuschverhalten verschlechtert wird. • eine Gefährdung von Verkehrsteilnehmer zu erwarten ist. Sie **erlischt nicht** bei Ein- oder Anbau von Teilen ... • für die eine Betriebserlaubnis oder eine Bauartgenehmigung vorliegt. • für die eine **EWG-Betriebserlaubnis** oder eine **EWG-Bauartgenehmigung** vorliegt. • Liegt eine **EG-Typengenehmigung** bzw. ein **Teilegutachten** vor, so ist deren ordnungsgemäßer Einbau durch einen amtl. anerkannten Prüfer zu bestätigen. Sofern andere Teilsysteme des Fahrzeugs durch den Ein- oder Anbau nicht beeinflusst wurden.	
Betriebs-erlaubnis für Einzelfahrzeuge (EBE)	Gehört ein Fahrzeug nicht zu einem genehmigten Typ, so hat der Hersteller oder ein anderer Verfügungsberechtigter die Betriebserlaubnis bei der Zulassungsstelle zu beantragen.	Die Gutachten für die Erteilung einer **EBE** erstellt ein amtlich anerkannter Sachverständiger für das Kraftfahrzeugwesen einer Typenprüfstelle z.B. des TÜV oder des DEKRA.
Allgemeine Betriebs-erlaubnis für Fahrzeugteile (Teile-ABE)	Sie wird durch das Kraftfahrt-Bundesamt (KBA) in deutscher Sprache ausgestellt und liegt den Teilen bei (Fünfstellige KBA-Nr.: z.B. KBA-4xxxx).	Es ist keine Vorführung beim TÜV notwendig. Voraussetzung ist das Mitführen der ABE beim Betrieb des Kraftfahrzeugs. Verlangt die ABE Umbauten am Fahrzeug, muss eine Vorführung erfolgen z.B. bei Montage von anderen Rädern mit der Auflage der Tachoanpassung.
Teilegutachten (TGA)	Es wird durch Prüfdienste (z.B. TÜV, DEKRA, KÜS) erstellt und liegt den Teilen bei.	Nach Montage der Teile muss das Fahrzeug bei einer Prüfstelle vorgeführt werden.

Bestimmungen nach ECE*

Typgenehmigung (vergl. ECE-R 67/1 und ECE-R 110)	Bauteile von Gasanlagen in neuen Fahrzeugtypen müssen im Rahmen der Typgenehmigung nach ECE-R 67/1 für Anlagen mit Flüssiggas (LPG) bzw. ECE-R 110 für Anlagen mit komprimiertem Erdgas (CNG) genehmigt sein.
Teilegenehmigung für Nachrüstsysteme (vergl. ECE-R 115)	Nachgerüstete Systeme für Flüssiggas (LPG) bzw. komprimiertes Erdgas (CNG) erhalten auf der Grundlage der ECE-R 115 eine Genehmigung (Teilegenehmigung) für das gesamte Nachrüstsystem.

Arten der Gasanlagenprüfung und Prüfumfänge (vergl. StVZO § 41 a)

Die **GSP (Gassystemeinbauprüfung)** ist nach dem Einbau einer Gasanlage und der Anpassung an das Gemischbildunssystem des Fahrzeugs durchzuführen. Die Prüfung kann von anerkannten Werkstätten und Prüfinstitutionen durchgeführt werden. Werkstätten dürfen die GSP nur durchführen, wenn sie das System selbst eingebaut haben. Die GSP kann nur von verantwortlichen Personen (z. B. Meister) durchgeführt werden. Diese müssen eine entsprechende Schulung nachweisen.

Die **GAP (Sonstige wiederkehrende Gasanlagenprüfung)** ist nach besonderen Ereignissen, welche die Sicherheit der Gasanlage beeinträchtigen können (z. B. Unfall, Feuereinwirkung, Reparatur an der Gasanlage), sowie wiederkehrend im Zusammenhang mit der Hauptuntersuchung nach § 29 StVZO durchzuführen.

Prüfumfang der GSP**

Prüfumfang der GAP

- Vorbereitende Tätigkeiten,
  z.B. Prüfung der Zulassungsbescheinigung Teil 1 auf Zugehörigkeit zum vorgestellten Fahrzeug, Sicherstellung der Befüllung des Tanks mit mind. 50 % Gas
- Identifizierung der Bauteile, z.B. Genehmigung nach ECE-R 67/1 bzw. ECE-R 110 (ohne Genehmigungszeichen muss z. B. bei Gastanks eine Druckprüfung durch einen Druckbehältersachverständigen durchgeführt werden).
- Sichtprüfung der Bauteile,
  z. B. auf Beschädigung, Korrosion
- Funktionsprüfung, z.B. Hauptabsperrventil
- Dichtheitsprüfung, z.B. mit Lecksuchgerät bzw. Lecksuchspray

+

- Übereinstimmung der Einzelkomponenten mit der Genehmigung nach ECE-R 67/1 bzw. ECE-R 110 und des Anwendungsbereichs mit dem Fahrzeugtyp.
- Vorschriftsmäßiger Einbau der Bauteile.
- Kennzeichnung aller Bauteile der Gasanlage mit dem entsprechenden Genehmigungszeichen.
- Vollständigkeit der Unterlagen, z. B. Benutzerhandbuch.

Hinweis: Im Rahmen des Anerkennungsverfahrens für Werkstätten kann die Anerkennung auf die Durchführung der GAP beschränkt werden.

Durchführung der Gasanlagenprüfungen

Typgenehmigtes Kraftfahrzeug

- serienmäßgig **mit** Gassystem genehmigt nach ECE-R 67/1 (LPG) bzw. ECE-R 110 (CNG)
  → Durchführung der wiederkehrenden und sonstigen GAP, z. B. durch eine Werkstatt → **GAP-Nachweis**

- serienmäßgig **ohne** Gassystem
  - Nachträglicher Einbau einer Gasanlage durch eine anerkannte GSP-Werkstatt. Alle Einzelbauteile sind genehmigt nach ECE-R 67/1 (für LPG) oder ECE-R 110 (für CNG)
  - Nachrüstsystem **mit** Teilegenehmigung nach ECE-R 115
  - Nachrüstsystem **ohne** Teilegenehmigung nach ECE-R 115
  - Durchführung der GSP, z. B. durch die Werkstatt → **GSP-Nachweis**
  - Erstellung eines Einzelgutachtens nach § 21 StVZO durch einen amtlich anerkannten Sachverständigen
  - Änderung der Fahrzeugdokumente durch die Zulassungsstelle
  - Durchführung der wiederkehrenden und sonstigen GAP, z. B. durch eine Werkstatt → **GAP-Nachweis**

* ECE: Economic Commission for Europe

** Alle Prüfpunkte der GAP sind Bestandteil der GSP.

Gesetzliche Bestimmungen, technische Vorschriften

Reifen-kennzeichnung	Luftreifen an Fahrzeugen mit v > 40 km/h müssen folgende Kennzeichnungen aufweisen: Fabrik- oder Handelsmarke, Reifengröße, Reifenbauart, Tragfähigkeit, Geschwindigkeitskategorie, Herstellungs- bzw. Runderneuerungsdatum, ECE-Kennzeichnung (seit 1.10.98).
Profiltiefe	Das Hauptprofil muss 1,6 mm Profiltiefe am ganzen Umfang haben. Als Hauptprofil gelten dabei die breiten Profilrillen im mittleren Bereich der Lauffläche, welche etwa $^3/_4$ der Laufflächenbreite einnehmen (Prüfstelle: TWI). Für Leichtkrafträder, Kleinkrafträder und Fahrräder mit Hilfsmotor genügt eine Profiltiefe von 1 mm.
Bereifung Pkw	Für Pkw gilt, dass alle an einem Fahrzeug montierten Reifen, außer Notreifen die gleiche Bauart aufweisen müssen (§ 36 (2a) StVZO). Die Reifen an einer Achse müssen vom gleichen Reifentyp sein (Richtlinie 92/93 EWG). Als Reifen vom gleichen Reifentyp gelten: Reifen mit gleichem Hersteller- oder Handelsnamen; gleicher Größenbezeichnung; gleicher Verwendungsart, z.B. M+S Reifen, normale Straßenreifen; Reinforced-Reifen bzw. Extra load Reifen, C- Reifen.
Umrüstung (Pkw)	Die Umrüstung anderer als im Fahrzeugschein eingetragener Reifen ist unter folgenden Bedingungen zulässig. • Die Reifen entsprechen der bauartbedingten Höchstgeschwindigkeit des Fahrzeugs ($v_{max} = v_{Fahrzeugschein} + 0{,}01 \cdot v_{Fahrzeugschein}$ + 6,5 km/h) • Sie entsprechen der im Fahrzeugschein angegebenen Achslast. • Es werden notwendige Tragfähigkeitsabschläge bei der Montage von V-Reifen (bei Geschwindigkeiten über 210 km/h), bei W- und ZR-Reifen (bei Geschwindigkeiten über 240 km/h und bei Y-Reifen (bei Geschwindigkeiten über 270 km/h) berücksichtigt. • Es werden die sich ändernden Tabellenluftdrücke eingehalten, z.B. ist der Reifendruck bei Reinforced- bzw. Extra load (XL/EL)-Reifen bei gleicher Achslast und bei gleichem Tragfähigkeitsindex um 0,4 bar zu erhöhen. • Der Abrollumfang des Reifens ändert sich max. um + 1 % bzw. – 4 % gegenüber den im Fahrzeugschein eingetragenen Reifen. Ansonsten ist eine Tachoangleichung erforderlich. • Die Freigängigkeit gegenüber den Fahrzeugteilen werden eingehalten (Karosserieteile ≥ 10 mm; Fahrwerksteile ≥ 5 mm; Lenkungs- und Bremsteile ≥ 3 mm). • Es werden am Fahrzeug Reifen gleicher Bauart montiert. Als gleiche Bauart gelten z.B. Standardreifen und Reinforced- bzw. Extra load (XL/EL)-Reifen. Diese dürfen jeweils nur achsweise montiert werden. • C-Reifen mit XL/EL-Reifen (achsweise): Dabei sind insbesondere die Zulässigkeit der Felgenmaulweiten, das fahrphysikalische Verhalten des Fahrzeugs und die Reifendrücke zu beachten.
Fabrikatsbindung Pkw/Krafträder	**Pkw:** Die in manchen Fahrzeugscheinen vorzufindende Fabrikatbindung ist aufgehoben. **Krafträder:** Die in manchen Fahrzeugscheinen vorzufindende Fabrikatbindung ist weiterhin zwingend vorgeschrieben.
Mischbereifung Motorräder	Bei Krafträdern ist grundsätzlich eine Mischbereifung (Radial/Diagonal) zulässig. **Ausnahme:** Leichtkrafträder, Kleinkrafträder und Fahrräder mit Hilfsmotor. Mit **B** (Bias-Belted) gekennzeichnete Reifen sind Diagonalreifen mit Gürtel.
Nachschneiden	Das Profil von Nutzfahrzeugreifen darf nachgeschnitten werden, sofern die Reifen die Zusatzkennzeichnung „Regroovable" oder ein entsprechendes Symbol aufweisen. Das Nachschneiden darf nur von fachlich qualifiziertem Personal entsprechend Herstellervorschrift durchgeführt werden. Nachschneiden ist nur bis 2 mm oberhalb des Zwischenbaus bzw. des Gürtels zulässig.
Reifenalter/ Reifenlebens-dauer	Reifen altern aufgrund von physikalischen und chemischen Prozessen. Nach allgemeinen Stand der Technik gilt: Grundsätzliche Reifenlebensdauer ist 10. Jahre. Fabrikneu gelten Reifen bis zu 3 Jahren, neu bis zu 5 Jahren. Voraussetzung: Es gab keinen Modellwechsel oder entscheidende technischen Veränderungen. Reifen an Anhängern/Wohnanhängern sollen bereits nach 6 Jahren gewechselt werden.
Reifenreparatur	**Kraftradreifen.** Es dürfen nur Stichverletzungen im Laufflächenbereich bis 6 mm Schadensausdehnung mittels Kombireparaturmittel repariert werden. **Pkw-Reifen, RFT-Reifen, C-Reifen, Nutzfahrzeugreifen und Anhängerreifen.** **Tragfähigkeitskennzahl ≤ 122.** Es dürfen nur Stichverletzungen im Laufflächenbereich bis 6 mm Schadensausdehnung mittels Kombireparaturmittel repariert werden. **Tragfähigkeitskennzahl > 122.** Es dürfen nur Stichverletzungen im Laufflächenbereich bis 10 mm Schadensausdehnung mittels Kombireparaturmittel repariert werden. Reparaturen außerhalb des Laufflächenbereichs sind nur mittels Warm- bzw. Heißvulkanisation zulässig. **Wulstzone.** In diesem Bereich sind nur Gummireparaturen zulässig. **Weitere Hinweise siehe Seite 365.**

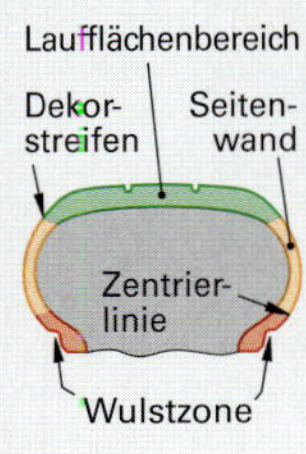

V

Lichttechnische Einrichtungen

Rechtliche Grundlagen

An Kraftfahrzeugen und Anhängern müssen die vorgeschriebenen und dürfen zusätzliche, für zulässig erklärte lichttechnische Einrichtungen angebracht sein. In der Bundesrepublik Deutschland sind die Vorschriften in der **StVZO §§ 49 a – 54** festgehalten.

Neben den nationalen Vorschriften gelten auch die harmonisierten Vorschriften der **EU** (Europäische Union) . Für den Anbau von Beleuchtungs- und Lichtsignaleinrichtungen an Kraftfahrzeugen und Anhängern gilt die Vorschrift **ECE-R48.**

Weitere ECE-Vorschriften beschreiben die technischen Merkmale der Einrichtungen im Detail.

Rechtliche Grundlagen

- Lichttechnische Einrichtungen müssen so angebracht sein, dass eine unbeabsichtigte Verstellung und gegenseitige Beeinflussung ausgeschlossen ist.
- Die Leuchten eines Leuchtenpaares müssen symmetrisch angebracht sein sowie die gleichen Eigenschaften, z.B. bezüglich Helligkeit und Farbe, aufweisen.
- Leuchten können zusammengebaut, kombiniert oder ineinandergebaut sein, sofern alle Vorschriften für die jeweilige Leuchte eingehalten sind.
- Mit Ausnahme der Fahrtrichtungsanzeige bzw. Warnblinklichts darf keine Leuchte Blinklicht ausstrahlen.
- Von den angebrachten Leuchten darf keine rotes Licht nach vorn und keine weißes Licht nach hinten – mit Ausnahme des Rückfahrscheinwerfers – ausstrahlen

Vorgeschriebene lichttechnische Einrichtungen

Pos.	Bezeichnung	StVZO	ECE
1	Scheinwerfer für Fernlicht	§ 50	ECE-R98/99
2	Scheinwerfer für Abblendlicht		ECE-R112 ECE-R123
3	Begrenzungsleuchten	§ 51	ECE-R7
4	Umrissleuchten (Fahrzeugbreite 3,1 m)	§ 51 b	ECE-R7
5	Fahrtrichtungsanzeiger (Blinkleuchten)	§ 54	ECE-R6
6	Schlussleuchten	§ 53	ECE-R7
7	Bremsleuchten	§ 53	ECE-R7
8	Rückfahrscheinwerfer	§ 52 a	ECE-R23
9	Nebelschlussleuchten	§ 53 d	ECE-R38
10	Kennzeichenleuchten	§ 49a	ECE-R4
11	Rückstrahler	§ 53	ECE-R3
–	Parkleuchte, Kombination aus Pos. 3 + 6	§ 51 c	ECE-R7 ECE-R77
–	Warnblinkanlage aus Pos. 5	§ 53 a	ECE-R6
–	Fernlichtkontrollleuchte	§50	ECE-R48
–	Nebelschlusskontroll-leuchte	§ 53 d	ECE-R38

Zulässige lichttechnische Einrichtungen

Pos.	Bezeichnung	StVZO	EWG/ECE
12	Nebelscheinwerfer	§ 52	ECE-R19
13	Suchscheinwerfer	§ 52	–
14	Zusätzliche Schlussleuchten	§ 53	ECE-R7
15	Zusätzliche Bremsleuchten	§ 53	ECE-R7
–	Zusatzscheinwerfer für Fernlicht	§ 50	ECE-R48
–	Tagfahrleuchten	§ 49 a	ECE-R87
–	Abbiegelicht	–	ECE-119

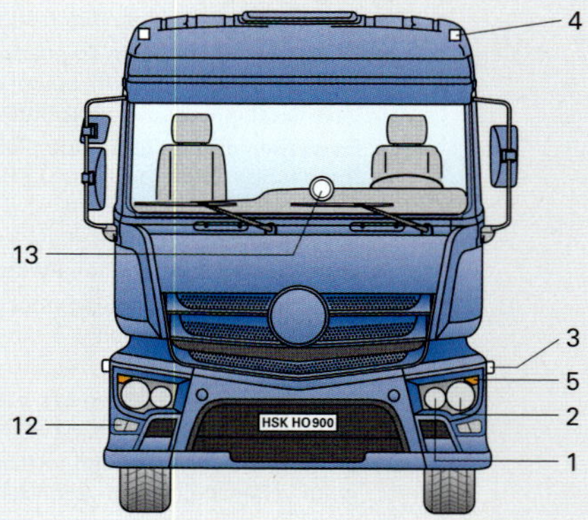

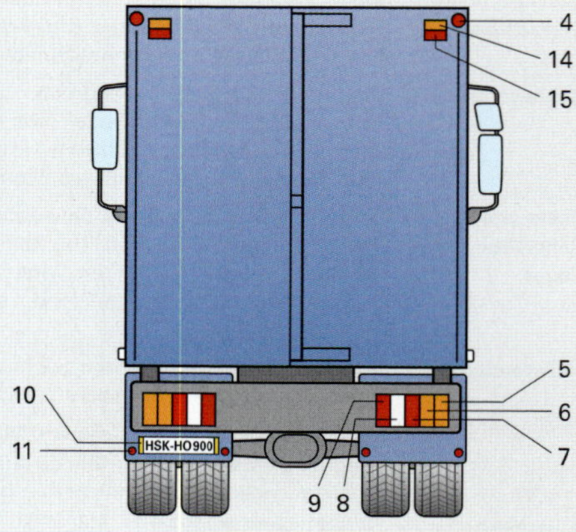

Seitliche Rückstrahler und Seitenmarkierungsleuchten sind vorgeschrieben für Kfz mit einer Länge von mehr als 6 m (ECE-R91, 76/756/EWG, StVZO § 51a).

Retroreflektierende gelbe Streifen sind zulässig. Die Streifen können unterbrochen sein und dürfen nicht die Form von Schriftzugen oder Emblemen haben. Sie müssen eine Anbauhöhe von mind. 250 mm und max. 1500 mm über den Boden haben (ECE-R104; StVZO § 51a).

V

Lichttechnische Einrichtungen an der Vorderseite von Kraftfahrzeugen

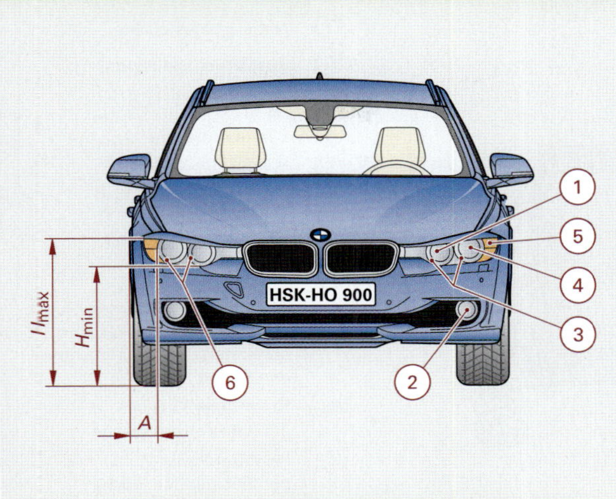

① Fernlicht
② Nebelscheinwerfer
③ Parkleuchte
④ Abblendlicht
⑤ Blinkleuchte
⑥ Tagfahrlicht

A Abstand vom äußersten Punkt des Fahrzeugumrisses zum äußersten Rand der leuchtenden Fläche

H_{min} Niedrigster Punkt der leuchtenden Fläche

H_{max} Höchster Punkt der leuchtenden Fläche

Anbauvorschriften für Scheinwerfer und Leuchten (abweichende Regelungen nach ECE/EWG)

Bezeichnung	*A* in mm	H_{min} in mm	H_{max} in mm	Bemerkungen
Scheinwerfer für Abblendlicht	≤ 400	≥ 500	≤ 1200	• Bei getrennter Anordnung der Abblend- und Fernscheinwerfer dürfen die Abblendscheinwerfer bei Fernlicht mitleuchten. • Scheinwerfersysteme mit Gasentladungslampen müssen über automatische Leuchtweitenregelung und eine Scheinwerferreinigungsanlage verfügen. Das Abblendlicht muss bei Fernlicht eingeschaltet bleiben.
Scheinwerfer für Fernlicht	≤ 400 Keine Vorgabe	≥ 500 Keine Vorgabe	≤ 1200 Keine Vorgabe	• Funktionsanzeige durch blaue Kontrollleuchte ist vorgeschrieben. • Es sind zwei bzw. vier Scheinwerfer zulässig (bei Fahrzeugen der Klasse N auch sechs, wenn vier davon versenkbar sind). • Die Lichtstärke aller gleichzeitig eingeschalteten Fernscheinwerfer darf 225 000 cd nicht überschreiten.
Begrenzungsleuchten	≤ 400	≥ 350	≤ 1500	• Ist bei Abblendscheinwerfern A ≤ 400 mm kann die Begrenzungsleuchte im Scheinwerfer eingebaut sein. • Sie dürfen auch als Beleuchtung für abgestellte Fahrzeuge genutzt werden (Standlicht). • Sie müssen bei Fern- und Abblendlicht ständig leuchten. • Es sind zwei bzw. max. vier (dann zwei davon im Scheinwerfer) zulässig.
Nebelscheinwerfer	≤ 400	Siehe Bemerkung (≥ 250)	≤ 1200 Keine Vorgabe	• H_{max} jedoch geringer als die Anbauhöhe der Scheinwerfer für Abblendlicht. • Bei Fahrzeugen der Klasse M_1/N_1 beträgt H_{max} ≥ 800 mm • Statt des Abblendlichts dürfen Nebelscheinwerfer zusammen mit den Begrenzungsleuchten benutzt werden. • Wenn A_{max} größer als 400 mm ist, dürfen Nebelscheinwerfer nur zusammen mit den Scheinwerfern für Abblendlicht leuchten. • Es ist weißes oder hellgelbes Licht zulässig.
Fahrtrichtungsanzeiger/ vorne/hinten bzw. Warnblinkanlage	Keine Vorgabe ≤ 400	Keine Vorgabe ≥ 350	Keine Vorgabe ≤ 1500	• Es sind nur Blinkleuchten für gelbes Licht zulässig. • Die Blinkfrequenz muss 90 +/– 30 1/min. • Einschaltkontrolle vorgeschrieben. • Für Fahrzeuge der Klassen M_1/N_1 beträgt H_{min} ≥ 350 mm • Als Warnblinkanlage müssen alle Blinkleuchten gleichzeitig blinken.

V

Lichttechnische Einrichtungen an der Rückseite von Kraftfahrzeugen

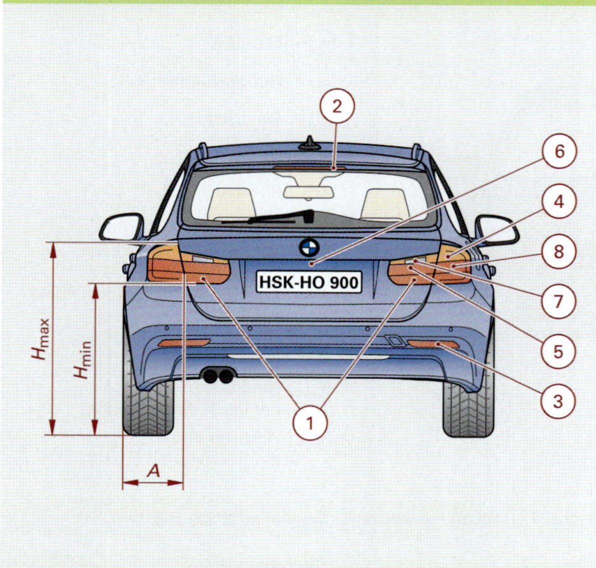

① Nebelschlussleuchte
② Zusatzbremsleuchten
③ Rückstrahler
④ Blinkleuchte
⑤ Schlussleuchte
⑥ Kennzeichenleuchte
⑦ Rückfahrscheinwerfer
⑧ Bremsleuchte
A Abstand vom äußersten Punkt des Fahrzeugumrisses zum äußersten Rand der leuchtenden Fläche
H_{min} Niedrigster Punkt der leuchtenden Fläche
H_{max} Höchster Punkt der leuchtenden Fläche

Anbauvorschriften für Leuchten und Rückstrahler (abweichende Regelungen nach ECE/EWG)

Bezeichnung	*A* in mm	H_{min} in mm	H_{max} in mm	Bemerkungen
Schlussleuchten	≤ 400	≥ 350	≤ 1500	• Vorgeschrieben sind zwei Schlussleuchten für rotes Licht, die nicht an einer gemeinsamen Sicherung angeschlossen sind. • Es dürfen zwei zusätzliche Schlussleuchten angebracht werden, deren Anbauhöhe nicht festgelegt ist. • Es können vier Schlussleuchten verbaut werden, wenn keine Umrissleuchte angebaut ist.
Bremsleuchten	Keine Vorgabe ≥ 400	≥ 350	≤ 1500	• Vorgeschrieben sind zwei Bremsleuchten für rotes Licht. Sie müssen heller leuchten als die Schlussleuchten. • Es muss eine zusätzliche dritte Bremsleuchte angebracht sein, die mittig oberhalb der vorgeschriebenen Bremsleuchten angebaut ist. • Die Bremsleuchten dürfen in Abhängigkeit von der Bremskraft in mehreren Stufen eingeschaltet werden.
Nebelschluss leuchten	Keine Vorgabe	≥ 250	≤ 1000	• Es müssen eine oder zwei Leuchten angebracht sein. Bei einer Leuchte muss diese in Fahrtrichtung auf der linken Fahrzeugseite angebracht sein. • Der Abstand der leuchtenden Flächen zwischen Nebelschluss- und Bremsleuchte muss ≥ 100 mm sein. • Sie müssen so geschaltet sein, dass sie nur mit Fern- oder Abblendlicht zusammen leuchten, jedoch unabhängig von den Nebelscheinwerfern. • Die Funktionsanzeige muss durch eine gelbe Kontrollleuchte erfolgen.
Rückstrahler	≤ 400	Keine Vorgabe	≤ 900	• Kraftfahrzeuge müssen mit zwei roten, nicht dreieckigen Rückstrahlern ausgerüstet sein. • Anhänger müssen mit zwei dreieckigen roten Rückstrahlern, deren Spitzen nach oben zeigen, ausgerüstet sein. • Können wegen der Bauart des Fahrzeugs die Rückstrahler nicht innerhalb der vorgegebenen Maße angebaut werden, so sind zwei zusätzliche Rückstrahler erforderlich.

Voraussetzungen

Fahrzeug

Das Fahrzeug muss ...

- den vorgeschriebenen Reifendruck aufweisen (Herstellerangaben beachten).
- entsprechend beladen werden a) Pkw, einspurige Fahrzeuge und einachsige Zugmaschinen: eine Person oder 75 kg auf dem Fahrersitz.
  b) Lkw: unbelastet.
- einige Meter rollen, damit sich die Federung nach dem Beladen ausgleicht.
- auf eine ebene Fläche gestellt werden.

Scheinwerfereinstellgerät

Das Scheinwerfereinstellgerät muss

- mit Hilfe des Ausrichtspiegels parallel zur Scheinwerfermitte ausgerichtet sein
- mit dem Drehknopf auf das vorgeschriebene Einstellmaß „*e*" eingestellt sein (siehe Tabelle Einstellmaß „*e*").

Hinweis: Die Leuchtstärke der Scheinwerfer ist mit dem eingebauten Luxmeter zu überprüfen. Es lässt sich feststellen, ob der höchstzulässige Blendwert des Abblendlichts (max. 1 Lux in 25 m Entfernung in Scheinwerferhöhe) bzw. die Mindestbeleuchtungsstärke des Fernlichts (1 Lux in 100 m Entfernung) erreicht wird.

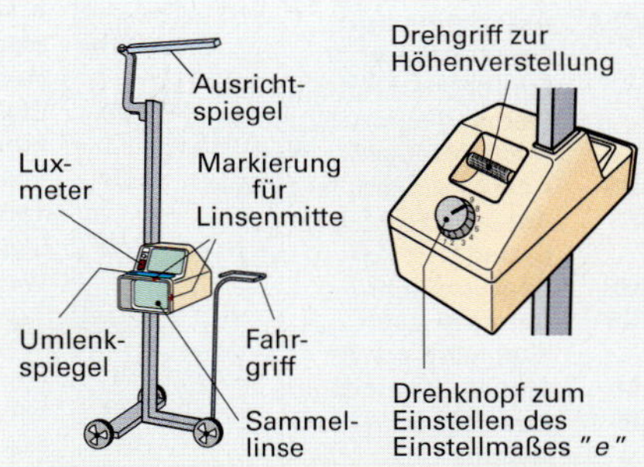

Maße und Einstellwerte

Prüffläche

Wird die Einstellung der Scheinwerfer ohne Einstellgerät vorgenommen, so ist eine Prüffläche in 10 m Abstand aufzustellen. Der Mittelpunkt der Prüffläche (Zentralmarke) muss in Fahrtrichtung genau vor dem einzustellenden Scheinwerfer angeordnet sein.
Das Maß „*e*" ist das Einstellmaß in cm bezogen auf 10 m Entfernung.
Das Maß „*H*" ist die Höhe der Scheinwerfermitte über der Standfläche.

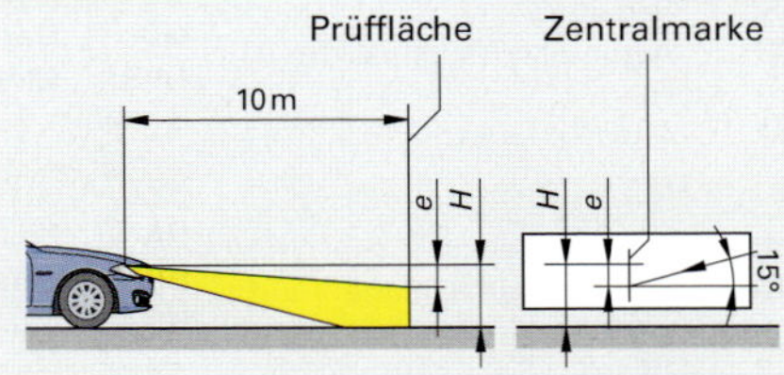

Prüfbilder

Im Scheinwerfereinstellgerät ist die Prüffläche nachgebildet. Nachdem das Maß „*e*" eingestellt wurde, müssen bei vorschriftsmäßiger Einstellung der Scheinwerfer die Lichtflächen bzw. Hell-Dunkel-Grenzen wie abgebildet im Einstellgerät sichtbar sein (Abbildung für Halogenscheinwerfer).

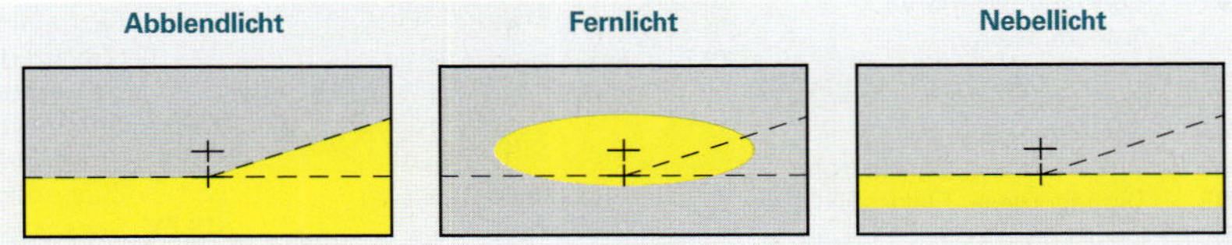

Einstellwerte

Fahrzeugart		Einstellmaß „*e*" für die Scheinwerfereinstellung (Neigung der Hell-Dunkel-Grenze) Hauptscheinwerfer	Nebelscheinwerfer
Höchster Punkt der leuchtenden Fläche unter 140 cm über Standfläche	a) Pkw (auch Kombi)	12 cm (1,2 %)	20 cm (2 %)
	b) Kfz mit Niveau- oder Leuchtweitenregulierung c) Mehrachsige Zug- bzw. Arbeitsmaschinen d) Einspurige Kfz e) Nkw mit Ladefläche vorn	10 cm (1 %)	20 cm (2 %)
	f) Nkw mit Ladefläche hinten g) Sattelzugmaschinen h) Kraftomnibusse	30 cm (3 %)	40 cm (4 %)
Höchster Punkt der leuchtenden Fläche höher als 140 cm über Standfläche		H/3	H/3 + 7 cm

V

A

ABC Active Body Control
ABS Anti-Blockier-System
ABV Anti-Blockier-Verhinderer
AC Alternating Current Wechselstrom
ACC Adaptive Cruise Control Adaptive Geschwindigkeitsregelung
ACEA Association des Constructeurs Européens d'Automobiles (Verband europäischer Kraftfahrzeugentwickler)
ADS Adaptives Dämpfer-System
AFS Adaptive Frontlighting System
AGR Abgasrückführung
AKS Automatisches Kupplungssystem
AM Amplitudenmoduliert
API American Petroleum Institute
ASG Automatisiertes Schaltgetriebe
ASR/ ASC Antriebsschlupf-Regelung
ATF Automatic Transmission Fluid
AU Abgasuntersuchung

B

BAS Bremsassistent
BBA Betriebsbremsanlage

C

CAN Control Area Network
CDI Common Rail Diesel Injection
CNG Compressed Natural Gas
CVT Continuous Variable Transmission

D

DBA Dauerbremsanlage
DC Direct Current Gleichstrom
DDE Digitale Diesel-Elektronik
DOT Department of Transportation
DPF Diesel Partikel Filter
DSC Digital Stability Control

E

EBS Elektronisches Bremssystem
ECE Economic Commission for Europe
EDC/ EDR Electronic Diesel Control
EDS/ ESD Elektronische Differenzialsperre
EGS Elektronische Getriebesteuerung
EHB Electro-Hydraulic Braking System
EKS Elektronisches Kupplungssystem
EML Elektronische Motor-Leistungsregelung
EMV Elektromagnetische Verträglichkeit
EOBD On-Board Diagnose System für Europa
EPB Elektro-Pneumatische Bremse
EPHS Electrically Powered Hydraulic Steering
ESP Electronic Stability Program
ETS Elektronisches Traktions-System
EWS Elektronische Wegfahrsperre

F

FDI Fuel Direct Injection
FDR Fahrdynamikregelung
FM Frequenzmoduliert
FWD Four Wheel Drive Vierradantrieb

G

GDI Gasoline Direct Injection
GPS Global Positioning System

H

HA Hinterachse
HBA Hilfskraftbremsanlage
HU Hauptuntersuchung

I

ICM Ignition Control Mode
ISO International Organization for Standardization

J

JIS Japanese Industrial Standard

K

KAT Katalysator
KD Kickdown
KS Klopfsensor

L

LED Light Emitting Diode
LIN Local Interconnect Network, Lokales Netzwerk für mechatronische Komponnenten
LLR Leerlaufregelung
LNG Liquified Natural Gas (Flüssiges Erdgas)
LPG Liquified Petroleum Gas (Flüssiges Autogas)
RUV Ruhende Hochspannungsverteilung
LWR Leuchtweitenregelung

M

MID Multi-Informations-Display
MOST Media Oriented Systems Transport, Netzwerk mit medienorientiertem Datentransport
MPU Medizinisch-Psychologische Untersuchung

N

NEFZ Neuer Europäischer Fahrzyklus
NF Niederfrequenz
Nfz Nutzfahrzeug
NTC Negativer Temperatur-Koeffizient

O

OBD On-Board-Diagnose

P

PDE Pumpe-Düse-Element
PDC Park Distance Control
PLD Pumpe-Leitung-Düse
PTC Positiver Temperatur-Koeffizient

R

RDKS Reifendruckkontrollsystem
RFT Run Flat Tyre
RKS Reifendruck-Kontroll System
RME Rapsöl-Methyl-Ester

S

SAC Self adjusting clutch
SAE Society of Automotive Engineers
SP Sicherheitsprüfung
SRS Supplemental Restraint System (Zusätzliches Rückhaltesystem, Airbag)
StVO Straßenverkehrs-Ordnung
StVZO Straßenverkehrs-Zulassungs-Ordnung
SULEV Super Ultra Low Emmision Vehicle

T

TCS Traction Control System
THZ Tandem-Hauptzylinder
TWI Treadwear Indicator

V

VA Vorderachse

W

WÜK WK Wandler-Überbrückungskupplung

Z

ZKE Zentrale Karosserie-Elektronik
ZV Zentralverriegelung

A

Abblendscheinwerfer / low-beam headlamp
Abgasnachbehandlung / exhaust-gas treatment
Abgasturbolader / exhaust-gas turbochager
ABS / anti-lock-braking system
Abschleppen / towing
Achskräfte / axle forces
Achsvermessung / axle alignement
Aktoren / actuators
Allradantrieb / all-wheel drive
Altautoverordnung / decree concerning car wreck disposal
Amtliche Kennzeichen / license numbers
Anhänger / trailer
Ansaugrohr / induction pipe
Antriebsarten / types of drive
Antriebswelle / drive shaft
Aufladesysteme / supercharging systems
Auflagerkräfte / bearing forces
Ausgleichsgetriebe / diffential gear
Äußere Gemischbildung / exterior mixture preparation
Automatikgetriebe / automatic gearbox
Automatische Blockierverhinderer / automatic anti-lock system

B

Begrenzungsleuchten / clearence lights
Beleuchtungseinrichtungen / lighting equipment
Beschleunigung / acceleration
Beschleunigungssystem / acceleration system
Betriebsbremsanlage / service brake system
Betriebserlaubnis / type approval
Blattfeder / leaf spring
Blechschraube / sheet-metal screw
Blindniet / blind rivet
Blockschaltplan / block diagramme
Brandschutz / fire protection
Bremse / brake
Bremsenprüfung / brake test
Bremskraft / brake power
Bremskraftverstärker / brake power assist unit
Bremsleuchte / stop lamp
Bremsscheibe / brake disc
Bremsschlauch / brake hose
Bremstrommel / brake drum
Bremsweg / braking distance
Brennstoffzelle / fuel cell

C / D

Cetanzahl / cetane number
Chemische Korrosion / chemical corrosion
Dauerbremsanlage / continuous service brake system
Diagonalreifen / crossply tyres
Diebstahlschutzsystem / anti-theft systen
Dieselmotor / diesel engine
Direkte Einspritzung / direct injection
Drehmoment / torque
Drehsteller / rotary actuator
Drehstrom / three- phase current
Drehstromgenerator / alternator
Drehzahl / rotational speed
Drehzahlgeber / speed sensor
Drosselklappenpotentiometer / throttle-value potentiometer
Druck / pressure
Druckbeanspruchung / compression stress
Druckluftbremsanlage / air brake system
Drucksensor / pressure sensor
Düsenhalter / nozzle holder
Düsennadel / nozzle pin
Dynamische Aufladung / dynamic supercharging

E

Eigendiagnose / self-diagnosis
Eingabegeräte / input devices
Einspritzanlage / injection system
Einspritzdüsen / injection valves
Einspritzmenge / injection quantity
Einspritzventil / injection valve
Elektrochemische Korrosion / electrochemical corrosion
Elektronisches Bauelement / electronic component
Elektronisches Fahrpedal / electronic throttle control
Erdgasantrieb/ natural gas drive
Erste Hilfe / first aid

F

Fahrerlaubnis / driving permit
Fahrtrichtungsanzeiger / direction indicator
Fahrzeugbetriebserlaubnis / vehicle type approval
Fahrzeugsicherheit / vehicle safety
Fahrzeugüberwachung / vehicle monitoring
Fahrzeugzulassung / vehicle registration
Faustsattel / floating brake
Federkennlinien / spring characteristics
Federrate / spring rate
Federung / suspension
Fehlercode / error-code
Fehlerspeicher auslesen / fault-storage readout
Fehlertypen / failure mode
Felgen / rim
Fensterheber, elektrisch / window regulator, electrical
Fernlichtscheinwerfer / main-beam headlamp
Fliehkraft / centrifugal force
Flüssigkeitskühlung / liquid agent cooling
Fremdaufladung / external charger equipment
Fremdzündung / externally supplied ignition
Frontmotor / front engine
Führerschein / driving licence

G

Gaswechselsteuerung / gas exchange control
Gefrierschutzmittel / anti-freeze
Gelenke / joints
Gelenkwellen / propeller shafts
Gemischbildung / mixture formation
Geschwindigkeit / speed
Getriebeöle / gearbox oil
Gewinde / thread
Gitterrahmen / space frame
Glas / glass
Gleichlaufgelenk / homokinetic joint
Gleitlager / friction bearing
Gleitreibung / sliding friction
Glühen / glow
Gurt / belt
Gurtstraffer / belt tensioning system

H

Haftreibung / static friction
Hallgeber / hall generator
Hauptbrennraum / main combustion chamber
Hauptzylinder / master cylinder
Hebel / lever
Heckmotor / rear engine
Heißfilm-Luftmassenmesser / hot-film air-mass meter
Heißleiter / NTC resistor
Heizungssysteme / heater system
Hinterradantrieb / rear-wheel drive
Hochdruckpumpe / high-pressure pump
Hubkolbenmotor / reciprocating engine
Hubraum / cubic capacity

II

Impulsgeberrad / trigger wheel
Indirekte Einspritzung / indirect injection
Induktiver Drehzahlsensor / inductive speed sensor
Induktivgeber / induction-type pulse-generator
Innere Gemischbildung / interior mixture formation

K

Kältemittel / refrigerant
Karosserie / body
Karosseriebleche / body sheet
Karosserievermessung / body measuring
Katalysatoren / catalysts
Kette / chain
Kleinkraftrad / light motorcycle
Klimaautomatik / automatic climate control

Klimatisierung / air conditioning
Klopfsensor / knock sensor
Kolben / piston
Kolbenbolzen / piston pin
Kolbengeschwindigkeit / piston speed
Kolbenringe / piston rings
Korrosionsschutz / corrosion prevention
Kraftrad - Motorrad / motorcycle
Kraftstoffbehälter / fuel tank
Kraftstoffdruckregler / fuel pressure regulator
Kraftstofffilter / fuel filter
Kraftstoffförderpumpe / fuel-supply pump
Kraftstoffverbrauch / fuel consumption
Kreis / circle
Kreuzgelenk / cardan joint
Kugelgelenk / ball joint
Kundenzufriedenheit / customer satisfaction
Kupplung / clutch
Kurbelwelle / crankshaft

L

Lacke / paints, lacquers
Lackierverfahren / painting technique
Ladedruckregelung / boost-pressure control
Lambda-Regelung / lambda control
Lambdasonde / lambda sensor
Leerlaufeinrichtung / idle control
Leistung / power
Luftkühlung / air cooling
Luftverhältnis / air-fuel ratio

M

Magnetventil / solenoid valve
Masse / mass
Maßstäbe / scales
Mengenstellwerk / fuel quantity actuator
Mischungsverhältnis / mixture ratio
Motoröl / engine oil
Motorschmierung / engine lubrication
Mutter / nut

N

Nadelbewegungssensor / needle-motion sensor
Nebelscheinwerfer / fog lamp
Nebelschlussleuchte / fog warning lamp
Niveauregulierung / level control system
Nockenwelle / camshaft
Nockenwellenverstellung / camshaft control
Nutzkraftwagen / commercial vehicle
Nutzleistung / effective power

O / P

Öffnungswinkel / opening angle
Ottomotor / spark-ignition engine
Partikelfilter / particulate filter
Personenkraftwagen / passenger car
Planetengetriebe / planetary gear
Pleuelstange / connecting rod
Pneumatik / pneumatic
Potentiometer / potentiometer

Q / R

Rad / wheel
Radialreifen / radial ply tyre
Radialwellendichtring / radial shaft seal
Rahmen / frame
Reibungszahlen / friction coefficients
Reifen / tyre
Riementrieb / belt drive
Rollreibung / rolling friction
Rückstrahler / reflex reflector

S

Sauerstoff / oxygen
Saugrohrsensor / intake-manifold sensor
Saugrohrsysteme / intake-manifold systems
Schalter / switch
Scheinwerfer / head lamp
Scherbeanspruchung / shearing stress
Schließwinkel / dwell angle
Schlussleuchte / tail lamp
Schmierfett / lubrication grease
Schmieröl / lubricating oil
Schnellarbeitsstahl / high-speed-steel
Schräglaufwinkel / slip angle
Schraube / screw
Schraubendreher / screw driver
Schraubenfeder / coil spring
Schraubensicherung / screw locking device
Schutzgasschweißen / inert gas shielded arc welding
Schweißen / welding
Schweißnähte / weld seams
Schwimmwinkel / attitude angle
Schwingsaugrohraufladung / ram-effect supercharging
Sechskantschraube / hexagon screw
Sekundärluftsystem / secondary-air system
Selbstzündung / auto-ignition
Sensoren / sensors
Servolenkung / power steering
Sicherheitsglas / safety glass
Sicherheitsvorschriften / safety regulations
Signalarten / type of signal
Sitzverstellung / seat adjustment
Spannungssprungsonde / voltage-jump probe / voltage-jump sensor
Splint / split pin
Spreizung / spreading
Spritzversteller / timing device
Spur / trace
Starter / starter
Starterbatterie / starter battery
Steuerdiagramm / timing diagramme
Streuscheibe / lens
Stromlaufplan / schematic diagramme
Sturz / wheel camber

T / U

Transistor / transistor
Überholen / overtake
Übersetzung / transmission ratio
Übersteuern / oversteering
Untersteuern / understeering

V

Variable Ventilöffnungszeiten / variable valve opening time
Ventile / valves
Verbrennungsverfahren / combustion principle
Vergaser / carburetter
Verteilereinspritzpumpe / distributor injection pump
Verteilergetriebe / transfer box
Verzögerung / deceleration
Viertaktverfahren / four-stroke principle
Vorderradantrieb / front-wheel drive
Vorkammer / precombustion chamber
Vorschriften / regulations
Vorspur / toe-in
Vulkanisieren / vulcanise

W

Wälzlager / antifriction bearing
Wärme / heat
Warnblinkanlage / hazard warning system
Wasserstoff / hydrogen
Wechselstrom / alternating current
Widerstandsmoment / section modulus
Widerstandssprungsonde / resistance-jump probe
Wirbelkammer / turbulence chamber
Wirkungsgrad / efficiency

Z

Zahnräder, Darstellung, Sinnbilder / gear-wheels, representation
Zahnradtrieb / gear drive
Zapfendüse / pintle nozzle
Zentralverriegelung / central locking system
Zündanlagen / ignition systems
Zündkennfeld / ignition map
Zündkerze / spark plug
Zündspule / ignition coil
Zündvorgang / ignition process
Zweitaktverfahren / two-stroke principle
Zylinder / cylinder

A

F

H

I

J

K

N

O

P

Q

R

S

T

X

Z